1979年诺贝尔物理学奖获得者
STEVEN WEINBERG 著作选译
THE QUANTUM THEORY OF FIELDS
VOLUME I: FOUNDATIONS
量子场论
〔第一卷〕 基础
温伯格

1979年诺贝尔物理学奖获得者
STEVEN WEINBERG 著作选译
THE QUANTUM THEORY OF FIELDS
VOLUME II: MODERN APPLICATIONS
量子场论
〔第二卷〕 现代应用
温伯格

1979年诺贝尔物理学奖获得者
STEVEN WEINBERG 著作选译
THE QUANTUM THEORY OF FIELDS
VOLUME III: SUPERSYMMETRY
量子场论
温伯格

U0304180

ISBN: 978-7-04-054601-9

1979年诺贝尔物理学奖获得者
STEVEN WEINBERG 著作选译
GRAVITATION AND COSMOLOGY
PRINCIPLES AND APPLICATIONS OF
THE GENERAL THEORY OF RELATIVITY
引力和宇宙学
广义相对论的原理和应用
温伯格

1983年诺贝尔物理学奖获得者
S. CHANDRASEKHAR 著作选译
THE MATHEMATICAL THEORY
OF BLACK HOLES
黑洞的数学理论
钱德拉塞卡

1958年诺贝尔物理学奖获得者
И. Е. TAMM 著作选译
ОСНОВЫ ТЕОРИИ
ЭЛЕКТРИЧЕСТВА
电学原理（第十一版）
塔姆

ISBN: 978-7-04-048718-3   ISBN: 978-7-04-049097-8

1997年诺贝尔物理学奖获得者
C. COHEN-TANNOUDJI 著作选译 第一组
MÉCANIQUE QUANTIQUE
TOME I
量子力学
（第一卷）
科恩-塔努吉

1997年诺贝尔物理学奖获得者
C. COHEN-TANNOUDJI 著作选译 第二组
MÉCANIQUE QUANTIQUE
TOME II
量子力学
（第二卷）
科恩-塔努吉

1997年诺贝尔物理学奖获得者
C. COHEN-TANNOUDJI 著作选译 第三组
MÉCANIQUE QUANTIQUE
TOME III FERMIONS, BOSONS,
PHOTONS, CORRÉLATIONS ET INTRICATION
量子力学 （第三卷）
费米子、玻色子、光子、关联和纠缠
科恩-塔努吉

ISBN: 978-7-04-039670-6   ISBN: 978-7-04-043991-5

1965年诺贝尔物理学奖获得者
RICHARD P. FEYNMAN 著作选译 第一辑
QUANTUM
ELECTRODYNAMICS
量子电动力学讲义
费曼

1965年诺贝尔物理学奖获得者
RICHARD P. FEYNMAN 著作选译 第二辑
QUANTUM MECHANICS
AND PATH INTEGRALS
量子力学与路径积分
费曼

1965年诺贝尔物理学奖获得者
RICHARD P. FEYNMAN 著作选译 第三辑
STATISTICAL MECHANICS
A SET OF LECTURES
费曼统计力学讲义
费曼

ISBN: 978-7-04-036960-1   ISBN: 978-7-04-042411-9   ISBN: 978-7-04-055873-9

1972年诺贝尔物理学奖获得者
LEON NEIL COOPER 著作选译

AN INTRODUCTION TO THE MEANING
AND STRUCTURE OF PHYSICS

物理世界

列昂·库珀 著 杨基方 汲长松 译

高等教育出版社·北京

图书在版编目（CIP）数据

物理世界 /（美）列昂·库珀著；杨基方，汲长松译 . -- 北京：高等教育出版社，2023.1
ISBN 978-7-04-058456-1

Ⅰ.①物… Ⅱ.①列… ②杨… ③汲… Ⅲ.①物理学 Ⅳ.① O4

中国版本图书馆 CIP 数据核字（2022）第 050302 号

WULI SHIJIE

| 策划编辑 | 王　超 | 责任编辑 | 王　超　柴连静 | 封面设计 | 张　志 | 版式设计 | 杨　树 |
| 责任绘图 | 杨伟露 | 责任校对 | 商红彦　刘娟娟 | 责任印制 | 赵义民 | | |

出版发行	高等教育出版社	网　　址	http://www.hep.edu.cn
社　　址	北京市西城区德外大街 4 号		http://www.hep.com.cn
邮政编码	100120	网上订购	http://www.hepmall.com.cn
印　　刷	北京中科印刷有限公司		http://www.hepmall.com
开　　本	787mm×1092mm　1/16		http://www.hepmall.cn
印　　张	62.75		
字　　数	920 千字	版　　次	2023 年 1 月第 1 版
购书热线	010-58581118	印　　次	2023 年 9 月第 2 次印刷
咨询电话	400-810-0598	定　　价	159.00 元

《物理世界》中译本再版说明

《物理世界》的作者是超导体"库珀对"概念的提出者,著名物理学家库珀 (Leon N. Cooper, 1930——   )。因为发明了解释超导现象的微观理论 (BCS 理论),巴丁、库珀和施里弗共同获得了 1972 年的诺贝尔物理学奖。

《物理世界》是一本优秀的教材,讲述了大学普通物理的几乎全部内容 (非物理专业)。虽然没有听说哪所国内大学用这本书做教材,但是确实有很多大学物理老师推荐它作为参考资料,甚至有一些中学物理老师把它作为必备的案头书。

这本书的原著出版于 50 多年前,中译本的出版也接近 40 年了。现在,这本书里的一些数据和例子明显有些过时了,比如说,直径 200 m 的强聚焦质子同步加速器是当时最先进的科研设施,能量为 280 亿电子伏,今天的大型强子对撞机的直径是 4300 m (增大了 20 倍),能量为 14 万亿电子伏 (增大了 500 倍)。作者并没有对这本书进行修订和补充,那么,我们为什么要再次出版中译本呢?

欧洲核子研究中心: 大约 50 年前, 直径 200 m 的强聚焦质子同步加速器, 能量为 280 亿电子伏 (左, 本书第 870 页, 照片 51.3); 今天, 直径为 4300 m 的大型强子对撞机, 能量为 14 万亿电子伏 (右, 网络图片)

一个原因当然是,《物理世界》符合 "诺贝尔物理学奖获得者著作选译" 丛书的出版理念; 但更重要的是, 这本书反映了一位现代物理学大师对物理学全貌的看法, 用朴实无华的语言和简单明了的示意图, 讲解了大学普通物理的几乎全部内容。没有太多太难的数学, 即使非理工科专业的学生, 只要感兴趣也可以看懂; 有简明的物理思想概念的清晰的物理图像, 即使物理专业的学生, 也会感到开卷有益。

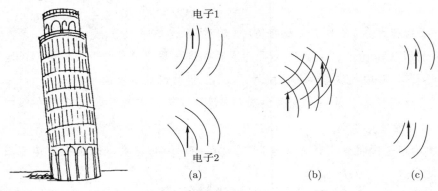

简单明了的示意图: (左) 比萨斜塔 (本书第 11 页, 图 1.1); (右) 两个全同粒子的碰撞 (下册第 762 页, 图 45.7)

而且, 这本书里还有一些诙谐有趣的漫画, 在传授知识的同时, 还想赢得你的会心一笑。比如说, 在讲述加速度和力的关系时, 也不忘记告诉你任何

诙谐有趣的漫画: (左) 安全带确实能救命, 但是这次例外 (本书第 146 页, 图 11.8); (右) 这真是一场悲剧——一个苹果砸了他的头。(本书第 84 页, 图 6.1)

事物都有两面性,水能载舟,亦可覆舟;再比如说,在讲述万有引力定律之际,还要提醒你过犹不及的道理,如果那个苹果把牛顿干掉了,科学的历史将会怎样?

另外还有一个原因。40 年前,我们的出版水平还不够先进,中译本的文字和图片都不够美观。这次再版的时候,我们做了很多改进,显著地提升了印刷质量。我们还把原来附在最后的各章"思考题和习题、参考文献"放在每章的结尾处,方便读者一边读书一边思考。

科学在发展,但是科学的基础知识却基本不变,而且大师们对科学的思考和对全局的把握,即使今天也仍然具有启发性。我们希望,再版的《物理世界》中译本能够让你喜欢,能够帮助你了解物理世界。

高等教育出版社

2022 年

致中国读者

我愉快地获悉，我的 *An Introduction to the Meaning and Structure of Physics* (中译名《物理世界》——译者注) 一书已译成中文，被介绍给中国读者。在此，请转达我对中国读者的问候和祝愿。我希望，此书将对他们有所裨益。

布朗大学理科教授

神经科学中心领导人

列昂·库珀

1981. 10. 27

序　言

　　一般人都认为物理学很难，连物理学家们自己也承认这一点。但是建立新物理理论和掌握别人已做过的工作，看来并不比创作诗歌、研究外语和其他体现人类创造才能的事业需要更大的顽强精神或想象力。差别仅仅在于得到的报酬不同。音乐和绘画能够直接触动我们的情感，但在物理学中，我们既听不到小提琴的哀怨泣诉，也看不到艺术形象令人惊叹的表演。在这里，剧情在创作过程中展开，威力蕴藏在它的结果之中。而我们的工作热忱来源于科学理论的优雅、严谨和完美（可能对于一本完美无瑕的小说来说也是这样）。遗憾的是，与图画、歌剧或小说中遇到的艺术形象相比，我们对物理图像还不太习惯。但是对于很有鉴赏力的人来说，它们的魅力并不差。我希望这本书能帮助那些虽然爱好科学，但不具有特殊技术才能的人进入物理世界，并能领会到物理学与组成人类文明的其他活动形式之间的明显的联系。

　　人们事先曾告诫我，写书不容易。然而为了确信这一点，就需要写本书试一试。在写这本书的过程中许多人帮过我的忙。我引用了许多书中的资料，其中有：莱恩·库珀的《亚里士多德、伽利略和比萨塔》[1]，吉利斯皮的《客观的界限》[2]，迈基的《物理文选》[3]，鲍尔斯与莫茨的《原子世界》[4]，美国物理科学研究会出版的《物理》[5]，鲍尔克的《麦克斯韦电磁理论基础》[6] 和库恩的

---

[1] Lane Cooper's *Aristotle, Galileo, and The Tower of Pisa.*
[2] Charles Coulston Gillispie's *The Edge of Objectivity.*
[3] William Francis Magie's *A Source Book in Physics.*
[4] Henry A. Boorse and Lloyd Motz's *The World of the Atom.*
[5] The Physical Science Study Committee text, *Physics.*
[6] Alfred M. Bork's *Foundations of Electromagnetic Theory: Maxwell.*

《哥白尼革命》①。

　　在我写书过程中许多学者、教师和学生给予我很大帮助，我对他们表示感谢。

列昂·库珀
1968 年

---

① Thomas S. Kuhn's *The Copernican Revolution*.

再版译者的话

《物理世界》是诺贝尔物理学奖得主列昂·库珀的著作，原名 *An Introduction to the Meaning and Structure of Physics*（《物理学的本质和结构概论》）。

本书以文字叙述为主，没有复杂公式推导，阐述高深的量子物理学原理；我们在初版译者的话中，将其定位为"中级科普读物"。

然而出版之后在众多的书评中，多将《物理世界》定位为一本非常好的"大学普通物理教材"；高等院校普通物理教学的参考资料。另外，书中每一章都附有参考文献、思考题与习题，并附答案。因此，《物理世界》是物理学"大家"，1972 年诺贝尔物理学奖得主列昂·库珀，阐述物理学本质与结构的学术著作。

本书译者不是专职翻译。20 世纪 60 年代初，杨基方毕业于莫斯科大学物理系基本粒子专业；本人毕业于莫斯科工程物理学院物理能系核技术专业。实际上，我们是在我国拜读库珀《物理世界》最早的读者。翻译《物理世界》时，我们同在核工业部北京核仪器厂工作。

对于我们以核物理实验方法研究与核仪器设备研制为主专业的物理学工程技术人员，翻译《物理世界》的难点不是技术内容，而是书中多处提及的哲学家们"描述世界的观点"的文字；诗人们"描述他们眼中世界物理内涵"的大量诗句。我们对照俄、英文版本，反复推敲与讨论的不是物理学原理内容，而是那些表达哲学观点与诗句科学内涵的用词与表述。

库珀发表《物理世界》已过去半个世纪。其中文版 1983 年面世至今也已近四十年，仍然受到物理学界很大关注，是对本书的肯定，同时也是广大读者对杨基方与我翻译工作的认可。译者深表谢意。

译者之一杨基方已于 1987 年离世。

同时,本人对姬扬、李更生等多位热心读者,为《物理世界》中译本再版付出的努力深表谢意。

本书 1983 年初版由黄高年、张明校阅。

汲长松

2021. 2. 18

初版译者的话

列昂·库珀是著名美国物理学家，现代超导理论的奠基人之一。他提出的"库珀电子对"概念是建立超导量子理论的关键，为此，他与巴丁、施里弗一起荣获 1972 年诺贝尔物理学奖。

在向读者推荐的《物理世界》这本书中，库珀显示了他另一方面的卓越才能。他除了曾在美国的伊利诺伊大学、俄亥俄州立大学和布朗大学执教外，还受法国、意大利、挪威等国的一些著名学府的聘请，担任顾问教授。在本书中，他以精心选择的例子、简洁而生动的语言，向我们展示了物理世界中的各种奇妙现象。在介绍一些重要的物理概念和原理时，作者巧妙地插入了历史上有关物理大师们的一些有趣的 (也是很有意义的) 资料和轶事，把物理学发展史上一些重大的变革像一幕幕戏剧 (有时是剧情冲突很尖锐的戏剧) 似地展现在读者面前。这不但使阅读变得妙趣横生，并且能使读者更好地了解新物理概念是在什么背景下提出和发展起来的，了解到物理学发展的一般规律和特点，从而把读者逐步引进物理学宝库，去领略千余年来人类智慧的结晶——物理原理和物理定律——的无穷奥妙。

本书是一本中级科普读物。它具有科普作品形式上生动活泼的特点，但在物理定律和概念的表达上又是极其严格的。书中只使用了一些简单的数学公式，就详尽描述了一些物理量之间的相互关系。具有中等文化程度的读者应当能毫无困难地阅读它。书后的附录及思考题将有助于读者更好地理解所叙述的内容。

诚然，学习自然科学，即使是阅读优秀的科普作品，也不可能像茶余饭后躺在沙发上阅读晚报那样轻松惬意。有志于提高自己物理知识的青年在阅读本书时，应当不吝惜自己的时间和精力。

库珀的这本书虽然不是一部教科书，但它会使中学及大学的物理老师们产生兴趣。新颖的事例、独特而引人入胜的类比将会帮助他们更好地吸引住自己的听众。它也将帮助工程技术人员以及物理学爱好者、自学者们开阔眼界，加深理解。

在本书的翻译过程中还有一段小小的插曲。我们首先看到的是本书的俄译本 (1973 年莫斯科世界出版社出版)。当时在北京的主要图书馆中都没有找到英文原著。后来才从北京大学图书馆中发现了该书，它是杨振宁教授赠给北京大学的。书上有杨振宁教授的亲笔签名。

物理学是一门飞速发展的科学，它的成就对人类活动的一切领域具有重大影响。在向四个现代化进军及提高全民族的科学文化水平的进程中，普及和提高物理知识，把更多的青年引进物理世界的大门，无疑是一件很有意义的工作。我们希望，本书的出版对上述目的将有所裨益。

原著的书名为《物理学的本质和结构概论》，中译本取名为《物理世界》。原著是一卷本，为了出版上的方便，我们参照了俄译本的版式分为两卷出版，上卷为经典物理学 (包括力学、光学、电学、分子物理学和热力学)，下卷为近代物理学 (包括相对论、量子力学基础、原子物理学和基本粒子物理学)，附录放在上卷的末尾。

由于译者水平有限，译文中难免有错误和不妥之处，谨希读者不吝指正。

译者

1981. 5. 30

目　　录

第三篇　牛顿世界　　　　　　　　　　　　　　135

第 10 章　力与运动　　　　　　　　　　　　　136

第 11 章　质点碰撞　　　　　　　　　　　　　138

第 12 章　能量守恒定律　　　　　　　　　　　171

第一篇　运　动

第 1 章　比萨塔

根据季奥根·拉尔茨基的说法, 亚里士多德是个 "发音不清 ······, 腿瘦弱, 眼睛很小而且装束、指环以及发型都与众不同" 的人. 他于公元前 384 年生于斯塔基尔. 十七岁时, 他来到了雅典. 在那里生活了二十年, 与其他学生一起向柏拉图学习. 柏拉图死后, 亚里士多德离开了雅典. 在他 42 岁完全成熟并能干点事业的时候, 他同意在佩列主持一个学校, 这个学校是为菲利普·马其顿斯基[①] 的 13 岁的儿子亚历山大开办的. 六年后, 菲利普突然死去, 学校便关闭了, 因为新国王亚历山大已经不再需用教师.

公元前 335 年前亚里士多德回到了雅典, 在城市附近成立了第一所 "大学" —— 利凯. 据说, 亚历山大送给他八百塔兰[②], 这是很大一笔钱. 同时他还命令渔夫和猎人们, 只要亚里士多德对什么感兴趣, 他们就向他报告什么. 建立了当时大学的样板之后, 亚里士多德为它制定了校规, 规定了所有大学生的共同饮食标准, 也许还创建了博物馆. 此外, 他每月都举行讨论会. 这样他比别人先搞起了当时的专门学派, 广泛地组织了研究活动. 亚历山大死后 (公元前 323 年), 雅典多变的政治局势对亚里士多德这个过去公认的亚历山大国王的宠儿极为不利. 当人们向他提出了关于无神论这个传统的指责之后, 亚里士多德便离开了这个城市, 从而使雅典幸免了再次蒙受杀害哲学家的耻辱 (苏格拉底[③] 的命运仍记忆犹新). 一年之后他去世了.

亚里士多德告诫他的儿子尼科玛赫, 做任何事情都要选中庸之道. 他说, 诗人不应该去描摹生活, 而应当努力去组织生活. 他制定的逻辑学直到现在仍被应用, 他曾试图划分科学各领域的界限, 并使得用一个领域的原理去论证其

[①] 菲利普·马其顿斯基 (公元前 382 —前 336), 即马其顿国王腓力二世. ——译者注
[②] 塔兰: 古希腊货币单位. ——译者注
[③] 苏格拉底 (公元前 469 —前 399), 古希腊唯心主义哲学家. 因被指控为传播异说等罪名, 被害于雅典. ——译者注

他领域的定理成为不可能. 他认为每一门科学——几何学、算术学等都应当有自己本身的公理. 亚里士多德把处处可以观察到的性质称作公理, 意思是指公认的看法和观点. 关于自然界的历史, 他写了很多而且很详细; 他不仅是一位哲学家, 而且还是一位教育家、政治家、文学评论家、物理学家、生物学家、实验自然科学家、伦理学家和教师. 他制定了方法, 构思了词汇, 进行了观察, 收集了标本; 他归纳、怀疑和思考了前人所作的几乎一切. 他似乎想对当时所存在的所有问题都表明自己 (或别的什么人) 的见解. 可能不幸也就在这儿, 亚里士多德的讲课成了古希腊思想的百科全书. 它包括各种各样的论题, 又包含着非常完整的对世界的看法. 结果使文艺复兴时代以前的欧洲科学思想完全处在亚里士多德思想的影响之下.

亚里士多德死后, 在一段时间内, 他的笔记保存在离他的房子不远的一个山洞里, 后来卖给了亚历山大里亚图书馆. 在希腊的城市国家衰落以后, 该图书馆成了科学思想的中心. 公元二世纪, 在西方曾出现过几篇原著. 这是关于过去发生过的事件的百科全书和评述. 但在七世纪, 到阿拉伯人侵前, 科学活动基本上停顿了下来. 以后几百年间, 也就是我们现在所说的黑暗的中世纪, 甚至那些以前已经弄懂了的东西也基本上被忘却了. 仅仅在某些修道院中, 一些古代文件仍一代一代地被传抄着. 同时, 文件不断丢失而内容也被歪曲了. 欧几里得[①] 的著作仅仅保存下来一些不完整的拉丁文译文, 这是鲍埃齐在六世纪翻译的; 托勒密[②] 的著作实际上什么也没留下; 而从亚里士多德的著作中也仅仅留下了有关逻辑学方面的几点解释.

在十一、十二世纪, 即文化全面高涨时期, 发现了一些用阿拉伯文记载的各种各样的古代经文. 它们被译成了拉丁文. 在那些进行过非正式学术讨论的地方产生了欧洲的大学. 在这些学术活动中, 讨论了那些被发现的经文, 重新研究了那些译成拉丁文的亚里士多德著作. 在翻译时出现了一些错误, 这些错误诱发了一些不可思议的混乱, 并导致了一种新职业学者的出现. 这是指后来出现的一些人, 他们竭力探索古希腊文件的真实含义. 这些人被已发现的丰富

---

① 欧几里得 (约公元前 330—前 275) 古希腊数学家. ——译者注

② 托勒密 (约公元 90—168) 古希腊天文学家、数学家, 他创立了以地球为中心的、解释天体运动的托勒密体系 (见本书第 5 章). ——译者注

历史文物所震惊, 为了弄清这些文化遗产, 他们付出了巨大的努力和精力, 把自己的一生完全献给了这一事业.

在这一期间, 作为西欧主要政治和文化势力的教会, 对古经文的立场发生了根本的变化. 起初它对古经文表示怀疑, 因为古经文的内容不完全符合基督教教义. 在巴黎曾禁止教授亚里士多德的物理学. 但是由于基督教学者们的努力, 使得亚里士多德的思想与基督教教义一致起来. 其中最杰出的要算是圣徒福玛·阿克文斯基 (1225 — 1274). 从那以后, 亚里士多德关于宇宙结构的学说——他自己本人的研究结果、评论性的意见、有关别人的猜测和想法的笔记——变成了基督救世剧中的一幕. 从这时开始, 对亚里士多德学说的攻击便被看作是对教会本身的攻击了.

§1.1　亚里士多德对物体运动的看法

亚里士多德认为, 地球是宇宙的中心, 也是物理学的中心. 重物体应当落到地球上, 而轻物体则应当向上升起. 亚里士多德写道:

"我把那些在没有其他干扰的条件下总是向上运动的东西称作轻物体, 总是向下运动的物体称作重物体."

他继续写道:

"…… 地球的自然运动, 与其各个部分的运动一样, 是朝着宇宙的中心的; 这也就是为什么地球现在位于宇宙中心的原因 …… 像火之类的轻物体, 它的运动与重物体的运动方向相反, 它趋向于宇宙的边缘." [1]

亚里士多德认为, 宇宙是封闭的, 它由球面天幕包围着, 天幕里面充满空气、土、火、水以及天体物质. 所有的行星、太阳与月亮都位于天幕边界与地球之间, 地球又位于宇宙的中心. 而所有这些天体都围绕地球旋转. 它们之间的整个空间充满着 "plenea"——一种类似以太, 像空气一样透明的物质.

除了那些其自然运动方向朝上, 或者朝下的物体而外, 亚里士多德还引入了一种天体物质 (即组成星球与行星的物质) 的概念, 它们的自然运动是围绕宇宙中心的旋转. 这样, 他把所有的运动形式分成两组: 自然运动, 即取决于物体本质, 而不需要任何外部作用的运动; 受力 (受迫) 运动, 即与物体本质无关, 而取决于外力的运动.

亚里士多德用以建立其宇宙的那些元素的相互差别, 主要不在于它们的物质内容, 而在于它们的自然运动的特性和在空间占据不同位置的趋势, 按照亚里士多德的理论, 如果物体不是处于其自然运动的状态, 这就意味着, 有外力作用在物体上. 例如沿马路行驶的马车没有朝着中心作自然运动是由于马给了它作用力. 而星球和月亮为了绕地球旋转却不需要任何力, 因为它们是由天体物质组成, 并处于自然运动状态. 因此, 物体占据的位置具有绝对的意义; 宇宙的中心不同于它的外缘. 这便是物体的空间几何位置与其运动性质之间的基本联系.

亚里士多德的物理理论是对那个时期的观点的系统化, 亚里士多德对事物理解的程度也就是这些理论与事实符合的程度. 亚里士多德所引用的现象是很简单的. 例如: 为了在一条平坦的路上拉车, 马需要不断地用力; 或者, 一块石头落到了湖底. 由这类现象可以直接得出这样的结论: 为了拉动马车需要用力. 重物体比轻物体下落得快. 看来, 唯一不需要外力作用的几种运动是物体下落 (如果它们是重物)、物体升高 (如果它们是轻物) 和围绕地球旋转 (如果它们是由天体物质组成的). 沿直线以恒定速度运动的物体 (如马车) 应当受外力的作用. 因此, 亚里士多德从来也没有研究过我们现在所说的摩擦或者阻力, 也没有把它们看作是不同于运动的力. 直到最终弄清楚了力与运动之间的区别之后, 才出现了惯性的概念, 并形成了关于物体运动的现代观点[①].

§1.2 对亚里士多德思想的批判

当亚里士多德的物理学在欧洲取得了盛名之后, 它的详细内容便成了许多经院哲学家的研究对象. 十四世纪时, 巴黎学派的成员尼科拉·奥列斯姆驳

---

① 也许希腊人很少遇到如此平稳的运动 (类似于乘飞机或巨型轮船), 即假若不向窗外看就无法确定自己到底是否在运动. 这种情况会立即使人联想到那种后来被称作惯性定律的现象: 为保持匀速运动, 不需要附加外力. 要想经历这种感受, 对于古希腊人来说只有在沿平静的海面行驶的船只内才有可能. 然而爱琴海的特点却又是不平静的. (对亚里士多德物理学的分析可见库恩的书 [2].)

斥了亚里士多德认为地球具有特殊地位这一观点. 他提出了一种看法, 那就是不能根据从地球上看到的星球的位移来确定星球的运动, 因为星球和地球的运动是相对的: 可能星球是不动的, 而地球是运动的, 或者相反. 在这两种情形下, 看到的效果是相同的. 他说: "这种情况正如坐在一条行驶着的船上的人觉得河岸上的树木在移动一样." 亚里士多德提出的关于枪弹运动的理论一直受到批判. 难以理解的是, 为什么当作用于枪弹的力终止之后, 枪弹还继续向上运动 (对它来说, 这是非自然运动). 对亚里士多德进行批判的人提出了新的理论. 根据这种理论, 物体在力的作用下得到了一种推动 (现在我们称之为动量), 这种推动使物体继续运动.

　　对亚里士多德观点的批判逐渐使批判者与大多数学者之间产生了冲突. 大多数学者都把亚里士多德的著作看作是科学上最终的, 甚至是唯一的结论. 尽管几百年来人们已经熟知亚里士多德物理学中的一些矛盾, 甚至有些学者 (如皮埃尔·拉麦) 本来就认为亚里士多德物理学是不科学的, 然而对于那些经院哲学家来说, 亚里士多德的原理始终是人类知识的顶峰. 对他们来说, 掌握这些知识就在于研究亚里士多德和使他们感兴趣的注释家的著作. (摘录的越是意义含混, 注释的数量显然也就越多.) 任何问题, 包括涉及实验的问题在内, 似乎都可以在亚里士多德的著作中找到答案. 那真是一个舒适的世界: 没有什么意外的发现, 也没有什么事物面临抉择. 由于亚里士多德的著作与基督教教义是一致的, 所以研究亚里士多德的人们, 也不必为自己的灵魂担心. 即便是碰到一些未曾被亚里士多德阐述过的问题, 那么这些问题多半也不值得他们去研究.

　　现在我们无从得知, 亚里士多德本人是否赞同这些学者们的治学态度. 但是我们知道, 他对待他自己的那些先辈们却从来不采取这样的崇敬方式. 人们猜测, "柏拉图是我的朋友, 但是真理更可贵" 这句格言就是亚里士多德讲的. 对于自己的导师和所有其他先辈们的观点, 他都给予了公正的批评. 我们通过亚里士多德可以熟悉许多希腊早期的作家. 他介绍了这些作家的观点, 目的在于驳斥他们. 在理智方面, 他很像东方的王子: 仅仅在把自己的兄弟都消灭之后, 才会有安全感. 柏拉图在评价自己的这个最杰出的学生时说, 他就像一匹连自己的妈妈都要踢上几脚的小马驹.

　　但是对于那些像亚里士多德那样认真地试图理解和解释世界的人们来说, 有一点是很清楚的, 那就是亚里士多德与所有已故的学者们一样, 犯了许多错误, 重复了许多错误的观点, 写得过于海阔天空而无说服力; 而更重要的是, 根本就没有触及许多值得注意的问题. 很难说, 他们比亚里士多德的信徒们更明智些呢还是耐性更差一些. 也许他们未能像与他们同时代的其他学者们那样去读亚里士多德的书, 去理解亚里士多德, 但是不管怎么说, 为了能让人们听到自己的意见, 他们需要战胜传统势力和信仰势力.

　　在试图解释 "真空" 为什么不可能存在时 ("真空 —— 这是任何人都未曾到过的地方"), 亚里士多德提出了他的关于物体下落的不太高明的著名论断:

　　"我们看到, 在其他条件相同的情况下, 物体向上或向下的动量越大, 通过同样距离时就越快, 快的程度正比于动量的大小. 由此看来, 物体在真空中运动时它们的速度之比也应保持不变. 但这又是不可能的: 其实为什么一个物体应当比另一个物体运动得快呢? (在通过介质运动时这是可能的, 因为动量较大的物体以较大的力冲开介质, 运动物体或者以自己的形状, 或者以其动量来冲开介质. 该动量是当物体被掷出或被推动时所赋予物体的.) 因此, 所有物体都应具有同样的速度. 然而这也是不可能的." [3]

　　亚里士多德认为, 由于介质的阻力, 下落物体的速度应当变小. 但是, 由此应当得出这样的论断: 在没有物质, 也就是没有任何阻力的真空中, 所有的物体将以同样的速度下落 (不排除速度为无限大的可能性). 然而亚里士多德否定这一点, 因为他试图把各种各样的自然运动与一定的宇宙元素 —— 轻的火、重的土 —— 联系在一起. 因此, 他断定真空是不可能存在的. 卢克莱修①曾以另一种形式简短地叙述过这个证明:

　　"所有物体在水中或稀疏空气中下落时, 都应当与其重量成比例地加速自己的下落, 因为致密的水和稀疏的空气对不同物体阻滞是不一样的, 它们只能对较重的物体比较快地腾出空间. 但是, 另一方面, 真空不能支持住任何东西 …… 因此重量不同的所有的物体, 在真空中运动的速度肯定不会相同." [4]

---

　　①卢克莱修 (约公元前 99 — 前 55) 古罗马诗人, 唯物主义哲学家. —— 译者注

很难说, 到底亚里士多德认为什么东西不可能: 是由于他认为物体下落速度与重量成比例, 所以真空的存在是不可能呢? 还是所有物体不可能在真空中以同样速度下落? 在随后的物理书中解释运动时, 没有任何地方再提到他的论据. 但是这些论述, 特别是如果从最不利的角度来看, 它们似乎是亚里士多德及其注释者们所锻造出来的物理学这个庞大的锁链中最薄弱的一环. 也正是这一环遭到了无情的抨击. 随着时间的推移, 批评越来越尖锐. 例如伽利略以如下的方式转述了亚里士多德的这个论点: "从 100 肘^① 高处下落的 100 磅重的铁球, 比从 1 肘高处下落的 1 磅重的铁球要先到达地面." 为了使人们尽快地摆脱这种错误观点, 这种尖锐性是极为需要的. 因为几百年来, 这种错误观点一直控制着亚里士多德著作的注释者们. 其实, 伽利略和西蒙·斯捷文揭穿的不只是亚里士多德, 同时也揭穿了与伽利略他们同时代的学者以及他们的先辈们. 因为五百年来这些人一直使自己的思维、观察和知识紧紧束缚在亚里士多德所写下的那些东西上.

§1.3 物理概念的修正

但是长期被压抑的理智积极性及对公认权威的屈从, 最后终于形成了一种不可抗拒的力量, 把中世纪人神同形的魔法世界和神灵世界的枷锁砸得粉碎. 在向亚里士多德物理学发起攻击的岁月里, 逐渐改变了对运动问题的观点. 而这又为新的、更有成效的进攻创造了条件. 当旧世界崩溃时, 总会涌现出一批开创合理的科学新世界的勇士. 从那以后, 这个科学世界便一直得到学者们的赞同.

宇宙观也发生了变化. 哥白尼提出了太阳中心论, 他把地球看作一个行星, 赋予它次要的作用, 布鲁诺冲破了球面天幕的概念, 他是空间无限论的捍卫者 (并因为这种 "邪说" 而被用火烧死). 他把宇宙看作是无限的. 他认为, 像地球和太阳这样的星体, 宇宙中有无数个. 伽利略用望远镜对天体进行观察, 他发现, 天体物质也像地球物质一样具有不完善的地方. 人们开始懂得, 运动

---

①肘——古时一种长度单位, 约合半米. ——译者注

是相对的, 是与空间位置无关的, 因为空间是均匀的, 其中任何一点并不比其他点更优越. 奥列斯姆写道: "我认为, 只有当一个物体改变它相对于另外一个物体的位置时, 局部运动才有可能被观察到." 人们不再认为宇宙具有某个固定的中心, 也不再认为宇宙必定是充满了某些物质的有限空间. 由于空间的性质各处都一样, 因而物体在宇宙中从一点到另一点匀速运动着.

伽桑狄[①]回到了德谟克利特[②]和卢克莱修的原子论的观点, 他主张世界是由处于真空中的原子及其组合构成的. 不论是石头、火, 也不论是天体物质, 不再力图去占据其在空间的 "自然" 位置, 由意识和意志所创造出来的那些有生灵和无生灵的物体的世界也不再存在. 也许, 上帝是万物的缔造者, 然而在经历第一次推动之后, 万物就好像一台巨大的机器, 遵循严格的规律动作起来.

1619 年 10 月 10 日这一天, 巴伐利亚很冷, 列涅·笛卡儿[③]因为怕冷把自己关在一间生着火炉的房间里. 据他讲, 他在这间房间里作了三个梦, 看见了闪光, 听到了雷的轰隆声. 当他从房间里走出来的时候, 在他的头脑中已经形成了一种想法: 创立解析几何学并把数学方法用于哲学. 笛卡儿决心要问心无愧地开始新的生活: 怀疑一切, 否定所有的理论和定理, 否定所有的权威, 特别是亚里士多德.

"…… 我 …… 本应当 …… 把所有那些略微一想就会产生怀疑的东西统统抛弃, 把它们看作是百分之百虚假的东西 ……" [5]

"如果一切都怀疑, 那么从哪里着手呢? 能否找到某种东西, 或者是某种真理, 它是如此之可靠与正确, 以致那些怀疑者的最狂妄的设想也无法动摇它呢 ……?" [6] 在这里, 这个 "某种东西" 就是笛卡儿哲学的主要原理, 他用下面的话来表达: "我思故我在." 这个原理不是三段论法, 而是由经验中直接地、不容置疑地得出来的. 它是人类过去曾经提出过的最明确、最肯定的思想之

---

① 伽桑狄 (1592—1655) 法国唯物主义哲学家、物理学家、天文学家. 莫里哀和西拉诺·杰·培热拉克是他的学生. 可能莫里哀的歌剧《迫不得已的婚姻》, 写的就是伽桑狄与经院哲学家们之间的私人关系, 而西拉诺的《飞向太阳和月亮》这篇科幻小说, 描述的是他的机械论. 假若说布鲁诺的观点是异端邪说, 则伽桑狄的观点也并不亚于它. 但是作为一个人, 伽桑狄的性格非常能容人. 鸠兰认为, 谁也不会想到要把伽桑狄用火烧死, 因为他年轻时交了许多朋友, 本人又很谦虚, 并且经常去作礼拜.

② 德谟克利特 (公元前约 460—前 370) 古希腊唯物主义哲学家、原子说的创始人. ——译者注

③ 笛卡儿 (1596—1650) 法国哲学家、物理学家、数学家, 解析几何的创始人. ——译者注

一. 根据笛卡儿的看法, 其他原理的正确性应当依据其对主要原理的关系来评价. 主要原理要求明确与肯定. 笛卡儿的新哲学方法在于把复杂的认识分解成各个组成部分, 一直到这些组成部分成为一些简单、明确和清晰的思想为止. 笛卡儿不相信书上写的或者是别人教的东西, 而仅仅相信某些直接的和直观上显而易见的东西.

"我得出的结论是, 可以把下述思想作为一般规则: 所有我认为明确和清楚的东西都是真理 ⋯⋯" [7]

这个原理对于笛卡儿这样的几何学家来说是很合心意的, 他试图在这个原理的基础上建立他对世界的看法.

可能除了上帝与人的灵魂以外, 他把整个宇宙看作是一台机器. 上帝创造了物质, 并赋予它运动. 在此之后世界便开始遵照力学定律发展, 并不受任何干扰. 笛卡儿决定从这样一个由物质微粒组成的, 组织得像一台机器一样, 并遵从力学定律的世界出发, 把哥白尼的整个宇宙重建成如同我们现在看到的那样:

"后来我指出, 在这些 (自然) 规律的作用下, 大部分杂乱物质最终应当组成某种类似天体的东西, 组成 ⋯⋯ 地球、行星和彗星; 将出现金属 ⋯⋯, 植物在生长 ⋯⋯, 一切都是自然发生的, 就像自然地形成了山脉、海洋、泉水与河流一样." [8]

一个人想什么, 就能梦见什么. 把力学定律应用于运动着的微粒, 就能得出所观察到的一切现象 —— 这就是笛卡儿的梦. 但是实际情况并不像梦境那样完美, 它引起了一系列异议. 例如, 霍布斯[①]认为: "如果笛卡儿把自己的一生全部贡献给几何学的话, 他就会成为世界上最伟大的几何学家. 至于作为一个哲学家, 他并不那么出色."

丰特奈尔[②]附和了霍布斯的看法, 他认为 "正是笛卡儿 ⋯⋯ 给了我们讨论问题的新方法, 这种方法比他的哲学更有用. 根据他教给我们的那些规则来判断, 他的哲学大部分是错误的, 或者是非常可疑的".

---

① 霍布斯 (1588 — 1679) 英国哲学家, 典型的机械唯物主义者. ——译者注
② 丰特奈尔 (1657 — 1757) 法国作家、学者、科普作家、法国科学院院士. ——译者注

　　笛卡儿曾想确定微粒行为与经验中观察到的现象之间的关系, 但他只是有这样的愿望, 而并没有去实现它. 然而, 即使承认有这种关系存在, 也必须解释清楚, 微粒本身的行为又是怎么样的呢?

　　抛开所有他认为不值得注意的作用之后, 笛卡儿认定, 只有当直接接触时, 物质微粒才相互作用. 如果是这样, 那么对于不受任何外力作用的微粒来说, 它的行为又是怎样的呢? 在既没有中心, 各点之间又没有差别的空间中, 运动微粒又会是怎么样的呢? 虽然笛卡儿从来没有承认过存在真空, 例如他曾说过 "真空仅仅存在于帕斯卡的头脑中"; 但是他认为不受任何外力作用的粒子将作匀速直线运动. 这也就是新物理学中的自然运动. 现在我们则是用惯性定律, 或者牛顿第一运动定律来描述这种运动.

　　这样, 到十六世纪末, 亚里士多德对世界的看法已被彻底修改了. 从前曾认为宇宙是封闭的, 充满物质的; 而这时候却认为宇宙是无限的, 几乎是空荡荡的. 不再认为空间拥有特殊点, 而认为空间的性质在各个方向上都一样. 空间有物质微粒存在, 这些微粒不是力图向上飞或者向地面下落, 而是在不断的碰撞中作匀速运动. 伽利略就是诞生在这样一个新观念的世界上. 即使伽利略从未攀登过比萨塔 (图 1.1) 的阶梯, 同样注定会从根本上改变我们关于物体运动的概念.

图 1.1

参考文献

[1] *Aristotle*, On the Heavens, W. K. C. Guthrie, trans., Loeb Classical Library, Harvard University Press, Cambridge, 1939.

[2] *Kuhn Thomas S.*, The Copernican Revolution, Harvard University Press Cambridge, 1957.

[3] *Aristotle*, Physics, The Works of Aristotle, Translated into English, vol. 2., W. D. Ross, ed., Oxford University Press, New York, 1930.

[4] *Lucretius*, De Rerum Natura, 2. 230 — 9, Cyril Bailey, trans.

[5] *Descartes René, Discourse* on the Method of Rightly Conducting the Reason and Seeking Truth in the Sciences, John Veitch, trans., Open Court, III., 1949, p. 34.

[6] 同上, p. 35.

[7] 同上, p. 36.

[8] 同上, p. 46.

第 2 章　新的学科

§2.1　直线运动

"现在我们正在为极其古老的主题建立全新的学科. 自然界中再也没有什么东西比运动更为古老. 哲学家们写了不少很厚的有关运动的书. 但是现在我要阐述的是运动所固有的和值得研究的许多特性. 这些特性到目前为止还没有被人注意, 或者还没有被证明." [1]

上面这些话是伽利略在 1638 年讲的. 当时在场的除了伽利略外还有三个人: 萨里维亚季是拥护伽利略的观点的, 萨格列多是中立、没有成见的, 西姆普利丘则是代表传统观点的. 在这篇记录上述四人之间谈话的文章中, 伽利略这样表达了力学的基础:

"人们经常引用某些简单的原理. 例如, 人们常说下落重物的自然运动不断被加速. 但是到目前为止谁也没有说明, 加速到底是如何产生的. 据我所知, 没有人证明过, 下落物体在相同的时间间隔内所经过的路程之比, 是相邻的奇数之比. 人们也注意到, 抛出的物体, 或者射出的子弹是沿曲线运动的. 然而没有人证明过这条曲线是抛物线. 这些原理的正确性, 同样还有许多其他也很值得研究的原理的正确性, 今后将由我予以证明. 这样将打开一条通向更为广阔、更为重要的科学的道路. 我们的这些著作将是这门科学的基础. 更敏锐的智慧将会揭示出它深奥的秘密."

我们的叙述分为三个部分. 在第一部分中我们讨论均匀或者匀速运动; 在第二部分中我们描述自然加速运动; 第三部分谈一谈受迫运动, 或者抛出物体的运动.

匀速运动

首先, 我们需要为匀速运动或者均匀运动下一个定义.

定义 如果运动物体在任意相等的时间间隔内所经过的路程相等, 我把这种运动称为匀速运动, 或者叫均匀运动.

解释 我们对于在此以前的匀速运动的定义 (即简单地说, 在相等的时间间隔内, 经过的路程相等的运动, 被称作匀速运动) 补充了 "任意" 这个词, 用它来表示随意选取的相等的时间间隔. 因为有可能在某些特定的时间间隔内, 经过的路程相等, 然而在比这更短一点的, 同样是相等的时间间隔内, 所经过的路程不等. [2]

我们把物体经过的路程与经过这段路程所花费的时间之比, 定义为物体的速度:

$$速度 = \frac{距离的变量}{时间间隔} \tag{2.1}$$

匀速运动时, 速度不变. 这是因为在任意相等的时间间隔内, 微粒经过的路程相等 (回忆一下伽利略的解释). 除此而外, 匀速运动还意味着运动方向也不变. 这种匀速运动 —— 速度不变且方向也不变 —— 就是新物理学中的自然运动. 任何不匀速性都归因于力的作用.

如果速度不随时间变化, 并保持为常量 v_0, 即

$$v(t) = 常量 = v_0 \tag{2.2}$$

那么它与时间的依赖关系, 可以在图中用一条水平直线来表示 (图 2.1a). 我们可以看到 (这是一个普遍规则的特殊情况, 后面我们将导出这条普遍规则), 匀速运动的物体所经过的路程在数值上等于曲线下面的图形的面积 (在图 2.1 所示的情况下是直线下的面积, 见图 2.1b):

$$距离 = 速度 \times 时间 = 高 \times 底 = 面积 \tag{2.3}$$

对于上述规则, 我们可以举出一些非常简单的例子. 例如, 以 30 km/h 的速度作匀速运动的汽车, 半小时驶过的距离是 15 km. 以 1000 m/s 的速度飞驶的子弹, 5 s 飞过 5 km; 以 12000 m/s 的速度运动的火箭, 5 s 可通过 60 km.

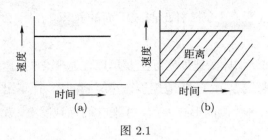

图 2.1

在自然界中很少遇到匀速运动. 在一般情况下物体的速度随时间不断地改变着. 可以引入物体在任一时间间隔内的平均速度的概念:

$$平均速度 = \frac{所经过的路程}{时间间隔} \tag{2.4}$$

假定物体在 2 s 内通过了 30 cm, 那么在这一时间间隔内, 它的平均速度等于

$$\frac{30 \text{ cm}}{2 \text{ s}} = 15 \text{ cm/s} \tag{2.5}$$

但是, 在第一秒内物体可能走了 20 cm, 而第二秒内走了 10 cm. 因此在第一秒内

$$平均速度 = \frac{20 \text{ cm}}{1 \text{ s}} = 20 \text{ cm/s} \tag{2.6}$$

而在第二秒内

$$平均速度 = \frac{10 \text{ cm}}{1 \text{ s}} = 10 \text{ cm/s} \tag{2.7}$$

如果运动在第一个时间间隔内是匀速的, 在第二个时间间隔内也是匀速的 (尽管速度值不同), 速度与时间的关系就像图 2.2 表示的那样. 而所通过的路

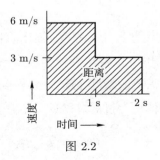

图 2.2

程, 在数值上仍然等于这条阶梯形曲线下面的面积 (在图 2.2 上该面积打着斜线).

在一般情况下, 物体的速度实际上是可以任意变化的, 速度与时间的关系可以用图 2.3 的曲线表示. 不断地逐步缩短时间间隔、计算出各个间隔内的平均速度 (以许多水平线段的形式表示) 并把它们标到图上, 就可以得出这条曲线. 下面引入几个符号:

Δt —— 时间间隔. 它很小 (可任意小), 但不等于零,

Δd —— 在时间间隔 Δt 内路程的变化量. 它也很小; 当物体静止时, 它等于零.

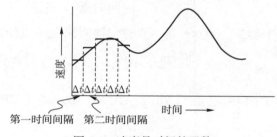

图 2.3　速度是时间的函数

这样, 在 Δt 内的平均速度[①]便等于

$$\begin{matrix}\text{在 } \Delta t \text{ 时间间隔} \\ \text{内的平均速度}\end{matrix} = \frac{\text{所经过的路程}}{\text{时间间隔}} = \frac{\Delta d}{\Delta t} \tag{2.8}$$

可以把 Δd 和 Δt 看作是普通的数字, 如 $\Delta d = 2 \text{ cm}$ 而 $\Delta t = 1/20 \text{ s}$, 因此

$$\Delta d = (\text{平均速度}) \times \Delta t \tag{2.9}$$

阶梯曲线与光滑曲线接近到什么程度, 则用阶梯曲线下面的面积来代替光滑曲线下面的面积的精确度也将达到什么程度. 所以, 只要缩小时间间隔 Δt, 便可以使 Δd 达到所需的精度 (当然, 要做到这一点, 还必须对光滑曲线提出某些限制条件). 物体所经过的总路程等于它在第一个、第二个、第三个

---

①所谓 "瞬时速度" 是在非常小 (无限小) 的时间间隔内的平均速度 (见附录 4).

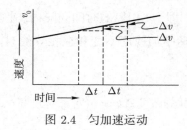

图 2.4　匀加速运动

等各个时间间隔内所通过的路程的总和:

$$d = (\Delta d)_1 + (\Delta d)_2 + (\Delta d)_3 + \cdots$$

$$= (矩形面积)_1 + (矩形面积)_2 + \cdots \tag{2.10}$$

所以总路程在数值上等于所有矩形的面积之和. 随着 Δt 的不断减小, 该面积可以以任意给定的精度逼近光滑曲线所包含的面积.

在着手研究非匀速运动时, 伽利略首先研究了一种重要而有益的情况, 即**自然加速运动**.

他写道:

"······ 现在我们来讨论加速运动. 首先应当对这种自然现象给出相应的确切定义, 并予以解释. 当然, 我们完全可以研究任意一种运动形式, 并研究与其相关的现象, ······ 然而我们决定仅仅研究自然界中物体下落时的那些现象, 并为类似于自然加速运动的加速运动下一个定义. 经过长期思考之后所找到的这个定义, 看来值得我们相信, 因为我们的感觉所接受的那些实验结果, 完全符合由这个定义所导出的特性 ·······. 由此便得出我们准备采用的定义: 匀加速运动是这样一种运动, 当脱离静止状态后, 在相等的时间间隔内, 速度的增量相等." [3]

我们知道

$$平均速度 = \frac{距离的改变}{时间间隔} = \frac{\Delta d}{\Delta t} \tag{2.11}$$

与此相似, 可以引入平均加速度的定义

$$平均加速度 = \frac{速度的改变}{时间间隔} = \frac{\Delta v}{\Delta t} \tag{2.12}$$

根据匀加速运动的定义, 即 "在相等的时间间隔内, 速度的增量相等", 可以得出如下结论: 在这种运动中加速度不变和在相等的时间间隔内, 速度的增量相同.

$$速度的改变 \Delta v = a(常加速度) \times \Delta t \tag{2.13}$$

伽利略的匀加速运动是直线运动, 此时速度是时间的函数, 并且速度的大小与所花费的时间成正比:

$$v(速度) = v_0(t = 0 \text{ 时的速度}) + a(常加速度) \times t(时间)$$
$$= v_0 + at \tag{2.14}$$

式中 a——常加速度, v_0——$t = 0$ 时物体的速度. 图 2.5 示出速度与时间的关系. 对于较复杂的运动, 加速度不一定是常量, 而表示速度与时间之间函数关系的曲线可以具有任意形状, 如图 2.2[①]所示.

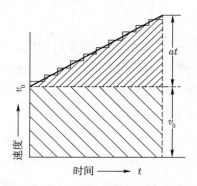

图 2.5　在数值上, 距离等于矩形面积加三角形的面积

但是萨格列多表示反对, 他说:

"我的智慧天生就无法与某些作者所给出的各种定义妥协, 因为它们完全是任意的. 所以, 在不触犯任何人的情况下, 我要讲出我的怀疑: 完全抽象地确定的那个定义, 是否与重物自由下落时的那种加速运动真正符合? 由于作者

---

① 在日常生活中人们经常把加速运动与快速运动这两个概念相混淆; 加速度仅仅意味着速度的变化; 而此时速度本身不一定很快.

确信下落物体的自然运动与他所定义的完全一致. 因此, 为了今后能更加认真地对待所有的假说以及与此有关的证明, 我希望能够消除我的某些疑问." [4]

萨里维亚季试图使萨格列多以及其他人相信, 在地球表面附近下落物体的运动是匀加速运动. 在这以前萨里维亚季也曾就这个问题驳斥过亚里士多德, 因为他确信自己是正确的. 下面讨论一下匀加速运动的某些性质. 先讨论其中有意思的一个特点. 试问, 如果物体作匀加速运动 (即如果速度 $v = v_0 + at$), 那么在给定的时间间隔内它走过的距离是多少?

匀速运动中, 距离 ($v_0 t$) 在数值上恰好等于速度与时间关系曲线下的面积. 现在我们把这个结果加以推广: 作匀加速运动 (或者其他任意形式的运动) 的物体所经过的路程, 数值上等于速度与时间关系曲线下面的面积. 为了求出匀加速运动物体所通过的路程, 只要计算出这块面积就行了. 它等于图 2.5 所示的三角形与矩形面积之和. **矩形面积等于** $v_0 t$, 它等于物体以速度 v_0 作匀速运动所通过的路程. **三角形面积等于** $\frac{1}{2} \times$ (底) $\times$ (高). 但是三角形的高等于在 t 时间内由加速度 a 引起的速度的增量. 速度与时间的关系满足

$$v = v_0 + at \tag{2.15}$$

由此可得速度的增量 (末速减初速) 为

$$v - v_0 = at \tag{2.16}$$

因此, 三角形面积等于

$$面积 = \left(\frac{1}{2} \times 底 \times 高 \right) = \frac{1}{2}t \times at = \frac{1}{2}at^2 \tag{2.17}$$

这样, 一个作匀加速运动的物体, 在时间 t 内所通过的路程由下式决定

$$路程 = 矩形面积 + 三角形面积 = v_0 t + \frac{1}{2}at^2 \tag{2.18}$$

这与伽利略所推导出来的结果是一致的.

现在我们应用这个表示式, 推导在本章最前面所提到的, 伽利略关于下落物体在相同的时间间隔内所经过的路程之比是相邻的奇数之比的说法. 假定

物体由静止状态开始下落, 在这种情形下它的初速度 v_0 等于零, 因而

$$路程 = 0 + \frac{1}{2}at^2 = \frac{1}{2}at^2 \qquad (2.19)$$

由表 2.1 可见, 路程是怎样依赖时间的. 一切物体在第一秒内所通过的路程等于 $\frac{1}{2}a$, 第二秒内所通过的路程为 $\frac{1}{2}a \times 4$ 减去第一秒内通过的路程, 即为 $\frac{1}{2}a \times 3$; 第三秒内通过的路程等于 $\frac{1}{2}a \times 9$ 减去物体在第一、第二秒内通过的路程 $\left(\frac{1}{2}a \times 4\right)$, 即等于 $\frac{1}{2}a \times 5$. 因此, 物体在相等的时间间隔内所通过的路程, 其相互关系如下:

$$\frac{第二秒}{第一秒} = \frac{3 \times \frac{1}{2}a}{1 \times \frac{1}{2}a} = \frac{3}{1} \qquad (2.20)$$

$$\frac{第三秒}{第二秒} = \frac{5 \times \frac{1}{2}a}{3 \times \frac{1}{2}a} = \frac{5}{3} \qquad (2.21)$$

也就是说, 正如伽利略所写的, 这些距离 "······ 相互之间的比值, 是相邻的奇数之比 ······".

表 2.1

时间/s	距离	每秒钟通过的距离
1	$\frac{1}{2}a$	$\frac{1}{2}a$
2	$\frac{1}{2}a \times 4$	$\frac{1}{2}a \times 4 - \frac{1}{2}a = \frac{1}{2}a \times 3$
3	$\frac{1}{2}a \times 9$	$\frac{1}{2}a \times 9 - \frac{1}{2}a \times 4 = \frac{1}{2}a \times 5$
4	$\frac{1}{2}a \times 16$	$\frac{1}{2}a \times 16 - \frac{1}{2}a \times 9 = \frac{1}{2}a \times 7$

西姆普里丘反对说:

"如果接受关于匀加速度的上述定义, 那么我完全相信, 所观察到的现象恰恰应当是这样. 但是, 在自然界中当重物下落时, 实际上存在的加速度, 是

否就是这样, 我仍表示怀疑, 因此为了说服我及其他人, 最好还是从所作过的大量实验中, 举出几个例子来, 用以证明物体下落的各种情况都与上述结论相符合." [5]

对此, 萨里维亚季回答如下:

"您作为一个真正的学者, 提出的要求是完全正当的. 特别是对于那些运用数学证明来解释自然规律的学科, 这种要求更合乎情理. 这类学科有透视学、天文学、力学、音乐以及其他类似的学科. 在这些学科中, 人们感觉的经验证实了一些原理, 这些原理是今后理论发展的基础. 但是我不希望您形成一种印象, 似乎我们过于细致地讨论了第一和基本的原理. 只有在这个原理的基础上我们才能建立起由无数结论构成的大厦, 而伽利略在这篇论文中涉及的只是很少一点点. 仅仅就他为求知的智慧打开了至今还关闭着的大门这一点来看, 他所完成的工作也已足够多了. 至于实验, 伽利略并没有忽视它. 为了确信自然下落物体的加速运动正是按前面所描述的方式进行的, 我曾多次在伽利略的伙伴中间进行过下述实验." [6]

接着他描述了伽利略所作的实验, 以便证明自由落体运动确实是匀加速运动.

在这个实验中测量了下落物体通过的路程与下落时间的关系. 这样, 伽利略用实验表明, 下落物体的观测结果与匀加速运动的公式之一

$$路程 = v_0 t + \frac{1}{2} a t^2 \tag{2.22}$$

是相符的, 从而也就证明了下落运动确实是匀加速运动. 应用现代照相技术, 经过相等的时间间隔拍照, 我们可以很方便地重复伽利略的实验. 例如, 拍摄下落的高尔夫球 (照片 2.1[7]). 在表 2.2[8] 中列出了类似实验的结果 (下落的台球). 每隔 1/30 s 进行一次测量. 根据测量结果计算出的加速度值在测量误差范围之内是一致的. (在 Δx 这一列中, 最后一位数很不可靠, 因为它是对不足 1 mm 的距离的估计值.) 这样, 我们便证实了 (在测量误差范围之内) 加速度是常量, 或者说, 证实了落体所经过的距离等于 $v_0 t + \frac{1}{2} a t^2$. 因此我们可以重复一下西姆普利丘的话:

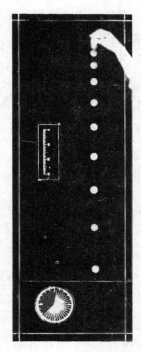

照片 2.1　每隔相同的时间间隔拍摄的下落小球

表 2.2

时间间隔序号	距离间隔 $\Delta x/$cm	平均速度 $(\Delta x/\Delta t)/$(cm/s)	速度改变 $\Delta v/$(cm/s)	加速度 $(\Delta v/\Delta t)/$(cm/s^2)
1	7.70	231	32	960
2	8.75	263	31	930
3	9.80	294	32	960
4	10.85	326	34	1020
5	11.99	360	33	990
6	13.09	393	32	960
7	14.18	425	32	960
8	15.22	457	32	960
9	16.31	489	35	1050
10	17.45	524	32	960
11	18.52	556		平均: 980

"如果我当时参加了这些实验, 我会感到极大的满足. 但是我完全相信你善于进行这些实验并能正确地记录实验结果. 我很放心, 我承认你的实验结果是正确的和真实的." [9]

在地球表面附近, 这个恒定的加速度用专用的符号 g 表示, 它等于

$$g = 980 \text{ cm/s}^2 = 9.8 \text{ m/s}^2 \tag{2.23}$$

因此, 自由下落的物体在第 1 s 内通过 490 cm, 在第 2 s 内通过 1960 cm, …… 以此类推.

§2.2 抛物体运动

关于抛出物体的运动, 亚里士多德认为, 如果没有力作用于物体, 则从手中抛出的物体将落向地心. 他的这个观点是不堪一击的. 实际上, 如果石头由抛石器中抛出, 究竟是什么力会使它在开始下落之前先向上飞一段距离, 这是不清楚的. 亚里士多德认为, 被石头推开的空气将紧贴着石头, 并从后面推动它. 但是这种解释看来既没有使他自己满意, 也没有使他的追随者满意.

为了解决这个问题, 伽利略假设, 在抛出石头时, 传给石头一个水平速度. 这个速度保持不变 (如果空气阻力不计), 因为在水平方向上不受任何力的作用. 在垂直方向上作用着一个力, 该力迫使 (?) 物体以固定的加速度落向地面. 伽利略进一步又提出一个看法, 认为被抛物体的运动是由水平方向的匀速运动与垂直方向的匀加速运动两部分组成的, 也许, 照片 2.2 能说明这一论点.

有一种看法认为, 水平抛出的物体下落的情况, 与另外一个与它同时开始下落、但没有水平速度的物体下落情况完全相同. 这种看法很重要, 但直观上却不那么明显. 这两个物体运动的唯一差别在于, 第一个物体以恒定的加速度竖直下落, 同时又沿水平方向匀速运动:

$$\text{水平位移} = v_0 t \tag{2.24}$$

$$\text{垂直位移} = \frac{1}{2}at^2 \tag{2.25}$$

总位移由这两个位移相加得到. 基于上面提到的看法, 正如伽利略所证明的那样, 相加结果, 被抛物体的轨迹是条抛物线.

萨格列多非常惊异, 他写道:

"如果运动在横向上永远保持匀速运动, 而自然下落又保持自己的特点——与时间的平方成比例地加速, 并且这两种运动和速度能够相加, 而又互不干扰、互不妨碍, 那么我不得不承认, 这种论断是新颖的、巧妙的和令人信服的 ......" [10]

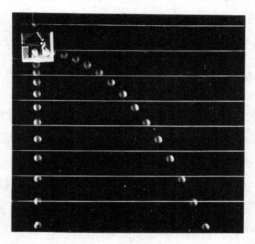

照片 2.2 每隔相同的时间间隔对两个同时抛出的小球拍摄的照片. 其中一个小球垂直下落, 另一个被水平抛出 (图中各条水平线之间的间隔为 15 cm, 照片是每隔 1/30 s 拍摄的 [11])

这个运动的一个经典例子就是炮弹从行进中的军舰的桅杆上下落 (图 2.6). 从站在岸上的观测者看来, 炮弹以恒定的加速度下落, 同时又沿水平方向匀速运动. 站在甲板上的水手沿水平方向运动的速度与炮弹的水平速度相同, 因而从他的观点来看, 炮弹只是垂直地向下落, 一直落到桅杆的底部.

伽利略的《有关两个新科学领域的谈话及数学证明》的论文中用的完全是现代语言, 这一点最为使人吃惊. 除了文章的格式以外 (三百年来, 文章的格式不可避免地发生了一些变化), 伽利略讨论的所有问题, 他所用的名词——力、加速度、匀速运动、惯性——我们完全懂得. 伽利略在探寻某个概念 (比如

图 2.6　从不同观测点看炮弹的下落

说运动力) 的定义时所遵循的探索道路都是正确的, 也取得了丰硕的成果. 在证明过程中, 萨里维亚季指出, 沿光滑斜面滑动的物体, 其加速度与斜角有关, 而且比自由落体的加速度要小. 也就是说他认为, 迫使 (?) 物体沿斜面下滑的力与斜角有关, 并且与物体的加速度成正比 (这个论点后来成为牛顿第二定律).

　　在研究运动问题时, 伽利略应用了欧几里得的方法. 首先他引入定义和假定, 然后由它们得出一定的推论. 如同欧几里得确定了物体的空间关系一样, 伽利略阐明了物体运动的性质. 后来的一代物理学家应用这些结果, 找到了使物体在地球表面附近作匀加速运动的原因, 因为从这些结果中可以导出运动参数对时间的依赖关系. 就这样, 对地球表面附近不同条件下物体现实运动的观测和伽利略对这些运动的分析, 便建立起来一些方法. 依照伽利略的朴实的预言, 借助于这样一些方法, "更敏锐的智慧将揭示出它 (指科学) 深奥的秘密".

参考文献

[1]　*Galilei Galileo*, Dialogues Concerning Two New Sciences, Henry Crew and Alfonso de Salvio, trans., Macmillan, New York, 1914, p. 153.

[2]　同上, pp. 153—154.

[3] 同上, pp. 160, 162.

[4] 同上, p. 162.

[5] 同上, p. 178.

[6] 同上, p. 179.

[7] *Sears F. W.*, *Zemansky M. W.*, University Physics, Addison-Wesley, Reading, Mass., 1952.

[8] Physical Science Study Committee, Physics, D. C. Heath, Boston, 1967.

[9] *Galilei Galileo*, 参阅 [1], p. 179.

[10] 同上, P. 250.

[11] 同 [8].

思考题[①②]

1. 如果在一段时间内物体的平均速度等于零, 这是否意味着该物体静止不动?

2. 速度大是否意味着加速度也大? 试举例说明.

3. 大家都知道, 帕里斯射向阿喀琉斯的箭永远也射不到他, 因为箭先到达帕里斯与阿喀琉斯之间距离的中点, 然后又到达剩下的那一半距离的中点, 如此类推下去. 这个过程是无限的, 因为任何剩下的距离皆有一个中点. 那么, 阿喀琉斯的脚后跟最后还是受伤了, 这该如何解释呢? (见附录 949 页)

4. 戈达尔把竖直上抛的石头的运动拍成了电影. 如果把片子反向放映, 那么石头的运动将是怎样呢? 再举出另外一个自然界中可逆运动的例子.

5. 在数学公式中, 等式左边的量纲应当与右边的量纲一样. 试对本章内的公式证明这一点. 假定你得到了一个公式, 它左右两边的量纲不一致, 你该作出什么结论?

6. 月球上的重力加速度是地球上的六分之一, 假如人腿的肌肉能使人体得到相同的初速度, 试证明人在月球上能够跳起的高度是地球上的六倍.

---

①标有星号 (∗) 的是较难的题, 标有双星号 (∗∗) 的是非常难的题.
②部分思考题和习题的答案在本书末.

习题

1. 为了检验汽车的速度表, 司机正好用 5 min 沿公路行驶了 5 km. 行驶时速度表指示的平均速度为 60 km/h. 汽车的速度表工作正常吗?

2. 画出速度与时间的关系曲线图, 并证明, 时速 60 km/h 的汽车 1 h 内行驶的距离, 等于时速 50 km/h 的汽车 1 h 12 min 内行驶的距离.

*3. 雷雨中, 李尔王先看到了闪电的光, 10 s 后他听到了雷鸣. 室温下声音的传播速度约为 3.4×10^4 cm/s. 试问, 该闪光发生的地方离李尔王有多远?

4. 时速为 60 km/h 的汽车, 行驶 300 km 需要多少时间? 时速为 50 km/h 的汽车, 行驶这一距离需要多少时间?

5. 沿公路行驶的汽车, 先以时速 50 km/h 行驶 2 h, 然后以 40 km/h 的速度行驶 15 min. 问汽车在此时间内行驶的距离是多少? 在这 2 h 15min 内汽车的平均速度等于多少?

6. 沿笔直的公路作匀加速运动的汽车, 在 1 min 内速度由 30 km/h 增至 60 km/h. 试问加速度等于多少?

7. 设有一块石头由 490 m 高处落下. 试问需要多少时间它才能落到地面? 它到达地面时的速度是多少?

*8. 将一块石头竖直上抛. 20 s 后它落回到地面. 试问石头达到的最大高度等于多少? 它的初速是多大? 它落到地面时的速度有多大?

*9. 将石头从 19.6 m 的高度以 10 m/s 的速度水平抛出. 试问, 经过多久以后石头落到地面上? 它在水平方向上飞过的距离是多少? 第一块石头抛出后经过了 1 s 之后, 另一块石头由同一高度被竖直向下抛出. 要使这块石头与第一块同时落地, 试问抛出第二块石头的初速度应为多少?

10. 高尔夫球从台面上落下时, 其水平速度为 30 m/s. 如果台面高于地面 6 m, 试问这个球飞过的水平距离是多少?

11. 太阳到地球的距离是 1.5×10^8 km. 光的传播速度是 $c = 3 \times 10^8$ m/s, 试问光通过这一距离所花费的时间是多少?

12. 最近的恒星离我们 4.3 光年. (光年是光在一年的时间内所通过的距

离) 试把这个距离换算成 km.

13. 子弹离开枪口时的速度是 400 m/s. 枪筒长 1 m. 假设加速度是不变的. 试问:

a) 子弹在枪筒内飞行的时间是多少?

b) 子弹的加速度有多大?

14. 假设棒球运动员击球后, 球在空中飞行了 1.8 m. 试问:

a) 如果球与水平线成 45° 角飞出, 那么击球时刻的球速等于多少?

b) 球轨迹的最高点为多少?

c) 球在空气中逗留的时间为多少 (空气的阻力可忽略不计)?

15. 从 36 m 高的峭壁上垂直向下抛出一个球, 2 s 后球落地. 试问:

a) 球的初速度等于多少?

b) 球着地时的速度是多少?

16. 当汽车 B 以时速 144 km/h 从汽车 A 旁边驶过时, A 以 2 m/s² 的加速度原地起动. 试问:

a) 经过多少时间以后, 汽车 A 将赶上汽车 B?

b) 这段时间内汽车 B 行驶了多远? 答案以 km 表示.

17. 以 24.5 m/s 的初速度竖直上抛一个球, 重力加速度等于 9.8 m/s². 试问:

a) 球能够上升多高?

b) 球达到最大高度需要的时间是多少?

c) 2 s 后, 球的速度是多少? 4 s 后的速度又是多少? 着地时的速度是多少 (空气阻力可以忽略不计)?

18. 由桥上将石头以 4.9 m/s 的初速度垂直下抛. 试问:

a) 过多少时间后石头落水 (桥高 58.8 m)?

b) 入水前, 石头的速度是多少?

19. 汽车由原地启动, 过 8 s 后达到时速 72 km/h. 试问:

a) 汽车的 (匀) 加速度是多少?

b) 这段时间内汽车驶过的距离是多少?

第 3 章　什么是力

在科学文献中使用的 "定律" 这个词未必很合适. 我们不知道有什么命令或法令曾规定过我们论述的那些规则. 与其说人们发现了这些规则, 还不如说它们是被臆想出来的. 我们从历史中了解到一些规则的来源, 至于其他规则是如何产生的, 我们却一无所知. 因为最早提出规则的人们并没想让我们知道, 他们是怎么想出这些规则的. 但是在科学活动的进程中, 新的规则又不断地被想了出来.

现在我们自己来试着把力的定律想出来.

当不存在力的时候, 物体保持静止或匀速运动. 那么又怎样去发觉力的作用呢? 当然, 最好不要仅仅用这样一句话来回答这个问题: 当物体的运动状态发生变化时, 就有力在作用. 因为这样一来, 惯性定律就会失去任何经验内容, 而只是简单地确认这样的事实: 物体的匀速运动一直延续到改变运动状态为止. 但是, 即使是这样的看法也不能认为是完全没有意义的. 如果我们把惯性定律看作是公认的原理, 那么我们就应当在物体的运动性质刚刚发生变化的时刻, 就去寻找某个力的作用.

我们确信, 糖不会自己从高脚盘里撒出来. 因而, 如果我们发现糖撒得满桌子皆是, 我们就要设法查明这是谁干的. 我们之所以这样想, 是根据长期观测的经验, 因为过去我们总能找到撒糖的人. 对于这一点我们是如此坚信不疑, 以致于当我们没能找到肇事者的时候, 我们会认为他溜掉了, 也决不会认为糖是自己撒出来的.

幸好在自然界中没有多少种力, 完全可以把它们区别开. 我们感到力的作用的最为常见的情况, 是当我们被拉或者是被推的时候. 虽然以后我们将给力下一个确切的定义, 但是我们不妨由这种力的直观认识入手. 一般来说, 物体承受的拉力或推力同与该物体直接接触的其他物体有关系, 例如手、绳子、水或者空气. 除此而外, 我们大家都感到自身的重量以及我们周围的各种物体的重量. 我们可以把重量解释为作用于地球与所有物体之间的力.

假如说, 在现实世界中我们能够识别 (鉴别) 各种力的作用的话, 那么怎样去寻找与这些力相应的数学客体呢? 它的形式应当取决于力的性质. 我们也希望通过这些性质来描述力. 我们用正整数来描述石块的数量, 用正数 (但不一定是整数) 来描述长度. 是否也可以用数来描述力呢? 我们知道, 我们承受的拉力与推力有强有弱, 也就是说它可以用确定的量来描述. 这个特性就可以用数来表示. 但是, 力还有一定的方向. 如果我们打算描述这两个特性 (正好也是最有意义的两个特性), 那么就应当选择至少具有这两种性质的数学客体.

现在我们引入一种数学客体, 我们称它为力箭头, 或者简单称作箭头, 并用一个大写字母上面加一个箭头来表示:

$$\vec{A}$$

可以用一个普通的箭头更直观地来表示这个客体. 可以把它画成一段直线, 由某一点 (譬如 P 点) 起, 到一个尖端止. 这种箭头至少具有我们打算用来描述力的那两个特性 (图 3.1). 可以赋予它一定的量值 (长度) 及方向. 因此我们说, 作用于 P 点的力, 以某种方式与一个箭头相关联. 该箭头之长对应着力的量值 (例如, 1 cm 对应于 1 N 的力), 而其方向对应着力的方向 (图 3.2):

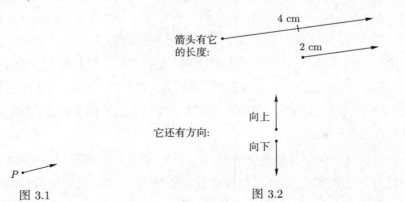

箭头有它
的长度:　　　　　　　4 cm　　　　2 cm

它还有方向:　　　向上　向下

P

图 3.1　　　　　　　　　　　图 3.2

引入这样一些箭头之后, 我们还必须为它们想出一定的规则. 这些规则不仅仅要求协调一致 (不允许互相矛盾), 而且必须符合实际力的特性.

　　那么我们所观察到的自然力有哪些特性呢? 最简单的一个特性是可加性.
假定在某一点作用着两个或两个以上的力, 能否用一个等效力来代替它们呢?
我们知道, 两个力的作用可以用一个力来平衡.

　　我们研究一下图 3.3 中作用于 P 点的力. 或者看一看三个队拔河. 在某
一时刻, 所有的运动员相持不下, 都坚持在原地不动 (图 3.3b). 这时 P 点不
动, 因此根据惯性定律, 对 P 点没有作用力. 因而通过粗绳索和细绳作用于这
一点上的几个力 (对于上述的两种情况, 在 P 点上都作用着三个力), 其相加
的结果应当使合力等于零.

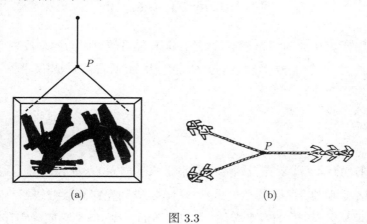

(a)　　　　　　　　　　　　　　　(b)

图 3.3

　　这样, 惯性定律 (即把匀速运动看作是自然运动的协定) 对破坏物体自然
运动的力的性质给予了某些限制. 对自然运动的定义不同 (如在亚里士多德物
理学中), 力的相加规则也不同. 但是有一个绝对的要求, 那就是: 理论必须与
实验符合. 从原则上讲, 这样的理论可以有许多种, 但实际上即使建立一种理
论也是很困难的.

　　因此我们应当为箭头确定一种运算方法. 这种运算方法应当符合自然界
中力的相加规则. 我们把这种运算方法称作箭头相加, 并用 + (加) 号来表示.
表面上看来, 它和普通的加法一样, 但是实际上这两种加法是不一样的. 第一
个相加法则是

$$\vec{A} + \vec{B} = \vec{C} \quad (公设\ \mathrm{I})\tag{3.1}$$

两个箭头相加得到第三个箭头. 用物理学的语言来说, 两个力相加得到第三个力. 类似的法则在数学或者物理学中, 并不是任何时候都成立的. 例如, 把两种液体混合可以得到固体, 两个分数相加可以得到整数, 两种毒物相混合可以得出无害物质 (如把钠与氯混合). 这样, 虽然两个箭头相加给出第三个箭头这个结论, 看起来相当自然, 但是它并不是一个想当然的结果, 它是一个反映力的经验特性的法则.

作为箭头相加的第二个法则是

$$\vec{A} + \vec{B} = \vec{B} + \vec{A} \quad (\text{公设 II}) \tag{3.2}$$

也就是说, 箭头相加的顺序是不重要的, 或者说自然界中力的合成顺序没有意义. 因而给力 $\vec{A}$ 加上力 $\vec{B}$, 与给力 $\vec{B}$ 加上力 $\vec{A}$ 所得结果是相同的:

$$\vec{A} + \vec{B} = \vec{B} + \vec{A}$$
$$\nearrow + \searrow = \searrow + \nearrow$$

这个法则在数学上或者在自然界中并不是永远成立的. 如先瞄准, 后射击, 还是先射击, 后瞄准, 两者的结果是不一样的; 应当先穿高领绒线衫, 然后再去梳头. 不遵从公设 II 的数字客体, 人们知道的较少, 但是它们确实存在, 而且有时还很有用处.

其次我们假定, 在箭头的世界内还有一种零箭头 (它没有长度, 用 $\vec{0}$ 表示). 它表示零力, 而且把它加到任何一个箭头上, 都不使后者发生改变.

因此, 有这样一种 $\vec{0}$ 箭头, 对于任意箭头 $\vec{A}$ 有

$$\vec{0} + \vec{A} = \vec{A} \quad (\text{公设 III})$$
$$\cdot + \nearrow = \nearrow \tag{3.3}$$

我们还假定, 对于任意一个箭头 $\vec{A}$, 存在一个反箭头: $-\vec{A}$, 即

$$\vec{A} + (-\vec{A}) = \vec{0} \quad (\text{公设 IV}) \tag{3.4}$$

这个假定与实验相符, 因为自然界中任意一个力都可以被另一个力所平衡.

最后一个法则: 三个箭头相加的顺序无关紧要:

$$(\vec{A} + \vec{B}) + \vec{C} = \vec{A} + (\vec{B} + \vec{C}) \quad (公设 \ V) \tag{3.5}$$

即 $\vec{A}$ 与 $\vec{B}$ 相加后再加 $\vec{C}$ 的结果, 与先把 $\vec{B}$ 与 $\vec{C}$ 相加后再加 $\vec{A}$ 完全一样.

现在我们来解一道较为具体的题目. 给定箭头 $\vec{A}$ 与 $\vec{B}$, 试问相加所得的合箭头如何? 换句话说, 给出了箭头 $\vec{A}$ 与 $\vec{B}$ 的大小与方向, 要求它们的和的大小与方向. 如果我们稍加注意的话就会发现, 上面所作的那些假设乃是作用力系统的全部定性性质的数学表达. 那么怎样去寻找一个箭头相加法则, 使其既能满足上述所有假设, 又能符合自然界中力的合成法则呢?

这里至少有两种可能. 一个可能是研究这些数学客体, 并发明这样一种规则, 这种规则在形式上应当是前后一致的、很得体和很优美的. 但是没有任何绝对的保证, 物理力所遵从的恰好是这种相加规则. 尽管如此, 在理论物理中却存在着这种信念 (当然并不是任何时候都是正确的), 受宠若惊的大自然一定会接受所有这些优美的规则. 另一个可能是到实验室 (自然的) 去, 把这几个力逐个相加, 每次都测出 $\vec{A}$、$\vec{B}$ 以及它们的和的量值, 从中发现和 $\vec{A} + \vec{B}$ 的共性. "测而知之"——这就是荷兰卡默林–欧纳斯低温实验室的口号. 所谓的物理定律几乎全都是借助于上边提到的这两种方法建立起来的.

为了进行这类测量、我们可以在 P 点加上两个力 $\vec{A}$ 与 $\vec{B}$, 然后再选择这样一个力 $\vec{C}$, 使 P 点静止不动 (图 3.4). 但是首先必须讲定实际作用力与表示实际作用力的箭头之间的确切对应关系. 假如有一张桌子和一个没有摩擦[①]的滑轮, 通过滑轮用绳子吊着一个不大的重物 (图 3.5). 在重物的作用下绳子被拉紧, 我们假定绳子作用于 P 点的力的量值等于重物的重量, 方向沿着绳子. 换句话说, 2 N 重的重物的作用力为 2 N, 3 N 重的重物的作用力为 3 N, 等等. 除此而外, 如果假定 1 cm 长的箭头对应着 1 N 的力, 那么桌子上的实际的作用力系统可以用箭头表示, 如图 3.6 所示. (这个方法既不是唯一的, 也不是最好的方法. 但它简单, 不需要花费很多时间. 至于这种方法的有效性, 如同其他方法的有效性一样, 与实际作用力的特性有关. 关于这一点后面我们再谈. 只剩下一个问题还没解决: 假若有一些实际的力, 并按照上述方法把它们

---

① 所谓滑轮没有摩擦, 我们理解为润滑得很好、能很轻易转动的滑轮.

用箭头来表示, 那么能否对这些箭头也建立一些规则, 使这些规则符合这些力之间的相互关系呢?)

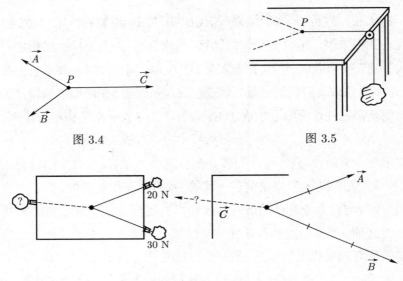

图 3.4   图 3.5

图 3.6   用箭头表示力的方法

由惯性原理 (如果物体不受力的作用, 则它保持静止或匀速运动) 我们得出

$$\vec{A} + \vec{B} + \vec{C} = \vec{0} \tag{3.6}$$

即三个力的合成结果等于零力 (力不存在). 向等式两边各加 $-\vec{C}$, 根据

$$\vec{C} + (-\vec{C}) = \vec{0} \quad (\text{第 III、第 IV 公设}) \tag{3.7}$$

我们有

$$\vec{A} + \vec{B} = -\vec{C} \tag{3.8}$$

因此, 力 $\vec{A}$ 与 $\vec{B}$ 相加得到这样一个力, 它与 $\vec{C}$ 之和为零.

这类测量的目的在于积累足够多的结果, 以便弄清某些规则. 根据这些规则, 当 $\vec{A}$ 与 $\vec{B}$ 都已给定时, 应当能够确定被观测的力 $\vec{C}$ 的量值与方向 (图 3.7). 上述问题与考试的试题相似: "给定一数列 $1, 4, 9, 16, 25, \cdots$; 要求确定该

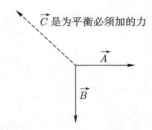

图 3.7　与力 $\vec{A} + \vec{B}$ 的和相平衡的力 $\vec{C}$

数列的下一项." 我们事先假定所求之解确实存在. 先提出某种具体的法则, 然后我们根据它来 "预言" 还没有发生的事件 (即我们验证这个法则).

不论我们是否进行了观测, 最终我们还是要考虑法则问题. 因为任何观测, 包括那些相当复杂的观测在内, 都不能向我们提供现成的法则. 根据已有的实验结果 (或者根据日常生活中我们所掌握的关于力的那些特性), 我们能够将可能的法则缩减到最少, 并从审美的考虑出发, 从剩下的这些可能法则中选取一个最为合适的.

两个大小相等、方向相反的力相加时, 其合力为 $\vec{0}$ (即不存在力), 这应当说是最合乎情理的假设. 因此如果箭头 $\vec{A}$ 为

$$\longrightarrow$$

而箭头 $-\vec{A}$ 为

$$\longleftarrow$$

则

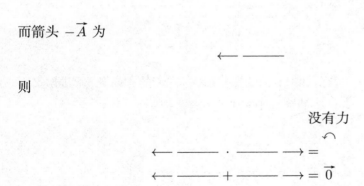

现在我们设想有两个力, 它们作用于同一方向. 在这种情况下, 我们假设这两个力可以像数字一样相加; 看来这个假定与我们在实验中观测到的结果是一致的. 因为, 两个力气一样大的男孩, 向同一个方向拉某一个东西, 显然

其拉力等于他们当中任一个人单独拉时的两倍. 因此

$$\vec{A} + \vec{A} = 2\vec{A} \tag{3.9}$$

或者, 根据类似的理由可以认为

$$2\vec{A} \quad + \quad 3\vec{A} \quad = \quad 5\vec{A} \tag{3.10}$$
$$\text{——|——→} + \text{——|——|——→} = \text{——|——|——|——|——→}$$

因此, 如果箭头是沿一条直线排列的话, 那么可以合理地认为, 箭头可以像普通数学一样相加, 或者像连接在一起的两个直尺一样相加: 和的量值等于它们的长度之和, 而方向与初始方向相同.

应用这一假定, 我们便可以导出箭头与数字相乘的规则来:

$$2\vec{A} = ? \tag{3.11}$$

我们知道, 箭头之和

$$\vec{A} + \vec{A} = 2\vec{A} \tag{3.12}$$

也是一个箭头, 其长度等于 $\vec{A}$ 的两倍, 而方向与 $\vec{A}$ 相同. 所以

$$2 \times \cdot \text{——→} = \text{——|——→}$$
$$4 \times \cdot \text{——→} = \cdot \text{——|——|——|——→}$$

现在我们再来看一看图 3.8 上画的那些箭头, 它们的方向既不相同, 又不相反. 在这种情况下 $\vec{A} + \vec{B}$ 的和等于多少呢? 若是把

$$\text{←—— } \cdot + \text{ ——→} \cdot = \vec{0}$$
$$\cdot \text{——|——→} + \cdot \text{——|——|——→} = \cdot \text{——|——|——|——|——|——→}$$

看作相加的特殊情况, 那么一般的合成规则又是怎样的呢? 在这些地方, 理论物理的勇士们就显得无能为力了, 正如特洛伊城墙前的英雄们, 眼睛突然间像被雾蒙住了一样. 所要求的规则不可能借助逻辑推理得到, 因为这个问题的

图 3.8

含义不是单一的. 因此不得不求助于猜测去碰碰运气. 我们已经习惯于把科学
看作是逻辑与清醒思维的产儿. 然而奇怪的是在科学中助产婆不得不亲自生
孩子.

现在我们就来猜测一下. 假定两个力 $\vec{A}$ 与 $\vec{B}$ 按图 3.9 的办法合成. 这个
著名的规则 (它叫作力的三角形规则, 也称为平行四边形规则) 满足前面提出
的关于箭头相加的所有公设. 这个规则首先由西蒙·斯捷文提出 (他曾研究过
两个下落球的运动). 当时为了解决实际的工程问题他需要这个规则.

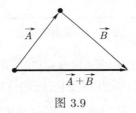

图 3.9

满足所有上述规则的箭头实际上就是**矢量**[①]. 它是能满足所有上述假设与
规则的数学客体. 可以用整数来数各种物体 (苹果、石块、人) 的个数, 同样我
们也可以用矢量来描述各种物理客体 (这里我们只讨论力, 其他类客体我们以
后再引入).

但是现在我们有权问一下: 所有的规则是否正确? 形式上它是绝对完美
的. $\vec{A}+\vec{B}$ 等于第三个箭头 $\vec{C}$, $\vec{A}+\vec{B}$ 等于 $\vec{B}+\vec{A}$. 用类似的方法还可以验
证所有其他的公设 I — V. 因此可以确信上述规则是前后一致的. 但是我们
也可以制订许许多多其他的规则, 并且也不引起什么矛盾. 当我们试图弄清所
选定的规则是否正确时, 我们不仅要验证其数学上的前后一致性 (当然它肯定
应当满足), 而且还应当确定, 两个矢量 **A** 与 **B** 相加得出的矢量 **C** 是否恰恰
代表了对应于矢量 **A** 的物理力与矢量 **B** 所描述的力相加后给出的那个物理

[①] 从现在开始, 按照惯例矢量将以黑体字母表示.

力. 回答这个问题的唯一方法就是实验, 即用实验来证明, 实际的物理力就是按照上述规则叠加的. 正是为了解决类似的物理问题, 人们才到实验室去做必要的实验.

(设想或者实现这种实验并不困难. 如果有两个力 A 与 B 作用于 P 点, 其方向如图 3.10 所示, 那么为了使 P 点保持不动, 应当有一个力 C 作用于 P 点, 我们可以按照上面所讨论的方法确定力 C 的量值和方向. 然后把所得的数值与方向, 同按照所定的规则计算出来的结果进行比较. 显然它们是一致的. 这种一致就是实验事实.)

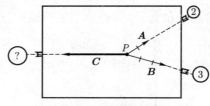

图 3.10　规则的验证

这样, 在纸上把符号进行相加, 就可以 “预言” 一个什么样的实际力能够平衡两个其他的物理力. 可以证明, 我们所列的这些方程式本身反映了现实世界的结构. 运用这些方程式, 我们就可以驾驭这个世界. 在这里心理作用很重要. 最先提出某个规则时, 比如力的合成规则, 一开始它总是带试验性的. 后来, 在许多年内借助于它成功地建造了很多楼房和桥梁, 这样它才逐渐地变成了自然界的一条定律. 我们便听到人们说: “力是矢量.” 当然, 力不是矢量, 力就是力. 但是把力比作矢量是如此之富有成效, 以致再把这两个概念硬性区分开来会使人感到很不自然. 人们只要往桌子后边一坐就可以准确地预言, 为了支撑建造中的大桥的桥墩必须用多粗的钢索. 简直是魔术般的威力. 它使我们确信无疑: 力就是矢量.

§3.1　自然界中的几种力

可以说, 伽利略之后的物理学的主要任务在于识别各种自然力. 下面我们列举其中几种:

1. 地球对物体的引力. 根据定义, 地球引力的大小等于物体在地球表面的重量, 而其方向指向地心. 例如, 质量为 10 N 的物体所受的重力为 10 N, 其方向向下 (图 3.11).

2. 接触力, 例如借助绳子、手或是物体相互直接接触时由一个物体传给另外一个物体的拉力或推力. 这种力的存在是不难想象的. 当时笛卡儿就只承认粒子碰撞时作用于它们之间的接触力. 作为例子, 我们研究一下用绳子拉着的物体. 此时力的大小取决于绳子的拉力, 而力的方向则顺着绳子. 用绕过滑轮悬挂着的重物, 或者用弹簧便可以产生这种力 (图 3.12).

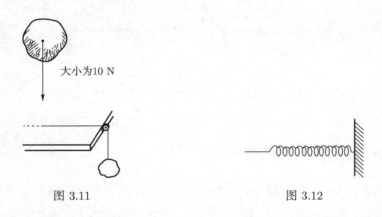

图 3.11   图 3.12

3. 介质的阻力, 如炮弹或飞机飞行过程中空气的阻力, 轮船航行中水的阻力, 或者是一个表面对沿着它移动的另外一个表面的阻力.

承认表面间阻力的存在, 是伽利略之后的物理学不同于亚里士多德物理学的特征之一. 亚里士多德认为物体 (例如, 在平坦的公路上一辆载着干草的车) 只有受到力的作用时, 才可能沿直线匀速运动. 毫无疑问, 为了使车运动的确需要力, 否则要马干什么? 但是如果承认公路对马车运动有阻力 (施加的力与道路的状况有关), 那么可以肯定, 在这种情况下合力等于零 (图 3.13).

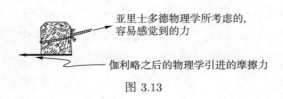

图 3.13

这些阻力统称作摩擦力. 它的性质很复杂, 但是所有摩擦力都具有一个共性: 其大小与物体相对于介质的运动速度有关, 而其方向永远与物体的运动方向相反. 桌面上的静止物体不受摩擦力作用 (图 3.14a). 但是当我们企图把它移动时, 力 (阻力) 便产生了. 它的方向与运动方向相反, 其大小以复杂的方式与表面的性质以及其他因素有关 (图 3.14b). 有时这个力能直接感觉到. 下述例子足以说明这一点: 在结了冰的湖面上拉雪橇, 要比在草地上容易得多.

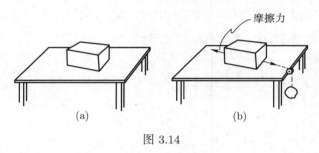

摩擦力

(a)   (b)

图 3.14

§3.2 用矢量表示的其他物理量

上面引进的数学客体 (矢量) 的存在, 与力的存在并没有直接联系. 即便是生活在没有力的世界里, 我们仍可以研究矢量相加规则. 例如大家知道, 在代数中, 或者正如以后我们将看到的, 在几何中, 同样一些数学形式可以用来描述各种不同的物理现象.

空间的位移

可以用矢量来描述的最简单的物理运算, 是空间位移的运算. 现在我们来研究一下位于某平面上的两个点 a 与 b (好比是地图上的两个城市). 如果把一个物体或者人从 a 点移至 b 点, 那么该位移 (不管实际路程是怎样的) 便可以用矢量 **A** 来描述. **A** 始于 a 点, 止于 b 点 (图 3.15), 它的大小与方向如下:

其量值等于 a 与 b 两点之间的距离, 方向与由 a 点向 b 点引的直线的方向相同. (这里我们决定只研究位移的起点与终点起决定作用的场合. 如果我们对位移的整个实际路程感兴趣, 那么单靠所引入的矢量是不够的.)

如果再由 b 点移至 c 点, 那么这段位移用矢量 **B** 来描述. 由此很清楚, 用

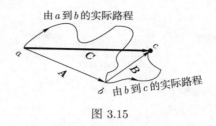

图 3.15

矢量 C 描述的 a 至 c 的位移, 与 a 至 b, b 至 c 的位移由下列公式联系起来

$$A + B = C \tag{3.13}$$

这样, 我们便得出了矢量这一数学客体的另一种物理解释. 与空间的位移以及几个位移的组合相对照, 我们确定了矢量及矢量相加规则. 不难验证, 在这种场合中, 前述有关矢量相加的全部假设都能满足.

伽利略关于抛射物体运动的那些结论, 现在可以表示成下述论点: 借助于矢量相加法则可以求出方向不同的几个位移的合位移, 而且水平位移的量值与垂直位移的量值无关, 如照片 3.1 所示.

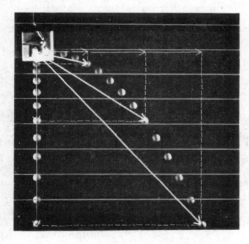

照片 3.1 两个球的垂直位移距离相同 [1]

速度

前面我们已经定义过, 速度是某一时间间隔内距离的改变量, 匀速运动乃是速度为常量的直线运动. 用矢量概念可以把这些定义叙述得更为紧凑. 仿照

速度的定义

$$v = \frac{\text{距离的改变量}}{\text{时间间隔}} = \frac{\Delta d}{\Delta t} \tag{3.14}$$

我们引入速度矢量的定义:

$$\boldsymbol{V} = \frac{\textbf{位移矢量}\text{的改变量}}{\text{时间间隔}} = \frac{\Delta \boldsymbol{d}}{\Delta t} \tag{3.15}$$

式中 $\Delta \boldsymbol{d} =$ **位移矢量**的改变量 $= \boldsymbol{d}_2 - \boldsymbol{d}_1$ (图 3.16). (应该指明, 根据矢量相加规则, $\boldsymbol{d}_1 + \Delta \boldsymbol{d} = \boldsymbol{d}_2$.)

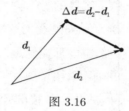

图 3.16

由这个定义可知, 速度矢量是一个其量值等于速度, 方向与运动方向相同的矢量:

$$\textbf{速度矢量}: \begin{cases} \text{量值} \text{——} \text{速度} \\ \text{方向} \text{——} \text{运动方向} \end{cases}$$

由这个定义可以得出: 不管是物体速度量值发生了改变, 还是它的运动方向发生了变化, 都能使物体的速度矢量产生变化. 换句话说, 如果物体沿直线作变速运动, 或者沿曲线以不变的速度运动, 速度矢量都不是常量.

下面来定义一下加速度矢量:

$$\textbf{加速度矢量}\ \boldsymbol{a} = \frac{\textbf{速度矢量}\text{的改变量}}{\text{时间间隔}} = \frac{\Delta \boldsymbol{v}}{\Delta t} \tag{3.16}$$

因此, 当物体沿直线以不断增长的速度运动时, 或者当它以不变的速度运动但运动方向不断改变时, 它都是在作加速运动. 拴在绳子上以恒定速度沿圆周旋转的物体 (图 3.17) 是在作加速运动, 因为它运动的方向不断改变. (既然物体作加速运动, 那么它必然受到力的作用. 在这个例子中作用力为绳子的拉力.)

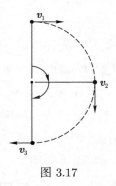

图 3.17

参考文献

[1] Physical Science Study Committee, 参阅第 2 章 [8].

思考题

1. 当力没有作用时, 可以说它的量值等于零. 那么这个力的方向如何?

2. 假如俄国人选朝东方作为零力的方向, 而美国人选朝西方作为零力的方向. 这对他们的计算有何影响?

3. 一重物挂在水平方向拉紧了的绳索的中点. 绳索中部会下垂吗?

*4. 给定公设 I — V, 以及矢量合成的三角形法则. 如果 α 是普通的数目字, 而 A 与 B 是任意两个矢量, 试证明 $\alpha(A + B) = \alpha A + \alpha B$.

习题

1. 汽车沿笔直的公路以时速 30 km/h 朝北行驶. 试问:

a) 它的速度矢量 v 等于什么?

b) 试求矢量 $2v, -2v, 2v - v$ 以及 $v - 2v$ 的量值与方向.

2. 利用力合成的平行四边形法则, 可以从一个矢量中减去另一个矢量: $A - B = A + (-B)$, 此处矢量 $-B$ 的量值等于 B, 但方向相反. 试把 $A + B$

与 $A - B$ 的平行四边形画出来.

3. 在去剧院的路上, 散步爱好者先往南走 5 km, 在那里碰到了女朋友. 然后他们往西走 12 km 到达剧院. 试问剧院离散步爱好者的出发位置有多远?

*4. 一个人垂直向上开了一枪, 并发现子弹达到 100 m 的高度. 问这个人应当爬到多高的高处, 才能使水平射出的子弹落地时对地面的倾角为 45°?

5. 雨天乘车往东南行驶的人, 发现侧面玻璃上的雨滴垂直向下. 他知道车速是 30 km/h. 试估计一下风速是多少.

6. 应用平行四边形法则可以把任一矢量与许多个矢量依次相加或相减. 试根据公设 V 证明矢量相加的次序是任意的.

*7. 根据平行四边形法则, 可以把任何一个矢量 (在包含这个矢量的任一平面内) 分解成两个矢量, 并且它们的和等于初始矢量. 所得到的这两个矢量中的任一个又照例可以分解成两个分矢量, 以此类推. 结果, 初始矢量可以表示成无数个分矢量之和. 这些矢量可以位于同一平面内, 也可以不在同一个平面内. 根据欧几里得理论, 任何不在同一直线上的三个点决定一个平面, 而连结这些点的任何直线都位于该平面内. 根据上述情况, 试问, 把一个矢量在三维空间中分解成分矢量的最低数目为多少时, 才可以说这些分矢量不一定位于同一平面内呢?

*8. 试用把加速度矢量分解成分矢量的方法证明, 如果加速度矢量不为零, 则为使物体能够作匀速运动, 必须使加速度矢量垂直于速度矢量. (提示: 回忆一下关于矢量分解的法则, 并证明, 如果在某一时刻, 加速度矢量具有沿速度矢量方向的分量, 则运动速度不可能守恒.)

第 4 章 "根据狮爪识别狮子"

牛顿生于伽利略去世的那年. 那些震撼了十七世纪科学界的所有方法、观点和知识, 全被牛顿继承下来. 他以自己的发现丰富了这些知识, 第一个创立了伟大的现代理论体系. 这个理论体系卓越非凡, 在以后的二百年内它决定了物理科学的发展. 在《自然哲学的数学原理》(1687 年发表, 图 4.1) 一文中, 牛顿以两个定律的形式概括了伽利略的发现, 同时又补充了第三个定律和提出了一个假设, 认为所有的物体都遵从一定的规则互相吸引. 这个假设现在称作**万有引力定律**. 他由这些假设得出的那些推论, 变成了包罗万象的宇宙观体系 —— 从行星运动到潮汐的涨落. 这个宇宙观体系非常详尽, 甚至解释了地轴的进动 (地轴非常不明显的旋转, 其周期为 20 000 年), 以致亚历山大·波普也赞叹不绝, 他说:

大自然啊! 你的规律隐匿于黑夜之中.

上帝说: "牛顿来吧!" 他带来了光明! [1]

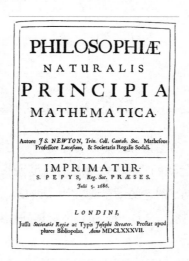

图 4.1 牛顿《自然哲学的数学原理》一书的扉页

牛顿在数学和物理学方面的创造才能是出类拔萃的, 几乎完全超过了他的同代人, 如胡克和惠更斯等. 这些人对科学也作出了重大的贡献, 也非常熟知那些业已成熟了的问题. 对于同行们来说, 牛顿是一头 "狮子", 他以自己的 "利爪" 而闻名世界.

§4.1 自然哲学的数学原理

定义 I "物质的数量 (质量) 是与其密度和体积成正比的量. [2]"

物质的数量现在叫作质量, 用字母 m 表示. 根据牛顿的定义, 物体的质量等于其密度与体积的乘积:

$$质量 = 密度 \times 体积$$

这样, 若某种物质的体积加倍, 其质量也加倍. 体积相同的不同物质, 由于它们的密度不同, 所以质量也不一样.

定义 II "运动的数量是与速度和质量成正比的量. [3]"

运动的数量现在称作动量, 用矢量 p 表示

$$动量 = 质量 \times 速度 \tag{4.1}$$

$$p = mv \tag{4.2}$$

这样, 动量的

$$量值 = 质量 \times 速度, 方向与运动方向一致$$

固定质量的物体, 其动量随速度的改变或者随运动方向的改变而改变. 因此, 速度为 $50\,\mathrm{km/h}$ 向北运动的物体, 如果它的速度增长到 $60\,\mathrm{km/h}$, 或者速度大小没变, 但却转向东方, 则它的动量都发生了改变.

定义 III "施加于物体的力, 是为了改变其静止或匀速运动状态而施加于物体的一种作用.

仅仅在作用中, 力才显示出来; 作用一结束, 力便从物体中消失. 然后, 由

于惯性, 物体继续保持其新状态. 力的来源可以是各种各样的: 可以来自撞击, 压力, 向心力. [4]"

依照牛顿的看法 (后来变得更清楚了), 力应当是矢量; 后来他一直想把力与惯性加以区分. 这两个概念, 在牛顿之前从未被明确地区分过.

以后, 牛顿又提出一些论点, 他把它们叫作公理, 或者运动定律. 这些定律是牛顿理论的公设.

定律 I "**任何物体在受到外力作用而被迫改变自己的状态之前, 将保持静止或匀速直线运动状态.**

如果没有使物体减速的空气阻力和把它往下拉的重力的话, 被抛出的物体将继续保持自己的运动. 由于陀螺的各组成部分相互连接在一起, 它们不可能按直线运动, 于是陀螺就不停地旋转 (匀速地), 如果没有空气阻力它就不会减慢. 质量巨大的行星和彗星, 在自由空间遇到的阻力较小, 所以在极其漫长的岁月中它们的状态没有什么变化, 既保持着平动、又不停地旋转. [5]"

这个公设就是惯性定律, 在新物理学中它决定了物体的自然运动.

定律 II "**动量的改变与所加的力成正比, 其方向沿着该作用力的作用方向.**

如果某一个力产生某一个动量, 则两倍的力将产生两倍的动量, 三倍的力将产生三倍的动量, 与这些力是一次施加的或者是依次逐渐施加的无关. 该动量的方向与外力的方向相同. 如果物体已经处于运动状态, 则当两者方向一致时, 该动量与原动量相加; 方向相反时, 该动量与原动量相减; 当力的方向与动量的方向成一定夹角时, 则依照倾斜方式相加, 即依照它们的量值与方向进行相加. [6]"

这就是著名的牛顿第二定律. 它回答了下述问题: 在外力作用下物体的运动如何改变? 如伽利略所假定的那样, 运动 (动量) 的改变与力的冲量 (根据牛顿的定义, 力的冲量等于力与力作用时间的乘积) 成正比, 方向沿着力的方向, 即

$$F\Delta t = \Delta P$$

这一个方程式包含了牛顿理论的全部深刻涵义.

　　这一运动定律实质上确定了自然界中力的特性.

　　定律 Ⅲ "**作用与反作用大小相等、方向相反. 换句话说, 两个物体之间的相互作用大小相等、方向相反.**

　　如果一个物体压或者拉另外一个物体, 则这另外一个物体也要压或者拉前者. 如果一个人用手指按石头, 则石头反过来也按手指. 如果马用绳子拉石头, 则反过来 (如果允许这样表示的话), 石头也以同样大小的力拖这匹马. 因为被拉紧的绳子以其弹性产生同样大小的力, 把马拖向石头这一边, 同时也把石头拖向马这一边. 绳子以多大的力阻止马向前运动, 则它也以同样大小的力拖着石头向前. 如果某一物体碰撞另一物体, 使其动量产生一定的改变, 则由于来自第二个物体的力的作用也使第一个物体的动量产生同样大小的改变, 但是方向相反, 因为这两个物体的相互压力永远相等. 假定这两个物体不受其他任何力的作用, 则由这些相互作用引起的动量的改变相等, 而不是速度的改变相等. 速度变化的方向同样也是相反的, 但是变化的大小与物体质量成反比, 因为动量的改变相等. 这个定律对于吸引力也是成立的, 关于这一点将在讲解过程中加以证明. [7]"

　　下面列举几个推论. 其中第一个推论表明, 牛顿显然是把力看作矢量.

　　推论 Ⅰ "**在两个力同时作用下, 物体沿着平行四边形的对角线移动, 而各个力单独作用时, 物体沿着平行四边形的边移动**. 如果在 A 处物体只受力 M 的作用, 在给定的时间间隔内, 它将由 A 点匀速地运动到 B 点; 如果在 A 处它仅受一个力 N 的作用, 它由 A 移到 C; 那么, 当两个力同时作用时, 它将沿着平行四边形 $ABCD$ 的对角线由 A 移至 D (图 4.2). 因为力 N 沿着直线 AC 方向作用, AC 平行于 BD, 则根据第二定律, 这个力 N 丝毫不会改变物体接近 BD 的速度, 该速度由第一个力产生. 因此, 不管有否力 N 的作用, 物体将在给定的时间内到达 BD 线. 根据同样的理由, 在同一时间间隔结束时, 物体应当位于 CD 线的某个位置上. 因此, 它应位于 BD、CD 线的交点 D 处. 根据第一定律, 物体是沿着直线由 A 移动到 D. [8]"

　　把牛顿的话稍加改动, 可以这样来表达: 两个力对物体的作用结果, 与每个力沿平行四边形的边单独作用的结果之和相同. 或者在时间间隔 Δt 内, 两

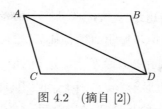

图 4.2 (摘自 [2])

个力 M 与 N 的作用, 与另一个力 R 在同一时间间隔内的作用相同, 即力的相加法则为

$$M + N = R$$

但它恰恰与第三章中引入的矢量相加法则一致 (图 4.3).

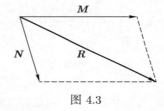

图 4.3

然后, 牛顿又作了一些说明, 说明他是怎样得出这些定律的.

说明

"至今我所叙述的原理已被数学家们所接受, 并被无数的实验所证实. 利用前两个定律和前两个推论, 伽利略得出物体下落的距离与时间的平方成正比和抛出的物体是沿抛物线运动的". 实验证实了这一点, 因为空气阻力对这种运动的减速作用不是很大的. 物体下落过程中, 在各个很短而又相等的时间间隔内, 重力的作用相同, 它赋予物体以相等的动量, 产生相等的速度. 因此在运动的全部时间内, 它赋予物体的总动量与总速度都与时间成正比. 在相应的时间内所经过的路程之比, 等于速度与时间的乘积之比, 即等于时间的平方比. 对于竖直上抛的物体, 重力均匀地传给物体的动量与时间成正比, 重力使速度的减少也与时间成正比. 物体上升到最高点时它的速度等于零, 所以上升到最高点所需时间正比于该速度值, 而上升的高度又与速度和时间成正比, 即与时间的平方成正比.

沿一条 (与水平线成一定角度的) 直线抛出的物体, 它的运动由两部分合成: 一部分是抛出时产生的沿此直线的运动; 另一部分由重力产生的运动. 因此, 如果在 A 处物体仅仅由于抛出时的初速而运动, 它在给定的时间内将沿直线路程 AB 移动; 而在由重力而产生的运动中, 物体向下降落, 将沿路程 AC 移动, 那么把平行四边形 $ABCD$ 补全, 我们便得到在所取的时间的终止时刻, 物体所处的位置 D. 物体所描述的曲线 AED, 是一条在 A 点与直线 AB 相切的抛物线. 其纵坐标 BD 与 AB 的平方成比例 (图 4.4).

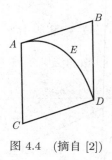

图 4.4 (摘自 [2])

钟摆的摆动时间特性是人所共知的, 它也依赖于前述那些定律和推论. 这已为日常生活的经验所证明.

勋章获得者赫里斯托弗·林, 神学博士尤安·瓦利斯和克里斯蒂安·惠更斯都是我们时代的伟大几何学家. 他们都从这两个定律以及第三定律导出了物体碰撞定律与反射定律, 并且几乎是同时通知了他们的皇家协会. 而且, 他们的结论, 凡是涉及这些定律的地方相互都是一致的. 依据发表结果的时间, 瓦利斯第一, 然后是赫里斯托弗·林, 然后是惠更斯. 林在皇家协会用摆的实验证实了这些定律的正确性. 后来, 著名的马略特很赞赏这些实验, 并在他那本完全研究这个课题的书中详细阐述了这些实验. [9]"

动量是牛顿理论的基本概念:

$$\textbf{动量} = \textbf{质量} \times \textbf{速度}$$
$$\boldsymbol{p} = m\boldsymbol{v}$$

$$(4.3)$$

而它的主要问题乃是: 在外力的作用下, 物体的动量如何变化? 当物体不受力作用时, 其动量保持不变 (第一定律). 如果有外力作用, 则物体动量的改变,

等于力与力的作用时间的乘积:

$$\boldsymbol{F}\Delta t = \Delta(m\boldsymbol{v}) \tag{4.4}$$

用 Δt 除等式两边得

$$\boldsymbol{F} = \frac{\Delta\boldsymbol{p}}{\Delta t} = \frac{\Delta(m\boldsymbol{v})}{\Delta t} \tag{4.5}$$

如果运动物体的质量恒定不变 (这是一个重要的特殊情况), 则可以写成

$$\boldsymbol{F} = m\frac{\Delta\boldsymbol{v}}{\Delta t} = m\boldsymbol{a} \tag{4.6}$$

因为根据定义 $\Delta v/\Delta t$ 等于物体的加速度. 当 $\boldsymbol{F} = 0$ 时, 由式 (4.6) 应得

$$m\frac{\Delta\boldsymbol{v}}{\Delta t} = 0 \tag{4.7}$$

或者

$$\Delta\boldsymbol{v} = 0 \tag{4.8}$$

即物体作匀速运动. 因此, 第一运动定律是第二定律在外力等于零时的直接结果. 尽管如此, 牛顿还是分别研究了这两个定律, 以便强调第一定律的重要性; 并以此来表明, 他打算仅仅应用作用于物体上的力, 及物体动量的变化来研究物体的全部运动.

由方程式 (4.6) 可以立即得到一些结果. 当力等于零时, 速度不变, 这与第一定律一致. 速度的变化是沿着外力的方向发生的. 方程式 (4.6) 的两边都是矢量, 因为不能列出一个一边是矢量, 另一边是数字的方程式. 如果外力恒定不变, 则加速度也恒定不变; 因此, 在地球表面附近下落的物体, 受的力是恒定不变的.

如果一个力作用在物体上, 则物体沿外力作用方向改变自己的运动.

1. 如果物体原来是静止的, 那么它开始沿力的方向运动 (图 4.5a).

2. 如果物体原来是运动的, 它的速度为 $\boldsymbol{v}_0$ (图 4.5b), 则

a) 若力的方向与速度 $\boldsymbol{v}_0$ 的方向一致, 则物体的速度将增大 (图 4.5c);

b) 若力的方向与速度 v_0 的方向相反, 则物体的速度将减小 (图 4.5d);

c) 若力的方向与速度矢量 v_0 成一定角度, 则速度的量值和方向都可能发生变化 (图 4.5e).

如果作用于物体的力的方向与 v_0 相同或者相反, 则物体的运动速度发生变化, 而方向不变. 但是, 能否不改变物体运动速度的大小, 而只改变方向呢? 是可能的. 为此, 应当给物体施加一个力, 这个力在运动方向上没有分量, 也就是说, 这个力应当垂直于速度 (图 4.5f). 速度矢量的方向变了, 但量值与先前一样. 在力的作用下, 速度矢量将沿圆周旋转. 但是, 在这里有一点细节需

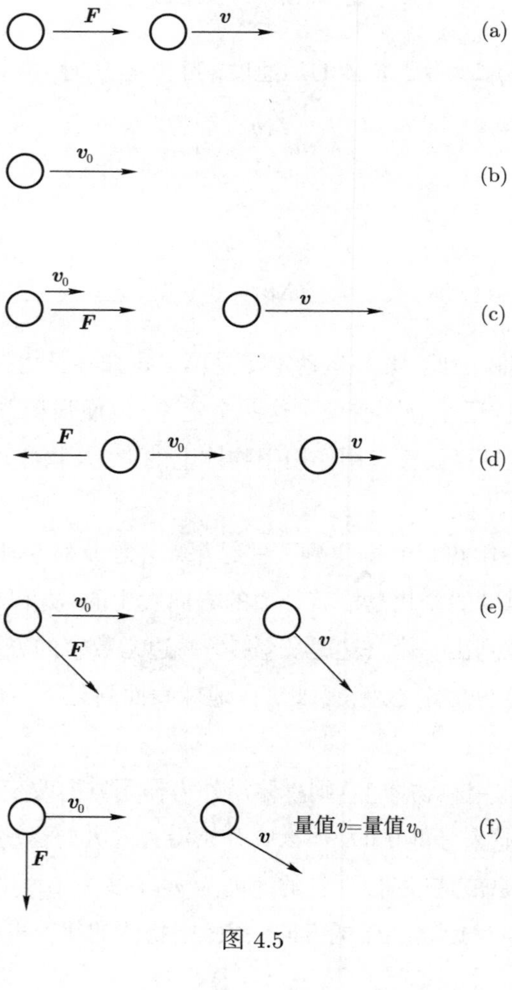

图 4.5

要注意: 为了使力的方向始终垂直于速度, 当速度矢量旋转时, 力的方向也应当跟着旋转. 这并不难实现: 拴在绳子上的小球, 系在投石带上的石块, 以及沿着圆形轨道绕太阳旋转的行星等都是这样的例子 (图 4.6).

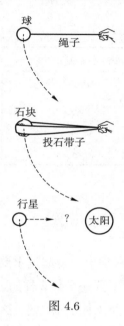

图 4.6

§4.2   力与质量的量度单位[①]

为了把根据牛顿假设得出的结论与实验数据相对比, 并进行定量的比较, 需要引进力与质量的各种量度单位 (表 4.1).

长度通常用 m、cm 来量度, 而时间用 s. 如果质量用 $\begin{pmatrix} \text{g} \\ \text{kg} \end{pmatrix}$[②], 则力用 $\begin{pmatrix} \text{dyn} \\ \text{N} \end{pmatrix}$[③]

根据定义, $1\begin{pmatrix} \text{dyn} \\ \text{N} \end{pmatrix}$ 的力能使质量为 $1\begin{pmatrix} \text{g} \\ \text{kg} \end{pmatrix}$ 的物体产生 $1\begin{pmatrix} \text{cm} \\ \text{m} \end{pmatrix}\Big/\text{s}^2$ 的

---

① 见附录 7 (第 959 页).

② 物质的基准量——千克, 保存在巴黎、华盛顿以及世界上大多数物理实验室的玻璃罩中.

③ dyn, 达因, 非我国法定计量单位, 是已经废弃的单位, 不应再使用. $1\,\text{dyn} = 10^{-5}\,\text{N}$. ——编者注

加速度:

$$1 \begin{pmatrix} \mathrm{dyn} \\ \mathrm{N} \end{pmatrix} = 1 \begin{pmatrix} \mathrm{g} \\ \mathrm{kg} \end{pmatrix} \times 1 \frac{\left(\frac{\mathrm{cm}}{\mathrm{m}} \right)}{\mathrm{s}^2} \tag{4.9}$$

表 4.1

基本物理量	cm · g · s 制单位	国际制单位
长度	cm	m: 1 m = 100 cm
质量	g	kg: 1 kg = 1000 g
时间	s	s: 1 s = 1 s
力	dyn	N: 1 N = 10^5 dyn

§4.3 匀速圆周运动

现在我们来研究一个在科学史上曾起过重要作用的问题: 为了让物体以恒定不变的速度绕圆周旋转, 需要一个什么样的力. 假若让亚里士多德来回答这个问题, 他会说: 如果物体是天体的话, 则什么力都用不着, 天体的自然运动就是围绕宇宙中心旋转. 但是如果认为天体是由地球物质组成的, 那么根据伽利略之后的物理学可知, 它的自然运动是匀速直线运动. 因此, 为了使物体沿圆周旋转, 必须对物体施加 "力".

首先要弄清楚: 以恒定速度 v, 沿半径为 R 的圆周运动的物体, 其加速度等于多少? 物体的速度矢量不是常量 (在点 1, 它的方向向上; 在点 2, 向下), 因而, 根据定义, 物体在作加速运动 (图 4.7).

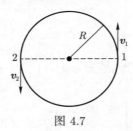

图 4.7

我们举例来计算一下半周的加速度 (由图上的点 1 至点 2). 根据定义, 时间 t 内的平均加速度等于

$$\text{平均加速度} = \frac{\text{速度的改变量}}{\text{时间间隔}} \tag{4.10}$$

同时, 在我们的情况下

$$\text{速度的改变量} = \boldsymbol{v}_2 - \boldsymbol{v}_1 = \downarrow - \uparrow$$

这个矢量方向向下 ($\downarrow$), 它的量值等于 $2v$, 而物体走过半圈所需要的时间等于距离/速度 $= \pi R/v$.

因此, 平均加速度矢量的量值等于

$$\frac{2v}{\pi R/v} = \frac{2}{\pi} \frac{v^2}{R} \tag{4.11}$$

并且方向朝下.

我们稍离开一下正题, 谈一谈关于运动质点速度矢量的改变量的问题 (图 4.8). 我们在进行矢量相加时, 将它们在空间作了一些移动, 把矢量 $\boldsymbol{v}_1$ 的头与矢量 $\boldsymbol{v}_2$ 的尾相接. 这好像是把放在门旁边大桶里的 30 个苹果, 移到炉子旁边那个盛有 50 个苹果的大桶里, 结果等于

$$30 \text{ 个苹果} + 50 \text{ 个苹果} = 80 \text{ 个苹果}$$

(苹果在哪里呢? 显然是贮存着!). 在这个意义上, 将矢量移动后再相加是符合矢量相加的规则的.

图 4.8

当我们把矢量 $\boldsymbol{v}_2$ 加到 $-\boldsymbol{v}_1$ 上的时候, 对我们来说这些速度相对于空间的哪些点是无关紧要的. 我们感兴趣的仅仅是, 当质点在

空间移动时质点速度的变化. 因此, 可以说

$$\boldsymbol{v}_2(\text{在空间点 } 2) - \boldsymbol{v}_1(\text{在空间点 } 1) = \boldsymbol{v}_2 - \boldsymbol{v}_1 = \Delta v \text{ (见图 4.8)}$$

$$(4.12)$$

我们借助于力而引进了矢量的概念, 因此对于施加于某一点上的力 (等于只从同一个大桶里往外取苹果) 的情况, 不会产生上述问题.

表示式 (4.11) 是近似的, 但是它能帮助我们设想, 确切的结果会是什么样子. 用推导 (4.11) 的同样办法 (唯一的差别是把时间间隔取得足够小) 我们可以得到更为准确的公式. 我们期望, 不断地减小间隔 Δt, 所得到的加速度最终将不再依赖于 Δt 的准确数值. 看起来, 这个期望是可以实现的.

Δt 趋近于零时 $\dfrac{\Delta \boldsymbol{v}}{\Delta t}$ 的计算[①]

在不大的时间间隔 Δt 内, 物体从位置 1 转一个角度 θ, 而到位置 2. 这一角度等于物体所经过的弧长除以圆半径 (见附录 5 第 951 页). 弧长 (即物体所移动的距离) 等于速度乘时间:

$$\text{角度 } \theta = \frac{\text{弧度}}{\text{半径}} = \frac{u \Delta t}{R} \tag{4.13}$$

在确定矢量 $\boldsymbol{v}_2 - \boldsymbol{v}_1$ 时我们要用到角 θ, 因为它是 $\boldsymbol{v}_1$ 与 $\boldsymbol{v}_2$ 的夹角 (根据矢量相加规则, 矢量 $-\boldsymbol{v}_1$ 与矢量 $\boldsymbol{v}_1$ 平行). 现在我们设想 $\boldsymbol{v}_2$ 与 $-\boldsymbol{v}_1$ 是同一个圆的两个半径 (图 4.9), 其圆心在 O' 点, 半径等于 v (矢量 $\boldsymbol{v}_2$ 与 $-\boldsymbol{v}_1$ 的长度一样, 因为物体的速度量值不变). 矢量 $\boldsymbol{v}_2$ 与 $-\boldsymbol{v}_1$ 间的弧长等于

$$\boldsymbol{v}_2 \text{ 与} - \boldsymbol{v}_1 \text{ 间的弧长} = (\text{圆半径}) \times \text{角 } \theta = v \times \frac{v \Delta t}{R} = \frac{v^2 \Delta t}{R}$$

在时间间隔很小的极限情况下, 即当

$$\Delta t \to 0 \tag{4.14}$$

[①]这一计算比较难懂.

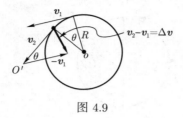

图 4.9

时, 弧长等于弦长. 这一点有严格的证明, 但它的正确性也可借助精确的作图相当明显地表示出来.

但是, 根据定义, 弦长等于矢量 $v_2 - v_1$ 的量值. 因此加速度的量值, 在 $\Delta t \to 0$ 时 (这时弧趋近于弦) 等于

$$\text{瞬时加速度} = \frac{\text{矢量 } (v_2 - v_1) \text{ 的量值}}{\Delta t}$$

$$= \frac{v^2 \Delta t}{R \Delta t}$$

$$= \frac{v^2}{R} (\text{量值}) \tag{4.15}$$

加速度矢量的方向与矢量 $v_2 - v_1$ 一样. 由图 4.10 可见, 当 $\Delta t \to 0$ 时, 该矢量由物体指向圆心.

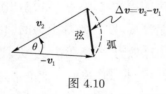

图 4.10

表示式 (4.15) 与物体转半圈的平均加速度的近似表示式 (4.11) 是一致的, 它们之间只差一个系数 $\dfrac{2}{\pi}$. 因此, 沿圆周作匀速运动的物体承受一个指向圆心的加速度, 其量值等于 v^2/R (图 4.11). 应当指出, 加速度的方向是垂直于速度的. 这个结果在行星运动理论中具有重要意义. 它最先是由惠更斯[10]和牛顿[11] 得到的. 它是加速度矢量的定义应用于匀速圆周运动情况的一个直接结果.

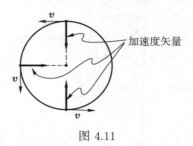

图 4.11

应用牛顿第二定律, 可以立即得出维持物体的圆周运动所必需的力的表示式:

$$\boldsymbol{F} = m\boldsymbol{a} \tag{4.16}$$

$$F(量值) = \frac{mv^2}{R} \tag{4.17}$$

该力的方向是由物体指向圆心. 由此可以知道, 如果行星受的力是由行星指向太阳, 那么它将围绕太阳作匀速圆周运动.

上面所推导出来的表示式是基本的、未来工作所需要的公式, 牛顿当时就试图借助这些公式来解释行星的运动. 在两千年的漫长岁月里, 天文学家们为行星运动问题绞尽了脑汁, 到了牛顿时代它一下子变成了应用科学的一个课题. 它是牛顿定律的最理想的用武之地. 可以说, 用牛顿理论解决行星运动问题, 这是十七世纪科学的最高成就. 在地球上力的问题就比较复杂, 因为在地球上作用着各式各样的力 (摩擦力、空气阻力、引力、推力和拉力等等), 它们通常又是以复杂的形式组合在一起. 假若牛顿理论不是明确提出和解决了行星运动的问题, 那就很难说它有什么成就. 如果没有行星运动问题, 那么不论是牛顿运动定律, 还是他的世界观, 看上去并不比别人, 比如说亚里士多德的观点, 高明多少. 因为亚里士多德的观点同样也取得了一定的成就. 因此我们现在转向讨论行星运动问题. 开普勒在他的著作中曾详尽地论述了这一问题.

参考文献

[1]　*Pope Alexander*, Epitaph Intended for Sir Isaac Newton.

[2] Sir Isaac Newton's Mathematical Principles of Natural Philosophy and His System of the World, Andrew Motte. trans., University of California Press, Berkeley, 1962, vol. 1, p. 1.

[3] 同上, p. 1.

[4] 同上, p. 2.

[5] 同上, p. 13.

[6] 同上, p. 13.

[7] 同上, pp. 13 — 14.

[8] 同上, p. 14.

[9] 同上, pp. 21 — 22.

[10] *Huygens Christian*, Horologium Occillatorium.

[11] Sir Isaac Newton's · · ·, 参阅 [2].

思考题

1. 把一本书沿木板的表面抛出, 我们发现书并不是沿直线作匀速运动. 如果有人把这个情况看作是违反牛顿第一定律的例子, 试问: 应如何反驳这个例子?

2. 物体的运动遵守牛顿定律, 但在这些定律当中, 并没有提到物体的大小、形状和颜色. 试从生活中举一例, 说明运动与物体的大小相关. 此例能否用牛顿定律予以解释?

3. 火车上的一名乘客想要证实牛顿定律的正确性. 他看到, 这些定律有时满足 (例如, 当火车沿直线作匀速运动时), 但有时不满足 (例如, 当火车加速或拐弯时). 假定车厢没有窗子, 因而乘客既不知道火车的速度量值, 也不知道其变化的情况. 试问乘客是否有办法判断, 什么时候牛顿定律成立?

4. 如果以 W 表示物体的重量, 以 a 表示它的加速度, 那么牛顿第二定律可以写成 $F = (W/g)a$. 这一表示式在月球上成立吗?

5. 已知地球表面的重力加速度, 地球到月球的距离以及月球运行的速度, 能否算出月球的质量?

6. 汽车沿圆弧作匀速运动. 使汽车加速所需要的力由汽车轮胎与道路的摩擦产生. 如果雨天道路作用于轮胎表面的力的最大值 (由溜车时测定) 减小一半, 试问: 汽车的速度应当减小多少?

7. 上题的那辆汽车, 先是以时速 30 km/h 作匀速圆周运动, 而后来改为 40 km/h. 如果圆周的半径不变, 则力 (道路对轮胎的力) 应增大多少倍?

习题

1. 速度为 2 cm/s, 质量为 2 g 的物体的动量等于多少?

2. 速度为 10^8 cm/s 的电子 (电子质量 = 0.91×10^{-27} g), 其动量等于多少?

3. 质量为 5 g 的球以 400 cm/s 的速度向东飞驶. 其动量等于什么? 从坚硬的墙上弹回后, 球以 200 cm/s 的速度向西飞驶. 它的动量改变了多少?

4. 汽车的质量为 10^6 g, 加速度为 300 cm/s², 试问作用于汽车的力的量值等于多少?

*5. 由电子管阴极飞出的电子, 朝阳极作匀加速运动. 阳极距阴极 0.5 cm. 电子 (其质量为 9.1×10^{-28} g) 的末速度为 4×10^8 cm/s. 作用于电子的力的量值为多少?

6. 质量为 1000 kg 的汽车, 沿圆周 ($R = 100$ m) 以 72 km/h 的速度奔驶. 汽车的加速度等于多少? 对它的作用力等于多少? 该力从何处产生?

7. 一男孩用 50 cm 长的链条摇动一个质量为 2000 g 的重物, 速度为每秒 1 圈. 链条承受的最小的张力应是多少?

8. 帕拉斯凯特双星是所有已知的恒星中最重的. 两个星中的每一个都具有量级为 10^{35} g 的质量. 由光谱观测得知, 这两个星每 14.4 天沿半径为 0.4×10^{13} cm 的圆周转一圈. 试问, 每个星所受到的作用力等于多少?

9. 地球沿着近似于圆的轨道绕太阳旋转. 轨道半径约等于 1.5×10^{11} m. 问:

a) 地球沿轨道运行的速度等于多少?

b) 太阳把地球保持在轨道上而对地球的作用力等于多少?

10. 在描述氢原子的简化的玻尔理论中认为, 电子以 2.19×10^8 cm/s 的速度, 沿半径为 5.29×10^{-9} cm 的圆轨道绕质子匀速旋转. 问:

a) 电子的加速度等于多少?

b) 把电子保持在轨道上所必需的力的量值等于多少 (电子质量为 0.911×10^{-27} g)?

11. 棒球以 30 m/s 的速度水平地飞向球棒. 受球棒打击之后, 球向相反方向运动, 飞行速度为 40 m/s. 那么,

a) 试求棒球动量改变的量值.

b) 假定球与棒的接触时间为 0.02 s, 试计算球棒击球的力 (恒定的力) 的量值.

12. 雪橇的质量为 36 kg, 在 58.8 N 的水平力的作用下, 沿粗糙的水平表面滑动. 问:

a) 雪橇的加速度等于多少?

b) 在运动开始后 10 s, 雪橇通过的距离是多少?

13. 飞机的质量为 1000 kg, 它沿着水平的粗糙表面匀加速起飞, 前 5 s 通过 4 m. 如果摩擦力的量值为飞机重量的 20%, 试问, 推进器的牵引力等于多少? (取 $g = 9.8$ m/s^2)

14. 汽车的质量为 2160 kg, 刚开始作匀速运动, 前 30 s 驶过 0.5 km. 汽车受的力为多少?

15. 质量为 500 g 的炮弹, 以 50 m/s 的速度与水平线成 45° 被射出. 试问, 在轨道的最高点, 炮弹的动量是多少?

第 5 章　球面谱写的乐章

据说古时候的人们认为, 地球是停在一头大象身上的, 大象则站在一只乌龟的背上, 而乌龟却没有任何承托物. 到了米利都学派的泰勒斯的时代, 人们则认为, 地球是一个支撑在几根静止不动的圆柱上的半球. 月亮和太阳在地球的上空运动, 并在预定的时间在天空中出现, 然后以某种方式消失, 再返回到规定的出发点, 以便在确定的时刻重新出现在天空中. 可能是阿那克西曼德①第一个提出下述的主张, 即认为地球并没有支撑在任何东西上, 而是在空间到处飘浮, 由于地球是宇宙的中心, 所以它不会掉到任何地方. 毕达哥拉斯派, 很可能是毕达哥拉斯本人或者是巴门尼德, 又加进了地球是圆的这一说法, 因为他们认为, 圆球是最完美的物理形状. 就这样, 经过不太长的时间, 地球又被看成是个圆球, 它不受任何东西支撑, 并且位于宇宙的中心. 关于地球在宇宙中的位置的一场大辩论也就这样产生了. 这场辩论持续了将近二千年.

毕达哥拉斯派认为地球被八个巨大的透明天球所包围. 这些天球带着所有能观察到的全部天体一起绕着地球、相对于不同的轴以不同的速度旋转着. 引进这些天球, 首先是为了解释天体的一个奇怪特性, 即尽管天体组成的穹顶在夜间也旋转, 然而星球的相互位置却不变动 (似乎它们被钉在一个旋转的球的内表面, 而我们是从球的中心来观察它们的)(照片 5.1). 不管大熊星座 (图 5.1) 怎么移动和旋转, 它总是保持勺子的形状.

在那些静止不动的恒星中间, 太阳、月亮和我们称作行星 (来自希腊文, 表示 "流浪者" 的意思) 的那些亮点不断地在移动. 这些行星与一般恒星不同之处不仅在于它们的亮度, 主要的是它们相对于邻星的位置不是固定不变的, 似乎它们是毫无规律地在天空中徘徊. 就是这种毫无规律的徘徊, 引起了古代天文学家们的注意 (当时已知五个行星: 水星、金星、火星、木星和土星. 那时

---

① 阿那克西曼德 (公元前 610—前 546), 古希腊米利都学派的代表人物, 唯物主义哲学家. —— 译者注

照片 5.1　把照相机对准北极星, 曝光一小时所获得的夜空照片. (图中的圆周形线条对应于恒星的视 (?) 运动, 照片是在耶基斯天文台拍摄的.)

图 5.1

还把月亮、太阳也当作行星, 我们没有算它们). 当时发现, 行星显得比一般的星更亮些, 它们和地球的距离好像是变化的. 人们开始把行星与人的各种意愿联想到一起 (金星代表爱情, 火星表示战争; 根据行星的位置, 星象家们预言未来), 因为行星被他们看作是某种介于永恒的、理想的恒星与不完美的地球的中间物体.

天文学首要的任务就是要对行星的不寻常的运动, 给予合乎情理的解释
(图 5.2). 毕达哥拉斯派认为, 太阳、月亮和行星全都位于不同的球面上, 而每
个球面以各自的速度匀速转动. 他们试图以这种方法来解释行星相对于恒星
的运动. 除此而外, 他们中有一个叫菲洛劳斯的, 提出了一个假定, 认为地球
是一个行星, 它与包括太阳在内的其他天体一道以火为中心旋转. 但是这种想
法太富有挑衅性和过分勇敢了 (据说柏拉图为了复制菲洛劳斯的书, 花费了
相当于现代 2500 美元的钱. 柏拉图后来又驳斥了这种想法).

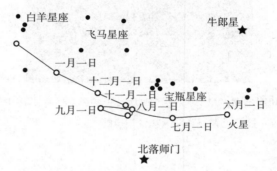

图 5.2   火星相对于恒星的位置. 在轨迹的某些位置, 火星似乎改变自己的运动方向 [1]

最终, 柏拉图认定地球是不动的. 但是, 毕达哥拉斯派所引进的球面, 对于
解释行星的不规则轨道来说数目是不够的. 根据那些已流传很久的传说①, 柏
拉图向天文学家 (研究这类现象的人们) 提出了一个问题: "什么样的匀速运
动和规则的运动, 才能解释所看到的行星的位移呢?"

柏拉图以及与他同时代的希腊人有他们自己的对于 "匀速和规则" 运动的
看法. 既然匀速圆周运动被认为是所有运动中最完美、最对称的运动, 所以它
对于天体也是最合适的了. (以后我们将看到, 力图把自然界的基本现象描绘
成具有最完善的对称形式这一趋向至今尚存.) 这样, 便产生了一个问题: 行星
实际运动的理想的圆轨道是怎样配合的呢? 可以认为, 这个问题是历史上提
出的第一个学位论文题目. 天文学家们为其奋斗了约两千年, 一直到开普勒,
才最终完成了这个卓有成效的科学理论.

---

①一个生活于六世纪的天文学家, 辛普利修斯在对亚里士多德文章 *De Caelo* 的评论中提到, 凯撒大帝
的天文学家索西吉斯曾引用过罗德岛的欧德莫斯 (公元前四世纪) 的话, 大意是柏拉图提出了这个问题.

　　据说, 柏拉图自己并没有准备回答自己提出的问题. 但是他的学生欧多克索斯[①] (在几何学的研究上可能大大超过了他) 提出, 用 26 个同时作匀速运动的球面[②], 再加上一个考虑恒星位置的球面运动就足以解释行星的位移. 后来亚里士多德为了修正欧多克索斯体系中一些最明显的错误, 把球面数增加到 28 个. 在这些体系中仍遗留下来一些不清楚的问题. 其中最重要的一个是: 为什么在一年的某些时间内, 行星显得比其他恒星要亮? 如果像这些希腊人所想的那样, 行星是不变的, 那么不论是用哪一种以地球为中心的同心球体系 (图 5.3), 都不能解释行星亮度的变化[③].

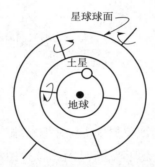

图 5.3　解释土星运动的同心球系统的例子 [2]

　　尽管大家都承认地球中心论, 但阿里斯塔克斯 (约公元前 310 — 前 230) 却提出了一个不同的看法, 他认为位于宇宙中心的是太阳, 所有行星, 包括位于金星与火星之间的地球在内, 沿着大圆圈围着太阳旋转. 地球在一昼夜内绕自己的轴转一周. 这个体系粗略地看来已与现代理论惊人地相似. 它解释了所观察到的一年之内行星亮度的变化. 但是它却破坏了希腊人关于地球在宇宙中位置的观念, 也破坏了在亚里士多德著作中发展起来的希腊人的运动理论. 除此而外, 似乎阿里斯塔克斯体系至少与一个实验事实相矛盾. 如果地球绕太阳旋转, 那么由地球上的观察者看静止恒星的观察方向, 在一年之内应当是不

---

①萨顿认为, 首先提出这个问题的是欧多克索斯, 而不是柏拉图.

②月亮、太阳各三个球面, 五个行星各四个.

③虽然当时的天文设备比现代的设备简陋得多, 但全部理论建立在非常准确的测量与观察的基础上. 多少世纪以来. 天文学家们一直在观察恒星与行星间的相对位置. 公元前二世纪末时, 他们甚至观察到了由于地轴的进动而引起的北极星的偏移.

断改变的——这个现象称作视差 (图 5.4). 两颗星 (图上用数字 1、2 表示) 之间的角距离也将不断改变. 正如当我们乘汽车从公路旁边的两棵树旁经过时, 它们之间角距离不断改变一样. 而希腊人从未看到过视差. 因此他们面临两种情况的抉择: 要么假定从地球到恒星的距离要比地球轨道的尺寸大得多, 因而角距离的变化实际上觉察不出来; 要么认为地球是不动的.

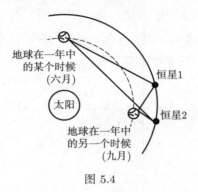

地球在一年中的某个时候 (六月)

太阳

恒星1

恒星2

地球在一年中的另一个时候 (九月)

图 5.4

希腊人选择了后者. 阿波罗尼[①] 重新又把地球放到宇宙的中心, 而其他所有的天体皆沿着圆形轨道绕地球旋转, 就像柏拉图所提出的问题中所 "要求" 的那样. 为了解释所观测到的行星亮度的变化, 阿波罗尼把它们的轨道中心与地球这个中心点错开一点, 使这些轨道成为偏心的圆形轨道 (图 5.5).

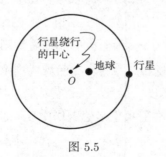

行星绕行的中心

地球

行星

O

图 5.5

为了解释观测到的行星的停顿 (天文学上称作 "留"), 及其返转运动 (天文学上称作逆行), 尼西亚的希帕克斯[②] (公元前二世纪) 引进了一个巧妙的发

---

①阿波罗尼 (约公元前三世纪) 古希腊数学家, 亚历山大学派的代表. ——译者注

②希帕克斯同时也发明了一些仪器, 用来进行更细致、更精确的观测, 因而把阿波罗尼的理论更进一步完善, 例如, 他较仔细地确定了太阳与月亮轨道的偏心率.

明——沿**本轮**的运动. 本轮是中心在行星的圆轨道上的一个圆, 而圆轨道的中心与地球这个中心又是相互错开的. 行星沿着本轮匀速运动, 而本轮的中心却又绕着一个偏心圆匀速转动 (图 5.6).

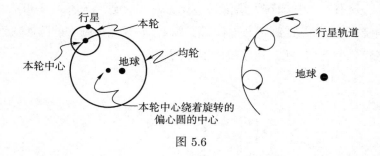

图 5.6

希腊城邦国家衰落以后, 科学文化活动的中心便移到了亚历山大. 在这里, 托勒密于公元二世纪写书总结了希腊人早期在科学地解释恒星和行星运动方面的全部成果. 阿拉伯人 (多亏他们, 这本书以及其他许多古代著作才得以流传至今天) 把这本书称作 "最伟大的著作". 托勒密的书受到希帕克斯理论的影响, 因而其中也包含了类似均轮、偏心和本轮等这些概念. 这本包括当时已知的所有天文理论和观测结果的、范围广泛的巨著, 是流传到中世纪, 又延续到今天的为数不多的几部希腊天文书籍中的一部. 它对于哥白尼以前的所有天文学家的观点, 都有重大影响.

托勒密体系本身是很复杂的, 它是在地心系范围内试图把行星运动规律化的最终尝试. 托勒密把地球安置在中心, 而把不动的星球安置在旋转的球面上 (图 5.7).

图 5.7

依照托勒密的理论, 太阳、月亮和行星的运动, 由围绕地球的匀速圆周运动的复杂组合而成: 一是偏心运动 (图 5.8), 此时圆形轨道的中心与地球中心相互错开一定距离; 另外一个是本轮运动, 即圆心在圆形轨道上的圆周运动 (图 5.9a), 还有一个是相对于错位点 (等分点) 的匀速运动 (图 5.9b). 因此, 行星 P 围绕 D 点作匀速旋转, 而 D 点又沿着以 O 点为圆心的圆形轨道, 相对于 Q 点作匀速旋转. 此时地球却位于 E 点.

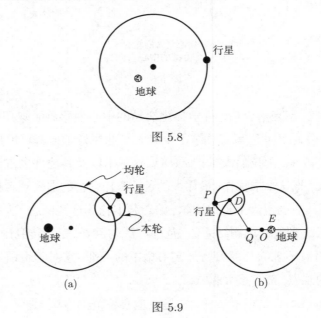

图 5.8

图 5.9

借助于这些运动, 实际上可以仿制行星的任何复杂轨迹 (图 5.10). 根据这一点, 托勒密建立了行星的轨道体系. 该体系既与他的观测结果一致, 也与过去希腊及其他天文学家的观测结果相符合. 因此, 我们今天看来, 托勒密体系 (图 5.11) 似乎太复杂, 但它却回答了柏拉图提出的问题. 托勒密所建立的轨道体系能够描述所观测到的行星与恒星的位移, 它与希腊人的传统的运动理论也没有什么矛盾. 托勒密体系符合人们的直观感觉——地球不动, 同时与那些最简单的观测结果也相符合, 即恒星、太阳以及行星在运行. 这曾经是与当时的假设及观测结果相符合的一套理论. 它所以比较复杂是为了使所建立的轨道体系与这些观测结果相一致. 但是, 尽管托勒密体系很复杂, 它却能很好地描述许多世纪以来所观测到的行星的轨迹, 并能相当准确地预言它们未来的位置.

图 5.10 说明行星逆行的本轮运动 [3]

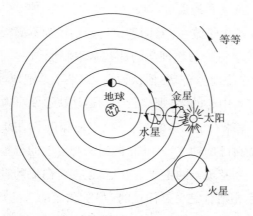

图 5.11 托勒密体系的简化方案 [3]

§5.1 哥白尼太阳中心系

托勒密的行星系一代一代地一直流传到十五世纪. 在这一段时间内又对它作了许多修正和补充——在原有的圆形轨道的基础上, 又增加了许多新的圆圈. 这样, 虽然这种行星系仍不失为正确的和准确的, 但是它却完全丧失了美的魅力, 而这后一点正是人们过去竭力追求的东西. 十三世纪时, 阿方索十世, 国王卡斯蒂利亚宣称, 如果在创造世界的时候, 征求他的意见的话, 那么

他就会按照更简单和更好的方案来创建世界. 后来诗人约翰·多恩^① 抱怨道:

> 我们曾经遐想,
>
> 苍穹欣赏自己的球形,
>
> 匀称的圆形将主宰一切.
>
> 数百年来的观测,
>
> 五花八门的复杂运动,
>
> 却让人们看到,
>
> 这么多偏心圆、直线和交点.
>
> 这些失调的线条,
>
> 把圆的匀称破坏了,
>
> 将苍穹撕成了八块、四十块 ······ [4]

哥白尼 (1473 年生于波兰) 对旧理论的繁杂极为不满, 最终他决定要从根本上修正整个古代宇宙论与物理学的那些基本假说. 这些假设确认地球是不动的, 而恒星和行星绕地球转动. 他认识到, 如果不是把地球放到宇宙的中心, 而是把太阳摆在宇宙中心的话, 那么行星的运动轨道便可大大简化. 最后他得出这样一个结论: 地球不是宇宙的中心, 也不是静止不动的; 地球是一个行星, 它在一昼夜之内绕自己的轴线转一周, 同时又与其他的行星一起绕太阳旋转.

哥白尼驳斥托勒密理论的主要论点是, 根据哥白尼的看法, 托勒密的那些圆周运动之间的互相组合完全是任意的, 尽管和运动与已知的实验数据相符, 但却不是原先假想的匀速运动. 哥白尼特别反对托勒密理论中的某些个别的假定 (如偏心). 根据哥白尼的看法, 这些假定破坏了所希望的运动的匀速性质. 关于这些假定, 他写道:

"了解到这些不足之处以后, 我常常想, 能不能找到某种更加合理的组合圆的方法, 由它可以把那些显而易见的不均衡现象推导出来; 而且在这种圆组合中, 全部运动都是围绕一个确定的中心的匀速运动, 就像绝对运动法则所要求的一样." [5]

为了使关于地球在运行的意见变得更有分量, 哥白尼列举了持这种意见

---

① 约翰·多恩 (约 1572—1631) 英国诗人, 玄学派诗歌的主要代表. ——译者注

的古代哲学家:

"…… 起初我从西塞罗那里发现, 尼斯塔斯曾假定地球是动的, …… 从普鲁塔克那里我注意到, 还有其他人也持此种见解. …… 受到这些看法的启发, 我自己也开始考虑地球的运动. 虽然这种看法我觉得有点荒谬, 但我想, 为了解释天体现象, 人们可以想象出许多圆, 我为什么不能试一试, 或许假设地球是运动的, 会使我找到更为合理的解释来阐明这些运动, …… 经过长期的反复的研究, 我终于得出了结论: 如果把其他漫游天体的运动都归并到地球运行的圆轨道上去, 则不仅它们所引起的那些现象可以作为结果被推导出来, 甚至这些天体自身、它们按顺序或按大小排列的行程、天空本身都形成一个彼此联系在一起的整体, 只要在某个地方或它的某一部分未发生某种扰动, 那么其余部分和整体也都不会有任何改变. 在这个基础上 …… 我阐明了所有轨道的位置, 同样也阐明了, 我认为地球是运动的 (图 5.12)." [6]

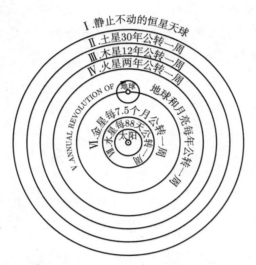

图 5.12　哥白尼轨道. 地球及其他行星沿这些轨道绕太阳旋转. 而其他恒星则位于那个不动的最大的圆球面上

哥白尼的理论大大简化了水星和金星的轨道. 水星和金星是著名的晨星与晚星. 有时候它们出现在太阳将要升起之前的天空中, 或者在太阳落山之后便很快地消失在地平线之后. 利用哥白尼体系, 这些现象很容易理解. 这两个行星都在离太阳较近的地方旋转, 如果从地球上观察它们, 在日出或日落的时刻, 它们总是尾随着太阳的 (图 5.13).

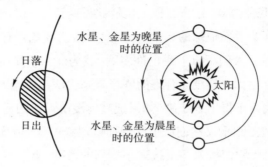

图 5.13

在托勒密体系的范围内, 由于假定水星、金星和太阳各自沿着独立的轨道运行, 这便导出一个必然的结论: 这几个天体有时可以完全不相关地在天空中出现. 因此, 托勒密也不得不假定, 这几个行星以某种方式受太阳约束, 并与它一道运行 (图 5.14). 但在当时不能使人理解的是, 为什么这两颗行星要受太阳约束, 与此同时其他行星却可以自由地在太空遨游?

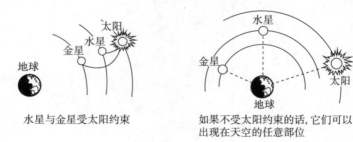

图 5.14

哥白尼在谈到他的体系时说:

"把所有其他球面皆包含在内, 第一球面是恒星球面. 它静止不动. 星体的一切运动和位置都是相对于这个球面的. 虽然有些人连这个球面也假定是运动着的, 但是我们可以证明, 这部分运动也出自地球的运动 ……" [7]

后来, 在叙述行星球面以及它们的运行周期时, 哥白尼认为地球是六个行星中的一个, 而月亮只不过是地球的卫星. 他说:

"在所有这些轨道的中心是太阳; 难道说在如此富丽堂皇的宫殿里, 还能找出其他比这更好的地方来安置这样一个美妙的明灯, 以便让它能从那儿照亮一切吗?" [8]

参照系

当然, 可以认为哥白尼体系与托勒密体系的差别在于所选择的参照系不同. 托勒密认为观测是从地球上进行的, 因此他倾向于地球是静止不动的. 哥白尼则认为, 假设我们站在太阳上去研究行星的运动更为方便. 既然今天 "地球是否运动" 的问题已经没有任何意义①, 我们就用另外一个问题来代替它: 如果我们要描述太阳系的运动, 站在什么地方最合适呢? 奥雷斯姆就曾经指出, 所观察到的物体运动的性质与观察者的运动有关. 对于甲板上的水手来说, 球从桅杆顶上下落时, 它是沿着垂直的直线掉下来的. 而对于站在岸上的观察者来说, 这个运动是沿抛物线进行的. 如果把观察者的运动也考虑在内, 那么他们两个观察的实际上是同一个运动. 但是这个运动对于他们中的某一个人来说, 要比另外一个人看到的更为简单一些. 关于描述天体运动的参照系选择问题, 可以说情况完全类似.

但是在哥白尼时代, 地球是否运动的问题被认为是意义重大而又非常严肃的问题. 哥白尼自己也认为, 关于地球是运动的假说也可能是很荒谬的. 因为整个中世纪宇宙论和物理学, 就是建立在地球是宇宙的中心这种观念上的. 人们曾设想, 像石头之类的物体之所以落到地上, 是因为它们都趋向宇宙中心的缘故. 如果地球是很快运动着的, 那就未必能假定它在空间会占据某种特殊地位了. 这样就很难理解, 物体究竟为什么会落向地球? 现在我们觉得这个问题极其简单 (甚至可以认为根本就不存在任何问题), 这说明我们对于物体惯性和空间均匀性的现代观念感受已非常深刻. 假如像地球这样一个庞然大物, 为了使它开始运行果真还需要推动的话 (哥白尼时代人们确实是这样想的), 我们哪里还敢相信, 它沿着绕太阳的轨道运行的速度会高达 30 km/s 呢?

---

① 我们能够确定地球绕其轴线的自转 (相对于恒星), 而不能确定其在空间的匀速运动.

对哥白尼理论的反对意见

为了建立简化的行星运行体系, 哥白尼必须完全抛弃亚里士多德时代创立的世界图像. 他预料到他会遭到激烈的反对. 这也正是哥白尼把自己的书搁置了很久而不予发表的原因之一. 哥白尼至死也没有见到他的书出版.

既然预料会遭到激烈的反对, 所以哥白尼事先就准备好了反驳. 例如像这样的问题: 为什么飞着的鸟不会落在急速旋转的地球后面呢? 他的回答是: 地球转动时, 大气被吸着一块儿转动. 另一个问题: 若是地球绕自身的轴线快速旋转, 那么它应当像一个急速旋转的飞轮一样, 被粉碎并飞向各方. 哥白尼以反问予以驳斥: "要知道, 宇宙比地球大多少, 它的运动速度就应当比地球快多少. 那么为什么你们不假定宇宙也会被粉碎并飞向各方呢?" 当然托勒密理论的拥护者们会反对这一点, 因为他们认为天体是由细微的、无形体的物质组成, 它们的自然运动就是沿着圆周转动. 据他们看来, 地球太重了, 它的惯性太大, 笨重得难以运动 (天体由重的地球物质组成这一假定被认真采纳已是后来的事了, 那时伽利略借助于自己的望远镜已能够更清楚地观测月亮和行星).

当时还有许许多多其他的论据、反论据和恶毒攻击. 卢瑟骂哥白尼是不学无术的异教徒. 哥白尼的理论被宣布为是 "虚假的和与圣经背道而驰的". 圣经说是太阳在运动, 而不是地球:

"上帝将亚摩利交给犹大的那一天, 耶稣向上帝呼吁, 并对犹太人说:

'停下来! 太阳, 停在吉比恩上空, 月亮停在亚雅仑谷上空!'

太阳停住了, 月亮也停了下来, 直到人们向敌人报了仇. 在教义中不是这样写道的吗: '太阳停在天空当中, 几乎一整天都没急于转向西方.' [9]"

围绕着新体系的争论延续了一百多年. 哈姆雷特[①] 把太阳的运动看作是不容置疑的真理. 这种真理, 如同他对奥菲莉娅[②] 的爱情一样的真实:

　　　　不要相信星星就是火,

　　　　恐怕太阳确实在运动;

　　　　不要以为真理不会骗人,

　　　　但是请相信我的爱情. [10]

---

①② 莎士比亚戏剧《哈姆雷特》中的主角.

但是早在 1611 年的时候, 约翰·多恩就对旧的宇宙体系的衰落感到遗憾.

> 无论是恒星的球内,
>
> 还是行星的外层,
>
> 宇宙都分裂成原子.
>
> 全部关系都破裂了,
>
> 一切都撕成了碎片.
>
> 基础动摇了, 今天
>
> 世界对于我们都成了相对的了. [11]

地球是运动的这一思想终于被采纳了, 尽管为了完全确认太阳中心系还有待于新物理学的建立. 从新物理学 (开普勒和牛顿所坚持的物理学) 的观点看来, 为了分析太阳系的运动, 哥白尼体系最为合适.

丹麦天文学家第谷·布拉赫 (生于 1546 年) 并不怀疑太阳中心系确实简单, 但是他认为, 简单不足以作为承认地球运动的理由. 用他的话说, 地球 "太重" 了, 它太难以起动. (现在我们说, 它太重了, 难以制动.)

虽然他拒绝承认哥白尼的理论, 然而这丝毫也没有妨碍他长期地测量恒星与行星的位置. 他开始测量时, 手中只有一台用两根连结在一起的板条做成的工具. 一根板条指向恒星, 而另一根指向行星. 这样他便可以测量它们之间的角度. 后来, 他设计了许多大型六分仪和星罗盘仪. 借助这些仪器, 在二十多年的时间内, 他以惊人的精度测量了天空中行星的位置. 布拉赫确定和记录了上千颗星的坐标. 其准确程度远远超过他以前的任何人所进行的测量. 他对行星角位置的为期二十多年的测量中, 没有一个误差超过 1/15 度. 这相当于把手臂伸直手拿细针, 用眼睛观察针孔的角度.

他对行星坐标的多年记录, 是获得一组更为准确的行星轨道曲线的原始材料. 他的测量数据比哥白尼使用的数据精确得多. 不久, 由他的测量数据得知, 哥白尼所建议的轨道是极为近似的. 继这一发现之后, 很快便开始探索更准确的轨道. 这一任务是在布拉赫死后, 由他的学生、德国天文学家和星相家、神秘主义者开普勒完成的.

§5.2　开普勒行星系

开普勒生于 1571 年. 他与布拉赫完全相反. 布拉赫是一个观测者, 他收集数据并记下他所看到的一切. 而开普勒是一个理论家, 他倾倒于数学的威力; 像毕达哥拉斯一样, 他崇拜数字, 醉心于同数字和尺度有关的难题. 开始研究天文学以后, 开普勒渴望能找到一个数学公式来描述行星的运动. 他说: "我把全部智慧都用来思考这个问题." 他把一生中大部分时间都用于分析布拉赫所列的行星位置表, 以便找出行星运行的曲线系.

开普勒对行星位置表进行了长时间的分析研究. 它首先从全面地研究火星的运动开始. 在布拉赫进行观测的二十年间, 火星的运行轨道是怎样的呢? 这个轨道是简单的、重复性的吗? 若是这样的话, 只要把火星的位置测定一次, 就可以永远满怀信心地预言它的位置. 当然, 布拉赫的所有观测都是从地球上进行的. 但是当时不清楚, 在什么情况下行星轨道比较简单, 是地球不动的情况下呢, 还是像哥白尼所假定的地球运动的情况下呢? 开普勒深信, 哥白尼的思想基本上是正确的, 地球一方面绕自己的轴线自转, 同时又沿绕太阳的轨道运行.

与开普勒以前所有的人一样, 开普勒也从研究绕另一组圆周运动的各种圆周系开始来寻找可能的轨道. 如果用这种方法很容易得到与实验相一致的结果的话, 那么开普勒就会很快得到预期的结果了. 但是所提的问题看来要复杂得多. 开普勒试验了无数的方案, 同时每一次试验都伴之以大量的、繁重的计算. 每一次他都要把夜间某一时刻布拉赫测定的恒星与行星间的夹角, 转换成太阳不动, 地球绕太阳旋转的太阳中心系的行星坐标.

开普勒经过了 70 次试验, 借助圆周系来确定太阳处在各个不同位置时火星轨道的尝试终于成功了. 他找到了一个与观测结果符合得很好的轨道. 但是不久, 他惊奇地发现, 如果把火星的轨迹沿着他拟合时使用的那些实验观测点延长下去, 则它与观测结果偏差 2/15 度. 这个角度相当于时钟的秒针在 0.02 s 的时间内所转过的角. 难道布拉赫错了吗? 或许, 在冬季深夜的严寒把他的手指冻僵了或者使他的视力变迟钝了? 开普勒是了解布拉赫的工作方法和严谨性的, 因此他完全信赖布拉赫观测结果的准确性. 所以他得出结论: 布拉赫决不会错得这么多. 于是他否定了他自己得出的曲线. 应该说, 这是他给予作为一个观测者的布拉赫的最大荣誉了. 开普勒做对了, 因为布拉赫确实是正确的.

"这个大小仅有八分的角 (2/15 度) ······ 将向我们提供改造天文学的手段", ——带着这种想法, 开普勒重新开始探索. 这一次他假定行星绕太阳的轨道运行是变速的. 他试图从这一条路来解决问题. 这样他也就抛弃了古老的、习惯的教条. 而这一教条曾导致哥白尼拒绝了托勒密体系. 在计算中, 开普勒应用了连接太阳与行星的、设想中的 "轮辐条" (正是借助于 "轮辐条" 的概念, 他才完成了他的第一个伟大发现). 他观察到, 辐条在相等的时间内扫过的面积相等 (图 5.15). 今天这个结论叫作**开普勒第二定律**. 在这个发现之后, 开普勒彻底抛弃了借助一些圆的组合来建立行星轨道的尝试, 并开始试验用各种各样的椭圆来作轨道. 长期计算的结果使他得出了非常重要的成果, 即所谓的**开普勒第一定律**. 开普勒确定, 行星是沿椭圆轨道运行的, 而太阳则位于这些椭圆的一个焦点上 (图 5.16).

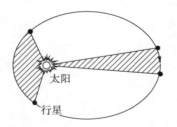

在相等的时间内扫过的面积相等

图 5.15

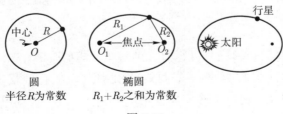

图 5.16

经过多年的辛劳, 他终于找到了这些简单的轨道, 它们与已知的所有行星的运行情况完全一致. 除此以外, 行星沿着这些轨道以下述方式运行: 连接太阳与行星的假想线在相等的时间内扫过的面积相等.

接着开普勒试图寻找行星轨道大小与绕太阳转一周所用的时间之间的联系. 这个时间称作运行周期. 从希腊人时代开始, 人们就假定, 轨道大的行星转一整圈所用的时间要多一些. 经过了大量的尝试以后, 开普勒终于找到了他希望找到的东西: 轨道半径的立方与运行周期的平方成正比. 这一规律性是偶然发现的, 但它的准确性却使开普勒感到十分惊讶.

在表 5.1 中列出了依据现代测量得到的半径 R 与周期 T 的比值. 椭圆轨道的半径是取其长轴的一半.

表 5.1

行星	$R/\mathrm{A.U.}$[①]	T/s	$R^3/T^2/10^{13}$
水星	0.387	7.60×10^6	0.998
金星	0.723	1.94×10^7	0.995
地球	1.000	3.16×10^7	1.00
火星	1.523	5.94×10^7	0.996
木星	5.202	3.74×10^8	0.994
土星	9.554	9.30×10^8	0.990
天王星	19.218	2.66×10^9	1.00
海王星	30.109	5.20×10^9	0.990
冥王星[②]	39.00	7.82×10^9	0.987

① 地球到太阳的最大距离与最小距离之和的一半, 取作长度的天文单位 (符号 A.U., 接近于地球轨道半径). 1 A.U. = 1.495×10^{13} cm. 对于椭圆轨道的半径, R 是其半主轴之和的一半.

② 冥王星现已被排除出行星行列, 重新划为矮行星.

开普勒当时欣喜若狂, 他并没有掩饰自己的激动心情:

"十六年前我决心寻求的东西终于找到了. 为了它我才投奔了布拉赫 ……. 这个发现超过了我所能期望的一切 ……. 大局已定, 书已完成. 至于人们现在去读它, 或者我们的后代将来去读它, 这一切对我来说都是无关紧要的; 它也许还要等上一百年, 才能得到公认, 就像万能的上帝等待人们赏识他的创造物, 已经等了六千年之久一样." [12]

下面就是行星运动问题的答案 —— **开普勒三定律**:

1) 每一个行星都沿着椭圆轨道绕太阳运行, 太阳位于椭圆的一个焦点上.

2) 行星与太阳的连线在相等的时间内扫过相等的面积.

3) 所有行星的轨道半径的立方, 与运行周期的平方之比相同:

$$\frac{R^3}{T^2} = 常数 \tag{5.1}$$

这些定律是极为杰出的成就. 二十年的观测和几千次的测量结果, 被概括成一组简单的曲线和几条规则. 将来任何人要想建立一套宇宙体系, 都必须把描述行星运行的这三个定律包括进去. 开普勒 (公认的天体运动的立法者) 之后, 仅仅剩下一个问题: 什么样的理论能够导出开普勒定律. 有关行星运动的其他问题都自动取消了, 因为人们不再认为行星是匀速地沿规则的圆周转动并遵守和谐比例了 ……. 但是, 可能

"有一种美妙的音乐, 一种无声的旋律, 爱神把它演奏得比乐器的声音还要悦耳. 因为任何存在和谐、规则或者比例的地方都会有音乐存在, 因此我们可以尽情地欣赏用球面谱写的乐章." [13]

参考文献

[1] *Baker R. H.*, Astronomy, D. Van Nostrand, Princeton, N. J.

[2] *Holton C.*, *Roller D.*, Foundations of Modern Physical Science, Addison-Wesley, Reading, Mass., 1952.

[3] *Holton G.*, Introduction to the Concepts and Theories of Physical Science, Addison-Wesley, Reading, Mass., 1952.

[4] *Donne John*, The First Anniversary, lines 251 — 258.

[5] *Copernicus*, De Revolutionibue.

[6] 同上.

[7] 同上.

[8]　同上.

[9]　*Joshua* 10: 12 — 13.

[10]　*Shakespeare William*, Hamlet, Act II, scene 2, lines 116—119.

[11]　*Donne John*, 参阅 [4], lines 205—208.

[12]　*Kepler Johannes*, De Harmonia Mundi.

[13]　*Browne Thomas*, Religio Medici, Part II, section IX.

思考题

1. 从月球上看, 地球、恒星与太阳的运动是怎样的?

2. 在证明地球是圆球时, 亚里士多德写道:

"我们的感觉表明, 我们能够得到进一步的证明: (1) 如果地球不是一个圆球, 那么月食时我们就不会在月球表面看到圆形的阴影. 人所共知, 不同月相时, 月球的轮廓各不相同, 有时是很清楚的直线边界, 有时是凸边有时又是凹边. 但是, 月食时月球的边界总是凸的. 因此, 如果月食的发生是受地球的影响, 那么边界的形状应由地球的形状决定, 即地球应当是圆的".

试将该证明所说的几何关系画出来. 它与地球位于宇宙中心的这种认识是否相符?

亚里士多德继续写道:

"(2) 对恒星的观测不仅仅说明地球是圆的, 而且还说明它并不怎么太大. 因为, 如果把我们所在的位置向南或向北挪动不大的距离, 就能使地平线的位置明显地改变, 因而在我们头上的恒星也应当明显地改变自己在天空中的位置; 而且, 在向南或向北移动时, 我们应当能看到新的星星. 有一些星星在埃及以及在离塞浦路斯岛不远的地方可以看得见, 但是再往北一点的国家便看不见. 还有一些星星在北部国家一直能看得见, 但是在另一些国家却看不见. 这不仅证明地球是圆的, 而且证明其体积不大. 不然的话, 当我们移动不大的距离时, 就观察不到如此明显的效应. 由于这一原因, 那些认为黑尔库力士石柱①

---

　　① 即直布罗陀海峡. 黑尔库力士的两大石柱是古代传说. 传说在地中海西头的直布罗陀海峡两岸上的两座山是黑尔库力士建立的两大石柱, 表示那地方是陆地的尽头. ——译者注

附近的地区是与印度连在一起的, 而且在其周围是同一个海洋的人, 并没有提出什么绝对不可能的假设. 为了支持这种看法, 他们还提出了一个事实: 即在两块大陆的交界地区可以看到同样的动物, 例如大象等等. 据他们的看法, 这说明两块大陆之间的联系. 一些数学家试图计算出地球的周长, 他们认为该周长等于 400000 斯塔第[①]".

试把作为上述证明的基础的几何关系画出来. "数学家" 是怎样利用上述现象来测定地球周长的? 根据你的看法, 在他们的计算中最可能的误差源是什么?

他继续写道:

"根据这些论据可以得出结论: 地球不仅是球形的, 并且, 与其他恒星相比, 它是小的[②]".

基于上述论据, 亚里士多德是否能对下列问题作出一些结论: a) 关于恒星的大小, b) 关于它们至地球的距离与它们自身大小的关系?

3. 假设我们拥有亚里士多德宇宙和他的 "自然运动", 并假定亚里士多德知道牛顿第二运动定律 ($F = ma$). 在这种情况下, 关于恒星的质量他能得出什么样的结论?

4. 假定阿波罗尼奥斯观察到了恒星的周年视差. 若认为地球是世界的中心, 那他对自己的观察结果如何解释呢?

5. 假定托勒密采纳了地球中心系统. 是否他必须抛弃他的全部本轮之类的东西? 他应当如何应用本轮才更合适呢?

6. 设计了一架实验飞机, 它能够升高至 300 km 的高空, 然后滑翔一段时间. 在此时间内, 地球绕自转轴转动. 当在飞机的下面出现指定的着陆地点时, 飞机便着陆. 用这种方法花 3 h 就可以从纽约到达洛杉矶. 这可能吗?

7. 地球卫星的圆形轨道半径为 $2R_{地球}$ ($R_{地球}$ —— 地球半径). 它运行的周期是多少?

8. 为什么彗星在接近太阳时要比远离太阳时运行得更快?

---

① 古希腊长度名, 每斯塔第合 174—230 m. 400000 斯塔第约为 80000 km. 帕兰特勒指出, 这是关于地球周长最早的计算值. (现在算出, 地球的周长约等于 40000 km.)

② 见 *Exploring the Universe* 第 81 页, 引自 *Theories of the   Universe*, Macmillan, New York, 1957.

习题

1. 小行星 "谷神" 绕太阳转一周用 2.6 年. 其轨道半径是多少? 用地球半径表示出来 (可认为轨道是圆的).

2. 卫星在至月球路程一半的地方被送入轨道. 试求其运行周期.

*3. 哈雷彗星绕太阳转一周需 75 年. 在近日点, 它到太阳的距离为 8.9×10^{10} m. 远日点的位置无法用实验测定, 因为在那儿彗星看不见. 试计算哈雷彗星至太阳的最大距离. (根据定义, 开普勒第三定律中的平均半径等于它至太阳的最大距离与最小距离之和的一半.)

*4. 人沿椭圆轨道运行以到达火星. 该椭圆轨道的近日点应在地球轨道 (其半径为一亿四千九百万千米) 上, 而远日点则在火星轨道 (半径为二亿二千六百万千米) 上. 完成这次旅行需花费多少时间?

5. 从地球飞到金星需要多少时间? (金星轨道半径为一亿零七百万千米.)

6. 计算一下紧贴地球表面沿圆形轨道运行的卫星的轨道速度与运转周期. 设轨道半径为 6.4×10^8 cm. 空气阻力可以忽略不计.

7. 在月球表面附近, 沿圆形轨道运行的卫星的运转周期是多少? 取 $R = 1.75 \times 10^8$ cm, 而月球质量等于 7.35×10^{25} g.

第 6 章　牛顿世界体系

　　从开普勒到牛顿这一段时间内, 欧洲的科学思想大大地向前发展了. 开普勒想出了根本看不见的轮辐条, 这些辐条连着太阳与行星, "牵" 着行星绕太阳运行. 布拉赫否定了哥白尼理论, 因为按照他的想法, 地球是太笨重了, 难以让它起动. 不可思议的是, 如果地球果真运动, 人们为什么感觉不到呢? 到了牛顿时代, 对物体的运动又提出了新的观点. 有关这一问题的争论现在已愈来愈集中到探索太阳与行星之间的作用力定律这方面去了. 从这种定律出发当能够推导出开普勒找到的行星轨道.

　　现在, "行星如何运行" 这个老问题已被 "为什么行星会保持在轨道上" 这一新问题所代替. 与其说行星的笨重妨碍它们起动, 倒不如说妨碍它们制动, 因为这时人们已经承认, 物体的自然运动是笛卡儿和伽利略所描述的匀速运动. 逐渐形成了这样一种信念, 即肯定存在着某些驾驭物体运动的定律, 而它们不论是在地球上, 还是在太空中都应是正确的. 也许, 这些定律也驾驭着行星的运转呢? 如果真的是这样的话, 那么到底是什么力迫使行星沿开普勒轨道运行呢?

　　用在地球上进行观测所得出的那些规则, 去解释天体运动, 具有一定的冒险性. 这种尝试的成功, 可以看作是十七世纪科学的一项最伟大的成就. 1687年牛顿公布了他的《自然哲学的数学原理》一书, 在这本书里他非常详细地研究了描述行星运动的 (其实也是描述任意其他运动的) 一种体系. 牛顿首先把世界看成一个力学系统或一部机器. 这种力学系统的运动规律现在我们都很熟悉, 正是根据这些规律我们能够监视、预言以及控制力学系统的行为. 从那时起牛顿的名字便与这种不朽的、严格的对世界的认识紧密地联系在一起了.

　　牛顿对行星运动的研究工作首先是从研究月球轨道开始的. 月球轨道实际上是圆的, 因此相对来说比较容易计算. 如果没有任何力作用于月球的话,它就应当作匀速直线运动 (第一定律); 但是月球绕地球作圆周运动, 因此假若第一定律是正确的, 那么地球与月球之间可能就有某种力作用于月球. 牛顿写道:

"······ 没有这种力的作用, 月球不可能保持在自己的轨道上. 如果这个力比轨道所要求的力小, 则它使月球偏离直线的程度不够; 如果这个力比轨道所要求的力大, 则它使月球偏离直线的程度太大, 并使月球的轨道更靠近地球." [1]

在这种情况下迫使月球绕地球旋转的力的性质如何呢? 晚年时, 牛顿常常与亨利·彭伯顿聊天. 牛顿对他讲, 有一次他正在考虑这个问题的时候, 忽然间看到一个苹果从树上掉了下来 (图 6.1), 他吃了一惊, 同时便陷入了沉思. "沉思引力的巨大威力. 即便是在我们所能够达到的, 离地心很远很远的地方这种引力也丝毫不见减小. 不管是在最高的建筑的最上层, 还是在最高的山顶上都一样. 因而他就想, 是否可以合理地设想, 这种力的作用范围可能要比通常设想的还要大得多, 比如说很可能一直延续到月亮. 而如果果真如此, 那么它就应当对月亮的运行产生影响, 甚至很可能就是这个力使月亮维持在自己的轨道上." [2]

图 6.1 "这真是一场悲剧——一个苹果砸了他的头"

当时已经知道, 苹果以及地面附近的其他自由落体受引力作用而产生的加速度近似地等于 980 cm/s². 也许, 月亮也是一个自由落体, 但是由于离地球太远, 运行得太快, 因此, 虽然它也 "下落", 但永远也落不到地球上, 结果它便沿一个稳定的轨道运行? 因而弄清楚月亮的加速度, 与地球表面附近物体的加速度是否相同, 是很有意思的.

月亮加速度的计算

月亮以不变的速度绕地球运行, 因此它 (与绕中心恒速旋转的任意物体一样) 有一个指向旋转中心的加速度. 我们已经讲过, 这个加速度的量值等于 v^2/R (图 6.2). 因为月球与地球相距约 384000 km①, 而绕地球一周需要 27.3 个昼夜 (2.36×10^6 s), 所以月球的加速度为

$$a = \frac{v^2}{R} = \frac{1}{R}\left(\frac{2\pi R}{T}\right)^2 = \frac{4\pi^2 R}{T^2} = 0.27 \text{ cm/s}^2 \tag{6.1}$$

这个数值大大小于地球表面附近的自由落体加速度 980 cm/s².

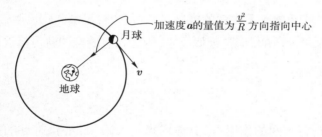

图 6.2

从这一粗略的估算可以看出, 月亮的加速度是很小的, 假如它处在地球表面附近, 那么它所承受的加速度要大得多. 由此似乎可以得出这样的结论: 物体远离地球时, 地球的引力随之减小. 这可以解释为对于地球到月球这么远的距离, 或者对于像月球这么庞大的物体来说, 第二运动定律是根本不正确和不适用的. 要知道, 第二定律实质上是基于一些非常有限的观测而推论出来的. 但是, 从另一方面, 也可以假定第二定律始终是正确的, 所得到的月球加速度值这么小, 可以用力发生了变化来解释.

①牛顿取地球半径的 60 倍作为地球至月球的距离, 而地球的半径是用三角测量法测定的.

牛顿选择了后一种假定. 多年以后他解释说, 他是借助于开普勒第三定律而发现万有引力定律的. 他假设太阳吸引各个行星的力正好等于使行星维持在各自轨道上所需要的力, 而且该引力的性质似乎与地球吸引月球的力的性质相仿. 根据开普勒规则: 所有行星运行周期的平方, 与其轨道半径的立方之比是一常量

$$\frac{T^2}{R^3} = 常量 \tag{6.2}$$

牛顿利用了这一点, 终于得出了引力随距离改变的规律.

不能说这些假定都是牛顿一个人作出的. 事实上它们已经临近出世. 可以说, 胡克、雷恩、哈雷以及那时所有其他水平较高的学者基本上都已接近完成这一发现了.

§6.1 万有引力

现在我们来重复一下牛顿的推导. 假定每个行星沿圆轨道运行 (这个论断与开普勒规则是矛盾的, 但是近似成立, 因为行星的椭圆轨道接近于圆), 而其加速度的大小

$$\frac{v^2}{R} \tag{6.3}$$

取决于太阳与行星间的作用力, 其方向指向太阳 (圆心). 推导的主要思想在于, 只有选择某种特定的作用力时关系式

$$\frac{(周期)^2}{(至太阳的距离)^3} = \frac{T^2}{R^3} = 常量 \tag{6.4}$$

才成立. 由第二定律可知, 太阳作用于行星的力的表示式为:

$$F = M_{行星}\frac{v^2}{R} \tag{6.5}$$

式中 $M_{行星}$——行星的质量. 行星的速度 v 可以通过轨道半径 R 与周期 T 来表示:

$$v = \frac{经过的路程}{时间} = \frac{2\pi R}{T} \tag{6.6}$$

或者

$$v^2 = \frac{4\pi^2 R^2}{T^2} \tag{6.7}$$

把该式代入式 (6.5), 可得

$$F = M_{行星}(4\pi^2 R)\frac{1}{T^2} \tag{6.8}$$

(这一公式是从第二定律 $F = ma$ 导出的, 它仅仅反映了行星绕太阳的运行轨道近似地等于圆这一事实.)

现在可以应用开普勒规则. 对所有的行星,

$$\frac{T^2}{R^3} = 常量 \tag{6.2}$$

或

$$\frac{1}{T^2} = \frac{1}{R^3 \times (常量)} \tag{6.9}$$

因此,

$$F = \frac{4\pi^2}{常量} \cdot \frac{M_{行星}}{R^2} \tag{6.10}$$

这样, 太阳与行星之间的作用力, 等于常量 (对所有行星该常量都相同) 乘以行星质量, 除以太阳至行星之间距离的平方 (与距离平方成反比的定律).

这就是由开普勒第三定律导出的定律. 而牛顿在当时对于地球与月球间的作用力感兴趣. 他提出了自己的看法, 这就是当今非常有名的那个论断: 太阳对行星的引力, 与任意两个物体之间的引力一样, 其绝对值等于

$$F = G\frac{M_1 M_2}{R^2}$$

式中 G—— 对于一切系统都相同的一个常数, 而 M_1 与 M_2—— 物体的质量 (图 6.3). 在利用开普勒规则导出的公式 (6.10) 中, 力只与行星的质量有关. 牛顿进一步假定, 该力也与太阳的质量成正比. 这一假定看来非常出色. 现在, 太阳与行星之间的作用力的表示式将成为:

$$F = G\frac{M_{太阳} M_{行星}}{R^2} \tag{6.11}$$

此处 $M_{太阳}$ —— 太阳的质量.

图 6.3

这样, 牛顿得到了一个极妙的结论: 引力与受其作用的行星 (或其他任何物体) 的质量成正比. 但是要知道, 质量是物体惯性的量度, 是其阻止运动发生任何改变的能力的量度. 牛顿未能解释为什么万有引力应当与质量成正比[①] (其他力 —— 推力、拉力、摩擦力、电力都不具有这种性质, 后面我们将谈到这些力).

万有引力与惯性之间的深刻联系成了后来的爱因斯坦引力理论的出发点.

后来牛顿是这样讨论的: 如果太阳与行星间的作用力是任意物体间作用力的一个具体情况, 那么不论在地球及地面附近的物体之间, 还是在地球与月球之间都应当有这样的作用力. 如果地球引力的衰减与 $1/R^2$ 成比例, 则加速度的衰减也应当这样. 月球与地球间的距离, 约为地球半径的 60 倍, 因此, 其加速度大约等于

$$\frac{980}{60 \times 60} \text{ cm/s}^2 = 0.27 \text{ cm/s}^2 \tag{6.12}$$

牛顿完成这一发现时年仅 24 岁 (图 6.4), 那时由于闹鼠疫他离开了剑桥. 后来他回忆道:

"…… 就在这一年, 我开始考虑延续到月亮轨道的引力, 并且 …… 由开普勒规则, 即行星的周期与它们至轨道中心的距离的 1.5 次方成正比, 我推导出了这样的一个结果: 使卫星保持在轨道上的力, 应当与它们到运行中心的距离的平方成反比. 由此, 我把使月球维持在轨道上所需的力, 与地面的重力进行了对比. 我发现它们几乎完全符合. 这一切都发生在闹鼠疫的那两年: 1665 年和 1666 年, 因为这时我正处在我的创造力的黄金时期, 对数学和哲学的考虑也比后来任何时期都多." [3]

[①] 但是, 牛顿对这一结论很不放心, 为此他用摆作了一系列的实验. 实验以 1/1000 的准确度表明, 对于各种不同的物质, 万有引力和质量的比值始终是个常量.

[403]

Satellitum tempora periodica.

1d. 18h. 28′ʸ.　3d. 13h. 17′⅔.　7d. 3h. 59′⅔.　16d. 18h. 5′ᵎ.

Distantiæ Satellitum à centro Jovis.

Ex Obſervationibus	1.	2.	3	4	
Caſſini	5.	8.	13.	23.	
Borelli	5⅔.	8½.	14.	24⅓.	
Tounlei *per Micromet.*	5,51.	8,78.	13,17.	24,72.	Semidiam.
Flamſtedii *per Microm.*	5,31.	8,85.	13,98.	24,23.	Jovis.
Flamſt. *per Eclipſ. Satel.*	5,578.	8,876.	14,159.	24,903.	
Ex temporibus periodicis.	5,578.	8,878.	14,168.	24,968.	

Hypoth. VI. *Planetas quinque primarios Mercurium, Venerem, Mar-
tem, Jovem & Saturnum Orbibus ſuis Solem cingere.*

Mercurium & Venerem circa Solem revolvi ex eorum phaſibus
lunaribus demonſtratur. Plenâ facie lucentes ultra Solem ſiti ſunt,
dimidiatâ è regione Solis, falcatâ cis Solem; per diſcum ejus ad mo-
dum macularum nonnunquam tranſeuntes. Ex Martis quoque
plena facie prope Solis conjunctionem, & gibboſa in quadraturis,
certum eſt quod is Solem ambit. De Jove etiam & Saturno idem
ex eorum phaſibus ſemper plenis demonſtratur.

Hypoth. VII. *Planetarum quinque primariorum, & (vel Solis cir
ca Terram vel) Terræ circa Solem tempora periodica eſſe in ratione ſeſ-
quialtera mediocrium diſtantiarum à Sole.*

Hæc à *Keplero* inventa ratio in confeſſo eſt apud omnes. Ea-
dem utique ſunt tempora periodica, eædemq; orbium dimenſiones,
ſive Planetæ circa Terram, ſive iidem circa Solem revolvantur. Ac
de menſura quidem temporum periodicorum convenit inter Aſtro-
nomos univerſos. Magnitudines autem Orbium *Keplerus & Bul-
lialdus* omnium diligentiſſimè ex Obſervationibus determinaverunt:
& diſtantiæ mediocres, quæ temporibus periodicis reſpondent, non

A a a 2　　　　　　　　diffe-

图 6.4　牛顿的《自然哲学的数学原理》一书之一页

万有引力的大小

牛顿为了解释行星的运行而引入了引力, 如果任意两个物体之间都存在
引力, 那么不禁要问: 能否觉察出作用于地球上的两个物体之间的这个引力
呢? 牛顿回答道: "它们之间的引力是如此之小, 以致用我们的感觉器官无法
觉察出来". 为了计算出这个力的大小, 必须知道 G 值. 通过测量地球与已知
质量的物体间的作用力, 牛顿是无法确定 G 的值的, 因为地球的质量不知道.
尽管这样, 他仍假定 G 值很小. 因为据他的看法, 地球上两个普通大小的物体
之间的相互作用力应当是不易觉察到的.

　　1798 年, 即又过了一百多年, 卡文迪什进行了两物体万有引力作用的实验室测定, 并根据这些测量计算出了常数 G 值. 他的仪器由两个不大的球 1 与 2 组成, 它们被固定在一根水平轻杆的两端, 而轻杆由一根垂直的细线从中点吊起. 细线上固定着一面小镜子. 它把射向它的光线反射回来, 从而可以测出任何微小的转动. 此外, 卡文迪什另外还用了两个重球 (A 与 B), 这两个重球相对于两个小球的放置位置如图 6.5 所示.

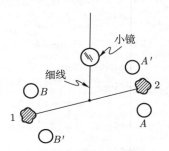

图 6.5　卡文迪什实验装置图

　　卡文迪什先把反射光的平衡位置记下来, 然后将重物从 A、B 移到 A' 与 B' 的位置. 如果在第一个位置 (A、B) 时, 轻球与重球间的万有引力沿顺时针方向, 则在第二个位置 (A'、B') 时, 便沿逆时针方向. 结果整个系统将转动某一角度. 该角度可以测出. 卡文迪什还用其他方法测量了把细线扭转某一角度所需要的力. 这样他便测出了轻球与重球之间的万有引力, 因而求出了 G 值. 根据现代的测量数据[①], 它等于

$$6.67 \times 10^{-8} \text{ dyn} \cdot \text{cm}^2/\text{g}^2 \tag{6.13}$$

---

　　① 作这个实验是相当复杂的. 卡文迪什得到的 G 值为 6.71×10^{-8} dyn $\cdot$ cm^2/g^2. 我们把它与较现代的值进行一下对比:

1. 卡文迪什, 1978 年 [4]——6.71×10^{-8}

2. 坡印亭, 1892 年 [5]——6.698×10^{-8}

3. 博伊斯, 1895 年 [6]——$(6.658 \pm 0.006) \times 10^{-8}$

4. 海尔, 1930 年 [7]——$(6.670 \pm 0.005) \times 10^{-8}$

5. 海尔与切尔诺夫斯基, 1942 年 [8]——$(6.673 \pm 0.003) \times 10^{-8}$

　　注: 博伊斯取 G 值为 6.658×10^{-8}, 然而其测量值在 $(6.668 \pm 0.006) \times 10^{-8}$ 的范围内 (此时最大误差等于 ± 0.018). 他本人并没有估计测量误差.

知道了 G 值, 以及地面附近下落物体的加速度, 可以计算出地球的质量 $M_{地}$[1]:

$$M_{地} = 5.96 \times 10^{27}\ \text{g} \tag{6.14}$$

现在我们来计算一下质量同为 1000 g 的两个物体, 相距 100 cm 时的作用力:

$$F = G\frac{(1000\ \text{g})^2}{(100\ \text{cm})^2} = 6.67 \times 10^{-6}\ \text{dyn} \tag{6.15}$$

对伽利略结果的解释

从上述引力定律还可以得出下述结果: 若不考虑空气阻力, 所有物体应以同一加速度落向地球, 并与物体的质量无关. 据牛顿第二定律, 物体的加速度与作用力的关系为

$$a = \frac{F}{M_{物体}} \tag{6.16}$$

地球引力与物体质量成比例, 并等于

$$F = G\frac{M_{物体}M_{地}}{R^2} \tag{6.17}$$

因而我们得到物体加速度的表示式

$$g = \frac{F^{[2]}}{M_{物体}} = \frac{GM_{物体}M_{地}}{M_{物体}\cdot R^2} = \frac{GM_{地}}{R^2} \tag{6.18}$$

在这个表示式中不包含下落物体的质量. 因此, 所有物体的加速度都一样. 如果我们注意到万有引力与物体质量成比例, 而该质量又代表了物体的惯性, 那么就不难理解, 为什么所有物体在地面附近下落时的加速度相同.

现在我们来确定一下, 地面附近物体的加速度等于 980 cm/s², 其表示式为

$$g = G\frac{M_{地}}{R^2} \tag{6.19}$$

---

[1] 假定地球半径是已知的 (可以用多种方法来确定它, 其中最简单的是测量地球周长), 由式

$$\frac{GM_{地}}{R^2} = g = 980\ \text{cm/s}^2$$

可得地球质量:

$$M_{地} = \frac{gR^2}{G} = \frac{980 \times (6.37 \times 10^8)^2}{6.67 \times 10^{-8}}\ \text{g} = 5.96 \times 10^{27}\ \text{g}$$

[2] 原文误为 $g = \dfrac{M_{地}}{M_{物体}}$. ——译者注

式中 $M_{\text{地}}$ 与 G 是常量, 但 R 值却随距离地球中心的远近而变化. 换言之, 在山顶上与在山谷中自由落体的加速度应该不同. 另外, 甚至可以测出某一楼房中相邻两层楼间的 g 值之差. 当然这种测量的精度应达 0.0000001 数量级 (表6.1).

表 6.1

名称	符号	cm·g·s 制	国际制
地面附近	g	980 cm/s^2	9.8 m/s^2
重力的平均加速度 万有引力常量	G	6.67×10^{-8} cm^3/g·s^2	6.67×10^{-11} m^3/kg·s^2

重量

地球作用于物体的万有引力, 称为该物体的重量 W. 重量的表式可以写作

$$W = \frac{GM_{\text{地}}}{R^2} \cdot M_{\text{物体}} \tag{6.20}$$

或者, 根据 g 的定义:

$$g = \frac{GM_{\text{地}}}{R^2} \tag{6.21}$$

把它表示成常见的形式:

$$W = M_{\text{物体}} \cdot g \tag{6.22}$$

由 g 的定义可以得出一个结论: 在地球的不同地点, 物体的重量是不相同的. 实际上也确实如此, 这一点不难验证. 如果物体是在月亮上, 那么月亮对它的引力要弱一些, 因为月亮的质量比地球要小. 物体的质量是物体自身的特性. 而重量则不仅仅取决于它的质量, 而且还取决于其周围物体的参数 —— (地球、月亮等) 周围物体的质量, 到该质量中心的距离. 在宇宙中飞行的火箭上, 物体的重量非常小, 但是它们的质量 (即物体保持其固有运动状态的能力) 却保持与原先一样.

向上和向下

万有引力把物体吸向地球中心. 正是由于这种力的作用苹果才落到地上, 不管是在英国、美国或者是中国都是一样. 由此可能产生出一个幼稚天真的想法: 在地球的另一面人们脚朝上站着. 上与下取决于对地心的关系 (图 6.6). 如果人们能够挖通一条通过地心的隧道的话, 那么在到达地心之前一个人先是往下落, 而后来, 当他一旦经过地心以后, 便往上升[①]. 万有引力具有这样一个特性, 如果一个人沿着与引力中心等距的面移动, 则引力的数值保持不变, 但是其方向始终沿着通过地心的直线, 并缓慢地改变着. 然而在通常的条件下这一变化是感觉不到的.

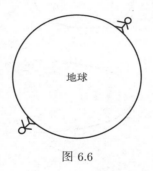

图 6.6

借助于更巧妙的方法, 如微分计算 (专为此目的研究出来的) 以及与我们所用的方法相类似的方法, 牛顿证明, 由运动三定律和万有引力定律可以导出: 行星是沿椭圆轨道运行的, 太阳位于这个椭圆的两个焦点中的一个上; 行星运动遵从其余的开普勒定律, 即等面积定律与 $T^2/R^3 = $ 常量定律. 他证明了, 一般情况下, 在万有引力的作用下物体的运动轨迹有三种. 它取决于物体的初速与位置.

第一种——椭圆轨道 (行星最初离太阳不很远或者运行的速度不特别大)(图 6.7a). 其他两种类型是非闭合轨道: 抛物线 (图 6.7b) (行星最初运行的速度很快或者离太阳很远, 因而没能被太阳吸引住) 与双曲线 (图 6.7c) (起初

---

① 当但丁描述他经过地狱中最深的地方 (地心) 时, 指出了这一现象. 从牛顿理论的观点来看, 地心处的引力变为零, 即在那儿人处于失重状态. 而按照亚里士多德的看法, 在地心处, 力的大小不变, 但力的方向发生跃变. 但丁生活于十三世纪, 他所描述的正是这一现象.

行星运动的速度非常快, 因此太阳仅仅使其运动轨道稍稍弯曲了一点). 在抛
物线与双曲线轨道的情况下, 物体仅在太阳附近出现一次, 以后便永远消失.
这样, 偶尔到太阳系来 "作客" 的彗星, 应当沿后两种轨道运动; 而那些周期性
返回的彗星 (如哈雷彗星) 显然是沿着一个拉长了的椭圆运行的, 如图 6.8 所
示. 生活于牛顿之前的莎士比亚在悲剧《尤利乌斯·凯撒》中通过卡尔普尼亚
之嘴说道: "遇乞丐之死, 不会有彗星划过天空; 逢君王之薨, 连那天空也为之
燃烧 ······"

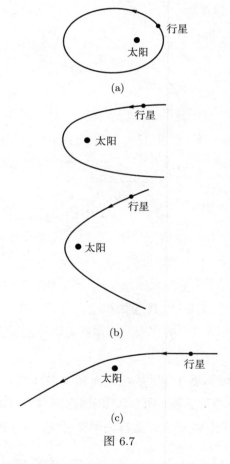

图 6.7

或者在悲剧《亨利六世》的第一幕中以培福之口说道: "彗星, 人民命运的
先知, 扬起你那晶莹透亮的发辫 ······" 为了描写彗星, 现代诗人应当寻找其

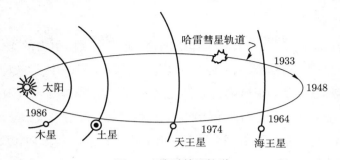

图 6.8 哈雷彗星轨道

数字表示彗星出现在这些近似位置时的年代

他的比喻, 因为牛顿之后, 这些天体虽然有时也是太阳系的临时居民, 但它们变得特别受人敬重.

牛顿还分析了大量更复杂的现象, 如行星轨道的不大的扰动. 行星轨道偏离椭圆形, 可以用行星间的相互作用解释清楚. 地球不仅仅受太阳的吸引, 而且也受所有行星的吸引 (当然吸引力的大小不等). 由于行星的质量比太阳的质量小得多, 所以这些相互作用相当弱. 它们的效应表现为对基本运行轨道的扰动 (微小偏离). 如果把行星相互间的吸引考虑在内, 就可以很容易预言和观测到这些扰动.

对于这种扰动的研究, 出乎意外地发现了一些新的行星. 1781 年 3 月 13 日, 威廉·赫歇尔在进行例行的天空观测时, 发现了第七颗行星 (后来称作天王星). 但是, 第七颗行星的发现并没有引起很大的震惊 (开普勒已经去世), 真正令人吃惊的是当对它的轨道进行计算时, 发现天王星的行为有些反常. 甚至当把邻近的大行星木星与土星对它的影响考虑在内时, 天王星的轨道仍与计算的不符.

英国的亚当斯与法国的勒维耶两人独立地得到了同样的结论, 即在天王星周围, 离它不远的地方, 还应当有一颗行星, 正是这一颗行星使天王星轨道发生了畸变. 1846 年 9 月 23 日, 德国天文学家伽勒, 在勒维耶向他指明的那个位置上发现了这颗行星. 它被命名为海王星.

微扰论

假如行星之间没有相互作用的话, 那么在太阳引力的作用下, 每个行星都沿着绕太阳的椭圆轨道运行. 假定两个物体 P 与 K 相互靠得很近, 那就必须考虑它们之间的作用力. 这样除了太阳引力之外, 物体 P 还受到一个指向 K 的作用力. 根据牛顿第三定律, 物体 K 也承受一个力, 其绝对值与前一个力相等, 但方向相反. 结果, 两个物体都偏离各自无扰动的椭圆轨道, 而沿着新的扰动轨道绕太阳运行.

假定 P 是行星, 而 K 是彗星 (通常, 彗星的质量大大小于行星的质量[①]). 则它们之间的相互作用对 K 的运行产生的影响将是很强的. 人所共知, 还没有人观测到彗星引起的行星轨道扰动. 然而当彗星从某个行星旁边经过时, 彗星轨道却畸变得很厉害. 有时, 彗星轨道由椭圆 (闭合轨道) 变成双曲线 (开放轨道), 因而由于与行星的相互作用, 彗星有时候就脱离了太阳系 (图 6.9).

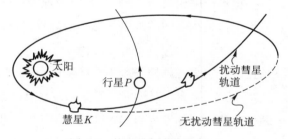

图 6.9　扰动效应的简单图示

牛顿还解释了月亮和太阳的万有引力引起的潮汐现象. 他成功地表明, 地球两极所以呈扁平的形状, 是地球的自转造成的[②]. 最后, 他又把非常复杂的地轴运动 (周期为 26000 年的缓慢进动) 也解释清楚了. 他仅仅依据这些运动定律和万有引力定律就完成了所有这一切工作.

[①] 通常, 彗星的质量在 $10^{15} \sim 10^{21}$ g 之间. 而地球的质量约为 6×10^{27} g.

[②] 拉康达明完成了为期两年的环球旅行之后, 测出了地球是扁的. 伏尔泰以其固有的 "婉转手法" 写道:
　　您经历了疲惫不堪的旅途后发现的东西,
　　牛顿没出门便得到了.

现在我们搞不清, 牛顿到底是哪一年取得这些成果的. 因为闹了那两年鼠疫之后, 当他的 "创造力" 正 "旺盛" 的时候, 实际上他没有就上述问题发表任何文章. 而英国的和欧洲大陆的其他学者们那时也在研究这些问题. 如果假定太阳与行星间的作用力以 $1/R^2$ 的规律随距离衰减, 能否证明, 此时行星的运动将符合开普勒定律呢? 到 1684 年, 好几个皇家协会的会员证明了 (用我们所用的方法), 对于圆形轨道开普勒第三定律成立. 胡克声称他由万有引力的距离平方倒数定律, 得出了开普勒椭圆轨道, 但是在任何地方也没见到他的详细推导. 这时哈雷决定去剑桥一趟, 与牛顿商讨这个问题. 1684 年 8 月他见到了牛顿, 约翰·康杜特 (他后来与牛顿的侄女结了婚) 对这次会见是这样描述的: "还没谈到自己的想法以及胡克与雷恩的研究工作, 哈雷开门见山地阐明了自己来访的目的. 哈雷问道, 如果假定引力按距离平方的倒数衰减, 行星的运行轨道是什么. 牛顿立即回答: '椭圆.' 又惊又喜的哈雷想进一步了解他是怎么知道的. '怎么知道的? 我计算过.' —— 牛顿回答. 当哈雷请他把计算给他看一看时, 牛顿没找着, 但是答应寄给他." [9]

吉利斯皮教授在书中写道:

"正当其他人在努力寻找引力定律的时候, 牛顿却把它弄丢了. 只是在哈雷的一再要求下, 他才重新进行了计算, 并把它与他写的那本教科书《关于运动》(实际上是关于牛顿定律) 中的几个定理联系到一起. 他当时正在讲这门课 …… 除了哈雷建议他证明的那个定理之外, 牛顿又写了《自然哲学的数学原理》." [10]

1687 年, 在哈雷的协助下 (他支付了部分出版费), 这本书问世了. 正是从这时开始, 人们对世界的认识才开始改变.

例 1 地球卫星

假定卫星绕地球 (圆形的) 沿半径为 R 的圆轨道运行. 试问: 它转一周需要多少时间? 月亮离地球 384000 km, 每 27(1/4) 昼夜绕地球转一周. 我们应用开普勒第三定律, $T^2/R^3 =$ 常量. 式中的常量可以借助月亮的有关数据求出:

$$\text{常量} = \frac{(27(1/4))^2 \ \text{d}^2}{(384000)^3 \ \text{km}^3} = 1.35 \times 10^{-14} \ \text{d}^2/\text{km}^3 \tag{6.23}$$

因此, 对于卫星

$$\frac{T^2}{R^3} = 1.35 \times 10^{-14} \text{ d}^2/\text{km}^3 \tag{6.24}$$

"双子座" (Gemini) 系列卫星在地球上空约 160 km 的高度上飞行 ($R = 6500$ km). 对于它们 $T^2 = 1.35 \times 10^{-14} \times (6500)^3 \text{d}^2 \approx 3.7 \times 10^{-3} \text{ d}^2$, 因而

$$T \approx 0.061 \text{ d} \approx 88 \text{ min} \tag{6.25}$$

例 2 同步通信卫星 (SYNCOM)

为了使卫星 "辛康姆" 固定于地球某地的上空不动, 它的高度应是多少?

地球自转一周需要一天. 如果卫星的轨道周期也是一天, 且运行方向与地球相同, 那么它将永远位于地球上同一地点的上空. 这种轨道要求:

$$\frac{T_{\text{辛康姆}}}{T_{\text{月}}} = \frac{R_{\text{辛康姆}}^{3/2}}{R_{\text{月}}^{3/2}}$$

$$\frac{1}{27(1/4)} = \frac{R_{\text{辛康姆}}^{3/2}}{(384000)^{3/2}} \tag{6.26}$$

$$R_{\text{辛康姆}} = \frac{384000}{(27(1/4))^{2/3}} \text{ km} = 42700 \text{ km}$$

即 "辛康姆" 应在离地面约 36300 km 的地方 (带脚标 "月" 的量指月亮的有关数据). 由图 6.10 可见, 为了建立有效的全球通信, 有三个这种卫星就足够了.

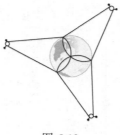

图 6.10

参考文献

[1] Sir Isaac Newton's ···, 参阅第 4 章 [2] pp. 3 — 4.

[2] 引自 *Gillispie Ch. G.*, The Edge of Objectivity, Princeton University Press Princeton, N. J., 1960 p. 119.

[3] 同上, p. 119.

[4] *Cavendish H.*, Phil. Trans. Roy. Soc. (London), 17 (1798).

[5] *Poynting J.*, Phil. Trans. Roy. Soc. (London), A182, 565 (1892).

[6] *Boys*, Phil. Trans. Roy. Soc. (London), 1895.

[7] *Heyl.* J. Res. Nat. Bur. Stand., 5, 1243 (1930).

[8] *Heyl and Chzrnowski.* J. Res. Nat. Bur. Stand., 29, 1 (1942).

[9] *Gillispie Ch.* G., 参阅 [2], p. 137.

[10] 同上, p. 137.

思考题

1. 由开普勒第三定律可知, 所有的地球卫星的运行皆由同一个常数来表示其特征. (卫星可以是天然的, 也可以是人造的.) 用什么办法可以很快地把这个常数算出来?

2. 在牛顿万有引力定律中是否包含这样的论点: 即两物体间只能有一种力作用着, 而且这种力就是万有引力?

3. 牛顿的万有引力定律与运动定律中, 是否包含着有关万有引力起源 (或者说, 它产生的原因) 的信息?

4. 定性地分析一下, 在太阳引力的作用下, 月球轨道受扰动的情况. (可以认为, 月球的轨道平面位于地球轨道平面之内.)

5. 胡克试图测量地球引力从地球表面到山顶的变化, 但他失败了. 根据这一事实, 有一个物理学家便认为地球引力与距离无关. 与此同时, 他承认 $F = mx$. 据他的观点, 他应如何来解释月球的出现呢?

6. 牛顿当时并不知道常数 G 的准确数值. (为什么?) 但是举着一杯咖啡

他就能把它估计出来. 他能得出什么样的结论呢?

7. 假定牛顿同意恒星是由天体物质 (即不具有质量的物质) 组成的这一观点 (那他怎么才能把这一事实与他自己的理论弄到一起呢), 他能同意月球也没有质量吗? 他能举出什么论据来证明月球有质量呢?

8. 有一种看法认为, 两个物体之间的万有引力不是瞬时传达到的, 而是以光速传播的. 笛卡儿对这一看法会持什么态度呢?

习题

1. 在离地面多高的地方, 作用于物体的万有引力减小到海平面处的一半?

2. 如果月球的轨道半径减小一半, 它的运行周期等于多少呢? 沿新轨道的运行速度, 与沿原来轨道运行的速度之比是多少呢?

3. 一个人在地球上重 784 N (质量 80 kg), 他希望使自己变得轻一点. 为此他应当去火星呢, 还是去木星? 在这两个行星上他的重量各是多少?

4. 只要测出人造地球卫星的高度和其运行周期, 就能得知地球的准确质量. 如何得知?

5. 一个物体在地面上重 1000 N, 当它离地心的距离等于地球直径时, 它的重量是多少?

6. 卫星绕地球旋转的周期等于 98 min, 其平均高度为 5×10^7 cm. 试计算一下地球的质量 (参考数据见表 6.2).

表 6.2

天体	质量/g	至地球的平均距离/cm
太阳	2.0×10^{33}	1.5×10^{13}
地球	6.0×10^{27}	
月球	7.3×10^{25}	3.8×10^{10}

7. 质量为 10^5 g 的物体位于地球表面.

a) 地球对该物体的引力是多大?

b) 太阳和月亮对这个物体的引力分别是多大?

c) 试证明, 太阳与月亮对这个物体的引力, 与地球对它的引力相比可忽略不计.

地球的平均半径等于 6.4×10^8 cm.

8. 从地球到月球的平均距离是 3.8×10^{10} cm, 而月球的质量为 7.3×10^{25} g. 在空间是否存在这样一个点, 位于该点的物体受地球的引力与受月球的引力大小相等、方向相反呢? 如果存在, 试将该点求出. (其他行星的引力可忽略不计.)

9. 试说明, 为什么尽管放在很平滑的桌面上的两个物体之间存在万有引力, 而它们仍然静止不动? 如果它们每一个皆重 98 N, 而其距离为 1 m, 试问它们之间的引力有多大?

*10. 一个物体以速度 v 沿半径为 R 的轨道绕地球运转.

a) 试证明, 关系式 $v^2 R = GM_{地球}$, 此处 $M_{地球}$ —— 地球的质量. 由于等式右端是已知的, 因而, 若已知圆轨道的半径 R, 可以求出速度 v, 反之亦然.

b) 试证明, 所得之关系式两端的量纲一样, 等于 (长度)^3/(时间)^2.

*11. 可以近似地认为, 氢原子是由质子 (质量 1.67×10^{-24} g) 以及绕质子旋转的电子 (质量 9.11×10^{-28} g) 组成. 电子的轨道半径为 0.53×10^{-8} cm, 速度为 2.2×10^8 cm/s.

a) 试求出电子与质子间的万有引力.

b) 为使电子能够沿这一轨道旋转, 对电子的作用力应是多大?

c) 由 a) 与 b) 所求出的力的比值是多少? 由此是否可以作出结论说, 在电子与质子之间应当有某种其他的力作用着, 其量值要比万有引力大得多?

12. 在离地球多远的地方, 地球的引力便与太阳的引力相等? 用地球半径 ($R_{地球} = 6.37 \times 10^8$ cm) 来表示这一距离.

第二篇　经验　定律　系统

第 7 章　经验与定律

人用啼哭声向世界宣布了自己的降生；光的闪烁和亲人的拍打使他进入了一个感觉世界. 人们根据自己的经验去认识客观世界, 即现实存在的世界, 而不是可能存在的世界. 这些经验构成了科学的原始材料. 这些经验在人的头脑中以某种方式被加工整理. 正是这种整理出来的秩序构成了科学的内容. 人们用健全的思维去评价各种自然现象. 所谓健全的思维是以一些确定的假设为基础的, 人们天天用它去考察各种事物. 其中有些假设, 看来对人和动物没有多大区别. 另一部分则比较特殊. 通常我们是不知不觉地接受它们, 因为它们中有一部分隐藏得非常深, 以致我们从没料到它们的存在.

这些假设当中最主要的是一种信念, 即相信世界不依附于我们, 也不取决于我们的认识而客观地存在着. 这一信念是显而易见的, 因为除了动物 (动物处在进化过程的最低阶段) 和某些哲学家 (在这种进化过程中, 要指出他们的地位是困难的) 以外, 所有的人都同意这种观点. 可能新生儿并不知道, 他所具备的视觉、听觉、触觉、嗅觉和味觉等感觉, 是由他的意识之外的物体引起的. 大概他也不会知道, 他自己将死于何处并变成什么东西. 一旦他首次意识到, 经常重复的那些感觉与他人 —— 母亲有关时, 这时婴儿就已完成了一项无与伦比的重大发现. 我们这些已经成长发育起来了的人, 当时都曾完成过这一发现. 椅子是一个概念, 它是由我们的各种感觉统一后而形成的: 视觉形象、触觉与当我们坐上去的时候产生的那种支撑感. 我们确实相信, 我们这所有的感觉, 都是出自于同一个物体 —— 椅子对我们的作用. 除此之外, 它的存在再没有任何其他证明. 这样一些感觉, 我们也可能在梦中或其他幻觉中感受到. 为了把这类经验的各种材料统一起来, 我们便假定存在某种物体 (如电子、椅子或者中微子). 很可能, 在我们所作的假设中, 这是最简单、然而同时却又是最重要的一个.

并不是任何时候都容易找出某个物体, 把它当作各种感觉的根源. 长期以来, 人们曾一直认为晨星和晚星不是同一个天体. 大概古代巴比伦的天文学家们, 才首先指明晨星与晚星就是同一个金星. 当西方的登山家们告诉他们的夏尔巴人向导: 夏尔巴人一生中从当地不同的地点所看到的那些形状各异的山峰, 其实是同一座山的不同侧影. 这些夏尔巴人为此而感到极为震惊.

"爬到谷地以后, 在它的尽头我们看到了主分水岭线. 我马上就认出了各个山峰及其山口, 从绒布寺 (北方) 那一边瞭望, 那些山峰和山口, 如普莫里, 林特, 洛拉, 北峰和珠穆朗玛西坡都是我们很熟悉的. 奇怪的是安达尔卡人和我一样, 在山对面他对这些山峰很了解, 他在那里度过了大部分童年时代, 那时他常把牦牛群赶到这里来放牧. 但是他根本没有想到眼前看到的这些山峰就是他所熟悉的那些山峰; 直到我把每个山峰的名称点出来以后, 他才恍然大悟." [1]

婴儿很快就能掌握, 当他感到尽心的父母对他有这种或那种不满时, 等待他的会是什么结果. 通常他只要烫着一次就能记住, 自己的手指头应当离火远一些. 不难猜测, 为什么婴儿本能地相信, 世界有一定的秩序. 能够知道世界上同样的情形在不断地重复的动物比那些不能或者根本不想弄清这一点的动物, 能生存下去的机会更多. 有些 "动物–哲学家" 认为: "老虎把我的兄弟吃掉了, 但是并不能由此而得出结论, (如果老虎遇到我) 它一定也要把我吃掉." 应该说, 像这样的动物多半会被另外一只饿虎吞掉. 因此, 对世界的估价与能生存下去的机会紧密相关. 能够适应世界秩序 (与能适应某种温度、湿度以及周围环境的其他条件完全一样) 的动物, 生存下去的机会就较多.

我们大家都同意这样一种信念, 即世界上存在一定的秩序. 我们把这种信念叫作本能. 然而对这种信念的接受程度却完全不同. 人们的相互差别也表现在这一点上. 动物则完全不同于人. 人的思维 (根据皮尔斯的意见, 这是当大脑感到不满足时, 而产生的一种积极性, 一旦这种不满足消失, 这种积极性也立即消失) 沿着不同的方向发展着, 有时卓有成效, 而有时则毫无建树. 至于动物的大脑, 如我们所知, 它至少也会形成简单的联想: 如果一个动物被烧红了的煤炭烫了爪子, 那么它下一次不会再去碰它. 如果每次喂食之前都打一次铃, 则过一段时间之后, 响铃就可能引起动物唾液的分泌. 我们丝毫不想贬低动物的尊严, 但我们确实不知道, 除此之外, 是否它们还有什么本事. 但是我们可以肯定地说, 在它们的智力条件下, 永远也不会提出什么问题.

虽然人是一种普普通通的不长羽毛的两脚动物, 他却不希望停留在这种消极的状态下. 人们为了 "解释" 各种事件之间的相互联系, 设想出了一切: 魔鬼、灵魂、命运以及自然界的机械规律. 经常是随着某种解释的出现, 人们便开始把这种解释与实际观察到的事件混为一谈. 信念不断地产生, 并拥有独立的生命. 遗憾的是人终归是要死的. 然而他们的信念和见解却是永存的. 如果这些信念和见解触及我们的感觉, 那么要想把我们看到的东西与我们希望看到的东西加以区分, 通常是极其困难的.

看起来要想理解世界并不难, 但这却需要一种特殊的知觉. 这种知觉的获得需要许多年, 除此之外, 还需要婴儿所特有的那种天真. 例如, 一个小女孩打开了电视机, 她便看到屏幕上出现动的画面. 这对她来说丝毫没有什么不寻常的地方, 相反若是按了按钮屏幕不亮才会使她感到奇怪. 对儿童的智力来讲, 所有的联系和相互关系都是相同的, 因为婴儿并不具有先天的经验. 对她来说, 按了按钮之后出现图像, 并不比张开嘴便能发出音来更了不起.

如果真的有一种所谓的科学方法, 那么作为这种方法的一个组成部分, 它必须包含天真与无成见的品质 —— 浓厚的兴趣, 才能和渴望看见真实世界的热烈愿望. 它还必须包含当笛卡儿把自己的藏书比作实验标本用的小牛犊时, 曾激励过笛卡儿的那种愿望; 当伽利略通过自己的望远镜观望天空时, 曾激励过伽利略的那种愿望; 或者当亚里士多德观察蜜蜂时, 曾激励过亚里士多德的那种愿望. 他是怀着怎样的兴趣观察蜜蜂的:

"有一种丸花蜂, 它们在石头上或者类似石头的物体上筑一种锥形巢. 所用的材料是泥土, 筑巢前它们先用类似于唾液的东西把泥土弄湿. 而这种巢或者是蜂房非常坚固, 甚至于用尖铲都难以把它砸碎. 昆虫把卵贮存在巢中. 由卵生成裹着黑壳的白色幼虫. 除外壳之外, 这里还有颜色比一般蜜蜂蜂房蜡要黄得多的蜂房蜡." [2]

其次, 这个科学方法指的是学者一贯把自己的理论结论, 与观测事实进行

比较的愿望. 正如亚里士多德大概是在批评自己的一个很有名的导师时所说的: 因为

"经验的不足, 使我们对事实进行全面评价的能力受到局限. 因此, 谁能够在自己的活动中, 与大自然及自然现象紧密相连, 谁就越有能力, 把那些得到广泛和不断发展的原则, 作为自己的理论基础. 而那些迷恋于抽象争论, 忽视实验事实的人, 往往基于个别的观测结果, 便匆忙地得出结论." [3]

尽管如此, 假如某种信念已经很强烈 (而我们恰恰生活在一个感觉不到根深蒂固的偏见会有不良后果的世界上), 要看清世界的原来面貌, 往往是很困难的. 所谓的 "科学人" 应当因此而加强自己的客观性. 这一点将使他与其他人有所区别, 并使他像一名画家那样, 成为一个真实的观察家. 发现预防天花的牛痘疫苗的詹纳, 从无数的意见与看法当中, 仅仅抓住了一个事实, 即女挤奶员不得这种病. 他应当具有画家的眼力, 善于从大量的、令人眼花缭乱的事实中抓住最主要的. 据说, 当泰勒斯告诉米利都居民, 太阳和星星都是由火组成的时候, 他们惊恐地望着他, 因为人们一直把这些天体奉为上帝. 当伽利略讲, 太阳上有黑斑, 而木星有卫星时, 有些他的同时代的人甚至不想在望远镜中看一眼, 以便证实这一点. 伽利略在写给开普勒的信中说: "怎么办——笑还是哭呢?" 在这方面科学的面貌是严肃的. 它所反映的世界应当没有任何错觉, 就像一件伟大的艺术珍品应当毫无夸张地反映出人们的感受和生活经验一样.

我们依据可靠的观察建立我们关于世界的观念. 为了进行这种观察, 学者们不得不孤独地待在自己的实验室中, 从而给人们一种印象, 学者们就是一些穿白大褂的人. 在实验室里进行某些实验要比在大街上更准确些, 干扰更少一些. 可能会形成一种印象, 仪器的指示是客观的, 与观测者不相干. 但是为此还要要求观测者的眼睛和研究者的理智本身也必须是客观的. 有时, 仪器指针的微微抖动, 会引起某些学者情绪的极大激动, 甚至使他们忘记客观性这一点. 这样一来, 他们就把自己的理论、事业与声望当作了儿戏.

试图用手来测定水温的人, 不可能测准. 然而如果用仪器来进行测量, 则他就可以测得比较准. 在这两种场合下, 人们都可能测错, 但是由经验得知, 用好的仪器来测量温度, 一般来说要比用手准确得多. 我们可以粗略地用自己的脉搏来计时间, 像伽利略过去曾经做过的那样. 然而这种方法的准确性是有限的, 使用摆、普通钟表或者现代量子钟就可以大大地提高测量的准确性. 量子钟的走时是用氢原子振动来加以稳定的, 它的误差为每 100000 年只差 1 s.

科学需要测量是由于以下几个方面的原因. 第一个原因是我们已经提过的, 科学家想要把观测到的事实与预言区分开来的渴望. 这可借用仪器, 也即无生命的机械来达到. 但是, 应当永远记住, 有时用人眼来进行这种区分, 往往不比仪器差. 第二个原因是为了实现比借助我们的感官所进行的测量更为精确的测量, 这是一种完全可以理解的愿望. 最后, 第三个原因与这种测量的好处相关. 这些测量可以由其他人在其他地方重复进行. 那些不难复制的仪器往往可以帮助人们实现这一点. 这样, 如果我们说, 科学中常常要称重和测量, 则我们是指学者们在努力认识现实世界, 即进行精确的研究. 只要建立类似的条件, 这种测量可以在地球的其他任意地点重复进行.

但是不按照任何规律而把事实简单地搜集罗列无异于一个杂乱无章的图书检索室, 一个不按次序排列的词典, 或者像一个枯燥、无用、而人们又常常把它与科学混为一谈的目录. 在实验材料中, 有什么东西能证明存在着规律性呢? 又是什么东西能使一个人建立起这样一种坚定的信心, 这种信心使开普勒许多年来反复计算行星的轨道, 使伽利略花费了自己毕生的精力来解决运动问题呢? 我们完全不能保证 (实际上这一点并不奇怪), 我们肯定能观测到某种规律性, 就像已经成功地确定了的月球在自己轨道上的运行与地面附近的抛物体运动之间的那种相互联系. 那么到底是什么东西迫使我们相信, 我们发现的规律性, 要比被观测到的现象本身简单, 而我们在纸上写的符号不仅仅能使我们认识世界, 同时还可以改造世界呢?

文字总是带有某种神秘的色彩, 在它还没有为大众所接受的那些年代里, 书写本身就被认为是一种魔术. 为了弄懂北欧古金石文字的秘密, 沃汤 (古代日耳曼神) 同许多现代的研究者们一样, 经受了巨大的痛苦. 希腊的 Ode (颂歌), 英国的 Rune (民歌) 和德国的 Lied (诗歌) 起初听起来都好像是魔法的咒语. 连环漫画的超人击败了自己的敌手, 也喊出了类似的咒语; 更有人添油

加醋地把它叫做 "芝麻"[①]. 在一些最原始的低级魔法中可以发现, 人们企图赋予数字许多神秘的性质, 认为那些符号之间的关系, 与现实世界中物体之间的相互关系是等同的, 操纵了这些符号就能驾驭顽固的自然界.

古埃及的《获得渡船的咒语》流传了下来, 它摘自《死者的书》. 而后者是《金字塔经文》的组成部分. 诺伊格鲍尔教授写道:

"生病的国王企图说服艄公把他渡过 '幽冥世界' 的运河, 以便到达东方. 但是艄公反对道: '那个伟大的上帝 (在彼岸的) 将问我: 你是不是给我渡来了一个连自己的指头都数不过来的人?' 但是, 看来生病的国王是一个大 '魔术师', 他引用了一段诗, 诗中包括了他的十个手指头清单, 因而满足了艄公的所有要求."

"我认为很明显, 当时的文明水平太低了, 连会数自己的手指头都被看作是神秘莫测的巨大成就, 就如同能写出神的名字一样伟大. 在数字 (和它们的名称) 与魔法之间的这种联系持续了许多世纪, 而且它已包含在毕达哥拉斯与柏拉图的哲学当中, 包含在犹太神秘哲学的仪式及其他宗教神秘主义的变种当中." [4]

在东方神秘主义影响下产生出来的毕达哥拉斯派哲学中, 大概可以发现, 他们首次提出的, 后来成为整个物理学的主题的那种思想, 即现实世界的规律性以某种方式与数字之间的规律性及其相互关系紧密相连.

我们知道, 公元前六世纪时, 毕达哥拉斯学派蓬勃发展, 那时数字本身还没有被发现. 数之间的相互关系用小石块或用砂粒来进行研究. 这些小石块或者砂粒可以组合成不同的图案. 其中, 曾研究过方形、三角形结构 (图 7.1); 很可能就是借助于这些图案, 才把正方形与三角形的边与边之间的关系搞清楚. 例如, 从对两个正方形图案 4×4 与 3×3 (图 7.1c) 的研究, 可以得出下列公式:

$$4 \times 4 - 3 \times 3 = 2 \times 4 - 1$$

它可以写成一般形式 (很晚以后才得出的)

$$n \times n - (n-1)(n-1) = 2n - 1$$

---

①这是一句咒语. 源出《天方夜谭》"阿里巴巴和四十大盗". ——译者注

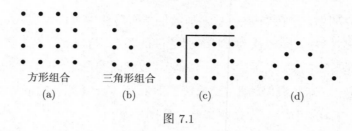

图 7.1

　　特别引起了毕达哥拉斯派注意的, 是所谓的单子布局 (图 7.1d) —— 这是石头的一种特殊布局, 它具有非常完美的形状. 毕达哥拉斯派仔细地研究了这种形状 (这使许许多多后来的学者们, 包括亚里士多德感到奇怪). 这种由十个点组成的布局, 遭到了亚里士多德的讥笑. 不久前这个布局又在一个由 33 名作者合写的文章中出现. 文章的题目是 "奇异数为负 3 的超子研究" (图 7.2).

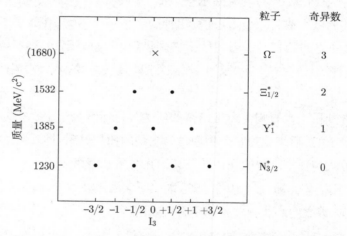

图 7.2　3/2+ 粒子 + 重态的质量与同位旋第三分量的关系 [5]

　　毕达哥拉斯的发现之一是确定了直角三角形的直角边与斜边长的关系 (图 7.3). 我们现在用下述公式来表示这个关系

$$a^2 + b^2 = c^2$$

据传说, 为了答谢缪斯神①让他发现了这个古代最有名的定理, 毕达哥拉斯献出了一百头公牛.

_____

①希腊神话中司文艺美术科学的九女神之一. —— 译者注

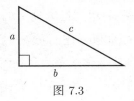

图 7.3

据说, 有一天毕达哥拉斯经过一个打铁坊时, 听到了各种不同的声音. 这些声音是铁匠用锤子敲打不同长度的金属棒时发出来的. 他马上产生了一个奇怪的念头: 长度呈简单倍数关系的均匀棒, 能发出谐音. 如果说物理学的发展也有开端可言的话, 那么这就是物理发展史开始的时刻. 因为毕达哥拉斯已经懂得, 现实世界的两种特性——金属棒发出的声音与金属棒的长度——之间的联系, 可以借助整数间的关系被反映出来. 长度为简单倍数关系的均匀棒能发出谐音: 12 比 6 对应着第八音阶, 12 比 8——第五音阶, 8 比 6——第四音阶, 等等.

很早以前人们就已经相信音乐具有实在的力量: 俄耳浦斯[①] 弹起七弦琴, 把人和动物都迷住了. 用神秘主义精神教育出来的毕达哥拉斯学派在得知音乐与数字之间存在着联系之后, 便被这一思想迷住了. 他们企图用调和比例的概念, 把世界上观测到的现象条理化. 他们把它应用到了天文学方面, 并提出了一个假定, 恒星与行星所在的球面旋转的速度, 相互之间成整数关系. 行星在天空中漫游时, 好像发出各种各样的谐音, 按照基波利特的说法, "毕达哥拉斯确信, 依照谐音定律建立起来的宇宙在歌唱, 他是第一个把七个天体的运行归结到韵律与歌声方面去的人".

现在我们知道, 很遗憾, 行星并不唱任何歌曲——不管是圣歌, 还是渎神的歌. 它们既不按毕达哥拉斯的谐音, 也不按希帕克斯的本轮、哥白尼的圆, 甚至也不按开普勒的椭圆运行. 看来, 它们是沿着近似于椭圆的轨道运行的. 这种轨道很复杂, 甚至连个特殊名称都没法起. 它们很难描述. 但是这些轨道遵从两个规则. 这两个规则非常简单和优美, 牛顿为了把它们写出来仅仅用了两行文字. 既然行星是按照这两条规则而不是按照其他别的什么规则转动, 因此, 如果愿意的话, 我们可以说毕达哥拉斯学者们错了. 然而他们认为, 所有

[①]俄耳浦斯, 古希腊神话中伟大的歌手, 太阳神阿波罗的儿子. ——译者注

的自然现象从根本上通过一些简单到惊人地步的规律相互关联着, 并且这些规律性可以用数字之间的关系加以描述. 就这一点来说, 他们是绝对正确的.

　　柏拉图的理论确信: 在现象变化的背后存在着理想形式; 存在着行星运行的规则; 以固态几何形状 (主要是三角形) 的形式存在着基本的原子结构. 而这些原子结构的存在完全归功于三角形这种形状. 可能, 世界本身是否存在秩序和我们能否发现这种秩序 (发现自然规律), 或者 (如柏拉图所说) 世界的结构使我们有可能把这一秩序施加于它, 这些都不是太主要的. 但是, 认为有可能发现世界的某种秩序, 这是一个大胆的、天真的信念, 如果考虑到我们经验的无穷的多样化, 这个信念又不总是显而易见的. 正是这一信念鼓舞了从泰勒斯到开普勒等许多学者, 并且至今仍鼓舞着《物理评论快报》期刊的作者们去建立科学的大厦. 我们的思维方式相信, 可以用原理及方法的组合形式来表达自然规律. 现代科学则与这类思维方式紧密相连. 爱因斯坦四五岁时, 当他看到了指南针的指针以后, 说过一句话: "在这些东西的后面一定深深地藏着什么." 我们所说的那种思维方式, 正好可以用爱因斯坦上面这一句话来表达清楚.

参考文献

[1] 引自 *Bronowski J.*, Science and Human Values, Harper and Row, New York, 1965, p. 30.

[2] Works of Aristotle, vol. 1, Book IV, "Historia Animalum", D'Arcy Wentworth Thompson, trans., Oxford University Press, New York, 1962, pp. 554—555. Book V, pp. 23—24.

[3] *Aristotle*, De Generatione e Corruptione, Book 1, chap. II.

[4] *Neugebauer O.*, The Exact Sciences in Antiquity, 2nd ed., Brown University Press, Providence, R. I., 1957.

[5] *Barnes V. E.* et al, Observation of a Hyperon with Strangeness Minus Three, Phys. Rev. Letters, 12, No. 8, 1964.

(思考题与习题见第 9 章)

第 8 章 物理语言

§8.1 物理学是定量科学吗?

人们都说, 科学中常常要称重、测量并与数字打交道. 显然这里的意思是说, 在人类活动的其他领域中, 人们所作的事情的重要性要差一些. 但是当提到十进数字的时候, 人们就会联想起那令人透不过气来的教室. 在那里他们学习数学. 他们困得连眼睛都睁不开了, 脑袋也进入了梦乡. 诚然, 物理学要与数字打交道, 有时要进行极其精确的测量. 人们感到吃惊, 通过难以置信的复杂计算, 例如对于电子磁荷 (与某一标准量 μ_0 的比值) 得到的值 $\mu_e/\mu_0 = 1.0011596\cdots$, 而测量结果给出 $\mu_e/\mu_0 = 1.001165 \pm 0.000011$, 此处 $\pm$ 表示, 由于测量误差, μ_e/μ_0 的真值位于 1.001176 与 1.001154 之间. 再举一个例子, 根据牛顿定律得出的水星运行周期的计算值, 与实验值在 8000000 s 中, 只差 3/4 s[①]. 一般认为, 如果某种理论的结果与测量的结果, 在数字上完全相符, 则这种理论就是正确的. 其实在整个物理学中, 数学的大量应用与其说是揭示了它们的真正含义, 倒不如说是把它们掩盖了起来.

我们已经给了开普勒应有的赞扬. 他计算了火星的轨道, 但对于他的计算与布拉赫的观测结果之间的不大的差值 (总共只有 8 分弧度) 他非常认真. 这一差值最后导致开普勒发现了一个著名定律: 行星沿椭圆轨道运行, 太阳位于该椭圆的一个焦点上. 如果布拉赫当时的测量准确性还能再高一些, 那么开普勒就会发现, 为了准确地描述火星轨道, 椭圆也不行. 在这种情形下, 他是否会抛弃椭圆轨道呢? 如果他抛弃了, 那么他也就可能把科学史上的一个非常重要的成果给抛弃掉了.

行星的轨道非常接近椭圆这一结论, 在这种情况下是非常重要的, 它的重

---

① 在爱因斯坦的广义相对论中, 3/4 s 这一误差得到了修正.

要性一点也不亚于轨道是严格的椭圆这一结论. 这种规律性可以说是很妙的, 因为它可以作为理解更严格定律的钥匙; 或者说这种规律性事先是无法排除的, 它包含了当时能够认识到的全部东西, 在这种情况下, 我们已接近我们的知识的极限. 离开实验数据我们没有任何把握, 能绝对准确地描述现实世界中的所有关系.

然而, 大家都清楚, 在物理学中广泛使用数学. 它是物理的语言. 关于这一点, 伽利略解释得好:

"在本论文中我们将要应用的方法, 仅仅是为了肯定从先前讲过的话中能够推论出来的东西 ·······. 这个方法是我的数学老师教给我的."

"仅仅肯定从先前讲过的话中能够推论出来的东西"—— 正是从这一点出发后来形成了一个体系, 这个体系中每一部分都具有严格确定的意义, 并与所有的其他部分有关. 毕达哥拉斯指出, 金属棒发出的音阶, 与棒长之间的关系, 可以用整数之间的关系加以描述. 从那时起, 物理学家便引用了大量的、各式各样的数学结构来描述由现实物体组成的世界.

数学 (不同于算术) 专门研究, 从各种不同的、严格确定的、但一般又是抽象的客体间的相互关系中获得的结构. 数学与游戏相仿, 所有的规则都是事先约定的, 而所有的情况都是作为结果而产生出来的. 例如, 象棋具有一定的活动地盘 (象棋盘) 和棋子. 棋子只能按一定的规则移动. 棋盘上形成的任何一个势态, 都是从前一个势态得出的结果. 在数学游戏中, 学者首先给出给定的客体与一定的规则, 然后去研究从这些规则得出的各种局势与结构. 数学家可以根据自己的喜好选定规则, 这些规则不一定非得与现实世界, 或者想象的世界中的某种东西相呼应, 但是必须是前后一致的. 按照伯特兰·罗素[①] 的意见, 数学家的特点是 "他不知道, 他谈的是什么". 但是, 如果规则过于简单, 则数学系统的结构可能很简单, 如同游戏很简单, 则变得没有意思一样 (如十字圈游戏中, 谁知道正确的走法, 谁肯定能获胜).

当人们谈论数学时, 常常是指算术, 有时也指几何. 事情的出因在于, 数学就是从研究数字与几何结构开始的. 这是很自然的, 因为数数这件事本来就

---

①伯特兰·罗素 (1872—1970) 英国哲学家、逻辑学家、数学家和社会活动家. —— 译者注

非常简单, 或许, 人在学会说话之前, 即人由猿变成人之前就已经掌握了数字. 教动物数数, 要比教它们识字容易. 在这一方面, 经过训练的动物比某些尚处于原始状态的人种数数的能力还要高. 澳大利亚土人 (沃特昌德人) 只能数到 2: 科—奥捷—昂 (一), 乌—泰—列 (二), 鲍奥塔 (许多), 鲍奥—塔—巴特 (非常多). 巴西的瓜拉尼人前进了一步, 他们能数: 一、二、三、四和无限多. 不是数数的能力, 首先把我们与自然界分离开的吗? 梭罗抱怨说: "对于一个诚实的人来说, 为了数数, 他的十个手指头已绰绰有余. 万不得已时, 还可以把他的十个脚指头也加上, 但不能再多了. 我说, 你的事情最好是两件或三件, 别一百或一千. 不要数到一百万, 而数到半打就够了, 并尽量把你数的所有数都放到大拇指的指甲上." [1]

可能, 促使人们去学会数数的原因之一是为了监视动物的数目. 如: 晚上羊的数目是否与早上一样. 早上把小石块堆成堆. 每一块小石头对应一只羊. 这些石块能帮助确定, 是否所有的羊在傍晚时都从牧场回来了. 这一方法比较简单有效, 但比计数还要原始. 它所提供的还仅仅是有多少块小石块, 就有多少头羊, 即小石块数等于羊的头数, 它不涉及小石块与羊的实际数量. 这一既简单、而又实用的方法的成功, 与我们所生活的这个世界的基本性质紧密相关. 不管是石头, 还是山羊都不可能在空气中消失. 人们本能地知道, 如果山羊像肥皂泡一样的话, 那么这个方法就没有用处了. 现今, 我们可以把世界的这一特性称作山羊守恒定律. 除了在涉及反物质时需要作一些附加说明而外, 我们可以认为, 对于核子和其他粒子, 类似的定律也是成立的. 假如我们生活在一个无物可数的世界里, 那么很可能算术的出现不会先于其他科学; 而我们就不会具有有关数字的那种原始的和下意识的概念了; 而它们的发现, 在抽象思维的范畴内将会经历一段艰难的历程, 而绝非像儿童游戏那么简单.

几何的产生是由于必须确定土地的面积和界限. ("几何" 这个词的本义是土地测量的意思; 许多所谓的几何定理最先都是以试验的方法确定的.) 尺子沿着地边量了多少次是很容易算出来的. 当然, 这种测量的可能性取决于对世界特性所作的某些假设. 在测量的时间内, 尺子不应当变短, 而场地也应当保持它的形状. 虽然这类假设并不是任何时候都能被意识到, 但是应当记住, 我们之所以能进行丈量, 仅仅是因为我们生活在一个尺子不缩短, 场地保持其形状的世界里. 在液体世界里, 没有类似于尺子的固体, 因而在那里进行测量而给出确定的结果将是非常困难的.

可能, 这类问题并没有使我们的前辈不安, 也没有使我们经常担忧. 我们假定, 物体在空间平移和转动时, 其长度和形状都保持不变. 乍一看来, 这一假定是显而易见的, 甚至是多余的; 其实却不然. 可以设想一个世界, 在那儿上述假设不成立. 除此之外, 一般我们倾向于认为 (事实上我们在这里并不需要这一假设), 物体的长度与其是否运动或静止无关. 但是下面我们将看到, 我们不得不放弃这一假设.

现在我们设想有一些棒, 用它们可以组成三角形、正方形、平行线等. 我们还假设, 我们能够记录下光线的轨迹, 用它来建立任意长的直线, 而且我们能够设计出任何需要的几何图形. 我们倾向于认为, 刚体是存在的; 如果我们把一个三角形移到空间另一个地方, 或者如果它是运动的, 则三角形保持不变. 可以说, 我们赋予世界的那些特性并不是它所必需的, 但是我们观测到的东西多半是真实的. 如果我们生活在一个没有刚体的世界里, 原则上我们仍可选取和应用上述那些假定 (虽然这并不那么简单).

现在我们来讨论一下一个不可能的例子. 的确, 这个例子在研究像原子核那么大小的微观空间时会有一定的意义. 假定, 存在着一个世界, 它不具有上述的刚体性质. 刚体的这些性质使我们能够测量那些保持不变的距离. 我们想象一下, 这一世界的性质与橡皮壳的特性相似, 它可以不断地膨胀、收缩、弯曲, 这样在任何时刻都不能预言它的形状 (图 8.1). 我们还假定, 有一些与我们相似的物体居住在这一世界中, 其中有一部分人出于无事可做, 而决定研究

图 8.1

它的特性.

显然, 对于这样一些物体来说, 直尺、直线和三角形都是没有意义的, 在这特殊的世界中试图测定距离也是没有意义的, 因为任何两点间的距离是不断改变着的, 在某一时刻测量的结果, 与在另一个任意时刻的测量结果毫无共同之处. 对于这类世界的居民, 认为 A、B 两个城市之间的距离, 比 A、C 两城市之间的距离远两千米这种论断看来是毫无意义的. 因为当某个居民登上旅途之后, 可能会发现, 此时此刻 A 城离 B 城, 要比离 C 城近, 因而在这种世界里最好根本就不谈什么距离.

在这样的世界里, 距离、直线等概念已经失去任何意义, 而一个物理学家引入这些概念将被看作是愚蠢的. 但是, 决不能认为在这种世界里不存在任何秩序. 那里的居民会创造出欧几里得几何的某些概念, 例如 "内部" 与 "外部" 的概念. 在图 8.1 中画着一个点. 这个点在曲线图形的内部. 不管曲线图形怎么形变, 那个点总是在它的内部. 虽然这个世界的任何居民, 任何时候也说不出, 他到底拥有多少亩土地, 或者监狱到底有多大 —— 比外部世界大还是小, 但是他们却可以把自己的土地圈起来, 把罪犯关在监狱中.

数学家们逐渐地把注意力由算术、几何移到对许多其他问题的研究中去. 数学家在选择研究课题时所碰到的问题, 与画家在构思自己未来作品时所想到的问题类似. 不管是数学家还是画家, 在作出决定的时候, 除了其他东西之外, 都要遵循自己的创作史. 记住那些已经研究过了的领域, 其中有些是毫无成效的, 有些则有可能导致产生新的重要成果.

理论物理的主要任务就在于确定一个体系, 组成这个体系的各个元素之间应当有明确的逻辑上的相互联系 (类似于数学体系中的情形), 它的某个部分则相应于现实世界中我们所研究的那个领域. 然而最终目的是寻找能够描述自然界中所有现象的统一体系. 其结果是, 在现实世界中的物质客体间的相互关系, 用数学范畴内的抽象客体间的关系表达出来. 下面所讨论的各种理论, 都属于这种尝试.

假设我们坐在体育场上观看棒球比赛, 而对棒球的比赛规则却一无所知. 我们将看到, 场地上出现了许多复杂的, 有时又是古怪的场面. 我们将发现, 有些连续事件有时是反复出现的: 击球手击球, 场地里的队员接球. 这种情形发生得相当频繁, 但是在有些情况下, 他把球丢到了场地的一边. 我们称那里为第一 "垒". 经过一段时间之后, 我们就能够想象出一个抽象的队. 它由右侧、中心和左侧队员等组成 (图 8.2). 在任意一个实际球队中, 所有在这些位置上的队员个性各不相同. 但是尽管各队队员的身高, 个人的观点和特长各不相同, 尽管截击队员中也有各式各样的人, 有笨拙的 "巨人" 和灵巧的 "机灵鬼", 然而他们作为同一个队的队员, 比赛中他们的行动却要按照与他们本人的个性无关的方式来进行. 在这种意义上讲, 任何一个实际的 (即现存的) 球队皆是我们想象的, 并在图上标出来的那个抽象球队的实际体现. 如果长时间地观察球赛, 那么就可以把全部比赛规则猜出来. 但是在现实生活的竞赛中, 没有什么地方能找到规则汇编, 以便与我们的猜测进行比较. 为了检验我们的学说, 只有一个标准——是否与我们的经验相符 (图 8.3).

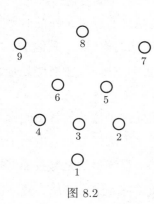

图 8.2　　　　　　　　　　图 8.3　"显然, 这里存在某种秩序, 但我不明白."

初看起来理论物理本身似乎就是建立一个至少是能部分地反映自然现象的数学体系. 这一问题的复杂性不亚于世界本身, 而且也不比世界本身更好理解. 因为支配这一体系的规则数, 看来不会比实际事件数少. 如果真的是这样, 则研究科学似乎没有任何意义. 但是, 事实上我们仍能找出只含有少量的简单规则的数学体系来描述自然现象. 这一点正好显示了我们这个世界的一个绝妙特性. 要想事先预见这一特性大概是不大可能的.

如果我们愿意的话, 可以说, 世上所有现象都应遵循一些简单的规则, 这些规则的存在是符合下述柏拉图无所不在的思想的 (柏拉图思想所表达的含义与毕达哥拉斯的数字一样): 在现实世界事件的背后, 隐藏着某种规律性. 这类数学体系的一个绝妙例子是欧几里得建议的体系. 这一体系把我们对空间的观念规律化了.

参考文献

[1]   *Thoreau Henry David*, Walden.

(思考题与习题见第 9 章)

第 9 章　空间结构

§9.1　欧几里得 "基本原理"

　　与拉丁文相似, 过了几百年之后, 几何学也成了对青年一代的考验的同义词, 以及成年人对青年一代不讲人情的见证. 柏拉图在他的科学院门上写道: "不懂几何学的人莫入", 埃德娜·文森特·米莱写过: "只有欧几里得看到了真空中的美" [1]. 从那以后, 已过去了漫长的岁月. 欧几里得的基本原理包含些什么内容呢? 如果它们成为伽利略与牛顿科学、笛卡儿哲学的模式, 那么为什么它们一方面是数学与物理学体系的珍贵典范, 同时对中学生来说却仍是一个谜呢? 这些学生一提到欧几里得的名字, 只能产生一种类似病态的感受.

　　当世界处处还充满着不确定性的时候, 几何证明曾被看作是真正证明的一个例子. 在市场上发生公开争辩多半是由鸡毛蒜皮的事情引起的, 也不会有什么结果. 在政治争论中, 有时一方得胜, 有时另一方得胜. 胜利就像一只找不到安全地点休息的蝴蝶, 在他们之间徘徊. 然而在几何学中, 只要承认那些初始假定, 整个理论便可由这些假定推导出来. 用几何学教科书的话说, "每一个证明都是由一系列论点组成的, 而每个论点都有严格的论据". 看来, 借助于这种方法可以把事情弄明确.

　　当然, 不仅仅是几何学中包含有这种明确性, 在亚里士多德的三段论法中也有. 下述结论不会引起怀疑: 因为人都要死, 苏格拉底是人, 所以苏格拉底也得死. 但是, 虽然三段论法中也包含有明确性, 但却没有任何出乎预料的东西. 如果假定前两个论点都正确, 则第三个论点自然成立. 但如果承认欧几里得的五个公设是正确的, 其中第一个公设是 "假定 (1) 可以用一条直线把两个任意点连接起来", 最后一个公设是关于平行线的著名公理, 那么我们便可推导出一些不是显而易见的推论来. 如三角形的内角和等于 180°; 直角三角形斜边的平方等于两直角边的平方和. 恰恰是这一点点意外收获成了欧氏几何最迷人的成就. 似乎在欧氏系统中, 无需一些琐碎的步骤我们便能够得到确定的结果.

在表彰欧几里得功绩的同时, 值得指出的是欧氏几何学中的大部分关系式, 并不是欧几里得本人首先得到的, 而是他的先辈们可能在丈量土地时得出或发现的. 因而欧几里得 "基本原理" 不应当看作是几何学的开端, 而应当看作是近千年来几何研究的顶点. 在他之前的先驱者们已经证明了一些单独的定理或是一系列的定理. 远在欧几里得以前很久, 人们已经知道三角形的内角和等于 180° 了. 显然, 至少在欧几里得之前 300 年毕达哥拉斯已经知道直角三角形两直角边的平方和, 等于斜边的平方.

为了最后完成几何学, 当时需要证明 (欧几里得完成了这一工作) 全部已知的各个关系式是由几个极为简单的假设推论出来的, 稍加思索我们就能认识到, 这些假设应当包括几何的全部结构在内. 欧几里得所揭示的也恰恰是这一结构, 即各个定理之间及公设与所有定理之间的关系.

他先给出 23 个定义. 通过这些定义他试图把他要研究的客体加以描述. 这一尝试并不很成功. 例如, 欧几里得说 (定义 1): "点是指没有结构的东西", 或 (定义 2) "线是指没有宽度的长度". 他的第 4 定义的含义至今也没弄清楚. 他说: "直线是用点均匀地排列成的线"①. 就这样一直到定义 23, "两条平行线是位于同一平面中的两条直线, 把它们向两端延长而永不相交." 如果读者不能完全理解这些定义的含义, 这不能责怪读者. 因为为了弄清它们的含义, 数学家们已经花费了两千年的时间. 定义完后, 欧几里得要我们同意他的五个公设. 他说: "公设 (1) 可以用一条直线把两个任意点连起来", 等等. 然后还有五个公理: (1) 与同一个物体相等的各物体相等; (2) 如果把等量加等量, 其和仍相等, 等等; (5) 整体大于部分. 这些公理, 或是公认的见解, 与公设之间的区别在于, 公理乃是关于如何理解所使用的语言 (如 "相等", "相加" 和 "相减" 等) 的协议. 与仅仅属于欧氏几何的公设不同, 公理显然适用于任何体系 (这一差别最先是被亚里士多德发现的). 既然欧几里得要求人们同意他的公设, 显然

---

① 可能, 这一定义的意思是: "直线乃是一条不弯曲的线".

人们也可以拒绝他的公设而同意其他的公设.

整个体系就建立在这些规则与定义之上, 用几何教科书的说法, "每个论点都建立在一个公理或公设, 或者是先前已证明过的定理的基础上". 三角形内角之和等于 $180°$; 直角三角形的两直角边的平方和等于斜边的平方; 这些定理以及所有的其他几何定理都是确定无疑的. 正是几何学所特有的这一确定性, 为哲学家及其他学者在各个方面提供了获得类似确定性的希望. 例如, 笛卡儿写道:

"几何学家们通常用简单而容易的推理长链, 得出更难证明的结论来. 这促使我设想, 能够为人类所认识的全部物质, 也是以这种方式相互关联着……". [2]

但是虽然几何结构本身看来是一目了然的, 而对于几何定义和公设的含义, 却有许多不同的看法. 它们是笛卡儿称作 "我们知道得清楚明了, 而毋庸置疑的那些东西" 吗? [3] 它们是亚里士多德描写的 "易懂, 或天生可知的那些东西" 吗? 或者它们是如康德① 说的 "放之四海而皆准…… 同时与经验无关的命题" 吗? [4] 如果不是, 那为什么我们能相信它们, 或者为什么不能相信它们呢?

§9.2   是欧几里得空间吗?

有几个问题, 似乎是绝对不可理解的, 如: "空间是弯曲的吗?" "平行线在无限远处相交吗?" 诸如此类. 当问题困惑不解时, 往往产生怀疑, 认为问题的陈述本身是矛盾的. 这样一来, 把坚不可摧的墙与攻无不克的力这两个概念扯到一块儿的所有尝试就都失败了. 因为很明显 (或许不很明显), 这两个概念在同一个世界里不可能不发生矛盾. 涉及空间问题的大多数困难, 来自几何定义与公设的意义含混不清. 因为我们认为几何学是数学与物理学体系的模式, 因而谈一谈几何定义和公设的含义与解释是有意义的.

---

① 康德 (1724 — 1804), 德国作者和哲学家, 德国古典哲学的创始人. ——译者注

现在来谈一下一个很简单的概念——直线. 什么是直线? 欧几里得认为 (定义 4): "直线是用点均匀地排列成的线". 其次 (公设 1): "可以用一条直线把两个任意点连起来". 我们是这样来理解这一论点的: "任意两点可以用一条, 并且也只能用一条直线连接起来". 看来, 这样下定义便可排除图 9.1a 列出的那种情况. 用欧几里得的话说, 或者用他的直接继承人的话来说: "两条直线不可能围起一部分空间". 若就这一问题进行一次包括逻辑学家在内的社会征询, 大家肯定都会同意这一论断, 更何况图上标出的线确实是曲线.

但要知道, 我们认为是直线的线, 例如画在球面上 (图 9.1b) 的线, 实际上却是曲线. 用这种 "线" 可以很容易地把一部分空间围起来. 我们 "认为" 是直线的线, "实际上" 却是曲线, 这种说法的意义何在呢? 我们首先应当说清楚, 在物理世界中什么是直线. 或者, 换句话说: "实际上怎么引直线?"

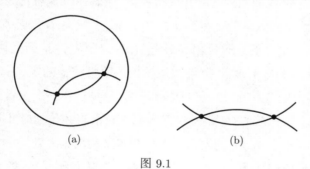

图 9.1

自然我们可以提出几种方式. 例如, 可以用全力把一根弦拉紧. 然后说: "这就是直线", 或者投射一束光, 也可以说: "这就是直线". 但是, 这样一来, 实际上我们作了一个不明显的假定. 我们假定了, 实际世界中的客体, 如光线, 绷紧了的弦等具有欧几里得几何直线的性质.

但是我们也可以设想, 在我们生活的世界内, 光线与绷紧了的弦是弯曲的. 当我们说, 由光线和弦形成的直线具有欧几里得几何的特性时, 同时我们便对我们的世界的性质作了一定的假设. 这一假设可能是对的, 但也可能是错的. 这一假设正确与否, 只能用观测结果来检验. 因为我们可以想象出一个光线沿 "直线" 传播的世界, 然而同样也可以想象出光线沿 "曲线" 传播的世界.

把光线与直线等同起来, 在我们的意识中非常根深蒂固, 有时因此而导致完全错误的结论. 当我们把船桨放到水里时 (图 9.2), 我们看见它是弯的. 我们的眼睛和大脑宁愿看到桨是弯的, 而不愿假定, 在这种情况下光线不是沿直线传播.

图 9.2

这个困难又使我们回到了欧几里得那里. 再看一下他对直线的定义. 他说 (定义 4): "直线是用点均匀地排列成的线". 但是这意味着什么呢? (至今许多几何学家就这个定义的意思提出了各种猜测.) 托马斯·希思在翻译欧几里得的《基本原理》时认为, 欧几里得知道柏拉图给直线下的定义: "直线是在其两端前面有一个居中点的线". 它的意思是说, 总可选择一个位置, 从那里看直线, 直线成一个点. 然而这一定义仅仅当光线是沿直线传播时才是正确的. 欧几里得显示出了他的天才, 他发现了柏拉图定义的困难之处, 同时试图摆脱这一困境. 他拒绝把自己下的定义与某一物理现象联系到一起. 他懂得 (因为他曾写过光学的文章), 光并不总是沿着直线传播的, 即光线的轨迹并不能永远满足他的假定.

怎么办呢? 假定我们生活在一个光不沿直线传播的世界里. 比方说, 我们生活在球面上 (实际上这是真的), 然而我们的行动是受限制的, 任何现象都不能超出这个球面的范围: 我们抛出的球的轨迹、绷紧了的弦、光线等都与这一球面平行. 在这种情况下, 我们永远也造不出具有欧几里得直线特性的线来. 是否我们应该由此得出结论, 认为平行线在无限远处相交, 我们的空间是弯曲的、是非欧几里得空间呢? 虽然这个结论有可能是对的, 但我们却不能这么做. 后面我们还要再回到这一问题上来.

§9.3 作为数学体系的欧几里得几何学

十九世纪末, 戴维·希尔伯特把几何学表述成严格的数学系统, 或者逻辑学系统. 欧几里得的许多假设, 如涉及全等性的概念等, 皆反映了空间的物理特性. 为了把作为数学的几何学, 与作为有关物理空间的科学的几何学分离出来, 经历了极为漫长的岁月. 这说明, 这一分离是多么困难.

要想把几何学作为数学体系加以研究, 我们就应当先定义初始的研究客体. 一般来说, 这些定义非常含混. "点是指没有结构的东西". 这一定义对于理解到底点是什么东西是否会有点儿帮助呢? "线是指没有宽度的长度". 这类定义是否明确呢? 从数学体系这一角度来看, 这些定义不仅仅是含混不清的, 而且是绝对不需要的. 什么是点或线, 完全不重要. 在作为数学体系的几何学中涉及的那些初始研究客体称作点、线等, 无需给它们定义. (为了简短, 可以把它们称作 "不能定义的客体".) 重要的是它们之间存在着一定的相互关系. 如: "任何两个点之间能够用一条, 也只能用一条直线连接起来". 在 "不可下定义的客体" 之间引入一定的相互关系之后, 其他所有的关系我们就可以加以证明 (定理) 了. 系统的这种结构, 与点或线到底是什么无关.

问题这样提出来并不难理解. 我们来研究一下下象棋. 在这种游戏中有一些确定的棋子: 车、象、马、王后、王和兵. 各种棋子都遵循已知的规则: 每一个棋子都要按一定的步法走动. 开局时各个棋子在棋盘上都有自己的确定位置. 虽然我们当中任何一个人都能大体上想象出, 一匹马或一个王后或一个国王是什么样子 (这种知识还是需要的, 不然的话看着棋盘, 我们也认不出是什么棋子), 但十分明显, 不管棋盘上的马是个什么样子, 是传统的精致的形象, 还是现代抽象的形象, 或者是极其简单而便于游戏的形象, 象棋的玩法是不变的.

如果在教孩子下象棋时, 我们向他解释说, "马" 是一个骑在马上的人, 国王戴着王冠, 车是有炮塔的堡垒等等, 我们这样做的目的仅仅出于教育方面的考虑, 以便帮助一个孩子记住这些形象. 对于下象棋来说, 重要的只是在下的时候各个棋子处于一定的相互关系, 因为它们当中的每一个棋子只能严格按一定的步法移动. 随后在棋盘上出现的任何局势, 都是这些规则运用的结果. 这一结果与棋子是象牙雕的还是钢制的, 或者是普通软木塞上插个小棋子做成的毫无关系 (图 9.3).

图 9.3

如果把欧几里得几何学看作是一个数学体系, 或是任一数学体系的模式, 则情况与象棋完全一样. 一条直线到底是一截没有宽度的长度呢? 还是一根理想化的无限细的棒呢? 它能否用一根绷紧的弦或一束光线来实现等, 这些都无关紧要. 上述有关直线的这类概念能够帮助我们较直观地感受到它的特性, 但是它们也容易使我们产生误解. 因为对于几何学来说, 重要的仅仅是我们称作直线和我们认为是点的那些研究客体, 能够满足几何学的公设. 如果这些客体像图 9.4a 所画的那样, 显然它们不可能满足公设, 而如果像图 9.4b, 则有可能满足.

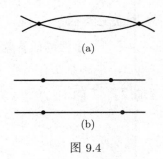

(a)

(b)

图 9.4

因此, 几何学作为一种数学体系也有它自己的棋子 —— 线、点等等, 也有它自己的规则 —— 公设. 根据 "棋子移动" 的规则, 或者建立新 "棋子" (如三角形) 的规则, 可以得出所有的定理. 这些定理形成一个宏伟而又精致的结构,它的每一个部件以一种明显而确定的方式与其他部件有关. 当然, 我们之所以对于这样的系统感兴趣 (即为什么对点、线、三角形等感兴趣), 是由于我们可以把它与现实世界中的某些实体联系起来. 毫无疑问, 关于直线与点的最初概念就是从对那些几乎没有宽度和几乎没有结构的实体加以抽象而得出的. 然而几何学作为一种数学体系, 已经与这种联想没有任何关系了. 现在需要考虑的仅仅是 "不能下定义的客体" 间的相互关系, 感兴趣的也仅仅是它们的结构本身.

§9.4 作为物理体系的欧几里得几何学

欧几里得几何学作为数学体系, 只字不谈我们生活的世界. 这一定理系统可能是无矛盾的和正确的, 但也可能是矛盾的和错误的, 这与现实世界的特性无关. 正如在象棋中, 能不能用白马和白王将死黑王的问题, 与马和王是以传统的方式用象牙雕出来的呢, 还是以现代风格用钢制作的毫无关系一样.

尽管如此, 几何学与现实世界有一定的关系还是相当清楚的. 现在我们来研究一下三角形 (图 9.5). 如果把它的角 A、B 与 C 都切下来, 然后把它们拼到一块儿, 则我们就会发现, 它们组成一条直线, 或者是 180° 角.

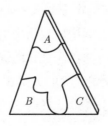

图 9.5

不管我们用硬纸板裁成多少个三角形, 每一次我们都能得到这一结果. 因此, 可以得出一个涉及我们世界特性的明显论断: 如果在一块硬纸板上画一个三角形, 然后把它的三个角剪下来, 拼到一起, 则它们组成一条直线, 即与直尺边线平行的一条线. 在这种意义上, 定理 "三角形角的和等于 180°" 与现实世界具有直接的关系.

我们可以把几何学弄成一个物理体系, 为此只需指明, 那些 "不能下定义的客体" 是如何在我们的世界里体现出来的就够了. 欧几里得曾经勇敢地试图给这些客体下一个定义, 但是结果并不理想. 必须事先讲明, 对点与直线的概念, 我们赋予它们什么意义. 后来牛顿敏锐地指出, 这个问题本身不是几何学的问题. 他写道:

"几何学并不教我们怎么引这些线, 但是它给出引这些线的可能性. 同时还假定研究几何学的人事先已经学会准确地画圆和直线; 几何学只是表明, 怎样通过引这些线来解决各种问题与任务. 画直线和圆本身也是任务, 但却不是几何学的任务." [5]

画点和画直线不是几何学的任务. 在几何学中假定被研究的客体 (点和直线) 是给定的, 并且具有公理所确定的性质. 如果在现实世界里可以体现出这些客体的话, 则由于它们满足规则, 所以相应的几何定理也将成立.

因此, 当我们把几何学当作是物理体系来谈论时, 我们指的是我们能够把那些叫作点或者直线的客体在实际中体现出来 (图 9.6), 同时这些客体满足几何公设. 例如, 两个点可以而且只能用一条直线连接起来. 这时几何学将具有物理理论的特点. 那些在几何学中成立的关系式, 也将在以此种方式引进的客体之间成立: 三角形角的和等于 180°, 直角三角形中直角边的平方和等于斜边的平方.

图 9.6

这一理论中最细微的问题是对它的解释, 如: 现实世界中的客体与数学体现的 "不能定义的客体" 间的联系如何; 如何证明某客体具有直线的特性, 某建筑具有三角形的特性等等. 在几何学中, 这些解释相当清楚. 但在较复杂的物理理论中, 关于数学范畴中的抽象客体与现实世界中的相应客体之间的关系是一个带有根本性的难题.

§9.5 作为普遍约定的欧几里得几何学

那么在什么意义上空间可能是非欧几里得空间呢? 如果欧几里得什么事情也没干出来, 单凭他引入了第五公设 (后来称作 "平行公理") 这一点, 欧几里得的名字也将与世长存. 该公理说: "…… 如果一条直线与其他两条直线相交, 在线的一侧与它们组成两个内角. 如果此两内角之和小于两个直角, 则这两条直线延长至无限远后, 在内角和小于两个直角的那一侧相交". 用另一种表达方法, 该公理意味着, 在给定的平面上, 通过某一给定的点只能引一条直线与给定的直线平行 (至少存在一条直线与给定的直线平行, 这是其他公理的推论). 欧几里得已预感到, 为了证明三角形内角之和定理, 该公理是必需的. 欧几里得之后, 这一公理成了争论的话题, 这场争论一直延续了几百年. 许多几何学家, 从托勒密和普罗克鲁斯开始, 到十九世纪的数学家们, 都试图证明第五公理是其他四个公理的推论.

问题的困难在于人类的思维总是趋向于与一种空间联系在一起, 这种空间本身是欧几里得空间, 是由满足平行公理的物理棒和点所组成. 只有到十九世纪时, 罗巴切夫斯基和鲍耶才证明了, 可以造一个封闭的几何系统, 在该系统中通过一个给定点可以引几条直线平行于给定的直线. 到这时才弄清楚第五公理是独立的.

十九世纪末建成了两个非欧氏几何系统. 第一个是黎曼几何, 它是球面几何学. 在这种几何中, 连一条平行于给定直线的直线也引不出来. 此时把经过球面极点的线定义作直线. 第二种是罗巴切夫斯基与鲍耶几何. 在这一几何中假定, 通过给定的点可以引许多条直线平行于给定直线.

那么怎样来确定我们生活在什么空间 —— 欧氏空间、还是非欧氏空间呢? 可能最简单的办法是应用关于平行公理的直接推论. 在黎曼几何学, 或者在球面几何学中, 三角形内角的和大于 180°, 并且与 180° 的差值随着三角形尺度的增大而增大. 在欧氏几何学中该和正好等于 180°, 而在罗巴切夫斯基几何学中它小于 180°. 因此, 只要取一个三角形 (尽量大一点), 它的边由被认为是自然界中的直线组成, 然后判断一下它的内角和比 180° 大还是小就行了. 这一实验最先是施韦卡特建议的. 高斯曾试图使用一般的三角剖分法和地形测绘仪器来确定三角形内角和是否等于 180°, 用这种方法对由三个山峰组成的三角形进行了测量. 三个山峰间相距约 100 km. 在这一测量中, 高斯没有发现三角形内角和与 180° 有任何差别.

为了确定光线是否是欧几里得直线, 也进行了一些测量. 在这些测量中, 作为三角形的三个顶点用的是三颗恒星. 如罗巴切夫斯基测量了一个三角形, 这个三角形的底是地球轨道的直径, 而顶点位于天狼星. 结果也没发现该三角形角的和不同于 180°. 罗巴切夫斯基写道: "这项工作为新几何学奠定了基础, 虽然它不适用于自然现象, 但是不管怎么说, 它可能是我们想象中的一个客体; 它虽然不能用于实际测量中, 却开辟了一个将数学分析应用于几何学, 以及将几何学应用于数学分析的新领域." [6]

但是即使地球直径和天狼星组成的三角形, 与我们所熟知的宇宙三角形相比还是显得太小. 很可能, 由光线来作三角形的边造一个巨大的三角形, 然后测量出这个巨大三角形的角, 我们就会弄清楚到底它的角度之和比 180° 大还是小. 假如我们把从宇宙的一端向另一端传播的光线拍摄下来, 并从照片上发现三角形内角和不等于 180°. 那么我们是否可以由此而得出结论, 我们的宇宙不是欧氏空间呢? 看来不行. 我们的结论将完全取决于所选择的观测点.

我们还是假定, 我们被紧锢在一个二维的球面上不能脱离. 其次我们设想, 在这个世界上光线的轨迹、或绷紧的弦也都重复球面形状, 并组成更大一些的圆. 假如我们在这一球面上借助于光线进行三角测量, 那么我们将发现三角形的内角和大于 180°. 在这种情况下, 像庞加莱[①]指出的那样, 我们可以得

----

① 庞加莱 (1854—1912) 法国数学家、巴黎科学院院士. ——译者注

出两种不同的结论. 第一种——我们所在的空间是非欧氏空间, 即连一条平行于给定直线的直线也引不出来的空间. 第二种——我们把直线选错了, 即光线、或绷紧的弦实际上是弯曲的, 而我们把它错当成直线, 因为它们并不具有欧氏客体的性质.

我们的球面位于三维欧几里得空间中. 从外部看球面, 我们立即会发现, 我们与之打交道的是球面上的曲线, 而不是 "真正的" 直线. 因此我们可以这样来看, "真正的" 空间是欧氏的, 但我们很幸运 (或许不幸运), 我们所在的球面无法使我们去实现那种具有欧几里得客体性质, 又能满足欧几里得公理的那种客体 (直线).

因此, 空间是否是欧氏的这个问题便成为一个约定的问题. 例如, 如果我们认为, 光线是沿直线传播的, 后来在测量中发现由这些光线组成的三角形的内角之和不等于 180°, 那么我们就可以不再认为光线是直线, 同时设法用其他某种东西来代替它. 显然我们总是有权利这样作的. 在有关欧氏空间的问题上, 大部分困难正是来源于这种可能性.

如果由某种新物理理论导出, 空间是非欧几里得的, 那么这将意味着: 在我们所生活的世界里, 像光线轨迹这一类客体并不具有欧氏直线的性质.

这种解释的困难 (如果我们愿意认定, 光线是沿曲线传播的) 在于: 原则上我们可以把我们的世界想象成浸沉在一个存在着某种直线的世界中. 光线在我们的世界内传播. 这样, 如果光线沿球面传播, 则可以想象成该球面是浸在三维的欧氏空间内. 结果, "真正的" 空间是欧氏的. 我们很不幸, 因为我们生活在这个球面上.

迄今为止, 争论仅仅涉及约定的问题. 争论的双方谁也没占上风. 然而基于空间的非欧几里得性的物理理论, 却包含着比简单约定更丰富的内容. 这种物理理论认为, 把空间看作是欧氏的这一约定, 不一定好. 例如, 有一个空间, 如果光线在里面传播时, 好像是沿球面运动; 如果绷紧的弦是弯曲的, 就好像放在这个球面上一样; 自由的粒子好像是沿这个球面运动的; 在这个空间里根本无法实现具有欧几里得直线性质的客体, 那么硬把这样一个空间看作是欧几里得空间又有什么意义呢? 当然, 如果愿意的话我们可以把我们的空间看

作是欧氏空间, 但是它将是一个我们无法在其中实现具有欧几里得性质的客
体的空间. 如果固执己见, 我们也可以把 "真正的" 空间称作是欧氏的. 但是
这种作法将更加无济于事. 因此, 如果我们的活动被限制在这样一个球面上,
则最简单的 (但不是必需的) 是把我们的空间看作是非欧的, 具有球面几何特
性的空间. 这比把我们生活的空间硬性地称作欧氏空间, 而又不能实现直线
要好.

────────────

如果我们的全部活动都局限在球面上, 如果光线等客体沿着
图 9.7 所示的线运动, 那么在这种世界里两条 "直线" 就可以围出
一块空间来, "三角形" 内角之和也会大于 180° 等等. 我们也可以
认为, 空间 "实际上" 是欧氏的, 但遗憾的是光线在它里面不沿直线
传播, 离 "真正直线" 偏差的大小取决于路程长度 (图 9.8). 这一偏
差可用下列公式求出 (图 9.9):

$$偏差 = R\left(\frac{1}{\cos\theta} - 1\right)$$

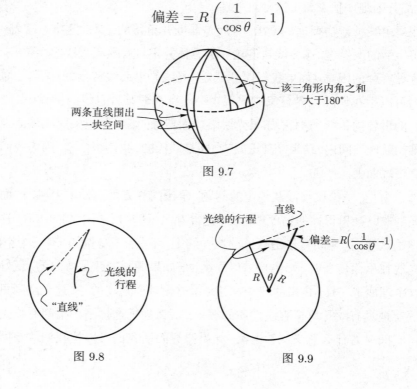

图 9.7

图 9.8   图 9.9

在这样的世界里, 如果你提醒你的同事: "人人皆知, 光线 (与所有的其他东西一样) 不沿直线传播. 为了建立一条直线, 首先需要设计一条光线, 然后稍稍修正一下它的方向", 他决不会觉得奇怪.

牛顿的引力理论与爱因斯坦的引力理论 (广义相对论) 之间的主要差别在于对空间与时间的几何性质的看法不同. 牛顿理论认为空间是欧氏的, 而仅仅在外力作用下粒子才沿曲线运动. 广义相对论则假定, 空间 – 时间是非欧几里得性的, 在给定的空间曲率条件下, 粒子永远沿着与任意两点间最短距离的线一致的行程运动. 虽然这两种观点完全不同, 但在大多数情况下两种理论的结果是一致的——这再次表明, 观点的选择完全是相对的. 这种选择完全取决于这种或那种约定的结果有成效至何等程度. 每一个这种约定都是人类思维的成果, 它与实际世界符合与否要根据用它来掌握自然现象的有效程度来检验.

庞加莱深信, 最方便的约定是把空间看作是欧几里得空间的约定, 但是仅仅过了 15 年爱因斯坦便提出了他的广义相对论. 在这一理论中他假定空间是非欧的. 尽管如此, 很难说这一理论是 "更方便的" 理论. 虽然广义相对论以其美妙和雅致令人惊叹, 但从来也不是 "方便的" 理论. 用非欧几何所进行的大量计算, 只对牛顿理论的结果有很小的修正. 毫无疑问, 牛顿理论是更 "方便的" 理论, 因为欧氏几何要比任何别的几何都简单得多.

参考文献

[1] Millay Edna St. *Vincent*, The Harp Weaver.

[2] *Descartes René*, 参阅第 1 章 [5], p. 19.

[3] 同上, p. 19.

[4] *Kant Immanuel*, Prolegama to Any Future Metaphysics.

[5] Sir Isaac Newton's · · ·, 参阅第 4 章 [2], p. XVII.

[6] *Лобачевский Н. И.*, Новые начала геометрии с полной теорией параллельных, Полное собрание сочинений, т. II, Гостехиздат, м., 1948.

思考题 (第 7—9 章)

1. 亚里士多德总是竭力用实验来验证任何理论的正确性. 顺便提一下, 他曾说过: "如果说凡人皆有死, 则苏格拉底也是会死的, 因为他也是人." 如果当时苏格拉底还活着, 亚里士多德能否对这一论断的正确性发生怀疑呢?

2. 既然亚里士多德想出了这么多词, 既然他对运动问题谈论得如此少而肤浅, 因此可以设想, 当他对下落物体写出或讲出那些名言时, 他所指的, 与后来伽利略关于它所作的解释是有些不同的. 那么他当时指的是什么呢? 他能够如何来替自己的论点辩护呢?

3. 可以列举什么样的证据来说明, 凳子是存在的, 引力是存在的, 太阳也是存在的?

4. 太阳出来了. 从前它也总是天天升起. 如何来论证, 将来它也一定会每天升起来呢?

5. 假定我们同意象棋游戏与棋子的材料无关, 再假定鲍比·费舍尔坚持认为, 当他用他所喜爱的象牙棋子下棋时, 他下得要好一些. 这两个论断一致吗?

6. 生活在球面上的、有理智的二维生命, 怎样才能 "感觉到" 自己所在的空间的曲率?

7. 欧几里得会怎样看待黎曼几何与罗巴切夫斯基几何呢?

第三篇　牛 顿 世 界

第 10 章　力与运动

牛顿在他的《自然哲学的数学原理》一书中所描述的那个世界, 在后来的二百年间已被哲学家们、科学家们所接受, 并最终为我们每一个人所习惯. 牛顿一开始就给这个世界定义了一个不变的, 各点均匀的真空:

"就其实质来讲, 不管外界条件如何, 绝对空间永远是相同的和静止不动的." [1]

具有质量的、坚硬的粒子在这一真空中运动着. 它们是不可分的, 像理想台球一样. 这些粒子也与台球一样是由一定量的物质所组成, 在任一给定的时刻占据一定的空间位置, 并沿着一定的轨迹在空间运动. 理论的主要任务就是找出粒子的运动轨迹.

笛卡儿认为只存在一种力, 即当粒子碰撞时才起作用的接触力. 这种力我们容易理解. 牛顿则认为, 除接触力以外还应把万有引力补充进去 (这是牛顿与笛卡儿的后继者们长期争论的课题). 两个粒子不论彼此相距多远, 在万有引力的作用下将永远互相吸引. 伽利略和笛卡儿认为, 在没有力作用时, 粒子或者匀速运动, 或者静止. 牛顿把这一假定作为他的第一运动定律. 他又把伽利略的思想进一步推广到有力作用的场合, 提出了第二定律: 力等于物体的质量乘以它的加速度. 最后, 他又提出, 所有的力不管它们的性质如何 (是万有引力还是任何其他的力) 都遵守第三定律: 作用等于反作用.

这些定律就是奠定牛顿世界的基石. 能不能凭借这几块基石, 建造起一座大厦, 以便把人类积累的全部经验都包含进去呢? 能不能借助这些定义和公理, 建立起一个能很好地反映我们的现实世界的数学体系呢? 或者, 用柏拉图的话来说, 能不能建立一个数学实体, 它的漂亮身影就是我们的世界呢?

将第二定律直接应用于任意一个粒子系统以及作用于它们的力, 就能够确定这个粒子系统的运动 (但这一方法并不是在任何时候都是很简单的). 例如, 受均匀力 (如地面附近的引力) 作用的粒子沿抛物线运动; 由于太阳的引力, 行星和彗星沿椭圆 (或圆)、抛物线或双曲线轨道运行等等. 根据第一定律, 可以求出为了平衡任意数目的力所必需的力, 即求出作用于一个点上的力的平衡条件.

《原理》一书出版后, 又不断发表了多篇很好的文章, 它们发展了牛顿理论 (同一课题的不同说法). 其中有些文章很具有生命力, 而且超出了力学的范畴. 例如前面我们已证明过, 具有质量的质点, 环绕力心沿椭圆旋转, 好比行星沿椭圆轨道绕太阳运行一样. 这样一来事实上等于我们假定, 尽管从通常的尺度看来行星是巨大的, 但仍然可以把它视为一点, 或者一个质点. 现在我们谈谈, 如何借助质点及质点运动规律来得到大的固体物体的运动规律; 如何借助笛卡儿和牛顿的基本质点组成液体或气体. 简而言之, 我们将试图建立一个与我们生活的世界一模一样的、丰富多彩的世界来.

为此目的, 为了方便起见我们引进这样一些量: 力的冲量、能量和功. 这些量可由我们已熟知的量 (时间、质量), 借助于运动规律 (初始公理) 得出, 就像欧几里得几何学中, 可由它的初始定义和公理得出三角形和圆一样. 这些新引进的量, 使用起来非常方便. 有时这些导出量甚至比组成它们的那些量更方便, 更一般.

参考文献

[1] Sir Isaac Newton's · · · , 参阅第 4 章 [2], p. 6.

第 11 章　质点碰撞

§11.1　第三定律

关于两个质点的碰撞问题, 是一个很古老的问题; 这个问题的解决, 加上自由落体以及抛物体运动问题的解决就为运动理论奠定了基础. 笛卡儿在提出了惯性原理后, 成功地表述了在真空中飞行的、不受其他粒子作用的孤立质点的运动规律, 但是他未能回答这样的问题: 若两个质点碰撞, 情况将如何? 对于这个问题伽利略也研究了很长时间, 他发现这一问题相当紊乱. 在碰撞时的作用力会不会是无穷大呢? 这一结论对伽利略来说是不可思议的:

"我的结论是, 有关碰撞力的问题是极为模糊的, 从前研究过这一问题的人中, 没有一个人能够看清这一课题的实质所在. 它充满黑暗而且与一般人们的观念相距太远. 然而保留在我们记忆当中的一个最令人惊奇的结论是: 碰撞力是完全不确定的, 我所以这样说, 仅仅是为了避免说它是无穷大的." [1]

这里的困难在于, 碰撞时力增大得如此之快, 以致无法考察其随时间的变化. 但是, 以后我们将会看到, 乘积 $F\Delta t$ 仍旧是一个有限值, 因为当力增大时, 其作用时间将缩短. [量本身是无穷大或无穷小, 而它们的乘积或比值却是有限值. 这是无数个这类例子中的一例. 这种情况在科学史上不止一次地成为可悲谬误的根源. 芝诺的一些奇谈怪论 (见附录第 949 页) 就可以这样解释: 虽然时间与空间间隔变得无限小, 但他们的比值却是有限量. 现今用来解决这类悖论的方法 (极限计算) 在技术上相当简单. 但是为了建立这些方法却花费了几千年的时间, 这说明其中包含有某些难以捉摸的细节.]

1668 年伦敦皇家学会建议研究碰撞问题. 数学家约翰·沃利斯, 圣保罗教堂的建筑师克里斯托弗·雷恩和荷兰物理学家惠更斯解决了这问题. 牛顿在他的《自然哲学的数学原理》一书中还讨论过他们的某些巧妙的推理和实验. 牛顿也提出过解, 不过他的解与别人的解没有什么实质上的区别. 但是牛顿却成功地把从前认为是孤立的碰撞问题, 与其他运动联系到一起, 并借助三条公设把它们全解决了.

牛顿第三运动定律就是针对碰撞问题的一条公设, 事实上它决定了自然界中作用力的性质. 牛顿第二定律阐明了运动的变化与所施加的力之间的联系. 牛顿提出, 在所有的物体之间都作用着一种力 —— 万有引力. 关于其他力 (拉力、推力等) 他仅仅肯定了在他的第三定律中谈到的东西: 如果在某一时刻物体 (我们把它叫作物体 1) 以某一个力作用于另一个物体 (物体 2), 那么物体 2 将以大小相等、方向相反的力作用于物体 1, 并与物体之间的作用力性质无关. 利用图 11.1 中的标记, 可以写出第三定律如下.

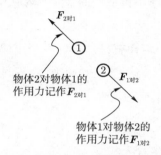

图 11.1　牛顿第三定律图示 (力的性质)

第三定律　$\boldsymbol{F}_{2\,对\,1} + \boldsymbol{F}_{1\,对\,2} = 0$　永远成立.

富有戏剧性的一件事情是, 当一个人从小船上跳上岸时 (图 11.2), 他自己要经受第三定律的作用. 为了能从小船上跳到码头上来, 他需要一个力以便使他自己加速. 他指望着从小船那里得到这一个力. 为此 (如果人与小船之间的相互作用遵守牛顿第三定律的话) 他要用一个与他自己需要的那个力大小相等、方向相反的力去推小船. 假如小船无限重的话, 那么事情就好办了, 但是如果真是这样, 小船也就不能称其为小船了. 小船在人蹬它的作用力的作用下开始加速地离人而去 (第二定律). 正好当起跳的人位于船与码头之间的时刻, 也就是说当他最最需要推动的时候, 小船却已不在原来的地方了.

可以把第三定律看作是公设. 这一公设使牛顿能够把早些时候由雷恩、惠更斯和沃利斯得到的结果推导出来. 牛顿本人对他的第三定律的形式的看法,

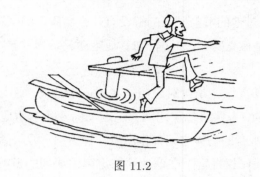

图 11.2

包含在他的《附注》中. 第三定律是描述力的性质的. 从这一定律可以直接导出最著名的力学定理之一 —— 动量守恒定律. 动量守恒定律是极为深刻的一个定律, 甚至当牛顿力学已不再适用时, 它仍然成立. 有一些定律, 它们是作为特殊定律而推导出来的, 然而后来它们却比用来推导它们的那些公设显得更重要、更广义. 动量守恒定律就是这样的一个定律. 假定动量守恒定律是原始公设之一, 就可以把整个物理学建立起来. 在这种情况下, 类似第三定律这种假设, 在一定的前提下就成为定理了.

§11.2　动量守恒定律

动量是牛顿物理学的一个基本概念. 对于质量为 m 的一个质点, 动量由下式定义:

定义　$p = mv$.

牛顿第二定律给出了作用力与动量的改变量之间的关系:

$$F \Delta t = \Delta p \tag{11.1}$$

用 Δt 除以 (11.1) 式, 得

$$F = \frac{\Delta p}{\Delta t} \tag{11.2}$$

如果作用于质点的力等于零, 则动量的改变量也等于零. 这就是牛顿第一定律.

力的冲量

动量的改变量等于力的量值与其作用时间的乘积. 所以, 一个力的量值大但作用时间短, 另一个力弱但作用时间长, 它们可以使质点的动量发生同样的变化. 看来把作用于物体的力乘以力的作用时间定义作力的冲量[1] 是有益的.

定义　力的冲量 $= \boldsymbol{F}\Delta t$.

如果力的量值与方向皆不变, 则在时间 t 内力的总冲量值是:

$$总冲量 = \boldsymbol{F}t \tag{11.3}$$

它在数值上等于图 11.3 中斜线部分的面积. 一般来说, 力是随时间变化的. 如果它的方向不变, 则力的总冲量, 等于描述力随时间变化规律的曲线下的面积. 把那一段时间分成 n 个区间[2] (图 11.4), 可以近似地算出这块面积来. 总冲量的量值就等于 Δt 趋向于零时, 在 Δt 时间内各个单个冲量之和:

$$总冲量 = F_1(\Delta t)_1 + F_2(\Delta t)_2 + \cdots + F_n(\Delta t)_n \tag{11.4}$$

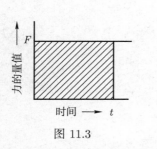

图 11.3

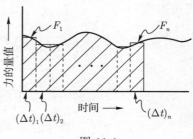

图 11.4

随着时间间隔 Δt 的减小, 这一数值将以任何需要的准确度, 等于力与时间关系曲线下的面积. 在最一般的情况下, 力的量值与方向都是变化的, 此时力的总冲量矢量等于小时间区间 $(\Delta t)_1, \cdots, (\Delta t)_n$ 内的冲量的矢量和. $(\Delta t)_1, \cdots, (\Delta t)_n$ 是整个时间间隔所分成的小区间.

定义　力的总冲量 $= \boldsymbol{F}_1(\Delta t)_1 + \boldsymbol{F}_2(\Delta t)_2 + \cdots + \boldsymbol{F}_n(\Delta t)_n$.

由定义可见, 力的总冲量是个矢量.

---

[1] 力的冲量——这正是牛顿称作运动力的那个量.

[2] 通常物理学家就是用字母 n 来表示某个确定的、但又是任意的整数.

定理 11.1 **作用于物体的力的总冲量, 等于物体动量的总改变量**.

由第二定律立刻就可以导出这一定理:

$$\boldsymbol{F}\Delta t = \Delta \boldsymbol{P} \tag{11.5}$$

同时, 重要的是应当记住, 所列的方程在任何时刻都应当成立[①]. 因此如果用 $\boldsymbol{F}_1$ 表示在 t_1 时刻作用的力, 则在时间 $(\Delta t)_1$ 内动量的改变量等于

$$\boldsymbol{F}_1(\Delta t)_1 = (\Delta \boldsymbol{P})_1 \tag{11.6}$$

对 $(\Delta t)_2, \cdots$ 也有类似的等式成立:

$$\begin{aligned} \boldsymbol{F}_2(\Delta t)_2 &= (\Delta \boldsymbol{P})_2 \\ \boldsymbol{F}_3(\Delta t)_3 &= (\Delta \boldsymbol{P})_3 \\ &\cdots \\ \boldsymbol{F}_n(\Delta t)_n &= (\Delta \boldsymbol{P})_n \end{aligned} \tag{11.7}$$

此处与先前一样, 时间间隔被分成几个小区间 $(\Delta t)_1, \cdots, (\Delta t)_n$. 把所有这些方程式相加得

$$\boldsymbol{F}_1(\Delta t)_1 + \boldsymbol{F}_2(\Delta t)_2 + \cdots + \boldsymbol{F}_n(\Delta \boldsymbol{P})_n = (\Delta \boldsymbol{P})_1 + (\Delta \boldsymbol{P})_2 + \cdots + (\Delta \boldsymbol{P})_n \tag{11.8}$$

根据定义, 这个方程的左边等于力的总冲量, 而右边是动量的总改变量. 因此

$$\textbf{总冲量} = \textbf{动量的总改变量}$$

这正是所要求证明的.

动量的总改变量 (最终动量减去初始动量) 可以表示为

$$\textbf{动量的总改变量} = \boldsymbol{P}_{\text{终}} - \boldsymbol{P}_{\text{初}} \tag{11.9}$$

如果物体的质量不变, 则它们的最终动量与初始动量分别为

$$m\boldsymbol{v}_{\text{终}} \quad \text{与} \quad m\boldsymbol{v}_{\text{初}} \tag{11.10}$$

---

①看来, 初次与运动定律打交道时并不能完全理解这一点. 经常是在由一组公设出发证明定理或推导推论时, 才发现这些公设的准确含义.

定理可写成

$$总冲量 = m(\boldsymbol{v}_{终} - \boldsymbol{v}_{初})(质量不变) \tag{11.11}$$

例 1 假定棒球质量为 0.5 kg, 以 72 kg/h 的速度飞向击球队员. 击球手击球后, 球以 144 km/h 的速度飞向投球手. 当投球手正在考虑他能否使球落地时, 棒球生产者正坐在看台上试图计算出击球手击球的力量.

计算这个力并不容易. 显然, 它作用的时间很短, 它的量值随时间急剧地改变着. 然而利用定理 11.1 可以很容易计算出球棒击球的冲量 (图 11.5 曲线下的面积). 因为球的质量不变, 所以

$$总冲量 = m(\boldsymbol{v}_{终} - \boldsymbol{v}_{始})$$

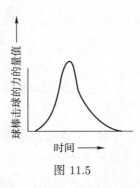

图 11.5

球的质量等于 0.5 kg.

$$最终速度 \begin{cases} 量值: 144 \text{ km/h} = 40 \text{ m/s} \\ 方向: \leftarrow \end{cases}$$

$$初始速度 \begin{cases} 量值: 72 \text{ km/h} = 20 \text{ m/s} \\ 方向: \rightarrow \end{cases}$$

因而总冲量等于

$$0.5 \text{ kg} \times [40 - (-20)]\text{m/s} = \frac{1}{2}(40 + 20) \text{ N} \cdot \text{s}$$
$$= 30 \text{ N} \cdot \text{s}$$

现在厂商估计, 球棒与球接触的时间不到 1/10 s (该值是相当粗略的), 由此他得出结论, 力的冲量为 30 N·s 时, 在接触的某一瞬间, 作用于棒球的力不小于 300 N.

例 2 为什么需要系安全带?

发生车祸时, 以时速 108 km/h 行驶的汽车在 2 s 内停了下来. 这时乘客会发生什么事呢? 如果乘客同汽车一同停住在自己的位置上, 那么应当有一个力作用在他身上, 该力的大小可用下面的方法计算出来.

假定乘客的质量为 70 kg. 他的最终动量为零, 因而其动量的改变量为

$$\boldsymbol{p}_终 - \boldsymbol{p}_初 = m\boldsymbol{v}_终 - m\boldsymbol{v}_初$$

$$= 0 - 70 \text{ kg} \times (30 \text{ m/s 量值, 方向同初动量}) = 2100 \text{ N·s}$$

动量改变量的方向与初始动量方向相反. 动量的这一改变是在一个恒定的力的作用下产生的, 作用时间是 2 s. 因此

$$\left.\begin{array}{l} F\Delta t = 2100 \text{ N·s} \\ F = \dfrac{2100 \text{ N·s}}{2 \text{ s}} = 1050 \text{ N} \end{array}\right\} \text{力的方向与初始动量的方向相反 (图 11.6)}$$

这样, 为了使乘客与汽车一道停住, 必须对他作用一个 1050 N 的力. 这一力大大超过车座与乘客裤子之间的摩擦力.

如果不给乘客施加一个力, 则乘客将继续沿直线作匀速运动, 与此同时, 他所在的那个汽车却被紧急制动. 在乘客撞上挡风玻璃或仪器面盘之前, 汽车已经减速. 不难算出开始制动以后经过多长时间 t, 乘客把挡风玻璃砸碎. 假定 d_1 和 d_2 分别为乘客与挡风玻璃在时间 t 内所经过的路程 (图 11.7). 则 $d_l = d_2 + 0.5$ m. 因为乘客以 30 m/s 的速度匀速运动 (我们将认为座位是很滑的, 对运动没有任何阻力), 则

$$d_1 = v_0 t = (30 \text{ m/s})t$$

挡风玻璃以恒定的加速度

$$\frac{30 \text{ m/s}}{2 \text{ s}} = 15 \text{ m/s}^2$$

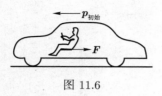

图 11.6

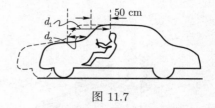

图 11.7

进行加速 (如果愿意, 说减速也可). 因而在 t 时间内挡风玻璃通过的路程 (回想一下伽利略对于加速度方向与初速度方向相反的情况的结论), 等于

$$d_2 = v_0 t - \frac{1}{2}at^2 = (30 \text{ m/s})t - \frac{1}{2}(15 \text{ m/s}^2)t^2$$

由此可得

$$d_2 = d_1 - 0.5 \text{ m} = (30 \text{ m/s})t - 0.5 \text{ m}$$
$$= (30 \text{ m/s})t - \left(\frac{15}{2} \text{ m/s}^2\right)t^2$$

或者

$$-0.5 \text{ m} = -\left(\frac{15}{2} \text{ m/s}^2\right)t^2$$

即

$$t^2 = \frac{1}{15} \text{ s}^2$$

因此

$$t = \sqrt{\frac{1}{15}} \text{ s} \approx \frac{1}{4} \text{ s}$$

在 $1/4$ s 内, 汽车减速的量值为

$$15 \text{ m/s}^2 \cdot \frac{1}{4} \text{ s} \approx 4 \text{ m/s}$$

因此, 为了使向挡风玻璃靠近的乘客, 在 $1/4$ s 内把速度减到汽车的速度, 必须给他一个作用力, 其大小为

$$F = \frac{m\Delta v}{\Delta t} = 70 \text{ kg} \cdot 4 \text{ m/s} \cdot \frac{1}{1/4 \text{ s}} = 1120 \text{ N}$$

这就是为什么需要系安全带 (图 11.8).

图 11.8 "安全带确实能救命, 但是这次例外"

多体系统的动量

单个物体的动量, 等于它的质量与速度的乘积. 现在假定有 N 个物体; 这样一个系统的总动量等于所有单个物体的动量之和:

$$P = p_1 + p_2 + p_3 + \cdots + p_N \tag{11.12}$$

对于两个物体来说

$$P = p_1 + p_2 \tag{11.13}$$

作为例子我们研究一下两个物体的情形 (图 11.9a). 物体 1 与 2 的总动量等于 p_1 与 p_2 的矢量和 (图 11.9b). 在下一个例子中, 两个物体的动量相等, 但方向相反, 它们的总动量等于零 (图 11.9c).

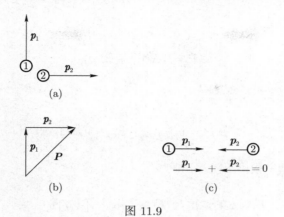

图 11.9

现在我们应用牛顿第三定律来证明下列定理:

定理 11.2（动量守恒定律）　**在没有外力的条件下, 质点系的总动量保持不变.**

证明　我们先对两个物体的情形进行证明[①]. 因为证明的基本思想是相同的, 所以很容易推广到多体系统的情况.

令物体 1 的动量为 p_1, 而物体 2 为 p_2. 该两体系统的总动量为

$$P = p_1 + p_2 (总动量的定义) \tag{11.14}$$

需要证明, 物体 1 的动量的任何改变, 都等于物体 2 动量的改变, 且方向相反. 这可以用下述方式来进行.

先看物体 1. 它的动量的任何改变皆来自于物体 2 对它的作用力 (因为除了这两个物体之外, 没有其他物体), 我们用 $F_{2\,对\,1}$ 来表示. 据牛顿第二定律, 物体 1 动量的改变量为

$$(\Delta p)_1 = F_{2\,对\,1}(\Delta t) \tag{11.15}$$

在这一时间间隔内, 物体 1 对物体 2 也作用一个力 $F_{1\,对\,2}$, 结果物体 2 的动量也发生变化, 其改变量为

$$(\Delta p)_2 = F_{1\,对\,2}(\Delta t) \tag{11.16}$$

[①] 现在为了说明基本思想, 我们研究两体系统这一特殊情况. 后面我们还将作一般证明, 以便说明该方法的某些特征.

系统动量的总变量为

$$\Delta \boldsymbol{P} = (\Delta \boldsymbol{p})_1 + (\Delta \boldsymbol{p})_2 \tag{11.17}$$

或者, 应用已得的表示式,

$$\Delta \boldsymbol{P} = (\boldsymbol{F}_{2\,对\,1} + \boldsymbol{F}_{1\,对\,2})(\Delta t) \tag{11.18}$$

如果作用力遵循牛顿第三定律, 则力

$$\boldsymbol{F}_{2\,对\,1} \text{ 的量值与 } \boldsymbol{F}_{1\,对\,2} \text{ 相等, 但方向相反} \tag{11.19}$$

即

$$\boldsymbol{F}_{2\,对\,1} + \boldsymbol{F}_{1\,对\,2} = 0 \tag{11.20}$$

由此可得,

$$\Delta \boldsymbol{P} = 0 \tag{11.21}$$

这就是要求证明的结果.

因为在任意时间间隔内的总动量变化等于零, 所以系统的动量保持其原有数值 (图 11.10). (如果动量不变, 则其数值等于初始数值.)

地心

图 11.10 必须考虑所有能产生作用力的物体. 一个重球落向地球, 万有引力作用于重球, 但是对地球也作用着同样大小的一个力, 只是方向相反. 然而地球实际上不动

上述结果极其重要. 我们证明了, 一个系统有一个称作系统总动量的量, 而且不论系统 (不管它有多复杂) 发生什么变化, 该量永远保持不变. 不论是

物体相碰撞, 还是发生爆炸或是别的什么事情, 动量保持与先前一样. 我们将会看到, 这一结果使我们可以在甚至不知道力的情况下分析物体的运动. 它是奠定了物理学基础的许多一般结果中的一个. 这些结果表明, 甚至在我们不知道运动细节以及力的性质的情况下, 物体的运动仍遵从一些确定的一般规则. 这些规则来自作用力的特性. 在上述情况下, 系统的总动量是守恒的, 因为所有的力 (不管其性质如何) 都遵守牛顿第三定律.

动量守恒定律是由牛顿第三定律推导出来的, 但是它却比第三定律更为根本. 从现代物理的角度来看, 动量守恒定律直接与空间的均匀性相关. 空间均匀性是指空间的性质由一个点到另一点都是一样的. 甚至当我们还没有充分的根据认为作用力是严格的牛顿力时, 动量守恒定律仍旧是正确的. 历史上各种假设是依照某种顺序产生出来的, 但是这种顺序并不总是符合它们的实际意义的大小.

§11.3　动量守恒定律应用于质点碰撞

当我们不知道质点间作用力的细节时, 应用动量守恒定律, 就可以分析质点碰撞时发生的运动. 以后我们将看到, 碰撞有许多种类型. 其中有几种类型, 只要用动量守恒定律就能分析透彻, 但另外一些就不行. 即使在对碰撞不能进行透彻分析的场合下, 对作用力的性质作某些补充假定之后, 不涉及力的细节, 也能把物体运动的许多问题弄清楚.

我们从研究沿一个方向运动的最简单的情形开始. 我们设想有两个质点, 为了直观起见, 我们假定它们是两个台球. (这样做尽管比较直观, 但把桌面上的两个台球比作质点是有条件的, 因为台球能够旋转. 更确切一些应该想象成两个类质点物体 —— 在结冰的湖面上的冰球或在星际空间中的台球, 它们在空间仅仅平动, 而不作其他运动, 例如转动. 然而, 讲碰撞理论不讲台球, 或者讲概率论不讲赌博轮盘, 就好比是吃饭时没有酒.

我们设想有两个台球 (起初时是静止不动的), 它们互相靠在一起, 然后由于它们之间的某种力的作用而飞离开来. 我们对于这个力究竟是什么力不感兴趣, 它可能是由一个不太强的爆炸、弹簧或者其他什么原因产生的. 爆炸之后两个球向着不同的方向运动. 在不了解作用细节的条件下, 能否讲出一些有关小球在爆炸之后的运动情况呢? 如果我们直接依据牛顿定律来回答这一问题, 我们必须准确地了解爆炸时刻作用于台球上的力. 要做到这一点是困难的, 因为该力在极短的时间间隔内达到很大的数值, 而且按照复杂的规律随时间变化. 然而应用动量守恒定律我们可以解决这一问题.

开始时处于静止状态的、质量相等的两个质点的运动的分析爆炸前 (图 11.11)

$$v_1 = 0 \quad p_1 = mv_1 = 0 \tag{11.22}$$

$$v_2 = 0 \quad p_2 = mv_2 = 0 \tag{11.23}$$

因此, 两质点系统的总动量

$$P = p_1 + p_2 = 0 \tag{11.24}$$

不管质点相互如何作用, 总动量是不变的.

我们将用 v'_1 和 v'_2 来表示爆炸以后的速度 (图 11.12). 爆炸后物体 1 以 v'_1 的速度, 而物体 2 以速度 v'_2 运动. 因为根据定理 11.2, 爆炸后系统的总动量

$$P' = p'_1 + p'_2 = mv'_1 + mv'_2 = 0 \tag{11.25}$$

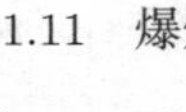

图 11.11　爆炸前　　　　　　　　　　图 11.12　爆炸时与爆炸后

因此在 v'_1 与 v'_2 之间存在着一定的关系 (爆炸之后系统的动量与爆炸之前相等, 等于零). 因此,

$$mv'_1 + mv'_2 = 0 \tag{11.26}$$

或

$$\boldsymbol{v}_1' = -\boldsymbol{v}_2' \tag{11.27}$$

这样, 不管使小球分开的力的具体性质如何, 小球将以相同的速度向着不同的方向飞开[1].

在多质点的一般情况下, 动量守恒定律可以写成一个方程式, 它永远成立:

$$\boldsymbol{p}_1 + \boldsymbol{p}_2 + \boldsymbol{p}_3 + \cdots + \boldsymbol{p}_n = 常量 \tag{11.28}$$

换句话说, 系统的总动量保持不变.

在求解质点碰撞问题时, 通常谈论初始动量, 即碰撞前的动量, 和最终动量, 即碰撞后的动量. 质点在碰撞时, 通常作用的时间非常短暂, 也就是在这短暂的一刹那间发生动量改变. 碰撞前质点的运动遵从牛顿第一定律. 碰撞后它们的运动仍然遵从这一定律, 而质点的动量仅仅在碰撞时发生改变.

对于双质点系统, 总动量守恒定律在一般情况下记作下列形式:

$$\boldsymbol{p}_1 + \boldsymbol{p}_2 = \boldsymbol{p}_1' + \boldsymbol{p}_2' \tag{11.29}$$

由此可见, 已知任何三个动量便可求出第四个动量来. 例如, 如果已知 $\boldsymbol{p}_1$、$\boldsymbol{p}_2$ 和 $\boldsymbol{p}_1'$, 可以求出 $\boldsymbol{p}_2'$ 来, 即第二个质点的最终动量:

$$\boldsymbol{p}_2' = \boldsymbol{p}_1 + \boldsymbol{p}_2 - \boldsymbol{p}_1' \tag{11.30}$$

这样, 在由两个相向飞行与两个相背飞行的原子核参加的核碰撞中 (虽然它不是牛顿系统, 但可以认为, 总动量守恒定律仍然成立), 其中一个核的动量通常可以通过测定其余三个核的动量的途径予以确定.

§11.4 机械能

动量守恒定律给出了参加碰撞的诸质点的初始动量与最终动量间的关系. 对于双质点系统, 已知任意三个动量, 可以求出第四个动量来. 在获得这

---

[1] 如果质点的质量不相等, 则 $\boldsymbol{v}_2' = \dfrac{m_1}{m_2} \boldsymbol{v}_1'$.

一关系式时, 曾假定力是牛顿力 (即遵从第三定律). 这些力是否还具有与力的具体性质无关的其他共性, 这些共性能使我们再得到另外一些在运动中保持不变的守恒量吗? 对这一问题的研究导致了保守力、功和能等概念的出现. 现在我们就来讨论这些概念.

功

对质点所作的功等于作用于它的力与质点在力的方向上移动的距离的乘积, 或

定义   功 = 力 × 在力的方向上移动的距离.

功的这一定义, 在某种意义上讲, 与一般市民中关于功的概念是一致的. 如果一个人挪动了一个较重的重物, 我们通常说, 他作了较多的功. 其次, 如果他把重物移动了两倍远的距离, 我们则说, 他作了大约两倍的功. 但是有些时候一个人会说他在作功 —— 比方说他站在那儿, 手里提着一个箱子, 但是根据上述功的定义, 他作的功等于零, 因为箱子在原地未动. 这个定义是从居民的日常生活实践中借用来的语汇, 但它又有专门的技术意义. 这些语汇的技术意义, 与人们公认的意义之间的联系是有限的. 当然, 可以想出一些全新的词来代替它们. 但是如果我们用一些完全抽象的词来表示所引进的概念, 那么这些概念就会完全失去与一般生活概念的任何联系, 也不再会引起我们的任何联想 —— 不管是正确的, 还是不正确的[①]. 必须着重指出, 我们所谈的功, 仅仅指上面所定义的, 或者下面将要定义的那种功.

我们所采纳的定义, 仅仅对应着最简单的情形. 仅当力不变, 且作用方向与运动方向一致时, 它才适用 (图 11.13). 如果力的单位是 $\begin{pmatrix} \mathrm{dyn} \\ \mathrm{N} \end{pmatrix}$[②], 而距离单位是 $\begin{pmatrix} \mathrm{cm} \\ \mathrm{m} \end{pmatrix}$, 则功的量纲为 $\begin{pmatrix} \mathrm{erg} \\ \mathrm{J} \end{pmatrix}$.

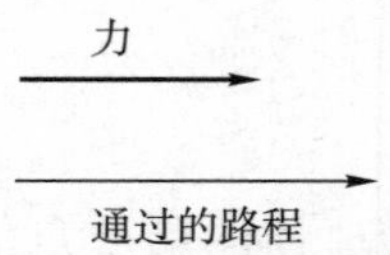

$$\xrightarrow{\qquad 力 \qquad}$$

通过的路程

图 11.13   如果力不变, 而物体在力的方向上运动, 则功等于力与物体通过的路程之乘积

---

① 想象出来的一个术语的例子是 "熵" 这个词. 关于这一术语后面将会谈到.

② dyn (达因)、erg (尔格) 为非法定计量单位, 现已废弃. —— 编者注

　　如果力的量值不变, 但是它的方向与运动方向不一致, 则功等于这个力在运动方向上的分量与通过的路程的乘积. 图 11.14 表示的正是这种情形. 图中 $\boldsymbol{F}_{/\!/}$ 的量值等于 $F\cos\theta$, 而 $\boldsymbol{F}_\perp$ 的量值等于 $F\sin\theta$ (见附录 6). 力 $\boldsymbol{F}$ 分为两个分量, 它们的矢量和等于 $\boldsymbol{F}$. 其中一个分量 $\boldsymbol{F}_\perp$ 垂直于运动方向, 另一个 $\boldsymbol{F}_{/\!/}$ 平行于它:

$$\boldsymbol{F}_\perp + \boldsymbol{F}_{/\!/} = \boldsymbol{F} \tag{11.31}$$

在这种情况下功的定义变成:

$$功 = \boldsymbol{F}_{/\!/} \times 通过的距离 \tag{11.32}$$

这样, 我们可以把前面已给出的功的定义概括如下:

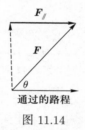

图 11.14

　　定义　**如果给物体施加一个不变的力, 则对物体所作的功, 等于该力在运动方向上的分力, 乘以物体通过的距离.**

　　由该定义可见, 当力的大小一定时, 如果力的作用方向与物体的运动方向一致, 则所作的功最大. 如果力沿着物体运动的方向作用, 则该力使物体加速. 如果相反, 则使它减速.

　　有三种特殊情况需要提出来. 当作功的作用力是不变的力时, 这三种情况我们经常能遇到.

　　1. 力的作用方向与运动方向一致 (图 11.15)

$$所作的功 = Fd \tag{11.33}$$

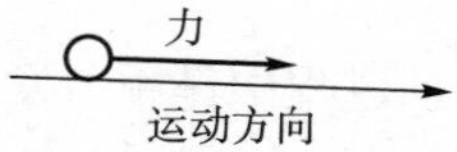

图 11.15

2. 力垂直于运动方向 (图 11.16)

所作的功 $= F_{/\!/}d = 0$ $(F_{/\!/} = F\cos 90° = 0,$ 因为 $\cos 90° = 0)$. 　　(11.34)

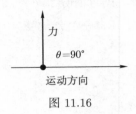

图 11.16

3. 力的作用方向与运动方向相反 (图 11.17)

所作的功 $= F_{/\!/}d = -Fd$ $(F_{/\!/} = F\cos 180° = -F,$ 因为 $\cos 180° = -1)$.

(11.35)

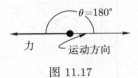

图 11.17

　　由功的定义可知, 力作用于物体而不作功的情况是可能的, 如力的方向与物体的运动方向垂直 (图 11.18). 然而我们知道, 该力使物体的运动方向发生改变. 因此为了在运动方向改变后仍不作功, 力的方向也应当改变, 以便继续与运动方向保持垂直. 这一点不难做到. 例如, 一个拴在长度一定的绳子末端的小球 (图 11.19), 就是这样的例子.

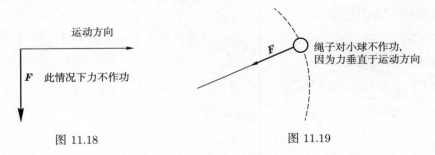

图 11.18　　　　　　　　　　　　　　图 11.19

　　我们再来研究一下, 在运动过程中作用力发生变化的一般情况, 以此来完成对功的定义的讨论. 在这种情况下为了求出功, 必须在图上画出力在运动方向上的分量随距离变化的曲线 (图 11.20). 这时力所作的功将等于曲线下画斜线部分的面积. 这意味着, 如果用某一个力使物体移动很小的距离, 而后用另一个力移动下一段小距离等等, 则总的功等于每次小位移所作的功之和. 当力不变时, 图上的斜线部分将是一个长方形. 此时所作的功, 正如前面我们已经讨论过的, 等于力乘距离.

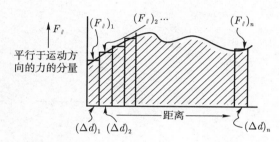

图 11.20 总功 $W = (F_{//})_1 (\Delta d)_1 + (F_{//})_2 (\Delta d)_2 + \cdots + (F_{//})_n (\Delta d)_n$, 等于 Δd 趋近于零时曲线下的面积

这样, 我们便得出力对物体作功的一般定义:

定义 恒定力所作的功等于运动方向上的力与物体经过的距离的乘积; 如果在运动过程中力的量值发生变化, 则功在数值上等于平行于运动方向的力的分量与物体通过的路程间的关系曲线下的面积.

例 1 西西弗斯[①]沿着地狱里一段平滑的道路把自己那块石头拖了 3 m, 用的力为 400 N, 此时他作的功为 (400 N)×(3 m)=1200 J. 但是在第九圈, 当他沿着结了冰的湖面拖石头时, 西西弗斯实际上没作功, 因为他几乎没给石头任何力. (一般来说, 西西弗斯应当选另外一条更困难的道路, 在那样的路上就不会遇到这类 "障碍".)

例 2 好的弹簧的弹力与伸长成比例 (胡克定律[②]). 试问: 如果弹簧伸长

[①] 希腊神话中的科林斯王, 因欺骗神, 被罚永远推滚一块大石头. ——译者注

[②] 就某些定律发现的优先权问题 (谁第一个提出某种思想?), 许多牛顿的同代人与性情急躁的牛顿经过长期争执之后, 历史终于把其中大部分记到牛顿名下 (有时这样做并不十分合理). 例如, 据说胡克在试图用实验方法测定重力随高度的变化规律时, 测出了山脚下与山顶上的 g 值. 借助于他当时所拥有的仪器, 他未能发现任何变化. 但是我们却把确定 "理想" 弹簧弹力的 "定律" 记在胡克名下:

力 = (取决于弹簧材料的一个数值) × (伸长).

1 cm 其阻力为 10^3 dyn, 要使弹簧伸长 50 cm 需要作多少功? 力的大小与伸长的关系图列于图 11.21. 所作的功等于 50 cm 处的垂直线所围成的画斜线的三角形的面积:

$$W = \frac{1}{2} \times 50 \, \text{cm} \times 5 \times 10^4 \, \text{dyn} = 1.25 \times 10^6 \, \text{erg}.$$

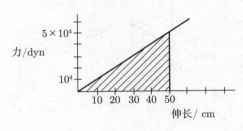

图 11.21

动能　质点的动能 (类似于经院哲学家的 vis viva 或活力之类的概念) 常用字母 T 表示, 它等于质点的质量与其速度平方乘积的一半, 或:

定义　**动能** $= \dfrac{1}{2}mv^2$.

活力和运动力的概念 (后者现称作动量) 还是在研究物体运动的初期提出来的. 当时把这两个概念都叫作运动力. 从现代观点看, 运动力, 或动量, 与在给定的时间间隔内为了改变物体的运动所必需的力的量值有关. 而动能, 或活力则与在给定的距离上改变运动所必需的力的量值有关.

定理 11.3　**对物体所作的功, 等于其动能的改变.**

这一定理永远成立 —— 无论作用力的方向是否与运动方向一致, 无论作用力的大小是否随时间而变化. 下面我们将只对最简单的情况, 即沿运动方向有恒定力作用的情况予以证明①.

证明　我们来研究一个物体, 它在力 F 的作用下脱离了静止状态并移动了距离 d (图 11.22). 力的方向沿运动方向, 因而全部矢量都可以看作是数. 根

---

① 每当我们对于最简单的情况进行证明时, 我们的意思是指这些最简单的证明已经包含了全面证明的基本思想. 这时为进行全面证明只需要对这些思想作一些技术性改进便可, 因而没有在书中列出全面证明, 或者因为我们对它不感兴趣; 或者暂时我们没有可能这么做.

据定义, 所作的功 W 等于力 F 乘以距离 d:

$$W = Fd \qquad (11.36)$$

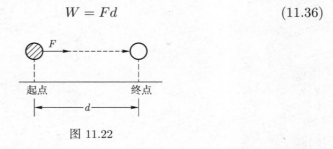

图 11.22

动能的改变等于最终能量与初始能量之差. 因为初始动能等于零 (物体静止), 则

$$动能的改变 = 最终动能 - 初始动能$$

$$= \frac{1}{2}mv^2 - 0 = \frac{1}{2}mv^2 \qquad (11.37)$$

为了计算出量 $\frac{1}{2}mv^2$, 必须求出 v (物体经过距离 d 后的速度), 这可以由牛顿第二定律求出. 因为作用于物体的力是恒定力, 所以加速度也是恒定的, 根据第二定律, 它等于

$$a = \frac{F}{m} \qquad (11.38)$$

加速度恒定时, 速度与时间的关系为

$$v = at \qquad (11.39)$$

但是加速度不变时物体通过距离 d 所用的时间等于多少呢? 伽利略已回答了这一问题, 他得出了所经过的路程与时间的关系:

$$d = \frac{1}{2}at^2 \qquad (11.40)$$

由此表示式[1]可以得出时间与距离的关系:

$$t = \sqrt{-\frac{2d}{a}} \qquad (11.41)$$

---

[1]关于根式取 $+\sqrt{}$, 而不取 $-\sqrt{}$ 的问题, 留在附录 3 中讨论.

现在全部条件已经齐备. 用下述方式将所得到的各个公式组合在一起. 末速度

$$v = at \tag{11.42}$$

但是

$$t = \sqrt{\frac{2d}{a}} \tag{11.43}$$

因此

$$v = a\sqrt{\frac{2d}{a}} = \sqrt{2ad} \tag{11.44}$$

又因

$$a = \frac{F}{m} \tag{11.45}$$

因而

$$v = \sqrt{2\frac{F}{m}d} \tag{11.46}$$

应用这个表示式, 可得

$$
\begin{aligned}
\text{动能的改变} &= \frac{1}{2}mv^2 \\
&= \frac{1}{2}m\left(\sqrt{2\frac{F}{m}d}\right)^2 \\
&= \frac{1}{2}m \times 2\frac{F}{m}d \\
&= Fd = \text{所作的功}
\end{aligned} \tag{11.47}
$$

这就是所要证明的命题.

例 作为练习, 我们现在来讨论一个问题. 这个问题通常在考核司机时提出. 假定以时速 50 km/h 行驶的汽车的刹车距离为 10 m. 那么这辆汽车以时速 100 km/h 行驶时的刹车距离为多少呢? 大家都知道正确的答案是 40 m. 现在我们完全有能力来为这一个答案说明理由.

显然, 刹车时道路给车胎一个作用力. 该力的最大值取决于轮胎相对轮缘的扭曲程度. 我们用 F 来表示这个力. 为了制动汽车, 必须把它的动能从初始值 $\frac{1}{2}mv^2$ 变到终止值 (零). 根据定理, 动能的改变等于所作的功. 因而, 最大的力与刹车距离的乘积等于初始动能 $\frac{1}{2}mv^2$. 所以刹车距离的长度由下式决定:

$$-Fd = 最终动能 - 初始动能 = -\frac{1}{2}mv^2 \qquad (11.48)$$

(功是负的, 因为力的方向与运动方向相反.) 这样,

$$d = \frac{mv^2}{2F} \qquad (11.49)$$

汽车的质量与最大的力在这个方程式中都是常量. 对于两种不同的初速度 v_1 与 v_2, 其刹车距离之比等于

$$\frac{d_2}{d_1} = \frac{(m/2F)v_2^2}{(m/2F)v_1^2} = \left(\frac{v_2}{v_1}\right)^2 \qquad (11.50)$$

即距离之比与速度之比的平方成正比. 因此, 如果速度增大两倍, 刹车距离则增大四倍. 在上述推导过程中, 主要的假定是道路对轮胎的最大作用力与汽车的初速无关, 这与实际情况比较符合.

在讨论定理 11.3 时必须把有关定理 11.3 的下述要点提出来.

1. 定理中根本没谈功作得多快, 或作功花了多少时间. 只是肯定了, 不管花费了多少时间, 动能的改变总是等于所作的功.

2. 我们已经看到, 如果力的方向与运动方向相同, 则对物体所作的功使其动能增大; 而如果力的方向与运动方向相反, 则对物体所作的功使其动能减小.

3. 如果力的方向与运动方向垂直, 例如在绳端旋转的小球, 则该力对物体不作任何功, 物体的动能保持不变 —— 这就是绕力心沿圆周旋转的情况.

§11.5   弹性碰撞

现在再回过头来研究质点碰撞问题. 我们来讨论一下两个质点的碰撞, 它可以说明动能这一概念在对碰撞进行分类时是很有用的. 我们将得出的那些结果再次表明, 它们要比牛顿质点碰撞的理论本身更有普遍意义 (这就是人们对这些结果更感兴趣的原因之一). 以后我们在研究像原子核这样的牛顿客体的碰撞时, 还要用到这些结果. 前面我们已经用动量守恒定律研究过碰撞. 当力是牛顿力, 或者作用等于反作用时, 动量守恒定律成立. 现在我们来证明, 假若对于质点之间的作用力加上一些更严格的限制 (但是, 实际上还有不少力是处于这种情况的), 则碰撞过程将满足动能守恒定律.

定理 11.4   如果两个物体之间的作用力的量值与方向仅仅与物体之间的距离有关, 则碰撞前的动能将等于碰撞后的动能.

因为在碰撞时动能不一定保持恒定, 所以我们必须说定, 我们说的 "碰撞前" "碰撞时" 和 "碰撞后" 是什么意思. 下面我们来说明这一点. 假定 (这一假定的引进纯粹是为了简单) 两个物体相距很远时, 力趋于零. 如果这里指的是两个物体的碰撞的话, 那么这一假定是相当现实的, 因为我们认为在接触前与接触后物体间皆没有相互作用.

作为满足第一个要求, 而不满足第二个要求的力的例子, 我们可以举出万有引力. 它的大小仅仅取决于两物体之间的距离, 但不管该距离多远, 它皆不趋于零. 然而, 这后一情况并不会引起严重的困难, 以后我们将说明, 如何克服这个困难. 作为不单单与两物体之间距离有关的力的例子, 我们可以举出物体与桌子之间的摩擦力, 或者空气对在空气中运动物体的阻力. 这些力的方向总是与物体的运动方向相反, 因此这些力的方向不仅仅依赖于物体的位置, 还依赖于物体的运动方向, 即它们不满足第一个要求.

若两个质点间的作用力 (即一个质点对另一个质点的作用力) 的方向沿两质点间的连线的方向, 则这种力称作**中心力**. 我们用中心力的情况来证明这一定理. 该定理也可以推广到非中心力的情况.

证明[①]　假定有两个质点沿直线 $\overline{AB}$ 相向运动而互相靠近, 然后沿着 $\overline{CD}$ 线相背飞离. 质点的相互作用力的方向沿着质点间的连线, 即对入射质点来说该力的方向沿 $\overline{AB}$, 而对飞离的质点来说该力的方向沿 $\overline{CD}$ (图 11.23). 证明的实质是这样的. 在任意一个时间间隔 (譬如说, Δt) 中, 第一个质点通过的路程为 Δx_1, 而第二个质点通过的路程为 Δx_2. 图 11.24 表示的是两个相互靠近的质点.

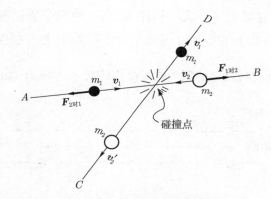

图 11.23　质点在碰撞前与碰撞后

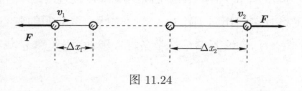

图 11.24

我们用 $\boldsymbol{F}_{2对1}$ 来表示这一时间间隔内质点 2 对质点 1 的作用力, 用 $\boldsymbol{F}_{1对2}$ 来表示质点 1 对质点 2 的作用力. 应用牛顿第三定律可以写出:

$$\boldsymbol{F}_{2对1} = -\boldsymbol{F}_{1对2} \tag{11.51}$$

我们用 F 来表示这一力的量值. 因此对系统作的功 (即对质点 1 作的功和对质点 2 作的功之和) 由下式给出

在 Δt 时间内对相互接近的两个质点所作的功 $= -F[(\Delta x)_i + (\Delta x)_2]$

$$\tag{11.52}$$

---

① 证明是复杂的.

(功是负的, 因为在此情况下力的方向与运动方向相反. 另外, 矢量之所以可以像数学一样相加, 因为我们只讨论沿着质点连线的作用力.) 然而 $(\Delta x)_1 +$ $(\Delta x)_2$ 正好是两个质点间距离 d 的改变, 即 Δd. 因此

在 Δt 时间内对相互接近的两个质点所作的功 $= -F(d)\Delta d$ $\qquad$ (11.53)

这一表示式表明, 如果质点间的距离等于 d [因此仅仅依赖 d 的作用力是 $F(d)$], 那么对相互靠近了不大一段距离 Δd 的两个质点所作的功, 等于 $-F(d)(\Delta d)$ (图 11.25). 相距为 d 的两个质点飞离时, 相互所作的功为

在 Δt 时间内对飞离的两个质点所作的功 $= +F(d)(\Delta d)$ $\qquad$ (11.54)

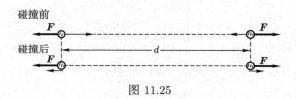

图 11.25

由于飞离时质点间的距离不是减小, 而是增大; 在接近时, 力的方向与运动的方向相反, 而飞离时它们相同 (图 11.26). (这就是该证明的核心; 对于摩擦力或空气阻力之类的力, 恰恰不满足这个条件.) 因此, 当距离 d 减小 Δd 时所作的功等于

$$-F(d)\Delta d \text{ (接近时)} \qquad (11.55)$$

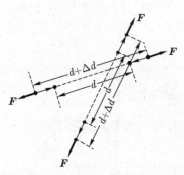

图 11.26 相向飞近的质点所作的功的符号, 与相背飞离的质点所作的功的符号相反

而当距离 d 增大 Δd 时, 所作的功等于

$$+F(d)\Delta d \text{ (飞离时)} \tag{11.56}$$

把这两个式子相加以后得零. 因为对于质点间的任何距离都可以进行同样的讨论, 所以其合功为零. 因此, 根据定理 11.3, 系统动能的总改变量也等于零. 这就是所要求证明的.

作为例子我们来分析一下两个台球的碰撞, 以便进一步解释一下上面所说的内容. 两个小球碰撞时, 它们之间的作用力仅仅在它们发生接触的时间内发生作用. 这个力很大, 它使小球相互分离开来. (在碰撞时, 小球被压缩了一些, 正是借助于对这一压缩的反抗力, 而产生一个使它们重新分离开的力.) 分离之后, 小球又恢复自己原来的形状; 正是由于小球具有这种能复原的能力, 所以它们之间的作用力仅仅依赖于球心之间的距离 (图 11.27). 如果它们不是弹性的, 而发生了形变, 就像两个软物体一样, 那么两个球分离时的作用力就会完全不同于它们接近时的作用力 (在它们的球心距离相同的条件下). 这样, 这些力就不仅依赖于球心之间的距离, 同时还依赖于质点是相互逼近还是飞离 (图 11.28).

图 11.27　两个弹性台球之间的作用力, 它仅仅依赖于球心之间的距离

图 11.28　作用于两个黏土球之间的作用力 (非弹性的), 它同时还取决于球的运动史

这样便产生出**弹性碰撞**的概念. 在这类碰撞中, 弹性物体在碰撞后恢复自己原先的形状, 即, 使物体恢复的力等于压缩它的力. 这类物体之间的作用力仅仅依赖于它们之间的距离. 现在我们可以把我们的定理这样来叙述:

定理 11.4　弹性碰撞过程中的动能守恒.

弹性碰撞之所以使人们很感兴趣, 原因之一是, 几乎所有基本粒子, 或核子间的碰撞都是弹性的. 碰撞具有这样的特性也不难理解. 非弹性与物体的不

可逆形变有关. 假如物体不具有内部结构的话, 那也就不可能使它产生形变.
当人们力图分离出基本粒子时, 人们总是设法与那些根本或基本上不具有内
部结构的客体打交道. 因此, 在研究这一类粒子之间的碰撞时, 一般总认为它
们不具有内部结构, 因为在这种情况下没有什么可变形, 碰撞是弹性的. 在研
究这种碰撞时, 可以应用下述情况: 这些粒子的总动量是守恒的以及碰撞前的
动能等于碰撞后的动能. 我们将会看到, 这两个普遍结果对研究基本粒子间的
碰撞 (如果它们之间的相互作用性质尚不清楚), 具有极为重要的意义.

　　例　作为一个有趣的例子, 我们来研究两个质量相等的物体的对心碰撞.
其中一个物体起初是静止的. (这类碰撞有时在台球台上能够遇到, 图 11.29.)
在这种情况下

$$p_1 = mv_1, \quad p_2 = mv_2 = 0 \tag{11.57}$$

v_1　　　　　$v_2 = 0$　　　　　　$v_1' = 0$　　　　　$v_2' = v_1$

碰撞前　　　　　　　　　　　　　　碰撞后

图 11.29

碰撞是沿着直线发生的, 因此所有矢量按数字相加, 即

$$
\begin{aligned}
& p_1 + p_2 = p_1' + p_2' \\
& mv_1 = mv_1' + mv_2' \quad \text{或} \quad v_1 = v_1' + v_2'
\end{aligned}
\tag{11.58}
$$

因此, 末速度之和等于初速度. 另外, 如果说碰撞是弹性的, 初始动能应当等
于最终动能, 即

$$\frac{1}{2}mv_1^2 = \frac{1}{2}mv_1'^2 + \frac{1}{2}mv_2'^2 \quad \text{或} \quad v_1^2 = (v_1')^2 + (v_2')^2$$

这样, 我们有两个方程式:

$$v_1 = v_1' + v_2' \text{ (动量守恒定律)}$$

$$v_1^2 = (v_1')^2 + (v_2')^2 \text{ (动能守恒定律)}$$

它们能够同时成立吗? 如果认为台球不能相互穿透而过, 则这个方程组的唯一解是

$$v_1' = 0$$
$$v_2' = v_1$$

(证明所得的解同时满足两个方程式并不难, 但是要想证明它是**唯一解**则困难得多.) 由它可得, 碰撞之后第一个球停止, 第二个球开始以第一个球的原速度运动.

中子的发现

1932 年查德威克研究了一种受 α 粒子轰击的铍块发射的、不带电的粒子的性质. 当这些粒子经过气体时, 很自然可以料到, 在这些还不知是什么的粒子与气体原子核之间应当发生迎面碰撞, 就像上面我们所描述的一样. 为了把这些碰撞揭示出来, 探测器被安置在铍放出的粒子的出口线上 (图 11.30). 查德威克当时既不知道被研究粒子的质量, 也不知道它们的速度. 为了获得必要的数据, 他让这些粒子通过两种不同的气体, 气体的原子质量是已知的. 他用的是氢 (它的原子核质量为 m_p, 即质子质量) 和氮 (它的原子核质量为 $14m_p$). 在氢的情况下

$$mv = mv' + m_p v_H'$$
$$\frac{1}{2}mv^2 = \frac{1}{2}mv'^2 + \frac{1}{2}m_p v_H'^2 \tag{11.59}$$

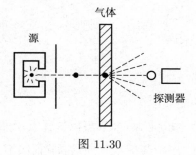

图 11.30

由此可得

$$v_H' = \frac{2m}{m + m_p}v \tag{11.60}$$

(这一道题与以前所研究过的那道题的差别在于碰撞粒子的质量不等.)

对氮来说, 由同样方式可得

$$v_{\mathrm{N}}' = \frac{2m}{m + 14m_{\mathrm{p}}} v \tag{11.61}$$

用式 (11.60) 除 (11.61) 可得

$$\frac{v_{\mathrm{H}}'}{v_{\mathrm{N}}'} = \frac{m + 14m_{\mathrm{p}}}{m + m_{\mathrm{p}}} \tag{11.62}$$

查德威克测量了由气体中飞出来的核的速度比, 得到的数值约为 7.5, 即

$$\frac{m + 14m_{\mathrm{p}}}{m + m_{\mathrm{p}}} \approx 7.5 \tag{11.63}$$

或

$$m \approx m_{\mathrm{p}} \tag{11.64}$$

用这个方法他得出了有中子存在的结论. 它是不带电的粒子, 其质量与质子质量近似相等.

参考文献

[1]　*Galilei Galileo*, 参阅第 2 章 [1], pp. 293—294.

思考题

1. 在什么条件下动量守恒?

2. 在什么条件下动能守恒?

3. 在大气中飞行的飞机推动 (如果可以这样表示的话) 大气, 并把它作为牵引力源而使自己前进. 螺旋桨把空气向后排. 它们不断地旋转着, 把空气推向后方, 而空气则朝相反方向 (朝前) 推它们. 大气–飞机系统的总动量守恒.

为什么在很高的高空, 当空气很稀薄时, 就很难使用这种飞机了?

4. 宇宙飞船位于地球大气稠密层以外的几乎没有空气的空间, 它们不可能用推动飞机前进的办法来使自己运动. 既然没有什么物质能用以推动飞船, 所以只得靠它自己向后喷射物质. 飞船动量的改变等于被喷出物质的动量改变, 且方向相反. 为了不使飞船超重, 通常都希望飞船携带和喷射的物质尽少量一些. 那为什么物质喷出的速度越大, 宇宙飞船的效率越高呢?

5. 守恒定律所能提供的一个现实优越性在于, 这种定律可以减少未知量的数目. 例如, 在动能守恒的系统中, 守恒定律使系统中物体的未知速度数减少一个. 在两个质点碰撞的情况下, 为求出全部速度, 需要给定几个速度? (先对一维碰撞的情形来分析这一问题, 然后再在三维空间中予以讨论.)

6. 把对思考题 5 的分析结果用于物体爆炸的情况, 假设爆炸后该物体分裂成两块.

7. 试举一例, 其中一个物体的动能比另一个物体大, 但动量却比它小.

习题

1. 质量为 145 g 的棒球飞行速度为 3×10^3 cm/s, 由墙上弹回后朝相反方向飞行的速度为 2×10^3 cm/s. 问:

a) 力的冲量等于多少?

b) 假设球与墙接触的时间为 10^{-2} s, 求作用于球的平均力以及作用于墙壁的力的量值.

c) 作用于球的力的冲量是多少?

2. 试证明 1 dyn 的力作用 10 s 的冲量, 等于 10 dyn 的力在同一方向上作用 1 s 的冲量.

3. 质量为 72 kg 的滑雪运动员抓住升降机的钢索以便到达山顶. 2 s 后滑雪运动员的运动速度已经达到 3 m/s. 滑雪运动员的手应能承受多大的平均拉力? 滑雪板与雪之间的摩擦力可以不计.

4. 若球的弹性很小, 试研究一下习题 1. 也分析一下极限情况, 即当球的弹性与一块黏土的弹性一样时的情况. 棒球与黏土块相比, 哪一个能更快地将胶合板凿穿? (假定它们的质量与初速度都一样.)

5. 设有一个系统, 它由两个物体组成. 其中一个的质量为 3 g, 以 10 cm/s 的速度向东运动; 另一个的质量为 5 g, 以 20 cm/s 的速度向北运动. 试问该系统的总动量的量值与方向如何?

*6. 习题 8 中所描述的宇宙飞船外壳质量为 150 kg (外壳的质量已计入习题 8 中整个包的质量内), 它与第二级火箭一道, 在飞行的第 190 s 时脱离. 包的速度增大多少?

7. 质量为 3 kg 的榴弹沿地面以 3 m/s 的速度滚动. 爆炸时没有发火, 榴弹破裂成两块. 第一块弹片以 30 m/s 的速度沿榴弹原先滚动的方向飞行. 那么第二块弹片以多大的速度, 在什么方向上飞行?

8. 三级火箭给质量为 1440 kg 的包以推动力. 推力的变化情况示于图 11.31. (在图中考虑了火箭重量, 空气阻力以及其他方向朝下的力.) 试问, 包的末速度等于多少?

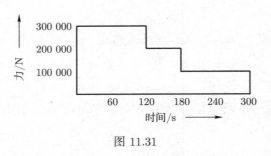

图 11.31

9. 打台球时, 您用自己的球, 以 6 m/s 的速度斜碰另外的球, 球的质量相同. 如果被撞的台球以 2 m/s 的速度进入了侧球网. 该网相对于您自己的球在碰撞前的运动方向成 30°. 试问您自己的球在碰撞后滚动的速度与方向如何? (用图解法.)

10. 设质量为 10 kg 的物体的运动情况如图 11.32 所示, 试求对该物体所作的功.

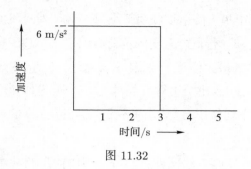

图 11.32

11. 一名滑雪运动员重 700 N, 乘升降机沿斜面升高 150 m. 升降机对滑雪运动员作的功等于多少?

12. 把一枚 10 cm 长的钉子钉进木块, 所作的功是多少? 设锤子的平均作用力为 200 N, 锤子每敲一下钉子进 1 cm.

13. 速度为 500 cm/s、质量为 200 g 的物体的动能等于多少?

14. 如果当汽车行驶速度为 45 km/h 时, 制动距离为 40 m, 那么当速度为 60 km/h 时, 制动距离是多少呢?

*15. 在 32 m 长的距离上, 车轮对质量为 500 kg 的汽车的平均作用力为 500 N.

a) 该力作的功是多少?

b) 汽车的末速度等于多少?

*16. 在第 149 页所举的例子中, 在假定两个台球的质量相等、沿直线碰撞的情况下, 已计算出了它们的末速度. 试对两个球质量不相等的一般情况, 重新完成这一计算. 试证明, 若第二个球的质量非常大, 碰撞后, 第一个球将以与初速度量值相等、方向相反的速度飞离第二个球. (这是更广义的结果的特殊情形. 更广义的结论是, 当一个轻质点与一个不动的重质点发生弹性碰撞时, 轻质点的动能实际上不变.)

*17. 一块质量为 100 g 的石头, 以 300 cm/s 的速度抛向北方, 它与一块质量为 1500 g 的黏土块相撞而嵌入其中. 在此之前土块以 50 cm/s 的速度向东飞驶. 试求碰撞后土块的速度 (量值与方向). 并求损失掉的动能等于多少?

18. 假定, 要求使一块快速运动的物体在给定的距离 d 以内停下来 (如使飞机在航空母舰的甲板上降落). 制动系统, 如钢索, 对飞机的最大作用力取决于飞机的牢固程度和飞行员能忍受的负荷等因素. 以 $F_{最大}$ 来表示这个力. 那么对飞机所作的功的最大值等于 $F_{最大} \times d$. 假设 $F_{最大}$ 的数值取决于飞行员能忍受的最大负荷 (比如说, 飞行员能承受 5 个重力加速度 g), 求对质量为 2000 kg 的飞机的平均作用力. 如果甲板长 150 m, 允许的最大降落速度等于多少?

19. 质量为 2880 kg、速度为 15 m/s 的运输车的动量是多少? 质量为 4500 kg 的卡车, 速度为多少时, 其动量也将是这么大?

20. 自动步枪向靶射出质量为 5 g 的子弹. 枪的射击速度为每分钟 480 颗子弹, 子弹速度为 400 m/s. 为了使靶在射击时能保持不动, 应当给靶施加的平均作用力为多少?

第 12 章　能量守恒定律

§12.1　势能

如果仔细想一下就会感到奇怪, 在弹性碰撞中, 碰撞前与碰撞后的动能保持不变, 而在碰撞过程当中却又应当改变. 举例来说, 当两个一样的质点以相同的速度相互靠近而发生碰撞时, 在某一时刻两个质点完全停止 (质点接近与离开的分界时刻), 此时系统的动能变为零, 似乎动能全部消失.

与动能不同, 系统的动量在碰撞前、碰撞中和碰撞后始终保持不变. 当然, 决不能认为动能也应当保持恒定. 但是动能消失而又再现的现象很自然地会使我们产生这样的问题: 是否存在某种东西, 在动能不断减小的过程中它不断增大, 同时动能与这种东西之和在整个碰撞过程中保持不变呢?

看来这种东西是存在的. 在力的大小与方向仅仅取决于系统中质点的位置的场合中, 这种东西被引申而形成一种概念 —— **势能**. 势能的适用范围已远远超出碰撞问题的框框. 它是一个非常有生命力的物理概念, 它决定了物理学未来各领域的发展, 甚至当牛顿形式的力学已经不适用的时候, 它仍旧被保存下来. **势能**也是一个非常成功的称呼, 因为它会引起人们正确的联想. 动能的概念本来也可以叫作运动能, 很直观, 因为它与质点的速度相关. 而与系统的一定的内部结构相关的势能就不那么直观了, 然而它却代表着把这一结构转换成动能的能力 (位势).

把势能比作能够转换成动能的贮备能, 则比较容易想象. 这样的例子俯拾即是. 一个被压紧的弹簧就具有势能. 如果把弹簧松开, 势能就变换成运动能. 一个被举到某一高度的重物也可以说包含势能, 因为如果把它松开, 它便下落而获得动能.

为了探讨势能, 我们首先来寻找一个在运动中守恒的量, 这个量甚至当动能发生改变时也保持不变. 借助于定理 11.3 可以找到这个量: $W_{a \to b}$ (**将物体由 a 点移到 b 点时, 对物体所作的功**)=**物体动能的变化**=**b 点的动能减去a 点的动能**=$T_b - T_a$. 初看起来, 在运动过程中保持不变的那个量, 可以用很简单的方式由此等式获得, 即将被加项对换一下即可:

$$T_a = T_b - W_{a \to b} \tag{12.1}$$

这一关系式表明, 初始动能等于最终动能减去对物体作的功. 初始动能与后来的运动是无关的, 因此它在运动过程中不变. 这正是那个保持不变的量.

在这种情况下, 能否把势能差看作是对物体作的负功呢? 看来, 这是可以的, 而且对于力的性质用不着附加任何限制. 例如, 这种力不一定是量值与方向只依赖于系统中物体位置的力、或是遵守牛顿第三定律的力. 这样, 甚至在碰撞前的动能不等于碰撞后动能的时候, 类似作法仍是可行的.

假设有一木块沿桌面滑动, 它的初始动能等于 T_a. 桌面与木块之间的摩擦力使它不断减速一直到停止为止, 所以动能的最终值等于零. 由上述一般定理可知, 对物体所作的功, 等于初始动能, 但符号为 "负":

$$T_a = -W_{a \to b} \tag{12.2}$$

同时 T_a 显然是一个常量 (图 12.1)

$$T_a = 0 + Fd = Fd$$

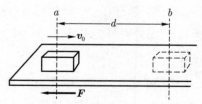

图 12.1 对物体作的功等于 $-Fd$, 初始动能等于 $\frac{1}{2}mv_0^2$, 最终动能为零, 因而物体的初始动能为 $T_a = 0 + Fd = Fd$

所有这些讨论都是非常合乎情理的. 然而用上述方法所确定的势能之间的差是不可逆的 (至少, 在我们所期望的那种意义上), 并且不可能再作任何有意义的进一步概括. 桌面上停止不动的木块继续保持静止. 尽管如此, 假如我们只局限于讨论类似于发生弹性碰撞时才起作用的那些力, 即只依赖于物体位置的那些力的话, 则势能就具有能够恢复和转换成动能的性质. 这样一来, 我们也就把上面所讨论的情况排除在外了. 对于上述情况, 使木块制动的力的方向始终与其运动方向相反. 因而, 一旦木块停了下来, 力便消失, 一直到我们重新使它运动. 如果作用于木块的力仅仅依赖于它的位置, 那么木块停止以后这个力应当继续作用, 而使木块返回到具有初始动能的那个位置上去. 假定作用于木块的力是一个仅仅依赖于它的位置的恒力, 那么木块在理想光滑平面上的行为就是这种情况. 这一实验可以借助于表示在图 12.2 上的系统来实现.

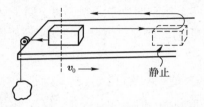

$v_0 \rightarrow$　　　静止

图 12.2　在理想的光滑桌面上, 木块在系着重物的绳子的恒力作用下不断减速. (理想的光滑桌面是所有牛顿物理学家们想象出来的技术武器之一.)

作为另一个例子, 我们分析一下在地面附近垂直上抛质点的运动. 质点向上的运动在恒定的重力作用下不断减速. 重力是满足仅仅依赖于质点位置这一条件的[①]. (重力是这类力中最简单的一个, 其量值和方向皆恒定.) 与摩擦力不同, 质点的运动方向发生变化时, 重力的方向不变.

假定质点由点 a (图 12.3) 竖直上抛, 其初始动能为 T_a. 质点由零高度上升到 x, 重力对质点作的功等于 $-mgx$. 当该功 (取负号) 的值等于初始动能时, 质点便停止:

$$mgx = T_a \tag{12.3}$$

因此, 上升的最大高度

$$b = \frac{T_a}{mg} \tag{12.4}$$

---

① 在此情况中, 重力与位置的依赖关系极简单, 即与位置无关. 重要的是, 力不依赖于运动方向等其他的因素.

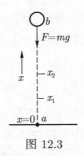

图 12.3

达到最大高度后质点就停止了, 但质点并不能吊在空气当中. 它开始下落, 当
达到地面时, 其累积的动能的量值与开始上抛时一样. 但运动方向却变成了相
反方向. 这样, 在质点向上运动时动能不断减小, 向下运动时不断增大. 一旦
质点返回到初始位置, 它的动能完全恢复. 可以使动能恢复的这种可能性, 也
正是势能这一概念的含义.

我们把势能之间的差值 [见式 (12.1)] 定义为把物体由一个点移到另一个
点时, 对物体所作的功取负值. 但是, 这一定义仅仅当力只与位置有关时才成
立. 因为也正是对这一类力, 势能这一概念才具有特殊的价值.

定义　**a 点与 b 点的势能差 = 把物体由 a 点移到 b 点对它所作的负功.**

在上述条件下, 物体丢失的动能可以重新恢复, 这样就可以谈论总能量守
恒的问题了. 由于这一原因, 仅仅与位置有关的力被称作**保守力**. 在这种力的
作用下, 机械能守恒. 这就好像把那些因循守旧的人们称作政治上的保守派
一样.

作为一个例子, 再来分析一下处于地球引力作用下的质点的行为. 质点在
点 x_1 与 x_2 间的势能差等于

$$把质点从 x_1 点移到 x_2 点对质点作的负功$$

$$= -(-mg)(x_2 - x_1) = mgx_2 - mgx_1 \tag{12.5}$$

把式 (12.5) 代入 (12.1), 并把动能的表示式展开, 可得

$$\frac{1}{2}mv_1^2 + mgx_1 = \frac{1}{2}mv_2^2 + mgx_2 \tag{12.6}$$

假定质点由地面抛出的速度为 v_0. 在此情况下 $x_1 = 0$, 式 (12.6) 可写成

$$\frac{1}{2}mv_0^2 = \frac{1}{2}mv^2 + mgx \tag{12.7}$$

这样, 速度 v 仅与质点的位置有关. 例如, 我们可以问: 质点从开始上升到停止并开始下落前所走过的路程是多少? 在最大高度处质点的速度为零 $(v = 0)$. 因此

$$\frac{1}{2}mv_0^2 = mgx_{最大} \tag{12.8}$$

或

$$x_{最大} = \frac{v_0^2}{2g} \tag{12.9}$$

在这一高度上速度等于零, 因而质点的动能也等于零. 但此时质点的势能却达到自己的极大值, 同时其数值等于动能的初始值. 这一点用所求得的方程式很容易证明:

$$mgx_{最大} = mg\left(\frac{v_0^2}{2g}\right) = \frac{1}{2}mv_0^2 \tag{12.10}$$

然后, 质点开始下落, 过一段时间以后到达地面. 在触及地面的一瞬间, 它到地面的距离等于零, 质点的速度达到初始值. 但是速度的方向在飞行中发生了改变. 此时质点向下运动, 而不是向上. 尽管如此, 这一事实并不影响动能的数值, 因为动能与速度的平方成正比, 与运动的方向无关. 在这种情况下, 可以认为在运动过程中, 先是动能转换成势能, 然后又反过来. 但是它们的和始终是个常量.

对于多质点系统, 上述概念并不是在任何时候都非常明显. 动能可能转变成势能, 并以势能的形式保存下来而不再转换. 例如, 如果把物体扔到某个高台上, 让它停在那里. 物体的动能转换成势能; 然而在我们把物体从高台上推下之前, 反向转换不会发生.

§12.2　势能的美妙特性

也许, 下面这个定理确定了势能的最重要的特性.

定理 12.1   **如果作用于物体的力是保守力, 则把物体从一个点移到另一个点所作的功, 只与起始点和终止点的位置有关, 或者, 这两个点的势能之差只与这两个点的位置有关.**

为了估价这一定理的重要性, 我们来研究一下非保守力的情况. 在这种情况下, 对物体所作的功, 不单单与物体的初始位置和终止位置有关, 而且还与它移动的途径有关. 作为例子, 我们可以想象一块木块, 它沿有摩擦的桌面运动. 因为摩擦力的方向永远与物体运动方向相反, 所以对木块所作的功将等于力与总行程的乘积 (图 12.4). 因此, 如果木块由 a 点到 b 点沿直线运动, 则对物体所作的功最小; 如果它沿着曲线运动, 则对物体作的功将大一些. 如果在这种情况下打算确定势能, 则它不仅与物体的初始与终止位置有关, 而且也与由 a 点移动到 b 点时所经过的路程有关. 换句话说, 对物体所作的功将依赖于它的运动史, 即与物体是如何沿桌面运动的有关.

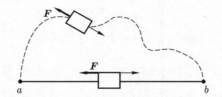

图 12.4   对木块所作的功, 等于摩擦力的数值与所经过的路程长度的乘积

只要好好考虑一下所求得的结果的含义, 就会清楚, 要是真有这样的情况: 对物体所作的功与物体移动的路径无关, 而仅仅取决于在给定时刻物体的位置, 这一事实该是何等美妙. 这种情况恰恰与保守力相应. 下面叙述一下证明. 再次分析一下质点在重力作用下的运动. 但是这一次我们不再局限于把质点由 a 点垂直上抛到 b 点的情况. 假设质点可以从 a 点沿着几种可能的任意路程运动到 b 点. 其中, 我们研究一下前面已经讨论过的沿直线的运动, 和图 12.5 所示的沿封闭路程的运动.

把质点由 a 点沿直线移动到 b 点所作的功 (a 与 b 之间的距离用 h 表示), 如前面已经证明的那样, 等于 $-mgh$. 现在我们计算一下沿折线路程 $aceb$ 所作的功. 该路程并不是完全任意的, 然而, 计算沿这样一条路程所作的功, 就可以把证明的基本思想解释清楚. 在 a 至 c 的第一段路程上, 万有引力垂直

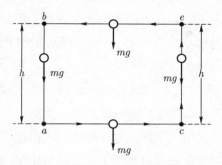

图 12.5　在地面附近, 在均匀的万有引力作用下, 质点能够从 a 点移至 b 点的两条路径

于物体运动的方向 —— 事情的关键也就在这里. 沿这一段路程, 万有引力不作任何功. 在这一点上它与摩擦力完全不同, 摩擦力沿任何一段路程都要作功. 在 c 至 e 的第二段路程上, 万有引力的方向与运动方向相反, 其所作的功为 $-mgh$. 最后, 在最末一段路程上, 万有引力又与物体运动方向垂直, 又不作功. 因此沿着 $aceb$ 全路程所作的功等于 $-mgh$, 与沿直线路程所作的功正好一样.

可以把任意形状的路程分割成许许多多的短的直线段. 其中每一段要么是水平方向, 要么是垂直方向 (图 12.6). 沿每一段水平路程所作的功皆为零, 而沿每一段垂直路程所作的功都等于 $-mg$ 乘以该段路程的长度. 但是由 a 点至 b 点的所有垂直线段的总长度永远等于 h. 因此在任意形状的路程上所

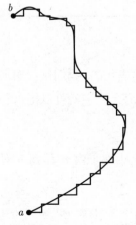

图 12.6　任何一个曲线路程皆可近似地分成许多垂直线段与水平线段

作的总功永远等于 $-mgh$. 如果力的量值和方向并不恒定, 就应当把它在折线的每一小段路程上, 分解成垂直与水平分量. 然后把所有的元功正确相加, 我们便得出同样的结果.

　　为了看清这一定理的威力, 我们来分析一粒珠子沿着一条任意形状的金属丝无摩擦滑动的情形, 如图 12.7 所示. 对于这类问题的研究, 启发了十八世纪的物理学家们, 使他们引入了能量这一概念. 根据定义, 无摩擦运动意味着, 沿着小珠子运动的方向, 金属丝对小珠子没有任何作用. 金属丝对小珠子的作用力垂直于运动方向. 这一作用力迫使小珠子留在金属丝上. 但是这个力的方向始终垂直于运动方向, 因而不作任何功[1]. 只有方向一直朝下的重力才作功. 但由于质点的运动方向不停地变化着, 所以为了计算重力所作的功, 必须把实际路程分成许多小段. 在每一小段上求出力在运动方向上的分量, 然后把所有的元功加起来. 如果路程很复杂, 则求功的任务也就复杂. 此时, 如果我们想了解运动的全部细节, 就应该应用牛顿第二定律来解这一难题.

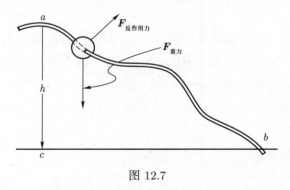

图 12.7

　　假定质点在 a 点起初是静止的, 我们仅仅对质点在 b 点的速度感兴趣. 如果应用上面得出的结果, 只消几行字就可以把这种情况下的计算完成. 由定理 11.3 可知

$$T_b - T_a = 把小珠子由 a 移到 b 对它所作的功 \tag{12.11}$$

---

　　[1] 这可以换成另外一种说法: "试设想下述情景: 在不作任何功的力 (即永远与运动方向垂直的力) 的作用下, 质点被迫沿着一条复杂的路程移动."

在 a 点小珠子是静止不动的, 因而 $v_a = 0$ 和 $T_a = 0$. 由是

$$T_b = \frac{1}{2}mv_b^2 = 把小珠子由 a 移到 b 对它所作的功$$

$$= mgh \tag{12.12}$$

所以在 b 点的速度

$$v_b = \sqrt{2gh} \tag{12.13}$$

我们之所以如此详细地进行这些计算, 其目的是想突出一个美妙的事实. 为了计算末速度, 我们所需要知道的仅仅是对质点所作的功. 为了求出沿着由金属丝形状所决定的曲线路程所作的功, 本应解一个非常复杂的难题. 这一点正是我们竭力想避免的. 我们利用了这样一点: 把小珠子由 a 移至 b 对其所作的功, 与路程无关. 这样我们便可选择一条最简单的路程——先是由 a 垂直向下到 c, 此时在 h 长度上所作的功等于 mgh; 然后由 c 沿水平路程到 b, 此时由于力与运动方向垂直, 所作的功等于零.

这便是我们所得到的简化的实质. 如果力是保守力, 则为了计算质点从一点移到另外一点所作的功, 没有必要跟踪质点的实际轨迹, 而可以选择任意一条路程. 从所有路程当中, 选出最简单的一条之后, 我们便很容易求出功的值.

§12.3 机械能守恒定律

在上节中我们得到了一个很重要的结果——对物体所作的功的大小只与物体的初始位置和终止位置有关. 这个结果可以表示成更正规的形式: 把物体由 a 点移到 b 点, 保守力所作的功的量值 (符号为负), 或 a 与 b 两点的势能之差, 仅仅是 a 与 b 的函数[1].

说某量是某量的函数 (只依赖某量), 这是一个非常有力而又明确的论断. 当然, 由于这样的函数可能有许多个, 因此它具有某种任意性. 在这种情况下, 该论断相当于一个并不是很显而易见的假设: 功既与路程无关, 也与初速度等

---

[1] 对函数性质的一般研究见附录 2.

等无关, 它仅仅依赖于初始点与终止点的位置. 因此可以写作①

　　　a 与 b 两点的势能之差, 等于把物体由 a 移至 b 所作的功的负值

$$= V(\boldsymbol{b}) - V(\boldsymbol{a}) \tag{12.14}$$

此处 V 表示势能. 势能 V 仅仅是确定势能的点的函数. (这样一来, 我们便赋予了空间各点一定的特性. 该特性影响物体的运动. 后来由此而发展成场的概念.) 可以把关系式

$$T_a = T_b \text{ 减去把物体由 } a \text{ 移到 } b \text{ 对物体所作的功} \tag{12.15}$$

写成

$$T_a = T_b + V(b) - V(a) \tag{12.16}$$

或者

$$T_b + V(b) = T_a + V(a) \tag{12.17}$$

对于在重力作用下运动的质点来说, 该方程式变成

$$\frac{1}{2}mv_b^2 + mgx_b = \frac{1}{2}mv_a^2 + mgx_a \tag{12.18}$$

---

① 由定理 12.1 立刻可以得出, 把物体由 a 移到 b 保守力所作的功, 仅仅是 a 与 b 的函数, 即

$$W = W(a, b)$$

我们考察连接 a 与 b 的两条路程 (图 12.8), 因为沿上路程与下路程所作之功相等, 所以

$$W(a, b) = W(a, c) + W(c, b)$$

图 12.8

可以证明, 该方程满足

$$W(a, b) = [W(c) - W(a)] + [W(b) - W(c)] = W(b) - W(a)$$

同时, 该解是唯一的.

到目前为止, 我们还只是与两点间的势能差打交道. 现在我们设法阐明某一点的势能, 即 $V(P)$ 这一概念的意义. 我们把某一确定的 (但是, 是任意的) 点 O 与点 P 之间的势能差, 定义为 P 点的势能. O 点位置的选择, 要考虑到使势能的形式最简单, 因为这一参考点的位移只是使势能改变一个与 P 点的位置无关的常量 (图 12.9).

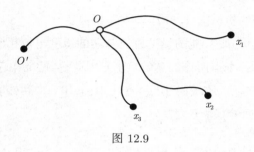

图 12.9

假定, 我们开始时把 O 点作为参考点; 那么, 在 x_1 点的势能等于从 O 到 x_1 的路程上所作的功的负值, 在 x_2 点的势能等于从 O 到 x_2 的路程上所作的功的负值等等. 如果现在把参考点改为 O', 则 x_1 的势能将等于从 O' 到 O 所作的功的负值, 加上从 O 到 x_1 所作的功的负值. x_2 的势能将等于从 O' 到 O 的路程上所作之功的负值, 加上从 O 到 x_2 所作的功的负值等等:

(参考点在 O' 时, x 点的势能)

= (参考点在 O 时, x 点的势能) − (从 O' 到 O 的路程上所作的功)

然而, 从 O' 到 O 的路程上所作的功与 x 点无关. 因此, 将参考点从 O 换成 O' 时, 所有点的势能皆改变一个恒定值. 该值的大小等于在从 O' 到 O 的路程上所作的功的负值. 这意味着, 如果我们先是相对于某一参考点算出了势能, 然后又相对于另一个参考点进行了计算, 则在这两种情况下所得出的势能值只相差一个常量. 参考点的选择是无关紧要的, 因为在实际应用势能时, 总是把在某一点的势能值减去在另一点的势能值, 因而常数便从方程式中被消去[①].

[①] $V(b) − V(a) = [V(b) + 常数] − [V(a) + 常数]$.

这样, 我们便求出了在系统运动时, 不管动能怎么变都保持不变的那个量:

$$动能 + 势能.$$

我们可以引入机械能 E 的定义:

定义 机械能 $E = T + V$.

恰恰正是系统的机械能 E 在运动中保持恒定.

由势能的定义可知, 势能的量度单位与功的量度单位相同 (因为势能等于从一个点移动到另一个点所作的功的负值). 因此, 势能的单位为 erg (cm·g·s 制) 与 J (国际单位制). 质量为 10 g, 在距地面 10 cm 高处静止的质点, 其势能 (参考点选在地面处) 等于:

$$V = mgx = 10 \text{ g} \times 980 \text{ cm/s}^2 \times 10 \text{ cm}$$
$$= 98000 \text{ g} \cdot \text{cm}^2/\text{s}^2 = 98000 \text{ erg} \tag{12.19}$$

由定理 11.3 (对物体所作的功, 等于其动能的改变) 可知, 物体动能的量度单位也是功的量度单位 (erg, J). 这样一来, 质量为 10 g、运动速度为 10 cm/s 的物体的动能等于

$$T = \frac{1}{2}mv^2 = \frac{1}{2} \times 10 \text{ g} \times (10 \text{ cm/s})^2$$
$$= 500 \text{ g} \cdot \text{cm}^2/\text{s}^2 = 500 \text{ erg} \tag{12.20}$$

因为机械能 E 是 T 与 V 的和, 所以也应当用功的单位 (erg, J) 来量度.

质量为 10 g 的质点, 在地球重力的作用下, 其能量为

$$E = \frac{1}{2}mv_x^2 + mgx \tag{12.21}$$

式中 x——质点与地面之间的距离, 而 v_x——质点在 x 点的速度. 如果它在距地面 10 cm 高处静止不动, 则

$$E = 0 + 10 \text{ g} \times 980 \text{ cm/s}^2 \times 10 \text{ cm}$$
$$= 98000 \text{ erg} \tag{12.22}$$

如果现在使质点下落, 那么到达地面时它累积了动能, 其数值等于初始势能.
因为质点在地面时的势能等于零, 而总能量应当保持恒定. 这样,

$$E = \frac{1}{2}mv_0^2 + 0 = 98000 \text{ erg} \tag{12.23}$$

由此可得

$$v_0 = \sqrt{\frac{2E}{m}} = \sqrt{\frac{2 \times 98000 \text{ g} \cdot \text{cm}^2/\text{s}^2}{10 \text{ g}}}$$

$$= \sqrt{19600 \text{ cm}^2/\text{s}^2} = 140 \text{ cm/s} \tag{12.24}$$

现在我们已经能够叙述牛顿系统的能量守恒定律了.

能量守恒定律 **如果作用于系统的力是保守力, 则系统运动时, 其能量, 即动能与势能之和保持不变.**

与动量的情况一样, 以上述方法定义的机械系统的能量是一个更一般的
概念, 它比引进这一概念时, 作为出发点的那些原始概念有着普遍得多的意
义. 能量概念与能量守恒定律的更普遍形式, 对于非牛顿系统, 以及对于比我
们讨论过的、结构更复杂的力, 仍然成立. 这样, 在牛顿质点或笛卡儿质点运动
理论中引进的动量与能量概念, 实际上比理论本身更为深刻.

多质点系统的能量可用下列方式来定义:

$$E = T_1 + T_2 + \cdots + T_N + V(x_1 \cdots x_N) \tag{12.25}$$

换句话说, 该能量等于所有质点的动能, 加上与所有的质点的位置有关的势
能. 用类似上面所作的讨论可以表明, 这样引进的能量, 在多质点系统运动时
保持不变.

§12.4 几个简单力系的势能

现在来研究几个常见和常用的保守系统. 先从受恒力作用的质点开始, 例
如, 地面附近受均匀的重力作用的一个质点 (图 12.10). 把质点从零点 $x = 0$
移至 x 点所花费的功, 等于 $-mgx$, 因此质点的势能

$$V(x) = mgx \tag{12.26}$$

如果研究一下与地面平行的一系列平面, 则在它们当中的每一个平面上, 势能皆恒定, 因为势能仅仅与质点至地球表面的距离有关. 这些平面可以称作等势面. 有必要提醒一下, 当我们沿着这些平面移动质点时, 并不作功.

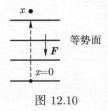

图 12.10

现在我们来确定处于地球实际引力作用下的质点的势能. 对质量为 m 的质点的作用力 (图 12.11):

$$\text{量值}: F = \frac{GMm}{R^2}$$
$$\text{方向}: \text{指向地心}$$

(12.27)

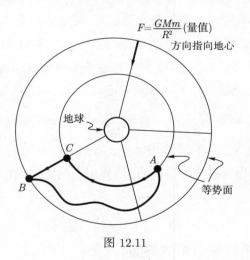

图 12.11

先从定义等势面开始比较方便. 如先前所述, 在这些表面上的势能应当是个常量. 或者换另一种完全等同的说法: 把质点从该表面的一个点移到另一个点所作的功应当等于零. 重力是永远指向地心的力, 要确定这种力的等势面并不困难. 任何一个以地心为中心的球面, 都是势能的等势面. 这一点可以通过下列方式予以证实. 当把质点从球面上的一个点移到另一个点时, 重力的方向始终垂直于运动方向, 因为半径始终与球面组成直角. 因此在这种运动中, 重力不作任何功, 即在球面上所有点的势能皆相同. 由此可见, 与重力相关的势能的大小只能与质点到地心 (沿半径) 的距离有关, 但与该半径的方向无关. (此处显示出对称性, 将来我们还将不止一次再碰到这一特性.)

在这一情况下, 为了求出在重力作用下的质点的势能, 可以把质点从一个点移到另外一个点, 沿着所有可能的路程中最简单的那一条路程, 计算出所作的功. 例如 (见图 12.11), 为了计算沿着弯曲路程 AB 所作的功, 可以先计算路程 AC 所作的功, 然后再计算沿径向路程 CB 所作的功. A 点与 C 点的势能之差等于零, 因为这两个点处在同一个等势面上. 因此 A 与 B 两点的势能之差, 等于 C 点与 B 点的势能之差.

这样, 我们就剩下计算质点沿径向线移动时的势能差了.

在这种运动中作用于质点的力等于

$$F = \frac{GMm}{R^2} \quad \text{(量值)(力指向地心)} \tag{12.28}$$

我们将认为质点向地心运动. 把质点从 R_2 移到 R_1 所作的功 (图 12.12), 可

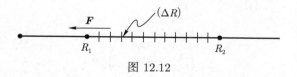

图 12.12

以通过把这一区间分成大量小线段, 然后相加的办法来进行计算

$$F_1(\Delta R)_1 + F_2(\Delta R)_2 + \cdots + F_n(\Delta R)_n \tag{12.29}$$

这一和在数值上等于图 12.13 上画斜线部分的面积.

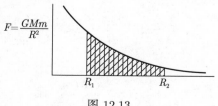

图 12.13

可以很精确地将上式相加, 结果我们得到

$$把质点由 R_2 移到 R_1 所作的功 = V(R_1) - V(R_2) = \frac{GMm}{R_1} + \frac{GMm}{R_2}$$

$$(12.30)$$

对于这种系统, 通常是把无穷远处 $(R_2 = \infty)$ 作为参考点. 当 $R_2 = \infty$ 时, $\frac{GMm}{R_2} = 0$. 因此, 当按上述方式选参考点时, 万有引力的势能为

$$V(R) = -\frac{GMm}{R} \qquad (12.31)$$

例 1   地球物理火箭

假定发射了一枚能升高至 6400 km (一个地球半径) 的火箭, 然后火箭又返回地面 (图 12.14). 试问火箭的初速度应为多少? 我们用 v_0 来表示发动机燃料耗尽之后给予火箭的最大速度. 此刻火箭的能量

$$E = T + V = \frac{1}{2}mv_0^2 - \frac{GMm}{R}$$

在运动过程中保持恒定.

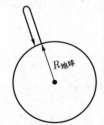

$R_{地球} = 6\,400\ \text{km} = 6.4 \times 10^6\ \text{m}$

图 12.14

在最高点 $2R$ 地球处, 火箭的速度为零.
因此

$$E = \frac{1}{2}mv_0^2 - \frac{GMm}{R_{地球}} = -\frac{GMm}{2R_{地球}}$$

或者

$$\frac{1}{2}mv_0^2 = \frac{GMm}{2R_{地球}}$$

这样

$$v_0 = \sqrt{\frac{GM}{R_{地球}}} = \sqrt{gR_{地球}} = \sqrt{9.8 \text{ m/s}^2 \times 6.4 \times 10^6 \text{ m}}$$

$$= 7920 \text{ m/s} = 7.9 \text{ km/s}$$

(注意, $g = GM/R_{地球}^2$; 为了简化计算, 上面我们用到了这个结果).

例 2 第二宇宙速度

要使火箭永远不再返回地球, 它的速度应为多大? 最低速度 (它被称作第二宇宙速度) 对应着火箭射向无穷远处 ($R = \infty$) 后, 其速度降至零. 总的机械能

$$E = \frac{1}{2}mv_0^2 - \frac{GMm}{R} \tag{12.32}$$

当 $R = \infty$ 时, 势能 $-\dfrac{GMm}{R}$ 等于零. 因为当 $R = \infty$ 时速度应当等于零, 或者大于零, 所以当 $R = \infty$ 时, 火箭的动能也应等于零或大于零 (因而总能量也等于零或大于零). 但是总机械能守恒. 因此, 为使火箭能够永远脱离地球, E 应当为正.

由此可以推断出, 在地球上 v^2 的值至少为

$$\frac{2GM}{R_{地球}}$$

或者

$$v = \sqrt{\frac{2GM}{R_{地球}}}$$

但是

$$\frac{GM}{R_{地球}^2} = g = 9.8 \text{ m/s}^2$$

因此

$$v = \sqrt{2 \times (9.8 \text{ m/s}) \cdot R_{地球}}$$

$$= \sqrt{2 \times 9.8 \text{ m/s} \times 6.4 \times 10^6 \text{ m}}$$

$$\approx 11.2 \text{ km/s}$$

(根据我们关于万有引力势能的定义, 我们得到, 能量小于零的物体被 "束缚" 在地球上, 而能量为正的物体将永远脱离地球. 同样还可以说, 封闭的椭圆轨道标志着能量为负, 而开放的双曲线轨道标志着能量为正.)

图 12.15 表示物体的万有引力势能与到地心距离的关系. 总能量

$$E = \frac{1}{2}mv^2 - \frac{GMm}{R} \tag{12.32}$$

如果 E 小于零, 则物体不可能脱离地球. 因为总可以找到一个 R 值, 此时物体的速度变为零. 在到达这一高度 R (所谓的返转点) 之后, 物体将停住并开始向相反的方向运动. 可以把这一内容表示得更正规些: 如果 $E < 0$, 则当 $v = 0$ (物体停住) 时

$$E = -\frac{GMm}{R}$$

由此可以得出 R 的正值:

$$R = -\frac{GMm}{E}$$

如果能量为正, 就无法得到正值的 R. 这意味着, v 不可能等于零, 也即没有返转点, 物体在哪儿也不停住, 它永远不可能返回地球.

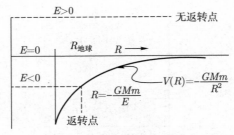

图 12.15　引一条恒定能 E 的直线 (水平直线), 就可以把返转点找出来. 该点位于这条直线与势能曲线的交点处

我们想象一下, 势能的横截面像一个碟子 (图 12.16) (或者想象成一个中间是个盆地, 而四周是隆起的环形山丘). 在这种情形

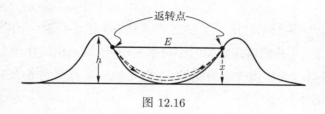

图 12.16

下, 物体的势能等于

$$mgx$$

式中 x ——物体离盆地底部的高度 (参考点就选在盆地底部). 其总能量

$$E = \frac{1}{2}mv^2 + mgx$$

对于给定的 E, 物体所能达到的最大高度由条件 $v = 0$ 求出:

$$x_{最大} = \frac{E}{mg}$$

如果 $x_{最大} > h$ (h ——环丘的高度), 则物体能越过丘顶. 但是如果 $x_{最大} < h$, 或者 $E < mgh$, 则物体将被限制在盆地内, 沿着山坡滚来滚去, 但是却不能脱离这个盆地.

例 3 火箭接近动作

在推导能量守恒定律时, 我们曾认为, 在某系统内的作用力如果是保守力, 则最好用势能来描述它们的作用. 但是, 有时把作用于物体的力看作是"外力", 即能够改变物体能量的力, 却更为方便. 应用定理 11.3 和 11.2, 可以写出[1]

---

[1] 由定理 11.3 可以推出, $M_{a \to b} = T_b - T_a$. 假定 $M_{a \to b} = M_{a \to b}^{外} + V_a - V_b$, 则

$$M_{a-b}^{外} = T_b + V_b - (T_a + V_a) = E_b - E_a$$

为把物体从 a 移到 b, "外力" 作的功 = 物体 $(a \to b)$ 能量的改变,

$$W_{a \to b}^{\text{外}} = E_b - E_a$$

作为例子, 我们来讨论一下想把地球卫星轨道半径减小的情况. 假定为了完成这一动作, 我们应用辅助的小功率发动机. 发动机的作用力看作是 "外力": 它们能够改变宇宙飞船的能量. 当把飞船从 a 点移到 b 点时, 发动机对飞船作的功等于

$$W_{a \to b}^{\text{外}} = E_b - E_a$$

在重力作用下飞行着的宇宙飞船的能量为

$$E = \frac{1}{2}mv^2 - \frac{GMm}{R} \tag{12.32}$$

因为飞船是沿圆轨道运行,

$$F = ma = \frac{mv^2}{R} \quad \text{(量值)}$$

同时

$$F = \frac{GMm}{R^2} \quad \text{(量值)}$$

因此,

$$\frac{GMm}{R^2} = \frac{mv^2}{R}$$

或者

$$\frac{1}{2}\frac{GMm}{R} = \frac{1}{2}mv^2$$

把这一关系式代入式 (12.32), 我们便得到一个普遍而重要的结论:

$$E = -\frac{1}{2}\frac{GMm}{R} \tag{12.33}$$

现在假如有两个地球卫星, 它们的圆轨道在同一个平面内, 其半径为 R_b 与 R_a (图 12.17). 假如飞船 2 $(R = R_a)$ 上的宇航员想与飞船 1 $(R = R_b)$ 上的同伴接近. 他怎么办呢? 卫星上都备有几个小型发动机. 将它们起动, 就可以改变运动的轨道.

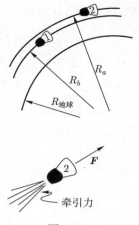

图 12.17

飞船 1 沿较小的圆轨道以较大的速度 $\left(v=\sqrt{\dfrac{GM}{R}}\right)$ 运行, 但是其能量

较小 (提示一下, $E=-\dfrac{1}{2}\dfrac{GMm}{R}$; 当 R 的值减小时, E 取更大的**负值**, 因此能量减小). 这样, 为了赶上飞船 1, 宇航员 2 必须开动发动机, 使其作用力方向与运动方向相反, 在**减少**飞船能量的同时, 使其速度**增大**了. 假定发动机对飞船的作用力 F 是恒力, 其方向永远与运动方向相反 (图 12.18). 那么该力对飞船作的功, 等于力与飞船所经路程的乘积. 该关系可以改写成对宇航员更方便的形式 (宇航员想必能知道, 发动机应能工作多长时间):

$$功 = 力 \times 速度 \times 时间$$

(在这段时间内, 飞船的速度稍有改变, 但是, 如果 R_a 与 R_b 差别不大, 这一改变可以不计.) 因此近似地

$$W_{a\to b} = -Fv\Delta t = E_b - E_a$$

或者

$$-Fv\Delta t = -\frac{1}{2}\frac{GMm}{R_b} + \frac{1}{2}\frac{GMm}{R_a} = \frac{1}{2}\frac{GMm}{R_bR_a}(R_b - R_a)$$

由此可得

$$F\Delta t = \frac{1}{2}\frac{GM}{R_bR_a}\frac{1}{v}m(R_a - R_b)$$

对于一些典型轨道 (例如, 离地面 200 km 高度处), 可以假设 $R_a = 6602$ km, 而 $R_b = 6600$ km ($R_a - R_b = 2$ km). 近似地认为 $R_a \approx R_b \approx R_{地球} = 6400$ km 和 $v = \sqrt{gR_{地球}}$. 在这种情况下, 我们来估算一下 $F\Delta t$ 的大小. 此时

$$F\Delta t \approx \frac{1}{2} \frac{GM}{R_{地球}^2} \frac{1}{\sqrt{gR_{地球}}} m(R_a - R_b)$$
$$= \frac{m}{2} \sqrt{\frac{g}{R_{地球}}}(R_a - R_b)$$

假设飞船的质量为 1500 kg, 则

$$F\Delta t = \frac{1500}{2} \sqrt{\frac{9.8}{6.4 \times 10^6}} \times 2 \times 10^3 \approx 1875 \text{ N} \cdot \text{s}$$

即, 如果发动机的作用力为 375 N、作用时间为 5 s, 则飞船就可以转到所需的轨道上[①].

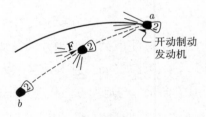

图 12.18

宇航员可能会感到奇怪, 他是跟在另一条飞船后面飞行的. 当他加大了自己飞船的速度后, 却仍然赶不上前面那条飞船. 如果飞船在同一条轨道上运行, 则作用力在使追逐飞船的能量得以增大的同时也使其轨道半径增大, 因而使其速度减小; 而使飞船能量减小的作用力, 同时会使其轨道半径减小, 因而使飞船速度增大. 因此为了能与宇航员 1 相遇, 宇航员 2 必须选择一条如图 12.19 所示的飞行路线.

我们可以提出这样的问题: 那么贮存的势能到底保存在哪儿呢? 物体的运动决定它的动能, 这一点始终是很清楚的. 只要知道了物体运动的速度, 就

[①] 所需要的冲量的计算是由地面站的电子计算机完成的. 其精度可达小数点后第四位数字. 但是宇航员应当懂得, 如果计算机向他指出的数是 10000 N·s 这样的量级, 则应当认为这显然是不正确的, 应该把它看作是计算机的错误. 一般说来, 假定计算机错了, 则错误越大越容易发现.

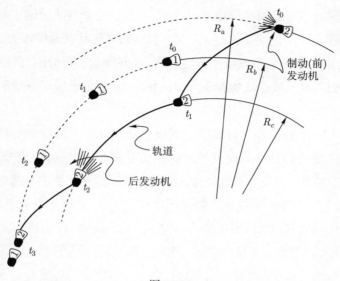

图 12.19

很容易把它的动能计算出来. 要设想势能就困难得多. 可以说它藏在系统的内部的某个地方. 譬如, 对于一个弹簧, 我们可以认为, 势能保存在弹簧圈的某个地方. 然而对于位于地面上空的一个质点, 我们又能怎么解释呢? 通常, 我们总是试图构思出一些很直观的图像来解释或表示那些我们不得不与之打交道的量和概念. 有时候能够作到这一点, 甚至很有成效. 但是这种作法不一定都能成功, 因为事先我们并不清楚, 所引入的量和概念是否应当具有很直观的解释. 在物理史上, 像借助压缩的弹簧或者其他机械模型来解释势能一样, 有不少场合, 为了给这种数学概念寻求直观解释, 而使学者导出了错误的结果. 势能的意义就包含在它的定义之中, 即: 有时可以引入一个与质点位置相关的量, 它与质点的动能一起共同组成另一个、在运动过程中守恒的量.

　　非保守力存在吗? 能量永远守恒吗?

　　保守力与非保守力之间的差别可能是带有根本性的. 假如是这样的话, 那么我们所定义的能量守恒定律仅仅对某一类力才成立. 可以认为, 对于沿桌面滑动的木块, 或者承受空气阻力的小球 (显然是非保守系统), 能量不守恒; 从上面引入的能量守恒定律的观点来看, 这一点是千真万确的. 然而我们可以提

出另一种观点 (事实证明这样作是可行的, 同时也是卓有成效的): 非保守力不是一种基本作用力. 这就是说, 尽管木块和桌面之间存在着摩擦力, 但我们可以把木块与桌面看作是由大量质点组成的, 而并非是不可分割的整体. 这样一来, 如果我们研究组成木块的各质点间的作用力, 我们研究的系统又变成了保守系统了.

当然, 并不能保证任何时候我们都能够把非保守系统成功地转换成保守系统. 试图实现这种转换只是反映了我们把世界看成是按一定方式组成的决心. 但是应当指出, 在所有的课题中, 包括空气阻力或者摩擦力这样的课题在内, 只要我们把 "实际" 组成空气的全部质点 (分子) 的运动也都考虑在内, 总能证明系统的总能量是守恒的. 迄今为止, 仍在不断地、成功地实现这种转换. 每当物理学家们碰到明显破坏能量守恒定律的场合, 他们总是假定存在新形式的能, 或者新的粒子. 能量守恒定律和动量守恒定律可以看作是一种明确的标志, 一旦它们遭到破坏, 就应当设法去寻找新机制、新概念, 或者是新粒子. 当然不能保证在将来也永远能够实现这种计划, 说不定有朝一日迫于不可反驳的证据而不得不抛弃它. 只能断言, 这种计划到目前为止, 还是成功的和卓有成效的. (后面我们将讨论一个具体例子: 当木块沿粗糙表面滑动时, 机械能好像有丢失的假象.)

思考题

1. 机械能守恒定律成立的条件是什么?

2. 质点系的总机械能守恒是否意味着不存在未被平衡的外力?

3. 在高于地面处提高物体, 它势能将如何增加? 试绘出等势面, 并指明力的方向.

*4. 卫星沿圆形轨道绕地球运行. 当它转入另一条圆形轨道时, 机械能将如何改变?

*5. 试举一个总机械能不守恒的系统的例子. 设法考虑一个新的守恒定律, 使机械能守恒定律作为一个特殊情况而由这个新定律推导出来.

6. 在势能的定义中, 究竟是势能具有单值性还是势能差具有单值性? 试证明, 尽管势能的确定只能准确到一个任意常数, 但机械能守恒定律是成立的.

7. 对于位于地面之上的质点, 通常我们都取位于地面上的点作为零点. 此时质点的势能等于 mgx, 此处 x——由地面至质点的距离. 试证明, 若选其他点作为零点, 则诸如以速度 v 竖直上抛的质点所能达到的最大高度这类问题的结果, 将不会改变.

习题

1. 卫星沿半径为 R 的圆形轨道绕地球运行. 如果轨道半径增大 1%, 其势能将如何改变?

*2. 当一个弹簧处于未被拉伸的状态时, 它的长度等于 l_0. 当把它拉长到 l ($l \geqslant l_0$) 时, 它便产生复原力. 该力与长度变化成比例.

a) 写出弹簧复原力的表示式.

b) 画出复原力与长度变化 $(l - l_0)$ 的依赖关系. 试证明, 对弹簧作的功等于此曲线下的面积. 写出这个势能的表达式.

c) 使弹簧的一端固定, 而在另一端拴上一个质量为 m 的物体. 如果先把弹簧拉长到 l, 然后把它放开; 定性地分析一下, 物体的速度将如何变化? 此时物体的机械能是否守恒?

3. 一个质量 5 kg 的铅球被推出, 其速度的垂直分量等于 3 m/s. 如果它是从肩高 (150 cm) 被推出, 铅球在地面上空所能达到的最大高度是多少?

4. 把一个质量为 4 kg 的雪橇沿着 16 m 长、斜度为 30° 的斜坡拉上山, 作的功是多少? 假如把它从山顶上放下来, 不坐乘客, 其末速度将是多少 (假定摩擦力可以忽略不计)? 如果把一个质量为 36 kg 的男孩放到雪橇上, 这时雪橇的末速度与空雪橇的末速度有何差别?

5. 一粒重珠子沿着弯得很离奇的导线无摩擦地滑动. 在某处其速度为 30 cm/s. 在比这个位置低 30 cm 的地方, 它的速度将是多少?

6. 质量为 3 kg 的大雁在 30 m 的高度上以速度 3 m/s 飞行. 其动能为多

少? 相对于地面, 其势能等于多少?

7. 月球与地球间的平均距离为 3.8×10^5 km, 而其质量分别为 7.3×10^{22} kg 与 6.0×10^{24} kg. 月球的势能等于多少? 如果月球停止在自己绕地球运转的轨道上, 它落到地球上的速度等于多少? 地球的平均半径为 6.4×10^3 km.

8. 从月球表面逃离的速度 (第二宇宙速度) 等于多少?

*9. 飞船在地面上空 160 km 的高度上沿圆形轨道飞行. 宇航员想把飞行高度减少 2 km. 他应当开动制动发动机呢还是应当开动加速发动机? 如果其牵引力为 500 N, 发动机应工作多少时间 (飞船质量为 1500 kg)?

10. 质量为 4 g 的钢子弹以 500 m/s 的速度水平飞行, 射到一个质量为 1 kg 的静止的钢锭上. 碰撞之后, 子弹以 400 m/s 的速度朝相反的方向弹回. 碰撞之后钢锭的速度等于多少? (摩擦力可以忽略不计.)

11. 球 A 的质量为 6 kg, 它与质量为 2 kg 的球 B 相撞. 碰撞发生在光滑的水平表面上. 碰撞前球 B 静止不动. 碰撞后, 球 A 以 2 m/s 的速度向西运动, 而球 B 以 6 m/s 的速度向南运动. 试问, 在碰撞前球 A 的速度量值与方向如何?

12. 质量为 2 kg 的球自左向右以 6 m/s 的速度运动着, 它与质量为 5 kg 的静止的球迎头相撞. 碰撞后两个球相互飞离而去. 较重的球以 2 m/s 的速度向右运动. 试求较轻的那个球碰撞后的速度.

第 13 章　多质点系统

　　仅仅依靠牛顿定律，在解释自然现象方面我们能前进多远呢？看来，如果把继牛顿定律之后，一直到十九世纪末期发展起来的那些新思想补充到牛顿的观念中去的话，我们可以前进很远．借助牛顿定律，实际上可以解释自然界中所有的宏观现象．假定我们的世界只是由这些宏观现象构成的话，牛顿理论已经提供了这个世界的完整描述．但是牛顿理论却不能解释，为什么一个物体是硬的，而另一个是软的；为什么一个物体是透明的，而另一个不透明．它也无法解释构成这些物体的原子的特性．

　　到现在为止．我们所依据的仅仅是下面这些简单概念：运动定律、质点、真空与万有引力．关于别的力我们知道得很少，但是，我们假定所有的力都遵守牛顿第三定律．下面我们有时候将赋予力一些我们需要的特性，而不加以详细证明．这并不是说，这些证明的细节不重要，而是因为在牛顿理论的范畴内不可能描述它们．

　　多质点相互作用系统的运动，向我们提出了所谓的多体问题．借助牛顿定律，该问题原则上是可解的．但是，如果不引入附加的假设，而只从运动公设出发，只有对一些极其简单的情况才能得出解．有时人们说，如果有一台巨型计算机（这些人认为，全部困难就在于计算数量太大），输给它一定的程序（对于给定的力系的牛顿运动定律），那么借助这台计算机就可以把多质点问题的解求出来，从而导出物体的真正运动情况．

　　我们下象棋时也会碰到类似的情况：象棋中给定的是棋子，已知它们的走动规则，棋盘上发生的一切都要遵守这些规则．因此，原则上对任何一种棋局都可以预言它的全部后果．假如，给定一种棋子布局之后，就可以预言，是白子还是黑子将获胜．但是实际上却不可能作到这一点．也正是因为这样，所以象棋才是一种游戏．当规则太复杂时，人的脑子不可能把全部后果都分析出来．

因此, 为了解这类问题, 常常再引入一些附加的简化假定. 通常, 这些假定不再是新的运动公设, 而是一些不加证明就被接受的定理. 然后它们又被用来证明其他的定理. 例如, 在欧几里得几何学中, 本来可以不经证明地认为, 关于三角形内角之和的定理是初始公设的推论, 然后用这一未经证明的定理去证明其他定理. 这一方法有一定的冒险性, 因为未经证明而采用的这一定理, 很可能与初始公设无关. 这一点本身并不可怕, 因为总可以给某种理论引进一个补充公设. 如果采纳的定理与初始公设发生矛盾的话, 那就麻烦了. 在这种状况下, 我们碰到的是一个内部自相矛盾的系统. 在这种情况下, 研究工作一开始, 我们很可能就陷于矛盾之中, 而最终不得不去寻找我们弄错了的地方. 设想一下, 我们在棋盘上有一局很复杂的棋局, 我们设法计算各种可能的方案. 我们从心里先假定, 这一局棋确实可以借助于正确的走法, 由象棋开局得到. 但后来我们可能信服, 在象棋规则的范畴内, 这一棋局根本不可能实现.

历史上有不少场合, 某个数学家或物理学家提出了某个定理, 而让后代人证明它的正确性. 有时某些学者的洞察力, 超越了他们生活的时代的技术可能性.

§13.1　多质点系统的最简单模型

为了定性地理解后面就要仔细研究的某些定理, 现在我们来研究一下 N 个按一定规律相互作用的质点的行为. 假定其中有一个质点受外力作用, 用字母 A 来表示这一质点. 可能有三种情形:

a) 系统中的质点相互不发生作用 (图 13.1). (我们认为, 起初质点是静止的.) 在外力作用下, 依照牛顿第二定律, 质点 A 开始在力的方向上运动. 其他

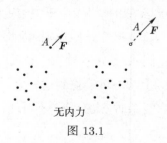

无内力

图 13.1

质点不受力的作用, 因此它们自然仍停留在原来的位置上. 后面我们还将用这一系统作为气体模型.

b) 假定所有质点相互之间用软弹簧连起来, 因而假如质点偏离初始位置, 则弹簧便压缩或拉伸, 阻止质点的偏离 (图 13.2). 在外力作用下, 质点 A 稍稍移动一点, 如图所示, 同时也带动了其他的质点, 也就是说由于存在着弹簧, 原来的质点分布被破坏了. 这是多质点系统的三种情况当中最普遍的一种. 对这样的系统进行分析比较困难. 根据弹簧的硬度的不同, 可以把这种系统作为液体、胶体和弹性体的模型.

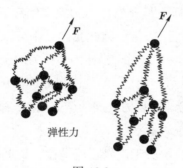

弹性力

图 13.2

c) 设想弹簧非常硬, 像棍棒一样. 此时质点的相互位置总是保持不变 (图 13.3). 换句话说, 如果质点 C 离质点 D 有 2 cm 远, 则它将永远距 D 这么远. 如果质点 A、B 与 C 组成一个边与角都固定的三角形, 则它的形状与尺度永远不变. 如果像前面所说的那样, A 受到一个力的作用, 则该力在拉质点 A 的同时, 把系统内所有的质点都拉着, 而系统内质点的相互位置不变.

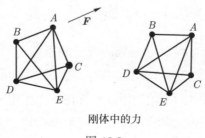

刚体中的力

图 13.3

在牛顿理论的范围内不可能回答, 上述的力实际上是否存在, 它们的实际特性如何等问题. 但是如果我们假定它们存在, 而且是牛顿力 (即遵守第三定律的力), 那么在解释自然现象方面我们就能大大地前进一步. 当我们打算确定这些力的实际特性时, 我们面前立刻就会出现一大堆新的问题. 为了解答这些问题, 我们不得不去研究物质的内部结构. 事情就是这样的, 各种不同的研究方向经常相互交织在一起. 当你回答了一个问题时, 马上又引出其他的、也很有意思的一些问题.

虽然下面我们在研究力学问题时要采用的正是这第三种模型, 并用它来描述刚体 (类似钢块一样), 但显然任何物理实体都不是绝对刚性的, 在足够大的力的作用下它要弯曲或振动. 因此我们立刻可以作出结论: 假设质点间的作用力为绝对刚性, 显然, 这对于描述固体行为的全部细节可能是不够充分的. 尽管如此, 作出这一假定之后, 问题变得非常简单, 因而我们仍然采纳了它, 同时把实际力与相应于刚性力之间的全部偏离, 看作是对初始的理想模型的一个修正.

这种方法成功与否, 取决于该修正值是否大到足以完全改变初始系统的全部定性特性. 要阐明这一状况并不困难. 譬如说, 我们认为球是圆的, 但我们知道, 如果仔细观察它, 我们将发现, 它的表面有许多坑洼不平的地方; 但是可以合理地认为, 这些坑洼不平与总周长相比是很小的. 另外, 我们也可以把橄榄球当作圆球, 但是这样一来我们发现, 它与球形的偏离太大了; 不难设想, 这样的描述将不如前一种情况有效.

§13.2　多质点系统的平动定律

作为分析 N 质点系统运动基础的唯一的思想是把质点系运动分解成外运动与内运动两部分. 研究外运动时, 我们只考虑从外部作用于系统的力, 而不考虑组成该系统的质点间的作用力. 系统在外力作用下的运动, 与单个质点的运动非常相像, 而在内力的作用下, 系统可能振动、弯曲等等. 我们将用前面已用过的办法来表示外力与内力. 例如, 第 6 个质点对第 7 个质点的作用力,

我们记作

$$\boldsymbol{F}_{6对7}$$

在一般情况下, 第 i 个质点对第 j 个质点的作用力记作

$$\boldsymbol{F}_{i对j}$$

与前面一样, 我们假定内力是牛顿力, 即第 i 个质点对第 j 个质点的作用力, 与第 j 个质点对 i 个质点的作用力大小相等、方向相反 (图 13.4):

$$\boldsymbol{B}_{i对j} = -\boldsymbol{F}_{j对i}$$
$$\boldsymbol{B}_{i对j} + \boldsymbol{F}_{j对i} = 0 \tag{13.1}$$

把内力分离出来的主导思想在于系统全部内力的和等于零, 因为对于任何一个力 $\boldsymbol{F}_{i对j}$, 总可以找到一个抵消它的力 $\boldsymbol{F}_{j对i}$.

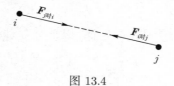

图 13.4

外力与内力的差别在于, 外力是位于系统以外的某种物体所产生的. 这样, 如果有外力作用于第 7 个质点, 则这个外力不是系统内哪个质点产生的, 而是来自外部的某个物体. 它可能是地球、弹簧等等, 如图 13.5 所示. 为了与内力区分开来, 我们用下述符号来表示作用于第 i 个质点的外力

$$\boldsymbol{F}_i^{外}$$

作用于系统质点的全部外力之和不一定等于零. 当然, 有时它可能等于零, 但一般情况下并不为零; 这也正是外力与内力的主要差别. 由于内力遵守牛顿第三定律, 系统全部质点的内力和必定等于零.

每一个质点的运动由牛顿第二定律决定: 作用于某个质点的总力是所有外力与内力之和, 其量值等于该质点的质量与其加速度的乘积. 看来可以这样

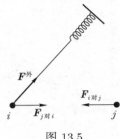

图 13.5

来描述全部质点的运动: 使所有内力的作用互相抵消, 使质点的运动仅由外力来决定. 现在我们来证明:

定理 13.1　N **质点系统的总动量的改变量, 等于总外力与其作用时间的乘积**.

(前面我们曾经对两个质点的情况证明过, 在无外力作用时总动量守恒.)

证明　N 质点系统的总动量

$$P = p_1 + p_2 + \cdots + p_N \tag{13.2}$$

单个质点的总动量的变化服从第二定律, 以第 i 个质点为例:

$$F_i \Delta t = \Delta p_i \tag{13.3}$$

式中 F_i —— 作用于第 i 个质点的总力, 它是外力与内力的和:

$$F_i = F_i^{外} + \sum_{j \neq i} F_{j对i} \tag{13.4}$$

这一表示式的意义如下: 作用于第 i 个质点的总力, 等于其他的第 j 个质点对它的作用力之和, 加上外力[①].

系统总动量的改变, 等于单个质点动量改变之和:

$$\Delta P = \Delta p_1 + \Delta p_2 + \cdots + \Delta p_N \tag{13.5}$$

应用式 (13.4), 该表示式可改写为

$$\Delta P = \left(\sum_{i=1}^{N} F_i^{外} + \sum_{i=1}^{N} \sum_{j \neq i} F_{j对i} \right) \Delta t \tag{13.6}$$

①此处第 j 个质点是指质点系统中除第 i 个质点以外的任意一个质点. ——译者注

现在我们来研究所得等式右端各项. 先看第二项. 它等于作用于系统所有质点的全部内力之和, 而由于力是牛顿力, 所以它等于零. 如果把它相对于两质点, 三质点系统展开的话, 证明起来再简单不过. 而在一般情况下可以看到, 对于每一个加数项 $\boldsymbol{F}_{j\text{对}i}$, 总可以找到一个 $\boldsymbol{F}_{i\text{对}j}$ 项. 这样一来可以把和式分成如下两种加式的和

$$\boldsymbol{F}_{j\text{对}i} + \boldsymbol{F}_{i\text{对}j}.$$

根据牛顿第三定律, 每一个这种项皆为零. 由此可得, 式 (13.6) 右端的第二项等于零, 因为内力遵守牛顿第三定律. 在证明有关 N 质点系统的各种定理时, 我们将经常要用到这一结果. 这也就是把运动分成内与外两部分的意义. 因此,

$$\Delta \boldsymbol{P} = \left(\sum_{i=1}^{N} \boldsymbol{F}_i^{\text{外}}\right) \Delta t \tag{13.7}$$

即总动量的变量只与外力之和成正比.

这个和很重要, 后面我们还要用到, 因此我们用一个专门字母来表示它:

$$\sum_{i=1}^{N} \boldsymbol{F}_i^{\text{外}} = \boldsymbol{F}^{\text{外}} \tag{13.8}$$

此处 $\boldsymbol{F}_i^{\text{外}}$ —— 总外力, 或者作用于系统的各个质点的所有外力之和.

这样, 系统总动量的变量等于总外力乘以其作用时间:

$$\Delta \boldsymbol{P} = \boldsymbol{F}^{\text{外}} \Delta t \tag{13.9}$$

这正是所要证明的命题.

这一定理可以用于各种系统, 从银河系到原子系统.

对于两个质点系统的证明 (图 13.6):

$$\left.\begin{array}{l} \boldsymbol{F}_1 \Delta t = \Delta \boldsymbol{p}_1 \\ \boldsymbol{F}_2 \Delta t = \Delta \boldsymbol{p}_2 \end{array}\right\} \text{牛顿第二定律}$$

作用于质点 1 的总力 $\boldsymbol{F}_1 = \boldsymbol{F}_1^{\text{外}} + \boldsymbol{F}_{2\text{对}1}$
作用于质点 2 的总力 $\boldsymbol{F}_2 = \boldsymbol{F}_2^{\text{外}} + \boldsymbol{F}_{1\text{对}2}$ $\left.\right\}$ 总力等于作用于物体的所有力之和

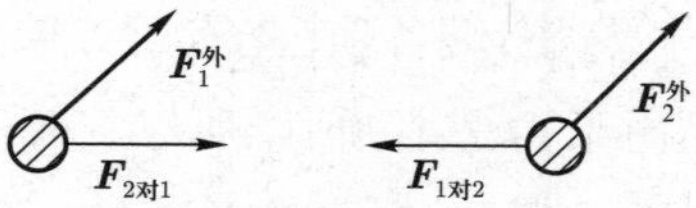

图 13.6

因此

$$\text{动量的总改变量} = \Delta \boldsymbol{P} = \Delta \boldsymbol{p}_1 + \Delta \boldsymbol{p}_2 = (\boldsymbol{F}_1 + \boldsymbol{F}_2)\Delta t$$

$$= \Big[\underbrace{(\boldsymbol{F}_1^{\text{外}} + \boldsymbol{F}_2^{\text{外}})}_{\text{总外力 } \boldsymbol{F}^{\text{外}}} + \underbrace{(\boldsymbol{F}_{1\text{对}2} + \boldsymbol{F}_{2\text{对}1})}_{\text{根据牛顿第三定律, 全部内力之和等于零}} \Big]\Delta t$$

因此,

$$\text{动量的总改变量} = \Delta \boldsymbol{P} = \boldsymbol{F}^{\text{外}}\Delta t.$$

§13.3 质心

现在我们来选定一个点, 它与物体或质点系相关联, 但却具有特殊的、很有意思的特性. 这个点称作**质心**. 它不一定在某个质点的位置上, 或在物体内部, 一般来说它只是空间一个点. 尽管如此, 可以把整个系统的行为看作如同位于质心处一个质点的行为一样, 这个质点的质量等于整个系统的质量. 在这种意义上, 我们可以用一个质点来代替有广延性的物体. 质量分别为 $m_1, m_2, \cdots, m_N$ 的 N 质点系统, 其质心由下述方法确定.

定义

$$\boldsymbol{R} = \frac{1}{M}(m_1\boldsymbol{r}_1 + m_2\boldsymbol{r}_2 + \cdots + m_N\boldsymbol{r}_N) \tag{13.10}$$

式中 M —— 所有质点的质量和:

$$M = m_1 + m_2 + \cdots + m_N \tag{13.11}$$

为了说明这个定义, 我们讨论一下由两个质量相同的质点组成的系统 (图 13.7). 此时

$$M = m_1 + m_2 = 2m$$

和

$$\boldsymbol{R} = \frac{1}{2m}(m\boldsymbol{r}_1 + m\boldsymbol{r}_2) = \frac{1}{2}(\boldsymbol{r}_1 + \boldsymbol{r}_2) \qquad (13.12)$$

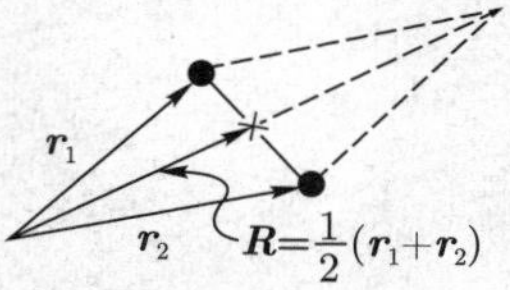

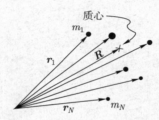

图 13.7

这样, 这一系统的质心位于两个质点的中间[1]. 对于质点的质量不相等的多质点系统, 质心的位置与质点的某个平均位置一致. 该位置与诸质点质量的分布情况有关 (图 13.8).

质心

m_1

r_1 $\boldsymbol{R}$

r_N m_N

图 13.8 多质点系质心的位置矢量 (矢量半径 $\boldsymbol{R}$), 乘以总质量 M, 等于每个质点的位置矢量 $\boldsymbol{r}_i$ 与其质量 m_i 乘积之和

对于质量近似相等的多质点球形系统, 质心位于系统的中心附近. 也可以讨论组成气体的质点系的质心, 球形星群、双星和整个银河系的质心 (照片 13.1～13.3).

现在来证明, N 质点系统的质心在外力作用下的行为 (与组成系统的单个质点的运动无关), 就好像整个系统是位于质心处的一个质量为 M 的质点一样. 由这一观点来看多质点系, 不论是原子还是银河系, 在离它很远的地方皆可把它们看作是一个质点.

定理 13.2 N **质点系统的质心遵守牛顿第二定律的如下公式:**

总外力 $= ($总质量$) \times ($**质心加速度**$)$

---

[1] 质心的位置与引出所有矢量的坐标系原点的选择无关.

照片 13.1　球形星群 [1]

照片 13.2　双星系 (天狼星 A 和 B 位于左上角 [1])

照片 13.3　银河系 [1]

或者:

(总外力) × (其作用时间) = (总质量) × **(质心速度的变量)**

证明 由定理 13.1 可知, 对任意的 N 质点系统

$$\Delta \boldsymbol{P} = \boldsymbol{F}^{外} \Delta t \tag{13.13}$$

或

$$\boldsymbol{F}^{外} = \frac{\Delta \boldsymbol{P}}{\Delta t} \tag{13.14}$$

因此我们只需证明

$$\frac{\Delta \boldsymbol{P}}{\Delta t} = M \boldsymbol{A}_{质心} \tag{13.15}$$

它就可以给出所需之结果:

$$\boldsymbol{F}^{外} = M \boldsymbol{A}_{质心} \tag{13.16}$$

此处 $\boldsymbol{A}_{质心}$ —— 质心的加速度. 用如下方法来证明这一点. 系统的质心由下式确定

$$\boldsymbol{R} = \frac{1}{M}(m_1 \boldsymbol{r}_1 + \cdots + m_N \boldsymbol{r}_N) \tag{13.17}$$

因此质心速度

$$\begin{aligned}
\boldsymbol{V}_{质心} &= \frac{\Delta \boldsymbol{R}}{\Delta t} = \frac{1}{M}\left(m_1 \frac{\Delta \boldsymbol{r}_1}{\Delta t} + \cdots + m_N \frac{\Delta \boldsymbol{r}_N}{\Delta t}\right) \\
&= \frac{1}{M}(m_1 \boldsymbol{v}_1 + \cdots + m_N \boldsymbol{v}_N) = \frac{1}{M}\boldsymbol{P}
\end{aligned} \tag{13.18}$$

(我们认为, 质心位置的变化速度, 等于组成该系统的质点位置改变之速度的和). 因此,

$$\boldsymbol{P} = M \boldsymbol{V}_{质心} \tag{13.19}$$

这意味着, 系统的总动量等于其总质量乘以质心速度. 因此总动量的改变 (对于质量不变的系统)

$$\Delta \boldsymbol{P} = M\Delta \boldsymbol{V}_{\text{质心}} \tag{13.20}$$

用总动量变化所经历的时间间隔除以上式, 可得

$$\frac{\Delta \boldsymbol{P}}{\Delta t} = M\frac{\Delta \boldsymbol{V}_{\text{质心}}}{\Delta t} \tag{13.21}$$

或

$$\frac{\Delta \boldsymbol{P}}{\Delta t} = M\boldsymbol{A}_{\text{质心}} \tag{13.22}$$

应用前述结果, 上式可改写成

$$\boldsymbol{F}^{\text{外}} = M\boldsymbol{A}_{\text{质心}} \tag{13.23}$$

此即所要证明的结果.

这样, 借助于这一定理, 我们可以把 N 质点系统的质心看作是一个牛顿质点, 它的质量等于质点系统的质量, 并具有牛顿质点的所有性质. 在无外力作用时, 这个牛顿质点具有惯性, 即它作匀速运动. 而在外力作用下, 它的运动由牛顿第二定律决定. 妙极了! 从作为单个质点运动理论公设而提出来的两个运动定律出发, 我们成功地把有广延性的物质系统的运动定理严格推导了出来.

沿抛物线轨道 (这是由牛顿第二定律与万有引力恒定性推导出来的) 飞驶的一颗炮弹, 在还没有到达目标时便爆炸的情况 (图 13.9), 就是质心运动的一个经典例子. 既然在爆炸时只有内力作用, 所以弹片飞散的方式要保证使它们的质心继续沿着原来的抛物线轨道行进 ($\boldsymbol{F}^{\text{外}} = M\boldsymbol{A}_{\text{质心}}$). 结果这些弹片的质心 "击中" 目标 A (但这绝不意味着, 至少得有一块碎片落到 A 上).

在研究任意一个这种类型的系统时, 都可以把系统的运动分解成内运动与质心运动 (即实质上是一个质点的运动). 称之为内运动的那部分运动主要由把质点束缚在一块儿的内力决定. 如果系统中不存在这种力 [见 §13.1 的 a) 点], 而质点仅仅受容器器壁的约束, 那么就可以把这一系统当作气体模型. 后

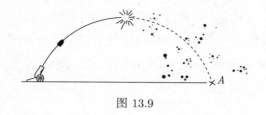

图 13.9

面我们将进一步讨论这一思想. 如果内力使系统质点间保持刚性联系 [§13.1
的 c) 点], 这便是固体的模型. 有关固体的性质也将在后面谈到. 研究相应于
液体模型或胶状固体模型的这类中间系统 [§13.1 的 b) 点] 的性质要复杂得
多. 借助于牛顿理论在这一方面可以得到某种成就, 但是今后我们不准备涉及
这一问题.

有关证明的一点说明

不仅所得的结果本身使人产生兴趣, 而且从另外一个角度, 这些结果还用
实例说明了在数学和物理学中所用的证明方法. 从最后一个证明中我们可以
看到, 它包含两个独立的部分: 作为证明定理基础的那些基本原理和把这些原
理连为整体的技术措施. 证明这一定理的主要原理是:

1) 每个质点的运动遵守牛顿定律;

2) 内力是牛顿力, 因而如果把所有的力都精确地加起来, 那么内力就可
以不必考虑, 而只考虑外力;

3) (这一条较为细致) 几个函数变化速度之和, 等于这些函数之和的变化
速度.

借助于第 3) 条, 我们可以把动量变化速度之和用动量和的变化速度来代
替. 这便是证明的基本原理.

证明的技术程序, 也就是将 i 项与 j 项相加, 再除以或乘以某些量, 这犹
如干木工活一般, 木匠修削各种榫头和开槽使各部件之间不留任何空隙.

在证明定理时, 或在理解定理时, 不论是定理的作者, 还是学习它的人, 首
先必须抓住为证明定理而必需的那些原理. 通常, 作到这一点并不太难, 用不
着复杂的数学. 以两个物体的情况为例, 把上述定理加以证明会是很有益的.
该证明中的一个重要环节是内力相加, 但对两个物体的情况却极为简单: 它归

结为表示式 $F_{2对1} + F_{1对2}$. 把它推广到多体的情形时, 在进行相加和精确计算时一定要注意, 以便确信其结果与两物体的情形完全一样. 当然也不能排除我们得出其他结果的可能性. 但是这将意味着还需要引进补充原理, 以便把两体系统与多体系统区分开来.

参考文献

[1] *Feynman, Leighton, Sands*, The Feynman Lectures on Physics, vol. I, Addison-Wesley, Reading, Mass., 1963.

思考题

1. 分析一下相同质点的系统. 据你的观点, 你将如何去建立描述气体、液体和固体的模型呢?

2. 为了使系统的总动量守恒, 是否必须要使有 N 个质点的系统中每一个质点所受到的力都等于零?

*3. 对于给定的有 N 个质点的系统, 可能存在两个质心吗? 试对两个质点的系统予以证明. 如果对于两质点的系统, 结果已知, 对于三质点的系统应如何予以证明?

4. 在什么条件下, 系统的质心作匀速运动? 用台球为例说明之.

5. 两名宇航员离开飞船进入宇宙中, 以便检验正绕地球运行的飞船. 其中一个宇航员是否能够把一件重工具递给与其相隔一臂之远的另一名宇航员?

*6. 有两个物体质量分别为 M 与 m. 假设它们的质量相差很大, 若把质心看作是在较重的物体内, 由此而造成的误差有多大?

*7. 太阳－地球系统的质心是否与太阳的质心重合? (其他行星的影响忽略不计.) 试说明, 为什么总是把太阳的中心取作行星绕它运行的中心, 而从不取真正的质心? 太阳系中最重的行星是木星. 太阳与木星的质量分别等于 1.987×10^{30} kg 和 1.900×10^{27} kg.

8. 我们把有 N 个质点的系统作为整体来研究它的运动. 我们假设有一个质点, 其质量等于该系统的质量, 其位置就在 N 质点系统的质心处. 定理 13.2 说, 如果外界对这个系统及质点的作用力相同, 则 N 质点系统质心的运动, 与上述质点的运动相符. 该定理仅仅对组成固体的 N 质点系统才成立吗?

第 14 章　刚体的运动与静止

刚体是一个质点系统, 将这些质点维持在一起的牛顿力使任意两质点间的距离保持不变.

借助于类似几何中三角形或六角形 (图 14.1) 的结构, 对每一个单独质点运用运动定律, 便可以得出关于刚体在外力作用下行为的许多结果. 这样, 我们就能由理想的基本质点, 设计出具有现实世界中有广延性物体的许多特性的客体来. 为此, 除了描述单个质点的运动时所用到的那些假定以外, 用不着再提出任何补充假定.

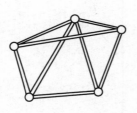

图 14.1

§14.1　某些刚体的质心

在气体或任何像气体那样的质点系统中, 各个质点可以相互移动, 系统的形状可以改变, 质心的相对位置也可改变. 刚体与这些系统不同, 它的质心与组成它的各质点永远保持在确定的位置上.

为了求出任意刚体的质心, 必须对具有复杂形状的体积内的大量质点 (图 14.2), 按式 (13.10) 相加. 对式 (13.10) 求和是一项极其困难的技术工作, 为完成这一任务, 曾设想了许多巧妙的办法. 但是对于形状简单的物体, 通常从它们的形状就可以猜出质心的位置. 这样的物体我们经常遇到.

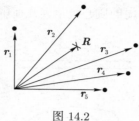

图 14.2

两个质量相等, 相距为 D 的质点构成的系统的质心位于这两个质点之间, 距离每个质点都是 $D/2$ (图 14.3). 如果一个质点的质量是另一个的两倍, 则它们的质心位于离重质点 $D/3$ 的地方. 类圆球体 (如地球) 的质心实际上与其几何中心一致 (图 14.4). 当然, 假如说构成地球的所有重物质, 如铁, 大部分位于澳大利亚地下, 而轻物质 —— 砂、水、空气 —— 主要分布于美国地下, 则地球的质心就会偏向澳大利亚.

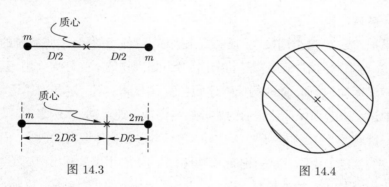

图 14.3   图 14.4

我们引入一个重要定理, 但不予证明. 只要把有广延性的物体看作是位于物体质心处的点, 而把它们的质量全部集中在这些点上, 就可以求出物体系统的质心 (图 14.5).

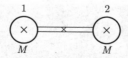

图 14.5　圆球 1 的质心在其中心, 圆球 2 的质心在圆球 2 的中心; 两个球的质量一样, 皆等于 M. 这一哑铃的质心在两个球的正中, 这和两个相距为 D, 连在一块儿的两个质点的质心一样

一根均匀的棒 (图 14.6a) 的质心位于其几何中心处. 飞去来器的质心, 如图 14.6b 所示, 在物体之外.

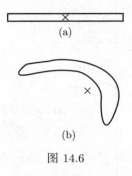

(a)

(b)

图 14.6

§14.2   平动

刚体惯性定律

如果把 "质点" 这个词换成 "质心", 则刚体, 或任意的 N 质点系统的平动运动定律, 与牛顿的第一、第二运动定律一致. 如果物体不受外力作用, 其质心静止或匀速运动. 然而, 此时构成物体的各质点本身并不一定在匀速运动. 但是它们的运动也必须保证让它们的质心始终保持匀速运动. 举例来说, 质点可能绕质心旋转; 如果由质心看这一运动, 它只不过是物体取向的改变, 而其形状不变. 照片 14.1 说明了这一论断. 螺母扳手的质心用黑叉标出. 按惯性运动着的扳手, 每隔 1/30 秒被拍照一次. 用尺子测量一下便可以确信: 1) 质心 (即黑叉) 沿直线运动; 2) 每次拍照间隙它所经过的路程相等. 而扳手本身绕质心转动. 如果只看扳手, 不考虑其在空间的移动, 可以想象扳手在绕其质心旋转, 好似有一个固定轴穿过它的质心一样.

照片 14.1   活扳手飞行时的照片. 照片是每隔 1/30 秒拍摄的, 板手上的黑叉表示它的质量中心 [1]

刚体第二运动定律

如果刚体受外力作用, 则其质心的行为如下. 与前面一样, 把所有作用于物体的外力之和叫作合力或总力 (图 14.7),

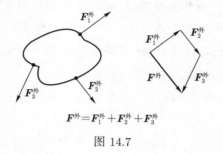

$$F^{外} = F_1^{外} + F_2^{外} + F_3^{外}$$

图 14.7

把前面对于 N 质点系统一般情况已证明了的定理 13.2 用于这一问题, 我们可得, 作用于刚体的总力等于刚体的质量与其质心加速度的乘积:

$$F^{外} = M A_{质心} \tag{14.1}$$

这一结果在一定程度上证实了牛顿把行星看作质点这一观点的正确性. 不过应当注意, 沿着满足开普勒三定律的椭圆轨道绕太阳旋转的不是行星, 而是它们的质心. 而行星本身还自由地完成其他的运动, 例如, 地球还绕自身的轴线转动, 并像一个陀螺一样不断进动.

　　例　假定我们需要给一个重轮装一个轴, 要求轮旋转时引起的轴的振动最小 (图 14.8). 由以上所述立即可以作出结论, 该轴应当通过质心 (对于通常

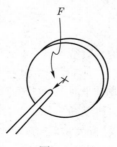

图 14.8

的飞轮, 质心实际上与其几何中心重合). 如果轴穿过质心, 不管轮以多大速度旋转, 质心都保持不动; 因而轴对轮没有任何作用力. 由于轴对轮没有作用力, 所以根据牛顿第三定律, 相应地轮对轴也没有作用力, 因而旋转很平稳. 如果质心不与轮轴重合, 则当轮旋转时质心将运动. 因为该运动不是直线运动, 所以必定有力作用于质心. 这个力只能来自轴, 因此轮也以同样大小的力作用于轴. (为了让质心能绕轴匀速转动, 必须对轮施加一个指向轴的力, 就好像为了控制绕太阳运行的行星, 也必须给它施加一个力一样.) 因此, 当轮旋转时, 有一个量值恒定、方向随同轮子一块儿转动的力作用于轴上, 它便引起轴的振动.

§14.3   转动

刚体模型对于研究刚体的固有运动最有成效. 由 N 个质点组成的一个任意系统, 它的固有运动可能相当复杂, 包括收缩、振动、形变等等. 然而对于刚体来说, 只有一种固有运动是可能的, 那就是旋转. 因为组成刚体的所有质点的空间分布永远保持不变 (图 14.9). 物体绕之旋转的点或线, 可能与质心相重合, 也可能不重合, 但是如果它们重合, 则物体的运动变得很简单.

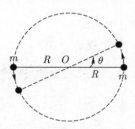

图 14.9   什么是转动? 我们来研究一下, 由质量为 m 的两个质点组成的最简单的刚体. 它们相距为 $2R$. 系统的质心位于 O 点. 假设这个物体在 O 点穿在一个轴上. 除此而外 (为简单起见), 假定物体永远保持在图的平面内. 这样一来, 如果物体保持其形状不变 (换言之, 如果物体是绝对刚性的), 则它只能完成一种运动, 在该运动的过程中, 两个点质量保持在一条直径的两个端点上, 沿着半径为 R 的圆周运动. 这便是转动

　　现在来研究一下这样的问题: 在什么条件下刚体旋转, 旋转运动与作用于物体的力的关系如何? 假如有一个物体 (如图 14.10 所示) 受一些外力作用, 这些外力之和等于零. 我们凭直觉可以感到, 尽管外力之和等于零 (因而质心将匀速运动), 物体仍能偏转, 因为一个力向某个方向作用, 而另一个力向相反的方向作用.

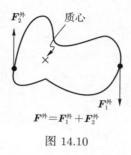

$$F^{外} = F_1^{外} + F_2^{外}$$

图 14.10

　　我们用不着再引进任何补充的假定就可以说明, 什么样的力能引起物体转动, 以及该转动的情况如何. 我们已讲定, 组成系统的全部质点都依照牛顿定律运动, 而且维持刚体形状的内力服从第三定律. 由此便可得出在不同的外力作用下, 物体运动的所有形式. 但我们的任务不包括进行这种详细计算. 这里我们只打算用例子来说明各种定理, 对最简单的情况证明这些定理, 并力图在不同情况下把它们的意义解释清楚.

　　物体的质量和它的质心位置就能完全确定该物体的平动. 至于转动, 则起最重要作用的是物质相对于质心的分布 —— 物体是拉长的, 还是压扁的. 物质的分布是由一个称作转动惯量的平均值来描述的. 计算转动惯量与计算物体质心位置相似. 下面我们来分析刚体的一个相当简单的例子. 在这个例子中无需大量运算就可以说明基本的原理.

　　设想有一个哑铃, 当中是一条无重量的棒 (图 14.11). 虽然这样的物体看起来很简单, 但它却具备物质基本的不均匀分布的特点. 这种分布正是刚体与质点的不同之处. 这样的哑铃给我们提供了阐述刚体行为某些特点的可能性. 下面我们假定, 中心棒固定在一个轴上, 物体可以绕该轴自由转动; 此外, 物体还受到外力的作用, 如图 14.12 所示.

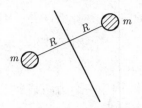

图 14.11   理想刚体: 两个质量为 m 的质点, 用一根没有重量的棒连接在一起

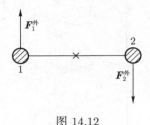

图 14.12

我们仅仅画出了外力. 它们大小相等、方向相反, 因而作用于物体的外力之和等于零, 开始时处于静止状态的质心 (位于中点) 仍将保持静止不动.

物体是否会转动呢? 尽管人们对于物理学问题的无知是很普遍的, 有时对此也并不隐瞒, 但认为物体在这种条件下不能转动的人是为数不多的. 一般说来, 从我们所作的假定中, 并不能得出这一结论. 我们应该对系统中的每一个质点运用牛顿运动定律, 来获得对所提问题的答案. (我们所说的无重量的棒是指它们仅仅维持物体的形状, 但它们本身却不具有质量, 即它们的惯性可以忽略不计.)

为了单独研究物体 1 与物体 2 的运动, 必须考虑内力的作用. 根据牛顿第三定律 (用通常的表达式), 内力的大小相等、方向相反, 即物体 1 对物体 2 的作用力, 与物体 2 对物体 1 的作用力大小相等、方向相反. 但是我们假定这些力的方向如图 14.13 所示. 假如说, 在刚体中固定质点的内作用力由于某种原因与外力的作用发生了关系, 如图所示, 则将产生下的后果. 先看质点 1, 对它应用牛顿第二定律, 得

$$\boldsymbol{F}_1^{\text{外}} + \boldsymbol{F}_{2\text{对}1} = \uparrow + \downarrow = 0 \tag{14.2}$$

同样对质点 2：

$$\boldsymbol{F}_2^{\text{外}} + \boldsymbol{F}_{1\text{对}2} = \uparrow + \downarrow = 0 \tag{14.3}$$

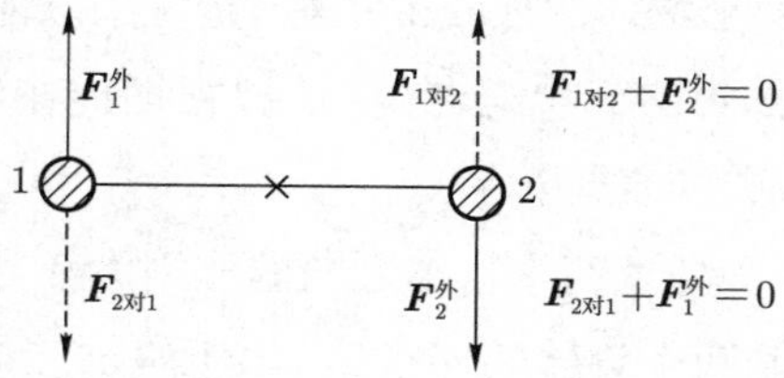

图 14.13

内力应当是大小相等而方向相反. 然而它们的方向相对于外力来说应当是消除这些力的作用, 使各部分保持静止. 虽然从内心里我完全可以肯定, 在这种条件下物体不可能不转动, 然而它却保持静止. 事实上, 如果在没有外力的情况下, 这种内力将不等于零, 那么物体便会自发地转动起来, 因为力 $\boldsymbol{F}_{2\text{对}1}$ 失去外力平衡而对质点 1 产生作用, 结果后者便开始运动起来.

反驳: "这是谬论. 物体的行为绝非如此!" 这一反驳值得分析. 它意味着, 由我们所引进的有关内力的性质的假定出发, 所得到的结论与我们对刚体的观测相矛盾. 为了使这些观测 (其中包括刚体不可能自发地转动) 与理论结论一致, 还必须引入一些有关内力性质的正确的补充假定. 物理研究的过程就是这样的: 往往是由某一组公设出发所得的推论, 与实验结果相矛盾, 因而不得不修改原来的公设.

在上述情况下, 修改出发的前提并不困难. 我们引入一个假定: 任意两个物体之间的作用力, 不仅大小相等、方向相反 (如前面我们所认为的一样), 而且作用于连接这两物体的连线上 (图 14.14).

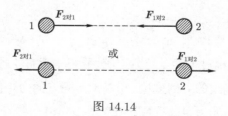

图 14.14

关于牛顿在叙述其第三定律 "作用与反作用永远是大小相等而方向相反"
时, 是否考虑了上述假定这一点, 曾经有过争论. 仔细地研究了他的证明 [2] 之
后, 发现他已用到了这一假定. 例如, 在证明推论 Ⅲ 时牛顿假定, 大小相等而
方向相反的力作用于两个物体的连线上. 这又是一个例证, 说明公设有时并不
能明显地把作者的全部想法都包含在内. 所以根据他在证明定理时如何应用
公设, 常常可以评论作者的真实意图.

看来, 牛顿当时认为任意两个物体之间的作用力都与万有引力相仿. 万有
引力的作用始终是沿着两个物体的连线的. 他还假定, 其余的力 (量值相等而
方向相反的) 也是作用于这些连线上, 只不过其随距离的变化规律比万有引力
更复杂些. 有了内力性质的这条假设之后, 我们现在再回到转动的问题, 并引
进两个重要定义 —— 力矩与角动量.

力矩

对于转动来说, 使物体旋转的力矩, 与使物体平动的力相似. 这使我们可
以得到几乎与平动定律完全一样的转动定律. 但是应当指明这些定律的不同
特点: 它们并不是作为新的公设, 而是作为以单个质点的运动定律为基础而
得出的一些定理.

首先对于最简情况来定义力矩. 它相对于 O 点的量值等于 (图 14.15)

$$相对于 O 点作用于物体 1 的力矩值 = F_1^{外} R \qquad (14.4)$$

$$相对于 O 点作用于物体 2 的力矩值 = F_2^{外} R \qquad (14.5)$$

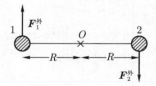

图 14.15

在一般情况下, 相对于某点的力矩值, 取决于**垂直**于连结力的作用点与计
算力矩的参考点的连线的力的**分量**. 相对于不同点的力矩值也不同, 它与连结
这些点与力的作用点的力臂长度成正比 (图 14.16).

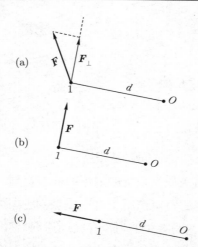

图 14.16 (a) 作用于点 1 上的力 F 相对于 O 点的力矩的量值, 等于该力垂直于 (1 与 O 间的连线) d 的分力与长度 d 的乘积; 力矩等于 $F_\perp d$. (b) 当力垂直于力臂时, 给定的力的力矩最大; (力矩)$_{最大}$ = Fd. (c) 当力与力臂平行时, 力矩最小; (力矩)$_{最小}$ = 0

在图 14.15 上, 两个力都使物体向同一个方向转动. 如果将其中的一个力, 比如作用于物体 2 的力, 反向 (图 14.15), 则相应的转动便互相抵消. 现在力的和不再等于零, 系统的质心开始运动, 与此同时不难猜想, 物体不会转动. 为了描述这类情况, 我们给力矩注上正负号: 我们认为, 如果力使物体逆时针旋转, 则力矩为正. 如果力使物体顺时针转动, 则力矩为负. 按照这一定义, 图 14.15 中的力矩互相叠加, 而图 14.17 中的力矩互相抵消.

用矢量来描写力矩非常方便[①]. 这个矢量的量值我们已经定义了. 而它的方向垂直于由力矢量与力臂所组成的平面 (图 14.18). 下面我们来求相对于某点的总力矩, 它等于相对于该点的诸力矩的矢量和. 既然我们与之打交道的力, 大部分是位于同一平面上的力, 所以我们只需要把各力矩当作数值直接相加或相减就行了, 不必进行矢量合成.

由这些定义立刻可以得到下述两个极妙的特性. 第一, 转动量值的大小在同样程度上依赖于力臂长度和力的大小. 换句话说, 小力作用于长力臂上, 与大力但作用在短力臂上, 能够给出同样的效果. 第二, 转动量值的大小, 还决

[①] 本文中所用的有关矢量乘积的讨论, 在附录 6 中给出.

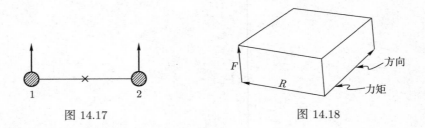

图 14.17   图 14.18

定于两个力矩的作用方向是相同还是相反.

现在我们来叙述有关质点系统的力矩的基本定理. 如果有外力作用于 N 质点系, 那么便有一定的力矩作用于这些质点. 但是既然质点间还有内力作用, 所以也必然还有与内力有关的力矩存在. 在这种情况下, 下述定理成立.

定理 14.1   相对于某一点的总力矩等于外力的力矩和.

换句话说, 内力的总力矩等于零 (与这些力的合力等于零相似), 即仅仅在内力的作用下, 系统不可能旋转. 我们不准备证明这一定理, 仅仅指出, 内力的总力矩等于零是从我们对牛顿第三定律的解释中得出的推论, 也就是, 两个物体间的内力的作用方向是沿着连结这两个物体的连线这个假定的推论 (图 14.19).

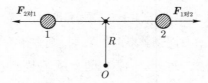

图 14.19 $F_{2外1}$ 相对于 O 的力矩等于 $F_{2对1}R$; $F_{1对2}$ 相对于 O 的力矩等于 $-F_{1对2}R$. 此外, $F_{1对2} = F_{2对1}$; (内力的大小相等、方向相反), 因而两个内力的力矩和等于零

对于转动理论来说, 这一结果的重要性, 不亚于平动理论中在系统内所有内力互相抵消这一结果. 如我们所看到的那样, 对于上述情况, 只在外力的作用下, 才能使质点系的总力矩发生变化. 下面我们来说明一下, 仅仅在外力产生的总力矩作用下, 物体才改变自己的旋转运动.

平动时, 总外力的作用使系统的总动量改变. 因此很自然, 我们将能找到一个与总动量相似的量, 这个量的总值在施加于系统的外力的总力矩作用下而改变. 如果这一相似性能被证实, 则我们有权利期待, 当总力矩等于零时, 被寻找的量的总值将保持不变. 当然, 事先并不能断言一定能找到这一个量, 但是依我们的看法, 这是可能的.

角动量

所寻找的这个量被称作角动量. 这个名字起得很成功; 前面我们说过, 力引起动量改变, 而现在可以说, "角力" 或 "转动力" (力矩) 引起角动量改变. 在给出一般定义之前, 我们先研究一下一个质点相对于某个任意点的角动量 (图 14.20). 与确定力矩的大小一样, 在此起重要作用的是力臂长度, 或质点与选定的任意点间的距离. 像前面一样, 图 14.20 中这一距离还是用字母 R 表示. 我们假定质点的质量为 m, 运动速度为 v. 如果速度 v 与力臂垂直, 则质量为 m 的质点相对于 O 点的角动量之值等于质点的动量 (mv) 与力臂长度 R 的乘积:

$$\text{角动量的量值与符号} = -mvR \tag{14.6}$$

角动量的符号, 像力矩的符号一样, 取决于转动方向. 在给定的情况下它是负的, 因为转动沿顺时针方向. 如果速度方向不垂直于力臂, 则角动量的量值等于动量垂直于力臂的分量与力臂长度 R 的乘积:

$$-mv_{\perp}R$$

与力矩一样, 角动量也是矢量, 它的量值与符号上面已经确定过了, 而它的方向与速度矢量及力臂 R 所组成的平面的法线 (垂线) 一致 (图 14.21). 质点系相对于某点的总角动量, 等于诸质点的角动量的矢量和.

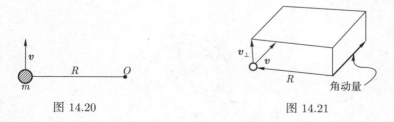

图 14.20　　　　　　　　　　　　图 14.21

刚体的突出特点在于, 当刚体转动时, 组成刚体的全部质点也跟着转动, 并且这些质点相对于任意点的角动量都是相互平行的. 因此为了求出刚体的总角动量, 只需计算出这些单个质点角动量量值的算术和就可以了, 因为所有质点的角动量的符号与方向都一样. 作为例子, 我们分析一下前面我们已引入的最简单的刚体模型.

哑铃的每一部分的转动速度皆为 v, 相对于 O 点的角动量之值等于 mvR, 而哑铃的总角动量的量值等于 $2mvR$. 总角动量矢量的方向, 沿着速度矢量 v 与两个质量点连线所组成的平面的垂线 (图 14.22).

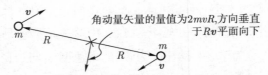

图 14.22　角动量矢量的量值等于 $2mvR$, 其方向垂直于矢量 R 与 v 所在的平面, 而且向下

对于形状复杂的刚体来说, 总角动量的量值等于全部单个质点角动量量值之和 (因为它们的方向与符号对全部质点都一样):

$$L_{总} = m_1 v_1 R_1 + m_2 v_2 R_2 + \cdots + m_n v_n R_n \tag{14.7}$$

如果全部质点离某个点 (中心) 的距离一样, 则它们将以同样的速度运动 (因为它是刚体), 式 (14.7) 的和为

$$L = (m_1 + m_2 + \cdots + m_n)vR = MvR \tag{14.8}$$

这样, 对于辐条质量可忽略不计的一个重的转动轮, 其角动量等于 MvR, 方向如图 14.23 所示.

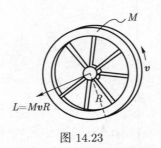

图 14.23

转动定律

现在根据已引入的力矩与角动量的概念, 我们来叙述两个重要定理. 第一个定理描述转动的惯性性质.

定理 14.2　在没有外力矩作用的情况下, 或者当系统的总力矩等于零时, 系统的角动量守恒.

这一定理包含着力学的另一个最重要的结果 —— 角动量守恒定律. 这一定律要比力学本身更深刻、更重要得多. 由于空间所有方向的等价性, 这一定律不仅仅对牛顿系统成立, 而且被看作是物理学最基本的原理之一. 对于质点系或刚体来说, 如果没有外力矩, 则角动量的方向与量值保持不变.

第二个定理表示角动量变化的速度与外力总力矩之间的关系.

定理 14.3　外力的总力矩等于角动量随时间变化的速度:

$$T^{总} = \frac{\Delta L}{\Delta t}$$

或者用另一种叙述方法: 总力矩与其作用时间间隔的乘积, 等于在这一时间间隔内角动量的改变量:

$$T^{总}\Delta t = \Delta L$$

这两个定理 (第一定理是第二定理的特殊情况) 叫作转动定律. 它们与平动定律惊人地相似:

$$
\begin{aligned}
&\text{I. 惯性定律}: \begin{cases} \text{不存在力时, } P = \text{常量 (平动)} \\ \text{不存在力矩时, } L = \text{常量 (转动)} \end{cases} \\
&\text{II. 第二定律}: \begin{cases} \text{存在力时, } \Delta P = F^{外}\Delta t \text{ (平动)} \\ \text{存在力矩时, } \Delta L = T^{外}\Delta t \text{ (转动)} \end{cases}
\end{aligned}
\qquad (14.9)
$$

哑铃

对于形状最简单的刚体 (哑铃), 上述定理可以用下面的方法来证明. 证明的思想: 借助于运动定律, 对物体的每一部分可以得出力矩与角动量的关系.

如果考虑到, 哑铃是绕穿过 O 点的轴转动的刚体, 则很容易看出来, 力矩与角动量矢量的方向也沿着这个轴 (图 14.24). 其次, 既然沿顺时针方向作用的力, 使顺时针的转动增大 (或使逆时针方向的转动减小), 因此力矩的方向 = 角动量的变化方向.

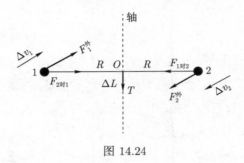

图 14.24

因为点质量被迫沿圆周转动, 所以内力垂直于运动方向, 即不作功, 因而, 也不改变运动速度. 只有外力才能使速度变化, 根据第二运动定律

$$\left.\begin{aligned} F_1^{外}\Delta t = m\Delta v_1 \\ F_2^{外}\Delta t = m\Delta v_2 \end{aligned}\right\} \text{(量值)} \tag{14.10}$$

把式 (14.10) 乘以 R:

$$(F_1^{外}R)\Delta t = mR\Delta v_1 = \Delta L_1 \tag{14.11}$$

$$(F_2^{外}R)\Delta t = mR\Delta v_2 = \Delta L_2 \tag{14.12}$$

把式 (14.11) 与式 (14.12) 相加, 对绝对值可得

$$T^{外}\Delta t = \Delta L \tag{14.13}$$

把方向考虑在内, 式 (14.13) 可写成

$$\boldsymbol{T}^{外}\Delta t = \Delta \boldsymbol{L} \tag{14.14}$$

虽然在以上介绍的理论中有一些推理可能是难以理解的, 叙述的定理也无严格证明, 但是技术细节不应当使我们所研究的系统的基本结构构件从我

们的注意力中溜掉. 这些构件指的是牛顿质点、遵守第三定律的力, 以及像力矩、角动量等一类的量. 应用这些构件, 再假定每个质点的运动遵守牛顿第二定律, 我们便得到了先前所提问题 (力与转动的联系如何) 的解答. 答案包括在一个方程式中:

$$T^{外}\Delta t = \Delta L \tag{14.15}$$

§14.4   静力学: 静止刚体

现在应用已引进的概念, 来讨论一门古老的学科 —— 静力学. 静力学描述的是运动状态不变的刚体的行为. 至少从阿基米德时代开始, 人们在设计桥梁、楼房以及战车时就开始用它了. 静力学研究的是静止刚体. 这就是说, 作用于物体各个质点的作用力之和等于零. 如果作用于 N 质点系的外力的合力等于零, 则系统的质心静止. 如果外力矩之和等于零, 则系统的总角动量保持不变. 然而即使满足了这些条件, 系统还可能振动或以其他方式改变自己的形状. 如果系统是刚体, 则由于这种系统只能作为整体平动或者转动, 那么情况就会大大简化. 因此, 如果作用于刚体的力与力矩之和皆等于零, 即如果

$$F^{外} = 0 \tag{14.16}$$

$$T^{外} = 0 \tag{14.17}$$

则物体只能或者匀速转动, 或者匀速移动, 或者保持静止. 可以把平衡条件用上述两个方程式表示出来, 这是由于引进了刚体概念而带来的重要简化; 这些条件与作用于刚体各个质点的全部力之和等于零是等价的.

上面所说的事情可以用逻辑图表示出来:

$$\left.\begin{array}{l}\text{对 } N \text{ 质点系的各个}\\ \text{质点的总力 } F = 0\end{array}\right\} \leftarrow \overline{F = ma \text{ 第三定律, 刚体定义}} \rightarrow \left\{\begin{array}{l} F^{外} = 0 \\ T^{外} = 0 \end{array}\right.$$

例   用杠杆举起重物

假定, 杠杆本身没有重量. 这时 (图 14.25)

$$F = F_1 + F_2$$

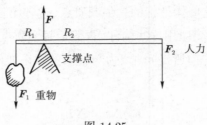

图 14.25

(在我们还不知道支撑物应当多坚固之前, 这一方程式本身并没有意思);

$$F_2R_2 - F_1R_1 = 0 \quad (\boldsymbol{T}^{外} = 0)$$

由此

$$F_2 = \frac{R_1}{R_2}F_1 \quad (量值)$$

举例来说, 如果 $R_1 = 30\,\mathrm{cm}$, 而 $R_2 = 300\,\mathrm{cm}$, 则一个人可以用相当于 $5\,\mathrm{kg}$ 物体受的力 (约 $49\,\mathrm{N}$), 举起质量为 $50\,\mathrm{kg}$ (约 $490\,\mathrm{N}$) 的重物. 如果有一根足够长的杠杆的话, 一个人还能把整个地球给举起来. 从事建筑桥梁与军事设施的工程师们, 早在牛顿之前就对这些结果以及其他许多结果很熟悉了. 这些结论在阿基米德和亚里士多德时代已经成为力学的一章了. 当亚里士多德谈论一个物体的重量是另一个物体重量的 10 倍, 其产生的效应也是 10 倍关系时, 很可能, 他所指的就是物体的平衡, 或指杠杆两臂的长度成一定比例时物体达到平衡. 我们根据运动的不同性质, 从牛顿公设出发成功地得出这些结论来, 如同欧几里得把在他之前全部的已知事实组合成了统一的几何系统一样.

§14.5　动力学: 运动刚体

刚体动力学极其复杂. 举例来说, 克莱因与索末菲单就陀螺的运动就整整写了四大本书. 而书的读者还是那些对这些玩意儿最无偏爱的人们. 上面所得到的那些结果可以广泛地、卓有成效地运用于解释像陀螺、回转器以及地球这样的固体的运动. 现在我们想从这些结果推导出一些最简单的推论, 以便用它们来描述某些运动; 诚然, 这些运动非常复杂, 我们不得不仅仅局限于作一些图解.

再回过头来研究哑铃, 它的每个部分都以速度 v 转动. 该系统的角动量为

$$L = 2mvR \qquad (14.18)$$

假定哑铃的结构是这样的: 无需加任何力矩, 它的质量可以向中心靠近. (中间用绳子拉住两个重球, 组成的哑铃, 使绳子缩短, 两个球便向中心靠近; 或者, 两个重球之间用弹簧拉住, 增强弹簧的拉力, 也可使两重球靠拢, 见图 14.26.) 因为总力矩等于零, 根据定理 14.2, 系统的角动量应当保持恒定. 既然 L 与 m 保持恒定, 而 R 却减小, 因此转动速度应增大:

$$v = \frac{L}{2m}\frac{1}{R} \qquad (14.19)$$

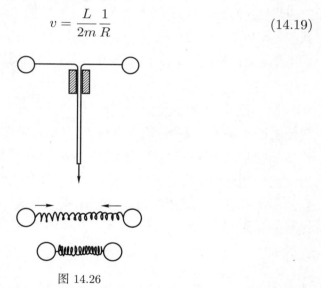

图 14.26

因此, 当半径 R 减小时, 哑铃的转动速度反比于 R 而增大. 如果质量回到原来的位置, 则速度 v 也恢复初始数值. 由于对物体未施加力矩, 所以角动量仍旧保持恒定.

这一结果看起来很怪异和令人费解, 它一方面显示了我们得出的定理的一点儿威力, 同时也反映出了在推导它们时所碰到的部分问题. 如果对于定理 14.2 的正确性不发生怀疑, 那么我们不能不承认哑铃半径减小时, 它转动得应当更快. 显然, 如果整个推理过程都是正确的话, 那么对物体的每个部分应用运动定律也应当得出同样的结果 (图 14.27).

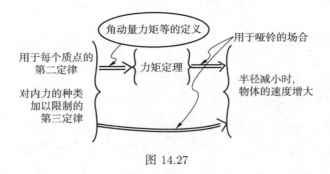

图 14.27

为了把这一点分析清楚, 并且确信结论中并不包含任何神秘的东西, 而仅仅应当使我们赞叹, 我们从牛顿第二定律直接把它推导出来 (图 14.28). 例如, 我们先看质点 1. 只有一个力 $F_{2对1}$ 作用于它. 由于质点的运动是圆运动 (转动半径不变), 所以 $F_{2对1}$ 的量值只保证质点沿圆周运动所必需的加速度:

$$F_{2对1} = \frac{mv^2}{R} \quad \text{(量值)} \tag{14.20}$$

要使质点 1 向中心靠近, 该力应当增大. 这时质点开始沿非圆轨道转动 (图 14.29). 当质点沿这一轨道转动时, 内力对它作功, 因为这时转动方向已经不再垂直于力的方向. 结果质点的动能增大, 因而其速度也增大. 一旦质点沿着新的 (小一些的) 圆轨道转动时, 内力比先前增大 (这对应着较小的转动半径以及较大的转动速度).

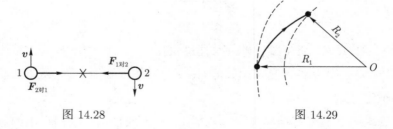

图 14.28   图 14.29

转动半径与速度的关系式 (14.19), 可以由第二定律通过直接 (虽然不很简单) 计算得到. 这样, 这个一般来说多少有点出乎预料的结果, 就直接从应用于物体每一部分运动的牛顿定律推导出来: 这再一次证实了所得定理的用途及成效. 这些定理使我们用不着花多少力气, 也用不着费多少脑子, 只用三两行字就能得到那些结果.

花样滑冰运动员, 一般连想都不用想, 便能很自然地根据这个原理来设计自己的动作. 当她把手伸向两旁时 (图 14.30), 她的质量平均来说要比把手抱在胸前时离躯体中心远一些. 她蹬一下冰以后, 将手向两旁分开, 开始慢慢旋转. 然后用一只脚旋转. 当把手贴近胸前时, 她的旋转速度变快. 为了停止旋转, 花样滑冰运动员重新把手伸向两侧, 从而使自己的旋转减慢.

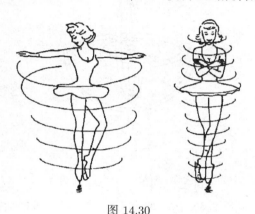

图 14.30

地球在几乎是真空的太阳系空间内转动, 实际上它不承受任何转动力的作用. 因此它的角动量实际上保持不变, 而继续不停地转动.

很可能, 由于地球不是理想的圆球, 月亮和太阳对它的万有引力作用, 是产生旋转力矩的唯一原因. 类似的力矩在过去的某个时候曾使月球的旋转速度变慢, 因此它现在转一整圈所需要的时间正好是一个月球月 (正因为这样, 所以月球总是以同一半面对着地球). 使地球旋转速度变慢的类似效应实际上是不易察觉的, 因为地球的质量比月球的质量大得多. 地球的一昼夜, 在一百年间缩短不到 10^{-3} s. 这些力矩作用的另一种表现是地轴的进动. 进动使地球的自转轴线方向由一个恒星转向另一个 (目前轴的方向对着北极星). 关于这一点后面还将谈到.

回转器

把飞轮固定在一个对于轮的转动实际上没有任何阻力的装置上, 飞轮可以相对于这一装置作任何方向的转动. 为此需要有三层支架 (对应着我们的三度空间). 这种装置叫作回转器 (图 14.31). 假定摩擦力可忽略不计, 则可以认为回转器飞轮不受任何力矩作用. 而这意味着转动轴将永远保持其在空间的方向, 不管支架怎么动, 回转器的轴方向保持不变. (制造回转器的主要技术任务是最大限度地减小作用于回转器的力矩, 目的在于使回转器的角动量在转动时保持恒定.)

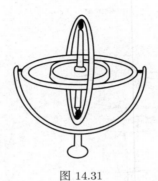

图 14.31

对需要严格保持某一特定方向的场合, 回转器有着广泛的应用. 例如, 火箭在进攻的轨道上可能翻动, 潜水艇在海流的影响下可能会拐弯, 但是如果在军舰上装上回转器 (图 14.32), 舰长就永远不会迷航. 飞机自动驾驶仪也是以同样的原理工作的. 浓雾中, 飞行员可能完全迷失方向 (飞行员搞不清自己是在向上飞还是向下飞的情况是常有的). 将飞机飞行方向与回转器的轴线方向 (假定一个回转器的方向指下, 另一个指北) 相核对, 自动驾驶仪就能够确定现在的飞行方向与预定航向之间的偏离, 然后给予必要的修正.

图 14.32

如同力与动量的关系一样, 力矩可以改变角动量的量值和 (或) 方向. 然而力矩的作用效果却可能出乎我们的预料. 如果力矩的作用方向在角动量的方向线上, 则此时仅仅角动量的量值发生改变 (若力矩方向与角动量相同, 角动量增大; 方向相反则减小, 如图 14.33), 但是角动量的方向不变. 这类似于与质点运动方向平行的力的作用, 此时质点的速度或者增大, 或者减小而其运动方向不变.

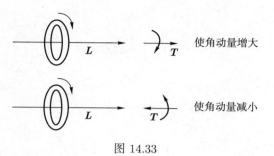

图 14.33

如果力矩方向与角动量方向不一致, 则不但角动量的量值要改变, 很可能连它的方向也要发生改变. 由于在日常生活中, 我们很少碰到这类现象, 所以力矩的作用结果很可能使我们感到惊奇 (图 14.34).

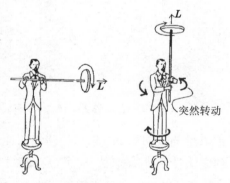

图 14.34 站在转凳上的人在打算把飞轮举起时, 他自己却完全出乎预料地开始转动起来. 转凳旋转的原因是, 总角动量在垂直方向应当守恒

我们现在来讨论一下一个回转器的奇怪的运动. 这个回转器的轴固定在另一个竖直的轴的 P 点处 (图 14.35). 相对于 P 点作用于回转器上的重力矩为

$$\boldsymbol{T}(\text{量值}) = mgR$$
$$\text{(方向)}: \text{垂直于重力方向与轮轴方向组成的平面} \tag{14.21}$$

因此, 垂直于角动量方向的力矩, 使其方向朝着力矩方向改变. 如果正确地开动回转器, 则它 (除了飞轮的快速转动之外) 开始绕支点 P 转动, 此时角动量的方向朝着力矩方向改变. 这种运动称作**进动** (图 14.36). 进动速度由下式确定:

$$T \Delta t = \Delta L \tag{14.22}$$

这样, 当其他条件都相同时, 较大的力矩导致角动量较快的改变, 因而进动速度也较大.

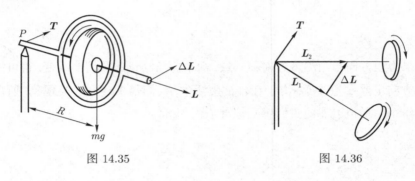

图 14.35　　　　　　　　　　　　图 14.36

一般情况下

$$T \Delta t = \Delta L$$

若是力矩只使角动量的方向改变 (如果力矩始终垂直于角动量方向), 则可用下列方法计算进动速度. 对于很小的时间间隔 Δt (此时可以用弦长代替弧长), ΔL 的量值等于 (图 14.37)

$$|\Delta L| = L \Delta \theta \quad \text{(量值)}$$

即

$$T \Delta t = |\Delta L| = L \Delta \theta \quad \text{(量值)}$$

进动速度 (单位时间内转过的角度)

$$\frac{\Delta \theta}{\Delta t} = \frac{1}{L} \frac{\Delta L}{\Delta t} = \frac{T}{L} = \frac{\text{力矩量值}}{\text{角动量量值}}$$

有时候使用进动频率 (每秒转数) 更为方便. 用字母 ν 表示, 它等于 $\left(\dfrac{1}{2\pi}\right)\left(\dfrac{\Delta\theta}{\Delta t}\right)$. 那么对频率我们有

$$\nu = \frac{1}{2\pi}\frac{T}{L}$$

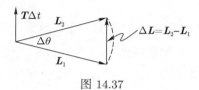

图 14.37

假定回转器是一个半径为 r, 质量为 M 而辐条无重量的转轮, 并像图 14.38 那样支架着. 相对于支点 P 的力矩

$$T = MgR \quad \text{(量值)}$$

而方向与转轮的角动量 L 垂直. 转轮的角动量大小为 Mrv.

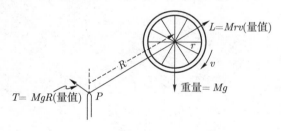

图 14.38

则进动频率

$$\nu = \frac{1}{2\pi}\frac{\Delta\theta}{\Delta t} = \frac{1}{2\pi}\frac{T}{L} = \frac{1}{2\pi}\frac{MgR}{Mrv} = \frac{gR}{2\pi vr}$$

并与轮的质量无关. 假定, 轮的半径为 2 cm, 支在 4 cm 长的棒上. 轮速为 20 转每秒, 那么

$$20 \text{ r/s} = \frac{\text{速度}}{\text{圆周长}} = \frac{v}{2\pi r}$$

即 $v = 40\pi r = 80\pi$ cm/s.

于是进动频率

$$\frac{1}{2\pi}\frac{\Delta\theta}{\Delta t} = \frac{1}{2\pi}\frac{gR}{vr} = \frac{1}{2\pi}\frac{980\ \mathrm{cm/s}^2 \times 4\ \mathrm{cm}}{80\pi\ \mathrm{cm/s} \times 2\ \mathrm{cm}}$$
$$= 1.25\ \mathrm{r/s}$$

匀速进动可以看作是运动方程式的一个特殊解, 仅当回转器依适当方式起动后才能观察到. 如果在回转器起动的那一刹那, 它的轴受到水平方向的敲击, 则回转器轴先是稍稍偏转一下, 然后在进动的同时上下摆动. 通常这种微小的摆动称作**章动**. 在摩擦力的作用下, 章动不断衰减, 而回转器继续进动.

陀螺快速旋转时也具有角动量 (图 14.39). 万有引力 (作用于质心) 相对于陀螺支点的力矩, 与回转器的情形一样, 使它的动量矩方向改变 (朝着力矩方向变). 如果陀螺起动平稳, 则在力矩的作用下开始匀速进动. 在更复杂的运动情况下 (例如, 陀螺触及地面), 在陀螺的进动中又叠加上章动. 章动使陀螺的轴摆动, 这一点每个孩子都很熟悉.

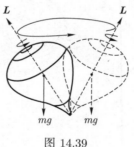

图 14.39

地球也可以看作回转器或陀螺. 如果它的形状是严格的圆球的话, 那么万有引力的扰动就应当作用于地球的中心, 那就不会形成转动力矩了. 那时地球的角动量也就应当保持恒定, 因而它的转动轴就应当永远指向同一个恒星. 当然这颗恒星要位于足够远的地方, 使它在天空中的可见位置, 不会因地球沿着绕太阳的轨道运行而发生变化. 当今, 地球的北极对着北极星 (图 14.40). 但是过去并不这样. 公元前二世纪希帕克斯发现, 他的先辈们所观察到的天空不动点, 与他看到的不同. 当今这个不动点与北极星的位置一致, 而 5000 年前这个点在天龙座区域. 公元 7500 年时该点将与仙王座中最亮的星重合, 而到公元 14000 年, 地球的北极将指向天琴座 (图 14.41)

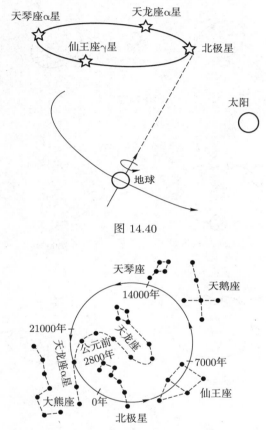

图 14.40

图 14.41 由于地轴进动, 与地球北极所对应的点在恒星间的运行路程 [2]

为了理解这一点, 我们只要指出, 地球并不是理想的圆球, 而是两极被压扁的椭圆球; 另外, 它的自转轴与其轨道平面的垂直线成 23° 角. 由于这个原因, 太阳的引力对地球靠近它的这一面吸引得要比远离的那一面厉害. 这样便产生了一个使地轴进动的力矩 (图 14.42). 如果只有太阳的引力作用于地球的话, 其进动周期大约为 80000 年. 然而地球的运行还受月球引力的扰动. 月球虽比太阳小, 但它离地球近, 所以它的引力力矩的大小与太阳是同一个量级的. 由月球与太阳的总引力力矩引起的地轴进动周期约为 26000 年

(图 14.43).

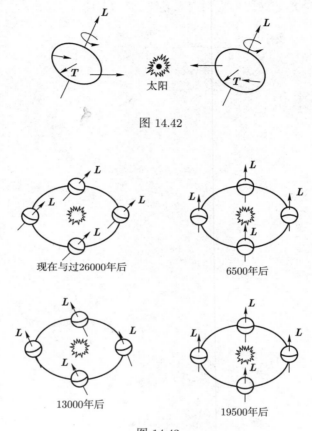

图 14.42

图 14.43

这样, 从前曾认为地球是宇宙的中心, 它吸引或排斥所有物体, 太阳、行星及恒星都绕地球旋转; 而实际上, 我们的地球还得遵从太阳与月球的意志, 在无数行星及恒星之间, 在无边无际的太空中遨游. 地球还像一个玩具陀螺一般, 不断地进动. 如果仔细观察还会发现, 它甚至还在作不大的章动.

太阳对地球的非均匀引力引起了地轴的进动, 它的速度可以用下述方法近似地计算出来. 地球的质量聚集于赤道附近, 也正是质量分布的这种不均匀性产生了太阳的引力力矩. (如果地球是圆球的话, 这个力矩就不会产生.) 在施加于赤道多余质量 (Δm) 的力矩作用下, 转动地球的角动量不断改变着 (图 14.44).

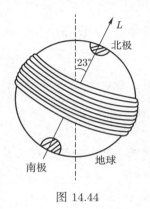

图 14.44

假如认为, 多余的质量 Δm 集中在位于赤道上的两个点质量上 (图 14.45), 则冬季或夏季的力矩可以这样计算:

$F = \dfrac{GM_{太阳}m}{R^2}$ (量值) —— 太阳对离它距离为 R 的质量 m 的引力

$F = \dfrac{GM_{太阳}\Delta m/2}{(R+\Delta R)^2}$ —— 太阳对上部的点质量 $\Delta m/2$ 的引力

$F = \dfrac{GM_{太阳}\Delta m/2}{(R-\Delta R)^2}$ —— 太阳对下部的点质量 $\Delta m/2$ 的引力

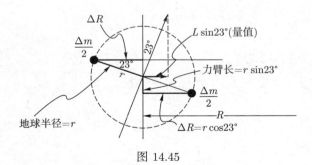

图 14.45

后两个表示式可以近似地写成:

作用于上部质量的力 $\approx \dfrac{GM_{太阳}\Delta m/2}{R^2} - \dfrac{GM_{太阳}\Delta m/2}{R^2}\dfrac{2\Delta R}{R}$

(14.23)

$$作用于下部质量的力 \approx \frac{GM_{太阳}\Delta m/2}{R^2} + \frac{GM_{太阳}\Delta m/2}{R^2}\frac{2\Delta R}{R}$$

$$(14.24)$$

(这一近似给出极高的准确度. 作用于上部质量的力要小一些, 因为该质量离太阳较远.) 这些力矩的量值等于

$$2\frac{GM_{太阳}\Delta m/2}{R^2}\frac{2\Delta R}{R} \times (力臂长度) \qquad (14.25)$$

$$= 2\frac{GM_{太阳}\Delta m/2}{R^2}\frac{2}{R}r^2\sin 23° \cos 23° \qquad (14.26)$$

现在应考虑到, 多余的质量实际上沿圆环分布, 而不是集中在几个点上 (即 ΔR 值和力臂长度实际上要小些), 另外仅在冬至与夏至时, 力矩才等于自己的最大值 (春分与秋分时它等于零). 这样一来, 力矩的年平均值大约是式 (14.25) 的值的 3/8, 即

$$平均力矩 = \frac{3}{8}\frac{2GM_{太阳}}{R^2}\frac{\Delta m}{2}\frac{2\Delta R}{R} \times (力臂长度) \qquad (14.27)$$

可以把这一平均力矩与地球绕太阳的运行周期 (等于 1 年) 联系到一起. 因为

$$F = ma$$

则

$$\frac{GM_{太阳}m_{地球}}{R^2} = m_{地球}\frac{V^2}{R} \qquad (14.28)$$

但是地球运转周期

$$T_{年} = \frac{地球轨道周长}{速度} = \frac{2\pi R}{V} \qquad (14.29)$$

因此

$$\frac{GM_{太阳}}{R^2} = \frac{4\pi^2 R}{T_{年}^2} \qquad (14.30)$$

因此

$$平均力矩 = \frac{3}{8}2\frac{4\pi^2 R}{T_{年}^2}\frac{\Delta m}{2}\frac{2\Delta R}{R} \times (力臂长度) \qquad (14.31)$$

$$= \frac{3}{8} \frac{(4\pi)^2}{T_{年}^2} \frac{\Delta m}{2} r^2 \sin 23° \cos 23° \tag{14.32}$$

如果地球的全部质量集中在沿赤道围绕地球的一个环内, 则其角动量就等于 $m_{地球} r v_{赤道}$ (此处 $v_{赤道}$——地球在赤道上的运转速度). 然而实际上这一质量是沿圆球分布的 (实际上这意味着, 赤道到地心的平均距离要小一些, 赤道上的平均速度也要小一些), 因此球形地球的角动量由下式给出:

$$L = \frac{2}{5} m_{地球} r v_{赤道} (量值) \tag{14.33}$$

可以把角动量与地球的自转周期 (一天) 联系到一起:

$$T_{天} = 1天 = \frac{2\pi r}{v_{赤道}} \tag{14.34}$$

由此

$$L = \frac{2}{5} m_{地球} \frac{2\pi r^2}{T_{天}} = \frac{4\pi}{5} m_{地球} r^2 \frac{1}{T_{天}} \tag{14.35}$$

力矩使地球的角动量位于地球轨道平面内的那个分量 ($L \sin 23°$) 的方向 (但不是量值) 发生改变. 这便导致 (像回转器的情况一样) 进动:

$$T = \frac{\Delta L}{\Delta t} = L \sin 23° \times (地轴进动速度) \tag{14.36}$$

因此

$$T = L \frac{2\pi}{T_{进动}} \sin 23° \tag{14.37}$$

式中 $T_{进动}$——太阳引力矩引起的地轴进动周期. 把式 (14.32) 与 (14.35) 代入 (14.37), 可得

$$\frac{3}{8} \frac{(4\pi)^2}{T_{年}^2} \frac{\Delta m}{2} r^2 \cos 23° = \frac{4\pi}{5} m_{地球} r^2 \frac{1}{T_{天}} \frac{2\pi}{T_{进动}} \tag{14.38}$$

或

$$T_{进动} = \frac{1}{5(3/8)\cos 23°} \frac{T_{年}^2}{T_{天}} \frac{1}{\Delta m/m_{地球}} \tag{14.39}$$

根据沿赤道以及子午线量出的地球周长, 可以得出估算值

$$\frac{\Delta m}{m_{地球}} \approx \frac{8}{3040} \tag{14.40}$$

由此最终得到

$$T_{进动} \approx 80400 年 \tag{14.41}$$

参考文献

[1]   Physical Science Study $\cdots$, 参阅第 2 章 [8].

[2]   *Poppy W. J.*, *WilsonL. L.*, Exploring the Physical Sciences, 1965.

思考题

1. 绝对刚体的概念是气体、液体与固体的理想化吗?

2. 均匀的球的质心在哪里?

3. 如果在一个均匀的球内, 扣掉一个球, 其球心与原先的均匀球的球心一致, 那么质心的位置是否改变?

4. 为了产生转动, 是否一定要有力矩?

5. 在什么条件下, 角动量守恒?

6. 为了使飞机沿直线飞行, 为什么驾驶员有时不得不把舵向右或向左转动?

7. 如果两极的冰全化掉, 昼夜的长度将如何改变?

8. 直升飞机总是有两个螺旋推进器: 或是同样的两个, 但旋转方向相反; 或者一个大的水平方向的, 而另一个是安在飞机尾部的小的垂直螺旋桨. 为什么?

9. 猫用什么方法使它在跳下时总是爪子先着地? 实际上是这样的吗?

习题

1. 如果有一个三质点系统. 第一个质点 (质量为 5 g) 位于坐标原点以东 2 cm 处, 第二个质点 (质量为 10 g) 在坐标原点以北 4 cm 处, 而第三个质点 (质量为 5 g) 在坐标原点, 试问该系统的质心在何处?

2. 试计算质量分别为 M 与 $2M$, 相距 10 cm 的两个质点的质心位置.

3. 图 14.46 所示的图形的质心在哪儿?

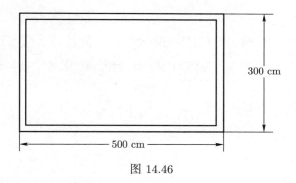

图 14.46

4. 为了使悬挂物稳定, 每一根绳子都应当通过绳子以下的系统的质心. 图 14.47 所示的悬挂物是不稳定的. 如何使它变得稳定? (绳子的质量可以忽略.)

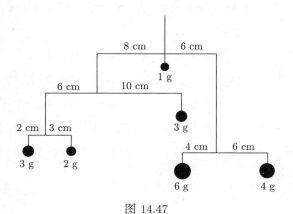

图 14.47

5. 应当在图 14.48 上所示的轮子的外圈上加一个多大的力, 才能使总力矩等于零?

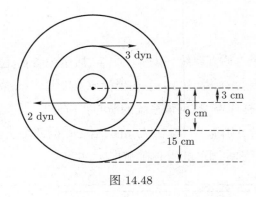

图 14.48

6. 有一根 3 m 长的无重杠杆, 它的支点位于离其一个端点 60 cm 的地方. 如果一个人可以对杠杆的一端施加 500 N 的力, 问用这个杠杆能举起多重的重物?

7. 有一个质量为 300 g 的物体, 它沿半径为 600 cm 的圆以一转每秒的频率旋转, 试问其角动量是多少?

8. 两个同心轮由无重量的辐条连接起来. 其中一个的半径为 500 cm、质量为 5000 g; 而另一个半径为 250 cm、质量为 2000 g. 若整个系统的旋转速度为两转每秒, 试问这一系统的角动量是多少?

9. 若要使上述系统在 10 s 之内停下来, 需要在外轮上加多大的力?

10. 有一个质量为 105 g 的地球卫星, 它在地面上空 16000 km 的地方绕地球旋转. 试问, 其角动量等于多少?

*11. 螺线球的玩法是这样的: 游戏参加者中的某人打一个用长绳子拴在柱子上的球. 所用力的大小要在对方把球击向另一个方向去之前, 能使球围绕柱子转圈. 球受 60 N 的力作用 1/4 s 后开始旋转, 问对方需要用多大的力作用 3/4 s, 使转了一圈半的球以初始角动量 (相对于柱子中心) 的一半, 向着相反的方向旋转? 绳长 2 m, 柱子的直径为 10 cm. (可以认为球在垂直于柱子的平面上沿螺旋线转圈.)

12. 分析一下月球对地轴进动的影响. 首先把地球–月球系统看作一个哑铃, 从计算月球对地球的作用力的力矩开始. 像计算太阳对地球的平均力矩 (第 240 页) 时那样, 也应当把月球平均力矩的数值减小一些. 然后把这一力矩与月球的运行周期联系起来, 再采取像第 241 页中所采取的步骤. 在太阳与月球力矩的作用下, 地轴进动的周期约为 26000 年.

13. 棒球运动员质量为 72 kg, 沿半径为 10 m 的圆以 10 m/s 的速度跑过第一 "垒".

a) 作用在运动员身上的水平方向的力是多大?

b) 此力从何而来?

第 15 章　宇宙像一部机器

这一思想并不属于牛顿. 德谟克利特、伊壁鸠鲁、卢克莱修和伽桑狄早就证明了, 世界是由在真空中运动的原子及其组合物构成的, 任何自然现象都可以用这些原子的各种组合予以解释. 虽然笛卡儿本人并不相信真空, 但他还是将力学定律应用于质点运动, 试图用这种方法把所观察到的现实世界的特性推导出来. 只要初始原子的运动遵守力学定律, 则所有物质、全部自然现象以及我们的全部实验都可以用初始原子的不同组合来解释清楚. 这件事情本身就是一个历史悠久而又常常引起争论的猜想. 只有在牛顿理论的帮助下这个推测才有了牢固与严格的基础. 若是这样, 人们要问, 那为什么不设法用自然规律去解释经济和历史现象以及人类自身的行为呢? 这些自然定律应当可以从决定基本质点行为的定律中推导出来. 随着牛顿理论的出现, 决定论与自由意志的问题, 如同人类知识的整个体系一样 (人们常把牛顿体系理解为人类的知识体系), 全都根据牛顿理论重新作了修改.

但是, 牛顿理论影响最大的是对人的心理作用. 中世纪时人们平安地生活在以人为中心的世界上, 这个世界的全部理智、意向和内容都是以人为中心, 就像地球曾是所有恒星、行星和其他轻、重物体运动的中心一样; 这是一个以拯救灵魂为目的的世界, 在这个世界上全部行为都是目的明确的行动; 这是一个近乎魔术般的神奇而又明朗的世界, 那里的一切创造物 —— 从天使到动物, 甚至连没有生灵的石头 —— 都知道自己的位置, 自己的目的以及它与所有其他物体之间的关系.

很久以前人们就猜测, 宇宙可能是物质的, 是由多种原子构成的, 这些原子既没有固有的目的, 也没有确定的运动方向, 它们的行为与人类无关. 持这种观点的人可能要被扔到火里烧死, 或者不为人们所理睬, 这取决于当时的时代背景与本人对其观点坚持的程度如何. 作为一种对世界可能的解释这种想法是有趣的, 虽然它并不具有特别的吸引力和人道特点. 人们所以对它比较重视, 与其说是因为它能够较容易地赋予自然现象以秩序, 还不如说是出于道义上的考虑 (伊壁鸠鲁).

认为牛顿把整个中世纪的世界一笔勾掉的说法未免有点太过分, 但是显然, 牛顿理论的成就确实使人类已不能再平静地生活在这个世界上了. 很难说, 这种说法在多大程度上与实际情况一致, 但是至少人们感到难以相信, 人是宇宙的中心, 万物受人 —— 一场精彩演出的主角的控制与管理. 由于力学定律可以应用于质点运动, 其结果是, 世界已不再聚集于地球的周围. 由此达到霍尔巴赫① 唯物主义仅仅只差一步了:

"宇宙, 全部存在的巨大集合, 仅仅是由物质与运动组成的. 我们眼前的这一切存在不是别的, 只是一股无边无际的、永不间断的因果流."

十七世纪末, 在英国的大学里便开始教授牛顿理论. 牛顿死于 1727 年, 人们为他举行了国葬. 安葬之后, 伏尔泰写道: "不久前在一次名人聚会中, 讨论了一个老生常谈的无聊问题: 谁是最伟大的人 —— 凯撒, 亚历山大, 成吉思汗或者克伦威尔? 有人说, 毫无疑问这个人应当是艾萨克·牛顿. 他说对了, 因为他不是用暴力, 而是靠真理的威力征服了我们的理智. 为此我们应当感谢牛顿."

后来牛顿理论在全世界传播开来. 到 1789 年,《自然哲学的数学原理》一书已经出版了十八版. 这本书的出版对当时的印刷技术来说是困难的. 出版了四十种英文的、十七种法文的论述这一题目的普及书籍. 甚至还成立了妇女班 ——"女士牛顿主义".

读关于新科学的书籍成了一种时髦. 据说, 当时的年轻姑娘都在考虑, 如果她们的未婚夫不具有一定的科学知识, 是否同意他们的求婚. 无疑, 富兰克林在巴黎的使团取得的巨大成就, 其部分原因要归功于他在电学方面的卓越发现. 据说有一位女士为了在布洛涅森林里乘车旅游时也能研究解剖学, 她总是带运着一具尸体, 这种传说可能也不是太夸张的. 科顿·马瑟写道: "万有引力把我们引向上帝, 并确实把我们领到了他身旁."

---

① 霍尔巴赫 (1723—1789), 法国启蒙思想家、唯物主义哲学家、无神论者. ——译者注

当然, 那些什么课都听的女士、先生们未必读过牛顿的《原理》, 或者把他证明的细节都弄懂了. 但是, "牛顿主义" 与 "牛顿体系" 从那时起变成了欧洲思维的一个无可争议的真理. 现今, 任何其他的一种世界体系都要在牛顿体系基础上被验证和受到怀疑. 从那时起, 牛顿思想便在西方科学中占据了统治地位, 就如同亚里士多德的观点曾在许多世纪里占据了统治地位一样.

牛顿认为, 行星的运行并不严格遵守他的定律, 这些运动应当不时地加以修正. 就好像是每过一千年上帝就需要校正一下他那走得稍有点慢的表一样. 然而, 十九世纪初拉普拉斯证明, 这只表并不慢, 而是走得很准. 后来发现, 只要把行星之间的相互影响考虑在内, 行星的运行中出现的、曾使牛顿不安的那个小小的偏差, 也是可以解释清楚的. 据说, 拿破仑曾问拉普拉斯 (问题提得惊人地恰到好处), 在他的体系中上帝在什么地方, 拉普拉斯答道: "我不需要这个假定."

然而, 并不是所有人都喜欢这个世界. 在这个世界里人好像是外来户, 而原子和行星则沿着自己的轨道运行, 不以人的意志为转移. 这是一个应当引起重视的世界, 但并不一定受到欢迎. 它影响过哲学家、经济学家、政治家、神学家和道德学家的观点; 有一些人欢迎这个世界, 另一些人则竭力抵制它, 但最终这些人也不得不乖乖地接受它, 很可能是带着一丝苦笑地接受它:

"面对宇宙那温存的冷漠无情, 我敞开了自己的心, 并把它当作自己的兄弟" (加缪).

第四篇　关于光的本性

第 16 章　网球

牛顿有一次讲到:

"我找到一块三角玻璃棱镜, 想进行实验来搞清楚有名的**颜色现象**, 为此, 我先把自己的房间遮黑; 在窗上钻一个小孔, 只使需要的阳光通过窗孔. 我把棱镜放到进光处, 使光线折射到对面墙上. 墙上出现了绚丽而鲜明的色彩, 起初它给人以十分舒适的感觉. 但再仔细观察一下, 我感到惊讶, 为什么它们变长了——根据我所熟悉的折射定律, 原来我以为, 形状应当是圆的" [1] (照片 16.1). "…… 终于发现了映像变长的真正原因: 光是由**折射率不同的光线**所组成, 无论入射角如何, 这些光线由于**折射率不同**而投射到墙上的不同部位" [2].

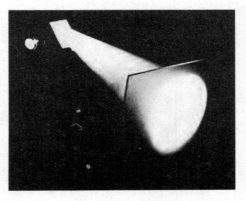

照片 16.1 "…… 它们的形状变长了, 这使我感到惊讶"

于是牛顿得出结论, 从前曾以为白光是纯净而均匀的实体, 而事实上却是不同颜色光线的混合体.

上面这段引文引自牛顿的第一篇论文, 这是牛顿由于自己作出了新发现而满怀抑制不住的激情, 以简洁的语言写下的. 但老一辈的科学家对牛顿的这篇论文提出了异议. 例如, 胡克的观点就代表了关于光的传统看法, 这种看法认为, "光是一种均匀而透明的物质的简单而均匀的运动或振动, 它以球形波的形式从发光体传向任意远的地方 ……" [3].

胡克转向牛顿说:

"我认为, 对于牛顿先生来说, 要对由棱镜产生的彩色图像、液体及固体的颜色以及薄膜的色彩 (这是最难解释的) 等所有现象作出解释并不困难" [4].

然而, 牛顿仍然坚持白光具有复杂的性质:

"…… 混合物能给出白色, 这是最令人感到惊奇的. 没有任何一种光线能够单独显示出白色 …… 我常常很兴奋地观察到, 当我将棱镜射出的所有彩色的光汇聚在一起, 并使它们混合成像入射到棱镜前那样时, 这些光又会重新产生出与入射的太阳光毫无区别的完美的白光 ……" [5].

接着牛顿又作了补充说明:

"…… 只有当我所使用的玻璃的透明度相当好的时候才行; 否则, 光线就会带一点玻璃本身的颜色" [6].

很难说清楚, 人类是什么时候开始思考无所不在的光的特性的. 按照圣经的说法, 光是上帝于第三天创造的. 直到今天, 我们对于周围世界的大部分知识仍然是通过光而获得的. 对这个问题的研究, 愈来愈深入.

我们是怎样看见事物的呢? 当今一般的见解是, 由于外界某种东西进入人眼, 激起了视觉形象, 从而产生视觉. 这就意味着, 光是与我们的感觉及思维无关的客观现实. 第欧根尼引用德谟克利特的话说: "我们能看到事物, 是由于事物的形象进入了我们的眼睛" [7]. (可是, 对视觉的这种解释产生了这样的问题: 我们确信对所见事物作出的解释是正确的, 根据何在?)

世界是由各种各样的物质组成的, 它们对光有不同的反应: 一种是不透明的物质, 另一种是透明的物质, 第三种是半透明的物质. 某些物体会发光, 本身是一种光源. 另一些物体则吸收光, 看起来是黑的. 太阳是个发光体, 而月亮是个反射体. 不管是什么光, 它总是极快地传播着. 当我们划燃火柴时, 房间马上就明亮起来; 亮光的消失也同样迅速. 其次, 光是直线传播的. 我们不可能看到拐角后面的光. 在一定条件下, 边界分明的物体具有清晰的阴影. 光

线是沿直线传播的 (照片 16.2).

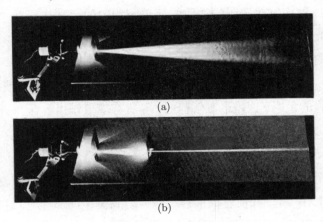

(a)

(b)

照片 16.2　(a) 通过针孔的光形成一个锥形光束; (b) 光束通过第二个针孔以后形成一条窄束 [8]

　　当两束光相互穿越时, 显然不存在相互作用 (照片 16.3). 这一点已为我们日常生活的经验所证实. 例如, 当屋内有人在照镜子时, 若旁边有人走过, 不会使原来的镜象发生畸变.

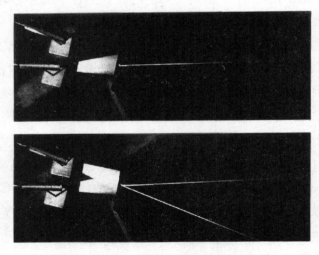

照片 16.3　两束光可以互相穿越 [7]

　　光总是直线传播的吗? 欧几里得就曾怀疑, 他是否应当接受柏拉图的观点, 并把直线定义为光沿之传播的线呢? 当时他已经知道, 在两种介质的边界上, 例如, 在水与空气的界面上, 光会发生折射 (图 16.1).

图 16.1

甚至在一种介质中, 光也不总是沿直线传播的. 在灼热的阳光下, 从地平线看去公路似乎是潮湿的, 原因是光先通过地面附近的热空气, 然后在较高处通过较冷的空气时光线发生了扭曲, 这使我们感到, 好像路面不断在蒸发水汽一样. 我们已经非常习惯于认为光是直线传播的, 所以宁可认为道路是潮湿的, 或者船桨是弯曲的, 而不会想到光程被扭曲了.

光可通过某些物质, 如玻璃; 但不能通过另一些物质, 如金属. 光可以在空气中传播, 也可以通过行星间的空间. 我们能看见许多星星和遥远的银河系, 它们发出的光要经过比人类寿命还要长得多的时间之后才被我们看到. 然而, 由这些星体发射出来, 并通过巨大的宇宙距离才到达我们眼睛的光, 并没有发生可以觉察到的变化. 当来自宇宙的光射入我们的眼睛时, 我们所感知的可能是早已发生的事件, 即当我们观察到超新星或新的银河系的诞生时, 这些事件大概在我们的地球诞生以前就已发生了.

把信息送到我们这里的载体本身, 不管它是什么, 都是看不见的. 我们所能看见的, 是光源和被它照亮了的物体. 但光束本身却看不见 (照片 16.4), 如果在光源与物体之间的空间内存在着能反射光的微粒 (因而微粒将成为自身不发光的光源), 我们就将 "看得见" 光束, 如照片 16.5 所示.

光 (信息的传播者) 的运动速度极快. 光能否在瞬间从一个物体传播到 "任意远" 的另一个物体? 伽利略曾试图借助于两个山顶上的灯光来测量光速, 但未成功, 因为光通过两个山顶之间的距离所需的时间太短. 1676 年罗默第

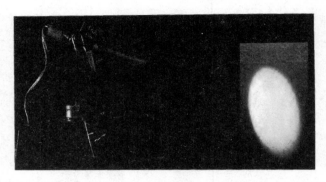

照片 16.4　光束是看不见的. 在这张图上, 我们只能看到光源光束在硬纸板上照出的亮斑, 但看不见位于光源与硬纸板之间的光束 [8]

照片 16.5　如果空气中有尘埃, 则位于光源与靶之间的整个光束都变成可见的了 [8]

一次测定了光速. 他发现, 当地球与木星之间的距离最短时, 木星卫星的星食发生的时间比计算出的时间早 11 分钟; 而当这两个行星之间的距离最大时, 星食发生的时间则比计算出的时间要晚 11 分钟. 他就把星食时间的这种奇异现象归因于地球相对于木星的位置不同. 很明显, 木星卫星的旋转周期与地球在其轨道上的位置无关. 罗默提出, 上述现象是由于光从木星传播到地球观察者需要有限的时间; 而这个时间显然是随地球与行星距离的增大而增加的. 根据这个想法, 他成功地估算出了光速的大小.

现在我们知道, 在真空中光以有限的, 但极大的速度传播着. 光速的量值约为 3×10^{10} cm/s, 它与日常生活实践中所有已知速度相比, 是个大得难以想象的速度. 然而, 在不久的将来, 当人们通过远离地球四万公里的通信卫星进行电话对话时, 人们将在日常生活中感受到, 光速也是有限的. 由地面发射机发出的光到达卫星再返回接收机的距离为 80000 km, 约需 1/4 s. 所以, 从第一个人开始说话到第二人听到他的话音之间将有明显的时间延迟. 如果第一个人与第二个人同时开始说话, 那么将出现混乱情况, 这在国际博览会上已经作过表演. 可能, 将来会对国际通话作出必要的新规定.

§16.1 光的反射和折射

我们把光看成是信息的传递者, 它能把客观事物的信息传送到人的眼睛里. 发光体向各个方向发光. 光本身是看不见的, 但当光射入人眼, 眼睛受到刺激时, 就使人能看到物体. 我们的大脑会把所看到的事物与外界事物发生联想. 新生儿的视觉不一定这样. 需要一定的时间和训练, 才能使婴儿懂得通过视觉所产生的感觉和现实形象的对应关系. 这时就产生了这样的问题: 从物体传送到人眼的是什么, 也就是说, 光是什么? 它的行为有什么特点? 关于第一个问题引起了一个又一个的猜想. 对第二个问题则可以作出非常明确的回答. 这个答案是经过许多世纪的观察而找到的.

反射

当光束射到平滑的反射表面, 例如镜面上时, 光就按照非常简单的规则从镜面反射 (照片 16.6). 窄光束由镜面反射后, 光束形状不变. 光束朝哪个方

照片 16.6 镜面反射激光束 (由于引入了水蒸气, 所以激光束是看得见的) 在抛光的金属表面上的反射 [9]

向反射? 观察结果告诉我们, 这个问题的答案很简单: 反射角等于入射角 (图 16.2). 如果反射面不是平滑的表面, 则可把它看作是由大量平坦而光滑的单元组成的. 从各个单元按照反射角等于入射角的规则反射的光, 从旁观者看来, 似乎是朝各个方向散射的, 或者是漫反射的. 这种反射器称为漫反射器 (照片 16.7), 它不同于具有光滑表面的 (称作镜面的) 反射器.

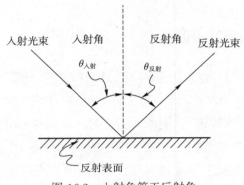

图 16.2 入射角等于反射角

照片 16.7 漫反射激光束射到红外频谱仪的散射板上. 散射板由反面涂铝的毛玻璃 (像砂纸) 制成 [9]

折射

当光通过虚空或均匀介质时, 它以有限的速度沿直线传播, 这就给人一种印象: 光具有某种惯性. 于是产生了一种很大的诱惑力, 促使人们把光的传播与牛顿粒子的匀速直线运动作比较. 作匀速直线运动的粒子为什么会改变自己的运动状态呢? 因为有 "力" 的作用——牛顿回答说. 那么, 类似的看法是否也适用于光吗? 我们见到, 当光射到光滑的固体表面时, 光被光滑的表面撞回. 并且, 反射角等于入射角.

现在我们来研究光从一种均匀介质进入另一种均匀介质时的情况. 例如, 光从空气进入水中的情况. 水不像镜子那样坚硬. 一部分光发生反射, 这部分光的入射角等于反射角. 但另一部分光进入水中. 图 16.3 是光通过两种介质界面时的示意图. 图中的表示法我们以后还要用到.

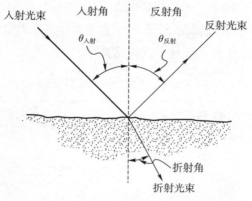

图 16.3 入射、反射及折射光束

我们注意到, 在某种意义上折射是反射的推广: 有入射光束、反射光束, 入射角及反射角. 但还有折射光束. 若不知道理论, 当然很难猜测入射角、反射角与折射角之间的相互关系. 然而, 对光通过介质的现象进行实验观察是很容易的. 至少早在古希腊时代就作过这样的观察. 借助于类似照片 16.8 所示的、

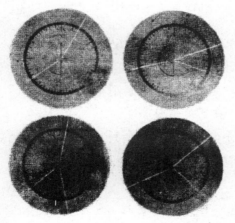

照片 16.8 从不同的角度射入玻璃的光束的折射 [8]

使光从空气进入玻璃的实验, 就可以找出当光通过任意两种介质的界面时, 入射光束、反射光束与折射光束在方向和强度方面的关系式.

亚里士多德曾观察过折射现象, 他描述了浸入水中的船桨所显现的曲折形状. 托勒密曾发表过光以不同的入射角通过空气与水的界面时, 所对应的折射角的一些数据 (见表 16.1). 当然会提出这样的问题: 入射角与折射角之间有什么样的关系? 在反射的情况下, 这种关系十分简单: 入射角等于反射角. 只要直接做一下实验, 这种关系马上就很清楚了.

表 16.1 光通过空气与水的界面时的入射角和折射角 (托勒密的数据, 公元 140 年)

光束在空气中的角度 *	光束在水中的角度
10°	8°
20°	15.5°
30°	22.5°
40°	29°
50°	35°
60°	40.5°
70°	45.5°
80°	50°

* 这里是指光束与界面法线的交角. ——译者注

光发生折射时, 存在着入射、反射及折射三种光束. 对于玻璃–空气或玻璃–水这种最简单的界面, 最初的观察就表明, 所有三种光束都处于同一平面内. 接着, 不难确定, 入射角就等于反射角. 因而, 纯反射是折射的特殊情况, 即折射光束的强度等于零的情况.

入射角与折射角的关系比入射角与反射角的关系稍复杂一点. 起初曾有人假定, 入射角与折射角之比为一常数:

$$\frac{\theta_{\text{入射}}}{\theta_{\text{折射}}} = 常数 \tag{16.1}$$

后来知道, 关系式 (16.1) 只适用于小角度的情况. 开普勒曾试图修正这个公式, 但没有成功. 1662 年斯涅耳提出了下述 (就是现在公认的) 关于入射角与折射角之间关系的公式 (见表 16.2)[①]:

$$\frac{\sin(\theta_{入射})}{\sin(\theta_{折射})} = 常数 \tag{16.2}$$

因此, 入射角正弦与折射角正弦之比为一常数, 称为**折射率**. 折射率表征相交界面两种物质的特性, 不同的两种物质界面具有不同的折射率. 例如, 对于空气–水的界面, 折射率为一种数值; 对于空气–玻璃的界面, 折射率为另一数值; 对于玻璃–水的界面, 折射率又是另一数值.

表 16.2 按公式 (16.2) 算得的空气–水界面上的折射角

光在空气中的入射角	光在水中的折射角
10°	7.5°
20°	14.9°
30°	22°
40°	28.8°
50°	35°
60°	40.5°
70°	44.8°
80°	47.6°

对于任何一对物质, 例如玻璃与空气, 只要测出入射角及折射角, 就可以求得折射率. 确定了折射率之后, 只要给定入射角, 就可以知道折射角. 现在我们只是假定, 这种关系式是存在的. 这时会产生这样的问题: 关系式 (16.2) 是否是由光的某些基本性能所决定的? 稍迟我们将讨论这个问题的某些可能的答案.

当入射角变化时, 反射光束及折射光束的强度随之改变. 从照片 16.9 可看到一些光束通过玻璃棱镜时的情况. 这时光通过玻璃–空气界面, 每一条入

[①] 关于正弦及余弦请见附录第 952 页.

射光束, 都有自己的反射光束及折射光束. 当入射角增大时, 折射角也增大, 而折射光束的强度却随之降低. 当入射角达到某一最大值时, 折射光束将完全消失. 换句话说, 在这种入射角下, 光将全部反射. 这种现象称为 **全反射**.

照片 16.9　通过棱镜的光束. 棱镜最下方的两根入射光束发生了全反射 [8]

图 16.4 示出光由空气进入平板玻璃, 并穿透平板玻璃再进入空气时的光束轨迹. 如果仔细观察光程, 注意入射角和折射角的变化, 我们将看到: 玻璃 – 空气界面上的入射角等于空气 – 玻璃界面上的折射角; 从玻璃板逸出的光束平行于射入玻璃板的光束, 但相对于入射光束稍有位移.

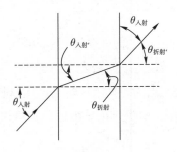

图 16.4

如果玻璃板的正面与反面不平行 (如棱镜), 则从玻璃板射出的光束并不平行于入射光束, 用牛顿的话来说, 这时会产生 "**著名的颜色现象**". 一束白光通过棱镜后就变成由各种颜色组成的彩带. 现在, 颜色现象已经不那么新奇了, 物理学家把它称为 "色散". 他们假设, 白光是由各种颜色的光组成的, 各种颜色的光具有不同的折射率. 从棱镜射出来的光束的折射角既取决于棱镜的材料及棱镜周围的物质, 也取决于光的颜色: "冷" 色光 (紫光和蓝光) 的折射角大, "暖" 色光 (黄光或红光) 的折射角小 (图 16.5).

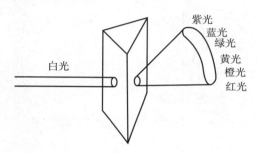

图 16.5 "著名的颜色现象 ······"

这一现象使牛顿确信, 白光不是单纯的, 而是各种颜色的混合物. 牛顿使单色光 (如黄色光) 通过棱镜, 想看看它的组成成分. 他发现, 光束虽然可以展宽, 但黄色光仍是黄的, 红色光还是红色. 接着, 他使各种颜色的光同时通过第二个棱镜, 使它们合在一起, 结果又重新得到了白光 (见图 16.6). 笛卡儿提出了一种看法: 彩虹是由于光的色散而产生的. 由于白光的各个组成成分具有不同的折射率, 太阳光从水滴上反射时就发生色散. 反射和色散作用使太阳光被分解成彩色光带, 这就是我们所看到的彩虹 (图 16.7).

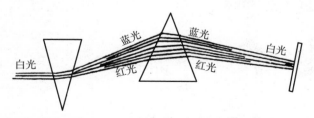

图 16.6 "我常常很兴奋地观察到, 当我将棱镜射出的所有彩色的光汇聚在一起 ······ 时, 这些光又会重新产生出 ······ 完美的白光 ······." [5]

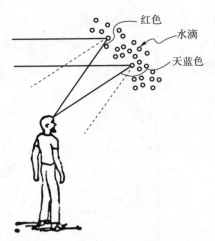

图 16.7　当观察者朝某一方向看时, 看见的是红色; 但当他往另一方向看时, 看到的却是天蓝色

§16.2　笛卡儿对光的反射和折射的看法

"假设我们将球从 A 点击到 B 点 (图 16.8), 碰到地面 CBE 时, 球因受阻而偏离原来的运动方向. 它将往哪个方向偏? 为了简化所研究的问题, 我们假定: 地面是平滑坚硬的, 并且球在下落和弹跳时速度保持不变. 我们不考虑球在离开球拍以后能够继续运动的原因, 也不考虑球的重量、大小以及形状对运动方向会有什么影响. 因为我们的目的并不是研究这些问题, 而是研究光; 并且上述因素对光都没有影响" [10].

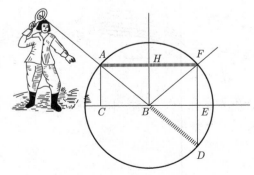

图 16.8　此图引自笛卡儿的著作 [10]

就这样, 笛卡儿开始了对平滑表面上光的反射的研究. 那么, 是否可以把光看成是在球拍打击下飞行的许多网球所组成的呢?—— 当然不是, 笛卡儿这样回答. 所以笛卡儿不考虑这些球的重量、大小及形状, 这是因为 "上述这些因素对光都没有影响". 接着笛卡儿指出, 球的速度可以分解为垂直分量及水平分量, 如图 16.8 所示. 当球碰到地面时, 只是球的垂直分量发生了变化——这是因为, 笛卡儿说: "在地平线 CBE 以下的所有空间都被地球占有了". 如果说, "地球显然不会阻碍网球在水平方向的运动" [11], 那么, 有什么理由认为, 地球应当改变网球速度的水平分量呢?

因此, 球速的水平分量是不变的. 如果 "我们假定球总是以同一速度运动的" [12], 或者用现代力学的说法, 球与地面的碰撞是一种弹性碰撞, 那么, 碰撞后球速的垂直分量可以单值地确定: 它的量值与碰撞前相等, 但方向相反. 根据以上这些论述, 可以很容易地证明: 当网球落到地面上时, 它下落时的角度等于弹回时的角度, 即入射角等于反射角 (图 16.9).

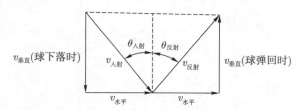

图 16.9　如果球下落时和弹回时的速度矢量的量值相等, 并且速度矢量的水平分量保持不变: 则 $\theta_{入射} = \theta_{反射}$

由此, 笛卡儿得出结论: "因此, 不难看出反射是如何进行的: 反射总是按照称作入射角的角度大小来进行的; 如果光束入射到平面镜上, 它将反射, ⋯⋯ 而且它的反射角不大不小, 恰好等于入射角." [13]

照片 16.10 示出了球从钢板上反射时的一连串照片. 如果光与网球相似, 它就会以入射角的角度反射.

笛卡儿继续写道: "现在让我们来观察折射现象. 首先假定球从 A 点被抛至 B 点, 在 B 点碰到的不是地面, 而是一块布 CBE, 它非常稀疏和不结实 (图 16.10). 小球可以击穿布块而过, 只是速度将减慢, 比如说, 速度将减半" [14].

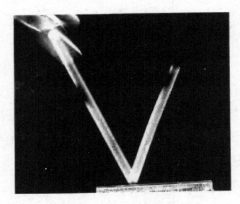

照片 16.10　小球从钢板上反射的照片. 反射角等于入射角 [8]

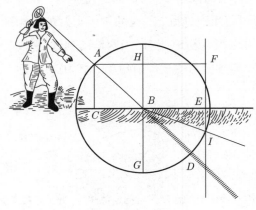

图 16.10

他仍然把速度分成垂直分量及水平分量, 并作如下分析:

"当球落向布块时, 只有垂直方向的速度分量有可能发生变化; 至于水平方向 (向右) 的速度分量, 它应当保持不变, 因为在这个方向, 布块对小球没有施加任何阻力" [15].

这样, 笛卡儿对球与布块相遇时的行为作了两点假设:

1. 球的总速度是变化的. 若球在与布块碰撞以前以速度 v_1 运动, 球越过布块以后将以速度 v_2 运动, 其速度大小与入射角有关.

2. 球速的水平分量是不变的, 因为 "在这个方向布块对小球没有施加任何阻力".

现在我们来研究水和空气界面的情况. 我们假定, 球在空气和水中都以匀速运动 (虽然球在空气中和在水中的速度可能不一样), 正如笛卡儿所写的: "我们曾假定空气对网球有阻力. 与空气相比, 水的阻力或大或小, 但绝不是说水能阻挡网球. 因为, 水很容易被击破, 在这个方向和那个方向上为它让路." [16]

因此, 只是在水面上, 球速才发生变化.

根据这些假设, 可以求出入射角与折射角之间的关系. 将空气中及水中的球速分解成水平分量及垂直分量, 如图 16.11 所示, 再根据正弦的定义 (三角形对边与斜边之比) 可以得到入射角的正弦:

$$\sin\theta_{\text{入射}} = \frac{\text{对边}}{\text{斜边}} = \frac{v_{1\,\text{水平}}}{v_1} \tag{16.3}$$

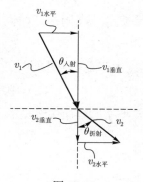

图 16.11

也可以得到折射角的正弦:

$$\sin\theta_{\text{折射}} = \frac{\text{对边}}{\text{斜边}} = \frac{v_{2\,\text{水平}}}{v_2} \tag{16.4}$$

联立式 (16.3) 和 (16.4), 再考虑到 $v_{1\,\text{水平}} = v_{2\,\text{水平}}$ (因为 "在水平方向上布块对小球没有施加任何阻力"), 可以得到:

$$v_2\sin\theta_{\text{折射}} = v_{2\,\text{水平}} = v_{1\,\text{水平}} = v_1\sin\theta_{\text{入射}} \tag{16.5}$$

或

$$\sin\theta_{\text{入射}} = \frac{v_2}{v_1}\sin\theta_{\text{折射}} \tag{16.6}$$

最后得到

$$\frac{\sin \theta_{入射}}{\sin \theta_{折射}} = \frac{v_2}{v_1} = 常数 \qquad (16.7)$$

关系式 (16.7) 与斯涅耳定律完全一致: 入射角的正弦与折射角的正弦之比为一个常数. 从我们的结论可以得出, 这个常数 (折射率) 正好是网球在介质 2 中的速度与介质 1 中的速度之比:

$$v_2/v_1$$

如果球在水中减速, 则从空气射入水中的光束在折射时应当偏离水面的法线 (即折向液面). 这一点与实验结果不一致. 因此, 笛卡儿作出如下推测:

"落到水面的球, 在 B 点再次受到球拍 BE 的击打, 使运动速度增大 (例如, 速度加快 1/3), 结果使网球在同样的时间内飞行的距离增大到原来的 3/2." [17]

如果球在水中运动的速度大于在空气中的速度, 则比值 v_2/v_1 大于 1, 因而射入水中的光束便折向法线 (图 16.12). 实验中观察到的正是这种情况. 所以笛卡儿不得不假设, 球在较稠密的介质中运动的速度也较大.

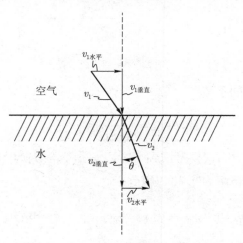

图 16.12　如果 $v_2/v_1 > 1$ ($v_2 > v_1$), 则当网球从空气射入水中时, 将折向法线

后来, 物理学家们用实验检验, 光在玻璃或水中的传播速度是否真的比在空气中的传播速度更快. 但这是在笛卡儿以后 200 年的事了. 当时他不得不为自己的观点辩解说:

"······ 也许你会感到惊奇 ·······. 但如果你还记得我所描述过的光的特性, 你就不会为此而感到惊奇了" [18].

§16.3 光与网球

现在我们利用牛顿力学的基本原理来分析光的力学模型. 虽然笛卡儿并不知道牛顿的力学原理, 但它完全符合笛卡儿的思想. 笛卡儿认为, 光是类似于网球那样的客体, 它具有惯性. 所以, 这种客体在均匀介质 (空气、真空、水) 中, 只要不受外力的作用, 总是以恒定的速度运动的. 在两种介质的界面或反射物的表面, 这种客体就受到力的作用. 1) 它使这种客体的速度由初值变至终值, 并且这种速度的变化量与入射角无关; 2) 但它不改变这种客体速度沿界面的切向分量. 是否可以找出这样一种力, 它在两种介质界面上的作用能够完全满足上述要求呢?

如果假设力的作用方向是沿界面的法线方向, 则根据牛顿第二定律, 物体运动的切向分量是不变的. 为了使物体越过界面以后的速度不依赖于入射角, 它的动能变化量 (最终动能减去初始动能) 也应当与入射角无关. 根据定理 11.3 (动能的变化等于所作的功) 可以作出这样的结论: 对网球所作的功应当与入射角无关.

可以将两块水平放置的平板 (一块在上, 另一块在下) 作为具有上面所要求的作用力特性的力学模型. 第一块 (上面那块) 与第二块 (下面那块) 之间用斜面相连接. 重力对沿斜面滚下的小球所作的功与斜面的倾角无关. 所以, 小球动能的变化量总是同一个数值. 此外, 作用于小球的力也没有水平分量. 综上所述, 示于照片 16.11 的这个模型 (它是牛顿提出来的) 具备了所需的一切特性.

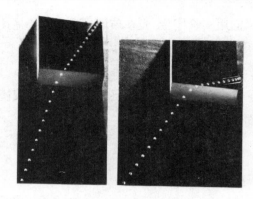

照片 16.11　当小球从较高的平面滚到较低的平面时, 用频闪法拍摄的两张照片

在两张照片中, 小球在较高平面上的速度是相等的; 小球在较低平面上的速度也相等, 虽然这两张照片中的入射角不相等 [8]

折射

沿图 16.13 那块平板移动的球具有速度 v_1, 球的入射角等于 $\theta_{入射}$, 而势能等于 mgh. 在下面那块平板上, 球速等于 v_2, 折射角为 $\theta_{折射}$, 而势能等于零. 所以

$$\frac{1}{2}mv_2^2 = \frac{1}{2}mv_1^2 + mgh \tag{16.8}$$

$$v_2^2 = v_1^2 + 2gh \tag{16.9}$$

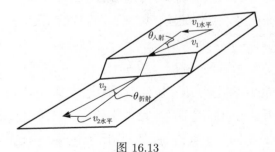

图 16.13

平行于界面的速度分量保持不变

$$v_{2\,水平} = v_{1\,水平} = v_1 \sin\theta_{入射} \tag{16.10}$$

因此

$$\sin \theta_{\text{折射}} = \frac{v_{2\,\text{水平}}}{v_2} = \frac{v_1 \sin \theta_{\text{入射}}}{\sqrt{v_1^2 + 2gh}} \qquad (16.11)$$

结果两正弦之比等于:

$$\frac{\sin \theta_{\text{折射}}}{\sin \theta_{\text{入射}}} = \frac{v_1}{\sqrt{v_1^2 + 2gh}} \qquad (16.12)$$

显然, 这个比值与入射角及折射角无关.

如果认为光类似于网球, 则光在自由空间中的匀速直线运动就容易理解了. 对作用于两种介质界面上的力的性质再作一些补充假设, 就可以解释光的折射及反射现象. 再进一步, 通过新的、完全合理的假设, 可以理解光的吸收及通过. 如果网球被介质吸收, 就有理由认为, 网球会把自己的动能传递给介质, 使介质发热. 如果网球通过介质, 就会把动能带走, 介质发热就少一些, 或者根本就不发热. 例如, 黑暗的吸收表面比玻璃表面更能吸收太阳光而发热; 雪地上若有一块黑布, 则黑布下面的雪要比周围纯净的白雪融化得更快. 我们还可以预料到, 光射到反射表面而弹回时, 会对反射表面产生作用力, 这个作用力应当等于反射表面对光的作用力. 不难猜测, 这个力是非常小的, 但这个作用力毕竟被测出来了[①]. 有人建议, 将来可以利用太阳光的光压来推动巨大的宇宙飞船的 "光帆", 使宇宙飞船在太阳系的太空中遨游. 看来, 光压并不是微不足道的, 所以不能认为上述建议是毫无价值的.

还有几个问题有待于解决. 格里马尔迪发现, 光并不总是直线传播的, 甚至在均匀介质中也不总是直线传播的. 他写道:

"光在经受折射和反射时, 不仅能沿直线传播和散射, 它还能以衍射的方式传播和散射" [19].

格里马尔迪发现, 若使光通过小孔进入暗室, 则射到墙上的图像的尺寸比按照光的直线传播的理论计算得出的尺寸要大[②]:

----

① 这项工作是由列别捷夫于 1901 年完成的.
② 格里马尔迪显然具有超人的视力, 因为对于他所描述的情况, 人们通常觉察不出图像的增大.

"······ 特别应该指出,这时得到的光斑要比光按直线传播时的光斑大得多." [20]

上述现象若用微粒理论来解释并不太困难,只要假定,在进入暗室的光微粒与小孔的边缘之间有某种微弱的引力起作用,这种力把光微粒吸向小孔的边缘,因而使图像的尺寸增大.

要解释牛顿发现的、所谓**牛顿环**的现象,则要困难得多.如果从上面照明两块如图 16.14 所示的一定形状的玻璃,并从上往下观察,则会看到中心为黑斑,四周为若干同心暗环的图像.该现象促使牛顿把光与某种波联系起来.他写道:

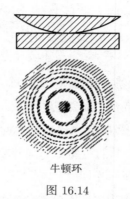

牛顿环

图 16.14

"当光入射到某一透明物体的表面时,由于光通过第一表面而激发起来的波一个接一个地赶上光线.当光线到达第二表面时,波促使光线在那里发生反射或折射,这要看在第二表面处赶上光线的是波的稠密部分还是稀疏部分." [21]

光微粒在薄膜表面所激发的波或为光反射或为光通过建立了良好的"条件",结果形成了暗环.后来,迈克耳孙指出:

"牛顿对'薄膜颜色'的解释并不正确.然而,他还是有成绩的.他成功地测量了现在人们称之为波长的物理量.他还指出,光谱中的每一种颜色都对应于一定的波长".

这样,如前所述,光的微粒理论当时面临着一定的困难,并且牛顿已经拥有足够的资料来提出光的波动理论.但是,微粒理论遇到的真正严重的困难还在后来. 在笛卡儿和牛顿时代, 利用光的微粒理论, 能成功地解释一切已知的光学现象. 只是在某些情况下, 特别是在解释牛顿环时, 不得不人为地再引入一些假设. 然而, 从整体上看, 微粒理论是十分令人满意的.

光的微粒究竟是什么? 毫无疑问, 光的微粒不是像 (哪怕是很小的) 网球那样的微粒. 事实上, 当两条光束相互穿越时, 看不出有任何相互作用. 而两股网球束是会相互碰撞的. 如果把光比喻为某种网球, 那么这种网球就应当能够互相透过, 或者很少碰撞 (少得可以忽略). 光是否像网球那样具有刚度或颜色的性能? 光微粒到底有多大, 质量如何? 光是否以不连续的、一份一份的形式来传播? 对最后一个问题笛卡儿和牛顿的答复大概是 "是". 但后来学者们却说 "否". 现在我们又重新说 "是". 笛卡儿曾多次明确宣称, 光具有网球的某些性质. 在均匀介质中, 光像网球那样作直线传播. 同网球一样, 光也能够从平滑的固体表面反射. 光就像力选得合适的网球, 当从一种介质转入另一介质时会发生折射, 如此等等. 为了说明上面列举的现象, 笛卡儿不考虑与此问题无关的因素 —— 网球和球拍的大小、形状、颜色和绒毛等, 而只考虑有关的因素 —— 决定网球对作用力的反应的内部特性. 当然, 无论是笛卡儿还是他的学生们, 都从来没有认为光是由 "真实的" 微小网球组成的.

由于牛顿的巨大权威, 牛顿关于光是微粒流的信念, 使得对光本性的其他假设的检验中断了, 这在英国尤为明显. 牛顿觉得, 光不太可能是波, "因为波可以绕过拐角, 但是没有观察到光有这种特性". 光的微粒理论可能更合乎牛顿的心意, 因为它符合对于周围世界的一般的微粒论解释. 既然可以认为物质是由在空中运动的微粒组成的, 那么对光也可以同样看待. 然而人们知道, 牛顿很不喜欢提假设. 例如, 他写道:

"应该指出, 我在解释折射及颜色时所利用的学说只包括光的一定的性质, 而不包括关于解释这些性质的假设 ·······. 因为假设只能用来解释事物的性质, 而不能用来确定事物的性质. 至少, 事物的性质是可以通过实验来确定的." [22]

接着, 他又写道:

"确实, 根据我的理论, 我可以得出结论说, 光是物质, 是有形的. 可是, 我不敢坚持这个结论. 我知道, 我所确认的**光的性质**, 在某种程度上不仅可以用这种假设, 也可以用许多其他力学假设来解释." [23]

牛顿对于引力的本质没有作出任何解释:

"你有时谈到万有引力, 把它看成是物质所固有的和不可分离的属性. 我恳请你, 不要认为这些知识应当归功于我, 因为我并不乞求搞清楚重力的起源. 要搞清楚这个问题需要花费很多时间" (摘自给本特利的信).

在牛顿的名著《自然哲学的数学原理》的末尾, 他再次说道:

"万有引力的实际存在, 它按照我们所叙述的规律在起作用, 并且足以用来解释天体及海洋的一切运动, 这些就使我们相当满意了." [24]

牛顿的同事们以及他同时代的人们曾强烈要求他对万有引力的起源和光的本性作出解释. 但牛顿竭力使这些问题留待后人去解决, 他认为他自己最好不要急于下结论. 提出万有引力以及光是微粒流的假设所导致的结果是与实验结果一致的. 牛顿努力追求的正是这个目标. 所以, 对于牛顿在自己的名著《原理》末尾写下的 "我不臆造假设", 大概也不会被怀疑他言词上的激动吧!

参考文献

[1]   Приведено у *Gillispie Ch. G.*, 参阅第 6 章 [2], p. 122—123.

[2]   引自 *Magie W. F.*, A Source Book in Physics, Harvard University Press, Cambridge, copyright 1935, 1963 by the President and Fellows of Harvard College, p. 300.

[3]   *Birch Thomas*, The History of the Royal Society of London, A. Millar, London, 1757, vol. 3, p. 14.

[4]   同上, p. 14.

[5]   引自 *Magie W. F.*, 参阅 [2] p. 302.

[6]   同上, p. 302.

[7]   *Diogenes Laertius*, R. D. Hicks, trans., Quoted from Milton C. Nahm, ed., Selections from Early Greek Philosophy, Appleton-Century-Crofts, New York 1947, p. 165.

[8]   Physical Science Study···, 参阅第 2 章 [8].

[9]   *Stevenson R.*, *Moore R.. B.*, Theory of Physics, W. B. Sounders, Philadelphia, 1967.

[10] *Descartes René*, 参阅第 1 章 [5], pp. 265—266.

[11] 同上, p. 266.

[12] 同上, p. 267.

[13] 同上, p. 267.

[14] 同上, p. 267.

[15] 同上, pp. 267—268.

[16] 同上, p. 269.

[17] 同上, p. 269.

[18] 同上, pp. 271—272.

[19] 同上, p. 294.

[20] 同上, p. 295.

[21] Isaac Newton's Papers and Letters on Natural Philosophy, I. Bernard Cohen, ed., Harvard University Press, Cambridge, 1958.

[22] 同上.

[23] 同上.

[24] Sir Isaac Newton's · · · , 参阅第 4 章 [2], vol. 2, p. 547.

思考题

1. 怎样才能测出光速? 怎样才能测出光速差?

2. 天空中有时会发生星体爆炸, 即观察到超新星的诞生, 结果会使星体的亮度急增. 我们观察到的爆炸呈一个不断增长的白色亮斑, 而不是在不同时刻出现在空中的单个彩色斑点. 根据这些, 关于不同颜色的光在真空中的速度能够得出什么结论?

3. 在笛卡儿模型中分别解释了光的反射和光的折射现象, 但是, 任何地方也没有把光由同一个界面 (例如水与空气的界面) 同时反射与折射的现象加以阐述. 为了使他的模型也能解释这种情形, 笛卡儿应当把他的模型作哪些修改?

4. 如果认为, 光只是 "简单的匀速运动", 那么该如何解释 "著名的颜色现象"?

5. 如果网球在较稠密的介质中的速度更大一些, 又该如何解释呢?

6. 怎样才能借助于网球来解释不同的颜色呢？

习题

1. 太阳光要用多少时间才能到达地球？(地球与太阳之间的距离约为一亿五千万千米.)

2. 在一部喜剧性的影片中, 太空人从冥王星到地球用了不到一天的时间, 然而太阳光走这段距离也要用 6 h. 冥王星离太阳大约有多远呢？如果认为太空人到达太阳需一天时间, 那么他的速度应当是多大？

3. 光年是长度单位. 它是光一年所通过的距离. 该距离用厘米表示等于多少？

4. 观察者看到, 雷电击中了距他 15 km 远的一所房子. 该事件与他的观察之间的时间间隔有多长？

5. 雷达站从发出信号到接收到从飞机返回的信号之间一共花了 5.12×10^{-6} s, 雷达信号的传播速度等于光速. 试问, 飞机距雷达站多远？

6. 无线电信号由地球到月球再返回需多长时间？(地球到月球的距离约为三十八万千米.)

7. 光在空气–玻璃界面上的折射系数等于 1.6. 如果光射到这个界面上的入射角为 30°, 则光的折射角等于多大？

8. 假定反射时 "光微粒" 速度的水平分量不变, 而垂直分量的方向改为反向, 试证明入射角等于反射角.

9. 在真空–石英界面上的折射系数为 1.46. 试借助于笛卡儿的光学模型确定光在石英中的速度.

*10. 分析一下牛顿的光微粒模型.

a) 假设在每一种透明物质中, "光微粒" 都具有一定的、不变的势能. 试利用能量守恒定律证明, 光粒子的动能 (即速度) 对于每一种物质都是特征常数, 这个常数与光进入该物质时的参数 (即入射角) 无关.

b) 试说明, 牛顿的倾斜平面的模型可以演示这一现象.

第 17 章 波

§17.1 什么是波

1678 年惠更斯发表了自己的著作《论光》①. 在这篇著作中他提出了一种假设: 光是在充满整个空间的某种介质中的扰动. 用现代的语言来说, 他认为光是一种波. 当这种扰动从一点传向另一点时, 介质时而被压缩, 时而恢复到原来的状态. 这使人们联想起多米诺骨牌游戏中一连串骨牌的运动情况. 惠更斯在研究了光在虚空中和在有障碍物或两种介质的界面时的传播情况之后, 进一步发展了自己的思想. 这样就产生了, 说得更确切点是复苏了一种古老的思想, 即认为光是一种波. 这种看法是违背当时大多数人的见解的. 当时牛顿的威望是如此之高, 以致皇家学会的会刊认为没有必要对惠更斯的书作任何评论.

如果我们把光看作是粒子流, 我们至少可以设想出光的一种直观的模型, 即使这种模型可能并不总是很有成效. 可是, 波是什么呢? 波这个词本身有两个含义: 它表示某种多次重复的、振动的东西; 或者它表示能把周围的一切全淹没的浪涛 —— 人流或热流. 在物理学发展史上, 波动说在十九至二十世纪占统治地位, 就像微粒说曾在十七至十八世纪占统治地位一样. 光学、电学、磁学、量子物理学 —— 在所有这些方面我们都是与波打交道; 就像在笛卡儿、伽利略、牛顿力学中一切都是与微粒打交道一样. 也许, 二十世纪物理学最令人惊奇的成果是成功地把微粒说与波动说统一了起来, 并引入了一种新的概念, 即所谓 "量子" 的概念. 量子同时兼有波和微粒的性质.

一谈到波或者波的性质的时候, 物理学家往往把它与水面的涟漪, 沿绷紧的弦传播的扰动, 或者空气中传播的扰动 (声音) 相联系. 利用这些形象可以

①《论光》是惠更斯于 1678 年写成, 1690 年发表的, 见兰茨别尔格院士所著《光学》. —— 译者注

直观地解释抽象的波的概念, 就像用网球、台球来比喻抽象的微粒的概念一样. 关于波的这些形象, 在一定程度上反映了我们赋予波的概念的一些性质, 就像网球反映了微粒的某些性质一样.

实际上, 波或微粒就像矢量或直线那样, 都是一些数学量, 它们具有一定的性质并遵从一定的规律. 关于这些量的具体概念, 都来源于现实世界的特性. 若在另外一个世界里, 也许使用另一些概念会显得更加自然些. 当我们说到 "力是矢量" 的时候, 我们的意思是: 在物理世界中与力等同的那些作用和在数学世界中的矢量之间存在着严格确定的对应关系. 我们就是如此来发展矢量这个概念: 使这种对应关系成为可能. 矢量的概念一旦被引入, 它就开始了自己的生命. 这样, 虽然矢量本身并不是力, 但它可以与力联系在一起. 波也是一种数学客体. 在讨论下面给出的关于波的实例 (水面上的波、弹簧中的波等等) 时应当牢记: 之所以选择这些实例, 是因为水面上的波或弹簧中的波所具有的性质, 正好与我们期望数学上的波的概念所应具备的性质相一致. 在现实世界里, 我们可以使之再现的物理过程, 并不一定要具备数学上的波所具有的全部性质, 反之亦然.

下列几个物理思想为波的概念奠定了基础. 第一, 认为波是某种扰动, 它在这种或那种介质中传播时, 介质本身实际上并不移动. 例如, 我们来讨论一种著名的儿童游戏, 即用一排竖直放置的骨牌来进行的多米诺游戏. 只要推倒最前面的那块骨牌, 它就会撞到相邻的那块, 这样依次一块接一块地倒下去, 直到所有骨牌都被撞倒时为止. 显然, 每一块骨牌移动的距离是极小的, 然而, 这种扰动 (骨牌被撞倒) 却可以传播到任意远的距离 (它取决于这一排骨牌的长度, 它大大超过各块骨牌单独移动的距离). 再看另一个实例: 把挂在两根支柱之间的弹簧拉紧 (也可以用普通的棉纱线绳). 由照片 17.1 可以看到, 有一个扰动从弹簧的右端向左端移动. 这个扰动, 即弹簧在垂直方向上的振动, 只要弹簧够长, 就可以传播得相当远. 而弹簧各点的纵向 (水平方向) 位移却很小: 如果在弹簧上贴一小条纸带, 则扰动可以通过纸带, 而这时纸带却始终留在原处.

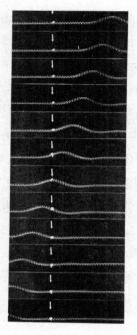

照片 17.1 脉冲沿弹簧自右向左运动. 在弹簧中间固定一小块纸片. 当脉冲通过时, 小纸片只作上、下振动, 但并不随脉冲一起移动 [1]

这只是许多实例中的两个. 这些实例可以说明一种基本思想, 即扰动可以通过介质传播, 而介质本身在这种情况下实际上并不移动. 而当微粒通过介质运动时, 它本身携带着一定的质量. 微粒从一点移动到另一点时, 它随身带走了能量和动量. 很清楚, 在多米诺骨牌倒下时, 它可以作功, 或者传递动量. 弹簧中的扰动也是这样. 所以, 我们赋予波的第一个性质如下: 波是在介质中传播着的某种东西, 它能够传递能量和动量, 但本身并不一定携带着物质或质量.

现在提出这样一个问题: 波是否像微粒那样具有惯性? 或者说, 在没有外力的情况下, 波的传播有什么特点? 是否可以认为, 波的运动与微粒的运动一样, 也服从惯性定律; 而把一切背离惯性运动的情况都看作是由于外力作用的结果? 直到现在我们还没有说过, 在波的情况下, 力应当是什么样的. 同样不清楚的是, 沿这条路子走下去究竟能走多远.

把波与微粒的行为进行类比并不是没有意义的, 波也有波的运动规则, 或者说波的运动方程 (把它们称为**波动方程**是很合理的), 它们在波的传播理论中的作用, 犹如牛顿第一运动定律和第二运动定律在微粒运动理论中的作用. 利用牛顿定律 (假设), 我们得以研究在各种各样力系统 (例如, 没有力, 均匀力以及向心引力) 的作用下的微粒运动情况. 这一切都是我们现在就可以做到的. 对于波也可以写出它的方程, 它们形成一组初始的公设. 由这些公设导出的结论, 可用以描述波在各种不同情况下的运动. 不过我们尚未完全掌握为导出这些结论所必需的数学手段. 所以, 我们将只是不加证明地介绍这些结论, 并指出在我们所关心的各种情况 (例如, 匀速运动, 均匀力或没有力作用的情况) 下波所具有的性质. 正是这些性质, 在描述各种物理过程时具有重要的意义, 因为对我们来说, 重要的并不是初始的波动方程本身, 而是这些方程的解的性质. 现在我们唯一需要做的, 就是相信存在这一组公设, 而由这些公设导出的结论具有我们所要求的性质.

§17.2   一维波的某些性质

在开始研究波的性质时, 我们先从所谓的**一维系统** (例如, 拉紧的弹簧) 着手. 湖面的水波不是一维统系, 暂不讨论. 在没有扰动的情况下, 拉紧的弹簧大致像一条直线. 如果把弹簧的某处向上提一下, 或者用其他方式给弹簧施加一点扰动, 弹簧就会呈现出像图 17.1 所示的样子. 弹簧的扰动 (它的位移是距离的函数) 可以用图 17.2 的方式表示.

图 17.1

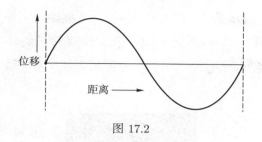

图 17.2

在图 17.2 中, 位移的大小是沿弹簧的距离的函数. 这种扰动 (有时称它为脉冲) 沿弹簧的传播大体上如照片 17.1 所示.

在这里我们可以看到一种可以解释为**惯性特性**的类似物: 脉冲以固定不变的速度运动, 沿着匀称的弹簧传播; 并且, 脉冲的形状在运动的过程中保持不变. 对于实际的弹簧, 脉冲的传播速度与弹簧材料的密度以及拉动弹簧的力的大小有关. 如果脉冲的形状在沿弹簧的运动中保持不变, 我们就说这个弹簧没有色散.

现在我们来研究这样一个问题, 它可以揭示出波的最基本的性质: 如果两个脉冲相遇, 将会发生什么情况? 对于两个微粒相撞的情况, 可以引入微粒之间的相互作用力并利用牛顿第二定律来求解; 或者假设在微粒相撞时遵守能量守恒定律和动量守恒定律, 也可求得这一问题的解. 通常都认为, 在微粒之间有某种作用力, 它们不允许微粒相互穿越. 但是, 运动方程的解本身并不排除这样的可能性: 如果微粒之间不存在作用力, 那么微粒在相撞以后继续像相撞以前那样运动 (图 17.3), 此时动量和能量将仍然是守恒的. 然而, 在研究实际的微粒相撞的问题时, 这样的可能性照例都是不予考虑的.

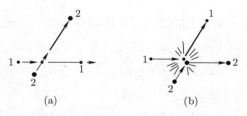

图 17.3　(a) 碰撞以后继续像碰撞以前那样运动; (b) 碰撞以后的运动状况与碰撞以前不一样

在两个波相遇的情况下, 则需要对这种可能性提出一条公设, 这就是大家所熟悉的**叠加原理**. 叠加原理反映了波运动的最重要的特性. 与微粒相撞时的情况不同, 从弹簧两端相向运动的两个脉冲相遇时并不反射, 而是相互穿越而过 (照片 17.2).

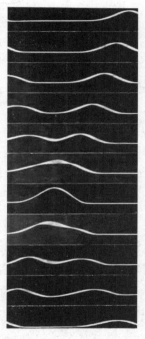

照片 17.2　两个相撞的波. 一个自左向右, 另一个自右向左传播. 因为两个波的形状不同, 所以可以看得出, 在相撞以后, 原来在左边的那个波出现在右边, 而原来在右边的那个波出现在左边 [1]

两个脉冲相交时所发生的情况最好不过地说明了叠加原理的实质: 弹簧的总位移等于各脉冲的位移之和. 譬如说, 有一个凸脉冲沿弹簧自左向右运动 (图 17.4a), 又有一个凹脉冲自右向左运动 (图 17.4b); 则最终的运动图像将如图 17.4c 所示. 当两个脉冲相距较远时, 可以分别看见它们. 当它们相互接近 (都位于弹簧中央) 时, 它们互相抵消, 因为它们的位移方向是相反的, 这时弹簧几乎呈直线形状. 再往后, 我们又将看见两个可以明显分开的、朝相反方向传播的脉冲.

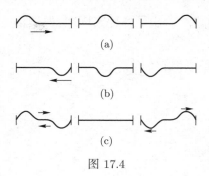

图 17.4

　　两个位移方向相反的脉冲相互抵消, 这反映了波所特有的一种重要性质. 由波的这个特性可以导出一种奇妙的干涉现象: 两个波既可以相互抵消, 也可以相互叠加 (照片 17.3). 如果各脉冲的位移方向相同, 则由于波相互干涉的结果, 各脉冲相互叠加; 如果各脉冲的位移方向相反, 则波的干涉使它们相

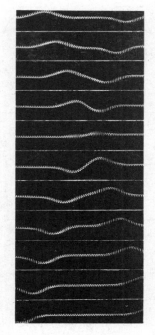

照片 17.3　沿弹簧传播的两个方向相反、大小相等的脉冲的相加. 图中第五帧画面上看不到任何位移, 这表明两个脉冲相互抵消了 [1]

互抵消. 图 17.5 — 图 17.7 示出了各种实例, 它们展示出两个脉冲相加时的叠加原理.

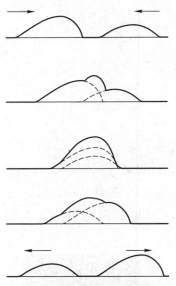

图 17.5 两个脉冲的相加. 相加后脉冲的位移等于两个脉冲位移之和

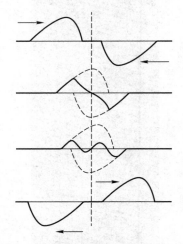

图 17.6 两个相同的非对称脉冲的相加

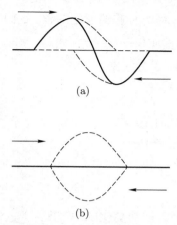

图 17.7 两个方向相反的相同脉冲的相加: (a) 完全重叠前的情况; (b) 完全重叠时相互抵消

现在我们对一维波的情况作一个小结. 一维波可以用沿一条直线的位移来表示. 位移的大小是直线上位置的函数, 这个位移随着时间的推移沿直线传播, 有时候以恒定的速度向前传播, 有时候以不变的形状向前传播. 其中最重要的是, 对于两个沿同一条直线传播的分立脉冲, 它们以确定的方式相加. 在任何时刻, 总的位移总是等于各单个位移之和. 所以, 相加后的合成波的位移等于两个初始波的位移之和.

§17.3 波函数

在较为正式的叙述中, 波的概念也许会变得更清楚一些. 我们来研究函数 $\psi(x)$ (图 17.8). 每一个 x 值都对应于函数 $\psi(x)$ 的一个值. (这里我们使用希腊字母 ψ 而不用英文字母 f, 为的是用 ψ 表示一种特殊的函数, 我们把它称为波函数, 它们的定义将在下面给出. 这样, 我们就是用二十世纪通用的符号来表达至少在十七世纪就已经出现了的思想.) 我们再来尝试一下, 从整个这一类可能的函数中选出一个子类, 这一子类中的函数都具有我们所需要的性质. 这些函数就是所谓**波动方程**的解. 波动方程对于波函所起的作用, 就像牛顿运动定律对于服从这一定律的微粒的一切可能轨道所起的作用一样. 因为我们没有学过分析波动方程所必需的数学课程, 我们不准备在此写出波动方程, 而只是对它们的解的性质作一些结论. 再说, 波动方程的解的性质无疑要比波动方程本身更为重要, 更为根本.

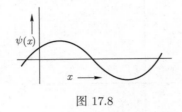

图 17.8

我们设想, $\psi(x)$ 是随时间而变化的. 如果当 $t = 0$ 时, 函数 $\psi(x)$ 具有图 17.9 所示的形式; 那么试问, 在 $t = 1$ 或 $t = 2$ 时, 函数 $\psi(x)$ 将具有什么样的形式? 如果用图示出当 $t = 0, t = 1, t = 2, \cdots\cdots$ 时的 $\psi(x)$, 我们将得到图 17.10 所示的图像. 这些图像表明, 函数 $\psi(x)$ 是如何随时间而变化的; 换句话说, 这些图像描述波函数随时间而发展的情况. 脉冲的形状保持不变, 并以恒定的速度自左向右运动.

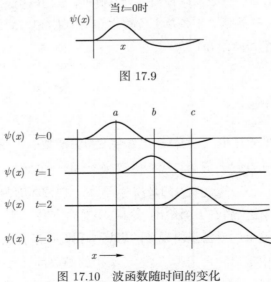

图 17.10　波函数随时间的变化

可以认为, 波函数不仅是 x 的函数, 而且也是 t 的函数. 因此我们把波

函数写成 $\psi(x,t)$. 这时波函数的含义并没有改变, 但它的数值已经不仅取决于空间坐标 x, 也取决于时间坐标 t. 例如, 由图 17.10 可以看出, 在同一位置 $x=a$, 波函数在不同时刻 $t=0$ 和 $t=1$ 具有不同的量值. 如果当 $t=0$ 时, 波函数在该点达到最大值, 则当 $t=1$ 时波函数的量值实际上将等于零. 如果跟踪波函数峰值的运动, 则可以看到, 当 $t=0$ 时波函数的峰值在 $x=a$ 点; 当 $t=1$ 时它在 $x=b$ 点; 当 $t=2$ 时它在 $x=c$ 点. 如果从 $t=0$ 到 $t=1$ 的时间间隔等于从 $t=1$ 到 $t=2$ 的时间间隔, 则当波以恒定速度运动时, a 与 b 之间的距离等于 b 与 c 之间的距离. 波的这种性质使人联想起在没有外力作用的情况下以恒定速度运动的微粒的惯性性质.

叠加原理可以用下述方式来表示. 如果 $\psi_1(x,t)$ 是波动方程在给定条件下的解 (波函数), $\psi_2(x,t)$ 是这个波动方程在同样条件下的另一个解, 则它们的和

$$\psi_1(x,t) + \psi_2(x,t) \tag{17.1}$$

也将是这个波动方程在同样条件下的解. 这个原理反映了波的最根本的特性.

常常遇到这样的问题: 如果分别给定两个波 (我们知道它们的行为), 要求确定合成波. 根据叠加原理, 合成波就等于这两个波之和. 请回忆一下两个波 $\psi_1(x,t)$ 和 $\psi_2(x,t)$ 沿同一条直线相互迎面传播的例子. 合成波将是 $\psi_1 + \psi_2$ (图 17.11). 起初它由两个逐渐靠拢的波组成 (图 17.11a), 后来, 它变成由两个逐渐远离的波组成 (图 17.11c).

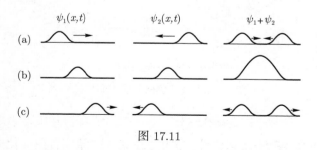

图 17.11

波具有这种叠加性是很容易理解的, 在某些情况下简直是显而易见的. 例如, 两数之和仍是数; 两个矢量之和仍是矢量; 正如我们已经证明的, 两个波

之和也仍然是波. 为了回答 "波是什么" 这样的问题, 必须对各种情况进行具
体的讨论. 例如, 如果我们讨论的是弹簧, 则弹簧的位移是位置和时间的函数.
如果所讨论的是池塘的水面, 则水的位移是位置和时间的函数. 关于波的抽象
的概念, 当然是在观察了许多像沿水面或沿弹簧传播的现实的波以后才产生
的. 但是, 我们最终将不得不谈论这样的一些波, 它们并不在任何物质中传播,
它们只是用 ψ 的位移来描述, 而 ψ 的位移又不是任何实际物体的位移. 我们
说到波时, 就像说到矢量或数一样, 是指严格确定的一些数学客体, 对它们的
研究得出了像几何学或者牛顿力学那样严整的体系. 至于所得出的这个体系
能否很好地描述自然现象, 则要取决于它们相互符合的程度.

§17.4   一维的周期波

到目前为止, 我们讨论的是沿直线作匀速运动的脉冲 (不大的扰动). 我
们把这样一种介质定义为无色散的介质, 在这种介质中, 具有任意形状的波
将以恒定不变的速度运动, 并且在运动过程中始终保持自己的初始形状. 而当
波通过色散介质 (能产生色散的介质) 运动时, 波的形状将随时间而变化 (图
17.12).

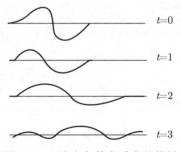

图 17.12   波在色散介质中的传播

有这样一个问题: 是否存在这样的波形, 无论均匀介质是否是色散的, 这
种波形总是维持不变? 换句话说, 是否存在这样的随位置而变化的函数, 在色
散介质中它们的形状不随时间而变化? 答案是肯定的 —— 有. 这种波形的性
质非常重要, 有必要花一些时间进行研究.

我们来研究图 17.13 所示的一种波, 或者是波函数. 它由一连串波峰和波谷组成. 各个波峰 (最高点) 之间的距离, 或者各个波谷 (最低点) 之间的距离都相等. 说得更全面一些, 曲线上高度相同、斜率相同的任意点之间的距离都相等. 由图 17.13 可以看出, 曲线上每隔这样一段距离, 波的形状就重复一次. 这段表征波的特性的距离称为**波长** λ. 在数学上, 这种具有光滑的周期性曲线形状的波形写成下列形式:

$$\text{当 } t = 0 \text{ 时} \quad \psi(x) = \sin\left(\frac{2\pi}{\lambda}x\right) \tag{17.2}$$

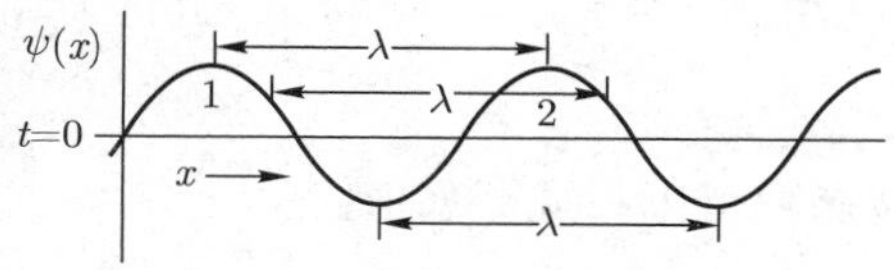

图 17.13

读者不一定必须知道正弦曲线和余弦曲线的性质. 但是, 对于知道正、余弦曲线的性质的读者, 我们可以指出, 当正弦函数的自变量每增加 2π 时, 即当 x 的数值增加 λ 的整数倍时, 正弦函数的数值都相等.

这种周期性波的性质之一是: 如果我们用数字 $1, 2, 3\cdots\cdots$ 标出各个波峰的序号 (图 17.13), 那么经过某个一定的时间间隔 (在这段时间内, 波通过的距离为 λ) 再观察这个波时, 则我们将看到, 原来标记为 1 的波峰将位于原来标记为 2 的波峰处; 而原来位于序号为 1 的波峰前面的那个波峰 (原来没有标上序号) 这时将位于序号为 1 的波峰原来占有的位置上. 结果是, 在这一时刻, 波的形状与当 $t = 0$ 时波所具有的形状完全一致. 我们把这段表征波的特性的时间间隔称为**波的周期** τ. 由此, 知道了波所通过的距离 λ 和与此相应的时间间隔 τ, 很自然就可以给出波速的定义:

$$v = \frac{\lambda}{\tau} \tag{17.3}$$

如果所有这些波的速度在某种介质中都相同, 都与它们的波长 λ 无关, 则这种介质就被定义为无色散介质 (图 17.14).

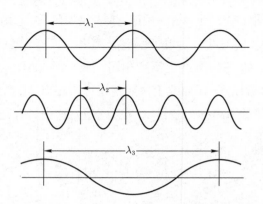

图 17.14　在无色散介质中, 波长分别为 λ_1, λ_2 和 λ_3 的所有周期性的波的速度都相同

周期性的波函数可以写成下列形式:

$$\psi(x,t) = \sin\left(\frac{2\pi}{\lambda}x + \frac{2\pi}{\tau}t\right) \tag{17.4}$$

若固定 t, 它就是 x 的函数, 我们看到, 当 x 增加一个波长 λ 时, $(2\pi/\lambda)x + (2\pi/\tau)t$ 增加 2π, 例如:

$$\left(\frac{2\pi}{\lambda}x + \frac{2\pi}{\tau}t\right) = \begin{cases} 0, & \text{当 } x=0, t=0 \text{ 时} \\ 2\pi, & \text{当 } x=\lambda, t=0 \text{ 时} \end{cases} \tag{17.5}$$

当正弦的自变量变化 2π 时, 函数呈现出它原来的形状 (图 17.15). 同样, 若使 t 增加一个周期 τ (当 x 固定时), 波函数也回复到它原来的形状.

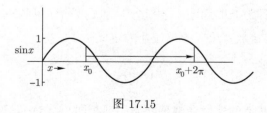

图 17.15

现在再引入一个术语, 这并不是出于必要, 但这个术语是常用的, 所以值得提一下. 这个术语叫做波的**频率**. 下面我们来说明它的定义:

定义

$$频率 = \frac{1}{周期}$$

即

$$\nu = \frac{1}{\tau} \tag{17.6}$$

频率的含义如下: 如果使我们所处的位置固定, 则每秒钟从我们面前驰过的波峰数目就等于频率. 因此, 可以把关系式

$$\nu = \frac{\lambda}{\tau} \tag{17.7}$$

写成下列通常使用的形式:

$$v = \lambda\nu \tag{17.8}$$

即

$$速度 = 波长 \times 频率$$

我们之所以要如此详细地描述周期性的正弦波或余弦波, 是因为它们在任何介质中都保持自己的形状. 在色散介质中 (不同波长的周期波在这种介质中以不同的速度传播), 任何其他波的形状都随时间而变化. 在一些特殊介质 (例如, 真空) 中, 具有任何波长的周期波都以同一个速度传播 (介质没有色散), 任何一种波都保持自己的形状.

正弦波 (或余弦波) 的重要性还在于: 理论业已证明, 任何形状的波都可以用正弦波之和来表示, 如图 17.16 所示. 这个定理加上叠加原理, 常常使我们有可能以周期函数之和的形式求出波动方程的任何所要求的解. 理论告诉我们, 任何函数都可以表示成周期函数之和的形式. 其次, 一切周期函数照例都是波动方程的可能的解. 所以, 在对波进行数学分析时, 通常都是把波分解成周期函

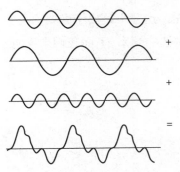

图 17.16　由三个不同波长的正弦波合成的波 [2]

数, 这样就使研究工作大为简化, 并且其结果也很容易理解. 这以后, 又可以重新合成任何形状的波, 把它化成简单的周期函数之和.

§17.5　一维波在介质界面上的行为

现在我们来研究, 在对波 "有某种力作用" 的区域内, 波的通过情况. 为此, 我们还是来研究沿弹簧传播的波, 并观察在界面上会发生什么情况. 我们确信, 这种波的某些性质, 对于其他波函数来说也是有代表性的.

首先我们来研究, 一个波脉冲向不可穿透的边界运动的情况. 假设有一个弹簧固定在墙上, 脉冲向弹簧的固定端运动. 照片 17.4 示出一个脉冲正自左向右地朝弹簧的固定端运动的情形. 当脉冲到达终端时, 可以看到一种有趣的现象 (见第六帧画面)——弹簧看起来好像是平直的、不动的, 但是照片上弹簧的终端有点模糊, 这表明它实际上是在作微小的运动. 在这以后就出现了一个反方向运动的脉冲, 也就是说发生了波的反射. 但这时又可以看到一个奇怪的现象: 原来是波峰的地方, 在反射以后却出现了波谷! 这是波动方程在不可穿透的边界条件下的结论之一, 也是波函数的典型特点之一. 当微粒与不可穿透的墙壁发生弹性碰撞时, 根据牛顿运动定律, 微粒的初速度与末速度相等; 对于波反射的情况也有很相似的结论. 波反射的性质可由波动方程以及边界的具体特点导出.

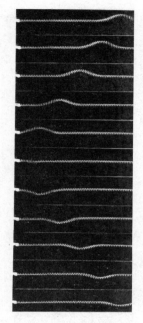

照片 17.4 脉冲从弹簧的固定端反射. 反射脉冲具有相反的极性

现在我们来讨论脉冲从较轻的弹簧传播到较重的弹簧中的运动 (照片 17.5), 这是当存在两种均匀介质的界面时波运动的特殊情况. 我们假设, 力 (或者, 在波的情况下, 是与力相对应的参量) 仅仅直接作用于两种介质的界面上, 在我们的情况下是作用于两个弹簧的界面上. (到目前为止, 我们所研究的都是波在均匀介质中的传播问题, 在某种意义上说, 这是研究波的惯性运动. 下面我们要研究力系统的特殊情况: 在均匀介质中传播的波在坚硬界面上的反射, 以及波从一种均匀介质到另一种均匀介质的透射. 在这两种情况下, 力仅仅作用于界面上).

波遇到坚硬的表面时会反射, 这时它的位移改变方向 (反射后正脉冲变成了负脉冲). 当脉冲从较轻的弹簧传播到较重的弹簧时, 我们会观察到一种现象, 今后我们将看到, 这种现象具有重要的意义. 首先, 如果较重的弹簧具有无限大的重量. 这样的弹簧丝毫无异于坚硬的墙壁, 波从这样的弹簧上反射就像从墙壁上反射一样. 其次, 如果较重的弹簧的重量接近于较轻的弹簧, 那

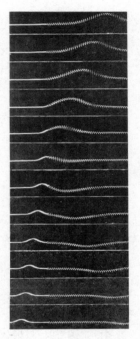

照片 17.5　脉冲从较轻的弹簧 (右边) 向较重的弹簧传播. 在两个弹簧的连结处, 脉冲的一部分通过, 另一部分反射, 反射脉冲的极性相反 [1]

么, 在这个限度内可以认为整个弹簧是连续的, 脉冲在整个弹簧上的传播将与在均匀介质中的传播一样. 如果较重的弹簧的重量既不是无限大, 也不是等于较轻的弹簧的重量, 那么, 波在界面上的行为的特点应当处于上述两种极限情况之间. 照片 17.5 示出脉冲自右向左从较轻的弹簧向较重的弹簧传播的情景. 当脉冲到达两个弹簧的界面处时, 它的一部分继续向前, 沿较重的弹簧传播, 而另一部分则向后反射. 反射脉冲将改变自己振幅的极性, 而传播到较重的弹簧中去的那一部分脉冲将保持振幅的原来极性; 并且, 在这种情况下, 脉冲的形状也保持不变. 如果脉冲从较重的弹簧向较轻的弹簧传播, 它也会分解为透射部分和反射部分, 但在这种情况下, 脉冲反射部分的极性并不改变. 脉冲在遇到两种介质的界面时会分解成两部分, 这是波的一种奇妙性质, 是波脉冲区别于微粒的特点之一. 以后我们将会看到, 在解释量子力学的某些结论时所产生的一些最令人迷惑不解的谜, 正是与波的这一性质有关的.

§17.6 驻波

在结束关于一维波的讨论以前, 我们再研究一种非常重要的现象——**驻波**. 到目前为止, 我们只研究了以一定速度传播的周期性的波和脉冲. 如果我们让两个朝相反方向传播的波进行叠加, 那么, 在一定的条件下, 可以使相加而成的合成波看起来好像是不动的, 虽然这时波的振幅仍将继续不停地振动 (正的波峰不断地变成负的波谷, 负的波谷不断地变成正的波峰). 而不发生位移的地方 (这些点称为**波节**) 则保持不动.

有几种方法可以激起驻波. 其中最简便的方法是把弹簧 (或橡皮筋、绳子) 的一端固定在不动的支座上. 如果在弹簧上激起一个具有一定波长 (下面我们将说明, 这个波长应该等于多少) 的行波, 则这个行波与它的反射波 (反射波的位移与行波位移的极性相反) 叠加以后所形成的波就是驻波 (照片 17.6).

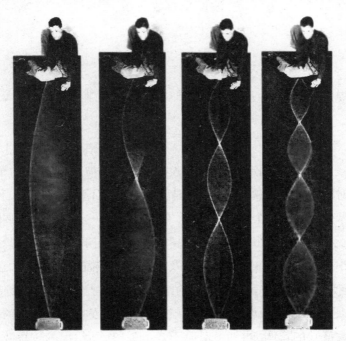

照片 17.6　驻波. 若使橡皮筋的一端固定, 另一端摆动, 就会形成驻波. 摆动的频率愈高, 驻波波节的数目就愈多. 但是, 只是对于某些确定的摆动频率, 才能形成不动的波形图 [1]

驻波的图像看起来很不一般, 它具有这样的性质: 只有当波长与弹簧两端点之间的距离满足一定的关系时, 才有可能产生驻波. 在照片 17.6 的第一帧画面上可以看出, 在弹簧的两个端点之间正好能放入半个波长 $\lambda/2$. 如果用 l 表示弹簧两端点之间的距离, 则可以写出

$$\frac{1}{2}\lambda = l \tag{17.9}$$

照片 17.6 的第二帧画面上, 在弹簧的两端点之间正好容纳了一个波长, 即

$$\lambda = l \tag{17.10}$$

第三帧画面上容纳了一个半波长; 第四帧画面上容纳了两个波长. 为激起驻波所必需的一般条件为:

$$波长 \times 整数 = 2l \tag{17.11}$$

即

$$n\lambda = 2l, \quad n = 1, 2, 3 \cdots\cdots$$

这个条件规定, 驻波的波长必须是:

$$\lambda = \frac{2l}{n} \tag{17.12}$$

换句话说, 当弹簧两端固定以后, 可能发生的驻波的波长也同时被严格限定了.

人们对驻波特别重视, 部分原因是驻波能形成不动的波形图. 例如, 若使小提琴的琴弦上激起一个不动的驻波, 琴弦就发出一定的声音. 如果波形变化得太快, 就会产生一系列的声音, 这种声音不能等同于某个一定的音调. 所以, 风琴管或小提琴弦所发出的声响 (以及可以用波来描述的许多稳定的自然现象) 都一定是驻波. 当弹簧两端之间的距离为一定时, 驻波具有确定的波长或频率. 所以, 具有一定长度的小提琴弦或风琴管将发出严格一定的一些音调: 对应于最大波长的音调, 再加上对应于式 (17.12) 所给出的较短波长的音调, 这些音调称为**泛音**. 设计正确的风琴管不仅能发出基音 (对应于最大波长), 还能发出泛音, 它们使风琴的声音丰满悦耳. 泛音响度与基音响度的比例关

系取决于琴的构造上的特点. 小提琴琴弦或风琴琴管上所激起的波在本质上不同于照片上所示的波. 但是, 只要把这些波都看成是波函数的不同的体现形式, 那么对所有这些波都适用的驻波的一般关系式都是一样的.

如果我们希望激起一个波长不同于式 (17.12) 给出的波长的驻波, 那么我们就不可能获得一个不动的波形图. 在这种情况下, 波节 (或者说位移等于零的点) 将向前或向后移动, 每次都形成一个随机的波形图. 在这种情况下所产生的声音 (它必须持续得足够长久, 以便确定它的音调) 所包含的将不是一个音调 (比如说, 第一个八度音中的 "来"), 而将是各种音调的混合物, 我们听到的将是一种杂音.

§17.7　二维、三维以及 N 维的波 (惯性性质)

对于数学家们来说, 把一维波的概念推广到二维、三维或者 N 维的情况并不困难.

数学家们用下列波函数来代替一维波函数 $\psi(x,t)$:

$$\psi(x,y,t)　在二维空间$$
$$\psi(x,y,z,t)　在三维空间 \tag{17.13}$$
$$\psi(x_1,x_2,\cdots,x_N,t)　在 N 维空间$$

其中 $x_1, x_2, \cdots, x_N$ —— N 维空间中的坐标. 对于 N 维空间中的波函数来说, 在 N 维空间中的每一点 (即当 $x_1, x_2, \cdots, x_N$ 和 t 的数值都给定时), 函数 ψ 都有确定的数值. 对 N 维波的这种理解与对一维波的理解是一致的 (对于一维波来说, 当 x 和 t 给定时, 函数 ψ 具有确定的数值, 这个数值有时候被看作是在空间的一定点和一定时刻的位移值). 实际上, 对于高于三维的空间我们是很难想象的. 甚至要画出三维空间中的各种可能的图像也是很难做到的. 幸而, 波的最有用的定性性质都可以用二维空间表示出来.

我们对于一维波所得到的全部一般的关系式, 对于二维、三维, 以及 N 维空间的情况都仍然有效. 与前面一样, 在多维空间中, 我们也可以引入具有给定波长的周期波或波脉冲, 它们在无色散介质中以给定的速度传播. 叠加原理也总是正确的. 多维波与一维波之间唯一的实际差别在于: 在二维或三维空间, 波可以形成在一维空间所没有的波形.

即使是二维波, 也很难画到纸上. 对于某一给定的时刻, 平面上的每一个点都对应于某一个数 (它可以被解释为位移). 例如, 被扰动过的池塘水面可以用二维波来描述. 在任何时刻, 池塘水面上的每一点都对应于该表面的一定位移. 在某一时刻, 这种波的波形可以画在图上 (图 17.17).

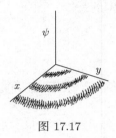

图 17.17

今后我们主要将研究正弦波或周期波, 一维的正弦波和周期波我们在前面已经描述过. 图 17.18 示出一维的波形图 (一连串周期性排列的波峰和波谷), 它相当于垂直于 xy 平面的平面对正弦波的二维截面图.

图 17.18

最使我们感兴趣的是二维波中一连串的波峰和波谷的几何结构. 例如, 我们来讨论圆形波脉冲或圆形周期波. 如果从上面观察波, 则可以看到, 单独的、非周期性的圆脉冲以一定的速度传播开去, 它的半径匀速地随时间而增大 (图 17.19). 往池塘中心的平静水面扔一块石子, 就可以看到典型的周期性圆形波. 石块在它落下的地方扰动水面. 在这个扰动的作用下, 在一段时间内水作上、下振动, 因而产生了波. 从上面看下去, 这个波的形状如图 17.20 所示. 图中的圆圈对应于波峰, 它们从石块的下落点渐渐向外扩散. 如果波是周期性的, 则两个相邻波峰之间的距离等于波长 λ. 波峰通过距离 λ 所需的时间是 τ. 所

以, 波峰的运动速度 v 等于波长 λ 除以时间 τ:

$$v = \frac{\lambda}{\tau} \tag{17.14}$$

在二维波的情况下所产生的问题与在一维波的情况下相同. 所以, 周期性的二维波是最有意思的.

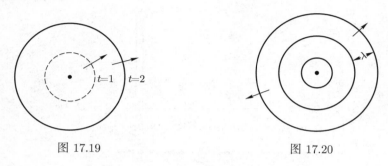

图 17.19　　　　　　　　　　　图 17.20

线性波

二维波的另一个非常重要的特殊情况是所谓的**线性波**. 当一根长竹竿或长棍掉入平静的池水中时, 可以看到线性波的结构. 在这种情况下所激起的脉冲不同于因石块掉入水中所激起的圆形波, 它是沿直线而形成的. 如果我们从上面观察这个脉冲, 我们将看到波峰呈一条直线, 并且波峰以一定的速度平行于这条直线向外推移. 根据与前面相同的原因, 如果这个波也是周期性的, 它将特别有意思. 在这种情况下如果从上面往下看, 波峰所形成的图像如图 17.21 所示. 相邻的波峰之间的距离还是称作波长 λ, 波峰通过这段距离所需的时间为 τ, 比值 λ/τ 是波传播的速度.

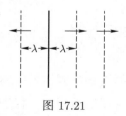

图 17.21

利用图 17.22 所示的一种专门装置 (一个很浅的水盆, 它的底是透明的) 可以得到各种二维波的照片. 照片 17.7 示出一个在水盆中传播的周期性的线性波.

光源

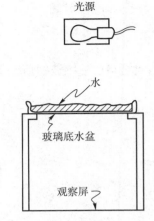

水

玻璃底水盆

观察屏

图 17.22　　用于拍摄各种二维波的一种设备

照片 17.7　　在水盆里传播的周期性线性波 [1]

　　这两种类型的二维波 (圆形波和线性波) 都具有惯性性质, 就像前面研究过的一维波一样. 对于这种情况, 我们可以把牛顿第一定律改写如下: 波前 (即最前面的波峰) 在均匀介质中作匀速直线运动.

　　现在我们来研究二维 (表面) 波在各种界面上的行为.

　　从原则上讲, 二维波在界面上的行为与前面讲过的一维波的行为没有什么区别. 但是, 在二维波的情况下会产生一些新的波形图, 必须把它们弄明白.

　　反射

　　我们来讨论线性波的波峰逐渐向固体障碍物运动的情况. 如果波峰平行于障碍物 (见图 17.23a), 则它反射后仍然平行于障碍物, 只是反射波位移的极性相反 (像脉冲在一维弹簧中传播的情况一样). 如果波峰与障碍物边界相遇时有某个交角, 则反射波也将以同样的交角离开障碍物, 如图 17.23b 所示. 波峰的运动方向与波前的法线方向一致. 入射波的运动方向与障碍物法线之间的夹角称为入射角; 反射波的运动方向与障碍物法线之间的夹角称为反射角. 当线性波入射到直线形障碍物上时, 入射角等于反射角.

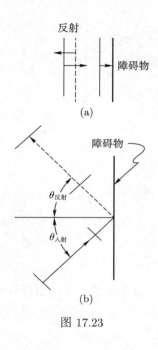

图 17.23

折射

再来讨论当线性波从一种介质向另一种介质传播时的情况. 在这种情况下线性波也要与障碍物相遇, 但此时障碍物并非不可穿透的. 与一维波的情况一样, 线性波也被分解成两部分: 一部分穿过界面, 另一部分反射 (图 17.24).

关于这个问题可以这样来理解: 设想有一个波由介质 1 向介质 2 运动. 如果介质 2 具有无限大的密度, 那么它的作用将像一堵不可穿透的墙, 波遇到它必然反射; 如果介质 2 与介质 1 毫无差别, 则波不会遇到任何障碍, 波在介质 2 中的运动速度将与在介质 1 中完全一样, 即按惯性运动. 在任何介于上述两种情况之间的情况下, 波的运动性质将处于反射和按惯性运动两种情况之间, 换句话说, 波的一部分将通过界面进入介质 2, 而另一部分将反射. 对于反射波, 入射角等于反射角.

现在我们来讨论进入介质 2 的波, 即折射波. 我们把折射角定义为线性波

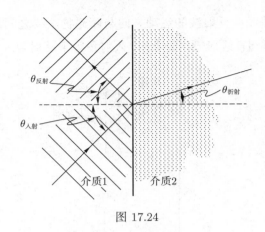

图 17.24

在介质 2 中的运动方向与界面法线方向之间的夹角. 这时我们可以提出如下的问题: 入射角与折射角有什么关系? 介质 1 和介质 2 的性质对这种关系有什么影响?

斯涅耳定律

现在我们已经具备了必要的条件, 可以根据我们所赋予波的各种性质来推导出一些结论. 我们先来寻求折射角与入射角之间的关系 (这是一个有益的练习, 它可以帮助我们弄明白波的某些性质). 我们已经知道, 我们所求的这个关系式应当像斯涅耳定律, 但是从推导中我们将获得一个意外的、有趣的结论.

两种介质的不同特性可以用波在其中传播的速度不同来描述. 由此可以得出一个重要的结论: 当波从一种介质进入另一种介质时, 波的频率, 即在给定的时间间隔内通过某个固定点的波峰数目, 保持不变. 因为如果频率发生变化, 这意味着波峰在某处丢失或增多. 我们来观察一个一维弹簧 (图 17.25). 假设波自左向右运动. 再假设在该弹簧的右端接一个更 "密实" 的弹簧, 因而, 弹簧右端的波速较大. 根据定义, 在单位时间内通过点 A 的波峰数就是频率. 如果在相同的时间间隔内通过 B 点的波峰数较通过 A 点的波峰数少, 那么这将意味着在 A 与 B 之间的路程上的某处丢失了一些波峰. 如果我们认定波峰不可能无缘无故地消失, 则我们必须得出结论: 当波从一种介质向另一种介质传播时, 波的频率保持不变.

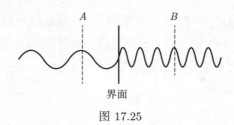

图 17.25

因为当波进入另一种介质时, 频率保持不变, 而波速发生了变化, 所以波长也应当发生变化. 当波从较稀疏的介质进入较密实的介质时, 波长要变短. 把表示波长、频率和波速之间关系的公式 (17.8) 应用到两种介质的情况下, 我们得到

$$\lambda_1 \nu = v_1, \quad \lambda_2 \nu = v_2 \tag{17.15}$$

所以, 在每一种介质中, 波长乘频率 (在两种介质中的频率相等) 之积都等于在相应介质中的波速. 因为频率 ν 不变, 所以, 在两种介质中的波长之比等于在这两种介质中的波速之比:

$$\frac{\lambda_1}{\lambda_2} = \frac{v_1}{v_2} \tag{17.16}$$

照片 17.8 示出当线性波从一种介质向另一种介质传播时的情况, 此时在两种介质中的波速不同.

照片 17.8   波从深水向浅水传播. 照片的下部是深水区. 在浅水区波长较短

利用所得到的结果, 再补充一些新的假设, 我们就可以写出折射角与入射角之间的关系式. 首先我们假设, 在折射以后线性波仍然是线性波, 换句话说, 折射波的波前也是直线形的. 其次再假设, 与入射波一样, 折射波的运动方向也垂直于波前 (图 17.26).

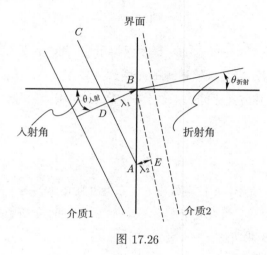

图 17.26

我们来看入射波的波前 AC, 这时点 A 刚刚到达两种介质的界面. 再在波前 AC 上选一个点 D, 使得在垂直于 AC 方向, 由 D 到界面上 B 点的距离 DB 正好等于在介质 1 中的波长 λ_1. 在波从 D 点到达 B 点所需的时间内, 在 A 点激起的脉冲在介质 2 中传播的距离正好等于在介质 2 中的波长 λ_2. 如果认为波前在介质 2 中呈直线形, 而波的传播方向垂直于这条直线, 则由此可以得出结论说, 在介质 2 中的波前是一根连接点 B 和点 E 的直线, 并且, AE 是从 A 点到这条直线的最短距离, 它等于波在介质 2 中的波长 λ_2.

可以表明, **入射角**等于 $\angle BAD$, 所以 $\sin\theta_{入射}$ 等于波在介质 1 中的波长 λ_1 除以线段 $\overline{AB}$ 的商:

$$\sin\theta_{入射} = \frac{\lambda_1}{AB} \tag{17.17}$$

而 $\sin\theta_{折射}$ 等于波在介质 2 中的波长 λ_2 除以同一个线段 $\overline{AB}$ 的商:

$$\sin\theta_{折射} = \frac{\lambda_2}{AB} \tag{17.18}$$

将式 (17.17) 除以式 (17.18), 得到

$$\frac{\sin\theta_{入射}}{\sin\theta_{折射}} = \frac{\lambda_1}{\lambda_2} \tag{17.19}$$

或者

$$\sin\theta_{入射} = \frac{\lambda_1}{\lambda_2}\sin\theta_{折射}$$

这样, 我们导出了斯涅耳定律: 入射角的正弦等于常数 (λ_1/λ_2) 与折射角的正弦的乘积.

———————————

如果波的速度与波长有关 (介质是色散的), 则对于确定的入射角, 折射角将随波长而变化. 照片 17.9 和照片 17.10 示出了这种现象. 照片 17.9 示出的是波长较长的情况, 照片 17.10 示出的是波长较短的情况. 在这两种情况下的折射角是不同的. 因此, 如果入

照片 17.9　低频波的折射. 图中的黑线条平行于折射波的波前 [1]

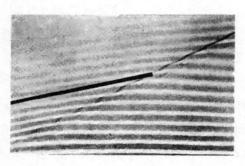

照片 17.10　高频波的折射. 图中的黑线条并不平行于折射波的波前 [1]

射波中包含有各种波长的波, 则经过折射之后, 入射波将被分解为
不同的组成成分.

上面得到的结果是值得庆幸的. 但是, 进一步的研究使我们获得了另一个
意外的结论 (这是一个更值得称道的成就). 因为比值 λ_1/λ_2 等于 v_1/v_2, 即等
于介质 1 中的波速与介质 2 中的波速之比 [见式 (17.16)]. 所以, 关系式

$$\sin\theta_{入射} = \frac{\lambda_1}{\lambda_2}\sin\theta_{折射} \tag{17.20}$$

可以改写成

$$\sin\theta_{入射} = \frac{v_1}{v_2}\sin\theta_{折射} \quad (对于波) \tag{17.21}$$

让我们回忆一下, 根据笛卡儿关于光的理论, 入射角的正弦也等于一个常数与
折射角正弦的乘积 [见式 (16.6)]:

$$\sin\theta_{入射} = \frac{v_2}{v_1}\sin\theta_{折射} \quad (对于网球) \tag{17.22}$$

比较一下式 (17.21) 与式 (17.22) 可知, 这两个公式除了常数不同 (对于
波这个常数等于 v_1/v_2; 对于网球, 这个常数等于 v_2/v_1) 以外, 其他完全一样,
多么令人惊异!

我们研究网球或者波, 最终都是为了使它们与光发生某种联系. 根据观察
我们知道, 从光疏介质进入光密介质时, 光折向界面的法线. 所以, 如果介质 2
比介质 1 的密度大, 则在前面所讲的折射公式 (17.21) 或 (17.22) 中, 折射角
正弦前面的常数应当大于 1. 因此, 从波动理论的观点看来, v_1 应当大于 v_2,
即光在光疏介质中的速度应当大于光在光密介质中的速度; 从微粒理论 (即
网球模型) 的观点看来则相反: 在光密介质中的光速应当大于光疏介质中的
光速.

这个矛盾是物理学发展史上争论得最激烈的焦点之一. 假如我们分别测
量了在光疏介质 (例如空气) 和光密介质 (例如水或玻璃) 中的光速, 如果测量
结果表明空气中的光速比水中的光速大, 则我们应当优先考虑光的波动理论;
反之, 我们就应当认为光的微粒理论更为正确.

但是, 我们就像一个蹩脚的剧作家一样, 没有能力解决这个冲突. 结局是突然出现的, 并且完全不是原来所想象的那样. 为了精确测定光在空气中和在水中的速度之差, 技术上极其困难, 以致在 1862 年以前这种测量一直未能实现. 傅科在这一年证明了光在水中的速度比在空气中的速度要慢[①]. 但是, 在这以前很久, 关于 "是波还是微粒" 的问题已经由杨氏和菲涅耳解决了. 他们是基于其他的、较为间接的观察解决这个问题的. 下面我们就来讨论他们的实验.

衍射

现在我们来研究周期性表面波穿越带孔的障碍物的情况. 最终的波形图可以根据我们赋予波的各种性质 (其中包括叠加原理) 推论出来, 这种波形可以在水缸里观察到.

首先我们设想, 在水缸中心有一个周期性的点扰动 (例如, 用铅笔尖在水缸中心每隔一秒钟插入水中一次), 那么, 水缸里就会产生一个逐渐扩散的圆形波 (图 17.27).

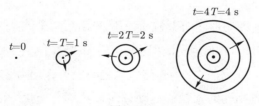

图 17.27

现在我们设想, 有一个周期波逐渐趋近一个带小孔 (可以认为它是点状小孔) 的障碍物. 这个波的最高点在障碍物的孔内产生周期性的扰动. 这个扰动就产生圆形波, 就像上面所讲的, 用铅笔尖所激起的圆形波一样. 这个波的一部分向后传播, 与入射的线性波相干涉, 结果形成一个复杂的波形图. 这个波的另一部分向前传播, 它所产生的波形图较为简单 (图 17.28). 障碍物右边的波形图是一组半圆形的波, 它们以小孔为中心向外扩散; 并且, 它们的波长和频率与入射的线性波的波长和频率一样 (如果波向障碍物左边和右边传播的

[①] 应当说, 即使傅科再早 100 年完成他的实验, 也不会缓和这场争论: 实际上傅科测量的不是前面所定义的波速, 他测出的是所谓的群速, 即波的能量的传播速度. 在色散介质中, 群速不等于波速.

速度相同的话).

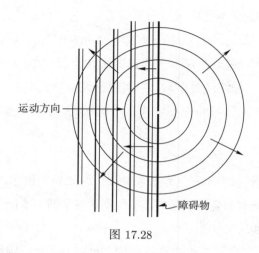

图 17.28

　　波的传播方向与波前的法线方向一致. 所以, 入射的线性波将水平地自左向右传播, 而障碍物后面的圆形波则以小孔 (圆形波是在这个小孔内激起的) 为中心沿径向朝外辐射.

　　我们可以把这种波形图与微粒通过不透明的屏障上的小孔时的情况相比较, 如图 17.29 和图 17.30 所示. 图中示出一束微粒, 它们水平地自左向右运动, 并撞向障碍物. 如果假设, 小孔与微粒之间没有作用力 (当然, 这应当是主要的假设), 则通过小孔的微粒的运动方向显然不会变化, 微粒通过小孔以后将继续水平地向右飞行 (图 17.29). 可是, 如果假设小孔壁与微粒之间会产生

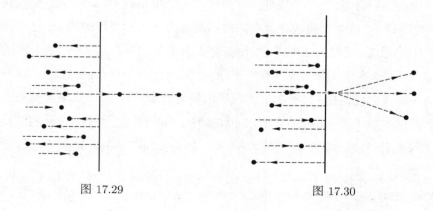

图 17.29   图 17.30

某种作用力, 则微粒的运动图像将是另一种样子. 例如, 粒子可能从小孔壁弹开 (图 17.30).

格里马尔迪发现, 当光通过小孔时, 它会偏离初始的方向. 光通过小孔射到墙上的亮斑的尺寸实际上要比根据光的直线传播理论计算出的更大. 根据这个观察结果可以得出结论说, 光束通过小孔时会发生弯曲. 这个现象应当如何解释呢? 是因为波通过小孔以后会拐弯? 或者是因为小孔壁对光微粒会产生某种作用力? 为了回答这个问题, 还需要研究, 根据光的波动理论或微粒理论, 进一步将得出什么样的结果.

如果我们要详细研究微粒通过小孔时的行为, 必须先讲定, 在微粒与孔壁之间有什么样的力在起作用; 而为了研究波通过小孔时的情况, 只需要知道两个特征长度就足够了; 这就是入射波的波长和小孔的尺寸 (图 17.31). 这时, 只要再补充一些假设, 就可以对光通过小孔的现象作出解释. 我们用 λ 表示入射波的波长, 用 d 表示小孔的直径. 如果比值 λ/d 很大 (波长远大于孔径), 则光将强烈地散射. 在极限情况下, 如果孔径非常非常小, 光将均匀地向一切方向散射. 如果比值 λ/d 远小于 1 (波长远小于孔径), 则光很少散射. 在 $\lambda/d \to 0$ 的极限情况下, 光束实际上不展宽.

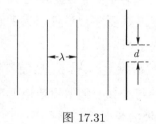

图 17.31

利用盛水的水缸可以很好地表现上述这些结论. 照片 17.11 示出的是两个波的照片, 上面那帧照片中的波长大于下面那帧照片中的波长, 两个波都通过同一个小孔 (孔径为 d). 我们看到, 随着波长的缩短, 即随着 λ/d 的减小, 波的弯曲程度也降低了.

因此, 关于光通过障碍物上的小孔后弯曲或散射的问题应当定量地求解. 原则性的答案如下: "波总是要散射的". 散射的程度取决于比值 λ/d. 不难设想, 当波长对孔径的比值 λ/d 变得很小时, 一般看不到波的散射现象; 而如果

照片 17.11   不同的波通过同一个小孔的两张照片. 对于波长较短的波, 波前的弯曲较少 [1]

比值 λ/d 很大, 则波的散射将变得非常明显, 谁也不能说 "看不见".

看来, 光的波动理论中最重要并且最吸引人的特点是: 对于一般的障碍物, 波散射的程度仅仅取决于两个尺寸——λ 和 d. 没有必要再去创立很复杂的理论来解释在小孔周围所发生的现象. 后面我们将看到, 我们所获得的上述结果与我们在研究光通过小孔时的散射或衍射现象的观察结果符合得很好、衍射现象仅仅取决于光波波长对障碍物孔径的比值.

光在真空中的直线传播特性以及光的惯性性质是光的微粒理论的极有说服力的支柱. 但是, 波 (例如上面所讲的线性波) 在真空中也是直线传播的. 波在通过小孔时发生弯曲, 这个现象比较容易理解; 而若说微粒束通过小孔时会发生弯曲就不好理解. 弯曲的程度取决于波长对孔径的比值. 如果能够找出这个比值 λ/d (它是一个很小的数值) 与波的弯曲程度 (对于光来说, 这是很容易观察到的, 而对其他波, 并不总是很容易观察到的) 之间定量的对应关系, 我们就可以用波动理论来解释光学现象, 并且这种解释不会与实验观察结果发生矛盾.

干涉

还有一个难点 —— 干涉. 我们并不是必须在这里引入新的原理, 但我们也不能对干涉现象漠不关心.

前面讲过, 当池塘的水面有一点受到扰动时, 会激起周期性的圆形波. 现在我们设想, 水面上相距为 d 的两个点同时受到扰动 (图 17.32). 另外, 我们再假定这两个扰动的周期相同, 因而被激起的两个波的波长也相等. 当这两个波的波前尚未相交时, 所看到的只是一般的圆形波 —— 两个逐渐扩散的圆形波. 两个波相交以后的波形图可以利用叠加原理获得, 就像我们在处理沿弹簧传播的一维波时所做的一样. 每个点上合成波的振幅 (在这里是指合成波的水面位移) 等于两个波在该点所产生的位移之和.

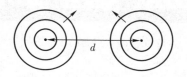

图 17.32

当然, 获取每一时刻的二维波形分布图要比一维情况下复杂得多, 因为这种情况下的波形图是在一个平面上展开的. 在两个波峰相遇的地方, 位移很大, 并且是正的 (方向向上). 在两个波谷相遇的地方, 位移也很大, 可是是负的 (方向向下). 在波峰与波谷相遇的地方, 位移趋于零, 水面实际上处于平静状态. 经过一段时间以后所形成的振幅分布示于照片 17.12. 照片上黑色的地

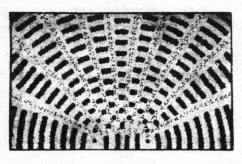

照片 17.12　根据叠加原理计算出的两个点源的波形图 [1]

方表示振幅很大, 即波峰相遇的地方. 照片上白亮的地方表示负位移很大, 即波谷相遇的地方. 而波峰与波谷相遇的地方, 即水面实际上未受扰动 (位移很小) 的地方, 用小黑点表示. 照片 17.13 是水缸水面上两个圆形波相干涉的实际照片. 照片上的白色表示两个波峰相遇的地方, 黑色表示两个波谷相遇的地方. 它们之间的灰色区域是水面相对平静的地方.

照片 17.13　两个点源的干涉图照片 [1]

对上面所得到的波形图作一些分析是很有意思的. 波形图上有一些从两个扰动源出发沿径向呈辐射状的曲线, 这大概是这种波形图的一个最重要的特点. 沿这些曲线的水面实际上没有扰动. 在照片 17.12 上, 这些曲线所形成的区域由一些小黑点标出. 波峰与波谷正是在这些呈辐射状的径向线 (称为波节线) 上相交. 如果某一个观察者站在两个扰动源的附近沿一条直线看去, 他所看到的干扰图将如图 17.33 所示的样子. 在波节线通过的地方, 即波节线与

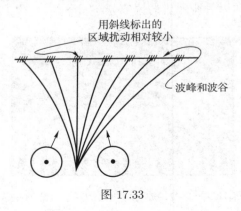

图 17.33

观察线相交的地方, 他看到的是比较平静的水面; 而在其他地方, 他看到的则是波峰 (最高点) 与波谷 (最低点) 的相互交替.

如果水面上只有一个扰动点, 观察者沿直线所看到的将是比较均匀的波峰或波谷 (图 17.34). 在这条观察线上没有任何一个特殊的点. 最值得注意的是: **增加**第二个扰动点之后沿这条观察线出现了这样一些区域, 在这些区域内合成的扰动**减弱**了, 换句话说, **增加**第二个扰动源导致了扰动**减弱**.

图 17.34

上述情况可由叠加原理直接推导出来. 这种现象是波所特有的, 并且还给它起了一个专用名称——**干涉**. 与一维弹簧的情况一样, 在波峰与波峰相遇的地方, 或者波谷与波谷相遇的地方, 位移 (无论它是正的还是负的) 增大; 而在波峰与波谷相遇的地方, 位移减小. 照片 17.13 中的灰色区域 (波峰与波谷相遇的地方以及振幅小的地方) 大致构成一条由扰动源出发的辐射形带, 它们正好对应于**波节线**.

下面我们来说明, 在什么地方形成波节线. 首先我们看一下, 在上述有两个扰动源的情况下, 全部波节线的总貌 (图 17.35). 我们在前面讲过, 波节线就是波峰与波谷相交的那些点的几何位置; 对于周期波来说, 它就是一个波超

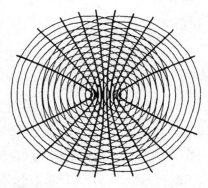

图 17.35　两个扰动源的波节线. 波峰与波谷在波节线之间的区域内运动

前 (或滞后) 另一个波的距离正好是半波长的那些点的几何位置. 根据这一定义, 我们就能找到波节线的位置. 并且, 由于在波节线上波峰必定与波谷相遇, 所以总的位移肯定很小.

波节线是这样一些线, 在此线上的每一点 P (图 17.36) 都满足下述条件: 从扰动源 1 到 P 点的距离 l_1 与从扰动源 2 到 P 点的距离 l_2 之差正好等于半个波长, 这可以写成

$$l_1 - l_2 = \frac{1}{2}\lambda \tag{17.23}$$

但是, 究竟是哪一个波峰与哪一个波谷相遇, 都是无关紧要的. 所以, l_1 与 l_2 的差值不一定正好等于半个波长. 它也可以等于三个、五个 …… 半波长. 所以, 波节线上各点应当满足的条件的一般形式为

$$l_1 - l_2 = \left(n - \frac{1}{2}\right)\lambda \tag{17.24}$$

式中的 n 是任意整数: $1, 2, 3, \cdots$. 不同的波节线对应于不同的 n 值. 我们知道, 如果某曲线上的每一点到两个固定点的距离之差为一个常数时, 则这条曲线是双曲线.

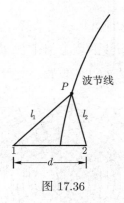

图 17.36

我们常常需要知道在远离扰动源 (比两个扰动源之间的距离大得多) 的地方的波节线的形状 (图 17.37). 在这种情况下, 我们得到的是一个非常简单的关系式: 第 n 条波节线与两个扰动源连线的垂线之间的夹角可以用下式

表示:

$$d \sin \theta_n = \left(n - \frac{1}{2} \right) \lambda \tag{17.25}$$

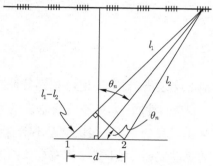

图 17.37　如果观察点位于离两个扰动源较远的地方, $\left(n - \dfrac{1}{2} \right) \lambda = l_1 - l_2 \approx d \sin \theta_n$

　　圆形波峰和圆形波谷相交时形成的叠加图像虽然只是一种个别情形, 然而却是一种非常重要的情形. 我们也不难设想一些更为复杂的情形, 例如, 两个波长不同的圆形波相交或者平面波与圆形波相互干涉的情形. 类似的情形不胜枚举, 它们都可以利用几何方法直接进行计算 (虽然有时候这些计算是令人厌倦的). 所得到的一切波形图都将具有一个共同的重要特性: 它们都有一些连续的 (直线形的或曲线形的) 区域, 在这些区域中水面的位移要小于只有一个扰动源时的位移. 换句话说, 增加扰动源会使波形图中某些地方的振幅减小.

　　牛顿在他的《世界体系》一书中曾写到, 利用干涉现象可以解释, 为什么在某些地方一昼夜只出现一次潮汐 (通常是两次). 根据牛顿的说法, 潮汐沿两条不同的途径进入位于北部湾内的巴特索港[①]: 较近的一条是通过海南岛北部的琼州海峡; 较远的一条是通过海南岛南部的中国南海 (潮汐通过它需要多花六小时). 因为通常一天要发生一次大潮汐和一次小潮汐, 所以, 由于干涉现象 (见图 17.38), 在巴特索每天只看到一次大潮汐.

[①] 牛顿所说的巴特索港可能就是现在越南的海防港. ——译者注

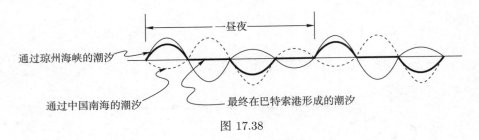

图 17.38

相干性

还有一个重要的情况必须指出. 为了能够观察某种波形图, 例如水面的波形图, 它应当具有某种不变的性质. 如果波节线总是迅速地移动位置, 那么观察者的眼睛就会对此来不及反应, 以致很快就看不清这些振动了. 结果, 我们将看到一片杂乱无章的扰动表面, 而不是一幅有规律的波形图. 如果扰动的出现和消失不是有规律的, 而或多或少是随机性的, 则波峰与波谷相交的位置将不断地沿水面移动. 在这种情况下, 很难期待波形图会是稳定的. 具有这种性质的两个扰动源称为**非相干的**. 当存在非相干扰动源时, 水面将被无规则地扰动; 如果对它拍照, 则波形图的照片将呈一片灰色. 为了获得清晰的波形图照片 (照片上的波峰和波谷轮廓分明), 两个扰动源的振动应当相互合拍, 或者说, 应当是**相干的**.

参考文献

[1] Physical Science Study · · · , 参阅第 2 章 [8].

[2] *Jenkins F. A. White H. E.*, Fundamentals of Physical Optics, McGraw-Hill, New York, 1937.

思考题

1. 由日常的生活经验我们知道, 光波几乎是沿直线传播而不拐弯的, 虽然声波能绕过障碍. 试解释一下这个现象. 人耳所能听见的声频在 16 Hz 至 2×10^4 Hz 之间, 声音在室温下的传播速度为 3.4×10^4 cm/s. 可见光的频率

在 4.3×10^{14} Hz 至 7.5×10^{14} Hz 之间.

2. 球面波由源向外运动时, 其幅度如何改变? (把幅度与半径的关系求出来.)

3. 已知声音是波, 你能解释雷声轰隆的道理吗?

4. 设法说明, 为什么只有以一定的频率敲击澡盆时, 才能使盆中的水晃荡起来. 根据这一事实, 对于在芬迪湾涨潮时潮涌异常之高 (约高达 15 m) 的现象应如何解释?

5. 回声是什么, 它是如何产生的?

6. 试解释, 为什么在远处行驶的汽车的声音, 在寂静的夏夜能听得清楚?

7. 沿弹簧传播的波是什么波, —— 纵波还是横波? (横波是传播方向与微粒运动方向垂直的波.)

**8. 是否能用微粒来解释声音的传播?

**9. 球面波源以速度 v 沿湖面运动.

a) 试画出当波源速度等于零时的波前.

b) 试画出当 $v \ll c$ (c —— 波的传播速度) 时的波前.

c) 试画出当 $v \gg c$ 时的波前, 并证明它们包含在顶角满足 $2\sin(\text{顶角}) = c/v$ 的一个锥体内. (该锥体叫作马赫锥.) 如果波是声波, 则在马赫锥面上会产生压力差. 它能引起声击.

习题

1. 一条绷紧的 40 cm 长的导线, 两端固定在不动的支架上. 试问, 它可以形成哪些波长的驻波?

2. 乐管长 l, 一端封闭, 另一端敞开. 它可以产生波长为 λ 的驻波. 波长 λ 满足下列关系

$$\lambda = \frac{4l}{2n-1}, \quad n = 1, 2, 3 \cdots$$

如果管长为 500 cm, 而那一天声音在空气中的传播速度为 3.4×10^4 cm/s, 试问该乐管的三个最低频率等于多少?

3. 氪－86 辐射出的橙色光波长等于 6.06×10^{-5} cm. 这种颜色的光在真空中的振动周期为多少? 其频率等于多少?

4. 函数

$$\psi(x, t) = \sin \left(\frac{2\pi x}{500 \text{ cm}} + \frac{2\pi t}{10^{-3} \text{ s}} \right)$$

所描述的波的周期、频率、波长和传播速度各等于多少?

5. 根据国际协议, 管弦乐队所有乐器定音的标准音 A (钢琴键盘 C 大调上的 la) 的频率为 440 Hz. 要使乐管的基音等于这一频率, 其管长要等于多少?

6. 固定频率为 2 Hz 的波, 从一种介质传入另一种介质. 如果波在第一种介质中的传播速度是 0.2 cm/s, 而在第二种介质中速度减小一半, 试问在两种介质中的波长各等于多少?

7. a) 在一个水池中传播着的扰动波波长等于 3 cm, 扰动每 1/10 s 激发一次. 试问该扰动的传播速度等于多少?

b) 若在这个水池中激发两个扰动, 第二个扰动在第一个之后 1/2 s. 试问它们传播时, 相互间相隔多远?

8. 铬黄 (一种玻璃) 相对于空气的折射系数是 1.52. 试问, 光在铬黄中传播速度等于多少? 光在水 (折射系数为 1.33) 中的传播速度等于多少? (空气中的光速是 3×10^{10} cm/s.)

*9. 水池分深水区和浅水区. 在深水区内以 34 cm/s 传播的波以 60° 的角度进入浅水区. 所有的波在浅水区的传播速度都是 24 cm/s. 当频率稍稍提高后, 深水区的波速变为 32 cm/s. 试计算这两种情况下的折射角.

10. 波从一种介质进入另一种介质. 在后一种介质内其传播速度增加了一倍. 如果入射角等于 10°, 折射角等于多少? 如果入射波的波长等于 2.5×10^{-7} m, 那么折射波的波长等于多少?

*11. 两个波长相同的线状波, 相互成 θ 角传播. 试证明, 由此形成的波节线是平行于角 θ 的分角线的一组直线. 再证明, 两条波节线之间的距离等于 $(\lambda/2) \sin(\theta/2)$.

12. 两个相距 8 cm 的波源, 激发出两组圆形波. 其波长皆为 0.5 cm. 应用近似公式

$$d \sin \theta_n = \left(n - \frac{1}{2} \right) \lambda$$

求当 $\theta_n = 5°$ 时, 到两个波源的距离差 (用波长数表示).

**13. 试证明, 线状波与圆形波相交形成的波节线是抛物线.

**14. 试证明, 如果在上题中两个波源的相位差为 180° (即当第一个波源激发波峰时, 第二个波源激发波谷), 则波节线便成为最大强度线.

第 18 章　光是波

在牛顿以后一百年, 杨氏也在护窗板上钻一个小孔, 用一张厚纸片把它盖住, 事先用一根细针在纸片上穿一个小眼. 1803 年他写道:

"我在太阳光线的途中放置一条宽约 1/30 in[①] 的硬纸条, 然后观察硬纸条投射到墙上或投射到离硬纸条不同距离的纸板上的影子. 除了在影子两侧出现了彩色的带外, 我还看到影子本身也被分割成若干个这样的 (但尺寸较小的) 带, 带的数目与硬纸条到影子的距离有关, 而且, 影子的中央部分总是白色的. 由于光线从硬纸条的两个侧边通过时它会发生曲折或者向影子内部衍射, 光的这些不同部分互相共同作用的结果就产生了这些彩色带. 我只要把一块不大的纸板放在硬纸条前面, 使它只挡住射向硬纸条一侧的光线 (纸板阴影的边缘正好落在硬纸条上), 或者将纸板放在硬纸条后面数英寸处, 使它只挡住硬纸条投向墙上的阴影的一部分, 此时, 原先观察到的硬纸条投射到墙上的影子中的全部彩带立刻就消失了, 虽然这时候从硬纸条的另一侧边衍射出的光并没有被挡住 ……." [1]

但是牛顿写道:

"在有些假设中, 把光描述成在某种液体介质中传播的一种压力或运动, 这些假设难道会是正确的吗? …… 如果光是瞬时传播或在时间中传播的压力或运动, 它就应当朝影子内部弯曲. 因为, 在障碍物附近 (它阻挡住了一部分运动), 压力或运动不可能在液体中沿直线传播 —— 它们将发生弯曲, 并在位于障碍物后面的静态介质中到处传播." [2]

牛顿接着又写道:

"静水水面上的波沿较大的障碍物 (它阻挡住了一部分波) 边缘传播时, 它会发生弯曲, 并不断地向障碍物后面的静水水域扩展. 空气波, 空气的脉动或

---

①in —— 英寸, 非我国法定计量单位. 1 in=2.54 cm. —— 编者注

振动 (它们构成声音) 显然也会发生弯曲, 但不会像水波那样强烈. 小山虽然可以挡住我们的视线, 使我们看不到钟或大炮, 但在山后面仍然可以听到它们的声音; 声音很容易沿着弯弯曲曲的管道传播, 如同在笔直的管子中传播一样. 至于光, 从来还没有听说过它可以沿着蜿蜒曲折的通道传播, 或者朝阴影内弯曲, 因为当一颗行星运行到地球与另一颗不动的恒星之间时, 这颗恒星就看不见了①." [3]

杨氏曾试图以自己的实验来证明, 光像波一样, 具有绕过障碍物和产生干涉现象的能力. 他写道:

"通过对影子周围的彩色带的一些观察, 我发现了关于两部分光产生干涉现象的一般规律的非常简单、非常直观的证明. 我成功地找出了这个规律. 我认为值得向皇家学会做一个报告, 简短地列举我认为是有决定性意义的事实. 我坚持这样一种看法, 即彩色带是由于两部分光的干涉而形成的. 我想, 即使是最抱有成见的人也不会否认, 我将要叙述的这些实验将有力地证明上述看法是正确的. 这些实验都很容易重复, 只要有太阳光就行. 并且, 除了每个人手头都有的一些工具以外, 进行这些实验不需要使用任何仪器." [5]

那时候菲涅耳正在法国工作. 1816 年他也单独向法国科学院提出了一篇关于光的波动理论的论文. 在这篇论文里他预言了衍射现象和干涉现象. 不难想象, 当他得知杨氏在他之前已经观察过这些现象的消息时, 他很懊丧. 在 1816 年致杨氏的信中, 菲涅耳写道:

"当一个人以为他已经作出了某种新发现的时候, 如果他得知另外一个人已经在他以前有了这种发现, 他不会不感到遗憾. 我坦白地向您承认, 先生, 当阿拉果向我讲明, 在我向研究院提出的论文中所描述的那些观察结果中, 只有很少一些是真正的新发现时, 我曾极度懊丧. 但是, 如果说有什么可以使我感到安慰的话, 那就是使我有机会认识一位伟大的科学家, 他以大量的重要发现而丰富了物理学的宝库. 与此同时, 所发生的这一切使我对我所研究的这一理论的正确性更加充满信心." [6]

---

①但是牛顿又写道: "当光线非常靠近某物体的边缘通过时, 光线在这个物体的作用下略有弯折 ······; 但是, 当光线刚一通过这个物体以后; 它将继续沿直线传播." [4]

十九世纪初, 人们又重新对光的波动理论感兴趣了. 所研究的问题并不全是新的. 格里马尔迪早就观察了衍射现象, 牛顿也曾注意到某些干涉效应, 惠更斯早就提出了波动理论. 但是, 在杨氏和菲涅耳集中精力研究了能够明确分清光的波动论和微粒论的现象 —— 干涉现象之前, 人们多少有点忘掉了波动理论.

菲涅耳和杨氏试图表明, 在一定的条件下, 一束光与另一束光相互叠加以后可能导致出现暗斑. 很难设想微粒或网球相遇时会相互消灭. 给一堆球再增加一些球只会使球的总数增加. 可是我们前面说过, 波具有如下的性质: 在一定的条件下, 一个波与另一个波相互叠加的结果会出现一些平静的 (扰动减弱) 区域.

1802 年, 在向皇家学会呈报的论文中, 杨氏写道:

"当把同一束光分成两部分, 使它们通过不同的途径 (沿同一方向或成很小的交角) 被人的眼睛看见时, 在这两部分光的光程差是某一长度的整数倍的地方, 亮度最大; 而在其中间的地方, 亮度最弱. 这个长度对于不同颜色的光是不同的."

稍晚, 菲涅耳写道:

"光振动的理论正是具备了这样一些性质和所需要的宝贵优点. 由于有了这个理论, 我们才得以发现最复杂的、难以预言的光学定律 ……."

在讲上面这段话的时候, 菲涅耳显然是指一件非常有趣的事. 1818 年法国科学院为颁发年度奖提出了一个题目, 要求得奖人解释各种各样的衍射现象和干涉现象[①]. 菲涅耳把自己的理论和对于实验的说明提交给评判委员会, 参加这个委员会的有: 波动理论的热心支持者阿拉果; 持怀疑态度的拉普拉斯、泊松和毕奥; 持中立态度的盖吕萨克. 在委员会的会议上泊松指出, 根据菲涅耳的理论, 应当能看到一种非常奇怪的现象: 如果在光束传播的途径上, 放置一块不透明的圆板, 由于光波在圆板边缘的衍射, 在离圆板一定距离的地方, 圆板阴影的中央应当出现一个亮斑 (图 18.1). 在当时来说, 这简直是不可思议的, 因此菲涅耳的理论被否定了. 我们不知道, 当菲涅耳着手进行泊松提

---

① 提出这样的题目, 目的大概是为了替微粒理论寻找决定性的证据.

出的这项实验① 时, 他曾期待看到什么; 但是我们完全可以想象, 当菲涅耳发现了谁也没有预料到的现象——在阴影的中央的确有一个亮斑——时, 他是多么兴奋呀! 在此以前谁也没有看到过这种亮斑, 但是根据菲涅耳为描述光的行为而提出的方程, 应当有这样的亮斑存在.

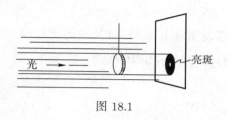

图 18.1

§18.1　干涉

干涉现象是波动理论的核心. 当线状波朝一个有两个小孔的障碍物传播时, 它激起的波形图是由前面研究过的两个圆形波干涉的结果. 在离障碍物足够远的地方, 振幅最小值的位置 (即扰动最弱的位置) 与入射波波长的关系由下式表示:

$$d \sin \theta = \left(n - \frac{1}{2} \right) \lambda \tag{18.1}$$

而振幅最大值的位置 (扰动最强的位置, 即波峰与波峰相遇或波谷与波谷相遇的位置) 由下式表示:

$$d \sin \theta = n \lambda \tag{18.2}$$

因此, 振幅最大与振幅最小的位置不同只是由半波长决定的.

杨氏写道:

"如果认为任何一定颜色的光都是由一定宽度, 即一定频率的振动所组成, 则用这些振动就能解释我们从前在研究水波或声脉冲时所遇到的一切现象.

---

① 究竟是谁进行了此项实验——是菲涅耳还是阿拉果——至今没有统一的说法. 原则上, 他们两人各自都可能完成此项实验.

业已表明, 由邻近的两个中心发出的一系列两个相同的波, 能够在一些确定的点上相互消灭波动效应, 而在另外一些点上使这些效应倍增." [7]

但是:

"为了使两束光能够表现出这种行为, 它们必须来自同一个光源, 沿不同的路程 (这两条路程应当相距不远) 最后到达同一点 (图 18.2)." [8]

换句话说, 就是要求光是相干的. 如果波峰无规律地到达两个小孔, 图像将是模糊的. 在波峰可能与波谷相遇的地方, 波峰也可能与波峰相遇, 因而, 在最大值出现的地方也可能出现最小值. 结果, 我们将看不到清楚的波形图, 而只能看见某种不规则的波纹.

为了获得所需的相干性程度, 最简单的办法是使用同一个光源, 然后再用衍射、反射、折射等方法 (或者同时使用这几种方法) 把光束劈开.

图 18.2　引自杨氏论文的相干图 [8]

"衍射、反射、折射, 或者它们同时被利用 ⋯⋯ 但是, 最简便的方法是使均匀的光束射到有两个小孔或两个狭缝的屏上 (图 18.3), 这些小孔或狭缝可以看作是散射中心, 光由此向一切方向衍射." [9]

接着, 杨氏又写道:

"在这种情况下, 当两个重新形成的光束投射到安置在它们行程上的屏面上时, 光束好像被许多黑线条分割成大体上相等的亮带 ⋯⋯ 在图像中心总是出现亮带, 而其他的亮带则分布在图像中央的两侧. 亮带之间的间距是: 光分别从两个狭缝到达各亮带的光程差正好等于半波长的偶数倍; 光分别从两个狭缝到达各条暗带的光程差正好等于半波长的奇数倍." [10]

如果我们所观察到的图像可以用波的干涉 (还能用什么呢?) 来解释, 则只要测定了暗带的位置, 我们就能够得知波长. 为此, 只需要再测定狭缝之间

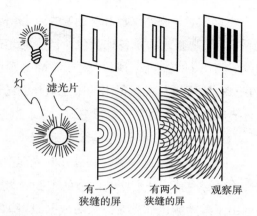

图 18.3 杨氏的干涉实验. 在实验中杨氏使用了带有狭缝的 (而不是有小孔的) 屏 [11]

的距离 d, 以及从狭缝观察第一个暗带的倾角 θ_1 (图 18.4) 就行了. 这些量之间的关系由前面得出的公式 (17.25) 表示:

$$d \sin \theta_1 = \frac{\lambda}{2} \tag{18.3}$$

测定了角 θ_1 以后, 就可以确定辐射波长

$$\lambda = 2d \sin \theta_1 \tag{18.4}$$

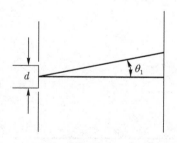

图 18.4

当然, 这不是确定波长的最好办法. 实际上测量各个暗带之间的距离更为方便, 所得到的结果更为准确. 但原理与前面一样. 如果我们要研究的正是波的性质, 如果暗带是由于通过障碍物上两个小孔的波发生干涉而产生的, 则只要知道小孔之间的距离 d 以及中央亮带与第一个暗带之间视角的正弦, 我们总能够确定这些振荡的波长.

观察表明, 对于不同颜色 (例如红色和蓝色) 的光, 光带之间的距离是不同的, 而在白光的情况下, 观察到的是各种颜色所产生的光带的混合物. 可以假设, 不同的颜色对应于不同的波长, 所以, 对于不同的颜色, 从中央亮带到第一条暗带之间的距离是不同的. 杨氏得出的正是这样的结论.

"在对各种实验结果进行比较时, 我得以确定: 对于想象中构成纯红光的光波, 在空气中, 它的宽度约为 36000 分之一英寸; 而对于纯紫光的光波, 它的宽度约为 60000 分之一英寸. 根据这个数据和已知的光速数值可以表明, 即使是频率最低的光波, 在 1 s 内落入我们眼睛的波的个数约为五百万亿个". [12]

在表 18.1 中列出了某些颜色的光波波长的数据, 这些数据是对这些颜色的光的衍射图像进行实际测量而获得的. 这些数据不很精确, 因为我们所说的某一种颜色, 实际上包含着在一个窄频段内的一组颜色. 我们只知道, 可见光的波段范围是从 4×10^{-5} cm 到 7.2×10^{-5} cm, 它相应于一般人的眼睛所能感受的波长范围.

表 18.1

颜色	由测量衍射图像而获得的波长数据/10^{-5} cm
紫外*	小于 4.0
紫色	4.0—4.5
天蓝色	4.5—5.0
绿色	5.0—5.7
黄色	5.7—5.9
橙色	5.9—6.1
红色	6.1—7.2
红外*	大于 7.2

* 这已在可见光范围之外.

§18.2　衍射

观察结果以及杨氏和菲涅耳的理论起了决定性的作用. 在十九世纪, 波动理论在物理学界占了上风, 这又进一步促使人们去寻找波所特有的其他现象.

其中之一就是衍射现象. 其实, 格里马尔迪早就观察过这种现象了. 他发现, 光线通过障碍物上的小孔后将略微偏离原来的照射方向. 这种现象可以用小孔边缘对微粒的引力来解释 (牛顿曾这样解释过). 但是, 这种现象也可以认为是由于波通过障碍时产生弯曲所引起的. 当白光通过障碍物上唯一的狭缝时, 会形成典型的衍射图像. 从衍射图像上第一条暗带到狭缝的一个边缘的距离比该暗带到狭缝中心的距离大半个波长. 不必作非常详细的计算 (进行详细的计算时应考虑狭缝上其他部分的贡献), 我们可以得出如下的结论 (图 18.5): 当 $l_1 - l_2 \approx \frac{1}{2} d \sin\theta = \frac{1}{2}\lambda$ 时, 我们观察到第一条暗带; 当 $l_1 - l_2 = \lambda$ 时, 将互相加强, 并出现亮带; 当 $l_1 - l_2 = \frac{3}{2}\lambda$ 时, 我们看到第二条暗带, 以此类推. 各条亮带的亮度依次递减, 总的图像看起来如图 18.6 所示.

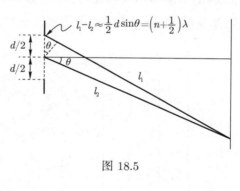

图 18.5

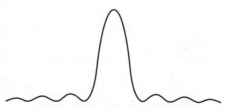

图 18.6 具有一定波长的光通过一个狭缝时的衍射图像. 图中示出光的亮度随离中央亮带的距离而变化的情况

对应于各种颜色的暗带 (和亮带) 的位置略有偏移, 这是由于冷光 (紫光区) 比暖光 (红光区) 的偏折要小些, 而白光可以分解成光谱, 光谱中对应于各种颜色的暗带相互之间有一定的位移, 它们相对于狭缝的视角也略有不同.

对于任何颜色的光, 中央亮带都位于 $\theta = 0$ 的位置; 所有颜色的亮带在这里叠加, 形成白色亮斑; 所有两侧的亮带都分裂成各色的彩带, 因为各种颜色的光衍射的角度略有不同.

衍射光栅

衍射光栅是一种基本的仪器, 在实践中它常被用来把光分解成各种光谱成分. 其实, 这是一块有大量 (有时候多达数千条) 很细的狭缝的遮光板, 狭缝之间的距离都相等, 都等于 d (图 18.7). 与两条狭缝的情况一样, 光通过衍射光栅后, 在远处的屏上就形成一系列亮带和暗带 (与入射光的颜色有关). 但是, 这时获得的衍射图像要比两条狭缝时的衍射图像要明亮得多, 这是因为通过衍射光栅的光比通过两条狭缝的光多, 所以利用衍射光栅要方便得多.

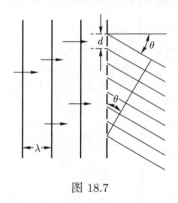

图 18.7

衍射光栅亮带的衍射角 θ 由下式确定:

$$d \sin \theta = n\lambda, \quad n = 0, 1, 2, \cdots \tag{18.5}$$

因此, 只要知道相邻狭缝之间的距离 (衍射光栅的基本参量). 并测出 θ 角, 就可以确定入射光的波长.

§18.3 偏振

早在牛顿时代人们就知道, 通过冰洲石晶体的光束会分裂成两束折射光. 这种现象称为**双折射** (图 18.8). 在电气石晶体中也可以看到这种现象. 如果使冰洲石晶体与电气石晶体组合起来, 则在某种几何位置下, 电气石将只允许其中一条折射光束通过; 而若把电气石旋转 90°, 则它将只允许另一条折射光束通过 (图 18.9).

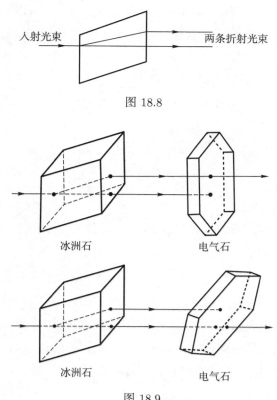

入射光束　　　　　　　　　　　两条折射光束

图 18.8

冰洲石　　　　　　　电气石

冰洲石　　　　　　　电气石

图 18.9

于是造成了这样一种印象, 即两条折射光束具有不同的性质, 并且电气石晶体的作用好像是一个透孔. 当电气石晶体处于一种几何状态时, 它允许一条光束通过; 而当把它旋转 90° 以后, 它就允许另一条光束通过. 其次, 非常重要的一点是, 两条折射光束互不干涉. 其中每一条折射光束都可以用某种光学方法进行分光, 分光后的光束可以自己相互干涉. 但是, 来自同一个光源的两条折射光束却不能相互干涉, 好像光是由两种独立成分构成的, 而电气石晶体和冰洲石晶体的某种奇异特性可以把这两种成分分离开.

菲涅耳同安培讨论了这个现象. 安培提出了一种设想, 他认为光波系统可能是由两个相互垂直的振动所组成. 菲涅耳发展了这个思想. 他提出, 光波可用垂直于其传播方向上的一种位移来描述 (图 18.10). 所以, 由于自身结构上的特点, 冰洲石晶体和电气石晶体能够把光束分解为相互垂直的两个光分量, 这就出现了**偏振现象**. 因为这两个分量是相互独立的, 所以它们不能相互干涉. 在水平方向上的位移不可能与在垂直方向上的位移相互抵消.

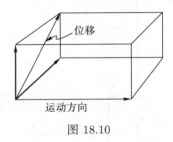

图 18.10

如果把波函数解释成在空间各点的位移, 则不仅可以赋予波函数一定的数值, 也还可以赋予它一定的方向. 例如, 弹簧的位移可以垂直于弹簧本身 (图 18.11) (即垂直于波传播的方向, 这种波称为**横波**); 也可以平行于弹簧本身 (图 18.12) (**纵波**). 沿多米诺骨牌传播的是纵波 (图 18.13a). 气体中的波也是纵波, 因为在气体中脉动是一层一层地向前传递的 (图 18.13b). 一般说来, 在气体和液体中只能传播纵波. 横波只能在固体中存在.

图 18.11

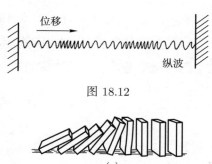

图 18.12

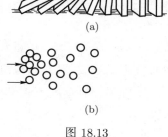

(a)

(b)

图 18.13

菲涅耳写道:

"当我们用这样的观点观察事物时, 偏振的作用就不再是激起横向运动, 而是把横向运动沿两个相互独立、相互垂直的方向分解, 并把这两个分量单独分离出来. 因为只有在这种情况下, 每一个分量中的振动才处于同一平面内." [13]

如果抽象地对待这个结论, 就不会发生任何问题. 此前得出的所有结果仍然有效, 不同之点仅在于, 现在应当认为光是由两个独立的位移 (即水平位移和垂直位移) 所构成的. 但是, 只要提出一个微妙的问题: "这里所说的是什么东西的位移呢?"——事情马上就复杂化了. 沿传播方向的位移可能发生在气体或液体中; 而垂直于传播方向的位移只能存在于固体中. 众所周知, 光可以在宇宙空间传播, 即实际上可以在真空中传播. 但是, 如果说光是垂直于其传播方向的一种位移, 那么就会产生一个难以理解的问题: 这究竟是指什么介质的位移呢? 如果把光看作是一种比空气更稀疏的介质 (几乎是真空) 的位移, 并且, 这种介质同时还具有固体的弹性, 这能令人相信吗? 杨氏写道:

"菲涅耳先生的这个假设, 至少应当被认为是非常聪明的. 利用这个假设可以进行相当满意的计算. 可是, 这个假设又带来了一个新问题, 它的后果确实是**可怕的**······ 到目前为止, 人们都认为只有固体才具有横向弹性. 所以, 如果承认波动理论的支持者们在自己的 '讲稿' 中所描述的差别, 那么就可以得出结论说: 充满一切空间并能穿透几乎一切物质的光以太, 不仅应当是弹性的, 并且应当是绝对坚硬的!!!" [14]

§18.4　光是什么?

那么光究竟是什么呢? 是波还是微粒呢? 是否有必要在这两者之间作出选择呢? 显然, 光在同样的程度上既是波, 又是微粒, 就像一堆小石子, 在一种情况下它可以表示力, 是矢量; 在另一种情况下它又可以表示数. 根据关于波的数学理论和实际观察结果, 我们作出这样的结论: 被称为光的那个物理客体可以与被称为波的那个数学客体相对应; 并且, 数学上的波世界的结构和关系在某种意义上是实际观察到的光的结构和关系的影子或镜像.

到了十九世纪中叶, 经过杨氏和菲涅耳的努力, 人们开始公认, 每个光束都与某种扰动或位移有关, 这种位移垂直于光的运动方向, 并且在真空中以恒定的速度 (光速) 传播. 对于单色光, 这种位移是周期性的, 它的波峰和波谷有规则地、每经过一个波长的距离就重复出现一次. 与一般的波一样, 波长与频率的乘积等于波速. 在真空中, 各种颜色光的光速都相同. 所以真空是无色散介质. 由此就很容易理解各种颜色的本质. 我们也能够解释, 为什么光总是以同一个速度传播, 而不论这些光是来自什么样的光源 —— 太阳、火柴棍或电灯泡. 这是因为, 波传播的速度是与波源的形态和扰动方式无关的. 进一步, 我们还能够解释色散现象. 我们假设, 存在着这样的物质, 波在其中传播的速度对于不同的颜色 (不同的波长) 是不同的. 至于光在反射和折射时的行为, 可以根据波在两种介质界面上的行为去推论. 为了说明, 为什么折射光在光密介质中偏向界面的法线, 只要证明光在光密介质中传播的速度较慢 (实际观察的结果正是如此) 就足够了. 顺便说一句, 根据光的微粒理论, 光速在光密介质中应当更快, 这与实际观察结果不符.

波动理论解释了各种各样的光学现象, 例如干涉, 衍射等等 (还可以列举出许多现象). 根据干涉图像测出的波长与根据衍射现象得出的波长是一致的. 整个理论体系是完整一致的. 关于光只能沿直线传播的老问题也已不再成为问题了, 因为我们已经说过, 线状波在遇到障碍物以前总是保持传播方向不变的. 当光通过障碍物上的小孔时, 它会略微改变方向, 偏离的大小取决于光波波长对小孔尺寸的比值, 这一点也在实验中被观察到了.

光波本身当然是看不见的. 但是, 当它射到眼睛的视网膜上时, 人眼对它就有反应. 如果光波投射到某个物体上, 它可以通过该物体或被此物体吸收, 可以使该物体的温度升高. 但是, 这一切是如何发生的, 为什么会发生, 我们都不知道. 实质上, 我们关于这种波是一无所知的. 关于位移的本性, 关于光波与物质之间的相互作用是如何发生的, 关于究竟是什么发生了位移, 关于这一切我们都是一无所知的.

为什么某些物质具有色散特性? 为什么某些物质是透明的, 而另一些物质是不透明的? 为什么光在光密介质中的速度较慢, 而在光疏介质中的光速较快? 光如何在视网膜上激起视觉形象, 而又如何在照相底片上产生化学反应? 只有在提出一种能够解释光与物质相互作用现象的理论之后, 才能解答所有这一切问题. 例如, 如果我们认为光是由微粒组成的, 那么我们就可以假设, 上述现象都是由于光微粒与物质的原子发生碰撞, 并且在碰撞时对原子施加某种作用力而产生的. 如果我们把光看作是一种波, 则我们就可以假设, 物质的原子在波的作用下发生漂动, 就像软木塞在水面上漂动一样. 在作出某些推论以前, 我们必须先提出一些这样的假设.

如果光是波, 那么波是如何把自己的能量传递给物质的呢? 假设我们认为, 这种现象就像湖面的水波使软木塞发生振动, 从而把自己的能量传递给软木塞那样, 那么, 振动的幅度将依赖于光波的振幅, 即依赖于波峰和波谷的高度. 当圆形波从点源向外传播时, 波的振幅逐渐减小. 看来, 无论波的振幅减小到什么程度, 波总是可能推动软木塞的. 光是否也这样把自己的能量传递给物质呢? 从波动理论的观点来看, 事情正是这样的, 任何人都不会对此产生怀疑. 但是, 理论所预言的, 关于光可以以连续的方式把自己的能量传递给物质的说法, 却与实验事实不一致.

还有其他一些问题, 对于这些问题的解答又引出了一些新的问题, 结果, 使我们陷入了一种意料不到的困境. 这些问题之一就是关于光的本性的问题. 在试图探讨这种发光的实体究竟是什么东西时, 科学家们愈陷愈深, 然而每次探索却总是有成果的. 在十九世纪, 人们普遍承认光是一种波; 并且麦克斯韦最终确定光是电磁波以后, 人们越来越强烈地要求弄明白: 光究竟是在什么介质中传播的? 是什么东西携带着光? 我们从前所说的一切波 (都是数学波的一种原型) 都是在某种介质中的扰动: 声波是空气的扰动, 水波是水面的扰动. 那么, 光波究竟是在什么介质中传播的呢? 为了方便起见, 人们把这种介质叫做 "光以太". 如果对句子进行分析的话, 这个称呼在句子中总是作为谓语 "振动" 的主语出现. 麦克斯韦写道:

"人们想出了各种各样的以太. 行星在其中漂浮的以太, 电现象和磁现象赖以形成的以太, 把人们的感觉从身体的这一部分传递到另一部分的以太等等. 至今人们提出的、充满整个空间的以太已有三四种." [15]

接着他又写道:

"只有一种以太经受住了考验, 这就是由惠更斯为解释光的传播而想出的那种以太." [16]

这种以太也应当存在于没有空气的宇宙空间中, 因为光也可以在真空中传播. 它应当渗透到透明介质的内部. 但是, 它的性质应当是非常奇特的. 为了使以太能够承受振动, 并且这种振动要以光速传播, 不管它是多么稀薄, 它都必须具有固体那样的弹性. 以太在发生位移以后, 应当能回到初始位置上去, 就像钢丝弹簧那样.

不得不承认, 这种以太的性质是相当古怪的.[①] 但是, 其中最最令人吃惊的还在于, 以太是绝对观察不到的. 试图发现以太或者它的某些性质的表现的一切努力都一个接一个地失败了. 最后, 科学家们不得不放弃这种努力, 只是保持着一种信念, 认为光是相对于以太而传播的. 而当这种信念尚未能得到证实时, 就发生了物理学史上最伟大的革命之一.

---

①以太是一个历史悠久的概念, 目前还未有定论, 相关讨论请看: 曹则贤. 物理学咬文嚼字之十三 缥缈的以太 [J]. 物理, 2008(07): 534-536. ——编者注

参考文献

[1] 引自 *Magie W. F.*, 参阅第 16 章 [2], p. 309.

[2] 同上, p. 305.

[3] 同上, p. 305

[4] 同上, p. 306

[5] 同上, pp. 308—309.

[6] 引自 *Gillispie Ch. G.*, 参阅第 6 章 [2], p. 407.

[7] 引自 *Magie W. F.*, 参阅第 18 章 [1], pp. 310—311.

[8] 同上, p. 310.

[9] 同上, p. 310.

[10] 引自 *Magie W. F.*, 参阅 [1], pp. 310—311.

[11] *Athins K. R.*, Physics, Wiley, New York, 1965.

[12] 同上, p. 310.

[13] 引自 *Gillispie Ch. G.*, 参阅 [6] p. 433.

[14] *Young Thomas*, A Course of Lectures on Natural Philosophy, London, 1807.

[15] *Maxwell J. C.*, Encyclopaedia Britannica article.

[16] 同上.

思考题

1. 站在 100 cm 宽的门的侧面, 能否听到 $\nu = 200$ Hz 的声音?

2. 在护窗板上钻一个直径为 0.1 cm 的洞, 在它的旁边能否看见频率为 6×10^{14} Hz 的光?

3. 几乎墨西哥湾的整个沿岸, 一昼夜内涨潮仅一次. 你能否解释这一现象?

4. 如何借助于一块偏光片① 来证明太阳光是部分偏振的?

5. 以波动理论的观点, 如何解释光的颜色, 棱镜的行为, 以及光在真空中的直线传播?

---

① 偏光片是由特殊材料制成的薄片. 它只允许具有一定偏振方向的光通过. ——译者注

6. 杨氏实验中两条缝隙之间的距离等于光波波长 λ 的几倍 (此时结果最好). 假若该距离远大于或远小于 λ, 结果将会怎样呢?

7. 在杨氏实验中, 为什么要求两束光必须由同一个光源发出、沿不同的路径到达同一点?

习题

1. 相干的绿光 ($\lambda = 5.5 \times 10^{-5}$ cm) 射到不透明的屏上, 屏上有两条相隔 2.5×10^{-2} cm 的狭缝. 在与这个屏平行、相距 1 m 远的另一个屏上观察到衍射图. 试求由中心亮线到依次紧接着的两条亮线的距离. 可以利用以下事实: 当角度很小时, $\sin\theta \approx \theta$, 而 $\cos\theta \approx 1$.

2. 对红光 ($\lambda = 6.2 \times 10^{-5}$ cm), 重算上题.

3. 当狭缝间的距离等于 0.2 mm 时, 重算习题 1.

*4. 每月有两天, 当月亮穿过地球赤道平面时, 两次涨潮的波浪 (其中一个通过琼州海峡, 另一个通过中国南海) 具有相同的高度. 试问, 在越南的海防市, 每昼夜有几次潮汐? 用图示法绘出波的运动, 并把它们叠加, 就可得到答案.

5. 波长为 5.5×10^{-5} cm 的光穿过狭缝射到屏上. 屏离狭缝 90 cm. 第一条暗带相对于衍射图中心移开 0.14 cm. 试问, 狭缝的宽度等于多少?

*6. 如果把整个系统浸到油中, 习题 1 的答案将如何改变? 油的折光系数为 1.30.

**7. 如果把习题 1 中的一个孔用一薄片云母遮住, 衍射图将出现位移. 第九条亮线移到未扰动衍射图的中心 (第一) 亮线位置. 求云母片的厚度. 云母的折射系数等于 1.58. (提示: 为求解此题, 请先回答下列问题: 光在云母中的波长等于多少? 在云母片的厚度中能容多少个振动? 在同一厚度的空气中能容多少次振动?)

**8. 光线由空气进入一个厚度均匀的液体膜, 该液膜附在光学密度比液体大的一块玻璃片上. 这时能观察到由空气–液体界面与液体–玻璃界面两组反

射光产生的干涉. 当入射角接近零时, 光强度极大值的表示式为

$$2dn = m\lambda, \quad m = 0, 1, 2, \cdots$$

而极小值的表示式为

$$2dn = \left(m + \frac{1}{2}\right)\lambda, \quad m = 0, 1, 2 \cdots$$

式中 d——膜厚, n——折射系数, λ——入射光的波长. (这些公式是基于对光程差和波长有关的问题所作的简单的和为我们熟知的讨论而获得的) 如果该液膜是水膜 (折射系数为 1.33), 当光的波长为 $\lambda = 6.1 \times 10^{-5}$ cm (橙色光) 时能产生干涉亮带, 试求液膜的厚度至少应是多少?

9. 电视频道平均宽约 4×10^6 Hz. 如果使用激光进行电视广播, 那么在可见光范围内, 可容下多少个这样的平均频道? 可见光的波长范围是 4×10^{-5} cm 至 7×10^{-5} cm.

第五篇　电磁力和电磁场

第 19 章 静电力 静电荷

§19.1 电荷

普鲁塔克写道: "琥珀中含有一种火焰般的和非物质的力量, 只要摩擦琥珀表面, 它就以隐蔽的方式释放出来. 它能产生磁石那样的作用."

经过了一千多年之后, 吉尔伯特写道:

"由于学者们的提醒, 磁铁和琥珀变得很了不起 ……" (但是, 吉尔伯特接着又抱怨科学在解释这些现象的性质方面的现状) "现时出了许多书, 讲到了它们的潜在的、神秘的和内在的原因和不可思议性. 在所有这些书中, 琥珀和贝褐炭被看成是能吸引谷壳的东西, 但是却没有任何立足于实验和明显证明的论据. 他们只是玩弄一些词藻, 诸如 '潜在, 奇妙, 神秘, 不可思议, 内在' 等等, 从而使问题的实质蒙上了一层浓厚的烟雾. 因此, 这种哲学不会给出任何结果. 它只是抓住了一些希腊文的和不寻常的词句, 就像有些巫医和理发师, 为了在没有文化的人们面前故弄玄虚, 在自己的招牌上贴上了一些拉丁字, 以此哗众取宠. 大部分哲学家自己什么也不探求, 也不善于通过实验来认识事物. 他们是一帮游手好闲的和懒惰的家伙, 什么事情也干不成, 也不知道, 他们的议论能得出什么结果." [1]

现在我们知道, 如果用某种合理的方法将电力与其他力 (譬如说, 引力) 加以比较的话, 电力大大超过它们; 并且在任何物质中都有带电粒子. 但是引力却首先得到了解释, 这是相当奇怪的. 我们将看到, 在某些方面, 电力与引力非常相似: 例如, 点电荷彼此相互吸引或排斥, 它的作用力公式与引力的公式一致 (常数$/R^2$). 但电力要比引力大得多. 那么为什么它如此不可捉摸呢? 为什么为了发觉它, 甚至不得不靠摩擦琥珀来观察它是如何吸引谷草的呢?

在尝试回答这个问题的过程中, 我们就会发现引力与电力之间的主要差别. 由于牛顿引力的作用, 任何一个物体都可以吸引任何一个其他物体, 并且力的大小正比于这两个物体的质量的乘积. 至于电荷, 它们并不都互相吸引. 原来电荷分成两类. 查尔斯·弗朗索瓦·杜菲 (1698—1739) 首先阐述了这种观点:

"这一原理是这样的, 存在着两种根本不同形式的电: 我们把其中的一种称为**玻璃型**的, 另一种称为**树脂型**的. 摩擦玻璃、石英、宝石、动物的毛发、毛线和许多其他物体时产生第一种电. 在摩擦过的琥珀、硬树脂、火漆、丝绸、纱线、纸张和许多其他物质上出现第二种电. 这两种电的特征是, 如果一个物体含有玻璃型电, 它将排斥所有带有这种电的物体, 反之, 却吸引一切含有树脂型电的物体." [2]

我们已不再使用 "玻璃型" 和 "树脂型" 这样的术语. 现在我们把它们叫做正电和负电. 但是意思并没有变. 正电荷互相排斥, 负电荷也互相排斥, 而正电荷和负电荷则互相吸引 (图 19.1).

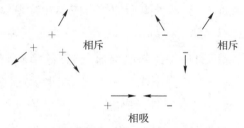

图 19.1 带同名电荷的物体互相排斥, 带异名电荷的物体互相吸引

在正电荷和负电荷之间没有任何内在的差异. 现在都把这一特性看作是属于对称性的基本原理, 这个原理告诉我们, 术语 "正的" 和 "负的" 不具有绝对的意思, 如果把所有正电荷与所有负电荷互换一个位置, 并不给我们的观察结果带来任何变化. 但是正是由于存在两种形式的电荷, 这就构成了电力和引力之间的主要区别. 因为尽管电力很强, 并且一切物体看来都含有大量的带电粒子, 但由于在任何一块物质中, 正、负电荷都很精确地互相平衡, 因而通常不容易观察到电力. 正因为这一点, 在最早观察电力的试验中, 不得不去摩擦或抚摩有关的物体, 靠这种办法去破坏正、负电荷的精确平衡, 把正电荷和负电荷分离开, 并由此使电力显示出来.

只要我们考察一下, 譬如说, 相隔 1 m 的普通大小的两个物体, 我们就能获得关于电力是多么大和在普通的物质中正、负电荷几乎处于理想的平衡状态的某种概念. 假设在每个物体中, 每 1000 个电荷多出一个正的或者负的电荷. 此时作用于两个物体之间的力 (与两个物体中剩余电荷的符号是相反的或相同的有关, 可能是引力或者是斥力) 约为 10^{12} N (一万亿 N).

如果两个物体上的电荷符号不同, 那么在物体之间将发生放电 (击穿), 放电使电荷数恢复平衡. 由于上述这些原因 (带电物体之间有很强大的互作用力, 它们之间会发生放电或漏电), 我们所观察到的大部分物体, 实际上是电中性的. 当电中性遭到任何严重的破坏时, 就会产生如此巨大的力, 它又将以这种或那种方式恢复电中性.

§19.2　导体和绝缘体

在常见的普通物质中, 有两种类型的物质应当在这里提出来, 它们在与电荷的关系方面是绝对不同的. 大家知道, 当我们在干燥的冬日里在地毯上来回走动时, 我们就在自己的身体上积累起电荷, 这样的结果, 在我们与朋友握手时, 有时候手上会经受一次相当不愉快的电击. 如果天气比较热和潮湿, 就不会发生这种情况. 在冬日里空气是干燥的, 也就是我们所说的, 是**绝缘体**, 所以在地毯上走动时电荷就留在身体上. 在潮湿的日子里, 空气已经不是绝缘体了 (它成了导体), 积累的电荷会从身体上泄漏掉.

"绝缘体" 和 "导体" 这两个词表示不同的材料: 绝缘体 (例如玻璃) 不允许其中的电荷自由移动, 而在导体中 (例如在金属中) 电荷可以自由地来回运动. 这样的分类法看来已经过时了; 不是所有的材料都能纳入这种方案. 现在已经知道有各种各样不同电特性的材料, 从几乎是理想的绝缘体 (像金刚石这样的晶体) 起, 然后是半导体, 最后是可称为理想导体的金属 (在极低温度下的金属). 大部分普通的金属是良导体, 因此它们被用来制作导线. 玻璃、布匹和塑料是很好的绝缘体; 这就是为什么有电流流动的铜导线要用塑料或织物隔绝起来.

绝缘体的特征是, 如果在它上面放上电荷, 电荷哪儿也不会去. 而在导体中电荷可以自由移动, 因此只要有某个力作用于电荷, 它就会重新分布. 第一批电学的研究者 (例如, 戈瑞) 遭遇到了许多次失败 (电荷有时候保留住了, 有时候又消失了), 其原因就在于这些研究者当时并不知道 (是戈瑞首先发现的), 他们用以制作带电体支架的材料中, 有些材料是电导体, 而电荷正是通过它们走掉的.

只要我们稍微了解一些物体在这方面的性质, 研究电力就要比研究引力容易. 由于电荷之间的作用力很大, 只要学会了如何将电荷积聚和保存在导体或绝缘体的表面上, 我们就可以直接在实验室里研究这些力对其他物体的作用. 而对于引力的情况, 就必须研究类似于地球那样的庞大物体之间的相互作用.

§19.3 库仑力

大约在 1760 年丹尼尔·伯努利, 以及十年之后的约瑟夫·普里斯特利和亨利·卡文迪什, 都用实验研究过两个电荷之间电力的大小与它们相互间距离的关系. 但是, 决定性的研究工作是由查尔斯·奥古斯丁·库仑 (1785) 完成的. 这些研究确定, 作用于两个静止电荷之间的电力反比于距离的平方. 电荷的引力和斥力定律就是以库仑的姓名命名的. 库仑制成了灵敏的扭力天平, 利用这些天平他精确地测出了, 当两个电荷之间的距离改变时, 作用于它们之间的力的变化. 库仑是这样归纳他的实验结果的:

"正的电液体和通常称之为负的电液体之间的相互引力与距离的平方成反比关系; 就像我们已经发现的 ⋯⋯ 与同一类型的电液体之间的相互作用与距离的平方成反比的关系是一样的." [3]

这个定律与牛顿的万有引力定律之间的相似性是令人惊异的. 用库仑的话来说, 电力正比于 "两个球的电质量的乘积", 它的方向沿着连接两个电荷的直线. 如果电荷属于同一种类型, 比如说, 两个都是正的或负的, 电力就竭力将它们分离; 如果电荷是不同类型的, 那么电力将竭力使它们结合在一起 (图

19.2). 如果我们商定, "竭力将它们分开" 的力算作正力, "竭力将它们结合在一起" 的力算作负力, 并用 q_1 和 q_2 来表示两个物体的电质量, 那么我们就能写出[1] (参阅图 19.3):

$$F = 常数 \times \frac{q_1 q_2}{R^2} \ (力的符号和量值[2], 力的方向沿连接两电荷的直线) \quad (19.1)$$

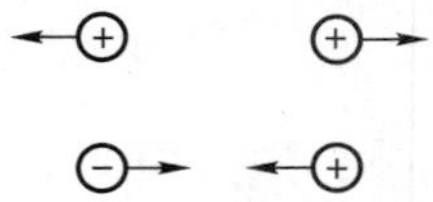

图 19.2

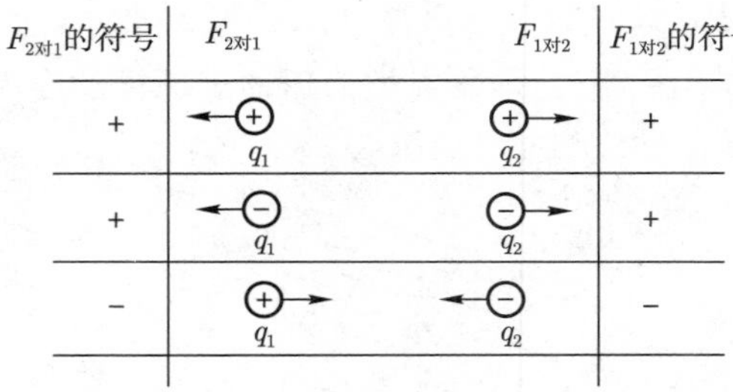

$F_{2对1}$的符号	$F_{2对1}$		$F_{1对2}$	$F_{1对2}$的符号
+	q_1		q_2	+
+	q_1		q_2	+
−	q_1		q_2	−

图 19.3 矢量沿连接两个电荷的直线指向; 它的量值等于常数与 $q_1 q_2/R^2$ 的乘积, 而符号 (+ 或 −) 与乘积的符号一致

例 有两个点电荷, 它们之间的距离等于 100 cm, 并以 100 dyn[3] 的力互相排斥. 试问: 当相距 1000 cm 时, 它们将以多大的力互相排斥?

当距离为 100 cm 时

$$F_{100} = 100 \text{ dyn} = 常数 \times \frac{q_1 q_2}{(100 \text{ cm})^2}$$

$$= \frac{常数 \times q_1 q_2}{10^4 \text{ cm}^2} (量值) \quad (19.2)$$

当距离为 1000 cm 时

$$F_{1000} = \frac{常数 \times q_1 q_2}{10^6 \text{ cm}^2} = 100 \text{ dyn} \times \frac{10^4 \text{ cm}^2}{10^6 \text{ cm}^2}$$

---

[1]为了检验这一关系式的正确性, 普林普顿和劳顿在宏观尺度上进行了最精确的近代测量 [Phys. Rev., 50, 1066 (1936)], 他们证明, 指数等于 2 的精确度达 10^{-9}.

[2]表达式 $q_1 q_2/R^2$ 具有量值 (比如说, 7 dyn) 和符号 (+ 或 −). +3 的量值等于 3; −3 的量值也等于 3. 按照定义, 量值是一个与符号无关的数的绝对值. 而符号则表征方向: 引力相应于负号, 而斥力为正号.

[3]dyn (达因), 非我国法定计量单位. 1 dyn = 10^{-5} N. ——编者注

由此可得, $F_{1000} = 1$ dyn.

§19.4 电质量的性质

在研究库仑力时立刻会产生一个问题: 电质量或者带电粒子本身携带的电荷量 (以上我们曾用 q_1 和 q_2 来表示) 具有什么样的性质? 由于库仑力与引力是如此相似, 我们很自然地希望将电质量 (电荷) 的性质与引力质量的性质进行比较 (图 19.4), 但它们之间却有着本质的区别. 电荷有两种类型——正的和负的, 而引力质量只能有一种, 所以引力总是吸力[①].

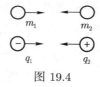

图 19.4

可以认为, 质量能分割成任意小, [原始的原子说认为, 物体是由大量不可分割的粒子组成的. 但是, 尽管承认物质具有原子结构, 现代仍然假设 (出于我们以后将讲到的一些考虑), 引力公式中的质量可以取任意数值.] 而库仑公式中的电荷却是个不连续量. 从宏观上看, 比如说, 当用摩擦或其他方法使物体带电时, 电荷看来是连续的. 但是我们知道 (并且无数的实验也证实了这一点), 电荷不可能无止境地加以分割, 也就是说, 它始终是某个确定的基本单位的倍数, 这个基本单位等于称之为**电子**的这种粒子的电荷 (电子一词源自希腊文, 它表示 '琥珀' 的意思).

按照现在的惯例, 电子被认为是带负电的. 用字母 e 来表示这个基本电荷单位的数值[②] ("基本" 这个词用在这儿比任何别的地方都更恰当). 有一种被称为**质子**的粒子, 正如我们所知道的, 它的电荷等于电子的电荷, 但与电子电荷的符号相反 $(+e)$. 为了测量这两种电荷在数值上可能存在的差异, 进行了灵敏度很高的实验, 这些实验使我们可以得出结论: 电子的电荷以约 10^{-20} 的精

[①] 有时候也有人提出过种种假设, 但是到目前为止, 还没有一个人能够取得哪怕是最微小的实验证据, 它能够表明, 引力也可以是斥力.

[②] 我们假设, 用 e 表示的电荷是正的, 其数值与电子的电荷量相等. 所以, 电子的电荷等于 $-e$.

确度在数值上等于质子的电荷.

现在所知道的一切基本粒子, 它们的任何集合体, 一切原子和一切物质, 它们或者是电中性的, 或者它们的电荷量是电子或质子电荷量的整数倍. 为什么如此, 谁也不知道. (不久前有人假设存在电荷等于电子电荷 1/3 的粒子[①], 但是迄今谁也没有观察到这种粒子.)

电荷的最深刻的特性大概是它的守恒性. 换句话说, 如果一个孤立系统 (即既没有电荷进入, 也没有电荷出去的系统, 它类似于一个有栅栏的没有羊进出的羊圈) 具有一定量的电荷, 那么这个电荷值不会改变. 系统的总电荷等于全部正负电荷之和. 假如有一个孤立系统, 它是一个封闭容器, 容器中没有电荷. 过了一会儿, 如果我们发现里面有了两个电荷, 那么其中之一必定是正的, 而另一个必定是负的, 因而它们的和仍将等于零. 例如, 光子 (光的粒子) 可以产生负的和正的电荷 (电子和反电子, 即正电子), 但这些电荷最终的和将准确地和初始时一样 (图 19.5). 这一事实被概括成一条原理——**电荷守恒定律**. 如果在一个系统中既不放进或也不取出电荷, 那么这个系统的总电荷 (全部正的和负的电荷之和) 是个常量. 这个定律与能量守恒和动量守恒定律一样, 大概是构成物理学基础的最深刻的原理之一.

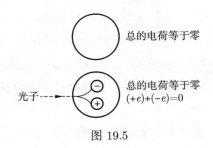

图 19.5

§19.5 单位制

现在必须引入某种单位制 (很遗憾, 现有的一切单位制对于我们的目的都不太合适), 使我们可以用它来量度电荷. 让我们回想一下, 如果长度用厘米,

---

[①] 即所谓的 "夸克" 粒子. ——译者注

时间用秒作单位, 并给出了质量的单位, 那么从牛顿运动定律就可以得出力的单位. 在电学中, 通常从库仑定律

$$F_\text{电} = 常数 \times \frac{q_1 q_2}{R^2} \quad (量值和符号) \tag{19.3}$$

出发, 通过力和长度的单位来确定电荷的单位和常数. 这个相当笨拙的方法得到了广泛应用, 这是因为在库仑那个时代已经有了力和长度的单位. 在 cm·g·s 制 (CGS 制) 中, 力是用达因 (dyn) 度量的, 距离用厘米 (cm), 时间用秒 (s). 如果令库仑定律中的常数等于 1, 那么就可以得出电荷的单位 (静电单位). 在这种情况下, 库仑定律写起来很方便:

$$F_\text{电} = \frac{q_1 q_2}{R^2} \ (量值和方向) \qquad \begin{array}{l} 电荷 \text{——} 静电单位 \\ 长度 \text{——} cm \\ 力 \text{——} dyn \end{array} \tag{19.4}$$

电荷的静电单位是这样规定的: 将带有一个静电单位电量的两个点电荷放在真空中, 相距为 1 cm 时, 它们之间的作用力应当为 1 dyn (图 19.6). 此时库仑定律中的常数等于 1.

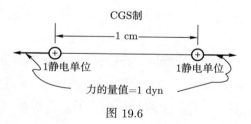

图 19.6

    在 "实用制" 或者 MKS 制[1]中, 距离用米 (m), 质量用千克 (kg), 时间用秒 (s), 电荷单位选用库仑 (C, 它的定义与库仑定律无关). 由于库仑 (电荷的单位) 并不是从库仑定律定义的, 现在这个常数[2] 已经不等于 1 (说真的, 它没有任何理由必须等于 1), 在 MKS 制中, 库仑定律有如下形式:

---

[1] MKS 制, 即 m·kg·s 制, 也是国际单位制 (SI 制). ——译者注
[2] 这个常数的精确值等于 $8.9875 \cdots \times 10^9$.

$$F_{电} = 9 \times 10^9 \frac{q_1 q_2}{R^2} \text{ (量值和方向)} \qquad \begin{array}{l} \text{电荷} \text{——} \text{C} \\ \text{距离} \text{——} \text{m} \\ \text{力} \text{——} \text{N} \end{array} \qquad (19.5)$$

库仑定律的这种形式不太方便: 首先, 在所有的公式中都有一个附加的常数因子; 其次, 在 MKS 制中, 电荷的单位太大 (表 19.1).

表 19.1

物理量	CGS 制	MKS 制	换算关系
距离	cm	m	1 m = 100 cm
时间	s	s	1 s = 1 s
质量	g	kg	1 kg = 1000 g
力	dyn	N	$1 \text{ N} = 10^5 \text{ dyn}$
电荷	静电单位 (静库)	C	$1 \text{ C} = 3 \times 10^9$ 静电单位

从基本粒子物理学的观点看来, 甚至静电单位也太大. 在这里倾向于, 也往往是, 使用电子的电荷作为电量单位. 至于库仑, 甚至从宏观理论的角度看也太大. 例如, 相距 1 m 的两个物体, 若每个物体带有 1 C 的电量, 则它们的相互作用力为 9×10^9 N. 另一方面, 对于宏观理论来说, 电量的静电单位又太小.

采用 CGS 制单位时, 一些基本公式可以写成较为简单的形式, 这是它的优点. 由于我们主要关心的是这些法则和公式的应用, 所以我们基本上将采用 CGS 制. 在 MKS 制中, 电量的单位是库仑 (C), 电势差用伏特 (V) 度量, 而电流则用安培 (A). 由于在日常生活中我们比较习惯于安培和伏特, 所以这些单位对我们比较直观. 我们主要将使用 CGS 制, 有时也将某些量换算成伏特和安培, 以便对这些量的大小有某种程度的了解.

在实践中, 由于遇到的情况不同, 为了使用上的方便, 常常变换所使用的单位. 只使用一种单位制是没有道理的, 因为任何一种单位制, 在某种情况下它是方便的, 而在其他情况下它可能是很不方便的. 例如, 在日常生活中, 药物的质量是用克 (g) 或者钱、两来度量的, 而煤则是以吨 (t) 计的.

§19.6 电 场

静电力的叠加

从库仑定律以及静电吸力和斥力也是力 (因而可以用矢量描述它) 这一认识出发, 可以导出一个规则, 它适用于有三个甚至更多电荷的情况. 现在假设要确定两个电荷作用于第三个电荷的力 (图 19.7). 根据库仑定律, 可以先确定第一个和第二个电荷作用于第三个电荷上的力 (在图 19.7 上分别用 $F_{1对3}$ 和 $F_{2对3}$ 表示). 作用于第三个电荷的总的力是这两个力的矢量和. 这是电力的一个很重要的性质 (引力也是如此): 两个电荷之间的相互作用力不因第三、第四或第五个电荷的存在而改变. 这样我们就能够确定整个电荷系统对任意一个电荷的作用力, 方法是将该系统中各个单个电荷的效应直接相加.

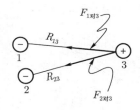

图 19.7

例 两个电荷的电量分别为 5 静电单位和 25 静电单位, 相距 10 cm, 试求它们之间的作用力.

$$F = \frac{q_1 q_2}{R^2} = \frac{(5 \text{ 静电单位}) \times (25 \text{ 静电单位})}{(10 \text{ cm})^2} = 1.25 \text{ dyn} \tag{19.6}$$

如果两个电荷都是正的, 这个力将是斥力. 如果两个电荷都是负的, 这个力也将是斥力 (从这里可以看出, "正" 和 "负" 的说法是相对的). 而如果一个电荷是负的, 而另一个是正的 (例如, −5 静电单位和 25 静电单位, 或 5 静电单位和 −25 静电单位), 则作用于每个电荷上的是 1.25 dyn 的吸力.

假设我们引入了第三个电荷 A, 如图 19.8 所示. 试问, 作用于电荷 B 上的力的水平分量和垂直分量各等于多少?

电荷 C 作用于电荷 B, 方向指向左方 (推斥力). 电荷 A (10 静电单位)

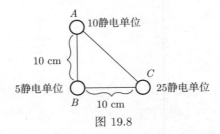

图 19.8

也排斥电荷 B, 但这个力方向朝下, 它的大小等于

$$F = \frac{(10\ \text{静电单位}) \times (5\ \text{静电单位})}{(10\ \text{cm})^2} = 0.5\ \text{dyn} \tag{19.7}$$

因而 (见图 19.9),

$$\begin{aligned}
\boldsymbol{F}_{\text{水平}} &= 1.25\ \text{dyn}\ (\text{向左}) \\
\boldsymbol{F}_{\text{垂直}} &= 0.5\ \text{dyn}\ (\text{向下})
\end{aligned} \tag{19.8}$$

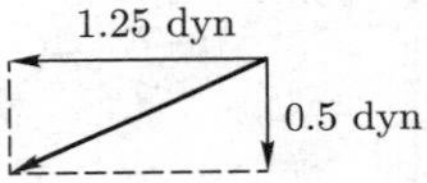

1.25 dyn

0.5 dyn

图 19.9

电场的引入

我们现在要引入场的概念, 它也适用于引力的情况.

处于空间某确定点上的电荷受到来自其他许多电荷的力的作用. 为了描述这个力而产生了场的概念. 场赋予空间中的这一点以能影响粒子运动的确定的性质. 我们大家都同意, 其他的电荷作用于点电荷上的力等于这些电荷的单独作用力的矢量和. 对于以上所讨论的三个电荷的情况, 作用于第三个电荷的力为

$$\boldsymbol{F}_3 = \boldsymbol{F}_{1\text{对}3} + \boldsymbol{F}_{2\text{对}3} \tag{19.9}$$

力 $\boldsymbol{F}_{1\text{对}3}$ 的量值和符号由式

$$\boldsymbol{F}_{1\text{对}3} = \frac{q_3 q_1}{R_{13}^2}\ (\text{量值和符号}) \tag{19.10}$$

决定, 而力 $F_{2对3}$ 的量值和符号由式

$$F_{2对3} = \frac{q_3 q_2}{R_{23}^2} \text{ (量值和符号)} \tag{19.11}$$

决定. 这两个表达式中每一个都含有因子 q_3, 这是由库仑定律直接得出的. 如果有 N 个电荷作用于 q_3, 矢量和将由 N 项相加而得, 而每一项的量值都正比于位于点 3 的电荷 q_3.

这就使我们有可能采取一种看来很简单的方法来建立电场的概念. 我们把因子 q_3 从力的表达式中提出来, 并引入新的量 E:

$$F_{1对3} = q_3 E_{1对3} \tag{19.12}$$

我们把这个量, 即矢量 $E_{1对3}$, 称为电荷 1 在点 3 所产生的电场. 我们要指出, 此时电场的量值已与在点 3 处有没有电荷无关. 还有, 在点 3 处的总的电场等于系统中每个电荷所产生的电场的矢量和; 这就使我们能够引进在点 3 处的总的电场:

$$E_3 = E_{1对3} + E_{2对3} + \cdots + E_{N对3} \tag{19.13}$$

在 CGS 制中电场用 dyn/静电单位来度量.

如果对于为什么要引入这个补充的量感到不好理解, 这一点也不奇怪. 这个量是由法拉第最先引入的, 为的是使一些电荷对另一些电荷的作用更加直观. 麦克斯韦试图把电场比作是在空间介质 (以太) 中的一种机械张力. 从那时起, 电场的意义已远远超出了任何机械解释的范围. 与动量或者能量这样一些概念一样, 电场的概念要比产生这种概念的个别的理论重要得多. 当我们学习电磁辐射时, 我们将确信这一点.

电场可以称作**矢量函数**. 空间的每一点都与一个矢量有关, 这个矢量乘以位于某点的电荷量就给出产生这个电场的电荷对该点电荷的作用力. 如果我们知道了空间所有点的电场, 这就意味着, 即令我们并不知道产生这个场的电荷系统是什么样的[①], 我们也能知道, 在任何一点上的电荷将受到什么样的作

[①] 此时假定, 引入新电荷并不破坏原来的电荷分布, 而电场是在这种电荷分布下确定的.

用力. 这就是所引入的电场概念的最大的方便之处. 在有些情况下, 运用实际存在的场比运用产生这一场的那些带电粒子更为方便.

　　电场很难用图表示, 因为必须在空间的每一点都画一个矢量. 但是可以只对空间的一些点标出矢量, 如图 19.10 那样. 图 19.10 表示一个静止正点电荷的电场. 矢量的长度按 $1/r^2$ 的规律随距离而减小, 它们的方向都是沿着径向由电荷向外. 为了直观起见有时不画出矢量, 而是画一些实线, 实线在它所通过的所有点上始终与场的方向平行. 此时场的大小用线的疏密来表示. 例如, 我们可以商定, 对于电量为 1 静电单位的电荷, 应当从它出发引出一条线; 那么对于电量为 3 静电单位的电荷, 就应当从它出发引出三条线; 而对于 6 静电单位的电荷, 则应当引出六条线, 如图 19.11 和图 19.12 所示的那样 (请再参阅图 19.13).

图 19.10　静止的正电荷的电场是一组在空间所有点都有确定值的矢量. E 等于 q/r^2, 方向是由电荷沿径向朝外. 图上画出了其中的一些矢量

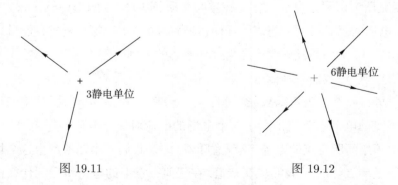

图 19.11　　　　　　　　　　　　　　　　　　图 19.12

图 19.14 上画出两块带不同符号电荷的平板之间的电力线. 这种系统称

为电容器. 除了边缘部分以外, 平板之间电力线的密度是个常量. 因此, 除了边缘部分以外, 平板之间各点电场的方向都相同, 它的量值也是个常量.

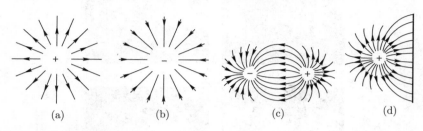

图 19.13　几种情况下的电力线: (a) 单个正的点电荷; (b) 单个负的点电荷; (c) 两个不同符号的点电荷; (d) 位于无限大的导电平面附近的点电荷. 如果有两个不同符号的点电荷, 它们之间的距离与要测量电场的点到这两个电荷的距离相比很小, 那么这两个电荷就形成所谓的电偶极子. 偶极子的总电荷等于零; 但由于两个电荷彼此不是重合的, 它仍然产生电场

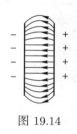

图 19.14

有时候会发生这种情况: 如果创造了必要条件的话, 可以使细小的物体平行于电场整齐地排列起来. 悬浮在不导电液体中的草籽的行为就是如此, 这是够奇怪的. 为什么能这样? 假如将带电体放入液体中, 在液体中就产生了电场, 此时草籽将沿电场的方向排列, 我们就可以观察到由这些草籽所形成的电力线图像 (照片 19.1). 尽管这种图像看来是很诱人的, 但它们是不足为凭的, 因为它们可能给人造成一种错觉, 好像真的有电力线存在似的.

把以上所说的作个小结, 我们可以肯定, 电场是一个由电荷的分布所决定的空间坐标的矢量函数 (每个矢量相应于空间的一个点). 如果在空间的某个点放一个电荷 q, 假定它不破坏原来的电荷分布状况, 那么将有一个力

$$F = qE \tag{19.14}$$

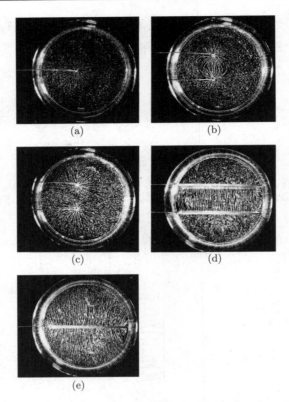

照片 19.1　利用漂浮在不导电液面上的草籽获得的电力线的图像: (a) 一根带电的细棍;
(b) 两根细棍, 它们的荷电量相等, 但符号相反; (c) 两根细棍, 它们的荷电量相等, 符号相
同; (d) 两块相互平行的平板, 它们所带电荷的符号相反; (e) 一块带电平块 [4]

作用于这个电荷上, 因此, 知道了电场, 我们就能够确定作用于空间任何一点
上的电荷的力, 甚至在我们并不知道产生这个电场的电荷分布的情况下也是
如此[1] (图 19.15).

　　试问: 如果给出了电荷的一种确定的分布状态, 如何求出它的电场? 对于
一些比较简单的情况, 我们可以利用库仑定律, 然后将所有电荷的贡献相加.
对于较为复杂的情况, 包括电荷是任意分布的情况, 也已提出了一些很巧妙的
方法. 从库仑定律出发, 可以导出一些很有用的定理. 在电荷分布状况比较复

----

　　[1] 当然, 只要愿意的话, 可以对电场的概念作更为详尽的解释, 但这是个兴趣问题. 这个概念的含义, 如
同势能的概念一样, 已包含在它的定义和它与电磁理论的其他要素的相互关系之中.

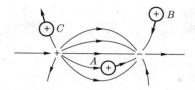

图 19.15　一个很小的正电荷在点 A, B 和 C 点处所受作用力的情况

杂但具有对称性的情况下, 利用这些定理可以简单而快速地确定电场. 但是, 我们并不关心这些技术方面的问题, 因此在这里就不再作进一步的讨论.

§19.7　电势

虽然我们引入了电场和电荷这样的新概念, 到目前为止, 我们实际上仅限于假设作用于带电粒子间的力纯粹是牛顿力. 由于静电力只与两个粒子间的距离有关, 在第 12 章中所讨论过的含义上, 这个力是个保守力. 这就使我们能够引入一个很重要的概念——电势能.

让我们回忆一下: 点 b 和点 a 之间的势能之差等于将粒子从 a 点移至 b 点时对它所作的功的负值 (图 19.16).

$$-W_{a \to b} = V(b) - V(a) \tag{19.15}$$

对于保守力来说, 为了将粒子从 a 移至 b, 对它所必须作的功与路程无关 (这也是保守力的另一种定义). 我们把引力看作是保守力的一个例子. 由于库仑力与引力在形式上是相似的, 所以它也是保守力. 正因为如此, 我们才能够引入关于电荷的势能的概念. 处于一个电荷系统所引起的力的作用下的带电体都具有势能.

图 19.16　点 b 和点 a 之间的势能之差等于把电荷从 a 移至 b 所作功的负值

我们把均匀的和不变的电场 E 作为一个简单例子来讨论. 如果将电场乘

以电荷, 我们就得到在第 12 章中讨论过的恒力. 现在来计算一下, 将带电粒子从 a 移到 b 时对它所作的功 (图 19.17). 如果粒子的电荷是正的, 它的电量等于 q, 对它作用的力为

$$\boldsymbol{F} = q\boldsymbol{E} \quad \text{(量值等于 } qE \text{, 方向沿电场方向)} \tag{19.16}$$

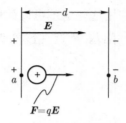

图 19.17 将粒子从 a 移至 b 时, 对粒子作的功等于 $Fd = qEd$

这时, 为将粒子从 a 移至 b, 所需作的功等于 (点 a 和点 b 间的距离用 d 表示):

$$W_{a \to b} = qEd \tag{19.17}$$

因为粒子是沿电场方向运动的, 所以功是正的. 就这样, 根据定义, 在点 b 和点 a 间的电势差等于

$$V_b - V_a = -qEd \tag{19.18}$$

如果认为, 点 b 处的势能等于零 (即将 b 点选作固定点, 势能相对于它计算), 此时点 a 处的势能 $V_a = qEd$. 通常不说 "令 $V_b = 0$", 而是说 "将 b 点接地". 将 b 点接地也就是用导线将它与大地相连, 其结果是 b 点的势能将等于大地的势能, 而后者取作零势能. 在电路图中, "接地" 用图 19.18 所示的符号表示.

图 19.18

在一些复杂的情况下, 并不总是能简单地确定出电荷的势能, 相应的计算可能非常复杂, 但是计算原理始终是一样的. 为了找出势能, 必须从给定的电荷分布[①] 出发, 求出将电荷从一个点移至另一点时对它所作的功.

由于引力与库仑力相似, 受到来自另一电荷的力的作用的电势能, 与受到来自另一质量的力的作用的引力势能相似. 若一个点质量 m 与另一个点质量 M 相距 R, 则它的引力势能等于 (图 19.19a)

$$V(R) = -\frac{GMm}{R} \text{ (引力势能)} \tag{19.19}$$

与此类似, 若一个负的点电荷 $-q$ 与另一个点电荷 $+Q$ 相距 R, 则它的电势能等于 (图 19.19b)

$$V(R) = -\frac{Q_q}{R} \text{ (电势能)} \tag{19.20}$$

(为了方便起见, 假设计算能量的固定点是处于无穷远处.)

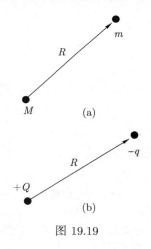

图 19.19

一个负电荷, 当它从无穷远处移至离正电荷为 R 的一点时, 它所承受的力是引力, 就像处于另一质量的引力场中的点质量一样. 因此, 电势能与引力势能一样, 是负的. 一个正电荷, 当它从无穷远处移至同一个点 (距正电荷为

---

① 也可以计算出建立一个由 N 个电荷组成的系统所必需的能量, N 个电荷分布在点 $1, 2, \cdots, N$. 这个能是等于在建立系统时由于粒子之间的互作用而作的功的负值, 它是点 $1, 2, \cdots, N$ 的坐标的函数, 即 $V = V(1, 2, \cdots, N)$.

R) 时, 它所承受的是斥力, 因而它的势能在形式上同负电荷的势能相同, 但符号相反:

$$V(R) = +\frac{Qq}{R} \tag{19.21}$$

因此, 引入一个新的概念——电势——比较方便, 它与电势能稍有不同, 它等于将**单位正电荷**从无穷远处移至空间给定点时所作的功的负值. 这样, 电势就等于势能除以被移入粒子的电荷. 对于正的点电荷 Q, 电势 (用符号 φ 表示) 由下述表达式决定:

$$\text{正的点电荷 } Q \text{ 的电势 } \varphi = \frac{Q}{R} \tag{19.22}$$

在某些方面它与电场一样方便: 如果说, 电场在给定点的量值乘以电荷等于作用于该电荷的力, 那么, 电势在给定点的量值乘以电荷就等于电荷在该点的势能.

一般来说, 在日常生活中我们经常遇到的正是电势差. 在 CGS 制中, 电势的单位是 erg/静电单位电量[1]:

$$\frac{\text{erg}}{\text{静电单位电量}} = \frac{\text{静电单位电量}}{\text{cm}} = \text{静伏} \tag{19.23}$$

在 MKS 制中, 电势的单位是 J/C, 它有一个大家熟悉的名称 "伏特, 符号 V":

$$\frac{\text{J}}{\text{C}} = \frac{\text{C}}{\text{m}} = \text{V} \tag{19.24}$$

如果电子通过 1 V 的电势差[2], 那么电力对它作的功等于 1.6×10^{-12} erg,

---

[1] 1 静电单位的电量有时称为 1 静库; 此时 erg/静库 = 静伏 (参见本书附录 7).

[2] 通常把电势差称作电压. 例如, 一个 12 V 的电池 (图 19.20) 的两个端点之间的电势差就是 12 V (通常红色的一端表示高电势). 一般习惯于用字母 V 来表示电势差 (以伏特为单位), 有时它可能与另一个有关的, 但是完全不同的量——势能——相混淆. (这种现象到处都可能发生. 例如, 若我们说: "我在看书", 这是指现在在看书呢, 还是从前在看书, 这是不清楚的.)

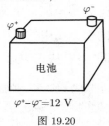

$\varphi^+ - \varphi^- = 12$ V

图 19.20

而根据定义, 这等于 1 电子伏 (eV) 的能量 (功). 这个单位的来源与加速器有关. 在加速器上工作时, 电势差 (即常说的电压) 通常是用伏特来量度的. 在这些加速器上常常加速像电子一类的粒子, 用加速器两极板之间的电压乘以粒子的电荷的乘积来描述加速器授予带电粒子的能量是比较方便的. 虽然这个单位是取自两个不同的单位制的混合单位, 但它是非常方便的. 问题在于, 它的量值是实用制电压单位 (伏特) 和电子电荷的组合, 这用于表示原子的能量非常合适. 以后我们将会看到, 原子反应时产生的能量约为 10^{-12} erg 或者 10^{-19} J 的量级. 用 2 eV 来代替 3.2×10^{-19} J 显然要简便得多.

$-e =$ 电子的电量 (图 19.21) $= 1.6 \times 10^{-19}$ C

$$\text{在 } b \text{ 点的势能 } V_b = -e\varphi_b \tag{19.25}$$

$$\text{在 } a \text{ 点的势能 } V_a = -e\varphi_a \tag{19.26}$$

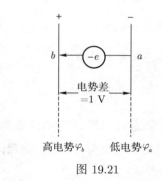

图 19.21

当电子从 $a \to b$ 时, 对电子所作的功 (的负值) 等于

$$V_b - V_a = -e \times 1 \text{ V} \tag{19.27}$$

或

$$W_{a \to b} = e \times 1 \text{ V} = 1.6 \times 10^{-19} \text{ C} \times 1 \text{ J/C}$$

$$= 1.6 \times 10^{-19} \text{ J} = 1.6 \times 10^{-12} \text{ erg}$$

$$= 1 \text{ eV} \tag{19.28}$$

例 1 两块带电平板相距 0.03 m, 它们之间的电势差为 12 V (图 19.22). 试问: 两板之间的电场有多大? 有一个质子处于这一电场中, 试问电场对它的作用力有多大?

$$E = \frac{12\,\text{V}}{0.03\,\text{m}} = 400\ \text{V/m}\ (\text{量值}) \tag{19.29}$$

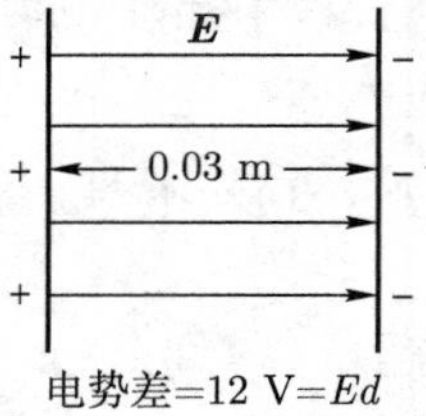

电势差=12 V=Ed

图 19.22

对位于电场中的质子的作用力

$$F = qE\ (\text{量值}) = (1.6 \times 10^{-19}\ \text{C}) \times 400\ \text{V/m}$$
$$= 6.4 \times 10^{-17} \frac{\text{C} \cdot \text{J}}{\text{C} \cdot \text{m}}$$
$$= 6.4 \times 10^{-17}\ \text{N} \tag{19.30}$$

例 2 有一个处于静止状态的质子, 它从加速器的一个极板 (电势为 1000000 V) 向另一个极板 (处于零电势) 运动. 试问, 当质子到达第二个极板时, 它的能量和速度有多大?

质子所通过的电势差是 1000000 V. 因此对它作的功为 $e \times 10^6$ V = 10^6 eV, 或 1 MeV (兆电子伏):

$$1\ \text{MeV} = 10^6\ \text{eV} = 1.6 \times 10^{-6}\ \text{erg} \tag{19.31}$$

现在来求质子的速度:

$$E = \frac{1}{2}mv^2 = 1.6 \times 10^{-6}\ \text{erg} \tag{19.32}$$

$$v = \sqrt{\frac{2(1.6 \times 10^{-6}\ \text{erg})}{m}} \tag{19.33}$$

质子的质量为 $m = 1.67 \times 10^{-24}$ g, 由此

$$u = \sqrt{\frac{2(1.6 \times 10^{-6} \text{ erg})}{1.67 \times 10^{-24} \text{ g}}} = 1.4 \times 10^9 \text{ cm/s} \qquad (19.34)$$

例 3　一根导线长 10 m, 它两端的电势差为 120 V (图 19.23). 我们假定, 导线中的电场是个常量, 它始终顺着导线指向[①]. 试求: 导线中的电场有多大? 作用于位于这一电场中的电子的力有多大? 电子的加速度等于多少?

$$\text{电势差} = Ed$$
$$E = \frac{120 \text{ V}}{10 \text{ m}} = 12 \text{ V/m} \qquad (19.35)$$

作用于电子的力的量值

$$F = eE = 1.6 \times 10^{-19} \text{ C} \times 12 \text{ V/m}$$
$$\approx 1.9 \times 10^{-18} \text{ N} = 1.9 \times 10^{-13} \text{ dyn} \qquad (19.36)$$

图 19.23

因此, 电子的加速度

$$a = \frac{F}{m} \approx \frac{1.9 \times 10^{-13} \text{ dyn}}{0.9 \times 10^{-27} \text{ g}} = 2.1 \times 10^{14} \text{ cm/s}^2 \qquad (19.37)$$

或者约等于 $2 \times 10^{11} g$.

§19.8　带电粒子行星系

到目前为止, 我们所讨论的电力不仅是个牛顿力, 并且在形式上与引力实际上也是一致的. 因此, 在电力作用下, 带电体的行为应当可以与在引力作用

[①] 对于在日常生活中所使用的普通导线来说, 这个条件是成立的. 在这些导线中, 电场是个常量, 它的方向顺着导线方向.

下物体的行为相比拟. 换句话说, 可以利用牛顿力学的全部结论来描述带电体的行为. 为了说明这一论断, 我们来讨论带电粒子的行星系模型, 这也将使我们对今后要遇到的一些重要体系中的一些量的数量级有个概念.

设想一个很轻的、带负电的粒子 (例如电子) 围绕着一个重的带正电的粒子 (质子) 旋转. 电子的电荷是负的, 它等于 4.803×10^{10} 静电单位. 电子的质量为 0.911×10^{-27} g. 质子的电荷等于电子的电荷, 但符号相反; 而质子的质量为 1.672×10^{-24} g.

由于质子比电子约重 1800 倍, 所以可以把质子看作是不动的, 而电子则围着它旋转, 就好像可以把地球看成是围绕着不动的太阳旋转的情况一样[①] (图 19.24).

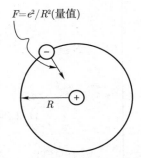

图 19.24　带电粒子行星系: 电子沿圆形轨道围绕质子旋转. 作用于电子的库仑力沿径向指向中心, 它的大小等于 e^2/R^2

作用于电子和质子间的库仑力

$$F_{库} = -\frac{e^2}{R^2} \text{ (量值和符号)} \tag{19.38}$$

力的方向沿连结两个粒子的连线.

将作用于电子和质子之间的静电力和引力加以比较, 就可以获得有关电力的大小的某种概念. 它们之间的差别取决于相应的这些基本粒子的电荷与质量之比 (或者说, 电质量和引力质量之比). 作用于电子和质子之间的引力与

[①] 在这两种情况下, 一般来说, 两个物体的质量中心是静止不动的, 但它实际上与重物体的中心重合.

电磁力的大小之比为

$$\frac{F_{引}}{F_{库}} = \frac{Gm_e m_p}{e^2} = \frac{6.7 \times 10^{-8} \times 0.9 \times 10^{-27} \times 1.7 \times 10^{-24}}{(4.8 \times 10^{-10})^2}$$

$$\approx 1.5 \times 10^{-40} \tag{19.39}$$

因此, 引力比电力弱约 10^{40} 倍, 正是在这种意义上, 我们说引力非常非常之弱.

我们通过自身的体重最易感受到引力的作用, 但它在原子的尺度上竟是如此之微弱, 这是相当令人惊异的. 虽然把物质约束在一起的是静电力, 物质的性质也与静电力密切相关, 但由于不同符号的带电粒子数量相等, 所以实际上静电力完全被屏蔽住了. 如果这种抵消是不完全的, 譬如说, 在普通大小的物体中, 两种符号的粒子数有千分之一的差别, 那么相应的静电力就将大大超过引力.

带电粒子行星系的计算与太阳系的计算完全一样. 由牛顿第二定律

$$F = ma \ (量值) \tag{19.40}$$

以及作均速圆周运动的物体的加速度的表示式

$$a = \frac{v^2}{R} \ (量值) \tag{19.41}$$

可以得出

$$F = m\frac{v^2}{R} \ (量值) \tag{19.42}$$

但作用于正、负电荷之间的力为

$$F = \frac{e^2}{R^2} \ (量值) \tag{19.43}$$

因此,

$$\frac{e^2}{R^2} = m\frac{v^2}{R} \tag{19.44}$$

或

$$\frac{e^2}{R} = mv^2 \tag{19.45}$$

系统的机械能

$$E = 动能 + 势能 = \frac{1}{2}mv^2 - \frac{e^2}{R} \tag{19.46}$$

利用式 (19.45), 上式可写成如下的形式[①]

$$E = -\frac{1}{2}\frac{e^2}{R} \tag{19.47}$$

为了得出各个量的具体数值, 应当选定电子轨道的半径 R. 令

$$R = 10^{-8}\ \text{cm} \tag{19.48}$$

虽然这个数与我们所习惯的尺度相比看来很小, 但以后我们将看到, 它对带电粒子行星系是合适的. 在这样大小的 R 的情况下, 作用于电子的力为

$$F = \frac{e^2}{R^2} \approx 2.3 \times 10^{-3}\ \text{dyn} \tag{19.49}$$

这个量看来也很小. 但是, 不要忘记, 电子的质量也很小. 因此, 对于电子来说, 这个力是很大的, 根据牛顿第二定律, 电子的加速度为

$$a = \frac{F}{m} \approx \frac{2.3 \times 10^{-3}\ \text{dyn}}{0.91 \times 10^{-27}\ \text{g}} \approx 2.5 \times 10^{24}\ \text{cm/s}^2 \tag{19.50}$$

这个加速度要比, 譬如说, 地面附近的重力加速度 ($980\ \text{cm/s}^2$) 大得不可比拟. 电子在这个轨道上的速度为

$$v = \sqrt{\frac{e^2}{mR}} \approx 1.6 \times 10^8\ \text{cm/s} \tag{19.51}$$

这相当于光速的 $1/200$; 以这种速度旋转的电子每转一圈的时间为

$$旋转周期 = \frac{圆周长度}{速度} = \frac{2\pi R}{v}$$
$$= \frac{2\pi \times 10^{-8}}{1.6 \times 10^8}\ \text{s} \approx 4 \times 10^{-16}\ \text{s} \tag{19.52}$$

这是原子尺度范围内的特征时间. 相应于这个轨道的能量为

$$E = -\frac{1}{2}\frac{(4.8 \times 10^{-10}静电单位)^2}{10^{-8}\ \text{cm}} \approx 1.15 \times 10^{-11}\ \text{erg} \tag{19.53}$$

即约 $7\ \text{eV}$, 这也是原子系统的特征能量值. 大概读者已经看出, 上面所讨论的系统, 实质上是一个原子模型.

[①] 为了使总能量是负的, 两个电荷必须有不同的符号. 否则轨道不可能是闭合的. 而引力则始终是吸力.

参考文献

[1] 引自 *Magie W. F.*, 参阅第 16 章 [2] p. 390, 392.

[2] *Du Fay Charles François de Cisternay*, Phil. Trans. 38, 258 (1734).

[3] 引自 *Magie W. F.*, 参阅 [1], p. 417.

[4] Physical Science Study ···, 参阅第 2 章 [8].

思考题

1. 验电瓶由金属球、导线和两片很薄的金箔构成 (图 19.25). 金箔放到瓶子里面, 以免与其他物体相碰, 并避免空气流的影响. 在正常情况下金箔垂直吊挂着. 如果用一根带电的电介质棒与金属球接触, 则金箔张开并保持在这个位置上. 为什么? 如果这时用导线使它接地, 则金箔又垂下来. 为什么?

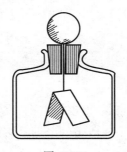

图 19.25

2. 如果带电棒不与金属球接触, 而仅仅是靠近它, 则金箔仍然张开. 但是一旦把棒拿走, 金箔立即垂下. 为什么?

3. 这一次我们把一根带电棒靠近金属球 (但不接触), 使金箔张开. 保持带电棒不动, 用一根接地导线接触一下金属球, 然后把接地线拿开. 在此之后再把带电棒拿开. 在这些操作完成之后, 金箔不再垂下来. 为什么?

4. 把草籽撒入水中, 然后把一个电场沿水平面加到这些悬浮物上, 则草籽平行于电场整齐地排列着. 为什么?

5. 在带电粒子行星系统中, 可能有哪种形式的轨道?

6. 是否可以说, 沿这种圆形轨道旋转的电子离质子愈近, 运行的速度也愈快?

7. 绕质子沿圆形轨道旋转的电子以某种方式跃迁到另外一个轨道上. 此轨道半径是原来的二分之一. 其旋转周期应如何改变?

*8. 两个电子绕着由两个质子组成的核旋转. 哪一种力对轨道的影响更大些: 电子间的库仑力, 还是像作用于太阳系各行星 (例如地球与火星) 之间的万有引力? 试给予估算.

习题

1. 如果从每个分子中取走一个电子, 那么一块含有 6.02×10^{23} 个分子 (1 mol) 的物质的电荷量等于多少? (这一电荷量有一个专门名称——法拉第数.)

2. 一个 5 静电单位 (静库) 的电荷与另一个 –8 静电单位 (静库) 的电荷相距 3 cm. 它们之间的作用力等于多少? 这个力是引力还是斥力?

3. 应当把一个 10 静库的电荷放在什么地方, 才能使上题中那个 –8 静库的电荷所受的外力平衡?

*4. 200 dyn 重的两个带电量相同的球挂在绳子上, 绳长 20 cm. 两根绳子间的夹角等于 10°. 试问, 每个球所带的电量是多少? (用图解法求解.)

*5. 若习题 4 中两个球所带的电荷量不相同. 其中一个所带的电荷量等于 240 静库. 试问另一个球所带的电荷量等于多少? (用图解法求解.)

6. 三个各带电 5 静库的电荷, 置于边长为 3 cm 的一个等边三角形的三个顶点上. 试问, 每个电荷所受的力是多大? (用图解法求解.)

7. 对于带电粒子行星系, 试求开普勒第三定律 ($T^2/R^3 =$ 常量) 的等价定律. 该常量等于多少? 轨道半径为 10^{-1} cm 的电子的运行周期是多少? 如果电子与质子间只有万有引力作用, 那么一个沿半径为 $R = 10^{-8}$ cm 的圆周绕质子旋转的电子的能量及旋转周期等于多少?

8. 两块平板之间的电场强度是 5000 dyn/静库. 10 静库的电荷在这一电场内受到的作用力等于多少? 若电场把这一电荷移动 3 cm, 问场作的功等于多少? 把结果的单位换算成电子伏特 (eV).

*9. 两块带电平板之间的电场强度等于 3.4×10^4 dyn/静库, 且方向朝下. 一颗质量为 5×10^{-8} g 的油滴的电量等于多少时, 可以把作用于油滴的重力抵消? 这一油滴中包含有多少个剩余电子?

10. 电子在电场强度为 10^6 dyn/静库的电场中的加速度等于多少? 用 g 来表示这一加速度.

*11. 如果起初电子是静止的, 那么要经过多长时间, 习题 10 中电子的速度能达到光速的 1/10? 在这一段时间内, 电子走过了多长的距离?

12. 为了使相距 0.8 cm 的两块平板间的电场强度等于 3.4×10^4 dyn/静库, 如习题 9, 平板间的电势差应等于多大?

13. 一个 6 静库的电荷放置在 1.5 dyn/静库, 方向朝上的均匀电场中. 把电荷 a) 向右移 45 cm, b) 向下移 80 cm, c) 与水平方向成 45° 角移动 260 cm. 试问, 电场所作的功各等于多少?

*14. 两块平行金属板之间的电势差为 2000 V. 金属板之间用石蜡纸隔开. 石蜡纸的击穿场强为 5×10^7 V/m. 要使金属板之间不产生电流, 两块板间的最小距离可以等于多少?

15. 电场强度约为 3×10^6 V/m 时, 空气开始导电. 电压为 10^9 V 的乌云若要形成闪电, 它到地面的距离应等于多少? (可以用两块带电的平板来代替乌云与地面.)

16. 一个质量为 6 g 的小球吊在 4 cm 长的线上, 放在垂直放置的、相距 5 cm 的两块平行板之间. 小球的电荷等于 6 静库. 当平板之间的电势差为多大时, 吊小球的线与地面的垂线之间的夹角等于 30°? (用图解法求解.)

17. 如果两个质子之间的库仑力正好等于一个质子的重量, 问它们之间的距离等于多少? 质子的电量为 $+e = +4.8 \times 10^{-10}$ 静电单位, 而其质量等于 1.67×10^{-24} g. 取 $g = 980$ cm/s^2.

18. 求两个电子之间的库仑斥力与万有引力之比.

19. 在氢原子的玻尔模型中, 电子离质子的距离为 5.29×10^{-9} cm. 试问, 这两个粒子间的距离等于多少时, 它们之间的万有引力的量值等于玻尔原子模型中它们之间的库仑力? 电子质量为 9.11×10^{-28} g, 而质子质量为 1.67×10^{-24} g.

20. 要使氢原子中的电子摆脱质子的电引力, 电子应具有多大的动能? 相应的逃逸速度等于多少?

21. 氢原子中电子与质子的距离可取作 5.29×10^{-9} cm. 质子的电量 $+e = 1.6 \times 10^{-19}$ C $= +4.8 \times 10^{-10}$ 静电单位, 电子的电量等于 $-e$.

a) 试求作用于电子的库仑力等于多少?

b) 试求电场矢量 $\boldsymbol{E}$.

22. 氢原子中电子的电势等于多少? 电子的电势能等于多少?

第 20 章　磁力　运动电荷

§20.1　电流

根据定义, 未抵消的电荷的任何运动——固定在棍棒端部的带电球的移动, 带电水滴的下落, 带电传送带的运动, 或者对于普通的导体来说, 电子在金属中的运动——都能形成电流. 当我们移动一块普通的中性物质时, 我们实际上使得大量的 (既有正的, 也有负的) 带电粒子发生运动, 但是根据定义, 此时并不产生任何电流.

沿导线流通的电流定义为单位时间内通过导线给定截面的电荷量. 在 CGS 制中

$$\text{电流} \sim \frac{\text{静电单位电量}}{\text{s}} = \text{静安培} \tag{20.1}$$

如果导线的截面是个常量, 通过这个截面在每秒内流过确定数量的电子 (图 20.1). 此时, 电流就定义为单位时间内通过导线截面的电荷量:

$$\text{电流 (用字母 } I \text{ 表示)} = \frac{\text{通过截面的电荷量}}{\text{时间}} \sim \frac{\text{静电单位电量}}{\text{s}} \tag{20.2}$$

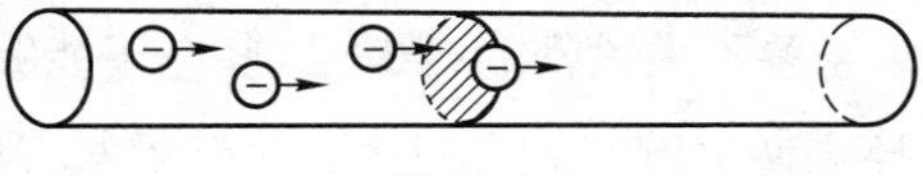

图 20.1

我们还没有遇见过这种单位. 我们习惯于用安培, 即用 MKS 制, 来量度电流. 在 MKS 制中, 电荷用 C (库仑), 电压用 V (伏特), 而电流用 A (安培) 来度量, 电流单位定义为库仑与秒之比值:

$$1\,\text{C/s} = 1\,\text{A} \tag{20.3}$$

安培与 CGS 制的电流单位之间的关系式为

$$3 \times 10^9 \text{ 静电单位电量/s (即 } 3 \times 10^9 \text{ 静安培) } = 1 \text{ C/s} = 1 \text{ A} \qquad (20.4)$$

主要的是要记住, 当我们说有 1 A 电流流过某个电子仪器时, 我们指的是, 在每秒钟内有 1 C 电荷量 (或者, 如果愿意的话, 也可以说是每秒钟内有 3×10^9 静电单位电量) 通过接入仪器的或从仪器接出的导线的任何截面. 还算幸运的是, 这两个单位制都使用同一个时间单位 —— 秒.

现在我们知道, 在金属中运动的是电子. 因此, 当我们谈到 1 A 的电流时, 我们指的是, 在每秒钟内有 1 C 负电荷 (1.62×10^{19} 个电子) 通过导体的截面. 本杰明·富兰克林首先把电流方向与正电量的运动方向相联系. 现在大家都习惯地说, 电流方向与正电荷的运动方向一致, 虽然实际上是电子往相反的方向运动 (图 20.2). 这种规定有时候会引起误解, 但是, 众所周知, 这些都没有妨碍富兰克林在巴黎取得巨大成就[①].

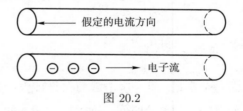

图 20.2

如果给一个物体接上电势差, 就有一个力作用于电子. 在被称为绝缘体的材料中, 电子被牢固地束缚在物质的原子上, 在这种材料中, 没有能沿力的方向移动的 “自由” 电子, 因此, 绝缘体中不可能有电流. 在另一些材料 (例如金属) 中, 存在着与原子联系不太紧密的电子, 这些电子能够在物质中的电场作用下运动. 只要在导体表面上的两点之间建立起电势差, 则不论这是一根细长的铜导线还是一块不大的长方形钢块, 在这两点间立刻就有电流通过.

　　　　电势差不仅可以从家庭电网中获得 (这在富兰克林时代还没有呢), 它也可以借助于雷电、蓄电池或者电池获得. 电池, 这是利

[①]富兰克林曾于 1776—1785 年任美国驻法大使, 于 1778 年缔结法美同盟. 这里指富兰克林在发展法美关系上取得的成绩. —— 译者注

用 "化学力" 来维持它两端点间的电势差的一种设备 (图 20.3).

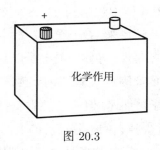

图 20.3

在十九世纪初, 乔治·西蒙·欧姆研究了导线中的电势差与电流大小之间的关系. 欧姆认为, 在给定温度下通过给定的一段导线的电流, 直接正比于加在这段导线上的电势差. 比例系数 R 称为**电阻**. 他所发现的规律通常写成形式:

$$电势差 = 电流 \times 电阻$$
$$V = I \times R \tag{20.5}$$

这里 V —— 电势差的通用表示法, 它等于 $\varphi_+ - \varphi_-$. 在 MKS 制中电阻的单位是 Ω (欧姆). 如果为了在导体中产生 1 A 电流, 必须给导体加上 1 V 的电势差, 则此导体的电阻等于 $1\,\Omega$. 上面得出的这一关系式表示了电子所经受的 "摩擦力", 对于许多材料, 这个关系式是正确的.

如果在导线的两端加上电势差, 导线中就会产生电场, 也就是说, 将有一个力开始作用于电子 (图 20.4). 倘若电子可以自由运动, 那么它的加速度将等于

$$a = \frac{F}{m} = \frac{eE}{m} \tag{20.6}$$

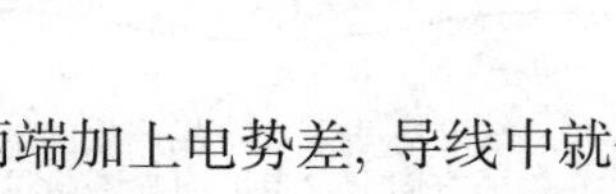

$V_高$ ⎯ E ⎯ $V_低$

F

图 20.4

此时它的速度将不断地增大. 结果是, 电流将随时间而增长. 这种景象可以在所谓理想导体中观察到. 在这个意义上, 普通的金属都不是理想的导体. 一般说来, 在一个稳定的电势差作用下将产生一个稳定的电流, 也就是说, 导体中的电子以某个不变的平均速度运动. 产生这种情况的原因之一是, 电子与物质中的杂质不断碰撞 (图 20.5). 开始时电子被加速, 但通过了某个平均自由程距离以后, 电子与杂质相碰撞并失掉它的平移运动的大部分能量. 然后, 它又重新开始加速, 如此等等. 其结果是, 电子将以某个平均速度朝着由电场引起的力的方向运动, 因而出现某个平均电流. 这个结论与观察结果一致, 即纯材料的导电性能优于有杂质的同类材料.

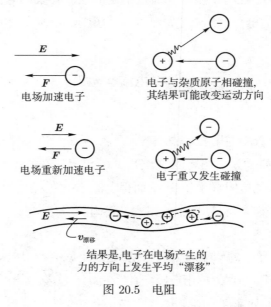

电场加速电子

电子与杂质原子相碰撞, 其结果可能改变运动方向

电场重新加速电子

电子重又发生碰撞

$v_{漂移}$

结果是,电子在电场产生的力的方向上发生平均"漂移"

图 20.5 电阻

例 电烤箱的电流是 10 A. 住宅供电电压为 110 V. 试问电烤箱的电阻有多大 (图 20.6)?

$$电压 = 电势差 = 电流 \times 电阻$$

$$电阻 = \frac{110\ \text{V}}{10\ \text{A}} = 11\ \Omega \tag{20.7}$$

如果这个电烤箱被带往欧洲, 并偶然接入电压为 220 V 的电网. 试问在此情况下流过的电流有多大?

$$\text{电流} = \frac{\text{电压}}{\text{电阻}} = \frac{220 \text{ V}}{11 \text{ }\Omega} = 20 \text{ A} \tag{20.8}$$

结果是, 烤熟面包要快得多.

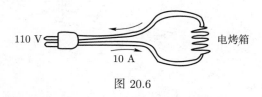

110 V   10 A   电烤箱

图 20.6

§20.2 磁力

"就本文中所讨论的这些问题所做的第一批实验, 与我在去年冬天讲的关于电、伽伐尼电流和磁的课程有关." [1]

在 1819—1820 年的冬天, 人们把作用于静止电荷之间的力 (库仑定律) 称为电. 把电荷运动时 (即有电流时) 所观察到的那些现象归属于伽伐尼电流, 而把与地球磁场中的罗盘指针、磁铁等这样一些神秘的物体有关的现象归结为磁. 这三种形式的现象被认为是互相独立的; 虽然许多人已经感觉到, 它们之间应当存在有某种联系, 但是谁也未能发现这种联系. 就在这个冬天, 奥斯特做了一个实验, 他将伽伐尼电流通过一根导线, 与导线平行安放一个不大的磁针, 结果他发现 (图 20.7):

"在这种情况下, 指针改变了自己的状态. 位于靠近伽伐尼装置[①] 负端的那一部分连接导线附近的指针的磁极, 偏向了西方" [2].

我们看到, 作用于带电粒子之间的力是纯牛顿力. 库仑力不仅遵守第三运动定律, 并且在形式上也与引力一致. 如果科学的进展就停留在研究库仑力上, 那么只要在研究引力的过程中加上一个注解, 说明在有些情况下, 在所谓的**带电粒子**之间作用着一种类似的力就行了. 这些力的量值与引力不同. 此

---

① 指利用化学反应来产生电势差的装置, 例如电池.

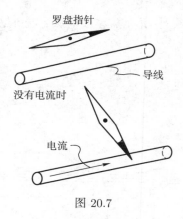

图 20.7

外, 带电粒子间除了有吸力以外, 还可能有斥力, 而在其他方面这些力与引力并没有区别. 但是科学的发展并没有到此结束. 在对电力作进一步的研究过程中, 发现了各种各样细微的效应, 使我们不得不扩大牛顿系统的适用范围, 并且最终还超出了它的范畴.

　　奥斯特的发现, 宣告了在这一领域里新的、积极的研究工作的开始; 在此后的十年中, 安培和法拉第详尽地研究了电流间的磁相互作用理论. 奥斯特不仅成功地确定了运动电荷 (或电流) 对磁针的作用, 并且还发现了这种效应的令人惊异的性质: 磁针的指向总是垂直于电流的运动方向 (图 20.8). 此外, 在垂直于导线的平面中, 磁针的方向形成一个闭合的圆周. 可以用最普通的一个实验来演示这一点. 在阴雨绵绵的日子里, 孩子们常常喜欢玩这种实验. 倘若我们在一张纸上撒上细小的铁屑 (每一个这样的细屑的行为都像一个小磁针), 它们将直观地显示出各种电流系统的磁场的结构 (照片 20.1).

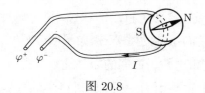

图 20.8

　　这个发现的最令人惊异的特点是, 静止电荷对磁针竟没有任何作用. 这可能也是未能更早地作出这一发现的原因之一. 为了产生奥斯特所发现的效应, 必须使电荷处于运动状态. 就这样, 我们第一次遇到了这样的一种力, 这种力

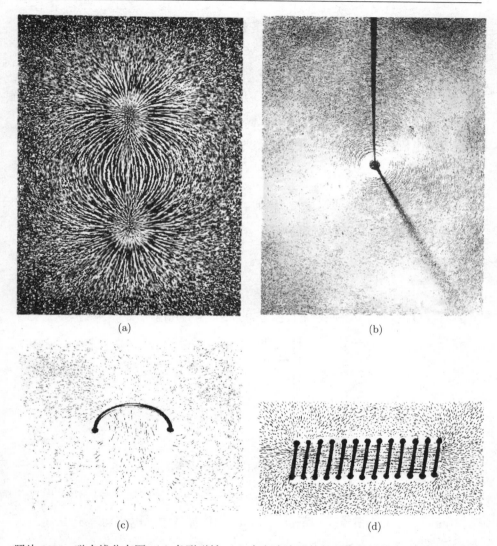

照片 20.1　磁力线分布图: (a) 条形磁铁; (b) 有电流流通的长而直的导线; (c) 有电流流通的线圈 [3]; (d) 有电流流通的螺旋线包 [4]

与产生它的物体的运动有关.

　　经过了不到一年的时间 (1820 年 10 月 2 日), 安培在《化学和物理学年报》期刊上发表了一篇论文. 他查明, 两根有电流通过的导线会互相作用. 他发现, 如果两根导线中的电流方向一致, 则它们互相吸引; 而如果两根导线中的电流方向相反, 则它们互相排斥. 原来这些力与电力有本质上的区别, 因为它们与导体中未抵消的电荷的多少无关. 假设有一根很长的通电的导线, 与它相平行放置着第二根导线 (如图 20.9 所示), 如果第二根导线中的电流方向与第一根导线中的电流方向一致, 则第一根导线将吸引第二根导线; 如果电流方向相反, 那么第一根导线将推斥第二根导线. 作用力的大小与导线间的距离、导线中的电流以及和第二根导线的长度有关; 在 CGS 制中这个力的表达式为

$$F = \frac{2}{c^2} \frac{I_1 I_2 l}{r} \text{ (量值)} \tag{20.9}$$

这里 I_1 —— 第一根导线中的电流, I_2 —— 第二根导线中的电流, l —— 第二根导线的长度, r —— 导线间的距离. 式 (20.9) 的分母中的字母 c 代表一个常数:

$$c = 2.997 \cdots \times 10^{10} \text{ cm/s} \tag{20.10}$$

它具有速度的量纲, 现在我们知道, 它的大小等于光速[①].

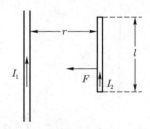

图 20.9 电流为 I_1 的长导线吸引另一根长度为 l、电流为 I_2 的导线

为了对作用于两根导线之间的力的大小有个概念, 我们假设, 第二根导线长 1 cm, 它与第一根导线相距也是 1 cm, 两根导线中的电流均等于 10 A. (为

[①]"为什么在分母项中包含有光速?" 当学习光的电磁理论时我们将回答这个问题. (以后我们将看到, 这不是唯一的包含有光速的表达式, 光速也在许多描述电磁现象的方程式中出现.) 当第一次得出这个关系式时, 式中并不包含光速. 仅仅是根据对两根导线中的电流和它们之间的距离的测量结果得出, 力的大小应当满足关系式

$$F = 常数 \times \frac{I_1 I_2 F}{r}$$

这个常数的数值与所选用的单位制有关. 在 CGS 制 (在导出这个关系式时并没有用它) 中, 它的数值约等于

$$\frac{2}{9 \times 10^{20}} \cdot \frac{\text{s}^2}{\text{cm}^2}$$

过了很久以后, 正如我们所看到的, 人们才把这个数值等同于 2/(光速)^2.

了将安培换算成 CGS 制单位, 我们利用表 20.1. 10 A = 10 × 2.998 × 10⁹ CGS 制单位. 即等于 c 个静安培.) 将这些量代入式 (20.9), 得到

$$F = \frac{2 \times c \times c \times 1}{c^2 \times 1} = 2 \text{ dyn} \tag{20.11}$$

2 dyn 的力不算很大 (约千分之二克物体的重力), 但很容易测量出. 为了作个比较, 我们指出, 在一根直径为 0.1 cm 的导线中, 每 10^6 个原子中只有一个未抵消的电子, 此时在每厘米导线上作用的力为 10^8 dyn (约 0.1 t 物体的重力).

表 20.1

物理量	CGS 制	MKS 制	换算关系
电势差	静伏特 $\left(\dfrac{\text{静电单位电量}}{\text{cm}}\right)$	V	$1 \text{ V} = \dfrac{1}{299.8}$ 静伏特
电流	静安培 $\left(\dfrac{\text{静电单位电量}}{\text{s}}\right)$	A	$1 \text{ A} = 2.998 \times 10^9$ 静安培
磁场*	Gs	T	$1 \text{ T} = 10^4 \text{ Gs}$

* 本书作者在这里用 Gs (高斯, CGS 制) 和 T (特斯拉, MKS 制) 来表示磁场. 但严格说来, 它们是磁感应强度 B 的单位. 磁场强度 H 的单位应当是 Oe (奥斯特, CGS 制) 和 A/m (安培/米, MKS 制). ——译者注

我们大概能够设想, 电流对运动电荷施加有一个作用力. 事实正是如此. 作用于导线的力实际上是施加于 (形成电流的) 运动电荷上的. 这个力作为作用于导线上的力而显示出来. 利用电子枪可以很直观地演示这一点: 通电导线有一个力作用于带电粒子束 (电子)(图 20.10). 用肉眼就可以看到, 在沿导线流通的电流引起的力的作用下, 电子束会发生偏离.

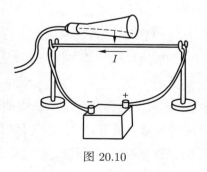

图 20.10

　　这个力具有相当复杂的和不平常的性质. 我们来考察一根载流导线 (图 20.11). 如果电子顺着电流的方向运动 (a), 力将把它推离导线; 而如果电子逆着电流的方向运动 (b), 力将把它往导线方向吸引. 如果电子的运动方向相对于导线来说是任意的, 那么作用力总归是要改变电子的运动方向; 但是, 在任何情况下, 作用力都垂直于电子的速度 (图 20.12); 而力的大小正比于电子的速度并反比于导线与电子间的距离.

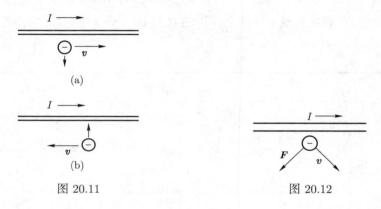

图 20.11　　　　　　　　　　　　　图 20.12

　　因此, 这个作用力不仅与电子的位置有关, 还与它的运动速度和方向有关. 这种力的性质要比我们以前讨论过的那些力的性质复杂得多. 为了对它作进一步的研究, 引入磁场的概念是比较方便的.

§20.3　作用于运动电荷的力

　　我们用 B 来表示磁场, 它与电场 E 一样, 也是一个矢量, 它在空间的每个点都是确定的. 如果电场是确定的, 那么总是可以求出它对空间任意一点的电荷的作用力的大小和方向, 只要将该点的电场乘以位于该点的电荷的量值就可以了. 引入磁 (尽管它的性质要稍复杂一些) 也是为了这一目的. 原来, 可以引入一个统一的磁场矢量来代替一个由电流、运动电荷等组成的复杂系统 (这个系统中的每一个电流或运动电荷都与该系统中的任何别的电流或运动电荷相作用). 利用这个磁场矢量就足以确定作用于任何一个电流或运动电荷的力. 在这里我们假定, 一根载流导线所引起的力可以与由另一根导线引起的力进行矢量相加, 并且与电力和引力的情况一样, 合力就等于这两个力之和.
最终可以通过电场和磁场来表示施加于运动电荷的合力.

这可以用下述方式实现. 首先我们来考察一个电荷 q, 并假定它是静止的.
从静电学得知, 作用于它的力可以通过电场来表示:

$$\boldsymbol{F} = q\boldsymbol{E} \tag{20.12}$$

这个式子的含义是, 作用于带电粒子的力的大小等于该电荷值乘以电场值, 方
向是沿着电场的方向. 如果电荷是静止的, 那么在它附近有没有载流导线都
无所谓, 因为奥斯特和安培所做的实验以及我们的全部观察结果都表明, 电流
和磁铁对静止电荷不产生任何作用.

现在我们假设, 带电粒子开始运动了. 如果在它近旁有电流流过或者放有
磁铁, 那么我们就会发现, 施加于电荷的力已不再等于电荷与电场的乘积; 此
外, 电荷运动得愈快, 作用于它的力与作用于静止电荷的力之间的差别也愈显
著. 现在我们引入一个假设: 还有一个附加的力作用于带电粒子, 这个力是磁
铁和电流的存在而引起的, 它正比于带电粒子的速度 (图 20.13). 这个力与电
力之和给出总的合力; 它可以写成下列形式:

$$\boldsymbol{F} = q\boldsymbol{E} + \frac{q}{c}[\boldsymbol{v} \times \boldsymbol{B}] \ (洛伦兹力) \tag{20.13}$$

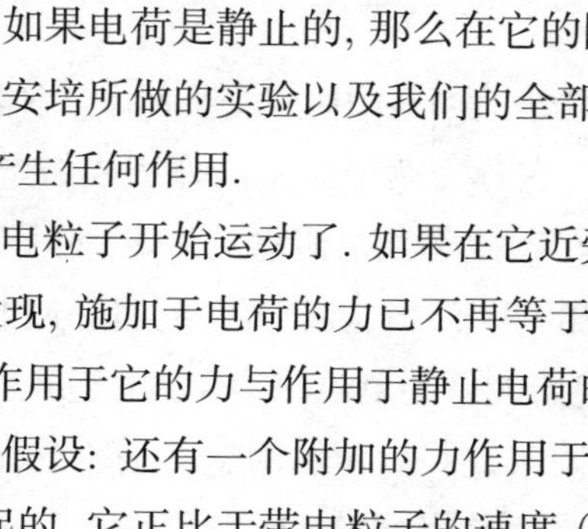

图 20.13

在空间某一点上, 作用于运动电荷的总的力等于由电场产生的力加上另
一个力, 这个力取决于电流和磁铁的存在, 并完全可以用该点的磁场来描述.
磁力正比于粒子的电荷和速度, 而它的方向与运动方向和磁场方向间的依赖
关系相当复杂. 我们再一次惊异地发现, 在洛伦兹力的表达式中又出现了光
速. 磁场常常用 CGS 制的单位来度量, 它叫做 Gs (高斯, 1 Gs~1 静电单位

电量/cm²)①; 在 MKS 制中磁场的单位是 T (特斯拉). 这两个单位之间的关系为:

$$10^4 \text{ Gs} = 1 \text{ T} \tag{20.14}$$

如果速度用 cm/s, 电量用静电单位, 磁场用 Gs, 而电场用静电单位电量/cm²表示, 那么电场和磁场作用于运动电荷的总的力 (洛伦兹力) 用 dyn 量度. 在包含电流和磁场的表达式中, 电流应当用静安培 (CGS 制的电流单位) 来表示.

表达式 (20.13) 中方括号 [ ] 中的式子表示一种新的乘积, 即两个矢量的乘积 (参阅附录 6.2). 它称为两个矢量的外积或矢量积. 根据定义, 这种相乘的结果也是一个矢量, 因此必须指明它的量值、符号和方向. 这个矢量垂直于由两个起始矢量组成的平面. 当这两个起始矢量互相垂直时, 它的量值以最简单的方式通过两个起始矢量的量值来表示. 由于我们只对这种最简单的情况感兴趣, 我们也就只限于这一简化了的定义 (图 20.14): $[v \times B]$ 是一个矢量, 它垂直于 v 和 B, 它的量值等于 vB.

$v \times B = vB$(量值,方向垂直向上)

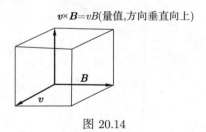

图 20.14

我们商定, 当右旋螺纹的螺钉从 v 向 B 旋转时, 螺钉的运动方向就代表这个矢量的方向, 如图 20.15 所示 (参阅本书附录 6.2).

上面所讲的一切可以归纳如下. 对于空间的每一点都可以确定电场 E 和磁场 B, 而作用于运动电荷的力可以用洛伦兹公式来表达. 电磁力的性质要

---

① 利用式 (20.13) 可以找出电场与磁场的量纲之间的关系:

$$q E \sim \frac{q}{c} [v \times B]$$

由此可知, E 和 B 的量纲相同 (在 CGS 制中为静电单位电量/cm²).

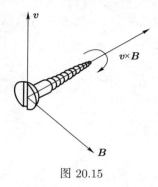

图 20.15

比以前所讨论过的力复杂得多, 因为这个力的大小和方向不仅与粒子的位置有关, 还与粒子的速度有关. 但是, 从动力学的观点看来, 只要知道了作用于粒子的力就可以求出它的加速度, 所以可以作出这样的结论: 为了描述带电粒子的运动, 只要知道 E 和 B 就可以了.

§20.4 磁场

从洛伦兹公式可知, 为了确定作用于带电粒子的力, 必须知道空间所有各点的电场和磁场. 在静电学中, 根据给定的电荷分布就可以确定电场. 但是除了最简单的一些情况以外, 要根据给定的电荷分布实际求出电场, 往往需要进行极为繁杂的计算; 我们仅仅讨论了一些最简单的计算规则. 但是, 所有这些计算的原理并不复杂: 都是利用库仑定律确定系统中每一个电荷所引起的力和电场. 静磁学是要确定由给定的磁铁或电流所产生的磁场. 安培定律就是一个基本的关系式, 它相当于静电学中的库仑定律. 安培定律给出了电流的分布与磁场间的关系.

现在我们对不太大的电流元的情况写出这个关系式 (毕奥–萨伐尔定律). 若有一段不太长的导线, 长度为 l, 流过的电流为 I, 则它的磁场由下式确定:

$$\boldsymbol{B} = \frac{l[\boldsymbol{I} \times \boldsymbol{r}]}{cr^3} \text{ (CGS 制)} \tag{20.15}$$

这里的 $l, \boldsymbol{r}, \boldsymbol{I}$ 示于图 20.16. 在这个公式中, 磁场矢量用两个矢量的乘积来表示, 它既垂直于电流元, 也垂直于连结这一电流元与需要确定磁场的空间点的直线. 上面所写的关系式相当复杂. 确定磁场时应当考虑到电流元的方向. 如果导体由许多电流元组成, 那么在某一点的总磁场将等于每个电流元所激励的磁场之和.

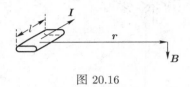

图 20.16

在静电学中我们根据给定的电荷分布, 利用库仑定律来计算电场. 与此类似, 在静磁学中, 我们利用毕奥–萨伐尔定律或者别的与它等价的关系式来计算任何电流系统的磁场. 基本的计算方法仍与以前一样, 但是, 将毕奥–萨伐尔定律直接应用于电流系统却是件很复杂的事情. 下面我们将写出少数简单而常见的电流系统的磁场. 相对来说, 要获得磁场的某些定性性质, 例如它们的方向, 比较简单; 但是要算出磁场的确切数值却相当复杂, 因此, 我们不准备涉及这些数值的计算方法.

最简单的电流系统就是沿一根无限长的直导线流动的电流. 在一个长导线中心点附近的磁场与无限长导线的磁场相差无几. 将一张纸放在一根长的载流导线附近, 在纸上撒上铁屑, 就可以用来研究这一磁场的形状. 原来, 磁场的方向是沿着垂直于导线的平面上的圆周[①]. 距离导线 r 处的磁场值等于 (图 20.17)

$$B = \frac{2}{c}\frac{I}{r} \tag{20.16}$$

式中 I——导线的电流, c——光速, r——导线到需要测定磁场的点的距离. 如果我们顺着导线看去, 而电流方向是离开我们的, 那么磁场的图像看起来像图 20.18 所示的样子. 磁场的方向垂直于电流以及连接电流元和所考察的点的直线. 显然, 除了圆周以外我们不可能获得别的什么图像, 因为圆周是唯一的、始终垂直于半径的曲线.

利用所得到的关系式, 可以求出作用于处于磁场中的载流导线的力. 一根

[①] 根据前面引入的规则, 当右旋螺钉沿电流方向旋转时, 这个磁场的方向相应于螺钉的旋转方向.

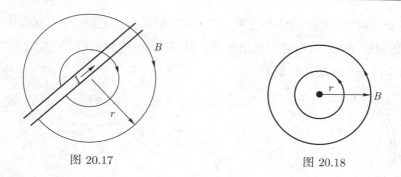

图 20.17

图 20.18

很长的载流导线, 它所激励的磁场的大小由式

$$B = \frac{2}{r}\frac{I_1}{c} \ (量值) \tag{20.17}$$

决定. 但由安培定律可知, 这样的导线作用于另一根长 l_2, 与它相距为 r 的导线上的力等于 (图 20.19)

$$F = \frac{2I_1 I_2 l_2}{c^2 r} = \frac{2I_1}{rc} \cdot \frac{I_2 l_2}{c} \tag{20.18}$$

因而, 这个力就等于长导线的磁场乘以量 $I_2 l_2 / c$, 即

$$F = B\frac{I_2 l_2}{c} \ (量值) \tag{20.19}$$

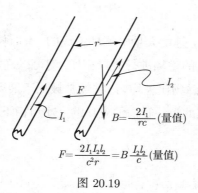

$$B = \frac{2I_1}{rc}(量值)$$

$$F = \frac{2I_1 I_2 l_2}{c^2 r} = B\frac{I_2 l_2}{c}(量值)$$

图 20.19

照片 20.1 表示出一个环形 (如图 20.20 所示) 电流的磁场. 如果我们把磁场看成是由两个单独的半圆形环激励的, 并把每个半圆形环看成是直线形长导线的一部分 (图 20.21), 那么就不难理解所获得的这一图像. 在圆环的中央,

两个磁场都向上; 而在圆环的边缘, 则它们互相抵消 (叠加原理不仅适用于电场, 也适用于磁场, 因为它们都是矢量). 其结果是, 中央的磁场 "变直" 了, 总的图像为图 20.22 所示的形状.

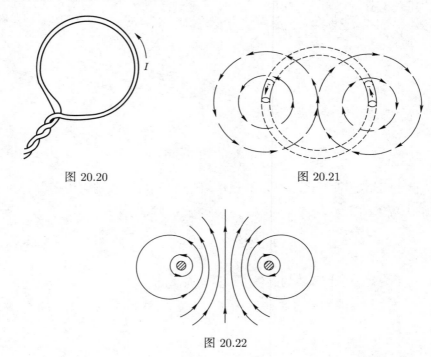

图 20.20

图 20.21

图 20.22

螺线管 (图 20.23) 是由大量电流环组成的, 有时候这些环是绕在圆管上的. 把每一个环所激励的磁场进行矢量相加, 就可以确定螺线管中的磁场 (图 20.24). 在螺线管内的磁场比较均匀, 它经常被用于需要有稳定和可控的磁场的实验中. 一个无限长的螺线管内的磁场的大小可由下式确定:

$$B = \frac{4\pi I N}{c} \tag{20.20}$$

式中 I——电流 (CGS 制单位), N——每厘米长度上的匝数, c——光速. 一个长 10 cm, 直径为 2 cm 的螺线管, 它内部的磁场与一个无限长的螺线管内的磁场仅相差 2%. 如果线圈的长度增加到 50 cm, 差异将小于 1%.

图 20.23

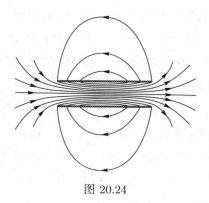

图 20.24

§20.5 几个结论

我们对以上所讲的内容作个小结. 我们看到, 确实有电荷存在, 并且这些电荷互相作用. 作用力不仅与电荷的位置有关, 而且 (诚然是以更复杂的形式) 依赖于它们的相对运动. 为了便于计算这个力, 我们引入了两个辅助概念, 即电场和磁场. 我们还假定, 只要知道了电荷的分布情况, 就可以求出电场; 而如果知道了电流的分布情况, 就可以求出磁场. 作用于任何一个带电粒子的力由表达式

$$\boldsymbol{F} = q\boldsymbol{E} + \frac{q}{c}[\boldsymbol{V} \times \boldsymbol{B}] \tag{20.21}$$

决定. 与我们以前讲过的那些牛顿力相比, 洛伦兹力有着较为复杂的结构, 因为它不仅与粒子的位置有关, 还与它的速度有关. 尽管如此, 我们前面所讨论的一切仍然是牛顿性质的. 发现有力作用于带电粒子所使用的方法最能说明这一点. 我们根据下述现象发现有电力存在: 用适当的方法摩擦过的细小物体能向也用相应的方法摩擦过的另一物体移动. 我们看到了运动, 并由此得出结论: 有力作用于物体.

当库仑测量两个带电粒子间的作用力时, 他利用了物体的重量, 让一个大小已知的机械力去平衡电力的作用. 然后他又利用了惯性定律: 物体作匀速运动或者处于静止状态时, 施加于物体的合力等于零. 显然, 电力也像机械力一样, 是一种力, 并可以将它与其他机械力进行矢量相加.

然后又认定, 施加于物体的合力由电磁力和机械力合成, 它等于物体的质量和它的加速度的乘积. 由于我们认定, 在我们的理论中按惯性作匀速运动是一种自然运动, 我们才能将电力归入普通力的范畴. 力对于速度的依赖关系是它的次要的特性. 因为, 当我们在有其他带电体或电流存在的情况下考察带电体的运动时, 我们总是根据求出的电场和磁场, 预先求出洛伦兹力的大小, 并利用牛顿第二运动定律, 力图最终计算出这些带电体的轨迹. 对于带电粒子行星系, 和带电粒子在均匀电场中的运动情况, 我们在前面已经做过这种计算.

下面我们来讨论带电粒子在均匀磁场中的运动. 这种计算不仅本身有意义, 并且可以作为如何与这样的力打交道的实例, 这种力与速度有关, 它的大小和方向取决于粒子的速度和磁场.

§20.6 带电粒子在均匀磁场中的运动

现在我们来研究带电粒子在均匀磁场中的运动. 设粒子的质量为 m, 带有正电荷 q, 对于所谓的均匀磁场我们这样来理解: 粒子在其中运动的整个体积内, 磁场的大小和方向都是常量. 我们在这里引入了一个不很明显的简化. 我们对于需要什么样的电流分布才能产生所需要的磁场分布并不关心. (在螺线管内可以获得实际上是均匀的磁场.) 我们只是假定, 我们能够利用某种电流系统来建立这样的磁场. 这也是引入场的概念时所做的简化条件之一. 这样做的结果是, 一切计算都可以明确地分成两步.

第一步, 根据给定的电流分布计算出磁场.

第二步, 从给定的磁场分布出发计算出力, 然后计算出粒子的运动. 我们假定, 我们用某种方法得以在空间的某一区域建立一个均匀磁场. 其次我们还假定, 在这一区域中没有电场 (附近没有未抵消电荷). 这时, 带电粒子在这个

均匀磁场中所承受的力由洛伦兹公式中的第二项确定:

$$\boldsymbol{F} = \frac{q}{c}[\boldsymbol{v} \times \boldsymbol{B}] \qquad (20.22)$$

当 $\boldsymbol{v}$ 不垂直于 $\boldsymbol{B}$ 时, 矢量 $[\boldsymbol{v} \times \boldsymbol{B}]$ 的量值等于 $vB\sin\theta$, 这里 θ——矢量 $\boldsymbol{v}$ 和 $\boldsymbol{B}$ 的夹角 (图 20.25).

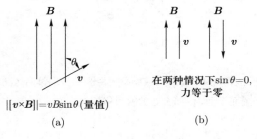

$$\|[\boldsymbol{v} \times \boldsymbol{B}]\| = vB\sin\theta\,(\text{量值})$$

(a)

在两种情况下 $\sin\theta = 0$, 力等于零

(b)

图 20.25

如果粒子的速度与磁场间的夹角的正弦等于零, 洛伦兹力就能等于零. 这发生在当粒子平行于或反向平行于磁场方向运动时 (图 20.25b). 如果速度和磁场已经给定, 那么当 $\sin\theta = 1$ 时, 也就是 $\boldsymbol{v}$ 垂直于 $\boldsymbol{B}$ 时 (如图 20.26 所示), 力取最大值, 此时

$$F_{\text{最大}} = \frac{q}{c}vB \ (\text{量值}) \qquad (20.23)$$

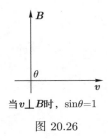

当 $\boldsymbol{v} \perp \boldsymbol{B}$ 时, $\sin\theta = 1$

图 20.26

我们来研究一个特殊情况: 带电粒子的运动方向垂直于磁场方向 (图 20.27). 这对说明问题的实质毫无影响, 但是全部计算却简化了. 在此情况下, 作用于

磁场中运动的带正电的粒子的力[①] 等于

$$F = \frac{q}{c} vB \tag{20.24}$$

而力的方向始终垂直于速度, 如图 20.27 所示. 不需要作任何计算, 我们立刻就能够对这个力对带电粒子的作用, 作出某些定性的结论.

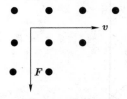

图 20.27　在三维空间的情况下, 如果把磁场画成由画面指向读者 (点表示磁力线向外), 而速度和力的矢量位于画面平面内, 那么图像就显得比较直观

　　我们曾经重复多次, 力始终是垂直于速度的, 甚至在速度方向是连续变化的情况下也是如此. 我们首先来讨论一下, 由这个论断可以得出什么样的推论. 从功的定义可知, 这种力不对粒子作功, 所以粒子的动能不变. 因此我们可以得出结论, 如果没有其他力的作用, 在磁场中运动的粒子的速度不变. 这是令人惊异的. 但这是事实! 尽管如此, 力是在起作用, 它使物体加速. 这个加速度只改变带电粒子的运动方向, 但不改变它的速度大小. 在这种情况下, 带电粒子将沿圆周运动. 我们知道, 当粒子沿圆周运动时, 它的加速度的表示式特别简单: $a = v^2/R$. 结果我们得到

$$\boldsymbol{F} = m\boldsymbol{a}$$
$$F = \frac{q}{c} vB \text{ (量值)} \tag{20.25}$$
$$a = \frac{v^2}{R} \text{ (量值)}$$

由此可得,

$$\frac{q}{c} vB = m \frac{v^2}{R} \tag{20.26}$$

[①] 如果粒子是带负电的, 那么力的大小不变, 但它的方向变成相反的.

或

$$mv = \frac{q}{c}BR \tag{20.27}$$

从这里可以看出, 只要知道了磁场的大小 (它可以根据产生磁场的外电流的分布计算求得, 也可以利用各种仪器测量出, 而且一般来说, 为了确定磁场, 这两种方法都采用), 入射粒子的速度和电荷, 以及它的轨道的半径, 就可以确定粒子的质量.

例 一个粒子在 $B = 10 \text{ Gs}$ 的均匀磁场中, 沿半径 $R = 5.65 \text{ cm}$ 的圆周运动. 运动的速度为 $v = 10^9 \text{ cm/s}$ (图 20.28). 试问, 粒子的电荷和质量之比 q/m 等于多少?

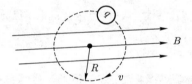

图 20.28 这是正电荷还是负电荷

从式 (20.27) 有

$$\frac{q}{m} = \frac{cv}{BR} = \frac{3 \times 10^{10} \times 10^9}{10 \times 5.65} \text{ 静电单位电量/g}$$
$$= 5.3 \times 10^{17} \text{ 静电单位电量/g} \tag{20.28}$$

这个数字有一定的意义, 它代表电子的电荷与质量之比 (以后我们将看到, 是约瑟夫·约翰·汤姆孙首先确定了这一比值).

照片 20.2 示出了在磁场中运动的带电粒子的轨迹. 当带电粒子通过液氢时, 在液氢中产生的气泡形成看得见的踪迹. 如果粒子所带电荷的符号变了, 其余的一切都不变, 那么粒子只是往另一个方向 "弯曲", 因为力的方向也变了. 在研究基本粒子时, 在利用气泡室或威尔逊云室拍摄的照片 (照片 20.3 和照片 20.4) 上经常可以看到这样的轨道 (径迹).

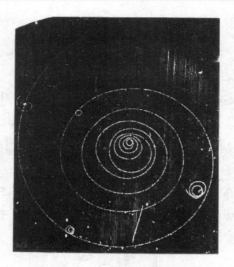

照片 20.2　液氢气泡室中的电子径迹

　　因为有磁场存在 (磁场的方向由画面指向读者), 所以电子径迹呈螺旋形, 径迹的曲率半径逐渐缩小, 这是因为电子在液氢中逐渐减速 (为什么?)

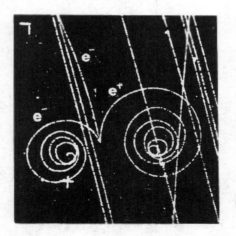

照片 20.3　当有磁场存在时 (磁场的方向由画面指向读者), 电子的径迹呈螺旋形

　　由于某个过程的结果产生了两个电子和一个正电子 (正电子与电子的区别仅在于电荷的符号相反). 带电粒子通过气泡室时形成的气泡显示出粒子的径迹. 电子 e^- 本来是自右向左运动的, 但由于磁场的作用, 径迹变成圆弧形; 又因为电子与液体原子碰撞, 电子逐渐减速, 圆形径迹的半径也逐渐缩小, 变成螺旋形的. 正电子 e^+ 本来是自左向右运动的, 由于它带正电, 所以它的轨道朝相反的方向弯曲. 因为图中心的那个电子的初速很大, 所以电子径迹的曲率半径也很大

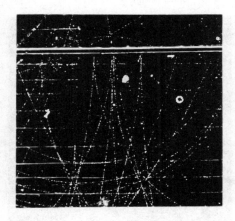

照片 20.4 三对电子–正电子偶在威尔逊云室中的径迹

三个 γ 量子从上面射入, 在铅板内部变成三对电子–正电子偶. 螺旋形的径迹对应于低能量的光电子 (它们是 γ 射线从铅的表面轰击出来的)

§20.7 磁铁

吉尔伯特写道:

"由于学者们经常提到磁铁和琥珀, 它们变得很出名. 有些哲学家在解释许多奥秘时, 会产生错觉或不能找到合理的解释, 这时, 他们就求助于磁铁, 甚至琥珀. 求知欲很强的神学家们也用磁铁和琥珀来解释人类感觉之外的上帝的奥秘, …… 并把它们作为自己学说中的阿波罗神之剑来使用 ……" [5].

既然谈到了磁力, 难道我们就不能揭开磁铁的奥秘? 一块磁化了的金属或者罗盘的指针所产生的磁场图像与一小块磁铁所产生的磁场图像一样 (利用铁屑可以观察到这种图像, 见照片 20.5).

安培首先提出, 永久磁铁的磁场是由电流引起的, 虽然这些电流是看不见的, 但它们在磁化物体内部不断流动, 并激励出类似于螺线管所产生的那种磁场 (图 20.29). 因此, 在安培看来, 磁铁和罗盘指针的行为是一种远距离作用, 只要我们手中拿着一块磁铁, 我们就可以觉察到这种作用, 它取决于两股电流间的相互作用, 即安培在自己的实验室中所观察到的那种相互作用. 现代科学

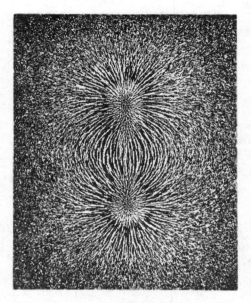

照片 20.5　条形磁铁的磁力线分布图 [3]

也认为永久磁铁① 的磁场是由在金属内部流动的电流引起的. 这些电流可能是原子型的或者是分子型的 (例如电子沿原子核的轨道的运动所引起的), 但它们终究还是一些电流.

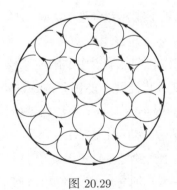

图 20.29

在图 20.30 中将螺线管产生的磁场与磁化了的金属棒的磁场作了比较.

_____

① 有些材料 (例如铁合金、钢, 以及铝、镍和钴的合金 – 铝镍钴合金) 放入磁场后就能够磁化. 用这些材料制作的指针 (事先并未磁化的) 可以用来发现某个物体中的磁场, 因为如果有磁场存在, 指针就会磁化.

磁铁的南、北极的位置如图所示. 因此, 如果认为, 地球的磁场是由沿地核的螺线管表面流动的电流产生的, 那么电流的流动方向应当如图 20.31 所示. 我们看到, 地磁的**南极**处于北极地带 (在北方), 因为它应当吸引罗盘指针的北极 (指示端).

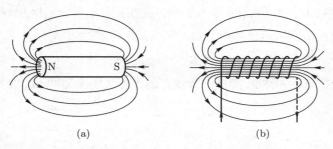

图 20.30 两种情况下的磁力线分布图: (a) 磁化了的金属棒; (b) 螺线管 [6]

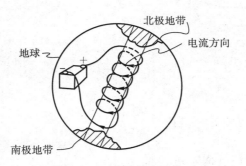

图 20.31 地球是个磁体

如果有所谓**磁荷**存在的话, 它们应当互相吸引或排斥, 相互作用力的大小由下式决定:

$$F = 常数 \times \frac{M_1 M_2}{R^2} \ (量值) \tag{20.29}$$

这个表达式与库仑力和引力的表达式相似, 但是要记住, 这里的 M_1 和 M_2 不是引力质量或者惯性质量, 它们表示的是磁量 (也可以把它们称作磁质量). 如果我们确认磁场是由电流产生的, 我们就不能再使用这种简便的类比. 但是, 问题在于, 至今还没有任何人观察到磁荷. 关于是否存在磁荷, 还是个有争议的问题 (当然, 如果发现了磁荷, 人们就会适应它). 但是事实终究是事实 ——

与电荷的情况相反, 谁也还没有观察到**磁荷**. 我们观察到了磁场, 而磁场的存在始终可以用有电流存在来解释. 已经不止一次地试图假设有磁荷存在, 并尝试发现它们的踪迹, 但这些尝试都没有成功, 尽管如果存在这种磁荷, 将能使电磁方程成为对称的.

　　结果, 我们看到, 磁力线与电力线的特性有着本质上的区别. 如果仔细地观察一下我们前面所给出的电力线的图像, 就能发现, 电力线总是从正电荷开始而终止于负电荷 (图 20.32). 而磁力线则必须是连续的, 因为不存在它可以开始及终止的磁荷. 例如, 典型的螺线管的磁力线图像如图 20.33 所示.

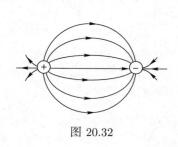

图 20.32

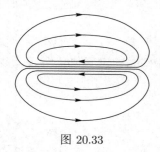

图 20.33

参考文献

[1]　引自 *Magie W. F.*, 参阅第 16 章 [2], p. 437.

[2]　同上, p. 438.

[3]　Physical Science Study · · · , 参阅第 2 章 [8].

[4]　*Kronig R.*, ed., Textbook of Physics, Pergamon Press, New York, 1959.

[5]　引自 *Magie W. F.*, 参阅第 20 章 [1] p. 390.

[6]　*Orear J.*, Fundamental Physics, Wiley, New York, 1961.

思考题

1. 若电子束中的所有电子都朝一个方向运动. 求质量流与电流之比.

2. 试证明, 若导线两端的电势差给定, 则电流较大意味着导线的电阻较小.

3. 利用对于通电导线间作用力的安培定律, 试说明, 为什么两个相距 R、朝着同一个方向运动的电子间的作用力, 比相距为 R、但朝着相反方向运动的两个电子间的作用力要大.

4. 磁场对运动的荷电粒子所作的功等于什么?

5. 电子在均匀磁场的作用下, 沿圆形轨道运动. 磁场方向沿着电子轨道平面的法线. 如果再加进一个与磁场方向垂直的均匀电场, 那么电子的轨迹将是什么样子? 分析三种情况: a) 电场很弱, b) 中等, c) 很强.

6. 如果把通电的导体放到与电流方向垂直的磁场中, 则在导体中会产生既垂直于磁场, 又垂直于电流的电势差 (霍尔效应). 试解释这一现象.

7. 地球的地理极点与磁极点是否一致? 试解释, 为什么它们不一致.

*8. 试证明, 在 cm·g·s 单位制中, 电场与磁场的量纲相同, 都是 $(g/cm \cdot s^2)^{1/2}$.

9. 如果认为磁性是由物质内部的微小环形电流的作用而产生的, 那么能否把磁北极与南极分离开?

*10. 两个运动着的荷电粒子间的作用力, 是否遵守牛顿第三定律?

习题

1. 两根很长的平行导线, 相距 10 cm. 如果这两根导线中的电流一样大 (1 A), 且流向一样, 那么, 这两根导线 (单位长度) 之间的相互引力有多大?

2. 若在习题 1 中电流的方向相反. 试问, 导线间单位长度上的作用力的大小与方向如何?

3. 电灯泡的电阻为 3.6 Ω, 接到 12 V 的电池上. 流过电灯泡的电流等于多少?

**4. 为了建立电流的微观模型, 可以分析一下一根长为 l、截面积为 A 的均匀导线, 线的两端保持电势差 V. 可以认为, 在导线的单位体积内含有 n_0 个自由电子, 每个电子的电荷为 e 而质量为 m. 因为导体中含有杂质, 因而电子与杂质原子会发生碰撞. 以 τ 表示两次碰撞之间的平均时间. 为了简单起见, 我们假定在碰撞以后电子的速度变为零. 那么电子的平均速度 (漂移速度)

$$v_漂 = (电子的加速度) \times (碰撞间隔时间)$$

a) 试证明,

$$v_漂 = \frac{e}{m} \frac{V\tau}{l}$$

b) 试证明, 导线中的电流遵守下列形式的欧姆定律

$$I = \frac{e^2 n_0 \tau A}{ml}$$

即导线的电阻

$$R = \frac{ml}{e^2 n_0 \tau A}$$

c) 试分析一下电阻 R 与导线长度 l 及截面积 A 的依赖关系.

d) 试证明, 单位时间内势能的减少等于 IV, 而放出的热量 (焦耳热) 为 $I^2 R$ (如果认为全部能量都变成热).

5. 在普通金属中, 每立方厘米中约有电子 10^{22} 个. 1 A 的电流沿直径为 0.1 cm、长度为 1 m 的金属导线流动. 试问:

a) 电子的漂移速度约为多大?

b) 电子由导体的一端移到另一端需要多少时间?

c) 试说明, 尽管电子由导体的一段漂移到另一段需要相当长的时间, 为什么房间内的电灯一按开关立即就亮.

6. 质量为 m、电荷为 e 的粒子以速度 v 在垂直于均匀磁场 B 的平面内运动.

a) 试证明, 粒子是沿半径为 mvc/eB 的圆周运动.

b) 试求出粒子沿圆周运动的周期, 并证明其频率等于 $eB/2\pi mc$.

c) 试证明, 粒子运动的速度越大, 其轨道半径也越大, 但沿圆周运动的周期却与粒子的速度及其轨道半径无关.

**7. 质子 (质量为 1.67×10^{-24} g) 在回旋加速器内被加速. 为了把质子加速到具有能量 1 MeV, 问 D 型腔的直径应当有多大? 磁场强度为 1.44×10^4 Gs 的磁极靴的直径至少应当有多大?

**8. 回旋加速器的主要部件是两个空心的 D 型腔, 形成大面积均匀磁场的大型磁铁以及 D 型腔之间产生高频交变电场的振荡器. 两个 D 型腔安置在磁铁极靴的平面之间. 两个 D 型腔的边缘再加上它们之间的空隙一起, 组成一个圆周. 带电粒子从间隙中心被注入, 并朝其中一个 D 型腔的方向运动, 在运动过程中被加速.

a) 试说明, 粒子是如何被加速的. 记住, 粒子的回旋周期与轨道半径无关.

b) 试说明, 电场的振荡频率应为多少?

9. 试计算一根无限长的导线对另一根 10 cm 长的导线的作用力. 它们之间的距离为 2 cm, 导线中的电流皆为 1 A. 电流的方向: a) 相同, b) 相反.

*10. 设电子 (电荷为 4.8×10^{-10} 静电单位) 以 10^8 cm/s 沿直线运动.

a) 这个电子所产生的电流等于多少?

b) 如果离电子轨迹 10 cm 远的地方放置一条长的直导线, 其电流为 50 A. 试问, 它对电子的作用力有多大?

11. 试证明, 10^4 Gs = 1 T.

第 21 章　感应力：电荷和交流电

§21.1　迈克尔·法拉第：电流感应

柯尔拉乌斯曾这样评论过法拉第："他觉察到了真理". 迈克尔·法拉第出身于铁匠家庭, 在装订工厂当过学徒. 由于一个很幸运的机会, 他被汉弗里·戴维[①] 先生所 "发现"; 有人挖苦说, 这是戴维的最大发现. (法拉第在伦敦听过戴维的讲课, 他仔细地做了笔记, 将笔记加以整理之后, 亲手将它装订成书, 随后将书寄给了戴维; 同时, 他附上了一个请求, 希望能允许他到戴维的实验室工作, 戴维曾想劝阻法拉第, 但没有成功, 后来就雇用了他. 科学史上最杰出的人物之一就这样走上了自己的道路.)

曾经当过装订工的法拉第数学知识不太多, 因此他不得不用图画来解释自己的想法, 而这类图画特别激怒数学家们. 但是随着时间的流逝, 法拉第用自己的这些图画竟超过了他同时代的所有的数学家. 他写道："使我感到欣慰的是, 我发现, 实验工作者不必害怕数学, 而可以在发现的过程中成功地与它相竞争." 可以这样来评述法拉第: 当他考察自然现象时, 他的头脑始终是警惕的. 任何现象, 只要在他的实验室里出现一次, 他就能把它记住, 哪怕这些现象是偶然出现的.

到了十九世纪二十年代末, 经过库仑、奥斯特、安培等人的工作, 人们已经确认: 静止电荷会产生电场, 因而, 也就会产生作用于其他静止电荷的力; 运动电荷会产生磁场, 也就是会产生作用于其他运动电荷的力. 但是, 正如法拉第所写的:

"…… 一方面, 各种电流都伴随有相应强度的磁作用, 它的方向与电流

[①] 汉弗里·戴维 (1778—1829), 英国化学家, 曾发现氧化亚氮 (笑气) 的麻醉性. 电化学的创始人之一. ——译者注

的方向成直角; 而另一方面, 若将电的良导体放入有磁作用的环境中, 在导体内竟完全不会引起电流, 也不产生任何可觉察得到的 (等效于这样的电流的) 作用. 这是很不平常的." [1]

法拉第感到, 这里缺乏一种对称性, 这使他感到有点奇怪. 由于电能够产生磁, 所以他期望, 磁也应当能够以某种方式引起电. 他继续写道:

"这些讨论以及作为推论而由此引出的一种希望, 即希望能利用普通的磁性来获取电, 这种想法在不同的时期都提示我去实验研究电流的感应作用. 不久前我取得了一些肯定的结果, ⋯⋯ 在我看来 ⋯⋯ 这些结果在电流的一些最重要的效应中 ⋯⋯ 起着极大的作用." [2]

从电与磁之间的相互联系可以引出许多实际的应用, 它们乃是我们全部现代工业的基础. 为了更好地评价这些应用的意义, 或许应当回忆一下, 在法拉第时代, 仅有的电流源, 要么是依靠摩擦作用的机械电荷积聚器, 要么是各种各样的电池. 要想得到恒定的电流只有一种可用的源 —— 电池. 安培、法拉第和其他人正是利用电池来获取直流电流的. 但是, 那时候的电池, 与其他别的东西一样, 远没有现代电池这样有效. 很明显, 发现一种获取电流的新方法应当具有巨大的实际意义.

开始时, 法拉第试图弄清楚, 在一个导体中的电流能否在近旁的另一个导体中引起电流. 他是这样考虑的: 电流会产生磁场, 此时如果把另一导体放入这个磁场中, 则可能在这一导体中产生电流. 他做了一个筒管, 把两个线圈重叠地绕在一起, 使它们相互挨得很近, 但是用绝缘体 (例如纸) 将它们彼此电隔离. 实验的设想如下: 使电流通过第一个线圈, 同时检查在与第一个线圈绝缘的第二个线圈中有没有电流流过. 例如, 用观察磁针偏转的方法就可以进行这种检查, 磁针应当放在离第一个电流足够远的地方, 使它不至于对指针有可觉察到的作用.

法拉第很失望, 因为他发现, 导线中的电流并不能使近旁的另一根导线产生任何可觉察到的电流. 他将两个线圈中的一个与灵敏的电流计 (记录电流的仪器) 相连接, 而另一个 "与很好地充了电的伽伐尼电池相连接, 电池由 10 对

平板组成, 每块平板的面积为 4 in²[①], 并且铜板是双层的; 但是 —— 法拉第写
道 —— 未能观察到电流计指针的最微小的偏离." [3]

但是, 后来法拉第又用两根各长 203 ft 的铜线紧挨着绕在一个很大的木
头圆筒上, 两根铜线用电介质绝缘 (用细绳包缠住). 法拉第将第一个线圈与充
足了电的电池相连接, 电池由 100 块面积各为 4 in² 的双层铜板组成; 另一个
线圈连接到电流计上. 实验结果使法拉第大为惊奇. 他写道: "当接通电路时,
观察到电流计有突然的、但很微弱的摆动; 将连接电池的电路断开时也有类似
的微弱的效应." [4] 但是当电流稳定之后, 效应就消失了.

电流计原则上可由磁针和一匝或数匝导线组成, 电流可以从导线
流过. 如果在导线中有电流流动, 它就产生一个磁场, 从而使磁针
偏转 (图 21.1). 由于在法拉第的第二个线圈中只有在接通或切断
电路时才有电流流动, 所以法拉第观察到的只是对电流计的 "突然
的、但很微弱的" 作用.

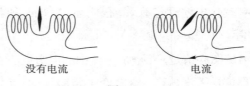

没有电流   电流

图 21.1

接着法拉第又做了一个惊人的实验. 他用退磁了的铁指针代替电流计, 将
它放入由第二个线圈组成的螺线管内. 如果有电流流过螺线管, 电流将激励起
磁场, 并使铁指针磁化. 这样一来他就有了新的发现电流的可靠手段, 用它来
代替电流计指针的瞬时偏转. 其次, 他还能够证实, 当接通电路时, 第二个线
圈中的电流是往相反方向流动的, 因为他发现, 指针的磁场有相反的极性 (由
原来指向北极变为指向南极).

法拉第是在空气中作出这一发现的, 美国物理学家约瑟夫·亨利几乎与法
拉第同时发现了这一现象. 亨利使用的线圈与法拉第的线圈相差无几. 亨利也

---

① in —— 英寸, ft —— 英尺, 非我国法定计量单位. 1 in = 2.54 cm. 1 ft = 12 in. —— 编者注

发现, 当电路接通时, 他的指针发生偏转, 然后又回到了起始状态.

"······ 虽然电池的电流 (因而也是磁力) 仍与原先一样地继续起着作用, 但是, 我发现, 当我将极板从酸液中取出时, 指针出乎意料地偏离了初始状态 ······; 当我将它们再放入酸液中时, 它又重新偏向西方. 我把这个实验重复做了多次, 始终得到同样的结果 ······."

几乎也在这一时期, 俄国科学家楞次 (1804—1865) 也在研究这一现象. 他发现, 第二个线圈中的感生电流的方向与第一个线圈中电流变化速度的方向之间有一定的相互关系. 他阐述了这个关系, 它现今称为楞次法则. 关于这个法则, 以后我们要较为详细地加以讨论.

这确实是个不可思议的现象. 变化的电流或者变化的磁场在第二个回路中产生了电流. 当第一个回路中的电流增长 (接通回路) 或减少 (切断回路) 时, 在第二个回路中观察到了电流. 而在中间时期, 即在第一回路中有恒定电流流动和它的磁场不变时, 在第二回路中什么电流也没有. 因此, 正是交变磁场产生了作用于静止电荷的力. 法拉第详细地研究了他所发现的这个现象, 探讨了它的一切细节, 并力图揭示出能够解释交变磁场电效应的全部特点.

§21.2　法拉第定律

事情经常是这样的, 当一个新的效应被发现之后, 它又会在许多初看起来不一样的现象中被发现. 电磁感应现象就是一例. 法拉第首先发现, 当邻近导线中的电流发生变化时, 在第二回路中会产生电流. 这种电磁感应现象还表现在: 当穿过某一回路的磁场发生变化时, 在回路中产生电流; 当导线附近的磁场发生变化时, 导线中产生电场; 当导线在磁场中移动时, 导线中产生电场; 当回路在恒定磁场中旋转时, 在回路中产生电流. 电磁感应还能以外表不同的一些其他现象的形式表现出来, 但这些现象都可用一个统一的定性结论加以描述: 交变磁场会产生电场.

这就是著名的法拉第定律. 我们用下述形式来表示它. 若有一个如图 21.2 所示的导线回路, 这一回路两端之间的平均电势差乘以时间间隔 Δt 等于

$(1/c)$ 乘以在这个时间 Δt 内通过该回路的磁通量的变化量[①]:

$$电势差 \times 时间间隔 = -\frac{1}{c} \times (通过回路的磁通量的变化量) \tag{21.1}$$

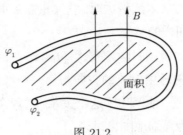

图 21.2

这个关系式看上去有点难以理解, 因为式中出现了一个负号, 并且还有一个对我们来说是新的概念——通过回路的磁通量. 如果磁场是均匀的 (大小和方向不变), 并且垂直于回路平面 (最简单的情况如图 21.3a 所示), 那么磁通量就定义为磁场与回路面积的乘积:

$$磁通量 (用字母 \varPhi 表示) = B \times (回路面积) \tag{21.2}$$

如果磁场是均匀的, 但不垂直于回路平面 (图 21.3b), 则磁通量定义为垂直于回路的磁场分量与回路面积的乘积. 如果在回路面积的不同点上磁场的大小不等, 那么磁通量按下述方式定义: 将回路面积分成许多块足够小的面积, 在这些小面积范围内可以认为磁场是均匀的, 然后将这些 "均匀磁场" 的量值乘以相应的小面积 (这就定出了通过这些小面积的磁通量), 然后把结果相加.

通过回路的磁通量可以由于各种原因而变化. 最简单的一种情况是, 垂直于回路平面的磁场的大小发生了变化. 另一种情况, 当回路在均匀磁场中翻转时, 磁通量也会发生变化. 在这两种情况下, 磁通量的变化都将在回路中产生电势差.

楞次法则

交变磁场使闭合回路中产生电流, 这个电流的方向由楞次在 1834 年所指出的法则确定: 通过某一回路的磁通量的变化在该回路中会感生电流, 这个

[①] 当 Δt 趋于零时, 通常就讲 "瞬时值", 而不讲 "平均值" 了.

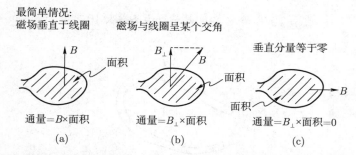

图 21.3 若已知磁场的大小, 则当磁场垂直于线圈平面时 (a) 通过线圈的磁通量最大; 而当磁场平行于线圈平面时 (c), 通过线圈的磁通量最小

电流将取这样的方向 —— 它所产生的磁场将力图使通过该回路的磁通量恢复到变化前的状态. 换句话说, 感生电流力图阻止磁通量的变化. 例如, 我们来考察一个处于磁场中的线圈, 磁场自左指向右并随着时间而逐渐变小 (图 21.4a). 由于磁场逐渐变小, 此时线圈中的感生电流将取这样的方向, 它所产生的磁场的方向将与先前的一样, 由左指向右 (图 21.4b). 如果线圈是开路的, 在它的两端将产生电势差, 并且此电势差将如图 21.5 所示.

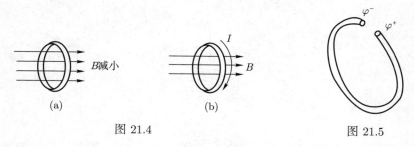

图 21.4

图 21.5

例 1 设有一个面积为 30 cm^2 的线圈 (图 21.6), 有一均匀磁场垂直于线圈平面, 磁场的增长速度为

$$\frac{\Delta B}{\Delta t} = 1000 \text{ Gs/s} \tag{21.3}$$

此时导线两端的电势差等于

$$V = \frac{1}{c} \times 1000 \text{ (Gs/s)} \times 30 \text{ cm}^2$$

$$= \frac{1}{3 \times 10^{10} \text{ cm/s}} \times 1000 \text{ (Gs/s)} \times 30 \text{ cm}^2$$

$$= 10^{-6} \text{ 静电单位电量/cm} \approx 3 \times 10^{-4} \text{ V} \tag{21.4}$$

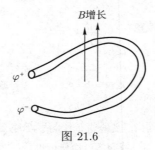

图 21.6

如果线圈有许多匝, 那么每匝对总面积的贡献可以与其他匝无关. 如果一个均匀磁场 B 垂直于有 N 匝的线圈的截面 (图 21.7), 它的磁通量为

$$\Phi = BN \times (每匝面积) \tag{21.5}$$

也就是说, 这个线圈的磁通量是只有一匝的线圈的磁通量的 N 倍. 如果每匝的面积为 30 cm^2, 匝数为 1000, 磁场与以前一样, 以 1000 Gs/s 的速度增长, 那么此线圈两端的电势差为 0.3 V.

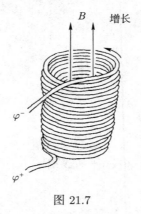

图 21.7

例 2　有一个如图 21.8 所示的系统. 现在突然将左边的回路断开. 试问, 在右边回路中的电流的方向如何?

当左边的回路接通时, 它的电流所产生的磁场由左向右. 当断开回路时, 这个磁场将减小. 因此, 右边回路中感生电流的方向应当这样, 它产生的磁场也是自左向右.

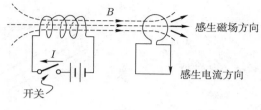

图 21.8

§21.3　导线在均匀磁场中的运动

现在我们来考察一根导线在均匀磁场中作匀速运动的情况 (图 21.9). 它与我们前面已经学习过的内容密切相关[1], 并且可作为我们所讨论的现象的一个有趣的实例. 我们把这根导线看成是电子 (其电荷为 $-e$, 质量为 m) 在其中可以自由移动的一个通道. (现在我们假设, 真的有这样的电子存在.) 此时, 如果使导线垂直于磁场运动, 如图 21.9 所示 (这是最简单的情况), 则电子也被迫与导线一起运动, 并以速度 v 切割磁场. 根据前面已经确定的规则, 有一个洛伦兹力作用于每个电子, 这个力的大小为

$$F = \frac{e}{c}vB \text{ (量值)} \tag{21.6}$$

其结果是, 电子将沿导线运动, 直到积聚到导线的一个端点上为止. 因而, 在这一端点上就出现了过多的负电荷; 而由于电子的移动, 在另一端点上则发生正电荷过剩的情况 (图 21.10). 过剩的电荷在导线内部形成一个电场.

当电场变得足够强大时 (也就是说, 在导线两端积攒了足够多的电荷时), 它将抵消磁场的作用, 电子也就不能再这样运动. 这种情况发生在满足下列条件时:

$$(\text{电场作用于电子的力}) = (\text{磁场作用于运动电荷的力})$$
$$eE = \frac{e}{c}vB \text{ (量值)} \tag{21.7}$$

---

[1] 如果把电流解释为运动着的电荷, 那么从两根载流导体间有相互作用力这一点就可以导出这里所获得的结果. 因此, 从原则上讲, 我们利用在法拉第之前就已经知道的关系式就可以求出这个结果. 但是, 在法拉第以前谁也没有如此深刻地理解这一现象的实质.

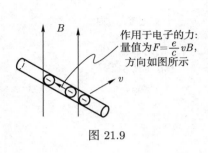
图 21.9

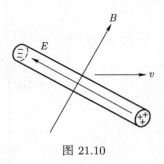
图 21.10

或者

$$E = \frac{v}{c}B \text{ (量值)} \tag{21.8}$$

电场具有这样的方向: 此时它作用于电子的力抵消了由于导线在磁场中的运动而作用于电子的力.

与任何均匀电场一样, 这个电场导致在导线的两端产生电势差. 这个电势差的大小 (等于将单位正电荷从导线正端移至负端所作的功) 等于电场的大小乘以导线的长度, 即

$$\text{电势差} = El = \frac{v}{c}Bl \tag{21.9}$$

如果这根导线的两端以某种方式与电路接通 (譬如说, 如图 21.11 那样), 那么沿这个电路将有电流通过, 因为导线两端的电势差与电池两极间的电势差是完全一样的. 所以, 导线在磁场中的运动导致在导线内出现电场和电流 (与相应电路相连接的情况下).

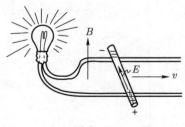
图 21.11

现在我们从法拉第定律的观点来研究这一现象 (图 21.12). 磁通量的变化速度等于磁场值乘以导线在单位时间内切割的面积:

$$\frac{\Delta \Phi}{\Delta t} = B\frac{\Delta A}{\Delta t} = B\frac{lv\Delta t}{\Delta t} = Blv \tag{21.10}$$

因而, 在导线两端产生的电势差等于

$$电势差 = \frac{v}{c}Bl \tag{21.11}$$

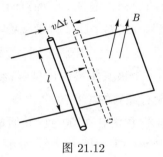

图 21.12

在这一现象中已经包含着最终获得了非常重要的实际应用的某些东西. 如果导线是与某个电路 (譬如说, 图 21.11 的电路) 相连接的, 那么为了使它运动, 就必须给它施加力. (如果我们摇动一个不大的手摇发电机的话, 我们就能感到这个力, 因为画在图 21.11 中的电路正就是这样的发电机. 发电机能产生电势差, 它的工作原理与在这个图上画的电路的工作原理是一样的, 只是它的结构在技术上更完善. 如果在发电机的输出端什么也没有连接, 那么当我们转动它的时候, 只会感受到由于摩擦引起的很小的阻力. 但是只要使它的两端一接上某种电气仪表, 我们将不得不花较大的力气才能转动它. 因为为了使电子沿电路流动, 例如通过一个电灯泡, 就必须对它作一定的功.) 当力[1] 迫使导线在磁场中移动时, 或转动发电机的摇把时, 它就给系统输入能量, 这个能量 (对于实际的系统, 只是能量的一部分, 而对于没有摩擦的理想系统, 则是全部能量) 以电能的形式表现出来. 正是利用了这个现象, 我们才能将机械能, 或者依靠蒸汽或水位落差推动的涡轮机的能量转化成电子的能量, 而后者可以沿导线传送到很远的地方.

---

[1] 作功的正是这个力; 磁力始终垂直于速度, 它不作功.

§21.4 发电机

1831 年法拉第将一块铜的圆盘放在马蹄形磁铁的两极之间, 他转动圆盘从而在两个滑动接点之间获得了直流电压. 一个滑动点位于圆盘的边缘上, 另一个接点则位于圆盘轴上. 这种器件的效率很低, 得到的电压也很小. 一年以后, 毕克西将一个导线线圈放在永久磁铁的磁场中旋转, 由此成功地产生了交流电流. 当线圈旋转时, 线圈面积在垂直于磁场方向的平面上的投影从它的最大值 (线圈的全面积) 变到零 (线圈平面平行于磁场时). 因为通过线圈的磁通量是变化的, 所以在它的两端就产生了电势差. 所有的现代发电机都是以这一原理工作的[①]. 现在我们用一个极其粗糙的模型解释这个原理, 这可能会招致任何一个工程师, 甚至不大有经验的工程师的不满.

设有一个长方形的线圈, 它共有 1000 匝, 每匝的面积为 30 cm², 令这个线圈处于场强为 1000 Gs 的磁场中 (图 21.13). 此时

$$\Phi = 30 \ (\text{cm}^2/\text{匝}) \times 1000 \ \text{Gs} \times 1000 \ \text{匝}$$
$$= 3 \times 10^7 \ \text{Gs} \cdot \text{cm}^2 \tag{21.12}$$

如果线圈每分钟转 3600 圈 (60 r/s), 那么在 1/4 r 的时间内 (假设, 在起始时刻线圈平面垂直于磁场) 通过线圈的磁通量从 3×10^7 Gs·cm² 变到零 (为了进行估算, 我们假设, 磁通量的变化是均匀的, 虽然事实上并非完全均匀).

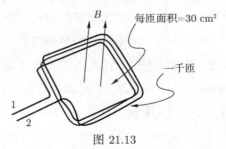

图 21.13

由于线圈转 1/4 圈需要 1/240 s 的时间, 那么

$$\frac{\Delta\Phi}{\Delta t} = \frac{3 \times 10^7}{1/240} \ \text{Gs} \cdot \text{cm}^2/\text{s} = 7.2 \times 10^9 \ \text{Gs} \cdot \text{cm}^2/\text{s} \tag{21.13}$$

[①]将来等离子体装置可能成为例外, 在这种装置中, 热直接转化成电.

其结果是, 在输出端 1 和 2 之间产生了一个平均电势差:

$$平均电势差 = \frac{1}{c} \cdot \frac{\Delta \Phi}{\Delta t} = 0.24 \text{ 静电单位电量/cm}$$

$$\approx 72 \text{ V} \tag{21.14}$$

在第二个 $1/4$ r 内, 通过线圈的磁通量从零变到 3×10^7 Gs·cm² (往反方向变化). 平均电压又等于 72 V. 在第三和第四个 $1/4$ r 时, 平均电压仍然与前面一样, 但它的极性改变了 (图 21.14).

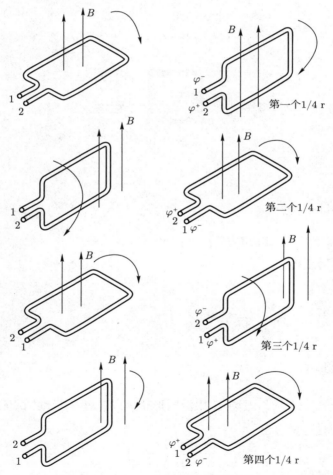

图 21.14 一个在均匀磁场中旋转的金属线圈的两端产生的电势

如果认为 (只是为了方便起见), 终端 1 的电势等于零 (地电势), 那么终端 2 相对于地的电势对角度的依赖关系可以用图 21.15 所示的曲线表示. 由图可以看出, 一会儿线圈的这一终端, 一会儿又是另一个终端具有较高的电位. 结果就产生了所谓的**交流电压**或者**交流电流**. 为了使交流电压变成直流电势, 可以采用各种可能的设备. 图 21.16 画出了其中的一种. 关于它的描述我们从略.

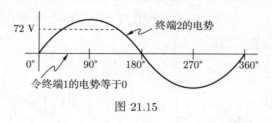

图 21.15

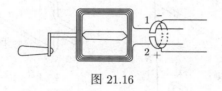

图 21.16

参考文献

[1] 引自 *Magie W. F.*, 参阅第 16 章 [2] p. 473.

[2] 同上, p. 473, 474.

[3] 同上, p. 474.

[4] 同上, p. 474.

思考题

1. 一个电子在均匀磁场 B 中沿圆形轨道以速度 v 运动. 试证明, 与轨道平面相交的磁通量等于

$$\phi = \frac{\pi}{B}\left(\frac{mcv}{e}\right)^2$$

2. 一块磁铁在下落时穿过一个用导线作的圈 (图 21.17). 如果空气阻力忽略不计, 磁铁的加速度是否是恒定的?

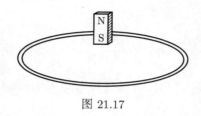

图 21.17

3. 为什么当发电机有电流时 (例如, 当无线电发射机工作时), 它的把手难以转动?

4. 为什么在法拉第与亨利的实验中, 突然接通与切断电路如此重要?

5. 假定法拉第与亨利慢慢地接通与切断他们的电路, 他们会观察到什么呢? (应用法拉第定律.)

6. 为什么在飞机机翼的两端点之间会产生不大的电势差 (特别是当飞机俯冲时)?

习题

1. 10^3 Gs 的均匀磁场垂直通过半径为 10 cm 的圆环平面. 穿过圆环的磁通量等于多少?

2. 如果上题中磁场平行于圆环平面, 那么该磁通量等于多少呢?

3. 如果习题 1 中均匀磁场的强度在 1 s 内增大一倍, 那么在环的两端点将产生多大的电势差?

4. 半径为 10 cm 的 10 匝圆形线圈, 以 60 转每秒的频率在 10^4 Gs 的均匀磁场内旋转. 线圈两端产生的电势差是多少?

*5. 电子被迫沿半径为 100 cm 的圆形管壁运动 (摩擦力可忽略). 垂直于圆管横截面的均匀磁场的增长速度为 10^3 Gs/s. 电子受的力有多大?

*6. 面积为 A 的通电圆环位于均匀磁场 B 中. 该圆环相对于位于圆环平面内的一个轴以角速度 ω 旋转. 如果圆环的电阻为 R, 则在环内产生的电流

等于

$$I = \frac{\omega B A \sin \omega t}{cR}$$

试证明, 平均损耗等于 (以焦耳为单位)

$$\frac{\omega^2 B^2 A^2}{2c^2 R}$$

当圆环平面垂直于磁场方向时, 开始计算时间 t. $\sin^2 \omega t$ 对时间的平均值等于 $1/2$.

第 22 章　电磁理论

詹姆斯·克拉克·麦克斯韦给威廉·汤姆孙 (开尔文勋爵) 的信
1854 年 2 月 28 日于特里尼蒂学院①

"亲爱的汤姆孙!

现在, 当我获得了并不很受人尊敬的学士学位之后, 我开始考虑读书的问题. 有时候, 在你置身于一堆应当阅读、但还没有读过的好书之中的时候, 往往有一种惬意的感觉. 但是, 我们都有一种想回到物理学问题上的强烈愿望, 而且我们中的一些人想研究电学.

请设想一下, 如果有一个人, 他只了解一些示范性的电学实验, 并对墨菲的电学怀有一种厌烦情绪, 那么, 为了获得有关这一课题的某些概念, 以有助于他今后的阅读, 他应当读些什么, 应当如何进行工作?

如果他想阅读安培、法拉第等人的论文, 他应当如何安排? 他可以在什么时候和以怎样的次序去阅读您发表在《剑桥杂志》上的一些文章?

如果您能对所有这些问题给予某种回答, 我们中的三个人将把它看作是一种建议 ……" [1]

法拉第在 1831 年发现了电磁感应现象之后, 电学和磁学理论所依据的基本原理有下面这几点.

1. 电荷产生电荷之间的相互作用力, 这个力可以用库仑定律或电场来描述.

---

① Trinity College. ——译者注

2. 载流导线产生导线之间的相互作用力, 这个力可用安培定律或磁场来描述.

3. 不存在磁荷.

4. 交变磁场会产生电场——法拉第定律.

5. 电荷是守恒的: 如果没有其他电荷进入 (或离开) 空间的任一区域, 那么在该区域内的总电荷数不变.

差不多经过了整整两代人的时间, 物理学家们才明白, 这五条原理在逻辑上是矛盾的.

从理论与实验的相互影响的角度看来, 这一时刻是非常有意思的. 这五条原理中的每一条现在都可以写成很紧凑的数学式子, 这种数学式子的含义对每一个熟悉理论的人是绝对清楚的. 事情很明显, 上面所说的矛盾并没有很快被发现的原因之一在于, 在法拉第时代, 人们还写不出这些简明的方程. 首先写出这些方程的是麦克斯韦, 当他将上面所列出的这几点结论作为公设看待时, 他发现, 它们是有内在矛盾的. 这一情势就好比是, 一旦欧几里得从他的定理之一得出了三角形内角之和大于 180°; 由此他也可以作出结论: 他的那些公设是内在矛盾的和应当加以改变的.

但是我们可以反驳这一点, 因为所有这五点结论都是从实验观察中仔细地总结出来的. 那么为什么它们是相互矛盾的呢? 我们又如何来改变他们呢? 这些问题已经有了答案 (类似的情况以前也曾遇到过, 毫无疑问, 将来也会遇到). 任何实验观察或别的什么观察, 都只能涉及实验所许可的那一部分现象. 而所写出的方程或规则则具有普遍意义, 它超出了 "局部性" 实验的范围. 在这些方程中, 还以不很明显的形式包含着关于我们尚未检验过的实验和我们尚未观察到的现象的某些结论. 如果我们想要改变我们的公设, 并使之与实验结果不发生矛盾, 那么我们就应当这样做: 使描述已经观察过的现象的那些结论保持不变, 而使从这些公设中导出的描述新现象的那些结论通过对公设的修正而得到改变.

欧洲大陆上的数学家们都认为, 法拉第只是一位朴实的实验工作者, 而麦克斯韦则不同, 他把法拉第的论文看成是电学方面的百宝箱. 他在电学方面的研究工作就是从试图将法拉第的思想写成数学公式开始的, 换句话说, 他试图用严格的数学语言来描述法拉第所发现的现象.

"我希望, 我的叙述可以清楚地说明, 我的目的并不是要在我几乎没有做过一个实验的这一科学领域中建立某种物理理论; 我只是希望表明, 如何通过将法拉第的一些概念和方法直接应用于一种想象中的液体的运动, 才能够直观地表示出有关这一运动的全部情况, 并由此得出关于带电物体和磁性物体相互吸引和排斥的理论和电流导电性的理论. 我从法拉第的某些概念出发, 用数学方法推导出了包括电流感应在内的电磁理论. 关于这一理论, 我放在以后的文章中再讲." [2]

他试图用充满了整个空间的某种液体——著名的以太的一种变种——中的张力和应力之类的术语来表示法拉第的力线的概念. 麦克斯韦写道:

"这种物质是一种想象中的液体, 但它不具有旧的理论在解释现象时所赋予的含义. 它仅仅是一些虚构的性质的总和, 其目的是要把一些纯数学定理表示成比单纯使用代数符号的数学形式更为直观和更能方便地应用于物理课题的形式." [3]

此外, 他又写道:

"为此, 我力图以最直观的形式来表示一些数学概念, 我使用了线和面的体系, 而不使用那些对叙述法拉第的观点并不特别适用和并不完全符合所解释的现象的性质的符号." [4]

当法拉第读完了麦克斯韦的论文以后, 他写道:

"当我看到了数学在解释这个问题时的这种威力时, ······ 一开始我甚至感到惊骇; 但后来, 当我看到问题竟如此出色地经受住了这一切时, 我又感到惊异."

麦克斯韦在安培定律中找到了电磁理论公设之间的矛盾. 如果以当时已知的那种形式写出的这个定律是正确的, 那么它将与电荷守恒定律相矛盾. 根据安培定律, 只有电流才能产生磁场; 一般说来, 当用正确的方式表达这一点时, 可能会显得非常奇怪. 因为电荷和交变磁场 (根据法拉第定律) 都能够产生电场. 如果要努力做到对称的话, 那么可以设想, 不仅仅电流, 并且交变电场也能产生磁场. 正是对安培定律的这一补充, 使麦克斯韦排除了与电荷守恒定律的矛盾.

那么为什么谁也未曾观察到这一现象呢? 答案很简单. 麦克斯韦对安培定律所加的补充现在称之为**位移电流**. 它太小了, 在那个时代的实验室所具备的实验条件下, 不可能观察到它, 因而它未被发现. 在那些年代的观察磁场的实验装置中, 电流的作用完全掩盖了交变电场的作用.

§22.1　安培定律和电荷守恒定律

安培定律将电流与由这些电流产生的磁场相联系. 安培定律有许多表达方式, 但所有这些方式都非常累赘和不便. 因为电流和磁场都是矢量, 在书写这一定律时, 既要考虑磁场依赖于它到电流之间的距离, 又要考虑磁场对电流方向的依赖关系. 但是, 有一种安培定律的书写形式, 它特别适用于我们的目的. 这一书写形式将磁场沿一封闭回路的循环量 (下面将给出这种循环量的定义) 与通过由这一回路所限定的任意表面的电流联系在一起. 我们现在就将安培定律写成这种形式, 然后再举两个例子.

设想在空间的某一部分有磁场存在. 我们在这一部分空间中画一个任意的闭合曲线 (为了简单起见, 我们画一个圆, 如图 22.1 所示). 在曲线的每一点上, 磁场 B 都是确定的. 我们现在以下述方式行动: 对曲线上的每一点, 我们取与曲线上该点相切的磁场 B 的分量, 将它与很短的曲线元相乘, 并将所有的这些乘积相加. 根据安培定律, 此时所得到的乘积之和等于 $4\pi/c$ 乘以通过由闭合曲线 (圆) 所限定的表面的总电流. 就这样, 在 CGS 单位制中, 安培定律可以写成下列形式[①]:

$$\sum_{\text{沿整个曲线}} B_{\text{切}}(\Delta l) = \frac{4\pi}{c} \times (\text{通过由曲线所限定的任意表面的电流}) \qquad (22.1)$$

这样, 我们得到了将磁场沿闭合回路的循环量与通过由该回路所限定的表面的总电流联系在一起的表达式, 它代替了将空间某一点的磁场矢量与另

[①] 与功的定义一样, 如果 $B_{\text{切}}$ 和 Δl 指向同一方向, 则认为乘积 $B_{\text{切}}(\Delta l)$ 是正的; 如果 $B_{\text{切}}$ 和 Δl 指向相反的方向, 则乘积为负.

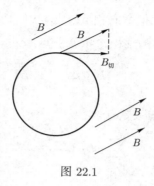

图 22.1

一点的电流相联系的关系式. 必须加以强调的一点是: 根据安培定律, 磁场沿闭合回路的循环量等于通过由这个回路所限定的**任意表面**的电流. 很快我们就会看到它的重要性.

我们现在将所得到的式子用于两种情况, 它们在数学上比较简单. 首先我们来看一个长方形回路 $abcd$, 它平行于一个在整个空间都是均匀的磁场 (图 22.2). 磁场 $\boldsymbol{B}$ 沿直角边 ab 的切线分量等于 B, 因为 ab 边和 $\boldsymbol{B}$ 相互平行. 因此, 沿这条边的乘积之和就等于 B 与 ab 边的长度 (我们用 l 来表示) 的乘积:

$$\sum_{\text{从 } a \text{ 到 } b} B_{\text{切}}(\Delta l) = Bl \tag{22.2}$$

沿 bc 边, 量 $B_{\text{切}}$ 等于零, 因为磁场垂直于该边. 因此沿这条边的乘积之和等于零:

$$\sum_{\text{从 } b \text{ 到 } c} B_{\text{切}}(\Delta l) = 0 \tag{22.3}$$

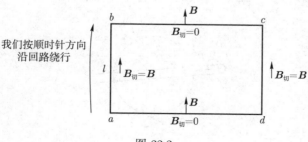

图 22.2

沿 cd 边, $\boldsymbol{B}_\text{切}$ 平行于回路, 但方向相反, 因为我们是由 c 向 d 运动的, 而磁场由 d 指向 c. 因此沿这条边的乘积之和等于 $-Bl$:

$$\sum_{\text{从 } c \text{ 到 } d} B_\text{切}(\Delta l) = -Bl \tag{22.4}$$

最后, 沿 da 边, 量 $B_\text{切}$ 重新又等于零,

$$\sum_{\text{从 } d \text{ 到 } a} B_\text{切}(\Delta l) = 0 \tag{22.5}$$

因此, 沿整个回路的乘积之和为

$$\sum_{\text{沿整个回路}} B_\text{切}(\Delta l) = Bl + (-Bl) = 0 \tag{22.6}$$

由此, 我们可以得出结论, 通过由这个长方形所限定的任意表面的电流, 应当等于零 (这个结果, 对于任意形状的回路, 也仍然是正确的).

作为第二个例子, 我们来研究一根无限长的均匀直导线的磁场. 在这一情况下, 磁场始终与圆心位于导线上的圆相切 (图 22.3). 由于在圆周的任意点上磁场在切线方向上的分量都等于磁场值, 我们得到

$$\sum_{\text{沿整个回路}} B_\text{切}(\Delta l) = B \times (\text{圆的周长}) = B(2\pi r) \tag{22.7}$$

根据安培定律, 这个量应当等于 $4\pi/c$ 与导线中的电流的乘积:

$$B(2\pi r) = \frac{4\pi}{c} I \tag{22.8}$$

由此得出磁场的大小为

$$B = \frac{2I}{cr} \tag{22.9}$$

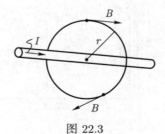

图 22.3

这与我们以前得出的表达式是一致的.

安培定律的这种书写形式, 用于计算某些对称的电流系统的磁场是很方便的, 但这对我们并不是主要的. 我们所关心的是下述事实, 即在这种书写形式中, 将磁场沿闭合回路的循环量与通过由该回路所限定的**完全任意的表面**的电流联系了起来. 这意味着, 通过由同一个回路所限定的各种不同的表面的电流应当彼此相等. 现在我们来证明这一点. 我们再回到刚才所讨论过的导线周围的磁场问题上来.

我们画两个表面, 它们都由同一个回路所限定 (图 22.4). 从侧面看这两个表面较为明显 (图 22.5). 这两个表面 (表面 1 和表面 2) 限定了某个体积. 由安培定律可知, 进入表面 1 的电流等于从表面 2 流出的电流.

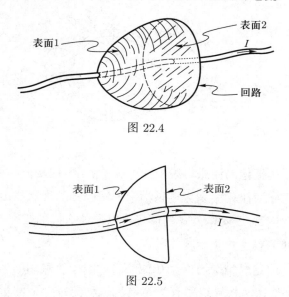

图 22.4

图 22.5

现在, 安培定律与电荷守恒定律之间的联系看得比较清楚了. 因为, 只有当进入由表面 1 和表面 2 所限定的体积内的电荷量等于从这个体积内流出的电荷量时, 电荷守恒定律才成立. 换句话说, 如果一个体积内的总电荷守恒, 那么, 在体积内电荷既不会产生也不会消失的条件下, 进入体积内的电荷量应当等于从体积内出去的电荷量.

但是, 现在我们设想用一根与两个球相连接的导线来代替无限长的导线.

在球上积聚有电荷 (图 22.6). 在这种情况下, 计算出磁场沿某个回路 (它限定表面 1 和表面 2) 的循环量, 我们可以看到, 它与无限长导线周围磁场的循环量在数值上相差无几. (它们是否精确相等或不完全精确相等, 对我们不是很重要. 从原则上讲, 我们能够以任意期望的精度接近无限长导线周围的磁场的循环值.) 通过表面 2 的电流也就是导线中的电流. 但是没有电流通过表面 1. (其实, 这正是我们选择表面 1 时的指导思想.) 造成这种情况的原因很清楚. 电流是由从带正电的球流向带负电的球的电荷流产生的, 因此在由表面 1 和 2 所限定的体积内的总电荷在减少. 我们在这里遇到的情况是: 电荷守恒, 但回路中的电流却不是连续的. 而我们所写的那种形式的安培定律则要求电流是连续的, 即要求通过表面 1 也有电流流过.

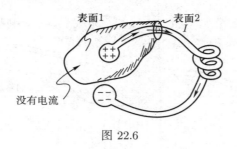

图 22.6

　　麦克斯韦正是把他的注意力集中到了这一点上. 他写道:

　　"我试图不要任何假设, 来为电磁学中一切已知的现象找出准确的数学表达式; 并试图确定, 对于安培公式的形式可以作什么样的改变, 而又使这些改变不与安培定律的表达式相矛盾." [5]

　　上面所讨论的这一情况与安培在他的实验室中所碰到的那些现象有着重要的区别. 安培是在两根导线中有恒定电流流动的条件下测量了一根导线作用于另一根导线的力. 而在以上所讨论的例子中, 电流不是常量. 电荷从一个球流向另一个球, 然后再反过来, 电荷的运动好像一个从一边摆向另一边的摆的运动. 麦克斯韦出色地理解到了这一差别. 他写道:

　　"但是应当记住, 我们不可能用一些单独的电流元进行试验, 我们总是只能用在固态和液态导体中的闭合电流进行试验; 因而, 从这些试验中, 我们能够导出的只是闭合电流的相互作用定律." [6]

他弄明白了, 安培定律是对闭合电流得出的, 并提出了一个问题: 如果电流不是闭合的, 事情会怎么样? 在描述法拉第的所谓 "电紧张状态" 时, 麦克斯韦使用了 "闭合电流的连续方程", 他写道:

"因此, 我们的研究暂时仅限于闭合电流, 我们还很少了解非闭合电流的磁化作用." [7]

当然, 当已经弄清楚了理论的初始公设中的矛盾所在之后, 我们现在可以有信心地肯定, 安培定律只适用于恒定的闭合电流的情况. 但是, 不经过我们在上面所作的直观的分析, 我们未必会怀疑, 安培本人所给出的那种形式的安培定律, 既对于闭合电流是正确的, 也对于非闭合电流是正确的. 我们从实验中选择了一些公设, 但是一般说来, 这些公设将比那些实验具有更大的普遍意义. 此时, 很自然地会认为, 这些公设甚至对于没有做过直接实验的情况也是适用的. 英明的预见性恰恰在于能够看出在什么地方, 我们在这方面走得太远了.

麦克斯韦建议, 应当在安培定律中再加进一项, 这一项只是在电流是迅速变化的情况下才具有重要作用. 麦克斯韦把它叫作**位移电流**. 在安培进行他的那些测量的条件下, 该项消失. 位移电流消除了安培定律和电荷守恒定律之间的矛盾, 并使电学的和磁学的方程具有对称的形式, 因为这一项描述的是: 在交变电场的作用下会产生磁场. 经过了麦克斯韦之手, 安培定律具有下列形式:

$$\sum_{\text{沿整个回路}} B_{\text{切}}(\Delta l) = \frac{4\pi}{c} I + \frac{1}{c} \times (\text{电通量的变化速度}) \tag{22.10}$$

电通量的定义与磁通量完全一样, 只要用 E 来代替 B. 在最简单的情况下, 当电场是均匀的并且垂直于表面时, 电通量就直接等于电场的量值乘以相应的面积 (图 22.7).

关于位移电流, 麦克斯韦写道:

"导电体好比是一块多孔膜片, 液体通过它时多少有一点阻力; 而电介质好比是一块弹性膜, 它对于液体是不可渗透的, 但它会把位于一侧的液体的压力传递给另一侧的液体 ······ 我们可以假定, 在处于感应作用下的电介质

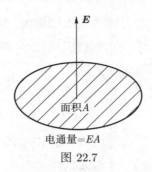

电通量＝EA

图 22.7

中, 每一个分子中的电荷都发生了位移, 使得分子的一侧带正电, 而另一侧带负电, 但电荷仍然完全与分子束缚在一起, 并不从一个分子转移到另一个分子 …… 此时很自然地会令人想起, 这与弹性体相类似, 弹性体在压力下退缩, 而当压力消失后又恢复到初始的形状." [8]

麦克斯韦大概是在他的关于《物理力线》的论文的第三部分中, 第一次引入了位移电流的概念, 这篇论文发表在《哲学杂志》1862 年的一月和二月号上. 这是在题为《考虑到介质的弹性效应后, 对电流方程的修正》一文的第 14 条建议中提出来的, 麦克斯韦确认, "位移的变化等效于电流, 因而应当把这个电流考虑在内 ……" [9]. 在历史上, 有些事件在它发生的当时往往并不为人们所重视, 而后来却成了历史的转折点. 例如, 锡拉库扎城[①] 的大灾难就是由于饮酒节的狂饮和一些铸像被毁坏引起的, 它导致了雅典的陷落.

麦克斯韦对安培定律加以修正之后, 电磁方程已不再互相矛盾了. 因为, 甚至当通过某个表面的电流等于零时, 只要有交变电场通过这个表面, 磁场的切线分量沿闭合回路的循环量仍然可以不趋于零, 例如, 像图 22.6 中表面 1 的情况. 虽然并没有电流流过这个表面, 但当正电荷从球输出时, 产生的交变电场通过了这个表面. 下面将讨论这一现象的细节.

通过表面 1 没有电流 (图 22.8); 考虑到麦克斯韦的位移电流, 此时可将安培定律写成下列形式:

$$\sum_{\text{沿整个回路}} B_{\text{切}}(\Delta l) = \frac{1}{c} + \frac{\Delta(\text{电通量})}{\Delta t} \qquad (22.11)$$

[①] 锡拉库扎是意大利的古城. ——译者注

通过球形表面 1 的电通量的量值由表达式

$$(\text{电场}) \times (\text{表面积}) = \frac{Q}{R^2} \times 4\pi R^2 = 4\pi Q \qquad (22.12)$$

给出 (我们可以忽略表面 1 的面积和球面积的差别).

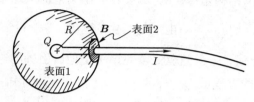

图 22.8

此时通过表面 1 的电通量的变化速度乘以 $1/c$ 等于

$$\frac{4\pi}{c}\frac{\Delta Q}{\Delta t} \qquad (22.13)$$

这与量

$$\frac{4\pi}{c}I \qquad (22.14)$$

一致, 式中 I —— 导线中的电流 (从球输出的电荷沿导线流动). 因此, 我们可以确信, 通过表面 1 的 "位移电流" [它定义为 $(1/4\pi) \times$ (电通量变化的速度)] 等于通过表面 2 的 "传导电流" (图 22.9).

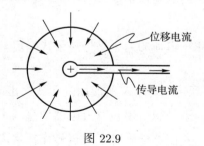

图 22.9

而同时

$$\sum_{\text{沿整个回路}} B_{\text{切}}(\Delta l) = B(2\pi R) \qquad (22.15)$$

(这个量的计算方法与前面的例子相同). 因此, 我们重新得出量 B:

$$B = \frac{2I}{cR} = \frac{2}{cR} \frac{1}{4\pi} \frac{\Delta(\text{电通量})}{\Delta t} \qquad (22.16)$$

方程 (22.10) 的结构是这样的, 只要计算出当电荷从球中输出时电场的变化速度, 就能确定, "量 $\left(\dfrac{1}{c}\right) \times$ (电通量变化的速度) 等于量 $(4\pi/c) \times$ (从另一方向通过表面 2 的电流)"——这就是麦克斯韦把他所引进的这一项叫做位移电流的原因之一. 电磁方程成为对称的了: 由法拉第定律可知, 交变磁场会产生电场, 而现在, 在麦克斯韦引入了位移电流之后, 可以确认, 交变电场会产生磁场.

由于各种纯技术性的原因, 当电场的变化速度不是非常大时, 很难观察到位移电流效应. 在麦克斯韦提出电磁理论以后 20 年, 这时他已去世, 赫兹才取得了麦克斯韦理论的第一个实验证明[①].

经过了麦克斯韦的工作之后, 电场和磁场的方程可以写成等效于下面六个论点的形式.

1. 相应于电荷的某种分布的电场由库仑定律确定.

2. 不存在磁荷.

3. 法拉第定律: 交变磁场会产生电场.

4. 经麦克斯韦修正后的安培定律: 电流和交变电场会产生磁场.

0. 电荷守恒.

5. 电场与磁场作用于电荷的力由洛伦兹公式确定.

现在我们以现代物理学家所使用的形式写出电动力学方程组. 这样做的目的, 并不是想给出包罗万象的信息, 而更多地是为了满足自然的好奇心. 我们这样做时不对符号作任何说明, 这仅仅是为了表明, 我们所知道的有关电力和磁力, 电场和磁场以及关于电现

---

① 比赫兹的实验早 7 年, 休斯当众表演了电磁波在空气中的传播, 当时在场的有著名的物理学家斯托克斯. 但是不知什么原因, 在场的人都认为, 演示的现象只是电感应现象 (法拉第定律). 由此而感到很懊丧的休斯直到 1899 年, 即比赫兹晚了 12 年, 才公布了他的结果. 正是 "谁犹豫, 谁就失掉机会".

象和磁现象的一切, 都能如此紧凑地写出来.

麦克斯韦方程组
$$
\begin{cases}
(1)\ \nabla \cdot \boldsymbol{E} = 4\pi\rho \ (\text{库仑定律}) \\[2mm]
(2)\ \nabla \cdot \boldsymbol{B} = 0 \ (\text{不存在磁荷}) \\[2mm]
(3)\ [\nabla \times \boldsymbol{E}] = -\dfrac{1}{c}\dfrac{\partial \boldsymbol{B}}{\partial t} \ (\text{法拉第定律}) \\[4mm]
(4)\ [\nabla \times \boldsymbol{B}] = \dfrac{4\pi}{c}\boldsymbol{J} + \dfrac{1}{c}\dfrac{\partial \boldsymbol{E}}{\partial t} \ \left(\begin{array}{l}\text{经麦克斯韦修正}\\ \text{后的安培定律}\end{array}\right) \\[4mm]
(0)\ \nabla \cdot \boldsymbol{J} + \dfrac{\partial \rho}{\partial t} = 0 \ (\text{电荷守恒}) \\[4mm]
(5)\ \boldsymbol{F} = q\boldsymbol{E} + q\left[\dfrac{\boldsymbol{v}}{c}\times \boldsymbol{B}\right] \ (\text{洛伦兹力})
\end{cases}
$$

命题 (0), 即电荷守恒定律, 并不是独立的. 它可由 (1) 和 (4) 导出. 所以, 电磁理论基于五条公设: 命题 (1)(2)(3)(4) 描述由电荷和电流产生的电场和磁场, 而 (5) 描述这些场作用于运动的或静止的电荷的力.

麦克斯韦在他的早期的工作中发展了一种电磁理论, 它采用直观的力学模型, 把各种电现象解释为弹性介质中的应力、张力和涡流. 他写道:

"现在我打算从力学的观点来考察磁现象, 并研究一下, 介质的什么样的应力或运动能够引起所观察到的现象. 如果我们能够利用同样的假设把磁的引力同电磁现象和感应电流现象联系起来, 那么在这种情况下, 我们就能找到一种理论, 它甚至可能是错误的, 但是这个理论的错误只能依靠实验来证明, 而这些实验将大大地加深我们对物理学中这个领域的认识." [10]

但仅仅是一些涡流是不可能存在的, 因为立刻就会产生这样的问题: 这些涡流是互相接触和同时往一个方向旋转的, 那么它们能够以什么样的方式存在呢? 为了解决这一问题, 麦克斯韦在涡流之间引入了某种 "空载齿轮":

"涡流由分子层分开, 每个粒子都围绕着自身的轴沿着与涡流的方向相反的方向旋转, 粒子和涡流的接触表面具有同一个运动方向." [11]

这大概是科学史上提出过的最复杂的模型之一. 但是后来麦克斯韦解释说, 他的理论实际上与任何力学解释无关:

"先前我曾试图论述一种适合于解释这些现象的特殊形式的运动和特殊形式的应力. 在本报告中, 我避免使用任何这类的假设, 而是在处理已知的电流感应现象和电介质的极化现象时, 使用了诸如 '电磁动量' 和 '电弹性' 这样一些词. 我只是想把读者的思想引向能帮助读者理解电现象的一些力学现象. 在本文中, 一切这类的语句都应当看成是为了直观演示的需要, 而不是解释性的." [12]

正如后来赫兹所说的: "在麦克斯韦的理论中, 主要的是麦克斯韦方程."

参考文献

[1]   The Origins of Clerk Maxwell's Electric Ideas, as Described in Familiar Letters to William Thomson, Sir Joseph Larmor, ed., Cambridge University Press, New York, 1937, p. 3.

[2]   *Maxwell J. C.*, On Faraday's Lines of Force, Part 1, Transactions of the Cambridge Philosophical Society, 10, p. 27 — 83 (1856).

[3]   The Scientific Papers of James Clerk Maxwell, W. D. Niven, ed., Cambridge, 1890.

[4]   同上.

[5]   *Maxwell J. C.*, Letter to H. R. Droop, Dec. 28. 1961.

[6]   *Maxwell J. C.*, 参阅 [2].

[7]   同上.

[8]   The Scientific Papers ···, 参阅 [3].

[9]   *Maxwell J. C.*, On Physical Lines of Force, Part 3, Phil. Mag., Jan. — Feb. 1862, Proposition 14.

[10] *Maxwell J. G.*, 参阅 [2].

[11] 同上.

[12] *Maxwell J. C.*, A Dynamical Theory of the Electromagnetic Field, Phil. Trans., 155(1865), 459 — 512.

第 23 章 电磁辐射

§23.1 光是电磁波

对于直流电流或分布电荷随时间而缓慢变化的情况, 麦克斯韦方程得出的结论, 与麦克斯韦引入位移电流以前的那些电学和磁学方程得出的结论, 实际上没有区别. 但是, 如果电流或电荷随时间而变化, 特别是当变化速度很快时 (例如, 对于两个带电球的情况、电荷在两球间往返奔跑, 图 23.1), 麦克斯韦方程给出了一些以前不存在的解.

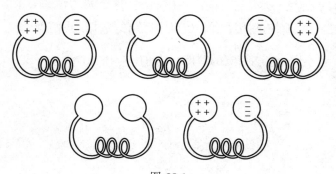

图 23.1

我们来考察由一个电流 (譬如说, 沿导线流动的电流) 产生的磁场. 现在我们把回路断开, 此时电流将很快减小到零. 当电流减小时, 导线周围的磁场也要减小, 因而将产生电场 (根据法拉第定律, 磁场的变化会产生电场). 当磁场的变化速度变慢时, 电场也开始变小. 按照在麦克斯韦以前的概念, 事情就到此为止了, 当电流趋于零时, 电场和磁场消失了, 因为根据当时的看法, 变化的电场不产生任何效应.

但是, 由麦克斯韦理论可知, 电场变小时也产生磁场, 就像磁场变小时会产生电场一样, 并且这些场的组合正好是, 当其中的一个减小时, 另一个在离源稍远一点的地方产生. 其结果是, 整个脉冲像一个整体似的在空间移动. 如果量 B 等于量 E, 并且这两个矢量互相垂直, 那么由麦克斯韦方程可以导出, 脉冲应当以确定的速度在空间传播.

这个脉冲具有我们前面讲过的波运动的所有特性. 如果我们有不止一个, 而是许多个脉冲, 例如, 由两个球之间电荷的振动引起的许多脉冲, 那么可以用一定的波长 (即相邻两个波峰之间的距离) 来描述这一组脉冲. 脉冲将像波一样从一点传播到另一点. 而特别重要的是, 此时有一个很重要的原理——叠加原理成立, 因为电场和磁场都具有相加性. 所以, 可以用波的各种特性来描述电和磁的脉冲的运动.

我们再来研究一个带电粒子行星系 (图 23.2). 按照麦克斯韦的理论, 作圆周运动的带电粒子 (比如说, 电子) 像其他任何粒子一样具有加速度, 所以它就能产生电磁波. 这个波的频率等于电子沿轨道旋转的频率. 利用在第 19 章中得出的数据, 我们得到

$$\tau(\text{沿轨道绕一圈的时间: 周期}) = 4 \times 10^{-16} \text{ s} \tag{23.1}$$

图 23.2

由此得到

$$\nu(\text{频率}) = \frac{1}{\tau} = 2.5 \times 10^{15} \text{ s}^{-1} \tag{23.2}$$

从频率与波长之间的关系有

$$\text{速度} = \lambda\nu \tag{23.3}$$

结果得到

$$\lambda(\text{波长}) = \frac{\text{速度}}{\nu} = \text{速度} \times 4 \times 10^{-16} \text{ s} \tag{23.4}$$

假设波传播的速度为 3×10^{10} cm/s, 此时

$$\lambda = 1.2 \times 10^{-5} \text{ cm} \tag{23.5}$$

这个波长相当于紫外辐射的波长, 即波长比紫光还要短的辐射的波长. (可见光最短的波长约为 4×10^{-5} cm.) 带电粒子行星系辐射出电磁波, 也就是不断地损失能量 (波自身携带有能量, 因为它能对远离源的电荷作功), 所以, 为了使这种系统能够稳定地存在, 需要从外面对它输入补充能量.

当麦克斯韦认识到, 他的方程可以有这样的解时, 他计算了波在空间传播时应当具有的速度. 他写道:

"从科尔劳施和韦伯的电磁实验中计算出的横波振动在我们的假想介质中传播的速度, 如此确切地与从菲佐的光学实验计算出的光速相一致, 这使我们几乎不可能拒绝下述结论: **"光是由一种介质的横波振动组成的, 这种介质乃是电和磁现象存在的原因."** [1]

后来, 在给威廉·汤姆孙 (开尔文勋爵) 的信中, 他写道:

"我得出了自己的方程. 我住在外省, 我并不怀疑, 我所得出的磁效应的传播速度与光速很接近, 因此我想, 我有一切根据可以认为, 磁的介质和光传输的介质是同一个介质 ……." [2]

[麦克斯韦得出他的著名结果的过程, 要比我们想象的复杂得多. 我们为了方便起见, 引入了符号 c, 用它来表示光速, 并用 $4\pi/c$ 来代替相当任意的一个数字 4.18×10^{-10} s/cm①, 为的是将磁场的变化与产生这个磁场的电场相联系 (图 23.3). 然后我们又利用这个量 c 来描述磁场与产生这个磁场的电流以及交变电场间的联系. 根据安培定律, 测量出的磁场循环量应当正比于测量出的通过表面的电流值. 例如,

$$\sum_{\text{沿整个回路}} B_{\text{切}}(\Delta l) = 4.18 \times 10^{-10} I \text{ s/cm} \tag{23.6}$$

---

①此处以及下面, 原文都是 4.18×10^{-9}, 但应为 4.18×10^{-10}, 原文有误. ——译者注

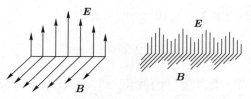

图 23.3   图上示出了麦克斯韦方程的解, 它相应于在真空中以光速传播的波. 矢量 E 和 B 在数值上相等, 并互相垂直. 可以是脉冲, 也可以是周期性的解, 它们都相应于给定波长的波. 真空乃是没有色散的介质, 即在真空中一切波长的周期性电磁波都以同一速度传播 [5]

其中数字 4.18×10^{-10} 是从实际测量磁场和流过表面的电流得出的 (CGS 单位制), 麦克斯韦把这些方程放在一起考虑, 并求出了相应于电磁辐射脉冲的传播的解. 他从这些测量数据中得出了另一个数, 这个数给出的是这个脉冲的传播速度. 他发现这个数约等于 3×10^{10} cm/s. 而 3×10^{10} cm/s 是测量出的光速大小. 因此麦克斯韦将辐射脉冲等同于光本身.] 他写道:

"······ 我们有很重要的根据作出这样的结论, 即光 (包括热辐射和其他辐射) 乃是一种以波的形式传播的电磁扰动, 它依照电磁定律通过电磁场传播." [3]

麦克斯韦取得的结果引起了普遍的惊异, 但也不乏怀疑者. 例如, 有一封给麦克斯韦的信是这样写的:

"所观察到的光速和您所计算出的在您的介质中的横向振动的传播速度之间的一致, 看起来是一个出色的结果. 但是我觉得, 当您还不能使人们信服, 每当产生电流时, 都有不大的一组粒子能从两排旋转小轮之间挤过去的时候, 这种结果未必是令人满意的." [4]

当把光与电磁波等同起来之后 [不同颜色的光相应于不同的频率 (图 23.4), 或者不同的辐射波长, 并且可见光只是整个电磁辐射频谱中的一小部分], 由于电场和磁场与带电粒子的相互作用是已知的 (洛伦兹公式), 所以第一次有可能建立一种光与物质相互作用的理论 (如果假设介质是由带电粒子组成的). 例如, 在麦克斯韦的著作问世之后、洛伦兹和菲茨杰拉德就试图证明电磁波的行为和光在反射和折射时的行为之间的相似性. 他们对电磁波通过两个介质的界面时的情况进行了计算; 结果发现, 电磁波的行为与所观察到的光的行为是一致的.

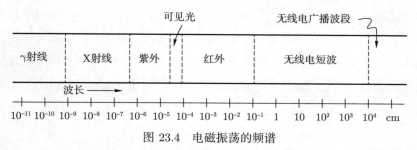

图 23.4 电磁振荡的频谱

X 射线、可见光、无线电波等等都是电磁辐射, 只是它们的波长不同. 可见光与不可见光的区别仅仅在于, 后者人的眼睛感觉不到

即使麦克斯韦未能使电磁辐射与光等同起来, 他的发现无论如何也是具有重大意义的. 为了确信这一点, 让我们回忆一下, 电场能够对电荷作功, 所以, 在空间某点振荡的电荷会产生电磁脉冲, 它能传播到离运动电荷任意远的地方, 因而它的电场可以在远距离上对其他电荷作功.

自从第一次成功地沿导线传送电能, 使得它能在远离发电机的地方作功以来, 时间尚未很久, 而现在麦克斯韦竟建议不用任何导线进行远距离的能量传递, 使这种能量能对远处的带电体作功. 此外, 控制这种电磁波的变化还可以传达信息, 后者在任何远的地方都不难解读出来. 这一情况具有很重要的实际意义.

§23.2 赫兹观察到了麦克斯韦的辐射

麦克斯韦对他的理论的第一次详尽的描述发表于 1867 年. 但是一直到 1887 年, 也就是麦克斯韦去世之后又过了 8 年, 海因里希·赫兹才得以使他的同事们信服, 他激励并记录了麦克斯韦所预言的电磁辐射.

赫兹的仪器由两个抛光的金属球构成, 两球之间有个很小的空气缝隙. 两个球都连接到一个感应线圈上, 这个感应线圈是一个专门制作的变压器, 它能把低电压变换成非常高的电压. 感应线圈在两球之间产生一个很大的电势差(这类似于汽车上的点火线圈的作用. 汽车上的点火线圈能够在断续器的两个

接点之间产生很高的电压, 从而引起火花). 这个电势差是如此之大, 以致最终
在两球之间产生放电现象 (图 23.5). 由于发生了击穿, 一个球上的电荷移到
了另一个球上, 因而在第二个球上的电荷有了剩余. 此时, 紧接着又往相反方
向发生第二次放电, 电荷重又转移到第一个球上. 这一过程一直持续到建立起
平衡状态为止. 此后, 感应线圈重新在两个球之间建立起很高的电压, 全部过
程又重复进行.

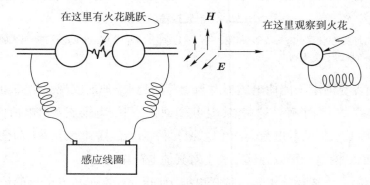

图 23.5 赫兹装置的示意图

根据麦克斯韦的理论, 在两个球之间作前后往返振荡的电荷会激励起电
磁波, 然后波又从源向外传播; 这也就是说, 在离放电处某个距离上应当观察
到很强的电场. 如果现在有一个如图 23.5 所示的不大的线圈作为接收器 (赫
兹用一根环形导线作为接收器, 导线的一端固定在一个金属球上, 如图 23.5
所示), 那么第一次放电所产生的向前传播的电场, 将在这一线圈中激起电流,
因而, 在空气缝隙处产生电势差. 如果这一电势差足够大的话, 缝隙中将有火
花跃过. 赫兹观察到的正是这一现象, 虽然这时发射机和接收器并没有相连.
当在发射机中发生放电时, 接收器中就有火花跳跃, 尽管接收器与发射机相距
有好几米远. 当然, 现在我们不会对此感到惊奇, 因为我们可以在地球上的任
何一个角落用自己的半导体收音机收听新闻.

赫兹测量了辐射的波长和频率, 从而确定了它的传播速度. 这个速度约等
于 3×10^{10} cm/s, 也就是说与光速一样. 然后他又研究了这一辐射从抛光表
面上反射的情况以及辐射从一个介质进入另一介质的折射情况; 用这个辐射

进行相干实验, 极化实验; 简而言之, 他用这一辐射做了以前用光做过的全部实验. 而电磁辐射的行为始终与光的行为一样. 唯一的区别就在于它是看不见的.

基于自己的实验结果, 赫兹得出了如下的结论:

"我觉得, 所谈到的这些实验至少消除了在光、热辐射和电磁波运动的等同性问题上的怀疑."

参考文献

[1] *Maxwell J. C.*, 参阅第 22 章 [9], Proposition 16.

[2] *Maxwell J. C.*, Letter to W. Thomson (Lord Kelvin), Dec. 10, 1861.

[3] 引自 *Magie W. F.*, 参阅第 16 章 [2], p. 537.

[4] *Monro C. J.*, Letter to Maxwell, Oct. 23, 1861.

[5] *Purcell E. M.*, Electricity and Magnetism, Berkeley Physics Course, II, McGraw-Hill, New York, 1963.

思考题 (第 22、23 章)

1. 电磁辐射的源是什么?

2. 试证明声音不是电磁辐射.

3. 如果没有麦克斯韦的位移电流, 我们的世界将是什么样子?

4. 电荷和电流会感受到相隔一定距离的其他电荷和电流的变化, 是瞬间就能感受到这些变化呢, 还是要经过一定的时间? 如果不是瞬间, 那么要经过多大的时间间隔?

5. 正电荷以 10 静电单位电量/s 的速度从球面离去, 然后沿导线流动. 试计算经过半径为 100 cm 的球面的位移电流. 球心位于带正电的球面的中心.

6. 试证明上题中算出的位移电流与表面积无关.

7. 试证明该位移电流的数值等于沿导线流动的 "实际" 电流的数值.

8. 为什么不考虑位移电流的安培定律 (麦克斯韦之前的形式) 对闭回路

适用?

9. 据麦克斯韦理论, 沿圆形轨道绕质子运动的电子会发射出电磁辐射, 它的频率与电子沿轨道旋转的频率相符合. 假定沿半径为 $R = 2 \times 10^{-8}$ cm 的轨道旋转的电子逐渐跃迁到另一个 $R = 1 \times 10^{-8}$ cm 的轨道上, 同时以辐射的形式放出能量. 该辐射的频率将位于哪个范围内? 它与哪种颜色相当? 试对这种情况作出定性描述.

10. 有一根长为 L 的直铜棒. 它的一端相对于另一端以 N 转/s 的速度旋转. 棒位于与旋转平面垂直的均匀磁场 B 中.

a) 试用 B、L 与 N 把棒两端的电势差的数表示出来.

b) 设 $B = 10000$ Gs, $L = 100$ cm 和 $N = 10$ s^{-1}, 试求该电势差.

第六篇　热　的　性　质

第 24 章　能量守恒 (热力学第一定律)

在牛顿力学以前就有了能的概念. 牛顿力学也含糊地讲到了能量问题. 能的概念比牛顿力学更有生命力. 莱布尼茨就曾经和牛顿争论过: 力和活力 (后来称为动能) 这两个概念哪个更重要. 达朗贝尔指出, 他们两人的争论纯属词句的定义问题, 在一定条件下动能守恒定律可以从牛顿力学中导出. 但是, 如果把能量仅仅定义为动能和势能的总和, 那么不难找出能量不守恒的情况. 正如尤利乌斯·罗伯特·冯·迈耶所说: "在许多情况下我们可以看到, 运动消失了, 它既没有引起其他的运动, 也没有把重物举起." [1]

这就迫使我们不得不重新考虑关于能量的定义问题, 并且应当将它推广, 使能量在任何情况下都是守恒的 (必要时将引入能的新形式或新粒子). 我们不禁要问: 是否存在某个宏观的量, 当运动消失而又不引起 "其他运动" 的情况下, 这个量应当发生变化? 这在我们经常观察到的物体加热现象中可以找到答案. 大家知道, 用铁锤敲打铁块, 铁块会变热. 将两根木棍互相摩擦, 木棍也会变热. 或许, 动能和势能消失后变成热了? 我们是否可以说, 热乃是能的一种形式, 在一定条件下它可以作功?

1824 年萨迪·卡诺① 发表了一篇不太长的论文《论火的动力及能够发挥这种力的机器》. 在这篇论文中, 他先是研究了蒸汽机, 然后又研究了其他各种机器. 他试图解决一个问题: 应当怎样建造这些机器, 使它们在给定的热能下能给出最大的功. 正如卡诺自己所说的, 他提出了下述有意义和很重要的问题:

"热的动力的大小是不变的, 还是与动因 (动力依靠它才发挥出来) 和被选来作为热作用的工具的中间介质一起变化的?" [2]

---

① 他是拉扎尔·卡诺的儿子. 拉扎尔·卡诺在法国革命后曾建立了 14 支军队, 它在全欧洲的进攻面前保卫了法国. 据说, 在滑铁卢失败后拿破仑曾对他说: "卡诺先生, 我认识你太晚了".

正是在这些问题上, 关于热和温度的学说与力学和分子运动学开始交织在一起.

§24.1 温标的确定

根据现代公认的观念, 只要测量出物体的温度, 就可以很容易定出物体中所含的所谓热量. 但是在这两个概念之间并没有明显的联系. 如果两个物体处于同一温度, 其中一个很小, 另一个很大, 那么可以设想, 大物体比小物体含的热量要多. 这好比是两个容器, 它们的尺寸、形状不同, 盛的液体的数量也不同, 即使你把液体灌满到同样的高度也是如此. 我们首先来定义温标, 然后设法找出温度与热量之间的联系.

我们每一个人都能直观地感觉出温度这个东西. 人的手就能大致区分出物体的冷热. 但是, 有时候我们也常常弄错. 人人都会有这样的体会: 把一只手浸入冷水中, 把另一只手浸入热水中. 过了一段时间后, 再把两只手同时放入温水中, 此时, 原先浸于热水中的手会觉得凉, 而原先浸在冷水中的手将感到热. 这个试验告诉我们, 我们的感觉器官一般来说是可靠的, 但也往往会出差错. 因此, 最好有一种客观的测量温度的方法, 这种方法应与我们自身的感觉与情绪无关.

使用温度计就可以做到这一点. 温度计是个底部呈小球形的玻璃管, 里面充有一定量的水银或者别的液体. 由于加热时水银比玻璃膨胀得更厉害, 所以若将温度计放入热的或冷的物体中, 水银柱就上升或下降. 这种现象大家都熟悉. 我们还知道, 只要读出水银柱的高度, 也就知道了温度计所指示的温度.

但是, 水银柱的高度与我们最终确定的温度之间的关系还不十分明确. 例如, 假如我们用其他材料制作了第二个温度计, 并且对应于水的沸点和冰点, 两种温度计都指示出同一高度, 但我们没有任何理由可以认为, 它们对某个中间温度也能指示出相同的高度, 因为不能保证, 其他材料也能和水银与玻璃一样地膨胀 (图 24.1). 此时要问: 这两个温度计中哪一个指示的是正确的温

度[①]? 现在我们暂时还不能回答这个问题. 我们仅限于粗略地定义温度. 稍后,
在研究热、气体和分子运动论时我们将更确切地定义它.

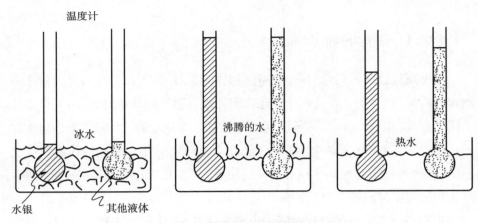

图 24.1　哪个温度计指示出正确的温度

如果病人觉得自己发烧, 这只是他的自我感觉. 当医生了解到这一情况
后, 他将试图用某种方法测量患者的体温. 这时候, 常常使用充有一定量水、水
银或其他有色液体的玻璃管. 医生认为, 玻璃管中的液面愈高, 体温也愈高. 由
于各种温度计没有相同的标尺, 医生就用自己的体温和病人的体温相比较, 由
此他得出了关于病人健康状况的某种 "科学的" 论断. 在气象或其他领域也使
用这一类仪器. 但是, 由于这些仪器的指示不同 (换句话说, 若把两个这样的
仪器放在同一个盛水容器中, 它们的液面可能升到不同的高度), 就很难进行
某种相互比较. 例如, 甚至说不清楚, 水是否始终是在同一个 "热的程度" 上沸
腾的.

当华伦海特获悉阿蒙顿[②] 关于 "水只在确定的热度时沸腾" 的发现后, 他
立刻产生了一个想法, 要亲自做一个温度计, "以便能目睹自然界的这一美妙
的现象 ……". 他认识到, "水银的温度发生变化时, 温度计中水银柱的高度
将有轻微的 (但仍然是足以观察到的) 变动". 他制造了一个基于水银在玻璃管

---

①即使使用同样的材料也很难做到使温度计在全部标尺上有同样的指示. (例如, 必须使玻璃管中的圆
柱形孔道是均匀的.) 华伦海特首先成功地做到了这一点.

②阿蒙顿第一个设计了一种根据空气压力来测量温度的温度计.

中膨胀效应的温度计; 华伦海特第一个成功地制成了能在标尺的全量程内给出相同指示的温度计.

他选择了两个高度作为固定点: 一个高度相应于他妻子的体温 (如果我们现在来使用这个温度计的话, 它将指示出 100°F); 另一高度 0°F, 据说相应于水银柱在北爱尔兰某个冬日所降低到的最低高度 (大概华伦海特想避免引入负的温度, 他假设北爱尔兰的严冬是地球上最冷的地方). 他将这两个点之间的距离分成 100 个等份, 其中每一份他称为度 (现在称为 1 华氏度). 水的沸点和冰点相应于这种温度计的指示为 212°F 和 32°F. 利用它, 华伦海特成功地确定了下述事实: 不同的液体在不同的、但是 "确定的热度" 时沸腾 (表 24.1).

表 24.1

液体	热度为 48°F 时液体的相对密度[①]	沸腾时的热度
乙醇和酒精	8260	176
雨水	10000	212
硝酸醇	12935	242
酒槽做的碱液	15634	240
浓硫酸	18775	546

安德斯·摄氏 (1701—1744) 建议用物质的两种状态来确定温度计标尺上的两个点. 他取融化的冰的温度所对应的水银高度作为零, 而取沸水的温度所对应的水银高度为 100. 将这个区间划分成 100 等份, 摄氏就得到了等分为一百度的标尺, 这就是现在以他的名字命名的温标.

当我们想从摄氏温标换算成华氏温标 (或者相反) 时, 必须考虑到, 华氏温标的分度比较细 (摄氏的 5/9 度等于华氏的 1 度) 和 0°C 相应于华氏的

[①] 现在相对密度定义为给定体积的物质的质量与同样体积的水的质量之比, 也就是说水的相对密度等于 1.000, 不知为什么华伦海特没有点小数点.

32°F[①] (图 24.2). 因此

$$\frac{5}{9}(t_{华} - 32) = t_{摄} \tag{24.1}$$

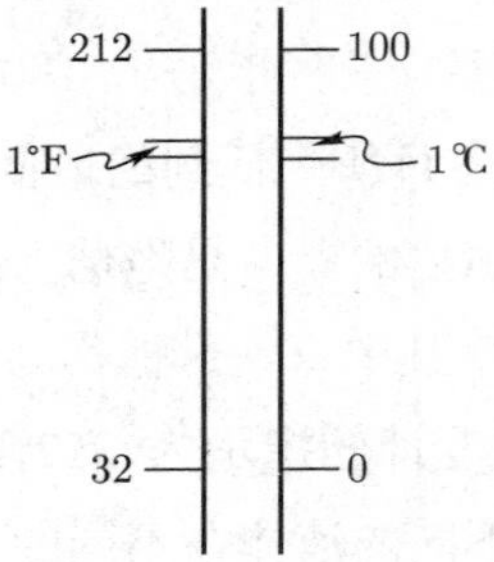

图 24.2

摄氏温标与华氏温标一样, 也具有一定的任意性; 但它在科研工作中用得较多. 稍晚, 在我们研究气体和分子运动论时, 我们还将定义温度的所谓绝对温标.

　　例　许多人爱把房间温度调节在 72°F. 试问相应于多少摄氏度?

$$t_{摄} = \frac{5}{9}(t_{华} - 32) = \frac{5}{9}(72 - 32) = \frac{5}{9}(40) = 22.2°C \tag{24.2}$$

§24.2　热

　　由于已经引入了温标, 我们就可以用下述方式来定义热量. 将 1 g 水从 14°C 加热至 15°C 所必需的热量称为 1 cal[②]. 至于热量是从什么地方取来的——由于撞击、摩擦或者火烤, 这都无关紧要. 若 1 g 水获得了 1 cal 的热量, 它的温度就升高 1°C. 或者, 若从 1 g 水中取走 1 cal 的热量, 水的温度就降低 1°C. 因此, 热量的基准量是通过单位温度的变化和标准物质 (水) 的质量来定义的[③].

---

　　①摄氏的温标称为摄氏温标, 1 摄氏度记作 1°C. 华伦海特的温标称为华氏温标, 1 华氏度记作 1°F. ——译者注

　　②cal, 是热量单位 "卡" 的单位符号, 1 cal = 4.184 J, cal 非我国法定计量单位.

　　③必须看到, 如果我们想提出一个更加合理的定义, 在处理某些因素时我们应当倍加小心, 因为在现时刻我们还没有能力去充分评价这些因素的意义. (例如, 1 g 水所承受的压力有什么影响? 将同样 1 g 水从 18°C 加热到 19°C 或者从 78°C 加热到 79°C 是否需要同样的热量?)

这样定义的热量给人一种印象, 似乎我们把热量看成是某种实体. 我们的表达方式似乎有这种意思: 往 1 g 水中注入 1 cal 热量, 水的温度升高 1°C. 自从人们把热看成某种液态的实体 (热质) 那时起, 我们所使用的这种术语就保留了下来. 某个物体看上去很冷, 但这并不意味着, 它不含有热量. 例如, 一块冰可以将一块干冰加热, 并且此时它本身又进一步冷却. 而一块干冰又能使液氮升温. (类似这样的顺序有没有完?)

1 cal 的热量不一定使 1 g 不同于水的其他物质的温度改变 1°C. 例如, 如果给 1 g 铜提供 1 cal 的热量, 它能升温 10.9°C. 各种物质在升高相同的温度时吸收的热量并不相同. 不同物质的这种相对的吸热本领叫做**物质的比热容** (两种物质温度改变相同的量时, 一种物质吸收的热量比另一种物质的多). 比热容定义为将 1 g 物质的温度升高 1 °C 所必需的热量. 例如, 铜的比热容等于 0.092 cal/(g · °C).

许多物质的比热容在很宽的温度范围内是个常量. 1 cal 的热能使 1 g 的水的温度升高约 1°C, 并且与水的初始温度无关. 但是, 一般来说, 物质在凝固点和沸点能吸收相当大的热量, 而它的温度并不改变. 例如, 为了使冰在 0°C 融化, 每 1 g 冰需要 80 cal 的热量, 而为使 1 g 沸腾的水汽化则需要 540 cal. 所以, 漂浮① 在水面的冰块将使水温保持在 0°C, 因为为任何进入冰–水系统中的热量都消耗在使冰块融化上, 而从该系统取走热量将导致水的结冰, 在这两种情况下, 都不会使水的温度发生变化 (图 24.3).

热量只是在封闭系统中才是守恒量 (既不产生亦不消失). 也就是说, 只是在热量既不由它散出来也不向它注入进去的系统中, 它才是守恒的. 如果将一个烫匙子放入盛有冷水的封闭容器中, 那么匙子将逐渐冷却, 而水将变热, 直到它们两者的温度相等时为止. 如果匙子和水的质量以及它们的初始温度都是给定的, 最终温度必将是同一温度, 就好像全部热量在系统中的各个部分进行了再分配, 使得它们的温度均匀 (即达到热平衡).

---

① 几乎所有的物质在冷却时体积都要缩小, 并变得更加密实. 水却是个例外, 它结冰时反而膨胀, 因此 0°C 的冰还没有 0°C 的水密度大. 结果是冰浮在湖泊和海洋的表面, 并起到保持深水层的热量的作用. 正是由于这个原因, 深层水仍然是液态的, 冰也下下沉到湖底, 否则的话热量将不断消失, 整个水层都将冰冻. 水结冰时的这种性质对于鱼类, 我们的气候和人类的生命都有着重要意义.

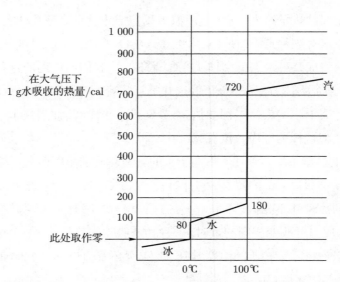

图 24.3 1 g 冰融化时吸收 80 cal 热量, 1 g 水以 0°C 加热至 100°C 时吸收 100 cal. 在 100°C 时将 1 g 水转化成汽需要 540 cal. 由于冰和汽的热容量比水的热容量差不多小一半, 所以加热它们比加热水需要的热量少

对于图 24.4 所示的系统有

$$
\begin{pmatrix} 匙子损失 \\ 的热量 \end{pmatrix} = \begin{pmatrix} 匙子 \\ 质量 \end{pmatrix} \times \begin{pmatrix} 比热容: 将 1 g 匙子加热 \\ 1°C 所必需的热量 \end{pmatrix} \times \begin{pmatrix} 温度的 \\ 变化 \end{pmatrix}
$$

$$
\begin{pmatrix} 水得到的 \\ 热量 \end{pmatrix} = \begin{pmatrix} 水的 \\ 质量 \end{pmatrix} \times \begin{pmatrix} 比热容: 将 1 g 水加热 \\ 1°C 所必需的热量 \end{pmatrix} \times \begin{pmatrix} 温度的 \\ 变化 \end{pmatrix}
$$

如果匙子是铜的 (比热容 0.092 cal/g · °C), 它的质量等于 10 g, 初始温度为 100°C; 而水的质量等于 100 g, 水的初始温度为 20°C, 则匙子损失的热量 $= 10 \times 0.092 \times (100 - T)$, 而水得到的热量 $= 100 \times 1 \times (T - 20)$, 这里 T—— 系统的最终温度. 因而,

$$
\begin{aligned}
0.92(100 - T) &= 100(T - 20); \\
100.92T &= 2092, \quad T \approx 20.8°C
\end{aligned}
\tag{24.3}
$$

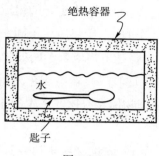

图 24.4

当物体互相碰撞或摩擦时会发热, 这个事实大概是人们很早以来总是把热与运动联系在一起的一个原因. 1602 年弗兰西斯·培根声称, "热本身 …… 就是运动, 而不是其他别的什么" [3]. 他观察到, 固体相碰撞或互相摩擦时能产生热, 由此他得出了上述结论. 罗伯特·玻意耳和罗伯特·胡克也表示了同样的看法. 但是在那个时候这种看法并没有获得很大的成功, 原因在于他们之中谁也不能解释清楚: 如果热是运动, 那么它为什么在上面所描述的这类实验中能够守恒 (在这些实验中, 将具有不同温度的各种物体在热绝缘的容器中混合).

十七世纪出现了一种理论, 根据这种理论热被看成是细的弹性流体, 这种流体的粒子彼此互相排斥, 但却被普通物质的粒子所吸引. 这种流体称为 caloric——热质 ("热质" 一词是后来 1787 年拉瓦锡想出来的), 而以物质实体的形式来描述热的这种理论称为**热的物质论或实体论**.

热的物质论是基于热是守恒的这一思想. 在那个时代大多数实验都是在非常特殊的条件下进行的, 在这种条件下总的热量 (在那时所通用的含义上) 是守恒的, 由此得出了结论: 热是个守恒量. 可以很方便地认为, 热是一种实体, 它不会消失, 也不会凭空产生, 但它可以从一个物体流向另一个物体. 尽管物质粒子相互之间有引力, 但如果认为它们不能相互透过, 那么物质粒子彼此就不可能直接接触 (否则物质就不可能被压缩). 因此, 应当有某个平衡引力的力作用于物质粒子之间. 这种力被认为是由热质的作用所造成的. 由于热质粒子是互相排斥的, 热应当从热的物体流向冷的物体. 根据这种理论, 物质

的状态 —— 固态、液态或气态 —— 取决于它的组成中热质数量的多少. 当物质含有很多热质时, 它是气态的. 由于热质粒子间是相互排斥的, 所以物质中大量热质的存在使得排斥力超过了物质粒子间的吸引力, 并迫使物质粒子处于自由状态. 还认为, 物体冷却时热质就离开它, 这与大多数物体冷却时的收缩现象是一致的. 固态和液态物体含有比气态少的热质, 因此它们占有较小的体积.

虽然物质论早已被抛弃了, 它的某些术语在近代的热学理论中, 特别是在有关热的流动和转移部分中, 仍然保留了下来. 我们仍然按原先那样说, 热在流动, 而物体吸收热. 这会导致某种误解, 因为我们在讲到热的时候把它看成某种实体了, 甚至在我们明明知道事实上并不是这么回事的情况下也是如此说.

拉姆福德伯爵 (1753 — 1814) 是位美国移民, 他有幸在巴黎度过了他生命的最后几年. 他讲过一句笛卡儿哲学派的格言: "显然, 在哲学研究中, 没有比接受一个看起来是正确的但暂时还没有被直接和严格的试验所证实的信念更可怕的了" [4]. 这位伯爵是位精力超人的人, 他选择了 "关于热的科学, 对于人类无疑有头等重要性的科学" [5] 作为自己的一种事业. 按他自己的话说, 他所以对 "这个诱人的题目" 产生了兴趣, 是因为下述原因:

"在吃饭的时候我常常注意到, 有些菜比别的菜要冷得慢得多, 例如苹果馅饼和苹果杏仁蛋糕 (一种英国人喜欢的食物) 经过很长时间仍然是热的. 苹果具有的这种保存热量的非凡能力使我大为惊异, 我经常思考它; 当苹果烫了我的嘴或者碰到了有这种性质的其他食品时, 我总想找到对这一奇怪现象的某种稍为满意的解释, 但一切都是枉然" [6].

拉姆福德的嘴被热粥烫坏了, 后来在那不勒斯的热水浴中他又把手烫了, 所有这些丝毫未减低他对这个问题的兴趣. 相反, 他决定要进行一系列经典性实验来反驳热的物质论.

如果热质也是物质, 那么可以肯定, 它应当具备任何物质的基本性质, 也应当有质量. 拉姆福德以一种满意的心情指出, 在他的实验里 "试图发现热对物体重量的影响的一切尝试都失败了". 但是, 他关于称不出热质的重量的证明未能使物质论的拥护者感到不安. 他们可以反驳说, 热质好像早期的天体物质一样不是普通的物质, 因此它不一定服从引力的作用.

完全是一种偶然的情况使拉姆福德对摩擦生热的问题产生了兴趣.

"后来, 我在慕尼黑的一家兵工厂的车间里工作, 专管在炮身上打眼. 在钻孔时, 铜炮身在短时间内获得相当数量的热, 而从炮身上钻下的金属屑得到的热量还要大 (正如我从实验中所弄清楚的, 这热量比用以煮沸水所需的热量还要多得多), 这使我深感惊异. [7]

用物质论很难解释, 这么大数量的热质是从哪里来的. 当然, 只要愿意的话, 也可以这样来解释: 假设当金属变成屑末时, 金属分子和热质粒子间的引力减弱了, 结果热质被释放出来并以热的形式出现.

但是在钻孔时热的储备几乎是取之不尽的. 这就足以使拉姆福德相信:

"...... 要提出某种合理的思想来解释, 在实验中所产生的和传递的不是**运动**而是什么别的东西, 在我看来, 这如果不是根本不可能的, 至少也是非常困难的." [8]

§24.3 热功当量; 热是能的一种形式

冯·迈耶博士 (他不是哲学博士, 而是医学博士, 1814—1878) 是首先认识到应当把热看作能的那些人之一. 他写道: "在许多情况下我们可以看到, 运动消失了, 它既没有引起其他的运动, 也没有把重物举起." [1] 此外, 他还提出了一个假设 (这个假设到了二十世纪初已经成为平淡无奇的了):

"一旦有了能量①, 它就不会变成零, 而只能转化成另一种形式, 因而, 要问: 能量能够采取的进一步的形式是什么?" [9]

然后他证明, 由于功转化成了热 (例如, 两根棍摩擦时产生热), 所以热是能量的一种形式:

"如果下落的力和运动 (势能和动能) 等于热, 那么自然, 热也应当等于运动和下落的力." [10]

---

① 迈耶使用了 "力" 这个词, 实际指我们今天所谓的能量.

　　进而迈耶提出了他的最具远见的结论. 假如热是动能和势能的一种形式,
而总能量是守恒的, 那么为了得到一定的热量必须消耗一定的机械能. 换句话
说, 一定的功能释放出一定的热量. 根据早期对气体所做的实验, 迈耶成功地
得到了机械功和热之间的定量关系, 这个关系与现代测量结果符合得很好.

　　英国人詹姆斯·普雷斯科特·焦耳 (1818—1889) 直接测出了热功当量.
焦耳在他的一生中进行了很长的一系列实验, 在这些实验中他将不同形式的
能量转化成热. 起先, 他将为使发电机转动所必需的机械功与电流通过时所放
出的热相比较.

　　在电路中经常遇到所谓电阻元件 (在这些元件中电子的运动
由于, 比如说, 它们在杂质上的散射而受到阻滞). 沿这些元件的

$$电势差 = (流过的电流) \times (电阻)$$
$$V = I \cdot R \tag{24.4}$$

为使电子通过一定的电势差 (1 V) 就需要对电子作一定的功 (1 eV),
此时在线路的电阻元件中电子的速度并不增长 (电子能够加速, 但
它很快又与金属原子相碰撞而把自己的能量传递给这些原子), 所
以可以得出结论: 电子通过一定电势差后所积聚的能量 (图 24.5)
应当传递给导体晶格和杂质的正离子, 使这些离子的无规则运动
增加, 也就是释放出热. 因此, 释放出的热量 (焦耳热) 等于对电子
所作的功. 我们可以用下述方式将它计算出:

$$\frac{对电子作的功}{时间} = \frac{(电子数) \times (电子电荷)}{时间} \times (电势差)$$
$$= (电流) \times (电势差)$$

因此, $\dfrac{所作的功}{时间}$ 相当于

$$\frac{放出的热量}{时间} \,(焦耳热) = I \cdot V = I^2 \cdot R = \frac{V^2}{R} \tag{24.5}$$

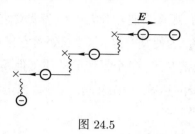

图 24.5

稍后, 焦耳又测量了水通过细管子时的摩擦产生的热量, 和为了维持水流所必需的功. 他还测量了压缩气体时所作的功, 与此时放出的热量. 后来他又做了一个图 24.6 所示的著名实验. 在这个实验中, 他将一个带叶片的轮子在盛有水的绝热木桶中转动. 水与叶片摩擦产生热量. 他将转动轮子所消耗的机械功与水的温升相比较. 据说, 焦耳在度蜜月的时候也没有停止自己的工作, 他测量了沙莫尼瀑布顶部和底部的水温, 以此来确定由于水拍打瀑布底部的岩石而引起水温的升高 (水的势能转化成动能, 接着又变成热).

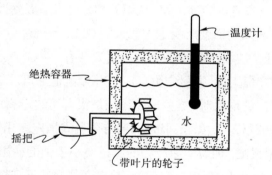

图 24.6 焦耳实验. 在实验中他使用了一个带叶片的轮子

他对事业的忠诚得到了加倍的褒奖. 通过长期的观察, 他终于得出了结论: 一定量的功转化成一定量的热. 它们之间的定量关系 (根据现代的测量数据) 为

$$1 \text{ cal} = 4.18 \text{ J} = 4.18 \times 10^7 \text{ erg} \tag{24.6}$$

这意味着, 假如有一个 1 g 水组成的绝热系统, 我们对它进行摇晃、揉搓、搅拌, 或者作别的机械功, 那么每作 4.18 J 的功, 水的温度相应地将升高 1°C. 如果

系统是由 2 g 水组成的, 那么为使它升温 1°C 需要对它作 8.36 J 的功. 而假如系统是由 1 g 铜组成的, 为使其升温 1°C, 只要对它作 $0.092 \times 4.18 = 0.385$ J 的功就够了. 这样就很清楚了, 一个系统的热质不但不守恒, 而且当对它作功时还能产生出一定数量的热质. 毫无疑问, 这种认识正是导致热的物质论垮台的原因.

受到威胁的守恒原则

物质论是建立在热守恒概念的基础上的. 假若事情果然是这样, 那么把热看成是某种实体当然是最方便的. 这种实体既不产生也不消失, 它只是从一个物体流向另一个物体. 而正是在这一点上物质论遭到了强烈的责难. 很容易用实验 (类似拉姆福德在炮身上钻孔的实验) 来证明, 摩擦不但能产生热, 而且能产生任意数量的热.

在物理学的发展过程中各种守恒定律起了很重要的作用. 依据守恒定律, 在一个封闭系统中, 确定的守恒量既不会产生也不会消失. 人类并不是现在才认识到自然界中存在这些定律, 这种认识的渊源可以追溯到许多世纪以前. 卢克莱修所说的下面几句话就反映了古代人的观点, 他说: "······ 物质不可能凭空产生, 而一旦产生了, 它也不会重新化为乌有 ······." [11] 从那时候起, 已经出现了许多守恒定律: 质量守恒, 能量守恒, 电荷守恒, 重子数守恒, 等等. 在描述有限范围内的现象时, 这些定律往往是很有用的. 譬如说, 在研究化学反应时可以认为质量是守恒的, 但是如果将质量守恒定律用于核反应那就错了. 因为, 举例来说吧, 铀裂变后产物的质量要小于铀的初始质量. 在这方面关于热的学说也不例外. 现在我们认为, 热或者热质并不守恒, 但能量是守恒的. 随着时间的推移, 事情变得更清楚了, 热乃是能量的一种形式. 所以, 狭义的热量守恒原则就被更普遍的能量守恒原则所取代了.

§24.4　亥姆霍兹能量守恒定律

亥姆霍兹在 1847 年写的论文中讲到了能量守恒定律, 这大概是关于能量守恒定律最早的和最全面的叙述. 在那些年代, "能量" 这一术语还不通用, 亥

姆霍兹使用了 "力" 这个词. 在力学中, 粒子可以具有一定的动能和势能, 如果力是保守的, 那么这两个能量之和始终是守恒的. 迈耶、焦耳和其他人的研究成果的实质在于发现了很多类型的系统, 这些系统 (不论有生命的, 还是无生命的) 都具有能作功的某种本领, 这种本领却又不能草率地归结于动能或者机械势能. 此外还发现, 动能可以明显地转化成热, 并且一定量的能量转化成一定量的热.

亥姆霍兹在考虑了所有这一切之后, 产生了一个想法. 他认为, 力学中当时通用的能量[①] 定义:

$$能量 = 动能 + 势能 \tag{24.7}$$

应当加以推广, 并写成以下形式:

$$\begin{aligned}能量 = {} &动能 + 势能 + 热量 + 电能\\ &+ 将来会发现的或提出的其他形式的能量\end{aligned} \tag{24.8}$$

在这里亥姆霍兹的指导思想是: 对系统所作的功应当等于系统能量的增加. 但是这个增加的能量既可以转化成机械能 (动能或势能), 也可以转化成热、电能或者某种至今尚不知道的能量形式 (图 24.7).

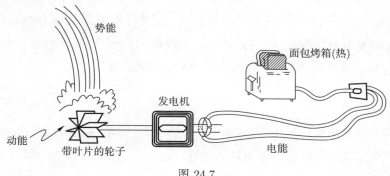

图 24.7

显然, 这个规定给了我们很大的自由. 如果在任何物理过程中, 我们都坚持认为能量守恒定律应当成立, 则有时为了使上述方程式的两边相等, 我们不

[①] 如果不作补充说明, 那么我们使用 "能量" 一词时, 指的是所谓的 "全部能量", 即一切形式的能量之和.

得不想出一种新的能量形式 (正如有一次庞加莱所指出的, 与其拒绝能量守恒定律, 还不如想出一种新的能量形式为好), 在基本粒子物理学中就有过这种情况. 为了挽救能量守恒原则, 就假设存在某种新粒子, 例如中微子. 因为现在每当我们发现有一部分能量似乎消失时, 我们就开始查找, 能量跑到哪儿去了: 什么粒子把能量带走了或者它转化成了什么形式的能量. 只要引入新粒子或者新的能量形式, 能量守恒原则总是可以挽救的. 这是我们研究世界时所使用的很有代表性的一种方法. 但是, 如果为了挽救能量守恒原则而在核反应中引入新粒子——中微子, 那么我们完全有理由期待发现这种粒子的其他踪迹. 一旦我们发现了这些踪迹, 即最终 "发现" 了中微子, 那我们就会相信, 能量守恒原则再一次显示出自己的威力.

能量的每一种形式 (老的或者新的) 都应当以确定的方式与能量的其他形式相联系, 并且它们都应当等效于一定的功的量值. 4.18 J 的功 (例如, 用 4.18 N 的力将物体移动 1 m 所作的功) 可以给出 1 cal 的热量. 它也可以使 2.6×10^9 个电子通过 1 V 的电势差, 或者将 100 g 的重物升高 426 cm. 当这个重物落向地球时, 它在地表附近的最大动能等于 4.18 J, 而当它撞击地面而停止运动时将放出 1 cal 的热量, 这个热量最终是使重物和地球升温.

我们来做一个练习, 计算一下为使导线在均匀磁场中移动所需的力. 如果回路没有闭合 (没有电流) 并且不考虑摩擦 (没有摩擦的发电机), 那么这个力等于零. 假设电路是闭合的, 并包含一个电阻 R (图 24.8), 那么电阻两端的电势差将产生电流

$$I = \frac{V}{R} \tag{24.9}$$

因而将放出焦耳热 V^2/R. 产生这个热所必需的能量或功等于使导线在磁场中移动所必需消耗的能量. 因此

$$\frac{\text{使导线移动所作的功}}{\text{时间}} = F\frac{d}{t} = Fv = \frac{V^2}{R} \tag{24.10}$$

但根据式 (21.9),

$$V = \text{电势差} = \frac{v}{c}Bl \tag{24.11}$$

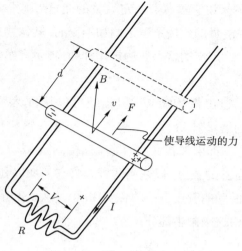

图 24.8

由此得到

$$F = \frac{v}{c^2}\frac{B^2 l^2}{R} \qquad (24.12)$$

所以, 电阻愈小, 为使导线以给定速度移动所需的力也愈大. 发电机短路或超负荷时, 为了使它转动就需要很大的力, 甚至可能使它烧坏. 为了避免发生这种情况, 现在发电机都装有自动控制的保险装置或继电器.

上面所讲的原则现在称为**热力学**[①]**第一定律, 或能量守恒定律**; 这个定律表明, 对于任一物理系统都可以确定一个称之为能量的量, 这个量等于式 (24.8) 中各项之和. 不论系统内发生什么变化, 这个量的数值都保持不变. 因此, 从力学中产生的能量概念已被推广至一切过程 —— 电的、化学的过程, 甚至在生物机体中发生的过程. 正如亥姆霍兹所写过的:

"从对一切其他的已知物理和化学过程的这类研究中可以得出这样的结

[①] 热力学定义为物理学的一个分支, 它研究热的力学作用和现象 (不管怎么说, 有一本辞典, 即韦氏辞典, 就是这样定义热力学的).

论, 自然界作为整体来说它蕴藏着一定数量的能量①, 它既不会减少, 也不会增加; 因此自然界中能量的数量是恒定的和不变的, 就像物质的数量是守恒的一样. 我把用这种形式定义的这一普遍规律称为 '能量守恒定律'." [12]

接着, 他又继续写道:

"我们不可能创造出机械能来, 但我们可以从自然界的总库房中提取它 …… 使我们的磨盘转动的水流和风力, 可供蒸汽机作燃料和房屋采暖用的木材和煤炭, 它们都携带着巨大的能量储备, 我们为了自身的需要而求助于它们, 我们根据自己的意愿, 以适当的方式将它们加以利用. 磨坊主把下落水流的能量以及风的动能看成自己的私有物. 磨坊主的开销比较小, 正是受惠于自然界能量储备中这一微小部分." [13]

参考文献

[1] *Майер P.*, Закон сохранения и превращения энергии, М.-Л., 1933, стр. 80.

[2] *Карно C.*, в сб. "Второе начало термолинамики", М.-Л., 1934, стр. 21.

[3] *Bacon Francis*, Novum Organum, 1620.

[4] *Thompson Benjamin (Count Rumford)*, Collected Works vol, II, Essay II (VII).

[5] 同上.

[6] 同上.

[7] 同上.

[8] 同上.

[9] *Маùер P.*, 参阅 [1] стр. 81.

[10] 同上, стр. 84.

[11] *Lucretius*, De Rerum Natura, R. E. Lathum, trans., Penguin Books, Baltimore, 1951.

[12] *Helmholtz Hermann*, Uber die Erhaltung der Kraft, John Tyndall, trans., Scientific Memories, Natural Philosophy, 1853.

[13] 同上.

---

① 亥姆霍兹在这儿用了 "力" 这个词.

思考题

1. 试应用热力学第一定律定性地描述下列情况: a) 一本书沿水平桌面的滑动; b) 冬季搓手取暖; c) 放在炉子上的锅中水的沸腾.

2. 加速器中被加速的粒子与固体靶相撞后, 其动能到哪儿去了? 为什么某些靶不得不用水进行冷却?

3. 从前耗费了许多精力以试图发明 "永动机". 在什么条件下, 这种机器有可能实现? (作为例子, 试分析一下太阳系.)

4. 如何借助于热的物质论来解释熔化 1 g 冰需要 80 cal 热量?

习题

1. 人体的正常温度为 98.6°F. 把它转换成摄氏温度.

2. 1688 年达连斯提出了一种温标. 按照这种温标, 冰的熔点为 $-10°$, 而黄油的熔点为 $+10°$. 求由达连斯温度到摄氏温度的换算公式. 用达连斯温度表示的室温等于多少度? 黄油的熔点为 31°C.

3. 铜的比热容是 0.092 cal/(g · °C). 要把 5 g 铜的温度提高 10°C, 需要多少热量?

*4. 在一个绝热容器内, 盛有 100 g 0°C 的水及 20 g 0°C 的冰. 把一个质量为 30 g, 温度为 100°C 的银勺 (热容量为 0.056) 放入容器中. 达到平衡后水的温度等于多少? 容器中还有冰剩下吗? 若是有, 还有多少?

5. 一个水罐中盛有 2000 g 0°C 的水和 2000 g 0°C 的冰, 每秒钟获得 10 cal 热. 过多长时间冰完全熔化?

*6. 试算出在维多利亚瀑布顶端与底部 (瀑布高 110 m) 的水温差. 假定热量没有被周围的空气吸收.

7. 在温度不变的条件下, 把 1 g 固体或液体变成蒸气所需要的热量叫作汽化热. 气化 15 g 水银需要多少热量? (水银的汽化热是 70 cal/g.)

*8. 一匹马在 1 s 内可作功 750 J. 拉姆福德在自己的实验中使用了一个钻. 钻由马带动而在一个浸没在水中的金属圆柱体内旋转. 根据已知的水的比热容与金属的比热容, 拉姆福德算出, 要使水沸腾需要 1.2×10^6 cal 热量. 开钻后 2.5 h 水沸腾了. 后来拉姆福德用这个结果估算热功当量. 拉姆福德得的结果等于多少?

9. 铅弹射到木板上, 与木板相撞后熔化了. 如果撞击前铅弹的温度是 30°C, 它飞行的最低速度是多大? 铅在 327°C 时熔化, 铅的熔解热等于 5.86 cal/g. 铅的比热容为 0.031 cal/g·°C.

*10. 在绝热容器中有 200 g 水. 向容器内放入一个 50 Ω 的加热器, 工作电压 100 V. 多少时间后水沸腾? 水的初始温度为 20°C.

11. 电热器给绝热金属容器中的 80 g 水 2400 J 热量. 金属容器的质量为 400 g. 结果水温上升了 5°C. 求该金属的比热容.

12. 液流量热器用于测定液体的比热容. 当液体以恒速流过量热器时, 恒定的热量不断地传给液体. 已知液体的流速、仪器入口与出口处的温差, 则可以确定比热容. 相对密度为 1.25 g/cm³ 的液体, 以 8 cm³/s 的流量流过量热器. 热量以 300 J/s 的速度输给液体. 在稳定工作状态下, 量热器入口与出口处的温差为 20°C. 求液体的比热容.

13. 使 −40°F 的 1 kg 冰变成 212°F 的水汽需要多少热量? 冰的比热容为 0.5 cal/(g·°C).

14. 进入散热器的水汽为 120°C, 出来的是 90°C 的热水. 这一系统从每克水中吸收了多少热量? 水汽的比热容为 0.48 cal/(g·°C).

第 25 章 热寂 (热力学第二定律)

§25.1 什么情况下热能够作功?

在力学中能的概念是与功的概念紧密相联的. 对一个粒子作功, 也就给它提供了能量; 而具有一定能量的粒子就可以作功. 当钟摆处于最大偏离状态时, 它是不可能停住不动的 —— 此时它的动能等于零, 而势能最大; 而在垂直位置时, 摆的势能最小, 动能最大. 倘若用摆撞击台球, 则它将对台球作功, 台球将向球袋的方向滚动. 力学中的能量守恒定律有点像财务上的收支平衡. 进入一个系统的能量等于从这个系统取走的能量. 推广至电的或其他运动形式的能量仍然具有这些性质, 虽然此时它需要用稍复杂一点的方式来定义. 电能可以变成机械能等; 机械能也很容易变为功. 但是, 当涉及热的时候, 出现了一些新的意想不到的效应.

机械能、电能或者它们的当量 —— 功, 都可以转变成热 —— 这是很显然的. 根据焦耳的研究结果我们确切地知道, 为了获取给定数量的热需要作多少功: 4.18 J 相应于 1 cal. 这样的过程不难实现, 只要搓搓自己的双手或者摩擦两根干燥的木棍就可以了.

与此相反的过程则完全是另外一回事. 对于这个过程的研究得出了一种观念. 像物理学中的许多其他观念一样, 这种观念当时在社会上引起了巨大的反响, 它带有一种神秘而浪漫的色彩. 一些人将它看成是亨利·亚当斯[1] 曾很好地表述过的、十九世纪所特有的低落情绪的原因; 还把它与对社会进步的失望情绪相联系, 这个社会不是走向完善而是滑向中庸之道 —— 就像是某种没有创造性的电视文化和没有巴黎圣母院的城郊的住宅建筑. 正是这个观念带

---

[1] 亨利·亚当斯 (1838—1918) 美国历史学家. —— 译者注

来了一种宇宙热死亡的忧郁幽灵. 斯温伯恩^① 曾这样描述了热寂 (逐字翻译):

> 不论是星星还是太阳将不再升起
>
> 到处是一片黑暗
>
> 没有溪流的潺潺声
>
> 没有声音, 没有景色
>
> 既没有冬天的落叶
>
> 也没有春天的嫩芽
>
> 没有白天, 也没有劳动的欢乐
>
> 在那永恒的黑夜里
>
> 仅剩下没有尽头的梦境

尽管这一观念引起了人们的强烈反响, 并在有些人中间产生了悲观厌世的情绪, 但是导致产生这一观念的原因后看起来是相当简单的. 其实就是这样一个问题: 我们称之为热的这种能量形式, 在什么条件下可以转化为功?

§25.2 卡诺热机

卡诺写道:

"热机已经在为我们的矿井效劳, 它驱动我们的舰船, 疏浚港湾和河道, 锻铸钢材 …… 现在从英国夺走它的蒸汽机就等于一下子夺走它的铁和煤, 切断了它财富的全部来源 …… 尽管对蒸汽机进行了许多工作, 尽管这些机器目前都处于令人满意的状态, 但有关热机的理论进展甚少." [1]

一般来说, 在实践中要求解决这样的任务: 有一个热源 (譬如说, 煤) 和要求作某种功 (例如, 带动一列火车). 煤里面含有一定数量的热量 (燃烧 1 kg 煤可使相当大量的水升温 1°C). 卡诺给自己提出了一个目标, 要回答下述问题: 应当怎样设计热机, 使对于给定的热量它作的功最大? 要制造一种不作任何功的热机是很容易的 (例如, 把煤放在炉子里烧就行了). 在蒸汽机中烧煤是为了获取热, 用这个热量给水加热, 并使之汽化; 蒸汽推动活塞, 活塞又推动

---

① 斯温伯恩 (1837—1909) 具有资产阶级自由思想的英国诗人. —— 译者注

其他部件, 最终使车轮转动, 列车移动, 而水不断地从炉膛中排出. 怎样才能充分利用 1 kg 煤去作功呢?

卡诺以他典型的法兰西风格把对具体的英国蒸汽机的考察推广到任意热机的情况. 他 (原则上) 成功地设计出了一种理想热机, 它的效率大于任何实际热机的效率. 他还证明了, 若对这个理想热机引入一定数量的热量, 那么由此产生的功的数量只取决于初始的和最终的温度的差值.

理想热机

卡诺的热机在下述两方面是理想的: 1) 它不考虑内摩擦; 2) 整个过程可以只用两个温度来描述. 换句话说, 这种热机是没有摩擦, 并且它是这样构造的: 气体从处于高温 T_1 的热源获取全部热量, 并推动活塞作功, 同时将热量传递给处于低温 $T_2(T_2 < T_1)$ 的周围物体 (图 25.1). 卡诺对这种热机证明了下列定理.

卡诺定理 **任何工作于两个温度 T_1 (高温) 和 T_2 (低温) 之间的热机的效率都小于理想热机的效率.**

因此, 对于问题 "工作于两个温度之间的热机的最大效率是什么" 的回答是: 它不可能大于理想热机的效率. 而计算理想热机的效率并不困难, 卡诺就计算过.

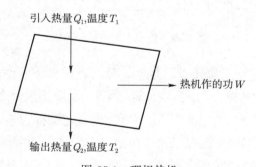

引入热量 Q_1,温度 T_1

热机作的功 W

输出热量 Q_2,温度 T_2

图 25.1 理想热机

这意味着, 如果热机在燃烧室消耗了热量 (气体在燃烧室中加热到较高的温度去推动活塞), 那么热机能作的功的大小依赖于气体在重新回到燃烧室

之前冷却到了什么温度. 热的气体可以作功, 作功以后气体冷却. 但在这个过程中气体总是要把它的一部分热量传给周围物体, 并因而要损失掉一些热量 (因为这也与热机所作的功有关). 如果热机要达到最大的效率, 则气体必须收集全部热能, 而一点也不用于加热周围物体. 怎样才能做到这一点呢? 如果这是可能的, 那么为什么不可以把普通的空气 (或海水) 作为工作物质, 使它有可能自我冷却, 而把由此释放出的热能转化为功, 然后再把冷却的空气放回大气呢?

海洋里蕴藏着巨大的热能 —— 海水并不很冷, 它完全可以更冷一点. 从能量守恒的观点看, 在海洋中行驶的船只完全可以用海水的热能作动力, 然后再把冷却的海水排出 (图 25.2); 此外, 还完全可以同时将海水在船上的冰箱里做成冰块. 毫无疑问, 反过程也是完全可以实现的; 也可以毫无困难地把任意数量的功转化成热, 并用它去加热海水. 据说, 被激怒了的薛西斯一世[①] 曾命令他的奴隶鞭打达达尼尔海峡 —— 这样一来他就把他的奴隶的廉价劳力转化成热量去加热这个古老的海峡. 但是反过程是不可能实现的. 我们不可能迫使海水自我冷却而使海洋为我们作功.

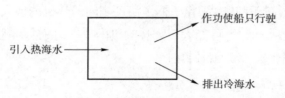

图 25.2　想象中的美妙的热机

所谓的热力学第二定律可以看作是对下述实验事实的明确确认. 在我们的世界里, 不可能从单一热源 (譬如说, 海洋) 吸取热量使之完全变成有用的功而不产生其他影响. 卡诺利用这一事实 (现在它被称为热力学第二定律) 证明, 他的理想热机的效率仅仅依赖于初始 (高的) 温度和最终 (低的) 温度, 并且大于任何实用热机的效率. 所以, 任何工作于给定温度差的热机, 一般来说它的效率要比理想热机低得多. 温差愈大 (例如, 最终温度愈低), 热机的效率愈高.

[①] 薛西斯一世是公元前 485 — 465 年间统治古波斯帝国阿希明尼王朝的国王. —— 译者注

蒸汽机, 与任何其他热机一样, 也消耗热量 (燃料是它的热源) 并把热量
从烟囱中排出或者直接排入大气 (图 25.3). 被排出的热也是能量, 尽管已不
很合用, 但总归也是能量. 从热机排出的这部分能量愈多, 损耗也就愈大. 因
而, 为了使热机能够利用全部热能, 最终温度 (工作后气体的温度) 应当相当
于 (在某种意义上说) 绝对不含热量的物质的温度. 以后我们将看到, 这种温
度称为绝对零度.

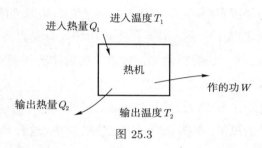

图 25.3

§25.3 卡诺证明的现代形式

卡诺进行他的证明时使用的是热的物质论的语言. 值得怀疑的是, 当他表
述第二定律时他也许还不理解热力学的第一定律; 因为在写第二定律时, 他
还不完全同意热等效于能量的观点. 卡诺使用了 "feu" (火)、"chaleur" (热) 和
"calorique" (?) 等这样一些词. 这就给人一个印象, 卡诺似乎有意在 "chaleur"
(热) 和 "calorique" (?) 的概念中加入了某种不确定的含义; 虽然在页末的附
注中他确认, 这些概念表示的是同一个东西, 但他按不同方式使用它们 [2]. 例
如, 他经常使用词句 "chute de caloique" (? 的减少), 但从来不用 "chute de
chaleur" (热的减少). 如果将词 "calorique" 译成现代术语 "熵", 那么卡诺的证
明几乎与现代的证明一样. 也许, 只是我们试图从他的语句中寻找这样的意
思, 而卡诺自己根本没有想过这样的含义[①].

---

① 1878 年卡诺的兄弟发表了卡诺的一些手稿. 根据埃里克·门多萨教授对手稿所进行的分析, 有人认为
在这些手稿中有卡诺在研究第二定律以前所写的手稿, 其中已包含热力学第一定律, 即热与功的等效性的最
早期的一种提法. 卡诺写道: "热就是改变了形式的能" [3]. 如果事情果真如此, 那么与公认的意见相反, 应当
认为, 当卡诺表述第二定律时他是了解第一定律的, 但他试图避开第一定律, 而从第二定律直接导出结果.

　　由于上述原因, 要解释卡诺的证明是相当困难的. 他的证明是否真的是立足于热的物质论? 如果是这样, 那么物质论的破产是否会改变从他的证明中所得出的结论呢? 或者卡诺是有意避开关于热相当于能量的假设, 因此从本质上看, 他的证明与第一定律无关? 鲁道夫·克劳修斯认为, 卡诺的证明正是这种情况[1]. 他写道:

　　"实际上很难完全抛弃卡诺的理论, 因为它在某种程度上已很好地为实验所证实. 进一步的分析表明, 新的方法[2] 并不违背卡诺原理的实质, 而仅仅否定了他关于**热量不损失**的论断; 因为在完成功的同时很容易发生一定数量的热量被吸收的情况, 另一部分热量则从较炽热的物体转移到次炽热的物体, 而总的热量与所作的功之间有着确定的关系." [4]

　　然后, 克劳修斯在不假设热质守恒, 而仅仅利用第一定律 (可能卡诺正是要避免这样做) 的情况下, 重新分析了理想热机的功 (这种热机的效率高于任何实用热机). 下面我们用现代的方式来行进这一分析. 用 Q_1 表示进入热机的热量 (譬如说, 煤燃烧时放出的热), Q_2 表示热机输出的热量 (空气从炉膛及烟囱带走的热), W 表示热机所作的功 (图 25.4). 假定热机是循环工作的 (例如, 活塞走一个全程相当于一个循环), 并且在每个循环结束时, 系统又恢复到初始状态[3].

　　由于热等效于能量, 所以总的输入能量应当等于进入的热量 Q_1. 而总的输出能量应当等于功 W 和热量 Q_2 之和. 根据热力学第一定律 (能量守恒定律) 可以写成:

$$\begin{pmatrix} \text{因燃烧燃料而} \\ \text{进入热机的热量} \end{pmatrix} = \begin{pmatrix} \text{抛出到周围} \\ \text{空间的热量} \end{pmatrix} + \begin{pmatrix} \text{热机所} \\ \text{作的功} \end{pmatrix} \quad (25.1)$$

$$Q_1 = Q_2 + W$$

---

　　① 由于法国的陆军工程师埃米尔·克拉珀龙发表了题为《关于热的动力》的文章, 卡诺的工作才为人们所知道. 这篇文章是在卡诺逝世后两年发表的. 在这篇文章中克拉珀龙采用了卡诺的方法并重新证明了卡诺定理. 不论克劳修斯还是汤姆孙 (开尔文勋爵) 都未能得到卡诺的书的抄本, 因此他们只是从克拉珀龙的文章中了解到卡诺的证明.

　　② 指第一定律 (能量守恒定律) 和热等效于功.

　　③ 我们希望相信, 热机本身不吸收热量. 对于一个实用的热机来说, 如果刚开机时它是冷的, 那么在开机后的头几个循环中, 一部分热量将留在热机中使它本身加热, 但当热机达到了工作温度后, 这个过程就停止了. 从这个时刻开始热机将循环工作, 它的内能也不再变化.

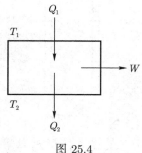

图 25.4

为了从给定的热量 Q_1 中获取最大的功, 应当使损失的热量 Q_2 等于零. (为使全部热能转化为功, 不应当使热量消耗在使周围空气或河流加热上面) 怎样才能做到这一点? 在什么条件下 Q_2 趋于零?

可以证明, 在卡诺的理想热机中, 进入的热量 Q_1 和损失的热量 Q_2 之比值只是初始温度和最终温度的函数;

$$\frac{Q_1}{Q_2} \text{ 仅仅与 } t_1 \text{ 和 } t_2 \text{ 有关} \tag{25.2}$$

这一结论与热机的具体特征无关, 例如与工作物质 (蒸汽、空气等) 无关. 此外, 如果正确选用温标, 关系式 (25.2) 将取一个令人惊异的简单形式

$$\frac{Q_1}{Q_2} = \frac{T_1}{T_2} \tag{25.3}$$

现在我们来确定, 对于什么样的温标, 关系式 (25.3) 成立; 这种温标称为绝对温标, 或者开氏温标[①], 它也可以用摄氏温标来表示, 只要简单地将零点位移一下就可以了 (图 25.5). 如果我们仍然希望按摄氏温标来测量温度, 那么式 (25.3) 就应当写成

$$\frac{Q_1}{Q_2} = \frac{t_1/^\circ\text{C} + 273.16}{t_2/^\circ\text{C} + 273.16} \tag{25.4}$$

将关系式 (25.3) 改写成下述形式:

$$Q_2 = \left(\frac{T_2}{T_1}\right) Q_1 \tag{25.5}$$

①开氏温标记作 K, 它与摄氏温标间的关系为 $T/\text{K} = t/^\circ\text{C} + 273.16$. ——译者注

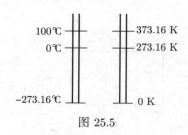

图 25.5

损失的热量的大小 Q_2 等于总的输入热量乘以最终温度和初始温度之比值 (按开氏温标), 通过定义开氏温标的绝对零度, 我们可以得出下述明显的结论. 假如热机工作的温度是 T_1 和 $\rightarrow T_2 = 0 \text{ K}$ (绝对零度), 那么输出的热量 Q_2 等于零, 因为

$$Q_2 = \left(\frac{0}{T_1}\right) Q_1 = 0 \tag{25.6}$$

由于 $Q_2 = 0$, 能量没有损失, 全部热量都转化成功. 上述情况只有在最终温度等于绝对零度时才有可能.

　　这就是对卡诺所提出的问题的现代形式的答案: 从温度为 T_1 的热源获取热量并工作于两个温度 T_1 (高温) 和 T_2 (低温) 之间的所有热机中, 只有卡诺理想热机可以作最大的功, 这个功由下述表达式确定:

$$W = Q_1 - Q_2 = Q_1 - \frac{T_2}{T_1} Q_1 = Q_1 \left(1 - \frac{T_2}{T_1}\right) \tag{25.7}$$

任何实用热机所作的功都比它小.

　　例　轮船发动机锅炉的温度为 $100°\text{C}$, 它的冷凝器的温度与海水的温度相同 ($15°\text{C}$), 试求轮船发动机的效率[①].

　　对于理想热机

$$
\begin{aligned}
\text{效率} &= \frac{\text{有用的功}}{\text{输入的能量}} = \frac{W}{Q_1} = \frac{Q_1 - Q_2}{Q_1} \\
&= 1 - \frac{Q_2}{Q_1} = 1 - \frac{T_2}{T_1} = 1 - \frac{288}{373} \\
&= 1 - 0.77 = 23\%
\end{aligned}
\tag{25.8}
$$

___

　　[①] 事实上实用发动机的效率通常要比工作在同样温差下的理想热机的效率小得多. 因此, 一般来说工程师的主要任务不是去减小 T_2/T_1 的比值, 而是减小内摩擦, 燃料的损失等等.

因此, 轮船发动机的效率小于 23%.

空气调节器可以看成是一个反向工作的 (理想) 卡诺热机 (卡诺热机的特点之一是, 它既可以正向工作, 也可以反向工作, 见图 25.6). 如果有两个卡诺热机, 一个作为动力机正向工作, 另一个作为冷冻机反向工作, 可以将它们互相连接起来, 使最终的功等于零 (图 25.7).

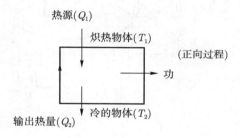

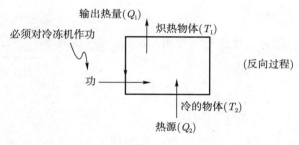

图 25.6

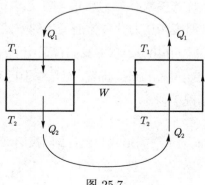

图 25.7

设想在房间的中央放有一台理想的空气调节器 (卡诺热机)(图 25.8). 在这种情况下, 除非把热量 Q_1 排走 (通常从窗户排出), 否则空气调节器并不能使房间降温.

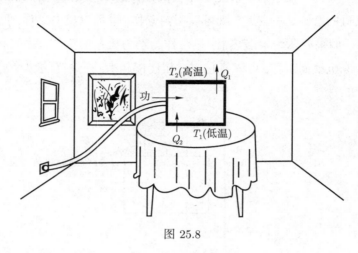

图 25.8

由于同样的原因, 一个敞开着的电冰箱并不能使很热的厨房不断降温. 但它还是能稍微使厨房凉快一点. 为什么?

§25.4   熵

克劳修斯进而使用了一些抽象和难懂的论证指出, 可以引进这样一种函数 S, 这个函数只与系统的参数有关 (例如, 对于蒸汽机, 它只与压力和温度有关, 但**与为达到这种温度和压力的数值而使用的方式无关**), 而它的变化与引入该系统的热量有关. (在第 12 章中我们曾证明了, 粒子在保守力场中的势能只依赖于粒子的初始位置和最终位置, 而与粒子运动的路程长短无关, 克劳修斯的论证与上述情况类似.)

克劳修斯论证的最简明形式是这样的. 我们来考察一个量

$$\frac{携带的热量}{温度}$$

在理想热机中发生的过程示于图 25.9. 对于全循环 [参阅式 (25.3)]

$$\frac{\text{携带的热量}}{\text{温度}} = \frac{Q_1}{T_1} - \frac{Q_2}{T_2} = 0 \qquad (25.9)$$

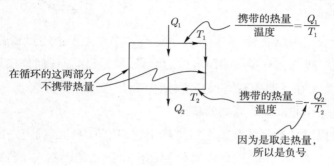

图 25.9

克劳修斯证明, 这个结果与热机的具体结构无关 (譬如说, 与热机工作在两个温度还是几个温度之间无关), 当然这是在没有摩擦的条件下. 由此他得出结论: 在任意两个点 a 和 b 之间计算出的量 (图 25.10)

$$\sum_{a \text{ 和 } b \text{ 之间}} \frac{\text{携带的热量}}{\text{温度}}$$

的数值只取决于点 a 和 b 的位置. 克劳修斯称这个只与 a 和 b 的状态有关的函数为**熵**.

图 25.10

关于 "熵" 这个名称的选择, 克劳修斯写道:

"在确定一些重要的科学量的名称时, 我宁愿求助于古代的文字, 这样做的目的是使这些名称能在现有各种文字中表示同样的意思. 因此我建议把 S 叫做物体的**熵**, 熵在希腊文里表示 "变化". 我专门挑选了 "**熵**" 这个词, 为了使它与 "能量" 一词在发音上有相同之处[①]. 因为按照它们的物理含义这两个量

[①] 在希腊文中能量为 "εnergia", 熵为 "entrope", 两者发音有相似之处. ——译者注

很相似, 我认为, 使它们的名称在发音上也相似是有益的." [5]

克劳修斯没有采用任何已知的表示法 (例如, 用损失的热量) 来表示这个函数. 这样做的结果, 使他得以成功地引进了一个新名词, 这个词不会在人们中引起任何联想.

以后当我们用总能量、平均速度等这些力学概念来描述热和温度的时候, 我们对熵这一概念就有了简明而自然的解释. 但是目前, 任何公式只会把事情搞糊涂. 因为现在主要的事情不是解释它, 而是知道存在有这样一个函数, 并且它是表述一个非常重要原则的基础.

我们可以对任意系统和整个宇宙确定它们的熵 (就像确定它们的能量一样). 不但可以对蒸汽机, 也可以对供给蒸汽机热量的燃料, 对燃烧这种燃料的锅炉, 对安放这些锅炉的平台, 最后, 对于太阳系和对于包含太阳系在内的整个宇宙都可以确定克劳修斯所引入的函数. 根据能量守恒定律, 宇宙的总能量是个常量, 它与宇宙的年龄无关, 与在新星产生之前或之后测量这个能量无关, 也与是否有彗星落入太阳系等无关. 利用熵的概念可以表述一个等效于热力学第二定律的原理, 它的内容如下: 熵永远是增长的. 在任何物理过程中, 虽然系统中某些部分的熵可能减少, 但整个系统的熵始终是个增长的量. 对于一个封闭系统, 1) 可以确定它的总能量 $E = \dfrac{1}{2}mv^2 + V + \text{电能} + \cdots\cdots$; 2) 它的总能量 E 是个常量; 这两点是能量守恒定律 (即能量不能凭空产生也不可能消失) 的数学描述. 对于熵也有相似的情况. 根据克劳修斯的论断, 对于一个封闭系统, 1) 可以确定一个函数 S (熵); 2) 在任何物理过程中, 这个函数 S 的值始终是增长的. 这两点是另一定律的数学表述. 这个定律认为, 不可能仅仅依靠将物体冷却到低于周围介质的温度而获取功[①].

这个定律适用于整个宇宙, 它决定了任一物理过程的发展方向. 熵的增长意味着[②], 炽热的物体应当不断地冷却 (一切物体都趋向于达到周围物体的温

---

① 使物体冷却到低于周围介质的温度是可能的 (例如, 使用冷冻器), 但此时必须有动力机对它作功.

② 如果科学是按另一种方式发展起来的话, 我们完全可能把现在称为 "热" 的东西叫做热能, 而把 "熵" 称为热. 在这种情况下, 第一定律将成为: 能量是守恒的; 或者更啰唆一点: 热能等效于能量, 并且

$$4.18 \text{ 焦耳功} = 1 \text{ 卡热能}.$$

而第二定律可以这样表达: 对于在绝热系统中发生的任何物理过程, 热将增长.

度), 直至宇宙就整体来说耗尽它的全部热量为止 —— 此时熵达到最大值, 并且再也不可能发生什么事情了.

这个结论是否就是产生亨利·亚当斯悲观主义的原因? 这是很难令人相信的.

参考文献

[1] The Second Law Thermodynamics, *W. F. Magie*, ed., New York, 1899.

[2] *Frank C. F.*, Physics Education, 1(1), 13(1966).

[3] *Carnot Nicolas Leonard Sadi*, Notes, 1878.

[4] The Second Law of $\cdots$, 参阅 [1].

[5] 同上.

思考题与习题

1. 卡诺机工作时有两个热源, 其中一个的温度为 $500°$C, 而另一个为 $250°$C. 如果在一个循环中卡诺机从加热器中获得 2000 cal 热量, 那么它在一个循环中作的功是多少?

*2. 能否制造出一种机器, 它能把从热源 (加热器) 获取的热量全部变成功?

3. 在习题 1 中, 卡诺机将多少热量传给了温度较低的热源 (冷却器)?

4. 热机的效率由以下公式确定

$$效率 = \frac{完成的功}{输入的热量}$$

试证明, 对于文中描述的卡诺机,

$$效率 = 1 - \frac{T_2}{T_1}$$

5. 热机效率的理论值等于所完成的功与输入的热量之比 (W/Q_1).

a) 习题 1 中的热机的效率等于多少?

b) 应当把冷却器的温度降到多少, 才能使热机的效率等于 50%?

c) 用降低冷却器温度的办法, 所得到的热机最大效率是多少?

6. 导出卡诺机的效率与加热器及冷却器温度的关系式. 蒸汽机使用 $500°C$ 的蒸汽, 由蒸汽机中排出的蒸汽温度为 $100°C$. 该机器的效率等于多少?

7. 本章中讨论的卡诺机是依靠把热量从温度较高的贮热器传递给温度较低的贮热器而作功的. 但这一原理对于反过程也同样适用. 可以把热量从温度较低的贮热器传给温度较高的贮热器, 即对卡诺机作功, 完成反方向的循环. 基本关系式为

$$\frac{Q_1}{Q_2} = \frac{T_1}{T_2}, \quad W = Q_1 - Q_2$$

式中 T_1 —— 加热器的温度; Q_1 —— 输进加热器的热量; T_2 —— 冷却器的温度; Q_2 —— 由冷却器取出的热量; W —— 对热机作的功.

a) 通过 Q_2, T_1 和 T_2 写出 W 的表达式.

b) 设 $T_1 = 100°C$. 试问, 为了从温度为 $0°C$ 的贮热器中取出 100 cal 热量, 需作多少功?

8. 由于无知, 把一台空调机 (反卡诺机) 安在房屋当中. 正常条件下, 它工作于室温 $40°C$ (加热器) 与低温 $10°C$ (冷却器) 之间, 每小时从房间中带走 10^6 cal 热量. 这台空调机每小时给房间多少卡热量?

**9. 冷冻机工作于 $T_2 = -10°C$ 与 $T_1 = 40°C$ 之间. 由于在绝热层中的泄漏, 它每小时吸收 72000 cal 热量. 如果认为冷冻装置是理想的, 那么冷冻机的电动机每小时消耗多少能量?

第 26 章 分子运动论 (热、温度和熵的力学解释)

热、温度和熵这些概念的诱人之处首先在于, 它竟与力、质量和加速度这样一些力学的属性毫无关系. 我们不必去研究任何假想的粒子或者对物质的性质进行没完没了的推测. 许多人把温度、热和熵的概念与力学没有关系看成是件大好事. 这些量可以在实验中直接观察到. 例如, 根据温度计水银柱的高度就可以确定温度, 而不需要对构成物质的微粒作任何假设. 在这个意义上所谓的唯能论犹如牛顿力学的变种, 即它替代了牛顿力学关于物质的微粒性质的假设. 到了十九世纪末, 关于唯能论是否也像牛顿力学那样包含丰富的内容, 人们议论纷纷, 对是否能从唯能论导出牛顿系统 (从行星运动、潮汐现象到地球的运动) 的各种性质, 发表了各种各样的意见. 只是到了 1905 年, 阿尔伯特·爱因斯坦的论文发表后, 才最终解决了关于引入物质微粒性的假设是否必要的问题. 爱因斯坦在论文中从原子和微粒的角度解释了所谓的布朗运动[①]. 而当时有一些人, 如奥斯瓦尔德和迪昂, 就曾经认为 (基于节约思维的原则), 既然没有必要假设原子的存在, 有关物质微粒性的假设也是多余的了.

但是, 在物理研究中节约思维的原则并不是最好的方法, 尽管也有例外. 对于上面所讨论的情况引入某些关于物质微粒性的补充假设原来是非常有成效的. 事实证明, 对温度和热的概念可以很成功地从力学的角度加以解释. 麦克斯韦曾经试图用力学概念来解释电磁场, 为此他引入了某种介质, 在这种介质中张力和拉力等效于电磁场. 但他没有成功, 因为抽象的电磁场概念要比力学的解释深刻得多. 但是现在每一个人都会同意下述看法: 温度和热的力学解释比这些抽象概念本身深刻得多.

---

① 植物学家布朗在研究植物花粉的悬浮物时, 首先观察到了悬浮在液体中的微粒的运动. 从外表上看来, 这些运动是杂乱无章的和永不停止的.

现在我们就来尝试建立一个直观的力学模型, 用它来解释温度、热甚至熵这样一些概念. 从原则上讲, 温度的力学解释不一定必要, 我们完全可以以它已有的面貌接受它. 但利用运动微粒的模型可以很方便地来说明熵所表示的含义.

我们要做的事情很明显. 我们将引入气体模型, 将牛顿运动定律应用于每个气体粒子, 研究由此得出的结果, 并期望根据这些结果来确定整个系统的行为. 在研究刚体时我们已经这样做过. 那时我们曾经假设有某种内部的力将粒子彼此束缚在不变的距离上. 现在我们要引入气体模型并证明, 仅仅利用一些力学概念 (质量、长度、时间和运动规律) 就能找出相当于热、温度和熵这样一些物理量来. 如果我们做到了这一点, 那将得出非常重要的结果. 因为在这种情况下, 完全不必再把这些概念作为基本概念引进物理科学中.

丹尼尔·伯努利就进行过这样的尝试. 在 1738 年发表的关于流体动力学的论文中, 他假设气体是由大量快速运动[①] 着的粒子组成的, 并考察了由此得出的结果. 例如, 他写道:

"设想有一个垂直放置的圆柱形容器 $ACDB$, 容器内有一个可活动的顶盖 EF, 盖的上面放一个重物 P (图 26.1). 设在空间 $CEFD$ 中有许多微粒, 它们以极快的速度向各个方向运动; 粒子撞击着顶盖 EF, 并以它们不断的反复撞击支撑着顶盖, 因而形成一种弹性液体. 当移去或减轻重物 P 的重量时, 这种液体就膨胀; 而当增大重量时它就被压缩 (图 26.1)" [1]

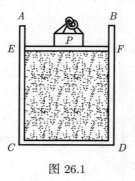

图 26.1

---

① 提出粒子是作快速运动的这个假设, 是为了解释下述事实: 气体能够 "充满" 容器而同时又可以压缩; 否则就必须引入将粒子维持在一定距离上的力, 例如给热质所描述的那种力.

伯努利的想法是: 我们所观察的气体的压力可以用容器中存在大量粒子来解释, 这些粒子以很大的速度运动, 并不断撞击着容器壁. 现在我们要分析的正是这一思想.

不仅对于气体, 对于固体和液体也可用力学概念解释温度和熵. 但是在固体和液体中内力的情况比较复杂, 进行这种解释相当困难. 而对于气体的情况, 可以认为, 转化为热的全部机械能都变成了气体粒子的动能. 而一个粒子的动能的表示式是很简单的 (固体或液体中粒子势能的表示式要复杂得多), 因而我们完全有能力对许多气体进行分析, 看一看机械能是怎样转化成热能的. 为此, 现在我们要有一小段题外的插曲, 先研究一下气体的性质. 首先, 我们来了解一下由观察资料得知的气体的行为. 这将使我们获得关于温标的重要知识.

§26.1　气体的行为

玻意耳定律

用气体进行的实验对理解物质的结构起了重要的作用. 这类实验的最早的结果之一是玻意耳获得的. 他得出, 在实验中如果将气体的温度保持不变, 那么气体的体积乘以气体对 (其中盛有气体的) 容器壁的压力的乘积也保持不变. 也就是说, 愈强烈地压缩气体, 气体对器壁所施加的压力也愈大. 这个结果可以写成如下的形式

$$压强 \times 体积 = 常量 \text{ (在温度不变的条件下)}$$

或者

$$PV = 常量 \text{ (在温度不变的条件下)} \tag{26.1}$$

压强定义为作用于单位表面上的力. 100 N 的力, 作用于 2 cm^2 的面积上, 则压强为

$$P = \frac{100 \text{ N}}{2 \text{ cm}^2} = 50 \frac{\text{N}}{\text{cm}^2} \tag{26.2}$$

如果该力作用于 $1/2\ \text{cm}^2$ 的面积上, 则压强为

$$P = \frac{100\ \text{N}}{1/2\ \text{cm}^2} = 200\frac{\text{N}}{\text{cm}^2} \tag{26.3}$$

因此, 力如果作用于很小面积上, 则表现出很大的压强 —— 这就是常常要求妇女们在踏上贵重而稀有的镶木地板以前, 在她们的高跟鞋外面再穿上一双胶皮套鞋的原因. 我们周围大气的压强约 $10\ \text{N/cm}^2$. 压强经常也用大气压度量. 假如我们有处于 1 个大气压下的空气 $1000\ \text{cm}^3$, 如果将它的体积在恒温下压缩到 $500\ \text{cm}^3$, 则根据玻意耳定理我们可以求得, 空气对容器壁的压力将增加到 2 个大气压.

查理定律

在十八世纪末期, 雅克·查理和约瑟夫·路易·盖吕萨克各自独立地发现: 气体在常压下加热时, 它的体积增长正比于温度的增长 (图 26.2).

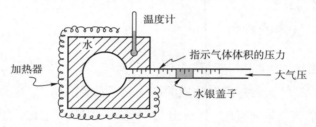

图 26.2　长颈瓶中的气体可以在常压 (大气压) 下加热或冷却. 水银塞子可以前后移动, 利用它使长颈瓶中气体的压强 (压强 = 力/面积) 与大气压平衡

最令人惊讶的是, 这个结论对所有气体都适用. 当温度从 0°C 增加到 1°C 时, 几乎所有气体的体积都增加约 1/273. 而对于液体和固体 (回想一下温度计的水银和玻璃) 当温度增加时, 它们体积的增长值在很宽的范围内变化. 这再一次表明, 与固体和液体相比, 气体的行为要简单得多. 如果画一个体积对温度 (用 °C 表示) 的依赖关系曲线, 则我们将看到, 这是一条直线 (图 26.3). 这个结果称为**查理定律** (又名**盖吕萨克定律**). 它可以写成下面的形式:

　体积 = (常数) × (温度) + (另一常数)(在压力不变的条件下)　(26.4)

很自然地会产生一个有趣的想法. 假如我们沿实验点继续延伸这条直线 (图 26.3 上的虚线), 将会怎么样? 我们看到, 直线将与温度轴相交. 在这个交

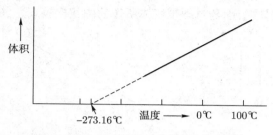

图 26.3 在压力不变的条件下加热气体

点处, 相应的气体体积等于零. 但这是否意味着, 在常压下将气体冷却到足够
程度后, 气体完全消失了? 当然不会. 一切气体剧烈冷却后都将变成液态, 而
在液态下它们既不遵守玻意耳定律, 也不遵守查理定律. 而当它们处于气体状
态时, 给人造成一个印象, 似乎冷却到足够程度后它们的体积会消失. 这是一
个重要事实, 稍后我们将再回到这个问题上来.

理想气体的状态方程

假设我们能建立一种 "理想" 气体的模型, 这种气体永远遵守查理定律,
它不会变成液态, 将它冷却时它的体积不断减小, 直至等于零. 对于这种气体,
相应于它的体积等于零的温度, 显然应当是温度的绝对界限 (否则的话, 进一
步降低温度体积就变成负的了). 这个极限温度可以定义为绝对零度, 以取代
摄氏和华氏温标所自由选取的零度. 这样我们又得到了一个绝对温度的温标
(也就是我们前面提到过的开氏温标). 绝对温标分度的间距同摄氏温标一样,
而它的零度相应于 $-273.16°C$.

无论如何都不应当得出结论说, 我们引入的零点比其他温标的零点更绝
对. 说真的, 为什么它应当与我们以前确定的零点一致呢? 为什么不能把实际
液化的气体的温度冷却到低于这个零点呢? 或许, 当我们利用气体分子运动
论找出了温度的力学当量后, 事情将进一步明朗化. 那时我们将看到, 将温度
$-273.16°C$ 作为零度是有多方面的原因的. 从历史上看, 原因之一就是把 "理
想" 气体曲线外推所得出的结果. 但这并不意味着, 绝对零度的这一定义是唯
一的.

我们再回到气体定律上来, 对现实气体作一个常压下体积与温度的依赖

关系曲线图, 并对这个图与对理想气体所作的图相比较 (图 26.4).

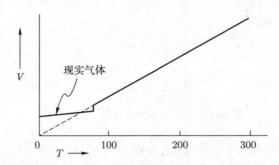

图 26.4　在常压下, 理想气体和现实气体体积与温度的依赖关系

我们看到, 除了温度很低和温度很高的情况之外 (温度很高的情况在图 26.4 上未画出), 现实气体的行为与理想气体一样. 只有当气体分子的体积可以与盛放这些气体的容器的体积相比拟时, 现实气体开始不遵守理想气体定律. 在室温下, 气体分子的体积比容器体积小得多. 因此, 当可以忽略现实气体分子间的相互作用时, 理想气体定律是个很好的近似. (当 $T = 0$ 时, 理想气体根本没有任何体积.)

[将 $1\,\mathrm{cm}^3$ 的水与由这些水得到的蒸汽 (譬如说, 在大气压下) 的体积相比较, 就可以得出气体分子的体积 (与整个气体所占的体积相比) 有多大的概念. 水的分子 H_2O 是紧密排列的, 正因为如此水实际上不可能被压缩. 所以, 我们可以近似地认为, $1\,\mathrm{cm}^3$ 的水中有 $1\,\mathrm{cm}^3$ 的分子, 而 $1\,\mathrm{cm}^3$ 水得到的蒸汽约占 $1000\,\mathrm{cm}^3$ 的体积, 尽管分子的数目仍然这么多. 因此, 对于典型的气体, 分子的体积和气体所占 "空间" 的体积之比可粗略地估计为

$$\frac{1\,\mathrm{cm}^3}{1000\,\mathrm{cm}^3} = 0.001 \tag{26.5}$$

由于气体总是要 "充满" 容器的, 这可以用分子的快速运动来解释, 气体的压力就是这些分子不断撞击容器壁的结果. 由于气体分子彼此相距很远, 在一级近似 (理想气体的近似) 中可以根本不考虑它们间的相互作用, 即认为它们实际上彼此是不碰撞的. 之所以能够作这样的简化是由于我们确信 (以后我们将证实这一点), 分子相互作用的势能要比它们的动能小得多, 而在理想气体近

似的情况下则可以完全忽略势能. 大多数普通气体, 当它们的参数 (温度、压力等) 在很宽的范围内变化时, 它们的行为与理想气体相似.]

如果把查理定律和玻意耳定律结合在一起, 我们将得到一个方程式 —— 理想气体的状态方程:

$$PV = 常数 \times T \tag{26.6}$$

玻意耳定律

$$在常温下 \quad PV = 常数 \tag{26.1}$$

查理定律

$$在常压下 \quad V = 常数 \times T \tag{26.4}$$

这两个关系式可以用一个方程式来表示:

$$PV = 常数 \times T \tag{26.6}$$

如果 P 不变, 我们有 $V = 常数 \times T$; 而如果 T 不变, 则得到 $PV = 常数$.

式 (26.6) 中的常数项可以有条件地写成

$$常数 = Nk \tag{26.7}$$

的形式, 以后我们将看到, 式中的 N 是在给定体积中气体的分子数, 而 k —— 所谓的玻尔兹曼常量:

$$k = 1.38 \times 10^{-16} \frac{\text{erg}}{\text{K}} \tag{26.8}$$

此时

$$PV = NkT \tag{26.9}$$

有时这个方程式还可以写成另一种形式

$$PV = nRT \tag{26.10}$$

式中 n——气体的物质的量, R——普适气体常量, 它适用于一切气体:

$$R = 8.31 \times 10^7 \frac{\text{erg}}{\text{mol} \cdot \text{K}} \tag{26.11}$$

[摩尔 (mol) 是指物质的数量, 它在数值上等于以克表示的分子量, 例如, 水的分子量等于 18, 因而 1 mol 的水等于 18 g. 1 mol 的任何物质包含相同的 N_0 个分子. N_0 称为阿伏伽德罗常数, 它等于

$$N_0 = 6.02 \times 10^{23}] \tag{26.12}$$

上述气体行为也可以用热的物质论来解释. 物质论假设, 气体加热时 (即它的温度升高时) 将吸收附加的热质, 其结果是, 气体分子将更激烈地互相排斥 (因为热质粒子是互相排斥的, 但能被分子所吸引). 这导致气体的体积膨胀 (压力不变时) 或温度升高 (体积不变时). 但为了进行这种解释必须引入一种新的实体——热质, 它是没有重量的, 也是观察不到的, 热质粒子是互相排斥的, 但能被所有其他原子所吸引. 分子运动论则在质点的牛顿力学基础上解释所观察到的气体性质, 并给出了温度的定义, 它不需要引入新的实体.

分子运动论为我们描绘了一幅这样的气体总图像: 气体是一个大量快速运动着的微观粒子的集合体, 这些微粒的总体积要比气体所占有的容器体积小得多. 分子运动论发展了一个古老的思想, 即一切物体都是由基本的物质微粒构成, 这些微粒处于快速运动状态, 而且气体的每个微粒的运动都服从牛顿定律. 这时就产生了一个问题: 利用这种模型和将牛顿运动定律应用于气体粒子, 是否可以得出所观察到的现实气体的各种性质呢? 例如, 能否导出关系式 $PV = NkT$ 呢? 最后, 能否找出与气体的温度、包含在气体中的热以及气体的熵等量相应的力学量呢?

§26.2 从分子运动论推导出理想气体的状态方程

设在一个容器中装有一种理想气体, 它是由大量 (N 个) 质量为 m 的粒子组成, 这些粒子都处于运动状态 (图 26.5). 为了简单起见, 假设容器是边长为 l 的立方体. 下面我们来求由于气体粒子撞击容器壁而对器壁产生的压强 (作用于单位面积上的力).

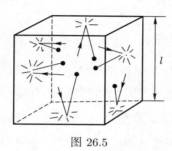

图 26.5

当粒子与器壁相撞时, 器壁对粒子有个反作用力, 这个力在数值上等于粒子作用于器壁的力[①], 但方向相反. 在器壁的反作用力的作用下, 粒子的动量在碰撞过程中发生了变化. 我们来考察一个质量为 m 的粒子, 它以速度 $v_{始}$ 沿垂直于器壁的直线向器壁运动 (图 26.6). 假设粒子与器壁相撞后准确地向后反弹回去. 粒子动量的变化等于最终动量 $mv_{终}$ 减去初始动量 $mv_{始}$. 假设粒子与器壁的碰撞是弹性碰撞 (即动能在碰撞过程中守恒), 那么可以肯定, 最终速度在数值上将等于初始速度, 而速度的方向变成相反, 即

$$v_{终} = -v_{始} \qquad (26.13)$$

---

① 当然, 在粒子的撞击下器壁也会移动, 但如果器壁相当笨重, 则这个移动就不重要. 如果粒子流不断地撞击容器的相对的两壁 (图 26.7), 则可以合理地认为, 整个容器将处于静止状态.

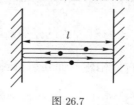

图 26.7

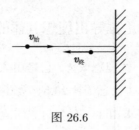

图 26.6

因此

$$动量的变化 = m\boldsymbol{v}_终 - m\boldsymbol{y}_始 = -2m\boldsymbol{v}_始 \tag{26.14}$$

　　在 1 s 内, 由于粒子与器壁碰撞而发生的动量的变化等于 (每次碰撞引起的动量的变化) × (每秒内的碰撞次数). 我们来考察一下粒子与图 26.8 所示的容器右壁相碰撞的情况. 为了简单起见, 假设粒子的速度垂直于器壁, 并且粒子只在相对的两壁之间作往返运动. 每秒钟内发生的碰撞次数决定于: 1) 粒子的速度; 2) 粒子在两次碰撞之间所通过的距离, 这个距离等于两壁之间距离的 2 倍 $(2l)$. 两次碰撞之间的时间间隔等于距隔 $2l$ 除以粒子的速度:

$$\frac{2l}{v} = 粒子与容器右壁两次碰撞之间的时间间隔 \tag{26.15}$$

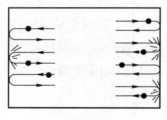

图 26.8

每秒钟内发生的碰撞次数等于两次碰撞之间所需时间间隔的倒数 (例如, 若两次碰撞相隔 1/10 s, 则每秒钟内发生 10 次碰撞):

$$\frac{v}{2l} = 每秒钟内的碰撞次数 \tag{26.16}$$

这样, 一个粒子由于与容器右壁相碰撞而在每秒钟内发生的动量的变化等于

$$(1 次碰撞引起的动量变化) × (1 个粒子在 1 s 内的碰撞次数)$$

$$= 2mv \times \frac{v}{2l} = \frac{mv^2}{l} \tag{26.17}$$

这是一个令人惊异的结果: 每秒钟内动量的变化正比于 mv^2 (动能值的 2 倍). 这也不难理解, 因为动量变化的表示式中有速度, 每秒碰撞次数中也有速度, 故此得到了速度平方.

假若容器中有 N 个分子, 那么这 N 个分子在 1 s 内与容器的一个器壁相碰撞而引起的动量变化等于 N 乘以式 (26.17), 或者

$$(当容器内有 N 个粒子时, 1 \text{ s 动量的变化值}^{①}) = \frac{Nmv^2}{l} \tag{26.18}$$

器壁应当对粒子作用多大的力才能使它们的动量发生上述变化呢? 只要我们求出这个力, 那么我们也就知道了分子作用于器壁的力, 即求得了压力. 为此, 只需要利用牛顿第二定律就行了:

$$F\Delta t = \Delta p \tag{26.19}$$

器壁作用于各个 (N 个) 分子的力, 会有很大的涨落, 因为某个具体的分子在某个时刻可能与容器壁相接触, 也可能不接触. 但因为粒子的数量很大, 它们又是快速运动的, 所以可以认为, 撞到壁上的粒子的通量是个常量. 尽管与器壁相撞的粒子数有很大的涨落, 但在宏观测量中观察到的只在一定时间间隔 (譬如说, 1 s) 内的某个平均力. 因此我们不去计算随时间很快变化的力的瞬时值, 而是确定一个平均力, 这个平均力在 1 s 的时间内可以认为是不变的 (图 26.9). 我们的仪器通常记录的就是平均力. 因为力的瞬时值涨落很大, 变化也很快, 这些仪器不可能记录到它们.

假设现在正下着冰雹, 雹子不断地打到汽车的玻璃窗上 (图 26.10). 冰雹对玻璃窗作用一个力, 并把它向后推. 虽然作用于车窗玻璃上的力是随时间迅速变化的, 而车窗实际上仍然是不动的, 这说明雹子以某个平均力作用于玻璃. 由于玻璃的惯性太大, 来不及对力的涨落有所反应, 所以玻璃实际上是不动的.

---

① 应当指出, 在这里我们没有考虑粒子彼此间可能的相互碰撞, 而这种碰撞几乎是不可避免的. 由于粒子间相互碰撞的结果, 可能使粒子的速度变小, 也可能使粒子的速度增大. 这样的计算属于统计力学的问题, 以后我们将要讲到.

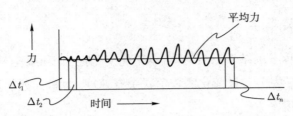

图 26.9   曲线下的面积 $=F_1(\Delta t)_1 + F_2(\Delta t)_2 + \cdots + F_n(\Delta t)_n = F_{平均}t$

图 26.10

因此我们可以写成:

$F_{平均} = N$ 个粒子 1 s 内动量的变化 (数值),

$$F_{平均} = \frac{Nmv^2}{l} \tag{26.20}$$

这就是粒子的速度、数量、质量和器壁作用于这些粒子的力 (或者粒子作用于器壁的反作用力) 之间的定量关系. 对于处于一个容器中的这样的粒子系统, 由于与容器壁不断碰撞, 粒子以某种平均力作用于器壁, 换句话说, 对器壁有一种压力.

　　粒子可以从各个角度飞向器壁, 它们的速度也不一定相同. 但是这些附加的复杂条件原则上并不改变所得出的结果. 在这种情况下 (速度 v 与右壁成一定的角度) 应当只考虑垂直于器壁的速度分量. 我们用 v_x 来表示它. 此时可以认为粒子以速度 v_x 从一个器壁向另一器壁运动, 同时它还有平行于器壁的移动. 但对这些平行于器壁的运动我们并不担心, 因为它们既不影响粒子传递给器壁的动量的大小, 也不影响每秒钟内粒子与该器壁的碰撞次数. 作用于右壁上的力为 $F_{平均} = \dfrac{Nmv_x^2}{l}$. 同样的力也将作用于容器的其他壁上 (但相应的表示式中将是 v_y, 或 v_z, 而不是 v_x). 平均说来, 在

一个方向上的速度的平方等于总速度平方的 1/3, 故而作用于一个器壁的力为

$$F_{平均} = \frac{1}{3}\frac{Nmv^2}{l} \ (数值) \tag{26.21}$$

所以, 平均力不取决于粒子在某一个方向上的速度, 而是取决于它们的总速度.

如果利用关系式

$$v_x^2 + v_y^2 + v_z^2 = v^2$$

并假设, 平均来说

$$v_x^2 = v_y^2 = v_z^2 \tag{26.22}$$

也可以得出上述结果. 此时,

$$v_x^2 = \frac{1}{3}v^2 \tag{26.23}$$

倘若粒子具有各种不同的速度, 则应当用 $v_{平均}^2$ 来取代 v^2, $v_{平均}^2$ 是粒子速度平方之和除以粒子数:

$$v_{平均}^2 = \frac{v_1^2 + v_2^2 + \cdots + v_N^2}{N} \tag{26.24}$$

作用于器壁的压力等于力 F 除以器壁的面积 A, 即

$$P = \frac{F}{A} = \frac{F}{l^2} \tag{26.25}$$

由此得到

$$P = \frac{F}{l^2} = \frac{1}{3}\frac{mv_{平均}^2 N}{l^3} \tag{26.26}$$

但 l^3 是容器的体积 V, 因此

$$P = \frac{1}{3}\frac{Nmv_{平均}^2}{N}, \ 或 \quad PV = \frac{1}{3}Nmv_{平均}^2 \tag{26.27}$$

因为动能等于 $1/2mv^2$, 关系式 (26.27) 可改写成

$$PV = \frac{2}{3}N \times (平均动能) \tag{26.28}$$

§26.3　温度的力学定义

我们获得了一个非常重要的结果. 从气体的力学模型出发导出了关系式

$$PV = \frac{2}{3}N \times (平均动能) \tag{26.28}$$

将该式与理想气体的状态方程 (它在很宽的温度范围内与对实际气体观察的结果吻合)

$$PV = NkT \tag{26.29}$$

相比较. 尽管这两个关系式惊人地相似, 但是却不能将它们等同起来. 气体的压强就是作用于单位面积上的力, 它可以用力学的量来表示. 体积也是一个 "力学" 概念 (长度的立方).

但是, 温度是什么, 仍然不清楚. 在力学中有什么东西能给出物体温度的某种概念? 或许是, 时间? 长度? 或者是质量? 我们不能回答这个问题, 因为还没有温度的力学当量. 下面我们就试图确定这个当量.

人们一生下来就开始有了关于温度的直观概念. 它是在我们的日常生活中, 由于接触到各种物体 (热的、冷的) 而形成的. 我们研究分子运动论的目的, 就是要利用关于气体是由许多微观粒子构成的假设, 通过研究这些微粒的运动规律, 来解释像温度这样的宏观的和直观的概念. 我们的任务在于找出一些力学量 (质量、长度和时间) 的某种组合, 这个组合应当等同于温度, 并且具有温度所具有的一切宏观性质. 因而, 我们面临的问题是个定义问题.

将关系式

$$PV = \frac{2}{3}N \times (平均动能) \tag{26.28}$$

与经验关系式

$$PV = NkT$$

相比较. 如果这两个表示式都是描述气体的, 则

$$NkT = \frac{2}{3}N \times (平均动能) \tag{26.29}$$

此时我们就可以得出一个论断: 宏观概念的**温度**就是气体分子的**平均动能**[1]. 因此, 温度的微观的定义是

$$T = \frac{2}{3k} \times (平均动能) \tag{26.30}$$

因此, 假如我们把气体看成是由大量运动着的相同的分子组成的, 利用这一气体模型, 忽略气体分子相互间的碰撞, 并假设气体分子与器壁的碰撞形成气体的压强, 在这种情况下, 只要引入温度的微观定义, 我们就能得到与理想气体的状态方程相一致的表达式, 而后者是经过实验验证了的.

但是, 在我们的推导过程中, 在关键的时刻将一组物理量 [在上述情况下是 $\frac{2}{3k} \times$ (平均动能)] 换成了温度, 我们作出的这样的处理究竟意味着什么呢? 事实上这种处置乃是我们全部分析的主要目的: 由于在力学中没有温度这种概念, 它不可能用任何其他方式定义. 假如分子运动论模型是正确的, 那么温度和动能之间的联系就必定是我们所得出的那种关系式 (26.30). 从这一论断所导出的一些结果在实验中得到了验证. 下面我们来考察其中的某些结果.

§26.4 一些结果

温度和功

从温度的确切定义

$$T = \frac{2}{3k} \left(\frac{1}{2} m v^2_{平均} \right) \tag{26.31}$$

可知, 气体的温度正比于气体分子的平均动能. 这个结论是与下列实验结果一致的: 当我们对处于绝热容器中的气体作功时, 它的温升正比于对它所作的功的大小. 对系统所作的功实际上就是对气体的微粒作功, 而这个功只能转化成微粒的动能. 所以对气体所作的功, 等于微粒动能的增长值. 而气体的温升又正比于它的动能的变化, 也即正比于对气体所作的功.

---

[1] 在经典的气体分子运动论中就是这样定义温度的. 在其他的理论 (例如, 量子理论) 中温度的定义不完全相同, 虽然与经典理论的定义有联系.

气体分子的速度

当气体的温度给定时, 气体分子的速度有多大? 这是一个很有意思的问题, 这个问题的答案将使我们对气体分子不规则运动的速度大小有个概念, 而这种不规则运动表征了气体分子的行为特点 (我们正是这样假设的). 根据式 (26.31) 有

$$v_{平均}^2 = \frac{3kT}{m} \tag{26.32}$$

这里

$$k = 1.38 \times 10^{-6} \text{ erg/K} \tag{26.33}$$

典型气体 [例如氢 (H_2)] 分子的质量为

$$m = 3.4 \times 10^{-24} \text{ g} \tag{26.34}$$

在某个温度 (譬如说, 水的冰点 273 K) 时, 得到

$$v_{平均}^2 = 3.3 \times 10^{10} \text{ cm}^2/\text{s}^2 \tag{26.35}$$

$$v_{平均} = 1.8 \times 10^5 \text{ cm/s} \tag{26.36}$$

我们看到, 分子以很快的速度 (约 6500 km/h) 运动着.

气体分子以很快的速度运动着. 倘若气体分子垂直向上运动, 并且不与任何其他分子相碰撞, 那么在重力使它停止以前, 它可以上升到约 5 km 的高度. (使上面所求得的分子的平均动能等于它的势能, 就可以求出 5 km 这个高度.) 在重力使气体分子停止上升以前气体分子可以通过这么大的距离, 因而当气体分子从房间的地板到达天花板时, 它的运动速度实际上几乎没有减慢. 其结果是, 分子在天花板顶 (或容器盖) 附近滞留的时间, 与在地板附近滞留的时间一样长; 因而, 尽管气体分子也具有一定的质量, 但在普通大小的容器内它的密度到处都一样. 但如果我们往山顶上爬, 则我们会觉察到, 空气的密度随高度而明显地减小.

根据现在的认识, 气体原子在 1 s 内彼此互相碰撞许多许多次, 所以它们从一次碰撞到下次碰撞不是走过了 5 km, 而仅仅是 1/1000 cm. 但是我们在上

面所得出的定性结果仍然有效, 因为在碰撞时一个原子把动量传递给其他的原子, 其结果是, 平均说来全部原子将均匀地充满整个房间. 根据公式估算得到的空气原子的平均碰撞次数为每厘米路程上约 10^5 次, 或者每秒约 5×10^9 次, 这个数据也是与测量结果符合的. 所以原子的轨迹不是一条直线或者光滑的曲线, 而是锯齿形的. 这可以解释气味不能很快传播的现象. 在房间的一端切葱, 要经过相当一段时间后才能在房间的另一端嗅到葱味, 尽管带有葱味的分子是以极快的速度在运动着. 这也就否定了最早的反对分子运动论的论据之一.

速度和质量

我们来研究处于同一温度下的两种气体, 一种气体的分子比另一种的重. 这两种气体分子的平均速度有什么区别? 如果两种气体都处于相同的温度下, 则根据式 (26.31), 它们的平均动能相等:

$$\frac{1}{2}m_1(v^2_{平均})_1 = \frac{1}{2}m_2(v^2_{平均})_2 \tag{26.37}$$

从上式可以看出, 如果 m_2 大于 m_1, 则 $(v_{平均})_2$ 必小于 $(v_{平均})_1$. 换句话说, 如果两种气体的温度相同, 那么较重的气体分子的运动速度要比较轻的气体分子的运动速度小.

这可以检验吗? 假设气体从一个小室通过小孔向另一小室扩散, 此时扩散的速度, 即分子通过小孔的渗透速度, 取决于气体分子的运动速度. 实验发现, 在给定的温度下它们通过小孔扩散时, 较重的气体比较轻的气体扩散得慢, 从而证实了我们所得到的结论. 这些实验的定量结果也与上面的表达式是一致的.

假如两种气体分子的重量不同, 它们都被一种多孔物体所吸附, 那么较轻的气体比较重的气体更容易脱离多孔物体. 在生产第一颗原子弹时需要将铀的两种同位素 (铀–238 和铀–235) 分离开, 分离时就使用了上述原理. 这两种同位素的质量相差很少. 为此不得不建造许多巨大的多孔扩散室, 这些扩散室占地达很多公顷. 在田纳西的河谷中建造了一座巨大的工厂, 在厂房内两种气态的铀不断地通过多孔扩散室进行循环, 较轻的气体在扩散室中扩散得比较快, 结果使气体混合物中轻的铀同位素不断得到富集.

绝对温标的定义

我们将温度定义为

$$T = \frac{2}{3k}\left(\frac{1}{2}mv^2_{平均}\right) \tag{26.31}$$

从而使我们有可能在微观理论的范围内引入温标的天然零点. 根据我们的定义, 当气体分子的动能等于零时, 即当这些分子完全停止运动和分子的一切杂乱运动都终止了时, 气体的温度等于绝对零度[①].

§26.5　什么情况下热能够作功

前面我们用经典理论解释了, 当对气体作功而使气体升温时, 对气体所作的功是如何转化成气体分子的动能的. 能否把这个过程反过来, 让炽热的物体依靠自我冷却而作功, 使热能转化为功呢? 我们在一开始引入能量的概念时, 就认为能量是能够转化为功的. 而当我们把热与能量等同起来的时候, 我们却指出, 热能只有在相应的条件下才能够转化为功. 为什么在分子运动论中需要引入附加的条件呢? 在满足什么样的条件时热才能作功呢?

一块烧红的铁块可以作功, 只要将它放入水中, 它就能使一部分水沸腾成蒸汽, 而蒸汽可以推动蒸汽机. 那么为什么不能够在炎热的夏天使大气中的一部分动能转化成有用的功, 从而可以使令人难受的热空气变凉爽一点呢? 这样的过程在能量上是守恒的, 但我们知道, 它不能实现. 热力学第二定律正是这类事实的理论上的概括.

我们再来看一下理想气体的模型. 我们可以从中得出关于为什么这些过程是不可能实现的某些观念. 在这一模型中, 气体的能量是由分子的杂乱运动的能量累加起来的. 为了迫使这种能量作功, 必须以某种方式将分子的杂乱运

[①] 这种结论, 当然, 会使具有 "正常思维" 的人产生一种想法, 即在绝对零度下一切运动都停止了. 如果用量子物理来研究世界 (以后我们将要学习它), 那就是另一回事. 在量子理论中, 粒子系统的运动与牛顿运动学理论中粒子系统的运动有着本质上的区别, 因而对温度的定义也不一样. 在高温时经典理论和量子理论对温度的定义是一致的, 在低温时它们具有原则上的区别. 从量子物理的观点看来, 绝对零度相应于系统的最低状态 (基态), 而并不表示运动的消失 (这对量子系统是不可能的). 在经典理论中, 系统的基态意味着运动的消失, 就像我们前面所讲的那样.

动变成有规律的运动. 这只有在存在大量的其他物质 (称之为储存库), 并且
这些物质的温度大大低于我们准备从中获取功的物质的温度时才有可能. 只
有在这种情况下 (例如炽热的铁块放入水中的情况), 较热的物体才能作功, 直
到它的温度降低到等于储存库的温度时为止.

　　但是, 假如我们没有这样的低温储存库 (就像夏天热空气的情况). 怎样才
能从这种气体中获取功呢? 请看图 26.11 所示的装置. 一个叶轮放在气体中,
有一根传动轴与它相连. 如果气体分子只从一个方向撞击叶片, 那么气体就能
把自己的能量传递给传动轴. 换句话说, 气体将不断作功, 同时自身不断冷却.
水轮机就是按照这种原理工作的, 但是它的水流是往一个方向流动的. 而气体
分子不可能把它们自己的运动规律化. 这些分子将从各个不同的方向撞击叶
片, 结果叶轮保持不动.

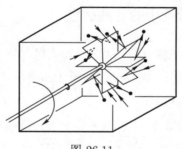

图 26.11

　　再给这个装置装上一个只允许叶轮往一个方向转动的机械, 或许能使它
的工作得到改善. 但对这个改进了的装置的工作情况的分析表明, 经过一些时
间以后, 由于组成这个附加机件的粒子的内部运动加剧, 它要发热, 并开始出
故障和不能再使叶轮往一个方向转动. 这样的讨论还不是最令人满意的, 以后
我们将以更好的其他形式重复上述讨论, 但是结果将是相同的: 如果没有一个
包含大量粒子的储存库, 而且储存库里的粒子处于较低的温度 (运动的杂乱性
要小些), 那么, 就不可能迫使气体粒子的运动规律化, 从而用消耗气体的杂乱
运动能量的办法使它作功.

如果将一个炽热的物体与低温气体相接触, 这个气体在受热时将膨胀, 从而能作功 (例如, 推动活塞). 当气体的温度与物体的温度相接近时, 这一过程就终止了. 为了使这一过程延续下去, 必须使气体进一步冷却, 或者将炽热物体 (此时它已变冷了一点) 与别的更冷的气体相接触. 为了从冰块中获取热能, 应当使用比冰温度更低的物体 (例如干冰) 作为工作物质. 为了从干冰中获取热能, 则应当使用液氢作为工作物质, 如此等等.

当用温度为绝对零度的物体作为工作物质时, 这样的顺序就结束了, 此时系统的全部热能已经耗尽. 但是, 这种储存库实际上是不存在的. 为使热机能够作有益的功, 一般来说要求具备较大的温差. 因此, 尽管在空气和海洋中贮备着巨大的能量, 但迄今为止仍未能把它经济地转化成有用的功[1].

§26.6 分子运动论中的一些假设

分子运动论立足于一些重要的假设. 我们已经得出了理想气体的状态方程和温度的力学定义, 现在, 我们可以暂时中断一下我们的叙述, 来讨论一下我们已经取得的结果.

我们假设了, 气体是由大量的单个粒子 —— 我们称之为分子组成的. 这些气体分子的体积与它们在其中运动的 "空间" 相比是非常之小的. 其次, 我们还假设, 这些粒子处于快速运动状态, 而系统的能量和动量是在这些粒子之间或粒子与器壁之间进行分配的, 器壁完全依靠弹性力约束住气体; 这包括这样的含义, 即粒子不具有内部结构, 并且在碰撞时也不跃迁到激发态. (碰撞时的作用力只改变粒子的动量, 但不改变它们的内部结构.)

这两个假设构成了气体的原子学说, 它与古代的原子学说有点相似. 将水呈液态时和呈蒸汽态时所占的体积加以比较就可以使我们确信, 分子本身所占的体积远远小于整个气体所占的体积. 其次, 根据我们的公式计算得出的粒子的平均速度与实验结果是一致的, 这证明粒子在快速运动着.

---

[1] 台风就是大气中的能量转化为功的一个例子, 但它却不一定是有益的功.

但是, 把原子看作没有内部结构的, 因而在碰撞时它不会吸收能量①, 这种认识有点古代原子学说的味道. 在古代的原子学说中, 原子被看成是不可分割的, 并且是构成物质的绝对的基础, 而我们现在却对此持有另一种观点. 已经知道, 原子具有很复杂的结构, 它本身是由其他粒子组成的, 这些粒子又不断地进行复杂的运动. 尽管如此, 现在仍然认为分子运动论的第二个假设对于单原子气体是正确的. 不但如此, 在这个假设的基础上得出的一些预言也在实践中得到了证实. 这个假设是立足于大大简化了的关于原子结构的概念的基础上的, 但却又从这个假设中得出了与实验相符合的物理学结论, 这只能令人感到惊异.

根据现代的观念, 尽管气体原子具有复杂的内部结构, 但在互相碰撞时它们的内部结构并不发生变化. 因而, 我们在研究这些气体原子的一般性的碰撞时, 完全可以忽略它们的内部结构. 这种形势正反映了物理理论结构的特点. 虽然物体本身可能是很复杂的, 但当我们研究这个物体的行为时, 完全可以用一些简化的模型来代替它, 而这些简化模型在具体情况下恰恰具有我们所感兴趣的并且在相互作用过程中保持不变的性质. 进行这种替代的条件是, 物体的复杂结构并不影响我们所要研究的物理过程. 研究这些简化了的性质就足以用来描述我们所感兴趣的现象.

参考文献

[1] 引自 *Magie W. F.*, 参阅第 16 章 [2], p. 248.

---

① 关于在一般的碰撞中气体分子的内部结构不发生改变这一结论, 可以从原子的量子学说中导出. 根据量子理论, 原子或分子只能处于某些确定的不连续状态. 这可用椅背有三个或四个可调位置的躺椅作例子来解释. 躺椅的椅背有三个或四个榫孔和定位器来调节它的倾角. 我们坐在这种椅子上, 只有作幅度比较大的抖动, 足以使定位器从一个榫孔跳入另一个榫孔时, 才能改变椅背的倾角. 这与能连续地改变椅背倾角的椅子是完全不同的. 若我们坐在后一种椅子里, 当我们抖动时, 椅背可以处于无数多个不同位置, 这些位置之间可以只相差极小的倾角. 当我们坐在躺椅上抖动时, 椅背也可能有微小的移动, 但它只能有三或四个稳定状态 (定位器处于相应的榫孔).

可以设想, 气体分子与躺椅相似. 当气体分子发生一般性的碰撞时, 产生的力不足以使定位器跳入另一个位置, 所以原子, 或者躺椅, 仍处于碰撞前的状态. 在原子中也存在着某种类似于榫孔或定位器之类的东西, 这是在大量实验事实的基础上得出的结论, 它构成了整个量子理论的核心.

思考题

1. 为什么在地球的大气中没有氢分子 (H_2)? 为什么月球上没有大气?

2. 实际的分子互相吸引. 这一引力将如何改变理想气体的状态方程?

3. 根据分子运动理论, 只有在绝对零度时, 分子的运动才完全停止. 那么为什么在室温下固体还具有确定的形状呢?

4. 试利用分子运动论来解释, 为什么实际上所有物质遇热都要膨胀这一事实.

5. 把一个热的和一个凉的物体放入真空容器. 容器的器壁镀了银并抛光. 结果, 热物体变凉, 而凉物体变热, 这是为什么?

6. 假定有一个盛有气体的容器, 它的内壁上有一小块面积是有附着力的. 当气体的分子碰到这一块面积时就留在上面. 这块面积上的压强是否应当比器壁其他部分的压强大或者小一些?

7. 尽管有卡诺公式, 但是对于火箭发动机来说, 要求被排出气体的温度尽可能高, 为什么? 在给定的温度下, 应当使用轻气体还是重气体更合算? (希望在排出物尽可能少的条件下, 获得尽可能大的推力.)

习题

1. 如果理想气体起初处于 1 个大气压力、15°C 的状态, 盛在一个体积为 $200\,cm^3$ 的容器内. 试问当压力变成 2 个大气压, 温度仍为 15°C 时, 理想气体的体积应是多少?

2. 盛在体积为 $1000\,cm^3$ 的容器内的理想气体, 其压力为 2.5 大气压, 温度为 30°C. 若加热至 300°C. 问在 300°C 时其压力等于多少?

3. 在一个带活塞的箱中, 盛有 $1000\,cm^3$、1 个大气压及 15°C 的理想气体. 活塞运动以后气体的体积缩小到原来的二分之一, 但温度升高了 5°C. 箱中的气压变成多大?

4. 试证明, 氮气分子 (质量约为 2.3×10^{-23} g) 在室温下的平均动能约为 0.04 eV.

*5. 用热扩散法把用于核裂变反应中的 U–235 (原子量为 235 的铀) 与 U–238 分离开. 在这一方法中利用了 UF_6 气体分子的平均热速度对铀的同位素各不相同这一事实. 试问, 室温下这一速度比等于多少? 氟的原子量等于 19.

第 27 章　统计力学

§27.1　引言

统计力学产生于经典分子运动论. 笛卡儿和牛顿就提出过物质的微粒理论, 统计力学正是在研究物质微粒理论的各种问题的过程中发展起来的. 当我们研究一个多粒子系统的行为时, 一般来说, 需要对系统的每一个粒子解它的运动方程, 考察它的一切碰撞和求出它的轨迹. 从原则上讲, 这样的做法也是可能的. 但是, 这种做法不仅十分烦琐, 并且所得出的大量结果中的绝大部分我们并不感兴趣. 我们希望避免对系统中的每一个粒子解牛顿方程, 也不考虑每个粒子的碰撞过程和行为细节, 而能够从粒子行为的大量信息 (系统中每个粒子的位置和动量) 中, 获取我们感兴趣的一些物理量的某种平均特征: 对气体来说——它的体积、压力和温度; 而对固体来说则是它的质量中心的位置和速度. 统计力学所要解决的主要问题是: 在不对系统中每一个粒子求解相应的运动方程的情况下, 能否以某种合理的方式得知多粒子系统的宏观行为或平均行为?

在伯努利和克劳修斯的研究工作中, 以及在我们分析气体的行为时 (把气体看成是由在容器内快速运动着的大量微粒构成的), 都包含了一个不切实际的假设, 即认为一切粒子的运动速度都是相同的, 并且它们彼此间不相互碰撞. 作出这样的假设, 实质上等于不求解运动方程而事先给出解的形式. 但是, 十分明显, 由于粒子之间相互碰撞和粒子与容器壁碰撞的结果, 粒子的速度将有某种分布: 一些粒子将运动得较快, 另一些粒子则运动得较慢, 大概不会是所有粒子都具有同样的速度. 但是, 一直到麦克斯韦[①] 的论文发表以前, 大家都认为, 取代这种粒子速度完全相同的假设的唯一办法是对系统的每个粒子

————————
① 也就是提出光的电磁理论的那个麦克斯韦.

严格地求解运动方程, 而这正是我们力图避免的.

1860 年麦克斯韦公布了他的题为《对气体运动论的解释》的论文. 在这篇论文中, 麦克斯韦抛弃了关于一切粒子速度相同的假设, 但他假设, 气体粒子的速度有某种分布, 在平衡状态下这种分布不变. 换句话说, 速度在 v_1 和 v_2 之间的粒子数是个常量.

"为了将这种研究建立在严格的力学定律的基础上, 我将阐述数目不定的、完全是弹性的刚体小球的运动规律, 这些刚体小球只在碰撞时才相互作用." [1]

麦克斯韦的目的是要计算出空气粒子的平均自由程① (约等于 5×10^{-6} cm), 或在正常温度和压力下一个粒子的平均碰撞次数 (约等于 8×10^9), 还有许多与处于热平衡状态下的气体的黏度和平均动能有关的其他量. 现在我们认识到, 这篇论文的主要贡献是提出了统计力学的基本思想. 因为如果知道了气体粒子的速度分布, 我们就可以计算出粒子与容器壁相碰撞时所传递的动量, 可以求得我们所感兴趣的各种量. 但为了得到速度分布, 从原则上讲, 必须解运动方程, 研究每次碰撞所发生的变化, 等等. 以前我们曾假定一切粒子的运动速度都是相同的, 从而避免了这样做. 而麦克斯韦则假设, 粒子彼此之间和与容器壁之间的碰撞使粒子的运动变得毫无秩序, 其结果是, 粒子在某一方向上具有给定速度的概率与在相反方向上具有这种速度的概率相同. 麦克斯韦利用了这些假设成功地得出了粒子速度的最大概率分布 (即可以知道, 速度在 v_1 到 v_2 范围内的粒子数有多少), 而无需对系统的所有粒子求解运动方程.

§27.2 最大概率分布

随着时间的流逝, 麦克斯韦所开创的事业获得了迅速的发展. 在其后的一百多年内已经建立起了宏伟的统计力学大厦, 这部分地要归功于玻尔兹曼和吉布斯的工作. (吉布斯是美国第一位伟大的理论物理学家, 他像其他 "先知"一样, 也是先被外国承认, 最后才被自己所在的学校承认的. 据说, 耶鲁大学

---

① 两次碰撞之间的平均路程长度.

校长决定要建立一个物理系, 于是他向欧洲的几位教授请求帮助, 教授们向他推荐了吉布斯, 这位校长却不认识吉布斯, 而当时吉布斯正在该校工作.)

对于气体的情况, 统计力学假设的要点是: 不必知道多粒子系统中每个粒子的确切位置和速度, 而只要假设, **如果没有任何附加的条件**, 那么, 对于系统中的每一个粒子, 它占有所有可能位置中的任意一个位置和所有可能的速度方向中的任意一个速度方向的**概率是相同的** (应当特别强调**概率是相同的**). 但我们总还是可以知道系统的某些情况的, 例如, 系统的总能量 E 和它的总粒子数 N 是固定的 (我们认为, 能量和粒子数是守恒的). 因此, 多粒子系统的位置和速度的某些组合将是禁止的; 例如, 系统中哪怕只有一个粒子的能量大于 E, 系统的这种组合就将是禁止的, 因为在这种情况下系统的总能量将大于 E.

可以设想这样的情况: 气体的全部能量都集中在一个粒子上, 这个粒子将以相应于能量 E 的巨大速度运动, 而其他粒子都处于静止不动的状态. 但我们可以想象, 这种结构未必有 "生存" 的能力, 因为快速运动的粒子将与其他粒子相撞碰, 并交出自己的一部分能量. 可能还有这样一种组合: 气体的能量在全部分子中间均匀分配, 这些粒子以整齐的队形和相同的速度一个挨一个地运动着. 凭我们直观可以预言, 形成这种局面的可能性很小, 因为相互间的碰撞最终将使分子的运动变得杂乱无章.

现在我们来看一下, 在满足能量 E 和粒子数 N 保持不变的条件下, 分子的一切可能的 (并且是各不相同的) 空间的分布和按速度的分布. 这些可能的分布中包括: 所有的分子都位于容器的一角, 并具有同一个速度; 粒子都位于容器的另一角, 并具有另一种速度, 如此等等, 总之我们要把全部可能的组合都考虑在内. 现在我们再来找出分子位置和速度的最大概率分布. 在上述条件下这一任务是可以解决的. 统计力学的基本思想包括于一个假设中, 即如果系统处于一定的温度下 (处于热平衡状态下, 例如, 在容器中的气体), 则分子的位置和速度可由最大概率分布来描述. 知道了分子的这个最大概率分布, 就可以计算出黏性系数、压力和其他量.

麦克斯韦–玻尔兹曼分布要求, 粒子在空间是均匀分布的, 而它们的速度分布如图 27.1 所示. 这就是粒子按位置和速度的最大概率分布, 服从这种分布的条件是: 系统中每个粒子的可能位置和速度方向都具有同等概率, 并且总粒子数和它们的总能量是固定的.

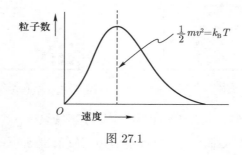

图 27.1

就这样, 我们回避了粒子速度都相同的假设, 也不去求解运动方程 (求解这些方程我们将能得到关于每个粒子的坐标和速度的确切数值), 但引入了对全部粒子在空间的位置和速度的最大概率分布. 这是个意义重大的假设, 它已远远超出了力学定律的范围, 难怪在麦克斯韦和玻尔兹曼去世之后人们还对它进行了长时间的热烈的讨论和分析. 这个假设也可以用其他方式来表达. 但就其实质说来, 一切都归结于一种直观的推测, 即在任一现实的物理过程中, 概率很小的分子分布方式不可能经常出现, 也不会对系统平衡状态的性质产生某种影响.

我们现在用一些例子来说明这个假设的含义. 我们来考察一种气体, 它是由盛放于容器中的大量粒子组成的. 粒子完全可能有这样一种分布, 此时全部粒子都往一个方向运动, 并在某个时刻撞击在容器的一个壁上, 而它们之中没有一个粒子去撞击相反方向的壁 (图 27.2). 由于这种运动的结果, 有相当大的力作用在容器的一个壁上, 而另一个壁上没有力作用, 因此整个容器将向一边倾斜, 直到分子撞击到方向相反的壁为止, 在这之后容器将向另一边倾斜. 这是可能的, 但发生的概率极小. 毫无规律地往四面八方来回乱撞的 10^{23} 个分子未必能在一瞬间使自己的运动规律化, 并开始往一个方向运动. 同样也可能发生这种情况: 在某个时刻全部粒子一下子都挤到了容器的一角, 而在容器的其余部分却空空如也 (图 27.3). 在这个瞬间气体的密度在容器的一角很大, 而在容器的其余部分密度等于零. 这种情景也是可能的, 但概率极小.

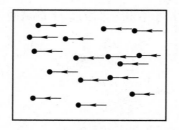 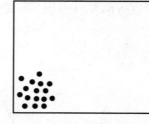

图 27.2   所有的分子往一个方向运动   图 27.3   全部分子集中在一个角上

假设在一个停车场上有 10000 辆汽车, 停车场只有一个出口. 足球比赛一结束, 全部汽车的主人都坐到了方向盘后边. 试问: 是否可能发生这样的情况: 全部车辆一辆接一辆地秩序井然地退出停车场, 汽车并不在某几个地点挤成一堆而形成 "阻塞"? 当然, 这是可能的, 但如果没有大量交通警察在现场维持秩序的话, 出现这种秩序井然的情况的概率极小. 通常的规律是, 在足球赛散场时的停车场中, 汽车往往不可思议地乱成一锅粥, 因为每辆车都试图立刻离开停车场, 它们几乎都是以某种偶然方式移动的.

麦克斯韦、玻尔兹曼和吉布斯的论文中所提出的假设, 其含义等同于这样一个论断: 服从牛顿运动定律的大量粒子, 在有这些或那些外界限制 (例如, 总的能量和总的粒子数不变[①]) 的情况下, 由于相互碰撞的结果, 最终将转入某种平均状态. 从著名的玻尔兹曼定理 (H 定理) 可知, 在给定的初始条件下, 粒子间的碰撞将导致逐步建立一个最大概率状态. 统计力学帮助我们摆脱了求解运动方程的麻烦. 它建立在这样一个假设的基础上, 即粒子处于平衡状态下的分布乃是最大概率分布, 然后又得出了由这个分布引出的全部结果. 显然, 也可能出现不是最大概率分布的一些分布. 但是, 同样明显的是, 如果摇动容器或者以其他某种方式引入不规则性, 这样的分布就很快消失.

[①] 还可能有其他的外界限制. 例如, 可以要求, 在粒子具有最大概率分布时, 系统的温度或压力不变.

§27.3 混乱度和熵

在研究分子运动论时, 我们曾经将温度这样的量与纯力学的量 —— 平均动能等 —— 等同起来. 但在解释清楚熵这个量之前, 必须先引入概率和混乱度的概念. 既然认为热与运动有关, 那么也可以合理地来讨论这一运动的烈度 (譬如说, 它的总能量) 和这一运动的分布情况 (全部粒子或者是以同一速度往同一方向运动的, 就像行进中的一队受过严格训练的士兵一样; 或者是往四面八方来回乱窜的, 犹似高峰时刻地铁车站上的乘客一样). 克劳修斯把量 S 称为熵, 在分子运动论和统计力学中它等同于系统中运动的混乱程度. 当系统中的运动有秩序时, 或者系统中粒子按位置和速度的分布概率很小时, 系统的熵很小.

就这样, 全部粒子以相同速度往一个方向运动的这种结构具有极低的熵. 若全部粒子聚集在容器的一角, 这时系统的熵也很小. 系统处于最大概率状态时, 它的熵取最大值. 熵与系统状态的概率之间的定性关系有如图 27.4 所示的形式.

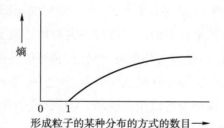

图 27.4 熵与给定状态的概率有关. 当概率增大时熵也增加

$$熵 = k \times \begin{pmatrix} 通过等同粒子间的相互置换来实 \\ 现给定状态的方式的数目的对数 \end{pmatrix} \qquad (27.1)$$

从这个定义可以得出, 最小概率的状态, 即只有一种方式才可能实现的状态, 它的熵等于零, 因为

$$S = k \times (1)的对数 = 0 \qquad (27.2)$$

即

$$S = k \times \ln 1 = 0$$

这样, 我们用力学概念的术语解释了熵的概念. 当我们通过平均动能来定义温度时, 它具有温度的一切宏观性质; 同样, 用上述方式定义的熵也具有我们所要求的全部性质. 利用上述定义, 可以用另一种方式来表达很令人纳闷的热力学第二定律: 在任一物理过程中, 熵总是增长的. 现在可以确认, 在任一物理过程中, 系统中粒子的分布是由概率较小的分布往概率较大的分布方向变化 (个别理想情况除外, 此时分布保持不变). 换句话说, 在一切物理过程中, 有秩序的系统都趋向于变成无秩序的. 这种有秩序的系统, 譬如说, 就像一个瓷花瓶, 如果把它掉到地上, 它就成了碎片. 花瓶的碎片本身不可能再拼凑成原来的样子 (这只有在电影中才可能发生, 只要将影片倒着放映就行了).

从热力学第二定律的这一解释中可以得出许多有趣的结果, 对其中有些结果的讨论可以成为饭后茶余的闲谈内容. 假设桌子上有一段粉笔, 粉笔的温度不断下降, 从而使它的全部分子的运动变得有秩序, 以致粉笔在我们的眼皮底下突然自己跳了起来. 一般来说, 这是可能的, 但还应当补充说一句: 这种可能性极小. 如果计算这种事件的概率, 它等于几亿亿 …… 分之一, 换句话说, 是个非常非常小的数. 这至少可以用来说明, 为什么我们在日常生活中观察不到这类事件.

但是, 从原则上讲, 这是可能发生的. 假设果真发生了这样的事件, 譬如说, 一小段粉笔突然自己跳了起来 (图 27.5). 我们能 "相信" 自己的眼睛吗? 换句话说, 我们感兴趣的, 与其说是为什么我们平时观察不到这类事件, 还不如说是下列问题: "对于这类事件我们将用统计涨落的理论来解释它呢? 还是把它看成是我们感觉器官的幻觉?"

图 27.5

§27.4 时间的可逆性和熵

由于在任一物理过程中, 系统的状态总是从比较有秩序变成比较无秩序, 这就给我们指明了时间的方向, 而以前是没有这种方向的. 牛顿力学的运动方程是可逆的. 对于沿自己的轨道运行的行星来说, 某一个运动方向丝毫不比相反的运动方向差. 根据运动方程我们可以预言, 譬如说, 将在二十七世纪中发生日食的准确日期; 或者也能知晓, 在过去某个时候 (例如, 在马其顿国王亚历山大去东方的时候) 正好曾发生过日食. 但是, 在较为复杂的事件中也存在着确定的方向性, 这也是显然的. 把汽车从停车场开出来, 要比将汽车在停车场上停放好容易. 把玻璃打碎, 比将碎玻璃拼成整体容易. 把积木弄乱, 比把它拼成图案容易. 把一个人打死, 比救活一个人容易.

如果系统是有秩序的, 则它的熵非常小 (这种分布几乎是不可能的); 有许许多多方式可以使这个系统变成没有秩序的. 而如果系统是完全没有秩序的 (熵很大), 那么很难找出一种方式可以使它恢复到初始的有秩序状态. 可以毫不费力地把一个花瓶打成碎片, 撒落在地毯上的碎片可以有上千种组合, 其中的每一种组合都可以表示一个打碎了的花瓶 (当然, 要使碎片按事先规定的方式分布, 那也是实际上不可能的). 但是, 如果要把碎片拼成一个花瓶, 这就要求找出每块碎片的确切位置, 在上千块碎片的偶然运动中要使其中每一块碎片都正好落到需要的位置上, 这大概是不可能的.

在物理系统中要想找出一种方法, 以便把这些系统转变到规定的唯一可能的状态, 这是很困难的. 时间具有特定的方向正与这一事实有关. 原则上讲, 把一个系统转变到规定的唯一可能的状态, 这是可能的. 但这看上去将是极其离奇的, 好像看一部倒着放映的影片那样.

因此, 关于热寂的论断, 关于一切物体最终要冷却, 关于熵是增长的, 和关于不可能依靠海洋的自我冷却而从中提取能量等 —— 这一切论断, 实质上都是概率性的论断. 或许, 在某个时候, 气体粒子的运动变得有秩序了, 以致它们开始往一个方向运动, 并由于对活塞作功而停止运动, 其结果是这些粒子的不规则运动的全部能量都变成对活塞所作的功, 而气体的温度降到绝对零度. 这样的事件是可能的, 但概率极小, 其发生的概率是如此之小, 以致如果我们永远看不到它发生, 我们也不会感到奇怪.

参考文献

[1] 引自 *Gillispie Ch. G.*, 参阅第 6 章 [2], p. 482.

第七篇　空间与时间概念的修正

第 28 章　绝对运动　绝对静止

§28.1　宇宙的不动中心

卢克莱修[①] 写道:

实际上是两样东西组成了大自然, 这, 首先是物体, 再则是那虚无缥缈的太空, 物体在那儿停留并以不同的方式运动 [1].

但是, 这虚无缥缈的太空有边界吗? 再说, 纵然宇宙空间是有限的, 假若突然有某人急速地奔跑, 到达那边缘的终端, 他以全部力量和冲刺的速度掷出一支标枪, 它一直向前飞去, 它会不偏不倚地命中那预定的目标, 或是会在它的路程上的某个地方被什么东西阻挡? 你不得不承认其中的一个结果, 但你无法解释其中任何一个结果, 你必须同意, 宇宙空间扩展到无限的远方 [2].

稍晚, 布鲁诺[②] 直到站在火堆上被烧死之前, 还不止一次地重复说过: "尽管这个地球是如此美好, 但我始终要问: 在它的外面究竟还有什么?"[③] [4] 这个论点很容易明白, 也不可能被驳倒. 如果空间是有限的, 那么请问, 它的边界外面是什么?[④]

空间是无限的吗? 它仅仅是表达了物质间的一种相互关系, 还是与这些物质无关地独立存在? 空间是一种物质的容器吗? 在没有物体存在的情况下也能观察到它吗? 空间的各点之间是均匀一致的呢, 还是在其间存在着某种

---

①卢克莱修 (公元前约 99—55), 古罗马诗人, 唯物主义哲学家, 以诗歌形式解释了原子说. ——译者注
②布鲁诺 (1548—1600), 文艺复兴时期的意大利哲学家, 因宣扬哥白尼的日心说等被教会烧死在罗马. ——译者注
③他还提出了某些颇有预见性的思想, 他写道:
今后我将满怀信心地在高空展翅, 我不怕那晶莹明澈的玻璃幕障, 我划破长空, 飞向遥远的地方.
从自己的地球我升向另一世界, 透过永恒的蓝天穿过那深邃的空间.
他人只能从远处看到的那些地方, 而我却把它们远远抛在后边 [3].
④但是, 假定空间类似一个球面, 则掷出的标枪将永远飞向目标; 即使宇宙不是无限的, 在它的路程上什么也不会发生.

方向性? 空间是中性的呢, 还是它支配着位于其中的物体? 最后, 若没有外界作用影响我们的大脑, 我们能不能直观地认识空间的性质, 还是我们只能根据实验得知空间的各种性质? —— 这些都是在各个历史时期所提出的、涉及所谓 "空间" 的实质性问题.

伽利略和牛顿所论述的空间是一个欧几里得无限空间, 它是均匀的 (从这一点到另一点它的性质不变), 各向同性的 (所有方向都是一样的), 部分是满的, 部分是空的; 这个空间里没有特殊的点和方向; 它是容器, 是空的, 在那儿存在着物质[①].

牛顿写道: "绝对空间, 就其本质来说, 独立于外界任何事物, 总是始终如一和静止不动的." [5] 正是关于绝对空间的这种观点, 很自然地导出了运动第一定律. 在没有力作用的情况下, 在一个既没有中心, 又没有方向性的真空中, 运动的物体将以均匀的速度沿直线移动. 说真的, 为什么它要按另外的方式运动呢? 正是这个问题本身隐藏着产生绝对空间概念的前提, 但也预先孕育着这一概念灭亡的条件. 因为可以提出这样的问题: 所谓物体的匀速运动是相对于什么而言的? 相对于太阳作匀速运动的物体, 相对于地球就不是匀速的移动. 关于存在着绝对空间的假设, 使得有可能找到一个观察一切现象的方便的观察点: 绝对空间既然不依赖于我们而存在, 因此我们完全可以放心地如此设想.

牛顿写道: "但完全不能不看到, 依靠我们的感觉器官怎么也不能把空间的这一部分与那一部分区分开, 我们不得不求助于器官的测量来代替感觉器官. 一般根据物体对于被认为是不动的某个物体的距离和位置来确定地点, 然后把一切物体放置在其中, 根据它们同这些地点的关系来讨论一切运动. 这样, 就用相对位置和相对运动代替了绝对位置和绝对运动. 这在日常生活中并没有引起什么不便." [6]

但是, 在这里存在着某种不确定性, 牛顿也承认这一点. 而且它后来成为

---

① 初看起来, 关于 "空间是空的, 在那儿存在着物质" 这一观念, 与我们的观念很相似. 但是现代的真空并不是绝对的, 这种非绝对真空的概念在古代是被摒弃的. 古代认为的真空不仅仅是空的, 并且在这种真空中除了真实粒子的运动以外, 不能传播任何扰动, 因为既然什么也没有, 怎么能够传播扰动呢? 因此, 波西多尼关于地球上潮汐与月亮运动有关的发现, 被评价为是古代关于真空概念的反证.

物理学史中最诱人的问题之一的起源. 假定, 从位于某一点的观察者来看, 运动第一定律成立. 如果物体没有受到外力的作用, 则从该观察点看到的物体将作匀速直线运动. 很容易看出, 如果存在这样的观察点, 也就存在着能观察到类似现象的无数个其他的观察点. 所有相对于第一个观察点作匀速运动的观察点都具有这些性质. 为了方便起见, 我们称第一个观察点为 "宇宙的不动中心". 可能有人会说, 这个概念是虚构的. 但它是如此直观, 以致我们不想过早地抛弃它. 牛顿写道: "世界体系的中心处于静止状态. 所有人都可以承认这点, 因为一些人可以把地球看作不动的中心, 另一些人可以把太阳看作不动的中心" [7]. 尽管如此, 对牛顿动力学和对所有牛顿体系范围内的观察者来说, 宇宙中心是处于静止状态还是处于匀速运动状态, 这是百分之百地没有关系的.

　　假定, 这个世界中心静止在绝对的、永恒的、均匀的空间的中心. 从位于世界中心的观察者看来, 运动第一定律应当成立. 现在设想从另一个观察点进行观察, 这个观察点相对于宇宙中心作匀速运动 (以后我们把这种观察点称做 "参照系"). 通过简单的加减法运算不难证明, 相对于宇宙中心作匀速运动的物体, 同样也将相对于这第二个观察点作匀速运动, 只是运动速度不同. 从位于第二个观察点的观察者来看, 牛顿动力学的所有定律仍然是正确的. 换句话说, 根本不可能将相对于宇宙中心作匀速运动的观察点与宇宙中心本身区分开. 因此, 宇宙中心的位置只能是假设的, 在牛顿体系范围内不可能确定它. 如果存在一个观察点, 对于它, 牛顿定律成立, 那么对于相对于该观察点作匀速运动的所有的其他观察点来说, 这些定律也是正确的[1].

　　从运动第一定律可以直接得出这样的结果: 如果我们处于一个运动着的、封闭的房间里, 我们不可能知道自己真实的, 或者绝对的运动状态. 例如, 坐火车旅行时, 从窗口看到另一列火车从旁边驶过, 我们常常弄不清楚, 是我们自己在运动, 还是另一列火车在移动. 遗憾得很, 我们国家铁道路基的损坏是如此之快, 以致这种观察对下一代人来说将变得不能令人信服. 因为, 若要使运动不被察觉到, 列车不应当有任何摇晃和振动, 即运动应该是均匀的. 也许, 当大轮船在平静的海面上行驶, 或飞机在平稳的大气层中飞行时, 船内或飞机

---

[1] 所有这些观察点都称为 "惯性参照系".

内 (远离机器房) 的旅客容易有这种感觉. 透过窗户, 我们看到从身边飘逝的白云或流动的海水, 但我们没有能力确定, 谁在动——是我们还是白云 (或海水). 地球沿着自己的轨道以接近每秒 30 km 的速度运动, 太阳相对于银河系的中心而运动, 整个银河系自己也在运动. 但是, 如果忽略由于转动引起的微弱效应, 我们绝对不可能感觉到这些运动. 这就是说. 即使我们围绕着通过不动的宇宙中心的轴转动, 也绝对觉察不到我们是在运动.

§28.2 参照系

现在引入一个非常有用的概念. 假定物体在空间占有确定的位置. 用什么方式可以表示这个位置呢? 我们经常借助于另一物体的位置来表示某一物体的位置. 例如, 我们说 "离泰晤士公园二英里" 或者 "沿塞纳河方向离巴黎的埃菲尔铁塔半英里". 我们很少关心物体的绝对位置. 假定你朋友的脚在登阿尔卑斯山时骨折了. 此时地球位于自己轨道上的某一点, 太阳也处在自己银河系旅途中的某一点, 但是, 医生对这些细节毫无兴趣. 他只关心骨折发生在踝骨以上 5 cm 称之为大胫骨处这样的事实. 在这里显示出了我们世界的一种特性: 你的朋友可以带着他折断了的腿移动, 但是, 骨折相对于踝骨和膝盖的位置仍然不变, 在这种情况下, 以人的脚作为参照系是最方便的. 此时骨折位于踝骨以上 5 cm 处.

纽约的曼哈顿岛是一个能非常方便地确定地理位置的地方, 因为它的大多数街道都呈直角相交. 只要告诉你一个地名, 例如 "第 6 号路和第 42 号街的角上", 即使你并不熟悉该城, 也能很容易找到这个地方. 当然, 这里指出的并不是绝对空间中的某个地方, 而是相对于曼哈顿其他街道和建筑物的某个位置. 由于地球是硬的, 因而也就是指出了相对于地球上其他地方的某个位置. 我们生活的空间是三维空间. 但是, 由于我们的活动通常仅限于地球表面, 对于我们来说, 只要指出 "第 6 号路和第 42 号街的角上" 就足够了, 这当然意味着需要找的地方就在大街上. 当然, 也不一定完全这样. 有时候, 需要去的地方也可以在第 6 号路和第 42 号街角的建筑物的四层楼上.

这种极其简单的思想可以借助于坐标系的概念从形式上加以概括[1]. 用相互垂直的 x, y 和 z 轴来表示三维空间 (图 28.1). 这时点的位置就可以这样来表示, 比如, "沿 x 轴方向 3 个长度单位, 沿 y 轴 2 个单位, 沿 z 轴 4 个单位"; 或者用一组同 x, y 和 z 的数值相应的三个数字 $(3, 2, 4)$ 来确定. 例如, $(3, 2, 4)$ 表示 $x = 3, y = 2, z = 4$. 这与下述说法是一样的: 沿 x 轴方向数是第 6 号路, 沿 y 轴方向数是第 42 号街, 沿 z 轴方向数是第 4 层楼.

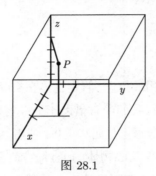

图 28.1

我们经常只用二维空间, 因为在许多情况下, 三维空间的事物也可以很容易地用二维空间表示出来. 典型的二维空间坐标系示于图 28.2. 我们用两个互相垂直的轴来描述平面上点的位置. 图 28.2 中所标出的点的坐标是 $x = 3$, $y = 2$. 如果某人说: "在 $x = 3$ 和 $y = 2$ 的地方见面", 则这种说法只有当听者懂得这是指某个确定的坐标系时, 才能有确定的含义.

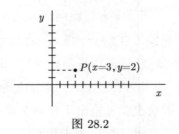

图 28.2

显而易见, 同样一个点如果在别的城市或在另一坐标系中, 就将有另外的

---

[1] 这种思想是笛卡儿在他的代数和几何相结合的解析几何中首先提出来的. 他成功地使三维空间的每一点都可以用三个数 (x, y, z) 表示出来, 同时又使每三个数 (x, y, z) 都对应于空间某一点. 这样, 一切几何对象和几何定理都可以由代数对象和代数关系式来表示了 (见附录).

路号和街号 (图 28.3). 在新的坐标系中, 它的轴 (或者路和街) 用 x' 和 y' 表示, 这个点的坐标将是 $x' = 6$ 和 $y' = 4$. 因此, 物理点 P 的坐标与坐标系的选择有关.

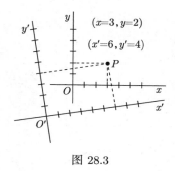

图 28.3

有时我们希望记录所谓的事件, 也即在空间和时间坐标上的点. 为此, 应该有三个空间坐标和一个时间坐标 (图 28.4).

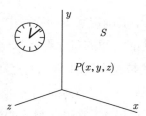

图 28.4   事件发生在空间点 $P(x, y, z)$ 的位置和一定的时刻

很快我们将要用到相互作匀速运动的坐标系 (为了方便起见, 称这些坐标系为 "不动的" 和 "运动着的"). 假定在时刻 $t = 0$, 两个坐标系的 x 和 y 轴重合, 而运动沿 x 轴方向以速度 v 进行 (图 28.5). 经过时间间隔 t, "运动着的坐标系" 的原点 O' 将位于距离 "不动的坐标系" 的原点 O 为 vt 的地方. 这样, 在时空点 P 发生的事件的坐标: 在 "不动的参照系" 中为 (x, y, t) 而在 "运动着的参照系" 中为 (x', y', t'). 而且它们服从通常的规则[①]:

$$x' = x - vt,$$

① 这些规则称为伽利略变换, 利用它们可将点的空间和时间坐标从运动的坐标系 (带撇的 x', y', t') 变换到不动的坐标系 (不带撇的 x, y, t).

$$y' = y,$$
$$t' = t.$$

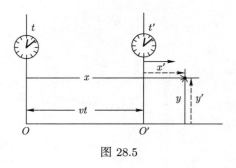

图 28.5

§28.3　传送光的以太

在牛顿体系范围内, 既不能确定宇宙的绝对中心, 也不能证明这个中心是不动的. 关于绝对的与不动的空间的概念看起来比较直观, 用起来比较方便, 但这样的空间原则上不可能被观察到. 同时, 麦克斯韦建立的电磁学和光传播方程, 从一个惯性系过渡到另一个惯性系时并不是不变的. 这至少意味着, 可以找到一个相对于 "光介质" (以太) 来说是静止的参照系, 因而也是与其他参照系不同的参照系.

一切物质波都是在介质中传播的扰动. 借助于物质波, 我们得以建立抽象的波的概念. 十九世纪的人们很难同意这样的见解, 即光或电磁波是一种不通过什么介质也能传播的某种抽象的实质. 麦克斯韦在他发表在《大不列颠百科全书》[8] 上的文章中写道: "发现了光和其他辐射的新现象之后, 有关以太存在的主张获得了坚实的支持. 以太的性质是基于光的各种现象推论出来的, 而这些性质与解释电磁现象所要求的性质完全一样 ······ 在尝试寻找关于以太构造的正确概念时, 我们不论遇到什么样的困难, 都毫无疑问的是: 行星际和星际空间不是虚空的, 它为物质实体所占据, 或者充满了大量的、并且应当认为是我们所知道的物体中最均匀的物体."

关于传送光的以太以及我们和它的关系的争论不断地发展, 到十九世纪末达到了狂热的程度, 假如可以这样说的话. 原因不仅仅在于下列事实: 人们感觉到需要存在某种介质, 以便传播电磁波和光波 (麦克斯韦也是这样感觉的). 当人们只是试图弄明白, 是需要以太呢, 还是可以没有它而绕过去的时候; 当人们只是将以太作为一种直观的模型, 并且借助于它的存在来解释光传播的机理的时候, 并没有引起鼓噪. 到十九世纪末, 对以太的兴趣剧增, 那时已经很清楚, 麦克斯韦建立的电磁理论已获得奇迹般的成功, 这个理论好像可以证明, 以太是可以观察到的.

十九世纪后半期所进行的许多实验导致了下述情况: 根据麦克斯韦的电磁波理论, 光以 $c = 3 \times 10^{10}$ cm/s 的速度传播. 试问, 光以这样的速度运动是相对于什么而言的? 在日常生活中, 我们都是相对于某一参照系来确定物体的速度的. 飞机相对于空气的速度和相对于地面的速度是不一样的. 如果飞机顺风飞行, 风速 100 km/h, 飞机本身相对于空气的速度是 500 km/h, 这意味着, 飞机相对地面的速度是 600 km/h. 关于顺流而下的船只的速度; 沿着传送带跑动的老鼠的速度等等, 都可以这么说. 那么光以速度 c 运动又是相对于什么来说的呢?

不论是麦克斯韦的理论, 还是杨氏和菲涅耳的理论都没有回答这个问题. 如果光是波, 而如果波是在介质中传播的, 那么看来光是相对于介质以速度 c 运动. 因而, 如果电磁波确实和光相同, 则光或者电磁波将以速度 c 相对于传送光的以太传播.

从上述讨论中得出了各种有意思的结果. 例如, 假设我们自己相对于以太移动. 试问, 我们相对于以太的运动 (光正是相对于以太以速度 c 传播的) 会不会影响我们对光学现象的观察? 在十九世纪末曾不止一次地提出过这类问题. 而每次任何影响都未能发现, 因此造成了这样的印象: 似乎地球相对于以太是不动的. 麦克斯韦带有预见性地指出:

"关于地球周围的传送光的介质的状态和它与普通物质间的关系的全部问题, 实验还远远没有解决." [9]

参考文献

[1] *Lucretius*. De Rerum Natura. C. J. Munro, trans., Cambridge, vol. 3, 1886.

[2] 同上.

[3] *Bruno Giordano*, On the Infinite Universe and Worlds, Dorothea M. Singer, trans., in Giordano Bruno, Shuman. New York, p. 249. 1950.

[4] 同上, p. 254.

[5] Sir Isaac Newton's Mathematicai Principles of Natural Philosophy and His System of the World, Andrew Motte, trans., University of California Press, Bcrkeley, 1962.

[6] 同上, p. 8.

[7] 同上, The System of the World, Hypothesis I.

[8] *Maxwell J. C.*, Encyclopaedia Britannica Article.

[9] 同上.

思考题

1. 讨论牛顿第一定律. 从作匀速运动的观察者看来, 牛顿第一定律应如何变化?

2. 作等加速直线运动的观察者如何看待牛顿第一定律?

3. 在下列两种情况下, 对于两个相互作匀速直线运动的观察者来说, 麦克斯韦方程是否不同:

a) 位于静止参照系中的两个电荷之间的作用力. 一个观察者处于静止状态, 另一个观察者作匀速直线运动 (相对于静止参照系).

b) 当电荷在均匀磁场中沿直线作匀速运动时 (观察者与电荷一起运动), 作用于电荷的力.

4. 一个观察者以速度 v 运动, 其运动方向 a) 沿光的传播方向; b) 与光的传播方向相反. 在经典观念范围内, 这个观察者看到的光传播的速度等于什么?

5. 在牛顿物理学中, 为什么必须假设存在一个宇宙中心和物体的绝对运动?

6. 在麦克斯韦电动力学出现以后, 这种情况应该有什么变化?

第 29 章 迈克耳孙–莫雷实验

1887 年迈克耳孙提出了一个简单而又直接的方法测量地球相对于以太的绝对运动. 根据一般的认识, 如果光通过以太的速度为 c, 那么从相对于以太运动着的观察者看来, 光的速度应当不同于 c. 由于地球约以 30 km/s 的速度相对于太阳运动, 可以合理地认为, 地球至少在某一时期以 30 km/s 左右的速度相对于以太而运动 (否则, 将不得不认为地球是静止的, 而宇宙中所有其他的物体将围绕着地球转动; 这不又出乎意料地和滑稽可笑地回到了托勒密[①]的观点上了吗). 不考虑与实验有关的一切可能的技术细节的复杂性, 可以认为, 迈克耳孙实验的实质在于测光脉冲经过给定两点的距离所需的时间间隔, 这样迈克耳孙就能够确定光脉冲的速度.

似乎没有比这更简单的任务了. 但不难相信. 这种测量几乎不可能实现. 事情经常是这样的, 很清楚应当做什么, 但做起来却非常困难. 为了发现由于地球相对于以太的可能运动所引起的光速差异, 就要测量光从地球表面的一点到另一点的传播时间. 但是, 这段时间实在太小了. 迈克耳孙 (还有稍后与他一起工作的莫雷) 的功绩正在于此. 他们表现出惊人的创造才能, 采用了最新的技术成就, 成功地制造出一种设备, 利用这种设备, 能够有把握地将 30 km/s 这样一个与光速 (300 000 km/s) 相比很小的量区分出来.

根据当时大家公认的概念, 光相对于介质的速度应与观察者相对于该介质的速度相加. 那么, 光脉冲走完一个封闭路程 (从光源出发经反射体返回到光源) 所需的时间既依赖于仪器相对于介质的速度, 也依赖于仪器的速度矢量和光脉冲的速度矢量的相互关系. 为了发现由于仪器相对于以太的运动而引起的光脉冲传播时间上的差异, 迈克耳孙想出的测量技术中的巧妙之点在于

[①]托勒密 (约公元 80—168), 古希腊天文学家. 他认为地球是不动的, 它位于整个宇宙的中心, 日、月、行星和恒星都围绕它而运行. 这种宇宙观被称为 "托勒密体系". 参见本书第 5 章. —— 译者注

利用干涉现象. 为了弄清迈克耳孙实验, 我们利用当时公认的规则[①] 来计算一下光脉冲在介质中从光源到反射体再返回所需要的传播时间 (在这里不得不用一点代数计算, 但我们应当容忍这一点, 因为不用代数是很难讲清楚相对论的).

平行传播

现在我们计算光脉冲[*] 从光源到反射体再返回到源的传播时间. 首先考虑仪器运动的方向与光脉冲传播的方向相平行的情况 (图 29.2).

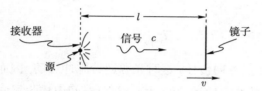

图 29.2　光源发出一个信号, 经镜子反射后回到接收器, 镜子与源之间的距离为 l

如果仪器相对于光的传送介质是静止的, 则光源产生的脉冲经过时间 l/c 后到达反射体, 经过时间 $2l/c$ 后回到光源. 也就是说, 脉冲走完这一封闭的路程所需的时间就等于全程长除以脉冲的速度 (图 29.3).

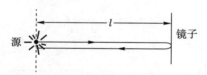

图 29.3　仪器相对于以太不动. 信号经过全程的时间 $T = 2l/c$

试问, 如果仪器以速度 v 相对于以太运动, 则从光源发出的脉冲到达反射体需要多少时间? 当脉冲走完距离 l 时, 在这个时间内反射体移动了一段距离. 因此, 脉冲必须继续向前走才能最终到达反射体. 如果反射体的运动速度比脉冲快 (v 大于 c), 后者永远也到达不了反射体. 如果反射体的运动速度比

[①] 从运动着的参照系到不运动的参照系的伽利略变换.

[*] 为直观起见我们这里考察脉冲; 也可以考察周期的单色光波的某一部分 (例如一个波长的波), 如图 29.1 所示.

图 29.1

脉冲慢, 脉冲最终将到达反射体, 但需要较长的时间.

令脉冲从光源到达反射体向前传播所需时间为 $t_{向前}$. 在时间 $t_{向前}$ 内反射体走了距离 $vt_{向前}$, 也就是说, 光脉冲要追上反射体除了距离 l 外, 还必须走完路程 $vt_{向前}$. 因而, 脉冲的全部路程等于 $l + vt_{向前}$ (图 29.4). 由于脉冲的运动速度是 c, 所以

$$ct_{向前} = l + vt_{向前} \tag{29.1}$$

或

$$t_{向前} = \frac{l}{c - v} \tag{29.2}$$

反射后, 脉冲往相反方向传播. 这时光源迎着脉冲运动, 因而缩短了脉冲的路程. 以 $t_{向后}$ 表示脉冲向后运动的时间, 在此时间内接收器向脉冲靠近了距离 $vt_{向后}$. 这样, 向后运动总路程等于 $l - vt_{向后}$ (图 29.4). 结果我们得到

$$ct_{向后} = l - vt_{向后} \tag{29.3}$$

或

$$t_{向后} = \frac{l}{c + v} \tag{29.4}$$

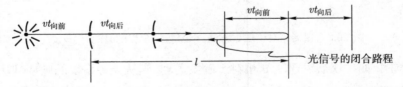

图 29.4　仪器在运动. 反射体 "逃离" 信号时, t 向前 $= l/(c - v)$; 接收体迎向信号运动时, t 向后 $= l/(c + v)$

假设 $T_{/\!/}$ 是与仪器平行运动的脉冲走完往返全程所需的总时间, 则

$$T_{/\!/} = t_{向前} + t_{向后} \tag{29.5}$$

或

$$T_{/\!/} = \frac{l}{c - v} + \frac{l}{c + v} = \frac{2lc}{c^2 - v^2} \tag{29.6}$$

用 c^2 除以 (29.6) 式中分子和分母, 得到

$$T_\parallel = \frac{2l}{c}\left(\frac{1}{1 - v^2/c^2}\right) \tag{29.7}$$

当 $v = 0$ 时, 有

$$T_\parallel = \frac{2l}{c} \tag{29.8}$$

如果仪器静止不动, 恰好应该这样. 当 v 增长时, 量 $T_\parallel$ 变得愈来愈大. 当 v 达到 c 时, 时间 $T_\parallel$ 变为无穷大, 即脉冲永远到达不了反射体. 如果我们得以成功地测量出脉冲沿闭合路程的传播时间的话, 用上面描述的设备, 我们就能够确定我们相对于光的传送介质的速度.

从原则上讲, 对迈克耳孙来说, 只要测量出脉冲沿闭合路程的传播时间 $T_\parallel$ 就行了. 但是简单的计算表明, 这种测量实际上实现不了. 假定 $l = 15$ cm. 如果仪器相对于以太是静止的, 这时脉冲传播时间

$$T_\parallel = \frac{2l}{c} = \frac{30\ \text{cm}}{3\times 10^{10}\ \text{cm/s}} = 10^{-9}\ \text{s} \tag{29.9}$$

假设仪器在以太中的运动速度为 3×10^6 cm/s (30 km/s), 此时传播时间只变化 10^{-17} s.

令脉冲沿闭合路程传播时间的变化为 ΔT. 当仪器运动方向与脉冲平行时, 有

$$\Delta T = T_\parallel(仪器是运动的) - T_\parallel(仪器是静止的)$$

$$= \frac{2l}{c}\frac{1}{1 - v^2/c^2} - \frac{2l}{c}$$

$$= \frac{2l}{c}\left(\frac{1}{1 - v^2/c^2} - 1\right)$$

$$= \frac{2l}{c}\left(\frac{1}{1 - v^2/c^2}\right)\frac{v^2}{c^2} \tag{29.10}$$

这个量始终是正的. (这就是说, 对于运动着的仪器, 脉冲沿闭合路程的传播时间要长.) 时间的变化与总时间的比值等于

$$\frac{\Delta T}{T_\parallel} = \frac{v^2}{c^2} \tag{29.11}$$

假设仪器相对于以太运动的速度等于 3×10^6 cm/s (相当于地球在围绕太阳的轨道上的运动速度). 这时

$$\frac{\Delta T}{T_{\!/\!/}} = \frac{v^2}{c^2} = \frac{9 \times 10^{12}}{9 \times 10^{20}} = 10^{-8} \qquad (29.12)$$

$$\Delta T = 10^{-8} T_{\!/\!/} = 10^{-17} \text{ s} \qquad (29.13)$$

要从比它大 10^8 倍的时间间隔内区分出这样的时间间隔来——这相当于要称眼睫毛的质量时, 先称人的体重, 然后从人体上取下睫毛后, 再称一次人的体重, 再将两次得到的质量相减来求得睫毛的质量. 实验物理的任务在于: 取下睫毛并称睫毛本身的质量. 在我们的情况下也就是直接测量 ΔT. 迈克耳孙的方法基于下述事实: 量 ΔT 与仪器运动方向和脉冲传播方向之间的夹角有关. 当两个方向互相平行 (即上面讲的那种情况) 时, 量 ΔT 最大. 如果它们互相垂直, 量 ΔT 最小.

垂直传播

现在我们来研究, 当仪器相对于以太运动的方向垂直于光脉冲传播方向时脉冲的传播时间. 如果仪器是静止的. 脉冲通过的距离是 $2l$, 假如它在以太中的速度为 c, 光脉冲往返所需的传播时间还是等于 $2l/c$ (图 29.5).

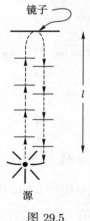

镜子

l

源

图 29.5

当仪器以速度 v 运动时 (如图 29.6 所示), 脉冲通过较长的路程 ABC, 因而需要花费较长的时间. 将路程长度 ABC 除以脉冲速度 c, 我们得到当仪器的速度方向垂直于脉冲传播方向时, 脉冲沿闭合路程的传播时间:

$$T_\perp = \frac{2l}{c} \frac{1}{\sqrt{1 - v^2/c^2}} \tag{29.14}$$

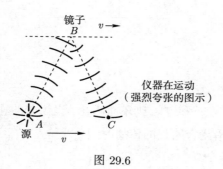

图 29.6

从图 29.7 可以看出,

$$ABC = 2\sqrt{l^2 + \left(\frac{vT_\perp}{2}\right)^2} \tag{29.15}$$

由此

$$ABC = cT_\perp = 2\sqrt{l^2 + \left(\frac{vT_\perp}{2}\right)^2} \tag{29.16}$$

或

$$c^2 T_\perp^2 = 4\left(l^2 + \frac{1}{4}v^2 T_\perp^2\right) = 4l^2 + v^2 T_\perp^2 \tag{29.17}$$

因此

$$(c^2 - v^2)T_\perp = 4l \quad \text{或} \quad T_{/\!/} = \frac{2l}{\sqrt{c^2 - v^2}} = \frac{2l}{c}\frac{1}{\sqrt{1 - v^2/c^2}}$$

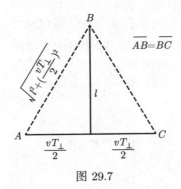

图 29.7

如果比较一下量 $T_\perp$ 和 $T_\parallel$, 则不难看出, 当仪器的速度矢量与脉冲传播方向相垂直时, 脉冲沿闭合路程的传播时间要小一些; $T_\perp < T_\parallel$. 这是因为

$$T_\parallel = \frac{2l}{c}\,\frac{1}{1 - v^2/c^2} \tag{29.18}$$

而

$$T_\perp = \frac{2l}{c}\,\frac{1}{\sqrt{1 - v^2/c^2}} \tag{29.19}$$

因此

$$T_\perp = T_\parallel\sqrt{1 - v^2/c^2} \tag{29.20}$$

在通常条件下, 乘数 $\sqrt{1 - v^2/c^2}$ 对两个脉冲的传播时间只带来很小的差异. 它们返回到光源时, 相差约 10^{-17} s, 而整个路程总共只花费 10^{-9} s.

§29.1　干涉仪

初看起来, 我们似乎反而使问题复杂化了. 但是迈克耳孙成功地制造出了称之为干涉仪的仪器. 两个处于不同相位的光波 (虽然它们开始出发时处于同一相位) 相加时产生干涉图样. 干涉仪就是利用干涉图样来测量距离的. 将光脉冲同时向两个方向发送, 这两个光脉冲重叠时将发生干涉图样, 如果考察这些图样就可以测量出极小的时间和空间间隔. 现在我们来叙述迈克耳孙怎样成功地将时间间隔的测量转变为对干涉图样的考察. 我们只考虑单个脉冲的情形, 也不涉及所有细节问题. 对于通常使用的单色光源的周期波, 测量原理也是一样的.

干涉仪的核心是一个镀银层的半透明镜子; 它同光源发出的脉冲的运动方向成 45° 角 (图 29.8). 这面镜子将脉冲分开, 将它的一部分反射到镜子 2 上, 其余部分透过它而到达镜子 1, 也就是说形成两个脉冲, 它们在起始点有相同的相位, 并向两个互相垂直的方向传播. 当这些脉冲经镜子 1 和镜子 2 反射而返回时, 每一个脉冲的一半将通过镜子, 另一半被镜子反射. 在观察点我们将看到波的相加现象. 如果脉冲的传播时间是一样的, 即 $T_\parallel = T_\perp$, 则两个脉冲将像图 29.9 所示的那样相加. 如果两个时间不同, 则最后形成的脉冲将有另外的形式, 例如图 29.10 所示的那样, 观察者将可以发现干涉图样的变化. 迈克耳孙打算利用干涉图样的这个变化来测量传播时间 $T_\perp$ 和 $T_\parallel$ 之间的时间差, 从而使他能计算出地球相对于以太的运动速度.

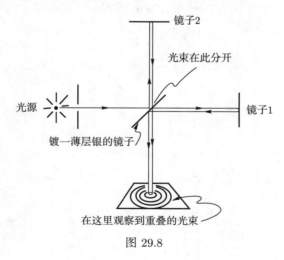

图 29.8

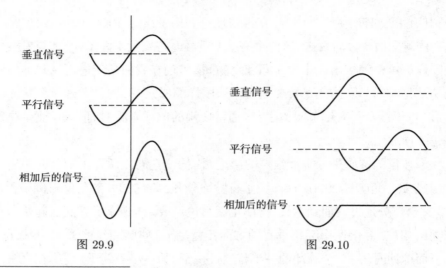

垂直信号

平行信号

相加后的信号

图 29.9

垂直信号

平行信号

相加后的信号

图 29.10

设开始时干涉仪的一臂平行于地球相对于以太运动的方向, 另一臂垂直于这个方向; 为简单起见假设它们的长度一样, 都等于 l (图 29.11). 平行于仪器运动方向的脉冲沿闭合路程的传播时间为

$$T_{/\!/} = \frac{2l}{c} \frac{1}{1 - v^2/c^2} \tag{29.21}$$

如果将仪器转动 90°, 则这个臂变成垂直于地球相对于以太运动的方向, 而脉冲传播时间变成

$$T_\perp = \frac{2l}{c} \frac{1}{\sqrt{1 - v^2/c^2}} \tag{29.22}$$

即变短了

$$T_{/\!/} - T_\perp = \frac{2l}{c} \left(\frac{1}{1 - v^2/c^2} - \frac{1}{\sqrt{1 - v^2/c^2}} \right) \tag{29.23}$$

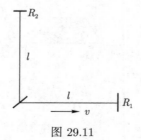

图 29.11

在同样的转动中, 原先垂直于地球运动方向的臂变成平行于地球
运动的方向, 而相应的总的脉冲传播时间增加了

$$T_\parallel - T_\perp = \frac{2l}{c} \left(\frac{1}{1 - v^2/c^2} - \frac{1}{\sqrt{1 - v^2/c^2}} \right) \tag{29.24}$$

因而一个脉冲相对于第二个脉冲在时间上延迟了

$$\Delta T = \frac{4l}{c} \left(\frac{1}{1 - v^2/c^2} - \frac{1}{\sqrt{1 - v^2/c^2}} \right) \tag{29.25}$$

若 $l = 60$ cm 和 $v = 3 \times 10^6$ cm/s (30 km/s) 则

$$\Delta T \approx 4 \times 10^{-17} \text{ s} \tag{29.26}$$

当然, 这是一个非常小的时间间隔. 但我们现在有直接测量它的方
法. 可见光的波长约 3×10^{-5} cm. 仪器转动引起的两个脉冲在空
间的位移等于

$$c(\Delta T) = 3 \times 10^{10} \text{ cm/s} \times 4 \times 10^{-17} \text{ s} = 1.2 \times 10^{-6} \text{ cm} \tag{29.27}$$

这样, 当仪器转动时, 两个脉冲在距离上相差约 $1.2 \times 10^{-6}/3 \times 10^{-5} = 0.04$ 个波长. 这个相位差导致了仪器转动时干涉图样的移
动, 而这正是迈克耳孙希望观察到的.

在这次出色的测量中, 实际使用的干涉仪毫无疑问要复杂得多. 事实上:

(1) 两臂的长度不可能以高于光波波长十分之几的精确度做得相等.

(2) 即使能够把两臂做得同样长, 但分开的两个光束所通过的仍然是不同
的光学路程, 因为它们穿过镜子玻璃的次数不同, 而光在玻璃中的速度不同于
光在空气中的速度. 从图 29.12 可以看出, 起始时被反射的脉冲只通过玻璃一
次, 而一开始透过玻璃的脉冲共穿过玻璃三次. 然而, 这个效应可以设法补偿,
只要在起始时被反射的光束的路程上放一块厚度适当的玻璃片就可以了 (图
29.13).

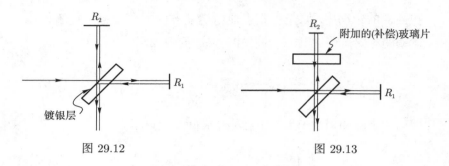

图 29.12　　　　　　　　　　　　图 29.13

(3) 脉冲反射时它的相位是要改变的 [经不可穿透的壁垒反射后, 脉冲的极性变成相反 (见第 17 章)]. 但在干涉仪中两个脉冲都只反射一次, 因此投射到观察屏上时又恢复到起始的相位关系.

(4) 玻璃片有色散现象. 如果脉冲由不同波长的光束组成, 由于它们在玻璃中的速度是不相同的, 因而透射束将微微散开. 然而实验中这个困难并不存在, 因为实际使用的是单色光 (同一波长的光).

装置还可能振动, 使光脉冲不均匀地展宽、弯曲等等. 尽管如此, 科学家们以足够的耐心、创造才能和对劳动的热爱 (当进行这种实验时, 实验室的灯光彻夜通明, 饭菜都凉了, 科学家们甚至忘掉了自己的妻子), 克服了所有这一切困难, 并创造出了实际理想的干涉仪, 这种干涉仪的两臂的光学路程是相等的. 被分开的两根单色光束在观察屏上形成干涉图样. 当仪器转动时, 干涉仪的臂也改变方向, 起初垂直于运动方向的臂变为平行的, 另一个臂则相反. 这时传播时间变化了, 干涉图样也必定移动.

图 29.14 示出了一系列干涉环, 它们是在一定的条件下观察到的. 图 29.14(a) 相应于光学路程不同的情况, 譬如说 $T_\perp$ 大于 $T_\parallel$ 的情况. 当 $T_\perp$ 逐渐接近 $T_\parallel$ 时 [图 29.14(b)] 暗环的半径缩小 (每当量 $c\Delta T_\perp$ 等于 λ 时, 环

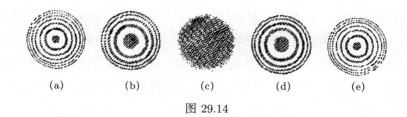

(a)　　　(b)　　　(c)　　　(d)　　　(e)

图 29.14

消失), 而环与环之间距离增大. 到了某一临界时刻, 即时间 $T_\perp$ 赶上 $T_\parallel$ 时 [图 29.14(c)], 中间的暗环覆盖住整个视野. 再往后, 当时间 $T_\parallel$ 开始超过 $T_\perp$ 时, 上述过程按相反的方向演变 [图 29.14(d) 和 (e)].

§29.2 结果

1881 年迈克耳孙进行了他的第一次实验. 他用的是黄色光, 预期的干涉带的移动约为带之间距离的百分之四. 稍后他写道:

"在进行第一次实验时遇到的主要困难之一在于: 要转动装置而又不发生畸变几乎是不可能的; 另一个困难在于装置对颤动的反应特别灵敏. 颤动的影响是如此之强烈, 以至在城市里也许只有在晚上两点左右的很短一段时间里才能观察干涉图样, 而在其余时间里简直没法进行工作. 最后, 正如已经指出的那样, 需要观察的量 (即位移) 不超过干涉带之间距离的二十分之一, 这样的位移量太小, 以致很难把它从测量误差中区分出来.

在第二次实验中, 上述前几个困难完全被克服了. 装置安放在一块笨重的铁板上, 铁板浮在水银上 (图 29.15). 通过重复反射, 将光束的路程延长了大约 9 倍, 这就避免了其他一些困难. ⋯⋯ 结果, 预期的位移变成等于 0.4 个干涉带宽度 (如果地球相对于以太运动的话). 实际的位移可能要明显地小于期待值的二十分之一, 甚至可能要小于四十分之一. 因为位移正比于速度的平方, 地球与以太间的相对速度可能小于地球轨道速度的六分之一, 至少肯定要小于四分之一.

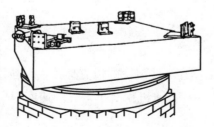

图 29.15 迈克耳孙的实验装置 (取自文献 [1])

观察的结果用曲线表示 (图 29.16). 上面的曲线相应于白天的观察结果,

下面的曲线是晚上的. 虚线表示预期位移的八分之一. 根据这些曲线可以合理地认为: 如果地球与传送光的以太间的相对运动引起的位移存在的话, 它也不可能大于干涉带之间距离的 0.01 倍." [2]

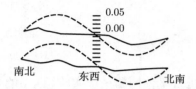

图 29.16　垂直方向表示干涉带位移的量, 水平方向表示干涉仪相对于东—西方向的取向

这些观察进行了很长时间: 从五月开始, 这时地球沿自己轨道往一个方向运动; 到 11 月结束, 这时地球向相反方向运动. 从那时起, 这个实验被重复了多次, 在持续很久的时间内和在不同的条件下进行了观察. 但是结果始终是一样的: 未能发现地球相对于以太的任何运动. 根据近代的数据, 这个结果可以用数字表达如下: 如果认为光以速度 c 相对于以太运动, 而我们对波传播时间的分析是正确的, 则地球相对于以太的运动速度无论什么时候也不会超过地球轨道速度的千分之一.

参考文献

[1] *Kittel C.* et al., Mechanics, Berkelcy Physics Course, l, McGraw Hill, New York, 1962.

[2] *Michelson A. A.*, *Morley E. W.*, American Journal of Science, 34. 333 (1887).

思考题与习题

1. 假设, 我们用工作在声波波段的迈克耳孙式干涉仪测量飞机的速度, 此时测得的是什么速度 —— 是飞机相对于空气的速度, 还是飞机相对于地球的速度?

2. 如果飞机的速度等于声速的一半, 并且 $l_{/\!/} = l_{\perp} = 150 \, \text{cm}$, 那么声波传播时间的差等于多少? (设声速为 30 000 cm/s)

3. 第 2 题中求得的时间差相应于几个波长?

4. 假设所有运动着的物体在运动方向上都收缩, 收缩后的长度为:

$$l_{/\!/} = l\sqrt{1 - \left(\frac{v}{c}\right)^2}$$

式中 l——不动物体的长度; v——运动速度 (洛伦兹–菲茨杰拉德收缩). 试证明, 在这种情况下, 用迈克耳孙–莫雷实验不能发现地球相对于以太的运动.

**5. 迈克耳孙–莫雷干涉仪的两臂可以有不同长度 (例如 $l_{/\!/}$ 和 $l_{\perp}$). 假设洛伦兹–菲茨杰拉德收缩是正确的, 试证明光速返回的时间差等于

$$T_{/\!/} - T_{\perp} = \frac{2(l_{/\!/} - l_{\perp})/c}{\sqrt{1 - v^2/c^2}}$$

式中 v——地球相对于以太的速度.

6. 假如第 5 题的实验实现了, 但是任何时间上的延迟都没有发现. 试问, 需要什么样的关于运动系统内的时间变慢的假设, 才能解释所得到的结果?

7. 假设以太同地球的大气层一样, 随着地球一起运动, 怎样才能解释迈克耳孙–莫雷实验的结果?

8. 试解释, 在离地面的两个不同高度上做迈克耳孙–莫雷实验 (实验证明以太不随地球运动) 为什么能检验以太是否随地球一起运动的假想?

9. 为了得到迈克耳孙–莫雷实验的最大效应, 实验应当在哪个星球上进行?

10. 有一条河, 宽 100 m, 河水以 1 m/s 的速度匀速流动, 船只以 10 m/s 的速度相对于水移动. 试问

a) 船沿最短的路程横渡过河, 再返回到初始地点需要多少时间?

b) 船顺流而下同样的距离再返回, 需要多少时间?

c) 如果船在静止的河水中航行同样的距离, 需要多少时间?

*11. 在迈克耳孙–莫雷实验中, 双臂长 3 000 cm, 光的波长为 3×10^{-5} cm, 如果臂旋转 90° 时, 实验给出零结果, 长度测量的准确度为 10^{-5} cm, 试问, 地球相对于以太的最大可能速度是多少?

第 30 章　相对性原理

§30.1　洛伦兹 – 菲茨杰拉德收缩

阿尔伯特·爱因斯坦在上学的时候, 并未引起任何一位教授的注意. 他被要求离开慕尼黑中学, 理由是他给他的同学们带来了不好的影响[①]. 不论在瑞士联邦工学院的逗留还是在专利局的工作, 都要归功于他的朋友马尔塞·格劳斯曼. 1905 年, 当爱因斯坦在瑞士专利局还是个普通的年轻专利员时, 他写道:

"诸如此类的例子, 以及企图证实地球相对于 '光介质' 运动的实验的失败, 引起了这样一种猜想: 绝对静止概念, 不仅在力学中, 而且在电动力学中也不符合现象的特性. 倒是应当认为, 凡是对力学方程适用的一切坐标系, 对于上述电动力学和光学的定律也一样适用, ⋯⋯ 我们要把这个猜想 (后称之为 "相对性原理") 提升为公设, 并且还要引进另一条在表面上看来同它不相容的公设: 光在空虚空间里总是以一确定的速度传播着, 这速度同发射体的状态无关." [1]

爱因斯坦声称, 这两个假定 "仅仅在表面上是矛盾的". 可能除了他的朋友和同事培索外, 他是那时世界上唯一的具有这样认识的人[②].

迈克耳孙和莫雷观察地球相对于以太的运动的尝试没有成功. 这仅仅是十九世纪末从事测定地球相对于这个光传送介质的运动速度的大量工作中的一个[③]. 由于每次得到的结果都是零, 理论家们不得不考虑新的和愈来愈没有

---

① 他的一位教师 (毫无疑问是级任教师) 对他宣称, 他不会有什么作为, 他的冷漠态度使教师们和同学们对他毫无兴趣.

② 几年之后, 在科学界尚未认识到爱因斯坦论文的价值之前, 据说克拉科夫大学的某位教授有一次建议自己的学生们注意爱因斯坦的文章, 同时他说道: "新的哥白尼诞生了."

③ 从现在看, 这似乎不大可能, 但爱因斯坦在 1905 年可能不知道迈克耳孙–莫雷实验. 爱因斯坦自己说过, 他有点记得, 他只是在 1905 年自己的文章发表之后才知道这个实验的. 如果是这样, 则他仅仅是基于电动力学中不存在对称性和关于地球速度的各种不同实验数据而相信自己的假定的. 关于现在我们认为是最为直接的实验, 他当时却一无所知.

希望的解释. 没有很多思考的余地了.

十九世纪快结束时, 菲茨杰拉德和洛伦兹提出了一种假设. 他们认为, 固体相对于以太运动时, 它的尺寸是会变化的; 它在运动方向上的长度将缩短, 而缩短的量正好使迈克耳孙–莫雷的实验产生否定的结果. 根据他们的假设, 如果平行于运动方向的长度 $l_\parallel$ 缩小了, 以致它 "实际上" 等于 $l_\parallel = l\sqrt{1-v^2/c^2}$, 那么平行方向的传播时间正好等于垂直方向的传播时间. 并且, 转动装置时干涉图样不应发生移动.

闵可夫斯基[①] 在 1908 年写道: "按照洛伦兹的说法, 任何运动着的物体必定在它的运动方向上收缩, 而如果物体的速度等于 v, 这个收缩将正比于乘数 $1/\sqrt{1-v^2/c^2}$. 这个假设看来是非常离奇的, 因为不可能认为收缩是以太的阻力或其他什么现象的结果, 而只能看作是上帝的恩赐, 或者是伴随着运动本身的一种现象" [2].

对运动物体会收缩的假设必须作出根本性的解释. 洛伦兹试图对处于运动状态的固体的行为建立详细的理论 [3]. 他的论文产生了令人惊异的印象, 论文中的大部分方程式在今天看来也是正确的. 除了对世界的看法的根本性变化 (我们把这一点归功于爱因斯坦) 以外, 洛伦兹的论文几乎包括了一切.

洛伦兹考察某一物体 (譬如说处于运动状态的一根固体棍) 的行为时假定, 将棍的所有质点聚集在一起的力, 要么是电磁力要么是类似于电磁力的力. 然后, 利用麦克斯韦电动力学, 洛伦兹得以证明, 如果棍相对于以太运动的话, 那么, 把固体棍所有质点聚集在一起的力将是变化的 (例如, 运动着的带电质点之间会产生相互作用的磁力, 而当带电质点停止运动以后, 相互作用的磁力也消失). 进一步, 洛伦兹提出了关于一切力都与电磁力相似的假设, 由于当物体运动时电磁力是变化的, 棍上电荷的平衡状态也在改变, 因此运动时棍看上去是缩短了.

这时洛伦兹不得不假设, 例如, 电子在静止时是半径为 R 的球, 而在运动时, 它的大小像棍本身一样也在变化. 此外, 洛伦兹还必须假定, 中性粒子之

---

① 闵可夫斯基 (1864—1909), 德国数学家和物理学家, 他用四维空间 (闵可夫斯基空间) 的几何学表达了相对论的物理学意义, 为相对论的广泛传播作出了贡献. ——译者注

间的相互作用力与各种带电粒子之间的相互作用力一样, 当粒子运动时也应当像静电力那样发生变化. 换句话说, 当物体移动时, 一切力的行为都类似电磁力. 利用上述这些假设, 洛伦兹成功地描述了固体棍收缩的物理图像. 棍棒运动时, 由于它的质点间的相互作用力发生了变化, 因而棍棒缩短.

洛伦兹在自己的论文中得出, 当电子运动时, 电子的质量应当改变; 然后洛伦兹引入了时间 t', 称它为 "运动系统中的本地时间". 这个时间与不动系统中的时间是不一致的. 它与后者之间的关系令人诧异. 但采用 "本地时间", 可使洛伦兹方程具有特别简单的形式.

这样, 洛伦兹得出的结论是: 如果认为一切物体都由带电粒子组成, 而作用于这些粒子间的力服从麦克斯韦方程, 则由于物体运动时这些力的变化, 物体将沿运动方向收缩. 为得到这样的结论, 需要一些奇怪的假设: 首先, 电子应该像物体一样收缩; 其次, 当物体运动时, 一切力的行为 (例如引力) 都应当像电磁力一样. 如果同意这些假设, 那么运动着的棍的收缩这一物理图像就变得可以理解了.

如果没有诞生阿尔伯特·爱因斯坦的话, 我们对于世界的看法可能就这样继续发展下去. 洛伦兹发现, 在运动系统中引入所谓本地时间可以带来很大的方便. 它之所以方便是因为, 采用了这种时间以后, 电动力学方程以及场与电荷之间的关系式在运动系统中将与在不动系统中保持同样的形式 (如果在运动系统和不动系统中都采用同一个时间, 这样的情形就不会发生).

关于这一点闵可夫斯基写道: "洛伦兹把 t' —— 它是 x 和 t 结合的产物 —— 称之为匀速运动着的电子的本地时间, 并且他还利用了这一概念的物理解释, 来更好地阐明物体收缩的假设. 但是第一个清楚地了解下列事实的是爱因斯坦: 一个电子的时间一点也不次于另一个电子的时间, 换句话说, t 和 t' 是绝对平等的. 这样, 时间第一次被人们从它的崇高的宝座上请了下来, 它变成明显地与物理现象有关". [4]

阿尔伯特·爱因斯坦对我们最古老的原理之一 —— 时间原理发起的冲击使他 1905 年的论文[5] 光辉倍增. 也正是这一点使他的论文如此难以理解. 从 "技术角度" 看, 论文特别简单 (比起较早发表的洛伦兹的文章要简单得多, 但当时爱因斯坦并不知道它), 并且它不包含任何比像速度等于距离除以时间的论点更困难的东西: "······ 在 '静止的' 坐标系中, 每束光都以确定的速度 c 运动, 它与发射出这个光束的物体是运动着的或是静止的无关. 此时速度 $= \dfrac{光束路程}{时间间隔}$." 我们是从某个参照系或相对于它运动着的另一个参照系观察光脉冲的, 如果说, 它的速度都一样, 那么我们关于光的路程 (距离) 或关于时间间隔, 或者同时关于这两者的概念 (以后将会说明) 都必须重新考虑.

§30.2 大自然的阴谋

在牛顿和笛卡儿的均匀空间里, 不可能确定物体的绝对位置和绝对运动. 如果认为太阳是宇宙的不动中心, 像牛顿所做的那样, 则可以讲物体到太阳的距离或物体相对于这个中心的运动. 但是在牛顿力学范围内根本不可能确定: 太阳真的是宇宙的中心还是这个中心位于某个其他什么地方; 太阳是匀速运动着的还是静止的. 电磁理论和以太 (光在其中传播) 给上述情况又增添了一个新因素: 光以 300 000 km/s 的速度在以太中运动. 据此可以认为, 如果麦克斯韦理论、牛顿力学和通常的关于空间和时间的概念是正确的话, 则应存在一种确定观察者 (其中包括地球) 相对于以太运动的方法.

试图发现这种运动的尝试一个接一个地失败了. 并且在每次这样的尝试之后, 都提出了关于所得结果的巧妙的解释. 这些努力的最高峰大概是迈克耳孙–莫雷实验. 在这个实验中, 地球相对于以太运动的问题以更直接和不容置疑的方式提了出来. (各种假说, 例如, 关于地球表面带走以太的假说, 导致了新的困难, 因而最终也被抛弃了[①].) 其结果是, 尽管科学家们不乐意, 但也不得

[①] 曾有人提出过一种意见说, 光速应该相对于光源测量 (如果源向我们运动, 光速应该增大). 米勒反驳了这种意见, 他用太阳作为光源重复了迈克耳孙–莫雷的实验 (不使用与仪器一起运动的灯), 还是得到了零结果. 其次, 德·西坦尔观察了双星的视运动, 他的测量结果也否定了光速与光源的运动有关的假设.

对地球以外的光源——星星的观察结果彻底否定了地球表面会带走以太的假设. 如果以太会被地球表面带走, 那么从星星来的光也将随以太一起被带走, 因而光束落到望远镜中的角度应该与实验中观察到的角度不一样. 或许可以假设, 离地球表面距离不相等, 以太被带走的程度也不同. 但是这种说法也被否定了; 在山顶上和气球上做的迈克耳孙–莫雷实验同样给出了否定的结果.

不接受关于地球相对于以太是不动的这一事实. 但是这样的结论又回到了早已被现代科学否定了的人与神同形的世界. 当然, 如果亚里士多德尚在世, 他会很容易同意这些结果. 但是近代科学却不能这么做. 在十九世纪末难道还能找到这样的学者, 他会严肃地支持关于地球是不动的宇宙中心的思想吗?

好像一个每前进一步都要丢失一些罪证和指纹的侦探, 按照他自以为正确的办法总是不能达到目的, 人们开始忧郁地唠叨起大自然的阴谋来了. 物理学家开始使用 "阴谋" 这个词, 意思是说, 看来似乎是大自然自己安排了一个反对他们的阴谋, 为的是使他们不能确定地球相对于以太的绝对运动. 每当某人建议进行一个初看起来是合理的和显而易见的测量时, 总有某种未预计到的东西妨碍他得到预期的结果. 起初看来迈克耳孙–莫雷实验能给出确定地球相对于以太运动的直接方法, 但由于仪器沿它的运动方向的臂的极微小的收缩 (如果洛伦兹理论正确的话), 而总是注定要失败的. 在所有其他实验中也是这样. 用闵可夫斯基的话来说, 总是要发生什么事情的, 而这些事情又 "不能认为是以太的阻力或其他什么现象的结果, 而只能看作是上帝的恩赐" [6]. 看起来大自然就像主宰人类命运的远古时代的上帝一样, 为了惩罚站不住脚的理论和武断荒谬的定理, 制造了一个反对地球上物理学家的阴谋, 使他们不可能确定自己的绝对运动.

亨利·庞加莱① 说出了这样一个想法, 即这个 "阴谋" 本身可以看作是自然界的定律: 不可能发现以太风, 任何一个实验都不能确定地球相对于以太的运动. 对所有实验提出的解释仅仅是更普遍规律的某些特殊情况. 这个普遍规律是: 不存在一种方法能够确定任何物体相对于以太的绝对运动. 这意味着, 在物理学方程中不可能以任何合理的方式包含有相对于以太的绝对速度.

这正是爱因斯坦 1905 年在他的论文中所建议的②:

"…… 凡是对力学方程适用的一切坐标系, 对于上述电动力学和光学的定律也一样适用, …… 我们要把这个猜想 (它的内容以后就称之为 "相对性原理") 提升为公设, ……" [7]

---

① 庞加莱 (1854—1912), 法国数学家、物理学家和天文学家. ——译者注
② 可能当初爱因斯坦并不知道庞加莱的这个想法.

这就是著名的相对性原理. 任一物理过程都不依赖于系统在空间的绝对速度. 假如存在这样的依赖关系的话, 则在观察这个过程的同时, 就能够确定自己的绝对速度.

§30.3　光速

尽管需要某些复杂的代数计算, 但要理解迈克耳孙–莫雷实验的实质并不难. 只要我们假定光脉冲的速度是不变的 (约为 300 000 km/s), 而与观察者在观察过程中是处于运动状态还是处于静止状态无关.

假定, 我们设想出一个实验, 实验的目的是从运动着的仪器的角度来确定速度. 现在我们来讨论脉冲的传播时间, 假设脉冲是平行于仪器运动方向传播的. 我们可以说, 当仪器向前方运动时, 光速等于 $c - v$, 而向相反方向运动时, 光速等于 $c + v$. 此时

$$t_{向前} = \frac{l}{c - v} \tag{30.1}$$

$$t_{向后} = \frac{l}{c + v} \tag{30.2}$$

跟以前一样, 得到

$$T_{/\!/} = t_{向前} + t_{向后} = \frac{2l}{c} \frac{1}{1 - v^2/c^2} \tag{30.3}$$

但是, 如果认为

$$T_{/\!/} = \frac{2l}{c} \text{ (与 } v \text{ 无关)} \tag{30.4}$$

则迈克耳孙–莫雷实验的结果就能够解释了. 如果我们假定光速相对于运动着的仪器永远等于 c, 我们就能得到这样的表示式.

假令有某个观察者, 他坐在自己心爱的安乐椅里边喝啤酒边欣赏音乐, 同时测量从他身边飞速经过的光脉冲的速度. 他测得的数值为 300 000 km/s. 同时, 另一个观察者以接近于光速的速度相对于第一个观察者而运动, 他也测量

了同一光脉冲的速度, 并得到相同的值 300 000 km/s (图 30.1). 这样, 静止的观察者和以巨大速度运动着的观察者得到的光脉冲速度值相等 (当然, 酒杯并不是这种怪论的原因).

这个结果是违背我们日常生活经验的. 例如, 如果第二个观察者以 200 000 km/s 的速度沿光脉冲的传播方向运动, 我们本来会期待, 他测得的光速将是 300 000 km/s − 200 000 km/s = 100 000 km/s. 如果他以光速运动, 则我们会以为, 光脉冲对他来说似乎是不动的, 因为观察者和光脉冲都以同一速度运动着[①].

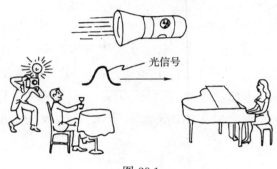

光信号

图 30.1

从日常生活的经验中我们知道, 如果我们从汽车窗口观察公路上的某辆追赶它的汽车. 看起来后一辆似乎跑得很慢, 尽管两辆汽车都跑得很快. 然而, 正是日常生活中这种感觉的正确性现在也被否定了. 从坐在飞速奔跑着的汽车里观察到的光的传播速度, 与坐在公路边上观察到的同样是 300 000 km/s. 这是一个相当奇怪的观念. 要是这不是整个十九世纪所进行的大量观察的结果, 我们未必能相信它. 尽管如此, 对于接近于光速的速度的这种直观经验还不能认为毫无问题; 而只是在接近光速的情况下, 对距离和时间概念的修正 (我们被迫作这样的修正) 才变得重要起来.

在测量距离时, 我们曾经假设, 存在有绝对刚体的棍, 在它上面可以标出标准长度. 将这根棍移到另一位置或改变它在空间的取向, 这个长度将是不变

[①] 爱因斯坦曾说过, 正是此例促使他对整个问题进行了全面研究. 原来, 不动的脉冲不可能是麦克斯韦方程的解.

的. 另外还假定, 长度也不随时间而变化 (当然有一些不言而喻的限制). 这一切并不是什么别的, 而正是关于世界性质的假设. 我们清楚地知道, 棍棒全然不一定都保持自己的长度, 它可以随时间而变长或缩短. 在没有刚体存在的世界上, 可能根本没有刚体棍这一概念. 或者, 如果我们的世界像一个先前提到过的橡皮膜, 它不停地旋转、膨胀或收缩, 那么距离的概念实际上将变得毫无意义.

在所有的假设中我们曾认为, 棍相对于我们移动时, 它的长度是不变的. 我们现在不得不推翻这个假设. 我们不能同意: 物体的 "一定长度", 与进行计量时采用的是静止的参照系还是运动着的参照系无关. 我们之所以不同意这种假设, 并非因为它是错误的, 而只是因为在一切刚体 (包括我们称之为直尺的固体在内) 在运动方向上都要缩短的世界里, 这假设变得不方便了. 我们只能二者选一: 要么认为长度不变而尺子变长了, 要么长度本身在运动系统中变短了 (后一种选择对于解释我们的实验将更方便些).

关于时间的新概念也是很难使人理解的. 我们自幼就习惯于认为, 时间是均匀、连续地流逝的, 对所有人都是一样的. 因此, 认为在一个系统中时间是一个样子, 而在另一个系统中 —— 相对于第一个系统是运动着的 —— 时间又是另一个样子, 这样的想法看来是明显荒谬的. 但是, 如果我们像先前那样, 把在某个参照系中确定的时间当作绝对时间, 那么相对于该系统作运动的观察者将倾向于认为: 在自己的参照系中, 一切物理过程 —— 心跳、化学过程、所有有节奏的运动, 包括钟表走动的速度 —— 都莫名其妙地变慢了. 在运动系统内部, 有意义的仅仅是各种有节奏过程间的相互关系 (如果心跳变慢了, 那么钟也走得慢了, 按照这样的时钟计算, 生物的寿命仍然不变). 这种情况使人们产生了强烈的愿望, 要对运动系统内的时间间隔给予新的定义.

§30.4 丢失了的时间

爱因斯坦定义的时间间隔

人类具有非常强的适应能力. 据说, 从前某个时期人们生活在海洋中, 现在人们在地球各处漫游, 不怕难以忍受的酷热和干燥或者严寒和潮湿. 人们遭受着灾祸、饥饿、暴力、铁路工人罢工、无线电通信中断、缺水等苦难, 但是生活仍然继续着. 人们对生活中的不便、愚昧、毫无意义的暴力行为和商业电视广告已经习以为常. 但是, 假如在某些情况下时间变得慢了, 以致对某一观察者来说是同时发生的事件, 对另一观察者可能成为不是同时发生的——这就太过分了!

在我们的语言词汇中, 时间从来就是均匀流逝的, 并且对所有的人都一样. 人类关于时间的最古老概念之一是与外部空间的时钟相联系的, 而后者被认为是记录真实时间的. 一切其他时钟的好坏就看它们与这些时钟的符合程度如何. 如果我们不能够造出与真实时间的时钟相一致的时钟——这时候就会发生问题. 但这只能怨我们自己. 时间照样继续流逝, 只是我们不能够精确测量它. 牛顿写道: "绝对的、真实的、数学上的时间本身和按其实质来说, 都是一样流逝的而同外界任何事物无关, …… 改进我们的测量, 相对时间将愈来愈接近于绝对时间. ……" [15]

爱因斯坦惊人的洞察力在于, 他认识到: 我们中间谁也不能用外部空间的时钟来核对我们自己的时钟. 事实上, 我们是选取两个事件之间流逝的时间来确定时间间隔的——一昼夜表示两次日出之间流逝的时间, 1 年表示两个相同的天文事件之间的时间, 1 s 表示钟摆两次摆动之间的时间. 正是从对这些重复事件的观察中产生了时间的概念, 后来对它又补充了下述想法: 同样的两个事件之间的时间间隔对所有观察者都是相同的; 并且, 在一个观察者看来是同时发生的两个事件, 在任何其他观察者看来也应是同时发生的.

爱因斯坦不同意后面两个想法. 他认为, 在比较空间不同点的时间间隔时, 应该引入某些假定.

"如果在空间的 A 点放一时钟, 位于 A 点的观察者就可以一面观察事件, 一面观察时钟指针的位置, 从而在 A 点近旁确定事件发生的时间. 如果在空间的另一点 B 也有一个时钟 (我们说明一点, 这个时钟与 A 点的完全一样), 则在 B 点的观察者同样也可以在 B 点近旁确定事件发生的时间. 但是, 若没有进一步的规定, 就不可能对 A 点的某一事件与在 B 点的某一事件进行时间上的比较①. 到此为止, 我们只是定义了 'A–时间' 和 'B–时间', 而没有定义对 A 和 B 公共的 '时间'. ……" [8]

随后爱因斯坦推测道: "引入下述定义就能确定公共的时间: 光从 A 到 B 必需的 '时间' 等于光从 B 到 A 所需要的 '时间'." [9] 这个简单的、几乎本身就很清楚的定义就是爱因斯坦理论的实质. 可以毫不夸张地认为, 它是人类思维最杰出的成就之一. 肯定光从 A 到 B 必需的 "时间"② 等于光从 B 到 A 所需的 "时间", 这就表明, 我们站到了相对于以太是静止的观察者的立场上 (如果我们认为 A 和 B 是相对于以太运动的, 比如说点 A 是迎着光束运动的, 而点 B 是顺着光束运动的, 则光从 A 到 B 的传播时间将不同于光从 B 到 A 的传播时间, 像在分析迈克耳孙–莫雷实验时的情形那样).

在爱因斯坦的文章发表以前, 人们认为: 若点 A 和点 B 相对于 "光传送介质" 处于静止状态, 则光从 A 到 B 所需的 "时间" 等于光从 B 到 A 所必需的 "时间", 这对所有的观察者 (不管他们相对于 A 和 B 的运动状况如何) 都成立. 但是, 若 A 和 B 相对于 "光传送介质" 运动, 那么光从 A 到 B 所必需的 "时间" 就不再等于光从 B 到 A 的传播时间, 这对所有的观察者都是如此③.

爱因斯坦将上面的观点倒了过来. 他确认: 从相对于 A 和 B 是静止的观察者的观点看来, 光从 A 到 B 所必需的 "时间" 等于光从 B 到 A 所需要的 "时间", 而与 A 和 B 这些点本身的匀速运动状态无关. 由此, 在匀速运动着的参照系中的所有观察者都可以认为自己相对于 "光传送介质" 是静止的. 但是此时两个观察者 (举例说, 其中之一相对于 A 和 B 是静止的, 另一个相对于 A 和 B 是运动的) 对于同样两个事件之间的时间间隔将有不同的看法. 因为我们确认, 对于相对于 A 和 B 不动的观察者来说, 光从 B 到 A 所需的时间间隔等于光从 A 到 B 所需的时间间隔 (这也就是时间间隔的定义), 因而我们就否定了关于绝对时间的概念并同意了关于在一个坐标系中的本地时

---

①爱因斯坦同意这样的观点: 在空间的一个点上可以确定事件的同时性. 但是为了确定分散在空间各个点上的事件的同时性, 就要求在这些点之间有某种联系或信号. 这时, 这种信号的性质是怎样的呢?

②"时间" 一词应理解为时间间隔.

③请回忆一下量 $t_{向前}$ 和 $t_{向后}$, 我们分析迈克耳孙–莫雷实验时曾引入这些量.

间并不比另一个坐标系中的本地时间坏的观点.

同时性

在任一参照系范围内, 一切都照常进行; 引入新概念仅仅是使两个匀速运动着的参照系之间的关系起了变化. 试问, 如果我们从不同的参照系去观察, 两个事件仍然会是同时的吗? 让我们来看一下图 30.2 的情形. 设两个时钟之间的距离为 l, 在它们的正中间站着一个观察者 (中间点的位置用欧几里得几何确定). 当左边的时钟所记录的时刻为 t_1 时, 发生了一个事件, 结果使时钟发出一个光信号. 按照右边时钟的指针, 该事件发生的时刻为 t_2. 如果两个信号同时到达位于中间点的观察者, 则他得出结论: t_1 等于 t_2. 他作出这样的判断是因为他事先就定义好了, 时间间隔等于光信号通过的距离 (在我们的情况下为 $l/2$) 除以光速, 而光速在一切参照系中都是一样的. 在这个定义的基础上, 他得出结论: 既然光信号同时到达他这里, 而它们的传播时间又相同, 因此时间 t_1 等于时间 t_2.

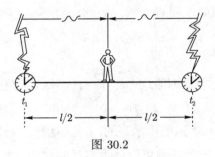

图 30.2

第二个观察者带着时钟一起相对于第一个观察者运动, 他看到了完全不同的景象 (图 30.3). 如果第二个观察者觉得第一个观察者是向右方运动的, 则他将看到, 第一个观察者是迎着右时钟发出的光信号和背离左时钟发出的光信号而运动的. 因此, 两个信号将通过不同的路程, 而它们的速度 (光速) 仍相同. 因为它们是同时到达中心点[①] 的, 所以从运动着的第二个观察者看来, 左时钟发出信号的时刻与他收到该信号的时刻之间的时间间隔将不同于右时钟

[①] 根据爱因斯坦的假设, 两个观察者可以就发生在空间某一点的两个事件的同时性的定义达成协议. 如果否认这点, 那么我们就会有新的问题. 例如, 若两个信号同时通过中心点, 灯就亮; 如果它们不同到达中心点, 灯就不亮. 显然, 两个观察者可以就灯是否亮了达成协议.

发出信号的时刻与他收到该信号的时刻之间的时间间隔. 因此, 从运动着的观察者看来, 时间 t'_1 已经不等于时间 t'_2.

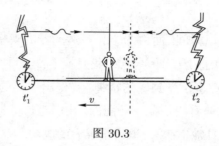

图 30.3

光通过的路程与测量路程同是哪一个观察者有关. 因此, 按照定义, 时间间隔也将不同. 而因为发生在空间不同点的两个事件的同时性的定义中包括时间间隔, 所以在一个参照系中不同点同时发生的事件, 在另一个参照系中就不是同时的了.

我们已经讲过, 虽然相互运动着的两个参照系间的关系可以发生根本性的改变, 但在每一个系统内部发生的现象仍然按通常的方式进行. 例如, 假设我们站在 A 点和 B 点的中间, 则像通常那样, 如果我们在同一时间看到两个事件的发生 (换句话说, 如果我们看到, A 点的事件与 B 点的事件在时间上一致), 我们将认为这两个事件是同时发生的. 但是, 如果我们不同意爱因斯坦的定义 (即光从 A 到 B 所必需的时间间隔等于光从 B 到 A 所需要的时间间隔), 而相信我们是相对于以太而运动的, 则我们将被迫承认: 我们站在 A 和 B 间的中心并在不同时刻观察到的两个事件, 可能是在同一时刻在这些点发生的. 这样, 对于我们生活在其中的世界来说, 可以认为爱因斯坦的时间间隔的定义和同时性概念与我们所习惯的关于两个事件同时性的概念是很近似的. 如果接受这个定义, 那么作为它的一个结果, 我们可以作出结论: 在空间不同点发生的两个事件, 在一个参照系中是同时的, 在另一个参照系中就不是同时的了.

"由此可见, 我们不能赋予同时性这概念以任何绝对的意义. 两个事件, 从一个坐标系看来是同时的, 而从另一个相对于这个坐标系运动着的坐标系看来, 就不能再被认为是同时的了"[10].

§30.5　在互相匀速运动着的参照系中确定的空间间隔和时间间隔

速度等于距离除以时间. 而由两个相对运动着的观察者测量出的光速却是一样的. 假如我们同意上述两个观点, 我们就不得不重新考虑关于距离和时间的概念. 如果没有把事情做到底的精神, 要作出这样的修改是相当困难的. 人类对于距离和时间的看法是根深蒂固的. 我们正是依据对时间和距离的这种认识来安排自己的日常生活, 并取得了很大的成功.

我们来考察一个光脉冲, 它是由所谓不动的坐标系 (坐标系 S) 原点发出的. 这并不意味着, 这个系统在某种绝对意义上是不动的, 而仅仅是指在这个系统中 "力学方程成立" (该系统是惯性系), 我们商定, 称它为不动的坐标系[①]. 在这个坐标系中有一个普通的、但准确的时钟, 它放在一个很方便的地方, 不用走很远我们就可以将它与按爱因斯坦规则校准的时钟进行核对 (图 30.4).

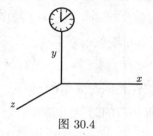

图 30.4

设想, 在 $t = 0$ 时从坐标系原点 $(x = y = z = 0)$ 发出一个光信号, 它沿 x 轴方向传播 (图 30.5). 经时间 t 后信号走过了距离 ct, 因而此时它到达 x

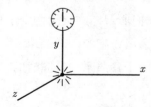

图 30.5　在坐标原点 $(x = y = z = 0)$ 和时刻 $t = 0$ 发出光信号

---

①观察者和他的仪器相对于不动的坐标系是不运动的. 运动着的坐标系相对于观察者和他的仪器是运动的.

轴上的点 $P(x = ct, y = 0, z = 0)$ (图 30.6).

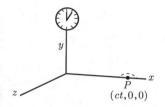

图 30.6 在时刻 t 信号到达 x 轴上的点 P

令参照系 S' 相对于不动的坐标系 S 以速度 v 沿 x 轴运动, 并且当 $t = 0$ 时两个系统的原点重合 (图 30.7). 在参照系 S' 中也测量同一光信号的速度. 现在来比较一下两个测量结果. 在运动着的参照系中坐标用 x'、y' 和 z' 表示. 在运动着的系统中也有一个校准好的时钟, 它也放在很方便的地方, 这个时钟记录着它自己的时间 t'.

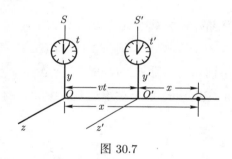

图 30.7

我们习惯地认为[1], 在这两个系统中进行测量得到的沿 y 轴和 z 轴的距离是相同的; 并且, 如果时钟都是好的话, 时间 t 和 t' 也是相同的, 因为一切时钟记录的都是绝对时间. 但是, 坐标 x' 与坐标 x 不一致, 因为系统 S' 的原点 O' 在时间 t 内走了距离 vt. 如果在运动着的参照系中测量的物理点 P 的位置用坐标值 x' 表示, 那么它与 x 有如下的关系 (图 30.7):

$$x' = x - vt \tag{30.5}$$

这样, 我们已习惯地认为, 同一物理点 P (光信号就在该点) 在两个参照

---

① 与伽利略变换相一致.

系中的坐标值之间的关系有以下形式 (伽利略变换):

$$
\left.\begin{aligned}
&x' = x - vt && x = x' + vt \\
&y' = y && y = y' \\
&\text{或者, 反过来} && \\
&z' = z && z = z' \\
&t' = t && t = t'
\end{aligned}\right\} \tag{30.6}
$$

　　从运动着的参照系中的观察者来看, P 点离坐标原点的距离不会大于在不动的坐标系中所看到的, 因为原点 O' 已经向 P 点靠近. 因为沿 y 和 z 方向没有发生运动, 所以 $y' = y, z' = z$. 同样还有 $t' = t$. 结果, 从运动着的参照系中的观察者看来, 光信号的速度将等于

$$
\frac{x - vt}{t} = c - v \tag{30.7}
$$

这个结果是我们所期望的, 但与观察到的结果相矛盾.

　　这意味着什么? 坐标 x' 是从 O' 到 P 的距离 (用 l' 表示), 它是在运动系统中测得的. 坐标 x 则是从 O 到 P 的距离, 它是在不动系统中测到的. 它等于从 O 到 O' 的距离 (等于 vt) 加上在不动系统中测到的从 O' 到 P 的距离 (用 l 表示) (图 30.8).

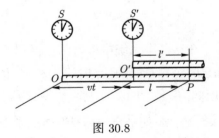

图 30.8

　　通常我们可以毫无疑问地认为 $l = l'$, 即两个物理点 (某个观察者的位置点 O' 和光信号通过处的点 P) 之间的距离与我们在什么参照系 (运动的还是不动的参照系) 中测它无关. 好像真的没有什么怀疑的理由, 须知, 基于上述假定, 科学家们在解释物理现象方面已经取得了巨大成就. 但现在我们谈的不是这种假设的合理性, 我们只是确认, 我们提出了某种与世界的性质有关的假

设 (例如, 就像我们过去提出关于光是 "直线" 传播的假设一样), 且不管这种假设是否合理, 这些性质也可能与过去所想象的完全不一样.

但如果认为 $l' = l$ 和 $t' = t$, 我们将得到伽利略变换, 并得出结论 (是与实验不符的结论) 说, 在运动系统中测得的光速不等于 c. 在这种情况下, 我们别无出路, 只有承认: 要么长度 l' 不等于 l, 要么时间 t' 不等于 t, 或者两者都不等. 换句话说, 我们的那些已习惯了的假设 (不论在不动的系统或运动的系统中, 时钟都走得一样, 尺子的长度也保持不变) 显示出与实验相矛盾.

阿尔伯特·爱因斯坦在 1905 年正是选择了这个观点. 他提出了对付大自然的 "阴谋" 的两点假设: 绝对速度测量的不可能性和光速的不变性. "进一步的设想将依据相对性原理和光速不变的原则". 然后, 爱因斯坦对自己提出了下列问题. 如果距离 l' 不等于 l, 和如果认为在运动系统中的时间间隔不同于在不动系统中的时间间隔, 那么这些量相互之间的关系又是怎样的呢? 爱因斯坦依据自己的关于时间间隔的定义, 和光速在匀速运动的参照系中不变的假设, 以及物理学定律与参照系 (这些定律就表达在参照系中) 的匀速运动无关的假设, 他成功地得到了 l' 和 l 以及 t' 和 t 之间的关系, 把它们作为这些假设的结果. 这些关系有如下的形式:

$$l' = \frac{l}{\sqrt{1 - v^2/c^2}} \tag{30.8}$$

$$t' = \left(t - \frac{vx}{c^2}\right) \frac{1}{\sqrt{1 - v^2/c^2}} \tag{30.9}$$

伽利略变换:

$$\left.\begin{array}{l} x' = x - vt \quad x = x' + vt \\ \text{或} \\ t' = t \quad t = t' \end{array}\right\} \tag{30.10}$$

让我们来讨论这些变换的更一般形式, x', t' 和 x, t 之间的线性关系有:

$$x' = \alpha x + \beta t \quad t' = \gamma x + \delta t \tag{30.11}$$

其中 α, β, γ 和 δ 是与 x, t, x' 和 t' 无关的量 [我们仅限于考察相互间作匀速运动的参照系, 此时有线性关系. 在广义相对论中引入了更普遍的 (非线性) 变换, 例如那时 x' 可能依赖于 x^2、t^2、xt、$\cdots\cdots$].

对于伽利略变换

$$\alpha = 1, \quad \beta = -v, \quad \gamma = 0, \quad \delta = 1, \qquad (30.12)$$

但在这种情况下, 如果 $x/t = c$, 则 x'/t' 不等于 c (在不同系统中光速是不同的).

爱因斯坦寻找这样的解, 使 x'/t' 和 x/t 都等于 c:

$$\frac{x'}{t'} = \frac{\alpha x + \beta t}{\gamma x + \delta t} = \frac{\alpha(x/t) + \beta}{\gamma(x/t) + \delta} \qquad (30.13)$$

或

$$c = \frac{\alpha c + \beta}{\gamma c + \delta} \qquad (30.14)$$

如果令

$$\left.\begin{array}{ll} \alpha = \dfrac{1}{\sqrt{1 - v^2/c^2}}, & \gamma = \dfrac{-v}{c^2\sqrt{1 - v^2/c^2}} \\[4mm] \beta = \dfrac{-v}{\sqrt{1 - v^2/c^2}}, & \delta = \dfrac{1}{\sqrt{1 - v^2/c^2}} \end{array}\right\} \qquad (30.15)$$

则关系式 (30.14) 将成立:

$$c = \frac{\dfrac{c}{\sqrt{1 - v^2/c^2}} - \dfrac{v}{\sqrt{1 - v^2/c^2}}}{-\dfrac{vc}{c^2\sqrt{1 - v^2/c^2}} + \dfrac{1}{\sqrt{1 - v^2/c^2}}} = c\frac{c - v}{c - v} = c \qquad (30.16)$$

在这样选择量 α, β, γ 和 δ 的情况下, 我们得到了所谓洛伦兹变换:

$$\left.\begin{array}{l} x' = \dfrac{x - vt}{\sqrt{1 - v^2/c^2}} \\[4mm] t' = \dfrac{t - vx/c^2}{\sqrt{1 - v^2/c^2}} \end{array}\right\} \qquad (30.17)$$

显然, 任何像 (30.18) 这样形式的组合:

$$\left.\begin{array}{ll} \alpha = f(v), & \gamma = -\dfrac{v}{c^2}f(v) \\[2mm] \beta = -vf(v), & \delta = f(v) \end{array}\right\} \tag{30.18}$$

都能给出同样的结果, 因为 $f(v)$ 可以消去. 但只有当 $f(v) = 1/\sqrt{1-v^2/c^2}$ 时, 我们才能得到反变换:

$$\left.\begin{array}{l} x = \dfrac{x' + vt'}{\sqrt{1-v^2/c^2}} \\[4mm] t = \dfrac{t' + vx'/c^2}{\sqrt{1-v^2/c^2}} \end{array}\right\} \tag{30.19}$$

垂直于运动方向的坐标可以很简单地变换:

$$y' = y, \quad z' = z \tag{30.20}$$

在运动系统中长度为 l', 但从不动系统 S 中的观察者看来, 该长度由下式决定:

$$l = l'\sqrt{1-v^2/c^2} \tag{30.21}$$

即 l 变得小于 l'. 例如, 在运动系统中测得 l' 为 100 cm, 而速度 v 等于光速的一半时, 同样的长度从不动系统中的观察者来看将等于

$$l = 100\sqrt{1 - \frac{1}{4}} \text{ cm} \approx 87 \text{ cm} \tag{30.22}$$

在系统 S' 中的观察者可以认为他自己是静止的, 而在系统 S 中的观察者是在运动 (向相反方向). 此时系统 S' 中的观察者就会得出结论说, 在系统 S 中的棍缩短了. 两个观察者得到了这种似乎矛盾的结论, 是因为他们的时钟不一致. 在系统 S' 中 "同一时刻" 发生的事情, 在系统 S 中已经不是 "同一时刻" 发生的了. 只要观察者们拒绝承认他们的时钟是一致的, 那么他们也只得拒绝承认他们的尺子长度是一致的.

　　这种争执多多少少可用下述方式解释清楚. 在系统 S' 中棍的长度为 l'. 当棍经过系统 S 中的观察者身边时, 他测量了棍的长度. 怎样测的呢? 他看到, 当 $t = 0$ 时棍的一端位于 $x = 0$, 而另一端位于 $x = l$. 此时他得到

$$l = l'\sqrt{1 - v^2/c^2} \tag{30.23}$$

在系统 S' 中的观察者向他喊道: "你可不是在同一个时间记下棍的两个端点的位置! 你过早地记下了远端的位置!" [当 $x = 0$ 和 $x = l$ 时, $t = 0$, 由此得出, 当 $x = 0$ 时 $t' = 0$ 和当 $x = l$ 时 $t' = \dfrac{-vl}{c^2\sqrt{1 - v^2/c^2}}$ (图 30.9).] 但此时系统 S' 中的观察者早就跑到前面去了.

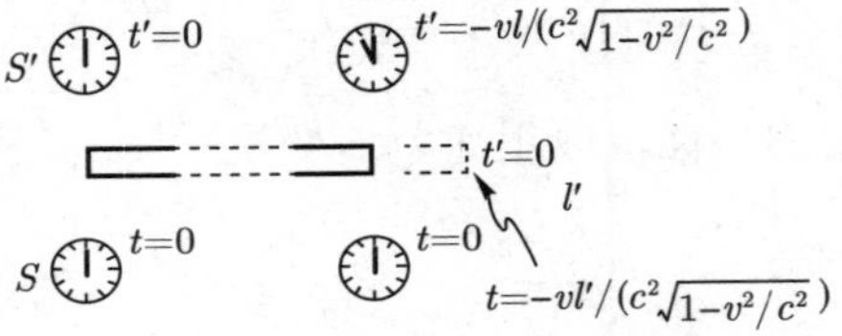

图 30.9

当 $t' = 0$ 时

$$t = \frac{vl'}{c^2\sqrt{1 - v^2/c^2}} \tag{30.24}$$

从系统 S' 的观察者看来, 系统 S 中的观察者记录右端的时间早于记录左端的时间, 而时间之差正好等于

$$\frac{vl'}{c^2\sqrt{1 - v^2/c^2}} \tag{30.25}$$

系统 S' 中的观察者说道: "你过早地记下了右端的位置, 因此你觉得棍的长度变短了". 从系统 S' 中的观察者看来, 系统 S 中的观察者得到的长度是 l' 减去棍在 (30.25) 式所表示的时间间隔内走过的距离:

$$l = l' - \frac{v^2}{c^2}\frac{l'}{\sqrt{1 - v^2/c^2}} \tag{30.26}$$

或者

$$l = l' \frac{1 - v^2/c^2}{\sqrt{1 - v^2/c^2}} = l' \sqrt{1 - v^2/c^2} \qquad (30.27)$$

　　如此详尽地分析了两个系统中的观察者测量棍的长度的程序之后, 我们终于相信[①] (但常常这种信念不超过半分钟!), 所提出的这一组新规定是相互协调的. 现在我们来证明, 为什么这些规定是很方便的.

　　在运动的参照系 S' 中静止的球, 从不动系统中的观察者看起来[②], 像一个在运动方向被压扁了的椭球 (图 30.10). 因为:

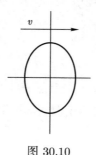

图 30.10

　　"······ 球 (因而也可以是任意形状的其他刚体) 的 y 轴方向和 z 轴方向的长度不因运动而改变, 而 x 轴方向的长度则好像以 $1/\sqrt{1 - (v/c)^2}$ 的比例缩短了, 并且 v 愈大, 缩短得愈厉害. 当 $v = c$ 时, 从 '静止' 系统看, 一切运动着的物体都压缩成平面形状了. 当速度大于光速时, 我们的讨论就变得毫无意义了." [11]

　　t 和 t' 之间的关系看上去更加奇怪. 在不同的运动系统中时钟不但走得不一样, 并且不可能使它们准确地同步. 问题在于时钟指示与它在空间的位置有关: 这样, 在一个系统中是同时的, 在另一系统中就不同时了.

---

①应该设想有一根足够长的棍, 以便使光从它的一端到另一端所需的时间足够大.

②在这里使用 "看起来" 这个词并非十分恰当. 因为从物体的不同部位来的光束落到照相底板上的时间不是同时的, 照片并不表示出物体形状的压扁. 但是, 在物体飞行中测量它的尺寸, 可以发现压扁的效应.

有若干个时钟, 它们在系统 S' 中是 (按照爱因斯坦规则) 同步的, 但从系统 S 中的观察者看来却是不同步的 (图 30.11), 对他来说

$$t' = \frac{t - vx/c^2}{\sqrt{1 - v^2/c^2}} \qquad (30.28)$$

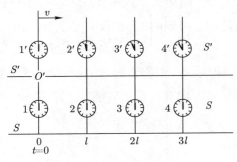

图 30.11

如果当 $t = 0$ 时, 坐标系统的原点是吻合的 $(x' = x = 0)$, 则当 $t = 0$ 时, 在系统 S' 中的四个时钟 (每个时钟间相距 l) 分别给出以下指示:

(1) $t' = 0$

(2) $t' = \dfrac{-vl}{c^2\sqrt{1 - v^2/c^2}}$

(3) $t' = \dfrac{-2vl}{c^2\sqrt{1 - v^2/c^2}}$ $\qquad (30.29)$

(4) $t' = \dfrac{-3vl}{c^2\sqrt{1 - v^2/c^2}}$

时钟位置离原点愈远, 它在时间上就愈滞后. 由于不能使不同的时钟同步, 因此这些时钟不一定能够指示出某一事件发生在另一事件之前. 两个事件, 从不动的观察者看来, 它们发生在

$$t = 0 \ (第一个时钟) \quad 和 \quad t = \frac{vl}{2c^2} \ (第二个时钟) \qquad (30.30)$$

(即由第一个时钟所记录的事件发生在被第二个时钟记录的事件之

前), 而从运动着的观察者看来, 它们发生在

$$t' = 0 \ (\text{第一个时钟}) \quad \text{和}$$
$$t' = \frac{-vl}{2c^2 \sqrt{1 - v^2/c^2}} \ (\text{第二个时钟}) \tag{30.31}$$

(第一个时钟所记录的事件发生在被第二个时钟记录的事件之后).

§30.6 时间变慢了

从不同的观察者看来两个事件之间的时间间隔竟是不同的, 这是一个多么不同寻常的想法! 现在我们比较详细地来考察一下, 它是怎样产生的, 并进一步研究由它可能产生的结果. 我们把光源发出光脉冲看作是第一个事件. 在距离光源为 l 的地方放一面镜子, 接收器就放在光源的位置上. 光脉冲经镜子反射后返回到接收器. 我们将光脉冲进入接收器定为第二个事件 (图 30.12). 从相对于仪器处于静止状态的观察者看来, 所谓 "时间" (即两个事件之间的间隔) 是由光脉冲经过的路程 $2l$ 除以光速来确定的:

$$\text{时间间隔} = \frac{2l}{c} \tag{30.32}$$

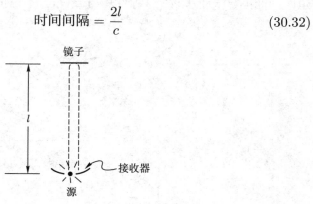

图 30.12　事件 1: 发射光信号; 事件 2: 接收光信号

这个观察者甚至可以把上述装置当作时钟用. 例如, 假定距离 l 等于 150 cm, 他就可以说, 脉冲发出的时刻与返回的时刻之间经历了时间间隔

$$\frac{300 \ \text{cm}}{3 \times 10^{10} \ \text{cm/s}} = 10^{-8} \ \text{s} \tag{30.33}$$

然后在接收器上装上计数器, 并使得旧的信号一返回接收器立刻就发出一个新的信号. 通过计数单个的时间间隔的数目我们就有了时钟或时间记录器. 它与普通时钟完全一样, 只不过普通时钟记录的是摆通过两个倾斜位置所需的时间间隔的次数, 或者记录的是平衡器两次摆动之间的时间间隔的次数. 任何时钟的作用原理都是依据这样的假设, 即摆或平衡器的每次摆动都经历一个相同的时间间隔. 类似的各种有节奏的运动都是彼此协调一致的, 这一事实就证明上述假定是正确的.

现在我们设想这样的情况: 我们的仪器在垂直于源与镜子连线的方向以速度 v 匀速运动着. 有一个注视着仪器的 "不动的" 观察者, 当仪器从他身旁经过时, 他要确定下述两个事件的时间间隔: 1) 脉冲的发射; 2) 脉冲的返回 (图 30.13). 这个观察者看到, 当信号往镜子方向运动时, 镜子移动了; 同样, 当信号返回时, 光源和接收器也移动了. 因此脉冲沿斜线传播. 不必作任何计算就可以明显地看出, 从不动的观察者看来, 两个事件 —— 发射脉冲和接收脉冲 —— 之间的时间间隔延长了, 因为信号走过的路程变长了. 而速度既然是光速, 就与观察者的运动无关, 这一点是我们已经说定了的. 通过计算可以知道时间间隔延长了多少, 这种计算与分析迈克耳孙–莫雷实验时所作的计算

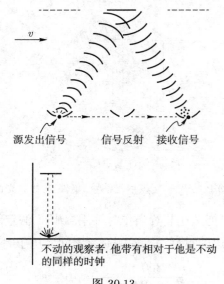

源发出信号　　　信号反射　　接收信号

不动的观察者. 他带有相对于他是不动的同样的时钟

图 30.13

相似. 结果我们得到, 从不动的观察者看来, 事件 1 和 2 之间的时间间隔等于

$$t = \frac{2l}{c}\frac{1}{\sqrt{1-v^2/c^2}} \tag{30.34}$$

或

$$\begin{pmatrix} 不动的观察者 \\ 认为的时间间隔 \end{pmatrix} = \begin{pmatrix} 与仪器一起运动的观 \\ 察者认为的时间间隔 \end{pmatrix} \frac{1}{\sqrt{1-v^2/c^2}} \tag{30.35}$$

这样, 在运动系统中基于光脉冲的发射和接收现象的任何时钟, 在不动的观察者看来, 都走得缓慢了, 因为这些时钟的振动周期增长了. 例如, 假设速度 v 是光速的一半, 即

$$\sqrt{1-v^2/c^2} = 0.87 \tag{30.36}$$

则在运动系统中时间间隔等于

$$\frac{300\ \text{cm}}{3 \times 10^{10}\ \text{cm/s}} = 10^{-8}\ \text{s} \tag{30.37}$$

在不动的系统中它变成

$$\frac{10^{-8}\ \text{s}}{\sqrt{1-v^2/c^2}} = \frac{10^{-8}}{0.87}\ \text{s} \approx 1.15 \times 10^{-8}\ \text{s} \tag{30.38}$$

只要愿意的话, 不动的观察者可以对运动着的观察者声称: "你的时钟太慢了, 你的时钟测量的两个事件间的时间间隔太长了." 但是运动着的观察者也可以同样有信心地说: "我的时钟是对的, 这是你的时钟走慢了." 因为从他的观点看 (如果他同意爱因斯坦的假设的话), 他是静止的, 而自称为不动的观察者正以同样的速度往相反方向运动着.

在争论开始以前, 我们要指出, 这里所讲的一切, 实质上是个定义问题. 如果观察者之一不喜欢新的假设, 他可以自由地回到老的假设上去 (晚些时候我们将讨论这种可能性). 但是我们不能保证说, 老的假设会像新的假设那样方便和富有成效. 实际上我们是根据爱因斯坦的意见, 把距离除以光速定义为时间间隔. 在实验事实的压力下我们同意了光速对所有观察者都是一样的这种观点. 此外, 在给定的参照系中, 在线段相加时, 我们使用了欧几里得几何的

原理. 如果我们同意这一切, 我们就没有别的选择. 此时我们将被迫承认, 时间间隔对两个观察者是不一样的.

可能会有这样严厉的反对意见: "你们想出了一个十分可笑的时钟, 使用了昂贵的光源、接收器和光信号. 我听了你们的讨论, 也同意你们的结论. 但假如我们决定要减轻纳税人的负担, 想使用走得很好的带钟摆的老式时钟、手表或沙漏计时器, 在这种情况下, 你能否证明, 钟摆的两个倾斜位置间的时间间隔 (沙漏计时器内沙堆的两个位置间的间隔) 对于两个观察者来说是不同的?"

我们假定有两种答案. 第一种回答是相当漂亮的. 它依据的是相对性原理: "绝对静止这概念不仅在力学中, 而且在电动力学中也不符合现象的特性, 倒是应当认为, 凡是对力学方程适用的一切坐标系, 对于上述电动力学和光学的定律也一样适用, ⋯⋯ 我们要把这个猜想 (它的内容以后就称之为 '相对性原理') 提升为公设. ⋯⋯" [12] 或者 "⋯⋯ 物理体系的状态据以变化的定律, 同描述这些状态变化时所参照的坐标系究竟是用两个互相匀速移动着的坐标系中的哪一个并无关系." [13] 或者再用庞加莱的话说: "自然界中存在着一个阴谋, 它不允许我们去弄明白我们相对于以太的绝对运动." 如果我们同意所谓相对性原理所描述的这些观点, 我们将不得不承认, 一切时钟 —— 平衡器的、钟摆式的或任意其他形式的 —— 必须调整自己的走速, 使得它与我们刚才讨论的光时钟的走速相一致.

假如上述讨论都不算. 让我们重新考虑这个问题. 如果我们手中有一块非常贵重的瑞士手表, 它记录的是绝对的和正确的时间. 假如, 将这块手表的指示与光时钟的指示相比较, 我们就会发现, 后者的走速是如此明显地与它的移动有关 (图 30.14). 这时, 在测量两个时钟走速之差的同时, 就能够确定我们相对于以太的运动. 例如, 如果光时钟的走速是 "真实时间" 时钟走速的 0.87, 我们就能够得出结论:

$$\sqrt{1 - v^2/c^2} = 0.87 \tag{30.39}$$

即

$$v = \frac{1}{2}c \tag{30.40}$$

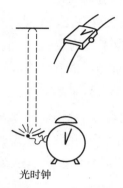

光时钟

图 30.14 将测量 "真实时间" 的时钟与光时钟相比较, 如果这两个时钟的走速不一致, 则就可能确定绝对速度, 从而违背相对性原理

"正应当是这样, ——我们的反对者说——因为只要稍微想一想就知道, 光时钟是具有大量缺陷的." "请允许提醒您, ——我们反驳他说——这一类的实验仅仅是又一次企图确定自己的绝对运动. 要是我们能做到这一点的话, 那么我们就等于揭穿了自然界的阴谋, 而这个阴谋却使我们不可能违反相对性原理, 不可能违反十九世纪获得的大量实验结果, 同样也不可能直接违背迈克耳孙–莫雷实验的结果. 因为可以认为, 在迈克耳孙–莫雷实验中是比较了两个光时钟的走速. 在一个时钟中光束是垂直于运动方向传播的, 而在另一时钟中光束则平行于运动方向传播. 如果两个时钟走得不一样, 那我们在转动仪器时就能发现它. 然而迈克耳孙–莫雷实验 (不论它是在陆地上, 在海洋中或在空气中进行的) 始终给出同样的零结果, 这就证明了这两个时钟是走得合拍的."

我们的对手沉默了, 但我们还不能确信, 我们已经成功地说服了他. 如果他同意相对性原理, 同意光速是常量和爱因斯坦的时间间隔的定义 (光信号的路程除以光速) 的话, 他将被迫承认: 在空间的不同点发生的两个事件间的时间间隔的长短, 对位于不同参照系中的两个观察者来说是不一样的. 其次, 他可能承认, 对于光时钟的情况, 他能明白这是怎么回事. 基于相对性原理, 他也应当明白, 其他时钟的走速应当与光时钟的走速相一致.

但我们的反对者仍然很忧虑. "这是怎么搞的呢? 不能分析得使人更明白点吗?" 说实在的, 进行准确的分析相当困难, 因为时钟是个很复杂的机构, 但可以定性地解释一下. 让我们回忆一下, 在爱因斯坦之前洛伦兹做了些什么. 假定任何时钟都是由固体、原子等构成的, 它们依靠电力结合在一起. 从麦克斯韦方程得知, 电力与运动有关. 带电粒子运动时产生磁力, 电荷静止时磁力消失. 因此当物体运动时, 单个粒子的平衡状态可能改变. 由此我们至少可以这样想象, 当复杂的时钟运动时 (从不动的观察者看来, 时钟相对于他而运动), 内部的力发生变化, 结果原子间的平衡状态改变了, 而构成时钟的一切平衡器、摆等都以别的速度运动, 并且以正好是导致这些时钟的走速与光时钟走速相一致的速度运动.

这种解释虽然说得过去, 但并不出色. 戴手表的观察者完全有权认为, 它的时间一点也不比任何别的参照系中的时间差. 这正是构成相对论并使我们精神得以解放的实质. 上述解释却否定了这种权利. 从原则上讲, 我们可以保留绝对时间的概念. 但它只会是个累赘, 因为任何匀速运动着的参照系中的本地时间并不比另一个匀速运动着的参照系中的本地时间差些. 认为在一个参照系中测得的时间比在另一个参照系中测得的时间好, 这相当于确信宇宙的中心是太阳, 而不是, 譬如说, 天狼星.

有关手表的讨论中还有一个细节应该强调一下. 洛伦兹曾假定, 当从不动的参照系过渡到运动的参照系时, 作用于手表各个部分之间的非电力的变换与电力的变换一样. 换句话说, 从不动的参照系过渡到运动的参照系时, 服从麦克斯韦方程的电力的改变情况将是作用力系统的行为的样板. 如果不是这样的话, 时钟的个别零件平衡状态的变化将彼此不一致, 也就不可能确信, 时钟的走速将与光时钟的走速相一致. 事实上, 麦克斯韦电磁力的行为已经表明, 应当如何来变换作用力系统, 才能使时钟走得一致.

可能有人要问: "牛顿力 (例如, 引力) 的变换还有牛顿方程本身还正确吗?" 我们的回答是: "不, 不正确." 因此, 要么牛顿方程是对的, 而相对论不正确: 要么相反. 爱因斯坦和洛伦兹采取了后一种观点. 此外, 他们还要求: 一切物理方程的形式都不应违反相对性原理. 如果方程式不满足这一要求, 它就必须修改.

当然, 这种观点也可能是不对的. 但是现在我们可以满怀信心地确认, 它是卓有成效的. 以后我们将详细讨论, 如何改变牛顿方程使之与相对性原理相一致. 现在我们只指出, 这些新方程与实验非常相符, 以致这些相对论方程现在已成为设计加速器 (在这些加速器中粒子以接近光速的速度运动着) 时使用的工程计算的一部分了.

"只有上帝才知道的某个东西"

在运动系统中时间变慢了, 这个结论看上去很奇怪, 但它却有着特别重要的实际意义. 当我们考察从我们身旁运动而过的系统中的事件时, 我们看到, 这些事件发生的次数比系统静止时要少. 时间就是事件之间的间隔, 而时间的测量在于确定在测量的间隔内累计的单位间隔的数目. 我们来考察两次连续的心脏跳动. 心脏的主人观察了这两次跳动的事件并记录下它们之间的时间间隔为, 比如说, 1 s. 在他旁边运动着的观察者记录到的, 比如说, 却是 2 s①. 其次, 一定的心脏跳动次数构成人的寿命. 不动的观察者在整个生命期间记录的心跳数与运动着的观察者是一样的, 虽然后者根据自己的时钟判断, 不动的人活了 2 倍长的寿命. 对于其他过程, 例如雷管的闪光和爆炸之间的时间间隔, 钟摆的两次倾斜之间的时间间隔, 这同样也是正确的.

我们的新观念导致了承认时间变慢. 它有一个方便处, 即任何事件之间的时间间隔将以相同的方式改变. 因此摆在我们面前的选择是: 要么承认时间是绝对的 (在运动的和不动的参照系中时间是一样的), 而在运动系统中一切都进行得慢了; 要么假定在运动系统中时间间隔本身改变了. 观察到时间的变慢现在已经成为很平常的事了. 可以毫不夸张地说, 近代物理学家对时间变慢的概念已如此之习惯, 就像汽车机械师看待活动扳手和螺丝刀一样.

时间变慢的一个令人惊异的例子是 μ 子 (即 μ 介子) 的衰变. μ 子是带负电的粒子, 它的电荷等于电子的电荷, 它的质量比电子质量大 207 倍. μ 子的所谓半衰期约为 1.5×10^{-6} s (这意味着, 粒子在 1.5×10^{-6} s 的时间内有一半衰变成别的粒子, 经过 3×10^{-6} s 有四分之三衰变掉, 如此等等). 我们知道, μ 子是在离地球表面约 10^6 cm 的高空大气上层, 在宇宙射线作用下形成

---

①毫无疑问, 从第一个观察者看来第二个人的心脏跳动慢了, —— 须知在心脏这类事情上本来就很难成为公正的观察者.

的. 如果形成之后它们以光速运动 (它们不可能运动得更快), 按照相对论以前的观点, μ 子衰变掉一半时经过的平均路程等于它们的寿命 1.5×10^{-6} s 和速度 (等于光速) 的乘积:

$$\text{平均路程} = (1.5 \times 10^{-6} \text{ s}) \times (3 \times 10^{10} \text{ cm/s}) = 4.5 \times 10^4 \text{ cm} \qquad (30.41)$$

在 9×10^4 cm 的路程上衰变了四分之三的 μ 子: 在 1.35×10^5 cm 的路程上衰变了八分之七, 等等. 而地球表面比 μ 子形成的地方低 10^6 cm, 因此只有非常少的 μ 子能够到达地球表面. 然而我们在地球表面观察到的 μ 子的数目却意外地多, 大大超过了从粒子半衰期 1.5×10^{-6} s 估算得来的数目.

事实上这个时间不对. 从相对于 μ 子不动的观察者看来, 时间间隔 1.5×10^{-6} s 是 μ 子的寿命 (粒子的产生与衰变这两个事件间的时间间隔) 的一半. 如果愿意的话, 我们可以把这个间隔作为时钟来使用. 但是如果粒子在大气上层产生后就以很大的速度相对于我们而运动, 那么从我们的观点看来, 粒子的形成和衰变之间的时间间隔将要长得多. 它的正确数值由下式确定:

$$\frac{1.5 \times 10^{-6}}{\sqrt{1 - v^2/c^2}} \text{ s}$$

因此, μ 子的平均路程等于

$$v \frac{1.5 \times 10^{-6}}{\sqrt{1 - v^2/c^2}} \text{ cm}$$

结果是, μ 子来得及在它衰变前到达地球表面 (图 30.15).

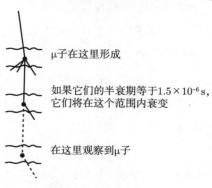

μ 子在这里形成

如果它们的半衰期等于 1.5×10^{-6} s, 它们将在这个范围内衰变

在这里观察到 μ 子

图 30.15

如果 μ 子的平均路程

$$\frac{1.5 \times 10^{-6} v}{\sqrt{1 - v^2/c^2}} = 10^6 \text{ cm} \tag{30.42}$$

或者

$$\frac{v}{\sqrt{1 - v^2/c^2}} = 0.67 \times 10^{12} \text{ cm/s} \tag{30.43}$$

则 μ 子将能到达地球表面. 从 "μ 子的观点" 看, 它的时钟走得是对的; 按它的时钟, 它的半衰期等于 1.5×10^{-6} s 也是对的. μ 子仅仅在关于它的路程的长度上与地面观察者 "有分歧". 从它的观点看, 它在地球的大气上层产生, 而地球以速度 v 向它运动着. 地面观察者认为, 大气上层的高度为 10^6 cm. 而 μ 子却认为这个高度是

$$10^6 \sqrt{1 - v^2/c^2} \text{ cm}$$

由此, 如果地球在 1.5×10^{-6} s 的时间内以这样的速度 v 向它运动, 即

$$v \times 1.5 \times 10^{-6} \text{ s} = 10^6 \sqrt{1 - v^2/c^2} \text{ cm} \tag{30.44}$$

或

$$\frac{v}{\sqrt{1 - v^2/c^2}} = 0.67 \times 10^{12} \text{ cm/s} \tag{30.45}$$

则经过 1.5×10^{-6} s, 地球就可以飞到它那里. 这样, μ 子也好, 地面观察者也好, 他们得到了相同的、为使 μ 子与地球相遇所需要的相对速度值 (他们不难取得关于碰撞记录的一致意见).

在这个例子里, 时间变慢的思想以最直接和最能感觉得到的方式表达出来. 两个现象 —— 粒子的产生与衰变 —— 之间的时间间隔依赖于粒子与观察者之间的相对运动而改变.

对于物理学者的职业来说不方便处之一在于, 在各种各样的晚会上人们经常要求我们回答与时间变慢有关的问题, 就像向医生索取处方, 向心理学家要求作心理分析, 请看手相的术士按手纹猜想出未来的爱情奇遇一样. 有一次, 作为时间变慢的一个例子, 我尝试讲述 μ 子从产生到衰变之间的时间间隔的延长. 听者是我的父亲. 他从头到尾仔细地听取了我的分析. 除了最后的结论以外, 他全都同意. 他为难地耸了耸肩说: "这么说来应当存在某个只有上帝才知道的什么东西, 它改变了你的 μ 子的寿命." 像往常一样, 他的逻辑是不可能被驳倒的. 这个 "只有上帝才知道的某个东西" 使时间不必要地变慢了.

§30.7　速度的加法

如果从运动系统 S' 中的观察者来看, 物体的速度是 u, 那么在静止系统 S 中的观察者测量到的该物体的速度是多少呢 (图 30.16)? 我们过去习惯地认为, 这时物体相对于系统 S 的运动速度是 $u+v$, 因为当物体以速度 u 离开系统 S' 的原点时, 系统 S' 本身以速度 v 离开系统 S 的原点. 但是现在, 如果从相对论的观点来看, 认为这个结论是错误的, 我们也不会感到惊奇. $u+v$ 的结果是基于这样的假设得到的, 即在系统 S' 中测得的距离和时间与在系统 S 中测得的距离和时间是一致的.

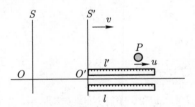

图 30.16　物体在 S' 系统中以速度 u 运动

速度 u 是物体走过的距离除以时间间隔, 此时这两个量都是由系统 S' 中的观察者测得的:

$$u(\text{在运动系统 } S' \text{ 中物体的速度}) = \frac{\text{物体走过的距离 (在系统 } S' \text{ 中观察到的)}}{\text{时间间隔 (在系统 } S' \text{ 中观察到的)}}$$

$$(30.46)$$

为了得到在系统 S 中物体的速度, 也必须将物体走过的距离除以时间间隔, 但这两个量都应当由 S 系统中的观察者来测定.

从运动系统 S' 中的观察者看来, 物体在时间 t' 内离开坐标原点 O' 的距离为 l', 因此

$$\frac{l'}{t'} = u \tag{30.47}$$

从静止系统 S 中的观察者看来, 物体在时间 t 内离开坐标原点 O 的距离为 $l + vt$, 因此

$$\text{(在静止系统 } S \text{ 中物体的速度)} = \frac{vt + l}{t} = v + \frac{l}{t} \tag{30.48}$$

根据爱因斯坦的规则, 两个观察者看到的从系统 S' 的原点到物体的距离是不同的, 它们之间的关系有以下形式:

$$l = l'\sqrt{1 - v^2/c^2} \tag{30.49}$$

(在静止的观察者看来, 运动系统中的一切长度都缩短了). 这时,

$$\text{(在静止系统 } S \text{ 中物体的速度)} = v + \frac{l'}{t}\sqrt{1 - v^2/c^2} \tag{30.50}$$

这个关系式也可以写成 (因为 $\dfrac{t'}{t'} = 1$)

$$\text{(在静止系统 } S \text{ 中物体的速度)} = v + \frac{l'}{t'}\frac{t'}{t}\sqrt{1 - v^2/c^2} \tag{30.51}$$

而 l'/t' 是距离除以时间, 也即在运动参照系中物体的速度. 因此

$$\text{(在静止系统 } S \text{ 中物体的速度)} = v + u\frac{t'}{t}\sqrt{1 - v^2/c^2} \tag{30.52}$$

量 t'/t 是运动系统中的观察者和静止系统中的观察者在运动物体所在处测得的时间间隔之比:

$$\frac{t'}{t} = \frac{\sqrt{1 - v^2/c^2}}{1 + uv/c^2} \tag{30.53}$$

将式 (30.53) 代入式 (30.52), 得

$$（在静止系统 S 中物体的速度）= \frac{u+v}{1+uv/c^2} \tag{30.54}$$

从系统 S' 中的观察者看来[①]

$$t = \frac{t' + vx'/c^2}{\sqrt{1-v^2/c^2}} \tag{30.55}$$

$$\frac{t}{t'} = \frac{1 + (v/c^2)(x'/t')}{\sqrt{1-v^2/c^2}} \tag{30.56}$$

但对位于运动物体上的点 x' 来说, $x'/t' = u$, 这里 u 是在系统 S' 中物体的速度. 因此

$$\frac{t}{t'} = \frac{1 + uv/c^2}{\sqrt{1-v^2/c^2}} \tag{30.57}$$

或

$$\frac{t'}{t} = \frac{\sqrt{1-v^2/c^2}}{1 + (uv/c^2)} \tag{30.58}$$

将上式代入式 (30.52), 得到

$$\begin{aligned}
在静止系统 S 中物体的速度 &= u + v\frac{t'}{t}\sqrt{1-v^2/c^2} \\
&= u + v\frac{\sqrt{1-v^2/c^2}}{1 + (uv/c^2)}\sqrt{1-v^2/c^2} \\
&= v + \frac{u(1-v^2/c^2)}{1 + (uv/c^2)} \\
&= \frac{v + uv^2/c^2 + u - uv^2/c^2}{1 + (uv/c^2)} \\
&= \frac{v + u}{1 + (uv/c^2)} \tag{30.59}
\end{aligned}$$

　　为了区分速度的相对论的相加和普通的相加, 我们对相对论的相加引入新的符号 $+\!\!+$. 这时在相对论中速度 u 与 v 之和将写成下列形式:

$$u+\!\!+v$$

[①] 这就是从系统 S' 过渡到系统 S 的时间坐标变换. 如果不考虑 v 的符号变成了相反的, 它与表达式 (30.17) 完全对称, 因为从系统 S' 中的观察者看来, 系统 S 以速度 v 向相反方向运动.

这个表达式与普通加法间的关系有以下形式:

$$u \mathbin{++} v = \frac{u+v}{1+uv/c^2} \tag{30.60}$$

研究这种相加规则的性质很有意思. 例如, 我们假定 u 和 v 都等于光速的一半. 用通常的关于长度和时间的概念, 我们将得到, 这两个速度之和等于光速 $(1/2 + 1/2 = 1)$. 而在相对论情况下这个结论是不对的. 事实上, 如果 $u = c/2$ 和 $v = c/2$, 则

$$
\begin{aligned}
u \mathbin{++} v &= \frac{c}{2} \mathbin{++} \frac{c}{2} \\
&= \frac{(c/2) + (c/2)}{1 + c^2/4c^2} = \frac{c}{1 + \dfrac{1}{4}} = \frac{4}{5}c
\end{aligned}
\tag{30.61}
$$

换句话说, 两个二分之一的和等于五分之四. 显然, 这是很离奇的. 当然, 这种加法法则也只是对 "加法" 这一符号的重新定义.

现在我们来考察一个有趣的情况: 相对于系统 S' 而运动的客体是光束, 因此这个客体在系统 S' 中的速度等于 c. 试问, 在系统 S 中测得它的速度是多少呢? 在上述情况下 $u = c$, 而速度 v 则可以是小于光速的任意量. 如果 $u = c$, 此时

$$u \mathbin{++} v = c \mathbin{++} v = \frac{c+v}{1+cv/c^2} = \frac{c+v}{1+v/c} = c \tag{30.62}$$

这样, 任意一个速度与光速进行相对论相加还是得到光速. 当然, 只要我们的理论是前后一致的, 这个结果并不出乎我们的意料, 因为我们的理论就是建立在这样的假定上: 光在任何参照系中都以同一速度传播.

§30.8 另一世界中的古老时钟

相对论建立在两个假设之上: 光速是常量以及不可能确定相对于以太的绝对运动. 这样我们也就摒弃了绝对时间的概念. 但是, 这个概念却深深地扎根于我们的意识之中, 并且长期以来它是很有用的. 这个概念已成了我们语言

的一部分. 把时间看作对不同的人, 在不同的地方, 是不一样的什么东西, 用我们的语言甚至难以表达. 我们常说: "在那个时候 ……", "在专制制度的年代里 ……", "当宇航员正在 …… 的时刻", 或 "就在那时候, 在大畜牧场上……". 这个时间的概念已成为我们思维的一部分, 要改变它, 即要同意时间对不同的观察者是不同的, 是非常困难的. 我们的理智始终反对这个改变, 一次又一次地提出相同的问题: "这样做有必要吗? 这是从经验得来的吗?" 我们回答说: "不, 这不是必要的." 而正因为如此, 爱因斯坦的理论才更显示出它的光辉. 事实上, 虽然爱因斯坦并没有给我们揭示出最终的真理, 但他完成了很多事情: 他成功地找到了描述我们经验的如此理想的方式, 以致一旦掌握了它就很难再用别的方式来观察世界.

　　假设我们尝试建立这样的一种理论, 这个理论不采用爱因斯坦的不同寻常的时间间隔的定义, 而同样能解释下述现象: 光速是个常量和不可能确定自身相对于以太的绝对运动. 比如说, 我们认为, 确实存在一个挑选出来的参照系. 我们称这个参照系为**绝对静止的**. 我们假设这个系统的原点, 比如说, 是与太阳相联系的; 并根据定义, 假定这个系统相对于传送光的以太是不动的. 进一步, 我们设想在这个系统中放着大量的精心制作和彼此同步的古老时钟 (图 30.17). 并假定这些时钟指示出真实的时间, 以后将用它来核对其他时钟的指针. 只有那些与真实时间的时钟走得一样的时钟才被认为是正确的. 这样一来, 在这个参照系中我们得到了普通的对所有人都一样的时间间隔的定义. 根据古老时钟的指针, 发生在同一时刻的事件将被看作是同时的事件, 而按照规定[①], 这些时钟相对于以太是静止的.

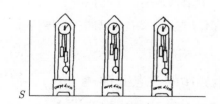

图 30.17　与古老的时钟相联系的参照系

---

　　① 我们说 "按规定", 这是因为: 根据相对性原理, 不可能确定什么系统相对于以太是静止的. 换句话说, 这对我们是无所谓的事. 既然如此, 我们随便什么时候都可以假定, 某个确定的系统是绝对静止的.

从绝对静止系统中的观察者看来, 一切都很正常. 时钟走得都很正确, 它们之间是很好同步了的; 所有尺子的长度和手表都和平常一样. 这个观察者舒适地躺在这些走得很准的时钟之间, 由于他明白, 一切测量将相对于他所在的系统而进行, 因此他感到某种满足.

现在我们来考察一下, 在另一系统 (我们叫它 S') 中静止着的观察者将看到些什么, 这个系统 S' 以速度 v 相对于古老时钟而运动 (图 30.18). 这个观察者试图制造一个时钟, 比如说, 一个以前我们描述过的光时钟. 他相信, 他是在移动着 (因为古老时钟是静止的), 因此他认为, 在他的时钟里, 光从光源到接收器将沿对角线传播 (图 30.19), 而不是沿图 30.20 所示的路线传播. 因为按照爱因斯坦的观点, 只有假定某一观察者有权认为自己是静止的情况下, 光才能按图 30.20 所示的路线传播.

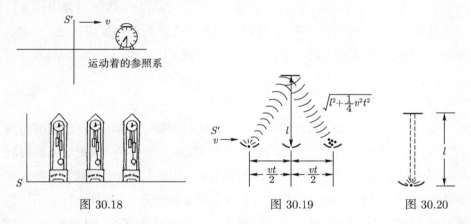

图 30.18　　　　　　　　图 30.19　　　　　　　图 30.20

然后, 利用我们已经熟悉的讨论, 观察者用光脉冲经过的路程除以它的速度就可以计算出从发出光信号到光信号被接收之间的时间间隔. 结果他得到这一时间间隔为

$$t = \frac{2l}{c} \frac{1}{\sqrt{1 - v^2/c^2}} \tag{30.63}$$

而不是

$$\frac{2l}{c} \tag{30.64}$$

而后一个结果只有在这个观察者认为自己是静止的情况下才会得到.

如果他希望使用量 $2l/c$ 作为标准的时间间隔 (例如, 令 $l = 150$ cm, 则 $2l/c = 10^{-8}$ s), 那么他将认为, 他的时钟的基本时间间隔将是 10^{-8} s 的 $\dfrac{1}{\sqrt{1 - v^2/c^2}}$ 倍[①]. 现在他能够相应地校正他自己时钟的指针了. 然后他使时钟这样同步——使得他的时钟只有在下述情况下才对两个事件指示出同一时间: 放在静止系统中发生这两个事件点上的两个古老时钟的指示是相同的.

观察者将很容易做到这一切. 结果他得到的时间的定义[②] 将与我们某些原先习惯了的概念相一致. 如果在一切参照系中的所有观察者都这么做, 那么时间就将变成像我们所希望的那样 (虽然是部分地)——对所有人都是相同的、绝对的和单值的. 但是, 先别高兴得太早了. 让我们考察一下从这样的时间定义中将引申出来的某些问题, 而这些问题正是相对于古老时钟运动着的观察者所面临的. 我们在系统 S' 中的朋友将自己的时钟稍加修正之后, 他将发现, 在他的周围所发生的一切物理过程都变慢了. 举例来说, 如果乘数

$$1/\sqrt{1 - v^2/c^2} \tag{30.65}$$

等于 2, 那么观察者在一昼夜内 (从日出到日出, 或从日落到日落之间的时间间隔内) 记下的秒数将要多一倍; 在 1 年内 (在连续两个春分时刻之间的时间间隔) 记下的秒数要多一倍; 在自己的一生中 (从出生到死亡) 记下的秒数要多一倍, 等等. 任何过程的持续时间不知为什么都延长了, 并且正好是多一倍的时间. 观察者将感到某种不方便, 但还是完全可以容忍的. 问题在于, 任何发生着的事件之间的时间间隔之间的比值还是像以前那样. 圣经上讲的平均寿命仍然是 80 年, 如果将年定义为依次的两个春分点之间的时间间隔的话. 仅仅是时间的基本单位变成原来的一半, 按照定义, 这个时间单位等于光信号从发出到接收之间的时间间隔 (10^{-8} s). 换句话说, 仅仅是时间尺度变了.

关于两个事件同时性的定义变得相当别扭. 如果系统 S' 以很大的速度 (比如说, 接近光速) 相对于古老时钟而运动, 则两个根本不是同时的事件, 在

---

① 观察者可以用这种方法确定速度 v. 当然, 这个速度就是观察者相对于放有古老时钟系统的运动速度.
② 这个定义不同于爱因斯坦的定义. 例如, 对于 S' 系统中的观察者来说, 时间 t_{AB} 将不等于时间 t_{BA}.

系统 S' 中的观察者看来将不得不认为是同时发生的. 这样一来, 他将不得不
声称, 打开绿灯和停在十字路口的汽车的启动远非同时发生的, 并且这两个事
件在时间上相差很大. 又比如说, 如果观察者、光信号和汽车都相对于 "绝对
静止的系统" 运动, 像图 30.21 所表示的那样, 那么, 观察者知道, 他是迎着汽
车灯光和背离信号灯光而运动的, 他应当得出结论: 汽车开始运动和绿灯亮
这两个事件只有在下述情况下才会同时发生, 即他在看到绿灯亮以前汽车已
经起动了. 这样的结论是很难向交通警察解释清楚的.

图 30.21

　　测量距离将显得更离奇. 在系统 S' 中的观察者不得不承认, 它测量用的
棍和尺子在运动方向都缩短到原来的 $\sqrt{1-v^2/c^2}$. 按照这个观察者的意见,
当他将一根 1 m 长的棍 (这是某个时候从静止的系统中借来的) 沿运动方向
放置的时候, 这根棍应当缩短 (图 30.22). 而当这根棍垂直于运动方向放置时,
它的长度恰好等于 1 m. 结果是, 观察者在沿运动方向和垂直于运动方向测
量距离时被迫使用不同长度的尺子. 如果他想画一个圆, 他将不得不画一条像
图 30.23 所示的曲线. 观察者当然明白, 他的 "圆圈" 看起来可是够古怪的. 但
是在上述长度定义下 (这个定义他必须采纳), 正是这样的曲线才具有圆的性
质 —— 曲线上所有的点到中心的距离都相等.

　　所有这一切是如此之荒唐, 而运动着的观察者却不得不容忍这一切. 这一
事实使我们相信, 他所选择的用以描述我们世界的这些假定实在非常不方便.

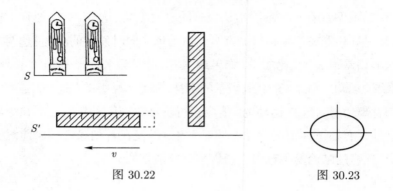

图 30.22　　　　　　　　　　　　　图 30.23

为了维护自己关于时间的某些直观的概念, 他不知不觉地落入这样一个世界中: 在那儿, 转动尺子, 长度会变化; 在那儿, 看上去是同时的事件却不能认为是同时发生的; 以及诸如此类等等.

对此, 我们会发笑, 并说: "这个人真有意思. 他好像生活在一个橡皮地壳表面上的人. 这个橡皮地壳不断地在变形, 压缩和膨胀着. 而他却说, 在他生活的世界里存在着刚体." 或者说: "他像一个生活在球面上的人, 但却力图把这个球面描绘成一个平面." 我们并不想说, 这样的描述是错误的, 因为观察者总是可以把它说成是正确的, 并完全与他周围的世界相适应. 我们的反对意见主要是: 这样的描述是非常拙劣的. 它包含了不必要的概念. 与其说它揭示了世界的各种对称性, 还不如说它掩盖了它们. 归根到底, 它没有给出关于这个世界的直观形象, 它不具有美的吸引力.

相对论的全部光辉在于它的严谨和简明. 爱因斯坦表明, 引入一个处于绝对静止状态的参照系以及定义一个对所有观察者都是相同的时间, 完全是多余的. 我们不需要这些支柱 (我们需要它们仅仅是出于感情激动), 因为 "现象的任何性质都与绝对静止的概念不相符". 任何惯性系统都可以认为是静止的; 在一个参照系中定义的时间和距离一点也不亚于在另一个参照系中定义的时间和距离, 而绝对静止和绝对同时性之类的东西原则上是不可能被观察到的.

因此, 爱因斯坦认为, 绝对静止和绝对时间这类东西我们任何时候都不需要. 它们像幽灵似的, 有时使我们高兴, 有时使我们惊慌, 而要观察到它们却永远办不到. 在这种情况下, 在给定的参照系内部, 一切事情就比较简单了. 转动尺子时它的长度不会改变; 圆看上去也像个圆; 同时的事件 (像我们所习惯了的那样) 发生在同一时刻; 圣经上说的人类平均寿命仍然是 80 年. 作为这一切的交换条件是: 当从我们的系统过渡到另外一个相对于我们运动着的系统时, 过渡的规则改变了. 这些改变虽然看上去有点不平凡, 但与在相反的情况下不得不引入的那些改变相比, 并不显得太异常.

在这个意义上说, 爱因斯坦的研究工作与一个钟表匠的工作相仿佛. 钟表匠面前摆着的具体任务是: 制造出测量时间间隔的机械和定义由时钟测量的时间. 维护传统思想的人不同意这种说法. 他们认为, 由人们制造的时钟只能不太精确地测量 "绝对的、真实的和数学的时间". 钟表匠反驳说: "也许是这样, 但是不管绝对时间的想法多么美妙, 除了我制造的时钟以外, 您不可能再获得别的什么. 而只有用这个时钟测量的时间才可以写进物理学方程或者 '物理系统状态的改变所遵循的定律' 中去. 当然, 只要愿意的话, 我们可以保留关于真正的、绝对的时间的概念. 但它仅仅是个累赘. 它使我们对世界的描述复杂化. 我们在空间的某一地点引入了绝对时间, 而当我们赶到另一地点前, 它已经消失了. 最终, 我们将被迫抛弃它, 就像抛弃一件毫无用处的、淘汰了的工具一样."

爱因斯坦写道: "最后我要指出, 在探索这些问题的过程中, 我的朋友和同事培索是我的忠实助手, 他给予了我一系列宝贵的提示." [14]

培索是谁? 这个 "朋友和同事" 曾经是瑞士专利局的另一名职员吗? 他耐心地, 或许不止一次地, 听取过爱因斯坦关于相对论的解释吗? 爱因斯坦向他解释过: 在力学方程能成立的一切坐标系统中, 电动力学和光学定律也将同样是正确的; 相对性原理同光在真空中始终以确定速度 c 传播的假设仅仅是表面上有矛盾; 对于同时性概念不能赋予绝对意义, 因为在一个参照系中是同时发生的两个事件, 在相对于该系统运动着的另一参照系中, 就不是同时的了; 一个物体在某参照系中是球形的, 但是如果从另一个运动着的系统中去观察, 它就是椭球形的了. 培索听了吗? 他笑了吗? 然而, 谁是培索?①

---

① 一位评论家告诉作者, 培索是爱因斯坦在瑞士专利局中的同事, 他是一位很有学问的工程师. 后来培索与爱因斯坦成了亲戚, 他的内弟与爱因斯坦的妹妹结了婚. 为此作者感谢这位评论家.

参考文献

[1] *Einstein Albert*, On the Electrodynamics of Moving Bodies, in The Principle of Relativity, Methuen, London, 1923, pp. 37, 38. (中译本:《爱因斯坦文集》, 第二卷, 第 83 页, 商务印书馆. 北京, 1979 年.

[2] *Minkowski Hermann*, Address on《Space and Time》, 1908, in The Principle of Relativity, Methuen, London, 1923, p, 81.

[3] *Lorentz H. A.*, Proceedings of the Academy of Sciences of Amsterdam, 1904.

[4] *Minkowski H.*, 参见 [2], pp. 82, 83.

[5] *Einstein Albert*, 参见 [1]. p. 41.

[6] *Minkowski*, 参见 [2], p. 81.

[7] *Einstein Albert*, 参见 [1], p. 37.

[8] 同上, pp. 39, 40. (第 85 页).

[9] 同上, p. 40. (第 86 页).

[10] 同上, pp. 42, 43. (第 89 页).

[11] 同上, p. 48. (第 95 页).

[12] 同上, pp. 37. 38. (第 83 页).

[13] 同上, p. 41. (第 87 页).

[14] 同上, p. 65.

[15] Sir lsaac Newton's Mathematical Principles of Natural Philosophy and His System of the World, Andrcw Motte, trans., University of California Press, Berkeley, 1962. vol. 1. p. 6.

思考题

1. 爱因斯坦的两个假设 "似乎是矛盾的", 是什么意思?

2. 哪些假设与光速是个常量这一实验结果好像是矛盾的?

3. 如果我们摒弃以太随地球运动和干涉仪臂收缩等假设, 也不假定实验设备是处于绝对静止的状态, 试问, 怎样利用光速在虚空中是个常量 (和测量光速的观察者的运动无关) 这一假设来解释迈克耳孙–莫雷的实验结果?

4. 如果光的速度是无限大, 那么, 爱因斯坦的全部论点应如何改变?

5. 如果光速 c 的数值趋向无限大, 相对论方程将有什么变化?

6. 某静止的粒子在时间 τ_0 内发生衰变, 如果该粒子以速度 v 相对于观察者运动, 试问, 从位于实验室内的这个观察者看来, 这个粒子的寿命等于多少?

7. 在爱因斯坦之前, 大力士赫拉克勒斯[①] 能拿一把长为 200 000 km 的张开着的剪刀, 在 1/2 s 的时间内就将剪刀合拢, 并以 400 000 km/s 的速度剪纸. 因而能把剪纸的信息以超过光速的速度传递. 试问, 为什么在爱因斯坦以后, 赫拉克勒斯再也不能重复他剪纸的玩意了?

8. 有两个相对作匀速运动的观察者, 他们怎样才能根据爱因斯坦的理论同时确信, 另一个观察者测得的两个物理点之间的距离显得太短, 并且两人并不互相矛盾?

习题

1. 火箭应以多大速度相对于观察者运动, 才能使它的长度变成它的静止长度的 90%?

2. 宇宙飞船以 1/2 光速的速度相对于地球运动. 在飞船起飞之前, 在舱内放置了一个校准过的 1 m 长的金属棒和准确的瑞士表.

a) 试问, 从地球上的观察者来看, 1 m 长的金属棒变成了多长?

b) 在地球上过了 1 h, 飞船上的表指示出多少分钟?

3. 教授给了学生 50 min (按教授的表) 准备回答问题. 教授和学生作相对运动, 其速度为 $0.98c$. 当教授对学生说 “你们的时间到了” 的时候, 从学生的观点看, 教授的表过了多长时间?

4. 在伽莫夫著的《汤普金斯先生在古怪国》一书中, 汤普金斯先生进入了另一世界. 在这个世界中, 光速仅为 50 km/h. 有一骑自行车的人, 他以 25 km/h 的速度行驶. 在骑车人看来, 他的自行车的长度为 2 m. 试问, 从一个不动的观察者看来, 自行车有多长? (在古怪国内, 没有人坐汽车, 因为车速不

---

①希腊神话中的一个力气非凡的英雄. ——译者注

可能超过 50 km/h; 而当汽车以高于 30 km/h 的速度行驶时, 燃料的消耗是非常惊人的.)

5. 科学家想把粒子探测器放置在离粒子源这样的距离上, 使得粒子通过这段距离后大部分都已衰变了. 他知道粒子的平均寿命为 10^{-10} s, 而且粒子的速度为 $0.99c$. 试问, 探测器应放在距离粒子源多远的距离上?

6. 在古怪国里, 为了 "节省乘客的时间", 专门建造了高速地下铁道 (49.5 km/h). 虽然乘坐一般的地下火车会使人过早地衰老, 但是在古怪国的地下铁道里, 由于车厢的 "巨大" 速度, 衰老将得到补偿. 如果汤普金斯先生每天在高速地铁中乘 30 min 的车 (按照不动的车站上时钟的指针), 这样过了十年. 试问, 他老了多少年?

7. 有一个球, 以 2 cm/s 的速度向东运动, 另一个球以同样的速度向西运动. 有两个质子都以 2×10^{10} cm/s 的速度往相反方向运动. 试问在这两种情况下质子的相对速度和两个球的相对速度各是多少?

8. 有一次, 汤普金斯先生坐在地下火车里. 他看了一眼迎面开来的列车, 他就觉得这辆车出事了, 为什么?

9. 流星以 $0.8c$ 的速度相对于地球运动, 同时, 该流星相对某星群以 $0.6c$ 的速度向该星群靠拢. 试问, 星群以多大的速度飞离地球?

*10. 当某一粒子相对于观察者不动时, 它的寿命为 10^{-8} s. 如果粒子相对于观察者以 $0.5c$ 的速度运动, 从观察者来看粒子的寿命有多长?

11. 宇宙飞船以 $v = 0.98c$ 的速度脱离地球飞向距地球有 3×10^{18} m 远 (地球上观察的数据) 的行星. 宇航员自己可以在座舱里进行测量. 试问:

a) 从宇航员的观点来看, 地球到行星的距离有多大?

b) 按照地球上的时钟, 航行需要持续多少时间?

c) 按照宇宙飞船上的时钟, 航行需要持续多少时间?

12. 根据实验室中的测量结果, 质子束通过一根 12 cm 长的管道需要 5×10^{-10} s. 试问

a) 质子束的速度是多少 (用 c 为单位)?

b) 如果观察者和质子一起运动, 那么, 对他来说, 该管道有多长?

c) 质子通过管道需要多少时间?

13. 根据实验室中的测量结果, 运动速度为 $0.96c$ 时粒子的平均寿命为 10^{-9} s. 试问, 静止时粒子的平均寿命是多少?

14. 运动速度为 $v_1 = 0.6c$ 时粒子的平均寿命为 τ, 试计算, 粒子以什么样的速度 v_2 运动时, 它的寿命将变成 2τ.

第 31 章　牛顿定律和相对性原理的统一

§31.1　相对论力学

如果从不动的参照系过渡到运动的参照系时, 长度与时间间隔的变换采用爱因斯坦的规则, 则相对性原理和光速是常量这两者并不互相矛盾. 此时电动力学方程——麦克斯韦方程——在一切坐标系统中将有相同的形式. 比如光速 (光也是电磁波, 即也是麦克斯韦方程的一个解) 在所有匀速运动着的参照系中都有同一数值. 除此之外, 相对性原理还肯定了这一点, 即不存在可以确定自己的绝对静止状态的任何方法: "现象的任何性质都与绝对静止的概念不相符." 这意味着, 所有的物理学方程都应当具有这样的形式, 它不允许利用这些方程所描述的任何现象去发现系统的绝对运动.

在这种情况下立刻会提出这样的问题: 到 1905 年为止已经使用了二百多年的力学方程、牛顿定律具有所要求的这些性质吗? 回答是否定的. 如果从一个运动着的系统过渡到另一个系统时, 长度和时间的变换遵循爱因斯坦的规则, 那么牛顿方程与相对性原理将不符合.

这就是问题的实质所在. 如果从一个参照系过渡到另一个运动着的参照系时, 长度与时间的变换遵循伽利略的规则 (在爱因斯坦以前正是这样认为的), 那么从牛顿方程中是找不出静止的观察者与相对于他作匀速运动的观察者之间的差异的. 在一切惯性系中牛顿定律都是正确的. 但是, 当采用这种变换时, 麦克斯韦方程将不保留原有的形式, 例如, 光速对不同的观察者将是不一样的.

从不动的参照系过渡到运动的参照系时, 长度和时间的变换方式需要改变, 这基于光速对于所有相互匀速运动着的观察者是相同的这一实验事实. 当我们采用洛伦兹变换时, 麦克斯韦方程在两个系统中具有同一形式. 光速是个常量. 但在这种变换下, 牛顿方程就不对了. (很容易证明, 牛顿方程采用我们前面所写的那种形式将导致很多困难. 例如, 如果有一个不变的力作用于物体上, 则根据这些方程, 物体将以等加速度运动. 此时它的速度无限增大. 这样一来, 从牛顿定律的观点看, 物体可以具有超过光速的速度. 但对于相对论来说, 一般物体的运动速度不可能超过光速.)

因此, 我们将不得不作出选择, 要么拒绝相对性原理, 要么改变牛顿方程, 使之与这些原理相一致. 如果我们拒绝相对性原理, 则不得不承认存在某种力学实验, 能使我们确定自己的绝对运动. 洛伦兹、爱因斯坦以及二十世纪的所有物理学家选择了第二条道路: 改变牛顿方程使之与相对性原理相一致. 我们不能臆断地说, 两条道路中哪条是正确的. 世界可能是这样或那样构成的, 但为了解释清楚这个世界是怎样构成的, 就必须研究它. 二十世纪初已有大量的事实证明, 牛顿方程应当改变.

以前我们表述过的牛顿第一、第二运动定律宣称:

(1) 在没有力作用时, 物体沿直线作匀速运动;

(2) 在有力作用时, 物体将改变它的运动状态, 使得

$$\boldsymbol{F} = \frac{\Delta(m\boldsymbol{v})}{\Delta t} \tag{31.1}$$

或

$$\boldsymbol{F}\Delta t = \Delta \boldsymbol{p} \tag{31.2}$$

即力的冲量等于物体动量的改变.

在改变这些方程式的形式之前, 我们先指出一个不可避免的问题. 我们曾详细地研究了在各种力的系统下牛顿方程导出的结论. 例如, 在行星的运动中物体之间的作用力是引力, 而从描述引力作用的牛顿方程中得出的结论与观察到的行星的运动非常一致. 换句话说, 牛顿体系极好地描述了我们这个世界的性质, 以致我们只得称这个体系为 "精确的" "正确的" 或 "真正的". 而现在我们又断定, 这些牛顿方程以及由它导出的结论与相对性原理不一致, 并且认为它们应当改个样子. 这怎么理解?

显然, 如果牛顿方程在我们实验的某些领域中 (例如行星的运动中以及地

球上的各种力学系统中) 明显地是正确的, 那么描述这些现象的任何其他方程组也应当与牛顿方程相似. 但我们不能保证, 牛顿方程也能正确描述我们尚未观察过的现象. 已经写成的方程是从某些现象中推导出来的, 而方程本身却具有比这些现象更普遍的意义. 因此, 当我们为了使牛顿方程与相对性原理相一致而重新审查这些方程时, 实际上给自己提出了这样的问题: 能不能这样改变牛顿方程, 使得它在研究像行星的运动这样一些领域里与原来的方程很相似 (此时新的和原先的方程应当很接近), 但为了与相对性原理相一致, 其与老的方程又有本质的区别?

要改变一个很有成就的理论从来就是一个须细心琢磨的问题, 因为任何理论, 包括牛顿理论, 都是在仔细研究了一切可能关系的基础上建立的. 我们的实验证明, 这个理论的大部分是完全正确的; 而进一步的实验 (相对性原理) 表明, 这个理论的另一部分是不正确的. 因此应当这样改变这个理论, 使得我们已知是正确的那部分实际上保持不变 ("实际上" 一词我们应当理解为可能有某些改变, 但这种改变是如此之小, 以致我们的感官不可能觉察到), 而同时理论中被彻底改变了的那部分是以前没有经过实验考察的.

对于牛顿方程的情况, 这种改变意味着: 对于低速运动的物体, 相对论方程 (我们将称这些改变了的方程为 "相对论方程") 应当给出有微小修正的牛顿方程, 这个修正是如此之小, 以致在速度很小时, 它不能被观察到. 当速度接近光速时, 方程应当有本质的改变. 就这样, 对发生在一定的速度 (与行星的速度差不多大小) 范围内的一切现象的描述, 牛顿方程与相对论方程实际上应当是相同的; 只有当速度接近光速时, 相对论修正才变得足够大, 以致它们很容易被观察到. 正因为牛顿和他同时代的人所遇到的都是速度比光速小得多的现象, 所以牛顿提出的方程显得如此富有成效. 很有趣的是, 我们从根本上改变了理论所依据的基本假设, 但同时又保留了理论本身的大部分. 这好比我们完整无损地把整个哥特式大教堂传到了我们这个时代, 包括它的全部圆柱、拱门、扶壁、形态离奇的喷水管和它的天使.

为了使牛顿第一和第二定律与相对性原理相一致, 唯一要做的事是改变冲量或动量的定义. 按照牛顿的定义, 动量等于物体的质量乘它的速度 $p =$

mv. 我们发现, 只要引入下述新的动量的定义牛顿方程就能同相对论原理相一致, 即

$$p = \frac{m_0}{\sqrt{1 - v^2/c^2}}v \qquad (31.3)$$

量 m_0 称为质点的**静止质量**, 它表示质点静止时的质量. 牛顿认为的质点所具有的正是这个质量 m_0. 为了得到**相对论质量**, 我们将静止质量除以在相对论中到处都可以遇见的乘数 $\sqrt{1 - v^2/c^2}$, 这个乘数第一次出现在我们分析迈克耳孙–莫雷实验的时候, 后来它像一个获得了自由的妖精一样在相对论中到处忽隐忽现. 这样, 相对论的牛顿方程获得了以下的形式:

(1) 如果没有力作用于匀速运动着的物体, 则该物体将继续作匀速运动.

(2) $F\Delta t = \Delta p$ $\qquad (31.2)$

这里

$$p = \frac{m_0}{\sqrt{1 - v^2/c^2}}v \qquad (31.3)$$

当我们只与直接接触的力打交道的时候, 牛顿第三定律 (关于力的性质) 不变. 对于远距离作用的力 (例如引力), 这时就产生一个普遍的问题, 这就是力的改变不可能立即从空间的一个点传到另一个点 (因为任何信号都不可能以超过光速的速度传播). 因此, 为了方便起见不得不认为, 所有的力都是通过某种实体 (场、粒子或 ⋯⋯?) 从一个物体传到另一个物体的 (参阅第 20 章). 对于这些实体第三定律成立.

在牛顿体系中 (图 31.1)

$$F_{1对2} = -F_{2对1}$$

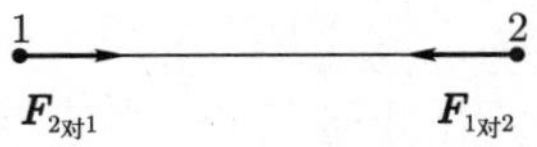

图 31.1

在相对论体系中 (图 31.2)

$$\boldsymbol{F}_{1对?} = -F_{?对1}$$

$$\boldsymbol{F}_{?对2} = -F_{2对?}$$

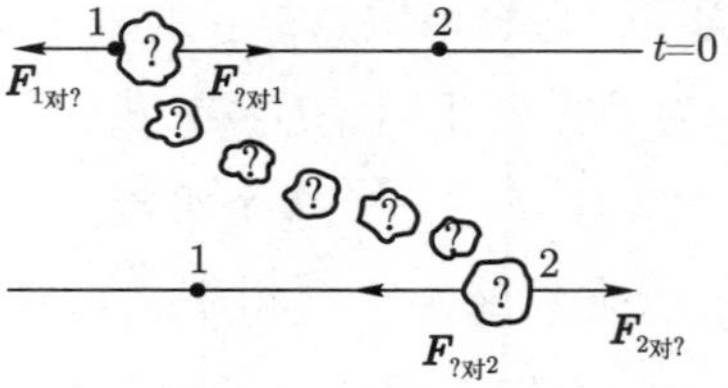

图 31.2

从这些方程不难得出一些基本的定性的结果. 我们可以把相对论修正看作是质点速度的增加而使它的质量改变造成的. 当质点的速度接近光速时, 乘数 $\sqrt{1-v^2/c^2}$ 变得很小, 而质量 $\dfrac{m_0}{\sqrt{1-v^2/c^2}}$ (它表征质点的惯性) 则无限增大. 因此, 当质点的速度接近光速时, 质点的惯性无限地增长, 并且当 $v = c$ 时, 趋向于无穷大. 由于质点的惯性表示质点对于改变运动状态的反抗能力, 所以惯性愈大, 为加速质点所需要的力也就愈大. 当质点的速度接近光速时, 要改变这个速度或给质点以加速度将愈来愈困难. 这样我们就得到一个重要的结果: 从相对论方程观点来看, 不可能将质点加速到超过光速的速度.

当质点的速度与光速相比很小时, 牛顿方程中的相对论修正也小到可以忽视. 例如, 对于行星运动的典型速度 (约 30 km/s)

$$\frac{v^2}{c^2} = \left(\frac{30}{300\,000}\right)^2 = 10^{-8} \tag{31.4}$$

这就是说, 在这种速度下, 对物体质量的相对论修正约为亿分之一. 其结果是, 由牛顿方程所预言的行星轨道与由相对论方程得出的轨道之间在数量上相差仅约亿分之一.

正应当在这个意义上来理解下述论点: 当速度比光速小得多时, 相对论方程就转变成牛顿方程. 当 v 趋向零时, 乘数 $\sqrt{1-v^2/c^2}$ 趋近于 1, 相对论方程最终与牛顿方程完全一致. 要得到相对论方程只要回答下述问题: 当质点静止时这组方程应当转变成牛顿方程, 而同时它又应与相对性原理相一致, 这样的一组方程看上去应当是怎样的? 上面列出的方程就是可能的答案中的一个[①].

§31.2　能量与动量之间的相对论关系

我们再来看一下写成相对论形式的牛顿方程:

$$\boldsymbol{F}\Delta t = \Delta\boldsymbol{p} \tag{31.2}$$

$$\boldsymbol{p} = \frac{m_0}{\sqrt{1 - v^2/c^2}}\boldsymbol{v} \tag{31.3}$$

除了动量的定义外, 这些方程与从牛顿《自然哲学的数学原理》中导出的方程完全一致. 牛顿《原理》宣称: 力乘以它作用的时间等于动量的改变. 正是由于这个缘故, 我们以前从非相对论方程得出的许多关系式 (实际上是从牛顿第二定律引出的那些没有用到 $\boldsymbol{p} = m_0\boldsymbol{v}$ 这样定义的全部结果) 的结构在相对论情况下仍然有效. 这给出了一个明显的例证: 即使在关系式中的符号的解释已经不同了, 但这些理论的关系式的结构仍然可以保留.

牛顿理论的最重要的结论之一是, 没有外力时动量守恒. 这个结果在相对论中仍然是对的. 没有外力时动量的改变 $\Delta\boldsymbol{p}$ 等于零, 因此相对论动量保持不变[②]. 用同样方式可以表明, 如果关于作用等于反作用的牛顿第三定律成立 (在上面指出的意义上), 则当质点碰撞时相对论动量保持不变. 由此, 在相对论中我们也可以确定系统的质量中心, 并证明, 当没有外力作用时, 这个质量中心应当以不变的速度运动等等.

在研究牛顿理论时我们曾看到, 动量, 或中世纪力学术语中的 "运动力" 的变化与在给定时间间隔内作用的力有关. 我们也曾引入功和能的概念, 它们

[①] 这个答案不是唯一的. 但通常是从几个可能的方程中选择最简单的方程, 只要它能满足所有的已知条件就可以了.

[②] 这个结论意味着, 在相对论方程中可以找到这样一个量——相对论动量, 如果没有外力, 它将是个常量.

是与沿一定距离作用的力有关的量. 我们还成功地定义了动能: 对质点所作的功等于质点动能的改变. 现在我们可以再次引入沿一定距离作用的力的概念, 并像以前一样定义功. 如果对相对论质点作功, 则一定存在某个量, 此时这个量将发生变化. 这个量与牛顿力学中的能量; 或者中世纪力学中的 "活力" 有关. 我们仍将称它为质点的动能. 但此时能量对速度的依赖关系与非相对论情况相比, 已具有另外的形式, 因为动量与速度之间的关系已经改变了. 对于非相对论的情况

$$动能 = \frac{1}{2}m_0 v^2 = \frac{p^2}{2m_0} \tag{31.5}$$

因为

$$p = m_0 v \text{ (数值)} \tag{31.6}$$

如果没有力作用于质点, 它的动能就等于质点的全部能量:

$$E = \frac{1}{2}m_0 v^2 = \frac{p^2}{2m_0} \tag{31.7}$$

在相对论的情况下我们得到 E 的如下的表达式:

$$E = \sqrt{m_0^2 c^4 + p^2 c^2} \tag{31.8}$$

上式可改写成[①]

$$E = \frac{m_0 c^2}{\sqrt{1 - v^2/c^2}} \tag{31.9}$$

---

① 我们知道

$$\rho = \frac{mv}{\sqrt{1 - v^2/c^2}} \text{ (数值)}$$

因此

$$E^2 = m_0^2 c^4 + \frac{m_0^2 v^2 c^2}{1 - v^2/c^2} = m_0^2 c^4 \left(1 + \frac{\nu^2}{c^2 - \nu^2} \right)$$

$$= m_0^2 c^4 \frac{c^2}{c^2 - v^2}$$

或

$$E = \frac{m_0 c^2}{\sqrt{1 - v^2/c^2}}$$

换句话说, 如果在给定的路程上对相对论质点作用一个力, 则量

$$\sqrt{m_0^2 c^4 + p^2 c^2}$$

将改变. 当动量很小时表达式 (31.8) 可近似地写成

$$E \approx m_0 c^2 + \frac{p^2}{2m_0} \tag{31.10}$$

这样, 当速度很小时自由质点的相对论能量等于 $p^2/2m_0$ (这与非相对论情况的动能的表达式一致) 加上附加项 $m_0 c^2$, 而后者是个常量. 如果质点的动量等于零, 则

$$E = m_0 c^2 \tag{31.11}$$

毫无疑问, 这个公式是物理学中最著名的公式[1].

在 1905 年, 继第一篇论文发表后不久, 爱因斯坦又发表了第二篇论文, 题目为《物体的惯性同它所含的能量有关吗?》. 在文章中他分析了物体辐射光的过程. 在结束语中他写道:

"如果有一物体以辐射形式释放出能量 E[2], 那么它的质量就要减少 E/c^2. 至于物体所失去的能量是否恰好变成辐射能, 在这里显然是无关紧要的, 于是我们将得到一个更广泛的结论: 物体的质量是它所含能量的度量; 如果能量变化了量 E, 则质量相应地也变化了量 $E/9 \times 10^{20}$, 这里能量以 erg (尔格)[3] 为单位, 而质量的单位是 g (克)." [1]

然而他带预见性地指出:

"用那些所含能量是高度可变的物体 (譬如用镭盐) 来验证这个理论, 不是不可能成功的." [2]

当速度不太大时, 在能量的相对论表达式中有一个附加的常数项 $m_0 c^2$, 它是一个与质点的静止质量有关的常量. 我们可以把这个附加项看作某种形

---

[1] 由于表达式 $m_0/\sqrt{1 - v^2/c^2}$ 经常用 m 表示, m 是质点的与速度有关的质量, 则从 (31.9) 得出, $E = mc^2$.

[2] 爱因斯坦用符号 L 表示能量.

[3] erg, 1 erg $= 10^{-7}$ J.

式的势能, 它由质点的静止质量所决定. 如果这个能量能像普通的势能一样转变为动能, 那么就可以使它变成功. 否则, 物体能作的最大的功就等于量 $E - m_0 c^2$, 这个量可以称为**相对论动能**. 利用式 (31.9) 我们得到

$$动能 \ (相对论的) = m_0 c^2 \left(\frac{1}{\sqrt{1 - v^2/c^2}} - 1 \right) \tag{31.12}$$

如果我们得以用某种方法减少物体的质量, 那么也就等于把它们变成了能和功. 这种转化远非在一切情况下都可能; 须知即使是热也并不总是能转化为功. 但在某些情况下, 例如在爱因斯坦所提到的镭盐的情况下 (现在我们知道有许多其他的情况), 质量确实可以转化为能量. 这种转化的可能性把质量和能量这两个看上去似乎是互不相关的概念联系在一起了. 现在已经不能认为, 质量和能量可以相互无关地守恒. 因此, 我们还得将能量的概念推广, 将它与质量的概念结合在一起. 如果能量中包括该系统的静止质量 $m_0 c^2$ 的话, 则能量是守恒的. 虽然如此, 物质也并不总是可以转化成能的形式. 在某些情况下它可以转化, 而在另一些情况下它又不可以转化. 这些转化所遵循的规则构成近代物理学飞速发展着的领域中的研究课题.

§31.3 关于相对论电子的运动

磁场中的电子

现在我们重新来考察均匀磁场中电子的运动情况. 可以预料, 当电子的速度不太大时, 以前对这种运动的描述将与现在得到的结果相一致. 当速度很大时, 所谓**相对论修正**应当起重要的作用. 这一问题不仅仅是在比较非相对论和相对论的结果时有意义, 而且它也有实际应用价值. 事情是这样的, 加速器可以将电子加速到相对论速度, 为了把电子束缚在圆形轨道上, 加速装置中常采用不变的均匀磁场.

我们以前得出的、磁场作用于运动电子的力的表达式为

$$\left. \begin{aligned} &F = \frac{e}{c} vB \ (数值) \\ &力的作用方向垂直于 \ \boldsymbol{v} \ 和 \ \boldsymbol{B} \end{aligned} \right\} \tag{31.13}$$

牛顿的第二运动定律有以下形式

$$\boldsymbol{F} = m\boldsymbol{a} \tag{31.14}$$

对于所考察的情况, 电子以加速度 v^2/R 沿圆形轨道运动. 由于电子的速度是个常量 (只改变运动方向), 在运动过程中量 $\sqrt{1 - v^2/c^2}$ 不变, 因此这种情况特别便于研究.

结果, 相对论运动定律可以写成以下形式[①]

$$\boldsymbol{F} = \frac{m_0}{\sqrt{1 - v^2/c^2}} \boldsymbol{a} \tag{31.15}$$

或

$$\left. \begin{array}{l} a = \dfrac{v^2}{R} \ (\text{数值}) \\[2mm] \text{方向——指向圆心} \end{array} \right\} \tag{31.16}$$

因此

$$F = \frac{m_0}{\sqrt{1 - v^2/c^2}} \frac{v^2}{R} \ (\text{数值}) \tag{31.17}$$

将牛顿第二定律与磁场作用于电子的力的表达式结合起来, 我们得到

$$\frac{e}{c} vB = \frac{m_0}{\sqrt{1 - v^2/c^2}} \cdot \frac{v^2}{R} \tag{31.18}$$

从此式我们可以求出, 为了将粒子束缚在半径为 R 的轨道上所必需的磁场强度为

$$B = \frac{m_0 cv}{eR} \frac{1}{\sqrt{1 - v^2/c^2}} \ (\text{相对论表达式}) \tag{31.19}$$

而对于非相对论情况, 我们以前确定的场强为

$$B = \frac{m_0 cv}{eR} \ (\text{非相对论表达式}) \tag{31.20}$$

---

① 只有在速度是常量的情况下, 才能把第二运动定律写成这种形式.

将两式相比较, 两个场强相差一个乘数

$$\sqrt{1 - v^2/c^2} \tag{31.21}$$

上述结果说明, 在相对论情况下, 为了将具有一定速度的粒子束缚在半径一定的轨道上, 需要更强的磁场. 这样的结果是不难理解的. 当 v 和 R 给定时, 电子的加速度等于 v^2/R. 加速度乘以质量等于所要求的力. 对于相对论情况, 电子的质量 (或惯性) 随它的速度的增长而增加. 因此对于给定的加速度; 也即给定的 v 和 R, 要求有更大的力. 但力正比于磁场强度 B, 所以我们得出, 在相对论情况下, 为了使具有给定速度的粒子束缚在给定半径的轨道上, 要求有更强的磁场.

如果愿意的话, 我们也可以认为, 相对论和非相对论表达式间的差异完全是由电子相对论质量变化引起的, 这质量随它速度的增长而增加 (图 31.3), 有

$$m = \frac{m_0}{\sqrt{1 - v^2/c^2}} \tag{31.22}$$

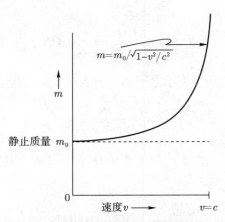

图 31.3 质量对速度的依赖关系

对将速度为 v 的电子束缚在半径为 R 的轨道上的磁场强度进行测量, 就能给出对电子惯性的直观认识. 进行这样的测量相对来说并不复杂, 而这种测量却证实了相对论表达式 (31.19) 的正确性, 也就是说, 证实了电子的惯性是随它速度的增长而增加的. 不仅如此, 当我们设计将电子之类的粒子加速到接

近光速的机器 (如同步加速器) 时, 须事先确定这些机器的尺寸 (它与粒子轨道的半径有关) 和它所使用的磁场强度; 须决定, 要绕多少米铜丝, 通过这些铜丝激发磁场的电流要多大, 要买多少英亩的土地等等. 如果要求将电子的速度增大到一个给定的很大值 v, 而由于机器的尺寸有限 (不能购买更多的土地), 粒子轨道的最大半径不能超过 R, 这时必需的磁场强度由下式决定

$$B = \frac{m_0 vc}{eR} \frac{1}{\sqrt{1 - v^2/c^2}} \tag{31.19}$$

从这里可以明显地看出, 在工程和经济方面的实际决策中, 采用相对论还是非相对论的关系式是一个极重要的问题. 与这类事情有关的人们早就相信, 在确定磁场强度时, 采用相对论表达式是正确的. 这个结论已经无数次, 并在各种不同的条件下得到了证实, 因此关于相对论是否在实验中被检验过的问题已失去任何意义. 它是如此出色地经受了考验, 以致它现在已成了我们日常概念的一部分. 从相对论导出的关系, 像欧几里得几何关系一样, 已成为我们思维的不可分割的一部分, 它被粒子加速器的工程师们、设计家们在他们的实践中到处应用. 在将来, 由于某些现在还不知道的原因, 这些概念 (像任何别的概念一样) 完全可能被进一步修正. 但是目前, 相对论对所考察的现象给予了如此明确的解释, 犹如欧几里得几何描述空间一样, 它揭开了认识真理的新的一页.

最大速度

设想在给定的方向上, 以不变的均匀的力作用于粒子, 我们来考察一下这个粒子的行为. 牛顿理论认为, 这样的粒子将得到一个匀加速度, 粒子的速度将随时间而无限增大. 相对论方程可以写成

$$\boldsymbol{F}\Delta t = \Delta \boldsymbol{p} \tag{31.2}$$

这里相对论动量

$$\boldsymbol{p} = \frac{m_0 \boldsymbol{v}}{\sqrt{1 - v^2/c^2}} \tag{31.3}$$

对于相对论情况, 在不变的力的作用下, 粒子的动量和能量将不断增长. 而粒子的速度却不可能超过 c.

为了证明这一点, 将式 (31.3) 中的速度用动量来表示:

$$v = \frac{pc^2}{\sqrt{c^2p^2 + m_0^2c^4}} \tag{31.23}$$

当静止质量为一定, 并且动量的数值很大时, 这个表达式可近似地写成

$$v \approx \frac{pc^2}{cp} = c \tag{31.24}$$

这样, 当动量的数值无限增大时, 速度 v 趋近 c, 但任何时候也不可能超过 c.

如果真的给电子作用一个不变的力 (例如像在 "最大速度" 实验 [3] 中的情况), 然而同时测量它的速度 (比如, 测量电子飞越给定距离的时间间隔) 和能量, 则可以确信, 粒子的速度与它的能量或动量间的关系不符合牛顿的表达式:

$$v = \frac{p}{m_0} \text{ (数值)(非相对论表达式)} \tag{31.25}$$

而符合公式:

$$v = \frac{pc^2}{\sqrt{c^2p^2 + m_0^2c^4}} \text{ (相对论表达式)} \tag{31.26}$$

这样, 我们得到了下述实际结果: 尽管粒子的动量和能量是在不断地增大, 它的速度, 即电子通过的距离除以相应的时间间隔, 趋近于一个常量——光速.

图 31.4 画出了用以确定电子最大速度的装置的原理图 [3]. 电子在装置左侧的均匀电场中被加速. 用示波器标定电子通过 A 点和 B 点的时刻. 这样就能确定电子的速度. 它们的动能 (电子打到靶上时, 动能转变成热) 可借助于测量靶的温升而确定.

如果再把动能对 v^2 的依赖关系作图, 则与图相应的不是关系式

$$\text{动能} = \frac{1}{2}mv^2$$

(图 31.5 上的直线), 而应当是相对论表达式

$$\text{动能(相对论的)} = m_0c^2\left(\frac{1}{\sqrt{1 - v^2/c^2}} - 1\right)$$

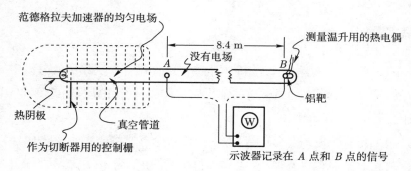

图 31.4

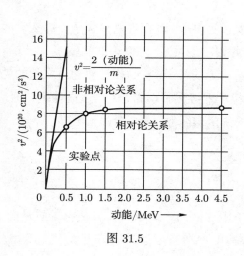

图 31.5

参考文献

[1] *Einstein Albert*,《Does the Inertia of a Body Depend upon Its Energy-Content?》in the Principle of Relativity, Methuen, London, 1923, p. 71. (中译本:《爱因斯坦文集》,第二卷, 第 118 页, 商务印书馆, 北京, 1979 年.

[2] 同上, p. 71. (第 118 页).

[3] *Bertozzl W*. et al., Am. J. Phys., 32, 551 (1964).

思考题

1. 试证明, 在相对论中, 动量守恒定律可从作用等于反作用的假设中导出.

2. 如果有一个不变的力长时间地作用于粒子, 粒子的质量、速度和动量将发生什么变化?

3. 如果光速变为无限大, 牛顿方程的相对论形式将变成什么样?

4. 从相对论的观点看来, 在没有力作用时, 质量为 m 的粒子的最小能量等于多少?

*5. 假如粒子的质量为零 (假设存在这种粒子), 那么它的速度将等于什么? (利用速度和动量间的相对论关系, 可以得到答案.)

6. 对于静止质量为零的粒子, 它的能量和动量之间的关系如何?

7. 为了把带电粒子维持在圆形轨道上, 在设计磁铁时应该考虑到牛顿方程的相对论形式中的哪些实际的结论?

习题

1. μ 子与电子的区别在于, μ 子的质量是电子质量的 207 倍, 并且它是不稳定的. 试计算以速度 $(\sqrt{3}/2)c$ 运动的 μ 子的质量等于什么?

2. 电子的静止质量等于 9.11×10^{-28} g. 试问, 以速度 $0.5c$ 运动的电子的质量和动量各等于什么?

3. 粒子的质量可以利用关系式 $E = m_0c^2$ 用能量单位来表示. 在基本粒子物理学中通用的能量单位为电子伏 ($1 \text{ eV} = 1.6 \times 10^{-19}$ J). 和电子伏有关的其他单位为

$$千电子伏, 1 \text{ keV} = 10^3 \text{ eV},$$

$$兆电子伏, 1 \text{ MeV} = 10^6 \text{ eV},$$

$$千兆电子伏, 1 \text{ GeV} = 10^9 \text{ eV}.$$

试问, 用 MeV 表示的电子, μ 子和质子的质量各为多少?

4. 当质子接近地球时, 为了使它在赤道附近的轨道的曲率半径和地球的半径相等, 质子应该具有多大的能量? 为了简单起见, 可以认为地球的磁场是常量并等于 0.5 Gs. (具有这种能量的质子是落到地球上的宇宙线的主要组成成分.)

5. 能量为 1 MeV 的电子的运动速度和质量等于多少? 在磁场强度为 10 000 Gs 的磁场中, 它的轨道的曲率半径等于多少?

6. 能量为 10 MeV 和 100 MeV 的电子的速度各为多大? 两者的速度相差多少倍?

7. 能量为 10 MeV 和 100 MeV 的质子的速度各为多大, 两者的速度相差多少倍?

8. 为了使以速度 $0.8c$ 和 $0.9c$ 运动着的电子停止运动, 所必须加的力之比为多少? 设作用力持续时间为 1 s.

9. 木柴燃烧时放出了 5 000 J 的热量. 试问, 质量的损失为多少?

10. 燃烧 1 kg 石油, 释放出 4×10^5 J 的能量. 试问, 有百分之几的质量转化为能量?

11. 核子反应堆的 1 kg 燃料可作 10^{13} J 的功. 试问, 反应堆的效率是多少?

12. 粒子具有多大速度时, 它的质量 m 超过静止质量 m_0 的 1%?

13. 质子的动能达到多大时, 它的相对论质量 m 超过静止质量 m_0 的 a) 1%; b) 10%; c) 100%?

14. 如果电子的相对论质量是静止质量 m_0 的 a) 2 倍; b) 10 倍, 试问: 此时电子的动能等于多少?

15. 设电子以 $v = 0.98c$ 的速度运动, 试问电子的动能和动量各为多少? 动量用 MeV$/c$ 表示.

16. 试用总的相对论能量 E 和静止能量 $E_0 = m_0c^2$ 来表示关系式 $\beta = \dfrac{v}{c}$.

17. 相对论粒子的动量用 MeV$/c$ 表示较为方便.

a) 将 $p = 1$ MeV$/c$ 用厘米克秒制单位表示;

b) 当电子的动量 $p = 1$ MeV$/c$ 时, 它的动能等于什么?

c) 当质子的动量 $p = 1\,\mathrm{MeV}/c$ 时, 它的动能等于什么?

18. 设粒子的动量 p 分别为 a) $10^{-1}E_0/c$; b) E_0/c; c) $10E_0/c$. 试求粒子的动能 (用 $E_0 = m_0 c^2$ 表示).

19. 设质子的速度为 $4c/5$, 试求它的 a) 动能; b) 动量. 动量用 MeV/c 表示.

20. 太阳对地表附近单位面积上的辐射功率为 $1\,350\,\mathrm{J}/(\mathrm{s}\cdot\mathrm{m}^2)$, 太阳到地球之间的平均距离为 $2 \times 10^{11}\,\mathrm{m}$, 太阳的质量为 $2 \times 10^{30}\,\mathrm{kg}$.

a) 试求太阳每秒辐射出的全部能量;

b) 试求每秒有多少太阳的质量转化为辐射能;

c) 试求在 3×10^9 年 (近似地等于地球的年龄) 内, 太阳失去的质量.

第 32 章   双胞胎的怪论

双胞胎诞生了. 他俩一生下来就分开了, 过着完全不同的生活, 很多年之后他俩又高高兴兴地突然相遇了. 这样的事件发生在古老的戏剧里. 21 世纪的双胞胎将更富有戏剧性. 双胞胎中的一个驾驶着高速宇宙飞船到遥远的星球去了, 而另一个则留在地球上. 留在地球上的兄弟觉得时间过得很快. 10 年、20 年、30 年过去了. 他的头发变白了, 视力衰退了, 喔, 肚子也变大了——岁月可不饶人哪! 后来他高兴地得知, 他的兄弟就要回来了. 宇宙飞船已经回到可以看得见的天空. 几天之后它顺利地着陆了. 兄弟俩激动地互相拥抱着. 地球上的兄弟看到了什么呢? 他的兄弟看上去仍然像 30 年前一样: 黑黑的头发, 肚子也没变大. 他一点也没有变老, ——他似乎比他出发去宇宙旅行以前更年轻了. 如果说他刚离开地球 5 年, 这也许还能使人相信. 但是已经分别 30 年了呀! "最近的 30 年你很好吗?" ——地球上的兄弟问宇航员. "很好. 而你最近 5 年也很好吧!" 宇航员回答说. ——这种情景可能吗? 我们想这是可能的.

可以想象到, 实际上要实现这样的情景将是很困难的, 或许是太困难了. 但我们相信, 如果某一个时候我们能用足够快的宇宙飞船将双胞胎中的一个送去旅行, 那么从留在地球上的兄弟看来, 飞船上的时钟 (当然我们把任意的物理过程、心律等等都理解为时钟) 将比地球上的时钟走得慢. 结果是地球上的兄弟老得快. 而他的兄弟在返回地球后显得年轻得多, 因为按宇宙飞船上的时钟计算, 他度过的岁月要少得多. 宇宙飞船上的时间间隔与地球上的时间间隔的关系由下式表示:

$$\binom{宇宙飞船上}{的时间间隔} = \sqrt{1 - v^2/c^2}\binom{地球上的}{时间间隔} \tag{32.1}$$

如果飞船的速度 v 等于 $0.99c$, 则

$$\sqrt{1 - v^2/c^2} \approx 1/7 \qquad\qquad (32.2)$$

这就是说, 在地球上 30 年的时间相当于宇宙飞船上约 4.5 年的时间. 因此, 地球上的兄弟活了 30 年, 而在这段时间里, 他的宇宙飞船上的兄弟只度过了 4.5 年.

我们还没有机会让一对孪生子做这类试验 (当然, 如果不把某些不很成功的戏剧中所描述的情景算作试验的话), 因此我们自己也没有机会看到这种情景. 但我们观察到了我们认为是与以上描述相似的情景 (例如, 相对于我们运动的粒子的产生与衰变间的时间间隔变长了), 因此我们可以相信, 双胞胎中回到地球上的那一个显得比自己的兄弟年轻.

在地球上的观察者看来, 双胞胎中在宇宙飞船上旅行的那一个是位于运动着的参照系中, 他的时钟走得要慢些. 因此在他返回地球前的时间内宇航员的心脏跳动的次数较少, 他也就显得较年轻. 但是, 为什么我们不能站到宇航员的观点上去呢? 他可以认为, 他自己是静止不动的, 而地球先是飞离他而远去, 后来又向他飞拢过来. 这样, 在他看来, 地球上的时间应当变慢, 而他兄弟心脏跳动的次数较少, 即相遇时留在地球上的兄弟应当显得比他年轻.

这个奇谈怪论是基于一个很容易被忽略的不正确的假设. 这个假设认为任何参照系都能同样好地用来解释实验结果. 爱因斯坦并未提出这样的假设. 不但如此, 这种假设是与实验不相符合的.

"绝对静止这概念, 不仅在力学中, 而且在电动力学中也不符合现象的特性, 倒是应当认为, 凡是对力学方程适用的一切坐标系, 对于上述电动力学和光学的定律也一样适用, 对于第一级微量来说, 这是已经证明了的." [1]

牛顿力学定律成立的参照系, 被认为是等效的. 但是这些定律绝非在一切坐标系中都成立.

我们来看牛顿第一定律: 如果物体不受外力作用, 它将处于静止或匀速运动状态. 这个定律并非在任意的参照系中都成立. 当我们站在街道的一角观察时, 若物体是匀速运动着, 也就是说, 以不变的速度沿直线运动着, 则如果我们站到街道的另一角, 或者脸背着它, 或者来个倒立, 头朝下看着它, 这都

一样, 物体仍将相对于我们作匀速运动. 不仅如此, 如果我们本身相对于街道的一角作匀速直线移动, 我们看到的物体仍然是匀速运动着的.

但是, 如果我们使自己相对于街道的一角作加速运动, 则我们看到的物体将不再是作匀速运动的了, 它像是往相反方向作加速运动, 虽然没有受到任何力的作用. 设想有一个物体, 它相对于某个观察者是不动的. 如果我们朝物体方向加速走去, 则在我们看来该物体像是朝我们方向作加速运动. 如果我们知道, 没有力作用于该物体, 则遵照牛顿第二定律, 我们将被迫认为物体的运动不遵守第一定律, 因为虽然没有力作用于它, 而物体却在作非匀速运动. 由此可知, 不能认为一切参照系都是等效的.

如果在某些系统中牛顿力学的定律成立, 则称这些参照系为惯性系. 描述牛顿力学内容的方法之一就是确认有这样的一个参照系, 在此系统中牛顿定律成立. 其他一切惯性系相对于这个参照系都是匀速运动着的.

对于双胞胎的怪论可以这么说, 如果地球和火箭相互作匀速运动 (譬如说, 此时宇宙飞船以巡航速度飞行), 则由于这两个系统都是惯性系, 它们是等效的. 但是为了返回地球, 火箭必须减速、停止前进、并转而往相反方向运动 (在宇航员看来, 是地球减速、停止前进, 并转而往向反方向飞行). 从火箭开始减速的那一瞬时起, 它已不再是惯性参照系了, 而只有在惯性系统中牛顿力学的定律才成立. 因此, 如果不对力学和电动力学的定律引入补充修正, 我们就不能从宇航员的观点来考察这个怪论.

进行这些修正的必要性是显然的. 在减速时会出现附加的力, 这些力会使例如钟摆的振动周期等物理量发生变化. 由于实际上变慢并改变运动方向的是火箭, 因此从处于惯性参照系中的地面观察者的观点来计算时间间隔较为简单. 如果我们想从宇航员的观点来计算时间间隔, 则我们应当对力学定律引入必要的修正. 上述怪论发生的原因在于: 我们假定了一切参照系都是等效的, 并假定在任何坐标系中应当以同样方式进行计算, 从而使我们对运动的描述赋予了不应有的过高的对称性.

参考文献

[1] *Einstein Albert*, On the Electrodynamics of Moving Bodies, in the Principle of Relativity, Methuen, London, 1923, pp. 37, 38. (中译本:《爱因斯坦文集》第二卷, 第 83 页, 商务印书馆, 北京, 1979 年.

第 33 章　广义相对论 (爱因斯坦引力理论)

可以认为, 广义相对论产生于这样一种想法, 即把狭义相对论推广, 使一切参照系 (譬如说, 与地球或者与宇宙飞船联系在一起的参照系) 都可以用来描述我们的观察结果. 但是, 并不是所有参照系使用起来都同样方便. 这种可能性产生于一个并非偶然的巧合. 在牛顿的引力理论中, 作用于两个物体 (例如质量为 $M_{地}$ 的地球与质量为 m 的小铅球) 之间的力 (引力)

$$F = \frac{GM_{地}m}{R^2} \text{ (数值)} \tag{33.1}$$

正比于小球的质量 m. 根据牛顿第二定律, 铅球的加速度

$$a = \frac{F}{m} \text{ (数值)} \tag{33.2}$$

反比于它的质量. 因此, 在地球引力 (或任何其他物体的引力) 作用下, 一切球——无论它们是由什么材料 (例如, 铁、象牙或铅) 做成的——将以同样的加速度

$$a = \frac{GM_{地}}{R^2} \tag{33.3}$$

下落. 人们把这个发现归功于伽利略, 但西蒙·斯坦维恩和约翰·费劳邦早已知道这个事实. 埃特维什和狄盖以很高的精确度用实验证实了下落物体的加速度是相等的.

两个看上去完全不同的概念——引力和加速度——竟如此密切地联系在一起. 这曾使牛顿很为震惊 (见 88 页末注), 直到今天, 这还使物理学家们感到惊奇. 任何其他的力——电磁力、摩擦力、核力等——都不具有这种性质[1]. 引力本身必定包含着某种特殊的性质. 从 1905 年到 1915 年间爱因

---

[1] 例如, 两个带电物体在同一电场中将以不同的加速度运动.

斯坦发展了这种观点. 他推测, 这种巧合不是偶然的, 它是由两个似乎不同概念——引力和加速度——的等效性所决定的. 如果是这样, 那么在旧的理论中出现两个不同概念是由理论的不完善性造成的, 它对同一个事物从不同的立场处理了两次.

§33.1 等效性原理

但是, 应当怎样去理解引力与加速度是等效的这一论断呢?

爱因斯坦说道, 设想我们位于这样的一个电梯里面 (由于爱因斯坦的这个设想, 电梯变得很出名), 不论外面发生什么事情, 在这个电梯里什么也看不到. 如果在不变的引力场中电梯是静止的 (或匀速运动的), 则电梯中的一切落体将以重力加速度落下 (图 33.1a). 现在我们设想另一个电梯, 它远离一切重物, 也就是说它位于没有引力场的地方. 令这个电梯相对于惯性参照系以加速度 g 向上运动. 这时, 电梯中的一切落体将以加速度 g 相对于电梯向下运动. 这种情景在电梯中的观察者看来, 好像物体以数值为 g 的加速度落向地板 (图 33.1b). 同一个 "现实" 的运动情况可以同样成功地从两个角度去解释: 1) 电梯向上作加速运动, 或 2) 引力作用于相反方向. 这个结论可以用等效性原理的形式来表达: 一个均匀的引力场等效于一个不变的加速度.

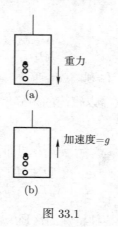

图 33.1

如果问题仅仅就出在这里, 那么也就可以到此为止了. 这样, 我们就会完全有把握地说, 物理学定律也可以在一切匀加速的参照系中描述 (加上相应的引力), 就如同在惯性系中 (没有附加的引力) 描述它们一样. 因此, 就可以认为, 如果一个质点以加速度 g 下落, 其原因要么是引力作用于该物体 (图 33.2), 要么是我们的电梯 (参照系) 以加速度 g 向上运动 (图 33.2).

图 33.2

例如, 在惯性系中沿直线传播的光束, 从匀加速电梯中的观察者看来, 是弯曲的 (图 33.3). 存在引力场时, 在静止电梯中的观察者看到的光束也同样是弯曲的.

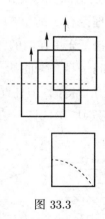

图 33.3

总而言之, 在所有这些讨论中我们甚至弄不清楚, 对于某一具体的情况是引力在起作用呢, 或者仅仅是物体在作加速运动. 当然, 我们也可以将惯性原理, 即 "如果没有力作用于物体, 它将沿直线作匀速运动", 用下述论点来代替: "如果没有力作用于物体, 它的自然运动将是以加速度 g 落向地板".

然而, 问题却复杂得多. 因为 "真正的" 引力场不一定是均匀的, 而加速度却是常量. 我们来考察在 a 点和 b 点的地球引力场, 如图 33.4 所示. 引力场的大小与方向在这两点都不一样. 我们可以将等效性原理加以推广, 即认为局部

点 (在 a 点和 b 点附近) 的引力场等效于不变的加速度, 而这个加速度的大小从一点到另一点却是变化的. 从这里可以看到, 等效于某物体 (粒子、行星、银河系或整个宇宙) 引力场的加速度, 其大小与方向应当是空间坐标的函数. 例如, 将惯性原理推广至地球的非均匀引力场时, 可以这样来表述: 一切重物的自然运动都是向地球中心加速降落.

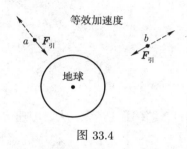

图 33.4

在引力场中物体运动轨道的弯曲并不是由力的作用引起的, 而是空间特殊性质的结果, 这一点与牛顿理论有区别. 例如, 在重物附近, 光并不按欧几里得的 "直线" 传播 (图 33.5). 包括光束在内的一切物体 (没有力时) 都是按曲线轨道运动, 因此可以认为空间本身是弯曲的. 摆在我们面前的是两种选择: 要么认为物体附近的空间是欧几里得的, 但任何物体都不按直线运动; 要么认为空间本身具有一定的曲率. 爱因斯坦选择了后者.

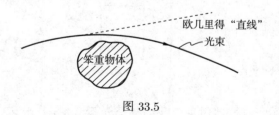

图 33.5

初看起来, 剩下的各种力 (电磁力和我们以后将引入的核力) 似乎放不进这个系统中去. 既然这些力对其他物体的作用并不正比于物体的质量 (为了描述这种作用必须引入新的概念——电荷和核电荷), 所以在引力可以用空间曲率来代替的系统里, 这些力似乎是另外一回事. 爱因斯坦和许多其他学者作了巨大的努力试图将麦克斯韦理论与广义相对论统一起来 (即创立所谓统一场论①).

最近一个时期盛行这样的说法, 即广义相对论被实验验证的程度很差. 意思是说, 只有很少几个具体实验可以区分爱因斯坦理论所预期的结果与牛顿理论或牛顿理论的其他相对论推广所预期的结果间的差异. 问题在于, 对非相对论情况 (低速度, 普通的引力场场强) 爱因斯坦理论的一切结论与牛顿理论的结论 (开普勒定律等等) 是很一致的. 这种一致性达到了如此高的精确度, 以致在出现广义相对论以来的 50 年间, 仅仅有几个 (两个到三个) 实验可以证实广义相对论与牛顿引力理论所预言的结果间的差异. 如果, 我们确信牛顿理论应该与相对性原理一致, 并以某种形式考虑到等效性原理, 那么我们可以肯定地说, 爱因斯坦的理论大概是牛顿理论的最简单和最出色的概括. 在所有情况下, 爱因斯坦理论的实验检验并不比牛顿理论差 (也许还更好些), 爱因斯坦理论显示出与实验出色地相吻合.

通常认为, 广义相对论有三大验证②③, 它们可以发现 (或刚能发现) 广义相对论与牛顿理论所预期的结果间的微小差异.

证明一: 光束的弯曲

当光束通过引力场时, 它的轨迹应当弯曲 (仅根据等效性原理). 例如, 星光经过太阳边缘时, 我们应当观察到光束的位移 (图 33.6). 这种位移只有在日食时才可能发现.1919 年日全食期间, 国际考察团对此进行了考察. 考察人员在日食的时刻拍摄了星空的照片, 然后将这些照片与没有太阳时这同一部分星空的照片相比较. 发现星的位置移动了 (可能考察团的成员把这个事实看作是奇迹), 这就证实了爱因斯坦关于光束从太阳近旁通过时要发生偏离的预

---

① 不久前米兹涅尔和乌依列 [1] 创立了经典电动力学和引力的纯几何理论. 在这种理论中, 空间的形式不仅决定引力场, 也决定电磁场.

② 很快将得知广义相对论的第四个验证, 它的精确度要比前三个高得多. 根据广义相对论原理, 当光束从恒星旁边穿过时, 它到达的时间应当有个延迟. 当信号从太阳旁边通过时, 用雷达探测水星和金星, 就能测出这个时间延迟 (参阅 [2]).

③ 近年来在实验验证广义相对论方面又有了不少新的进展. 例如, 从地球上用雷达将电磁波发送到某个行星, 然后再接收从行星返回地球的电磁波. 由于太阳引力场的作用, 当电磁波返回地球时远离太阳与在太阳近旁经过, 两者将有一定的时间延迟. 对雷达回波延迟时间的观察结果与广义相对论的理论计算符合得很好. 此外, 对双致密星体系 PSR1913+16 周期变短的观察结果证实了引力阻尼辐射的存在. 这也有力地证明了广义相对论的正确性. ——译者注

言 (角度偏移约 $1.75''$).

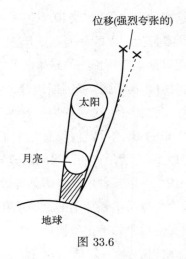

图 33.6

进行和解释这种测量是件非常复杂的事情 (据说, 两个天文学家看了同一张照片后可以给出不同的解释). 不久前关于这个效应的谈论又多起来了, 目前正准备重新进行测量. 光束会有轻微的弯曲, 这一点所有的人都同意. 但这个弯曲的大小在数值上是否与广义相对论的预言相一致还不清楚.

证明二: 红移

时钟的走速与它所在位置的引力场场强大小有关. (从广义相对论观点来说, 这一点可用来解释双胞胎的怪论. 可以认为, 当宇宙飞船减速和转弯的时候, 在飞船中的那一个双胞胎将经受引力场的作用, 而留在地球上的他的兄弟却没有受到这种作用, 这就造成了两兄弟间的差别.)

原子或光粒子 (即光子, 我们将在第 37 章中正式引入光子这个术语) 的振动可以看作是最简单的时钟. 光子振动频率的变动使光束的颜色向光谱的红色端偏移, 因此把它称为 (引力的) 红移. 光子由能量和频率描述

$$E = h\nu \tag{33.4}$$

这里 $h = 6.7 \times 10^{-27}\ \text{erg} \cdot \text{s}$[①], 而

$$\lambda\nu = c \tag{33.5}$$

[①] h—— 普朗克常量, 我们也将在第 37 章中引入.

如果认为能量与质量间的关系是

$$E = mc^2 \tag{33.6}$$

而且任何质量都经受引力的作用 (图 33.7), 则当光子位于质量为 $M_星$、半径为 $R_星$ 的一个大星球表面附近时, 它的引力势能等于

$$-G\frac{E}{c^2}\frac{M_星}{R_星} \tag{33.7}$$

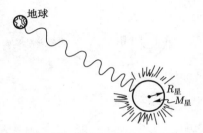

图 33.7　如果光子从星球飞达地球, 它的引力势能改变量为 $G(E/c^2)(M_星/R_星 - M_地/R_地)$

当光子从星球的低势能级爬到 (形象地说) 地球的更高的势能级时, 它的动能将减小. 相应的频移为

$$\frac{\Delta\nu}{\nu} = \frac{引力势能的改变}{c^2} \tag{33.8}$$

虽然这个效应是在天文学的尺度内观察到的, 但它的数值却非常小. 不久前在地球表面附近测量了这个效应. 测量中使用了具有非常高分辨本领的最新式设备 [3]. $\Big($光子波长为 $\lambda = 3000$ Å, 经过路程 $L = 10^4$ cm, 则预期的位移

$$\frac{\Delta\nu}{\nu} = \frac{gL}{c^2} \approx 10^{-15} \Big) \tag{33.9}$$

实验与理论相比较的结果是

$$\frac{(\Delta\nu)_{实验}}{(\Delta\nu)_{理论}} = 1.05 \pm 0.10 \tag{33.10}$$

证明三: 水星近日点的进动

使开普勒感到高兴的部分原因是, 他得到了行星的椭圆形轨道. 但是行星实际上并不按椭圆运动, 因为邻近天体的影响对这些行星的运动产生了扰动. 举例来说, 这种扰动对于水星特别明显地表现在所谓近日点 (即在它的轨道上最接近太阳的点) 的进动上. 按照开普勒的理论, 行星每年都应通过同一个近日点 (图 33.8). 但由观察得知, 这个轨道点的位置是略有变化的. (相对于不动的恒星每 100 年约变化 $1°33'20''$.)

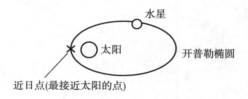

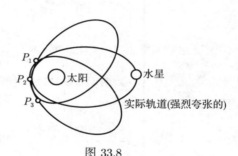

图 33.8

如果把所有看得见的已知行星的影响都考虑在内 (首先这样做的是勒威耶[①]), 则我们得到的水星近日点进动的数值为每 100 年约 $1°32'37''$. 牛顿理论预言的结果与天文观察的结果每 100 年相差 $43''$, 产生这个差值的原因未能获得解释 (起初曾把这个现象归咎于另一行星的影响, 并预先就把它命名为火神星, 但一直没有发现这个行星). 造成了这样的印象, 好像上帝每 100 年修正一下这个迷了路的行星的轨道. 这种解释现在是多余的了, 因为广义相对论不但可以导出牛顿理论所涉及的其他行星的一切结论, 而且也能给出水星近日点进动每 100 年所缺少的 $43''$.

由此可见, 从潮汐的涨落到水星近日点的进动, 这些物理现象的所有近代

[①] 勒威耶 (1811 — 1877), 法国天文学家, 曾任巴黎天文台台长. ——译者注

观察结果都与广义相对论相一致. 这个理论可以看作是牛顿引力理论与相对性原理 (加上统一引力和加速度概念的等效性原理) 相一致的结果. 在这个理论中, 力的概念已经是多余的了, 因为一切物体的运动由这些物体本身所引起的空间的曲率所决定.

广义相对论——这是物理学的雅典娜神庙, 一位建筑师的杰作. 这位建筑师躺在 "悬挂在金牛星座和西鱼星座之间的吊床上, 有一次他弯身探过床沿" [4], 向人类赠送了一座庙宇, 这座庙宇不仅以它的规模和实用价值, 更以它的结构匀称使人们惊奇. 这是人类思想的紫禁城. 但我们毫不怀疑, 如果在将来的某个时候 (为了与我们制定的游戏规则相适应) 不得不拆掉这座庙宇而代之以实用价值更大, 但并不美观的建筑物时, 那么, 毫无疑问, 到那时候将不乏热心于完成该项事业的有志之士. 尘世的荣誉就是如此[①].

参考文献

[1] *Misner C. W.*, *Wheeler J. A.*, Ann. Phys., 2, 529 (1957).

[2] *Shapiro I. I.*, Phys. Rev. Lett., 13, 789 (1964).

[3] *Pound R. V.*, *Rebka G. A.*, Phys. Rev. Lett., 4, 337 (1960).

[4] *Lowry Malcolm*, Under the Volcano, Vintage Books, New York, 1958.

思考题与习题

1. 如果宇宙飞船始终以 $2c/3$ 的速度飞行. 试问, 在地球上过了 20 年以后, 飞船上的兄弟过了多少时间?

2. 飞船上的兄弟用什么方法可以确定他不处在惯性参照系中?

3. 运用力的概念和运动变化的概念 (也就是应用牛顿理论), 是否可能解释 (至少是定性地) 光线通过太阳附近时发生的偏转?

4. 试解释光子从建筑物顶上射向地表时它的颜色向蓝色方向偏移. 假设, 光粒子的频率和它的能量之间的关系为 $E = h\nu$.

---

① 此句原文为拉丁文 Sic transit gloria mundi. ——译者注

5. 宇航员从地球起飞时, 打算用他生命的 0.43 年到达半人马星. 根据地球上的测量, 该星到地球的距离为 4.3 光年. 试问:

a) 宇航员应以多大速度航行? (速度以光速 c 为单位.)

b) 为此所需的最低能量为多少? 假设宇航员和他的驾驶舱总质量为 1 000 kg.

c) 将这个能量用千瓦小时表示 (1 kW·h 等于 3.6×10^6 J).

6. 当光子从太阳飞到地球时, 它的频率相对地改变了多少?

7. 已知最强的重力场是在所谓白矮星的表面. 40–波江星座的 B 星是最典型的白矮星: 它的质量为太阳质量的 43%, 半径为太阳半径的 1.6%. 试问光子从该星飞到地球时, 它的频率的相对变化是多少? (1954 年测得的结果与计算结果相差 20%~25%.)

第八篇　原子结构

第 34 章 不协调的色线

作为二十世纪物理学基础的相对论, 是经典物理学的皇冠, 也是伽利略和牛顿世界观的最终和最光辉的发展. 在某种意义上, 爱因斯坦之后的经典物理学, 犹如莫扎特之后的古典音乐, 已不可能再向前发展. 相对论对物理现象提出了新的见解, 并且要求对一些基本概念重新进行审查. 它只使用那些能观察到的具体概念, 而抛弃那些抽象的概念 (例如观察不到的绝对时间的概念); 它强调所有的观察者都是平等的, 而且这一点应当反映在物理定律之中. 正是这一新的见解, 在二十世纪初蓬勃发展的物理学中崭露头角.

经典物理学解释了从行星的运动到气体的行为等一切现象, 它的辉煌成就在那个时代形成了一种看法 (至少在人们心理上), 认为物理世界的创建工作已经完成. 当然, 还存在一些未能解释的现象. 在经典物理学的范围内能将它们解释清楚吗? 可否将它们看成是已经完成了的画面上的并不重要的一些细节呢? 还是为了解释这些现象必须建立全新的物理学基础? 在经典理论 (力学、电动力学、光的电磁理论) 取得了巨大成就之后, 人们可能认为, 物理学家们剩下的任务只是对小数点后面的第六位数字[①] 作些修正. 但是, 回顾过去, 我们可以看到, 并非一切事情都很圆满 (回顾过去, 我们总是可以看到更多的东西). 对于处在许多许多物理学事件之中的人们来说, 物理学当时的形势可以比作一种游戏. 这种游戏要求将编号从 1 到 15 的正方形筹码按某种规则排列. 人们轻而易举地把前 13 个方块摆成了, 但是怎么也不能把最后两个筹码放到需要的位置上去. 游戏者顽强地来回挪动最后两个筹码, 但是毫无结果. 他不懂得, 他必须从头摆起才行; 只有使筹码的位置一开头就放得正确, 才有可能顺利地把游戏进行到底. 当已经有了一个能解释许多自然现象的成

[①] 密立根在自传中写道, 1894 年 6 月芝加哥大学的拉伊尔松实验室落成, 迈克耳孙在揭幕式上的演说中提出了关于 "第六位数字" 的有名的看法. 这是他援引了开尔文勋爵的话, 后来他告诉密立根说, 他对自己引用了这句话很遗憾.

功的理论之后, 人们就很难同意将它毁掉, 并从根本上修改它. 在很长一段时间内, 人们想方设法地对理论进行了各种各样的修补工作, 力图把那些与理论格格不入的事实, 纳入已经熟知的、曾经卓有成效地使用过的观念范围中去.

经典物理学好比是一个色彩绚丽的壁毯, 当人们仔细地观察这个壁毯时, 可以发现它上面有一些线, 这些线的色彩与牛顿图案的花纹的主题和色调均不甚协调. 但在那个时候, 不论参观壁毯的人还是织壁毯的人都没有把握说, 这些线是织毯工人偶然疏忽织进去的, 还是这些线本身就可以展现自己绚丽多姿的花纹.

§34.1　不连续的谱线

为了 "进行有名的关于颜色现象的实验" [1], 牛顿把自己的房间改成了一间暗室, 他在窗板上开了个小孔, 在透进光线的地方放置了一面棱镜, 他观察到了 "色彩生动而又明亮的图像" [2]. 这是 1666 年的事情. 到了 1802 年, 沃拉斯顿在 "这些生动而又明亮的色彩" 中间发现了一些暗线. 1814 年夫琅禾费① 将棱镜与目镜组合在一起, 观察了从远处狭缝射过来的光. 这个仪器现在称之为分光镜 (照片 34.1). 在用这个仪器来观察太阳的光谱时, 夫琅禾费写道: "…… 发现了不止一根线, 而是很大数量的垂直的线条, 有些很强, 有些

照片 34.1　分光镜

---

① 夫琅禾费 (1787—1826), 德国物理学家, 天体分光学创始人. ——译者注

很弱. 但是这些线条要比光谱的其余部分暗些, 其中有些线条则几乎完全是暗的." [3]

1817 年他发表了自己的结果, 并且补充说道: "通过大量实验和各种不同的方法, 我深信, 这些线条和带的来源应归因于太阳光的性质, 而不是由衍射或视觉错误等原因造成的."

这些暗色的线条都位于各种色带之间, 而既然每一种颜色都相应于一定的波长, 所以, 也可以认为每一条暗线都对应于一定的波长. 由于夫琅禾费偏爱拉丁文 (与希腊文相比), 因此他将这些线条用字母 A, B, C, D, …… 表示 (照片 34.2). 古斯塔夫·基尔霍夫和罗伯特·本生 (后者由于以他名字命名的 "本生灯" 而闻名) 研究了光谱黄色区域中两条相邻的线条, 夫琅禾费用字母 D 表示这些线条. 1859 年他们解释了光谱中这些暗线条的来源. 基尔霍夫写道: "我与本生一起从事有色火焰光谱的研究. 通过这种研究, 可以根据复杂混合物在本生灯火焰中的光谱定性地确定这种混合物的成分. 我进行了多次观察, 这些观察出乎意料地竟能解释夫琅禾费谱线的来源, 并能作出关于太阳大气成分的结论, 可能也能作出关于不动的亮星的成分的结论." [4]

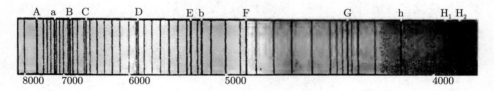

照片 34.2   太阳光谱的夫琅禾费谱线

他继续写道:

"夫琅禾费发现, 在烛光的火焰光谱中有两条亮线, 它们与太阳光谱中的两条暗线相符合. 在加入了普通的食盐后, 我们在火焰光谱中也得到了同样的亮线, 但强度要大得多. 在太阳光进入狭缝以前, 我让它先通过加有足够多食盐的火焰, 再观察太阳的光谱. 当太阳光明显减弱时, 在两条暗线 D 的位置上出现了两条亮线 ……" [5]

接着他又写道: "可以推测, 相应于火焰光谱中 D 线的那些亮线总是在有钠的情况下才出现; 按照我们的看法, 太阳光谱中存在的暗线 D 证明, 在太阳

的大气中有钠存在." [6]

在这之后不久基尔霍夫提出了两条定律, 被称为是光谱学的基本定律: 1) 每一种化学物质都有它自己特征光谱; 2) 每种物质都能吸收自己发射的辐射. 如果将钠置于本生灯的火焰中, 则火焰呈明亮的黄色 (照片 34.3). (由于大多数物质都含盐, 所以火焰大多是黄色的.) 如果分析这个黄色光, 我们将看到, 它是由光谱中两条亮的 D 线所决定的. 但如果炽热的钠辐射出两条亮的 D 线, 则钠的冷蒸气却能吸收它们. 其结果是, 当含有各种颜色的明亮的光束通过冷的钠蒸气时, 在彩色光谱的明亮的背景上将出现两条暗的 D 线.

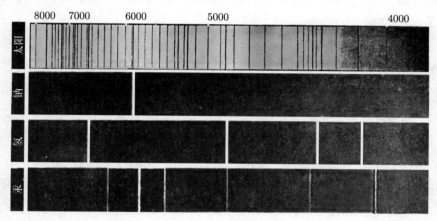

照片 34.3　自上而下, 太阳光谱的夫琅禾费谱线和钠、氢、汞等一些元素的谱线

基尔霍夫进一步假定, 太阳光谱中的几条暗线是由太阳外围大气层中存在的钠和其他元素的冷蒸气造成的. 从太阳内部发出的光具有连续光谱, 当它通过比较冷的蒸气时, 失去了各种元素的特征谱线. 因此, 研究太阳光谱或某个星球的光谱中的暗线, 我们就可以知道, 在这些星球的外层大气中存在什么元素 (照片 34.4). 这个结果足以使法国的实证主义者[①] 奥古斯特·孔德目瞪口呆, 因为他在 1825 年把星球的化学组成说成是原则上不可知的东西.

夫琅禾费、本生和基尔霍夫发现的实质可简述如下. 如果将一个纯元素加

---

① 实证主义是一种西方哲学流派. 实证主义者只承认主观经验, 认为人们不能也不必要去认识事物的本质, 科学只是主观经验的描述, 不反映任何客观规律. 法国人孔德 (1798—1857) 就是这一哲学流派的代表人物. ——译者注

照片 34.4 天狼星的夫琅禾费光谱的一部分

热到足够高的温度 (比如说, 将它放在本生灯的无色火焰中), 这个元素就会发出某种颜色的光. 每种元素都有自己的特征颜色: 钠发黄光, 锶发红光, 等等. 如果将这个光通过分光镜分解成一个个波长, 则我们将发现, 每个元素都有各自的一组特征谱线. 对于一定的元素, 这组谱线始终是一样的. 任何两种不同的元素不可能具有相同的一组谱线.

上述结果可用来确定复杂化合物的化学成分. 只要将待研究的物质放入火焰中去, 并将得到的光谱与各种不同元素的光谱相比较, 就能知道该化合物是由哪些元素组成的. 此外, 比较各个谱线的强度甚至能确定每种元素的相对含量. 就这样, 基尔霍夫和本生 "得以成功地根据各种混合物的光谱来定性地确定它们的成分" [7], 从而解决了如何确定物质的化学成分这一古老的问题.

每一种元素都有自己的一些由清晰的谱线组成的特征光谱, 也就是说, 每个原子好像都有自己的 "指纹". 但是, 这一事实对物理学家来说是完全没有料到的, 也是不可思议的. 不久又弄清楚, 有些谱线是看不见的, 它们位于光谱的紫外区和红外区. 为了研究这些谱线需要用新的专门的仪器, 因为用普通的光谱仪看不到它们. 所有元素中最轻的是氢, 它的光谱最简单, 因此人们首先分析的就是氢的光谱.

1885 年约翰·巴耳末得出了描述氢光谱中四根基本谱线的公式. 将这个公式与后来又发现的一些谱线相比较的结果表明, 这个公式很正确地同氢的几乎全部光谱相符合. 以后所有的各种元素的光谱分析都是在这个公式的基础上进行的. 巴耳末不是从某种理论假设出发得出这个公式的, 他仅仅是选择了一个能满足实验结果的不太复杂的代数表示式.

"将基数 $b = 3645.6$ 依次乘以 $9/5, 4/3, 25/21$ 和 $9/8$ 就可以得到氢的前四根谱线的波长. 初看起来这些乘数没有什么规律性. 但如果将第 2 和第 4 个数的分子分母各乘以 4, 就得到了有规律的序列: 这些乘数的分子等于

$3^2, 4^2, 5^2, 6^2$, 而它们的分母比各自的分子小 4." ① [8]

但是, 巴耳末没有再补充一句: 元素在自豪地歌唱, 这正是毕达哥拉斯② 时代以来科学的进展.

巴耳末公式可写成如下的形式:

$$\lambda = b\frac{n^2}{n^2 - 4} \tag{34.1}$$

这里 b——常数. 巴耳末指出, 如果谱线的波长 λ 用埃来量度 [1 埃 (也写成 Å) $= 10^{-8}$ cm], 则 $b = 3645.6$, 而 n——整数, 它可以等于 $3, 4, 5, 6, \cdots\cdots$, 其中每个数都相应于氢光谱中观察到的某一波长 λ.

这算什么? 是数字游戏吗? 是算卦吗? 或者是魔术? 或许这三个可能性都有. 不管怎么说, 重要的是, 从公式

$$\lambda = b\frac{n^2}{n^2 - 4}$$

得出的每一个 λ 值准确地对应于观察到的每一条谱线. 利用这个公式可以将已知的数据系统化. 这个公式应当是能从未来的理论中推导出来的一个代数表达式 (当初的开普勒公式对于后来出现的牛顿理论来说就是这样一种表达式).

让我们举个例子来检验一下. 当数值 $n = 3$ 时, 正好对应于氢光谱中的红色谱线:

$$\lambda = 3645.6 \times \frac{3^2}{3^2 - 4} \text{ Å} = 3645.6 \times \frac{9}{5} \text{ Å}$$

$$= 6562.1 \text{ Å} = 6.5621 \times 10^{-8} \text{ cm}$$

这个波长属于光谱的红色区.

---

① 也就是说, $9/5 = 9/(9-4)$, $16/12 = 16/(16-4)$, $25/21 = 25/(25-4)$ 和 $36/32 = 36/(36-4)$.
② 毕达哥拉斯 (约公元前 570—前 500), 古希腊数学家、哲学家. 他把数神圣化, 认为数是事物的原型, 也构成宇宙的秩序. 这里指毕达哥拉斯的思想又复活了. ——译者注

§34.2 X 射线

只有为数不多的一些发现, 能像伦琴的发现那样, 产生出如此强烈而又直接的心理作用. 伦琴发现了:

"…… 一种活跃的作用物, 它能穿过黑色硬纸板的盒盖, 而太阳的可见光和紫外光辐射以及电气放电是透不过这种盒盖的 ……" [9] 伦琴又写道:

"很快我们又发现, 对于这种作用物来说一切物体都是透明的, 尽管在程度上有很大差异 …… 在一本约一千页厚的装订好了的书后面的荧光屏能发出很亮的光, 而且印刷品的颜色只能引起勉强能觉察到的影响. 在两副纸牌后面的荧光屏也能发光, 将一张纸牌放在这种作用物与荧光屏之间, 眼睛实际上感觉不出来. 放一张锡箔也只能勉强觉察到; 将几张这样的锡箔叠在一起才能在荧光屏上看到它的明显的阴影." [10]

当时, 这种穿透性很强的作用物是用功率很大的感应线圈使真空管中发生放电而产生的. 伦琴把它叫做 X 射线, 并在一系列经典性实验中研究了它的性质[①] (图 34.1).

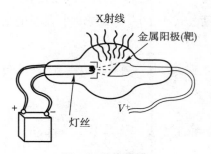

图 34.1 伦琴管

灯丝被电流加热到一定温度后发射出许多电子. 当电压足够高时, 电子以很大的速度打到靶上并激发出 X 射线 (见 [11])

三个星期以后 X 射线被用于骨折照相. 只有为数不多的发现能如此迅速地吸引住广大公众的想象力. 报纸以耸人听闻的手法 (即我们现在很熟悉的那

_____

[①] 牛津大学的史密斯完全以另一种方式行动. 他发现, 当照相底板放在克鲁克斯管近旁时, 它们就被曝光. 于是他命令他的助手将这些底板存放到别的房间里去.

种手法) 报道了有关这些射线的新闻. 消息很快传遍了全世界. 由于新的作用物具有能穿透不透明屏幕的性质, 这就使得 X 射线很快成了一个时髦的名词, 它取代了 "磁性" 的地位, 后者在 100 年前也曾经这样时兴过. 老处女们在哆嗦, 她们害怕, 会有某个无赖汉用这种最新式的仪器来破坏她们的贞操. 机敏的投机商 (美国经济繁荣的动力) 开始向自己的顾客推销不透 X 射线的服装. 马塞尔·普鲁斯特[①] 写下了这么几行字: "法朗西斯笑了笑回答说: '太太全明白, 她并不比 X 射线差.' (法朗西斯发 X 这个音的时候带着一丝笑意, 并装作很艰难的样子, 好像她虽是一个没有文化的妇女而居然有勇气使用这种学者的词汇)."

§34.3 放射性

1896 年亨利·贝克勒尔论述了他发现放射性铀的经过. 这一发现在 X 射线发现之后不太容易引起人们的注意. 他写道:

"几个月以前我就指出, 铀盐放射出射线, 以前是不知道有这种射线存在的. 我还指出, 这些射线具有非凡的性质, 其中一些性质与伦琴所研究过的很相似." [12]

铀中含有新的作用物, 这一发现推动了居里夫妇去进行一系列著名的实验. 他们得出了下述结论:

"由于已经提到的各种原因, 我们不得不承认, 在新的放射性物质中含有一种新元素, 我们建议把这种新元素叫做镭." [13]

对镭的放射性辐射的穿透能力进行了分析, 研究结果表明, 辐射由三种成分组成. 按照古老的传统, 它们被称为 α (读作阿尔法)、β (读作贝塔) 和 γ (读作伽马) 射线[②].

以后我们将看到, α 射线的穿透能力最小, 它是带正电的, 比较重并同氦

---

① 普鲁斯特 (1871—1922), 法国小说家, 长篇小说《追忆逝水年华》是他的代表作. ——译者注
② 卢瑟福在 1899 年根据辐射穿透能力的不同, 将它们区分为 α 和 β 射线. γ 射线是在 1900 年由维拉德发现的. 卢瑟福借助于磁场表明, 射线是由正的、负的和中性的成分组成的. 在他的文章中引入了 α 和 β 的符号.

原子近似. 后来弄明白, β 射线 (轻而带负电) 原来就是电子. γ 射线 (它既无质量又不带电) 的性质与伦琴的 X 射线的性质相似, 后来把它算作电磁辐射的一种形式. 这些射线从镭盐中带走的能量大大超过了一般化学反应所释放的能量. 1905 年爱因斯坦在论述物质与能量之间关系的文章中描述了这一事实:

"用那些所含能量高度可变的物质 (比如镭盐) 来验证这个理论, 不是不可能成功的." [14]

还有其他一些没有弄明白的现象. 分子动力学和统计力学在解释物质的许多均匀、平衡的性质方面取得了巨大成就. 但也出现了某些带根本性的困难. 麦克斯韦晚年在讲课时谈到了其中的一个困难①: "我现在向你们讲述的这些内容, 在我看来是分子理论在某个时候必将遇到的最大难题." 像往常一样, 麦克斯韦是正确的②. 在经典动力学范围内, 这个难题是无法解决的. 而这还不是不 "服从" 经典理论的唯一问题. 一般来说, 经典物理学不能解释物质的一切内在性质 —— 磁的性质和光学的性质, 导电特性、物质的本质及其内部构造. 可以这么说, 在壁毯中意外地发现的那些新线 —— 放射性、X 射线、不连续的光谱和使麦克斯韦不安的问题 —— 开始时仅仅勉强被觉察到, 但它们却并不随时间的流逝而消失. 现在再来回顾一下历史, 我们可以看到, 二十世纪的科学所编织出的那些色调鲜艳的花纹正是从这几根线开始的. 最终, 当我们试图追踪像宇宙一样古老但又几乎是捉摸不到的原子时, 牛顿和笛卡儿创立的世界以及德谟克利特、卢克莱修、伊壁鸠鲁和伽桑狄等人设想的世界已经不复存在了.

参考文献

[1] 引自 *Magie W. F.*, A Source Book in Physics, Harvard University Press, Cambridge, Copyright 1935, 1963, p. 298.

[2] 同上, p. 298.

---

① 多原子气体比热容的解释.

② 为了正确地计算多原子气体和固体的比热容需要量子概念, 关于这些概念以后将会讲到. —— 校者注

[3]   J. von Fraunhofer's gesammelte Schriften, München, 1888, s. 7.

[4]   *Kirchoff G. R.*, 参见 [1], p. 354.

[5]   同上, pp. 354, 355.

[6]   同上, pp. 355, 356.

[7]   同上, p. 354.

[8]   同上, p. 361.

[9]   同上, p. 601.

[10] 同上, p. 601.

[11] *Holton G.*, Introduction to the Concepts and Theories of Physical Science, Addison-Wesley, Reading, Mass., 1952.

[12] 引自 [1], p. 612.

[13] 同上, p. 616.

[14] *Einstein Albert*, 参见第 31 章文献 [1], p. 71. (第 118 页)

思考题与习题

1. 如何快速确定在一个不太大的容器内盛放的是氯化钠还是氯化锶?

2. 根据什么能够断定, 在太阳周围的冷空气中含有铁?

3. 如何根据光谱学的观察确定, 月球和行星是本身发光还是反射太阳的光?

4. 如何区别太阳光谱中的某些夫琅禾费线是由于太阳大气的吸收还是由于地球大气的吸收而产生的?

5. 利用巴耳末公式确定第五条氢线 $(n = 7)$ 的波长. 为什么它没有和前四条线一起被发现?

6. 放射性物质辐射出能量为 1 MeV (10^6 eV) 的 γ 量子后, 放射性物质的质量变化了多少? 这个变化相当于多少个电子质量?

7. 在剑桥的电子加速器上, 粒子的能量加速到 6 GeV. 试证明, 具有这种能量的电子的速度非常接近于光速. 放射性物质辐射出来的 α 粒子的动能通常约为几兆电子伏. 试问, 对于这些粒子相对论修正是否重要?

8. 如何证明 X 射线是电磁辐射?

第 35 章 电子的发现

§35.1 汤姆孙实验

关于原子的假说可以追溯到与我们的文明一样久远. 古时候的人们认为原子是些不可分割的粒子, 它们在真空中的各种形状构成了我们周围的客观世界.

"自然界的一切分解成基本的物体." [1]

牛顿的原子, 这是固态的, 具有质量的和不可分割的原子; 分子动力学理论中的原子, 它们的平均动能与物体的温度是密切相关的; 化学中的原子, 它们之间有严格的组配关系, 这可以从化学反应中发现; 氢原子, 普劳特用它的各种组配构造了一切元素. 原子的概念至少已经存在了两千五百年, 然而它始终被放在次要的位置而不被人们所重视.

但原子是什么? 对这个问题应赋予什么样的含意呢? 十九世纪末, 当时经典物理学理论已经建成, 也出现了一些新的技术手段. 这时候, 这个老问题日益频繁地被提出来: 原子究竟具有什么样的性质? 这个题目 (以及与它有关的问题) 成了二十世纪物理学的主旋律.

十九世纪末期, 进行了许多旨在研究稀薄气体放电现象的实验. 在一个玻璃管内焊上两个电极, 一个叫负电极 (阴极), 另一个叫正电极 (阳极), 并把玻璃管中的空气抽走. 借助于感应线圈或能产生很大电势差的静电起电器可以在两电极之间引起放电. 当管中的空气足够稀薄时, 阴极周围的暗区 (**克鲁克斯暗区**) 逐渐扩展, 当暗区扩展到管子的另一端时, 端部开始发光, 光的颜色与玻璃管的玻璃品种有关. 如果在管子里放上各种屏板, 例如像图 35.1 所示的那样, 则发光区只是管子端部一个不大的斑点. 就好像有某个东西穿过屏上的小孔而到达玻璃, 引起玻璃发光. 这个东西被取名为阴极射线.

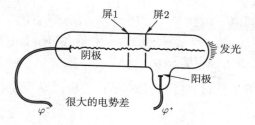

图 35.1

十九世纪末, 关于这些射线性质的争论非常热烈. 一些人认为, 这些射线与光相似, 它们的来历同以太中的某些过程有关; 另一些人则假设射线是由带电粒子组成的. 1895 年, 让·佩兰成功地将这些射线收集到一个绝缘容器中, 并证明, 它们是带负电的. 此后不久, 约瑟夫·约翰·汤姆孙完成了他的经典性实验 (照片 35.1), 他首先把阴极射线与以后被叫作电子的粒子等同起来. 他写道:

照片 35.1 汤姆孙装置

"本文所描述的实验的目的是获得关于阴极射线性质的某种资料. 关于这些射线存在着各种完全相反的观点: 德国的物理学家们几乎一致认为, 它们是由以太中的某些过程引起的, 这些过程与以前所观察到的任何现象都不一样, 因为它们在均匀磁场中通过的路程不是一条直线, 而是圆弧线; 另一种意见认为, 这些射线根本不是来源于以太, 而是来源于物质, 这些射线就是带负电的物质粒子流." [2]

然后汤姆孙描述了他的实验. 他成功地测出了这些粒子的电荷和质量的

比值, 假如把阴极射线看作是带电粒子的话.

在图 35.2 中用字母 d 和 e 标明的两个平板之间加上电场或磁场 (磁场的
方向垂直于射线传播方向). 汤姆孙观察了管子端部发光斑点的位移. 电场或
磁场愈强, 则斑点的位移愈大. 汤姆孙在确信这种现象与管中所充气体的种类
无关之后, 他写道:

"由于阴极射线是带负电荷的, 并在电场作用下发生偏转, 就好像它们是
带负电的物体, 并且它们对磁力的反应, 与沿阴极射线传播方向运动的带有
负电的物体对磁力的反应完全一样, 这使我不能不得出结论, 即阴极射线乃是
携带负电荷的物质粒子, 这样就提出了一个问题: 这些粒子是什么? 它们是
原子, 分子还是分离成更细小状态的物质? 为了给这个问题的答案提供一些
线索, 我进行了一系列测量, 测量了这些粒子的质量与它们所带的电荷量的比
值." [3]

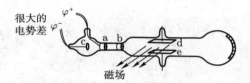

图 35.2   汤姆孙装置的示意图 (引自 [2])

然后又引进了如下的计算. 设两个极板 d 和 e 之间的电场为 E, 则它作
用于荷电粒子 (把它的电荷记作 q) 的力

$$F = qE \text{ (数值)} \tag{35.1}$$

同时, 垂直于粒子运动方向的磁场 B, 对荷电粒子的作用力为

$$F = \frac{q}{c}vB \text{ (数值)} \tag{35.2}$$

假如粒子是带负电的, 而电场从 e 指向 d, 则电力将使粒子向下偏转. 当粒子
在磁场中运动时, 作用于粒子的磁力方向如图 35.3 所示. 因此, 选择适当的电
场和磁场的强度, 可使光斑不发生位移. 汤姆孙用这种方法使得作用于粒子的
电场力和磁场力相等:

$$qE = \frac{q}{c}vB \tag{35.3}$$

或

$$v = \frac{cE}{B} \tag{35.4}$$

从这里他获知了假设的粒子的速度. 然后他去掉电场并调节磁场强度, 测量出粒子在管子端部偏转的距离. 因为速度是已知的, 也就知道了粒子在磁场中滞留的时间. 这样汤姆孙就能计算出磁场对这些粒子的作用. 他又根据测量到的偏转量的大小, 成功地定出了粒子的电荷与质量的比值.

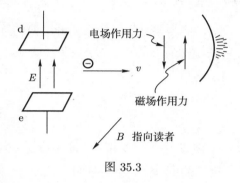

图 35.3

最后, 他得到假设的粒子的质量与电荷的比值为[①]

$$\frac{m}{e} \approx 1.3 \times 10^{-7} \text{ g/C} \tag{35.5}$$

汤姆孙在结束语中写道:

"从这些测量中可以看出, 量 m/e 与玻璃管内气体的性质无关, 它的数值约为 10^{-7}, 这与量 10^{-4} 相比是很小的. 而 10^{-4} 是对电解液中的氢离子得到的, 这个数值是以前所知道的这种比值中最小的.

因此, 对于阴极射线中电量的携带者来说, m/e 的数值要比在电解过程中相应的量要小得多. m/e 很小可以解释为, 要么 m 很小, 要么 e 很大, 要么两种情况同时存在." [4]

从那时起, 阴极射线的这种活跃的带电粒子就被称为电子, 它是二十世纪发现的第一个基本粒子.

---

① 用高斯系统的单位来表示时, 现在这个量的数值约等于 1.9×10^{-18} g/静电单位.

　　稍晚汤姆孙写道: "我第一次尝试使阴极射线束偏转的实验是这样的: 在放电管内固定两块平行的金属板, 并在它们之间激励电场, 然后让阴极射线从两板之间通过. 用这种方法我没有得到有规律的偏转 ······ 没有发生偏转的原因, 是管子里有气体 (压力仍然太高), 所以必须获取更高的真空. 但是说起来要比做起来容易得多. 在那个年月, 获取真空的技术还处于萌芽状态." [5]

　　实现一个决定性实验所遇到的问题往往并不在于它的设计思想, 而是在于缺少必要的技术手段. 这样的事情已经不是第一次了.

　　在汤姆孙完成了他的测量之后, 最重要的是要分别测出这些粒子的电荷量和质量. 汤姆孙实验室以前测量过的气体离子的电荷约等于 6.5×10^{-10} 静电单位. 假定阴极粒子所携带的电荷与这些离子的电荷一样, 则不难表明, 这些粒子的质量非常之小:

$$m \approx 10^{-27} \text{ g} \tag{35.6}$$

当初, 汤姆孙将阴极粒子称之为 "微粒" 或者 "原始原子"; 他将 "电子" 这个名词用来表示 "微粒" 所携带的电荷量. 随着时间的流逝, 人们逐渐把这种粒子本身叫做电子. 很久以后到了 1909 年, 密立根在测量油滴的电荷时, 确定了单位电荷约等于 4.77×10^{-10} 静电单位 (假设这个量就是电子的电荷量). 根据目前的资料, 电子的电荷与质量的数值分别为

$$e = 4.803 \times 10^{-10} \text{ 静电单位} \tag{35.7}$$

$$m = 0.910\,7 \times 10^{-27} \text{ g} \tag{35.8}$$

§35.2　物质的电结构

　　就在汤姆孙从事他的阴极射线的研究工作前不久, 彼得·塞曼忽然产生了一个灵感, 他想: "假如将磁力作用于火焰, 钠火焰的辐射光的周期可能改变 ······" [6]

　　他做了这个实验, 并得到了下述结果: "······ 这种效应果然存在. 我将一根浸透了普通食盐水的石棉线放入氢氧火焰中, 火焰置于电磁铁的两极之间.

借助于光栅, 研究了火焰的光. 每当我闭合电路时, 两根 D 线都展宽了[①]. 由于磁场能够改变钠蒸气的浓度和温度, 所以有可能把这种展宽归因于磁场对火焰的作用. 为此我被迫使用了上述实验方法, 这可能不太容易引起异议 ······ 由此, 钠的辐射周期在磁场中发生变化, 这完全是可能的." [7]

他继续写道:

"我觉得, 洛伦兹教授提出的有关电现象的理论可以正确地解释这种现象.

按照这个理论, 在所有物体中都存在着极小的带电分子元, 一切电过程都取决于这些 "离子"[②] 的平衡或运动, 而这些离子的振动产生光辐射. 我认为, 在磁场中直接作用于离子的力乃是所观察到的现象的原因. 我把我的想法告诉了洛伦兹教授. 教授十分盛情地指点我, 应当怎样去计算离子的运动, 然后又说, 只要理论应用得当, 就能导出以后这些结果 ······" [8]

洛伦兹的计算是基于下述假设, 即谱线的展宽是带电微粒的轨道在磁场作用下发生偏转的结果. 计算给出的荷质比的数值恰好等于稍后由汤姆孙测得的数值. 这些计算还指出了某些与谱线的分裂有关的效应; 塞曼在下一轮实验中很快发现了这些效应.

这些结果、摩擦可以生电以及在一定条件下物质能放出阴极射线等一系列事实, 在十九世纪末已使人们普遍认识到, 物质是具有电结构的. 假若物质是以某种方式由一种电材料组成, 那么就要问: 这个电材料在物质中是如何 "排列" 的? 为了回答这一问题, 进行了无数次实验, 试着用 X 射线、电子、α 射线等去轰击各种物质. 同时, 利用当时已知的 "材料" 顽强地试图建立原子的理论模型, 这个模型要能满足已经观察到的物质的性质. 甚至在 1897 年威廉·汤姆孙 (开尔文勋爵) 还以十分严肃的态度讨论了一种可能的电模型, 他的模型是一种 "电的连续和均匀的液体". 约翰·汤姆孙发现电子的工作否定了这种可能性, 并且他所发现的电子立刻就成了试图建立的原子模型的砖块.

在无数次实验的基础上 (包括使电子通过物质的实验) 汤姆孙得出了下述结论: 粗略地说, 原子中的电子数差不多是它的化学原子量的数量级. (稍晚

---

①当仪器有足够好的分辨能力时可以看到, 这些线是被分裂了的; 塞曼仅观察到它们的展宽.

②他在这里讲的是电子.

巴克拉指出, 原子中的电子数, 至少对氢原子以外的轻原子来说, 近似等于原子量的一半.) 再有, 正常的原子应当是电中性的. 事实上, 既然物质是由原子构成, 并且物质又是中性的 (我们已经看到, 当物质的中性被破坏时, 物质中将产生电力), 那么组成物质的单个原子也应当是中性的. 在这种情况下, 原子中的正电量应当等于负电量.

汤姆孙得出, 电子的质量大概是氢原子质量的二千分之一. 假设, 最简单的氢原子是由一个电子和一个正电荷组成 (为了保证原子的电中性), 汤姆孙指出, 这个正电荷的质量应当比电子质量大 2 000 倍. 因此, 如果认为质量与电荷是直接联系在一起的, 那么将不得不认为, 氢原子 (可能还有其他原子) 的全部质量实际上是与它的正电荷联系在一起的.

§35.3   汤姆孙原子

1902 年开尔文 (开尔文勋爵即威廉·汤姆孙) 提出了一个原子模型. 在这个模型中, 正电荷分布在空间某一个不大的区域, 也许是球形的区域, 而电子却镶嵌在这个电荷上, 犹如甜饼上的葡萄干一样 (图 35.4), 根据麦克斯韦理论, 电子振动时应当辐射光. 所以, 在非激发状态的原子中, 这些电子和正电荷应当是静止的. (这里有一点不明白, 电荷的这种分布法怎么能保持稳定呢? 因为当时已经很清楚, 如果只有电力的作用, 带电粒子系统不可能处于静止状态; 但是, 可以假设原子内部还有某种其他力的作用.)

图 35.4

约翰·汤姆孙发展了这个思想, 其中包括他对微粒 (电子) 的配置所作的研究. 这样的配置对于给定的正电荷的分布[①] 能够保持稳定. 他提出了一个设

---

①假设有一些非电性质的力把正电荷约束在系统里.

想, 即电荷的稳定配置应当相应于化学性质不活泼的元素 (例如, 惰性气体), 而比较不稳定的配置则相应于较活泼的元素. 他试图用这种方法解释元素周期表.

当汤姆孙的原子受激后 (例如, 在烛光的火焰中), 只有轻的电子开始振动, 而较重的正电荷仍处于静止状态. 我们所观察到的光谱可能就是由这些振动造成的, 而且电子的不同配置对应于不同的谱线组合, 后者就成了某种形式的原子画像. 通过测量原子所发射的光的波长, 汤姆孙估算出了正电荷所占据的那部分空间的尺寸, 它应当是 10^{-8} cm 左右, 这与分子动力学理论对原子尺寸的估计非常符合. 尽管汤姆孙没有能够解释所观察到的光谱的细节, 他的原子模型也遇到了严重的困难, 但从他所得到的结果可以看出, 这一研究方向是很有前途的.

汤姆孙和他的同事所做的一切还没有超出经典理论的范围. 在那个时候人们认为, 麦克斯韦方程是描述电磁现象的, 而牛顿方程 (如果需要的话还可以加上相对论的修正) 则是描述物质运动的 (以后我们提到牛顿方程时都是指相对论方程). 人们并且假定, 作用于原子内部粒子之间的力主要是电力, 因为与电力相比较, 引力是太小了. 所以, 所有的概念完全是经典的, 建立原子模型的办法很像早些时候建立气体或固体模型的办法. 人们试着将已经知道的与新发现的 "材料" 用已知的规则组合起来, 以便获得具有所要求性质的结构形式.

"我不臆想什么假设," 牛顿说道, "关于引力的性质我也不作任何假想." 而从上面的叙述中我们可以看到, 关于原子的性质人们却已经提出了许多假想. 看来我们已经可靠地确定了阴极射线粒子的荷质比. 但是, 阴极射线粒子的电荷等于离子的电荷, 这还只是假设; 还有, 关于原子的质量集中在它的正电荷上, 正电荷与电子 (它们像葡萄干镶嵌在甜饼上那样镶嵌在原子上) 处于平衡状态, 也仅仅是假设. 后来发现, 其中有些假设是正确的, 有些则是错误的. 但在建立原子模型这类事情上是值得碰碰运气的. 回顾历史, 我们可以看到, 譬如关于传播电磁波的液体的性质之类的问题, 我们当然是不作任何假设为好, 而关于原子 (如果它确实存在), 作某些假设是绝对必要的, 因为可以从这些假设推导出某些结果. 如果这些结果与实验不符, 则有关假设将被抛弃. 当发现某些很合理的假设与经典物理学的概念相矛盾时, 将不得不认为, 经典物理学对于所研究的对象已是不适用的了.

参考文献

[1] *Lucretius*, De Rerum Natura.

[2] 引自 *Magie W. F.*, 参见第 34 章文献 [1] p. 583.

[3] 同上, p. 589.

[4] 同上, pp. 596, 597.

[5] *Thomson Joseph John*, Recollections and Reflections, Macmillan, New York, 1937, p. 334.

[6] 引自 *Magie W. F.* 参见 [2], p. 384.

[7] 同上, pp. 384, 385.

[8] 同上, p. 385.

思考题与习题

1. 汤姆孙解释了, 由于气体渗入阴极射线管中, 阴极射线不再发生偏转; 试问, 这种气体怎么能影响阴极射线的通过? (讨论一下物质电结构的最简单的模型.)

2. 在近代理论物理学中, 正在研究存在夸克和比氢原子重得多的重带电粒子的可能性, 其中一种粒子的电荷为 $(1/3)e$. 假如汤姆孙测出了它的荷质比 e/m, 那么对于质量他将说些什么? 假设汤姆孙观察到了具有同样质量, 而电荷为 $-(2/3)e$ 的另一种夸克, 那么在原子结构理论中他将怎样描述这些粒子?

3. 假设汤姆孙在垂直于阴极粒子运动的方向上加一磁场强度为 500 Gs 的磁场. 试问, 需要多大的电场, 才能使粒子沿直线通过该正交电磁场?

4. 如何证明, 汤姆孙忽略重力对阴极射线的作用是正确的? 假如电子以典型的速度 10^9 cm/s 通过两米长的管子, 试计算电子在重力作用下的总偏转?

5. 使质子、电子和 α 粒子进入一个磁场强度为 250 Gs 的均匀磁场内, 粒子以 10^8 cm/s 的速度垂直于磁场运动. 试问这些粒子的圆形轨迹的半径有多大? 试画出这些轨迹.

*6. 密立根通过使油滴带电, 并观察它们在重力和电力作用下的运动, 测出了电子的电荷量. 设有一油滴的质量为 10^{-14} g, 经放射性物质辐射后它带了电. 然后使这些油滴 "悬浮" 在平板电容器的极板之间, 其方法是选择适当的电场强度, 使之与重力的作用相平衡. 假设油滴所携带的最少电荷相应于汤姆孙粒子的电荷, 试问, 需要多大的电场才能使油滴 "悬浮" 起来?

7. 一个粒子的电荷为 q、质量为 m, 它在正交的电、磁场区 R_1 作直线运动. 正交场的磁场强度 $B_1 = 200$ Gs, 电场强度 $E_1 = 4.8 \times 10^4$ V/m. 然后该粒子又落入 $B_2 = 1\,000$ Gs、$E_2 = 0$ 的区域 R_2, 这时粒子作圆周运动, 圆周半径 $\rho_2 = 25$ cm. 试问:

a) 粒子的速度等于多少?

b) 用 E_1、B_1、B_2 和 ρ_2 表示 q/m 的数值.

8. 电子在水平平面内以 2×10^6 m/s 的速度向北运动时落入了电磁场区. 该区的电场 E 和磁场 B 都是均匀场. 电、磁场的强度正好使电子通过该场区时没有偏转. 电场 E 的数值为 3×10^4 V/m, 其方向垂直向下. 试问磁场 B 的数值和方向如何?

第 36 章　卢瑟福原子

如果我们将所有从实验与理论假设中获得的一些片段信息都收集到一起, 那么到 1910 年前夕, 对原子结构的认识大致是这样的: 原子是电中性的, 它由质量很小的电子和集中了原子的几乎全部质量的正电荷构成. 处于正常状态的电子是不动的, 因此它也不辐射能量; 处于激发状态的电子是振动着的, 并辐射光波. 汤姆孙仔细地研究了原子内部电荷的一种可能分布. 但是在那个时候还没有任何关于电荷实际分布的直接信息.

在二十世纪的头十年, 迅速发展起来了一种可以用来获取这种信息的方法: 用各种粒子去轰击很薄的物质层, 并研究这些粒子的偏离情况, 从而获得引起这种偏离的物质的性质的信息.

"由于 α 和 β 粒子能穿过原子并发生偏离, 所以仔细地研究这种偏离的特性将能得出关于原子结构的某种概念, 这种结构应当能解释观察到的效应. 事实上, 快速带电粒子在物质原子上的散射乃是对解决这个问题最有希望的方法之一." [1]

譬如说, 有一片很薄的金箔, 用带电粒子去轰击它, 然后观察这些粒子的偏离情况. 这种现象称为**散射**. 研究从靶上飞出来的粒子的偏离情况, 可以得到关于入射粒子或者靶的性质的信息. 散射现象是一种研究原子、原子核和基本粒子的重要方法的基础.

图 36.1 为基于粒子散射现象的实验的原理图 (现在我们并不关心这类实验的各种各样的技术方案). 这种实验看上去相当简单. 轰击粒子从源中飞出, 然后准直器截获飞向两旁的粒子, 使得经过它之后轰击粒子流成为一条窄束. 粒子以某种已知的速度向前运动. 在粒子的路径上放置一个靶, 并在某种屏上观察散射到各种角度的粒子数.

事情往往是这样的, 说起来容易, 做起来难. 例如, 获得快速粒子束就很

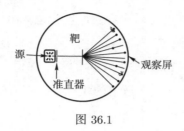

图 36.1

困难 (作为第一批源, 用的是放射性物质), 而制造一种对打到它上面的粒子反应灵敏的观察屏更是件非同寻常的任务.

　　"记录单个粒子的闪烁计数方法的发展使这种研究具有了巨大的优越性. 盖革使用这种方法所进行的工作, 已经使我们获得了许多关于物质对 α 粒子的散射作用的知识." [2]

　　早在 1910 年以前就进行过辐射或者各种粒子——X 射线、电子 (或 β 射线) 和 α 粒子——散射现象的研究. 重的 α 粒子最适用于研究原子结构. 为了尽可能确切地研究轰击粒子与靶原子间的单个碰撞事件, 希望靶愈薄愈好, 否则多次碰撞将掩盖掉单次碰撞产生的效应. 幸运的是, 金箔具有这种出色的性质, 它可以压得很薄, 使得整个厚度内只有 400 个金原子 (只要知道金的原子量和金箔的密度就不难估算出这个数字, 图 36.2).

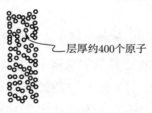

层厚约400个原子

10^{-5} cm厚的金箔

图 36.2

　　那个时候人们已经知道, α 粒子的质量约为 6.62×10^{-24} g, 与氦原子的质量很接近. 此外, 还知道 α 粒子带正电荷. 它的电量是电子电量的 2 倍. 也已弄清楚了, 放射性钋辐射出的 α 粒子的速度是 1.6×19^9 cm/s (图 36.3). 因此可以假设, α 粒子本身就是氦原子, 只是它的电子在辐射过程中以某种方式被剥夺了. 卢瑟福和罗伊兹使 α 粒子射向一个容器, 并在容器中发现了氦, 从而证实了上述假设. 盖革使 α 粒子穿过厚度为 4×10^{-5} cm 的一张金箔, 并在硫化锌屏上观察它们的偏离. 当 α 粒子打到屏上时, 硫化锌屏就闪烁一下 (出现一个亮点). 盖革在显微镜下观察了屏的各个部位, 并记下每分钟的闪烁次数. 这样就得到了在给定角度上散射的相对粒子数 (图 36.4).

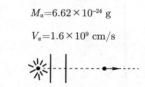

$$M_\alpha = 6.62 \times 10^{-24} \text{ g}$$

$$V_\alpha = 1.6 \times 10^9 \text{ cm/s}$$

图 36.3　从放射性钋源射出的准直 α 粒子束

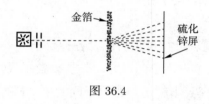

图 36.4

　　早期的实验都用金箔作靶, 用 α 粒子作轰击粒子. 首先发现的是, 尽管在金箔的厚度内累计有 400 个原子, 但几乎全部粒子都毫不偏离地通过靶. 对轰击粒子来说, 靶原子就好像是透明的.

　　卢瑟福写道:

　　"我观察了 α 粒子的散射, 而盖革博士在我的实验室里详细地研究了这个现象. 他发现, 在薄金属片中这种散射角很小, 为 $1°$ 左右. 有一次, 盖革来见我, 并说: '我正在向年轻人马斯登讲授放射性方法, 您是否觉得, 现在是该让他开始做一点研究工作的时候了?' 我也认为是时候了, 因此我说: '为什么不派他去搞清楚, α 粒子能不能作大角度散射的问题呢?' 说句心里话, 我自己也不大相信, 这种效应是可能的. 因为我们知道, α 粒子是具有巨大动能的快速重粒子; 如果认为 α 粒子的总的散射角是由几个小角度散射叠加起来的, 那么对它来说, 朝后的反方向散射的概率是极小的. 并且我还记得; 几天之后盖革又来找我, 他显得异常激动并宣称: '我们成功地观察到了几个反方向散射的 α 粒子 ……' 这是我一生中最不可思议的事件. 它是如此之不可思议, 就

好像用一个 15 in① 的炮弹去轰击一张卷烟纸, 而炮弹竟从纸上反弹回来, 并击中了射击者." [3]

由于 α 粒子的质量很大 (约为电子质量的 8 000 倍), 可以认为, α 粒子与电子的碰撞不会对它的轨道有多大的影响, 因为 α 粒子穿过很轻的电子云就好比 15 in 的炮弹穿过蚊子群一样. 但是我们知道, 整个金原子的质量要比 α 粒子大 50 倍, 而这个质量又集中在金原子的正电荷上. 如果作用于正电荷和 α 粒子间的力足够大的话, 那么碰撞后 α 粒子将发生极大的偏离, 就像炮弹落到了炮台上一样 (照片 36.1). 这样看来, 在一张薄纸内好像还有一个炮台似的.

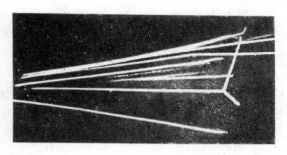

照片 36.1　α 粒子自左向右运动. 其中一个 α 粒子与氧原子相碰撞并飞向了右上角; 而氧原子则被撞向照片的右下角 (引自 [4])

"稍加思考之后, 我明白了, 这种反向散射应当是单次碰撞的结果. 我进行了计算并得出, 如果原子的主要质量不是集中在一个不大的核上的话, 不可能得到这么大的效应. 正是在这个时候我产生了一个想法: 原子有一个带电的极小的核心." [5]

在汤姆孙的模型中正电荷不是集中在核心的, 因此, 由它产生的力不能使 α 粒子的偏离超过零点几度. 如果认为, 金原子的 79 个正电荷或任意原子的 Z 个正电荷均匀分布在一个半径为 10^{-8} cm 的球中, 则它作用于球外 r 处的 α 粒子上的力为

$$F = \frac{2Ze^2}{r^2} \text{ (数值)} \tag{36.1}$$

---

① 1 in = 2.54 mm.

在带正电的球内部, 力与势能具有另一种形式. 通过不太复杂的计算, 可以获得球内部某点的力和势能同它到球心距离的确切的依赖关系. 得到的结果示于图 36.5.

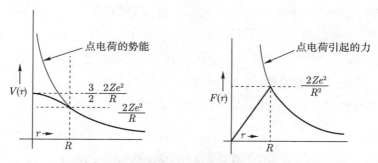

图 36.5 力的改变可以定性地解释如下: 当 α 粒子位于球外时, 分布电荷可以看作是点电荷, α 粒子受到类似点电荷库仑场排斥力的作用. 在球的中心这个力趋于零, 因为球的各个部分都以相同的方式排斥 α 粒子. 电荷集中在一个点上, 或电荷分布在一个半径为 R 的球内, 这两种情况是有明显区别的. 对于前一种情况, 在接近中心处, 势能和力将无限地增长: 对于后一种情况, 球内的势能与球边缘处的势能相差不多, 这时作用于 α 粒子和核之间的排斥力在均匀带电的球的边缘处达到最大值, 即 $F_{最大} = \dfrac{2Ze^2}{R^2}$ (数值)

卢瑟福的证明的主要根据是: 在电荷均匀分布的情况下势能与力均有最大值. 可以计算出, α 粒子在与金原子单次碰撞时的偏离程度. 计算表明, 最大的偏离明显地依赖于正电荷所占体积的大小. 如果正电荷是分布在一个半径为 10^{-8} cm 的球内的话, 盖革和马斯登所观察到的大于 90° 的散射是不可能发生的.

在这种情况下 α 粒子动量的改变, 或者说它的最终动量值与初始动量值之差具有重要的意义. 要使粒子发生强烈的偏离, 它的动量变化必须很大.

当轻粒子与重粒子相碰撞时 (例如粒子与墙壁相碰撞), 轻粒子反弹回来, 它的速度量值实际上是不变的, 即粒子的动量仍保持原来的数值. 动量的变化等于 (图 36.6):

$$\Delta \boldsymbol{p} = \boldsymbol{p}_{终} - \boldsymbol{p}_{始} \qquad (36.2)$$

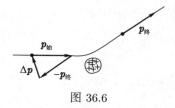

图 36.6

当 α 粒子打到核上并反弹向放射源时, 动量的变化最大 (图 36.7):

$$\Delta p_{最大} = 2p_{始} \ (数值) \qquad (36.3)$$

当 α 粒子透过原子, 并且不偏离, 则动量的变化最小 (图 36.8)

$$\Delta p_{最小} = 0 \ (数值). \qquad (36.4)$$

在其他的偏离角度下, 动量变化的数值 $|p_{终} - p_{始}|$ 在 $2p_{始}$ 和 0 之间. 例如, 偏离 90° 时, 动量的变化数值为 (图 36.9):

$$(\Delta p)_{90°} = \sqrt{2}p_{始} \ (数值) \qquad (36.5)$$

偏离得愈大, 相应的动量变化数值也愈大.

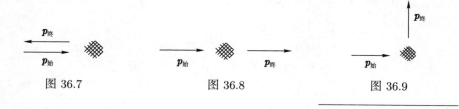

图 36.7   图 36.8   图 36.9

利用牛顿第二定律[①] 可以求出动量的改变:

$$\boldsymbol{F}\Delta t = \Delta \boldsymbol{p}$$

力的大小与 α 粒子到正电荷分布中心的距离有关. 为了近似地估计动量的变化, 我们假设力等于它的最大值

$$F_{最大} = \frac{2Ze^2}{R^2} \ (数值) \qquad (36.1)$$

①在这儿使用非相对论计算就能得出满意的结果.

在这种情况下, 我们得到的数值应当偏大, 因为我们的目的是要表明, 对于汤姆孙所假设的那种正电荷分布, 不可能发生盖革与马斯登所观察到的大角度散射.

把 α 粒子穿越电荷分布中心所需的时间取作时间间隔 Δt:

$$\text{穿越时间} = \frac{\text{分布电荷的直径}}{\alpha \text{ 粒子速度}} = \frac{2R}{v} \tag{36.6}$$

当 α 粒子位于分布电荷的边缘时, 它受到的作用力最大. (进行这种粗略估算时可能出错, 正像用眼睛目测来确定物体尺寸时可能出错一样, 但是如果认真仔细地进行这种估算, 一般来说, 能够对所考察的现象作出定性的解释.)

此时动量 Δp 的数值变化约为

$$\Delta p \approx F_{\text{最大}} \Delta t \approx \frac{2Ze^2}{R^2} \cdot \frac{2R}{v} \tag{36.7}$$

将 α 粒子动量的变化与它的初始动量值相比较是很适宜的, 我们来看关系式,

$$\frac{\Delta p}{p} \approx \frac{(2Ze^2/R^2)(2R/v)}{mv} = \frac{2Ze^2/R}{1/2(mv^2)} \tag{36.8}$$

在二十世纪初只是粗略地知道各种物质原子的正电荷数. 当时认为金原子的正电荷数为 100 (实际它的数值是 79). 当半径 $R \approx 10^{-8}$ cm 时, 关系式 (36.8) 等于

$$\frac{\Delta p}{p} \approx \frac{2 \times 100 \times (4.8 \times 10^{-10} \text{ 静电单位})^2/10^{-8} \text{ cm}}{(1/2) \times 6.62 \times 10^{-24} \text{ g} \times (1.6 \times 10^9 \text{ cm/s})^2}$$
$$\approx 5.4 \times 10^{-4} \tag{36.9}$$

这个数字相应于 $0.03°$ 的偏离.

这意味着, 在单次碰撞的情况下, 粒子无论如何都不可能有很大的偏离; 在多次碰撞的情况下, 粒子往各种方向偏离的概率是相同的, 因此, 由于向同一个方向多次偏离的结果而造成粒子大角度偏离的概率是很小的 (有人计算过, 粒子穿过金箔后在汤姆孙原子中偏离角度大于 $90°$ 的事件每 10^{8508} 次中只有一次).

增加动量变化数值的最简单办法是缩小分布电荷的尺寸; 随着 R 的减少, 最大作用力将增大. 最终, 这个力将变得足够大, 以致在任意一次碰撞中都可

能发生大角度的偏离. 当偏离角为 90° 时, Δp 约等于 p. 因此 $\Delta p/p$ 约等于 1:

$$\frac{\Delta p}{p} \approx \frac{2Ze^2/R}{(1/2)mv^2} \approx 1 \tag{36.10}$$

只要 R 值接近 6×10^{-12} cm, 上述条件就能满足. 结果卢瑟福得出了这样的结论:

"汤姆孙爵士的理论 …… 不能解释 α 粒子通过单个原子时有很大的偏离这种现象, 除非假设带正电荷的球的直径比原子的直径小得多." [6]

我们再介绍一个进行这种估算的方法. 设想一个 α 粒子从正面与金原子相撞, 并朝相反方向弹回 (图 36.10). 在这种情况下, 它开始向后运动之前, 要停留一瞬间. 在拐弯处它的动能全部转变为势能. 为了使粒子能够停住, 势能的数值必须大得足以 "抵消" 粒子的初始动能 (换句话说, 势垒应当足够高, 使 α 粒子不可能穿过它). 而这也就意味着, 分布电荷的半径应当很小. 位于均匀分布的正电荷中心的 α 粒子势能的最大值等于

$$\frac{3}{2}\frac{2Ze^2}{R} \tag{36.11}$$

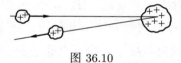

图 36.10

为了能使 α 粒子停住, α 粒子从源原子中飞出的瞬间所具有的全部动能应当等于这个最大势能值:

$$\frac{1}{2}mv^2 = \frac{3}{2}\frac{2Ze^2}{R} \tag{36.12}$$

由此很容易得出分布电荷的半径

$$R = \frac{3}{2}\frac{2Ze^2}{(1/2)mv^2} \tag{36.13}$$

这样导出的 (36.13) 式与 (36.10) 式很接近.

在汤姆孙的模型中, 原子的正电荷布满了它的体积, 而电子则像点心中的葡萄干一样镶嵌在其中 (图 36.11). 卢瑟福提出了自己的原子模型来取代汤姆孙的模型. 在他的模型中, 原子的中心有一个集中的正电荷 (以后将称它为核), 在相对来说比较远的距离上围绕着这个中心的是电子 (图 36.12).

图 36.11　　　　　　　　　　　　　　　　图 36.12

"首先我们从理论上来研究在最简单的原子上发生的, 能够引起 α 粒子很大偏离的单次碰撞. 然后我们将理论结果与已有的实验数据进行比较." [7]

卢瑟福算出了 α 粒子在很重的点电荷的库仑场中的轨迹. 这纯粹是一个关于行星运动的经典性问题, 是牛顿早已解决了的. 在上述情况下 (由于能量是正的), 粒子的轨道是一条双曲线.

然后, 卢瑟福又进行了下列计算. 用大量的 α 粒子去轰击许许多多金原子的核. 一些 α 粒子在离点状原子核正电荷较近处飞过, 而另一些则在较远处飞过. 各个 α 粒子的轨迹取决于它接近金原子的核的程度: 离核愈远, α 粒子的偏离愈小. 图 36.13 给出了几种典型的轨迹.

图 36.13

接着, 卢瑟福对全部入射粒子的散射角取平均值, 并将自己的结果与盖革和马斯登的数据相比较. 结果, 两者符合得相当好.

"α 粒子在薄金属片上散射后的角分布为我们检验这个单次散射理论的正确性提供了最简单的方法. 不久前盖革博士得到了这个角分布, 他指出, α 粒子通过一张薄的金箔后, 它的散射角在 30° 到 150° 之间, 这与理论是很一致的."[8]

后来卢瑟福又发现, 可以预言碰撞次数对于金箔厚度、中心电荷数和入射 α 粒子能量的依赖关系. 这些预言在当时能达到的精确度范围内与实验结果相一致.

参考文献

[1] *Rutherford* Ernest (Lord Rutherford), The Scattering of α and β Particles by Matter and the Structure of the Atom, Philosophical Maqazine, 21(1911).

[2] 同上.

[3] Collected Papers of Lord Rutherford of Nelson, J. Chadwick, ed, Wiley, New York: 1963.

[4] *Holton G* 参见第 34 章文献 [1].

[5] Collected Papers · · · , 参见 [3].

[6] *Rutherford Ernest*, 参见 [1].

[7] 同上.

[8] 同上.

思考题与习题

1. 动能为 1 MeV 的 α 粒子轰击一片金箔. 试问:

a) 它们能接近到金核的最近距离是多少?

b) 具有同样能量的质子能接近到核的最近距离是多少?

2. 在研究 α 粒子的大角度散射时, 卢瑟福为什么可以忽略 α 粒子与电子的碰撞?

3. 质量为 m、初始动量为 $p_{初}$ 的粒子和质量为 $2m$ 的自由原子相碰撞, 粒子被准确地反射回来. 试问:

a) 粒子的最终动量 $p_{终}$ 为多大?

b) 它的最终能量为多大?

c) 碰撞以后原子的能量为多大?

d) 现在我们设想, 靶原子的质量为 $100m$, 粒子仍是准确地向后反射. 在这种情况下, 反射后粒子的动量和能量是多少? 卢瑟福在分析他的实验结果时假定 $p_{初} = p_{终}$, 试予以评论.

*4. 假如卢瑟福用铁代替金, 试问:

a) 偏转变大还是变小?

b) 假设铁原子的电荷均匀分布在半径为 10^{-8} cm 的球内, 而 α 粒子的速度为 10^8 cm/s, 试计算 $\Delta p/p$. 为了估计数值的数量级, 可利用本书正文中的假设.

c) 在上述条件下, 计算对金原子核的 $\Delta p/p_{最大}$.

d) 假设我们在 $90°$ 处观察到了 α 粒子在铁原子核上的散射, 试估算一下带电铁原子核的半径. 如果对于速度更大的 α 粒子, 也在 $90°$ 处观察到了散射粒子, 这意味着核的直径应当变大还是缩小?

5. 动能为 1 MeV 的质子撞击金靶, 并准确地向后反射. 设金原子核的半径等于 10^{-13} cm. 试问:

a) 在这种情况下, 转交出的动量为多大?

b) 在轨道上的哪一点, 质子的动能与势能相等?

c) 在轨道上的哪一点, 质子的运动速度变为零?

6. 能量为 4 MeV 的 α 粒子在金核上散射. 粒子初始动量的方向是沿着距核中心为 10^{-8} cm 的一条直线. 试问:

a) 入射粒子相对于靶核的角动量是多少?

b) 这个量能否测量?

c) 粒子的速度能否在其轨道的某一点上变为零?

7. 在卢瑟福结束了自己的计算的那一天, 他去找理论家达尔文, 并请他帮助检查一下自己的计算结果. 此外, 卢瑟福还请求达尔文计算出速度为 1.6×10^9 cm/s 的 α 粒子接近点核的最小距离, 假设核的排斥力按 $2Ze^2/r^3$ 的规律变化. 试问达尔文的答案是什么?

8. 设点电荷的电荷量为 $Q = 79e$. 试问, α 粒子至少需要拥有多大的动能 (以电子伏为单位), 才能够逼近这个点电荷到:

a) 10^{-8} cm;

b) 10^{-12} cm.

第 37 章　量子理论的起源

§37.1　卢瑟福原子提出的抉择

尼尔斯·玻尔曾经这样评价过卢瑟福的原子模型：

"我清楚地记得，这一切就好像发生在昨天一样. 1912 年的春天，由于已经肯定了原子核的存在，卢瑟福的学生们以空前高涨的热情议论着整个物理学和化学的新的前景，首先我们清楚地意识到，由于原子的正电荷集中在一个几乎是无限小的体积内，这就有可能使**物质性质的分类**大大简化. 事实上，由于正电荷集中在一个几乎是无限小的体积内，这就使完全由核的电荷和质量所决定的原子的性质与同它的内部结构直接有关的性质明确区分开." [1]

他又补充说：

"卢瑟福的原子模型给我们提出的任务，使人回想起哲学家们的古老幻想：对自然法则的解释变成仅仅是对数字的研究." [2]

卢瑟福原子是由很重的正电荷和电子构成的：正电荷处于原子的中心，它具有很小的体积；而电子则在离核相当远的距离上以电子云的形式围绕正电荷旋转. 电子决定原子的化学性质，而当原子间相碰撞时它又 "护卫" 着原子核. 由于原子是中性的，所以可以合理地认为，在原子中电子数等于正电荷数. 从这里可以得出一种原子的自然分类法：原子可按正电荷数，也即它的电子数分类，而看来原子中正电荷的质量起着较次要的作用. 这就产生了原子序数 Z 的概念. 氢的原子序数等于 1，氦等于 2，锂等于 3 等等.

1911 年，卢瑟福觉得 "在现阶段要考虑这种原子的稳定性问题是没有意义的" [3]. 但是到了 1912—1913 年，这样的考虑就成为绝对必要的了. 根据卢瑟福的模型，原子的正电荷是集中在半径约为 10^{-12} cm 的球内. 电子则分布在原子核周围的一个半径为 10^{-8} cm 左右的区域内 (如果将核的尺寸放大到太阳那么大, 则电子离原子中心的距离将比地球到太阳还远). 如果原子内部只有电力的作用 (引力太弱, 而又不希望引入某种新的力, 因为我们所考察的模型正是建立在只存在电力的假设上的), 那就产生了一个问题: 是什么东西把原子中的粒子束缚在一起的? 对这个问题的第一个答案是很自然的; 它是如此之自然、明确、简单, 以致也引起了某种怀疑. 如果没有什么东西支撑, 电子是不可能停留在一个地方的, 它将落到核上, 就好像是, 要是地球静止不动的话, 它也将落到太阳上一样. 但是电子可以围绕原子核旋转, 这样我们就得到一个某种形式的带电粒子太阳系 (如果按照它与行星太阳系的相似性而称呼它的话). 难道自然界竟如此之单调? 难道我们的世界竟是这样构成的, 物质的原子结构竟是行星太阳系在原子尺度上的枯燥的重复?

在原子里起作用的不是引力而是电力, 虽然电力要比引力强得多, 但两者在形式上是很相似的. 如果电子是在离正电荷 (质子) 10^{-8} cm 的地方围绕质子而旋转, 那我们就获得了一个小小的 "太阳系". 能不能用这样的模型来解释卢瑟福原子的运动学问题呢? 如果这种解释是可行的, 那么在卢瑟福的假设提出后, 就不会再产生一场引起经典物理学彻底破产, 并用量子力学来代替它的危机. 问题在于, 卢瑟福模型有一个缺陷. 这个缺陷是回避不了的, 不可克服的和致命的; 它是从麦克斯韦理论直接引申出来的.

麦克斯韦理论的重要功绩在于: 它预言, 作加速运动的带电粒子 (例如沿圆周运动的电子) 应辐射出电磁波. 麦克斯韦用这种波解释了电磁现象和光学现象. 赫兹首创了复制电磁波的方法; 马可尼创造了发射电磁波的方法, 并使它们飞越大西洋. 根据麦克斯韦的理论, 在带电粒子行星系中, 围绕正电荷而旋转的电子应当辐射光, 这个光的频率等于电子的旋转频率. 电子由于辐射光而损失能量. 此时, 电子一方面愈来愈强地辐射光, 一方面逐渐向正电荷靠拢, 直到落在核上 (图 37.1). 这是真的行星系与带电粒子行星系的差别所在, 而这个差别正是由麦克斯韦理论的实质所决定的, 正像第二运动定律是牛顿力学的实质一样. 要是说沿圆周运动的电子不辐射电磁波, 那么又怎能解释电子在天线里来回跑动时辐射电磁波的现象呢?

所以, 要建立一个与麦克斯韦电动力学相符合的带电粒子行星系看来并

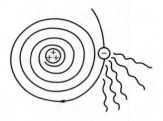

图 37.1 围绕正电荷旋转的电子应当辐射能量, 并且应当随着能量的减少而沿螺旋线逐渐
逼近中心

不那么简单. 要说电子是以某种方式静止在吸引它的重的正电荷附近而不落
到它上面, 这也是难以使人接受的. 或许可以引入某种别的力, 它使电子在远
离正电荷的某处达到平衡. 但是没有关于存在这样的力的任何根据, 因此最好
是 (基于节约思维的原则) 不引入这种力.

根据麦克斯韦理论, 在正电荷附近作加速运动的电子应当辐射能量. 因
此, 从经典物理学的角度看来, 卢瑟福原子不可能是稳定的. 电子从自己的典
型轨道落到原子核上所需的时间极短, 约十亿分之几秒, 这与我们对原子物质
(我们自身也是由它构成的) 稳定性的感觉是绝对不相容的. 其次, 假如说电子
在落向核的过程中发生辐射的话, 这个辐射应当具有连续频谱的性质, 并且它
的频率随电子轨道半径的减小而增高, 因而原子光谱应当是一条连续的色带.
可是实验中观察到的谱线却不是这样的. 实验观察到的是: 每个原子都有一组
线状的特征谱线, 正是这些谱线构成了十九世纪分析各种物质的化学成分的
基础. 很难解释清楚这样的现象: 为什么两个原子 (比如说两个氢原子, 它们
甚至只有一个电子围绕着一个正电荷旋转) 竟然会完全相同? 须知, 在某一给
定的时刻它们的电子完全不一定处在相同的轨道上. 而实验观察到的谱线是,
受激的氢气 —— 不论是什么氢气 —— 总是辐射出确定频率的光.

我们发现, 假如用已有的理论来解释这些事实, 则每走一步它们都会把我
们引入绝境. 现在我们再回顾一下过去, 可以这么说, 卢瑟福的原子模型乃是
纯经典原理在研究原子世界方面的最后一个重要的贡献.

1913 年玻尔提出了他的著名的氢原子理论. 还不能说他解决了卢瑟福所
提出的问题. 事实上, 他甚至是以更紧迫的形式表达了科学界所面临的抉择.

在建立原子模型的尝试中, 玻尔不得不使用经典物理学中的那些原理, 并且不经任何证明就补充了某些非经典性假设; 这是个很不协调的混合物. 但是, 结果他却得到了一个令人惊异的成功的氢原子理论. 而重新出现一个统一的新理论还需要一些年月.

按照玻尔的观点, 问题的实质如下所述. 从卢瑟福以及在他以前所进行的工作中可以获知, 原子中存在一个重的正电荷, 它位于原子中心, 围着它旋转的是电子 (氢原子只有一个正电荷和一个电子). 如果不考虑电磁辐射, 则可以用经典理论来描述这个模型. 电子的一切轨道都是平等的, 电子可以具有任意大小的周期和频率 (与行星系完全一样).

玻尔讨论了圆形电子轨道, 电子可以沿这些轨道围绕着正电荷而转动 (也可以讨论椭圆形轨道, 但利用圆形轨道比较容易表示出玻尔理论的主要特点, 玻尔本人用的也是圆形轨道). 玻尔假设:

(1) 在所有可能的经典轨道中只有某些轨道是容许的;

(2) 当电子处于那些容许的轨道上时, 它 (违反麦克斯韦理论) 不辐射能量;

(3) 只有当电子从一个容许轨道跃迁到另一个容许轨道时, 它辐射能量.

当然, 提出某些违反麦克斯韦电动力学和牛顿力学的假设是有点过分自信, 但玻尔当时还年轻. 他的假说究竟是否正确, 只有通过实验才能鉴别. 归根到底, 理论物理的任务就在于使它的假设与实验结果相一致. 玻尔的假设是带根本性的; 尽管这样, 在这方面也不乏先驱者. 早在十九世纪末马克斯·普朗克的论文中就已经提出了电子只能在确定的轨道上旋转的论点.

§37.2 普朗克的量子作用

量子作用是在分析一个非常不易理解的现象时引入的. 十九世纪末, 人们以极大的努力试图找出所谓 "黑体" 辐射的分布. ["黑体" 就是一个在热平衡状态下的炽热空腔, 它发射出包括光在内的电磁辐射; 一个不大的炉子就可以看作是一个最简单的黑体, 炉子开一个很小的孔, 炉膛内壁发出的任何辐射,从小孔处射出以前都必须在炉腔内来回反射无数次 (图 37.2).] 最有意思的是, 对于这种炉子来说, 只要用统计力学就可以求得它的辐射强度和分布 (并且与炉壁材料无关). 从亲身经验中我们知道, 物体受热后开始时发出暗淡的光, 然后慢慢变成明亮的红光, 再后来又变成白色, 如果将物体继续加热, 则物体就变成浅蓝色的了; 电炉丝通电时是红而发亮的, 而灯泡里的钨丝则是黄色的或白色的. 研究绝对黑体的辐射时看到的也是这种情景. 将炉子加热时小孔最初发出暗淡的光, 然后变红变亮, 再后又变成白色, 等等.

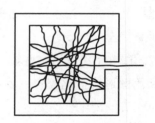

图 37.2　绝对黑体

解释这种现象的理论是非常离奇的. 从经典物理学的角度看来, 在这种空腔内的电磁辐射频率应当与在空腔内可能产生的任意一个驻波的频率一致. 在一个长为 l 的一维空间的空腔内可能出现的一些驻波如图 37.3. 最长的驻波的波长为

$$\lambda_{最大} = 2l \tag{37.1}$$

在一般情况下, 可能的波长有

$$\lambda = \frac{2l}{n}, \quad n = 1, 2, 3, \cdots\cdots \tag{37.2}$$

从这里可以看出, 波长可以取任意小的值. 麦克斯韦的电磁理论认为, 每一个可能的驻波对应于电磁场的一个自由度 (就好比多粒子一维系统中的每一个粒子对应于一个自由度). 如果系统处于热平衡状态 (而这是绝对黑体存在的必要条件), 则从统计力学得知, 系统的全部能量应当在所有可能的自由度之间平均分配. 由于绝对黑体具有无数个自由度 (所有可能的驻波), 而它的能量储备却是有限的, 因而它的每个自由度所分到的能量为零. 结果是, 绝对黑体

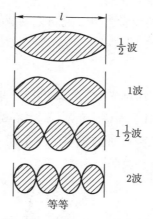

图 37.3 在一维空间的空腔内激发的前四个驻波

将根本不辐射光. 假如说它以某种方式终于辐射了光的话, 那么也应当是一种紫外光 (因为大部分驻波有很短的波长), 而这是违反已知事实的, 因为我们煮饭用的炉子上的电炉丝发出的是暗红色的光. 1900 年瑞利勋爵和詹姆斯·金斯首先得到了这个结果, 它被称为**紫外线的灾难**.

为了解决这个问题而作的许多尝试都毫无结果, 直到马克斯·普朗克针对这个问题提出了他的令人惊异的假设为止. 普朗克假设, 绝对黑体空腔是一份一份地辐射光, 而每一份的能量与光的频率是以

$$E = h\nu \tag{37.3}$$

的形式联系在一起的. 就这样, **普朗克常量 h** 或量子作用第一次出现在物理学中. 为使理论与实验相一致, h 的数值大致应当是

$$6.6 \times 10^{-27} \text{ erg} \cdot \text{s} \tag{37.4}$$

这完全是无先例的. 在经典理论中波的振幅决定它的能量; 海洋的大浪具有很大的能量, 而波的频率是个独立的量, 波是扰动引起的, 波的频率只与扰动在每秒内振动的次数有关. 在经典物理学中能量与频率之间没有任何联系. 可以有高频的弱波, 也可以有低频的强波. 尽管如此, 普朗克却认为, 空腔中辐射

的每一个驻波具有的最低的能量为 $h\nu$, 它可以写成形式:

$$h\nu = \frac{hc}{\lambda} \tag{37.5}$$

并且, 如果我们放弃容许有任意小的能量值的经典观念, 则对于很短的波长 λ (或对于很高的频率, 也即对于光谱中的蓝光和紫光区), 用于激发驻波所要求的最低能量将变得很大, 以致这种波根本激发不起来. 因此, 与这些波相应的自由度将是虚构的, 而无限个数的自由度

$$\lambda = \frac{2l}{1}, l, \frac{2l}{3}, \cdots\cdots \tag{37.6}$$

将被有限个数的自由度所代替, 这个数从 $\lambda = 2l$ 开始, 而最小的 λ 值必须满足下述条件, 即 $h\nu = hc/\lambda$ 还应超过激发自由度所必需的平均能量.

现在空腔的全部能量将在有限的驻波之间分配, 因此也就制止了这个能量向光谱紫外部分的灾难性移动. 随着温度的升高, 平均能量增加了, 这导致辐射光的频率向光谱的紫光端移动, 而这正是实验中所观察到的.

普朗克的假设是绝对违反整个经典理论的. 但它有一个优点: 利用他的假设导出的辐射的理论分布与实验得到的炉子的小孔的辐射分布几乎完全一致 (图 37.4).

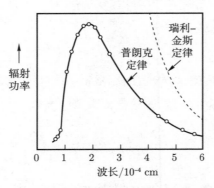

图 37.4　普朗克定律与绝对黑体辐射的实验数据的比较

图中的小圆圈是实验点 (引自 [4])

§37.3 爱因斯坦光子

但是, 普朗克的假设提出之后, 事情是不是就比较清楚了呢? 利用普朗克的假设, 我们得到了一条与实验一致的理论曲线. 但是, 对这个假设的实质仍然没法理解. 普朗克的关系式 $E = h\nu$ 可以说是凭空想出来的、毫无根据的东西, 它对于经典物理学来说也是大逆不道的. 甚至普朗克本人, 还有其他人, 都希望能有某种方式使这个关系式消失掉.

普朗克写道: 他 "试图将 h 纳入经典物理学的范畴. 但是, 一切这样的尝试都失败了, 这个量显得非常顽固". [5]

他又写道: "想越过这个泥潭的一切尝试都失败了, 这很快使人们毫无疑义地意识到, 量子作用在原子物理学中将起重大的作用 ······" [6]

最后, 他说: "在好几年的时间内, 我付出了很多的劳动, 徒劳地去尝试如何将量子作用引入到经典理论中去. 我的一些同事把这看成是某种悲剧. 但我自己有不同的看法, 因为我从这种深入的剖析中获得了极大的好处. 要知道, 起初我只是倾向于认为, 而现在我确切地知道, 量子作用将在物理学中发挥巨大的作用 ······" [7]

1905 年, 除了题为《论动体的电动力学》的论文外, 爱因斯坦还发表了另一篇文章. 在这篇文章中他指出, 如果将绝对黑体空腔内的光看作是一种气体, 而且气体粒子具有能量 $E = h\nu$ 的话, 就能得出普朗克的结果. 此外, 爱因斯坦用这种方式成功地解释了所谓的**光电效应**现象. 在光电效应中再次产生了同物质吸收和辐射电磁波的特性有关的问题.

1887 年赫兹在研究电磁波的性质时发现, 如果用紫外光照射电极, 那么电极间的放电就变得容易 "点着" 了. 演示这种现象时, 将一个阴极置于真空玻璃管内, 并用光照射它. 这时就开始有电子从阴极飞出 (图 37.5). 这些电子向正电极 (阳极) 方向运动, 产生很弱的电流. 研究这些电流与入射光的颜色和强度间的关系是很有意思的. 像图 37.5 所示的那样测量出电流和电压, 就能确定释放出的电子的数目和能量. 根据麦克斯韦理论我们可以期望, 光源的功率愈大, 释放出的电子所具有的能量也应当愈大. 但这却与实验中观察到的完全不同.

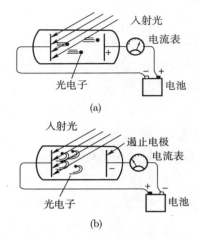

(a)

(b)

图 37.5　(a) 观察光电效应的方法. 在入射光作用下金属片发射出光电子. 光电子受位于管子另一端的电极吸引, 产生电流. 电流由电流表测量. (b) 确定光电子最大能量的方法. 当遏止电极上的负电势增大时, 到达该电极的电子数将减少, 最后, 在一定的负电压下, 没有一个电子再能落到遏止电极上, 此时电流表的指示应当是零. 这个电压就相应于光电子的最大能量 (引自 [8])

　　总电流的大小表征着放出的电子数目的多少, 它与入射光的强度有关. 但对于给定的阴极来说, 单个电子的能量只与入射光的颜色 (即它的频率) 有关. 即使是很弱的光源, 只要它的频率足够高, 也能引起具有很大能量的电子的发射. 另一方面, 低频率的光, 不论光源的功率有多大, 无论如何也不能引起电子的发射. 这样的结果是与麦克斯韦理论相矛盾的. 因为根据麦克斯韦理论, 光也好, 电场矢量或者振动的电磁波也好, 都是依靠电场作用于电子的力而传递能量的. 如果光源很弱, 则分布于整个空间的电场矢量也很弱. 对于这样弱的电场来说, 要打出具有足够能量的电子将需要很长的时间. 可是在实验中所看到的事实是: 不管紫光的强度如何, 只要它一射到阴极上, 立刻就发射出光电子.

　　爱因斯坦发展了普朗克的思想, 他在 1905 年提出, 光不仅仅以 $E = h\nu$ 的形式一份一份地发射出来, 它也以同样的方式一份一份地被吸收 (以后将称这一份为光子). 吸收的能量还是等于这个神秘的普朗克常量 h 乘以频率.

还没有什么现象是与经典理论中关于波传播能量的概念相矛盾的. 例如, 我们考察一个浮在湖面上的软木塞. 如果湖里的波浪不大, 那么软木塞也将跟湖水一样缓慢漂动. 但是, 在爱因斯坦的假设中, 光 (它可以看成是波) 把能量传递给粒子的过程完全不是这样的. 不论光多弱, 只要它能够触及粒子, 它都是以单独的一份份能量 $E = h\nu$ 的形式出现的; 而如果它能够将能量传递给粒子, 则也是以这样的份额交出去. 因而, 光传递给电子的能量的大小与入射光的强度毫无关系, 而只取决于它的频率. 这正是实验中所观察到的. 如果频率太低, 电子得不到足以从阴极表面挣脱出来的能量, 那么入射光再强也没有用 (当然, 也有这样的可能性, 即电子同时得到几份能量, 但以后的理论表明, 发生这种事件的概率极小). 其次, 这些份额是与光的入射同时到达电子的 (因为这些份额本身就是光的粒子), 因而光电子的发射与光的入射也是同时发生的, 而与光是否很弱无关 (图 37.6).

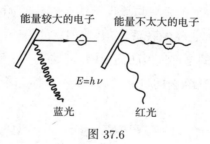

图 37.6

爱因斯坦的假设能够出色地解释所观察到的光电效应的性质. 但这个假设仍然是与经典理论的观念格格不入的. 就好像是: 在这一边, 耸立着传统的经典理论大厦; 而在另一边, 像个固执的演员似的站立着普朗克和爱因斯坦的关系式, 它宣称, 电磁波的能量应当以 $E = h\nu$ 的形式一份份地被吸收或者被辐射.

例 设从某表面打出电子所必需的能量为 1.9 eV, 试求能使表面产生光电子发射的光的最低频率是多少?

$$1.9 \text{ eV} = (1.6 \times 10^{-12} \text{ erg/eV}) \times (1.9 \text{ eV})$$
$$= 3.0 \times 10^{-12} \text{ erg} \tag{37.7}$$

因此

$$\nu = \frac{E}{h} = \frac{3 \times 10^{-12}\ \text{erg}}{6.6 \times 10^{-27}\ \text{erg} \cdot \text{s}}$$

$$= 4.6 \times 10^{14}\ \text{s}^{-1} \tag{37.8}$$

相应于这个频率的是红色光. 频率更高的光当然也能引起光电子发射.

§37.4　玻尔的氢原子模型

在二十年时间内一切都变了! 在 1890 年人们还认为, 世界的物理图像已经由老一辈的专家们全部完成了. 看来这个画面的每根线条都如此成功地解释了一切五光十色的自然现象, 所以用画笔对它进行最后的润色仅仅需要时间和耐心. 但是到了 1911 年情势起了急剧的变化. 出现了一些几乎是不可思议的奇怪现象: 电磁辐射的发射与吸收所具有的不连续性质, 卢瑟福原子的稳定性, 光的能量与频率之间的联系, 以及普朗克的量子作用. 这些奇怪现象的发现是由经典物理学的全部进展所促成的, 开始了一个伟大变革的时代, 一个不断出现新的奇遇和充满新的机会的时代, 一个标志着旧观念的破产和代之以新观念诞生的时代.

1913 年玻尔提出了他的原子模型. 这是一个卢瑟福原子, 正电荷集中在原子中心的一个很小的体积内, 而电子则沿圆形轨道围绕着原子核旋转. 圆形轨道由牛顿第二定律和库仑引力所决定. 电子的加速度 (与沿圆周作匀速运动的任何物体一样) 为

$$a = \frac{v^2}{R} \text{ (数值)} \tag{37.9}$$

它指向圆心. 电子与核之间的作用力是引力, 它从电子指向核. 氢核只有一个单元电荷, 此时力的大小等于

$$F = \frac{e^2}{R^2} \tag{37.10}$$

根据牛顿第二定律

$$\frac{e^2}{R^2} = \frac{mv^2}{R} \tag{37.11}$$

或

$$mv^2 = \frac{e^2}{R} \tag{37.12}$$

即势能是动能的两倍. 轨道电子的总能量 (动能加势能) 为

$$E = T + V = \frac{1}{2}mv^2 - \frac{e^2}{R} \tag{37.13}$$

将式 (37.12) 代入, 得

$$E = -\frac{1}{2}\frac{e^2}{R} \tag{37.14}$$

(图 37.7).

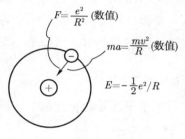

图 37.7

所以, 总能量在数值上等于势能的一半. 这对围绕着带正电的核旋转的电子是正确的, 对围绕太阳运动的行星也是正确的. 我们已经假设, 电子是沿圆形轨道旋转的, 它服从牛顿第二定律, 并根据库仑定律被吸引向带正电的核心. 对于电子来说, 任一圆形轨道都是容许的, 并暂时不考虑电子的辐射问题. 到目前为止, 我们的一切假设都是经典性质的; 但是, 我们也没能解决任何困难问题.

这时, 玻尔引入了他的著名的假设, 他声称: 在一切可能的轨道中, 只有满足与爱因斯坦和普朗克关系式相联系的量子条件的轨道才是容许的. 玻尔的量子条件限制了电子可能的角动量数值, 而后者又与电子的轨道有关. 根据第 14 章的定义, 角动量等于动量乘以臂长. 对于圆形轨道, 角动量 L 的数值由下式表示

$$L = mvR \tag{37.15}$$

玻尔提出的假设是, 只有角动量值满足下述条件的轨道才是容许的, 即

$$L = mvR = \frac{nh}{2\pi}, \quad n = 1, 2, 3, \cdots\cdots \tag{37.16}$$

也就是说, 角动量的大小必须等于普朗克常量的整倍数除以 2π[①]. 我们将看到, 量子条件使电子只能按所有可能的圆形轨道中的某一些轨道运转. 但是, 依照麦克斯韦的理论, 电子在这些轨道上也应当辐射能量. 玻尔用强制规定的方法 (如果可以这样表达的话) 解决了这个困难. 他提出了第二个假设 (与麦克斯韦的理论、赫兹的实验相反, 也与到那时为止我们所相信的一切相反): 当电子处于固定的, 也就是量子条件所容许的轨道上时, 它不辐射电磁能量. 在这种情况下电子什么时候才辐射能量呢? 玻尔的第三个假设回答了这个问题. 玻尔假设, 只有当电子从一个容许轨道跃迁到另一个容许轨道时, 它才辐射电磁波. 这时候辐射出的能量的确切数值由爱因斯坦–普朗克关系式确定:

$$W_2 - W_1 = h\nu \tag{37.17}$$

因而, 辐射光的能量等于电子跃迁起止的两个轨道能量的差 (图 37.8).

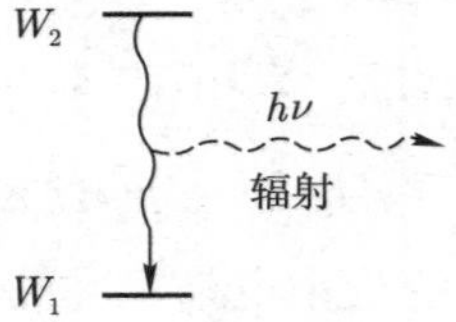

图 37.8

这些假设 —— 量子条件, 电子位于固定轨道上时不辐射能量和当电子从一个轨道跃迁到另一轨道时辐射光 —— 中的每一个都是违反经典理论的. 但是要知道, 应该以某种方式假设原子的稳定性来作为先决条件. 辐射是一份一份的, 这一点显然与早些时候爱因斯坦和普朗克的发现是一致的. 就连量子条件也与初始的普朗克条件相差不多. 我们已经看到了玻尔的原子模型, 现在我们来仔细地研究一下这个经典的与非经典的假设的混合物.

量子条件式 (37.16) 给出了电子速度和容许轨道的半径之间的关系. 牛顿第二定律和库仑定律也将电子的速度与它的轨道半径联系在一起 [参阅式

---

①量 $h/2\pi$ 出现的次数比 h 还要多, 因此它有自己的专门符号: $h/2\pi = \hbar$.

(37.12)]. 如果将这两个条件——一个经典的和一个量子的——组合在一起,则我们就能得到容许轨道的严格确定的半径:

$$R_n = \frac{h^2}{4\pi^2 me^2}n^2, \quad n = 1, 2, \cdots\cdots \tag{37.18}$$

由经典条件, 我们有

$$mv^2 = \frac{e^2}{R} \tag{37.19}$$

而由量子条件, 则有

$$mvR = \frac{h}{2\pi}n, \quad n = 1, 2, 3, \cdots\cdots \tag{37.20}$$

将式 (37.20) 除以 R, 得

$$mv = \frac{h}{2\pi R}n \tag{37.21}$$

将式的两边平方:

$$m(mv^2) = \frac{h^2}{4\pi^2 R^2}n^2 \tag{37.22}$$

然后再除以 m:

$$mv^2 = \frac{h^2}{4\pi^2 R^2 m}n^2 \tag{37.23}$$

这样, 我们就有两个 mv^2 的表达式, 因为两个量都等于同一个量, 所以这两个量彼此相等, 即

$$\frac{e^2}{R} = \frac{h^2}{4\pi^2 R^2 m}n^2 \tag{37.24}$$

将上式乘以 R^2 再除以 e^2, 得到式 (37.18):

$$R_n = \frac{h^2}{4\pi^2 me^2}n^2 \tag{37.25}$$

我们对量 R 加了个下角 n, 为的是强调 R 对 n 的依赖关系.

所有半径中最小的半径叫做**玻尔半径**, 它对应于数值 $n = 1$:

$$R_{最小} = \frac{h^2}{4\pi^2 m e^2} \qquad (37.26)$$

通常用 a_0 表示 $R_{最小}$. 将普朗克常量 (那时候已经知道了) 和电子的质量与电荷值代入上式, 就能求出 a_0. 结果我们得到

$$R_{最小} = a_0 \approx 5.3 \times 10^{-9} \text{ cm} \qquad (37.27)$$

当电子位于这个轨道上时 (图 37.9), 原子的总能量最小 (或者说具有最大的负能量); 在这种情况下, 我们说, 电子处于基态, 它不可能再进一步跃迁到其他能级上. 根据玻尔的假设, 原子在这个状态下不辐射能量, 因而它也是稳定的. 其次, 所有的氢原子, 由于辐射能量的结果, 都逐渐跃迁到这个基态. 结果, 所有的氢原子都是相同的.

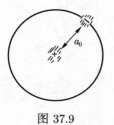

图 37.9

不同的玻尔轨道相应于不同的能级, 它们可用下述方法求出. 利用纯经典性的讨论我们已经求出了任意圆形轨道上的能量

$$W_n = -\frac{1}{2} \frac{e^2}{R_n} \qquad (37.28)$$

将容许的玻尔轨道半径的数值代入上式, 求得容许的能级

$$W_n = -\frac{2\pi^2 m e^4}{h^2} \cdot \frac{1}{n^2}, \quad n = 1, 2, 3, \cdots\cdots \qquad (37.29)$$

当电子处于最低的玻尔轨道上 (原子处于基态) 时, 原子的能量等于

$$W_{最小} = -\frac{2\pi^2 m e^4}{h^2} \approx -2.2 \times 10^{-11} \text{ erg} \approx -13.6 \text{ eV} \qquad (37.30)$$

最后, 根据玻尔的第三个条件, 从一个能级跃迁到另一个能级时

$$\text{跃迁频率 } \nu = \frac{W_2 - W_1}{h} = \frac{2\pi^2 m e^4}{h^3}\left(\frac{1}{n_1^2} - \frac{1}{n_2^2}\right) \tag{37.31}$$

玻尔将那时已知的常数[①] m, h 和 e 代入上式, 他得到的系数值为

$$\frac{2\pi^2 m e^4}{h^3} = 3.1 \times 10^{15}\ \text{s}^{-1} \tag{37.32}$$

利用实验观察到的巴耳末系谱线的频率, 可以计算出这个系数, 它等于

$$3.290 \times 10^{15}\ \text{s}^{-1}$$

玻尔总结道:

"理论值与观察值之间是符合的, 它们在理论公式中所引用的那些常数的测量误差范围内一致." [9]

由于 n_1 和 n_2 都是整数 $(1, 2, 3, \cdots\cdots)$, 所以当从原子的一个能级跃迁到另一个能级时, 原子所辐射的光具有不连续频谱. 设 $n_1 = 2, n_2$ 为任意大于 2 的整数, 我们就得到类似巴耳末公式的表达式, 但它不是用波长, 而是用频率来表示的. 为了便于比较, 按式

$$\lambda\nu = c \tag{37.33}$$

将频率换算成波长. 此时从式 (37.31) 得到

$$\lambda = \frac{2ch^3}{\pi^2 m e^4}\frac{n^2}{n^2 - 4} \tag{37.34}$$

而巴耳末公式有形式

$$\lambda = b\frac{n^2}{n^2 - 4} \tag{37.35}$$

利用这些常数的现代数值, 可求得 $2ch^3/\pi^2 me^4 = 3.644\ 8 \times 10^{-5}$ cm. 而巴耳末常数为 $b = 3.645\ 6 \times 10^{-5}$ cm.

玻尔模型预言, 还存在有其他的谱线系. 巴耳末公式所描述的谱线系相应于电子从不同能级到 $n = 2$ 的能级的跃迁. 显然还应当存在有相应于电子跃

---

① 这些常数的现代数值与玻尔使用的数值略为不同.

迁到 $n = 1$ 的能级和 $n = 3$ 的能级等的谱线系. 这些谱线系在光谱学的研究进程中都被发现了. 现在它们分别被称为莱曼系, 帕邢系, 布拉开系等 (图 37.10).

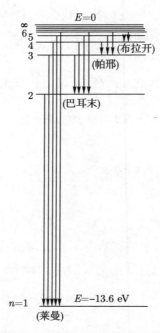

图 37.10　玻尔氢原子的不同能级间的跃迁辐射出不同的谱线

玻尔试图用下述方式将他的理论与麦克斯韦理论统一起来. 玻尔认为, 只有当电子从一个轨道跃迁到另一轨道时才辐射能量. 如果考察愈来愈远的轨道, 并假设大部分跃迁发生在编号只相差 1 的两个能级之间, 则辐射频率将趋近于在该轨道旋转的电子的经典频率. 所以, 对于远离原子核的轨道 (即对这些轨道来说, 宏观条件愈来愈适用), 从玻尔理论求出的辐射接近于从麦克斯韦理论得出的辐射.

在两个玻尔轨道之间发生跃迁时, 辐射的频率等于

$$\nu = \frac{W_1 - W_2}{h} = \frac{2\pi^2}{h^3} me^4 \left(\frac{1}{n_2^2} - \frac{1}{n_1^2} \right) \tag{37.36}$$

如果 $n_2 = n_1 - 1$, 则

$$\frac{1}{n_2^2} - \frac{1}{n_1^2} = \frac{n_1^2 - n_2^2}{n_1^2 n_2^2} = \frac{n_1^2 - (n_1^2 - 2n_1 + 1)}{n_1^2(n_1-1)^2}$$
$$= \frac{2n_1 - 1}{n_1^2(n_1-1)^2} \approx \frac{2n_1}{n_1^4} \tag{37.37}$$

当 n_1 比 1 大得多时, 也即对于远离的轨道, 最后这个近似等式成立. 因此, 在这种跃迁时辐射光的频率近似等于

$$\nu \approx \frac{4\pi^2}{h^3} me^4 \frac{1}{n_1^3} \tag{37.38}$$

但沿轨道旋转的电子的频率等于什么呢? 它由每秒旋转的圈数确定, 即

$$\nu = \frac{\text{电子的速度}}{\text{轨道周长}} = \frac{v}{2\pi R} \tag{37.39}$$

这个表达式可利用量子条件

$$mvR_n = \frac{nh}{2\pi} \tag{37.40}$$

来改写. 上式可写成

$$\frac{v}{2\pi R_n} 2\pi m R_n^2 = \frac{nh}{2\pi} \tag{37.41}$$

因此

$$\nu = \frac{v}{2\pi R_n} = \frac{hn}{4\pi^2 m} \frac{1}{R_n^2} \tag{37.42}$$

但是

$$R_n = \frac{h^2}{4\pi^2 me^2} n^2 \tag{37.43}$$

由此

$$\nu = \frac{hn}{4\pi^2 m} \frac{(4\pi^2)^2 m^2 e^4}{h^4 n^4} = \frac{4\pi^2 me^4}{h^3 n^3} \tag{37.44}$$

所得到的频率是 "经典的" 原子模型中围绕核旋转的电子的电磁辐射的频率. 我们看到, 它与玻尔原子模型中, 当 n 很大时, 从 n 能级跃迁到 $n-1$ 能级时的频率是一致的 [参阅式 (37.38)].

　　玻尔的理论看来是非常成功的. 他利用了爱因斯坦和普朗克的思想, 成功地建立了一个稳定的卢瑟福的原子模型, 并求得了一系列氢原子所特有的不连续谱线, 这些谱线系与巴耳末系和其他系是一致的, 它们不是已被观察到的, 就是稍后也被发现的 (在氦的光谱中发现的一个谱线系称为皮克林系, 它相当于游离的氦原子的玻尔式跃迁. 由于游离的氦原子由带两个正电荷的核与一个电子组成, 因此对这种原子的分析与对氢原子的分析相同, 只要将氢核的电荷数 e 改成 $2e$ 就行了). 利用一些补充假设, 玻尔成功地 (至少是定性地) 解释了元素周期表的一些 (化学) 性质. 这是一个很大的成就. 但玻尔理论还不完善. 在某种意义上, 与其说玻尔解决了问题, 还不如说他提出了问题. 电子只能在容许轨道上旋转. 在这些轨道上它违反麦克斯韦理论而不辐射能量; 仅当电子从一个轨道跃迁到另一轨道时才辐射能量. 那么, 在跃迁过程中电子在哪儿呢? 在容许轨道之间究竟有没有电子存在? 当电子处于容许轨道上时, 它是在通常说的意义上存在的吗? 谁又能回答所有这些问题呢?

　　1913 年以后, 人们作了很大努力, 企图弄清玻尔理论的实质. 尽管玻尔理论成功地解释了氢原子的性质, 但它还不能对其他元素的原子进行定量的描述. 玻尔花了很多年的时间, 试图建立氦原子理论, 但并没有成功. 虽然玻尔指出了他的理论与经典理论之间的某种联系, 他将经典的、亚经典的和非经典的理论组合在一起, 首先成功地解释了氢原子的性质, 但是这样的组合, 就像玻尔开始他的研究时一样, 仍然是个谜.

参考文献

[1]　*Bohr Niels*, journal of the Chemical Societv, Feb. 1932. p. 349.

[2]　同上.

[3]　*Rutherford Ernest* 参见第 36 章文献 [1].

[4]　*Richtmyer F. K.*, *Kennard E. H.*, Introduction to Modern Physics, 4 th ed., McGraw-Hill, New York, 1947.

[5]　*Planck Max*, Scientific Autobiography and Other Papers, Frank Gaynor; trans, Philosophical Library, New York, 1949, p. 44.

[6] 同上, p. 44.

[7] 同上, p. 44.

[8] *Beiser A.*, The Science of Physics, Addison-Wesley, Reading, Mass., 1964.

[9] *Bohr Niels*, On the Constitution of Atoms and Molecules, Philosophical Magazine, 26 (1913).

思考题与习题

1. 在我们的日常实践中有哪些事实表明, 在导致所谓 "紫外灾难" 的理论中有一些原则性的缺陷? 能量实际上不会从空腔的小孔中逸出, 因此差不多所有入射到空腔中的辐射都留在其中. 请解释一下, 为什么在这种情况下, 空腔像一个绝对黑体?

2. 爱因斯坦认为光在容器内的行为类同于气体粒子在容器内的行为 (类似于分子运动论的解释). 为什么说, 在 1905 年爱因斯坦的这种解释根本脱离了当时公认的概念? 对应于波长为 200 cm 的无线电波的光子的能量等于多少?

3. 处于基态的氢原子能吸收的光子的最低频率是什么? 在这种情况下, 光子的频率有没有最大值?

4. 从钾中打出光电子需要 2 eV 的能量. 试问为了打出光电子, 所用辐射波的波长最长可以是多长?

5. 溴化银 (AgBr) 是制造某些照相胶片的感光材料. 照射到胶片上的光必须具有足够的能量 (10.4 eV) 才能使溴化银分子分解. 试问, 所用光波的最大允许波长是多少?

6. 使钠产生光电效应的最大波长等于 5400 Å.

a) 试计算这些光电子的束缚能.

b) 由波长为 2000 Å 的光打出的光电子的动能有多大?

7. 在伦琴管阴极和阳极之间至少要加多大的电压, 才能使射线的波长等于 10^{-8} cm?

*8. 在地球大气的上层, 在太阳光光子的作用下, 氧分子分解成两个氧原

子. 能引起分解的光子的最大波长是 1750 Å. 试问, 组成氧分子的两个氧原子的结合能是多少 (用 eV 表示)? (曾经有人建议, 利用这个现象为高空飞行提供能源. 太阳光把氧分子分解成两个氧原子; 当这些原子再复合成分子时, 将放出能量.)

9. 玻尔模型中氢原子第一激发态的轨道半径是多少?

10. 氢原子从第二激发能级跃迁到第一激发能级时, 辐射光的波长是多长? 这个波长位于光谱中的哪一部分?

11. 电子沿半径为 10^{-8} cm 的圆形轨道围绕着质子运动. 假设此时电子并不辐射能量, 试问电子的速度为多大? 电子每秒飞行多少圈? 这样的电子所辐射的光, 是否位于光谱的可见光部分?

12. 典型原子激发态的寿命为 10^{-8} s. 试问氢原子在转入基态之前, 在玻尔轨道的第一激发态上能够围绕核转多少圈? 当氢原子在激发态 $n = 2000$ 和 $n = 1999$ 之间跃迁时, 这两种状态之间的能量差传递给光子, 它的能量为 $h\nu$. 试定出这个能量差和光子的频率并将这种辐射与 (沿 $n = 2000$ 的轨道运动的) 经典电子的辐射相比较.

13. 如果普朗克常量 h 等于 1 erg·s. 试问氢原子的最小尺寸为多大? 将该尺寸与地球直径相比较.

14. 利用玻尔理论, 试求 He$^+$ 的基态轨道的半径. 电子围绕核运动的速度为多大? 试比较氦和氢的光谱.

*15. μ 介子 (μ 子) 是一种基本粒子, 它的静止质量是电子静止质量的 207 倍, 除此而外, 都与电子一样. 假设, μ 子被氢原子核所俘获, 组成 μ 子原子. 将它的能级和普通氢原子的能级相比较. μ 子从第一激发态跃迁到基态时的辐射频率为多大? 这是什么辐射?

16. 普通氢辐射的最短波长 (莱曼谱系的边界) 是多少?

17. 试求能量为 a) 1 MeV; b) 1 keV; c) 1 eV 的光子的波长 (以 Å 为单位).

18. 用 h、λ 和 c 表示光子相对论质量.

19. 试求能量等于电子静止质量一半的光子的波长 (以 Å 为单位).

20. 人的眼睛对黄绿色光 (5500 Å) 最为敏感. 试求波长为 5500 Å 的光子的能量 (以 eV 为单位).

21. 如果到达人的视网膜上的黄绿色光 (5500 Å) 的能量超过大约 10^{-18} J, 人的眼睛就能够感觉到它. 这个能量相当于多大数目的光子.

第九篇　量　子　理　论

第 38 章　电子——波

§38.1　德布罗意假设

　　1913 年玻尔公布了他的成果. 它立刻在物理界引起了强烈反响, 也引起了猜疑. 但是新物理学的三个发源地——英国、德国和法国——却很快被另一个问题所吸引. 爱因斯坦建立新的引力理论的工作已经完成 (这个理论的一个结果已在 1919 年被证实. 国际考察团的成员测量了从星球来的光束在日食时通过太阳近旁所发生的偏离). 尽管玻尔理论取得了很大的成功, 它解释了氢原子的辐射光谱和其他性质, 但是将这个理论推广应用到氦原子和其他元素的原子时却很少有成效. 虽然愈来愈多的资料证明, 光与物质相作用时具有微粒的性质, 然而玻尔的那些假设之间的明显不一致性 (玻尔原子之谜) 仍然得不到解释.

　　二十世纪二十年代出现了一些新的研究方向, 导致了建立所谓量子理论. 虽然开始时这些方向看来是彼此完全无关的, 但后来 (1930 年) 发现, 它们都是等效的, 它们只是同一个思想的不同表达方式. 现在我们来考察一下其中的一个.

　　在 1923 年, 那时的路易·德布罗意还是个研究生, 他提出了一个假设, 认为粒子 (例如电子) 应当具有波动性质. 他写道: "我觉得, …… 量子理论的基本思想在于, 若不把能量与一定的频率联系在一起, 就不可能把能量看成是单独一份份的."

　　具有波动性质的客体能显示出微粒的性质 (例如, 光在发射或吸收时的行为就好像是粒子). 这一点普朗克和爱因斯坦都曾指出过, 玻尔还在他的原子模型中利用了它. 那么为什么我们通常看成是粒子的客体 (比如说, 电子) 不能显示出波动的性质呢? 真的, 为什么? 波与微粒之间的这种对称性对德布罗意来说是很自然的, 如同圆形轨道对于柏拉图, 整数间的和谐关系对于毕达哥拉斯, 规则的几何形状对于开普勒, 或中心是太阳的太阳系对于哥白尼一样.

这些波动性又是怎么样的呢? 德布罗意作了如下假设. 我们已经知道, 光子是以不连续份额的形式被辐射出或被吸收的. 它的能量与频率间的关系[①] 为

$$E = h\nu \tag{38.1}$$

同时, 光量子 (静止质量为零的粒子) 的能量和动量之间的相对论关系[②] 为

$$E = pc \tag{38.2}$$

根据上面两个关系式, 可得

$$h\nu = pc \tag{38.3}$$

但

$$\lambda\nu = c \tag{38.4}$$

从这里德布罗意得到了波长与动量间的关系:

$$\lambda = \frac{h}{p} \ (\text{光子}) \tag{38.5}$$

这个关系式是对波动型的客体——光子——而言的. 根据实验知道, 光子是以一定份额的形式被辐射或吸收的.

然后, 德布罗意又假设, 不管客体是波动型的还是微粒型的, 都可以将它们与一定的波长联系起来, 这个波长可以用公式 (38.5) 通过客体的动量来表示. 例如, 电子, 或者一般来说任一粒子, 都相应于一个波长为

$$\lambda = \frac{h}{p} \ (\text{任一粒子}) \tag{38.6}$$

---

①②这个关系式可从能量和动量间的一般相对论表达式 $E = \sqrt{m_0^2 c^4 + p^2 c^2}$ 得到. 如果静止质量 m_0 为零, 则有 $E = \sqrt{p^2 c^2} = pc$.

的波, 而这是什么波, 当时德布罗意自己也不知道. 但是, 如果假定电子在某种意义上具有某个波长, 那么我们就可以从这个假设中得出一定的结论.

我们来考察电子稳态轨道的玻尔量子条件. 令稳态轨道的长度等于波长的整数倍, 即满足存在驻波的条件. 我们知道, 驻波是不动的, 不论是弓弦上还是原子中的驻波, 都始终保持自己的形状. 对于一个尺寸一定的振动系统来说, 其中的驻波只能有确定的波长 (照片 38.1).

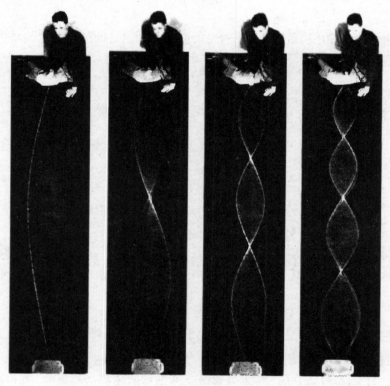

照片 38.1　只有在一定的频率或波长的条件下, 才能产生不动的波的图样 (引自 [1])

德布罗意假设, 只有满足存在驻波条件的轨道才是氢原子的容许轨道. 为此, 在轨道的长度上应当正好能摆得下整数个波长 (图 38.1), 即

$$n\lambda = 2\pi R, \quad n = 1, 2, 3, \cdots\cdots \tag{38.7}$$

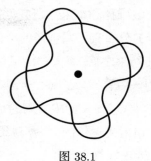

图 38.1

而电子的波长可以通过它的动量来表示, 即

$$\lambda = \frac{h}{p} \tag{38.8}$$

所以表达式 (38.7) 可以写成形式

$$\frac{nh}{p} = 2\pi R \tag{38.9}$$

或

$$pR = L = \frac{nh}{2\pi}$$

结果我们得到了玻尔的量子条件. 因此, 如果将电子与一定的波长相联系, 则玻尔的量子条件意味着: 如果在电子轨道的长度上正好能摆下整数个驻波的波长, 那么这就是稳定的, 也就是容许的轨道. 换句话说, 现在量子条件已不再是原子的特性, 而是电子本身的性质 (归根结底, 它也是一切其他粒子的性质).

§38.2　戴维孙–革末实验

1924 年巴黎大学的教授们以惊异的心情听取了德布罗意的学术论文. 这个与电子联系在一起的波的含义是什么? 汤姆孙把电子等同于一个质量为 m, 带有电荷 e 的粒子, 在什么意义上它又能算作波呢? 没过多久, 这个问题就有了回答. 美国物理学家戴维孙和革末在研究低能电子从金属晶体表面散射的问题时发现, 散射电子的分布有一些奇怪的峰值. 1926 年在牛津会议上戴维孙报告了他的一些初步结果之后, 有人提出了一种假设, 认为这些峰可以用与电子相联系的波的衍射来解释.

戴维孙 – 革末实验[2] 的要点是: 实验中使用的是镍晶体, 它的原子是有规律地排列的, 就像形成一个衍射光栅似的. 根据戴维孙的数据, 被晶体散射的电子, 其分布的最大值的位置正好符合条件:

$$n\lambda = d\sin\theta \tag{38.10}$$

这与波衍射时其最大值必须满足的条件是一致的.

当光在光栅上衍射时, 光通过相距为 d 的许多狭缝. 这时, 每条狭缝都可以看作是透射光波的源 (图 38.2). 设通过光栅以后, 光以倾角 θ 射向远处屏上的某个位置, 并且角 θ 满足条件 $n\lambda = d\sin\theta$. 这时, 从各条狭缝发出的光波将相互加强, 并可在相应的位置上观察到最大值.

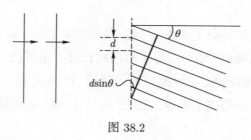

图 38.2

完好晶体的原子也起到这样的作用. 每个原子就是次级波的源. 如果原子间的距离为 d, 则当波以 θ 角到达远处屏上的某个位置时, 只要 θ 角满足条件 $n\lambda = d\sin\theta$, 这些波将互相叠加, 并在相应的位置上观察到最大值 (图 38.3 和图 38.4).

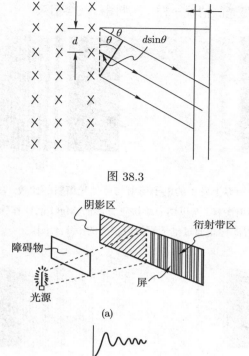

图 38.3

阴影区

障碍物

光源

衍射带区

屏

(a)

(b)

图 38.4　(a) 观察可见光衍射的装置示意图可以使用任意有直边的不透明板; 衍射带之间相距很近, 所以应当在离障碍物 1 m 左右的距离上研究它们. (b) 在屏上将看到的光强度分布

原子间的距离 d 可以计算求得, 而 $\sin\theta$ 可以直接测出. 如果认为电子的行为与波一样, 则根据衍射的最大值位置就可以确定与它相应的波长. 这样得到的波长值与从德布罗意理论导出的波长值相符合, 其误差小于 1%.

从那以后又进行了大量的实验, 目的是想弄明白, 是不是这种或那种粒子真的与某个确定的波长有关. 所有这些实验的结论都是一致的. 电子、质子和任何其他粒子, 与光一样, 都可以发生干涉、衍射等现象. 照片 38.2 和照片 38.3 比较了光与电子的干涉图样和衍射图样. 甚至当电子是一个一个地通过光栅时, 同样地发生干涉, 就好像电子自己与自己干涉一样. 如果将两个狭缝中的一个遮盖住, 跟光的情况一样, 干涉图样就会消失.

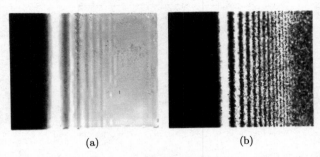

(a)   (b)

照片 38.2 在障碍物边界上发生的电子衍射与可见光衍射的比较. (a) 光的衍射图样 (引自 [3]); (b) 电子的衍射图样. 这里用一小块正方形的 MgO 晶体作为障碍物. 晶体尺寸大大小于 10^{-4} cm. 衍射图样是通过电子显微镜拍摄的 (引自 [4])

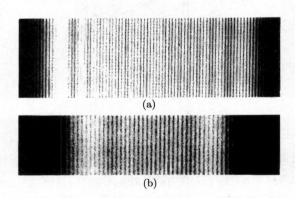

(a)

(b)

照片 38.3 (a) 光和 (b) 电子干涉图样的比较. 干涉图样是通过类似于双狭缝的装置获得的 [照片 (a) 引自 [3], 照片 (b) 是图宾根大学的莫林什坦特教授拍摄的]

例题. 镍晶体原子间相距为 10^{-8} cm. 为了产生衍射效应, 栅格的常数应当与电子的波长同一个量级. 试问, 电子能量多大时才能观察到衍射图样?

我们不希望 $\sin\theta$ 值太小, 比如说 $\sin\theta \approx 1/10 (\theta \approx 6°)$. 此时. 因为

$$n\lambda = d\sin\theta \tag{38.11}$$

$$\lambda_{最大} = \frac{d}{10} \approx 10^{-9} \text{ cm} \tag{38.12}$$

德布罗意关系式为

$$\lambda = \frac{h}{p} \tag{38.5}$$

因此

$$p = \frac{h}{\lambda} = \frac{6.6 \times 10^{-27}}{10^{-9}} \ \mathrm{cm \cdot g/s} = 6.6 \times 10^{-18} \ \mathrm{cm \cdot g/s} \tag{38.13}$$

故而动能

$$T = \frac{p^2}{2m} = \frac{(6.6)^2 \times 10^{-36}}{2 \times 0.91 \times 10^{-27}} \ \mathrm{erg} \approx 2.4 \times 10^{-8} \ \mathrm{erg}$$

$$\approx 1.5 \times 10^4 \ \mathrm{eV} \tag{38.14}$$

不仅是电子, 所有的粒子都具有这样的特性. 图 38.5 示出了用 X 射线 (电磁波), 电子和中子得到的衍射图样, 它们称为劳厄衍射图样.

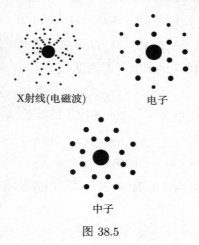

X射线(电磁波)　　电子

中子

图 38.5

参考文献

[1]　Physical Science Study Committee, Physics, D. C. Heath, Boston, 1967.

[2]　*Davisson C. J.*, *Cermer H.*, Physical Review, 30, 705 (1927).

[3]　*Valasek J.*, Introduction to the Theoretical and Experimental Optics, Wiley, New York, 1949.

[4]　*Raether H.*, Elektroninterferenzen, Handbuch der Physik. **XXXII**, Springer, Berlin, 1975.

思考题与习题

1. 设电子以 3×10^9 cm/s 的速度运动, 试问它的德布罗意波波长等于多少?

2. 地球 ($m = 6 \times 10^{24}$ kg) 以 3×10^6 cm/s 的速度相对于太阳运动, 它的德布罗意波波长是多少? 质量为 75 kg 的人以 0.5 m/s 的速度运动, 它的德布罗意波波长是多少?

3. 大多数电视显像管加速电子的电压约为 20000 V. 这种电子的波长是多少?

4. 质量为 1 g, 飞行速度为 3×10^4 cm/s 的子弹穿过衍射光栅后的偏转角为 30° $\left(\sin 30° = \dfrac{1}{2} \right)$, 试求衍射光栅狭缝之间的距离.

5. 在晶体上进行电子衍射的实验. 晶体原子之间的距离为 10^{-8} cm, 得到的第一衍射峰在 30° 角处, 试求电子的速度.

6. 如果氢原子的半径为 10^{-8} cm, 试求电子在第一玻尔轨道上的速度.

7. a) 试写出运动速度为 $v = \beta c$ 的粒子的波长 λ 的表达式, 并用 β、E_0 和基本常数表示.

b) 试求运动速度为 $v = \dfrac{4}{5} c$ 的电子的波长 λ.

8. 试写出相对论粒子动能 K 的表达式 (用波长 λ、静止能量 E_0 和基本常数表示).

9. 试写出相对论粒子的波长 λ 的表达式, 并用 E_0、K 和基本常数表示.

10. 确定:

a) 能量为 1 MeV 的光子的波长;

b) 能量为 1 MeV 的电子的波长;

c) 具有同样能量的质子的波长.

第 39 章 量子系统的运动定律 —— 薛定谔方程

在德布罗意引入了电子波的概念以后不久, 埃尔温·薛定谔解答了一个问题[①]: 当力作用于这个波时, 这个波将怎么样? 这个问题的答案可以用所谓薛定谔方程的形式来表示, 它是量子物理的核心. 1926 年薛定谔发表了有关这个著名方程的一系列论文, 并将它应用于量子理论的许多基本问题.

薛定谔方程是描述与电子、任意其他粒子, 甚至任意量子系统相联系的德布罗意波的行为的方程. 如果给出了粒子的质量和作用于粒子的力, 比如说引力或者电磁力, 那么从薛定谔方程就可以得出与该粒子相联系的一切可能的波; 这些波 (它们是位置与时间的函数) 可以用与空间的任意点及任意时刻有关的一些数字来描述. 我们将这些波用二十世纪物理学最通用的符号 ψ (波函数) 来表示, 即

$$\psi(x, y, z, t) \tag{39.1}$$

薛定谔方程的实质是: 对于给定的粒子和给定的作用于它的各种力, 它以波函数的形式给出一切可能的能量值的解. 波函数具有波的最基本的性质——叠加性. 如果对于给定的条件, 薛定谔方程有两个解, 那么这两个解的和也是在同样条件下薛定谔方程的解. 这就是说, 与经典的波动理论一样, 波函数的峰和谷可以互相抵消. 因此, 在量子物理学中可以存在干涉现象——一种最能表征波特性的现象. 只是现在这种现象已经与电子或质子 (它们在以前被看作是粒子) 这样一些客体, 甚至与整个粒子系统联系在一起了.

[①] 据传说, 薛定谔就这个题目进行口试时, 一个主考人反复地向他提同样一个问题: "如果有力作用在这个物质波上, 那么这个波将怎么样?" 据说, 提问题的人是彼得·德拜, 从此薛定谔就产生了要找到这个问题答案的愿望.

经典动力学是这样描述粒子的运动的. 一个质量为 m 的牛顿粒子, 在时刻 t_0 位于点 r_0 并具有速度 v_0, 如果知道作用于该粒子的力, 那么利用牛顿第二定律, 我们可以确定在以后任意时刻粒子的位置和速度, 即可以确定该粒子的轨迹 (图 39.1). 而在 "量子粒子" 动力学中, 若给出了时刻 t_0 的波函数 (从量子观点看, 波函数内包含了一切可能的信息) 和作用于 "粒子" 的力, 就可以利用薛定谔方程 (这是量子物理学中的 "第二运动定律") 找出以后任意时刻的波函数的形式.

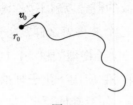

图 39.1

§39.1　自由解

对自由粒子 (不受外力作用的粒子) 德布罗意早先假设的结果可以从薛定谔方程导出. 这个方程对任意正的能量值都可以得出解. 非相对论的能量与动量之间的关系有以下形式:

$$E = \frac{p^2}{2m} = \frac{1}{2}mv^2 \tag{39.2}$$

动量为 p 的德布罗意波的波长有

$$\lambda = \frac{h}{p} \tag{39.3}$$

在没有外力作用时动量不变; 因而波也保持自己的形状, 在这个意义上波也具有惯性.

这些波在两种介质的界面上或通过障碍物附近时所表现出来的性质, 与我们以前研究过的那些波 (水面的波, 弹簧的振动波或光波) 是一样的. 例如, 薛定谔波可以从一个不可穿透的屏障上反射回来; 当它射向一个可穿透的屏障时, 一部分将反射回来, 另一部分将穿透过去 (图 39.2). 当波从一个固体的、像镜子似的界面上反射时, 它的入射角等于反射角. 如果界面是透明的, 那么就会有入射波、反射波和折射波, 这些波都遵守第 17 章所讨论的规则.

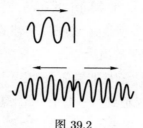

图 39.2

研究一下演示光波和水面波性质的照片, 我们就能得到有关薛定谔波的性质的某些概念. 这种波通过不透明屏上的一个小孔时 (图 39.3) 将发生衍射 (与光波和水面的波一样), 并且衍射后第一个最大值的角位置由关系式 $d \sin \theta = \lambda$ 确定, 这里 λ 是波长, d 是小孔的直径. 如果这种波通过有两个孔的屏, 则将构成衍射图样, 这种图样我们以前已经演示过.

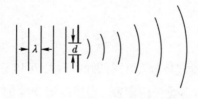

图 39.3

§39.2 束缚解

对于一个自由系统, 薛定谔方程 (与经典力学中的第二定律一样) 对任意能量都有解, 即在这种情况下粒子可以以任意的速度运动. 而在一个束缚系统中, 粒子的运动被限制在空间的局部区域①, 这正好显示出量子力学区别于经典力学的特点. 对于一个束缚系统来说, 并不是任何能级都是容许的. 这种情况与德布罗意早些时候所作的解释密切相关, 即只有在轨道长度等于整数倍

---

① 对于牛顿的行星系统来说, 作用于行星的力是太阳的引力, 如果行星的能量是负的, 则它的轨道将是封闭的 (约束的) 椭圆形或圆形; 如果它的能量是正的, 则它的轨道是开放的 (非封闭的) 双曲线轨道.

波长的情况下, 轨道才是稳定的.

我们在前面以玻尔轨道为例说明了这一点. 现在我们再来考察这一性质, 比较详细地研究一下粒子在一维空间中的运动, 这种情况在量子物理学中是很有代表性的. 设粒子为一个容器所 "禁锢", 容器的壁使粒子不能从容器中跑掉. 容器的两壁相距为 l, 粒子的质量为 m, 它在两壁之间作直线运动.

从牛顿理论的观点来看, 问题非常简单. 粒子可以以任意速度运动. 它撞到壁上, 从壁上反弹回来, 又撞到另一壁上, 如此等等 (图 39.4). 粒子的能量与动量之间的关系由式 (39.2) 表示

$$E = \frac{p^2}{2m} = \frac{1}{2}mv^2 \tag{39.2}$$

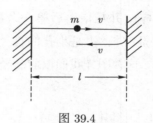

图 39.4

(像在分子运动论中分析气体模型时所做的那样, 可以算出在壁附近粒子得到的动量值.) 能量的大小不受任何限制. 当速度等于零时, 它等于零; 当速度增大时, 它也增大, 并可达到任意大的数值 (图 39.5). 当然, 速度也不能太大了, 免得撞碰时将粒子或者容器壁撞坏.

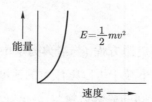

图 39.5 在牛顿理论中, 能量正比于速度的平方; 当粒子的速度增大时, 能量从零连续地变到任意大的数值

从量子物理学的观点看, 情况就不同了. 薛定谔方程的可能的解必须是这样的: 必须要使容器的两壁间能摆得下整数个德布罗意驻波. 容器壁约束住粒

子这一条件, 用薛定谔方程的语言来表达时, 这等于要求波的振幅在壁上等于零 (这与牛顿理论中的弹性反射条件相对应). 图 39.6 给出了这种情况下薛定谔方程的四个可能的解 (驻波).

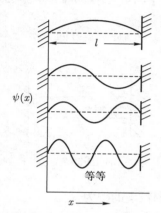

图 39.6　薛定谔方程的前四个解 (驻波). 粒子的运动限于长为 l 的一条线上. 第一个波有一个最大值, 第二个波有两个最大值, 等等. 可以有具有任意个最大值的解. 条件规定, 壁是不能穿透的, 由此可知, 当 $x = 0$ 和 $x = l$ 时, 波函数应趋于零

　　薛定谔方程的这些解的鲜明特点是, 只有一定的波长才是容许的. 也就是说, 波长直接与容器的尺寸 (宽度 l) 有关. 这与玻尔轨道的情况很相像, 在玻尔的原子模型中, 容许的电子波的波长直接与电子轨道的尺寸有关. 为了使驻波能够存在, 容器两壁之间必须能摆得下整数个半波长. 此时最大的波长

$$\lambda_{\text{最大}} = \frac{2l}{1} = 2l \tag{39.4}$$

下一个波长为

$$\lambda = \frac{2l}{2} = l \tag{39.5}$$

一般情况为

$$\lambda_n = \frac{2l}{n}, \quad n = 1, 2, 3, \cdots \cdots \tag{39.6}$$

对波长所加的限制条件具有什么样的确切的形式并不那么重要; 重要得多的是, 只有一定的波长才是容许的.

图 39.7 表示动量为 p 的一个经典粒子的轨道. 粒子的运动被限制在两壁之间. 从薛定谔方程的观点看, 这个系统的波函数是由两个解组成的: 相应于动量为 $\boldsymbol{p}$ 的粒子的解为

$$\text{数值 } p, \text{ 方向 } \rightarrow;$$

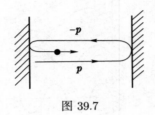

图 39.7

相应于动量为 $-\boldsymbol{p}$ 的粒子的解为

$$\text{数值 } p, \text{ 方向 } \leftarrow.$$

虽然这两个粒子往相反方向运动, 但它们都具有大小相同的动量, 因而也具有相同的德布罗意波的波长

$$\lambda = \frac{h}{p} \tag{39.3}$$

和相同的能量

$$E = \frac{p^2}{2m}$$

根据叠加性原理, 这两个解的和也应是这一能量的薛定谔方程的解. 解由 ψ_p 和 ψ_{-p} 组成, 并应在壁上趋于零, 其形式为

$$\psi = \psi_p - \psi_{-p} \tag{39.7}$$

我们已经指出, p 的数值由驻波存在的条件确定. 图 39.8 画出了描述系统基态的波函数.

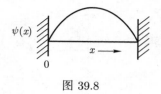

图 39.8

波长与动量值之间的关系为

$$\lambda = \frac{h}{p}$$

而对波长所加的条件相当于对粒子的动量值作了限制

$$\text{可能的动量值 } p = \frac{h}{\lambda} = \frac{h}{2l}n, \quad n = 1, 2, \cdots\cdots \tag{39.8}$$

而粒子的动量与它的能量之间的关系为

$$E = \frac{p^2}{2m}$$

故对于给定的量子系统, 它的能量值也受限制:

$$\text{可能的能量数值 } E = \frac{p^2}{2m} = \frac{1}{2m}\left(\frac{h^2}{4l^2}\right)n^2, \quad n = 1, 2, \cdots\cdots \tag{39.9}$$

同前面一样, 能量公式的确切形式如何并不十分重要, 重要的是, 并不是一切能量值都是容许的. 如果像前面那样, 我们画出量子系统中能量对动量的依赖关系曲线, 则我们将看到, 能量仍然是动量的二次函数 (图 39.9). 但是现在已不是任何能量值都是容许的了. 容许的能量值相应于曲线上的一些确定的点, 而不是整个曲线.

因此, 由薛定谔方程可知, 对于处于束缚状态的粒子 (它的运动限定在空间的有限区域), 并不是所有的能量值、动量值和所有的波长都是容许的. 可能的能量值是一组离散的数值, 它仅是牛顿力学中容许能量值的一小部分. 对于其他情况下的粒子 [三维容器中的粒子, 容器壁不是绝对刚体的容器中的粒子, 还有典型的氢原子的情况, 即位于势阱内的粒子 (图 39.10)] 也都可以得到类似的结果, 只是在数值上稍有不同. 根据薛定谔方程, 这正是玻尔原子以及任何束缚态量子系统中的能级不连续的原因所在.

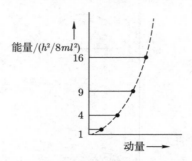

图 39.9   禁闭在一维容器中的量子粒子的动能的容许值. 这些数值经常用垂直于能量轴的直线线段来表示, 它们称为系统的能级. 它们是一组离散的数值, 而不像在牛顿力学中那样是连续的数. 并且最低的能级也不等于零, 这仍是一个很重要的量子现象

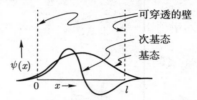

图 39.10   如果壁不是不可穿透的, 则当 $x = 0$ 和 $x = l$ 时波函数不趋于零, 但即使在这种情况下, 解也将是带有一个、二个、三个, 等等波节的驻波. 当然, 能级的确切位置将不同于绝对刚体壁的情况下能级的位置. 但基本性质 (如能级的不连续性、波节数和能级数间的关系) 仍保持不变. 其次, 壁外的波函数将随着离壁距离的增大而很快降到零

例 1   粒子的质量为 0.5 g. 它的运动被限定在长为 1 cm 的线段内. 粒子的容许能量为

$$E = \frac{h^2}{8m} \frac{n^2}{l^2} \approx 10^{-53} n^2 \text{ erg}, \quad n = 1, 2, \cdots \cdots \tag{39.10}$$

在最低能级上粒子的速度约等于 6×10^{-27} cm/s, 也就是说, 它实际上几乎是静止不动的. 而电子的质量为 9.1×10^{-28} g. 它的运动被限定在 10^{-8} cm 的线段内. 电子的容许能量为

$$E \approx 5 \times 10^{-11} n^2 \text{ erg}$$

此时电子在基态时的速度约为 10^8 cm/s.

能量为 E 和质量为 m 的粒子的波长有

$$\lambda = \frac{h}{p} = \frac{h}{\sqrt{2mE}} \tag{39.11}$$

如果粒子是个电子, 能量为 1 eV, 则它的波长为

$$\lambda \approx \frac{6.6 \times 10^{-27}}{\sqrt{2 \times 9 \times 10^{-28} \times 1.6 \times 10^{-12}}} \text{ cm} = 1.2 \times 10^{-7} \text{ cm}$$

而质量为 1 g, 运动速度为 1 cm/s 的粒子具有的波长为

$$\lambda = \frac{h}{mv} = 6.6 \times 10^{-27} \text{ cm} \tag{39.12}$$

例 2 轴承滚珠的质量为 1 g, 它的运动限定在长为 10 cm 的线段上. 问当滚珠从基本量子能级跃迁到下一个量子能级时, 它的速度变化多少?

$$p = mv = \frac{h}{2l}n, \quad v = \frac{h}{2lm}n \tag{39.13}$$

当 n 从 1 变到 2 时,

$$\begin{aligned}
\text{速度 } v \text{ 的变化} &= \frac{h}{2lm}(2-1) = \frac{h}{2lm} \\
&\approx \frac{6.6 \times 10^{-27} \text{ erg} \cdot \text{s}}{2 \times 10 \text{ cm} \times 1 \text{ g}} \\
&= 3.3 \times 10^{-28} \text{ cm/s}
\end{aligned}$$

这样的速度变化是根本不可能被察觉的. 因而, 如果有力作用于滚珠, 它将依照牛顿定律而平滑地运动, 我们不会发现任何速度的"跃变". 如果这不是个滚珠, 而是个电子, 这个电子的运动也被限定在 10^{-8} cm 长的原子"线段"上, 则

$$\begin{aligned}
\text{速度 } v \text{ 的变化} &\approx \frac{6.6 \times 10^{-27} \text{ erg} \cdot \text{s}}{2 \times 10^{-8} \text{ cm} \times 9.1 \times 10^{-28} \text{ g}} \\
&= 3.6 \times 10^{8} \text{ cm/s}
\end{aligned}$$

这是一个完全可以感觉到的量.

思考题与习题

1. 我们的世界和普朗克常量为 $1\ \mathrm{erg\cdot s}$ 的世界有何区别?

2. 如果电子能够在原子核内 $(r = 10^{-12}\ \mathrm{cm})$ 存在, 那么它至少应具有多大的动能? 试将该动能和相距为 $10^{-12}\ \mathrm{cm}$、带相反电荷的两个粒子的库仑势能相比较.

3. 水星围绕太阳运行的玻尔轨道为多大? (水星的质量为 $3 \times 10^{23}\ \mathrm{kg}$, 水星到太阳的距离为 $6 \times 10^{12}\ \mathrm{cm}$, 它的速度为 $5 \times 10^6\ \mathrm{cm/s}$.)

4. 一个小球的质量为 $1\ \mathrm{g}$, 在 $10\ \mathrm{cm}$ 长的一条直线内运动; 如果普朗克常量为 $1\ \mathrm{erg\cdot s}$, 试问该球体速度的不确定度为多大?

5. 假如在绝对黑体内没有光子, 而只有自由电子. 设黑体的线性尺度为 $2\ \mathrm{cm}$, 试求电子的最小动能.

6. 图 39.11 示出了典型有机染料的单次电离阴离子. 可以近似地认为, 在图 39.11 所示的结构中, 被两个化学键束缚住的电子可以在两端有无限高势垒的直角势阱中从分子的一端到另一端运动. 利用这个模型, 试求该分子前四个能级的能量. 染料的颜色取决于从第四能级到第三能级的跃迁, 试问该染料是什么颜色?

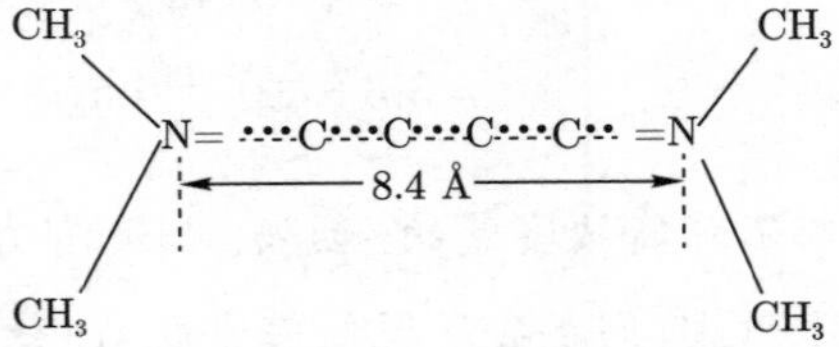

图 39.11

7. 禁锢于半径为 $10^{-12}\ \mathrm{cm}$ 的球内的质子的最小动能等于多少? 将所得到的结果与第 2 题的结果相比较.

8. 试计算:

a) 波长为 $\lambda = 10^{-12}\ \mathrm{cm}$ 的质子的动能 E_{p};

b) 波长为 $\lambda = 10^{-12}\ \mathrm{cm}$ 的电子的动能 E_{e}.

9. 镍晶体中原子之间的距离为 $d = 2.15$ Å. 设电子呈 45° 角被散射, 试求:

a) 电子的波长 λ;

b) 电子的动能 (以 eV 表示).

10. 当光子、电子、质子的波长为 $\lambda = 1$ Å $= 10^{-8}$ cm 时, 分别求出其能量.

第 40 章　德布罗意波是什么

　　并不奇怪, 即使现在人们对于同物质联系在一起的波长含义有时还感觉到有不清楚的地方, 而在二十世纪二十年代初期, 这种感觉就更是普遍了.

　　问题首先是从光开始的. 在杨氏和菲涅耳之后, 光就被看成是波. 波的基本特性是它的干涉能力: 波谷能抵消波峰, 一束光能把另一束光抵消掉. 很难想象粒子也能具有这样的性质, 但到了二十世纪二十年代初期, 普朗克量子、爱因斯坦光子和玻尔的原子模型问世以后, 有一点是清楚的, 即光在传递能量与动量时, 它的行为很像微粒, 尽管它具有干涉、衍射等典型的波的性质. 在德布罗意和薛定谔的论文发表以后, 情势变得较为对称了, 但不清楚的感觉丝毫没有减少. 现在不仅应当把光时而看成是波, 时而则看成是粒子, 而且物质本身——这一原子性和微粒性的最后体现者, 德谟克利特、伽桑狄和牛顿笔下的原子——也开始具有以某种神秘的方法与它联系在一起的波的特性.

　　雕塑家凭感觉能知道应从什么角度下他的刻刀, 画家知道如何在颜料板上调色. 一般说来, 艺术家能直观地感觉到自己的艺术, 但不善于用语言来表达自己的感受. 二十世纪二十年代的物理学家就类似这种情况, 他们不由自主地在衍射和干涉现象中把光和物质看成是波; 而在辐射、吸收和能量传递等现象中又把它们看成是微粒. "被认为" "不得不认为" "由实验得知"——这些就是那时候的物理学家们所使用的词句. 物理学成了一件需要艺术和技艺的工作. 这个工作似乎还没有从逻辑上很好地论证过, 因为那些基本的假设仍是不确定的. 甚至经过长时间的 (现在看来是错误的) 关于波和微粒的争论之后, 情势丝毫也没有变得明朗起来. 似乎光或物质有时候像微粒, 有时候又像波, 而这两者又是互相矛盾的. 正如人们在那时候用一种气愤的语调写的那样, 光 (或者物质) 有时候是微粒, 而有时候是波.

§40.1 薛定谔的解释: 波表示物质的密度

或许, 与电子相联系的德布罗意波的最为自然的解释是薛定谔的看法. 他认为, 波函数描述的是物质的密度. 这种解释认为, 电子的质量和电荷并不集中在一个点上, 而是分布在空间的某一体积内, 并且在给定点上质量与电荷的数量正比于波函数的平方[①] (图 40.1) (在这样的解释中, 只能用 ψ^2, 而不能用波函数 ψ 本身, 因为 ψ^2 始终大于零, 而 ψ 可以是负值. 物质的量可以在空间的某一部分趋于零, 但是要解释物质的量是个负数将是非常为难的事).

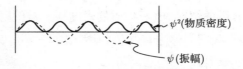

图 40.1　波函数的一种解释

由此还引申出一个条件, 即要求 ψ^2 与 x 的关系曲线下的整个面积等于电子的质量, 因为很明显, 将按某一体积分布的所有的电子物质加起来, 得到的物质总量应当等于电子的质量.

图 40.2 画出了粒子波函数的平方. 粒子被禁锢在两个绝对刚性的壁之间, 并且处于基态. 如果认为, ψ^2 是描述物质密度的, 那么在点 x_i 近旁的 Δx_i 的区间内 (图 40.2 上用阴影线标出的那一部分) 的物质的量等于

$$\psi^2(x_i)\Delta x_i$$

在靠近壁附近的区间内, 因为量 ψ^2 很小, 所以物质的量也很少. 总的物质的量应当等于电子的质量. 所以

$$\text{曲线下的面积} \approx \psi^2(x_1)\Delta x_1 + \cdots + \psi^2(x_n)\Delta x_n = m$$

[①] 根据纯技术性的理由, 通常认为波函数在一般情况下是复数. 这个复数与它的共轭复数的乘积 $\psi\bar\psi$ 永远大于零. 如果波函数是实数, 则 $\psi\bar\psi = \psi^2$. 下面我们将只研究函数是实数的情况.

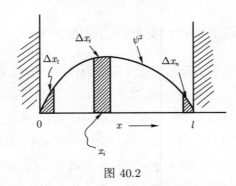

图 40.2

对于我们以上分析的情况, 电子物质的密度在容器壁附近很小, 而在容器中心很大. 所以, 如果我们能够进行测量的话 (重复一句: **如果我们能够进行测量的话**), 我们就能够发现, 电子基本上集中在中心, 而在壁附近只有很少一部分电子物质. 这样的解释不能认为从根本上就是错误的. 但是它可以得出一个如此古怪的后果, 以致人们不得不拒绝这样的解释.

假设一个电子或与它相联系的波向某个障碍物靠近 (图 40.3). 假定这个障碍物是由一定数量的负电荷引起的弱电场, 而这些负电荷牢固地系在一个重物上, 以致可以认为它们是静止不动的. 设电子从左向右运动, 它将受到负电荷排斥力的作用. 从经典观点看, 电子的运动完全是确定的. 如果电子的速度很大 (它的能量足够大), 它可以穿过障碍物继续向右运动; 如果它的能量不够大, 电子将被反射, 并开始向左运动 (图 40.4).

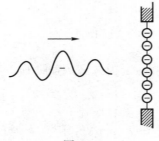

图 40.3

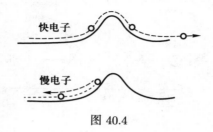

图 40.4

设有一个小球, 它没有任何滑动地滚向一个土坡, 土坡的形状如图 40.5 所示. 令势能 $V(x) = mgx$, 其中 x 是小球离地球表面的高度. 此时

$$E = \frac{1}{2}mv^2 + mgx$$

如果小球以速度 $v = v_0$ 从地球表面由左往右开始运动, 则

$$E = \frac{1}{2}mv_0^2$$

如果

$$h > \frac{1}{2}\frac{v_0^2}{g}$$

则小球不可能超越土坡.

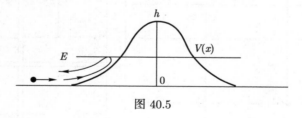

图 40.5

如果电子的能量小于障碍物中心点的静电势能, 则根据经典理论, 它不可能通过障碍物. 例如, 如果在离障碍物中心点 20 Å 处, 电子的动能已全部变成了势能, 电子就不可能通过障碍物, 图 40.6 示出了这种情况.

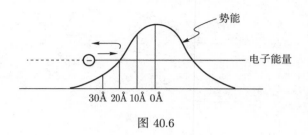

图 40.6

但是, 对于这种情景如果使用薛定谔方程的解. 我们将得到典型的波的图像. 这时, 物质波的一部分将通过障碍而继续向右运动. 它的另一部分被反射并向左运动 (图 40.7 和图 40.8) (得到的解与我们以前研究过的一维波在软弹簧与硬弹簧的交界处所观察到的图像差不多).

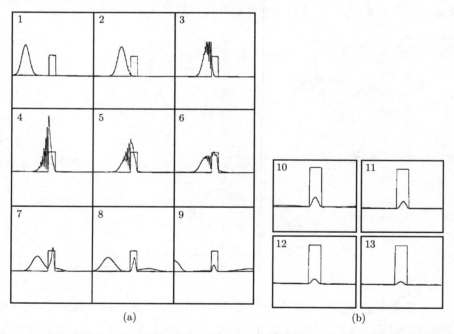

图 40.7 当物质波奔向障碍物时, 薛定谔方程的确切的解的行为. (a) 波的一部分透过障碍物并继续向右运动, 另一部分被反射回来. 波的平均能量等于壁垒的高度. (b) 透过障碍物的那一部分波函数的衰减 (摘自 [1])

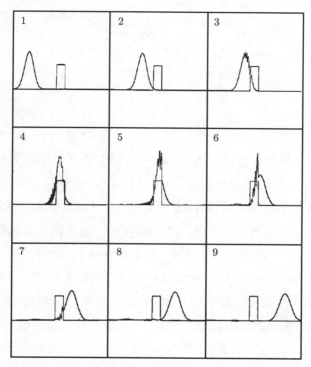

图 40.8 这个波几乎全部透过障碍物, 波的平均能量等于壁垒高度 2 倍 (摘自 [1])

在所谓**不完全全反射**现象中也能观察到类似的效应. 不完全全反射现象是牛顿首先发现的. 当光从光密介质入射到光疏介质时, 如果入射角大于临界角, 则在介质的界面上将发生全反射. 如果再将密度更大的另一块物体靠近界面, 则全反射现象被 "破坏", 一部分光将进入第二块物质 (图 40.9). 并且两个棱镜间的距离愈小, 密度相差愈小, 进入的光就愈多. 在上述情况下, 两个棱镜之间的空隙对于光来说就起障碍物的作用. 在极限情况下, 若障碍物具有无限大的宽度 (第二块棱镜不存在), 全部光都反射. 而当两块棱镜直接接触时 (没有障碍物), 全部光都通过, 或者说全部光都由于惯性而继续运动 (如果可以这样表达的话). 当介于两种极限情况之间时, 既可观察到反射光, 也可观察到折射光.

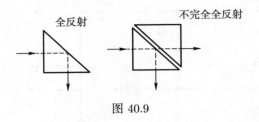

图 40.9

　　所得到的结果是很有意思的. 它再一次表明, 电子波的行为与任何其他波
类似. 弹簧中的一维波通过界面时, 也是部分反射, 部分通过. 弹簧中发生的这
种情形并不引起任何疑问. 在解薛定谔方程时也不存在任何技术问题. 但是解
释波的这种行为时却遇到了麻烦. 事情是这样的, 假如认为波函数的平方代表
物质的密度, 那么上述结果将意味着, 电子被分开了: 它的一部分质量通过了
障碍物, 而另一部分被反射了. 如果现在在障碍物的右边放上某种探测器 (图
40.10), 那么这个探测器记录下的好像应当仅仅是通过了障碍物的那一部分电
子质量和电荷. 换句话说, 我们似乎应当测到电子的质量和电荷的一部分. 而
这是违反所有已知的实验事实的①. 不论是谁, 从来也没有看到过, 电子可以
分成两份、三份或四份的; 电子始终具有电荷 e 和质量 m. 正是这种情况不容
许将波函数的平方看成是电子质量和电荷的密度的分布.

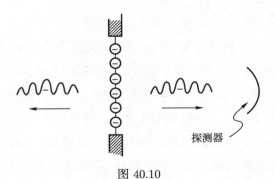

图 40.10

---

　　① 如果真的实现这里所描述的实验的话, 我们得到的是: 探测器时而记录到电子, 时而记录不到. 但是,
只要有电子落到探测器上, 电子的质量和电荷始终将等于 m 和 e.

§40.2 概率论的解释

上面所考察的例子迫使马克斯·玻恩提出了他的关于波函数的解释. 他的解释产生了极其深远的影响. 事后玻恩写道:

"爱因斯坦的想法仍然是指导性的. 他将光波振幅的平方看成是光子出现的概率密度, 并试图用这种方法将粒子 (量子或光子) 和波的两重性解释清楚. 这一思想可以很快地应用于 ψ 函数: $|\psi|^2$ 应当代表电子 (或其他粒子) 的概率密度. 相信这一点很容易, 但怎么样能证明它呢?" [2]

现在, 玻恩所发展的波函数的概率论解释已为大家所接受. 波函数的平方 ψ^2 描述概率密度[1]. 什么地方粒子的波函数大, 粒子在那儿出现的概率就大; 什么地方波函数小, 粒子出现的概率也小. 我们又使用了 ψ^2, 而不是 ψ, 因为 ψ 有可能取负值, 而要解释负概率却很复杂. 从这种解释中引申出一个条件, 即要求 ψ^2 与 x 的关系曲线下的面积应当等于 1. 这个要求意味着, 电子必定位于空间的某一位置, 这样的 "事件" 被认为是完全可靠的.

我们再来看一下, 粒子位于两个绝对刚体壁之间的情况, 并令粒子处于基态 (图 40.11). 如果把 ψ^2 看作是概率密度, 则粒子位于区间 Δx_i 内的概率等于

$$\psi^2(x_i)\Delta x_i$$

由于量 ψ^2 在壁附近很小, 所以粒子位于那儿的概率也很小. 总的概率应当等于 1, 因为我们认定, 粒子必定位于两壁之间的某个位置. 因此,

$$\text{曲线下的面积} \approx \psi^2(x_1)\Delta x_1 + \cdots + \psi^2(x_n)\Delta x_n = 1$$

由此可以引出概率论解释的一个普适条件: 曲线下的总面积等于 1.

---

[1] 再提醒一下: 只有当波函数是实数时, 谈论它的平方才是正确的, 我们只讨论这种情况.

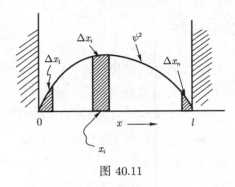

图 40.11

现在可以用下述方式来解释电子飞向障碍物的实验. 我们假定电子是从左边开始运动的, 在与障碍物接触以前, 它的波函数也应当在左边. 与障碍物相撞之后, 波函数的一部分反射回来, 而另一部分通过了障碍物. 波函数的通过部分 (障碍物右边的波函数) 的平方 (障碍物右边波函数平方的总和) 表征电子透过障碍物的概率; 而波函数反射部分的平方表征电子从障碍反射回去的概率[①]. 那么电子是否进入探测器? 我们回答: 电子进入探测器的概率等于进入右边的那部分 (平方后的) 波函数下面的面积. 而一旦电子真的进入了探测器, 那么它就应当具有完整的质量 m 和完整的电荷 e.

某个电子可能进入探测器, 也可能不进入. 如果很大数量的电子往障碍物方向运动 (或者单个电子重复多次向障碍物方向运动, 或者同时向障碍物方向放出许多电子), 则起初看起来是偶然的图像就变得愈来愈有规律了. 一部分电子通过障碍物而进入探测器, 另一部分则反射回来. 但每一个电子都具有完整的质量和电荷.

对于波函数的这种概率论的解释排除了要把电子 "分裂" 为碎片的这种不可思议的说法. 但我们不能够说出电子究竟在什么位置, 也不能预料某一个电子是否进入探测器. 我们只能说, 电子进入探测器的概率, 譬如说, 是五分之

　　[①] 按照定义, 可靠事件的概率等于 1. 例如硬币落下时, 背面和正面朝上的概率合计等于 1. 正面朝上的概率等于 1/2, 即有大约半数情况是正面朝上的. 在转盘游戏的桌面上有 37 个数: $0, 1, 2, \cdots, 36$. 小球停在某个数字上的概率为 1/37, 即平均 37 次中有一次停在该数上. 但是玩过转盘游戏的人都知道, 实际上停在某一数字上的次数有时候多, 有时候少.

一, 而它从障碍物反射回去的概率是五分之四. 可能会提出这样的异议: "这岂不成了玩转盘的游戏. 难道不能说得更确切些吗?" 根据量子理论和概率论的解释, 对这一异议的回答是肯定的: 不, 不可能更确切了.

一座分水岭把陆地分成两半, 它把水供给这一半或者那一半地面. 概率论的解释就好比是个分水岭, 它在量子理论与它以前的整个物理学之间画了一条界线. 笛卡儿和牛顿的工作奠定了经典物理学的基础, 它讨论的是可触摸的具体的粒子运动, 这些粒子是刚性的, 具有质量的和不可分割的, 它们在空间的位置总是可以明确地确定的. 牛顿理论的实质是: 如果给出了粒子在某一时刻的位置和速度, 并给出了作用于该粒子的力, 那么这个粒子在以后任意时刻的位置都是严格确定的, 并且是可以计算出来的. 上述结论的经典性例子就是行星围绕太阳的运动. 知道了引力和牛顿运动定律, 我们就能计算出行星在任意时刻的轨道位置, 不论是将来的, 还是过去的. 可以预言 2500 年后要发生的日食, 也就是说, 可以找出从计算的时刻起 25 个世纪之后地球、月亮和太阳之间的特殊的相互位置, 也可以确定 25 个世纪以前的日食的确切时间. 反过来往前推算行星及它的卫星的运动状况, 可以算出过去的历史事件的发生日期.

正是确定粒子运动状况的这种可能性被量子力学否定了. 如果说, 太阳、月亮和地球的行为都像量子粒子那样的话 (根据现代的看法, 它们真的就像量子粒子, 但量子效应的数值太小, 以致不能察觉到), 则我们唯一能够说的是, 在 5 个世纪或 25 个世纪以前发生日食 (即太阳、月亮和地球处于特殊的相互位置) 的概率等于三分之一, 或者二分之一, 或者四分之一. 所以, 日食或者某一历史事件的确切日期是不知道的. 正是这种说法引起了极大的反对. 没有任何理由可以事先认为, 世界上的一切可以以绝对的确定性或者以某种或然性来预言. 然而, 人们在思想上确实已经根深蒂固地认定: 存在运动规律, 它们支配着运动, 能够确定运动状况. 至少从牛顿时代以来, 人们一直成功地运用这种具有决定论特征的观念. 实际上在牛顿以前的许多著作中都已包含了这种观念. 量子力学的新观念使许多人接受不了. 爱因斯坦曾反对过. 他说: "上帝不会跟我们玩掷骰子游戏." 薛定谔本人也不同意这种概率论的解释. 他指责马克斯·玻恩, 因为玻恩坚持认为概率论的解释已被广泛接受. 薛定谔则认为, 除他自己以外, 爱因斯坦、普朗克、德布罗意以及其他许多人都不同意概率论的解释. 他写道: "你知道吗, 马克斯, 我非常喜欢你, 任何事情都不能改变我对你的爱戴: 但是, 我应当严正警告你 ……"

在这里最令人惊奇的是, 波函数本身是完全确定的. 如果在某个时刻给定该系统的波函数以及作用于该系统的力, 则借助于薛定谔方程可以求出这个波函数在此后任何时刻的准确形式. 事情原来是这样的: 根据量子力学的理论含有一切可能信息的波函数, 并不能充分地向我们提供我们习惯地期待的那些信息. 结果使我们以为, 我们不能实现周密的计划, 而只能靠碰运气. 但是我们知道, 理论的数学结构 (即假设与定理之间或者各条定理之间的相互关系) 往往是该理论最重要的因素. 常常有这样的情况: 对某一理论的假设虽然改变了, 但理论的关系式的结构仍保持不变, 理论与事实的一致性仍保持不变. 例如, 近二百年来, 对于牛顿力学的解释已经发生了重大变化, 而牛顿理论中的关系式 (例如, 引力与椭圆轨道诸参量之间的关系式) 的结构却依然如故.

§40.3　其他可能的解释

或许将来会找到不同于概率论的其他解释. 例如, 曾提出过这种设想: 电子具有某种我们还不知道的内部结构, 因此就像统计力学的情况那样, 在量子力学中也将引入一些描述这个结构的变量, 并不得不认为, 这些变量的分布具有偶然性质. 为了把这一点说得更明白点, 我们再回到电子通过障碍物的情况: 电子有时候能够通过障碍物, 有时候则不能. 我们约定, 电子具有某种我们还不知道的内部结构, 因此, 就以我们贫乏的想象力, 用箭头来表示它吧 (图 40.12).

我们假定, 如果箭头向上, 就表示电子能够通过障碍物. 如果箭头向下, 则表示电子将被反射. 其次, 我们讨论的出发点是, 我们并不知道箭头的方向. (我们谦逊地承认, 存在着我们尚不认识的事物.) 波函数仅仅是我们尚不认识的事物的掩盖物, 因为我们并不确切地知道箭头的方向, 而是用统计观念来代

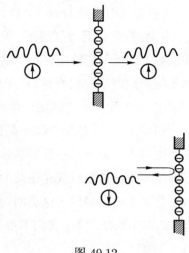

图 40.12

替它. 这就像在统计力学中我们不可能准确知道 10^{23} 个粒子的位置和它们的动量, 而是用系统的平均行为这样的统计概念来代替. 换句话说, 量子力学给出的是统计概念, 这仅仅是因为这个理论是不完全的. 只有找到了表征粒子内部结构的 "箭头" 的方向以后, 它才是完整的.

必须指出, 至今谁也没有能够把这样的理论完成. 关于存在 "箭头" 的设想导致了其他的困难, 这些困难与内部结构的局域化效应等有关. 尽管如此, 我们还不能事先就加以否定说, 这种理论或别的什么理论不可能最终建立起来, 以代替概率论的解释. 现在我们只能够说, 这样的理论暂时还没有, 而统计解释是很有用的和很有成效的. 目前还没有任何实验数据迫使我们一定要去为概率论的说法寻求更进一步的解释.

值得不值得去寻求关于某个现象的更 "深入" 的解释, 有时候是很难说的. 例如, 麦克斯韦曾试图用力学模型 (齿轮等) 来解释电磁场, 这个尝试未必是有益的. 问题在于, 力学的解释并不比场概念本身更基本一些. 其结果是, 随着时间的推移, 场的概念日益成为主要的, 而力学的解释变成次要的或者完全退出了历史舞台.

而另一方面, 气体动力学是一个出色的例子, 在这里, 力学的解释是卓有成效的. 在这个理论中并不把温度、体积和压力看成是初始概念, 而是引进一个假设, 根据这个假设, 气体是由具有质量的力学客体, 即刚体小球组成的. 对这些小球应用牛顿的运动定律, 我们就能得到温度、压力和熵这样一些量, 并导出它们之间的关系; 而这些关系是与实验很好符合的. 有了能证实原子存在的独立的数据, 我们达到了使理论前后一致的目的, 这是当我们把热和温度看作初始概念时未能达到的. 而由于我们一贯倾向于使用最少的概念来建立世界的模式, 因此应当承认, 气体动力学在这类尝试中是极为成功的.

现在还难说, 引入某些更深入的概念来解释波函数的尝试是否有益, 或者这种尝试完全是多余的, 而应当把波函数看成是主要的概念, 比我们所建议的任何解释更为基本的概念. 甚至是否值得提出这类问题也还不清楚. 如果将来 (在关于存在粒子内部结构的事实的压力下) 我们不得不改变量子力学的结构的话, 那么新的解释必将 "自动" 出现.

关于因果关系的经典原则的一条原理是 "同样的原因引起同样的后果". 如果全部原因都是已知的, 并且都相同, 则它们的效应也应当是一样的. 看来在量子力学中这一原理不成立. 我们来考察向障碍物方向运动的一个电子 (图 40.13). 对于经典情况, 电子要么通过障碍物而进入探测器 1, 要么从障碍物反射回来而进入探测器 2. 如果给出了电子的起始能量, 我们总是能够预言, 这两个事件中哪一个将会发生.

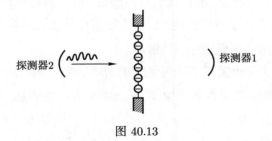

图 40.13

正如我们已经看到的, 在量子力学中只能计算出进入探测器 1 和 2 的概率. 这就是说, 如果给定了所有的原因 ($t = 0$ 时电子的波函数形式和障碍物作用于电子的力), 则得出的效果并不总是一样

的. 这样的说法是很吸引人的: 并不是全部原因都是已知的. 也就
是说, 波函数没有包含全部信息, 除了波函数之外, 还有描述内部
结构的变量. 但是关于这些未知的原因我们一点也不知道. 如果现
在假定, 我们能感知的所有原因都是已知的, 那么我们将不得不同
意下述观点: 从量子力学的观点看来, 同样的原因会引起不同的效
果 (图 40.14).

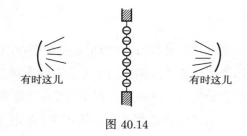

图 40.14

微观事件 (电子进入探测器) 可以通过各种方式加以放大, 以
获得可观察的宏观效应. 例如, 进入探测器 1 的电子将接通一个装
置, 这个装置将把笼子里的猫打死; 而进入探测器 2 的电子则把上
述装置关掉. 如果现在我们朝笼子里看, 则里面要么是只活猫, 要
么是只死猫, 而这是一个宏观事件 (这个猫的例子有的说是克莱因
说的, 有的说是薛定谔说的).

虽然这个事件是宏观的, 但很难说它是常见的. 如果事情果真
是这样的话, 我们未必能这么轻易地就同意 "同样的原因引起同样
的后果" 的主张. 上面所说的情况是一个明显的例子, 它说明, "同
样的原因引起同样的后果" 这样的主张, 与其说是反映了自然界中
现象固有的性质, 还不如说是为了使我们关于世界的认识更为条
理化而达成的妥协[1].

---

[1]马列主义的认识论认为, 我们的认识具有客观性质, 它是由自然现象本身的性质所决定的.——校
者注

参考文献

[1] *Goldberg A.*, *Schey H. M.*, *Schwartz J. L.*, American Journal of Physics. 35, March 1967.

[2] *Born Max*, Atomic Physics, 7th ed., Hefner, New York, 1962, Ch. IV.

思考题与习题

1. 当电子一个一个地通过狭缝时, 可以形成衍射图样. 这是什么意思?

2. 有哪些实验结果可以表明波函数的平方表示物质在空间的分布密度?

3. 设电子被禁锢于长度为 l 的一维容器中. 当电子处于第一激发态 ($n = 2$) 和第二激发态 ($n = 3$) 时, 波函数的最小值在哪儿? 电子的最概然位置在哪儿?

4. 赌场中每天遇到的问题之一是, 要使轮盘赌博用的轮子处于一种平衡状态, 使得小球落到 37 个数中任一数字上的概率等于 1/37. 试问, 量子物理学的知识对解决上述问题能提供什么帮助?

第 41 章　关于量子力学观点的内部一致性

§41.1　量子在什么地方？

您喜欢听奇闻吗？现在您就能听到许多. 把与粒子有关的波解释成概率密度, 这就导致了一些非同寻常、十分古怪的结果, 它使我们的理智受到震惊, 甚至使我们怀疑自己的眼睛和耳朵. 我们的震惊仅仅是由于对我们所期待的事情感到失望吗？而我们所期待的又是什么呢？经典的运动理论成功地描述了潮汐现象和行星的运行, 但当我们将它推广应用到距离约为 10^{-8} cm, 质量约为 10^{-27} g 范围内的现象时, 它竟然显得完全无能为力了. 这时粒子表现出明显的波动性质, 而概率论的解释所给出的结果, 完全不同于我们在日常生活中已经习惯的现实.

最令人惊异的, 也是争论最热烈的大概是关于我们对于某些事物的知识的局限性问题, 而这些事物从经典理论看来总是完全可以彻底认识的.

经典理论对运动的描述包含了一个未经宣布的假设, 即那些构成我们这个世界的微粒元, 这些理想化了的台球 —— 刚体的, 有质量的和不可分割的 (至于它们是光滑的还是粗糙的, 是黄色的还是天蓝色对我们都无关紧要) —— 都在空间占有确定的位置. 在任意时刻都可以说出它们的位置、运动速度和在这之前所经过的道路. 经典物理学的基本任务就是, 在作用于粒子的力是已知的情况下, 确定粒子的轨道 (图 41.1).

设有一个禁锢在两壁之间的经典粒子, 它的质量为 m, 速度为 v, 并且没有力作用于它. 此粒子将按惯性定律沿直线作匀速运动直至与壁相撞. 碰撞后它被反弹回来 (弹性反射), 并以同样的速度向相反方向运动. 此粒子的位置随

时都可以确定 (图 41.2).

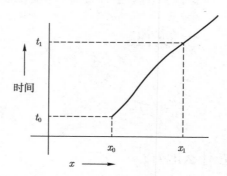

图 41.1　在时刻 t_0 经典粒子位于点 x_0. 在稍后的时刻 t_1 它位于点 x_1. 粒子以某一确定速度运动, 走过两点间的确定的轨道

图 41.2

　　在量子力学中, 同样一个质量为 m 的粒子, 如果它的速度是给定的, 它将与一个周期性的波联系在一起. 这个波的最大值将在沿连接容器两壁的直线上重复出现多次, 两个最大值之间相距为

$$\lambda = \frac{h}{mv} \tag{41.1}$$

(图 41.3). 假如我们现在问, 量子粒子位于什么地方? 则我们将得到下述回答: 它位于两壁间某一点上的概率取决于波函数的平方. 在图 41.3 所示的例子中, 概率的最大值和最小值是从这一壁到另一壁周期性地重复的. 现在我们不一

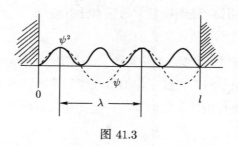

图 41.3

定能肯定, 在时刻 t_0 时粒子位于点 x_0, 或在时刻 t_1 时粒子位于 x_1, 等等. 如果粒子的动量是给定的, 则它的波函数的特点是: 与它相联系的粒子在任意时刻可以以相同的概率位于空间的某几个点上. 我们可以肯定地说粒子的动量等于 mv, 但却不能够说, 粒子真的是从一个点向另一个点运动. 从经典物理学的角度看来, 这样的情景是很奇怪的. 当我们玩台球的时候, 如果台球的刚性如何, 它的质量多大我们都不管, 那么唯一的、绝对明显的事实是, 在任何时刻台球都应当位于球桌上某一个确定的位置. 我们可以目睹台球的轨道, 并不时为高超的击球技艺所倾倒.

　　上面所引用的例子并不意味着, 量子粒子根本不可能在某个体积内局域化 (这样的看法比前面所说的更显得离奇了). 假如与粒子相联系的波函数被局限在某一体积内 (例如, 如图 41.4 和图 41.5 所示), 则也可以认为粒子是局域化了的.

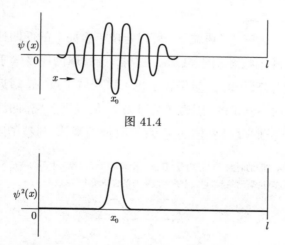

图 41.4

图 41.5　在时刻 t_0 波函数的平方几乎完全局域于 x_0. 因而, 粒子位于该点的概率接近于 1 (可靠事件), 而在任何别的点发现该粒子的概率实际上等于零

　　一个量子粒子被局域于点 x_0 附近, 它的动量可由德布罗意公式确定

$$p = \frac{h}{\lambda} \tag{41.2}$$

但这个波函数的波长等于多少? 显然, 它不可能只用某一个波长来描述. 唯一的只具有一个波长的波函数是周期函数, 它在容器两壁间的连线上重复. 图 41.4 和图 41.5 所示的波函数可以用许多个具有不同波长的周期函数之和的形式来表示[①]. 因此, 为了找出这些粒子的动量, 必须将局域化的波函数分解成不同的周期函数, 而该局域化了的波函数就是由这些周期函数构成的[②].

如果电子 (或量子) 的位置严格地局域在 x_0, 此时电子 (或量子) 应当有哪些动量和哪些波长呢? 对这个问题的回答是: 它的波函数乃是具有一切可能波长的波的和. 所以, 对于局域于一个点上的粒子来说, 与它相应的波函数是由包括所有波长 —— 从最长的到最短的 —— 的周期波之和构成的. 从量子力学的观点看, 这意味着, 局域于一个点上的粒子的动量, 可以以相同的概率取从零到无穷大的任意数值.

一个金属球 (经典粒子) 可以定位于桌面上的低凹处, 它在那里将处于静止状态 (图 41.7a). 这样, 金属球的速度等于零, 它在空间的位置是已知的. 量子粒子也可以局域于点 x_0 附近, 但它慢慢地将变成不确定的, 因为在某时刻 t_0 局域于点 x_0 的波函数 (图 41.7b) 会逐渐弥散 (弥散的速度, 除其他因素外, 与粒子质量有关),

---

①在第 17 章中研究波的时候已经指出过, 任意一个波都可以用若干个不同波长的周期波之和的形式来表示. 这个结论与量子理论毫无关系, 它完全是由波本身的性质所决定的 (图 41.6).

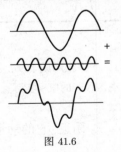

图 41.6

②薛定谔方程的任意一个解都可以表示成其他几个解之和的形式, 这里就利用了这一点. 任何一个周期函数都是薛定谔方程的解. 因而, 用不同的周期波相加, 可以得到局域波形式的解. 但每一个周期波都有自己相应的动量值, 每个局域波不是对应于一个, 而是对应于许多个动量值.

而经过某个不太长的时间之后, 波函数就不再是局域化的了 (图 41.7c). 波函数的这种弥散怎么也不能看作经典意义上的粒子的运动 (经典粒子不但应当定位于某一点, 并且应当以确定的速度往确定的方向运动). 弥散的原因与色散有关, 对于粒子来说, 真空本身就是一种色散介质[①]. 在色散介质中, 不同波长的波以不同的速度传播, 因为量子的速度与波长有关:

$$\lambda = \frac{h}{mv} \tag{41.1}$$

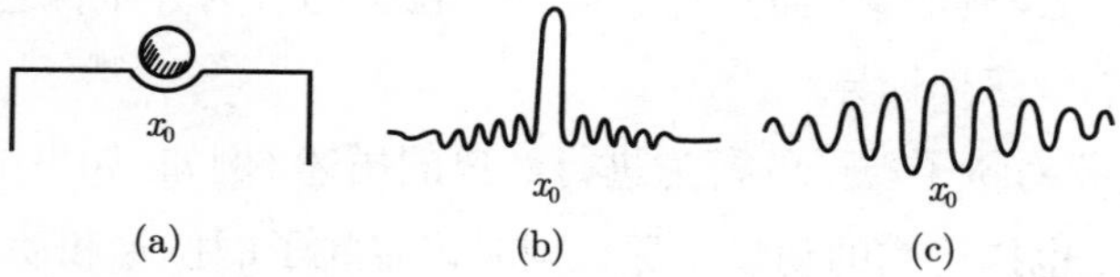

(a)   (b)   (c)

图 41.7

经典粒子具有的一种性能是: 它在空间占有确定的位置的同时又可以具有确定的速度. 而量子粒子虽然也具有微粒的不连续性质, 但它却不能像经典粒子那样同时兼有确定的位置和确定的速度. 这是从量子理论中引申出来的最使人惊异的结论. 有时候这一思想也可以表达成这样: 不可能同时测量出量子粒子的位置和速度. 以后我们将看到, 事情果真是这样的. 但是一般来说, 不可能进行这样的测量这一事实, 还不足以论证粒子不可能同时具有确定的位置和确定的速度. 或者表达得更确切些, 不可能同时测出这两个量并不意味着应当否定建立这样一种理论的尝试, 在这种理论中量子粒子可以同时具有确定的位置和速度. 问题要复杂得多. 正像我们已看到的那样, 我们关于波函数的解释不容许用它来同时描述 (在经典意义上) 粒子的位置和动量. 如果我们试图在给定粒子动量的情况下确定波函数, 则与这个波函数相联系的粒子在空间便没有确定的位置. 如果我们试图在空间的位置确定的情况下确定波函数, 则相应的粒子便没有确定的动量. 所以, 一个从量子力学的观点看包含

[①]提醒一下, 普通玻璃就是光的一种色散介质. 玻璃的折射系数对红光和蓝光是不一样的; 所以玻璃棱镜可以将白色光分散成不同颜色的单色光.

全部可能的信息的客体是不能同时具有这两个经典性质的.

§41.2　海森伯的测不准原理

虽然这个原理看上去是够古怪的, 但实质上它却极简单. 在量子理论中客体的位置由相应的波函数的振幅的平方来描述, 而它的动量值则由波长描述. 这个原理不是什么别的东西, 它仅仅反映了波的一个典型性质: 在空间局域化的波不可能只有一个波长. 我们之所以感到困惑莫解, 是因为, 我们一谈到粒子就想起它的经典形象, 而一旦发现量子粒子的行为并不像它的前辈——经典粒子, 我们就感到惊异.

如果一定要对量子粒子的行为进行经典的描述 (例如, 如果试图既描述量子粒子的位置, 也描述它的动量), 那么同时确定粒子的位置和动量时, 这两个量的最大可能准确度之间有着惊人的简单关系. 这个关系式首先是由海森伯提出的, 它称为测不准原理:

$$\Delta p \cdot \Delta x \approx h \tag{41.3}$$

这里 Δp 和 Δx——动量和位置的不准确度或不确定度. 动量的不确定度和位置的不确定度的乘积在数值上近似等于普朗克常量. 与经典理论不同, 在量子理论中不可能在使粒子局域化 ($\Delta x = 0$) 的同时, 赋予粒子确定的动量 ($\Delta p = 0$). 因此, 这种粒子不可能具有经典粒子那样的轨道, 我们讲的绝不是心理上的不确定性. 这个不确定性表征了这种客体的性质, 它不可能同时具有两种性质——位置和动量. 这种客体的性质有点使人想起大自然中的风暴的情况: 如果风暴延伸的距离很大, 则只能刮弱风; 而如果风暴集中在一个不大的区域内, 就会产生飓风和台风.

测不准原理以惊人的简单形式包含了薛定谔波很难表达的内容. 假设有一个波函数, 它的波长或者动量是给定的, 则它的位置是完全不确定的, 因为粒子位于空间不同点的概率彼此都相同. 另一方面, 如果粒子是完全局域化的, 它的波函数应当由一切可能的周期波之和组成, 因此它的波长或动量是绝对不确定的. 海森伯的测不准原理[①] 以简单的形式给出了位置和动量的不确定度之间的确切关系 (这种关系可直接由波动理论得到, 它与量子力学并没有特别的联系, 因为它表征了任何一种波 —— 声波, 水面波或沿绷紧的弹簧传播的波 —— 的性质).

回忆一下我们以前考察过的粒子, 它在相距为 l 的两壁之间作一维运动. 这个粒子的位置的不确定度不会超过两壁间的距离, 因为我们知道, 它是被禁锢在两壁之间的. 因此, 量 Δx 等于或小于 l:

$$\Delta x \leqslant l \tag{41.4}$$

当然, 粒子的位置也可以局域于更窄的范围内. 但如果已经给定, 粒子就禁锢在两壁之间, 那它的坐标 x 不可能超出两壁间距离的范围. 因而, 粒子坐标 x 的不确定度也就不可能超出量 l. 此时粒子动量的不确定度大于或等于 h/l:

$$\Delta p \gtrsim \frac{h}{l} \tag{41.5}$$

动量与速度间的关系为

$$p = mv \tag{41.6}$$

因而, 速度的不确定度

$$\Delta v = \frac{\Delta p}{m} \gtrsim \frac{h}{ml} \tag{41.7}$$

如果粒子是个电子, 两壁间距离等于 10^{-8} cm, 则

$$\Delta v \gtrsim 7 \times 10^8 \text{ cm/s} \tag{41.8}$$

因此, 如果有一个具有电子质量的粒子被局域于 10^{-8} cm 的范围内, 则它的速度的不确定度将大于 7×10^8 cm/s.

　　[①] 如果把局域于空间确定区域的波函数与一个量子相联系, 并问这个量子应当具有怎样的动量值, 我们的回答是, 由于在薛定谔理论中动量和波长间的关系为 $p = h/\lambda$, 并由于局域化的波具有不止一个波长, 它是由一系列不同波长的波组成的, 因而与这个量子相联系的不只是一个动量值, 而是一系列动量值, 它们相应于组成该局域化波的各个周期波的不同波长. 动量值的离散 Δp (它可从波动理论导出) 由测不准原理确定.

利用以前得出的结果, 可以求出禁锢于两壁之间的粒子的薛定谔波的测不准关系式. 这个系统的基态相应于动量为 p 和 $-p$ 的两个解的和 (这两个解所占份额相同). (在经典情况下, 电子从一个壁向另一壁运动, 此时它的动量值不变, 只是每次与壁相撞后改变了方向.) 因为动量从 p 变成 $-p$, 它的不确定度等于

$$\overset{p}{\rightarrow} - \overset{-p}{\longleftarrow} = 2p \text{ (数值)}$$

或

$$\Delta p = 2p \tag{41.9}$$

从德布罗意关系式

$$p = \frac{h}{\lambda} \tag{41.2}$$

和对基态的关系式

$$\lambda = 2l \tag{41.10}$$

得出

$$\Delta p = 2p = \frac{2h}{\lambda} = \frac{h}{l} \tag{41.11}$$

而同时有

$$\Delta x = l \tag{41.12}$$

由此

$$\Delta p \cdot \Delta x = \frac{h}{l} \cdot l = h \tag{41.13}$$

量子系统可能具有的最小能量值, 也可利用上面的结果来估计. 由于系统的动量是个不确定的量, 一般来说它的能量不等于零, 这是量子系统与经典系

统根本不同之处. 在经典情况下, 我们所考察的粒子的能量是与它的动能一致的. 当粒子静止时, 这个能量等于零, $E = 0$. 如前所述, 对于量子系统, 由系统内粒子动量的不确定度得出

$$\Delta p \approx \frac{h}{\Delta x} \approx \frac{h}{l} \tag{41.14}$$

这个粒子的动量不可能精确确定, 因为它可以取宽度为 h/l 的范围内的一切可能值. 显然, 如果取这个区间的中点为零 (图 41.8), 则动量值将在零到 $\pm h/2l$ 的范围内变化. 因而, 根据测不准原理, 粒子可能具有的最小动量值为

$$p = \frac{h}{2l} \tag{41.15}$$

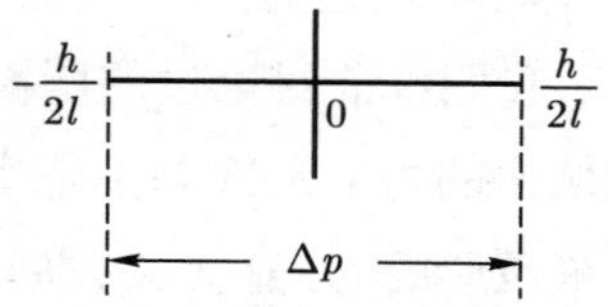

图 41.8

若动量值再小于该值, 就违反测不准原理了. 相应于这个动量值的能量为

$$E = \frac{p^2}{2m} = \frac{1}{2m}\frac{h^2}{4l^2} \tag{41.16}$$

选择容器两壁间的相应的驻波, 利用薛定谔方程也可以计算出最小能量值, 它等于

$$E_0 = \frac{1}{2m}\frac{h^2}{4l^2} \tag{41.17}$$

这两个结果是一样的.

上述结果的意义不仅在于用不同的方法所获得的结果在数值上是一致的, 并且在于: 仅仅利用测不准原理, 就能够粗略估算出最小能量值. 此外, 从这里我们还可以了解到, 为什么量子力学系统的最小动能值始终不等于零 (这有别于经典系统). 相应的、禁锢在两壁间的经典粒子, 当它静止时, 它的动能为零. 而对于量子粒子来说, 即使它被限定在两壁之间, 它也不可能是静止

的. 它的动量或者速度显然是不确定的, 这表现在量子粒子局域化后, 它的能量的增长上, 这个增值与严格求解薛定谔方程所得出的数值是一致的.

这是一个具有相当普遍性的结论, 它在量子统计力学 (相当于经典动力学理论) 中可以引导出一些特别重要的结果. 大家都知道, 动力学理论认为, 一个系统的温度由组成这个系统的原子的内部运动所决定. 如果量子系统的温度比较高, 那么果然有某种与此很相似的现象存在; 但是当温度很低时, 量子系统不可能是绝对静止的. 最低温度相应于系统的可能状态中最低的一个状态. 此时, 对于经典情况, 所有粒子都处于静止状态, 而在量子系统中, 粒子不是静止的, 它的能量由式 (41.17) 所决定.

上面所讲的情况可能给人一种印象, 即我们对禁锢于两壁之间的电子特别重视. 我们对电子讲得比较多, 这是完全可以理解的. 而为什么对容器的两壁也如此呢? 如果分析一下我们以前讨论过的所有情况就不难看出, 把电子约束在空间的一个有限区域内的力的形式并不是主要的, 不论这种力是依靠容器的壁或者是什么别的东西形成的, 这无关大局. 两个壁, 中心点的某种力或者其他障碍物都导致差不多同样的结果 (图 41.9). 约束电子的实际系统具有什么形式并不十分重要. 更重要的是, 电子是受约束的, 即它的波函数是局域化的. 其结果是, 这样的函数可以表示成许多周期波之和, 而且它的动量变成不确定的, 并有

$$\Delta p \cdot \Delta x \approx h \qquad (41.18)$$

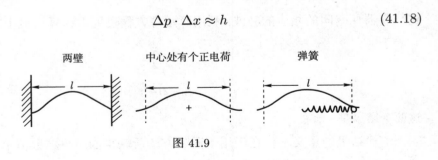

图 41.9

现在利用测不准原理来分析一个典型的波现象, 即波通过一个小孔后的展宽 (图 41.10). 我们已经用几何的方法 (即计算波峰与波谷相交的位置) 分析过这个现象. 现在得到的结果同它很相

似, 这没有什么特别奇怪的地方. 这仅仅是用不同的语言去描述同一个理论模型的结果. 令电子从左向右运动, 它穿过小孔而落到屏上. 我们感兴趣的是在 x 方向 (垂直于运动方向) 上电子的位置和速度的不确定度 (测不准关系式对三个方向中的每一个都独立成立: $\Delta x \cdot \Delta p_x \approx h$, $\Delta y \cdot \Delta p_y \approx h$, $\cdots$).

狭缝的宽度用 Δx 表示; 当电子穿过小孔向屏飞去时, 这个量是确定电子在 x 方向上的位置的最大误差. 从这里我们可以确定在 x 方向上动量或速度的不确定度:

$$\Delta p_x = m \cdot \Delta v_x \approx \frac{h}{\Delta x}, \quad \Delta v_x \approx \frac{h}{m\Delta x} \tag{41.19}$$

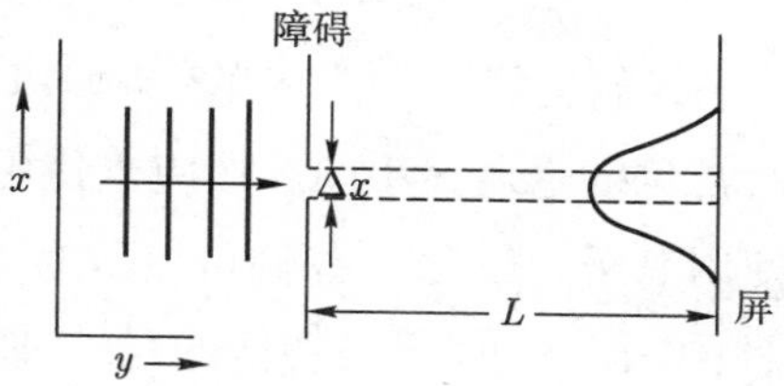

图 41.10

因而, 如果我们假定, 电子是通过宽度为 Δx 的小孔而达到屏的, 那我们就应当承认, 此时电子的速度在量

$$\Delta v_x \approx \frac{h}{m \cdot \Delta x} \tag{41.20}$$

的范围内是不确定的. 与经典粒子不同, 量子粒子穿过小孔后不可能在屏上给出清晰的图像.

假定粒子以速度 v_y 往屏的方向运动, 而屏与小孔相距 L, 则电子通过这段距离所需的时间

$$t = \frac{L}{v_y} \tag{41.21}$$

在此时间内粒子往 x 方向移动了量

$$\Delta v_x \cdot t \approx \frac{h}{m \cdot \Delta x} \cdot \frac{L}{v_y} \tag{41.22}$$

离散角取决于位移的大小与长度 L 之比:

$$离散角 \approx \frac{\Delta v_x \cdot t}{L} \approx \frac{h}{m \cdot \Delta x} \frac{1}{v_y}$$

$$= \frac{h}{m v_y} \cdot \frac{1}{\Delta x} = \frac{h}{p_y} \cdot \frac{1}{\Delta x} \tag{41.23}$$

或

$$离散角 \approx \frac{\lambda}{\Delta x} \tag{41.24}$$

因此, 离散角 (看作是到第一个衍射峰值的角距离的一半) 等于波长除以小孔的宽度, 这与我们以前对于光所得到的结果是一致的.

关于常见的宏观粒子我们又能说些什么呢? 它们属于量子粒子还是牛顿粒子? 是不是对于一般常见的普通大小的客体应当使用牛顿力学, 而对于尺寸很小的客体就应当使用量子力学呢? 我们可以认为, 一切粒子、一切物体 (包括地球) 都是量子性的. 但是, 如果当物体的尺寸和质量与通常在宏观现象中所看到的尺寸和质量可以相比较时, 那么它们的量子效应 —— 波动性质, 位置和速度的不确定度 —— 就变得非常之小, 以致在通常的条件下不可能被观察到.

作为例子, 我们来考察一种上面已经提到过的粒子. 假定这个粒子是个轴承上的滚珠, 它的质量为 $1/1000$ g (很小的金属球). 把它放在显微镜下, 我们的眼睛可以以 $1/1000$ cm 的精确度确定它的位置, 即

$$\Delta x = 10^{-3} \text{ cm} \tag{41.25}$$

因为

$$\Delta p \approx \frac{h}{\Delta x} \approx 6 \times 10^{-24} \text{ g} \cdot \text{cm/s} \tag{41.26}$$

或

$$\Delta v = \frac{\Delta p}{m} = \frac{6 \times 10^{-24}}{10^{-3}} = 6 \times 10^{-21} \text{ cm/s} \tag{41.27}$$

所以, 这种金属小球的速度的不确定度约为 6×10^{-21} cm/s.

这个例子十分明确地告诉我们, 只存在一个理论, 而不是好几个理论. 当物体具有常见规模的尺寸和质量时, 量子理论的结果与经典理论的结果非常之接近, 以致要区别这两个结果实际上是不可能的. 只有当我们在同原子规模的距离和电子大小的质量打交道时, 量子现象或物质的波动性才显示出来. 甚至当粒子的质量为 10^{-3} g, 并局限于 10^{-3} cm 的长度上时, 它的速度的不确定度也是一个非常小的量, 在一般情况下是观察不到的.

海森伯的测不准关系不仅把系统的位置和速度联系了起来, 而且也把系统的其他参数联系在一起, 而这些参数在经典理论中被认为是彼此无关的量. 最有意思和对我们最有用的关系式中的一个, 是能量的不确定度和时间的不确定度之间的联系. 通常将这种联系写成形式

$$\Delta E \cdot \Delta t \approx h \tag{41.28}$$

如果系统在很长的时间间隔内处于一种确定的状态, 那么系统的能量就可以以很高的精确度确定; 假如系统只有在很短的时间间隔内处于确定的状态, 则它的能量就成为不确定的了. 上述关系式可以正确地描述这一事实①.

在考察量子系统从一个状态跃迁到另一个状态时, 通常使用这个关系式. 例如, 某个粒子的寿命等于 10^{-8} s, 也就是说, 从这个粒子诞生到它蜕变需要经过 10^{-8} s 的时间. 此时确定这个粒子能量的最大精确度等于

$$\Delta E = \frac{h}{10^{-8}} \approx 6 \times 10^{-19} \text{ erg} \approx 4 \times 10^{-7} \text{ eV} \tag{41.29}$$

这是一个不太大的数值. 以后我们将看到, 有些所谓的**基本粒子**, 它们的寿命 (从粒子的诞生到它湮灭之间的时间) 约为 10^{-21} s. 这样, 粒子处于一种确定状态的时间间隔非常短, 它的能量的不确定度为

$$\Delta E \approx \frac{6.6 \times 10^{-27} \text{ erg} \cdot \text{s}}{10^{-21} \text{ s}} = 6.6 \times 10^{-6} \text{ erg}$$
$$\approx 4 \times 10^6 \text{ eV} \tag{41.30}$$

---

① 如果波函数保持自己的形式 (即不随时间而改变), 则可以认为这个波函数有确定的能量值. 因为假如它不随时间变化, 即系统维持原样: 在这个意义上可以认为 Δt 是无限大的量, 而 $\Delta E = 0$. 如若波函数随时间而变, 则根据测不准原理, 它相应于一组不同的能量值.

4×10^6 eV 这是个很大的量; 以后我们将看到, 这就是为什么不能对这些基本粒子用确切的能量值来描述, 而是要用一个范围相当宽的能谱来描述. 这些基本粒子有时候称作共振态.

从关系式 (41.28) 还可以得到量子系统能级的所谓自然宽度. 例如, 如果原子从能级 1 跃迁到能级 2 (图 41.11), 则能级 1 不能认为是确定的, 因为原子只是在有限的时间间隔内处于这个能级. 典型的量子系统的能级的寿命约 10^{-9} s. 此时这个能级的能量值的离散由下面的表达式确定:

$$
\begin{aligned}
\Delta E &\approx \frac{h}{\Delta t} \approx \frac{6.6 \times 10^{-27} \text{ erg} \cdot \text{s}}{10^{-9} \text{ s}} \\
&= 6.6 \times 10^{-18} \text{ erg} \approx 4 \times 10^{-6} \text{ eV}
\end{aligned} \tag{41.31}
$$

这就是原子系统能级的典型自然宽度.

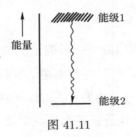

图 41.11

§41.3　海森伯的臆想实验

发展中的量子理论遭到了很多人的反对. 二十世纪的整个二十年代向量子理论的缔造者们提出了一大堆棘手的问题. 现将所有这些问题的要点叙述如下. 在量子理论中, 每一个粒子 (比如说, 电子) 都伴随一个确定的波. 而且, 不可能同时确定粒子的位置和动量. 这种理论可能是前后一致的, 但不可能是完全的. 举例来说, 设想我们有个电子, 它的行为可以用波长为 λ 的周期波来描述, 即电子的动量是给定的 (图 41.12). 现在假设我们 "小心翼翼地" 用一束光照射这个波, 来研究它的行为. 这样, 经过一段时间以后, 我们观察到了从某个地点反射回来的光, 那时电子 "真的" 处于这个地点. 这样, 我们成功地确定了 "现实" 电子的 "确实" 的位置, 这个电子具有确定的动量, 因为它是与有

确定波长 λ 的波相联系的. 换句话说, 对于 "现实" 电子, 不存在任何的不确定度. 因而, 不能认为量子理论是完全的, 因为它没有给出对 "现实" 电子行为的完整的描述. 或许, 这个理论能成功地描述某些现象, 但确实有一些现象 (例如同时给出电子的位置和动量) 它没有能力描述.

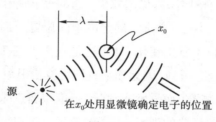

在 x_0 处用显微镜确定电子的位置

图 41.12

上述这些见解实质上都是以笛卡儿或者牛顿关于粒子的概念为出发点的, 即把粒子看成是不连续的, 具有原则上可观察到的、确定轨道的粒子. 由于我们可以观察粒子沿确定轨道的运动, 而量子理论只讲波长而不承认有这种轨道存在; 或者当讲到粒子的位置时, 又否定有确定的动量存在, 所以这种理论在最好的情况下也只能给出对所观察的现象的部分描述. 就好比是这么一个理论, 从它可以推导出行星轨道的平均半径和它的周期, 但它得不出行星围绕太阳运转时在不同时刻的位置 (比如说, 由于行星运动时量子效应显著). 这一理论虽然给出了某种关系式 (例如, 开普勒第三定律), 但却不能描述出行星的椭圆轨道, 因而也不能去证实第谷·布拉赫和其他天文学家获得的实验数据. 关于这样的理论, 我们只能说, 它仅是部分地成功的, 它仅包含了必需的关系式中的一部分, 而不能够描述像可以观察到的行星按确定的轨道运动这样的重要现象.

为了回答所有这些问题, 海森伯提出了他的著名的臆想实验. 他想用这些实验证明, 上面所描述的确定 "现实" 电子的位置的过程, 在我们这个世界上是不可能的. 这些实验 (别看它们很简单, 但是相当诡谲) 是一些构造的例子, 人们通常利用它们来证实某种现象是不可能的. 当人们向我们证明, 制造永动机是不可能的时候, 我们通常会有一种失望的感觉. 每当人们向我们演示某种结构的缺陷时, 我们从内心希望, 下一个装置或许能够成功.

　　海森伯的论证的实质在于使我们确认, 用我们实际可行的方式不可能同时测出粒子的位置和动量. 上面所描述的、经典观点的拥护者们所建议的实验实际上是实现不了的, 因为我们的世界就是这样构成的. 如果这样的实验可能实现的话, 那就不能认为量子理论是对我们世界的客观描述. 现在我们来分析这个实验, 并指出 (按照海森伯的意见) 它的毛病所在. 在实施这个实验时曾经假设, 可以如此 "小心翼翼地" 确定电子的位置, 使得电子在这种情况下不被扰动, 它的动量也不发生变化. 如果这是一个麦克斯韦、杨氏或菲涅耳的经典光波的话, 这完全办得到. 因为如果我们用波长很短 (例如蓝光或紫外光, 此时应具备相应的探测器) 而强度非常弱 (强度很弱意味着波的振幅很小) 的光去照射电子, 则依照经典的观点, 电子的位置可以定得很准, 因为光的波长特别短. 而由于波的振幅很小, 在这种情况下电子实际上将不会被扰动. 就好像水面上一个刚能觉察出的涟漪撞到飘浮的软木塞上, 软木塞不会被扰动一样. 而如果这涟漪具有很短的波长, 则电子的位置可以相当准确地找到.

　　海森伯认为, 如果相信爱因斯坦和普朗克是正确的, 那么正是上面所说的这一点是不可能实现的. 为了尽可能准确地确定电子的位置, 我们希望使用的光的波长愈短愈好, 因而此时传递给电子的能量也愈多. 如果光子仅仅是与电子相碰撞并反射回来的话, 那么我们能够很准确地确定电子的位置. 但是, 碰撞时光子会把能量传递给电子; 我们要想尽可能准确地确定电子的位置, 就要选择波长尽可能短的光, 因而光子的动量也愈大, 传递给电子的动量也愈大; 我们愈想要准确地确定反射光子的位置, 则我们测得的光子传递给电子的动量值的误差也愈大. 所以, 海森伯说, 在经典情况下, 我们可以非常准确地测量电子的位置, 而此时电子实际上感觉不出这种测量. 与经典情况不同, 在量子理论中, 使用光波精确测量电子的位置会使得电子的动量变得不确定, 也就是说, 使电子的行为变得不能用波长为 λ 的周期波来描述.

　　现在我们来讨论一下, 在这样的过程中与电子相联系的波发生了什么事情. 假若开始时电子的波函数是一个周期波, 那么这个波就不是局域化的 (图 41.13a). 如果现在想 (譬如说用光子) "发现"它, 那么在大多数情况下, 光子通过而不与这个波相互作用. 结果,

我们什么也得不到. 而为了确定电子的位置, 光子与电子的相互作
用就要足够强, 这时电子的波函数由于这种相互作用而发生变化,
譬如说变成了图 41.13b 所示的形式. 波函数现在成为局域化的了,
但它已经没有确定的波长 (或动量). 这一点也不奇怪. 相互作用前
电子的波函数具有确定的波长, 但不是局域化的. 相互作用后它成
为局域化的了, 但不再具有确定的波长. 在存在相互作用的情况下,
电子的波函数的行为随时间而变化, 这是非常自然的. 海森伯就是
力图表明, 要使用别的客体 (例如光子), 在不改变电子波函数的情
况下来确定电子的位置是不可能的. 而这确实是不可能做到的, 因
为光子本身也是量子客体. 为了 "确定电子的位置", 光子必须与电
子相作用 (否则它不反射而直接通过了). 但是, 一旦与电子相作用,
光子也就改变了电子的波函数.

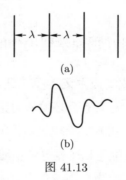

图 41.13

当然, 如果这种仪器不行, 我们总是想用别的仪器试试. 海森伯和另外一
些人深入研究了一系列想象中的仪器, 但是他们发现, 所有这些仪器都不合
适. 在所有这些臆想实验中都有某些捉摸不透的东西. 好像再作出一定的努
力, 一切就会好了; 但是当科学家们作出了这样的努力以后, 一切又都是徒劳
的. 倘若在我们所生活的世界上, 真的有这样一种经典的波, 可以用来确定电
子的位置, 而绝对不扰动电子, 那么就不能认为量子理论是个完整的理论. 但
是迄今为止我们还不知道有这样的经典波. 具体地说, 把光用于这个目的是最
合乎情理的了, 可是光也已显示出它的微粒性. 正是对辐射与物质相互作用的

分析成了量子理论的开端. 因此, 如果只考虑我们这个世界上现实存在的那些客体, 那么 (即使是在想象中) 同时测出位置和速度是不可能的, 因为光微粒、电子、以及其他一切粒子都具有基本的量子特性. 当我们试图利用一个量子客体去确定另一个量子客体的位置时, 第二个客体的量子特性之一就变成完全不可能控制的了. 为了把粒子的位置测得很准确, 我们不得不利用具有特别短的波长的另一个粒子, 而该粒子在测量过程中将明显地改变第一个粒子的动量. 考虑了所有这些臆想的实验之后, 海森伯指出, 在现有的量子理论范围内, 测量位置和动量的最大可能精确度由他的测不准原理决定.

因此, 海森伯得出结论, 拥护经典观点的人们所申述的那些现象实际上是不可能存在的. 不可能观察到围绕质子运动的电子的 "真实" 轨道, 我们不可能像观察台球的运动那样, 去跟踪电子的飞行. 既然不可能同时观察粒子的轨迹和速度, 那么在物理学理论中也就不必包括这种观察的可能性.

§41.4　不可观察的量在物理学理论中的作用

量子力学的创立时期正值实证主义盛行时期. 实证主义者坚持, 只有能观察到的量才可以使用. 所以, 关于是否必须从讨论中排除一切不可观察的量, 争论得很激烈, 而量子物理学就成了无数次辩论的题目. 譬如说, 既然电子轨道是不可能观察到的, 粒子的位置和速度也是不能同时被观察到的量, 那么在实证主义者看来, 这些量也不应当在理论中出现. 但是, 在包括量子理论在内的任意一个物理理论中, 只有一部分的量才是可以直接观察到的. 假若我们把物理理论比喻为一座庙宇, 那么可以这样讲, 只有它的正面才相应于现实所观察到的世界, 而理论的内部结构好像是各式各样的圆柱、拱门等, 并不在我们的视线之内, 它们是不能直接观察到的. 在牛顿理论中, 第一和第二定律可以看成是一些协议. 可以与实验相比较的只是那些理论体系和定理, 它们远非起始的假设. 例如, 行星沿椭圆轨道的运动就是与距离的平方成反比的定理起作用的结果等. 在气体动力学理论中, 称之为分子的那些有质量的刚体粒子的性质对实验来说是无关紧要的, 它们的性质是否类似于现实原子的性质我们并不关心: 而动力学理论依然给出了像气体的温度、压力和体积这些概念的正确的物理学含义. 在量子理论中, 像势能 (同样还有波函数) 这样的一些量是不能直接观察到的; 在一定条件下, 可以观察到的量是波函数的平方值, 或者概率.

不一定要求在理论中只包含可直接观察的量; 更为重要的是, 理论中应包含可与实验数据进行比较的量. 当理论与实验不一致和现有理论与实验明显相抵触时 (在建立原子模型时就曾经发生过这种情况), 则最简单又自然的出路是稍微修正一下理论. 只有在事实的强大压力下, 才不得不改变理论的内部结构, 有时甚至改变它的基础, 为的是使理论的面貌重又与现实世界相一致. 正是为了弄明白原子结构而作的努力才导致了对经典动力学理论进行全面的修改.

实质上海森伯仅仅主张, 理论**不一定必须**包含那些不能被观察的参数. 它**可以**包含, 但**不是必须**包含. 例如, 像粒子的位置和速度这样一些参数, 在笛卡儿式粒子的经典理论中是必不可少的, 但在量子理论中**不一定必须**保留它们. 一个站在经典立场上的人, 当他试图在电子的薛定谔波的帘幕后面去寻找电子的时候, 他只会根据自己原来的想象去设想这个电子的形象, 因为从童年时代起就给他描绘了这种形象, 犹似一条训练有素的警犬去寻找巧克力似的. 但是一旦他从自己所习惯的形象下解脱出来并毫无成见地环顾周围的世界时, 他将发现 (至少现在我们正是这样看待事物的), 在这种波的阴影下面什么笛卡儿式的电子也没有. 那里只有波本身, 别的什么也没有.

既然我们不能观察到这种电子, 这就只能说明, 在物理理论中**完全不必**出现关于电子的概念. 我们不能禁止经典学派的物理学家去建立一种理论, 在这种理论中, 牛顿粒子甚至可以以现代许可的一切技术手段都不可能观察到的形式出现. 然而, 也不能要求, 物理理论中必定要包含牛顿粒子的概念. 我们仅仅要求理论所描述的世界, 应当与实验中观察到的世界一致. 爱因斯坦在 1905 年曾指出, 我们完全可以绕过绝对时间; 在二十世纪二十年代, 关于粒子位置和速度同时测量的问题, 科学家们也已作出了同样的声明. 在这两种情况下我们所说的都是不可能观察到的东西. 由于这些东西不可能被观察到, 它们可以不写入我们的物理理论之中. 它们事实上是否存在, 还是它们只是不可能被观察到, 我们不知道. 如果我们无论如何也要坚持说它们是存在的, 那么这种倔强性只能归咎于我们头脑中强大的习惯势力. 尽管这些不能被观察到的概念或者幽灵是我们所习惯了的, 是可爱的而又令人愉快的, 但是如果我们不能从这些概念的沉重负担下完全摆脱出来, 它们将成为我们的累赘并阻碍我们前进.

§41.5　波粒二象性

不可避免地会提出这样的问题: 光和物质究竟是什么 —— 微粒或者波? 经常把粒子与波相对立可能给上述问题增添了悖论的性质. 到了二十世纪的二十年代, 已经明显地存在着两类现象: 在一类现象中, 光和物质的行为像波, 而在另一类现象中, 它们的行为又像微粒. 由于从来就认为波和微粒是两种完全不同的客体, 那么居然存在着既具有波动性又具有微粒性的东西, 这是使人感到很奇怪的. 普遍认为这里存在着某种悖论. 有些书籍又将这种看法添枝加叶地日益加以扩散. 有些书中写道, 在一些情况下 "光是微粒", 而在另一些情况下 "光是波". 在人类的理智看来互相矛盾着的两种性质, 似乎在自然现象本身中就以某种神秘而又无法解释的方式被分开了.

从量子理论的观点看来, 光或者物质, 光子或者电子, 它们既不是波, 也不是粒子, 也不是把两者加在一起的东西. 描述这些物理现象的数学形式应当是包含波和微粒的某些性质的某种巧妙的组合. 没有谁会期望, 光会像个网球, 虽然可能是个小得多的网球; 也没有人会期望电子会是个小的高尔夫球, 或者光会像是在某种看不见的介质中的水波. 经典粒子具有明显的直观性, 因为它们是可以在宏观尺度上观察到的理想化了的客体. 我们始终把粒子看作某种形式的台球, 虽然是很小的台球. 这些粒子具有质量, 并在空间占有确定的位置, 它们可以具有一定的速度. 至于讲到波, 一般把在一根绷紧了的弹簧上的波, 或者是水面上的波看成是波的形象. 这些波具有波峰和波谷, 它们可以叠加, 可以产生干涉现象. 此外没有任何根据可以期望, 能够准确地描述我们周围宏观现象的数学方法, 也能够如此准确地描述不能直接观察到的一切自然现象 (甚至微观现象). 描述微观和亚微观现象的数学所具有的性质与描述宏观现象的数学的性质有所不同, 这种主张至少在逻辑上是站得住脚的.

这就是量子物理学直观解释的困难之一. 像波函数, 概率论的解释等都没有类似的宏观概念. 从逻辑上讲, 如果我们完成了某种发现, 为了描述这种新的发现要求引入我们日常实践中尚不知道的客体, 这是件好事情, 甚至非常之好. 例如, 我们成功地揭示了原子现象的本质, 建立了描述这些现象的理论, 虽然理论本身的形式与内容都与任意一个宏观理论不一样. 正是由于这个原因, 直观地解释量子物理学相当困难. 也正是这个原因, 造成了 "波粒二象性". 因为问题在于: 能否建立这样的客体, 它的行为时而像波, 时而又像粒子? 如果可以, 则能否把这个客体包括到一个逻辑上前后一致的理论中去? 能否对这个理论给出逻辑上前后一致并且不矛盾的解释? 量子理论包含了这样的客体 (波函数) 和这样的解释 (概率论解释). 或许这个理论看上去是够奇怪的, 但是, 如果一个质量为 10^{-27} g 的物体, 它的行为竟与行星这样的物体完全一样, 那反而是更奇怪的事情.

如果我们思考一下, 在什么意义上电子的行为像微粒, 那么我们将会发现, 只有在一种情况下电子表现出微粒特征: 它们只能以不连续的单独份额的形式被观察到. 电子的质量与电荷始终是个整体. 谁也不曾将电子劈开过, 未能将它的质量或者电荷分成两半. 当我们设想一个不连续的客体时, 最简单的方法是把它们看成, 举例来说, 是个小台球的样子, 并且在这个时候我们就往往本能地赋予这个客体以台球的其他性质. 如果我们站在牛顿的观点上, 那我们就会试图用牛顿定律来描述这个不连续客体的运动. 在建立汤姆孙、卢瑟福和玻尔原子模型时进行的正是这种推理 [1]. 当时认为, 假若电子的行为可以用微小粒子的某些性质来描述, 那么这个电子也应具有这些粒子的其他性质, 虽然这些性质并未在实验中观察到.

就这样, 描述电子行为的第一批理论尝试明显地依据了下述假设, 即电子是微观尺度上的牛顿粒子. 虽然这样的假设看上去是合理的 (我们总是从最简单的情况出发), 但是在电子这样的粒子与我们在日常生活中所看到的粒子

(例如台球) 之间仍然有着本质的差异①.

在引入了德布罗意波和玻尔关于这个波的解释之后, 电子仍然是一个不连续的客体, 它有自己的以不可分割的整体的形式出现的电荷和质量, 但它已不再遵守牛顿运动定律了. 这个客体由同它相联系的波来描述, 这个波的振幅的平方表示该客体在给定时刻位于空间的给定点上的概率. 所以, 如果电子通过一个狭缝, 那它不会有一条牛顿轨道, 而是像具有这种波长的光那样形成一个衍射图样. 但是, 单个电子到达观察屏或探测器时将在屏的确定点上引起闪光. 并且它的质量和电荷始终等于电子的质量和电荷. 而电子落到屏上的这一点或那一点的概率由波函数的平方决定, 这个波函数与光波一样, 能够散射和衍射. 只有当大量电子通过狭缝时才能在屏上产生典型的衍射图样. 所以, 如果讲到不连续性, 电子是个粒子; 而按运动的性质来说, 它是波. 量子物理学的功绩就在于它成功地创造了这样一个客体, 在这个客体中巧妙而且不矛盾地将这两种性质组合到了一起 [2].

参考文献

[1] *Tamm N. E.*, Нильс Бор и современная физика, в сб.《развитие современной физики》, изд-во《Наука》, M., 1964, стр. 7.

[2] Философская Энциклопедия, M., т., 4, 1967, стр. 287.

思考题与习题

1. 禁锢于核子内部 ($r = 10^{-12}$ cm) 电子的动量的不确定度有多大? 相应的速度的不确定度是多少?

2. 滚球游戏中使用的球的质量为 300 g. 假如位置测量的准确度为

---

① 例如, 我们就没有考虑电子应当有颜色的问题. 所谓物体的颜色我们理解为这一事实: 在日光照射下黄色的物体看上去是黄色的. 倘若我们能在日光照射下观察电子的话, 我们将发现一些偶然的相应于各种波长的光斑. 这些斑点将始终是灰色的, 我们也可以尝试建立一种理论, 它能预言, 有时是黄色、有时是绿色的电子看上去始终是灰色的. 或者我们可以断言, 赋予电子颜色是件没有意义的事情, 尽管宏观物体通常都是有颜色的. 这种想法未必是有益的: 从这里我们什么新的东西也得不到.

1/1000 cm, 试求球速的不确定度.

3. 如果普朗克常量 h 等于 1 erg·s, 上题中球速的不确定度为多大?

4. 实验确定质子位置的精确度为 10^{-12} cm. 试问, 质子的最低动能为多少?

5. 电子束的运动速度为 10^9 cm/s, 穿过宽度为 10^{-6} cm 的狭缝. 试求距狭缝 1 m 处, 在垂直于电子束运动方向上, 电子位置的不确定度是多少?

6. 假如粒子的位置是固定的, 即 $\Delta x = 0$, 那么动量的不确定度为无限大. 试用相对论中关于速度值不可超过光速的著名论点讨论一下上述结论.

7. 放射性同位素 (Ag^{108}) 的衰变时间为 2.4 min, 试求它的能量的不确定度.

*8. 如果电子位置的不确定度为 10^{-8} cm, 试求该电子应该具有的动能, 并将该能量与氢原子的束缚能相比较. 该能量与电子在氢原子的第一玻尔轨道上被观察到的可能性有什么联系?

9. 某些基本粒子 (或者共振态) 的静止质量具有不确定度约 200 MeV. 试求这些粒子的寿命.

10. 试将普朗克常量用 eV·s 表示.

11. 原子在某能级上的平均寿命为 10^{-8} s. 假如从该能级跃迁时辐射出波长为 $\lambda = 6000$ Å 的光子, 试求:

a) 光子频率的不确定度 $\Delta\nu$;

b) 频率的相对不确定度 $\Delta\nu/\nu$.

第 42 章　从量子观点到经典观点的过渡

　　保守主义者可能不太乐意接受量子理论; 而如果你是个激进主义者, 你很容易会满腔热情地接受它. 那么, 牛顿力学和麦克斯韦电动力学的命运又如何呢? 十九世纪的物理学体系是如此地包罗万象和完整, 以致使人们觉得, 物理学家的任务只是填满尚剩下的小数点后面的几位数字了. 这个体系发生了什么情况? 现在我们设计桥梁的时候, 应当求解薛定谔方程吗? 计算行星的轨道时需要考虑测不准原理吗? 我们应当在量子力学计算的基础上重新发现海王星和冥王星吗? 其次, 如果科学家们如此突然地改变他们的观点, 一般来说为什么我们还要学习牛顿力学和麦克斯韦电动力学呢? 因为起初科学家们曾肯定, 理论已经可靠地建立; 可是后来又声称 (通常带有某种惊异的心情), 大量的新现象与这个 "已经可靠地建立起来的、并且与实验符合的" 理论非常不一致, 我们不得不放弃这个理论的基础.

　　干涉现象使我们深信, 光是一种波, 但后来又发现, 光的行为又像粒子. 无数事实表明, 牛顿力学是正确的; 以后, 事实又表明它在量子现象的领域里是无能为力的. 它的这种无能为力甚至导致了否定能够按确定轨道运动的粒子的概念. 那么所谓的科学理论在多大程度上是可信的呢?

　　任何一种理论, 不论它是解释我们周围世界的理论, 或者是夏洛克·福尔摩斯[①] 的推理性理论, 甚至是牛顿力学, 它们的关系和结构都是在有限实验的基础上获得的, 并可归结为一系列的规定, 这些规定具有内部结构并能展示出一个现象和另一个现象间的联系. 像重复同样的实验这样简单的事情 (譬如今天抛石子, 第二天再抛石子 ……) 就不能看作是同一个实验. 因为我们不能保证, 重复实验时我们能得出与第一次实验同样的结果.

　　但是科学的见解是基于一种深刻的信念, 即可以建立一个既与已知实验

---

① 英国作家柯南·道尔的著名侦探小说《福尔摩斯探案》中的主角. ——译者注

相符合, 也与类似情况下的相似实验相一致的理论 (显然, 我们能够预先就什么算作类似情况取得一致意见), 这种理论对作为建立这种理论的基础性实验范围以外的实验也是适用的. 过去时代的卓有成效的科学理论, 像牛顿力学和麦克斯韦的电动力学, 可以成功地 (可以说是惊人准确地) 预言不同现象之间的联系, 其中有些现象在这些理论出现以前甚至是不知道的. 如果普通的规则 (它们是在用通常的物体进行试验的基础上得出的) 居然在原子尺度上也是适用的, 那将是十分令人惊异的. 牛顿定律适用于太空中的行星, 也适用于在地球表面飞行的小小的炮弹, 这已经引起了人们的某种惊讶. 由于这些定律在原子的尺度上不成立, 为了描述原子现象, 不得不引入新的理论体系——量子物理学. 量子物理学是与量子客体打交道的, 这些客体的行为有时候像粒子, 有时候又像波, 而同时确定这些客体的位置和动量是不可能的. 那么量子理论与我们以前研究过的经典理论有什么联系呢?

　　对这个问题的回答是直截了当的, 在某种意义上也是唯一的. 量子理论是经典理论的概括, 它的适用范围更大、更宽、也比经典理论更深入. 它既适用于原子尺度, 也适用于行星的规模. 如果用薛定谔方程去计算行星 (譬如说地球) 围绕太阳运动的轨道, 我们得到的结果将与牛顿的结果一样. 但是从来也没有人去计算过, 这是由于下述显而易见的原因. 谁也不怀疑, 牛顿力学能正确地描述地球围绕太阳的运动. 因此, 要使量子理论与实验相符合, 它的结构在行星运动的情况下应当与牛顿力学的结构相一致. 量子理论在经典现象范围内事实上与牛顿理论和 (或者) 经典电动力学是一致的. 这个结论应当这样来理解. 如果从量子理论的公设出发, 则可以得到下述定理: 随着质量的增长, 当相应的波长与所讨论问题的特征长度相比变得很小时, 量子理论的结果与牛顿理论或者经典电动力学的结果准确地相符合. 这里 "准确地" 一词应该理解为, 两种结果在数值上的差异非常之小 (这样大小的量我们已经遇到过: 例如, 速度的不确定度为 10^{-21} cm/s 左右)[①].

　　可以有几种方法来确定, 在什么情况下量子理论将过渡到经典理论和在

----

①实际上, 当粒子的质量增大时, 与它相联系的波将可能局域化, 而同时又不会给粒子动量引入很大的不确定度. 其次, 薛定谔方程描述量子系统在力的作用下的行为, 并给出波在空间随时间而变化的数据. 从薛定谔方程我们可以得到, 当粒子质量增大时, 它的行为可由牛顿第二定律以愈来愈高的精确度描述.

什么情况下量子效应是重要的. 方法之一是, 将所考察的客体的相应的波长与所讨论问题的特征长度相比较, 并利用这一事实, 即只要这个波长与特征波长还不能相比拟, 客体的波性质就不起重要作用. 例如, 我们来考察在原子核近旁运动的电子和围绕太阳运行的地球. 若电子处于质子附近的最低的玻尔轨道上, 它的波长准确地等于它绕质子一圈所经过的路程. 波长与特征长度之比约为 1, 因此可以预料, 在这种情况下量子效应非常重要. 事实上, 这时量子效应也确实很明显. 而假若将与地球相联系的德布罗意波与地球轨道相比, 我们得到

$$\frac{\lambda_{地}}{2\pi R} \approx 3 \times 10^{-75} \tag{42.1}$$

这是个非常小的量. 在这种情况下, 任何波的, 或者量子的效应都很小, 打个比喻说, 比地球与尘埃相撞引起的效应还小. 而地球位于任何其他地方 (不同于由经典理论计算出的地方) 的概率是微乎其微的.

利用薛定谔方程, 我们可以计算出火星的波函数并表明, 这个波函数是强烈局域化的, 它以很大的精确度沿牛顿的椭圆轨道移动. 譬如说, 如果火星速度的不确定度为 10^{-20} cm/s, 则它的位置不确定度大约为 10^{-33} cm; 这样的不确定度就连第谷·布拉赫的高精度的测量也发现不了.

因此, 我们可以说, 量子理论乃是近代的物理理论. 它的应用范围从原子核至少要延伸到太阳系. 在更小的尺度、时间间隔和质量的领域里它是否适用, 我们还不清楚. 我们同样也不知道, 牛顿力学的另一个推广——广义相对论——是否能应用到宇宙的尺度上. 通常和自然的程序是, 把我们已知的理论放到新领域里去考验, 利用已有的理论尝试着去理解这一新的领域. 有时候这种程序是很成功的 (气体动力学理论就是这种成功的例子), 而有时候则不成功.

在行星的轨道与电子的原子轨道之间的某个地方可以划一条界线, 把量子理论与经典理论的适用范围分开. 虽然量子理论在这两个范围都适用, 然而, 使用它的复杂的概念和计算手段去研究, 例如, 行星沿自己轨道的运动, 未必是恰当的. 在这些领域里, 应用牛顿方程就能给出足够的 (超过要求的) 精确度 (这可以作为一般定理来加以证明). 因此, 桥梁工程师, 设计飞机的空

气动力学方面的专家们在他们的计算中根本不必使用量子物理的复杂概念. 从事天线设计的无线电工程师, 计算变压器参数的电气工程师只要用经典电动力学就完全可以应付. 因为在经典现象的范围内经典理论的一切关系式仍然适用.

但是, 往往很难确定这条界线: 量子理论的适用范围到什么地方结束和经典理论的适用范围从什么地方开始. 对于电子围绕质子和行星围绕太阳的运动的情况, 这个界线很容易确定. 但是在一些较为复杂的现象中, 量子效应在非常大的范围内仍然显得很重要. 例如, 麦克斯韦曾经指出过比热反常现象, 他认为这是经典理论的重要缺陷之一. 这个现象就像是量子效应往经典现象范围内的渗透. 说到底, 像我们前面已经看到的那样, 物质的许多性质不可能完全在经典观念的范围内加以理解. 尽管如此, 我们仍然可以肯定, 从氢原子系统和行星轨道系统间的某个地方开始, 力学系统的行为就是经典性的了; 这个界线并不是明确划定的, 量子效应可能渗透到看来是绝对经典的领域里去. 换句话说, 虽然量子理论过渡到了经典理论, 但过渡区本身是很模糊的, 所以在这些领域内工作的科学家们经常不得不遇到一些意料不到的现象.

第十篇　量　子　世　界

关于所谓的理智

　　许多我们同时代的人苦恼地抱怨说, 二十世纪的物理学太抽象了, 它不是一般人所能理解得了的, 它是违反理智的, 它那复杂的结构是通常的理性绝对不能接受的. 但是, 只要我们想一下, 有些人也经常向艺术家们和作曲家们提出这类要求, 就会明白上述埋怨是很可笑的了. 谁要是瞪大了双眼去考察这个世界, 谁就要受到责备, 说他不遵守前辈们的传统观念, 而这些观念的总和组成了所谓 "理智". 画家, 跟物理学家一样, 用那些未经加工的粗糙的原始素材勾画出他对世界的观察, 而这些素材至少在原则上是每个人都能接受的. 最终的画面包含了艺术家对世界的看法; 这些或那些画 (或者物理理论) 之所以被看作是杰出的艺术珍品, 是因为下一代人将开始持有与这些作品的创作者们相同的对世界的看法. 曾经猛烈地抨击过印象派第一批作品的暴风雨般的讥讽, 现在已经转向了印象派的当代拙劣模仿者们的作品.

　　理智, 正如爱因斯坦所说的, "这是我们在 16 岁以前积累起来的一种成见". 大家都同意: 新一代人的理智是由老一代人痛苦思考出来的概念构成的; 对于一代人来说是先进的, 对于下一代人就成为平常的, 变成了理智的东西了. 牛顿对世界的看法对于亚里士多德时代的希腊人, 或者对于经院哲学派的学者们, 不可能是理智的. 现在有些人对他自己的 (相应于现在的牛顿世界) 理智很是欣赏, 事实上他们与那些当年埋怨过牛顿力学的人毫无区别, 这些人当时埋怨牛顿的力学概念破坏了中世纪的玄妙的世界.

　　近代物理学家的理智依据的是量子理论. 他最能接受的正是量子理论的结构. 在他看来, 量子理论的关系最为直观、最能直接感觉到; 近代物理学家正是从这一理论中获得了鉴别正确的与不正确的能力. 对于他们来说, 量子物理学是一门手艺. 他们能觉察出这一理论的所有隐匿的入口, 就像画家们能感觉出什么可以画到油画上去, 或者雕塑家们知道大理石可以干什么一样. 任何一个物理学家都会写麦克斯韦方程, 或者利用牛顿定律找出围绕太阳旋转的行星的椭圆轨道. 但当一个物理学家遇到经典物理学的更为细致的关系式时 (这些关系式曾经是十九世纪物理学家们理智的组成部分), 他会发现, 他已经把它们几乎全忘掉了.

1930 年以后上学的物理学家可以不太困难地计算出从一个原子能级到另一个原子能级的跃迁概率. 他在桌子旁边坐下来, 手里拿支铅笔, 稍微思考一下, 在一小时或两小时内他就能得出正确的答案. 但是, 倘若要他计算出, 在邻近的小行星的影响下行星轨道所发生的扰动, 一般来说, 即使他坐到了桌子后面也不会进行所有这些计算. 他开始冥思苦想, 去查书, 再想一阵子, 但最后大概还是得出一个错误的结果.

量子世界, 这是从二十世纪二十年代起物理学家们就生活在其中的世界. 这个世界对他们来说已是非常之习惯. 当空间时代开始以后, 人们突然热衷于去计算宇宙飞船的轨道, 或者找出改变这些轨道的最有效的方法, 以及计算火箭发动机的定向等等. 这时物理学家们又不得不重新学习, 以便回忆起那些对读过拉普拉斯的书的人来说是很普通的关系. 因为物理学家 (这里讲的是真正的物理学家) 始终是在已知现象和尚未被认识的现象的边界上进行研究的. 而从二十世纪二十年代开始, 这个边界基本上是在量子现象的领域里, 所以这个领域就成了物理学家们日常活动的舞台.

在量子现象的领域里也有不可预料的方面. 如果从经典的观点看, 它往往是荒谬的. 但尽管它们看起来像是异端邪说, 却是与自然界的实际现象相适应的. 原子世界毫无疑问是个量子世界. 现在我们要开始研究的正是这个世界.

第 43 章　氢原子

氢原子问题在量子物理学中所起的作用, 就好比行星的运动问题在经典物理学中的作用一样. 这个问题可以有严格的解, 从这个解得出的结果可以直接与实验相比较; 这里的一切规则都是明确规定的, 没有任何拖泥带水的东西, 理论与实验结果是如此出色地相符, 所以我们只有老老实实地相信理论的真实性. 从这个意义上说, 对氢原子进行的分析检验了整个量子物理学. 这个问题的每个细节都可以计算并与实验数据相比较. 我们时代的一些重要发现正是在分析氢原子能级的基础上作出的. 而理论与实验之间一些最为精确的吻合也是在量子理论的预言与对氢原子的观察结果相比较时获得的.

我们在前面分析氢原子的结构时所获得的结果, 可以很容易地由量子理论得出, 并且这些结果对原子物理学也很有用. 量子理论要成为前后一致的和完整的理论, 它必须能解释用氢原子进行的任意一个实验的结果. 就这个意义上说, 例如关于椅子的概念 —— 也就是我们关于这一物体性质的认识的总和, 包括它的硬度、颜色, 它在房间中的客观存在等等 —— 必须包括从实践中获得的关于椅子的一切可能的知识.

§43.1　基态的能量

任意一个封闭的量子系统, 它的重要性质之一是, 在系统的所有能量值中只有一些确定的能量值才是容许的. 在经典情况下, 这种封闭系统的能谱是个连续谱, 而量子系统则不同, 它的能谱是不连续的. 在经典理论中, 当电子-质子系统有最低的能量值时, 电子将处于静止状态, 并与质子重合. 在这种情况下, 电子的动能等于零, 而它的势能趋向负的无穷大. 在量子系统中则完全是另一回事. 我们已经知道有好几种关于量子系统的这种行为的解释. 例如, 用测不准原理就可以表明, 要想使电子的位置与质子的位置准确地重合, 我们将由此而给电子的速度带来很大的不确定度, 这表现在它的动能的增大上.

为了演示出这种量子力学的思想在实际上是怎样实现的, 我们借助于简单的讨论再一次导出氢原子的基态能量. 一个沿圆形轨道围绕质子运动的电子, 它的总能量等于

$$E = T + V = \frac{p^2}{2m} - \frac{e^2}{r} \tag{43.1}$$

利用德布罗意关系式

$$p = \frac{h}{\lambda} \tag{43.2}$$

和

$$n\lambda = 2\pi r \tag{43.3}$$

并假设电子处于最低的轨道 $(n = 1)$, 得到

$$\lambda = 2\pi r \tag{43.4}$$

其结果是, 系统的最低能量仅仅是电子与质子之间距离的函数:

$$E = \frac{h^2}{8\pi^2 m r^2} - \frac{e^2}{r^2} \tag{43.5}$$

这个结果与相应的经典表达式明显不同. 在经典表达式中, 动量和距离是两个完全相互无关的量, 因而当 $p = 0$ 和 $r = 0$ 时, 系统有最小的能量值 (我们在前面已经指出过). 在量子理论中这不可能. p 与 r 之间是有联系的: 当 r 趋向零时, (43.5) 式中描述势能的一项将变成无限大的负值, 而此时表征系统动能的另一项却增大了, 而且比前一项增加得快. 因此, 当 r 减小时, 总能量增大; 当 r 趋向无穷大时, 总能量是个非常小的负值 (图 43.1). 能量的最小值在某个点 a_0. 点 a_0 的坐标可以通过计算求得. 如果一个球, 在如图 43.1 所示的坑内滚动, 那么它最终将停在 a_0 点上. 可以用仔细的作图方法估计量 a_0, 计算出来的 a_0 有如下的形式[①]: 当 $r = a_0 = \dfrac{\hbar}{me^2}$ 时, $E(r)$ 最小,

$$a_0 \approx 5.3 \times 10^{-9} \text{ cm} \tag{43.6}$$

_____

① 前已指出, $\hbar = h/2\pi$.

这个距离也就是所谓的氢原子的玻尔半径, 它等于 5.3×10^{-9} cm. 电子位于这个距离时, 能量有最小值, 它等于

$$E(r = a_0) = E_0 = -13.6 \text{ eV} \tag{43.7}$$

这与氢原子在基态时的能量值完全一致. 为了使原子电离, 也就是为了把电子与质子分离开, 必须消耗的能量正是 13.6 eV.

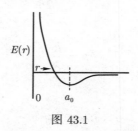

图 43.1

可能会感到奇怪, 我们居然用如此简单的计算就求出了氢原子基态的能量. 当然, 并不是所有的问题都这么简单. 但是我们所使用的方法构成了求解量子理论问题的最普遍和有效的方法的基础. 这个方法所依据的事实是, 量子系统的基态对应于系统的最小能量值.

§43.2　量子系统能级的退化

前面我们通过选择两壁之间的驻波, 获得了禁锢于两壁之间的粒子的能级结构, 这些驻波具有愈来愈短的波长. 氢原子的能级结构也可以用相似的方法获得, 但是相应的计算要复杂得多, 因为: ① 它是一个三维系统; ② 这里已不是容器, 而须考虑随距离而变化的引力. 我们将以前分析过的系统 (粒子禁锢于两壁之间) 加以推广, 并首先来看一下, 在二维和三维量子系统的能级结构中出现的一些新的性质.

对于限制在两壁之间的一维量子系统来说 (图 43.2), 与薛定谔方程的可能解相应的德布罗意波的波长为

$$\lambda = 2l, l, \frac{2l}{3}, \cdots, \frac{2l}{n}, \quad n = 1, 2, 3, \cdots \tag{43.8}$$

能量为

$$E = \frac{p^2}{2m} = \frac{1}{2m}\left(\frac{h}{\lambda}\right)^2 = \frac{h^2}{8ml^2}\cdot n^2, \quad n = 1, 2, 3, \cdots \tag{43.9}$$

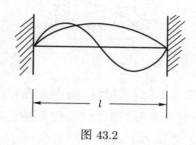

图 43.2

图 43.3 表示能量值对 n 的依赖关系的图解. 相邻能级的能量差之间的比值等于从 1 开始的奇数间的比值:

$$\frac{E_2 - E_1}{E_1} = \frac{4 - 1}{1} = \frac{3}{1} \tag{43.10}$$

$$\frac{E_3 - E_2}{E_2 - E_1} = \frac{9 - 4}{4 - 1} = \frac{5}{3}, \text{ 等等} \tag{43.11}$$

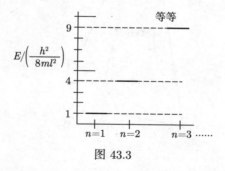

图 43.3

现在我们再来考察一个同样的量子粒子, 但现在它已不是限制在两壁间的一维空间里, 而是在一个边长为 l_x 和 l_y 的矩形内 (图 43.4). 与经典的情况一样, 粒子的运动可以分解为两个独立的分量: 一个沿 p_x 方向 →; 另一个沿 p_y 方向 ↑.

可以在 x 和 y 方向上选择驻波, 并且这些波是相互独立的, 这可以从下述事实得出: 沿直角的垂直的或水平的一边作用的力, 只改变动量的 x 或 y

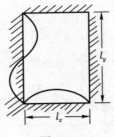

图 43.4

分量的方向, 而保持动量值不变 (入射角等于反射角). 因而, 动量在 x 和 y 方向的分量值的大小是个运动常量 (图 43.5). 如果限定区域的诸边线彼此间不是平行的, 则这个条件不成立 (图 43.6).

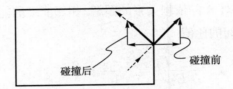

图 43.5　动量的垂直分量和水平分量的数值保持不变

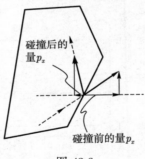

图 43.6

在 x 方向上与薛定谔方程的解相应的德布罗意波 (与一维空间的情况一样, 见图 43.7a) 的波长为

$$\lambda_x = \frac{2l_x}{n_x}, \quad n_x = 1, 2, 3, \cdots \tag{43.12}$$

在 y 方向上的类似的德布罗意波 (图 43.7b) 的波长为

$$\lambda_y = \frac{2l_y}{n_y}, \quad n_y = 1, 2, 3, \cdots \tag{43.13}$$

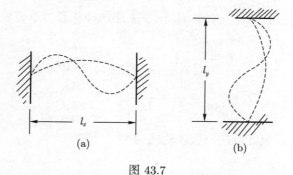

图 43.7

例如, 与薛定谔方程的一个可能的解相应的德布罗意波的波长为

$$\lambda_x = \frac{2l_x}{1}, \quad \lambda_y = \frac{2l_y}{1} \tag{43.14}$$

在适当的条件下这种二维波可以在矩形鼓的表面实际观察到 (图 43.8). 二维量子系统的能量等于

$$E = \frac{p_x^2}{2m} + \frac{p_y^2}{2m} = \frac{1}{2m}\left(\frac{h}{\lambda_x}\right)^2 + \frac{1}{2m}\left(\frac{h}{\lambda_y}\right)^2$$

$$= \frac{h^2}{8ml_x^2}n_x^2 + \frac{h^2}{8ml_y^2}n_y^2 \tag{43.15}$$

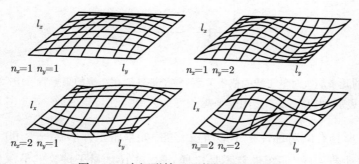

图 43.8 在矩形鼓面上激起的驻波图像

我们来演示一下某些具有非常重要结果的现象. 我们考察系统的两个状态, 它们分别有

$$(2)\ n_x = 1, \quad n_y = 2 \tag{43.16}$$

$$(3)\ n_x = 2, \quad n_y = 1 \tag{43.17}$$

如果矩形的两边相等 $(l_x = l_y = l)$, 则在上述两种状态下系统具有相同的能量

$$E_2 = \frac{h^2}{8ml_x^2} \cdot 1 + \frac{h^2}{8ml_y^2} \cdot 4 = \frac{h^2}{8ml^2} \cdot 5 \tag{43.18}$$

$$E_3 = \frac{h^2}{8ml_x^2} \cdot 4 + \frac{h^2}{8ml_y^2} \cdot 1 = \frac{h^2}{8ml^2} \cdot 5 \tag{43.19}$$

在这种情况下, 系统能量的一般表达式为

$$E = \frac{h^2}{8ml^2}(n_x^2 + n_y^2) \tag{43.20}$$

从这里可以看出, 使 $n_x^2 + n_y^2$ 等于同一个数的 n_x 和 n_y 的一切组合都对应于同一个能量值. 两个或者更多数目的量子状态, 如果它们具有相同的能量值, 则称它们为退化状态. 退化这个词是从日常语言中借用来的, 不过赋予了它专门的技术含义. 当矩形转变成正方形时, 起初具有不同能量的那些状态就变成退化状态了 (图 43.9).

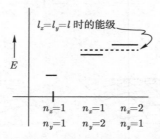

图 43.9 前几个能级对量子数的依赖关系. 粒子被禁锢在二维的矩形容器中. 当 $l_x < l_y$ 时, 用实线表示; 当 $l_x = l_y$ 时, 用虚线表示

正方形具有的对称性是矩形所没有的. 如果将正方形转一个 90°, 则看上去仍与转动前一样, 而矩形就不是这样 (图 43.10). 量子理论的最深刻的思想之一在于, 系统的空间对称性 (以后我们将看到, 也可以是其他的对称性) 与退化能级的结构之间是有联系的. 具有不同对称形式的系统 (例如, 图 43.11 上的正六边形在转动 60°, 120°, 180°, 240°, 300° 和 360° 以后, 它还与原来的形式一样. 同一图上的正方形在转动 90°, 180°, 270° 和 360° 之后, 也与原来的形式一样) 对应于完全不同的退化能级系.

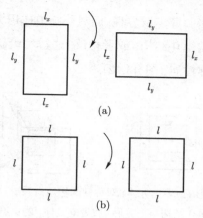

(a)

(b)

图 43.10 (a) 转动 90° 后, 矩形占有另一种位置, 它看上去与转动前不同; (b) 正方形转动 90°, 它的形状一点也没变. 可能有人会反驳说, 虽然正方形在转动后看上去与转动前一样, 但 "事实上" 它在转动后已处于另一种位置. 当然, 如果在正方形的边上作个记号, 则能够确定两种位置间的差异. 问题在于, 动量、能量等物理量与这些看不见的标记无关. 所以, 只要知道 $l_x = l_y$ 和相邻两边互相垂直就足够了

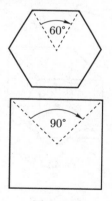

图 43.11

上面我们考察了禁锢于矩形容器中的粒子, 它没有受到力的作用. 我们找出了这种情况下薛定谔方程的解, 并精确地确定了系统的能谱结构和能级的退化度. 只能对极少数的作用力系统 (可能不超过半打之数) 把这种计算进行到底. 但是不论作用力的系统多么复杂, 如果它具有对称性, 譬如说是个立方体, 那么可以肯定, 系统退化能级的结构仍然与前述正方形的情形相同, 而**不论我们是否知道这些能级的确切数值**. 上面说的乃是量子理论的最有用的定

理之一. 因此, 我们不必解薛定谔方程, 而只要知道作用力系统的对称特性, 立刻就能确定它的能级的退化结构; 或者相反, 通过实验研究退化结构, 就可以确定作用力系统的对称性质 (图 43.12).

图 43.12 一个具有正方形 (或者立方体) 对称性的作用力系统, 它的等势面是一组正方形 (或者立方体). 它的能级退化结构与正方形 (或者立方体) 的典型的退化结构是相符的, 而与力的具体特征无关

三维容器 (例如, 立方体) 的能谱也可以用同样的方法确定 (图 43.13). 三维的德布罗意波可用波长

$$\lambda_x = \frac{2l}{n_x}, \quad \lambda_y = \frac{2l}{n_y}, \quad \lambda_z = \frac{2l}{n_z} \tag{43.21}$$

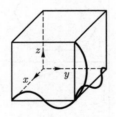

图 43.13

来描述, 而系统的能量等于

$$E = \frac{h^2}{8ml^2}(n_x^2 + n_y^2 + n_z^2) \tag{43.22}$$

因此, 对于和数

$$n_x^2 + n_y^2 + n_z^2 = n^2 \tag{43.23}$$

具有同一数值的一切 (n_x, n_y, n_z) 的组合, 都相应于系统的同一个能量值 (图 43.14 和表 43.1).

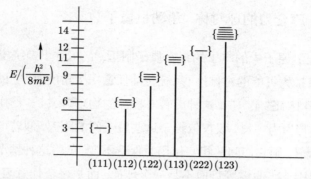

图 43.14 对于禁锢在三维立方容器中的粒子, 它的能级与量子数的依赖关系. 图上标出了退化度

表 43.1

n_x	n_y	n_z	$n^2 = \dfrac{E}{h^2/8ml^2}$
1	1	1	3} 基态; 不退化
1	1	2	6⎫
1	2	1	6⎬ 第一激发态; 三个三度退化态
2	1	1	6⎭
1	2	2	9⎫
2	1	2	9⎬ 三个状态
2	2	1	9⎭
1	1	3	11⎫
1	3	1	11⎬ 三个状态
3	1	1	11⎭
2	2	2	12} 一个状态
1	2	3	14⎫
1	3	2	14⎪
2	1	3	14⎬ 六个状态
2	3	1	14⎪
3	1	2	14⎪
3	2	1	14⎭
		等等	

§43.3 库仑力的球对称: 角动量量子数

库仑力把氢原子中的电子约束在质子附近, 它相对于围绕空间中的一个点的旋转具有最大可能的对称性. 系统转动任意一个角度时, 它的等势面形状 (球形) 保持不变 (图 43.15). 这种旋转对称性的物理含义是, 作用于电子和质子之间的力 (与引力一样) 仅仅依赖于这些粒子间的距离. 假若电子沿球的表面围绕质子旋转, 则它们间的相互作用力保持不变. 试将这种情况与另外一种假设的情况相比较. 假设等势面不是一个球面, 而是一个任意表面 (图 43.16 上画出了其中的一种), 当系统旋转时力的大小将发生变化.

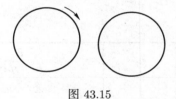

图 43.15

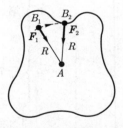

图 43.16 当相对于转动来说力不是守恒量时, 等势面就不是球面; 在这种情况下力不仅取决于两个物体之间的距离, 并且和它们之间的相互取向有关

我们在第 39 章中讨论的一维量子系统的能级可以用一个数 n (称为量子数) 来描述, 它决定相应的德布罗意波的波长

$$\lambda = \frac{2l}{n} \tag{43.24}$$

和系统的能量

$$E = \frac{h^2}{8ml^2} \cdot n^2 \tag{43.25}$$

前面讨论过的二维量子系统的能级可用类似的方法由两个量子数 n_x 和 n_y 决定, 而三维量子系统——由三个量子数 n_x, n_y 和 n_z 决定. 量子数的具体选择必须相应于在给定情况下守恒的那几个量——动量在 x, y 和 z 方向上的分量.

一个具有球对称性的作用力系统相对于转动是不变的. 这不论在经典理论或者量子理论中都导致系统的角动量守恒. 对于行星系统的情况, 这个结论包含在开普勒第二定律中. 太阳与行星间的连线在相同的时间内扫过同样的面积; 这个定律对于围绕质子而旋转的电子的情况也是成立的 (图 43.17). 在这种力的系统中动量在 x, y 和 z 方向上的分量不再是运动的常量 (譬如说, 对于前面讨论过的立方体系统, 它们是常量). 因此, 与它们相应的量子数已不适宜用于系统的描述 (如果引入这些量子数, 它们将随时间而变化). 为了得到球对称系统的量子数, 我们必须考虑它的角动量.

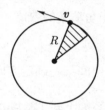

图 43.17　在圆形轨道的情况下, 角动量值 $L = mvR$ 守恒意味着, 速度 v 也应当保持不变. 这个条件包括在下述结论中: 连接粒子和中心点的半径, 在相等的时间间隔内, 扫过同样的面积. (半径 R 在时间 t 内扫过的面积等于 $\frac{1}{2}vtR$.)

_____

禁锢于正方形容器中的粒子的角动量不是运动的常量 (图 43.18). 当粒子向上运动时, 粒子相对于中心点的角动量为 mvR (指向逆时针方向), 而当它向下运动时它等于 mvR (指向顺时针方向). 换句话说, 粒子被容器壁反射后它的角动量将改变方向.

如果这个粒子是禁锢于圆形容器中 (它的形状在旋转时不变), 则它的角动量等于 mvR 并指向逆时针方向. 当粒子从容器壁反射时, 角动量仍保持不变 (图 43.19). 而与圆形容器不同, 在正方形容器中, 粒子的动量在 x 和 y 两个方向上的分量保持守恒.

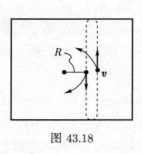

图 43.18

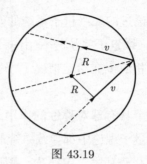

图 43.19

角动量的数值和方向相应于所谓的角动量 (或轨道) 德布罗意波和角动量量子数. 我们所讨论的情况与禁锢于立方体容器中的粒子情况相类似, 根据玻尔理论, 只有一些确定的德布罗意驻波 (具有相应的角动量的数值及方向) 才是薛定谔方程的可能的解. 这些波由下列量子数描述:

$l = 0, 1, 2, \cdots$ (这个数对应于角动量的数值)

$m_l = l, l - 1, l - 2, \cdots, 0, -1, -2, \cdots, -l$

(这个数对应于角动量沿空间某一确定方向上的分量, 它称为**磁量子数**)

第一个数 l 与系统角动量的关系如下式 (表 43.2)

$$l(l + 1)\hbar^2 = (\text{角动量})^2 \tag{43.26}$$

第二个数 m_l 可以取从 $+l$ 到 $-l$ 的一切整数. 当 l 给定时, 它有 $2l + 1$ 个数值 (表 43.3).

表 43.2

l	$(\text{角动量})^2 = l(l + 1)\hbar^2$
0	0
1	$2\hbar^2$
2	$6\hbar^2$
	以此类推

表 43.3

l	$2l+1$ 个 m_l 的可能值
0	0
1	$-1, 0, +1$
2	$-2, -1, 0, +1, +2$
3	$-3, -2, -1, 0, +1, +2, +3$
	以此类推

量子数 m_l 对应于角动量沿空间某一方向上 (例如外加磁场方向) 的分量:

$$\begin{pmatrix} 角动量沿空间选 \\ 定方向上的分量 \end{pmatrix} = \frac{m_l h}{2\pi} = m_l \hbar \tag{43.27}$$

因此, 与容器中的德布罗意驻波相似, 角动量的数值和方向都只取整数值, 这与经典的角动量矢量不同 (图 43.20). 有意思的是, 这会使毕达哥拉斯喜欢吗?

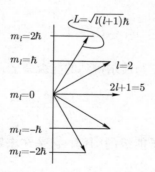

图 43.20 量子角动量矢量的数值由整数 l 描述 (这里 $l = 2$), 而它在垂直方向上的分量由整数 m_l 描述 (这里 $m_l = 2, 1, 0, -1, -2$). 量 m_l 可以解释为角动量在垂直方向上的分量, 因为它不超过 l (矢量的分量不可能大于矢量本身). 与经典情况不同, 量子角动量的矢量在空间只能取严格确定的方向 (量子角动量的这种行为历史上叫做空间量子化)

§43.4　氢原子的能级

在氢原子中, 电子受到质子的库仑力的作用. 这种电子的能级, 也即薛定谔方程的解可由三个量子数 n, l 和 m_l 来描述. 这里 l 和 m_l 是角动量量子数, n 是决定德布罗意驻波的主量子数, 它描述处于库仑力场的电子的波函数的径向依赖关系. 因为问题是三维的, 所以有三个量子数. 这三个量子数不是互相独立的, 而是以下述方式彼此相联系的. (这与禁锢于立方体容器中的粒子不同, 它的三个数 n_x, n_y 和 n_z 可以取任意的整数.)

主量子数 n, 可以取任意的正整数:

$$n = 1, 2, 3, 4, \cdots$$

描述总角动量的量子数 l, 可以取小于 n 的任意整数:

$$l = n - 1, n - 2, \cdots, 0$$

而前面提到过的磁量子数 m_l, 它可以取下列数值:

$$m_l = l, l - 1, \cdots, -l$$

能级只由主量子数决定, 它与玻尔得到的能级完全一样[①]:

$$E = -\frac{2\pi^2 m e^4}{h^2} \frac{1}{n^2} \tag{43.28}$$

图 43.21 上给出了氢原子能级的图解, 它是在求解薛定谔方程的基础上得到的.

S 态, 或者零角动量态 (表 43.4), 或多或少地是球对称的. 它们可与图 43.22 所表示的指向中心或离开中心的经典运动相比较. P 态、D 态、$\cdots\cdots$ 的角动量相应地等于 $1, 2, \cdots$. 对于给定的 n 值, 具有最大可能角动量值 ($l = n - 1$) 的状态相应于电子围绕圆形轨道的旋转.

[①]尽管角动量值是不一样的: 在基态时玻尔原子的角动量等于量 $L = h$; 而薛定谔原子在基态时 ($n = 1, l = 0, m_l = 0$) 的角动量等于零.

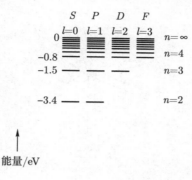

图 43.21 能级按它们的能量值和角动量值进行分类. 为此使用了下列符号: $S(l = 0)$, $P(l = 1)$, $D(l = 2)$ 等. 这些都是光谱学中的符号. 近代的标记——这是差不多最近 50 年内引入的各种符号的大杂烩 (引自 [1])

表 43.4

对称性[1]	不变性	守恒定律	退化结构
球	相对于任意转运	角动量	氢原子 (见下表)
光谱学符号	l[2]	m_l (从 $-l$ 到 l)[2]	退化状态的数目 $(2l + 1)$[2]
S	0	0	1
P	1	$-1, 0, 1$	3
D	2	$-2, -1, 0, 1, 2$	5
F	3	$-3, -2, -1, 0, 1, 2, 3$	7
		以此类推	

注: ① 从系统的对称性可以得出相对于某种运算的不变性. 它也与守恒定律及能级的退化结构有关.

② 这都是对氢原子而言. 它的力系统 (和它的等势面) 具有球对称, 并相对于转动保持不变性. 关于不变性性质的研究 (早在经典物理学中已作过简单的研究) 已经如此牢固地扎根于近代物理学中, 以致经常可以听到抱怨, 说什么在近代物理学中除此之外什么也不研究.

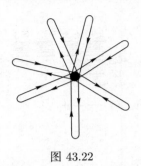

图 43.22

我们以后将看到, 从氦以后的其他原子的能级与氢原子的能级略有区别; 但总的说来, 任何一个原子的能级结构都与氢原子的能级结构相似, 只是能级间的距离不一样.

此外, 当我们讲到许多不处于激发状态的原子群时 (它们禁锢于冷却了的容器中或者在空间运动), 我们指的是, 这些原子中的每一个都处于基态. 因而, 一组相同的原子乃是等同的物理系统. 这也解释了一个众所周知的事实: 两个氢原子或者两个氦原子彼此之间是毫无区别的. 这一点不可能用经典观点加以解释. 例如, 如果我们考察一个太阳系, 那么无论如何也得不出这样的结论来, 即一个行星的轨道应当与另一行星的轨道符合, 或者两个太阳系应当完全等同, 即使运动定律和作用于太阳和行星之间的力完全一样. 在经典情况下不存在不连续状态, 因此, 正如我们所知, 与原子的情况不同, 各太阳系之间应当是彼此不一样的.

§43.5　磁场的影响

1896 年塞曼发现, "如果将磁场作用于钠火焰, 则火焰的光辐射周期会改变", 有磁场存在时 "两条 D 线展宽了". [2] 进一步的分析表明, 并不是氢或钠这些元素的谱线展宽了, 而是它们被分裂成几条所谓的**多重谱线**. 例如, 加上磁场后, 相应于氢原子从 $2P \to 1S$ 的跃迁 (从状态 $n = 2, l = 1$ 跃迁到状态 $n = 1, l = 0$) 的一根谱线分裂为三根谱线 (图 43.23).

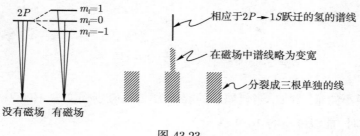

图 43.23

洛伦兹对这个效应作出了经典性解释, 他的依据是, 磁场引起了电子轨道的变化. 从量子力学的观点看, 这个效应可用氢原子的退化能级的分裂来解释. 氢原子的那些具有相同角动量的退化能级, 在磁场作用下分裂成几个能量值略有区别的能级. 这个效应出色地演示了下述事实: 当系统的对称性被破坏时, 与之相联系的能级的退化也就丧失. (对于禁锢于立方体容器中的粒子来说, 如果容器的一个边长, 例如 l_z, 改变了, 退化将部分地丧失, 但相应于正方形对称的退化仍然存在.)

角动量的方向值共有 $2l + 1$ 个, 也就是说, 电子的运动平面有 $2l + 1$ 个取向. 由于空间的性质在一切方向都相同, 原子的能量也与角动量的方向无关, 所以这些能级都是退化的 (图 43.24).

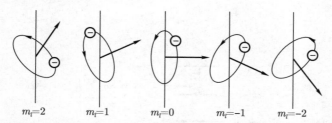

图 43.24 在虚空空间, 电子轨道平面的取向不影响原子的能量. 角动量矢量有 $2l + 1$ 个方向, 它们相应于 $2l + 1$ 个磁量子数值, 由这些磁量子数决定的能级具有相同的能量

加入磁场后, 情况就发生了根本的变化: 这时出现了一个特定的方向, 即磁场的方向; 原子的能量开始依赖于磁场矢量 $\boldsymbol{B}$ 和角动量间的相互位置, 因为沿轨道旋转的电子产生电流, 而这个电流与外磁场的相互作用能量依赖于它们间的相互取向 (图 43.25a).

对于给定的 l, 能级的分裂为

$$\Delta E = \left(\frac{eh}{4\pi mc}\right) m_l B \qquad (43.29)$$

这是个很小的量. 例如, 当氢原子的能级为 $2P$, 磁场强度为 10 000 Gs (非常强的场) 时, 能级展宽约 10^{-4} eV.

因此, 在有磁场存在时, 三度退化的能级 P 分裂成三个能级, 五度退化的能级 D 分裂成五个能级, 如此等等. 电子的环形电流和外磁场间的相互作用能量的大小与它们间的相对取向有关. 而正是这些相互作用能量的差别决定了被分裂能级之间的能量差 (图 43.25b). 所以, 引入外磁场就破坏了空间在所有方向上的等同性, 这与立方体容器的情况类似. 如果将立方体容器的一个边加长, 也就破坏了在三个互相垂直的运动方向上的对称性, 从而也就消除了与这个对称性有关的能级的退化 (图 43.26).

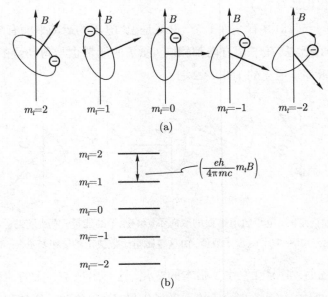

图 43.25 (a) 在外磁场中系统的能量依赖于角动量矢量的方向. 对于给定的情况 ($l = 2$), 磁量子数有五个数值 ($-2, -1, 0, 1, 2$). 这时系统的能量已与这个量子数的数值有关 (磁量子数这个名字就是从这里来的). (b) 结果是能级分裂

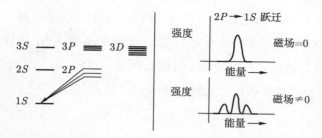

图 43.26 一些 m_l 能级在磁场中的分裂. 在 $2P$ 的三个能级与 $1S$ 的一个能级间的跃迁能量现在已经稍有区别了. 加上磁场后观察原子能谱是确定一个能级有几个状态的方法之一

§43.6 电子的自旋

对于单独的谱线的更详细的研究很快表明, 这些谱线的分裂要复杂得多, 并把这种现象称为反常塞曼效应. 这种效应之一是, 对于能级的退化度为 $2l+1$ 的谱线, 有时竟然观察到了比这个数目多一倍的分裂谱线. 这个现象看来是相当奇怪的, 因为由此可以得出结论说, 应当还存在一个量子数 (很快就提出了这样的假设), 这个量子数只有两个数值. 但是这个量子数具有什么性质却根本不知道. 其余的量子数的起因都已经搞清楚. 对于禁锢于立方体容器中的电子来说只要给出 n_x, n_y 和 n_z 三个数, 系统的状态就完全确定了; 对于氢原子只要给出 n, l 和 m_l 就足够了. 观察到双倍数目的谱线这一事实表明, 除了量子数 n_x, n_y, n_z (相应于空间三个方向上的动量值) 或者 n, l, m_l 之外, 还应当有一个量子数, 这个量子数只取两个数值. 从哪儿去找这个量子数呢?

据说, 泡利对这个问题很感兴趣, 他一直在紧张地思考着. 有一次, 泡利在哥本哈根的大街上被一位上了岁数的妇女拦住了, 泡利的一副愁苦的样子使这位妇女感到吃惊. 她问他, 什么事情使他这样苦恼. 泡利摇了摇头, 耸了耸肩, 喃喃地说: "太太, 我不明白塞曼的反常效应."

最终, 古德斯米特和乌伦贝克解释了这个现象. 他们提出了那个年代的最重要假设之一. 他们假定, 除了电荷和质量以外, 电子还具有一种性质, 他们叫它为自旋. 按照他们的看法, 每个电子都有自旋 (或者叫做自身角动量), 就好像地球除了有绕太阳公转的角动量以外还有自转的角动量一样. 但是, 地球自转角动量的起因可以用球体内部分布物质的转动来解释; 而要解释电子自身角动量的起因, 就远非这么简单. 例如, 当时泡利就认为, 仅仅是经典概念与纯量子客体的返祖结合才导致了自旋的概念.

不管怎么说, 如果我们同意每个电子都有自旋[①], 与它相应的内角动量数为

$$l_{自旋}(用字母\ s\ 表示) = \frac{1}{2} \qquad (43.30)$$

[这是个相应于内角动量 (或叫做自旋角动量) 的量子数, 与外角动量量子数不同, 它可以取半整数的数值], 那么自旋在空间特定方向上的投影数有两个:

$$m_s = -\frac{1}{2} \quad 或 \quad m_s = +\frac{1}{2} \qquad (43.31)$$

这就解释了谱线数目多一倍的问题 (图 43.27). 其次, 如果与自旋相联系的磁矩为 (可以看成一个磁体, 因为电子作假设中的转动时产生电流, 而电流形成磁体):

$$\left[\begin{array}{c} (电子电荷旋转时产生电流, \\ 这个电流引起的)\ 电子的磁矩 \end{array} \right] = \frac{e\hbar}{2mc} \qquad (43.32)$$

那么, 加上磁场后, 相应于自旋的两个方向的能级将要散开, 散开的大小[②] 为

$$\frac{e\hbar}{mc}B$$

虽然很难解释清楚电子自旋的起因, 并且在成功地使这一内在性质与以前已经知道的其他性质一致起来之前已经过去了一段时间, 但是很快就弄清楚了, 古德斯米特和乌伦贝克所提出的假设很好地解释了实验观察到的谱线结构. 并且, 我们很快将看到, 与电子的自旋相联系的能级增加一倍这一事实, 在编制元素周期表时起着主要的作用.

[①] 自旋角动量的平方等于 $s(s+1)\hbar^2$.

[②] 旋转着的带电球产生磁场, 这个磁场与我们在第 20 章学过的有电流流过的框架的磁场类似. 在外磁场中, 作用于旋转电子的力 (就像作用于罗盘指针上的力一样) 总是竭力把电子的磁矩扭向沿这个磁场的方向.

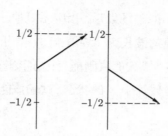

图 43.27   自旋角动量在给定的空间方向上有两个投影, 相应的角动量分量为 $m_s = -\dfrac{1}{2}\dfrac{h}{2\pi}$ 或 $m_s = \dfrac{1}{2}\dfrac{h}{2\pi}$ 由于在没有外磁场的情况下系统的能量与电子自旋的方向无关, 两个能级 (两个退化能级) 合而为一, 这种退化结构与系统的固有性质 (自旋) 以及外部对称性 (相对于中心的旋转对称) 有关

参考文献

[1] *Weidner R. T.*, *Sells R. L.*, Elementary Modern Physics, Rev. ed., Allyn and Bacon, Boston, 1968.

[2] *Zeeman Peter*, 参见第 34 章文献 [1], p. 385.

思考题与习题

1. 试求禁锢于边长为 10^{-8} cm 的立方体中的电子基态的能量.

2. 设电子禁锢于一个立方体中, 试求电子第 7 个能级的 n^2 值, 并确定该能级的退化度.

3. 试求禁锢于边长为 10^{-8} cm 的立方体中的电子从第 2 能级跃迁到第一激发能级时所辐射的能量. 试将该能量与氢原子相应跃迁的能量相比较.

4. 设某球的质量为 1 g, 球在 20 cm 长的线的一端每秒两个往复, 试求该球的角动量量子数 (轨道量子数). 如果 h 等于 1 erg·s, 那么该量子数等于什么?

5. 设某系统的角动量等于 $6\sqrt{2}\hbar$. 试求轨道量子数.

6. 一个粒子禁锢于一个立方体中. 如果立方体的一边加长了一倍, 对于由此所得到的系统的第四个能级的退化度有什么变化?

7. 当加上 10 000 Gs 的磁场以后, 相应于氢原子 $3S \to 2P$ 跃迁的谱线 (在一般情况下, 这条谱线的波长为 6 500 Å) 将散开. 试问, 这几条散开谱线的波长值之间最大相差多少? 人的眼睛能否确定该谱线颜色的变化?

8. 氢原子位于主量子数等于 3 的状态, 试求该能级的退化度.

第 44 章　粒子和光子对原子系统的相互作用

§44.1　物质

一个经典系统, 例如围绕太阳旋转的行星, 可以以连续的方式被扰动: 从行星边上飞过的彗星使行星的能量、角动量和轨道形状发生变化, 这个变化可以是任意小的量. 如果扰动一个量子系统 (譬如说, 氢原子或者别的什么原子), 那么系统的能量或者角动量只能取相应于其他能级的新的数值, 这些能级都由薛定谔方程的可能的解决定. 以处于基态 ($1S$) 的氢原子为例, 由于扰动的结果, 它可以跃迁到状态 $2S, 2P, 3S, \cdots\cdots$ 这些状态的能量与基态的能量之差是确定的固定数值. 所以, 量子系统间的相互作用和能量的传递完全不同于经典系统中的同类行为 (图 44.1).

对于玻尔理论的实验检验是从原子系统的能级是否具有不连续的结构开始的. 1914 年, 弗兰克和赫兹将不同能量的电子束通过冷的汞蒸气, 他们成功地确定了在这种情况下发生的能量传递的特性. 如果把汞原子比作经典的太阳系, 而把电子比作彗星, 那么电子束中的每一个电子通过汞蒸气后都肯定要损失一部分能量. 但弗兰克和赫兹的观察表明, 只要电子的能量还小于 4.9 eV, 它通过汞蒸气时不会损失能量. 而当电子的能量刚达到 4.9 eV 时, 它立刻就将自己的相当一部分能量传递给汞原子. 4.9 eV 这个能量值正好相应于汞原子第一个激发态的能量. 正如玻尔在他 1913 年发表的论文中所写的:

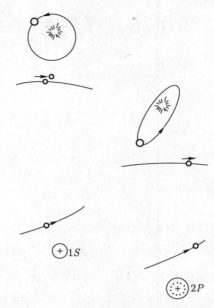

图 44.1　彗星可以使经典行星的轨道发生任意大小的变化 (与彗星和行星间的距离等因素有关), 而量子 "行星" 与别的粒子或光相碰时, 它只能从一个容许轨道跃迁到另一个容许轨道

　　"······ 理论计算使人产生了一种想法: 当快速电子通过原子并和束缚电子相碰撞时, 它以确定的有限量子的形式损失能量. 立刻可以看出, 这个结论与用通常的力学定律来考察碰撞问题时所得的结果, 明显不同." [1]

　　电子与原子相碰撞的量子过程与相应的经典过程 (假设原子足够重、足够大的话, 就可看作经典过程) 的根本区别在于: 对于量子过程, 电子传递给原子的能量数值不可能是任意大小的. 当原子获得不连续的一定数量的能量以后, 原子中电子的轨道的变化只能是跳跃式的. 由于量子系统内部能量的变化只能是不连续的, 而总的能量应当守恒, 所以电子飞近原子时, 它的能量也应当只改变一个不连续的量 (图 44.2).

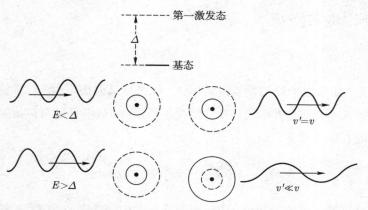

图 44.2　用 Δ 表示基态和第一激发态之间的能量差. 当入射电子的能量小于 Δ 时, 它不可能激发原子 (因为不满足能量守恒定律), 所以电子穿过原子后它的运动速度实际上不变. 如果入射电子的能量大于 Δ, 则电子能够激发原子, 其结果是, 原子转入激发状态, 而电子的速度变慢. 因此, 当电子的能量刚刚超过 Δ 时, 将可以观察到, 通过气体后的一些电子几乎将丧失它们的全部能量

如果电子的能量不足以激发原子, 那么它们之间将产生弹性碰撞 (原子和电子的内部状态不变, 图 44.3). 发生这种碰撞时, 系统的动量和动能守恒:

$$\begin{cases} \boldsymbol{p} + \boldsymbol{q} = \boldsymbol{p}' + \boldsymbol{q}' \\ E + W = E' + W' \end{cases} \tag{44.1}$$

$\boldsymbol{p}, E$　　　　$\boldsymbol{p}', E'$

电子

$\boldsymbol{q}', W$

$\boldsymbol{q}, W$

原子

图 44.3

由于原子的质量比电子大几千倍, 它在碰撞时实际上不产生位移, 所以可以认为, 原子的能量此时不发生变化. 由此可以得出, 电子

的能量也保持不变:

$$E = \frac{1}{2}mv^2 \approx E' \tag{44.2}$$

但是, 如果电子的初始能量足够大, 那么经过碰撞以后, 它将使原子进入激发态 (图 44.4). 在此情况下, 原子的最终能量与初始能量之间有如下关系

$$W' = W + \Delta \quad \text{且} \quad E' = E - \Delta \tag{44.3}$$

这种碰撞已经不是弹性的了, 因为原子的内部状态改变了. 如果量 Δ 与 E 差不多大小, 那么电子的最终能量 E' 将很小, 也就是说, 这种碰撞的结果使快速飞行的电子实际上停止下来.

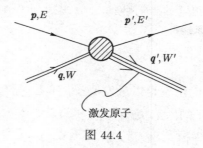

图 44.4

当能量差 Δ 约为 5 eV 时 (这是原子能级之间的典型距离), 为了能激发原子, 电子必须具有速度

$$v = \sqrt{\frac{2E}{m}} \approx \sqrt{\frac{2 \times 5 \times 1.6 \times 10^{-12} \text{ erg}}{10^{-27} \text{ g}}}$$

$$\approx 1.3 \times 10^8 \text{ cm/s} \tag{44.4}$$

在温度为 $T(\text{K})$ 时, 原子的平均能量为 $3/2kT$ (k——玻尔兹曼常量), 只有当温度达到 40000 K 时, 原子与原子间的热碰撞才能引起原子的激发. 因而, 在室温 (300 K) 下, 大多数原子间的碰撞是弹性碰撞.

经典动力学理论能获得很大成功的原因之一就在于: 原子本身虽是个量子力学系统, 但如果只考虑那些与动力学理论有关的性质, 那么它的行为与台球的行为相似. 如果原子的运动很慢, 它们间相碰撞时原子的电子不会离开基态 (在常温下就是这种情况), 那么它们的碰撞将是弹性碰撞, 因为原子的内部状态不变. 因此, 一个观察者, 如果他对原子系统的细节结构并不感兴趣的话, 那么在他看来, 这些原子的行为就跟小台球一样.

§44.2 光

光 (或者光子) 和原子的相互作用与电子和原子的相互作用相比较, 两者既有许多共同的特点, 也有不少不同之处. 光子像电子一样, 可以看作是具有一定能量和动量的量子. 为了把光子与电子相区别, 我们将始终用虚线来表示光子通过的路程 (图 44.5). 与电子一样, 光子也能以微粒的形式存在, 并把自己的能量和动量传递给原子系统. 但是, 当光子与原子中的电子相撞时它可以被吸收 (这与电子和原子中的电子相碰撞的情况不同), 结果是使原子跃迁到激发态, 而光子却消失了 (图 44.6). 光子的行为与电子的行为之间的区别与一个重要的物理定律有关: 电荷不可能产生, 也不可能消灭. 而光子 (或者光) 是可以诞生, 也可以消失的. 从麦克斯韦理论的观点来看, 带电物体作加速运

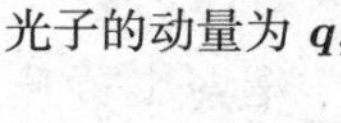

$$q, E$$

图 44.5 光子的图解. 光子的动量为 q, 能量为 $E = h\nu = cq$

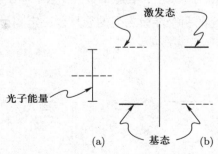

图 44.6 (a) 一个入射光子与一个处于基态的原子; (b) 光子被吸收了, 而原子转入到激发态

动时会产生光子, 而量子力学则认为, 带电粒子 (电子) 从一个轨道跃迁到另一个轨道时会产生光子.

发生碰撞时光子是否被吸收与光子本身的能量大小有关. 如果光子的能量太小, 不足以使电子从基态跃迁至最低激发态, 则光子可以自由地通过原子系统. 但当光子的能量值可以同原子系统的基态和某一激发态之间的能量差相比拟时, 系统就吸收光子, 并跃迁到激发态 (图 44.7).

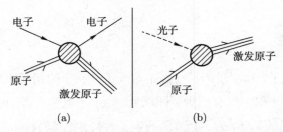

图 44.7   (a) 电子与原子相互作用后, 虽然它损失一部分能量, 但没有被吸收; (b) 光子与原子相互作用, 光子可以被吸收

如果原子跃迁到激发态, 那么一般来说, 它不会在这种状态上停留很长时间, 它将重新回到基态或者能量较小的激发态, 同时辐射出光子 (图 44.8). 所以, 如果说由于电子通过原子系统或者由于光照射原子系统或者仅仅由于原子间的互相碰撞 (譬如说, 原子处于本生灯的火焰中), 这个原子系统被激发了, 那么受激的这些原子跃迁到另一激发态或者基态时将辐射光. 因此可以预期, 受激原子系统发出的光将能被观察到. 每个原子都辐射出自己的特征光, 因为不同的原子有着不同的能级结构; 而这一点正是所有化学光谱分析的基础. 例如, 钠原子在强烈的跃迁中辐射出黄光, 锶原子在强烈的跃迁中辐射的是红光, 并且发生跃迁的两个能级之间的能量差决定辐射谱线的频率:

$$\nu = \frac{E_2 - E_1}{h} \tag{44.5}$$

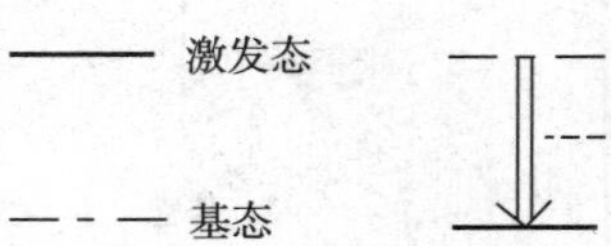

图 44.8

因为光辐射是在不连续的原子能级之间发生跃迁时产生的, 所以辐射光具有线状能谱, 而不是连续能谱. 所以, 从量子理论的观点看来, 原子跃迁时辐射光具有线状能谱, 这是量子原子能级的不连续结构的必然后果.

其次, 可以预见到, 原子各种状态间的所有跃迁并不具有同样的概率. 有一些跃迁概率大, 而另一些跃迁则概率小, 或者根本不可能. 量子理论可以计算出跃迁的概率. (在下一节中, 我们将简要地介绍如何进行计算的问题.) 能级间的跃迁概率愈大, 发生跃迁的次数就愈多, 与之相应的谱线也愈强. 所以跃迁概率的计算结果可以与实验所观察到的原子不同谱线的强度相比较. 对比的结果表明, 理论与实验结果出色地相符. 这是量子理论的又一实验验证.

图 44.9 示出在正常条件下原子能级之间某些最为可能的跃迁, 跃迁时放出光子.

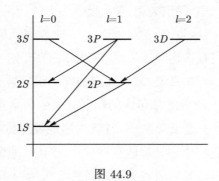

图 44.9

根据以上分析, 我们也就能理解原子系统是怎样吸收光的. 如果我们用光去照射一个由许多冷的 (即都处于基态的) 原子组成的系统, 并假设光具有连续谱, 即具有一切能量的各种光子, 那么那些能使冷原子进入激发态的光子将从初始辐射的连续谱中 "被驱逐" 出来. 当然, 当受激原子回到初始状态时又会放出这些光子来, 但是一般来说它们将射向四面八方. 因此, 光通过这个原子系统后, 能被系统中的原子吸收的那些光子到达观察屏上的数目要比那些不被吸收的光子明显地少很多. 这就是太阳光谱中存在夫琅禾费暗线的原因所在 (图 44.10).

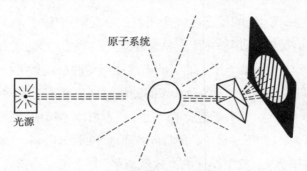

图 44.10 用一个光谱范围很宽的光源去照射冷原子系统, 被原子系统吸收后又重新发射出来的那些光子, 将均匀地向四面八方发射; 通过原子系统后, 在射向观察屏的光束中; 这些光子的数目要少于具有其他能量的光子数目. 这样的光子相应于观察屏上的暗线

我们来看一些很有意思的、典型的量子过程. 某种元素的原子, 由于与其他原子相碰撞, 或者与电子相碰撞, 或者吸收了光的结果, 从基态跃迁到大量可能的激发态中的一个激发态. 当它们从这一激发态返回到别的可能的激发态或基态时, 将辐射出有不连续波长值或频率值的光. 这个光的强度由给定能级间的跃迁概率所决定. 如果说, 某个元素的原子很容易从基态跃迁到某一激发态, 而与这两个状态能量之差相应的辐射光子的频率正好落在光谱的可见光部分, 那么, 假如原子处于激发态, 它将强烈地发射这些光子; 假如原子处于基态并用光照射, 它将强烈地吸收这些光子. 例如, 通常颜料的原子就是这样一种原子系统, 它们很容易从基态跃迁到激发态. 状态间的能量差相应于光谱中可见光部分的某种确定的颜色. 用白光照射这种颜料的原子时, 相应于这种确定颜色的光子被强烈地吸收, 其他颜色的则被反射或透过颜料落入人们的眼睛.

例 弗兰克和赫兹在分析他们的实验时曾经指出, 当用电子轰击汞原子时, 使汞原子激发所必需的能量, 实际上就等于汞光谱中的辐射光的能量. 汞光谱中一条很强的谱线的波长为 2.536×10^{-5} cm. 与这个波长相应的能量为

$$E = h\nu = \frac{hc}{\lambda} = \frac{(6.62 \times 10^{-27} \text{ erg} \cdot \text{s})(3 \times 10^{10} \text{ cm/s})}{2.536 \times 10^{-5} \text{ cm}}$$
$$= 7.83 \times 10^{-12} \text{ erg} = 4.9 \text{ eV}$$

§44.3 跃迁概率

一个经典行星在太阳引力的作用下, 将永远沿椭圆轨道运动, 而太阳则位于椭圆的一个焦点上. 假如有一个扰动力作用于它, 譬如说一个彗星从它旁边飞过, 则行星的轨道将会改变; 如果彗星和行星在某一时刻的位置和速度都是已知的, 那么就可以计算出行星以后的轨道. 在量子理论中, 这样的计算不仅是不可能的, 并且也没有什么意义. 一个量子电子在原子核的库仑力的作用下, 处于由薛定谔方程的解所确定的容许状态中的一个. 对于氢原子, 这些容许状态是 $1S, 2P, \cdots\cdots$. 在没有扰动的情况下, 电子将永远处于这个状态. 如果有一个扰动力, 譬如说来自其他原子、电子或质子等的扰动力, 作用于这个电子, 那么它的波函数将随时间而变化, 而且这个变化可以看成电子跃迁到了氢原子的另一容许状态. 量子理论计算的就是这些跃迁的概率.

说到这里引入亚里士多德式的运动定义将是很合适的. 以后我们把行星沿椭圆轨道的运动和电子的稳态波函数看作是在没有外界作用时发生的某种正常的 (或者在给定条件下自然的) 运动. 在加入外界作用 (外界影响或扰动)后, "正常的" 椭圆轨道或氢原子型的状态可能发生变化. 因此, 研究能引起状态改变的 "扰动" 将有很大的意义.

经典力学的基本问题是: 如果已知在 $t = 0$ 时粒子的位置和速度, 问在时刻 t 粒子的位置在哪里? 而量子力学经常感兴趣的是: 如果在时刻 $t = 0$ 系统处于某个 "起始" 状态, 问在稍晚的时刻 t 系统处于某个 "终止" 状态的概率有多大 (图 44.11)?

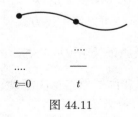

图 44.11

现在我们来考察一个量子系统, 在 $t = 0$ 时它的波函数有某种确定的形式 $\psi(t = 0)$. [例如, 对于氢原子, $\psi(t = 0)$ 可以是相应于系统的 $2P$ 状态. 在这种情况下就可以说, 当 $t = 0$ 时原子处于 $2P$ 状态的概率为 1, 而处于其他状态的概率等于零.] 在量子动力学中我们并不考察电子围绕核的轨道的运动. 我们不仅做不到这一点, 同时也并不要求我们这样去做. 我们感兴趣的只是波函数随时间的变化. 假如有某种扰动, 譬如说电磁场 (光子), 作用于原子, 则稍晚时刻的波函数将不同于初始的波函数. 我们发现, 一个典型量子系统的波函数会随着时间的推移而变成一些波函数的混合物 (它们的和或叠加), 这些波函数相应于系统的不同状态, 比如说氢原子的不同状态.

　　假若一个系统只有两个可以激发跃迁的能级, 并且它处于激发态, 那么可以把计算得到的从第一能级到较低的两个能级的跃迁概率与相应的辐射光强度相比较. 如果在激发能级 3 和 2 之间的跃迁概率, 比能级 3 和 1 之间的跃迁概率小 (图 44.12), 那么从能级 3 跃迁到 2 的原子数 (或者辐射出的能量为 $E_3 - E_2$ 的光子数) 将比能量为 $E_3 - E_1$ 的光子数少.

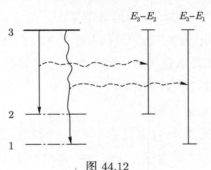

图 44.12

　　作为一个最简单的例子, 我们来考察一个只具有两个能级的原子系统, 或者只考察一个确定的原子系统中的两个能级, 譬如说氢原子的 $2P$ 和 $1S$ 能级. 氢原子在 $2P$ 状态的波函数可以用下述方式表示:

$$\varphi_{2P} = 氢原子处于 2P 状态时的波函数 \tag{44.6}$$

而由处于 $1S$ 状态的氢原子和由辐射出相应能量的光子组成的系统的波函数 (图 44.13) 可以表示成:

$$\varphi_{1S}^{光} = 处于 1S 状态的氢原子和能量为 h\nu = E_{2P} - E_{1S} 的光子的波函数 \tag{44.7}$$

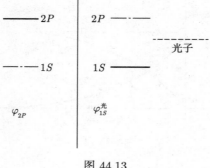

图 44.13

当 $t = 0$ 时, 系统的波函数与处于 $2P$ 状态的氢原子的波函数一致; 在这个时刻原子处于 $2P$ 状态的概率等于 1, 原子处于 $1S$ 状态并放出光子的概率等于零. 因此, 当 $t = 0$ 时系统的波函数为

$$\psi(t = 0) = \varphi_{2P} \tag{44.8}$$

经过了某个时间以后, 系统的波函数变成了 $2P$ 状态的波函数和 $1S$ 状态加放出的光子的波函数之和:

$$\psi(t) = a(t)\varphi_{2P} + b(t)\varphi_{1S}^{\text{光}} \tag{44.9}$$

系统 $a(t)$ 和 $b(t)$ 相应地描述系统处于 $2P$ 和 $1S$ 状态的概率. 当 $t = 0$ 时, $a(t) = 1, b(t) = 0$. 随着时间的推移, $b(t)$ 变大, 而 $a(t)$ 变小 (图 44.14). 量 $b(t)$ 可解释为从 $2P$ 状态跃迁到 $1S$ 状态并放出光子的概率的幅度. 而量 $b^2(t)$ 则是在这两个状态间发生跃迁的概率[①].

一般说来, 两个能级之间发生跃迁的概率不等于零. (一切能够发生的事情, 迟早总是要发生的.) 简单地估计概率值大小的方法后面将会讲到. 如果概率值准确地等于零, 那么相应的跃迁称为**禁戒跃迁**. 一般说来, 禁戒跃迁都与某个守恒定律有关. 所以经典的守恒定律在量子理论中则表现为容许或禁戒跃迁的条件. 例如对于我们上面所讨论的情况, 只有当光子的能量准确地等于能级 $2P$ 和 $1S$ 之间的能量差 (能量守恒) 时, 这两个状态间的跃迁概率 $b(t)$

---

① 我们测量得到的要么是 φ_{2P}, 要么是 $\varphi_{1S}^{\text{光}}$, 就好像我们测得的始终是电子的整个电荷一样. 而得到 φ_{2P} 或者 $\varphi_{1S}^{\text{光}}$ 的概率由量 a^2 和 b^2 决定.

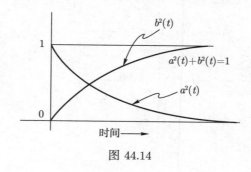

图 44.14

才不等于零. 只有当能量、动量和角动量等这些量守恒时 (在 "初始" 和 "终止" 状态它们的数值相等), 各种过程的跃迁概率才不等于零. 什么量在什么情况下守恒. 这与作用力的性质有关, 并由系统的对称性质所决定. 所以, 不仅可以根据容许跃迁的形式, 而且也可以根据量子系统的退化结构来判断相应的作用力系统的对称性质. 例如, 如果角动量不守恒 (它的 "初始" 和 "终止" 状态的数值不一样), 那么可以得出结论说, 当系统转动时, 作用力系统将发生变化.

参考文献

[1] *Bohr Niels*, 参见第 37 章文献 [9] p. 19.

思考题与习题

1. 试求相应于氢原子 $3D \to 2P$ 跃迁的波长. 该辐射是否位于光谱的可见光部分? 如果是的话, 它是什么颜色?

2. 已知单电子原子在 $2P \to 1S$ 跃迁时, 辐射能量为 7.8 eV. 试问电子至少应该具有多大的速度才能引起该原子的 $1S \to 2P$ 跃迁.

3. 处于激发状态的单电子原子放射出波长为 1200 Å 和 1000 Å 的光. 假设, 这两条线相应于 $2P \to 1S$ 和 $3P \to 1S$ 的跃迁. 试问:

a) 能量为 11 eV 的电子束射入到由这些原子组成的气体中, 试问电子从该气体飞出时具有多大能量?

b) 如果入射电子束的能量提高到 13 eV, 上述答案将有什么变化?

4. 当大多数处于激发状态的原子几乎同时跃迁到基态时, 激光器就发光. 试解释, 为什么激光的单色性比普通原子跃迁时所发出的光 (例如高温气体所发出的光) 更要好得多?

5. 氦的第一电离电势为 24.6 V.

a) 求使氦原子电离的能量 (以 eV 表示).

b) 为了使氦原子能够由于互相碰撞而电离, 需要将氦气加热到什么温度 $\left(\dfrac{3}{2}kT = \dfrac{1}{2}mv^2\right)$? (式中的 k 是玻尔兹曼常量, T 是绝对温度.)

6. 试解释荧光现象 (用紫外线照射荧光物质时, 它会发出各种颜色的可见光; 而若用普通光线照射荧光物质, 这种现象不会出现).

7. 用波长从 1000 Å 到 2000 Å 的光照射氢气. 光辐射穿过气体后什么波长的光强度变化最大?

8. 试解释磷光现象 (用光照射某种物体. 将光源移去后, 受照物体能够继续发光的现象).

9. 钠的 D 线能够分裂成两条线 (5890 Å 和 5896 Å), 这是由于有自身磁场 $\boldsymbol{B}_c$ 的存在, 使电子自旋能级的退化消失了. 试求量 $\boldsymbol{B}_c$?

第 45 章　多粒子量子系统

§45.1　泡利不相容原理

人类理智的最受尊重和最明显的观念之一是, 两个物体不可能同时处在同一个位置上; 否认这一论断显然是不可能的. 但是, 对于量子, 这一论断 (如果一般地说具有某种意义) 并不是任何时候都是正确的. 我们可以准确地确定光子在某一时刻的位置, 我们可以以同样的准确性说出在同一位置、同一时刻可以有两个、三个或者更多个光子; 换句话说, 这些光子可以用完全相同的波函数来描述. 正是这种可能性使我们能够利用光子来建立经典的电场和磁场.

任意数目的光子可以具有相同的波函数, 而且这些波函数是可以相加的. 结果我们发现, 第一个光子位于点 x_0 的概率, 将等于第二个光子位于点 x_0 的概率或者第 N 个光子位于点 x_0 的概率. 所有具有这种性质的粒子叫做**玻色子**[①], 它们的自旋量子数取整数值: $0, 1, 2, 3$, 等等. 光子的自旋为 1.

还有另一类叫做**费米子**[②] 的粒子, 费米子的自旋量子数取半整数: $1/2, 3/2$ 等等. 费米子不能像玻色子那样, 它们的波函数不能相加 (图 45.1). 这一性质与两个物体不能同时处于同一位置的经典观念相似. 泡利在 1925 年首先将它

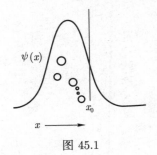

图 45.1

---

① 为了纪念印度物理学家玻色.
② 为了纪念首先研究它们性质的费米.

引入量子物理, 后来它就被称为**泡利不相容原理**——这是对泡利为解释反常的塞曼效应所进行的不成功的尝试的某种安慰, 由于其他人成功地解释了这个效应, 泡利曾为此而很伤心.

薛定谔理论首先是从研究单粒子系统开始的, 从这个理论看来, 不相容原理是对多电子系统的补充公设, 它对多电子系统中可能的波函数加以限制. 从相对论量子理论的观点来看 (请见下文), 这个原理是从相对论和量子理论 (对于自旋为 1/2 的粒子) 的公设中引申出来的. 这是近代量子理论的胜利和魅力的又一例证: 一切遵循泡利原理的费米子都应当具有半整数的自旋, 而不遵循这一原理的粒子 (玻色子) 都具有整数的自旋.

不相容原理的内容可表达如下: 如果有两个电子, 那么其中一个电子的波函数不可能完全等同于描述第二个电子的波函数 (两个电子的量子数彼此间不可能完全相同). 所以, 两个电子不可能同时有相同的动量和相同方向的自旋. (正是这一点使得自旋的概念变得特别重要; 因为如果有两个电子, 它们具有同样的动量, 那么它们的自旋应当指向两个相反的方向; 也正是由于自旋的存在解释了前面提到的能级数目增加了一倍的现象.) 其次, 两个电子不能局域于同一个位置, 除非它们的自旋指向不同的方向 (图 45.2).

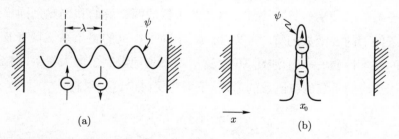

图 45.2 如果两个电子的自旋指向不同的方向, 则 (a) 它们可以用具有相同动量的波函数来描述; (b) 它们可以局域于同一点 x_0.

加在多电子系统波函数形式上的这一限制, 和由量子理论导出的能级图一起, 使我们得以理解元素周期表的结构、化学键的性质和物质的许多其他性质.

§45.2 波函数相对于等同粒子互换的对称性

不相容原理以一种确定的方式与多粒子系统中波函数相对于等同粒子互换的对称性有关.

由 N 个粒子组成的量子系统 (为简单起见, 我们现在不考虑它们的自旋) 的波函数, 一般来说是 $r_1, r_2, \cdots, r_N$ 等 N 个坐标的函数 (图 45.3). 第一个粒子的坐标为 r_1, 第二个为 r_2, 第 N 个为 r_N. 此时 N 个粒子系统的波函数为

$$\psi(r_1, r_2, \cdots, r_N)$$

当 $r_1, r_2, \cdots, r_N$ 的数值给定时, 波函数是个确定的数. 这个数的平方

$$\psi^2(r_1, r_2, \cdots, r_N)$$

可以看作是粒子 1 位于点 r_1, 粒子 2 位于点 r_2 等等的概率. 多粒子系统的波函数具有叠加特性: 波函数的两个解的和仍然是同样条件下的波函数的解. 所以, 由 N 个粒子组成的整个系统具有波的基本性质 —— 干涉性等等. 这一切严重地限制了由大量等同粒子组成的系统的波函数的形式. 下面将要讨论这些限制.

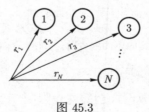

图 45.3

我们来考察一个量子系统, 假定它是由两个电子组成, 如图 45.4 所示; 令电子 1 位于点 x_1, 电子 2 位于 x_2, 它们的自旋指向同一个方向, 而系统的波函数有形式

$$\psi_{\uparrow\uparrow}(x_1, x_2)$$

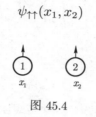

图 45.4

现在设想, 将这些电子换个位置: 电子 1 跑到了点 x_2 的位置, 而电子 2 跑到了点 x_1 (图 45.5).

图 45.5

如果说这是两个不同的粒子, 或者虽然它们都是电子, 但是两个电子有区别 (比如说, 电子 1 比电子 2 岁数大), 那么在这种情况下, 我们说图 45.5 上的系统与图 45.4 上的系统不一样, 这是有意义的. 而如果两个粒子在一切方面都是等同的, 那么再要说这两个系统有区别, 就不能理解了. 从经典观点看, 只要将一个粒子标上数字 1, 另一个标上 2, 然后追踪这些粒子的运动, 就可以把这两个系统区分开 (图 45.6). 但是在量子理论中, 区分两个彼此等同的粒子是毫无意义的, 因为我们现在已经没有办法去追踪它们的运动. 如果粒子移动了, 那么经过一些时间后它们就搞混了; 如果后来我们捕获了一个粒子, 则我们没有任何方法可以得知, 我们捕获的是两个粒子中的哪一个 (图 45.7).

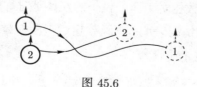

图 45.6

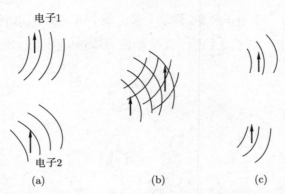

图 45.7 (a) 电子 1 和电子 2 互相接近, (b) 相互碰撞, (c) 相互散开. 问, 图 (c) 上哪儿是电子 1 和哪儿是电子 2

这个限制 (假如我们承认它的话) 可以用加在双粒子系统的波函数上的一个条件的形式来表示. 量 $\psi_{\uparrow\uparrow}^2(x_1, x_2)$ 是粒子 1 位于点 x_1 和粒子 2 位于点 x_2, 并且它们的自旋都向上时的概率. 量 $\psi_{\uparrow\uparrow}^2(x_2, x_1)$ 是粒子 1 位于 x_2 和粒子 2 位于 x_1, 并且自旋都向上时的概率. 如果两个粒子彼此不可能区别, 则根据上述讨论可以写成

$$\psi_{\uparrow\uparrow}^2(x_1, x_2) = \psi_{\uparrow\uparrow}^2(x_2, x_1) \tag{45.1}$$

即实现第一种情况 (粒子 1 在 x_1 和粒子 2 在 x_2) 的概率等于实现第二种情况 (粒子 2 在 x_1 和粒子 1 在 x_2) 的概率. 由于两个粒子是绝对一样的, 这两种情况在物理上是区别不开的. 从表达式 (45.1) 中立即可以得出

$$(1) \ \psi_{\uparrow\uparrow}(x_1, x_2) = \psi_{\uparrow\uparrow}(x_2, x_1) \tag{45.2}$$

或

$$(2) \ \psi_{\uparrow\uparrow}(x_1, x_2) = -\psi_{\uparrow\uparrow}(x_2, x_1) \tag{45.3}$$

第一种情况表明, 波函数相对于两个粒子的互换是**对称的**; 其结果我们得到所谓的玻色统计. 第二种情况表明, 波函数相对于两个粒子的互换是**反对称的**, 而相应的统计学称为费米统计[①].

[①] 这两种统计学都不同于在第 27 章中讨论过的经典统计学. 在经典统计学中, 两个等同的粒子互相对换后给出另一个独立的系统.

此时不相容原理可以用所谓的波函数的反对称性来表示:

$$\psi_{\uparrow\uparrow}(x_1, x_2) = -\psi_{\uparrow\uparrow}(x_2, x_1)$$

这个性质意味着, 状态 a (电子 1 在 x_1 和电子 2 在 x_2) 的波函数等于负的状态 b (电子 1 在 x_2 和电子 2 在 x_1) 的波函数. 如果两个电子处于同一位置:

$$x_1 = x_2 = x_0 \ (两个电子都在 x_0)$$

则由于反对称性的结果, 波函数

$$\psi(x_0, x_0)$$

本身与带负号的同一波函数相等:

$$\psi_{\uparrow\uparrow}(x_0, x_0) = -\psi_{\uparrow\uparrow}(x_0, x_0) \tag{45.4}$$

在所有的数里面能满足这个方程的只有一个数——零. 所以, 对于服从不相容原理的双电子系统, 当两个电子的坐标相重合时, 它的波函数等于零; 倘若两个电子的自旋不是指向不同的方向, 这两个电子的位置就不可能离得太近.

§45.3 禁锢于容器中的无相互作用的电子——金属的最简单模型

作为一个直观的例子, 我们来考察一个由 N 个量子粒子组成的系统, 这些粒子禁锢于长度为 l 的一维容器中. 如果把这一情况推广到三维容器——立方体, 则可以得到电子在金属中的行为的一个简单模型, 这个模型至少可用以定性地描述一般金属的大部分性质: 它们对外界电场和磁场的反应, 它们的比热容等等.

前面我们已经确定, 禁锢于一维容器中的粒子的波函数是德布罗意驻波, 这些驻波的可能波长为

$$\lambda = \frac{2l}{1}, \frac{2l}{2}, \frac{2l}{3}, \cdots, \frac{2l}{n}, \cdots \tag{45.5}$$

而这个粒子的能量为

$$E = \frac{h^2}{8ml^2} n^2 \tag{45.6}$$

对于单粒子情况, 系统处于最低能态时相应于 $n = 1$ (图 45.8):

$$\lambda = 2l, \quad E = \frac{h^2}{8ml^2} \tag{45.7}$$

图 45.8

如果容器中有多个粒子, 它们之间没有力的作用 (它们之间不发生相互作用), 那么用上面提到的德布罗意驻波中的一个去描述每一个粒子, 我们就可以获得系统的总的波函数.

现在我们假设容器中禁锢着两个量子粒子. 如果它们是玻色子, 那么当两个粒子都用波长为 $2l$ 的德布罗意驻波描述时, 这个系统就处于最低能态 (图 45.9a):

$$\begin{aligned} \lambda_1 = 2l, \\ \lambda_2 = 2l, \end{aligned} \quad E = \frac{h^2}{8ml^2} + \frac{h^2}{8ml^2} = 2\frac{h^2}{8ml^2} \tag{45.8}$$

如果它们是费米子, 那么根据不相容原理, 它们不可能用相同的一些量子数来描述[①]. 因此, 如果这两个粒子都用相同波长的德布罗意驻波来描述, 那么它们的自旋应当指向两个相反的方向 (图 45.9b):

$$\begin{aligned} \lambda_1 = 2l, \uparrow, \\ \lambda_2 = 2l, \downarrow, \end{aligned} \quad E = \frac{h^2}{8ml^2} + \frac{h^2}{8ml^2} = 2\frac{h^2}{8ml^2} \tag{45.9}$$

当加入了第三个, 第四个或第 N 个玻色子时, 增加的也只是处于最低能态的粒子数目, 这些粒子都可用波长为 $2l$ 的德布罗意驻波描述 (图 45.10):

$$\left. \begin{aligned} \lambda_1 = 2l, \quad \lambda_2 = 2l, \cdots, \lambda_N = 2l \\ E = N\frac{h^2}{8ml^2} \end{aligned} \right\} \tag{45.10}$$

---

① 如果两个粒子的量子数都相同, 那么它们的波函数就不可能是反对称的.

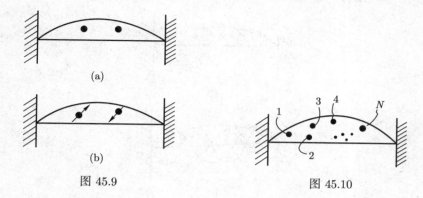

图 45.9

图 45.10

正是由于玻色子的这种性质才有可能建立起经典的波. 用同一个波函数描述的玻色子的数目愈多, 它们处于给定的量子状态的概率愈大, 而这样就赋予了系统以经典的连续场 (例如电磁场) 的性质.

如果对两个费米子再加上第三个, 第四个或第 N 个费米子, 则看到的将是完全不同的景象. 对于第三个费米子已经不能用波长为 $\lambda = 2l$ 的德布罗意波来描述了, 因为在这种情况下, 不论它的自旋指向哪个方向, 描述它的量子数必定和原来两个粒子中的一个粒子的量子数完全重合——而这正是不相容原理所不允许的. 其结果是, 三个费米子的系统的基态由下述参数来描述 (图 45.11a):

$$\left.\begin{array}{l}\lambda_1 = 2l, \uparrow, \quad \lambda_2 = 2l, \downarrow, \quad \lambda_3 = l, \uparrow \\ E = \dfrac{h^2}{8ml^2}(1 + 1 + 4) = 6\dfrac{h^2}{8ml^2}\end{array}\right\} \tag{45.11}$$

而对于 N 个费米子系统的情况[①] (图 45.11b)

$$\left.\begin{array}{l}\lambda_1 = 2l, \uparrow, \quad \lambda_3 = l, \uparrow, \cdots, \lambda_{N-1} = \dfrac{4l}{N}, \uparrow \\ \lambda_2 = 2l, \downarrow, \quad \lambda_4 = l, \downarrow, \cdots, \lambda_N = \dfrac{4l}{N}, \downarrow\end{array}\right\} \tag{45.12}$$

系统的能量

$$E = \frac{h^2}{8ml^2}\left[1 + 1 + 4 + 4 + \cdots + \left(\frac{N}{2}\right)^2 + \left(\frac{N}{2}\right)^2\right] \tag{45.13}$$

---

① 为简单起见, 我们假定 N 是偶数.

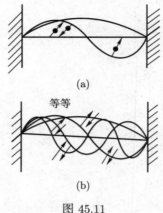

图 45.11

所以, 对于由很多费米子组成的系统, 由于不相容原理对于系统波函数的限制, 不是所有的费米子都能处于最低的量子态 (图 45.12). 这个系统的最低能量要比由同样数目的玻色子系统的最低能量高得多. 因此, 金属中电子的基态能量是个相当大的数值, 对于进一步的相互作用来说, 只有最后一个被占能级以上的那些能级才是自由能级. 对于由互相作用的粒子组成的系统, 由于粒子之间有力的作用, 系统的波函数将不同于上面所讨论的波函数. 但是, 我们在讨论元素周期表时将看到, 元素周期表的许多基本性质仍然不变.

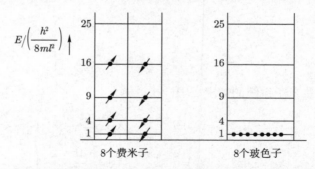

图 45.12　被 8 个费米子填满的与被 8 个玻色子填满的单粒子能级的比较. 玻色子系统的基态能量为 $E = 8\ (h^2/8ml^2)$, 而费米子系统的基态能量为 $E = 60\ (h^2/8ml^2)$.

§45.4 元素周期表

不相容原理对解释门捷列夫周期表具有很重要的作用. 倘若没有这个原理的话, 周期表上前几个元素的原子的波函数看上去将像图 45.13 所示的那样. 图上用斜线标出的那部分空间表示在那儿波函数的平方值 (也就是电子位于那里的概率) 很大. 因此, 如果没有不相容原理, 随着正电荷数的增长, 增加的每一个新电子都趋向于落到最低的 1S 状态. 这样的结果将是, 在一个原子的 (设原子核含有 N 个正电荷) N 个电子中, 每一个电子的状态都将相当于这个原子的 1S 状态. 这种原子将具有与实际存在的原子完全不同的化学性质. 而且, 根据以上讨论, 我们不可能想象, 序号相邻的两个原子竟会具有完全不同的性质. 例如, 众所周知, 氦是由两个正电荷和两个电子组成的, 它是一种惰性气体, 很不活泼, 它实际上几乎不与任何一种元素化合[①]. 而包含三个正电荷的锂却是一种非常活泼的碱金属. 只要在原子核中增加一个正电荷, 在外壳层增加一个电子就能使惰性气体转变成碱金属 —— 从惰性元素转变成了最活泼的元素. 同样, 从氟 (一种非常活泼的元素, 它与氢的化合物 —— 氢氟酸 —— 甚至可以溶解玻璃) 转变到另一种惰性气体, 氖, 也只要在氟原子核中加进一个正电荷, 在它的外壳中加进一个电子就足够了. 如果再加一个正电荷和一个电子, 那我们就得到钠原子, 钠是非常活泼的元素, 以致当它一旦与水相接触, 就会发出刺眼的亮光而突然燃烧起来.

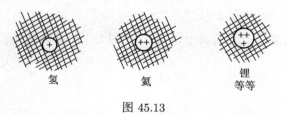

氢　　　　氦　　　　锂
等等

图 45.13

假如所有的电子都处于最低的能态, 并集中在核附近的话, 那就很难解释清楚周期表的许多规律. 远在不相容原理和薛定谔方程出现之前, 为了解释周期表, 玻尔提出了一个假设: 在基本能级上只能有两个电子, 在第二个能级上

[①] 化学家们经过了将近一个世纪的努力, 不久前获得了惰性气体的化合物.

只能有八个电子等等. 尽管这个假设不完全符合近代的观念, 但它仍然与近代观念相当接近, 并且利用它还可以复制出一组具有元素周期表的一些定性特点的原子来 (图 45.14).

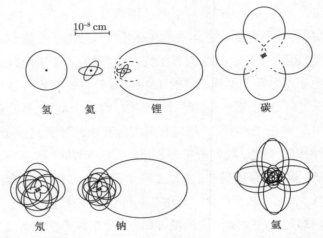

图 45.14 玻尔填满周期表的方法. 这些图形给出了外层电子到核之间的距离的大致概念. 角动量值与从薛定谔方程的解得出的数值不符 (引自 [1])

从薛定谔方程和不相容原理的观点来看, 元素按下述方式依次填满周期表. 第一个元素氢原子由一个质子和一个处于 $1S$ 状态的电子组成 (图 45.15). 第二个元素氦原子包含两个正电荷, 它有两个电子位于 $1S$ 状态, 因为它们的自旋可以指向不同的方向 (图 45.16). 但是当转变到含有三个正电荷的锂原子时, 相应于 $1S$ 状态的量子数已经 "占满" 了, 因此第三个电子必须位于离核较远的地方, 它处于 $2S$ 状态 (图 45.17). 因为 $2S$ 状态的结合能比 $1S$ 状态

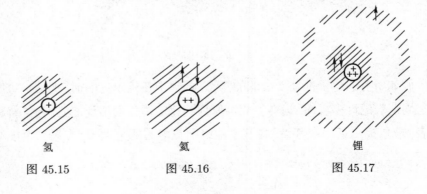

图 45.15   图 45.16   图 45.17

的小, 这最后一个电子与核之间的结合就比前两个电子松. 氦是所有惰性气体中惰性最大的元素; 为了把电子从氦原子中释放出来, 大约需要 24.6 eV 的能量. 而为了把锂原子最外面的一个电子从锂原子中拿走, 只需要 5.4 eV 就够了. 在化学反应中总是要有一个元素的原子电子跑到另一元素的原子上去, 因此氦在化学反应中的行为比锂要消极得多.

倘若电子彼此间并不相互作用的话, 上述分析将是绝对正确的. 这些电子只要依次填满具有不同量子数和相应能量值的能级 (类似于氢原子的能级) 就行了, 就像禁锢于一维容器中的无相互作用的粒子情况一样. 由于存在着相互作用, 这就使作用于每一个电子上的力的情况发生了变化. 例如, 锂原子的第三个电子离原子核较远, 它只感受到一个正电荷作用于它的力 (其他两个正电荷被处于 1S 状态的两个电子屏蔽了); 而离核较近的电子 (在 1S 壳层内) 受到了核的三个正电荷作用于它的力, 这个力要大得多 (图 45.18). 所以, 在离核较远处, 作用于电子的力大致相当于一个质子作用于电子的力 (就像氢原子的情况); 而在离核较近处, 作用于电子的力要大得多 (图 45.19).

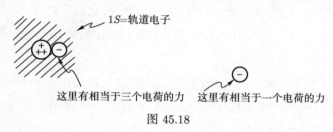

图 45.18

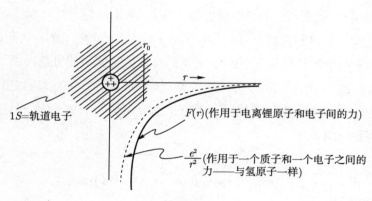

图 45.19

虽然这个力对 r 的依赖关系不同于库仑力, 但力本身仍然是近似于球对称的 (它的等势面具有球形). 因此能级的退化结构仍然与以前一样, 尽管这些能级本身的位置可能略有改变. 因此, 我们仍然能像以前那样使用氢原子的那些量子数 (n, l, m_l 和 m_s), 但要记住, 现在这些量子数描述的是相应于电离锂原子的球对称的力系统, 这时候能级的确切位置不一定与氢原子的能级位置相符合. 这种情况是一个经典性的例子, 它表明, 只要知道了作用力系统的对称性, 不用解薛定谔方程就可以毫无困难地写出相应能级的退化结构. 作为能级位移的例子, 我们来看一下 $2S$ 和 $2P$ 状态. 在氢原子中这两个状态的能量是一样的. 而在锂原子中 $2S$ 状态的能量要小些. 这可以这样来解释: $2S$ 状态的波函数平均来说集中在比 $2P$ 状态的波函数更靠近核的地方. 其结果是, 锂原子中处在 $2S$ 状态的电子受到的力, 比氢原子的电子受到的力大 (在锂中有三个正电荷处于由两个 $1S$ 状态电子构成的壳层内), 因此锂原子中的这个电子的波函数相应于较小的能量值.

就这样, 我们可以继续利用量子数 n, l, m_l 和 m_s 来填写周期表. 我们认定, 所有相应于给定的角动量值的 $2l+1$ 个能级都是退化能级 (量子数和退化特征与电子处于球对称作用力系统中的情况一样), 但是它们的位置相对于氢原子的能级可能有点位移.

在锂原子核中再加一个正电荷, 在 $2S$ 状态中再加一个电子, 我们就得到下一个元素——铍. 铍的电离势 (从原子中移去一个电子必需的能量) 等于 9.3 eV. 它高于锂的电离势, 因为在铍原子中又多了一个吸引电子的正电荷. 这样一来, 我们就把 $1S$ 和 $2S$ 状态都填满了. 下面就轮到 $2P$ 状态的 3×2 个退化能级[①]. 在这些能级上可以有六个电子, 其中三个电子的自旋是向上的, 而另外三个电子的自旋是向下的. (电子的自旋使可能的能级数增加了一倍.) 处于 $2P$ 状态的电子与原子的结合比 $2S$ 状态的第三个电子 (假如这是可能的话) 要弱, 因此硼 (有 5 个电子的原子) 的电离势等于 8.3 eV, 稍低于铍原子的电离势 (9.3 eV).

[①]磁量子数 $m_l = 0, 1, -1$ 相应于三个能级, 其中每一个能级有两个自旋数 $m_s = 1/2$ 或 $-1/2$; 总共有 $3 \times 2 = 6$ 个能级.

在硼以后, 原子的电离势重又开始上升, 因为核中新增加的正电荷将更强烈地吸引电子; 有 6 个电子的碳的电离势为 11.3 eV; 有 7 个电子的氮为 14.5 eV; 到了有 8 个电子的氧, 电离势重又下降到 13.6 eV; 下一个是有 9 个电子的氟, 它的电离势为 17.4 eV; 最后是有 10 个电子的氖, 它是一种惰性气体, 也是这个系列中的最后一个元素, 它的电离势等于 21.6 eV. 下一个元素已不可能处于 $1S, 2S$ 和 $2P$ 状态了, 因为这些状态都已经占满了. 所以主量子数必须取下一个值 $n = 3$; 与此相应的能级就比 $n = 2$ 的能级离核更远了. 因此, 处于 $n = 3$ 能级上的电子与原子间的结合, 比处于 $n = 2$ 能级上的电子要弱得多. 前面几个能级是 $3S$ 能级. 有 11 个电子的原子是钠, 它的电离势等于 5.1 eV.

用这种方法可以将整个周期表填到最后一个元素. $3S$ 状态的两个能级相应于钠和镁. 以下是 $3P$ 状态的 3×2 个退化能级. 与这些能级相应的元素是铝, 硅, 磷, 硫, 氯和氩. 氯原子特别活泼, 因为只要再给它补充一个电子, 就可以从它得到惰性元素氩, 而氩的电子壳层是填满了的.

在氩之后, 就开始填充 $3D$ 状态的 5×2 个退化能级. 前面讲到, $3P$ 状态电子的结合能比 $3S$ 状态电子的结合能小. 这儿也有类似的情况. $3D$ 状态电子的结合能, 比 $3P$ 状态电子的结合能小, 它甚至还略小于下面一个 $4S$ 状态电子的结合能. 所以下面两个元素钾和钙的外层电子就位于 $4S$ 状态, 而这些元素的性质就与外层电子位于 $3S$ 状态的元素钠和镁相似. 再往下就填充 $3D$ 能级. 而相应的这些元素有一个特点, 它们电离时首先被打出的电子, 不是 $3D$ 能级上的, 而是 $4S$ 能级上的. 因此, 这些填充 D 壳层的元素称为过渡元素, 它们的电离势差不多相同 (约 7 eV), 化学性质也很近似. 这一组过渡元素约有 10 个.

最后一个填满 $3D$ 壳层的过渡元素是锌. 在锌之后的元素开始填充 $4P$ 壳层 (3×2 个退化状态), 这一组以另一个惰性气体氪结束. 氪原子含有 2 个 $1S$ 电子, 2 个 $2S$ 电子, 6 个 $2P$ 电子, 2 个 $3S$ 电子, 6 个 $3P$ 电子, 2 个 $4S$ 电子, 10 个 $3D$ 电子和 6 个 $4P$ 电子——一共 36 个电子. 在周期表中大约还有 70 个元素. 除去某些例外, 这些元素将依下列次序填充能级: $1S, 2S, 2P,$

$3S, 3P, 4S, 3D, 4P, 5S, 4D, 5P, 6S, 4F, 5D, 6P, 7S, 5F, 6D$. 图 45.20 示出了周期表填充次序的图解.

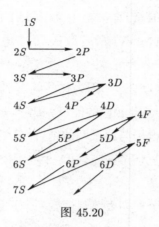

图 45.20

周期表中一些元素具有相似的化学性质, 现在这一现象可以解释为它们的外电子的波函数相似. 例如, 所有的**碱金属**都是化学性质极活泼的元素, 它们都是开始填充新的一个壳层 (相应于一个新的主量子数) 的元素, 它们最外边的一个电子处于 S 状态并离原子 "岛" 较远, 由于这个原因它的结合能相对来说比较小. 锂, 钠, 钾, 铷, 铯和钫的原子都具有这样的结构, 所以这些元素都特别活泼. 卤族元素 (与氟相似的元素) 包括氟, 氯, 溴, 碘和砹, 这些元素的原子都差一个电子就可以填满 P 壳层. 其次, **惰性气体**——氦, 氖, 氩, 氪和氙——几乎既不互相结合, 也不与别的元素结合. 它们的特点是, 电子壳层已全部填满, 而下一个能级又离得很远, 所以很难有其他的电子再与它相结合.

还有很长一串元素也很有意思, 它们叫做 $3D$ **过渡元素族**, 这一族里的元素性质很相似. 填充 $4D$ 壳层的元素在化学性质上与 $3D$ 族的元素差不多. 填充 $4F$ 壳层的有 14 个元素 (有 7×2 个退化能级), 它们的化学性质也彼此相似, 由于这些元素在自然界中分布不广, 它们被称作**稀土元素**. 在稀土元素之后是 $5D$ 族, 它们的性质在很多地方与过渡元素 $3D$ 和 $4D$ 族很接近. 周期表中最后一族元素相应于填充 $5F$ 和 $6D$ 壳层的元素. 这一族的前 4 个元素称为**锕系元素**, 它包括锕, 钍, 镤和铀. 这些元素与稀土元素一样, 具有实际上相同的化学性质. 铀以后的元素叫做**超铀元素**.

我们已经, 至少是定性地, 成功地解释了元素周期表的基本性质. 但是事情很明白, 我们在分析周期表的过程中利用了一系列假设. 迄今为止, 甚至对于只有两个电子的氦原子, 也还没有谁能得出薛定谔方程的确切的解, 更不用说对于多电子系统的薛定谔方程的确切解. 甚至使用最先进的电子计算机和目前已知的一切计算方法也无济于事. 因此, 在研究这些系统的时候, 为了从起始的公设中得出必要的结果, 我们不得不引入与我们以前已知的一切相符合的合理假设, 就像我们在研究经典的系统或任意的逻辑系统时, 为避免复杂的推导而常做的一样.

分析周期表时使用的一个基本假设是, 确认原子核和系统中其他电子作用于单个电子的力相对于转动是不变的 (也就是球对称的). 这样, 能级退化的特征是由球对称所决定的, 而这就定性地解释了元素的大部分性质. 非退化能级 $(1S, 2S, 2P, \cdots)$ 的相互位置由准确的电势径向依赖关系所决定. 电势的分布可以用所谓的自洽方法计算出来. 先给出电势的形式, 然后用这个电势去计算出能级和相应的波函数, 再用得到的波函数 (因为波函数的平方给出负电荷的分布) 去确定新的电势. 如果这个电势与原先的电势相符, 那么就认为它是相应于薛定谔方程的可能的解, 而这个解本身是自洽的. 在所有已知结果的普遍一致的基础上, 可以认为, 现代形式的量子物理学能够正确地解释元素周期表.

参考文献

[1] *Orear J.*, Fundamental Physics. Wiley, New York, 1961.

思考题与习题

1. 一个多粒子系统被禁锢于边长为 l 的正方形中, 试问在它的第一激发态上可以有多少个费米子? 多少个玻色子?

2. 假设电子没有自旋, 试排出门捷列夫周期表的前八个元素, 并定性地说明这些元素的化学性质.

3. 试求:

a) 由 12 个费米子组成的系统的能量. 费米子的质量为 m, 它们禁锢于边长为 l 的立方体中.

b) 由 12 个玻色子组成的该系统的能量是多少?

4. 人体吸收了镭或者放射性锶之后, 这些元素在人体的哪一部位聚集? 为了回答这个问题, 应首先考虑一下周期表内各组元素的化学性质.

*5. 硫原子和钛原子的最外层电子的量子数 n、l、m_l 和 m_s 各为多少?

6. 为什么很迟才发现氦? (氦是在十九世纪末才发现的.)

7. 在原子的所有最低的电子壳层都已填满的情况下, 为什么 μ 子有可能会落到原子的最低能级 ($1S$) 上?

8. 禁锢于长为 l 的一维容器中的 10 个等同的费米子系统的总能量等于多少?

9. 如果这些费米子是电子, 而 $l = 10^{-8}$ cm, 上题所说的系统的总能量等于多少 (以 eV 表示)?

第 46 章　原子核

§46.1　原子核是由什么构成的

卢瑟福根据 α 粒子的散射实验得出结论: 原子的正电荷集中在一个很小而重的中心, 这个中心的半径不大于 10^{-12} cm. 但他并没有能够立刻断定, 这个核究竟是一个正的荷电粒子呢还是它本身又是一个包含几个正电荷的系统; 在 1911 年, 核的总电荷是多少还不太清楚. 在那一年发表的论文中, 卢瑟福本来可以不涉及原子核的结构问题. 但是他忍不住, 而提出了他关于 α 辐射的解释:

"应当指出, 我们已经知道, 金原子中心的电荷大约是 100e, 这大致等于由 49 个氦原子组成的电荷的量, 因为每个氦原子有 2e 个电荷. 这可能只是巧合. 但这个结论是很吸引人的, 因为从放射性物质中释放出来的正是带两个单位电荷的氦原子 (α 粒子)." [1]

每个元素可能由其他元素组成, 这个想法并不新鲜. 早在 1815 年威廉·普劳特就提出过, 一切元素都是由氢原子组成的. 这些原子称为 πρώτη ΰλη, 意思是 "初始物质". 一切其他物质都是由这些初始物质构成的. 后来, 当人们证实, 几乎所有元素的质量都是氢原子质量的整数倍时, 这种想法又重新活跃起来. 在 1886 年威廉·克鲁克斯提出, 一切原子都是由一种他称为 "protyle" 的初始实体组成的. 所有这类尝试的目的都是想找到这样一种初始物质, 利用它能够简单而成功地解释那时候已知的所有实验数据. 现在我们知道, 原子核既不像卢瑟福所设想的那样由 α 粒子组成, 也不是像普劳特所主张的那样由氢原子核组成. 原子核至少含有两种类型的重粒子 (重子): 一种叫质子, 它是带正电的氢原子核, 它的质量约是电子质量的 1 800 倍; 另一种叫中子, 它是一种中性粒子, 它的质量与质子的质量差不多. 这两种粒子统称为核子. 氦原子核是由两个质子和两个中子组成的, α 辐射时释放出的正是这种原子核.

在 1902 年卢瑟福和弗雷德里克·索迪发现, 放射性元素衰变时它们的化学性质也改变了. 接着, 索迪花了十年的时间从事这一现象的研究, 他得出, 放射性衰变后的某些产物, 尽管它们的质量不同, 有时却具有相同的化学性质. 索迪在 1910 年曾徒劳地试图将镭与钍衰变后的产物 —— 新钍 – I 从化学上区分开. 他在 1921 年的诺贝尔奖受奖演说中回忆说:

"从那时 (1910 年) 起我深信, 某些放射性元素是不可区分的, 这完全是个崭新的现象 ……. 这些元素不仅具有相似的性质, 而且在化学上是完全等同的." [2]

在那时候索迪还不清楚, 应当如何去解释这一现象. 因为按照卢瑟福的看法, "中心电荷的量是与原子质量成正比的" [3], 尽管这一规律性只是近似地成立. 由于中心电荷的量决定元素的化学性质 (原子中的电子数), 卢瑟福的这一见解与索迪所得到的结果是矛盾的. 索迪的结果表明, 原子量不同的元素可以具有相同的化学性质; 而根据卢瑟福的看法, 这些元素应当具有不同的化学性质.

对于这一现象的正确解释是由一位荷兰人范德布罗克首先提出的. 他是个物理学爱好者. 他指出: "…… 根据卢瑟福的理论, α 粒子在每个原子上散射的量与原子核电荷平方的比值应当是个常量." [4] 然而, 在假设电荷正比于原子质量的条件下, 盖革和马斯登计算求得的这个比值对各个元素并不相同. 范德布罗克提出了一个假设, 即电荷并不正比于原子量, 而正比于元素在周期表中的序号 (即原子序数). 卢瑟福对于这个假设完全持怀疑态度, 斥之为 "没有足够根据的胡思乱想".

但是索迪成功地表明, 这一假设是卓有成效的 (它是否有足够的根据无关紧要). 索迪在他的研究过程中引入了**同位素**的概念: 同位素是具有不同原子量, 但在周期表中占同一位置的, 也就是具有相同化学性质的元素. 索迪支持范德布罗克的假设, 他写道:

"在一个三次放射性蜕变过程中, 元素接连放出一个 α 粒子和两个 β 粒子 (与放出粒子的次序无关), 这使得原子核的电荷值又返回到周期表中的初

始位置, 虽然此时这个元素的原子量减少了四个单位." [5]

在此基础上, 索迪得出结论: "······ 卢瑟福原子的中心电荷不可能是纯粹的正电荷 ······" [6] 那时候索迪还不可能引入新粒子——中子. 因此他假定, 原子核是由 α 粒子 (可能还有氢原子) 和电子组成的. 按照索迪的意见, 原子核以 β 辐射的形式放出电子. 此外, 原子核中包含电子还可以解释以下事实: 一般来说, 原子核的电荷量要小于原子量的一半, 而如果原子核仅仅由 α 粒子构成的话, 它应当等于原子量的一半.

所以, 在 1913 年前夕形成了下述关于原子核结构的概念. 当时认为, 原子核中包含了足够数目的 α 粒子 (这是为了解释元素的原子量所必需的) 和足够数量的电子 (这是使元素落入周期表中的相应位置所必需的). 这个设想相当不错, 只有某些特殊情况表现为例外. 例如它不能解释, 为什么能从一些元素的原子核中打出氢核来. 到了 1919 年, 卢瑟福宣布, 他实现了从一个元素到另一元素的第一次人工蜕变. 他用高速 α 粒子去轰击氮原子, 使他惊异的是, 他发现了一种新的辐射 (他很快鉴别出这种辐射是氢原子核), 同时还发现氮原子蜕变成了氧原子. 他得出了下述结论:

"······ 氮原子 (核) 由于在与快速 α 粒子相碰撞时所产生的巨大的力的作用而解体, 而此时释放出的氢原子乃是氮核的组成部分." [7]

就这样, 到了二十世纪二十年代, 原子核中包含氢的原子核 (卢瑟福在 1920 年把它叫做质子), 这种看法已得到物理学家的公认. 当时认为, 核内有 A 个质子和 A − Z 个电子, 这里 A 是元素的原子量, Z 是原子序数. 这一质子的数目正好解释核的质量, 而电子的数目又解释了核的电荷. 这种理论和其他一些类似的理论 (认为核中还可能包括 α 粒子) 在当时是为大家所接受的, 尽管有些学者不时地提出, 质子–电子偶实质上就是一种中性的重子, 这种粒子我们现在称它为中子. 卢瑟福在 1920 年提出了这种想法, 但是当时还没有任何实验事实可以证明有中子存在 (并且, 上述想法似乎也不好解释放出 β 粒子的现象), 所以几乎没有什么人重视这种假设.

1925 年乌伦贝克和古德斯米特曾假设说, 电子具有自身的角动量——自旋, 它的量子数等于 1/2. 很快就弄清楚了, 质子的自旋也等于 1/2. 如果现在

想把质子和电子都 "塞进" 原子核中, 就会产生困难. 例如, 氮核的原子量是 14, 而原子序数是 7, 那么它应该有 14 个质子和 7 个电子. 这些粒子的总自旋数不可能等于零, 因为每个粒子的自旋都是 1/2, 21 个这样的粒子的总的自旋数不可能小于 1/2. (两个粒子的自旋是 0 或 1; 三个粒子是 1/2 或 3/2; 四个粒子是 0, 1 或 2; 五个粒子是 1/2, 3/2 或 5/2, 等等. 总的来说, 奇数个 1/2 自旋数无论如何也不会等于零.) 然而实验却表明, 氮原子核的自旋等于零. 后来, 查德威克引入了一个新粒子 —— 中子. 这样, 他不但解释了上述现象, 并且解决了原有理论中的另一个困难. 这个困难是: 按照先前的理论, 原子核中包含有电子, 而根据测不准原理, 位于原子核这样小的体积内的很轻的电子应当具有巨大的动能.

前面指出过, 一个质量为 m 的粒子, 若它被禁锢于长为 l 的一维容器中, 则它处于基态时的动能为

$$\frac{1}{2m}\frac{h^2}{4l^2}$$

如果这个粒子是个电子, 那么 $m \approx 10^{-27}$ g, 当 $l = 10^{-12}$ cm 时, 动能 $= \dfrac{(6.6)^2 \times 10^{-54}}{8 \times 10^{-27} \times 10^{-24}}$ erg $\approx 5.6 \times 10^{-3}$ erg $\approx 3\,500$ MeV. 另一方面, β 衰变时从原子核中飞出电子的能量的数量级为 1 MeV. 这样的能量值也可以用核内势垒的深度与计算得到的动能几乎完全一致来解释, 但是这种解释看来是非常牵强附会的. 如果这个粒子具有核子的质量, 相应的动能约为 2 MeV, 这样大小的能量看来要合理得多.

引入了中子 (中性重子, 质量大致等于质子的质量, 自旋为 1/2) 以后, 就可以解决上面提到的各种困难. 例如, 氮原子核 (原子量为 14, 原子序数为 7) 现在可以认为是由 7 个质子和 7 个中子组成的, 它们的自旋之和等于零. 核内也不必包含具有巨大动能的电子了. 同位素的现象也得到了解释: 如果从核中取走或放入中子的话, 元素的原子量改变了, 但原子序数并不跟着变化.

所以, 自从引入中子以后, 原子的结构就成了直至今日为大家所承认的那个样子 (图 46.1).

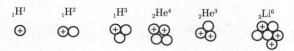

图 46.1 元素除了使用化学符号外, 还使用两个数字来表示

符号右上角的数字表示原子量, 符号左下角的数字表示核的电荷量 (原子序数). 如氘表示为 $_1\text{H}^2$, 氦的两个同位素为 $_2\text{He}^4$ (氦–4) 和 $_2\text{He}^3$ (氦–3) (以前常用的元素表示法为 $_N\text{X}^A$, 目前通用的元素表示法为 $_N^A\text{X}$, 这里 A 表示原子量, N 表示原子序数. ——译者注)

§46.2 核子是怎样结合在一起的

当建立原子模型的工作已经完成的时候, 科学家们创建原子核模型的工作方兴未艾. 假若原子核只是一个质量为 A、荷电量为 Z 的带电体的话, 或许就不存在什么结构问题了. 但是在这种情况下, 将不得不引入许多彼此毫不相干的各种概念. 因此, 为了简便并基于众多的实验事实 (一种原子核能够蜕变为另一种原子核, 核可以辐射出质子、中子、α 粒子、电子和 γ 射线), 我们不得不承认, 核是由一些较简单的客体 (中子、质子等) 组成的. 这些核子以某种方式结合在一起, 它们经过相应的重新组合后可以形成另一种核.

如果认为原子核是由中子和质子组成的, 它们之间必须有某种力的作用才可能结合在一起. 简单的计算表明, 这是一种新的力. 因为用我们已知的经典力 —— 引力或电磁力 —— 不可能合理地解释核物质的稳定性. 作用于带正电的质子之间的库仑力是斥力, 它等于

$$F_{库仑力} = \frac{e^2}{R^2} \text{ (数值)} \tag{46.1}$$

而引力是吸力, 它等于

$$F_{引力} = \frac{GM_\text{p}M_\text{p}}{R^2} \text{ (数值)} \tag{46.2}$$

式中 M_p 是质子的质量, 这两个力的比值为

$$\frac{F_{引力}}{F_{库仑力}} = \frac{GM_p^2}{e^2} \approx 10^{-36} \tag{46.3}$$

这个量与核子的质量和电荷有关, 它是个很小的量. 由此看出, 与电力相比, 原子核中的引力可以忽略不计.

根据上面的分析, 不得不认为, 在核子 (质子和中子) 之间还有某种别的吸引力在起作用, 它能够克服电磁力的排斥作用. 并且, 这个力应当相当大, 这样才能克服正电荷之间的电磁排斥力, 使原子核能够稳定地存在: 只是到了十九世纪末才第一次观察到一种核向另一种核的蜕变, 这就足以说明原子核是多么稳定.

利用核引力应当大于正电荷之间的电磁斥力这一事实, 很容易估算出核子间相互作用能量的典型数值. 例如, 若要向一个含有 50 个质子的核中再引入一个质子 (结果得到一个 $Z = 51$ 的核), 为了克服电磁斥力, 就必须花费约 10 MeV 的能量. 的确, 处于这种核内的质子的电能接近 10 MeV (图 46.2):

$$V(r) = \frac{50e^2}{r} \approx \frac{50 \times (4.8 \times 10^{-10})^2}{10^{-12}} \text{ erg} \approx 1.5 \times 10^{-5} \text{ erg}$$

$$\approx 10 \text{ MeV}$$

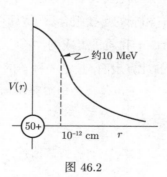

图 46.2

从上述估算可以看出, 核子和核过程的典型能量是以兆电子伏来计算的, 而不像在原子过程中那样是以几十电子伏来计算的. (原子中的电子与核的距离约 10^{-8} cm, 而在核中, 质子之间的距离约 10^{-12} cm. 其结果是, 相应的库仑力之间相差 10^8 倍.)

这些估算也与简单的核实验中观察到的能量值是一致的. 原子的转化能量值是几个电子伏大小, 而 α、β 和 γ 射线 —— 这些核蜕变的产物的能量值一般为兆电子伏量级. 按一般尺度来衡量, 核过程的能量是如此之大, 以致可以用来测出相应的质量亏损:

$$质量亏损 = \frac{辐射能量}{c^2} \tag{46.4}$$

爱因斯坦在 1905 年谈到他的能量与质量间的关系式时, 曾经提出:

"用那些所含能量高度可变的物体 (譬如用镭盐) 来验证这个理论, 不是不可能成功的." [8]

将参加核过程的初始核和终止核的质量和动能加以比较, 大概能对爱因斯坦公式的正确性作出最确切和最令人信服的证明.

先测出质子和中子的质量, 并将它们与由这些粒子组成的核的质量相比较. 把得到的质量间的差值 (质量亏损) 再与使质子同中子聚合时放出的能量, 或者使核发生裂变所需的能量相比较. 我们用氘核作为一个例子来研究. 氘是氢的同位素, 氘核含有一个质子和一个中子. 我们现在来进行类似收入、支出平衡的计算:

质子质量	$1.672\,43 \times 10^{-24}$ g
中子质量	$\underline{1.674\,74 \times 10^{-24}}$ g
(1) 总质量	$3.347\,17 \times 10^{-24}$ g
(2) 测出的氘的质量	$\underline{3.343\,21 \times 10^{-24}}$ g
质量亏损 = (1) − (2)	$0.003\,96 \times 10^{-24}$ g

$$结合能(E = mc^2) = (质量亏损) \times c^2 = 3.564 \times 10^{-6}\ erg = 2.225\ MeV$$

2.225 MeV 就是中子与质子聚合而形成氘时放出的能量, 或者是将氘裂变成质子和中子时所必需的能量. 测量出裂变氘的光子的能量就可以检验上述结论 (图 46.3).

核的结合能就是核系统的基态能量, 此时假定原子核分裂成核子后, 这些核子的动能为零. 那么在一般情况下, 这个结合能或者通过测量将核分裂成它的组成粒子 (质子和中子) 所必需的能量值来确定, 或者根据核系统的质量与

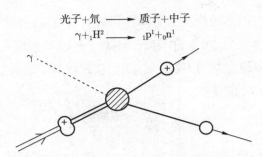

图 46.3　假如氘核在开始时处于静止状态, 那么引起这一过程所需的光子最低能量等于氘的结合能 (忽略质量中心的不大的位移); 光子质量 + 氘的质量 = 质子质量 + 中子质量. 测量得到的最小能量等于 (2.226 ± 0.003) MeV

组成该系统的单个质子和中子的总质量之间的差来确定. 能量与质量差 (质量亏损) 之间的联系由爱因斯坦公式给出 (与氘的情况一样).

§46.3　核力与核模型

尽管有确凿的证据表明有核力存在, 但它的作用却没有在宏观尺度上观察到. 这就使我们面临一种非常奇怪的情景: 我们不得不假设存在一种力, 它比电力的作用强几百倍并使核子相互吸引在一起; 然而在日常生活中却丝毫也感觉不到它的存在. (作用于普通大小的两个物体间的引力可以利用复杂的设备观察到; 要观察电力也很简单, 只要物体的电中性稍被破坏就能出现很大的力; 而核力的类似作用却是谁也没见过的.) 上述事实再加上核子在核子上散射实验的数据就构成关于核力概念的基础: 核力是一种非常强大的力, 在很短的距离内它的作用能压倒其他各种力的作用; 它的作用半径很小, 在 10^{-12} cm 范围以外实际上就感觉不到它的存在了.

核的问题要比原子的问题复杂得多. 因为在原子中起作用的力是电力, 它是我们熟悉的. 在原子问题中起主要作用的是核对原子电子的电吸力, 所以总是可以得到这个问题的近似解, 在某些情况下 (例如对氢原子) 甚至还可以得到准确的解, 这些解可以与实验结果相比较. 而核子间的作用力 (如果可以使用这个术语的话) 的特性却不能从日常经验中获知, 因为在日常经验中根本发现不了它. 这种力的形式只能根据散射实验的数据或从分析能级的基础上得出. 对核力性质 (它对距离、速度、自旋等等的依赖关系) 的研究已经持续了将近 40 年. 人们发现, 也许除了某些定性的性质不难列举出来以外, 核力的性质非常复杂. 它居然复杂到这种地步, 以致造成了这样的印象, 好像力这个概念本身对核来说已不再适用. 然而, 假若把原子核中的核子看成是处于一个壁垒很高 (但并非绝对不可穿透的)、体积很小的球形容器中, 那么就可以很容易地把核力的一些基本性质——非常短的作用半径和非常大的量值——考虑进去.

利用基于下述简单设想的核模型就可以, 至少定性地, 描述观察到的核的许多性质: 中子和质子都具有数值为 1/2 的自身角动量 (自旋) 和自身的磁矩 (每个核子都是一个小磁体), 它们都是费米子并服从不相容原理; 中子和质子禁锢在半径约为 10^{-12} cm 的球形容器中 (容器的半径随着核内所含核子数的增多而略有增大), 也就是说, 这些粒子组成一个量子系统. 它们可以用与氢原子的量子数相差不大的量子数来描述, 而核的排列顺序有点像周期表中元素的排列顺序. 它们的差别只是作用于核内的力的径向依赖关系与作用于原子内的力的径向依赖关系的形式不同.

核的一些重要的定性性质甚至可以从核的一维模型中得出. 在一维模型中假设, 核子禁锢在相距约 10^{-12} cm 的两壁之间. 由于壁不应当是不可透过的 (虽然核引力很大, 核子仍然有可能脱离核), 它们的作用可以用势阱来描述, 使得处于这个势阱中的核子的薛定谔方程的解 (波函数), 在壁外很快降到零 (图 46.4).

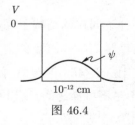

图 46.4

由实验得出, 原子核的势阱对质子和中子都是一样的[①]. 在这个基础上可

———

① 势阱可以看作是所有的核子按核体积平均的共同吸引作用的结果.

以认为, 如果不考虑质子和中子在电荷值上的差别, 那么中子和质子将相应于同一个量子系统 (核子) 的两个退化状态, 就像在没有磁场的情况下具有不同取向自旋的两个状态相应于同一个量子系统 (电子) 的两个退化状态一样. 对于质子来说还需要附加上电力, 而中子是感觉不到电力的. 由于这个原因, 质子的势阱形状不同于中子的势阱形状 (图 46.5). 其结果是, 质子要渗入核子比中子更困难, 因为它还必须克服库仑力的排斥作用. 而如果质子位于核中, 则它与核的结合要比中子松弛, 因为作用于质子的核引力的一部分被库仑斥力所抵消.

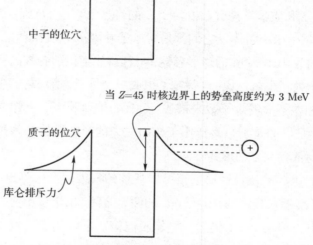

图 46.5 对于质子的情况, 库仑势能将与描述核力作用的直角形势阱相加, 结果得到如图所示的形状. 因而, 质子要进入核内必须克服势垒

现在我们可以来研究各种不同核的结构了, 这与我们研究元素周期表的结构或者用费米子填充一维容器 (第 45 章) 的情形很相似. 核的相应的薛定谔方程的解也与德布罗意波 [见式 (45.5)] 相似, 两者的差别仅在于它们的能量和形式略有不同. 因为壁不是不可穿透的, 所以在容器壁上波函数不应当趋于零, 而且在容器外也可以不等于零 (图 46.6).

两个具有相反的自旋方向的质子相应于第一个德布罗意波, 另外两个质子——第二个波等等. 中子也是这样. 由于中子的能级比质子的低, 可能会产

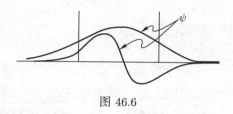

图 46.6

生一个问题: 为什么核不能完全由中子组成? 问题的答案包含在泡利原理中. 因为在一个能级上只能有两个中子, 所以当核中聚集了太多的中子时, 核中再加进一个质子比加进一个中子在能量上更为有利 (图 46.7). 所以, 在重核中, 在泡利原则的要求和库仑排斥作用之间形成一定的折中, 其结果是, 原子核中的中子通常总是比质子多.

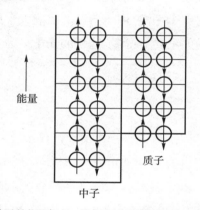

图 46.7 中子的势阱比质子的深, 但是, 根据不相容原理, 在一个能级上只能有两个中子, 所以有时再加进一个质子, 比加进一个中子在能量上更为有利

把这个模型推广到三维空间 (质子和中子禁锢在一个直径很小的很深的球形势阱中), 就能够以合理的准确性描述现实的核. 这种模型可以定性地解释观察到的许多核的性质 —— 能级结构, 核内的中子比质子多, 核的稳定性, 核跃迁时放出的辐射等等. 这种模型获得了相当的成功, 就与元素周期表的情况相仿. 或许, 力的概念本身不适用于核的情况, 但我们毫不怀疑, 在这个领域内, 一种能够取代旧概念的新概念也将是量子性的. 因为我们认为, 原子核在本质上是个量子系统.

§46.4　核过程和稳定性

　　原子核中如果含有过多的中子或过多的质子, 或者在核子数目确定的情况下, 核处于激发态而不是基态, 那么核的行为也与原子相似, 往往辐射出光子或者粒子, 从而跃迁到能量较低的另一状态. 为了了解这些可能发生的跃迁的特性, 我们需要知道核除了辐射光子以外, 还能够辐射哪些粒子. 为此, 下面我们来说明, 哪些核过程是可能的.

　　在地球上第一批观察到的核过程中, 也就是观察到的放射性现象中, 发现了 α, β 和 γ 射线. 根据现代的概念, 核过程中 γ 辐射 (放出光子) 的发生是在电磁力的作用下, 核从一个状态跃迁到另一状态的结果 (图 46.8). 这与原子跃迁时产生光子辐射完全一样. 由于典型的核能大于典型的原子的能量, 所以核过程发出的光子的能量要大得多, 这样的光子称为 γ 射线.

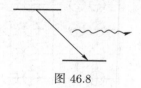

图 46.8

　　激发态的核所辐射出的 γ 射线可以分解成一系列谱线. 与原子谱线一样, 我们也可以利用这些谱线对核的各个能级进行分类. 我们也可以引入线状能级, 禁戒跃迁和容许跃迁等等术语. 核谱线与原子谱线很相似, 这一点足以证实核具有线状能级. 它也表明, 我们关于核是个量子系统的看法是正确的.

　　现在我们知道, β 衰变 (核放出电子或正电子, 并相应地改变核的电荷值) 的发生是下述重要过程的结果:

$$中子 \rightarrow 质子 + 电子 + 反中微子 (电子型)^{①}$$

$$n \rightarrow p + e^- + \bar{\nu}_e$$

(反中微子是中微子的反粒子, 它也是不带电和质量为零的粒子, 后面我们将讲到它们). 上面这个过程按照作用力的大小来说, 它是介于电磁过程和引力

①目前已经知道有三种类型的中微子: 一种中微子是与电子有关的 ν_e (即 β 衰变中的那一种); 第二种中微子是与 μ 子有关的 ν_μ; 第三种中微子是新发现的 ν_τ. ——译者注

过程 (它比电磁相互作用弱 10^{11} 倍) 之间的过程, 因此中子在真空空间中的寿命约 15 min (这在核尺度上是非常长的时间周期). 一个含有 Z 个质子和 $A - Z$ 个中子的原子核, 由于 β 衰变的结果, 它将衰变成含有 $Z + 1$ 个质子和 $A - (Z + 1)$ 个中子的原子核:

$$(Z, A) \to (Z + 1, A) + e^- + \bar{\nu}_e$$

关于有中微子存在的假设首先是泡利提出的; 泡利需要这个假设是为了解释 β 衰变时能量守恒定律似乎被破坏了的现象. 从那时起, 中微子已经在实验中被或多或少地直接观察到了.

α 衰变不仅对理解核跃迁有重要作用, 它也是应用量子力学概念去解释核现象的出色范例. 1928 年德国的伽莫夫和美国的康顿和盖尔尼相互独立地提出, 用量子理论可以解释 α 衰变的机制, 并得出 α 粒子发射频率的合理估算. 从经典理论看来, 在 α 衰变过程中测得的核放出的 α 粒子的能量值太小了. 例如, 根据经典理论, 钍核 ($Z = 90$) 放出的带两个电荷值的粒子的能量不应小于 26 MeV, 这个数值还没有把粒子为了从核中飞出所必须具备的能量考虑在内.

在核边界上的势能等于 (图 46.9)

$$V = \frac{(\alpha \text{ 粒子的电荷}) \times (\text{钍核的电荷})}{R}$$
$$= \frac{2 \times (4.8 \times 10^{-10} \text{ sC}) \times 90 \times (4.8 \times 10^{-10} \text{ sC})}{10^{-12} \text{ cm}}$$
$$= 4.1 \times 10^{-5} \text{ erg} \approx 26 \text{ MeV}$$

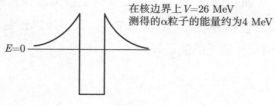

在核边界上 $V = 26$ MeV
测得的α粒子的能量约为4 MeV

$E=0$

图 46.9

然而在实验中从未见到过这么大能量的 α 粒子. 一般来说 α 粒子的能量都在 5 MeV 左右 (在我们所讨论的例子中, 它等于 4.2 MeV). 造成了一种印象, 好像 α 粒子是在离核的边界较远的地方形成的, 那儿排斥势垒较小, 所以较小能量的粒子就能从核中飞出.

伽莫夫写道: "如果从波动力学的观点来考察这个问题, 上面提到的困难自然就消失了. 在波动力学中, 这样大小能量的粒子总可以以不等于零的有限概率穿过一个区域到另一个区域, 甚至在这两个区域被任意大的, 但不是无限大的势垒所隔离的情况下也是如此." [9]

伽莫夫假设, 在核中, α 粒子作为核的一部分而处于一个势阱中. 如不考虑库仑力, 这个势阱的形状如图 46.10a 所示 (是个狭而深的阱). 如果把库仑力考虑在内, 这个势阱像一个有很深的喷射口的火山 (图 46.10b). α 粒子在火山口内的某个地方运动, 它具有一定的能量. 其中, α 粒子的能量值也可能这么大: 从经典观点看来, 这样能量的粒子不可能从核中飞出去, 但是它要是在核外存在的话, 这样的能量就完全够了.

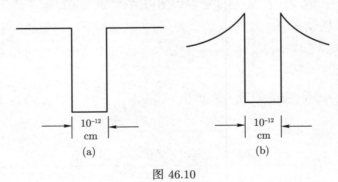

图 46.10

图 46.11 所示的 α 粒子具有足够的能量可以在核外存在, 但根据经典物理的定律, 这个能量又太小, 它不足以使粒子离开核. 在核内的 a 区 α 粒子的能量等于

$$E = \frac{1}{2}mv^2 - V_0 \tag{46.5}$$

这里 V_0 是核的常量势能, 它相应于吸引力. 因此

$$v = \sqrt{\frac{2}{m}(E + V_0)} \tag{46.6}$$

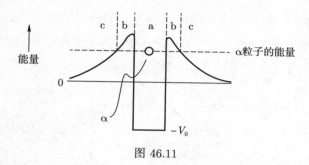

图 46.11

根据经典理论, 这个 α 粒子可以安心地留在这个区域内, 它可以在势垒的两壁之间往返运动 (图 46.12). 在远离核的 c 区, 核力与电力的影响已经微不足道, 因此, 在这里的 α 粒子的能量将等于

$$E = \frac{1}{2}mv^2 \tag{46.7}$$

因此, 只要 E 是正的, 那么在 c 区也有解

$$v = \sqrt{\frac{2E}{m}} \tag{46.8}$$

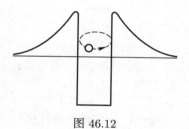

图 46.12

这样一来, 根据经典理论, α 粒子也可以在这个区域存在. 粒子要么离开核而运动, 要么从核反射回来 (如果它开始时是向核的方向运动的话) (图 46.13). 从经典观点看, b 区是个禁区, 因为在这个区域中 V 是个正数 (库仑斥力), 而量 $E - V$ 与 E 的大小有关, 它可能是个负数, 而当 $E - V < 0$ 时, 方程式

$$v = \sqrt{\frac{2}{m}(E - V)} \tag{46.9}$$

没有实数解, 所以这个区域内没有经典的解. 因此, 在 $E = 0$ 到
$E = V$ 的能量区段内, $E - V$ 是个负值, 库仑势将在经典理论所容
许的两个区域之间起到不可穿透的势垒的作用.

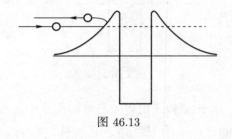

图 46.13

对于势能有火山口一样的形状, 而粒子的能量大于零、但小于势垒的最大
高度的情况, 能够找到薛定谔方程的解. 正如我们在前面已经看到过的那样,
这个解是个波函数, 它能从一个经典理论容许的区域连续地过渡到另一个经
典理论容许的区域, 也就是说, 量子粒子可以 "透过" 经典的禁区 (图 46.14).

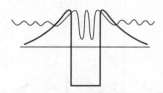

图 46.14　在势阱外面波动方程的解不趋于零

计算表明, 对于铀经 α 衰变而形成钍的情况, 波函数 $|\psi|^2$ 约
有 $1/10^{38}$ 位于 c 区; 剩余的 $|1 - 10^{-38}|$ 的 $|\psi|^2$ 集中在核内的 a
区. 这个结果可以解释如下: α 粒子与势垒壁的每 10^{38} 次碰撞中,
有一个 α 粒子从核内飞出. 10^{38} 这个数值在很大程度上依赖于势
垒的高度和宽度 (依赖于势能与距离的关系曲线下的面积). 一般
来说, 对于不同的核这个数值也不一样. 假若 α 粒子在核的两壁之
间往返运动, 当它的能量 $E = 4.2\,\text{MeV} = 6.7 \times 10^{-6}\,\text{erg}$ 时, α 粒
子的速度为

$$v = \sqrt{\frac{2(E + V_0)}{m}} \approx \sqrt{\frac{2 \times 5.4 \times 10^{-5} \text{ erg}}{6.7 \times 10^{-24} \text{ g}}} \approx 4 \times 10^9 \text{ cm/s}$$

因为核的直径约 10^{-12} cm, 而 α 粒子的速度约 10^9 cm/s, 所以 α 粒子与核的 "壁" 每秒将碰撞约 10^{21} 次

$$\frac{10^9 \text{ cm/s}}{10^{-12} \text{ cm/碰撞}} \approx 10^{21} \text{ 碰撞/s}$$

我们假定, 每 10^{38} 次碰撞后从核中飞出一个 α 粒子, 铀核放出 α 粒子衰变为钍核所需的时间为

$$\frac{10^{38} \text{ 碰撞}}{10^{21} \text{ 碰撞/s}} = 10^{17} \text{ s}$$

即约需几十亿年的时间才能从铀核衰变成钍核. 这给人一种印象, α 衰变发生得这么少, 我们任何时候都不可能观察到它; 但只要 4 g 纯铀就含有 10^{22} 个核. 由于每秒内与核 "壁" 发生 10^{21} 次碰撞, 那么 4 g 铀在这个时间内将发生 $(10^{21} \text{ 碰撞/s}) \times 10^{22} = 10^{43} \text{ 碰撞/s}$, 或者

$$\frac{10^{43} \text{ 碰撞/s}}{10^{38} \text{ 碰撞/衰变}} = 10^5 \text{ 衰变/s}$$

即 4 g 铀每秒将辐射出 10^5 个能量为 4.2 MeV 的 α 粒子.

为什么一些核是稳定的, 另一些核是放射性的? 这个涉及核物质的稳定性的问题大致可以以下述方式解答. 倘若一个核能够通过 α, β 或 γ 蜕变而跃迁到能量较低的另一状态, 那么一般来说, 它将完成这个跃迁; 倘若它不能, 那么这种核就是稳定的. 例如, 我们来研究一下碳核与硼核, 它们的质量数都是 12. 硼是第 5 号元素, 它有 5 个质子和 7 个中子. 碳是第 6 号元素, 它有 6 个质子和 6 个中子. 然而硼核的质量略高于碳核的质量. 它们的质量之差等于 2.476×10^{-26} g, 所以碳核的结合能要比硼核的结合能大 14 MeV. 那么可能发生什么样的跃迁呢? 硼核可以辐射 β 粒子, 结果是, 它的第 7 个中子变成第 6 个质子. (一般来说, 完全可以有另外的跃迁机制, 但在上述情况下讲

的是 β 衰变.) 碳 –12 核是稳定的, 它已不可能衰变成由 12 个核子构成的、具有另一种组合的、结合能更高的核.

有时候核可以放出 α 粒子而跃迁到更稳定的状态. 例如, 核 $_4\text{Be}^8$ 就比 $_3\text{Li}^8$ 或者 $_5\text{B}^8$ 更稳定. 尽管如此, 核 $_4\text{Be}^8$ 也是不稳定的, 因为它的 8 个核子的组合并不是能量上最有利的组合. 而两个 α 粒子 (氦核) 的组合最为有利:

$$_3\text{Li}^8 \qquad 13.317\,4 \times 10^{-24}\ \text{g}$$
$$_5\text{B}^8 \qquad 13.318\,3 \times 10^{-24}\ \text{g}$$
$$_4\text{Be}^8 \qquad 13.288\,0 \times 10^{-24}\ \text{g}$$
$$2(_2\text{He}^4) \qquad 13.287\,8 \times 10^{-24}\ \text{g}$$

其结果是, 铍 –8 不可避免地衰变为两个 α 粒子.

如果把所有的稳定核标在坐标纸上, 横坐标表示质子数, 纵坐标表示中子数 (图 46.15), 我们可以看到, 随着核的质量的增加, 核中中子所占比例将从 50% (氦) 增至 59% (钡), 而最后达到 61% (铀). 这一事实意味着, 假若一个

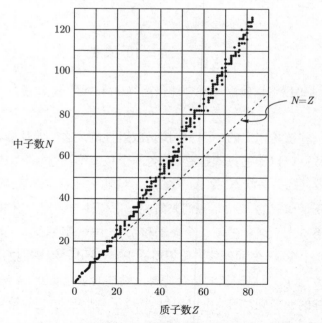

图 46.15   稳定核中的质子数与中子数的关系图 (引自 [10])

重核衰变时放出中子与质子各占一半的一个 α 粒子, 那么这个核为了达到稳定的状态, 还必须失去若干个中子 (表 46.1). 一般来说, 中子是通过 β 衰变而转化成质子的.

表 46.1 铀至铅的衰变图

衰变	半衰期
$_{92}\mathrm{U}^{238} \longrightarrow {}_{90}\mathrm{Th}^{234} + {}_2\mathrm{He}^4$	4.51×10^9 a
$_{90}\mathrm{Th}^{234} \longrightarrow {}_{91}\mathrm{Pa}^{234} + {}_{-1}\mathrm{e}^0$	24.1 d
$_{91}\mathrm{Pa}^{234} \longrightarrow {}_{92}\mathrm{U}^{234} + {}_{-1}\mathrm{e}^0$	1.14 min
$_{92}\mathrm{U}^{234} \longrightarrow {}_{90}\mathrm{Th}^{230} + {}_2\mathrm{He}^4$	2.5×10^5 a
$_{90}\mathrm{Th}^{230} \longrightarrow {}_{88}\mathrm{Ra}^{228} + {}_2\mathrm{He}^4$	80 000 a
$_{88}\mathrm{Ra}^{226} \longrightarrow {}_{86}\mathrm{Rn}^{222} + {}_2\mathrm{He}^4$	1 620 a
$_{86}\mathrm{Rn}^{222} \longrightarrow {}_{84}\mathrm{PO}^{218} + {}_2\mathrm{He}^4$	3.825 d
$_{84}\mathrm{Po}^{218} \longrightarrow {}_{82}\mathrm{Pb}^{214} + {}_2\mathrm{He}^4$	3.05 min
$_{82}\mathrm{Pb}^{214} \longrightarrow {}_{83}\mathrm{Bi}^{214} + {}_{-1}\mathrm{e}^0$	26.8 min
$_{83}\mathrm{Bi}^{214} \longrightarrow {}_{84}\mathrm{Po}^{214} + {}_{-1}\mathrm{e}^0$	19.7 min
$_{84}\mathrm{Po}^{214} \longrightarrow {}_{82}\mathrm{Pb}^{210} + {}_2\mathrm{He}^4$	1.64×10^{-6} s
$_{82}\mathrm{Pb}^{210} \longrightarrow {}_{83}\mathrm{Bi}^{210} + {}_{-1}\mathrm{e}^0$	22 a
$_{83}\mathrm{Bi}^{210} \longrightarrow {}_{84}\mathrm{Po}^{210} + {}_{-1}\mathrm{e}^0$	5 d
$_{84}\mathrm{Po}^{210} \longrightarrow {}_{82}\mathrm{Pb}^{206} + {}_2\mathrm{He}^4$	138.3 d
$_{82}\mathrm{Pb}^{206}$ 稳定核	

注: 表中的 $_{-1}\mathrm{e}^0$ 表示电子 (它的电荷等于 $-e$, 而质量数等于零).

§46.5 核裂变和核聚变

但是, 还存在其他一些核过程. 1938 年 12 月哈恩和施特拉斯曼惊异地发现, 在用中子轰击铀 (原子序数为 92) 得到的产物中发现了放射性同位素钡 (原子序数为 56). 一个月以后, 像许多其他人一样从纳粹德国逃跑出来的莉泽·迈特纳提出了一个设想: 上述现象可以用铀核的分裂来解释. 她把核看成一个具有表面张力的液滴, 利用这种核的液滴模型她得出了下列结论:

"铀核具有很小的稳定性, 因此它完全可能在俘获一个中子以后分裂成差不多大小的两个核 ……. 这两个核将互相排斥. 结果, 根据这些核的尺寸和电荷值进行的计算表明, 它们的总的动能约等于 200 MeV." [11]

这时候费米正在纽约的哥伦比亚大学工作. 他是不久前利用去斯德哥尔摩接受 1938 年诺贝尔奖的机会从意大利逃出来的. 他猜测到, 如果在核分裂后的产物中发现有中子的话, 那么这种反应可能成为链式的. 他开始了分裂铀核 (现在大家把它叫做核裂变) 的实验. 后来, 应费米的同事西拉德的请求, 爱因斯坦给罗斯福总统写了封信. 美国政府拨出了很大一笔钱用以扩大费米的研究工作, 后来这项工作被取名叫做 "曼哈顿计划". 这项计划的目的是要赶在纳粹之前制造出原子弹来.

哈恩和施特拉斯曼在 1938 年所观察到的大概就是下述核反应:

$$_0n^1 + {}_{92}U^{235} \rightarrow {}_{92}U^{236} \rightarrow {}_{56}Ba^{146} + {}_{36}Kr^{90}$$

$_{56}Ba^{146}$ 和 $_{36}Kr^{90}$ 这两个核都是非常不稳定的. 问题在于这两个核中包含的中子数太多, 以至在瞬间 (10^{-14} s 的时间内) 就从这些核中放出一些中子来:

$$_{56}Ba^{146} \rightarrow {}_{56}Ba^{145} + {}_0n^1,$$

$$_{56}Ba^{145} \rightarrow {}_{56}Ba^{144} + {}_0n^1,$$

$$_{36}Kr^{90} \rightarrow {}_{36}Kr^{89} + {}_0n^1.$$

但是这些核中的中子数还是太多, 不过现在它们可以通过 β 衰变跃迁到稳定态, 此时中子就转化为质子 (图 46.16).

按照迈特纳的计算, 在一次裂变反应中释放出来的平均能量大约等于 200 MeV. 这一能量中的大部分构成裂变产物的动能, 并以热的形式表现出来. 其次, 正如费米最终所确定的, 在反应中还放出足够数目的中子, 使反应能以链式进行下去. 每次核裂变平均放出两个半中子. 这些中子能够用来参加下一次的裂变反应. 在大约 10^{-14} s 的时间内可以分裂大量的铀核, 并且每一次裂变事件都放出 200 MeV 的能量. (作为比较我们指出, 在一次典型的化学反应中, 每一个原子放出的能量不会大于 10 eV.) 所以, 如果链式裂变反应能够

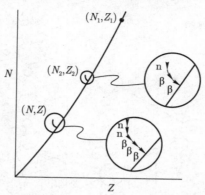

图 46.16 用中子–质子图解表示的、在裂变反应中发生的转化 (引自 [10])

进行到底的话, 这就是原子炸弹. 倘若我们能够控制反应过程, 只容许新产生的那些中子中的一个去参加下一次反应, 那么反应就不会爆发式地进行, 而可以利用它来获取热量 (图 46.17). 实行这种可控裂变反应的装置叫做原子反应堆.

聚合反应可以释放出更大的能量 (图 46.18). 聚合反应是两个或者更多个轻原子核结合在一起而形成一个较重的核, 并放出能量. 核聚变与核裂变无关, 但是在地球上实际上只能通过裂变反应才能实现核聚变. 太阳和星球上的能量就来源于核聚变. 这个想法首先是阿特金森和豪特曼斯在 1929 年提出的. 十年之后, 汉斯·贝特发展了这一思想并提出了一系列核反应的先后次序, 在这些核反应过程中释放出巨大的能量; 按照现代的概念, 在太阳上发生的正是这些核反应. 又经过了十五年之后, 在第一颗氢弹爆炸中实现了核聚变.

如果能够把 4 个质子 (4 个氢核) 结合成一个氦核的话 [只要再放出两个正 β 粒子 (正电子) 电荷就可以守恒], 那么此时就能放出大量能量:

$_1H^1$ 的质量	$1.672\,4 \times 10^{-24}$ g
(1) 4 个 $_1H^1$ 的质量	$6.689\,6 \times 10^{-24}$ g
$_2He^4$ 的质量	$6.643\,9 \times 10^{-24}$ g
2 个正电子的质量	$0.001\,8 \times 10^{-24}$ g
(2) 两项之和	$6.645\,7 \times 10^{-24}$ g
质量之差 (1)–(2)	$0.043\,9 \times 10^{-24}$ g

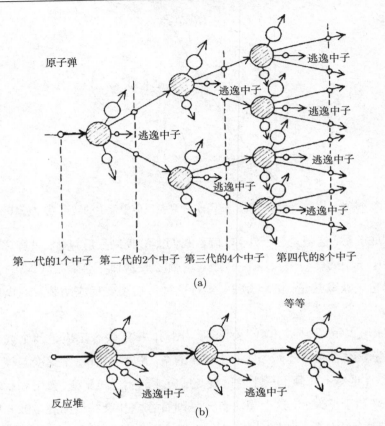

图 46.17　链式裂变反应. (a) 不可控制的链式反应 —— 原子弹; (b) 可控链式反应 —— 原子锅炉 (反应堆) (引自 [12])

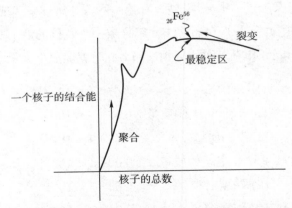

图 46.18　原子核经过裂变和聚合后形成比较稳定的核, 这些核都位于这条曲线的中段

这个质量之差约相当于 25 MeV.

聚变反应要比裂变反应效率高得多, 因为在聚变时约有 1% 的初始质量转化为能量, 而在裂变时只有 0.09% 的初始质量转化为能量. (较为有利的聚变过程是: 氘 + 氘 → 氦, 或者氚 + 氢 → 氦.) 虽然这些反应的能量转换效率很高, 但是却很难实现; 今天它们还只是在星球的内部进行. 很自然要问, 这是为什么?

事情是这样的, 在正常的温度条件下库仑斥力不容许核与核接近到足够短的距离, 所以发生聚变反应的机会非常少. 为了使这种反应能够发生, 核与核应当接近到核力开始起作用的距离上, 而为此, 核应当具有 10^5 eV 左右的能量. 这样就发生了一个问题: 怎样才能获得并约束住具有这样大能量的核?

两个质子间的库仑作用的势能等于 e^2/R. 如果 $R \approx 10^{-12}$ cm, 则

$$V \approx \frac{e^2}{10^{-12}} \approx 2 \times 10^{-7} \text{ erg} \approx 10^5 \text{ eV}$$

相应于这个能量的温度由方程式

$$\frac{3}{2}kT = 2 \times 10^{-7} \text{ erg}$$

决定, 这里 k 是玻尔兹曼常量. 也就是说

$$T = \frac{2}{3} \times \frac{2 \times 10^{-7} \text{ erg}}{1.4 \times 10^{-16} \text{ erg/K}} \approx 10^9 \text{ K}$$

在比 10^9 K 稍低的温度下仍然会有一部分质子具有足够的能量 (能穿过势垒等等). 所以为了实现聚变反应, 有几百万度的温度也就够了.

从这些估算可以看出, 为什么只能借助于裂变反应才能解决聚变问题. 目前, 除了原子弹爆炸以外, 在地球上还不知道有什么方法可以在足够长的时间间隔内得到几百万度的温度. [这个问题有点像一般的化学燃烧问题. 在燃烧过程中, 原子化合时所放出的能量用以加热其他的原子, 而这些原子只能在高

温时才能化合. (也就是说, 如果燃烧温度高于点燃温度, 反应就能自动地持续下去.) 为此必须有个容器, 使得放出的热量能够在其他原子中间进行分配; 还必须有一个点火用的 "火柴".] 某种高能质子源可以作为点燃核聚变用的 "火柴" (下面将作一些这方面的介绍), 但是问题在于, 什么东西可以持续地作为一个容器使用, 而这个容器内的物质的温度竟高达几百万度. 容器[①] 的问题目前还没有解决. (目前正在进行用磁场约束等离子体[②] 的研究.)

在太阳或星球内部, 聚变不断地进行着. 因为星球内部的温度非常高, 所以可以实现某一种聚变循环, 而在这个循环过程中放出的能量又维持了星球的高温. (星球物体由于引力的作用而约束在一起.) 这样我们就可以想象, 星球是多么巨大的能源.

"不要相信, 说什么

星体是一团火 ……"

参考文献

[1] *Rutherford Ernest*, 参见第 36 章文献 [1].

[2] *Haworth Muriel*, The Life Story of Frederick Soddy, New Worl Publications, London, 1958, p. 184.

[3] *Rutherford*, 参见 [1].

[4] *Broek, van der A.*, Nature, 92, 372 (1913).

[5] *Soddy Frederick*, Nature, 92, 399 (1913).

[6] 同上, p. 400.

---

① 在受控聚变的研究工作中, 目前主要试图通过两种途径来解决 "容器" 问题, 也就是约束等离子体的问题, 从而实现可控聚变反应. 一种途径是磁约束, 即利用磁场把等离子体 "装" 在由磁场线构成的 "磁瓶" 中, 从而使之与器壁隔离. 所谓 "托卡马克装置" 就属于这一类. 另一种途径是惯性约束, 即利用聚变物质的惯性, 在它还来不及从反应区飞散的极短时间 (小于 10^{-9} s) 内, 突然将它加热到高温, 使之发生聚变反应. 具体地说, 就是用强大的脉冲电流 (激光或带电粒子束) 去照射由氘、氚组成的燃料靶丸, 将它迅速地加热、压缩达到高温高密, 从而发生聚变爆炸. 之后, 用激光进行惯性约束聚变的研究工作取得了较大的进展. —— 译者注

② 等离子体是完全电离的气体; 等离子体中每个原子都是带电 (电离) 的, 但它作为整体来说仍是中性的.

[7] *Rutherford Ernest*, Collision of α Particles with Light Atoms, IV. An Anomalous Effect in Nitrogen, Philosophical Magazine. 37 (1919).

[8] *Einstein Albert.*, 参见第 31 章文献 [1] p. 71. (第 118 页)

[9] *Gamow George*, Quantum Theory of the Atomic Nucleus, Zeitschrift für Physik, 51 (1928), Henry A. Boorse and Lloyd Motz, trans., in The World of the Atom, Basic Books, New York, 1966, vol. II pp. 1129—1130.

[10] *Weidner R. T.*, *Sells R. L.*, 参见第 43 章文献 [1].

[11] *Meitner Lise and Frisch O. R.*, Disintegration of Uranium by Neutrons: A New Type of Nuclear Reaction, Nature, 143, 239 (1939).

[12] *Atkins K. R.*, Physics, Wiley, New York, 1965.

思考题与习题

1. 原子核 $_{10}Ne^{20}$, $_{82}Pb^{208}$ 和 $_{92}U^{238}$ 中有多少个中子和质子?

2. μ 子原子对原子核的哪些性质最灵敏?

3. 化学反应中有没有质量亏损? 如果有, 它的数值大约多大?

4. 铍的同位素 $_4Be^8$ 的质量为 13.288×10^{-24} g, 试求它的结合能.

5. 不稳定同位素 $_{84}Po^{213}$ 经过一个中间原子核衰变成稳定的同位素 $_{83}Bi^{209}$. 试写出衰变网图.

6. 在 $_4Be^8 \to 2\alpha$ 粒子的过程中飞出的 α 粒子的动能有多大?

7. 在聚合反应 $_1H^3 + _1H^1 \to _2He^4$ 中放出的能量有多少?

*8. 试比较在衰变过程 $_{90}Th^{230} \to _{88}Ra^{226} + _2He^4$ 和 $_{84}Po^{214} \to _{82}Po^{210} + _2He^4$ 中放出的 α 粒子能量的相对大小 (参阅表 46.1).

9. 在垂直于太阳光的地球单位面积上从太阳获得的能量为 8×10^7 erg/ $(cm^2 \cdot min)$. 太阳要提供上述能量, 必须通过 $4(_1H^1) \to _2He^4$ 反应消耗多大数量的氢 (以 t/min 表示)?

10. 查德威克在 1932 年认为: "中子——这是由质子和电子组成的复合粒子." 怎样反驳他的这个观点?

11. 为什么不存在原子序数只差 1 号的稳定的同质异位素 (原子量相同

的元素)?

12. 试求出核 $_{92}U^{235}$ 的库仑势垒的高度:

a) 对于质子;

b) 对于 α 粒子.

13. 试求出核 $_{92}U^{235}$ 开始分裂时裂变碎片 ($_{56}Ba^{146}$ 和 $_{36}Kr^{90}$) 的静电势能, 并用它粗略地估算核 $_{92}U^{235}$ 裂变时释放出的能量值. 假设开始裂变时碎片间的距离为 10^{-12} cm.

第十一篇　量子理论和相对性
原理的统一

第 47 章　电子——相对论波

前面讲到的量子理论是非相对论量子理论, 它与相对论量子理论的关系, 犹如牛顿力学与相对论力学的关系. 把量子概念与相对性原理相结合的理论叫做相对论量子理论. 量子理论一出现, 人们立刻就明白, 应当将这个理论与相对性原理统一起来. 但这种统一工作技术上的困难非常之大, 所以开始时主要的注意力 (特别是在埃尔温·薛定谔的工作中) 都集中到了发展非相对论理论上. 因为完全可以认为, 这一理论能够成功地解释速度比光速小得多的那些现象. 所谓相对论修正值的数量级约为 v^2/c^2. 在原子中, 例如在氢原子中, 电子的典型速度约是光速的 $1/30$ ($v^2/c^2 \approx 10^{-3}$), 因此可以合理地认为, 在这种情况下相对论修正并不重要. 所以很快就创立了由薛定谔理论发展起来的非相对论量子理论, 它成功地从杂乱无章的原子现象中整理出了完整的, 虽然并不十分严格的秩序.

到了二十世纪二十年代末, 大部分非相对论量子现象已经分析得差不多了. 这时候已经很明显, 更重要的下一步是将量子理论与相对性原理结合起来. 假若我们不能够将量子理论与相对性原理统一起来, 那么从原则上讲, 我们就能设想出一种能确定观察者相对于以太的绝对速度的方法, 而这是违反实验事实的. 其次, 当时已经获知一些关于量子理论的预言与观察结果不一致的现象, 因而指望能用相对论效应来解释这些不一致性.

但是出乎意料, 这种统一伴随着巨大的困难. 根本不能将包括概率论解释在内的量子理论直接加以概括, 使之与相对性原理相一致. 经过整整一代人的顽强努力而建立起来的现代相对论量子理论, 虽然尚未最后完成, 或许还有一些不够彻底的地方, 比起非相对论理论来也要复杂得多, 但在这个理论中隐藏着异常丰富的内容, 在它的基础上建立起来的一些原理能够以惊人的准确性描述一些实验现象.

§47.1 狄拉克电子

相对论波动方程是在 1928 年由保罗·狄拉克首先提出的. 这个方程以其简明深刻的物理含义打开了通向形式复杂, 内容丰富的相对论量子理论知识宝库的大门. 狄拉克在尝试将二十世纪的两个最重要的原理结合起来的实践中, 首先注意到了自由电子的问题. 所谓自由电子就是在不受外力作用的情况下, 在虚空空间中运动的电子. 在牛顿理论中, 这种粒子就是一个电荷为 $-e$, 质量为 m 的物体. 到了二十世纪二十年代末, 我们已经知道, 电子还具有自旋和自身磁矩. 在没有外力作用时, 这种牛顿粒子按照惯性作匀速运动. 为了完全确定物体的状态, 需要在给定时刻 (比如说 t_0) 给出它的速度, 位置和自旋的方向 (图 47.1). 物体的能量由下式确定:

$$E = \frac{p^2}{2m}$$

粒子的自旋和磁矩的方向将是任意的, 与粒子在空间的位置和时间无关. 因此, 电子在空间与时间上的每一个状态都相应于粒子的无数个内部状态 (内部状态应理解为与系统的空间和时间性质无关的状态), 这是由自旋方向的任意性决定的.

图 47.1

如果在给定时刻 (譬如说 t_0) 知道了电子的波函数, 那么对于一个没有自旋的薛定谔电子来说, 它的状态可以认为是完全确定了的. 对于我们以前研究过的一维容器的情况, 电子的波函数可以用一个量子数来描述, 它的德布罗意波长为 (图 47.2)

$$\lambda = \frac{2l}{n}, \quad n = 1, 2, \cdots \tag{47.1}$$

电子的能量等于

$$E = \frac{p^2}{2m} = \frac{1}{2m}\left(\frac{h}{\lambda}\right)^2 \tag{47.2}$$

牛顿电子可以有无数个内部状态, 而与给定的德布罗意波相联系的薛定谔电子则与牛顿电子不同, 在具有自旋时它只能有两个状态, 这一点可由粒子角动量必须遵守的量子条件得出.

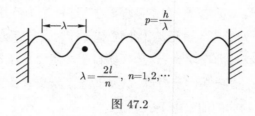

图 47.2

具有自旋的薛定谔电子可以用波长为 λ 的德布罗意波和它的自旋方向来描述 (图 47.3). 电子有两个内部状态, 它相应于自旋的两个可能的取向. 在没有磁场时, 这两个状态是退化的 (它们的能量相同). 所以, 引入自旋使得薛定谔方程的可能解的数目增加了一倍. 不考虑自旋时薛定谔方程的解是一个由位置和时间而确定的波函数:

$$\psi(x, y, z, t)$$

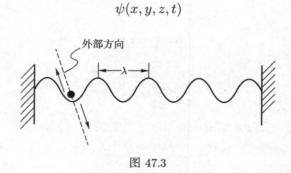

图 47.3

当具有自旋时, 就有了两个解——具有相同的空间–时间性质, 但相应于两个相反的自旋方向的两个波函数:

$$\psi \uparrow (x, y, z, t) \quad \text{和} \quad \psi \downarrow (x, y, z, t)$$

(当初引入自旋的概念正是为了解释有一些谱线数目多了一倍的现象. 自旋的存在证明, 氢原子的能级数目应当比不考虑自旋时多一倍.) 有自旋存在的最重要的后果就是能级数增加了一倍. 正是由于这一点才使得两个电子有可能占有空间的同一个位置, 而不违反不相容原理, 只要它们的自旋指向相反的方向. 在具有外磁场的情况下, 两个自旋状态具有不同的能量值. 这和电子自身的磁矩与外磁场磁力线的相互取向有关.

狄拉克试图利用与薛定谔方程的类似性, 写出与相对性原理相一致的电子的波动方程. 他要求, 这一方程的解仍然是服从概率论解释的德布罗意波, 并且要求电子的能量和动量间的关系遵守相对论性关系式[①]

$$E^2 = c^2 p^2 + m^2 c^4 \tag{47.3}$$

而不是薛定谔方程的解所遵守的关系式

$$E = \frac{p^2}{2m} \tag{47.4}$$

在这种情况下, 狄拉克得出, 电子应当具有 4 个内部状态. 这样, 狄拉克发现, 所有的能级都变成了原先的四倍:

$$\psi_1(x, y, z, t); \quad \psi_2(x, y, z, t); \quad \psi_3(x, y, z, t); \quad \psi_4(x, y, z, t)$$

而当在薛定谔方程中引入自旋时, 能级数只是变成了二倍 (图 47.4).

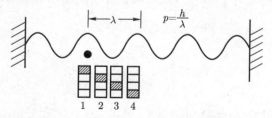

图 47.4 对于波长为 $\lambda(p = h/\lambda)$ 的狄拉克电子, 它的能量等于 $E^2 = m^2 c^4 + p^2 c^2$, 它有 4 个内部状态 (这里用 $1, 2, 3$ 和 4 表示). 这可以看成, 电子由德布罗意波和可取 4 个数值的量子数描述

①在这一部分叙述中, m 应理解为所观察的电子的静止质量 ($\approx 10^{-27}$ g).

在这 4 个内部状态中, 狄拉克成功地解释了其中的 2 个状态, 把它们看作带有自旋的电子的状态; 这本身就是了不起的成就. 在薛定谔的理论中, 为了解释观察到的某些谱线的双重化而人为地引入了自旋的概念. 与此不同, 在狄拉克的理论中, 自旋是作为波动方程与相对性原理相统一的结果而出现的. 电子具有自旋, 这是从量子理论和相对性原理的起始假设中引申出来的结果. 相对论电子必定具有自旋, 并且在狄拉克理论中它等于 1/2. 此外, 与自旋相联系的自身磁矩的大小也与观察值相符. 这就第一次成功地解释了粒子的内在性质, 而这一性质是从能正确描述粒子的空间–时间性质的方程式中引申出来的.

奇怪的是, 狄拉克方程的另外两个附加的解也可以相当容易地得到解释 (图 47.5). 因为在相对论中能量与动量间的联系有

$$E^2 = c^2 p^2 + m^2 c^4 \tag{47.5}$$

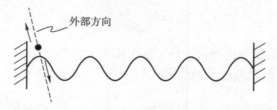

图 47.5   可以认为, 狄拉克方程的两个解相应于电子自旋的两个可能的方向 (向上或向下). 那么另两个解相应于什么呢

每个动量值相应于两个能量值 (将这个方程式的两边开平方, 就得到两个解, 因为平方根有两个数值). 对于上述情况很容易求解:

$$E = \begin{cases} \sqrt{c^2 p^2 + m^2 c^4} \\ -\sqrt{c^2 p^2 + m^2 c^4} \end{cases} \tag{47.6}$$

上面的解相应于正的能量值, 而下面的解相应于负的能量值. 如果粒子的动量等于零, 则

$$E = \begin{cases} mc^2 \\ -mc^2 \end{cases} \tag{47.7}$$

在狄拉克理论中, 对每一个自旋方向都有两个这样的解. 所以, 系统的每一个空间状态相应于狄拉克找到的 $2 \times 2 = 4$ 个内部状态.

应当指出, 在相对论经典力学中也有相应于负的能量值的解. 但是在那儿这些解没有任何意义而被抛弃了. 这可以简单地看作, 在我们所生活的世界上不存在具有负能量的粒子; 事实上, 可以彻底地和无害地将带负能量的解从理论中除去. 但狄拉克很快就意识到, 在量子理论中不能这样做. 相应于负的能量值的解应当有它的物理含义; 想将它们从理论中彻底排除的做法没有成功. 如果说, 由相对论方程导出的自旋和磁矩使我们很高兴的话, 那么我们必须把这些解也考虑在内. 但是, 如果一个电子真的能够存在于负能状态, 那么它的行为将是非常离奇的. 对于一般电子, 由于与其他粒子相碰撞而逐渐减速并最终将停下来; 但对这种电子却是另一个样子, 它将加速得愈来愈快, 直到它的速度等于光速 …… 从相对论方程的分析中表明, 这种性质不仅在过去的任何时候都不曾观察到, 并且也未必能在将来的某个时候发现它. 从这一点出发, 狄拉克提出了他的著名的假设.

§47.2 狄拉克真空

薛定谔电子 (考虑到自旋) 的能量与动量间的函数关系由表达式

$$E = \frac{p^2}{2m} \tag{47.8}$$

给出. 当这个电子被禁锢于一个容器中时, 它的能级是离散的, 并分布得相当密集. 图 47.6 画出了有自旋的薛定谔电子的能级. 这里的每一个能级相应于两个自旋状态. 最低能级与横坐标轴之间的距离由测不准原理确定 (并与容器的大小有关). 在每个能级上可以有自旋方向相反的两个电子. 根据不相容原理, 与每一个德布罗意波相应的电子数不能超过两个. 如果一个薛定谔电子开始处于动量为 p 和能量为 E 的某个状态, 它与其他粒子 (比如说, 与一些静止着的电子) 相碰撞, 那么它将逐步跃迁到较低的能态, 直到最后它处于最低的能态时为止 (图 47.7).

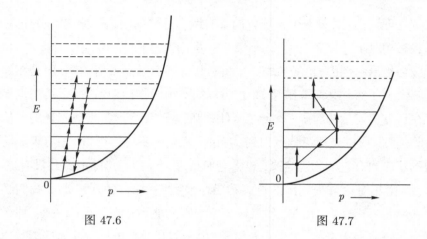

图 47.6   图 47.7

　　狄拉克电子的能级结构则是另一个样子 (图 47.8). 每个能级相应于两个自旋状态, 这与以前一样. 正能量值的能谱将从能量等于 mc^2 加上电子根据测不准原理 (因为电子是禁锢在容器中的) 应具有的能量的地方开始. 在这个能量点以上分布着其余的线状能级, 这些能级应当满足能量与动量间的相对论关系式; 在每一个这样的能级上可以有自旋方向相反的两个电子. 这个能谱的根本不同的新特点在于具有负能量的能级. 这些能级从靠近 $-mc^2$ 的地方开始, 一直延伸到 $-\infty$, 它是正能量能级分布的镜面对称 (正能量的能级从 mc^2 附近开始, 一直延伸到 $+\infty$). 量子理论的困难在于不能把负能量的状态与正能量的状态隔离开; 电子可以从正的能级跃迁到负的能级, 如图 47.9 所示. 其结果是, 当电子与其他粒子相碰撞并损失能量时, 它可能跃迁到负能级并开始不断加速, 而它的能量将趋向 $-\infty$.

　　为了防止电子发生这种灾难性加速, 狄拉克提出了下列假设: 我们平时所谓的真空, 事实上并不真的是空的, 它是一种系统, 在这种系统中的所有负能级上都有两个电子. 这样一来, 在真空中当然就有非常多 (无穷数目) 的电子. 所以, 位于所谓虚空空间中的电子的能谱, 看上去完全不像图 47.10 所表示的那样 (电子可以跃迁到非常不合适的负能量状态); 而更可能是像图 47.11 所示的那样, 全部负能级都被其他电子所占满了. 根据不相容原理, 电子不可能跃迁到某个已被占满了的负能级, 因此电子将留在我们希望看到它的地方, 也就是留在正能级区中的一个能级上. 而如果电子不遵守不相容原理的话, 狄拉

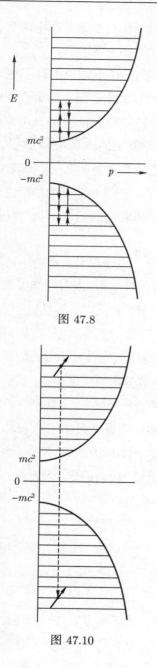

图 47.8

图 47.10

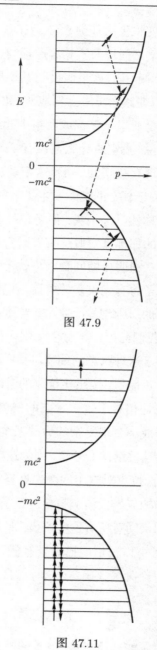

图 47.9

图 47.11

克假设就将失去任何意义. (正是在这个基础上, 相对论量子理论确立了自旋与统计学之间以及不相容原理与负能量状态之间的关系.)

初看起来, 这个假设与其说回答了一些问题, 还不如说引起了更多的问题. 真空突然间出乎意料地从德谟克利特、伽桑狄和牛顿笔下的虚空变成了某种更像是亚里士多德或者笛卡儿式的 "充满着物质的空间 (plenum)". 现在已经不能说, 真空中什么也没有了. 它是一个非常复杂的体系, 在某种意义上它包含了现有一切的一半, 这个系统的全部负能级都充满了电子. (随着时间的推移, 关于真空的概念发生了某些变化, 填满了的能级和空着的能级之间的明显非对称性已经消失; 但是现代真空的复杂性质和它的运动学仍与狄拉克首先提出的那种真空概念有着紧密的联系.)

一些很明显的问题立刻就产生了. 首先, 每个电子都具有电荷 $-e$, 所以无数个电子将有无限多的电荷. 在狄拉克所假设的真空中, 所有负能级都是充满了电子的, 因此这个真空应当具有无限多的电荷. 狄拉克不否认这一点. 但是他说, 我们已习惯于这个无限多的电荷, 它是事物的正常状态. 我们只能感觉出相对于这种状态的偏离. 除了电荷以外, 真空还应当具有无限大的质量和无限大的负能量. 按照狄拉克的看法, 这一切都是事物的正常状态; 我们能感受到的只是相对于这一状态的偏离. 更糟糕的是另一件事: 充满所有负能级的电子形成一个很复杂的力的系统, 因为它们相互间有电力作用. 因此, 我们所写出的这些解未必合适, 因为这些解应当相应于自由电子, 即不受外力作用的电子. 狄拉克对这个问题也回答不了. 但是他说, 我们假定, 作为最后结果的能级结构应当大体上与自由粒子的情况差不多.

如果同意所有这些假设, 那么可以从中得出下述结论:

1) 可以得出能描述具有任意动量的电子的波函数, 动量与能量间的联系由相对论关系式确定; 这时可自动地得出, 电子的自旋等于 $1/2$, 而磁矩等于 $eh/4\pi mc$.

2) 这个电子的动力学性质在很多地方同将薛定谔方程进行相对论推广时期望得到的性质相符. 电子的能量始终是正的, 电子只能跃迁到正能量的能级上 (因为全部负能级都已被占满了); 在这方面电子的行为完全正常.

3) 认为真空就是这样一种状态, 在这一状态中负能量的能级是填满的, 而正能量的能级则是空着的.

现在我们来看一下如果处于负能级上的电子受激后跃迁到了正能级, 那将发生什么事. 这种过程就像是电子从正能级跃迁到负能级上的反过程, 它完全可能. 如果它发生了, 那么我们就有了一个具有正能量的电子而在负能级上有了一个空穴. 怎么解释这个空穴呢?

[图 47.12 示出一个电子从负能级 $(-E_1)$ 跃迁到正能级 (E_2) 的情形. 跃迁后的能量等于

$$E_2 - (-E_1) = E_1 + E_2] \tag{47.9}$$

在我们习惯于称之为 "虚空" 的地方将出现一个电子, 它处于正能量状态, 但在负能量状态却少了一个电子.

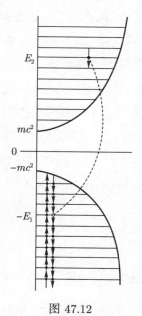

图 47.12

§47.3 反物质

在填满了的负能级的 "海洋" 中出现了一个空穴, 这个空穴就是反物质概念的典型. 试问, 应当怎样看待图 47.12 所示的情况呢? 此时电子从填满了的负能级中的一个能级 (能级 1) 跃迁到了正能级 (能级 2). 我们现在可以看到一个能量为 E_2 (自旋 ↓) 的电子, 因为这个能级现在已经被占了. 但是怎样看待这个空穴呢? 当空穴的位置上有一个电子与填满所有负能级的其他电子在一起时, 我们认为这是正常状态. 当能级 1 没有填满, 我们将看到少了一个电子 (如果可以这样表达的话), 就像一个正在演唱的合唱队中某个声部突然停了下来一样.

狄拉克认为, 可以把缺少一个带负电的负能量的电子看成是个带正能量的正电荷. 事实上, 假如我们经常在空间的某一地方看到有 5 个负电荷, 后来突然发现那儿只有 4 个电荷了, 那么我们可以把缺少了一个负电荷看成是多了一个正电荷. 不仅对粒子的电荷, 对它的能量也可以这么看. 实际上, 如果认为, 在正常状态下所有的负能级都是填满的, 那么空穴应当意味着负能量的减少, 或者是正能量的增加. 例如, 若我们手上系着几个充满氦气的气球, 举了一段时间之后, 我们慢慢地适应了, 就不再感觉到有什么向上拉的力. 然后, 如果突然有一个气球的引线断了, 我们将感觉出向上拉的力减少了, 但我们也可以解释为多了一个向下拉的力. 如果认为, 真空的能量等于零 (大家习惯于这么认为), 那么当正能级 2 被占, 而负能级 1 空出来时, 这个状态的能量可以确定为

$$
\begin{aligned}
E_2 - (-E_1) &= +\sqrt{c^2 p_2^2 + m^2 c^4} - \left(-\sqrt{c^2 p_1^2 + m^2 c^4}\right) \\
&= \sqrt{c^2 p_1^2 + m^2 c^4} + \sqrt{c^2 p_2^2 + m^2 c^4}
\end{aligned}
\tag{47.10}
$$

所以, 空穴的行为就像一个有正能量的带正电的粒子. 假如有这种空穴存在, 那么带正能量的电子就可以将它填满 (图 47.13). 我们可以把这种现象看成是正的粒子和负的粒子互相抵消了. 这样就出现了**反物质**的概念, 在上述具体情况下就是**反电子**.

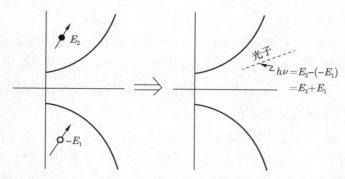

图 47.13 假若有一个 "空穴", 那么正能量的电子可以跃迁并 "落入" 到这个空穴上, 结果是, 正能量的状态变成空的了, 而负能量的能级填满了, 形成了真空. 作为这一事件的后果, 我们将观察到负电荷和正电荷的湮灭. 在湮灭过程中将放出能量为 $E_2 - (-E_1) = E_2 + E_1$ 的光子

有谁看到过这种粒子呢? 狄拉克写道: "因此我们不得不假设, ······ **在电子的分布中, 具有负能量的空穴就是质子**. 当具有正能量的电子落入空穴并填满它时, 我们应当观察到电子和质子将同时消失, 并伴随着辐射的释放." [1]

狄拉克假设, 这个带正电荷的粒子是质子. 质子的自旋为 1/2, 它的电荷的绝对值等于电子的电荷值. 不过有一个明显的不便之处, 这就是质子的质量问题. 质子的质量要比电子的质量大约 2000 倍. 但狄拉克指出, 质量之间的差异可能是由于电子之间非常强大的电力互作用的结果, 因为所有的负能级都充满了电子. 假如狄拉克的意见是正确的, 那么他的理论不仅能解释遵守不相容原理的电子的存在, 并且能预言质子的存在, 这就能把这些粒子很好地统一起来.

但是奥本海默立刻就指出, 如果质子是电子的反粒子, 换句话说, 如果负能级海洋中的空穴可以理解为质子的话, 那么, 普通的电子就应当落入到这个空穴中. 因而电子应当与质子湮灭, 而这两个粒子最终将都不存在而只留下了光. 接着奥本海默又计算了湮灭的速度 (电子 + 空穴 → 真空, 这一跃迁的概率), 他得出, 普通物质 (原子是由质子和围绕质子旋转的电子构成的) 的寿命应当是 10^{-10} s 左右, 这与我们所看到的现实世界的稳定性是矛盾的.

奥本海默写道:

"因此, …… 未必还能有某个尚未填满的负能量状态. 如果我们回到涉及具有不同符号的电荷和不同的质量的两个独立的基本粒子的那个假设上来, 那么我们 …… 可以保留这个假设, 并认为, 观察不到向负能量状态跃迁的原因在于, 所有这些状态是填满的." [2]

这些话是相当混乱和含糊不清的. 但是, 奥本海默的工作刚发表, 立刻就出现了一则通讯, 它的作者是加利福尼亚的卡尔·安德森:

"1932 年 8 月 2 日, 对在垂直方向上的威耳逊云室 (磁场强度为 1 500 Gs, 云室是由密立根教授和作者于 1930 年夏天建成的) 中的宇宙射线径迹照相时, 发现了一些径迹 (见照片 47.1). 我们觉得, 这些径迹只能用存在着某种粒子来解释, 这种粒子具有正电荷, 它的质量相当于自由的负电子通常具有的质量." [3]

照片 47.1　安德森得到的正电子径迹的照片. 粒子自下向上运动 (下半部速度大, 曲率小), 在金属板中减速, 从金属板出来后速度变小 (上半部径迹有较大的曲率). 根据径迹弯曲的方向可以确定, 这个粒子是带正电的

安德森发现的粒子后来被称作**正电子**. 正电子有与电子一样的质量和自旋, 而它的电荷和磁矩同电子的电荷和磁矩大小相等但符号相反. 当正电子与电子相碰撞时, 它们将湮灭并放出光子. 其次, 当光子能量足够大时, 它可以产生电子–正电子偶. 如果我们将缺少一个负能量的电子看成是存在一个正

电子的话, 实际上在狄拉克的理论中已经包含了对所有这些现象的预言. 就这样, 出现了第一个反粒子.

经过一段时间之后, 已经成功地赋予这一理论以更为对称的形式. 现在认为, 真空, 这是最低的 (零) 能态, 真空中既没有粒子, 也没有反粒子, 而真空的电荷等于零. 带负电的电子也罢, 它的反粒子——带正电的正电子也罢, 它们都具有正能量值, 它们也满足能量与动量间的相对论关系式. 粒子和反粒子是绝对对称的.

当在一个很小的体积内集中了足够数量的能量时, 能够形成电子-正电子偶. (这些粒子将以成对儿的形式形成, 因为电子离开了负能级以后, 将在自己原来的位置上留下空穴.) 在很强的外磁场中, 正粒子往一个方向拐弯, 而负粒子则往相反方向拐弯. 这种典型的径迹不时地可以从在磁场中相碰撞的高能粒子的径迹照片中发现 (照片 47.2).

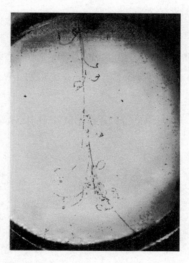

照片 47.2 电子-光子簇的形成. 动量为 $1 \text{ GeV}/c$ (即能量 $\approx 1 \text{ GeV}$) 的电子进入充有碘甲基丙烷的气泡室并引起 γ 射线和电子偶簇. 由于介质的密度及其原子的原子序数 Z 较大, 所以能够观察到这个过程

正电子只是普通物质中行踪不定的漂泊者, 它在物质中只生存很短的时间, 然后它就与电子相湮灭, 在自己的位置上只留下光子.

　　所有自旋为 1/2 (更正确地说, 自旋为 1/2, 3/2 等半整数) 的粒子都具有反粒子. 反粒子与粒子不同, 它能与粒子相湮灭, 这些都是从相对论量子理论得出的结果. 质子和中子 (它们的自旋等于 1/2) 也是这样的粒子: 不久前已经发现了它们的反粒子[①]. 由于各人的观点不同, 有人把这些反粒子的发现看作是理论的辉煌成就, 有人则认为这仅是理论的平淡无奇的证明. 长期以来, 理论家们就抱有一种信念, 认为质子和中子的反粒子真的存在. 这种信念可以说是进入他们的社会的某种暗语. 但是, 现在我们知道, 那些最期望得到的结果, 应该可以用直接的方式获得. 如果不能够发现质子和中子的反粒子, 或者自旋为 1/2 的任意现有粒子的反粒子的话, 那么将不得不对理论物理的基础进行最彻底的修改.

参考文献

[1]　*Dirac P. A. M.*, A Theory of Electrons and Protons, Proceedings of the Royal Society (London), A128 (1930).

[2]　*Oppenheimer J. R.*, On the Theory of Electrons and Protons, physical Review, 35, 562 (1930).

[3]　*Anderson Carl D.*, The Positive Electron, Physical Review, 43, 491.

　　(思考题与习题见第 48 章)

---

　　① 以后我们将较详细地描述用以发现这些反粒子的设备和方法.

第 48 章　电子与光子的相互作用

　　亚里士多德把所有运动分为自然的和受迫的 (强制的). 可以说从那时候起, 物理学家们就开始研究两个主要的问题: 什么样的运动是自然运动和使这些运动发生改变的扰动具有什么样的性质? 在伽利略和牛顿的物理学中, 把由于惯性引起的运动认为是自然的运动, 而经典微粒 (粒子) 是运动的基本客体. 在量子物理学中, 惯性运动仍然被看作是自然运动, 但是微粒的概念已经重新定义了.

　　在笛卡儿时代, 只有当粒子相互接触时, 才能发生两个粒子之间的相互作用 (运动的接触性力学传递), 在所有的其他情况下, 粒子继续按惯性 (沿直线) 运动 (图 48.1). 牛顿则认为, 每一个具有质量的物体都可以与任意的其他物体相作用, 甚至这两个物体可以处在空间的不同点上 (图 48.2), 这时运动的变化特性由牛顿第二定律描述. 两个物体间的相互作用随它们之间距离的改变而变化. 这个变化是瞬时发生的吗? 如果是这样的话, 那么这个变化就会在 "瞬时间" 传播到整个空间, 而这将违反存在最大可能速度——光速的假设. 麦克斯韦理论认为, 作用于两个带电物体间的力取决于电场和磁场. (物体本身是经典粒子, 它们服从牛顿第二定律.) 力的任何变化 (例如, 由于粒子间的距离的变化而引起的变化) 都以光速传播 (图 48.3). 电磁场具有波动性质, 它们可以无限分割, 并且能够以任意小份额的形式传递能量和动量.

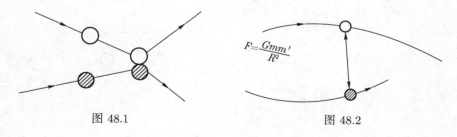

$$F = \frac{Gmm'}{R^2}$$

图 48.1　　　　　　　　　　　　　　　图 48.2

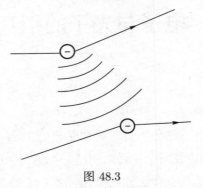

图 48.3

在量子理论中微粒已经成为 (具有波动性质的) 量子粒子了, 而力场则具有微粒的性质 (图 48.4). 力的变化 (与场一样) 将以光速传播, 但这种变化 (与粒子类似) 将携带能量和动量. 带有力的量子粒子与受力作用的量子粒子实际上毫无区别. 光子 (电磁场的量子) 在与电子相作用时可以改变自己的运动 (图 48.5; 右边的图解的含义将在下面解释). 在相对论量子理论中提到

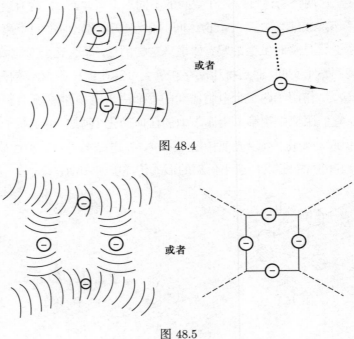

图 48.4

或者

图 48.5

或者

的 "粒子" (譬如说, 电子) 和 "场" (譬如说, 电磁场) 都彻底抛弃了关于远距离作用力的概念. 粒子之间产生的任意的力都是由于它们之间交换了量子的结果, 例如像图 48.5 所示的情况. 光子的质量等于零, 因此它以光速传播. 其他的具有质量的粒子 (例如电子或者我们很快就要引入的其他粒子) 将以较小的速度运动. 因此, 根据量子场论, 没有任何力和任何信号能以比光更快的速度传播.

所谓的**局域场论**认为, 基本的相互作用发生在空间 – 时间的一些点上. 光子在空间 – 时间的某一个点上发射出来, 而在另一点被吸收. 两个量子粒子在空间 – 时间的某个确定点上相接触时发生相互作用. 就这样, 像笛卡儿这样的原子论者的思想竟出乎意料地在量子场论中得到了复活. 笛卡儿等人曾经假设, 在我们这个世界上, 基本客体间的相互作用只能通过一些粒子与另一些粒子的相互接触 (碰撞) 才能发生.

§48.1　空间 – 时间线图

据说, 拉格朗日非常欣赏他自己的 "分析力学", 因为这个力学除了其他优点以外, 还有一个长处, 就是它一张图也不用. 然而, 利用各种图解来代替成千上万的词句, 这减轻了我们这一代物理学家的负担 (如果不说是使我们这一代物理学家的研究工作得以进行的话), 它大大地简化了研究相对论量子相互作用时所必需的会计式的计算.

例如, 产生电子 – 正电子偶这样的事件, 可以表示在一个线图上, 这个过程发生在这个线图上的一个确定的时空点上. 因为空间的三个方向都具有相同的性质, 所以我们约定只讲一个方向就可以了, 这个方向用字母 x 来表示; 时间轴一般就是纵轴, 用字母 t 表示. 此时像产生电子 – 正电子偶这样的事件, 可以用图 48.6 的线图表示. 因为电子和正电子是不同的粒子, 在这个线图上它们被单独标出. 但是, 由于人们认为, 正电子就是在负能级上少一个电子, 那么如果我们愿意的话, 可以把正电子看成是在时间上是向后运动的负能量的电子 (费曼就是这么做的). "在时间上向后运动的负能量的电子", 这句话听上去相当古怪, 但这句话的表面含义很简单. 它应当理解为: 如果在描述负能量电子的运动的方程式中, 用 $-t$ 置换 t, 其结果是, 时间将不是向前走, 而是向后走, 那么在时间上向前运动的正电子将具有在时间上往相反方向运动的负能量电子的各种性质. 运动方程式的这一古怪的性质使我们可以将图 48.6 所示的线图改画成图 48.7 所示的线图, 在这个线图上除了箭头的指向以外, 电子与正电子间彼此毫无区别.

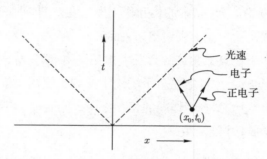

图 48.6   表示在时空点 (x_0, t_0) 上产生电子–正电子偶的线图. 我们商定, 光速 c 在这些线图上等于 1, 而速度用 c 为单位进行度量. 由于没有一个粒子的运动速度能够大于光速, 所以, 一切代表粒子的线条与横轴的夹角都大于 $45°$

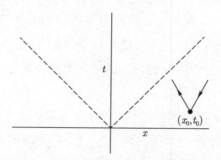

图 48.7   描述在点 (x_0, t_0) 处产生电子–正电子偶的线图

现在已不再需要把电子和正电子分别加以标明了, 因为我们已经说定, 在时间上向后运动的粒子是正电子, 或电子的反粒子. 在一般情况下, 所有自旋为 1/2 的粒子的反粒子都可以表示为带负能量的一般粒子, 但在时间上它是往相反方向运动的.

如果我们现在追踪一条表示电子的线, 并暂且不去考虑这个电子在时间上是向前还是向后运动的, 那么我们立刻就能看到这一新的研究方法的好处. 因为这条电子线始终保持为一条电子线; 无论何时它都不会分成两条. 它可以在时间上是向前的, 用以描述电子, 或者是向后的, 用以描述正电子, 但它始终只是一条线 (图 48.8). 例如, 在时刻 t_a 有 4 个电子和 3 个正电子. 电子数减去正电子数等于 1; 这个差值不变. 在时刻 t_a 的情景看上去相当复杂. 但是如果我们沿着一条电子线去考察这一情景, 那它看上去就简单得多了. 从时间上看, 电子从点 0 到点 1 是向后的, 从点 1 到点 2 是向前的, 从点 2 到点 3 又是向后的, 如此等等. 但是总共只有一条线, 因此我们将看到, 全部过程是由唯一的一个电子引起的, 它在时间上时而向前运动, 时而往后运动, 这就好像我们具有了神奇的视力, 它能够把全部空间和时间都收入自己的视野内.

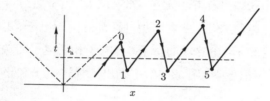

图 48.8 电子–正电子偶在点 1, 3 和 5 上产生和在点 0, 2 和 4 上湮灭. 进入点 0 的电子与在点 1 产生的正电子在点 0 湮灭. 在点 1 产生的电子和在点 3 产生的正电子在点 2 湮灭. 在点 3 产生的电子与在点 5 产生的正电子在点 4 湮灭, 而在点 5 产生的电子继续向前运动

在研究电子和光子间的相互作用时, 空间–时间线图特别有用. 在牛顿的引力理论中, 力, 例如作用于太阳和行星间的引力, 只与这些物体间的距离有关, 这个力的性质完全不同于它所作用的物体的性质. 在相对论量子理论 (量子场论) 中, 两个物体间所以能够发生相互作用, 都是由于这些物体间交换了这个或那个场的量子的结果. 换句话说, 量子可以影响彼此间进行其他量子交换的量子粒子的运动. 而根据相对论, 被交换的这些量子不可能以大于光速的速度运动; 这就可以解释, 为什么一个物体对另一物体的作用不能够瞬时间就表现出来, 而必须经过有限的时间间隔. 电子与电磁场的相互作用是最基本的相互作用, 对于电子来说, 这是所有相互作用中最强的和最重要的相互作用, 它可以用图 48.9 所示的线图来表示.

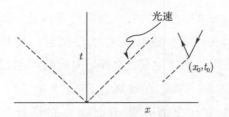

图 48.9　一个以光速运动的光子 (用虚线表示) 在真空中产生电子 – 正电子偶. (以后我们将看到, 这一过程事实上不可能发生, 因为它不能同时满足能量守恒和动量守恒定律. 尽管如此, 上述线图描述了电子与光子之间基本的相互作用)

　　在前面所有的线图上都表示出, 在什么也没有的地方产生了电子 – 正电子偶, 或者是这个电子 – 正电子偶又消失得无影无踪了 (变得什么也没有了); 但是, 在自然界中这些过程并不发生. 如果在真空中产生了电子 – 正电子偶或者它湮灭了, 那么一般来说, 发生这些过程都是由于电子、正电子与光子相互作用的结果, 因为光子 (电磁场的量子) 与电子和正电子的相互作用比它与任何粒子的相互作用都更强. 图 48.10 中画出了描述电子和正电子湮灭过程的线图.

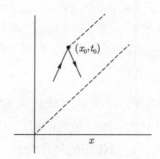

图 48.10　电子 – 正电子偶在时空点 (x_0, t_0) 上湮灭并形成光子

　　不用空间 – 时间坐标, 而用能量和动量来描述这些过程显得更为合适. (如果一个过程只用空间 – 时间坐标来描述的话, 那么相应的能量和动量将是完全不确定的; 而如果只用能量和动量来描述它, 那么就不可能讲它的确切的空间 – 时间坐标, 而仅能指出用以区别粒子和反粒子的时间方向.) 图 48.11 示出了光子产生电子 – 正电子偶的线图, 这个过程可由写在图上的能量和动量值来描述.

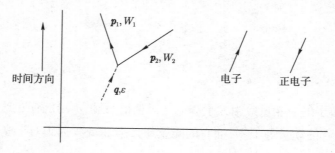

图 48.11

在这个线图 (48.11) 上, 这个过程由入射光子的动量 q 和能量 ε、飞出的电子的动量 p_1 和能量 W_1 以及飞出的正电子的动量 p_2 和能量 W_2 来描述. 根据我们所使用的计算方法, 在这类线图的端点上动量应当守恒, 即入射粒子的动量应当等于从这端点出去的粒子的动量:

$$q + p_2 = p_1 \tag{48.1}$$

而能量在这种情况下可以不守恒. 只有在真实发生的过程中, 即我们实际观察到的光子在真空中产生电子−正电子偶时, 能量才应当守恒. 真实过程与虚过程间的差异就在于, 虚过程不同于真实过程, 它仅仅是我们计算中使用的辅助工具. 而真实过程是真的在自然界中发生的过程, 它满足所有的守恒定律. 利用光子、电子和正电子的能量和动量间的相对论关系式可以表明, 在图 48.11 中的端点上, 能量和动量不可能同时守恒; 根据量子场论, 正是这个原因使得光子不可能自动地在真空中产生电子−正电子偶. 为了使这一过程能够实现, 在光子边上必须有一个带电粒子, 它将吸收多余的能量或者动量.

现在我们来解释, 为什么在线图的端点上能量和动量不能同时守恒. 在飞出粒子的质心系统 (图 48.12) 中 (我们可以从任意的惯性参照系来观察运动, 因为在给定的情况下相对性原理成立) 应当有

$$p_1 + p_2 = 0$$

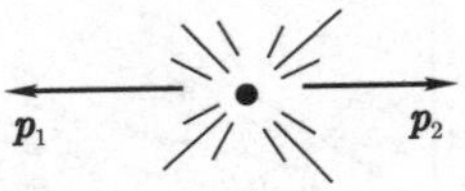

图 48.12

并且粒子的总能量应当大于 $2mc^2$; 但是很明显, 不可能存在这样的光子, 它的动量等于零, 而它的能量却大于 $2mc^2$, 因为对于光子有

$$E = cp \tag{48.2}$$

因此, 不可能同时满足两个守恒定律:

$$\left.\begin{array}{l} \text{初始能量 = 终止能量} \\ \text{初始动量 = 终止动量} \end{array}\right\} \tag{48.3}$$

当使用微扰论来计算过程的概率幅度时, 可以把总的概率幅度表示为各项之和的形式 (下面讲到), 而每一项都单值地相应于一个上面所研究过的那种端点. 在每个端点上能量完全不一定都守恒. 我们正是利用这一点来区分这类虚过程 (或者中间过程) 和所谓的真实过程. 在真实过程中能量必须守恒. 而虚过程是辅助性工具, 只在我们所使用的数学方法的范围内, 起辅助的作用.

§48.2　量子电动力学

所有的相对论量子粒子 (场) 在量子场论中都是绝对平等的; 场具有粒子的性质, 而粒子具有波动 (场) 的性质; 粒子之间通过交换场的量子发生相互作用. 例如, 在量子电动力学 (麦克斯韦理论的量子化) 中所研究的是电子和光子间的相互作用. 电子是质量为 m, 自旋量子数为 $1/2$ 和电荷为 $-e$ 的费米子, 它遵守不相容原理. 而光子的静止质量和电荷都是零, 它的自旋量子数等于 1, 它是玻色子, 它不遵守不相容原理. 很多光子可以处于同一个量子态, 在经典极限情况下形成电磁场.

在没有相互作用时 (例如, 假若电子的电荷等于零的话, 那么就不会产生电力), 电子的性质就像一个可以用自旋方向和动量来描述的相对论电子 (狄拉克电子) 的性质. 电子的状态由通常的德布罗意波确定, 这个波的能量和动量间的关系应当满足相对论关系式 (图 48.13): 在极限情况下, 当电子的动量趋于零时, 它的能量 $E = mc^2$. 在没有相互作用时, 光子既具有麦克斯韦场的性质, 又具有粒子的性质 (图 48.14), 它的能量与频率之间的关系由爱因斯坦和普朗克公式确定:

$$E = h\nu \tag{48.4}$$

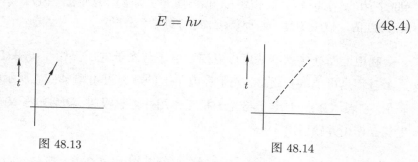

图 48.13　　　　　　　　　　　　　图 48.14

由于电子具有电荷, 电子与麦克斯韦场之间就产生相互作用, 这个相互作用可以用一个基本的过程来描述. 在此过程中, 电子 (或正电子) 线 (图 48.15) 的某个点上, 光子被吸收或者被辐射. 在每一个这样的点 (端点) 上有光子进入 (或飞出), 有电子 (或正电子) 进入和飞出; 此时电子线或正电子线在时间上的方向可以是任意的. 图 48.16 表示了几种可能的情况和对它们的解释[①].

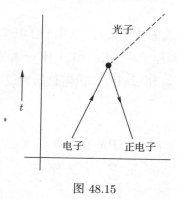

图 48.15

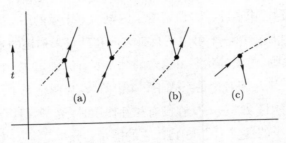

图 48.16　量子电动力学中对基本端点的某些可能的解释: (a) 电子发生散射, 吸收或者辐射光子; (b) 产生电子–正电子偶; (c) 电子–正电子偶湮灭. 这些过程中没有哪一个是可以真的发生的, 因为它们都不能同时满足能量守恒和动量守恒

利用上面这些基本端点可以描述电子与光子的任何相互作用过程 (如果这个过程是可能的). 例如, 光子在电子上的散射可由图 48.17 所示的线图来表示, 它表示在点 1 电子与光子相互作用并把它吸收, 随后电子又在点 2 发生相互作用并辐射出光子.

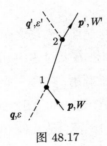

图 48.17

整个过程由进入与出去的线条决定. 当光子在电子上散射时, 光子和电子进入端点 1, 它们的动量和能量为 $(\boldsymbol{q}, \varepsilon$ 和 $\boldsymbol{p}, W)$, 而从端点 2 出去的光子和电子的动量和能量为 $(\boldsymbol{q}', \varepsilon'$ 和 $\boldsymbol{p}', W')$; 根据总的能量和动量应当守恒的定律得出,

$$\boldsymbol{q} + \boldsymbol{p} = \boldsymbol{q}' + \boldsymbol{p}' \tag{48.5}$$

$$\varepsilon + W = \varepsilon' + W' \tag{48.6}$$

初始状态 $\to$ 终止状态

$$\begin{pmatrix} 光子\ \boldsymbol{q}, \varepsilon \\ 电子\ \boldsymbol{p}, W \end{pmatrix} \rightarrow \begin{pmatrix} 光子\ \boldsymbol{q}', \varepsilon' \\ 电子\ \boldsymbol{p}', W' \end{pmatrix}$$

跃迁的概率幅度等于所有的能用这些进入和出去的线条组成的线图的贡献的总和 (图 48.18). [虚光子用虚线 (有时候用弯曲的虚线) 表示. 将这些线弯曲是为了直观起见, 因为真实的光子 (和电子) 像波一样传播, 并能在广阔的空间–时间范围内相互作用.]

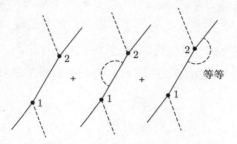

图 48.18 进入和出去的线条决定整个过程. 一些基本端点是从这些线条开始并结束的. 利用这些基本端点作出的任何线图, 对总的结果都有贡献. 这里给出了这类线图中的一部分

上面讲的是光子在电子上的散射. 另一个基本的过程是光子在光子上的散射 (光与光的相互作用). 这个过程的概率幅度中还包括图 48.19 所示的线图的贡献.

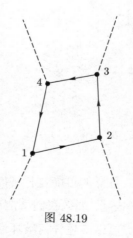

图 48.19

在某种意义上, 上述理论仅仅是将旧理论用新的语言来表达; 这是一种现

代的语言, 它非常方便, 因为使用这种语言可以很直观地解释场的微粒-波性质和它们间的相互作用. 洛伦兹-麦克斯韦理论是经典电磁理论的顶峰, 而量子电动力学则是这一理论的相对论量子论的推广. 正是量子电动力学解释了, 为什么处于最低玻尔轨道上的电子不辐射能量. 而在研究宏观现象时, 它又与经典的辐射理论相一致.

从量子电动力学的观点看, 处于离质子最近的玻尔轨道上的电子本身是一个处于基态的电子-质子-光子系统, 此时它有最低的能量 (图 48.20a). 系统可以永远保持在这一状态. 而如果系统处于激发态 (譬如说, 处于 $2P$ 能态), 则它可以发生跃迁 (图 48.20b):

$$\left.\begin{array}{l} 2P \longrightarrow 1S + \text{光子} \\ (\text{光子的}) \text{ 能量} = E_{2P} - E_{1S} \end{array}\right\} \tag{48.7}$$

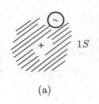

(a)

(b)

图 48.20

如果我们假设, 所有各式各样的可能过程都能用包含图 48.21a 所示的一种形式的端点的一些线图来描述, 那么我们就能成功地将整个电子和光子的世界安排得有秩序. 这些端点可以描述任何破坏惯性运动的相互作用过程. 可能要问, 为什么不引入, 例如, 图 48.21b 所示的端点, 为什么不把电子-光子散射看作是基本过程. 回答是, 这样做是可以的, 但是类似图 48.21b 这样的过程有无限多个 (最一般的情况是, N 个光子在 M 个电子上的散射, 图 48.21c), 因此最好不把每一个这样的过程都作为一种新的基本相互作用引入到理论中来.

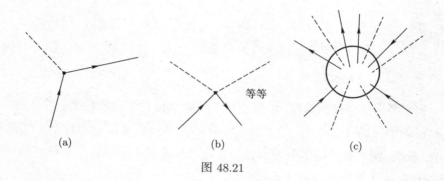

图 48.21

量子电动力学的优美之处就在于, 它的整个理论是基于一个唯一的基本相互作用. 而正是这一点, 核 (介子) 场论却不能够做到. 在核场论中不得不引入不止一个, 而是几十个基本端点, 它们相应于交换各种不同的量子. 按照量子电动力学的模式来建立核场论的尝试成效甚少, 并遇到了许多困难, 以致引起这样的疑虑: 用场论来描述核内的现象是否适宜?

作为一个例子, 我们来研究, 在量子电动力学中是怎样解释库仑力的. 力 (如果可以使用这一术语的话) 是根据它对带电粒子的运动所产生的效应来确定的. 我们来研究两个电子的散射. 在没有相互作用时, 它们按惯性运动 (图 48.22). 电子 1 具有动量 p_1 和能量 W_1, 电子 2 具有动量 p_2 和能量 W_2. 如果考虑到电子是具有电荷的, 它们通过电磁场相互作用, 情况就变得更有意思了. 电子可以辐射和吸收光子, 所以可以发生如图 48.23 所示的过程, 这里的线图表示的是电子通过交换一个光子而在另一个电子上发生散射. 在这个过程中, 进入的两个电子分别具有动量 p_1 和 p_2 (图中只标出了它们的动量). 光子具有动量 q, 它由电子 1 辐射出, 而由电子 2 所吸收. 因为在每个端点上动量都守恒, 经过散射后电子 1 从端点飞出时的动量为 $p_1 - q$, 而电子 2 的动量则变为 $p_2 + q$. 所以在每个端点上动量之和等于零 (箭头指向中心的动量取正号, 箭头离开中心的动量取负号).

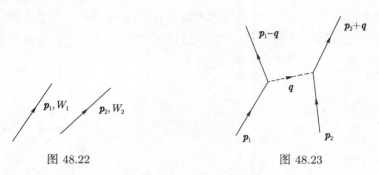

图 48.22　　　　　　　　　　　图 48.23

　　我们考虑一种极限情况. 设电子相互间以及相对于观察者都是静止的. 对这种极限情况的计算表明, 电子能量变化的大小等于在库仑力作用下能量的改变. 其次, 两个电子的散射过程也与薛定谔理论对于库仑散射所得出的一样 (认为此时电子的相对速度很小).

　　与量子理论一样, 量子电动力学的基本问题是要计算出各种过程的概率幅度. 原子物理学感兴趣的是, 原子从一个状态跃迁到另一状态并辐射光子的概率幅度. 对于一个穿过障碍物的电子, 需要确定这个电子落到观察屏上某一确定点的概率幅度. 概率幅度的平方决定事件发生的概率, 也就是量子理论可以给出的全部东西. 我们不可能在这里进行详情的计算, 但理论的某些思想和定性性质可以用简单的方法加以说明.

　　与任何的量子理论一样, 量子电动力学的基本对象也是系统的波函数或者系统从一个状态到另一个状态的跃迁概率幅度. 波函数满足叠加原理. 这个原理表明, 不管是水面上的波, 光波或者穿过障碍物上小孔的电子, 一个事件如果有两个波 (例如, 图 48.24 中穿过障碍物上两个孔的波) 组成, 那么这个事件的幅度等于两个波的幅度之和. 正是波的这个重要的和基本的性质被原封不动地用到了量子场论中. 假如说, 障碍物上有 2 个、3 个、4 个或者任意多个孔, 那么可以认为 (与衍射光栅的情形一样), 电子落到屏上 P 点的概率幅度 (对水面波来说, 就是它的峰高或者谷深) 等于通过一切可能途径从障碍物到达 P 点的幅度之和 (图 48.25).

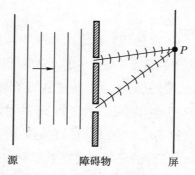

图 48.24 这里波峰用短线表示, 短线的中间是波谷. 在 P 点究竟是波峰、波谷还是零位置; P 点将是个亮斑或者是个暗斑; 也就是说, 在那儿发现电子的概率幅度将是大还是小, 这一切都依赖于从这些孔出来的两个波在点 P 是怎样相加的. 如果两个波峰或者两个波谷在 P 点相遇, 则在那儿将看到一个亮斑, 即电子位于该点的概率很大. 如果一个波峰和一个波谷在 P 点相遇, 则将观察到暗斑, 即电子位于该点的概率很小

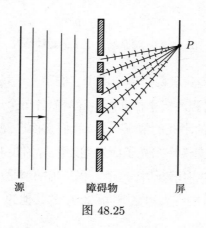

图 48.25

德布罗意第一个把波与每一个单独粒子联系在一起; 现在德布罗意的思想已经得到了推广, 波不仅与每个电子或者光子联系在一起, 并且是与整个系统的状态相联系的. 这意味着, 譬如说如果一个系统由 4 个电子、3 个光子和 12 个其他类型的粒子组成, 那么整个系统的状态具有波的性质. 波函数描述的是一个系统; 而系统也可能只由一个粒子组成, 在这种情况下这个波就相应于这个唯一的粒子. 但是一般来说, 系统是由许多粒子组成的, 在量子意义上这个系统的行为就像波. 我们还是用研究两个电子 (通过光子场) 的相互作用

来说明这一点.

设有两个电子, 它们各自都具有给定的动量和能量, 它们发生了相互作用, 散射了. 若用经典物理的语言来表示, 这就意味着这些粒子不是按直线运动的. 由于相互作用的结果, 它们的运动轨迹是两条曲线 (图 48.26). 从量子理论的观点来看, 需要解答的问题可以表述如下: 散射前两个电子具有的动量和能量分别为 $(\boldsymbol{p}_1, W_1)$ 和 $(\boldsymbol{p}_2, W_2)$, 散射后它们的动量和能量变为 $(\boldsymbol{p}_1', W_1')$ 和 $(\boldsymbol{p}_2', W_2')$, 试问, 这样的事件的概率幅度等于多少?

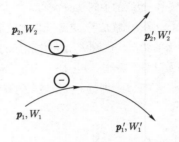

图 48.26   两个经典电子的运动情况

图 48.27 中的圆圈代表两个电子由于它们与光子场的相互作用而发生的一切过程. 此时全部过程的概率幅度可以确定为各单个过程概率幅度之和, 这像电子穿过障碍物上的小孔的情况一样. 我们前面已经研究过的最简单的过程就是两个电子通过交换一个光子而发生的散射 (图 48.28). 在极限情况下, 也就是两个电子彼此相对静止时, 这个过程给出的就是库仑力. 但是除了这个最简单的过程外, 还可能有表示在图 48.29 中的其他的一些过程, 所以总的概

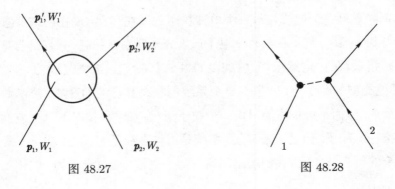

图 48.27   图 48.28

率幅度是所有这些过程的贡献之和 (图 48.30). 因此, 为了计算出某个确定的事件 (譬如说两个电子相互间的散射) 的概率幅度, 必须画出一切可能的线图, 以反映出交换任意个光子的过程, 并对每个图计算出概率幅度, 然后把所求得的这些概率幅度相加; 最后的结果将是这个事件的概率幅度.

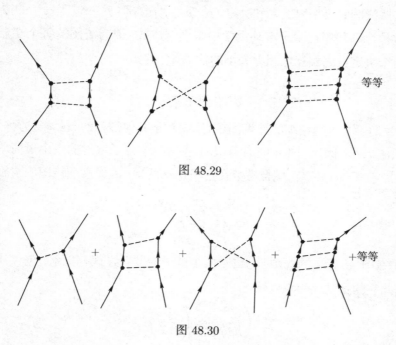

图 48.29

图 48.30

[画各种线图的规则并不很复杂; 这些拓扑不等价的线图中的每一个都对总的概率幅度有贡献. 在这些线图中都有两根电子线进入和出去, 而光子的吸收和辐射都用基本端点的形式表示, 图 48.31 再次画出了这种基本端点. 每一个图都对应于进入的电子和出去的电子的动量的确定的函数. 如何写出这些函数 (实际上它们就构成了量子电动力学的内容) 的规律, 在各种讲解理论物理的 "烹饪指南" 中都有叙述. (应当指出, 任何一个训练有素的厨师都能够按照配方做出盘菜来, 而不一定非天才的厨师不行.) 因此, 每一个线图相应于初始和终止动量的一个确定的函数:

$$\text{线图} \leftrightarrow f(\boldsymbol{p}_1, \boldsymbol{p}_2, \boldsymbol{p}_1', \boldsymbol{p}_2')$$

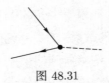

图 48.31

所有这些线图的概率幅度之和决定 $(p_1, p_2 \to p'_1, p'_2)$ 这一过程发生的概率.]

　　这种计算程序在量子电动力学中特别有成效, 因为线图的每个端点都相应于一个决定电磁相互作用力大小的数 (耦合常数):

$$\sqrt{\frac{e^2}{\hbar c}} \approx \sqrt{\frac{1}{137}} \tag{48.8}$$

因此, 我们不必进行详细的计算, 就可以相对于其他过程的贡献来估算一个过程的贡献大小. 例如, 图 48.32a 画出了表示两个电子散射的一个最简单过程的线图. 它有两个端点. 耦合常数在这里出现两次, 因而这个线图的贡献应当乘以数

$$\frac{e^2}{\hbar c} \approx \frac{1}{137} \tag{48.9}$$

而表示在图 48.32b 的线图 (它也对两个电子的散射过程有贡献) 包含 4 个端点, 因此它的贡献应当乘以数

$$\left(\frac{e^2}{\hbar c}\right)^2 \approx \left(\frac{1}{137}\right)^2 \tag{48.10}$$

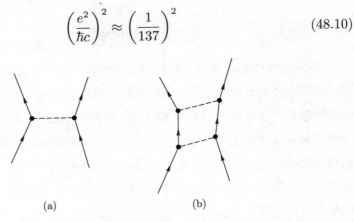

(a)　　　　　　(b)

图 48.32

所以, 我们不必进行计算就可以立即得出结论说, 第二个线图对总的概率幅度的贡献只占第一个线图贡献的 1% 左右. 对于包含两个进入电子和两个出去

电子的过程来说, 我们就有可能按照第一量级 (一级近似) 的线图来估计过程的总的概率幅度, 因为这种线图包含的端点数最少. (当然, 一个光子也不交换的线图将是更低量级的线图. 但是, 在这种线图所表示的过程中电子不发生散射, 而是继续按惯性运动.) 我们可以相信, 只要计算出最低量级线图的贡献, 就可以得出总的概率幅度; 它的误差不超过 1%, 因为其他交换光子的各种过程的贡献至少要比最低量级线图的贡献小 $e^2/\hbar c \approx \dfrac{1}{137}$. 这个量 (精细结构常数) 很小, 这就证明, 将总的概率幅度分解成 (相应于交换光子的各个不同过程的) 各项成分之和这种方法是可行的, 它使我们只需要计算出最低量级的那个成分的贡献就可以得出非常正确的结果.

这种分解方法叫做微扰论; 因为它与计算行星轨道的方法很相似, 从而获得了这个名称. (用微扰论计算行星实际轨道的过程如下: 先计算只受太阳引力场作用的行星轨道, 忽略行星彼此间的相互作用. 这时得出的轨道叫无扰动轨道. 其次, 假设行星按无扰动轨道运动, 在这种情况下确定出行星之间相互作用的力. 这些力将使轨道稍微发生一些变化. 然后再计算出按修正了的轨道运动的行星之间的作用力, 重新按这些力将轨道加以修正.) 在量子理论中研究两个电子的散射也可以用类似的方法进行计算. 先按微扰论计算出相应于两个没有被扰动的电子的概率幅度 (图 48.33). 进而引入由于交换一个光子而引起的修正, 然后是由于交换两个光子而引起的修正, 如此等等.

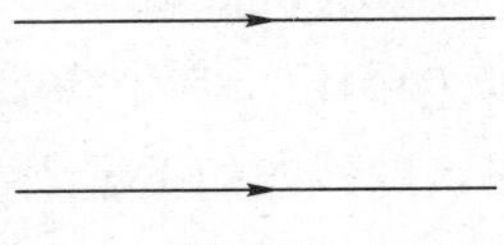

图 48.33

核力的量子场论 (我们将在后面讲到) 的情况就不同了. 问题在于, 核相互作用的耦合常数很大[①]; 它不是 1/137, 而是接近 1 的数. 这就是说, 较高量级的过程 (交换两个核粒子等等) 的贡献与最低量级过程的贡献差不多大小.

[①]利用耦合常数能够估算每个图的贡献的大小, 这种可能性决定于所选择的计算方法. 我们从不存在相互作用时所发生的运动开始, 然后一步步地计算出这个相互作用对运动的影响. 相互作用的程度 (例如, 在第 36 章中计算 α 粒子通过金箔的散射时曾经用无量纲的量 $F_{最大} \times \Delta t/$初始动量 $= \Delta p/p$ 来估计相互作用的程度) 可以用无量纲的量来估算, 这个量表征图的每个端点. 在量子电动力学中, 这个量等于 $\dfrac{e^2}{\hbar c} \approx \dfrac{1}{137}$.

这样一来, 在计算时只保留最低量级成分的做法就行不通了. 确切的计算非常复杂, 若不使用某种合理的分解方法, 在技术上根本不可能解这些粒子的运动方程. 所以, 撇开与核力有关的其他问题不谈, 我们不仅还没有彻底了解这些力的性质, 甚至在核大小的尺度上能否引入力的概念也值得怀疑. 但是, 已经清楚的是, 不管这些力的性质如何, 它们是非常大的; 因此已经成功地应用于行星轨道计算和量子电动力学的计算方法, 在这里是不适用的.

§48.3   辐射修正和重正化方法

1930—1935 年量子场论还处于发展的最初阶段. 这时就曾计算出了这样一些过程, 如电子通过交换一个光子在另一个电子上的散射 (库仑散射) 和光子在电子上的散射 (康普顿效应). 这些计算表明, 只要我们在计算中除了物质外把反物质也考虑在内, 即把相应于负能量电子 (正电子) 的状态考虑在内, 那么, 我们所得到的单值的结果与实验数据将吻合得很好. 但是, 当试图计算出更高量级的过程 (相应于交换更多光子的过程, 它们将对最低量级的效应作出修正) 时, 很快就发现, 这样将得出无限大的数值, 因而也是毫无意义的结果.

图 48.34 表示电子在光子上散射的费曼线图, 它表示这样一个事件的概率幅度: 若散射前光子和电子的动量和能量分别为 $(\boldsymbol{q}, \varepsilon)$ 和 $(\boldsymbol{p}, W)$, 散射后相应的动量和能量为 $(\boldsymbol{q}', \varepsilon')$ 和 $(\boldsymbol{p}', W')$. 这个线图给出有限数值的结果, 并与实验数据符合一致. 而较高量级的线图的贡献 (图 48.35), 即使把乘数 1/137 计算在内, 也还是个无限大的数.

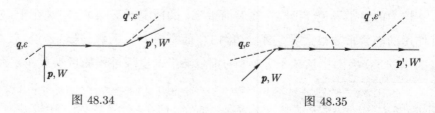

图 48.34   图 48.35

只要我们研究一下电子与它本身相互作用这一最简单的过程, 就不难明白上面所讲的这个问题. 图 48.36 上就示出了这样一个过程的费曼线图: 电子的初始动量和能量及终止的动量和能量都等于 $(\boldsymbol{p}, W)$.

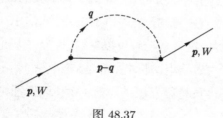

图 48.36

当电子不与电磁场相互作用时, 它可用一条连续的直线来表示. 如果电子与场相互作用, 那么它将辐射和吸收光子, 如图 48.37 所示. 这里表示的是电子进入与出去时具有的动量和能量也都等于 $(\boldsymbol{p}, W)$ 的另一个费曼线图. 在这个过程中电子辐射并吸收了一个光子.

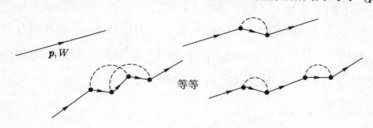

图 48.37

为了确定这一事件的概率幅度, 我们依旧可以把这个概率幅度表示成所有这类过程的和的形式, 但是这样的过程将有无穷多个. 图 48.38 画出几个不同的费曼线图, 其中电子动量和能量的初始值和终止值相同并等于 $(\boldsymbol{p}, W)$.

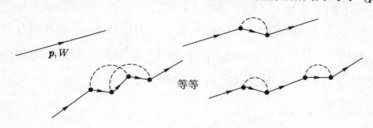

图 48.38

可以设想, 电子不受外力作用时, 它的运动应当具有惯性运动的某些性质, 这在量子场论中也应当如此. 但是, 当电子按惯性运动时, 它可以辐射和吸收一个、两个或者任意个光子. 如果说, 这些过程中的每一个过程的贡献都不趋向无穷大的话, 这种可能性本身不应当引起任何附加的困难 (因为电子在辐射或吸收光子后具有其他的动量和能量这类事件的概率等于零). 在计算许多其他过程 (其中一些我们以后将讲到) 时, 也得到了无穷大的结果.

计算结果得出了无穷大的, 因而也是毫无意义的数值, 这一事实在当时的物理学家中间引起了极大的混乱. 一方面, 最低量级过程 (譬如说两个电子交换一个光子的过程) 的计算得出了有限值的结果, 并与实验数据非常一致. 而另一方面, 较高量级的过程对总的概率幅度的贡献按理应当更小, 但是计算却给出了发散的结果. (这个结果等于无穷大的量乘以 1/137 的某次方.) 那时候的物理学家只考虑了与测量数据相符的最低量级的过程的计算结果, 而抛弃了那些与较高量级的过程有关的数据, 因为他们不知道怎样处理它们才好. 只留下有有限数值和有某种含义的量, 而抛弃无限大的数量, 这种手法已经使用得相当 "彻底", 以致有一位物理学家 (罗伯特·西伯尔) 以讥讽的口吻指出: 如果一个数趋向无穷大, 这就意味着可以忽略它. 量子场论处于这种可悲的状态一直到第二次世界大战结束. 那时候费曼、施温格、朝永和戴森成功地利用了由克拉默斯提出并为贝特所发展的思想, 顺利地把理论中出现的有限的量与无限大的量区分开了.

例如, 我们来研究一下电子的固有能量[①], 即由它与光子间的相互作用所决定的那一部分附加能量. 这一相互作用可以用前面引用过的 (对于在虚空空间中运动的电子) 线图来描述. 计算得出的能量是个无穷大的数值. 但对这个数值不必给予过分重视, 因为通过形式上的技术处置, 最后的结果将是个有限量. 但是电子与光子场的相互作用使电子有了附加的能量, 而能量又等效于质量, 所以这意味着电子有了附加的质量. 因此, 如果假设开始时电子的质量等于 m_0, 则将上述过程考虑在内之后质量 m_0 增加了某个量 δm. 此时电子总的质量

$$m = m_0 + \delta m \tag{48.11}$$

在实验中观察到的正是 "总的" 质量 $m_0 + \delta m$. 初始时的质量 m_0 是观察不到的量: 因为电子是带电的, 并始终与自身的电磁场相作用, 所以不可能在没

[①] 这个能量称为 "固有的", 因为它与电子通过中间 (虚) 光子的自我相互作用有关, 而不是与其他电子的相互作用有关. 这个附加能量被认为是在虚空空间并与电磁场相互作用的静止电子所具有的.

有电磁场的情况下观察电子按惯性的运动. 重正化理论的要点就在于确认, 量 δm 是个无穷大的, 因而也是个没有意义的量, 它本身不能被观察到. 能观察到的是 $\delta m + m_0$, 它是电子的可测量的质量. 在此基础上, 假设 m_0 (不可观察的 "净" 质量) 也是个无穷大的量, 并且它满足下列关系式:

净质量 = 观察到的质量 $(\approx 10^{-27}\ \mathrm{g})$ − δm (计算得到的质量的附加值)

$$(48.12)$$

用类似的方法可以假设, 导致无限大结果的其他过程修正了电子的初始电荷值, 其结果是, 观察到的电荷值

$$e(\approx 4.8 \times 10^{-10}\ \mathrm{sC}) = \sqrt{Z} \text{ (计算得到的量)} \times e_0 \text{ (净电荷)} \qquad (48.13)$$

并同样地认为只有总电荷 e 才是可观察的量.

重正化理论的全部思想包含在下述定理中: 各种线图的一切发散部分都与电子电荷和质量的变化有关. 任何一个过程, 不管它如何复杂, 只要计算时用 m 代替 $m_0 + \delta m$ 并用 e 代替 $\sqrt{Z} e_0$, 那么结果将是有限值. 这样一来, 使用一种明确规定的方法就可以计算出任意量级的各种过程 (各种线图) 的贡献: 只要将电子的电荷和质量修正一下, 使这些量等于观察到的数值就行了.

利用这一绝妙的方法, 可以确定出, 例如, 对电子的磁矩这样的量的极微小的辐射修正. 对于电子磁矩的这一修正, 图 48.39 上所表示的线图的贡献是主要的. 它所描述的是这样的过程: 电子在点 0 辐射出光子, 在点 1 与外磁场发生相互作用, 然后在点 2 又把前面放出的光子吸收. 没有考虑辐射修正的最低量级的过程表示在图 48.39b, 这时电子只与外磁场在点 1 发生相互作用. 为了计算出第一个线图中 (图 48.39a) 与电磁场发生相互作用的电子对总概率幅度的极微小的贡献, 必须正确地考虑电子的固有能量[①], 这一能量由图 48.39c 所示的线图决定. 如果这样做了, 那么经过非常复杂的计算之后 (施温格首先进行了这些计算, 大概这种计算是人类有史以来从来没有做过的最长

[①] 问题在于, 这个线图的一部分贡献是对 δm 的贡献, 这是由于外磁场的作用而引起的畸变. 因为我们假设, $\delta m + m_0 = m$ 才是个有限量, 所以, 相应于增量 δm 的那部分贡献应予扣除.

和最复杂的计算), 可以得出修正后的电子磁矩值, 它被称作**反常磁矩**. 这个反常磁矩值 (与普通磁矩值 $\mu_0 = eh/4\pi mc$ 之比) 的现代理论数据等于

$$\frac{\mu_e}{\mu_0} = 1.001\ 159\ 6 \tag{48.14}$$

而测量值为

$$\frac{\mu_e}{\mu_0} = 1.001\ 165 + 0.000\ 011 \tag{48.15}$$

所以, 计算值与实验值之间以误差百万分之几的精度相符合.

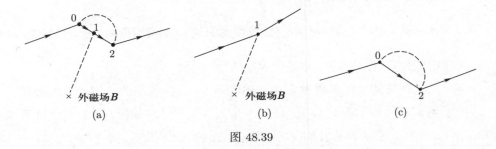

图 48.39

用类似方法可以确定对库仑定律本身的修正. 在量子场论中库仑定律可由研究图 48.40a 所示的过程导出. 这是一种两个带电粒子交换一个光子的过程. 但是图 48.40b 所示的线图对这一过程也有贡献. 在点 1 辐射出的光子在到达点 2 以前, 在点 3 产生电子–正电子偶. 电子–正电子偶在点 4 湮灭并形成光子, 然后它在点 2 被第二个粒子吸收. 形成电子–正电子偶就好像真空具有了某种形式的极化 (与电解质的极化类似, 当有外部电荷存在时, 电解质中的正负电荷向不同方向散开, 导致电解质的极化), 这个极化现象又导致引起极化的场的畸变[①]. 这样就得出了对库仑定律的修正, 这一修正从测量出的氢原子能级的非常微弱的分裂中得到了证实.

[①]因此, 真空并不是一个消极的虚空, 而是一个非常复杂的状态, 它能对外电荷和质量的存在作出反应, 从而改变它们的行为. 例如, 由于负电荷的存在, 从远处的其他负电荷边上吸引过来的正电荷形成了对负电荷的屏蔽, 这导致真空的极化.

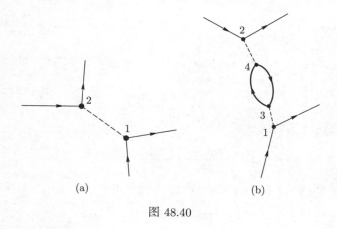

图 48.40

在狄拉克的相对论中, 氢原子的 $2S_{1/2}$ 和 $2P_{1/2}$ 能级应当具有相同的能量. 但是, 第二次世界大战结束后不久, 兰姆利用在雷达技术的发展中所出现的新设备, 发现了这些能级的能量相差 4.4×10^{-6} eV (图 48.41). 能级的这一分裂称为**兰姆移位**, 人们试图用辐射修正来解释它. 正是这一点推动了量子电动力学中的新的计算方法和重正化理论的建立. 对电子磁矩值的修正 (图 48.42) 和真空极化 (图 48.43) 是造成兰姆移位的主要原因. 我们现在来比较一下从 $2S_{1/2}$ 能级到 $2P_{1/2}$ 能级的跃迁能量的理论值和实验值, 为了方便起见, 能量用跃迁辐射的频率表示 (10^9 Hz 的频率相应于 4×10^{-6} eV) (图 48.44).

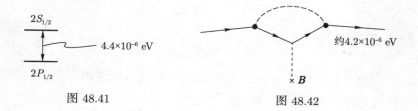

图 48.41   图 48.42

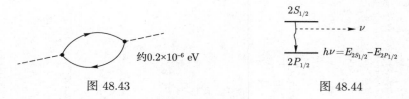

图 48.43

图 48.44

理论与实验的比较 [1]:

$$\frac{E_{2S_{1/2}} - E_{2P_{1/2}}}{h} = \nu$$

理论值: $(1.057\ 64 \pm 0.000\ 21) \times 10^9$ Hz,

实验值 [2]: $(1.057\ 77 \pm 0.000\ 10) \times 10^9$ Hz.

或许, 在量子电动力学 (量子电子与麦克斯韦场的光子相互作用的理论) 的一致性方面还存在一些重大问题. 但是现在可以说, 这个理论以它现已发展起来的 (包括计算方法) 形式给出了与测量结果符合得很好的结果. 即使理论将被重新加以考虑, 未必还有谁会认为, 它 (例如在计算电子的磁矩时) 所使用的各种关系式在将来会有重大的改变. 在这个意义上, 量子电动力学是一门最近代的物理理论, 正如我们所设想的, 它也是内在一致的.

参考文献

[1] *Erickson G. W.*, *Yennie D. R.*, Ann. of Phys., 35, 271 (1965).

[2] *Triebwasser S.*, *Dayhoff E.*, *Lamb W.*, *Jr.*, Physical Review, 89, 98 (1953).

思考题与习题

1. 假设电子的自旋变成 3/2. 此时氢原子的容许能级如何变化? 记住, 自旋为半整数的粒子都服从泡利不相容原理.

2. 根据相对论, 自旋为 5/2 的电子应具有多少个内部状态?

3. 试举出在自然界中存在的负能态的例子. 这些状态与第 47 章中提到的狄拉克的负能态有什么区别?

4. 将 3 MeV 能量引入到狄拉克真空, 结果产生了一个能量为 1 MeV 的电子. 此时还将产生什么? 产生的这个客体的能量有多大? 试用狄拉克的观点来描述这一现象. 试画出该系统在激发前和激发后的能级. 在实验中观察到的 "空穴" 是以什么形式出现的?

5. 能产生电子–正电子偶的光子的最低能量等于多少? (提示: 可试想光子的全部能量转化成电子和正电子的静止能量.)

6. 为了产生质子–反质子偶所必需的最低能量是多少?

*7. 试证明: 从能量守恒和动量守恒定律可以得出, 相向运动着的电子和正电子湮灭时, 至少应当放出两个能量相同的光子.

8. 如果某事件发生的地点和时间是完全确定的, 为什么参与该事件的诸粒子的能量和动量完全是不确定的.

9. 什么是现实粒子和虚粒子?

10. 我们考察在一个光子上发生的电子–正电子偶湮灭, 从相对于两个粒子的质量中心静止的观察者看来, $p_1 = p_2$. 试问:

a) 在该观察者看来, 电子–正电子偶的初始能量等于多少?

b) 系统的总动量等于多少?

c) 假定此时能量和动量是守恒的, 试利用爱因斯坦关系式 $E^2 = m^2 c^4 + p^2 c^2$ 求出湮灭时辐射出的光子的 "质量". 有这样的光子吗? 上述图像描述的是个真实过程吗?

关于虚粒子或不能观察到的粒子的概念可以用另外的方式表达: 这种粒子不服从爱因斯坦关系式, 即它的质量不是物理上能观察到的质量.

第十二篇　初　始　物　质

第 49 章　什么是基本粒子

人类的祖先像寻找神话中的金羊毛一样, 早就开始寻找初始物质了. 他们把初始物质看成是永恒的、不变的、最原始的物质, 而一切物体都由它的各种组合构成. 看来这是一件很复杂的事情, 它比满足伊阿宋①的要求还要困难得多, 因此寻找工作迄今还在继续进行着. 来自米利都的泰勒斯②是活跃在这个舞台上的许多著名人物中最早的先驱者, 大概由于这个原因, 他获得了西方哲学之父的诨名. 他曾谈论过物质的统一性和多样性; 据说, 他认为一切都是由一种实体——水构成的. 与泰勒斯同时代的阿那克西美尼③ (他也是米利都人) 则认为, 这样的实体是空气, 而不是水. 而赫拉克利特④ 则倾向于认为是火. 埃利亚的巴门尼德⑤ 否定了水、空气或火能构成万物. 此外, 他还否定变化的可能性. 他假定, 宇宙的基础是由存在⑥ 构成的 (他把存在看作是个具体的实体), 并假设永不变化的存在构成万物. 这种关于不变的和永恒的存在的学说在当时的学者们中间引起了危机, 因为很难理解, 如果任何东西都不变化, 那么怎样去理解运动呢; 这一危机使得下一代的学者分成了两派. (芝诺⑦ 可能还提出了一些奇谈怪论, 想来表明运动是不足信的.)

大约经过了 80 年之后, 德谟克利特试图把事物确实是在变化的这一明显

---

① 伊阿宋是古希腊神话中的英雄, 曾率领一批勇士乘船前往科尔喀斯去寻取神龙所守护的金羊毛. ——译者注

② 泰勒斯 (约公元前 624—前 547 年), 据传说是古希腊第一个哲学家, 唯物主义者, 米利都学派的创始人, 主张万物皆由水生成. ——译者注

③ 阿那克西美尼 (约公元前 586—前 524 年) 古希腊哲学家, 米利都学派的代表人物. ——译者注

④ 赫拉克利特 (生于公元前约 544 年) 古希腊哲学家, 唯物主义者, 爱菲斯学派创始人. ——译者注

⑤ 巴门尼德 (生于公元前约 515 年) 古希腊埃利亚学派唯心主义哲学家. ——译者注

⑥ 存在是一种哲学概念. 相对于思维而言的存在是物质的同义语. ——译者注

⑦ 芝诺 (公元前约 490—前 425 年), 古希腊唯心主义哲学家, 埃利亚学派的代表人物, 巴门尼德的学生. 他认为存在是 "静" 而不是 "动". 他曾提出有名的诡辩式的论证 "飞矢不动". 他认为一支飞箭在一定时间内经过许多点, 但在每一点上它必然停留在那一点上, 因此是静止的; 把许多静止的点集合起来仍然是静止的. 如果说它在动, 那就等于说它同时在这一点上又不在这一点上, 但这是矛盾的, 因此是不可能的. ——译者注

事实与巴门尼德的思想协调起来. 他把全部存在分成许多单个的元素或者原子, 每一个这样的原子都是不可分割的和不变的. 他确认, 存在是充满了原子的, 除了存在之外还存在有某种虚空, 这个虚空把原子相互分隔开. 虚空就是空间, 原子就在这个空间中运动. 德谟克利特的原子处在永恒的运动中; 它们不能互相混合, 就像不能产生和破灭一样, 它们只能改变自己的状态. 按照德谟克利特的看法, 原子的这些性质可以解释我们所观察到的一切变化. 所以, 他认为 (可能他是第一个), 我们所观察到的一切乃是原子间各种组合的结果.

伊壁鸠鲁、卢克莱修和伽桑狄的世界正是由这些原子的有限数目的配置和组合构成的. 而牛顿则把这些基本的原子看成是刚体的, 具有质量的和不可分割的粒子:

"当我在沉思所有这些东西时, 我觉得, 很可能上帝一开始就赋予物质以刚体的、沉重的、不可穿透的和可移动的粒子的形式, …… 这些初始粒子是刚体的, 并毫无疑问, 要比由它们所组成的任何多孔的物体坚硬得多. 这些粒子是如此之坚硬, 以致任何时候都不可能被磨损或被分割成小块. 普通的作用力在任何时候也不可能把上帝创造世界时亲自创立的东西分割开 …… 如果它们被磨损或分割成了小块的话, 那么与它们有关的物体的性质也就会改变. 由磨损了的旧粒子或它们的碎片所组成的水和土, 已不会再具有由原来的完整的粒子所组成的水和土所具有的性质和结构." [1]

当时认为, 这些原子的组合, 以某种不很确定或明白的方式, 构成我们所观察到的全部物质. 十九世纪的化学家们给原子的概念以新的内容, 他们把作为物质的组成部分的那些元素叫原子, 这些元素的数目现在有 118 个. 从物质分类的角度看, 这些原子的性质可以看作是基本的; 但是, 正如现在大家都承认的那样, 原子事实上是一个复杂的系统, 它由更基本的客体所组成.

在二十世纪初发现了电子并出现了原子核模型, 人们列出了这些基本客体的第一批名单: 电子、光子、质子 (氢原子核); 但是还不清楚的是, 近百种其他的原子核又算什么 (图 49.1).

1932 年查德威克发现了中子. 这样一来, 至少在原则上可以以质子和中子组合的形式建立起所有原子核的模型: 氢原子核——一个质子, 氘核——

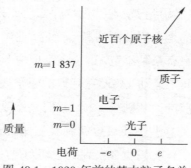

图 49.1   1920 年前的基本粒子名单

一个质子和一个中子, 氦核——两个质子和两个中子, 铀核——92 个质子和
146 个中子. 已经确认, 为了组成原子, 原子核的周围还需要有电子, 这些电
子的行为由玻尔理论或者量子力学来描述. 这就将全部 92 个化学元素, 人造
元素和所有同位素出色地统一了起来. 所有这些元素或同位素现在已不再是
基本客体了, 而变成了由一些相当简单的成分——质子、中子和电子组成的
系统.

    的确, 中子并不是一个完全稳定的客体: 在真空中它经过约 15 min 后衰
变成质子、电子和一种新粒子——中微子 (质量为零, 电荷为零, 自旋为 1/2),
中微子的引入是为了挽救能量和动量守恒定律. 所以到了 1933 年基本粒子
的名单已经可以表示成图 49.2 所示的样子. 这时已经有了 6 种这样的粒子
(虽然中子并不是一个稳定粒子), 由这些粒子至少可以建立我们世界的定性
图像.

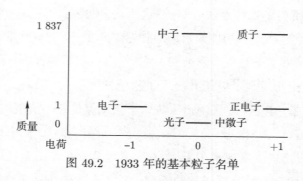

图 49.2   1933 年的基本粒子名单

    在什么意义上可以把它们看作粒子呢? 谁也不会认为, 它们会具有牛顿

粒子或者笛卡儿粒子的性质, 因为在原子尺度上不可能跟踪这些粒子按确定 (类似于行星的) 轨道的运动. 部分地说, 它们在下述意义上是粒子: 它们具有某些既不能分离也不能分割的确定性质. 例如, 电子具有约 10^{-27} g 的质量, 约等于 10^{-10} 静电单位的电荷, 1/2 的自旋等等, 并且不可能把这些量互相分开. 电荷不能与质量分离, 不可能把粒子的自旋去掉, 也不可能把电荷或者质量分割成两半. 其次, 这个客体按照严格确定的规律, 通过电力、引力或其他的力与世界的其他部分相互作用. 因而我们可以说, 基本客体——这是许多性质 (电荷、质量、自旋和我们以后将讲到的其他性质) 的一定的组合, 而这些性质总是在一起相应于某个客体.

如果我们能够把这些基本客体看作是永恒的话, 正如古希腊人喜欢认为的那样, 也许这是件快事. (如果一个客体不能永恒地存在, 又怎么能算作基本客体呢?) 若能保持 "不能磨损和不能分割成小块" 的 "粒子" 的概念也是件好事情. 但是以后我们将看到, 这样定义基本客体来描述我们的观察结果时, 将是非常不方便的. 例如, 氦原子是由两个质子、两个中子和两个电子组成的; 它本身可以永远存在下去. 尽管如此, 把氦原子看成基本客体未必很合适.

另一方面, 中子只能存在 15 min, 但可以方便地认为它是基本客体 (虽然并不排除它不是基本客体的可能性). 我们已经讲过, 中子本身会衰变成质子、电子和中微子. "衰变" 一词是个全新的概念: 从二十世纪二十年代开始已经明确了, 不仅原子或核可以互相转化[①], 并且有时那些所谓的基本客体也可以互相转化. 某些基本客体也像中子一样可以自发衰变.

如果说, 根据一系列前后一致的规则, 能够成功地用这些粒子建立全部物质, 那么我们也可以容忍中子的衰变现象, 并认为整个情势完全可以令人满意. 但是, 从二十世纪三十年代以后, 特别是在五十年代和六十年代期间, 新发现和创造的所谓基本客体的数目以灾难性的速度增长着. 基本客体的数目与所使用的分类方法有关, 现在可以说出的已经有 30 种、50 种甚至上百种这样的粒子[②]. 它们中的每一个粒子都有确定的质量、电荷、自旋等等. 其中许多

[①] 这种转化过程比古代炼金术士们所向往的过程要复杂得多. 从原则上讲, 要把铅变成金这种想法本身并非无稽之谈, 不过不可能利用化学燃烧的方法来实现这一过程.

[②] 到二十世纪八十年代, 已经知道有 300 多种基本粒子, 并且这个数字还在不断变化着. ——译者注

粒子只有很短的寿命 (约百万分之几秒[①]). 但是稳定性本身不能作为基本粒子分类的标准. 具有足够能量的核相碰撞时产生基本粒子, 然后它们又衰变成其他粒子, 这些新产生的粒子本身也会衰变. 大概可以认为, 我们所知道的物质是由这些粒子以某种方式构成的, 但究竟是什么样的方式, 目前还不清楚. 把所有这些客体都看成是基本客体至少不很理想; 最好是把所有这些客体看成是物质的某种更深入的性质的各种不同表现形式, 或者认为它们是由某些更为基本的客体构成的. 能否这样做, 还不知道; 此外, 基本客体或者基本粒子这一概念本身是否有益也还值得讨论. 这正是当代许多物理学家力图搞清楚的主要问题.

可以认为, 在某种意义上质子和中子是基本客体. 但是, 当两个高能质子相碰撞时却能产生出各种各样的别的粒子 (图 49.3), 这就不由得引起一种猜

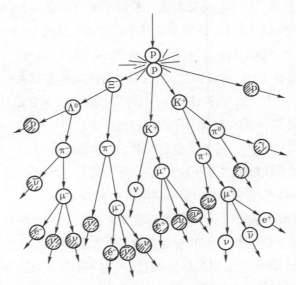

图 49.3   两个高能质子相碰撞时形成粒子簇. 其中一个质子飞向了一边 (右上方). 另一个质子则产生 Ξ⁻ 粒子和两个 K⁺ 介子. 这些粒子也是不稳定的, 它们衰变为其他粒子, 而这些粒子中的一部分再继续衰变. 最终只剩下一些稳定粒子, 图中示出了约 20 个这样的粒子 (引自 [2])

---

① 从普通尺度看, 这些时间很小, 但从核尺度看它已相当大.

测: 质子本身可能是由许多不同粒子组成的一个复杂的混合体. 图 49.3 所表示的含义, 获取与观察这些粒子的方法和粒子分类法的最新进展——这就是我们下面几章的内容.

参考文献

[1]   *Newton Isaac*, Optics, I. B. Cohen, ed., Dover, New York, 1952, p. 400.

[2]   *Treiman S. B.*, The Weak Interactions, Scientific American, 200, March 1959, p. 77.

第 50 章　怎样观察基本粒子

行星在许多不动的恒星的背景上缓慢移动, 炮弹在空中呼啸而过, 两个物体在空中相撞后落向不同的方向, 这一切都可以用肉眼观察到. 而处于原子轨道上的电子却是看不见的; 能观察到的只是光, 也就是原子从一个能级跃迁到另一个能级所辐射出的光. 从本质上说, 建立原子理论也就是为了解释原子受激时所辐射出的光谱. 核内现象离我们的直接知觉更远. 我们不可能直接看到核粒子; 我们也不可能通过核子所辐射出的光去了解它们. 如果我们想知道, 在碰撞时这些粒子是如何散射的, 它们能存在多久, 或者想弄清楚, 它们衰变成了什么粒子, 我们就应当去研究这些粒子在各种仪器中的踪迹或径迹. 基本粒子物理学中所引入的概念和假设都是用于解释这些仪器的指示的.

人们已经知道, 高速带电粒子在穿过相应的介质时, 会在它的身后留下径迹. 一般来说, 我们只能推测, 此时发生了什么. 然而我们假设: 这些径迹是属于带电粒子的, 而径迹的宽度依赖于粒子的电荷、速度和能量. 这就能使我们从大量的实验事实中整理出头绪来. 现在我们已深信不疑: 观察到的径迹反映了带电粒子的轨迹, 就好比我们肉眼所看到的形象反映的是外部世界的现实客体.

1894 年 9 月威耳逊在一个天文台里度过了好几个星期. 这个天文台设于苏格兰丘陵的最高的本尼维斯山. 用他自己的话来说, 他在那儿研究了 "当太阳照在山顶周围的云彩上时的美妙的光学现象". 特别使他感兴趣的是 "太阳周围的和投在云雾或云彩上的山顶和人身的阴影四周的色彩绚丽的光环". 他产生了一个愿望, 要 "在实验室中复制这一现象" [1].

"1895 年初, 为了这个目的我进行了几次实验. 我按照古里叶和爱特肯的方法, 通过膨胀湿空气来制造云雾. 我几乎立刻就发现了某种比我预定要研究的那个光学现象要有意思得多的东西." [2]

引起威耳逊注意的这一现象被用来建立所谓的云室. 这种云室几乎直到目前为止仍然是观察核粒子的设备不可缺少的一部分. 威耳逊发现, 当 X 射线或紫外线通过他的云室时, 会以一条浓密的雾带的形式在其中留下踪迹, 这条雾带要经过好几分钟以后才消失. 很快他又确定, 踪迹是在这些射线作用下空气发生电离而形成的. 到了 1911 年春天, 也就是在他发现这些现象之后又经过了十五年, 威耳逊产生了一个想法: 当带电粒子通过他的云室时, 他有可能跟踪粒子的飞行, 因为在粒子的路程上会形成离子, 而在离子周围将形成细小的水珠. 他在检验这种想法的第一次试验中使用了 X 射线. 威耳逊成功地发现了在这些射线作用下空气原子所放出的电子的踪迹.

威耳逊所建造的云室, 简单说来就是一个充满了蒸气的箱子, 箱子的一端是玻璃窗, 另一端则与一个活塞相连接 (图 50.1). 一开始云室中的蒸气处于饱和状态 (空气中的水蒸气处于饱和状态就是空气的相对湿度等于 100%; 空气不可能包含更多的水蒸气). 为了使云室处于灵敏的工作状态, 将活塞极快地从云室引出, 从而使体积增大, 温度降低, 并使蒸气处于过饱和状态 (此时云室内的蒸气比空气能够含有的蒸气还要多). 此时云室中应当形成水雾 (水蒸气凝结), 但它不会立刻发生, 而只有当云室中有了水滴能够在上面凝结的某个中心 (尘埃微粒, 电离原子等等) 时才会发生 (一般来说, 如果没有湿气可以沉积的杂质存在的话, 过饱和蒸气是不凝结的). 但是尘埃是进不到云室 (照片 50.1) 中去的, 并且已经预先用电场将云室中的离子都清除掉了. 云室中唯一可能的杂质就是在穿过云室的带电粒子作用下产生的离子. 高能带电粒子穿过过饱和蒸气时, 在它的路程上从原子中打出电子, 从而在它身后留下了由

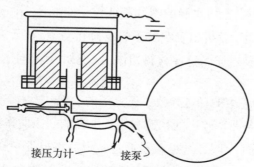

接压力计　　接泵

图 50.1　威耳逊云室的原理图 (引自 [3])

离子形成的径迹 (照片 50.2). 水蒸气就凝结在这些离子上, 这样就使带电粒子的轨迹变成可见的了, 并能够对它照相. 在适当的照明下, 在暗黑色的背景上水滴显示出一些明亮的斑点. 由于离子和水滴扩散的结果, 粒子的可见径迹略有展宽.

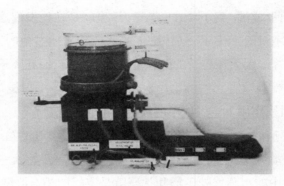

照片 50.1　　第一个威耳逊云室

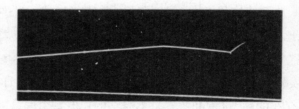

照片 50.2　　威耳逊利用自己的云室在 1912 年得到的照片. 照片示出的是 α 粒子在空气中的最后一段径迹, 照片放大了 4.4 倍. 照片上有两个特征性的拐点, 它们相应于 α 粒子与空气中的氧核和氮核的碰撞

　　径迹的长度和它上面水滴的密度表征粒子的能量. 将云室放在一个磁场中, 测量径迹的曲率, 就可以确定粒子的电荷和动量. 在云室中经常放置铅板或其他材料的板, 使粒子与这些材料相作用 (例如, 用以使粒子减速).

　　照片 50.3 上的径迹导致了正电子的发现. 它由两部分组成: 铅板下面的一条曲率较小的径迹和铅板上面的一条曲率较大的径迹. 磁场指向画面. 可以设想, 粒子通过铅板后将损失一部分能量 (安德森写道: "我们同样否定了这种可能性, 即能量为 20 MeV 的粒

子通过铅之后会具有 60 MeV 的能量, 认为这是绝对不可能的"),
因此可以肯定, 粒子是自下向上运动的. 此时根据径迹的曲率可以
确定, 粒子带有正电荷. 电荷量可以通过电离密度、粒子速度和它
的电荷之间的关系式确定 (按照安德森的估计, 正电子的电荷量小
于两个电子的电荷量). [高能粒子从充满云室的蒸气原子中打出电
子. 每单位长度上的电子数目 (这个数目, 除其他量以外, 正比于飞
行粒子的电荷量), 和这些电子的行程长短决定径迹的密度和宽度.
径迹的总长度 (对于粒子终止在云室中的情况) 表征飞行粒子的能
量.] 所发现的粒子不可能是质子, 因为这种设想与所测得的径迹的
曲率和长度不符, 也与估算出的粒子通过铅板时所损耗的能量值
不符. 这些数据表明, 这个粒子的质量最多也不会超过电子质量的
20 倍. 基于这些事实可以合理地认为, 这是一个以前不知道的粒子
的径迹, 它具有电子的质量和正的 (电子的) 电荷.

照片 50.3　第一个正电子

威耳逊云室是个出色的工具, 虽然使用上不很方便. 它只在很短的时间间
隔内 (云室膨胀后约 1/10 s 内) 处于灵敏状态, 而重复一个工作循环却至少需
要 1 min: 必须清除旧的径迹, 压缩气体并为下一次膨胀作好准备. 其次, 云室
中气体的密度太小, 这导致高能粒子在云室中发生核相互作用事件的概率很
小. 从 1950 年起开始使用一种改革的威耳逊云室——所谓**扩散云室**. 这种云

室克服了前面列举的缺点中的第一个缺点 (图 50.2). 扩散云室的顶部保持高于它的底部的温度. 蒸气从上面引入, 在向下漂移时, 逐步冷却, 并达到过饱和. 所以, 扩散云室是个始终灵敏的云室.

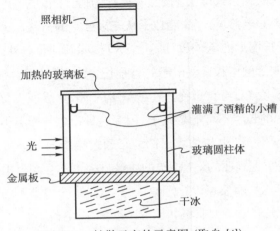

照相机

加热的玻璃板

灌满了酒精的小槽

光

玻璃圆柱体

金属板

干冰

图 50.2　扩散云室的示意图 (取自 [4])

1952 年格拉泽发明了气泡室 (据说, 格拉泽在看到啤酒瓶瓶壁上产生气泡的现象时产生了建造气泡室的想法) (照片 50.4 和照片 50.5). 气泡室的工

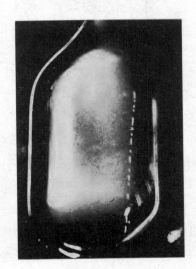

照片 50.4　第一批气泡室中的一个

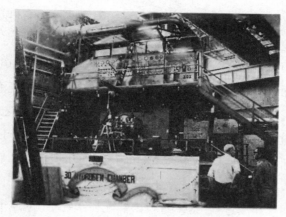

照片 50.5　美国阿贡国家实验室的近代气泡室 (75 cm 液氢气泡室). 气泡室完全被它周围的设备所掩盖

作原理正好与威耳逊云室的工作原理相反. 后者利用的是凝聚, 而前者则是沸腾. 液体在没有可以形成蒸气气泡的杂质存在的情况下仍保持**过热**状态, 但在一段时间内不会汽化. 当带电粒子通过液体时, 在它身后将留下一条由一些离子组成的径迹, 在这些离子上, 就像在啤酒瓶瓶壁上一样, 会形成气泡. 与威耳逊云室中的气体相比, 气泡室中的液体具有大得多的密度, 这就大大增加了观察到高能粒子在气泡室内产生相互作用事件的概率.

　　在一定的压力下先将液体加热到正常的沸腾温度以上, 如果此时突然将压力撤掉, 那么液体就变成过热状态的了. 例如, 在五个大气压下将液氢 (尽管用液氢工作是很危险的, 但在气泡室中仍然经常使用它, 因为这种液体主要由静止的质子组成, 所以实验结果最容易解释) 保持在 27 K 的温度. 在通常的条件下液氢在 20 K 时就沸腾. 当压力突然降低时, 液氢成为过热状态, 在带电粒子通过的路径上将留下离子, 而在离子周围将形成径迹, 这些径迹将被拍成照片①. 在高能粒子加速器上用气泡室做实验非常方便, 因为只要不到 1 s 的时间它就能恢复到灵敏状态, 它的工作周期可以与加速器的脉冲相同步.

　　不久前出现了一种新仪器 —— **火花室**. 它所依据的工作原理是, 当空气中含有离子时, 它的导电性超过通常空气的导电性. 因此, 如果在一个空气缝

---

①现在普遍的看法是: 气泡形成中心的产生是高能粒子将能量传递给液体原子的结果.

隙上加上很强的电场, 使其强度略低于击穿场强, 那么, 当有电场脉冲时, 由于带电粒子经过缝隙时在自己身后留下了许多离子, 所以沿带电粒子的轨道将有电流通过, 这些电流将作为发光的径迹被观察到. 在两个主电场脉冲之间通常还加一个附加电场, 用以清除火花室中的残留离子. 对于气泡室来说, 降压必须在粒子进入气泡室以前完成; 而火花室则不同, 它可以在粒子通过后再加电压[①] (实践中也正是这样做的). 因此一般来说, 气泡室多用于探索性质的实验工作中 (例如, 与加速器相配合, 并且每个脉冲的时间是准确知道的), 此时在气泡室中所发生的一切都被记录下来; 而火花室则通常用于研究某个预先选定的确定的相互作用过程, 这个过程由装配在系统中的 "逻辑线路" 所控制. 将火花径迹照相是记录实验数据的一种方法, 现在研究出了可以避免这一中间过程的一些记录方法. 例如, 这些方法之一是使用导线网, 它可以把导线网上哪一根导线上发生的火花记录到磁芯上, 从而可以确定径迹上有限个点的位置. 在加速器两个脉冲间的间歇时间内, 磁芯所记录的信息被送入计算机.

带电粒子的径迹也可以用照相乳胶直接记录; 这一方法是由以鲍威尔为首的英国物理工作者小组在 1947 年发展的. 带电粒子使乳胶原子电离, 经过显影后就在乳胶中留下一条黑色的径迹. 重子、例如质子, 留下的径迹比电子的径迹要粗黑, 因为它能更强烈地使乳胶原子电离; 而 α 粒子或者被电离的重原子核的径迹又比质子的径迹更粗黑. 此外, 随着粒子速度变慢, 径迹的单位长度上被电离的乳胶原子数将增多. 因此, 预先将乳胶进行标定, 根据径迹的粗黑程度就可以确定粒子在其中的速度和方向.

除了上面讲到的几种记录粒子径迹的仪器外, 还使用各种计数器, 它们可以确定是否有这种或那种粒子存在. 几乎所有计数器的工作都是基于具有一定能量的带电粒子对原子的激发或电离作用. 盖革曾使用过一种闪烁计数器, 它有一个涂了一层荧光物质的屏, 当具有一定能量的带电粒子落到这种荧光物质上时它能发光 (光子). (引起电视机显像管发光的就是这种效应.) 在显微镜下观察屏的一小块面积, 就可以记录由放射源发出的 α 粒子在某个时间间隔内落到屏的这一部分面积上的数目. 现在仍在使用闪烁计数器, 但一般来

---

① 这是因为带电粒子在缝隙中产生的离子有一定的滞留时间. —— 译者注

说已经与光电倍增管在一起配合使用. 从闪烁屏上打出的光子落到光电倍增管的光阴极上, 并从光阴极上打出光电子. 在光阴极的后面放置有一系列的极板 (称为倍增极), 在这些极板上都加上一定的电压, 电压从一个极板到另一极板依次递增. 从光阴极打出的光电子在电场作用下打到第一块极板上, 由于次级发射, 这块极板将发射出更多的电子. 这些电子又被吸引向电势较高的下一块极板, 并从那里打出更多的电子. 这个过程一直进行下去, 直到在光电倍增管的输出端 (阳极) 上获得足够数量的电子 (图 50.3). 结果是, 落到闪烁屏上的每一个粒子都将产生一个可供自动记录的电流. 对于一些典型的光电倍增管, 每一个打到光阴极上的光子可以产生 $10^3 \sim 10^4$ 个电子. 闪烁 (光) 的强度与高能带电粒子在闪烁物质中损失的总能量有关, 这个强度又正比于光电倍增管输出端的总的电子数. 因此经常利用电子脉冲的大小来确定带电粒子的能量损耗.

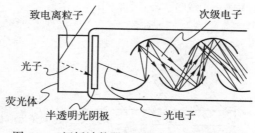

图 50.3　闪烁计数器和光电倍增管原理图 [5]

还有一些其他的用以记录高能带电粒子的计数装置. 图 50.4 示出著名的**盖革计数器**是如何工作的.

如果一个带电粒子在某个介质中运动时, 它的速度超过了光在这个介质中的传播速度 (但任何时候也不会超过光在真空中的速度 c), 那么它将发出一种很弱的电磁辐射. 这种辐射叫做**切连科夫辐射**, 它是切连科夫在 1937 年发现的. 利用这种辐射可以正确地确定粒子的速度 (图 50.5). 当粒子的速度低于介质中的光速时, 就不产生这种辐射; 而当粒子的速度超过光速时, 这种辐射的波前从粒子向周围传播, 其形状犹似行进中的轮船所激起的水波. 波前与粒子运动方向间的夹角 θ 取决于介质中的光速和粒子的速度. 粒子的速度

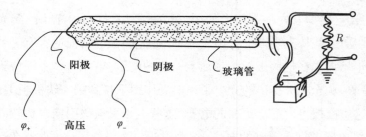

图 50.4　普通的盖革–米勒管是一根玻璃管, 里面充满了气体, 并有两个电极. 其中一个电极是个圆柱形的金属筒, 而另一个电极则是沿圆柱体轴的一根金属丝. 两个电极之间加上很高的电压 (比如说, 1 kV). 在电场作用下离子向圆柱形的金属筒 (阴极) 运动, 而电子向中心丝 (阳极) 运动. 如果所加的电场足够强, 就可以形成一种临界状态, 即只要有一个外来的电荷落入计数管中就可以引起放电. 在第一批 (起始的) 电离事件中被打出的那些电子, 当它们与气体原子相碰撞时又形成许多新的电子–离子对, 而这些新的电子本身又形成更多的电子–离子对. 因而, 一个电子就可以在计数管中引起包含几百万个电子的雪崩式放电. 这一电子潮到达中心电极 (阳极) 时形成电流, 并在负载电阻 R 上形成一个很陡峭的电势差, 后者很容易被电子线路记录 (引自 [4])

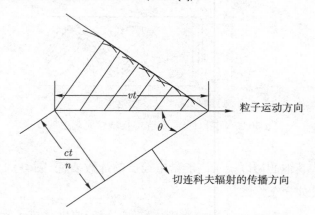

图 50.5　切连科夫辐射的锥形波 (引自 [6])

可以根据 θ 角的大小计算求得. 切连科夫计数器本身并不记录粒子的径迹. 因为它有一个阈速度, 所以对背景的低能粒子不灵敏, 而这些低能粒子始终是存在于周围环境中的. 如果将它放在火花室或别的记录装置的输入端, 那么只有当高能粒子通过切连科夫计数器时 (这个时刻可由放在切连科夫计数器内的光电倍增管的输出脉冲确定), 火花室或别的记录装置才启动. 光在介质中的传播速度依赖于介质的折射系数, 折射系数决定切连科夫计数器的阈速度. 所以可以根据所要求的阈速度的大小来选择切连科夫计数器的材料.

图 50.6 是一个用于测量粒子质量的实验装置的示意图. 它由两个威耳逊云室 CH_1 和 CH_2 构成. 上面的一个云室 CH_1 放在两块电磁铁之间, 电磁铁可以产生场强为 $4750\,Gs$ 的磁场. 在下面的云室 CH_2 中放置着 15 块铅板, 每块铅板的厚度都是 $0.63\,cm$. 只有当带电粒子通过三个盖革–米勒计数器 C_1, C_2 和 C_3, 即有三重符合时, 两个云室才同时启动. 根据上面云室中径迹的曲率可确定粒子的动量. 如果粒子停留在下面的云室中, 那么只要知道它停留在哪一块铅板中, 就能测出它的射程长度. 根据粒子的动量和射程长度可确定粒子的质量.

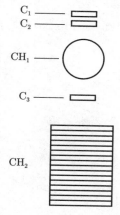

图 50.6 用于测量宇宙射线中 μ 子质量的实验装置的示意图. 它由两个威耳逊云室 (CH_1 和 CH_2) 和三个计数器 (C_1, C_2, C_3) 组成 [7]

上面我们列举了一些用于研究核粒子性质的各种形式的和非常巧妙的技术设备. 由于核事件并不是百分之百可控制的, 所以一般来说, 我们不得不从大量发生的事件中挑选那些我们感兴趣的. 譬如说, 我们有一个直径为 1 m 的云室, 它每年可以记录 100 000 个我们可能感兴趣的事件. 分析所有这些径迹和从中挑选出所需要的事件, 这几乎是一个绝对办不到的事, 因为人力和时间

有限. 为了解决这些问题, 人们提出使用各种计算机系统来记录径迹, 计算各种粒子的动能等等, 还可以用以确定, 这个或那个事件是否正是实验人员所要寻找的事件.

参考文献

[1] *Wilson C. T. R.*, Le Prix Nobel, 1972.

[2] 同上

[3] *Wilson C. T. R.*, Proceedings of the Royal Society (London), A87, 278 (1912).

[4] *Kaplan I.*, Nuclear Physics, 2nd ed., Addison-Wesley, Reading, Mass., 1963.

[5] *Weidner R. T.. Sells R. L.*, 参见第 43 章文献 [1].

[6] *Richards J. A.*, *Sears F. W.*, *Wehr M. R.*, *Zemanski M. W.*, Moder University Physics, Addison-Wesley, Reading, Mass., 1960.

[7] *Retallack J. G.*, *Brode R. B.*, Physical Review, 75, 1716 (1949).

(思考题与习题见第 56 章)

第 51 章 怎样获得基本粒子

质子必须克服原子核的库仑势垒才能引起核反应. 例如, 质子的能量为 10 MeV 时, 才可能与溴核 ($Z = 35$) 发生核反应. 对于大多数我们感兴趣的核反应, 所需要的能量常达百万电子伏, 甚至更高. 为了使质子的能量达到 10 MeV, 必须用 10 MV 的电势差来加速它 (图 51.1). (用的电源电压为 110 V 或 220 V.) 要建立这样大的电势差, 又要不发生电极间的放电, 这几乎是不可能的事情.

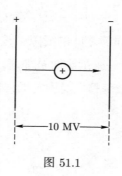

图 51.1

放射性核可以放出能量为几个兆电子伏的 α, β 和 γ 射线: 这是天然的高能粒子源. 卢瑟福在他的早期研究工作中使用的就是钋核所放出的 α 粒子. 宇宙射线中就有许多高能核粒子, 它们不断地从太阳系或者银河系落向地球. (这些粒子的能量可达 10^{13} MeV, 即约 1.6 J!) 正是这种粒子源使安德森在 1932 年第一次观察到了正电子. 所以, 借助于上述各种天然的过程可以获得具有各种能量的核粒子或亚核粒子, 也正是这些粒子被用于第一批核实验中. 但是, 与其他自然现象一样, 天然的高能粒子并不能满足学者们的全部要求, 所以人类不得不设法制造高能粒子.

在实验室中用于加速粒子的第一个机器是范德格拉夫加速器或静电加速器, 它利用摩擦可充电到很高的电压. 1929 年范德格拉夫造出了第一台实验性机器, 它达到了 80000 V 的高压. 而到了 1931 年, 在普林斯顿建成了 1.5 MV 的机器, 全部材料费只花了 100 美元, 机器的制造者们颇以此自豪. (直到今天这台机器还在普林斯顿作为示范表演用. 而在维斯顿建造的一台 200 GeV 的加速器[①], 它的预算费用为 3 亿美元.)

　　英国人科克罗夫特和沃尔顿制造出了所谓直线加速器, 他们使用了 600 kV 的交流高压来加速质子 (范德格拉夫使用的是直流高压). 1932 年他们首次使用这些加速粒子去轰击锂核, 并将锂核分裂成了两个氦核 ($_1H^1 + _3Li^7 \rightarrow _4Be^8 \rightarrow _2He^4 + _2He^4$). 从那时起, 科克罗夫特和沃尔顿加速器 (高压倍加器) 和范德格拉夫加速器不断地完善, 今天它们已经不作为高能粒子源使用. 但是, 它们是功率更大的环形加速器的注入器, 并且根据它们的工作原理制造出了更高能量的直线加速器.

　　大型的直线加速器有两种类型——漂移管型的和波导型的. 在第一类加速器中粒子在圆柱形空心金属筒之间的缝隙中被加速 (图 51.2). 圆筒上所加的电压是交变的. 粒子通过第一个缝隙时被加速, 当它到达下一个缝隙时正好再一次被加速. 由于电压的振荡频率是固定的, 所以随着粒子不断被加速, 漂移管的长度也应不断加长.

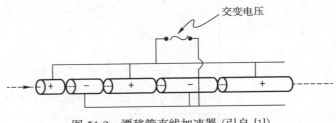

图 51.2　漂移管直线加速器 (引自 [1])

　　波导型加速器是在 1947 年由特·弗拉伊发明的, 他使用了波长 (10.5 cm) 较长的电磁波, 这个电磁波沿一个空心导管传播. 由于电子的能量不太大 (约 2 MeV) 时, 它的运动速度已经接近光速, 所以这些电子在电场作用下可随电磁波的波峰运动, 就像驾着帆板的运动员随着海浪前进. (当电磁波沿空心导管传播时, 从它的麦克斯韦方程的解可以得出, 使粒子加速的电场乃是导管壁

────────────

①维斯顿加速器于 1972 年投入运转.　——译者注

的所有反射波的电场之和; 选择适当的条件可以使这个合成波沿波导管的传播速度小于光速.) 目前一些最大的直线加速器也是按这种原理工作的. 为了将粒子加速到足够高的能量, 加速器必须足够长, 加速电压也要很高, 因为必须在相当长的时间内有很大的力作用于粒子. 尺寸不太大的科克罗夫特和沃尔顿的高压倍加器演变成了巨大的直线加速器; 例如, 新建的斯坦福直线加速器的长度超过 3 km.

劳伦斯提出了获得高能粒子的另一种方法. 他成功地将加速器的直线加速管道改成圆环形的, 把几个大功率的加速脉冲用一系列较弱的脉冲来代替, 而后者只需要比较小的电势差就可以得到. 劳伦斯和里维克顿于 1932 年描述第一台回旋加速器时曾指出: "随着电压的增大, 实验上的困难愈来愈突出." 第一台回旋加速器的直径为 28 cm, 可以将质子加速到 1.2 MeV.

劳伦斯的这一想法的要点是, 使用磁场迫使带电离子按圆形轨道运动. 粒子每转一圈就可以加速一点. 这样就能用较小的电势差使粒子达到较大的能量值, 甚至比以前使用高电压的加速器所能达到的能量值还要大 (图 51.3). 1929 年劳伦斯偶然看到一篇关于粒子加速的文章, 使他产生了建立回旋加速器的想法. 这篇文章是位名叫维杰劳埃的德国工程师写的, 劳伦斯并不懂德文, 但根据文章中给出的图, 使他得到了启示.

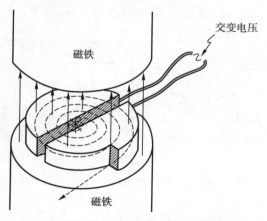

图 51.3　回旋加速器示意图 (引自 [2])

如果回旋加速器中的磁场强度是个常量, 那么非相对论粒子每转一圈所需的时间是一样的, 并与轨道半径无关. 因此加速场 (交变电场) 的频率也应当是个常量. 但是对于相对论粒子情况就不同了. 当电子的能量仅仅是 50 keV 时, 由于相对论效应, 它的质量就将增加 10%, 这就是劳伦斯不能用固定频率的交变电场来加速电子的原因之一. 为了解决这个问题, 必须随着粒子质量的增大相应地降低交变电场的频率; 同步回旋加速器中就使用了这种方法.

1941 年凯尔斯特发明了用于加速 β 粒子的**电子感应加速器** (图 51.4). 在回旋加速器中加速电场是电势差造成的, 而在电子感应加速器中, 这个电场是依靠电磁感应产生的 (交变磁场激励电场). 尽管粒子在加速过程中它的动量不断增长, 但是磁场也在不断变化, 使得粒子轨道的半径保持不变. 通常在加速周期终了时, 利用电场或磁场破坏粒子的平衡轨道, 将粒子束引出. 有时也使用可活动的靶, 在加速循环中的适当时刻将靶推入到加速管道中. 在典型的电子感应加速器中, 用范德格拉夫加速器作为电子束注入器. 在磁场上升的时刻将由范德格拉夫加速器输出的 50 keV 的电子束引入电子感应加速器中, 而当磁场强度达到最大值时再将束流引出. 不论电子感应加速器, 还是回旋加速器、同步回旋加速器 (照片 51.1) 都有相当大的磁铁, 磁极的面积必须大于粒子轨道的面积. 因而为了将粒子加速到大于 1 GeV 的能量而制造这类机器在经济上是不合算的, 因为钢铁和电力的消耗太多, 费用太昂贵.

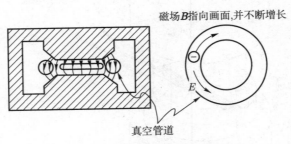

图 51.4　电子感应加速器示意图 (引自 [1])

1945 年苏联的维克斯勒尔和美国的麦克米伦不约而同地提出了**同步加速器**或具有固定轨道的环形加速器的设想. 这一新设想的要点是同时改变电场频率和磁场强度. 维克斯勒尔和麦克米伦表明, 在这种情况下可以获得稳定

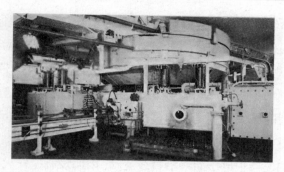

照片 51.1　4.7 m 的同步回旋加速器. 它可把质子加速到 720 MeV. 磁铁的下磁极安装在地板下面, 故而照片上看不见

的粒子轨道[1]. 同步加速器的磁铁由几块很大的 C 形磁铁组成, 它们沿一个确定的轨道安放. 与可变轨道加速器的磁铁相比, 这些磁铁的尺寸要小得多. 通常将磁铁分成四组, 而磁铁组之间的空隙用以注入、加速和引出粒子 (图 51.5). 当粒子能量增大时 (即它的速度增大时), 加速电场的频率和磁场强度也增长. 当粒子的速度达到相对论速度时, 电场的频率将保持不变 (以 $0.99c$ 的速度运动的粒子, 虽然它的能量仍在增长, 但它的速度实际上已不再变化), 但每转一圈后粒子的动量仍在增加, 所以磁场必须继续增大.

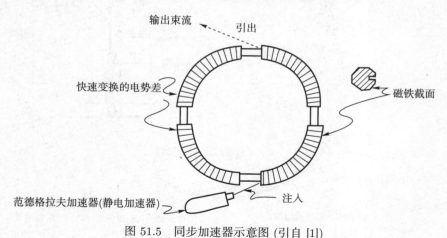

图 51.5　同步加速器示意图 (引自 [1])

---

[1] 他们证明, 当粒子由于某种偶然因素而偏离了平衡轨道时, 就自动地有一个力作用于粒子, 迫使粒子返回原先的轨道. 在加速很大数量的粒子的过程中为了不使粒子跑到加速器壁上, 这种稳定性条件是必需的.

在有圆环形轨道的加速器 (例如同步加速器) 中, 电子可能达到的最大能量值主要受因辐射而损失能量的限制[①]. 当粒子按圆形轨道运动时, 即使它的速度值实际上不变, 它也是一种加速运动. 当能量非常大时, 带电粒子的加速运动所引起的辐射损失将变得比较明显. 由于辐射损失, 甚至在同步加速器中电子可能达到的最大能量也不超过 10 GeV. 可以期望, 在足够长的直线加速器上能够获得能量高得多的电子 (20 GeV 的斯坦福直线加速器的长度为 3 km), 在直线加速器中电子始终沿直线运动, 因而没有这样大的辐射损失.

到 1967 年以前已经投入运行的加速器中, 能量最大的是 33 GeV 的美国布鲁克海文国家实验室的同步加速器 (图 51.6 和照片 51.2); 在日内瓦的属于

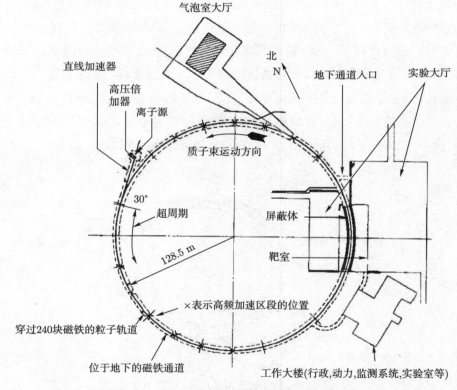

图 51.6　能量为 33 GeV 的布鲁克海文强聚焦同步加速器的平面图

[①]辐射损失的大小与被加速粒子的质量关系极大; 对质子来说这种损失极小. 因此, 建造能量为 200 GeV 的质子同步加速器从经济上较为合算 (至少从辐射损失的观点看).

照片 51.2　能量为 33 GeV 的布鲁克海文质子同步加速器全貌. 在环形磁铁的右边可以看到一个建筑物, 它里面安装有 2 m 的液氢气泡室. 左上方的建筑物内有一台 "cosmotron" (3 GeV 的不太大的质子同步加速器). 左下方的建筑物内是研究性的石墨反应堆

欧洲核子研究中心的加速器的能量为 28 GeV (照片 51.3). 1967 年在苏联的塞普霍夫附近建成了一台能量为 76 GeV 的同步加速器, 将来还准备建设能量更高的加速器. 目前最大的是 200 GeV 的质子同步加速器, 它已于二十世纪七十年代初在美国的维斯顿建成[①]. 质子首先用高压倍加器加速到 750 keV. 然后经直线加速器加速到 200 MeV 后注入一个能量为 8 GeV 的同步加速器, 质子的能量达到 8 GeV 后再输入到主同步加速器中. 质子在那儿走完最后一段旅程, 达到 200 GeV 的能量. 加速器主圆环的直径为 2 km. 为了屏蔽辐射, 圆环本身安装在地下 7.5 m 深处 (照片 51.3).

　　尽管同步加速器每 1 GeV 能量的造价要低于电子感应加速器, 但是这类加速器总的造价仍然是非常昂贵的. 据估计, 建造维斯顿加速器大约花费了几亿美元, 它的运行费用每年约需 1 亿美元. 这样高的代价使物理研究工作的性质发生了某些变化. 物理学本身虽然仍然与法拉第时代一样; 但是当实验设备的建造和维修费用总数达几亿美元时, 解决这种设备的建造问题不仅要有学者、教授们参加, 并且还要有国家的支持. 科学规划也与所有其他的事情一样,

---

　　[①] 美国维斯顿加速器于 1972 年初投入运行. 1976 年欧洲核子研究中心建成一台 400 GeV 的加速器; 1971 年美国在巴达维亚建成一台 500 GeV 的加速器. 进一步利用超导磁铁, 后两台加速器还有把能量提高到 1000 GeV 的计划. ——译者注

照片 51.3　日内瓦欧洲核子研究中心核实验室的全貌. 照片的左边可以看到能量为 28 GeV 的强聚焦质子同步加速器, 它的直径为 200 m, 环形磁铁位于地下. 这个加速器输出端的质子速度可达 0.999 4c. 这台加速器是由当时欧洲核子研究中心的 13 国共同建造的

常常与猪肉等问题放在一起考虑. 当然, 这种做法毫无疑问是必要的. 但是假如说, 当年法拉第每次为了 20 磅[①] 铜导线而必须要说服首相, 法拉第还可能为我们发现电吗? (要是那样的话, 我们就会听到法拉第的声音: "不, 10 磅铜导线我是不够用的.")

　　完成一次高能粒子物理实验已经是许多专业的学者们的共同事业, 因此这种实验的参加者人数特别多 (图 51.7 作为一个例子列出了某一个实验项目的参加者们的名单); 姓名被排在这长长的名单最后的那个人, 看上去就好像是庞大的加速器旁边的一个侏儒, 他只能留恋过去那些充满了个性的岁月. 或许, 研究工作的这一特点仅仅是过渡阶段才具有的特点. 现在, 做实验时必须有电子学方面的专家, 数据处理方面的专家等等, 因为没有一个人能精通所有这些项目. 但是同样正确的事情是, 今天任何一个人, 如果没有矿工, 冶金工人和拉丝工人的帮助, 他不可能自己制作铜线. 而现在人们只要定购一段铜线就可以了, 完全不必知道它是如何制备的. 或许未来的物理学家也能如此来安排自己的实验, 即定购一台多用途的设备, 它能够实现并分析它的主人所希望的一切. 现在正在研制一些如图 51.8 所示的系统, 依靠这些系统, 物理学家坐

---

①1 磅 = 453.592 g.

On the Masses and Modes of Decay of Heavy Mesons Produced by Cosmic Radiation.

(G-Stack Collaboration)

J. H. Davies, D. Evans, P. E. François, M. W. Friedlander, R. Hillier, P. Iredale, D. Keefe, M. G. K. Menon, D. H. Perkins and C. F. Powell

H. H. Wills Physical Laboratory · Bristol (Br)

J. Bøggild, N. Brene, P. H. Fowler, J. Hooper, W. C. G. Ortel and M. Scharff

Institut fôr Teoretisk Fysk · Kobenhavn (Ko)

L. Crane, R. H. W. Johnston and C. O'Ceallaigh

Institute for Advanced Studies · Dublin (DuAS)

F. Anderson, G. Lawlor and T. E. Nevin

University College · Dublin (DuUC)

G. Alvial, A. Bonetti, M. di Corato, C. Dilworth, R. Levi Setti, A. Milone (†), G. Occhialini (°), L. Scarsi and C. Tomasini (†)

(†) *Istituto di Fisica dell'Università · Genova*
Istituto di Scienze Fisiche dell'Università · Milano　　(GeMi)
Istituto Nazionale di Fisica Nucleare · Sezione di Milano
(°) *and of Laboratoire de Physique Nucléaire · Université Libre · Bruxelles*

M. Ceccarelli, M. Grilli, M. Merlin, G. Salandin and B. Sechi

Istituto di Fisica dell'Università · Padova
Istituto Nazionale di Fisica Nucleare · Sezione di Padova (Pd)

(ricevuto il 2 Ottobre 1955)

图 51.7　一项实验参加者的名单 (引自 [3])

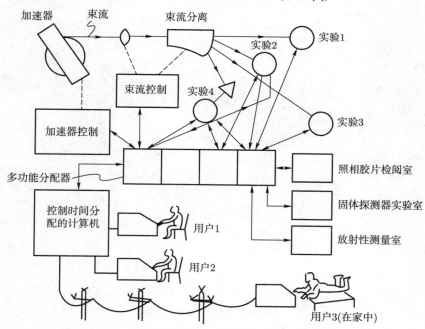

图 51.8　未来的可以控制时间分配的加速器实验室

加速器的呼唤指令一直起作用, 直到全部要求得到满足为止. 由于配备了多功能分配器, 实验者只要用电缆将自己的实验室设备与控制整个系统工作的电子计算机相连接就可以了 (引自 [4])

在工作台前面, 利用电传打字机就可以启动加速器, 定购需要的粒子和安排自己的实验.

参考文献

[1] *Weidner R. T.*, *Sells R. L.*, 参见第 43 章文献 [1].

[2] *Richards J. A.*, *Sears F. W.*, *Wehr M. R.*, *Zemanshi M. W.*, 参见第 50 章文献 [6].

[3] *Yang C. N.*, Elementary Particles: A Short History of Some Discoveries in Atomic Physics, Princeton University Press, 1962.

[4] *Kane J. V.*, Physics Today, July, 1966, p. 66.

第 52 章 是什么将核内的粒子约束在一起

在许多原子现象中原子核可以看成是一个比较重的带电粒子; 在这些情况下考察原子核的内部结构实际上没有任何意义. 但是, 当人们已经清楚, 核能够分裂或者衰变成别的核, 也就是说, 应当把核看成是质子和中子的结合系统 (氢核——一个质子; 氦核——两个质子和两个中子, 等等) 时, 就很自然地产生一个问题: 是什么将核内的粒子约束在一起, 以致这些粒子的组合看起来像是一个整体一样? 要想回避这个问题愈来愈不可能了.

虽然核现象的范围与行星运动的范围甚至原子现象的范围相差很远, 但是通过引入某种新的力来解释核的稳定性可能是个明智的尝试. 这个新的力在数值上比那时候已知的任何力都要大得多. 在已经知道的力中, 在核内起作用的库仑力不是吸引力, 而是排斥力, 而万有引力又太弱. 不久前发现了一种与 β 衰变有关的力, 根据对 β 衰变概率的估算, 这种力比电磁力要弱约 10^{-11} 倍.

因而, 用经典物理的语言来表达的话, 必须引入某种能将核子 (质子和中子) 约束在一起的新的力. 汤川秀树写道:

"不久前费米在研究 β 衰变问题时, 假设存在着 '中微子'. 根据他的理论, 中子和质子通过放出或吸收中微子-电子对而互相作用. 遗憾的是, 根据这种假设计算得到的结合能太小了, 它不能够解释所观察到的核内中子和质子的结合能.

以下述很自然的方式将海森伯和费米的理论从形式上改变一下, 就可以消除这一缺陷. 重子从中子状态跃迁到质子状态并非始终伴随着辐射轻子——电子和中微子, 而有时候可能伴随着辐射另一种重子[①], 这个重子把

[①] 后来这种粒子被叫做介子.

发生这种跃迁时释出的能量带走. …… 如果后一过程的概率比第一个过程的概率大得多, 那么中子和质子间的相互作用将比费米理论所预期的强得多, 这时辐射轻子的概率实际上不变.

　　基本粒子间的这种相互作用可以用力场来描述, 就像带电粒子间的相互作用可以用电磁场来描述一样. 从上面的讨论得出, 重子与这个场的相互作用, 要比轻子与这个场的相互作用强大得多. 在量子理论中这个场应当相应于一种新的量子 (与电磁场相应的是光子). 本文将简要地讨论这个场和相随于它的量子在核结构问题上可能的性质." [1]

　　汤川秀树在这篇论文中所阐明的思想, 直到今天为止, 仍然在核物理和基本粒子物理中占主导地位 (这一思想由于数学上的困难而没有能够在逻辑上彻底完成). 核力应当很强大; 它大大超过作用于质子间的静电排斥力, 所以核表现为相对稳定的系统. 同时核力应有很短的作用半径. 事实上, 仅仅用电磁力就可以成功地解释原子和分子现象的一切细节. 而从质子在质子 (比如说, 氢核) 上的散射实验得知, 核力在数值上很大, 并且只在很短的距离上起作用.

　　汤川秀树假设, 这个新的力是在两个核子间交换重的量子时产生的, 就好像交换光子时产生电磁力一样 (图 52.1). 从量子场论的观点看来, 作用于两个带电粒子间的力是由交换光子所造成的. 这个力的大小取决于费曼图中每个端点之间的耦合常数:

$$\sqrt{\frac{e^2}{\hbar c}} \approx \sqrt{\frac{1}{137}} \tag{52.1}$$

汤川秀树用类推的方法假设, 在任意两个核子 (中子–中子, 中子–质子或质子–质子) 间都可以交换量子, 这种量子在某种意义上与光子很相似, 但它的质量不等于零 (图 52.2).

　　重量子的质量可以根据假设的力的作用半径的大小来估算. 要得到这些数值间的确切的关系需要进行冗长而复杂的计算. 但是可以用测不准原理粗略地估计质量的大小. 这再一次表明, 量子理论中的许多关系式不一定要进行复杂的计算, 而可以用比较简单的方式求得.

　　我们现在这样来讨论这个问题. 如果在初始状态有两个核子 (例如, 假定它们是相对静止的), 那么这两个核子不可能跃迁到具有两个核子和一个介子

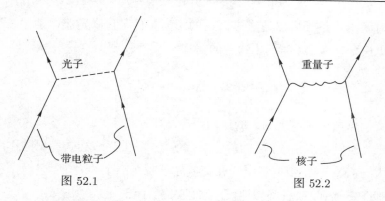

图 52.1　　　　　　　　　　　　　　　　图 52.2

的状态, 因为此时能量将不守恒. 但此时, 根据我们所使用的描述方法, 我们可以说, 在这种状态 (这是个能量不守恒的虚状态) 下, 系统的能量有不确定的数值. 虚状态的寿命可用测不准关系式来估算:

$$\Delta E \times \Delta t \approx h \tag{52.2}$$

如果两个核子交换重量子, 那么这两个核子能量的不确定度至少与这个量子的能量一样, 因为我们所考察的系统可以由两个核子或者由两个核子和一个重量子组成 (图 52.3). (当然, 也可能交换两个量子, 但此时得到的力的作用半径比交换一个量子的情况更短.)

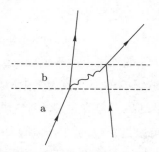

图 52.3　双核子系统能量的不确定度等于重量子的最低能量, 因为系统既可以处于两个核子的状态 a, 也可以处于两个核子加上一个重量子的状态 b

重量子的能量等于它的动能 (动能可以从零变到任意数值), 加上它的静止能量 $m_0 c^2$, 因此能量的最小可能值等于 $m_0 c^2$; 由此得到虚状态的寿命

$$\Delta t \approx \frac{h}{m_0 c^2} \tag{52.3}$$

在这段时间内重量子可以通过多么远的距离? 假设它以光速运动 (它不可能运动得更快), 它在 Δt 时间内通过的路程

$$R \approx c \cdot \Delta t = \frac{h}{m_0 c} \tag{52.4}$$

这就是交换重量子时产生的力的作用距离.

对于光子的情况, 由于它的静止质量等于零, 上述表达式给出的作用距离为无穷大. 这意味着, 带电粒子间在交换光子时所产生的力 (库仑力), 在任意距离上都能感觉到, 或者确切地说, 它能在宏观距离上表现出来.

只要知道了新力的作用半径, 利用上述关系式就能确定重量子的质量. 而作用半径可以根据核子散射实验的数据计算求得. 假定, R 的数量级为 10^{-12} cm, 那么求得的重量子的质量值约为电子质量的 250 倍:

$$m_0 \approx \frac{h}{Rc} \approx \frac{6.6 \times 10^{-27}}{10^{-12} \times 3 \times 10^{10}} \text{ g} \approx 2.2 \times 10^{-25} \text{ g}$$
$$\approx 250 m_{\mathrm{e}} \tag{52.5}$$

汤川秀树写道:

"由于这种量子具有很大的质量和正的或负的电荷, 并且它从来也没有在实验中被观察到, 看来上面所叙述的理论大概是不正确的. 尽管如此, 我们能够表明, 在通常的核衰变中这种量子不会向外部空间辐射." [2]

汤川秀树谦虚地表示, 他的理论可能是错的, 但是接着他证明 (他的论据将在后面介绍), 在那个时候已知的那些核衰变中不可能观察到这一新的重量子, 所以只能希望等到将来具备了合适的条件时能够发现它.

与光子不同, 新量子可以是带电的, 因为, 譬如说, 质子吸收或放出这个量子后可以变成中子 (图 52.4). [作用于质子-质子, 质子-中子等这些粒子偶之间的力的实验数值大小差不多, 所以可以假设, 核子与新量子间的相互作用具有一定的对称性. 从核相互作用的观点看 (即不考虑电荷的影响), 质子和中子是同一个量子系统 —— 核子的两个退化状态.]

由于以前从来没有在实验中观察到这个新量子, 可以认为, 在普通物质中它是观察不到的. 它的寿命也很短. 它可以作为能引起核子间的核力作用的虚

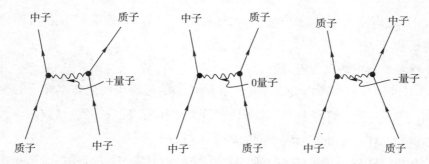

图 52.4　核子间通过交换带电的或中性的重量子而相互作用. 在每个图中电荷都守恒

粒子而存在; 它刚一形成, 立刻就衰变了, 从而避开了我们的观察. 为了能作为核力传递者, 新量子的寿命不应当太长. 粗略地说, 如果一个量子能强烈地与核粒子相互作用, 并在自己的 "生命期" 内来得及从一个核子飞到另一个核子 (或者为了更保险起见, 完成几个来回的路程), 那么可以认为, 这种量子就尽到了自己的职责. 量子从一个核子到另一核子的飞越时间为

$$\Delta t \approx \frac{\text{核力的作用半径}}{\text{粒子的速度}} \approx \frac{10^{-12} \text{ cm}}{10^{10} \text{ cm/s}}$$

$$= 10^{-22} \text{ s} \tag{52.6}$$

(在估算时间时, 我们假设了粒子的速度等于光速的三分之一.)

现在已经清楚, 后来发现的汤川粒子 (它将在下面描述) 的寿命约 10^{-8} s. 虽然从宏观的观点看来这个数值很小, 但对核相互作用来说, 它已经足够大. 可以认为这个新量子的寿命是很长的, 它在自己的生命期间来得及完成多于 10^{12} 次从一个核子到另一个核子的旅行.

在汤川秀树的论文发表以前, 在当时已知的一些核衰变中, 例如天然放射性铀的 α 或 β 衰变中, 核的能量变化约为几百万电子伏. 但是新量子的质量为电子质量的 250 倍, 它的静止质量相当于 125 MeV 左右. 正是需要给予核子–核子系统这么大的能量, 才能够从核子中打出重量子来. 根据这一点, 汤川秀树得出结论说, 到那时候为止所观察到的通常的核衰变中, 由于能量太低而不足以形成新量子.

但是, 高能粒子相碰撞时能够产生这种新粒子. 从射向地球大气层的宇宙射线中, 或者从为此目的而建造的加速器 (不久以后即建成) 中, 都可能获得这种新粒子.

在结束语中汤川秀树写道:

"可以用具有单位电荷和相应质量的量子的假设来描述基本粒子的相互作用. …… 为了解释中子和质子间的强相互作用, 应当假定, 这种量子与重子间的相互作用要比它与轻子间的相互作用强大得多 ……

如果这些量子真的存在的话, 那么当它们距离物质足够近时, 就会被物质所吸收, 并把它们的电荷和能量都传递给该物质 ……

重量子也会在宇宙射线的簇射过程中起一定的作用 ……" [3]

几乎在同一时期, 安德森和尼德曼尔正在紧张地从事宇宙射线中带电粒子的研究 (汤川秀树并不知道这一工作). 他们发现, 存在着某种新的正的和负的带电粒子, 它们的质量介于电子和质子之间; 这是非常诱惑人的, 并不由得使人联想到, 这些粒子大概就是汤川秀树所预言的, 能够解释核力性质的粒子. 1938 年玻尔在给密立根的信中写道:

"发现这些粒子的历史, 毫无疑问是非常了不起的. 前年春天, 在帕萨迪纳度过的那些难忘的日子里所发生的争论中, 我对此表示了谨慎的看法, 这完全是由于我意识到, 如果有关新粒子存在的证据确实可信, 安德森的工作将产生重大的影响. 现在我都说不清楚, 是汤川秀树的创造才干和远见, 还是您的研究所的研究小组在追踪新现象的蛛丝马迹时所表现出的顽强精神更使我受到鼓舞." [4]

但是事情的进一步发展并不顺利, 对这些核粒子相互作用的研究得出了完全意料不到的结果. 康维尔西、彭奇尼和比邱尼对具有中间质量的宇宙粒子与原子核的相互作用进行了研究, 并在 1947 年发表了他们的实验结果. 正如费米、特勒和韦斯科普夫所强调指出的, 这些结果证明, 这些粒子与核的相互作用非常弱, 差不多只是电磁相互作用的 $1/10^{11}$, 而如果这些粒子携带核力的话, 它们应当表现出很强的相互作用.

这些结果引起了一场危机, 但时间不太长, 很快又出现了理论上的高潮. 其中, 坂田昌一、井上、贝特和马沙克等提出, 观察到的具有中间质量的粒子的确是介子, 但这不是汤川秀树所说的粒子. 看来, 具有中间质量的粒子有许多种 (无论如何不止一种), 因此, 把任意一种具有中间质量的粒子说成是汤川粒子, 这种匆忙的做法是错误的. 说来奇怪, 他们提出的这种看法竟然是正确的. 所观察到的具有中间质量的粒子后来被称为 μ 介子 (现在已不叫它介子, 而叫 μ 子), 它根本不是汤川秀树的强相互作用粒子, 它是汤川粒子的子粒子, 即它的衰变产物.

差不多就在这个时候, 鲍威尔和他在布里斯托尔的同事在研究核乳胶中的基本相互作用时, 发现了两个奇异的事件 (照片 52.1). 使用前章所描述的方法 (研究电离密度, 它的变化速度和径迹偏离直线的程度), 从照片 52.1 上左边的照片可以看出, 粒子是从左下角进入, 减速后终止在右下角, 它在那儿衰变成另一带电粒子 (这个带电粒子是向上运动的并留下了径迹) 和别的一个或几个中性粒子 (它们消失了, 没有留下踪迹). 这个初始粒子被称为 π 介子, 而它所产生的粒子——μ 子. 稍后, 使用更灵敏的照相乳胶后发现, π 介子的衰变产物 μ 子本身也会衰变. μ 子衰变成的粒子中, 有一个就是电子 (照片 52.2).

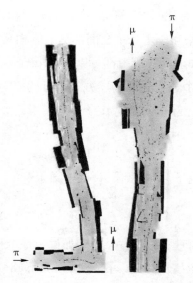

照片 52.1　鲍威尔的 π 介子衰变照片. 右边的照片: π 介子由右上方进入, 在底下衰变; 产生的 μ 子在左边往上走 (引自 [5])

照片 52.2　π 介子衰变和它的子粒子——μ 子随之发生的衰变在乳胶中留下的踪迹 (引自 [6])

现在知道, π 介子和 μ 子的质量分别为 273 个和 207 个电子质量. 已经确定, π 介子正是汤川秀树所预言的粒子. π 介子在与核发生强烈的相互作用前, 在物质中通过的路程不很长, 特别是与它的子粒子 (即 μ 子) 在一般物质中所能通过的巨大路程相比时, 更显得短. μ 子不与物质发生强烈的核相互作用, μ 子所参与的一切相互作用几乎全部都是电磁相互作用, 因此甚至在很深的地下——在矿井中和地铁隧道中都可以发现 μ 子.

现在已经知道, 整个过程是以下述方式进行的. 例如, 如果初始粒子是个带正电的 π^+ 介子, 则它首先衰变成 μ 子和中微子:

$$\pi^+ \longrightarrow \mu^+ + \nu_\mu \tag{52.7}$$

然后 μ 子又衰变为正电子 + 中微子 + 反中微子:

$$\mu^+ \longrightarrow e^+ + \nu_e + \nu_\mu \tag{52.8}$$

这些表达式 (与其说它们是个方程式, 还不如说更像个化学反应式) 的意思是, 各种性质的一定的组合 (表现为 π 介子) 可以分解成 μ 子所具有的各种性质的组合和中微子的各种性质的组合. μ 子本身又衰变为正电子、中微子和反中微子. 由于只有带电粒子才留有踪迹, 中微子等不带电的粒子的存在可以从每个衰变链的能量、动量和其他守恒量的平衡关系中确定. 例如, 从一张记录 π 介子衰变为 μ 子的照片中可以得出结论说, 在与 μ 子的运动方向相反的方向上应当飞出一个不带电粒子, 否则在这个衰变事件中动量就不可能守恒.

我们看到, 这些粒子 (只要它们还 "活着") 的运动与其他已知粒子 (比如说电子或质子) 的运动没有任何区别. 有意思的只是它们的内部性质, 基本粒子物理学要研究的就是这些性质. 摆在基本粒子物理学面前的问题是: 这些或那些量子都具有相应的性质, 这些性质的什么样的组合才可能存在于我们的世界上? 它们能生存多久? 它们与什么发生相互作用? 它们将衰变成什么?

参考文献

[1]　*Yuhawa Hideki*, On the Interaction of Elementary Partieles, I, Proceedings of the Physico-Mathematical Society of Japan (3), 17, 48, 49 (1935).

[2]　同上, p. 53.

[3]　同上, p. 57.

[4]　*Mtllikan R. A.*, Electrons. Protons, Photons, Neutrons, Mesotrons, and Cosmic Rays, University of Chicago Press, Chicago, 1947.

[5]　*Powell C. F. Occhialiini G. P. S.*, Nuclear-Physics in Photographs, Carendon Press, Oxford, 1947.

[6]　*Powell C. F.*, Report on Progress in Physics, 13, 384 (1950).

第 53 章 奇异粒子

发现了 μ 子之后, 已知粒子的名单可以排列成表 53.1 的样子. 看来终于达到了形式上的完全统一. 作用于带电粒子之间的力可以通过基本端点带电粒子–光子 (图 53.1a) 和交换光子 (图 53.1b) 来描述. 从这里可以导出整个电动力学, 这个理论的结论与实验数据出色地相符合. 而作用于核粒子之间的力现在也可以明白了. 由于它们具有 "核电荷", 根据汤川秀树的假设, 可以引入相似的基本端点核粒子–介子 (图 53.2) 和交换介子 (在核粒子之间) (图 53.3). 为使核力只在短距离起作用, 介子应当有相当大的质量; 而由于介

表 53.1

玻色子, 自旋 0	费米子, 自旋 1/2	玻色子, 自旋 1	反费米子, 自旋 1/2	
	质子 (+) 中子 (0)		反质子 (−)? 反中子 (0)?	重粒子
π 介子 (+,0,−)	μ 子 (−) 电子 (−) ⎫ 中微子 (0) ⎬ 轻子	光子 (0)	反 μ 子 (+) 反电子 (+) (正电子) ⎫ 反中微子 (0)? ⎬ 反轻子	轻粒子
↑ 质量 (不成比例)				

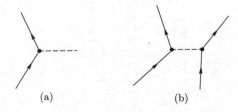

(a)   (b)

图 53.1

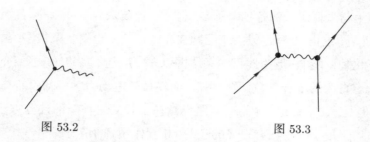

图 53.2   图 53.3

子与核子的强相互作用 (这个相互作用约比电磁相互作用大 100 倍), 核力的数值应当相当大, 这已为实验所证实. 实验表明, π 介子真的经受很强的核相互作用.

但是, 由于介子与核子间发生的是强相互作用, 在计算时已不能使用在电动力学中行之有效的微扰论. 像介子–核子散射 (图 53.4) 和核子–核子散射 (图 53.5) 这样的第一量级过程的计算结果甚至定性地都与实验不符. 这种不相符被解释为是由方法的不完善而造成的, 因为较高量级的修正值 (图 53.6)

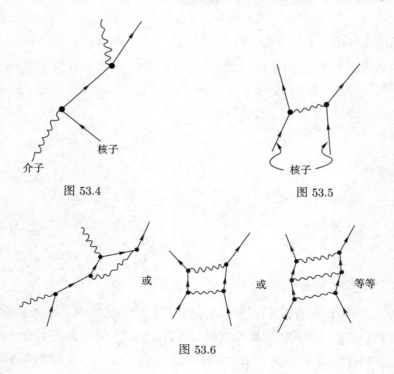

图 53.6

在数值上与最低量级的各项差不多. 这种解释被认为是可能的, 甚至是完全合理的. 此外, 重正化 (无限大项) 问题在介子理论中也要复杂得多. 虽然在原则上重正化是可能的, 但为此目的必须再引入一个基本端点 (介子–介子相互作用), 它有自己的耦合常数 (图 53.7), 而在量子电动力学中却没有与它相似的东西. 但是, 几乎谁也不怀疑, 出路仍然在于找到一种新的计算方法, 这种方法应适用于量子间存在有很强的联系 (相互作用) 的情况.

图 53.7

β 衰变过程好像是由另一种相互作用引起的, 它的端点具有不同的形式 (图 53.8). 有一个时期认为, 这个端点由几个 (三粒子的) 汤川秀树端点构成, 端点间的连线相应于某种迄今尚不知道的重介子 (图 53.9). 或许我们能够以某种乐观情绪来谈论, 由于在粒子间交换 "引力子" 或者自旋为 2 的引力场量子而存在一种相互作用, 正像引力量子理论所假设的那样. 但是这一理论远不如它的经典理论 (牛顿理论或爱因斯坦理论).

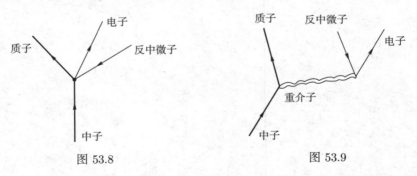

图 53.8   图 53.9

所以, 一切已知的相互作用可以分为四类 (表 53.2). 从这个表看来, 一切粒子的存在都能找到这种或那种根据. 总的粒子数并不太多, 并且谁也没有反对过把它们看作基本粒子. (不错, μ 子在这儿始终是个 "免费的附属品". 这种状况看来将一直保持下去, 直到能够解释它为什么必须存在时为止.)

表 53.2

相互作用类型	相互作用力的相对数值
强 (核) 相互作用	1
电磁相互作用	10^{-2}
弱相互作用 (β 衰变)	10^{-13}
引力	10^{-38}

但是, 希望所有的基本粒子都已查清, 这种愿望在二十世纪五十年代就破灭了, 因为具有各种不同性质的新粒子一个接着一个地被发现了. 早在 1944 年勒普兰斯·兰盖在巴黎观察到了一些径迹, 它们很难用已知的粒子来解释. 1947 年在曼彻斯特, 罗彻斯特和巴特勒, 在许多威耳逊云室的照片中发现了两张照片 (照片 53.1, 图 53.10). 由于径迹具有 V 形的特点, 一开始曾把这些新粒子叫做 V 粒子. 但很快就弄明白了, 这些新粒子可以具有不同符号的电荷 $(+, -, 0)$ 和不同的质量, 其中有些属于介子一类, 有些属于核子一类[1].

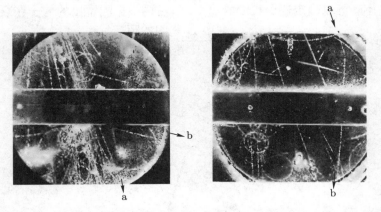

照片 53.1 罗彻斯特和巴特勒得到的威耳逊云室中的径迹照片. 从这些照片中发现了 V 粒子的衰变. 左边的照片: 中性的 V 粒子衰变成两个带电粒子 a 和 b. 右边的照片: 带电的 V 粒子 (a) 衰变成一个带电的粒子 (b) 和一个中性的粒子 (引自 [1])

---

①第一个核子型的 V 粒子很快被称为 Λ^0 (它的自旋 1/2, 质量相当于 1115 MeV). 第一批介子型 V 粒子现在称为 K 介子, 并且按照老的叫法有时也称它们为 θ 粒子和 τ 粒子.

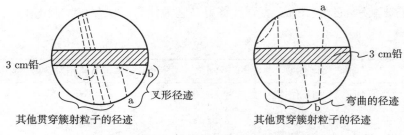

图 53.10   照片 52.1 所表示的过程的示意图

这些观察结果并不是仅有的. 很快发现了其他的新粒子. 事情变得很明显, 当轰击粒子的能量很大时, 新粒子的出现几乎是规律性的, 而不是偶尔的. 根据这类事件出现的数量可以得出结论说, 存在某种类似于强 (介子–核子) 相互作用的力, 由于这种力的相互作用的结果产生了这些新粒子. 在这类典型的事件中 (图 53.11), 飞入的 π^- 介子在 A 点消失. 在 B 点产生了两个粒子的径迹, 它们等同于 π^- 介子和质子, 它们的总质量相当于 1078 MeV. A 和 B 之间的区段很自然地可以描述为一个中性粒子的轨迹, 但它却不可能与那时候已知的某个粒子等同起来. 其次, 这个未知粒子的寿命约 10^{-10} s. (分析另一些径迹可以确定这个粒子的速度. 然后再根据测量出的粒子在衰变前所通过的路程可以计算出寿命 $\approx \dfrac{A \text{ 和 } B \text{ 之间的距离}}{\text{速度}}$)

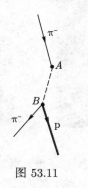

图 53.11

一个粒子必须在威耳逊云室中留下足够长的径迹 (譬如说 0.1 cm), 才可能在云室中被发现. 如果忽略时间的相对论变慢并认为粒子的速度不可能超过光速, 那么可以这样说, 只有当粒子的

寿命约为 10^{-11} s 或更长时, 它才可能在威耳逊云室中被发现. 如果考虑相对论性效应

$$t = \frac{t_0}{\sqrt{1 - v^2/c^2}} \tag{53.1}$$

$$E = \sqrt{m_0^2 c^4 + p^2 c^2} = \frac{m_0 c^2}{\sqrt{1 - v^2/c^2}} \tag{53.2}$$

一个静止质量相当于 0.1 GeV 的粒子, 当它的能量为 10 GeV 时, 它的速度将由下式决定:

$$10 \text{ GeV} \approx \frac{1}{\sqrt{1 - v^2/c^2}} \tag{53.3}$$

所以

$$\sqrt{1 - v^2/c^2} \approx \frac{1}{100} \tag{53.4}$$

$$t \approx 100 t_0 \tag{53.5}$$

因此, 即使考虑了时间的变慢, 也不能指望发现寿命小于 10^{-13} s 的粒子的径迹 (以目前实验室所能达到的能量 30 GeV 计算).

如果核粒子的衰变是由强 (核) 相互作用引起的, 它们应当在 10^{-23} s 量级的时间内发生. [寿命的确切数值依赖于许多因素. 但现在公认的看法是, 寿命为 10^{-10} s 的粒子, 它的衰变不是强相互作用的结果 (未必有什么因素能够解释 10^{-23} s 和 10^{-10} s 之间的差异). 如果这种事件只是个别的, 那么所得到的较长的寿命可以用偶然性来解释, 但是观察到的这类事件却很多.] 这些新的客体的行为 (它们经常出现, 它们有很长的寿命) 看来非常奇怪. 大家现在已经习惯了 "奇异" 这个词, 并且我们现在已经有了奇异粒子和描述奇异性的新的量子数.

例如, 同样是在核相互作用中产生的 Λ^0 粒子, 它却不能按同样的方式衰变 (它的寿命不到 10^{-23} s, 不足以在云室中留下厘米长的径迹), 这是什么原因 (图 53.12)?

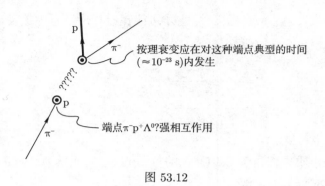

图 53.12

须知, 在光子 + 原子 → 激发态原子 → 光子 + 原子的过程中 (图 53.13), 不论原子的激发, 或者是它的衰变都可以用同一个耦合常数 $e^2/\hbar c \approx 1/137$ 来描述.

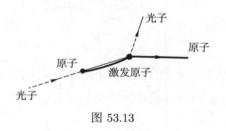

图 53.13

巴伊斯和南部首先提出了一种假设, 认为 Λ^0 粒子并不是单独诞生的, 而是与它的 "弟弟" 一起出世的 (图 53.14). 它们由于强相互作用而 (一起) 诞生, 并分成了两部分; 而衰变却是弱相互作用的结果. 于是就产生了次极粒子是 "成对" 地诞生的概念, 而这个概念必然要求引入一个描述这些粒子的新的量子数. 这个假设得到了证实: 很快在实验中发现, Λ^0 粒子的诞生始终还伴随着一个新的, 也相当奇异的粒子的出现 (照片 53.2, 图 53.15).

现在可以提出下述假设. 设想在强相互作用时有某个新的量 (用 S 来表示它) 应当守恒. Λ^0 的 S 值等于 -1, 它的 "弟弟" 的 S 值等于 $+1$, 而对于所

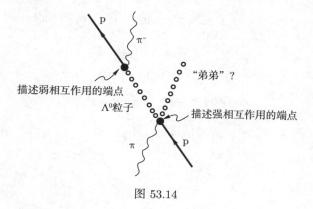

描述弱相互作用的端点

"弟弟"？

Λ⁰粒子

描述强相互作用的端点

图 53.14

照片 53.2　利用气泡室拍摄的 Λ^0 粒子和 K^0 的诞生和衰变的照片

图 53.15　照片 53.2 所示事件的示意图

有 "普通" 的粒子——π 介子或核子, S 值等于零. 此时相互作用

$$
\left.
\begin{array}{c}
\pi^- + p \longrightarrow \Lambda^0 + \text{"弟弟"} \\
S:0 \quad\ \ 0 \quad\ \ -1 \quad\ +1 \\
\text{总的 } S = 0 \quad\ \text{总的 } S = 0
\end{array}
\right\}
\tag{53.6}
$$

应当是强相互作用, 因为 S 的数值守恒 [对于 (π^-, p) 和 $(\Lambda^0, \text{"弟弟"})$, S 都等于零]. 而相互作用

$$
\left.
\begin{array}{c}
\Lambda^0 \longrightarrow \pi^- + p \\
S:-1 \quad\ 0 \quad\ 0 \\
\text{总的 } S = -1 \quad\ \text{总的 } S = 0
\end{array}
\right\}
\tag{53.7}
$$

不可能是强相互作用, 因为 S 值发生了改变.

　　如果假定, 在强 (核) 相互作用时 S 守恒, 而在弱相互作用 (衰变) 时 S 不守恒 (弱相互作用的对称性不同于强相互作用的对称性), 那么就可以理解, 为什么这些粒子诞生很快, 而衰变很慢. 这个新量子数叫做奇异数, 根据盖尔曼和西岛的理论, 它与这些新粒子的电荷性质有关, 关于这些我们在下一章中将要讲到. 一些基本粒子的发现情况见表 53.3.

表 53.3　一些基本粒子的发现情况 [2]

粒子	源	测量原理	记录仪器
电子 e^-	放电管	e/m 比值	荧光屏
正电子 e^+	宇宙线	e/m 比值	威耳逊云室
μ 子 $\left\{ \begin{array}{l} \mu^+ \\ \mu^- \end{array} \right.$	宇宙线 宇宙线	通过 Pb 时没有辐射损失, 静止 时能衰变	威耳逊云室
π 介子 $\left\{ \begin{array}{l} \pi^+ \\ \pi^- \\ \pi^0 \end{array} \right.$	宇宙线 宇宙线 加速器	静止时的 $\pi \to \mu$ 衰变 静止时的核相互作用 衰变成 γ 射线	核乳胶 核乳胶 计数器

续表

粒子		源	测量原理	记录仪器
K 介子 (第一批介 子 V 粒子)	K^+	宇宙线	$K_{\pi 3}$ 衰变	核乳胶
	K^-	宇宙线	静止时的核相互作用	核乳胶
	K^0	宇宙线	飞行中衰变为 $\pi^+ + \pi^-$	威耳逊云室
中子 n		钋和铍的混合物	测量弹性碰撞时的质量	电离室
反质子 $\bar{p}$		加速器	测量比值 e/m 和观察湮灭现象	计数器
反中子 $\bar{n}$		加速器	观察湮灭现象	计数器
第一个核 V 粒子 Λ^0		宇宙线	飞行中衰变为 $p + \pi^-$	威耳逊云室
反 Λ 粒子 $\bar{\Lambda}^0$		加速器	飞行中衰变为 $p^- + \pi^+$	核乳胶
某些其他 的粒子	Σ^+	宇宙线	静止时衰变	核乳胶
	Σ^-	加速器	飞行中衰变为 $\pi^- + n$	扩散云室
	Σ^0	加速器	飞行中衰变为 $\Lambda^0 + \gamma$	气泡室
	Ξ^-	宇宙线	飞行中衰变为 $\pi^- + \Lambda^0$	威耳逊云室
	Ξ^0	加速器	飞行中衰变为 $\pi^0 + \Lambda^0$	气泡室

参考文献

[1] *Thorndike A. M.*, Mesons: A Summary of Experimental Facts. McGraw-Hill, New
York, 1952.

[2] *Powell C. F.*, *Fowler P. H.*, *Perkins D. H.*, The Study of Elementary Particles by
the Photographic Method, Pergamon Press, New York, 1960.

第 54 章　电荷、同位旋和奇异数

质子和中子的质量很相近, 它们的自旋也一样, 它们的相互作用的特性也极相似. 因此早就有人提出, 质子和中子可能是同一个粒子的两种状态, 它们之间的区别仅仅在于一个有电荷一个没有电荷. 海森伯提出了一个假设, 他认为, 这两个状态相应于内部自旋 (同位旋) 的两个不同取向 (同位旋类似于自旋, 但它与时间 – 空间坐标无关). 核子的同位旋量子数等于

$$T = \frac{1}{2}$$

并且

$$T_z(z \text{ 分量}) = \begin{cases} 1/2, & \text{对于质子} \\ -1/2, & \text{对于中子} \end{cases} \tag{54.1}$$

[从这里可以看到, 同位旋与一般的自旋或角动量完全类似. 因为, 如果自旋量子数等于 $1/2$, 那么它的 z 分量也等于 $\pm 1/2$. 粒子的自旋被理解为粒子自身的角动量 (虽然这个角动量怎么产生的并不清楚), 因此这个角动量的行为可以借鉴普通的角动量的动力学来描述. 从形式上引入一个同位旋之后可以使能级一分为二, 并导致与 T_z 的两个方向上的对称性有关的能级退化. 但是迄今为止, 对这个新量子数还没有任何明确的假设.]

对于质子和中子的情况, 电荷可以借助于电荷量子数 Q 通过 T_z 来表达:

$$Q = T_z + \frac{1}{2} \begin{cases} 1, & \text{对于质子} \\ 0, & \text{对于中子} \end{cases} \tag{54.2}$$

$$\text{电荷} = eQ = \begin{cases} e, & \text{对于质子} \\ 0, & \text{对于中子} \end{cases}$$

因而我们可以把这两个粒子看成是一个粒子的两种不同的状态[①] (图 54.1).

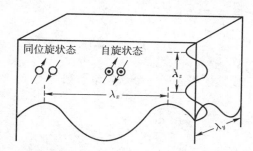

图 54.1 禁锢于一个立方容器中的核子可以用一个波函数描述, 波函数有三个德布罗意波长 λ_x, λ_y 和 λ_z. 自旋量子数 $m_s = \pm 1/2$. 当 $T_z = +1/2$ 时, 电荷量子数 $Q = 1/2 + 1/2 = 1$, 这个核子就是质子; 而当 $T_z = -1/2$ 时, 电荷量子数 $Q = -1/2 + 1/2 = 0$, 这个核子就是中子

令 π 介子的同位旋量子数等于 1, 也可以把这个简单的分类法推广到 π 介子:

$$T_z = \begin{cases} 1, & \pi^+ \\ 0, & \pi^0 \\ -1, & \pi^- \end{cases}$$

$$Q = T_z \tag{54.3}$$

而电荷量子数和同位旋的 z 分量之间的关系有如下形式:

$$Q = \begin{cases} T_z + \dfrac{1}{2}, & \text{对于核子} \\ T_z, & \text{对于介子} \end{cases} \tag{54.4}$$

这个式子中的常数项 (对于核子是 1/2, 对于介子是 0) 看上去像个 "免费的附属品".

在发现了 Λ^0 粒子之后, 当时有很多人认为, 它与核子一样, 将有一个带电荷的伙伴 (同位旋量子数等于 1/2), 并能很快发现它的带正电的 "孪生兄

---

① 如果没有磁场, 不同的自旋投影值的状态具有相同的能量; 加上磁场以后, 能量的退化消失, 这些能级散开了. 与此相似, 当没有电磁相互作用时, 同位旋相同的两个状态 (例如, 质子和中子) 具有同样的能量 (质量). 我们所观察到的质子与中子质量的差异归因于电磁相互作用的影响.

弟". 与这些人的意见相反, 盖尔曼和西岛认为, Λ 粒子在同位旋上是单一的. 在这种情况下, 它的同位旋等于零, 而电荷量子数

$$Q = T_z + 0 = 0 \tag{54.5}$$

沿着这个思路, 他们成功地引入了一个新的量子数 —— 奇异数.

对于核子

$$Q = T_z + \frac{1}{2} \tag{54.6}$$

而对于 Λ^0 粒子

$$Q = T_z + 0 \tag{54.7}$$

盖尔曼和西岛假设, 将同位旋的 z 分量和电荷量子数联系在一起的这个附加常数项, 本身也是一个新的量子数 $Y/2$ (超荷 Y 除以 2), 它取决于两个量子数 —— "奇异数" S 和 "重子量子数" B (或所谓的 "重子数"):

$$\left.\begin{array}{c} Q = T_z + \dfrac{Y}{2} \\[2mm] Y = S + B \end{array}\right\} \tag{54.8}①$$

表征奇异性的量子数 S, 可以简单地通过超荷量子数 Y 来表示, 后者使用起来较方便:

$$\left.\begin{array}{ccccc} 超荷 & = & 奇异数 & + & 重子数 \\ Y & = & S & + & B \end{array}\right\} \tag{54.9}$$

介子和轻子 (电子 μ 子和中微子) 的重子数等于 0, 核子和超子的重子数等于 1, 反核子和反超子的重子数等于 -1. 因此, 对于介子

$$Y = S \tag{54.10}$$

---

① 各种量子数 $Q, S, Y, T_z \cdots\cdots$ 都是无量纲的数, 它们可以相加. 例如, 为了求出电荷值, 只需将电荷量子数乘以单位电荷 e:

电荷 $= eQ$ 静电单位.

而对于核子和超子 (重核子)

$$Y = S + 1 \tag{54.11}$$

对于反核子和反超子

$$Y = S - 1 \tag{54.12}$$

在所有情况下

电荷量子数 = 同位旋的 z 分量 $+\dfrac{1}{2}$ 超荷　　　(54.13)

$$Q = T_z + \frac{Y}{2} \tag{54.14}$$

现在可以假定, 在强相互作用和电磁相互作用时, 超荷 (或奇异数) 是守恒的, 而在弱相互作用 (衰变) 时是不守恒的, 所以在

$$
\begin{array}{ccccc}
\pi^- & + & \mathrm{p} & \longrightarrow & \Lambda^0 & + \text{“弟弟”} \\
Y = 0 & & Y = 1 & & Y = 0 & Y = 1 \\
S = 0 & & S = 0 & & S = -1 & S = 1
\end{array} \tag{54.15}
$$

这样的过程中奇异数或超荷守恒, 它们是强相互作用的结果[①], 所以进行得很快; 而在像

$$
\left.
\begin{array}{cccc}
\Lambda^0 & \longrightarrow & \pi^- & + & \mathrm{p} \\
Y = 0 & & Y = 0 & & Y = 1
\end{array}
\right\} \tag{54.16}
$$

这样的过程中超荷不守恒, 它们进行得要慢 10^{13} 倍, 因为它们是弱 (衰变) 相互作用的结果 (Λ^0 粒子的寿命约 10^{-10} s)[②].

[①]像 $\pi^- + \mathrm{p} \longrightarrow \Lambda^0 + \pi^0$ 这样的过程, 如果它在能量上是可能的, 将能够由于弱相互作用的结果而发生, 但与式 (54.15) 的过程的概率相比, 它的概率非常小.

[②]这个思想在于, 像能量和动量一样, 初始的和终止的超荷或奇异数被认为是相等的 (守恒的). 所以当两个粒子相互作用时, 能量守恒定律可以写成 $E_1 + E_2 = E_1' + E_2'$, 而超荷守恒定律则可以写成 $Y_1 + Y_2 = Y_1' + Y_2'$.

从第一次观察到 Λ^0 粒子那时起, 已经发现了许多新粒子 (自旋为 0 和 1 的玻色子和自旋为 1/2, 3/2 或更大的费米子), 这些粒子的寿命从 10^{-8} s 到小于 10^{-20} s. 主要的 "成绩" 之一就在于给这些新粒子命名. 它们中的一部分列举在表 54.1 中 (引自 [1]). 迄今为止所发现的新粒子都有确定的奇异数 (粒子同位旋的数值则根据它们所形成的电荷的多重性类型确定), 它们是与粒子诞生和衰变的速度以及其他性质相一致的.

作为一个例子, 我们来研究一下属于重子类[1] 的三个 Σ 粒子——Σ^-, Σ^0 和 Σ^+. 因为这时有三个电荷状态, 所以这些粒子组成同位旋等于 1 的同位旋三重态 (退化能级数等于 $2T+1$). 可以证明, 这些粒子的超荷等于零. Σ 粒子的可能的衰变可以写成下列形式:

$$\Sigma^- \longrightarrow \pi^- + n^0$$

$$\Sigma^0 \longrightarrow \begin{cases} \pi^0 + n^0 \\ \pi^- + p \end{cases} \tag{54.17}$$

$$\Sigma^+ \longrightarrow \begin{cases} \pi^+ + n^0 \\ \pi^0 + p \end{cases}$$

在所有这些衰变过程中, 左边的超荷等于零, 而右边等于 1, 因为 π 介子的超荷是零, 核子的超荷是 1. 这就是说, 所有这些衰变都应当是由于弱相互作用的结果而发生的, 它们的概率很小, Σ 粒子的寿命约 10^{-10} s (如果这些过程是唯一可能的过程).

但在 Σ 粒子衰变为 Λ^0 粒子和光子 (或者 π 介子) 的过程中, 超荷守恒, 因为 Σ 粒子和 Λ^0 粒子的超荷都等于零:

$$\left. \begin{array}{cccc} \Sigma & \longrightarrow & \Lambda^0 & + \pi \text{ 介子 (或者光子)} \\ \text{超荷 } Y = 0 & & Y = 0 & Y = 0 \end{array} \right\} \tag{54.18}$$

---

①重子包括所有的重粒子: 质子, 中子和其他更重的粒子. 这些粒子的重子数等于 1. 质子和中子称为核子; 除了核子以外的重子都叫超子. 所以, 重子 = 核子 + 超子.

表 54.1[①]

粒子	电荷[②]	质量[③]/MeV	自旋[④]	奇异数	超荷	平均寿命/s	通常衰变产物	反粒子[⑤]
重子 Ξ⁻(克西-负)	$-e$	1321	1/2	-2	-1	1.7×10^{-10}	$\pi^- + \Lambda^0$	Ξ^+(反克西-正)
Ξ⁰(克西-零)	0	1315	1/2	-2	-1	3×10^{-10}	$\pi^0 + \Lambda^0$	$\bar{\Xi}^0$(反克西-零)
Σ⁻(西格马-负)	$-e$	1197	1/2	-1	0	1.5×10^{-10}	$\pi^- + n$	$\bar{\Sigma}^+$(反西格马-正)
Σ⁰(西格马-零)	0	1192	1/2	-1	0	$<1 \times 10^{-14}$	$\gamma + \Lambda^0$	$\bar{\Sigma}^0$(反西格马-零)
Σ⁺(西格马-正)	$+e$	1190	1/2	-1	0	0.8×10^{-10}	$\pi^+ + n$ 或 $\pi^0 + p$	$\bar{\Sigma}^-$(反西格马-负)
Λ⁰(兰姆达)	0	1115	1/2	-1	0	2.5×10^{-10}	$\pi^- + p$ 或 $\pi^0 + n$	$\bar{\Lambda}^0$(反兰姆达)
n(中子)	0	940	1/2	0	$+1$	918	$e^- + \bar{\nu}_e + p$	$\bar{n}$(反中子)
p(质子)	$+e$	933	1/2	0	$+1$	稳定	—	$\bar{p}$(反质子)
介子 K⁰(K-零)	0	498	0	$+1$	$+1$	( )[⑥]	( )[⑥]	$\bar{K}^0$(反 K-零)
K⁺(K-正)	$+e$	494	0	$+1$	$+1$	1.2×10^{-8}	$\mu^+ + \nu_\mu, \pi^+ + \pi^0$ 等等	K^-(K-负)
π⁺(派-正)	$+e$	140	0	0	0	2.6×10^{-8}	$\mu^+ + \nu_\mu$	π^-(派-负)
π⁰(派-零)	0	135	0	0	0	0.84×10^{-16}	$\gamma + \gamma$	π^0本身

续表

粒子	电荷②	质量③/MeV	自旋④	奇异数	超荷	平均寿命/s	通常衰变产物	反粒子⑤
轻子 { μ⁻(谬-负)	$-e$	106	1/2	/	/	2.2×10^{-6}	$e^- + \nu_\mu + \bar{\nu}_e$	μ^+(谬-正)
e⁻(电子)	$-e$	0.511	1/2	/	/	稳定	—	e^+(正电子)
ν_e(e-中微子)	0	0	1/2	/	/	稳定	—	$\bar{\nu}_e$(e-反中微子)
ν_μ(μ-中微子)	0	0	1/2	/	/	稳定	—	$\bar{\nu}_\mu$(μ-反中微子)
光子 γ(光子)	0	0	1	0	0	稳定	—	γ本身

注：① 表 54.1 中的粒子分类方法及有关数据参照较近代的资料对原文作了某些修改.（参见尹儒英编写的《高能物理入门》，四川人民出版社，1979 年，成都）. ——译者注

② $e = 4.8 \times 10^{-10}$ 静电单位.

③ 1 MeV $= 1.6 \times 10^{-6}$ erg.

④ 自旋 = 以 $\hbar$ 为单位的角动量，$\hbar = 1.05 \times 10^{-27}$ erg·s.

⑤ 粒子与反粒子具有相同的质量，自旋和寿命. 它们的电荷和奇异数数值相等，但符号相反. 反粒子的衰变产物是粒子衰变产物的反粒子. 例如 $\Xi^+ \longrightarrow \pi^+ + \Lambda^0$. 尽管如此，请注意下面的注释.

⑥ K^0 和 $K̄^0$ 具有相同的衰变产物: $\pi^+ + \pi^-, \pi^0 + \pi^0, \pi^+ + \mu^- + \nu_\mu$ 等等. 它们都有两个寿命: 10^{-10} s 和 6×10^{-8} s. 表中所有其他粒子都只有一个寿命.

但是 Σ^+ 粒子的质量相当于 1190 MeV, π 介子的质量相当于 140 MeV, 而 Λ 粒子的质量相当于 1115 MeV

Λ^0 的质量相当于 1115 MeV

π^+ 的质量相当于 140 MeV

$\Lambda^0 + \pi^+$ 的质量相当于 1255 MeV

Σ^+ 的质量相当于 1190 MeV

因此, 衰变 $\Sigma^+ \longrightarrow \Lambda^0 + \pi^+$ 不可能, 因为在这个过程中能量不守恒.

光子衰变在能量上是可能的, 但 Σ^+ 和 Σ^- 也不可能衰变成 Λ^0 和光子, 因为此时电荷不守恒. (应当放出一个带电粒子, 而不是光子.) 只有 Σ^0 粒子可以衰变成 Λ^0 粒子和光子:

$$\left. \begin{array}{ccc} \Sigma^0 & \longrightarrow \Lambda^0 & + \quad \gamma \\ \text{超荷 } Y = 0 & Y = 0 & Y = 0 \end{array} \right\} \tag{54.19}$$

这个过程在能量上是允许的, 在实际上也被观察到了. 在这个过程中超荷也守恒. 因而, 这个衰变是电磁相互作用的结果而电磁相互作用要比弱相互作用强 10^{11} 倍.

其结果是, Σ^+ 和 Σ^- 粒子的寿命约等于 10^{-10} s, 并且它们的特征的衰变是:

$$\Sigma^{\pm} \longrightarrow \text{核子} + \pi \text{ 介子} \tag{54.20}$$

Σ^0 粒子的寿命约为 10^{-14} s, 它的特征衰变为:

$$\Sigma^0 \longrightarrow \Lambda^0 + \gamma \tag{54.21}$$

虽然目前还不清楚, 是否全部必需的概念都已经引入, 但是看来, 依据奇异数和同位旋等这样一些量将粒子分类的方法, 在任何一种未来的理论中都会以某种形式保留下来.

有了几十个玻色子和费米子, 就不得不在理论中引入几百个汤川秀树式的端点, 图 54.2 表示这些端点中的一个. 我们不得不承认, 电动力学所特有的那种简明性 (光子, 带电粒子和一个基本端点) 已经成为过去的事情了. 利用汤川秀树式的端点来研究粒子的强相互作用的理论时, 除了各种技术难题之外, 还存在大量的各种各样的我们根本无法计算其结果的过程和端点.

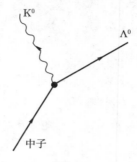

图 54.2

在还没有严格的理论时, 为了从各种粒子, 衰变和相互作用的使人眼花缭乱的现象中理出个头绪来, 考察那些不可能发生的过程大概也很有益, 其意义也许并不比考察可以观察到的过程差. 分析这些过程的主要目的是要赋予粒子某些确定的量 (量子数), 这些量只有在某些相互作用中, 而不是在所有的相互作用中守恒. 所有形形色色的相互作用可以分为四类, 它们是按内部量子数 (同位旋和奇异数或超荷) 的守恒特点不同而相互区别的 (表 54.2). 这种分类法能使我们理解各种粒子诞生和衰变的速度.

表 54.2

相互作用类型	相互作用力的相对数值	守恒量
强 (核) 相互作用	1	同位旋; 超荷
电磁相互作用	10^{-2}	超荷
弱相互作用	10^{-13}	
引力作用	10^{-38}	?

现在已经知道, 在一切过程中, 除了在一切现实过程中必须满足的经典的守恒定律 (动量、能量和角动量守恒) 以外, 还必须满足电荷、重子数和轻子数的守恒定律.

电荷守恒定律所描述的是一个纯经典事实, 它表明, 空间任一部分中的总的电荷量应当是个常量, 如果电荷不越出该部分空间的话. 如果电荷诞生了, 那么它们应当成对地诞生; 比如说, 光子产生电子 – 正电子偶:

$$\gamma + p \longrightarrow p + e^- + e^+$$
$$\underbrace{0 \quad 1}_{\text{总电荷为 } e} \quad \underbrace{1 \quad -1 \quad 1}_{\text{总电荷为 } e} \tag{54.22}$$

重子数守恒定律或许是一种复杂化了的表达形式, 它所表达的是一个非常明确的事实: 我们的世界是稳定的.

一个重子可以衰变成其他的重子:

$$\Lambda^0 \longrightarrow p + \pi^- \tag{54.23}$$

在这之后, π^- 衰变为:

$$\pi^- \longrightarrow \mu^- + \bar{\nu}_\mu \tag{54.24}$$

最后, μ^- 又衰变:

$$\mu^- \longrightarrow e^- + \nu_\mu + \bar{\nu}_e \tag{54.25}$$

所以, 衰变的最终产物为:

$$p, e^-, \nu_\mu, \bar{\nu}_\mu \quad \text{和} \quad \bar{\nu}_e \tag{54.26}$$

并且所有这些粒子都是稳定的.

譬如说, 要是质子也能完成衰变

$$p \longrightarrow e^+ + \nu_? + \bar{\nu}_? \tag{54.27}$$

的话, 那么经过一定的时间[①] 之后, 宇宙中的所有的物质都将衰变成电子、中微子和光子. 由于我们知道, 这种情况不可能发生, 所以我们就可以假设一个重子守恒原则来描述上述事实. 这个守恒原则声称; 在任何过程中重子数减去反重子数是个常量 (照片 54.1, 图 54.3).

---

① 如果是个弱相互作用的话, 只需要不到 1 s 的时间.

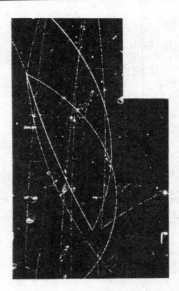

照片 54.1 $\bar{p} + p \longrightarrow \bar{\Lambda}^0 + \Lambda^0$ 的过程 [$\bar{p}$ 和气泡室中的氢核相碰撞 (中间靠下)]: 右边的叉形径迹为 $\Lambda^0 \longrightarrow \pi^- + p$ 衰变的结果, 左边是 $\bar{\Lambda}^0 \longrightarrow \pi^+ + \bar{p}$ 衰变的结果; 然后, $\bar{\Lambda}^0$ 的衰变产物 $\bar{p}$ 与气泡室中的氢核相碰撞 $\bar{p} + p \longrightarrow \pi^+ + \pi^+ + \pi^- + \pi^-$. 在每个 "星形" 径迹中重子数守恒

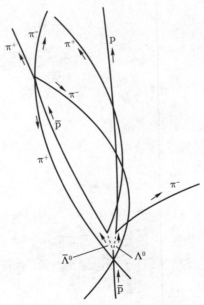

图 54.3 对照片 54.1 的解释

　　稍晚又提出了一个轻子 (轻费米子——电子, μ 子和中微子) 守恒原则.
它没有前一个原则那么明显, 但一切已知过程的分析都与这个原则符合.

　　在任何过程中轻子数减去反轻子数都保持不变 (照片 54.2). 例如,

$$\left.\begin{array}{c} n^0 \longrightarrow p + e^- + \bar{\nu}_e \\ \text{轻子数 } 0 \;=\; 0 + 1 + (-1) \end{array}\right\} \tag{54.28}$$

　　在牛顿理论中, (能量, 动量, 角动量) 守恒定律相对来说只是局部性的定
律, 它反映的只是系统在经受具有确定对称性的力作用时的性质. 在量子理论
中, 力系统的对称特性和守恒定律间的关系不但仍然保留, 并且还有了新的重
要意义.

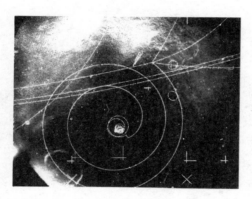

照片 54.2　在 33 000 Gs 的磁场中 π^+ 介子与液氢气泡室中的氢核相碰撞: $\pi^+ + p \longrightarrow$
$\pi^+ + \pi^+ + \pi^- + p$. 三个带正电的粒子向上弯曲, 能量较小的 π^- 粒子向下弯曲, 同时损
失掉自己的能量而最终衰变为: $\pi^- \longrightarrow \mu^- + \bar{\nu}_\mu$. μ 子 (π^- 螺旋终端的短横线) 衰变为:
$\mu^- \longrightarrow e^- + \bar{\nu}_e + \nu_\mu$. 电子继续按螺旋线旋转直到能量全部耗尽停住为止. 在每个 "星形"
径迹中轻子数守恒

　　十分明显, 对氢原子能级禁戒跃迁事件的分析, 使我们在不知道作用于电
子和质子之间的力的情况下, 能推测出这个力的某些性质[①]. 尽管我们并不知
道作用力的性质, 也无法进行任何计算, 但我们通过分析与这些新粒子有关的

---

　　① 例如, 利用通常的 $2l + 1$ 个能级的退化结构和 $\Delta l = \pm 1$ 跃迁的特征 (例如, 可能的跃迁是 $2P \longrightarrow$
$1S$, 而不是 $2S \longrightarrow 1S$) 就可以断定, 当系统在空间转动时, 质子、电子和电磁场之间的相互作用保持不变
(即具有球对称).

那些过程, 并根据禁止过程来推测选择法则和量子数, 然后在此基础上作出关于各种相互作用的对称特性的结论. 通过这种分析, 我们成功地确定了, 除了始终必须守恒的那些量 (动量、能量、重子数等等) 之外, 还有奇异数、同位旋这样一些量, 它们只是在某些确定的相互作用中守恒. 这一研究方向导致了 1956 年的出乎意外的转折.

参考文献

[1]　*Yang C. N.*, 参见第 51 章文献 [3].

第 55 章　对称性: 从毕达哥拉斯到泡利

从古时候起, 人们就试图从周围世界的那些杂乱无章和毫无生气的现象的深处去探求完美的形式, 理想的运动和星空的和谐 (或许, 这是一种谬误?). 毕达哥拉斯认为整数间存在一种和谐关系, 并以此为基础力图使一切物理现象有秩序. 他设想行星是处在各个作匀速转动的球面上, 并以此来解释行星的运动; 后来, 从柏拉图到开普勒等许多天文学家发展了这一课题. 今天, 星空球面的圆周运动已经不时髦了, 而取代这些运动的那些对称形式却更为引人入胜.

不同的相互作用或者力可能具有本质上不同的对称性质, 这种看法一点也不奇怪 (顺便说一句, 这是相当普遍的看法). 氢原子退化能级的结构具有球对称的特征: 库仑力的等势面是个球面, 它相对于空间转动是不变的. 由于这种对称性的结果, 角动量守恒 (是个运动常量); 而氢原子能级的退化结构[①] 表现为一组 $2l + 1$ 个退化能级, 这里 $l = 0, 1, 2, \cdots\cdots$.

外磁场可以破坏旋转对称, 并使 $2l + 1$ 个退化能级散开. 一般来说, 与磁场的相互作用要比电子和质子间的库仑作用弱得多, 所以由磁场引起的能级之间散开的距离约为 10^{-4} eV, 而基本能级之间的距离约为几个电子伏 (图 55.1).

所以, 很自然, 不同的相互作用可能具有不同的对称性. 实际上常常希望找到主要相互作用的对称性 (建立周期表就是一例), 并由此得出能级结构的定性性质. 要记住的是, 这样得到的能级结构可能与实际的能级结构略有差别, 这是由于存在着一些次要的相互作用, 使 "对称性受到破坏". 这一相当简单的思想在基本粒子物理学中具有重要的, 甚至可以说是主导的地位.

[①] 对于非相对论氢原子, 并且可以不考虑自旋时, 这是对的. 考虑了自旋后, 相应于旋转对称的退化结构略有改变.

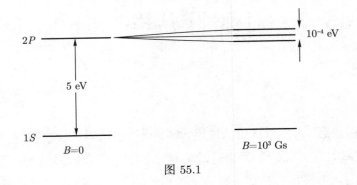

图 55.1

在强 (核) 相互作用时, 粒子的电荷不起任何作用, 而表征奇异性的量子数守恒. 在电磁相互作用中电荷当然起一定作用, 但奇异数仍然守恒. 在弱相互作用中奇异数不守恒. 关于引力相互作用我们现在什么也说不出来. 在最近十年内, 关于不同的力的相互作用具有不同的对称性的思想突然加强了自己的地位, 因为人们发现, 在弱 (衰变) 相互作用中左与右之间的对称性不再存在, 这种对称本身乃是空间 – 时间的一种性质, 而不是粒子的内部性质.

与一定形式的对称性有关的不变性, 通常导致能级的退化和出现一些守恒量. 相对于空间移动的不变性 (空间各点的一致性) 导致动量的守恒, 相对于时间移动的不变性导致能量守恒, 而相对于转动的不变性 (空间的各向同性) 导致角动量守恒. 相对于镜面反射的不变性可以导致所谓**宇称守恒**.

———————————

    从图 55.2 可以看出, 乘积 (力) × (位移) = (功) 当镜面反射时不论数值和符号都守恒 (图 55.3). 这样的量称为**标量**. 而例如, 动量乘以表示线圈方向的箭头的乘积, 是一个**伪标量**, 反射后这个量的符号要改变 (图 55.4). π 介子具有的正是后面一种性质.

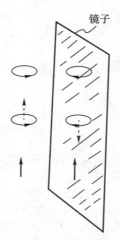

图 55.2　正向绕 (顺时针方向) 的线圈镜像反射后成为反向绕 (逆时针方向) 的线圈. 如果用箭头来表示绕的方向, ↑ 表示正向, ↓ 表示反向, 那么反射后箭头 ↑ 变成 ↓. 而表示力, 位移或动量的箭头, 反射后它的方向不变

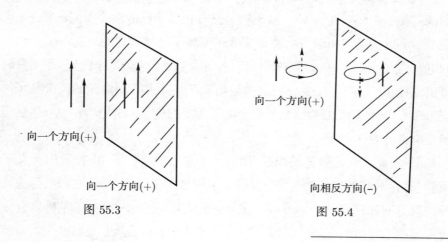

图 55.3　　　　　　　　　　　　　　　图 55.4

1954 年到 1956 年间发生了一个引起人们好奇心的问题, 涉及的是 θ 粒子和 τ 粒子的衰变. 当时都认为它们是两个不同的新粒子. 这两个粒子相应地分别衰变为双 π 介子和三 π 介子状态. 这两种状态具有不同的宇称.

前面已经说过, π 介子的行为犹如一个伪标量:

反射时,

$$\pi \to -\pi$$

另外也已经知道, 双介子或三介子最终状态的空间分布在镜面反射后不变. 因此双 π 介子状态反射后还是原样:

$$(2\pi) \to (-1)^2 2\pi = (2\pi)$$

而三 π 介子状态反射后多了一个负号:

$$(3\pi) \to (-1)^3 3\pi = -(3\pi)$$

所以, 这两种状态具有不同的宇称.

因此, 如果在衰变过程 (相对于宇称不变的基本相互作用) 中宇称是守恒的话, 那么 θ 粒子和 τ 粒子就应当是具有相反宇称的两个不同的粒子. 这种情景与下述情况很相似, 例如, 如果我们发现了两种形式的衰变: $\pi^+ + \pi^-$ (总的电荷为零) 和 $\pi^+ + \pi^0$ (电荷等于 1). 如果认为, 电荷是守恒的, 那么我们将得出结论说, 这两个衰变所相应的初始粒子是具有不同电荷的两个粒子: 对应于 $\pi^+ + \pi^-$ 衰变的初始粒子是个电荷为零的粒子, 对应于 $\pi^+ + \pi^0$ 衰变的则是个电荷为 1 的粒子.

但是, 随着实验数据的积累, 事情变得愈来愈清楚了: θ 粒子和 τ 粒子在质量、寿命和其他方面都一样. 在除了宇称之外的一切方面, 它们的行为就像是绝对等同的两个粒子. 1956 年夏天, 李政道和杨振宁研究了某种弱衰变过程中宇称不守恒的可能性. 他们指出 (与公认的看法相反), 没有一个实验结果可以证明, 在衰变过程中宇称 (相对于镜面反射的对称性) 是守恒的.

[当时形成了如下的情势. 有关衰变的所有理论都是建立在假设宇称守恒这个基础上的. 而这些理论与实验符合得相当好. 在此基础上人们得出了结论说, 在衰变过程中宇称守恒 (这是一个典型的逻辑错误事例: ① 所有的马都有四条腿; ② 这个动物有四条腿; ③ 因而, 它是马). 李政道和杨振宁指出, 所有已知实验的结果也都与宇称不守恒的假设符合得很好 (图 55.5).]

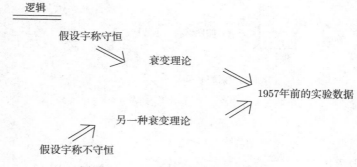

图 55.5　李政道和杨振宁观点的逻辑图

检验弱相互作用中宇称是否守恒的第一个实验是由吴健雄、安勃莱尔、海福特、霍泼斯和霍逊在 1956 年进行的. 钴原子核通过弱相互作用而衰变, 它具有不等于零的自旋, 在很低的温度下它可以在磁场中定向 (图 55.6 和图 55.7). (为了使核能够在磁场中定向, 它的自旋能量必须与热能差不多大小; 这只有

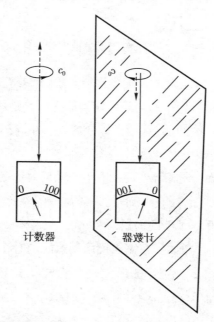

图 55.6　如果衰变过程具有镜像对称的话, 那么电子飞向核的自旋方向 (右图) 和飞向相反方向 (左图) 的概率应当相等 (引自 [1])

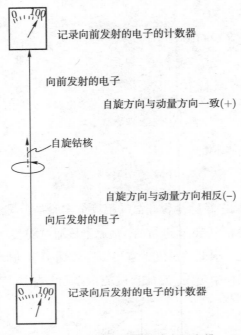

图 55.7   实验中计数器的实际安排

在极低温下才能做到. 因此为了做成功这个实验, 既要有低温设备, 也要有研究 β 衰变的仪器; 上面所列举的实验工作者们正好是这两个领域的专家.) 如果衰变过程具有镜像对称的话, 这两个计数器将有相同的指示. 但是实验结果表明, 这些指示彼此相差很大.

实验结果否定了关于弱相互作用相对于镜面反射不变的假设; 既然在弱相互作用中宇称不守恒, 一个粒子具有前述两种形式的衰变是可能的 $(\theta, \tau = K)$[1]. 上述结论为实验工作开辟了新的前景.

有一个时期人们认为, 如果在完成镜面反射的同时将粒子换成反粒子, 则可以恢复对称性 (图 55.8). 但是过了不久, 费奇和克罗宁的实验表明, 这种看法也是错误的. 目前, 形象地说, 这个问题还放在一个名称为 "不解之谜" 的文件夹中.

在弱相互作用中宇称不守恒, 这表明这些相互作用比电磁或核相互作用

---

[1] 因为在衰变过程中宇称不守恒, 同一个粒子可以衰变成具有相反宇称的两个不同状态.

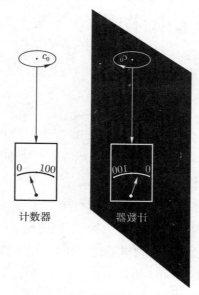

图 55.8　镜中的反物质用黑底白线表示 (引自 [1])

具有更少的对称性. 由于它违反了人们长期以来的信念, 所以这个发现是出乎
意料的. 虽然如此, 这个发现又一次强调了以前在研究奇异粒子衰变时所得出
的结论: 由于至今尚不清楚的原因, 不同的基本相互作用具有不同形式的对
称性.

　　在吴健雄等人的实验结果公布之前, 泡利在 1957 年 1 月 17 日给韦斯科
普夫的信中写道: "我不信, 上帝竟是个左撇子." [2] 几天之后, 他又写道: "使
我感到惊异的是, 与其说上帝是个左撇子, 还不如说, 当他用力时, 他的双手
竟是对称的." [3]

参考文献

[1]　*Yang C. N.*, 参见第 51 章文献 [3].

[2]　*Paull W.*, Letter to Prof. V. F. Weisskopf, Jan. 17, 1957.

[3]　*Paull W.*, Letter to Prof. V. F. Weisskopf, Jan. 27, 1957.

第 56 章　初始物质

大量的有关新 "粒子" 的消息和成堆的解释不了的问题引起了科学家们日益增长的兴趣与热情, 基本粒子问题已经成为整个物理学的主要问题. 这个问题的关键在于要解释明白: 为什么自旋, 质量, 电荷等等这些性质的某些组合能共同存在很长的时间, 而另一些组合则不能; 为什么它们必须以这种方式相互作用和衰变, 而不是以别的方式; 为什么不同的相互作用具有不同的对称性质, 如此等等. 对它们还可以立刻再补充上其他一些问题: 上面提到的这些问题彼此间有没有某种联系; 可不可以用传统的方式来回答这些问题; 在量子物理学范围内能找到这些问题的答案吗?

人们注意到, 在各种粒子的不同状态和它们的衰变之间与原子的各种状态和它们的衰变之间有某种类似性. 曾经提出过一种假设; 各种不同的粒子乃是某个基本系统的各种状态, 这个系统可以从一个状态跃迁到另一个状态, 就好像氢原子的各种状态是电子–质子系统的各种激发态, 从这个系统的一个状态跃迁到另一状态时会辐射出光子 (图 56.1).

氢原子的无数能级可以用量子数

$$\left.\begin{array}{l} n = 1, 2, 3, \cdots \\ l = n-1, n-2, \cdots \\ m_l = l, l-1, \cdots, -l \end{array}\right\} \tag{56.1}$$

来表示. 我们把氢原子的这许多能级理解为电子–质子系统的许多激发态. 而原子跃迁时辐射光的过程, 譬如说

$$2P \longrightarrow 1S + \gamma \tag{56.2}$$

可能在原则上与

$$\Lambda^0 \longrightarrow p + \pi^- \tag{56.3}$$

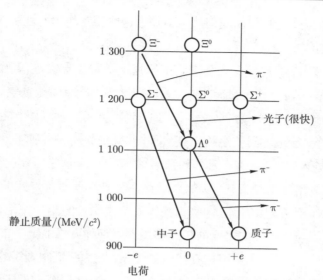

图 56.1　重子的"八重态"和某些观察到的从一个状态到另一个状态的跃迁. $\Sigma^0 \to \Lambda^0 +$ 光子衰变进行得很快, 其他的衰变则比较慢

这样的跃迁没有什么区别. 这时候可以提出一个问题: 是否可以把各种"粒子"(具有各种可能数值的自旋、电荷和质量的重子和介子) 看作一个或几个"基本"系统的各种能级. 不久前, 这种处理方法突然获得了非常有希望的 (或许, 甚至是革命性的) 进展.

　　从前, 新粒子分类的理论尝试往往是首先从粒子退化结构的实验数据中, 设法推测出决定粒子行为的相互作用的对称性. 讨论是这样进行的. 假设我们并不知道作用于电子和质子间的库仑力的特性, 但我们知道氢原子或者其他原子能级的退化结构. 这个退化结构相应于各个不同的角动量值[①], 每组退化能级共有

$$2l + 1 \text{ 个能级} : l, l - 1, \cdots, -l \text{ (这里 } l = 1, 2, \cdots) \tag{56.4}$$

基于上述这些资料就可以推测出, 库仑力的等势面是个球面, 而电子与质子之间的相互作用力本身相对于转动是不变的. 对于氢原子的情况, 这样的分析只是重复一下已经知道的事情; 但对于新粒子来说, 这种分析可以揭示出有关的

[①] 这里我们假定电子没有自旋.

相互作用的对称性质, 即使我们甚至不知道这些相互作用的性质, 也不会计算这些相互作用的效应.

近几年来, 主要的注意力集中到了研究重子和介子状态. 其中, 在能量最低的那些重子中可以找出自旋为 1/2 的一组八个粒子. 而能量较高的、自旋为 3/2 的一组粒子有十个 (图 56.2). 我们把自旋等于 1/2 的八个能级称为退化能级, 虽然这些能级之间相距约 400 MeV, 并且中间还夹有属于另一退化组的一些能级. 当然, 这要求有丰富的想象力. 尽管如此, 这是可能的. 例如, 可以认为这些能级实际上是退化的, 如果不存在具有其他对称形式并使退化能级分裂的相互作用 (按照假设, 这些相互作用要比主要的相互作用弱) 的话. 如果我们给电子与质子间的主要的相互作用再以某种方式加上一个很强的外磁场, 那么对于氢原子 (我们将始终援引氢原子, 因为我们很清楚它的结构) 也可以观察到完全相同的景象 (图 56.3). 这些讨论也适用于超子和介子. 在这种讨论的基础上, 盖尔曼和尼曼假设, 内部对称性应当是相对于三个客体的互

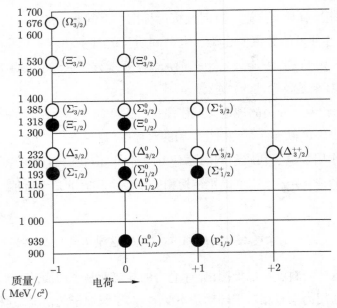

图 56.2　符号 ● 表示构成重子 "八重态" 的粒子: 质子, 中子, Λ^0, $\Sigma(+, 0, -)$ 和 $\Xi(0, -)$; 所有这些粒子的自旋都等于 1/2. 符号 ○ 表示组成 "十重态" 的粒子, 它们的自旋为 3/2. 使用同样的希腊字母 (譬如说, $\Sigma_{3/2}$ 和 $\Sigma_{1/2}$) 意味着, 它们具有相同的超荷

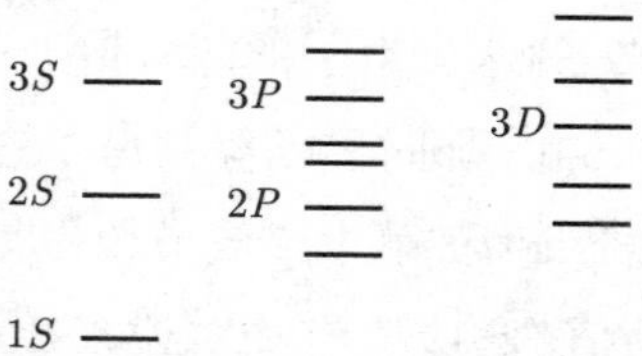

$$3S \underline{\quad} \qquad 3P \, \overline{\underline{\quad}} \qquad \qquad 3D \, \overline{\underline{\quad}}$$

$$2S \underline{\quad} \qquad 2P \, \overline{\underline{\quad}}$$

$$1S \underline{\quad}$$

图 56.3　在很强的磁场中 l 能级的分裂

相置换的对称性, 而这三个客体甚至在最强的相互作用中也不能相互区分开. 从这种对称性可以得出许多组退化能级: $1, 8, 10, \cdots$. 其中一组中八个重子是等同的; 而另一组中, $\pi^+, \pi^-, \pi^0, K^0, \overline{K}^0, K^+, K^-$ 和 η^0 等八个介子是等同的.

在相互作用中不可区分的, 两个相同的客体 (将它们分别标上只有我们才看得见的符号 1 和 2) 可以有 $2 \times 2 = 4$ 个能量相同的状态 (图 56.4a). 为了方便起见, 利用叠加原理可以将它们分解成图 56.4b 所示的形式. 换句话说, $2 \times 2 = 3 + 1$.

①①
①②
②①
②②

(a)

①①
②②　　相对于1与2互换
①②+②①　不变的"三重态"
①②−②①

(b)

图 56.4

对于三个相同的客体则有 $3 \times 3 \times 3 = 27$ 个能量相同的状态 (图 56.5). 与上面的例子一样, 这些状态也可以组合成

$$3 \times 3 \times 3 = 1 + \underbrace{8 + 8}_{\text{八重态+重态}} + 10 = 27$$

①　①　①
①　①　②
⋮
③　③　③

图 56.5

其中, 位于自旋为 1/2 的八个重子的能级以上的一组能级直观地等同于系统的十度退化状态 (图 56.6). 那时候已经知道了这组十个成员中的九个, 它们都是自旋为 3/2 的短寿命能级. 第十个成员预先就被命名为 Ω^- 粒子, 根据理论所预言的质量和超荷值, 它应当有相对说来比较长的寿命 (10^{-10} s). 这样, 十重态的十个粒子中既然有九个是已知的, 那么也可以期望, 能够找到这一组中的第十名成员. 紧张的寻找新粒子的工作在 1964 年顺利地结束了 (照片 56.1, 图 56.7), 大概毕达哥拉斯本人也不可能有更多的打算.

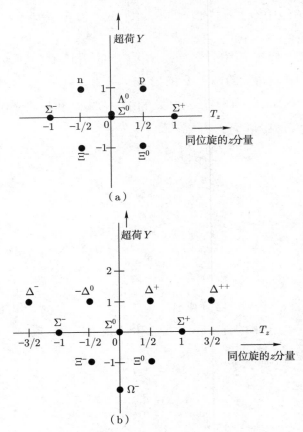

图 56.6　(a) 自旋为 1/2 的重子八重态; (b) 自旋为 3/2 的重子十重态. 这里粒子是利用 T_z 和 Y 分类. 相同的希腊字母表示粒子具有相同的超荷

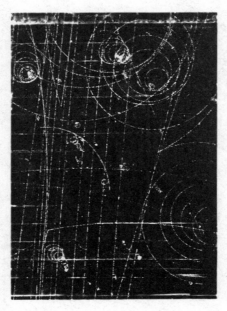

照片 56.1　第一张发现 Ω^- 粒子衰变的照片 (引自 [1])

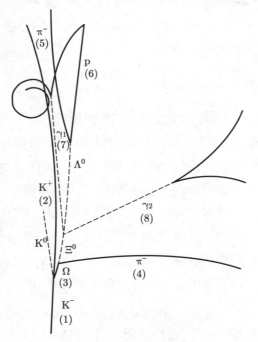

图 56.7　对照片 56.1 的注释

理论预言的 Ω^- 粒子的参数是: 质量 1676 MeV, 超荷 -2, 同位旋 0; 这意味着, Ω^- 粒子应当是个单重态粒子, 它的电荷量子数

$$Q = T_z + \frac{Y}{2} = 0 + \frac{-2}{2} = -1 \qquad (56.5)$$

所以它的电荷等于 $-e$. 因为它的超荷 $Y = -2$, 而所有具有较小质量的重子的超荷都等于 $-1, 0$ 或 $+1$, 所以 Ω^- 粒子衰变时超荷与能量就不可能同时守恒. 我们把最为可能的衰变 (超荷守恒的衰变) 作为一个例子 (衰变为质量最小的重子 Ξ, 它的超荷等于 -1) 来说明这一点:

$$\left. \begin{array}{cccc} & \Omega^- & \longrightarrow \quad \Xi^- & + \quad \overline{K}^0 \\ Y & -2 & -1 & -1 \\ \text{质量 (MeV)} \ 1676 & & 1319 + 498 & = 1817 \end{array} \right\} \qquad (56.6)$$

由于最终产物的质量大于 Ω^- 粒子的质量, 这种衰变不可能发生 (问题在于, 不存在质量比 $\overline{K}^0$ 介子小, 超荷等于 -1 的介子). 因此, 如果 Ω^- 粒子衰变的话, 那么它的超荷将不守恒, 也就是说, Ω^- 粒子应当通过弱相互作用衰变. 因而, 这个粒子的寿命应当比较长.

发现了 Ω^- 粒子之后, 有关的理论工作像雨后春笋一样大量地涌现出来; 最有意思的问题是, 这三个客体 (亚核子) 是什么样的, 从他们的各种组合中竟能得出介子系统和重子系统. 在所有的大量的各种假设中, 最令人惊异, 同时又是最简明和最成功的假设, 大概要算茨威格 (还有盖尔曼) 所提出的假设. 表 56.1 列出了这三个基本客体的主要参数 (它们的质量不知道). 茨威格把它们叫做 "爱司", 盖尔曼则称它们为夸克[①]. 这些客体看起来确实不平常. 迄今为止已知的所有粒子都具有整数的电荷量子数和重量子数. 但是, 为了获得所需要的退化结构 (八重态, 十重态), 必须有三个具有相同重子数的客体. 而因

[①] 盖尔曼从詹姆斯·乔伊斯[②] 的作品《芬尼根的守灵夜》中的一句话 "马尔谷先生的三个夸克" 中借用了这个名字. 由于它是有影响的文艺作品中的名称, "夸克" 一词就变成大家公认的了.

[②] 詹姆斯·乔伊斯 (1882—1941 年), 爱尔兰作家. —— 译者注

为这些数的和应当等于 1, 所以每个客体的重子数都等于 1/3. 而它们的电荷数则分别为 2/3, −1/3 和 −1/3. 这意味着, 假设中的这些客体一点也不像任何一个迄今已知的粒子, 或许与将来可能发现的任何一个粒子也不相像. 质量最小的那个夸克和它的反夸克应当是稳定的, 就像质子一样. 因为在保持重子数和电荷守恒的情况下, 它们不可能衰变.

表 56.1[①]

夸克	重子数 B	超荷 Y	T_z	电荷 $Q = T_z + \dfrac{Y}{2}$
q_p (质子型)	1/3	1/3	1/2	2/3
q_n (中子型)	1/3	1/3	−1/2	−1/3
q_λ (兰姆达型)	1/3	−2/3	0	−1/3

注: ① 质子夸克, 中子夸克和兰姆达夸克是盖尔曼最初提出的三种夸克, 它们又称为上夸克, 下夸克和奇夸克. 1974 年丁肇中等发现了 J/ψ 粒子后, 又提出了第四种夸克——粲夸克. 现在认为共有六种夸克, 其余两种夸克叫顶夸克和底夸克. ——译者注

　　将 $Y = 1/3$ 的两个夸克用圆圈表示, 而第三个夸克 ($Y = -2/3$) 用方块表示. 此时重子八重态 (自旋为 1/2) 可由夸克按下述方式组成:

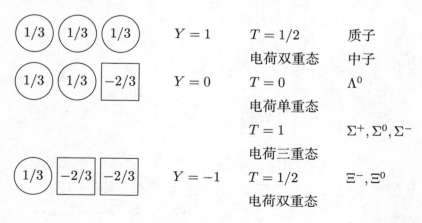

$Y = 1$	$T = 1/2$	质子
	电荷双重态	中子
$Y = 0$	$T = 0$	Λ^0
	电荷单重态	
	$T = 1$	$\Sigma^+, \Sigma^0, \Sigma^-$
	电荷三重态	
$Y = -1$	$T = 1/2$	Ξ^-, Ξ^0
	电荷双重态	

而重子十重态 (自旋 3/2) 可由下述方式组成:

⑴/3 ⑴/3 ⑴/3	$Y=1$	$T=3/2$ 电荷四重态	Δ^{++} $\Delta^+,\Delta^0,\Delta^-$
⑴/3 ⑴/3 □−2/3	$Y=0$	$T=1$ 电荷三重态	$\Sigma^+,\Sigma^0,\Sigma^-$
⑴/3 □−2/3 □−2/3	$Y=-1$	$T=1/2$ 电荷双重态	Ξ^0,Ξ^-
□−2/3 □−2/3 □−2/3	$Y=-2$	$T=0$ 电荷单重态	Ω^-

有几种夸克的组合是禁止的. 例如, 当 $Y=1$ 和 $T=0$ 时, 数值 $Q=1/2$, 因为 $Q=T_z+\dfrac{Y}{2}$. 因而, 如果这种图像是正确的, 那么 $Y=1$ 的重子单重态不应当存在. 迄今为止在实验中确实未发现这种单重态.

八个伪标量介子 (自旋为零) 可由夸克–反夸克偶组成, 因为它们的重子数等于零:

○1/3 $\overline{(-1/3)}$	$Y=0$	$T=1$ 电荷三重态	π^+,π^0,π^-
$\overline{[2/3]}$ □−2/3 ○1/3 $\overline{(-1/3)}$	$Y=0$	$T=0$ 电荷单重态	η^0
○1/3 □2/3	$Y=1$	$T=1/2$ 电荷双重态	K^0,K^+
$\overline{(-1/3)}$ □−2/3	$Y=-1$	$T=1/2$ 电荷双重态	$\overline{K}^0,K^-$

根据一些极其简单的假设可以计算出夸克系统的各种性质, 它们竟与观察数据符合得很好. 例如, 假如我们假设, $Y = -2/3$ 的夸克 (q_λ) 的质量比 $Y = 1/3$ 的其他两个夸克的质量大, 也就是说,

$$\text{质量 } (q_\lambda) = m_0 + \delta$$

$$\text{质量 } (q_p) = \text{质量 } (q_n) = m_0$$

那么, 十重态中自旋为 3/2 的相邻的两个超子的质量应当相差一个量 δ. 换句话说, 能级的能量应当正比于超荷值. 在表 56.2 (引自 [2]) 中列出了其中一些超子质量的实验数据.

表 56.2[①]

	观察到的质量[②]/MeV	δ (实验值)/MeV
质量 $(\Delta_{Y=1}) = m_0$	1238	
质量 $(\Sigma_{Y=0}) = m_0 + \delta$	1385	147
质量 $(\Xi_{Y=-1}) = m_0 + 2\delta$	1530	145
质量 $(\Omega_{Y=-2}) = m_0 + 3\delta$	1674	144

注: ① 表 56.2 中引用的超子的质量与表 54.1 中的数据略有不同, 因为它们引自不同的文献. ——译者注

② 数的最后一位不准确.

如果就夸克的运动学和它们间的相互作用特性引入一些最简单的假设, 那么由此得出的一些结果, 如重子和介子的寿命、它们的磁矩, 定性地说都是一致的. 或许, 就这些神秘的客体——夸克的性质所作的最简单的假设中所引申出来的这些定性的一致是偶然的, 但是, 也可能它们宣告了物理学的一场新的革命的开端. 物理学家们早就期待着这次革命, 而同时他们却又反对它的到来.

如果夸克 "实际上" 存在, 那么质量最小的夸克 (假定是 q_p 夸克) 在一般物质中应当是绝对稳定的 (它只能与 $\bar{q}_p$ 夸克发生湮灭). 而这又意味着, 如果有朝一日发现了, 或者人工制造了夸克, 那么就可以将它们 [譬如说, 以夸克氧的形式 (图 56.8)] 保存在普通物质做的容器中. 说不出任何明显的理由, 为

什么不能把图 56.9 所表示的分子放在普通的瓶子里. (夸克氧将是什么样的? 固态的、液态的还是气态的? 它将会与容器壁起反应吗?) 同样的讨论[①] 也可用于反夸克 $\bar{q}_p$ (电荷等于 $-2/3$), 换句话说, 我们可以将反夸克氢 (图 56.10) 放在另一个容器中. 将这两个容器里的东西混合在一起, 我们将得到反应

$$H_2(\bar{q}_p)_3 + O(q_p)_3 \longrightarrow H_2O + \text{可能是 10 GeV 的能量}[②]$$

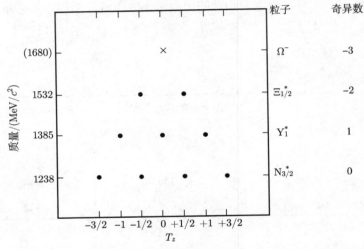

图 56.8　自旋为 2/3 的粒子的十重态; 图中示出了质量与同位旋 z 分量之间的依赖关系

[①]虽然目前只能猜测夸克的质量大小, 但如果它们确实存在的话, 那么它们的质量大概会大于核子的质量. 如果真是这样, 那么普通物质中的反夸克应当是稳定的, 因为在像

$$\bar{q} + \text{核子} \longrightarrow q + q$$

这样类型的过程中, 例如

$$\bar{q}_p + (q_p, q_p, q_n) \longrightarrow q_p + q_n$$

重子数、电荷和超荷都是守恒的, 但能量不可能守恒, 因为反夸克的质量 $+(q_p, q_p, q_n)$ 的质量小于 $2 \times$ (夸克的质量), 即

$$m_{\bar{q}} + m_N < m_q + m_q$$

[②]任何碳氢化合物都不可能产生这样大的能量.

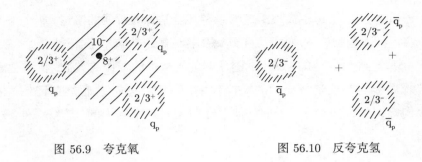

图 56.9 夸克氧 图 56.10 反夸克氢

　　不难设想出夸克的其他的实际应用. 但是, 如果夸克 "实际上" 不存在, 这种情景也许更有意思. 这时候就要问, 这三个不存在的客体的含意是什么? 它们的组合竟能形成所有现实的一切? 这个问题的答案 (或许还有问题本身) 将是非常有意思的.

　　只要简单地浏览一下科学期刊就可以得到一种印象, 科学家们正在热烈地辩论着, 下一步应当做什么. 人们正探索真理的时候, 几乎对什么都不能掉以轻心. 冷酷的四月带来了新思想的春潮, 而秋天又把陈旧的概念埋葬掉. 牛顿力学完美的结构和麦克斯韦电动力学优雅的拱门耸立在我们面前, 相比之下, 我们不无遗憾地看到, 基本粒子物理学还只是一个杂乱无章的工地: 这儿竖立着一些圆柱, 那儿是未完工的檐壁, 满地是破砖碎瓦.

　　倘若你看到, 仅仅在基本粒子物理学方面每年获得的实验数据就有厚厚的好几本书, 并注意到科学家们随时准备抓住和发挥每一个新的想法 (甚至是一条仅仅有助于记住某几个数字的记忆规则), 你就会相信, 科学本身比简单地收集实验事实要深刻得多. 此时你也将承认, 数据本身并不给任何人带来满足, 它们也不构成我们称为的科学. 庞加莱说过: "科学家应当使事物有秩序. 科学是通过事实建立起来的, 就像房子是用砖砌成的一样; 但是, 如果把一系列事实看成科学, 那就犹如把一堆砖看成房子一样."

　　但是赋予实验数据以秩序的过程本身并不具有那种规律所特有的逻辑连贯性, 它充满着危险. 如果在未来的航行中我们竟没有遇到任何意料不到的暗礁险滩, 那不仅显得平淡无奇, 而且是不合情理的. 并且, 对一门发展中的物理学 (现阶段是基本粒子物理学) 来说, 如果实验数据和理论假设之间有时出现了矛盾的、模糊的、不循规蹈矩的或者甚至是耸人听闻的事情，那么这一切大概会得到人们的谅解，就像当年廷德尔曾谅解了法拉第一样：

"那些正在研究他的论文，试图理解他所从事的工作的人们，将不会因他的疏忽而影响对他整个活动的评价 …… 应该 …… 永远要记住，他是在我们知识的最边缘上工作的，他正在包围着这个知识的 '黑暗深处' 进行探索。" [3]

参考文献

[1] *Barnes V. E.* et al, Physical Review Lett., 12, Febr. 24 (1964).

[2] *Posenfeld* et al., Rev. Mod. Phys., 39 (1967).

[3] *Tyndall John,* Faraday as a Discoverer, London, 1868.

思考题与习题

1. 带电的 π 介子衰变时中微子带走多少动能？

2. 在研究与物质 (云雾室或气泡室中所含的物质) 相互作用较弱的高能粒子的行为时应当采用气泡室还是云室？

3. 能量为 600 MeV 的 K^+ 介子 (静止质量等于 494 MeV) 在氢气泡室中留下了 1 m 长的径迹后就衰变了. K^+ 介子的寿命大约等于多少？ 在计算寿命时我们所作的哪些假设可能影响答案的精确度？ K^+ 介子是否会通过强相互作用衰变？

4. 怎样设计只记录能量超过 600 MeV 的电子的计数器？

5. 下列诸过程中哪些是不可能发生的，为什么？假定，初始粒子具有的动能足以引起下述各过程.

a) $\gamma + p \rightarrow \pi^+ + \pi^- + \pi^0$

b) $\gamma + p \rightarrow n + \pi^+ + \pi^0$

c) $\gamma + p \rightarrow K^+ + \Lambda^0$

d) $p + p \rightarrow \Xi^0 + K^0 + \pi^+$

e) $\pi^- + p \to \pi^0 + \Lambda^0$

f) $\pi^- + p \to n + \pi^0$

g) $\pi^+ + p \to \pi^+ + \mu^+ + \bar{\nu}$

6. 试证明, 在非相对论近似中粒子在回旋加速器的均匀磁场中的回旋频率与轨道半径无关.

7. 指出下列诸衰变过程中哪些是不可能的, 为什么?

a) $\Xi^0 \to \Sigma^0 + \pi^0$

b) $\Sigma^+ \to \pi^+ + \pi^0 + \pi^0$

c) $K^0 \to \pi^+ + \pi^- + \pi^+$

d) $\Lambda^0 \to n + \pi^0$

e) $n \to \pi^+ + e^- + \nu + \bar{\nu}$

8. 将加速质子的回旋加速器调整成加速 α 粒子. 如果加速器的磁场保持原来的数值, 此时应当怎样改变电场的频率? 如果改成加速氘核又如何?

9. 在下列衰变中指出哪些衰变分别具有相应于强相互作用、弱相互作用和电磁相互作用的特征寿命.

a) $\Xi^+ \to \pi^+ + \Lambda^0$

b) $K^- \to \mu^- + \nu$

c) $\Sigma^0 \to \Lambda^0 + \gamma$

d) $\Omega^- \to \Xi^0 + \pi^-$

e) $\Xi^- \to \pi^- + \Lambda^0$

10. 试评述可用于研究高能光子 (γ 射线) 行为的气泡室和火花室的可能建造方式.

11. 将下列衰变过程按粒子寿命递增的次序排列:

a) $\Delta^{++} \to p + \pi^+$

b) $\Sigma^0 \to \Lambda^0 + \gamma$

c) $\Xi^0 \to \Lambda^0 + \pi^0$

12. 能量分别为 10 keV, 10 MeV 和 10 GeV 的质子在磁场强度为 2×10^4 Gs 的磁场中运动时的曲率半径是多大?

13. 试求出能将 α 粒子加速至 25 MeV 的回旋加速器的半径. 设回旋加速器中的磁场强度为 2×10^4 Gs.

14. 范德格拉夫静电加速器可以加速电子、质子、氘核和 α 粒子. 设加速器的高压为 6×10^6 V, 加速后每种粒子的能量各为多少? 它们的运动速度多大?

15. 为了将能量为 200 GeV 的质子约束在维斯顿的同步加速器磁环中, 需要多强的磁场?

附　录*

1. 数·代数

我们是从简单的算术开始学习数学的. 我们从小就开始学习 $3 \times 4 = 12$, $3 + 6 = 9$ 等算术运算, 而不考虑这些数字所表示的具体意义. 正如符号 3 只表示三件东西, 而不管是三件什么样的东西一样, 它可以写成 Ⅲ (罗马人的表示方法), 也可以写成

$$\text{ΥΥΥ}$$

这是古代巴比伦人的写法;

$$3 + 6 = 9$$

的另外表示法为

$$\text{Ⅲ} + \text{Ⅵ} = \text{Ⅸ}$$

或

古埃及人用象形文字表示 10 的几次方. 一┐表示 1; 圆弧 ∩ 表示 10; 螺线 𝟫 表示 100; 莲花 𝟪 表示 1000 等等, 数是用这些符号相叠加的方式表达出来的, 例如, 二千三百三十九写成:

$$\text{𝟪𝟪 𝟫𝟫𝟫 ∩∩∩ |||}$$

而读成

$$\text{⚭} + \text{⚭} + \text{⟋} + \text{⟋} + \text{⟋} + \cap + \cap + \cap + \text{ı} + \text{ı} + \text{ı} + \text{ı} + \text{ı} + \text{ı} + \text{ı} + \text{ı} + \text{ı} + \text{ı} + \text{ı}$$

古巴比伦的楔形文字 (公元前 1800—1600 年) 从 1 到 10 的数写成:

$$\text{𒁹 𒈫 𒐉 𒐼 𒐋 𒐌 𒐍 𒐎 𒐏 𒌋}$$

20, 30, 40 和 50 则写成:

$$\text{𒌋𒌋 𒌍 𒐏 𒐐}$$

而数字 60 又重新用 𒁹 表示. 根据符号 𒁹 在数字中的位置来区别 1 和 60. 这样, 𒌋𒁹 表示 $10 + 1$, 或者 11, 而 𒁹𒌋 则表示 $60 + 10$ 或 70. 在巴比伦体系中, 可以用同样一些符号组成数字 60 的不同次方. 而在古埃及体系中, 为了表示 10 的几次方, 使用了不同的符号.

在印度–阿拉伯体系中 (它的十进位计算法直到现在仍在使用), 第一次出现了零, 从而排除了以前各体系所遇到的那些不确定性. (零可以写在数字中间, 如 201; 也可以写在整数后面, 如 10、100、1000 等, 表示 10 的任何次方, 除此而外, 还可以用零直接表示 $2 - 2, 15 - 15$ 的结果). 在这个体系中采用了 10 个数: $0, 1, 2, \cdots, 9$. 利用这 10 个数字以及它们的相对位置, 就可以表示出任何一个数. 例如, 932 表示 $9 \times 100 + 3 \times 10 + 2 \times 1$. 因此, 就可以使用有限数量的符号, 单值而简便地表示任何数值.

在简化大数计算的方法中, 指数是其中最为有效的手段之一. 例如 100×1000, 我们得到

$$100 \times 1000 = 100000$$

也就是 1 后面跟两个零的 100 乘以 1 后面跟三个零的 1000 等于 1 后面跟五个零的十万. 假如引入指数的概念, 则乘积可以简化. 例如:

$$10^5 \text{ 表示 } 10 \times 10 \times 10 \times 10 \times 10$$

$$10^2 \text{ 表示 } 10 \times 10$$

$$10^{-3} \text{ 表示 } \frac{1}{10 \times 10 \times 10} = \frac{1}{10^3}$$

此时, 乘积

$$100 \times 1000 = 100000$$

可以写成

$$10^2 \times 10^3 = 10^5$$

一般形式则可写成为:

$$10^a \times 10^b = 10^{a+b}$$

或者

$$10^c \times 10^{-d} = 10^c \times \frac{1}{10^d} = 10^{c-d} \text{ 等等}$$

很容易检验

$$10^5 \times 10^7 = 10^{12} = 1000000000000$$

或者

$$10^6 \times 10^{-2} = \frac{10^6}{10^2} = 10^4 = 10000$$

众所周知, 宇宙的直径比电子的直径大

$$10\ 000\ 000\ 000\ 000\ 000\ 000\ 000\ 000\ 000\ 000\ 000\ 000$$

倍, 如果能将这冗长的数字写得简短一些, 则会方便得多. 通常我们把它写成
10^{40}. 用这种形式书写和使用都比较方便. 这就像用 27 代替

$$11111111111111111111111111111,$$

我们会感到十分方便一样.

使用指数运算的基本法则能够确定任何指数的数值, 例如 $10^{2/3}$ 是含有如下意义的数字, 对于它有:

$$10^{2/3} \times 10^{2/3} \times 10^{2/3} = 10^{\frac{2}{3} + \frac{2}{3} + \frac{2}{3}} = 10^{6/3} = 10^2 = 100$$

所以, $10^{1/2}$ 等于 100 开立方的根. 而对于数 $10^{1/2}$ 则有:

$$10^{2/3} \times 10^{1/2} = 10^{\frac{1}{2} + \frac{1}{2}} = 10^1 = 10$$

所以

$$10^{1/2} = \sqrt{10}$$

在一般情况下, $10^{a/b}$ 是这样一个数, 它自乘 b 次应当等于 10^a:

$$10^{a/b} \times 10^{a/b} \times \cdots 10^{a/b} = 10^{a/b + a/b \cdots + a/b} = 10^{(a/b)b} = 10^a$$

由此可知, $10^{a/b}$ 是 10^a 开 b 次方的根.

数字运算的很多性质是很容易理解的:

$$3 + 4 = 4 + 3 = 7$$
$$3 \times 4 = 4 \times 3 = 12$$
$$2 \times (5 + 3) = 2 \times 5 + 2 \times 3 = 10 + 6 = 16 \text{ 等等}$$

将这些性质写成一般形式有:

$$a + b = b + a$$
$$a \times b = b \times a$$
$$a(b + c) = a \times b + a \times c \text{ 等等}$$

我们可以把数看成是具有这些性质的特殊系统的组成部分; 或者相反, 认为这些性质是正整数所固有的那些特征的抽象表现, 事实上它也反映出出现这些性质的历史进程[①].

获得确定正整数行为的法则以后, 我们发现, 服从这些法则的不仅是正整数. 不仅如此, 如果将下述这些新的概念 (零、分数、负数) 和整数结合在一起是异常方便的, 因为对整数进行的很多运算结果往往会超出整数系统范围之外. 因此, 引进了零、分数和负数 (附图 1.1).

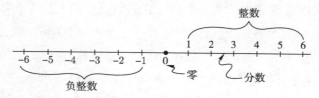

附图 1.1　实数

引入分数可以进行这样的运算, 如将 1 分成三份; 引入零, 则可做 $2 - 2$ 类型的计算; 引入负数, 则可做 $3 - 4$ 的运算.

代数符号 $a, b, \cdots, x, y, \cdots$ 等并不表示确定的数值, 利用它们可以写出不是对某些确定的数值, 而是对所有数值都适用的表达式, 例如, 等式

$$3 \times 4 = 4 \times 3$$

成立, 而另一等式

$$7 \times 6 = 6 \times 7$$

也成立. 因此, 可以写成一般形式

$$a \times b = b \times a$$

(改变乘数和被乘数的顺序, 其乘积不变). 但是, 如果我们写出 $3 \times x = 12$, 则只有 x 具有确定值 ($x = 4$) 时, 等式才能成立.

[①]代数符号的运算法则和相应的数字运算法则是一样的, 我们可以回忆一下这些法则, 并用数字进行验算:

$$(a - b)(a + b) = a^2 - b^2$$
$$(7 - 6)(7 + 6) = 49 - 36 = 13$$

也许, 等式是唯一最重要的代数关系式, 它满足所有的欧几里得公理, 而从这些公理中几乎可以得出所有的代数运算法则: 假如在等式两边加上相等的数, 该等式仍然成立; 若两个数同时等于第三个数, 则此两数相等, 如此等等. 亚里士多德认为, 公理意味着 "大家都承认" 的命题, 或者可以说是约定俗成的语言表达式. 用等式形式表达的公理, 既不是不证自明的, 也不是必需的, 它只表示关系的准确意思. "为什么在等式的两边再加上相等的数后, 等式仍然成立?" 要正确地回答这个问题, 并不在于它是不证自明的, 而是在于, 等号的含义里就具有这一性质. 换句话说, 如果 $2 \times 3 = 6$, 那么 $2 \times 3 + 7 = 6 + 7$. 一般地说, 这法则并不总是正确的. 例如, ✿ 加上 ✿ 仍得出 ✿, 这并不是对任意的客体 ✿ 都成立 (例如, 如果 ✿ 表示一个 "奇数", 就不成立).

代数中一切可能的运算方法, 都是将代数表达式由它的某一种形式变换成另一种形式. 这种变换的基础是: 经过某些确定的运算后, 某些确定的关系式仍然是成立的. (例如, 在等式两边乘以同一数值, 比如说乘 7, 等式仍然成立.) 这种变换的目的在于, 将表达式转换成标准的或一目了然的形式; 或者是为了取得一些关系式, 这些关系式在一种表达形式下是显然的, 而在另一种形式下则是不明显的. 例如, 为了使两分数相加

$$\frac{a}{b} + \frac{c}{d}$$

我们通常是先进行通分, 就是使第一个分数乘以

$$\frac{d}{d} = 1$$

使第二个分数乘以

$$\frac{b}{b} = 1$$

结果得到

$$\frac{a}{b} \times \frac{d}{d} + \frac{c}{d} \times \frac{b}{b} = \frac{ad + cb}{bd}$$

(例如: $\frac{2}{7} + \frac{3}{4} = \frac{2}{7} \times \frac{4}{4} + \frac{3}{4} \times \frac{7}{7} = \frac{8 + 21}{28} = \frac{29}{28}$).

作为代数变换的练习, 我们分析第 29 章[①] 中的例子. 如

$$t_{向前} = \frac{l}{c - v}$$

$$t_{向后} = \frac{l}{c + v}$$

将这两个量相加, 并用 T 表示, 则

$$T = t_{向前} + t_{向后} = \frac{l}{c - v} + \frac{l}{c + v}$$

当然, 可以用上式表示 T. 但是, 也可以用另外的形式表达, 使 T 和 v 之间的关系更为明显地表示出来. 同时, 假如我们按下述方式改写, 则整个表达式将会获得标准形式 (因此它将便于与其他的表达式作比较). 如果等式两边乘以相等的数值, 其等式不变. 首先,

$$\frac{l}{c - v} \times 1 = \frac{l}{c - v} \frac{c + v}{c + v}$$

因为

$$\frac{c + v}{c + v} = 1$$

其次

$$(c - v)(c + v) = c(c + v) - v(c + v)$$
$$= c^2 + cv - vc - v^2 = c^2 - v^2$$

因为

$$a(b + c) = ab + ac$$

例如

$$3(7 + 2) = 3 \times 7 + 3 \times 2 = 27$$

①此处我们感兴趣的不是表达式的内容, 而是其处理方法.

并且 $cv - vc = 0$. 由此得出

$$\frac{l}{c-v} = \frac{lc+lv}{c^2-v^2}$$

我们也可以写出

$$\frac{l}{c+v} = \frac{l}{c+v}\frac{c-v}{c-v}$$

因为

$$(c+v)(c-v) = c^2 - v^2$$

结果, 我们有

$$\frac{l}{c+v} = \frac{lc-lv}{c^2-v^2}$$

因此,

$$T = t_{向前} + t_{向后} = \frac{lc+lv}{c^2-v^2} + \frac{lc-lv}{c^2-v^2}$$

上式右边两项具有相同的分母 (数学术语称为 "公分母"), 因此可以相加. 于是得到

$$T = \frac{lc+lv+lc-lv}{c^2-v^2} = \frac{2lc}{c^2-v^2}$$

T 的这个表达式很为方便. 将上式的分子和分母分别除以 c^2 (相当于除以 1), 我们得到 T 的另一个标准而简便的表达式:

$$T = \frac{2lc/c^2}{(c^2-v^2)/c^2} = \frac{2l}{c}\frac{1}{1 - \left(\dfrac{v^2}{c^2}\right)}$$

2. 集合和函数

(在读完正文第 2 章以后阅读)

　　我们先定义集合的概念, 然后, 就可以用很一般的方法去讨论在第 2 章中引入的, 以及在以后各章中用到的各种函数. 集合 (顾名思义) 是一些对象的

团体. 有两种方法可以确定一个集合. 一种方法是列举出作为团体成员的所有元素; 另一种方法是引进一个规则, 根据这一规则可以确定所给元素是否是集合中的一员. 例如, 在研究莎士比亚写的戏剧集时, 为了确定这个集合, 第一种方法是将他的剧本全部列举出来; 第二种方法是引进一个规则, 根据这一规则可以确定, 这个被称为艾芬河的吟游诗人的人[①] 所写的剧本是否被列入这个戏剧集.

关于严格确定的一些对象集合的概念是非常有用的概念. 对于包含有限数量元素的集合总是可以用列举出它的全部元素的方法来确定. 但是, 如果某集合具有无限多个元素, 也就是说, 不能列举出它的全部元素, 那就只好引进一个规则了. 作为一个实例, 可以举出所有正整数组成的集合. 这是一个确定的集合, 虽然要列举出全部正整数 $1, 2, 3 \cdots$ 是不可能的.

假设有两个集合, 它们分别用 X 和 Y 表示. 第一个集合的元素为 $x_1, x_2, x_3 \cdots$, 第二个集合的元素为 $y_1, y_2, y_3 \cdots$. 我们没有给出这些元素更为明确的意义, 只是给它们以名称, 将它们加以区别. 同时, 我们还能够判别, 某一元素是否属于这个或那个集合. (或许正因为这个缘故, 人们有时候说, 数学家们自己也不了解, 他们说的是什么.) 这样, 如果存在一个将集合 Y 中的元素同集合 X 中的元素相联系的规则, 我们就说, 在集合 X 上定义一个函数 $y = f(x)$ (或者说 y 是 x 的函数). 集合 X 称为函数的**定义域**, 而函数值 Y 的集合称为**函数值域**. 现在我们可以对函数关系作出不同的解释: 可以认为, 函数的作用是把集合 X 的元素转换到集合 Y 的元素; 或者, 函数就是集合 X 中的元素和集合 Y 中的元素间的某种联系.

假如集合 X 和 Y 含有相同数目的元素, 并且 X 中的每个元素只和 Y 中的一个元素相联系, 而且反过来也是如此, 那么, 就可以把联系集合 X 和集合 Y 的函数看成是它们的元素之间的对应关系. 这种关系称为集合 X 和 Y 的相互单值对应. 例如, 我们把地球上某地区的所有男人称为集合 X, 所有的女人称为集合 Y, 在一夫一妻制的社会里, 就存在一个单值函数关系把每一个男人同一确定的女人相联系; 在一夫多妻制盛行的社会里, 男人和女人的函数关系, 已经不再是单值的了, 因为这种社会里, 一个丈夫有好几个妻子.

2.1　数值函数

在数学函数中, 函数的定义域和函数的值域都是数字的函数起着主导作用. 这样的函数有无限多个. 设想有一辆赛车 "法拉利" 沿公路奔驰, 它驶过公路上的某点, 我们把这个点作为计算的零点. 假如现在每经过一秒钟或几秒钟, 测量一次汽车行驶的距离, 我们得到如附表 2.1 中的两列数字, 其中一列是时间, 另一列是距离. 可以把时间看作是集合 X 的元素, 而距离则为集合 Y 的元素. 这两个集合为数的集合, 并且我们还知道联系集合 X 和 Y 的元素的规则. 我们可以说, 距离是时间的函数. 必须指出, 现在所说的函数完全是任意的. 假如, 赛车开得快一点, 距离就会是时间的另一种函数; 假如赛车停在原地不动, 则又将是第三种函数, 如此等等. 换句话说, 在没有任何其他附加条件的情况下, 只能够说, 距离是时间的任意函数. 作为一个数学家, 这种情况不应当使我们感到不安. 我们可以心安理得地认为, 上述的函数关系是无数函数关系中的一种.

附表 2.1

时间/s	距离/m
0	0
1	60
2	120
3	180

但是, 假如要描写一个物理过程 (距离、时间), 那么并不是任何函数都适用的. 例如我们知道, 即使使用最好的汽油, 汽车在一秒钟内也不可能跑完 30 km. 这个限制反映了物理世界的性质 (这正是我们作为物理学家所感兴趣的).

在附表 2.1 中我们给出了具体的函数关系. 有的时候就是这样处理的. 但是, 也可以采用另一种表示方法 —— **图示法** (附图 2.1), 它比前一种方法具有一定的优越性, 就像图画在某种意义上比文字更优越一样. 图示法是这样的: 沿横线表示时间, 沿竖线表示距离, 而函数用曲线表示. 严格地讲, 我们的测量结果只是反映了附表 2.1 中的几对数值 (时间、距离) 所确定的那些点. 但是, 我们通过这些点引出了一条光滑的曲线, 并假设, 譬如说在第二秒和第三秒之间, 距离是在 120—180 m 之间. 当然, 这样做我们可能有差错, 但是, 我们认为, 只要有足够多的点, 就能将各点连成一条连续的曲线, 对于上述情况则为一条直线. 当然, 这样做并不总是顺利的. 但是, 说到函数时, 我们总是认为这样做是可以的. 以后, 我们将会遇到与此有关的一些困难.

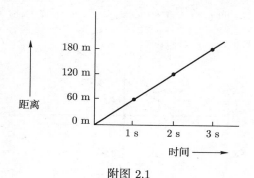

附图 2.1

还应当指出, 在通过实验点画出一条直线的同时, 我们就将无限多个时间数值和无限多个距离数值联系在一起了. 不可能把这么多数值都列在表中. 因此要求引进一个规则, 根据它对于任何时间值都可以找到相应的距离数值. 在我们的情况下, 可以制定如下的规则:

距离 (m) 等于 60 乘以时间 (s)

这个规则可以用包含很丰富内容的, 但却是很简短的符号形式表示:

$$d = 60t$$

式中的测量单位 (m 和 s) 是不言而喻的, 并没有明显地写出来. 这个关系式称为线性函数, 因为根据它所画出的关系曲线是条直线.

图形为直线的方程式的最一般的形式如下:

$$d(t) = at + b$$

它表示作为时间函数的距离等于 a 乘以时间再加 b, 式中的 a 和 b 都是常数. 对于上述例题, $a = 60$, $b = 0$.

　　为了阐明 a 和 b 的意义, 我们作出线性函数的图 (附图 2.2). 当时间 $t = 0$ 时,

$$d = a \times 0 + b = b$$

即 b 是直线与距离轴的交点. 换句话说, b 等于 $t = 0$ 时的距离. 因此, 为了使它的含义更为明确, 可以用 d_0 表示之. 现在只需要确定直线和时间轴组成的夹角, 该角与 a 有关, 而后者等于速度值, 因此 a 用 v 代替更为合适.

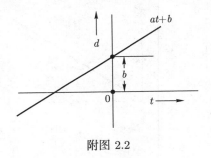

附图 2.2

　　结果, 线性方程的普遍形式表示成:

$$d = vt + d_0$$

该方程式的意义是: 所通过的距离值是时间的线性函数, 并且速度为常速, 等于 v. 当 $t = 0$ 时, 距离为 d.

　　很清楚, 这种函数是函数的非常特殊的情况. 存在着无数种非线性函数 (相应于能够描绘出的一切曲线). 假如那部赛车 "法拉利" 以 $3 \, \text{m/s}^2$ 的加速度前进 (这并不难做到), 那么, 它所走过的距离和时间的关系具有下列形式 (附图 2.3):

$$d = \frac{1}{2}at^2 = \frac{3}{2}t^2$$

对于这种情况我们说, 距离是时间的二次函数 (时间平方的函数), 该函数的图是条抛物线.

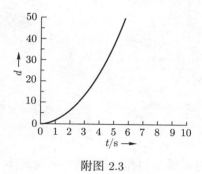

附图 2.3

中学的代数课程, 主要是学习线性方程和二次方程. 这些方程容易求解, 并且可以有无穷的乐趣来求这些方程的根[①]. 但是, 在这种情况下, 人们往往忘记了这些方程只是无限多种函数中的一些特殊情况. 我们对它们比较感兴趣, 因为它们比较简单.

3. 方程式的求解

(在学完正文第 2 章以后阅读)

笛卡儿首先建议用英文字母表中的最后三个字母 (x, y, z) 表示未知数, 开头的三个字母 $(a, b$ 和 $c)$ 表示常数. 例如要求解方程式

$$3x = 6$$

就是说, 3 乘以什么数等于 6, 这时

$$x = \frac{6}{3} = 2$$

[①] 二次方程的一般形式为

$$d = at^2 + bt + c$$

式中 a, b 和 c 是常数. 我们记得, $d = 0$ 时,

$$t = \frac{-b \pm \sqrt{b^2 - 4ac}}{2a}$$

因而, 方程式

$$ax = b$$

的解是

$$x = \frac{b}{a}$$

可以把这样的代数方程看成是加在 "未知数" 上的条件, 它们可以具有一个或多个解 (也就是满足初始条件的未知量的数值).

我们时常说, 要寻找一个或数个方程的解. 对方程求解的原则和日常生活中的原则差不多. 如果我们要避雨, 可以到凡尔赛宫或一般的山洞里去. 假如, 除此而外, 还要取暖, 凡尔赛宫就不一定合适. 如果我们想建一幢房子, 希望能住四个人, 要有供暖设备, 还要舒适一些等等. 为了实现这个愿望, 可以通过很多途径. 但是, 如果除了这些要求以外再加上一个条件, 即价钱要非常低廉, 则这个问题就将难以解决, 或无法解决了. 这种情况说明, 世界上没有什么客体能满足人们提出的所有的要求.

当我们写出

$$3x - y = 0$$

时, 我们是想找到所有的 x, y 的值, 它们能够满足关系式 $3x - y = 0$ (例如 $x = 1, y = 3;\ x = 2, y = 6;\ \cdots$). 如果把所有的这些数值都画在图上, 我们就得到一条直线 (附图 3.1 上的细线), 也就是得到线性关系.

如果我们写出

$$x - y = 1$$

则表明, 我们试图找到所有的 x、y 的值, 使它满足关系式 $x - y = 1$ (例如, $x = 1, y = 0;\ x = 2, y = 1;\ \cdots$), 所有这些数值组成的图仍然是一条直线 (附图 3.1 上的粗线). 两直线相交的点 $\left(x = -\frac{1}{2}, y = -\frac{3}{2} \right)$ 是满足两个方程的一对数值.

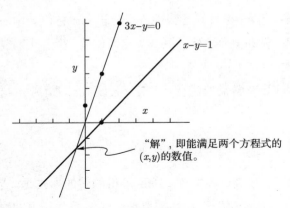

附图 3.1

也可能出现两方程没有共同 "解" 的情况, 如

$$y = x$$
$$y = x + 1$$

实际上不存在同时满足这两个方程式的一对数值. 相应于这种情况的两条直线相互平行 (附图 3.2a). 有时候会出现两方程, 它们有任意多的解, 例如:

$$y = x$$
$$2y = 2x$$

[所有能满足第一个方程式的 (x, y) 值也满足第二个方程]. 在这种情况下, 两条直线重合成一条 (附图 3.2b). [一对或所有的 (x, y) 的数值都是解, 这一情况是与两点之间只能作一条直线的欧几里得公理一致的. 笛卡儿把几何点与

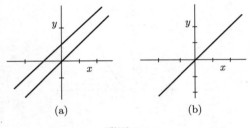

附图 3.2

(x, y) 的数值联系起来, 把直线和线性方程 $y = mx + b$ (式中 m 和 b 为常数) 联系起来, 创建了解析几何. 对于每一个几何位置, 笛卡儿都成功地找到了相应的代数表达式].

为了求解方程, 时常需要进行 "变换". 假设, 已知距离 d 与时间 t 的函数关系为

$$d = 4.9t^2$$

需要求出物体移动 $19.6\,\text{m}$ 所需的时间. 求得的解的形式是: 当 $d = 19.6$ 时, $t^2 = 4$, $t = 2$. 在一般情况下, 往往需要把时间 t 看作距离 d 的函数. 要做到这点, 可应用标准的代数运算:

$$4.9t^2 = d$$
$$t^2 = \frac{1}{4.9}d$$

由此得出

$$t = \sqrt{\frac{1}{4.9d}}$$

在其他情况下, 类似的变换不一定如此简单, 但其原理却是一样的. 用图表的方式来表达这种变换可能更容易理解. 满足方程 $d = 4.9t^2$ 的所有 (t, d) 的数值组成的曲线 (抛物线) 如附图 3.3 所示. 此时, 只需把图转动 $90°$ 就可以实现变换. 在转动之前, 已知的是 t, 要求的是 d; 转动以后, 则已知 d, 需要求出 t.

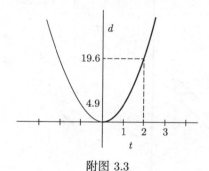

附图 3.3

在上述讨论中, 应注意到一个细节. 事情是这样的, 抛物线有两支, 每一个 d 值都对应于两个 t 值, 它们都能满足方程 $d = 4.9t^2$, 因为

$$t = \pm\sqrt{\frac{d}{4.9}}$$

换句话说, $t \to d$ 的关系是单值的 [对于给定的 t, 只有一个相应的 d 值能满足方程]. 但是, 在 d 为正值的情况下, 却有两个 t 值能满足方程.

通常, 第二种解的意思是清楚的. 所以, 我们可以只用 t 的正值来解题. (如同伽利略所研究的炮弹从瞭望塔上降落的例子一样, 当 $t = 0$ 时, 炮弹处于塔顶) 这样, 只有 t 为正值时, 才具有 "物理意义". 但是, 对于 t 为负值的情况, 同样可以赋予 "物理意义". 例如, 假设当 $t = -2$ 时, 炮弹以所需的速度向上抛掷. 当 $t = 0$ 时, 它达到瞭望塔顶, 并开始降落. 炮弹距瞭望塔顶 4.9 m 时, 其时间为

$$t = \pm\sqrt{\frac{4.9}{4.9}} = \pm 1$$

当 $t = -1$ 时, 炮弹向上运动; 当 $t = 1$ 时, 炮弹向下运动.

我们假设, 伽利略例子中的船以 3 m/s 的速度行进. 试问, 从站在码头上的水兵看来, 炮弹在落到甲板上之前跑过了多大水平距离? 炮弹的垂直运动可以用下述公式表示:

$$d_{\text{垂直}} = \frac{1}{2}gt^2 = 4.9t^2$$

而水平运动则为

$$d_{\text{水平}} = 3t$$

炮弹经过 2 s 以后落到甲板上, 因为

$$19.6 = 4.9 \times (2)^2$$

因此, 炮弹在这段时间内所通过的水平距离为

$$d_{\text{水平}} = 3 \times 2 = 6$$

所以, 炮弹在落上甲板以前飞过的水平距离为 6 m (附图 3.4).

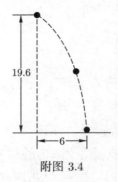

附图 3.4

作为第二个例子, 我们讨论加速运动的赛车 "法拉利" 追赶匀速运动的赛车 "大众" 的情形. "大众" 以 15 m/s 的速度行进, 在 $t = -2.4$ s 时, 它通过了 "法拉利" 的起点. 对于 "大众" 有

$$d = 15t + 36$$

而对于做加速运动的 "法拉利", 前面已经讨论过,

$$d = \frac{3}{2}t^2$$

只有在 (t, d) 的值同时满足两个运动方程的时候 "法拉利" 正好赶上 "大众". 因此,

$$\frac{3}{2}t^2 = 15t + 36$$

或者

$$t^2 - 10t - 24 = 0$$

也就是说, 我们得到了一元二次方程, 其解为:

$$t = \frac{10 \pm \sqrt{100 + 96}}{2} = \frac{10 \pm 14}{2} = +12 \text{ 或 } -2$$

由此可见, 在 12 s 以后, "法拉利" 才赶上 "大众". 那么, 第二个解 $t = -2$ 的 "物理意义" 何在? 假如 "法拉利" 在 $t = 0$ 时起动, 则这个解没有任何 "物

理意义"; 但是, 总可以做一点解释的. 假设, "法拉利" 最初是迎着 "大众" 运动. 从它看到 "大众" 出现在地平线上以后的某一时刻开始, 它按 $d = \dfrac{3}{2}t^2$ 的规律作匀减速运动. 然后, 它在 $t = -2\,\mathrm{s}$ 时和 "大众" 相遇, 并且, 当 $t = 0$ 时, 它经过 0 点, 然后, 它又开始朝相反方向加速, 并在 $t = 12\,\mathrm{s}$ 时赶上 "大众". 如果认为附图 3.5 中抛物线的左半边也描述物理现象的话, 就可以这样来解释第二个解.

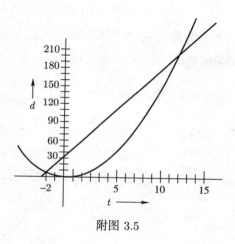

附图 3.5

4. 变化的速度·极限

熟悉证券交易所投机活动的人, 都会了解什么是变量函数, 并知道它们的变化曲线是个什么样子. 我们时常遇到月盈利表, 日指标表以及国民经济年度总产值表, 等等. 遗憾的是, 这些函数值只是对上个月份或上一年度是已知的; 而任何关于未来的猜测都伴随着一定的冒险性, 这正是那些证券或股票持有者们所力图避免的.

证券交易所的行情由社会动态所决定. 如果有谁认为他已经发现了支配证券交易的内在联系, 那他就错了, 虽然事后他也可以对所发生的事件作出圆满的解释, 似乎什么毛病也没有. 人类成功地揭示了行星和原子运动的规律, 这要感谢科学的慷慨和它的开放性质 (科学本身具有这种性质, 大概是因为占有它不会带来利润), 科学的大门对任何人都是敞开的. 例如, 我们可以把行星的位置看作是时间的已知函数, 描绘出行星在任意时刻 (不论是过去还是未来) 的位置. 假如有谁想知道 2066 年 4 月 8 日 11 时 31 分时金星的位置, 从原则上讲, 他只要打几个电话, 就可以得到他所需要的资料.

　　无论是对于数学家, 还是存款人, 最感兴趣的是给定函数以什么速度变化, 和往什么方向变化. 在合资开公司的情况下, 一般来说只要知道资本的年度增长和下降值就足够了. 但是, 有时也希望了解每天的行情 (例如, 在公司濒临破产的时候). 函数随时间变化的平均速度的计算方法是, 把某一时刻的函数值减去另一时刻的函数值, 再被时间间隔去除:

$$\text{函数随时间变化的平均速度} = \frac{\text{函数的变化}}{\text{时间间隔}}$$

　　平均速度的计算方法如下. 设有某个时间函数 $f(t)$. 在 $t_0 + \Delta t$ 时刻, 函数等于 $f(t_0 + \Delta t)$; 在 t_0 时, 函数值为 $f(t_0)$. 在时间间隔 Δt 内 (Δt 可以是任意小, 但**总是正值**), 函数的增值 (也就是 f 的变化量, 用 Δf 表示) 为:

$$\Delta f = f(t_0 + \Delta t) - f(t_0)$$

然后, 根据定义,

$$\text{平均的变化速度} = \frac{\Delta f}{\Delta t} = \frac{f(t_0 + \Delta t) - f(t_0)}{\Delta t}$$

符号 Δf 和 Δt 表示 f 和 t 的增量, 这是通用的符号. 因此可以说, 平均的变化速度等于 f 在给定的时刻 t 的增量对 t 的增量的比值. [当 t 的增量趋于无限小时, 常写成 dt 而不用 Δt; 同样, 也把相应的 Δf 写成 df. 它们称为导数, 或者称为函数变化的 "瞬时" 速度. 这个比值乃是在无限小的时间间隔 Δt 内函数的平均变化速度 (时间 Δt 可以非常接近于零, 但永远不能等于零)]. 关于平均速度的定义附图 4.1 作了解释.

　　让我们讨论函数 $f(t) = 4.9t^2$. 假设 $t_0 = 1$ 和 $t_0 + \Delta t = \sqrt{2}$. 此时, $f(t_0) = 4.9$, 而

$$f(t_0 + \Delta t) = f(\sqrt{2}) = 4.9(\sqrt{2})^2 = 4.9 \times 2 = 9.8$$

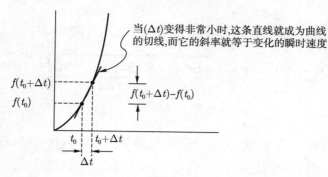

当(Δt)变得非常小时,这条直线就成为曲线的切线,而它的斜率就等于变化的瞬时速度

$f(t_0+\Delta t)$

$f(t_0)$

$f(t_0+\Delta t)-f(t_0)$

t_0 $t_0+\Delta t$

Δt

附图 4.1

所以

$$\Delta f = f(\sqrt{2}) - f(1) = 9.8 - 4.9 = 4.9$$
$$\Delta t = \sqrt{2} - 1 \approx 1.41 - 1 = 0.41$$

由此得出

$$\frac{\Delta f}{\Delta t} = \frac{4.9}{0.41} \approx 12$$

假如用 $f(t)$ 表示炮弹从瞭望塔顶上落下时所走过的距离, 也就是

$$d = 4.9t^2$$

那么

$$\frac{\Delta f}{\Delta t}$$

将是炮弹在时间 Δt 内的平均速度. 所以, 在 $t_0 + \Delta t = \sqrt{2}$ 与 $t_0 = 1$ 的时间间隔内, 炮弹的平均速度约为 12 m/s.

同样, 用这个例题来说明求瞬时速度的方法. 我们仍然讨论这个函数

$$f(t) = 4.9t^2$$

此时,

$$f(t + \Delta t) = 4.9(t + \Delta t)^2 = 4.9t^2 + 9.8t(\Delta t) + 4.9(\Delta t)^2$$

并且

$$\frac{f(t+\Delta t)-f(t)}{\Delta t}=\frac{\overbrace{4.9t^2+9.8t(\Delta t)+4.9(\Delta t)^2}^{f(t+\Delta t)}-\overbrace{4.9t^2}^{f(t)}}{\Delta t}$$

$$=9.8t+4.9(\Delta t)$$

现在我们可以这样来处理 (这是例题中最重要的): 因为我们可以把 Δt 取成任意小的量 (但是永远是正值), 所以上式中的第二项可以忽略[①].

　　这样我们证明了, 当 Δt 趋近于零时 $\dfrac{\Delta f}{\Delta t}$ 的极限, 也就是瞬时速度等于 $9.8t$, 或者 $v=at$, 它和等加速运动情况下所确定的速度是一致的. 当 $t=1$ 时, 瞬时速度等于

$$v=9.8 \text{ m/s}$$

当 $t=\sqrt{2}$ 时, 该值为

$$v \approx 13.8 \text{ m/s}$$

　　在进行上述推导时曾假设函数的增值

$$\Delta f=f(t_0+\Delta t)-f(t_0)$$

和时间间隔 Δt 都很小. 但是, 在任何情况下都不能假设 Δt 严格地等于零. 因此, 应该永远把 Δt 看成是不为零的值, 也就是说, 对 Δt 可以和对一般的数一样进行乘法运算和除法运算, Δt 可以作分母. 正是为了强调这一点, 我们总是写成

$$\frac{\Delta f}{\Delta t}$$

若

$$\frac{\Delta f}{\Delta t}=9.8t$$

[①] 该论断是否正确以及略去该项是否影响计算结果, 这正是使牛顿同时代的人感到困难的一些问题. 这些问题当时一直没有解决, 直到十九世纪才证明了上述推导是准确的.

则表明, 当 Δt 很小时, 函数的变化等于

$$\Delta f = 9.8t(\Delta t)$$

(只是当时间间隔很小时, 上式才成立).

当 Δt 趋近于零时, 关于极限的想法是很重要的, 也是很巧妙的. 下面我们作一些说明. 我们先来研究芝诺的著名诡辩阿喀琉斯[①] 追赶乌龟的故事. 为了简单起见, 我们假设乌龟在原地不动. 开始时阿喀琉斯和乌龟之间的距离为 5 m (附图 4.2), 阿喀琉斯以 $18\,\mathrm{km/h}=5\,\mathrm{m/s}$ 的速度向乌龟方向跑. 当然, 阿喀琉斯只要 1 s 就会赶上乌龟. 但是, 让我们看看芝诺是如何讨论这个问题的. 在第一个半秒钟里, 阿喀琉斯跑了 2.5 m; 在接下来的 1/4 s 内, 他跑了 $1\frac{1}{4}$ m; 在以下的 $\frac{1}{8}$ s 内, 他跑了 $\frac{5}{8}$ m; 如此等等. 在每个时间间隔的一半的时间内阿喀琉斯所走过的距离都是他到乌龟距离的一半, 由此芝诺得出结论 (芝诺真是如此论述的吗?): 阿喀琉斯永远赶不上乌龟.

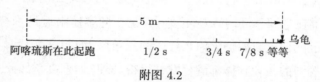

附图 4.2

这个诡辩的实质就在于, 无限个如此递减的时间间隔之和等于有限值:

$$\frac{1}{2} + \frac{1}{4} + \frac{1}{8} + \frac{1}{16} + \cdots = 1\ \mathrm{s}$$

同样, 每次所走过的距离变得越来越小, 以致无数次这样的距离之和也只是一个有限值:

$$2\frac{1}{2} + 1\frac{1}{4} + \frac{5}{8} + \cdots = 5\ \mathrm{m}$$

因此, 我们看到, 分别讨论距离区段和时间间隔本身是不行的, 必须把它们联系起来讨论——这就是芝诺诡辩的谜底. 但是距离区段对时间间隔的比值却具有非常简单的形式. 在第一个半秒钟内, 阿喀琉斯跑了 2.5 m, 因此,

$$\frac{2(1/2)\ \mathrm{m}}{1/2\ \mathrm{s}} = 5\ \mathrm{m/s}$$

[①] 阿喀琉斯是荷马长诗《伊利亚特》中的英雄. ——译者注

在接下来的 $\frac{1}{4}$ s, 他跑了 $1\frac{1}{4}$ m

$$\frac{1(1/4)\text{ m}}{1/4\text{ s}} = 5\text{ m/s}$$

如此等等. 我们看到, 比值 $\Delta d/\Delta t$ 等于速度, 即等于阿喀琉斯跑的速度.

可以举出无数个类似的情况. 这时往往出现两个量, 它们变成无限小或无限大[①]. 但是, 它们的乘积或比值却总是有限值.

5. 几何

(在读完正文第 9 章以后阅读)

算术是人人必学的数学科目, 其次就是几何了. 从童年时代起, 我们就被告知说, 我们所生活的空间是欧几里得空间. 我们不知道直线或者点的定义是什么, 而是认识和指出它们. 我们习惯地认为, 直线形的客体 (我们把它看作是一条直线) 在空间移动时保持不变 (无论在此客体附近是否有重物); 三角形在改变自己的位置以后仍为原来样子的三角形. 简而言之, 我们认为凡和直线以及点相等同的一切客体都满足欧几里得公理. 如果真是如此, 则全部欧几里得定理就都可以应用于所有这些客体, 结果, 我们就会得到一个完整的几何结构.

下面我们对欧几里得几何的一些重要的定义和定理作一简单介绍. 两个三角形, 如果它们的三个边和三个角都对应相等, 则这两个三角形全等. 有一系列定理可以以最少的特征证明两个三角形全等 (例如, 若两个三角形的各边对应相等, 则三角形全等).

三条边相等的三角形称为**等边三角形**.

若三角形的一角为直角, 称为直角三角形 (附图 5.1). 直角三角形三条边之间的关系服从著名的勾股定理 (即毕达哥拉斯定理):

$$a^2 + b^2 = c^2$$

[①] 例如, 在两个物体相碰撞的情况下, 碰撞力 (作用力) 是作用时间的函数. 在极短的时间内, 碰撞力可以是一个很大的数值; 但是作用力与作用时间的乘积 $F\Delta t$ 始终是有限值.

我们说两三角形**相似**, 如果它们的角都对应相等. 例如, 附图 5.2 中的三角形 ABC 和三角形 ADE 相似.

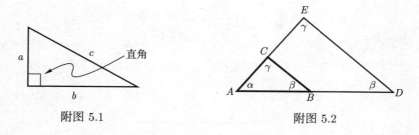

a
c
直角
b

附图 5.1

E
γ
C
γ
A
α
β
B
β
D

附图 5.2

若一个三角形的两边相等, 称为**等腰三角形**.

圆周是这样的曲线, 其上的任意点至圆心的距离都相等 (附图 5.3). 圆周的长度和直径之比值可用著名的 π 值来表示 (很早很早人们就开始研究圆周长度的计算方法了):

$$\text{圆周长} = 2\pi R$$

$$\pi = 3.141\cdots\cdots$$

$$\text{圆面积} = \pi R^2$$

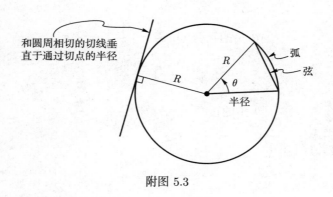

和圆周相切的切线垂
直于通过切点的半径
R
R
θ
弧
弦
半径

附图 5.3

两条半径线相交的角 θ 由下式表示:

$$\text{角 (弧度)} = 2\pi \times \frac{\text{弧长}}{\text{周长}}$$

根据这种定义测量出的角度用**弧度**表示. 由此不难得出弧度和度的关系. **展开角** (附图 5.4) 为 180°, 或者是圆周的一半. 因此

$$角 (弧度) = 2\pi \frac{\pi R}{2\pi R}, 或者 \pi\ 弧度 = 180°$$

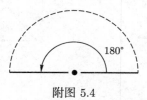

附图 5.4

也就是

$$1\ 弧度 = \frac{180°}{\pi} \approx 57.3°$$

使用弧度为单位量度角度是很方便的, 因为

$$[角度 (弧度)] \times (半径) = 弧长$$

三角函数——正弦、余弦、正切可以用附图 5.5 上的直角三角形的角和边的关系导出:

$$\theta\ 角的正弦(\sin\theta) = \frac{对边}{斜边} = \frac{b}{c}$$

$$\theta\ 角的余弦(\cos\theta) = \frac{邻边}{斜边} = \frac{a}{c}$$

$$\theta\ 角的正切(\tan\theta) = \frac{对边}{邻边} = \frac{b}{a}$$

根据上述定义我们得出:

$$\theta = 0, \qquad\qquad\qquad\qquad \sin\theta = \frac{b}{c} = 0$$

$$\theta = \frac{\pi}{2}\left(90° 或 \frac{1}{4}\ 圆周\right), \qquad \sin\theta = \frac{b}{c} = 1$$

$$\theta = \pi\left(180° 或 -\frac{1}{2}\ 圆周\right), \quad \sin\theta = \frac{b}{c} = 0$$

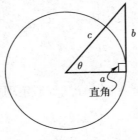

附图 5.5

同样, 可以证明,

$$\theta = 0, \quad \cos\theta = \frac{a}{c} = 1$$

$$\theta = \frac{\pi}{2}, \quad \cos\theta = \frac{a}{c} = 0$$

$$\theta = \pi, \quad \cos\theta = \frac{a}{c} = -1, \text{ 等等}$$

在旋转一周 ($\theta = 2\pi$) 以后, 又周而复始. 这样的函数若以曲线表示, 就是周期性曲线 (附图 5.6).

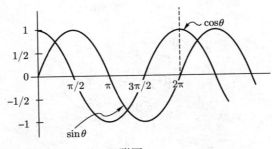

附图 5.6

应用勾股定理, 我们可以得出这些函数之间的关系式. 例如:

$$\sin^2\theta + \cos^2\theta = 1$$

证明

$$\left.\begin{array}{l} \sin\theta = \dfrac{b}{c} \\[2mm] \cos\theta = \dfrac{a}{c} \end{array}\right\} \text{(根据定义)}$$

$$\sin^2\theta + \cos^2\theta = \frac{b^2}{c^2} + \frac{a^2}{c^2} = \frac{b^2 + a^2}{c^2}$$

但是

$$b^2 + a^2 = c^2 \ (\text{勾股定理})$$

因此

$$\sin^2\theta + \cos^2\theta = 1$$

这正是所要证明的.

在光学理论和量子理论中讨论的所有可能的驻波都可以用正弦函数或余弦函数表示. 例如, 在长度 l 上有两个波节的驻波可以写成:

$$\sin\frac{2\pi}{l}x$$

所以

$$x = 0, \quad \sin\frac{2\pi}{l}\cdot 0 = \sin 0 = 0$$

$$x = \frac{l}{4}, \quad \sin\frac{2\pi}{l}\frac{l}{4} = \sin\frac{\pi}{2} = 1$$

$$x = \frac{l}{2}, \quad \sin\frac{2\pi}{l}\frac{l}{2} = \sin\pi = 0$$

$$x = \frac{3l}{4}, \quad \sin\frac{2\pi}{l}\frac{3l}{4} = \sin\frac{3\pi}{2} = -1$$

$$x = l, \quad \sin\frac{2\pi}{l}\cdot l = \sin 2\pi = 0$$

6. 矢量

(学完正文第 3 章后阅读)

时常为了方便起见, 将矢量 "分解" 成两个互相垂直的分量. 根据矢量相加的基本原理得出, 任何一个矢量都能够等于另两个矢量相加之和. 当然, 相加的两个矢量不一定是互相垂直的. 矢量 C 可以分解为两个相互垂直的矢量

(附图 6.1):

$$C = A + B$$

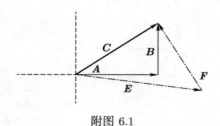

附图 6.1

也可以分解为两个不相互垂直的矢量

$$C = E + F$$

与此相似, 数字可以写成

$$7 = 5 + 2$$

也可以写成

$$7 = 3 + 4$$

但是, 把矢量分解成相互垂直 (正交) 的两个分量更为方便. 在二维空间 (例如在平面上), 所有的矢量都可以表示成互相垂直的单位矢量的线性组合 (一般用 i 和 j 表示). 例如矢量 A (附图 6.2) 可以写成:

$$A = 5i + 4j$$

平面上任一矢量可以写成:

$$V = xi + yj$$

式中 x 和 y —— 它的分量 (坐标).

把矢量写成这种形式, 对于很多个矢量的加减运算是很方便的. 例如, 若

$$A = 5i + 4j$$

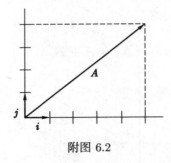

附图 6.2

和

$$B = -2i + 3j$$

则

$$A + B = 3i + 7j$$
$$A - B = 7i + j$$

如果几个矢量的 i 分量之和以及 j 分量之和同时为零, 则这些矢量之和等于零.

6.1　标量积

(在读完正文第 11 章以后阅读)

在确定像功这样的一些量时, 我们应用矢量 (力) 在一定方向上的分量 ($F_{/\!/}$) 和物体在该方向上所通过的距离的乘积来表示 (如附图 6.3). 力和距离都是矢量, 但是它们的乘积 (功) 却是标量 (数, 也就是没有方向的数值).

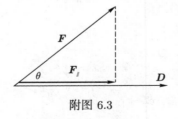

附图 6.3

因为时常会用到矢量的这种运算, 所以引入两个向量相乘的定义是很有好处的, 这种乘积称为两个矢量的**标量积**或**内积**. 两个矢量 F 和 D 的标量积

的定义如下:

$$标量积:\ \boldsymbol{F} \cdot \boldsymbol{D} = F_{\!/\!/} D\ (定义)$$

因为

$$F_{\!/\!/} = F\frac{F_{\!/\!/}}{F} = F \times \frac{邻边}{斜边} = F\cos\theta$$

标量积可以写成:

$$\boldsymbol{F} \cdot \boldsymbol{D} = FD\cos\theta$$

由此, 根据 $\cos\theta$ 的性质:

$$当\ \theta = 0\ 时, \cos\theta = 1$$
$$当\ \theta = \frac{\pi}{2}\ 时, \cos\theta = 0$$
$$当\ \theta = \pi\ 时, \cos\theta = -1$$

我们得到如下的结果:

$$\boldsymbol{F} \cdot \boldsymbol{D} = \begin{cases} FD, & 若两个矢量平行 \\ 0, & 若两个矢量垂直 \\ -FD, & 若两矢量反向平行 \end{cases}$$

假如, 给定一个动量矢量 $\boldsymbol{p}$, 在镜反射后, 它保持自己的方向 (见第 55 章); 又给定另一个矢量 $\boldsymbol{\sigma}$ (它和粒子的自旋有关), 它在反射后要改变自己的方向. 则可以写成:

$$\boldsymbol{\sigma} \cdot \boldsymbol{p} = \sigma p\cos\theta = \begin{cases} \sigma p, & 反射前 \\ -\sigma p, & 反射后 \end{cases}$$

在反射以后改变符号的量称为伪标量.

6.2 矢量积

(在读完正文第 20 章以后阅读)

两个矢量的组合常常会产生第三个矢量. 例如, 在电磁场理论中, 粒子速度 (矢量) 和磁场 (矢量) 的组合可以产生第三个矢量 —— 力:

$$\boldsymbol{F} = q\boldsymbol{E} + \frac{q}{c}(\boldsymbol{v} \times \boldsymbol{B})$$

矢量 $\boldsymbol{v}$ 和 $\boldsymbol{B}$ 的**矢量积**或**外积**是一个新的矢量. 它的数值等于

$$\boldsymbol{v} \times \boldsymbol{B} = vB \sin\theta (\text{数值})$$

其方向垂直于矢量 $\boldsymbol{v}$ 和 $\boldsymbol{B}$ 组成的平面. 剩下的一个问题就是确定新矢量的符号. 新矢量的方向朝上还是朝下? 矢量乘积的符号由**右手定则**确定.

从乘积的第一个矢量 $\boldsymbol{v}$, 以最短的路程向矢量 $\boldsymbol{B}$ 旋转, 那么 $\boldsymbol{v} \times \boldsymbol{B}$ 的方向就和具有右旋螺纹的螺钉前进的方向是一致的 (附图 6.4), 只要螺纹旋转的方向与矢量 $\boldsymbol{v}$ 的旋转方向一致. 原则上, 矢量积的方向也可以用相反的方向来表示 (比如说, 用左手法则或英制螺钉, 即左旋螺钉的前进方向). 但是定义必须是前后一致的.

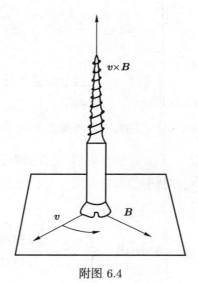

附图 6.4

根据 $\boldsymbol{v} \times \boldsymbol{B}$ 的定义, 立刻可以得出:

$$\boldsymbol{v} \times \boldsymbol{B} = \begin{cases} vB, & \text{若矢量 } \boldsymbol{v} \text{ 垂直于矢量 } \boldsymbol{B} \text{ (此时数值最大)} \\ 0, & \text{若矢量 } \boldsymbol{v} \text{ 平行于矢量 } \boldsymbol{B} \end{cases}$$

此外, 矢量 $\boldsymbol{v} \times \boldsymbol{B}$ 同时垂直于矢量 $\boldsymbol{v}$ 和 $\boldsymbol{B}$, 并且

$$\boldsymbol{v} \times \boldsymbol{B} = -(\boldsymbol{B} \times \boldsymbol{v})$$

诸如角动量或者力矩的这些量也可以写成矢量积的形式. 粒子相对于某点的角动量 (附图 6.5)

$$\boldsymbol{L} = \boldsymbol{r} \times \boldsymbol{p}$$

假如矢量 $\boldsymbol{r}$ 垂直于矢量 $\boldsymbol{p}$, 那么

$$\boldsymbol{L} = \begin{cases} rp \text{ (数值)} \\ \text{方向和符号如附图 6.5 所示} \end{cases}$$

同理, 相对于某点的力矩 (附图 6.6) 为:

$$\boldsymbol{T} = \boldsymbol{r} \times \boldsymbol{F}$$

而当矢量 $\boldsymbol{r}$ 垂直于 $\boldsymbol{F}$ 时,

$$\boldsymbol{T} = \begin{cases} rF \text{ (数值)} \\ \text{方向和符号如附图 6.6 所示} \end{cases}$$

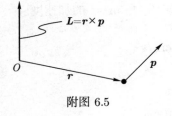

附图 6.5

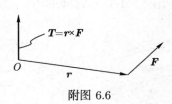

附图 6.6

7. 单位制及其换算

(在读完正文第 4 章和第 20 章以后阅读)

我们把厘米 (cm, 表示长度)、克 (g, 表示质量)、秒 (s, 表示时间) 取作基本量 (附图 7.1). 我们使这些基本量直接同物理世界的物体和事件联系起来. 我

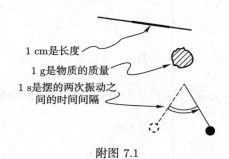

1 cm是长度

1 g是物质的质量

1 s是摆的两次振动之
间的时间间隔

附图 7.1

们可以利用这些基本量建立起所有已知的物理理论中用到的一切其他量 (就像可以根据几何学的基本量——点和线等——建立起圆周三角形等一样).

例如,

$$\text{速度的定义为} \frac{\text{距离的改变}}{\text{时间间隔}} \sim \frac{\text{cm}}{\text{s}}$$

$$\text{加速度的定义为} \frac{\text{速度的改变}}{\text{时间间隔}} \sim \frac{\text{cm}}{\text{s}^2}$$

为了确定力的量纲, 可以利用牛顿第二定律:

$$F = ma$$

根据定义, 作用于具有 1 cm/s^2 加速度的、质量为 1 g 的物体上的力是 1 dyn. 换句话说, 1 dyn 是这样的力, 它使 1 g 物体产生 1 cm/s^2 的加速度:

$$1\,\text{dyn} = 1\,\text{g} \times 1\,\text{cm/s}^2$$

或者

$$\text{dyn} \sim \frac{\text{g} \cdot \text{cm}}{\text{s}^2}$$

这就是说, 我们永远可以用 dyn 代替 g·cm/s^2, 因为 dyn 表示力, 而根据牛顿第二定律, 力等于 ma.

其他一切力学单位也可以用长度、质量和时间等基本单位来度量.

$$\text{功} = (\text{力}) \times (\text{距离}) \sim \text{dyn} \times \text{cm} \sim \frac{\text{g} \cdot \text{cm}^2}{\text{s}^2} \sim \text{erg}$$

$$动能 = \frac{1}{2}mv^2 \sim \text{g} \times \text{cm}^2/\text{s}^2 \sim \text{erg}$$

电学中的量同样可以用长度、时间和质量等力学单位来度量. 在 CGS (cm·g·s) 制中, 电荷的量纲由库仑定律确定

$$F = \frac{q_1 q_2}{r^2} \text{ (数值)}$$

它的意思是: 相距为 1 cm 的两个单位电荷之间的作用力为 1 dyn (如附图 7.2).

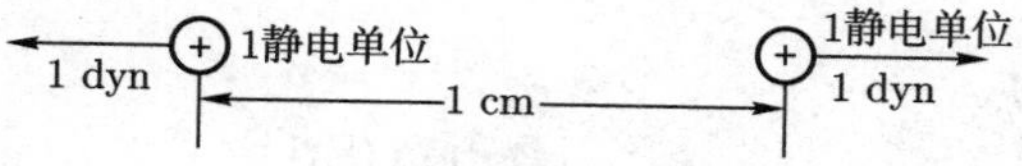

附图 7.2

因为

$$1 \text{ dyn} = \frac{(1 \text{ 静电单位}) \times (1 \text{ 静电单位})}{1 \text{ cm}^2}$$

或者

$$\text{dyn} \sim \frac{(\text{静电单位})^2}{\text{cm}^2}$$

所以

$$静电单位 \sim (\text{dyn} \times \text{cm}^2)^{1/2} = (\text{g} \cdot \text{cm})^{1/2}\frac{\text{cm}}{\text{s}}$$

电流由下式确定:

$$电流 = \frac{电荷}{时间}$$

在 CGS (cm·g·s) 制中

$$电流 \sim \frac{静电单位}{\text{s}} = 静安培$$

但是, 因为

$$静电单位 \sim (\text{g} \cdot \text{cm})^{1/2}\frac{\text{cm}}{\text{s}}$$

所以

$$\text{电流} \sim (\text{g} \cdot \text{cm})^{1/2} \frac{\text{cm}}{\text{s}^2}$$

用这种方法, 可以引进所有电量的量纲, 显然, 长度、质量和时间的单位是唯一的基本量.

例如, 离点电荷 q_2 的距离为 r 的点电荷 q_1 的电势能等于

$$V_{\text{电}} = \frac{q_1 q_2}{r}$$

因此, 它的单位为

$$V_{\text{电}} \sim \frac{(\text{静电单位})^2}{\text{cm}}$$

或者, 由于

$$\text{静电单位} \sim (\text{g} \cdot \text{cm})^{1/2} \frac{\text{cm}}{\text{s}}$$

所以

$$V_{\text{电}} \sim (\text{g} \cdot \text{cm}) \frac{\text{cm}^2}{\text{s}^2} \frac{1}{\text{cm}} \sim \frac{\text{g} \cdot \text{cm}^2}{\text{s}^2} \sim \text{erg}$$

由此可见, 电势能如同其他的能量一样, 也以 erg 为单位度量.

点电荷的电势为

$$\psi = \frac{q}{r}$$

因此,

$$\psi \sim \frac{\text{静电单位}}{\text{cm}} \sim (\text{g} \cdot \text{cm})^{1/2} \frac{1}{\text{s}} \sim \frac{\text{erg}}{\text{静电单位}}$$

根据以上诸式得出:

$$(\text{电荷}) \times (\text{电势}) \sim \text{能量}$$

和

$$(\text{长度}) \times (\text{电势}) \sim \text{电荷}$$

用 cm·g·s 制和国际制表示的各种量的单位如附表 7.1 所示.

附表 7.1　用 cm·g·s 制和国际制表示的各种量的单位

量的名称	通用符号	cm·g·s 制单位 国际	cm·g·s 制单位 中文	国际制单位 国际	国际制单位 中文	单位换算
基本量 { 长度	l	cm	厘米	m	米	1 米 =100 厘米
质量	m	g	克	kg	千克	1 千克 =1000 克
时间	t	s	秒	s	秒	
力	F	dyn	达因	N	牛顿	1 牛顿 =10^5 达因
速度	v	cm/s	厘米/秒	m/s	米/秒	
加速度	a	cm/s^2	厘米/秒^2	m/s^2	米/秒^2	
动量	P	g·cm/s	克·厘米/秒	kg·m/s	千克·米/秒	
功, 能量	W,E	erg	尔格	J	焦耳	1 焦耳 =10^7 尔格
功率(功/时间)	P	erg/s	尔格·秒	W	瓦特	1 瓦特 =10^7 尔格/秒
电荷	q	e.s.u	静电单位	C	库仑	1 库仑 =2.998×10^9 静电单位
电流	I	e.s.u/s	静电单位/秒	A	安培	1 安培 =2.998×10^9 静电单位/秒
电势	φ	erg/e.s.u	尔格/静电单位	V	伏特	1 伏特 =(1/299.8) 静伏
电场强度	E	dyn/e.s.u	达因/静电单位	V/m	伏特/米	
电阻	R	s/cm	秒/厘米	Ω	欧姆	1 欧姆 =1.139×10^{-12} 秒/厘米
电通量	ψ	e.s.u	静电单位	C	库仑	1 库仑 =2.998×10^9 静电单位
磁感应强度	B	Gs, G	高斯	T	特斯拉	1 特斯拉 =10^4 高斯
磁通量	φ	Mx	麦克斯韦	Wb	韦伯	1 韦伯 =10^8 麦克斯韦

部分习题的答案

第 2 章

3. 3.4×10^5 cm; 3.4 km.

5. 110 km; 48.8 km/h.

7. 10 s; 98 m/s.

9. 2 s; 20 m; 14.7 m/s.

11. 2.58 s.

13. a) 5×10^{-3} s; b) 8×10^4 m/s^2.

15. a) 8.2 m/s; b) 27.8 m/s.

17. a) 30.625 m; b) 2.5 s; c) 4.9 m/s; -14.7 m/s; -24.5 m/s.

19. a) 2.5 m/s^2; b) 80 m.

第 3 章

1. a) 30 km/h; 北.

3. 13 km.

5. 30 km/h, 从西北方向.

7. 矢量的三个分量.

第 4 章

1. 4 g·cm/s.

3. 2×10^3 g·cm/s, 朝东; 3×10^3 g·cm/s, 朝西.

5. 1.44×10^{-10} dyn.

7. 3.94×10^6 dyn.

9. a) 2.99×10^6 cm/s; b) 3.57×10^{27} dyn, 朝太阳方向.

11. a) 12.6 kg·m/s; b) 1.26×10^3 N.

13. 2280 N.

15. 21.2 kg·m/s.

第 5 章

1. $1.89R_{地球}$.

3. 5.4×10^{12} m.

5. 0.4 g.

7. 6.57×10^3 s.

第 6 章

1. $0.41R_{地球}$.

3. 去火星; 在火星上重 313.6 N (相当于 32 kg 的重力), 在木星上重 1920.8 N (相当于 196 kg 的重力).

5. 它在地球上重量的 1/4, 或 250 N.

7. a) 9.8×10^7 dyn; b) 从太阳方面 5.9×10^4 dyn;

c) 从月球方面 3.4×10^2 dyn.

9. 6.67×10^{-9} N.

11. a) 3.6×10^{-42} dyn; b) 8.34×10^{-3} dyn, 朝质子方向; c) 约 2.3×10^{39}.

第 11 章

1. a) 7.25×10^5 dyn·s, 朝球的弹出方向;

b) 两种情况下皆为 7.25×10^7 dyn;

c) 7.25×10^6 dyn·s, 方向与施加于球的冲量的方向相反.

3. 108 N.

5. 104 g·cm/s, 朝由北向东转 17° 的方向.

7. 24 m/s, 朝相反方向.

9. 4.4 m/s, 其方向与你自己的球的运动方向成 13.3° 角 (并与被撞球的运动方向成 43.3° 角).

11. 1.05×10^5 J.

13. 2.5×10^7 erg.

15. a) 1.6×10^4 J; b) 8 m/s.

17. 50.5 cm/s, 在由北向东 68° 的方向上.

20. 16×10^5 dyn.

第 12 章

1. 约 1%.

3. 1.96 m.

5. 2.45 m/s.

8. 2.4×10^3 m/s.

10. 3.6 m/s.

11. 2.83 m/s, 朝西南方向.

12. 1 m/s.

第 14 章

1. 比坐标原点偏东 0.5 cm, 偏北 2 cm.

3. 在几何中心.

5. 22 N, 朝相反方向.

7. 6.8×10^8 g · cm^2/s.

9. 5.16×10^6 dyn.

11. 39.2 N.

13. 720 N.

第 16 章

1. 8.3 min.

3. 9.46×10^{17} cm.

5. 0.77 km.

7. 18°.

9. 4.38×10^{10} cm/s.

第 17 章

1. $80, 40, 80/3, 20, \cdots, 80/n, \cdots$ (cm).

3. 2×10^{-15} s; $4.95 \times 10^{14}/\text{s}^{-1}$.

5. 18.6 cm.

7. 30 cm/s.

9. 38°; 40°.

第 18 章

1. 0.22 cm; 0.44 cm.

3. 0.28 cm; 0.55 cm.

5. 3.54×10^{-2} cm.

7. 7.6×10^{-4} cm.

9. 8 千万.

第 19 章

1. 2.89×10^{14} 静电单位.

3. 离 8 静库电荷 4.24 cm 处, 在 5 静库电荷的对面.

5. 0.89 静库.

7. $T^2/R^3 = 4\pi^2 m^2/e^2$; 1.56×10^{-7} g/(静电单位)^2; 1.25×10^{-5} s; $E = -5.1 \times 10^{-53}$ erg; $T = 1.9 \times 10^4$ s.

9. -14.4×10^{-10} 静电单位; 3 个电子.

11. 5.7×10^{-15} s; 8.55×10^{-6} cm.

13. a) 0; b) -720 erg; c) 1656 erg.

15. 3.33×10^2 m.

18. 4.16×10^{42}.

20. 27.2 eV; 3.09×10^8 cm/s.

22. 9.07×10^{-2} 静伏/静电单位; -43.5×10^{-12} erg.

第 20 章

1. 0.2 dyn.

3. 3.3 A.

5. a) 7.95×10^{-2} cm/s; b) 1.26×10^3 s = 21 min.

7. 20 cm.

9. a) 0.1 dyn, 引力; b) 0.1 dyn, 斥力.

第 21 章

1. 3.14×10^5 Gs $\cdot$ cm^2 = 3.14×10^{-8} Wb.

3. 1.05×10^{-5} 静伏 = 3.15×10^{-3} V.

5. 8×10^{-16} dyn.

第 24 章

1. 37.0°C.

3. 4.6 cal.

5. 4 h27 min.

7. 1050 cal.

9. 3.55×10^4 cm/s.

12. 0.359 cal/g $\cdot$ °C.

14. 559.6 cal.

第 25 章

1. 2710 J.

3. 1352 cal.

5. a) 效率 = 0.324 = 32.4%; b) 114°C; c) 当 $T_2 = 0$°K 时为 100%.

7. a) $W = Q_2[(T_1/T_2) - 1]$; b) 153 J.

9. 15.9 W, 或 5.7×10^4 J/h.

第 26 章

1. 100 cm³.

2. 2.04 大气压.

5. 1.0043.

第 30 章

1. 0.44 s.

3. 4 h 12 min.

5. 21 cm.

7. 4 cm/s, 2.8×10^{10} cm/s.

9. 0.39 s.

12. a) 4/5 s; b) 7.2 cm; c) 3×10^{-10} s.

第 31 章

1. 是它的静止质量的 2 倍.

3. 0.511, 106 和 938.

5. $m = 2.7 \times 10^{-29}$ g, $v = 2.8 \times 10^{10}$ cm/s, $r = 0.47$ cm.

7. 4.24×10^9 cm/s, 1.28×10^{10} cm/s, 相差 3.31 倍.

9. 5.56×10^{-11} g.

11. 0.011%.

13. a) 9.38 MeV; b) 93.8 MeV; c) 938 MeV.

15. 动能 2.06 MeV, 动量为 2.52 MeV/c.

17. a) 5.33×10^{-17} g·cm/s; b) 0.612 MeV; c) 5.32×10^2 eV.

19. a) 625 MeV; b) 1.25×10^3 MeV/c.

第 32 和 33 章

5. a) 0.995c; b) 8.1×10^{20} J; c) 2.75×10^{14} kW·h.

7. 5.7×10^{-5}.

第 34 章

1. 将物质放到火焰上.

5. 3969.7 Å. 这条谱线不位于光谱的可见光部分.

第 35 章

3. 500 V/cm.

5. 43.1 cm, 0.0235 cm, 86.2 cm.

第 36 章

1. a) 4.32×10^{-11} cm; b) 2.16×10^{-11} cm.

3. a) $p_{始}/3$; b) $p_{始}^2/18m$; c) $4p_{始}^2/9m$; d) $0.98p_{始}$; $0.48p_{始}^2/m$.

5. a) 0.43 MeV/c; b) 2.3×10^{-11} cm; c) 1.1×10^{-11} cm.

7. 1.46×10^{-6} cm.

8. a) 2.3 keV; b) 23 MeV.

第 37 章

3. 最低频率 2.46×10^{15} s^{-1}, 最高频率 3.29×10^{15} s^{-1}.

5. 11 900 Å.

7. 12 400 V.

9. 2.12×10^{-8} cm.

11. a) 1.6×10^8 cm/s; b) 2.54×10^{15}; c) 否.

13. 2×10^{44} cm.

15. 5.86 Å, X 射线.

17. a) 0.0124 Å; b) 12.4 Å; c) 12 400 Å.

19. 0.0243 Å.

21. ～ 3 个光子.

第 38 章

1. 2.43×10^{-9} cm.

3. 6.2×10^{-9} cm.

5. 5.15×10^{8} cm/s.

7. a) $\sqrt{\dfrac{1-\beta^2}{\beta^2}} \cdot \dfrac{hc}{E_0}$; b) 1.82×10^{-10} cm.

9. $\dfrac{hc}{K} \dfrac{1}{\sqrt{1+(2E_0/K)}}$.

第 39 章

3. 8.5×10^{82} cm.

5. 1.75×10^{-27} erg.

7. ~ 21 MeV $\ll E_0$.

9. a) 1.52 Å; b) 65.25 eV.

第 40 章

3. $x = 0, l/2, l$; $x = l/4, 3l/4$; $x = 0, l/3, 2l/3$; $x = l/6, l/2, 5l/6$.

第 41 章

1. 6.6×10^{-15} g · cm/s, 约 3×10^{10} cm/s.

3. 3.3 cm/s.

5. 0.7 cm.

7. 4.6×10^{-30} erg.

9. 2.1×10^{-23} s.

11. a) 10^{8} Hz; b) 2×10^{-7}.

第 43 章

1. 110 eV.

3. 110 eV.

5. 8.

7. 0.6 Å; 否.

第 44 章

1. 6563 Å; 是; 红色.

3. a) 11 eV, 0.7 eV; b) 13 eV, 2.7 eV, 0.6 eV.

5. 24.6 eV; $1.9 \times 10^5 \, K$.

7. 1220 Å.

第 45 章

1. 4 个费米子; ∞ 个玻色子.

3. $78h^2/8ml^2$; $36h^2/8ml^2$.

5. 硫 $3, 1, 0, 1/2$; 钛 $3, 2, 0, 1/2$.

第 46 章

1. $_{10}Ne^{20}$ 10 个中子和 10 个质子; $_{82}Pb^{208}$ 126 个中子和 82 个质子; $_{92}U^{238}$ 146 个中子和 92 个质子.

3. 有; 对氢为 13.6 eV ($\approx 3 \times 10^{-32}$ g).

5. $_{84}Po^{213} \rightarrow {}_{82}Pb^{209} \rightarrow {}_{83}Bi^{209}$.

7. 16.2 MeV.

9. 4×10^{10} t/min.

第 47 和 48 章

5. 1.022 MeV.

第 50 和 56 章

1. 30.4 MeV.

3. 10^{-8} s.

5. a, d, e, g 等过程不可能发生. 因为: a) 重子数和电荷不守恒; d) 电荷不守恒; e) 超子数不守恒 (过程发生的概率很小); g) 重子数不守恒.

7. a, b, c, e 等过程不可能发生. 因为: a) 能量不守恒; b) 重子数不守恒; c) 电荷不守恒; e) 重子数不守恒.

9. c 是快过程, 其他是慢过程.

11. 次序应是 a), b), c).

13. 半径为 72.5 cm.

15. 6.7×10^3 Gs.

1945年诺贝尔物理学奖获得者
WOLFGANG PAULI 著作选译
泡利
PAULI LECTURES ON PHYSICS
VOLUME 1, 2, 3
泡利物理学讲义
（第一、二、三卷）
W. 泡利 著 洪铭熙 苑之方 译 冀祯允 校
高等教育出版社

1945年诺贝尔物理学奖获得者
WOLFGANG PAULI 著作选译
泡利
PAULI LECTURES ON PHYSICS
VOLUME 4, 5, 6
泡利物理学讲义
（第四、五、六卷）
W. 泡利 著 洪铭熙 苑之方 等译
高等教育出版社

1945年诺贝尔物理学奖获得者
WOLFGANG PAULI 著作选译
泡利
RELATIVITÄTSTHEORIE
相 对 论
W. 泡利 著 凌德洪 周万生 译
高等教育出版社

ISBN: 978-7-04-040409-8   ISBN: 978-7-04-054105-2   ISBN: 978-7-04-053909-7

1991年诺贝尔物理学奖获得者
P. G. DE GENNES 著作选译 第一辑
德热纳
SUPERCONDUCTIVITY
OF METALS AND ALLOYS
金属与合金的超导电性
P. G. 德热纳 著 邵惠民 译
高等教育出版社

1991年诺贝尔物理学奖获得者
P. G. DE GENNES 著作选译 第二辑
德热纳
THE PHYSICS OF
LIQUID CRYSTALS
液晶物理学
（第二版）
P. G. de Gennes, J. Prost 著 孙政民 译
高等教育出版社

1991年诺贝尔物理学奖获得者
P. G. DE GENNES 著作选译 第三辑
德热纳
SCALING CONCEPTS
IN POLYMER PHYSICS
高分子物理学中的
标度概念
P. G. 德热纳 著 吴大诚 刘杰 朱谭华 等译
高等教育出版社

ISBN: 978-7-04-036886-4   ISBN: 978-7-04-047622-4   ISBN: 978-7-04-038291-4

1991年诺贝尔物理学奖获得者
P. G. DE GENNES 著作选译 第四辑
德热纳
CAPILLARITY AND
WETTING PHENOMENA
DROPS, BUBBLES, PEARLS, WAVES
毛细和润湿现象
——液滴、气泡、液珠和表面波
P. G. 德热纳 F. 布罗夏尔-维亚尔 D. 盖雷 著
高等教育出版社

1991年诺贝尔物理学奖获得者
P. G. DE GENNES 著作选译 第五辑
德热纳
SOFT INTERFACES
THE 1994 DIRAC MEMORIAL LECTURE
软界面
——1994年狄拉克纪念讲演录
P. G. 德热纳 著 吴大诚 韩霞 译
高等教育出版社
CAMBRIDGE

1991年诺贝尔物理学奖获得者
P. G. DE GENNES 著作选译 第六辑
德热纳
INTRODUCTION TO
POLYMER DYNAMICS
高分子动力学导引
P. G. 德热纳 著 吴大诚 文婉元 译
高等教育出版社

ISBN: 978-7-04-038693-6   ISBN: 978-7-04-038562-5

1932年诺贝尔物理学奖获得者
WERNER HEISENBERG 著作选译
海森伯
DIE PHYSIKALISCHEN PRINZIPIEN
DER QUANTENTHEORIE
量子论的物理原理
W. 海森伯 著 王正行 李维新 俞熹 译
高等教育出版社

1933年诺贝尔物理学奖获得者
ERWIN SCHRÖDINGER 著作选译
薛定谔
STATISTICAL
THERMODYNAMICS
统计热力学
E. 薛定谔 著 徐锡申 译 孙运铀 校
高等教育出版社

1938年诺贝尔物理学奖获得者
ENRICO FERMI 著作选译
费米
QUANTUM MECHANICS
量子力学
E. 费米 著
高等教育出版社

ISBN: 978-7-04-048107-5   ISBN: 978-7-04-039141-1

有ISBN号的截至本书出版时已出版